L. D. Landau · E. M. Lifschitz

Lehrbuch der Theoretischen Physik

Band X

L. D. Landau · E. M. Lifschitz

Lehrbuch der Theoretischen Physik

Der Klassiker der gesamten Theoretischen Physik für den Studenten und Wissenschaftler.

Band 1:
Mechanik
unveränderter Nachdruck der 14., korrigierten Auflage 1997, 2022, 231 Seiten, 56 Abbildungen, gebunden,
ISBN 978-3-8085-5612-2

Band 2:
Klassische Feldtheorie
unveränderter Nachdruck der 12. Auflage 1992, 2022, 496 Seiten, 25 Abbildungen, gebunden,
ISBN 978-3-8085-5562-0

Band 3:
Quantenmechanik
unveränderter Nachdruck der 9. Auflage 1986, 2021, 660 Seiten, 57 Abbildungen, 11 Tabellen, gebunden,
ISBN 978-3-8085-5636-8

Band 4:
Quantenelektrodynamik
unveränderter Nachdruck der 7., berichtigten Auflage 1991, 2020, 628 Seiten, 25 Abbildungen, gebunden,
ISBN 978-3-8085-5632-0

Band 5:
Statistische Physik Teil 1
unveränderter Nachdruck der 8., berichtigten Auflage 1991, 2025, 535 Seiten, 78 Abbildungen, gebunden,
ISBN 978-3-8085-5654-2

Band 6:
Hydrodynamik
unveränderter Nachdruck der 5., überarbeiteten Auflage 1991, 2025, 705 Seiten, 136 Abbildungen, gebunden,
ISBN 978-3-8085-5554-5

Band 7:
Elastizitätstheorie
unveränderter Nachdruck der 7. Auflage 1991, 2025, 223 Seiten, 32 Abbildungen, gebunden,
ISBN 978-3-8085-5498-2

Band 8:
Elektrodynamik der Kontinua
unveränderter Nachdruck der 5., ergänzten Auflage 1990, 2020, 565 Seiten, 65 Abbildungen, gebunden,
ISBN 978-3-8085-5500-2

Band 9:
Statistische Physik Teil 2
unveränderter Nachdruck der 4., berichtigten Auflage 1992, 2025, 404 Seiten, 18 Abbildungen, gebunden,
ISBN 978-3-8085-5656-6

Band 10:
Physikalische Kinetik
unveränderter Nachdruck der 2. Auflage 1990, 2025, 480 Seiten, 35 Abbildungen, gebunden,
ISBN 978-3-8085-5624-5

Das **Gesamtwerk** ist auch zum günstigen Satzpreis erhältlich:
L. D. Landau · E. M. Lifschitz, **Lehrbuch der Theoretischen Physik**
ISBN 978-3-8085-5588-0

L. D. Landau • L. P. Pitajewski

Physikalische Kinetik

Mit 35 Abbildungen

VERLAG EUROPA-LEHRMITTEL · Nourney, Vollmer GmbH & Co. KG
Düsselberger Straße 23 · 42781 Haan-Gruiten

Europa-Nr.: 56245

Titel der Originalausgabe:

Л. Д. Ландау и Л. П. Питаевский
Физическая кинетика.

Erschienen im Verlag NAUKA, Moskau 1979

In deutscher Sprache herausgegeben von Doz. Dr. sc. Gerhard Diener, Dresden und Prof. Dr. habil. Paul Ziesche, Dresden.

Übersetzt aus dem Russischen von Dr. Gerd Röpke, Rostock (Kapitel I bis IV) und Dr. Thomas Frauenheim, Dubna (Kapitel V bis XII).

Unveränderter Nachdruck der 2. Auflage 1990, 2025
Druck 5 4

ISBN 978-3-8085-5624-5

www.europa-lehrmittel.de

Umschlaggestaltung: Medienwerkstatt Dreimaster / www.3master.de, 63546 Hammersbach
Druck: Totem, 88–100 Inowroclaw, Poland

VORWORT DER HERAUSGEBER ZUR DEUTSCHEN AUSGABE

Mit dem vorliegenden zehnten Band findet das von L. D. LANDAU konzipierte und von seinen Mitarbeitern E. M. LIFSCHITZ und L. P. PITAJEWSKI zu Ende geführte Lehrwerk der Theoretischen Physik seinen Abschluß. Diese Gesamtdarstellung der Theoretischen Physik hat in den vier Jahrzehnten seit Beginn ihres Erscheinens weltweite Verbreitung und Anerkennung gefunden, so daß bereits aus diesem Grunde der nunmehr publizierte letzte Band eine interessierte und bereitwillige Aufnahme finden dürfte.

Dieser Band behandelt Nichtgleichgewichtsprozesse in verschiedenen physikalischen Systemen wie Gasen, Plasmen, Dielektrika, Metallen, Supraleitern und Quantenflüssigkeiten unter einem gemeinsamen Blickwinkel und in einer weitgehend vereinheitlichten Darstellungsweise. Während es in der einschlägigen Fachliteratur eine ganze Reihe ausgezeichneter Einzeldarstellungen etwa zur kinetischen Gastheorie, zur Plasmaphysik oder zur Festkörpertheorie gibt, dürfte eine solche, einem Lehrbuch der Theoretischen Physik angemessene Gesamtschau der verschiedenen kinetischen Erscheinungen auf der Grundlage eines einheitlichen methodischen Vorgehens nicht sehr häufig anzutreffen sein, zumal sich das vorliegende Buch keineswegs auf die Darstellung grundlegender Prinzipien und Vorstellungen beschränkt, sondern — wie auch die früheren Bände — durchaus den Bogen zu aktuellen und modernen Anwendungen spannt. (Natürlich tragen diese Anwendungen stets Beispielcharakter, da das Buch entsprechend seinem Charakter keine enzyklopädische Vollständigkeit anstrebt.) Wir hoffen als Herausgeber der deutschen Ausgabe daß dieser Band in gleichem Maße wie die vorangegangenen zu einem Standardwerk der physikalischen Lehrbuchliteratur werden möge.

Herr Prof. E. M. LIFSCHITZ hat die Vorbereitung der deutschen Ausgabe mit Interesse verfolgt und in freundlicher Weise unterstützt. Die Übersetzung wurde von Herrn Dr. G. RÖPKE, Rostock, und Herrn Dr. TH. FRAUENHEIM, z. Z. Dubna, besorgt. Beim Korrekturlesen wurden wir dankenswerterweise von Herrn M. BOBETH und Herrn M. POSSELT unterstützt.

Dresden, Oktober 1982

P. ZIESCHE G. DIENER

VORWORT ZUR RUSSISCHEN AUFLAGE

Der vorliegende abschließende Band der „Theoretischen Physik" befaßt sich mit der physikalischen Kinetik, die im weiten Sinne als mikroskopische Theorie der Prozesse in statistischen Nichtgleichgewichtssystemen verstanden wird.

Im Unterschied zu den Eigenschaften statistischer Gleichgewichtssysteme sind die kinetischen Eigenschaften wesentlich enger mit dem Charakter der mikroskopischen Wechselwirkungen der speziellen physikalischen Objekte verknüpft. Daher rührt die gewaltige Mannigfaltigkeit dieser Eigenschaften und der wesentlich höhere Schwierigkeitsgrad ihrer theoretischen Deutung. Aus diesem Grunde läßt sich auch die Frage nach der Auswahl des Stoffes, welcher in einem allgemeinen Lehrgang der Theoretischen Physik enthalten sein soll, weniger eindeutig beantworten.

Der Inhalt des Buches ist aus dem Inhaltsverzeichnis ersichtlich. Wir wollen in diesem Zusammenhang nur einige Bemerkungen anfügen.

Besondere Aufmerksamkeit wird in diesem Buch der Theorie der Gase als dem vom Prinzip her einfachsten Objekt der kinetischen Theorie gewidmet. Einige Kapitel beschäftigen sich mit der Plasmatheorie — nicht allein im Hinblick auf die physikalische Bedeutung dieses Teiles der Kinetik, sondern auch deshalb, weil viele Aufgaben der Plasmakinetik bis zum Ende gelöst werden können und eine lehrreiche Illustration der allgemeinen Methoden der kinetischen Theorie bieten.

Besonders vielfältig sind die kinetischen Eigenschaften in Festkörpern. Wir mußten uns natürlich bei der Auswahl des Stoffes für die entsprechenden Kapitel auf die allgemeinsten Fragen beschränken, welche die grundlegenden kinetischen Vorgänge und Methoden ihrer Behandlung aufzeigen. Wir möchten in diesem Zusammenhang nochmals unterstreichen, daß dieses Buch Teil eines Lehrgangs für Theoretische Physik ist und nicht den Anspruch erhebt, ein Lehrwerk für Festkörpertheorie zu sein.

Im Inhalt dieses Buches gibt es zwei offensichtliche Lücken. Es fehlen die Fragen der Kinetik magnetischer Prozesse und die Theorie der kinetischen Erscheinungen, die mit dem Durchgang schneller Teilchen durch Materie verbunden sind. Diese Lücken sind durch den Mangel an Zeit bedingt, und wir haben uns entschieden, sie in dieser Ausgabe zu belassen, damit die Herausgabe des Buches nicht noch mehr hinausgezögert wird. Wir möchten der Hoffnung Ausdruck geben, daß, obgleich auf diese Weise in dem Buch nicht alles, was erforderlich wäre, enthalten ist, all das, was in ihm enthalten ist, von Interesse und für die Leser von Nutzen sein wird.

Dieses Buch bringt ein Programm zum Abschluß, welches von Lew Dawidowitsch Landau vor mehr als vierzig Jahren entworfen wurde. Der gesamte Lehrgang besteht aus folgenden Bänden:

Band I. Mechanik
Band II. Klassische Feldtheorie
Band III. Quantenmechanik (nichtrelativistische Theorie)
Band IV. Relativistische Quantentheorie
Band V. Statistische Physik, Teil 1
Band VI. Hydrodynamik
Band VII. Elastizitätstheorie
Band VIII. Elektrodynamik der Kontinua
Band IX. Statistische Physik, Teil 2
Band X. Physikalische Kinetik

Es soll darauf hingewiesen werden, daß die Anordnung von Band IX in dieser Reihe dadurch bedingt ist, daß in ihm in beträchtlichem Umfang Kenntnisse aus der Hydrodynamik und der makroskopischen Elektrodynamik benutzt werden.

In der neuen Auflagenreihe, die 1973 begonnen wurde[1]), sind bisher die Bände I, II, III, V, IX und X erschienen. Band VII kann ohne große Veränderungen wiederaufgelegt werden. Aus dem Band IV, der bisher unter dem Titel „Relativistische Quantentheorie" herausgegeben wurde, werden die Abschnitte zur schwachen und zur starken Wechselwirkung herausgenommen, und dieser Band wird demnächst als „Quantenelektrodynamik" wiederaufgelegt. Die Bände VI und VIII, die schon im Verlaufe vieler Jahre nicht wiederaufgelegt wurden, erfordern dagegen eine umfangreichere Überarbeitung und Ergänzung. Wir beabsichtigen, uns mit diesen Dingen in der nächsten Zeit zu befassen.

Unser herzlicher Dank gilt A. F. Andrejew, R. N. Gurshi, W. L. Gurewitsch, J. M. Kagan, M. I. Kaganow und I. M. Lifschitz, mit denen wir die in diesem Buch behandelten Fragen erörtert haben.

L. P. Gorkow und A. A. Ruchadse, die das Buch im Manuskript durchgesehen und einige Bemerkungen gemacht haben, sind wir zu Dank verpflichtet.

November 1978 E. M. Lifschitz L. P. Pitajewski

Zur deutschen Ausgabe

Die deutsche Übersetzung dieses Bandes wurde von Dr. G. Diener redigiert. Wir möchten ihm unseren aufrichtigen Dank für seine Sorgfalt und die im Laufe der Arbeit gemachten wertvollen Bemerkungen aussprechen.

September 1981 E. M. Lifschitz L. P. Pitajewski

---

[1]) In deutscher Sprache erscheint die neue Reihe seit 1976 (Anm. d. Hrsg.).

INHALTSVERZEICHNIS

EINIGE BEZEICHNUNGEN

Verteilungsfunktion der Teilchen f (Kapitel I–VI); in den Impulsen immer auf d^3p bezogen.

Verteilungsfunktion als Besetzungszahl quantenmechanischer Zustände der Elektronen und Phononen $n(\boldsymbol{p})$ und $N(\boldsymbol{k})$ (Kapitel VII, IX–XI); in den Impulsen immer auf $d^3p/(2\pi\hbar)^3$ bezogen.

Stoßintegral St, linearisiertes Stoßintegral I.

Thermodynamische Größen: Temperatur T, Druck P, chemisches Potential μ, Teilchenzahldichte N, Gesamtteilchenzahl $\mathcal{N}$, Gesamtvolumen $\mathcal{V}$.

Elektrische Feldstärke $\boldsymbol{E}$, magnetische Induktion $\boldsymbol{B}$. Elektrische Elementarladung e (Ladung des Elektrons $-e$).

Bei Abschätzungen werden folgende Bezeichnungen benutzt: charakteristische Längen des Problems L; atomare Abmessungen, Gitterkonstante d; freie Weglänge l; Schallgeschwindigkeit u.

Die Mittelung wird durch spitze Klammern $\langle ... \rangle$ oder durch Überstreichen des Buchstaben gekennzeichnet.

Dreidimensionale Vektorindizes werden durch griechische Buchstaben $\alpha, \beta, \ldots$ bezeichnet.

In den Kapiteln III–VI:

Elektronenmasse m, Ionenmasse M.

Elektronenladung $-e$, Ionenladung ze.

Thermische Geschwindigkeiten der Elektronen und Ionen

$$v_{Te} = (T_e/m)^{1/2}, \qquad v_{Ti} = (T_i/M)^{1/2}.$$

Plasmafrequenz

$$\Omega_e = (4\pi N_e e^2/m)^{1/2}, \qquad \Omega_i = (4\pi N_i z^2 e^2/M)^{1/2}.$$

DEBYE-Radius

$$a_e = (T_e/4\pi N_e e^2)^{1/2}, \qquad a_i = (T_i/4\pi N_i z^2 e^2)^{1/2}, \qquad a^{-2} = a_e^{-2} + a_i^{-2}.$$

Zyklotronfrequenz

$$\omega_{Be} = eB/mc, \qquad \omega_{Bi} = zeB/Mc.$$

Die Hinweise auf Paragraphennummern und Formeln anderer Bände dieses Lehrwerkes sind mit römischen Ziffern versehen:
I — Mechanik, 1981; II — Klassische Feldtheorie, 1981; III — Quantenmechanik, 1979; IV — Relativistische Quantentheorie, 1980; V — Statistische Physik, Teil 1, 1979; VI — Hydrodynamik, 1978; VII — Elastizitätstheorie, 1975; VIII — Elektrodynamik der Kontinua, 1985; IX — Statistische Physik, Teil 2, 1980.

I KINETISCHE GASTHEORIE

§ 1. Die Verteilungsfunktion

Dieses Kapitel hat die Darlegung der kinetischen Theorie gewöhnlicher Gase aus elektrisch neutralen Atomen oder Molekülen zum Ziel. Diese Theorie befaßt sich mit Nichtgleichgewichtszuständen und Nichtgleichgewichtsprozessen in idealen Gasen. Wir erinnern daran, daß ein Gas als ideal bezeichnet wird, wenn es soweit verdünnt ist, daß sich jedes Molekül in ihm praktisch die gesamte Zeit wie ein freies Teilchen bewegt und mit den anderen Molekülen nur bei den unmittelbaren gegenseitigen Stößen wechselwirkt. Mit anderen Worten bedeutet dies, daß der mittlere Abstand zwischen den Molekülen $\bar{r} \sim N^{-1/3}$ (N ist die Zahl der Moleküle pro Volumeneinheit) als groß im Vergleich zu den eigenen Abmessungen, genauer gesagt, als groß im Vergleich zum Wirkungsradius der zwischenmolekularen Kräfte d angenommen wird. Der kleine Parameter $Nd^3 \sim (d/\bar{r})^3$ wird manchmal als Idealitätsparameter für Gase bezeichnet.

Die statistische Beschreibung des Gases geht von der *Verteilungsfunktion* $f(t, q, p)$ der Gasmoleküle in ihrem Phasenraum aus. Diese ist im allgemeinen eine Funktion der auf beliebige Art ausgewählten verallgemeinerten Koordinaten eines Moleküls (deren Gesamtheit mit q bezeichnet wird) und der ihnen zugeordneten verallgemeinerten Impulse (deren Gesamtheit mit p bezeichnet wird), darüber hinaus im nichtstationären Zustand eine Funktion der Zeit t. Wir bezeichnen mit $\mathrm{d}\tau = \mathrm{d}q\,\mathrm{d}p$ das Phasenraumelement eines Moleküls; $\mathrm{d}q$ und $\mathrm{d}p$ bezeichnen vereinbarungsgemäß die Produkte der Differentiale aller Koordinaten bzw. aller Impulse. Das Produkt $f\,\mathrm{d}\tau$ ist die mittlere Zahl der Moleküle, die sich im gegebenen Element $\mathrm{d}\tau$ befinden, d. h., deren Werte q und p in den gegebenen Intervallen $\mathrm{d}q$ und $\mathrm{d}p$ liegen. Zur Bedeutung des Begriffs eines Mittels in dieser Definition kehren wir später noch einmal zurück.

Obgleich die Funktion f stets als Dichte der Verteilung in einem Phasenraum definiert sein soll, ist es in der kinetischen Theorie zweckmäßig, sie in Abhängigkeit von geeignet gewählten Variablen auszudrücken, die nicht unbedingt kanonisch konjugierte verallgemeinerte Koordinaten und Impulse sein müssen. Wir wollen zunächst diese Auswahl vereinbaren.

Die Translationsbewegung eines Moleküls ist immer klassisch. Sie wird durch die Koordinaten $\boldsymbol{r} = (x, y, z)$ des Molekülschwerpunktes und den Impuls $\boldsymbol{p}$ (oder die Geschwindigkeit $\boldsymbol{v} = \boldsymbol{p}/m$) der Bewegung des gesamten Moleküls beschrieben. Im einatomigen Gas sind damit alle Bewegungsmöglichkeiten der Teilchen (Atome) erfaßt. In mehratomigen Gasen besitzen die Moleküle auch Rotations- und Schwingungsfreiheitsgrade.

Die Rotationsbewegung eines Moleküls im Gas ist praktisch ebenfalls immer klassisch.[1]) Sie wird vor allem durch die Angabe des Drehimpulsvektors $\boldsymbol{M}$ des Moleküls beschrieben. Für ein zweiatomiges Molekül ist dies ausreichend. Solch ein Molekül stellt einen Rotator dar, der sich in einer Ebene senkrecht zum Vektor $\boldsymbol{M}$ dreht. Was den Drehwinkel φ der Molekülachse in dieser Ebene anbelangt, so kann in realistischen physikalischen Problemen die Verteilungsfunktion als unabhängig von diesem Winkel betrachtet werden, d. h., alle Orientierungen eines Moleküls in der angegebenen Ebene sind gleichwahrscheinlich. Dieser Sachverhalt ist mit der schnellen Änderung des Winkels φ bei der Molekülrotation verknüpft und läßt sich in folgender Weise erklären.

Die Geschwindigkeit der Änderung von φ (Winkelgeschwindigkeit der Molekülrotation) ist $\dot{\varphi} \equiv \Omega = M/I$. Der Mittelwert dieser Geschwindigkeit ist $\overline{\Omega} \sim \bar{v}/d$, wobei d durch die molekularen Abmessungen und $\bar{v}$ durch den Mittelwert der Translationsgeschwindigkeiten gegeben sind. Verschiedene Moleküle besitzen nun verschiedene Werte Ω, die nach einem bestimmten Gesetz um $\overline{\Omega}$ verteilt sind. Deshalb werden Moleküle, die zu einem Anfangszeitpunkt gleiche Werte für φ besitzen, in ihren φ-Werten sehr schnell auseinanderstreben. Man sagt, daß eine rasche „Vermischung" bezüglich der Winkel vor sich geht. Es sei zu einem Anfangszeitpunkt $t = 0$ die Verteilung der Moleküle bezüglich der Winkel $\varphi = \varphi_0$ (im Intervall von 0 bis 2π) und bezüglich Ω durch eine Funktion $f(\varphi_0, \Omega)$ gegeben. Von dieser trennen wir den φ-unabhängigen Mittelwert ab,

$$f = \bar{f}(\Omega) + f'(\varphi_0, \Omega)\,, \qquad \bar{f}(\Omega) = \frac{1}{2\pi}\int_0^{2\pi} f(\varphi_0, \Omega)\,\mathrm{d}\varphi_0\,,$$

so daß $f'(\varphi_0, \Omega)$ eine periodische Funktion des Arguments φ_0 mit der Periode 2π ist, deren Vorzeichen wechselt und deren Mittelwert verschwindet. Infolge der freien Rotation der Moleküle ($\varphi = \Omega t + \varphi_0$) verändert sich die Verteilungsfunktion bei der weiteren Entwicklung gemäß

$$f(\varphi, \Omega, t) = \bar{f}(\Omega) + f'(\varphi - \Omega t, \Omega)\,.$$

Im Verlaufe der Zeit wird f' eine immer schneller oszillierende Funktion von Ω. Die charakteristische Oszillationsperiode $\Delta\Omega \sim 2\pi/t$ wird bereits für die freie Flugzeit (zwischen zwei Stößen) der Moleküle klein im Vergleich zu Ω. Alle physikalisch beobachtbaren Größen beinhalten nun eine bestimmte Mittelung der Verteilungsfunktion bezüglich Ω. Der Beitrag der rasch oszillierenden Funktion f' jedoch ist bei diesen Mittelungen vernachlässigbar klein. Eben dies gestattet es, die Verteilungsfunktion $f(\varphi, \Omega)$ durch die winkelgemittelte Verteilungsfunktion $\bar{f}(\Omega)$ zu ersetzen.

Die dargelegten Betrachtungen besitzen augenscheinlich allgemeinen Charakter und beziehen sich auf beliebige rasch veränderliche Größen (Phasen), die Werte in endlichen Intervallen durchlaufen können.

---

[1]) Wir erinnern daran, daß die Bedingung für die klassische Rotation durch die Ungleichung $\hbar^2/2I \ll T$ gegeben ist (mit I als Trägheitsmoment des Moleküls und T als Gastemperatur). Diese Bedingung kann bei gewöhnlichen Gasen allenfalls für Wasserstoff und Deuterium bei tiefen Temperaturen verletzt sein

Wir kehren zu den Rotationsfreiheitsgraden der Moleküle zurück und bemerken, daß in mehratomigen Gasen die Verteilungsfunktion weiterhin von den Winkeln abhängig sein kann, die die Orientierung der Molekülachsen in bezug auf den Vektor $\boldsymbol{M}$ festlegen. In Molekülen vom Typ eines symmetrischen Kreisels ist dies etwa der Winkel zwischen $\boldsymbol{M}$ und der Kreiselachse (Präzessionswinkel). Die Verteilungsfunktion kann wiederum als unabhängig von den schnell variierenden Winkeln der Kreiseldrehung um die Figurenachse und der Präzessionsdrehung dieser Achse um $\boldsymbol{M}$ angenommen werden.[1])

Die Schwingungsbewegung der Atome innerhalb eines Moleküls ist praktisch immer quantisiert, so daß der Schwingungszustand eines Moleküls durch die entsprechenden Quantenzahlen bestimmt wird. Unter gewöhnlichen Bedingungen (bei nicht allzu hohen Temperaturen) sind die Schwingungen jedoch überhaupt nicht angeregt, und das Molekül befindet sich in seinem nullten Schwingungsniveau (Grundzustand).

Im weiteren werden wir in diesem Kapitel mit dem Symbol Γ die Gesamtheit aller Variablen bezeichnen, von denen die Verteilungsfunktion abhängt, mit Ausnahme der Schwerpunktskoordinaten des Moleküls (und der Zeit t). Vom Volumenelement des Phasenraumes $\mathrm{d}\tau$ teilen wir den Faktor $\mathrm{d}V = \mathrm{d}x\,\mathrm{d}y\,\mathrm{d}z$ ab, und den restlichen Teil, transformiert in die benutzten Variablen (und abintegriert über die Winkelvariablen, von denen die Funktion f nicht abhängt), bezeichnen wir mit dem Symbol $\mathrm{d}\Gamma$. Die Größen Γ besitzen eine wichtige allgemeine Eigenschaft: Sie sind Bewegungsintegrale, die für jedes Molekül während seiner freien Bewegung zwischen zwei aufeinanderfolgenden Stößen (in Abwesenheit äußerer Felder) konstant bleiben. Im Ergebnis eines jeden Stoßes verändern sich jedoch im allgemeinen diese Größen. Demgegenüber verändern sich natürlich die Koordinaten x, y, z des Molekülschwerpunktes im Verlaufe seiner freien Bewegung.

Für das einatomige Gas werden die Größen Γ durch die drei Komponenten des Impulses des Atoms $\boldsymbol{p} = m\boldsymbol{v}$ gegeben, so daß $\mathrm{d}\Gamma = \mathrm{d}^3p$ ist. Für das zweiatomige Molekül geht in Γ, abgesehen vom Impuls $\boldsymbol{p}$, noch der Drehimpuls $\boldsymbol{M}$ ein. Das entsprechende Element $\mathrm{d}\Gamma$ kann in der Form

$$\mathrm{d}\Gamma = 2\pi\,\mathrm{d}^3p\,M\,\mathrm{d}M\,\mathrm{d}o_{\boldsymbol{M}} \tag{1,1}$$

dargestellt werden, wobei $\mathrm{d}o_{\boldsymbol{M}}$ das Raumwinkelelement für die Richtung des Vektors $\boldsymbol{M}$ bedeutet[2]). Für Moleküle vom Typ des symmetrischen Kreisels geht in die Menge der

---

[1]) Bei der Rotation eines Moleküls vom Typ eines kugelsymmetrischen Kreisels (wie beispielsweise CH_4) bleiben zwei Winkel konstant, die die Orientierung des Moleküls bezüglich der Richtung von $\boldsymbol{M}$ (welche mit der Richtung des Vektors der Winkelgeschwindigkeit $\boldsymbol{\Omega}$ zusammenfällt) bestimmen. Bei der Rotation eines Moleküls vom Typ eines asymmetrischen Kreisels bleibt eine Kombination von Winkeln konstant, welche durch die Erhaltung der Rotationsenergie $E_{\mathrm{rot}} = M_\xi^2/2I_1 + M_\eta^2/2I_2 + M_\zeta^2/2I_3$ gegeben ist; M_ξ, M_η und M_ζ sind die Projektionen des konstanten Vektors $\boldsymbol{M}$ auf die rotierenden Hauptträgheitsachsen des Moleküls.

[2]) Zum Ausdruck (1,1) kann man gelangen, indem man zunächst $\mathrm{d}\Gamma$ in der Form

$$\mathrm{d}\Gamma = \mathrm{d}^3p\,\delta(\boldsymbol{Mn})\,\mathrm{d}^3M\,\mathrm{d}o_{\boldsymbol{n}} = \mathrm{d}^3p\,\delta(M\cos\Theta)\,M^2\,\mathrm{d}M\,\mathrm{d}o_{\boldsymbol{M}}\,\mathrm{d}\cos\Theta\,\mathrm{d}\varphi$$

aufschreibt, wobei $\mathrm{d}o_{\boldsymbol{n}} = \mathrm{d}\cos\Theta\,\mathrm{d}\varphi$ das Raumwinkelelement für die Richtung der Molekülachse ist (Θ ist der Winkel zwischen dieser Achse und $\boldsymbol{M}$). Die δ-Funktion bringt zum Ausdruck, daß $\boldsymbol{M}$ nur zwei unabhängige Komponenten besitzt (entsprechend der Zahl der Freiheitsgrade für die Rotation eines zweiatomigen Moleküls) — den Drehimpuls $\boldsymbol{M}$ senkrecht zur Molekülachse. Nach Integration des angegebenen Ausdrucks über $\mathrm{d}\cos\Theta\,\mathrm{d}\varphi$ erhalten wir (1,1).

Größen Γ auch der Winkel Θ zwischen $\boldsymbol{M}$ und der Kreiselachse ein. Wir erhalten für das Element

$$\mathrm{d}\Gamma = 4\pi^2\,\mathrm{d}^3p\,M^2\,\mathrm{d}M\,\mathrm{d}o_{\boldsymbol{M}}\,\mathrm{d}\cos\Theta\,.$$

(Ein Faktor 2π rührt von der Integration über den Drehwinkel des Kreisels um seine Achse her, der andere Faktor 2π von der Integration über den Winkel der Präzessionsbewegung.)

Das Integral

$$\int f(t, \boldsymbol{r}, \Gamma)\,\mathrm{d}\Gamma = N(t, \boldsymbol{r})$$

ist die Dichte der räumlichen Verteilung der Gasteilchen, $N\,\mathrm{d}V$ ist die mittlere Zahl der Moleküle im Volumenelement $\mathrm{d}V$. In diesem Zusammenhang müssen folgende Bemerkungen gemacht werden.

Wenn von einem unendlich kleinen Volumenelement $\mathrm{d}V$ gesprochen wird, dann wird darunter, genau genommen, nicht ein mathematisch, sondern ein physikalisch kleines Volumen verstanden, d. h. ein Bereich des Raumes, dessen Abmessungen klein im Vergleich zu den charakteristischen Abmessungen L des betrachteten Problems, aber gleichzeitig groß im Vergleich zu den Abmessungen der Moleküle sind. Die Aussage, daß sich ein Molekül im gegebenen Volumenelement $\mathrm{d}V$ befindet, bestimmt also die Lage des Moleküls bestenfalls mit einer Genauigkeit des Ortes von der Größenordnung der Molekülabmessungen. Dieser Sachverhalt ist sehr wesentlich. Wären die Koordinaten der Teilchen eines Gases genau bestimmt, dann wäre bei einem Stoß von beispielsweise zwei Atomen eines einatomigen Gases, welche sich auf festgelegten klassischen Trajektorien bewegen, das Resultat des Stoßes auch genau festgelegt. Wenn aber (wie immer in der kinetischen Theorie der Gase) von Atomstößen gesprochen wird, die in einem gegebenen, physikalisch kleinen Volumenelement stattfinden, dann wird wegen der Unbestimmtheit der genauen Lage der Atome zueinander auch das Ergebnis des Stoßes unbestimmt sein, und man kann nur von der Wahrscheinlichkeit dieses oder jenes Ausgangs des Stoßes sprechen.

Wir können jetzt präzisieren, daß wir, wenn wir von der mittleren Teilchenzahldichte sprechen, die Mittelung über das Volumen der auf diese Weise als physikalisch unendlich klein definierten Elemente sowie entsprechendermaßen über Zeiten von der Größenordnung der Laufzeit der Teilchen durch diese Elemente meinen.

Da die Abmessungen der Volumenelemente, bezüglich der die Verteilungsfunktion definiert wurde, groß sind im Vergleich zu den Molekülabmessungen d, müssen auch die Abstände L, in denen sich diese Funktion wesentlich ändert, in jedem Falle groß sein im Vergleich zu d. Dagegen kann das Verhältnis zwischen den Abmessungen der physikalisch unendlich kleinen Volumenelemente und dem mittleren zwischenmolekularen Abstand $\bar{r}$ im allgemeinen beliebig sein. Es existieren jedoch Unterschiede im Charakter der durch die Verteilungsfunktion definierten Dichte N in Abhängigkeit von der Größe dieses Verhältnisses. Sind die Abmessungen der Elemente $\mathrm{d}V$ nicht groß im Vergleich zu $\bar{r}$, dann ist die Dichte N auch keine makroskopische Größe: Die Fluktuationen der Zahl der Teilchen, die sich in $\mathrm{d}V$ befinden, sind vergleichbar mit ihrem mittleren Wert. Die Dichte N wird zu einer makroskopischen Größe lediglich dann, wenn sie in bezug auf Volumina $\mathrm{d}V$ definiert wurde, welche viele Teilchen enthalten. Dann ist die Fluktuation der Teilchenzahl in diesen Volumina relativ klein. Es ist jedoch klar, daß solch eine Definition nur dann möglich ist, wenn auch die charakteristischen Abmessungen des Problems $L \gg \bar{r}$ sind.

§ 2. Das Prinzip des detaillierten Gleichgewichts

Wir betrachten Stöße zwischen zwei Molekülen, von denen das eine Werte der Größen Γ besitzt, die in einem gegebenen Intervall $d\Gamma$ liegen, und das andere Werte im Intervall $d\Gamma_1$, wobei im Ergebnis des Stoßes die Moleküle Γ-Werte annehmen, die in den Intervallen $d\Gamma'$ und $d\Gamma_1'$ liegen. Zur Abkürzung werden wir einfach von Stößen der Moleküle Γ und Γ_1 mit dem Übergang $\Gamma, \Gamma_1 \to \Gamma', \Gamma_1'$ sprechen. Die Gesamtzahl solcher Stöße, bezogen auf die Zeiteinheit und auf die Volumeneinheit des Gases, ergibt sich als Produkt der Zahl der Moleküle in der Volumeneinheit (diese Zahl ist gleich $f(t, \boldsymbol{r}, \Gamma)\, d\Gamma$) mit der Wahrscheinlichkeit dafür, daß jedes von ihnen einen Stoß vom betrachteten Typ erfährt. Diese Wahrscheinlichkeit ist in jedem Falle proportional zur Zahl der Moleküle Γ_1 in der Volumeneinheit (gegeben durch $f(t, \boldsymbol{r}, \Gamma_1)\, d\Gamma_1$) und zu den Intervallen $d\Gamma'$, $d\Gamma_1'$ für die Γ-Werte beider Moleküle nach dem Stoß. Auf diese Weise läßt sich die Zahl der Stöße mit einem Übergang $\Gamma, \Gamma_1 \to \Gamma', \Gamma_1'$, die pro Zeit- und Volumeneinheit vor sich gehen, in der Form

$$w(\Gamma', \Gamma_1'; \Gamma, \Gamma_1)\, f f_1\, d\Gamma\, d\Gamma_1\, d\Gamma'\, d\Gamma_1' \tag{2,1}$$

darstellen. (Hier und im folgenden entsprechen die Indizes bei den Funktionen f den Indizes ihrer Argumente Γ: $f_1 = f(t, \boldsymbol{r}, \Gamma_1)$, $f' = f(t, \boldsymbol{r}, \Gamma')$ usw.) Der Koeffizient w ist eine Funktion aller in ihm angeführten Argumente Γ.[1]) Der Quotient aus $w\, d\Gamma'\, d\Gamma_1'$ und dem Betrag der Relativgeschwindigkeit $\boldsymbol{v} - \boldsymbol{v}_1$ der sich stoßenden Moleküle hat die Dimension einer Fläche und erweist sich als der effektive Wirkungsquerschnitt

$$d\sigma = \frac{w(\Gamma', \Gamma_1'; \Gamma, \Gamma_1)}{|\boldsymbol{v} - \boldsymbol{v}_1|}\, d\Gamma'\, d\Gamma_1'. \tag{2,2}$$

Im Prinzip kann die Funktion w nur über die Lösung des mechanischen Stoßproblems von Teilchen, die nach einem gegebenen Gesetz miteinander wechselwirken, bestimmt werden. Einige Eigenschaften dieser Funktion können jedoch schon auf der Grundlage allgemeiner Betrachtungen geklärt werden.[2])

Bekanntlich besitzt die Stoßwahrscheinlichkeit eine wichtige Eigenschaft, die aus der Symmetrie der Grundgleichungen der Mechanik (klassischer oder quantenmechanischer Fall) bezüglich Zeitumkehr folgt (s. III, § 144). Wir bezeichnen mit Γ^T diejenigen Größen, die sich aus den Γ bei Zeitumkehr ergeben. Diese Operation ändert die Vorzeichen aller Impulse und Drehimpulse: aus $\Gamma = (\boldsymbol{p}, \boldsymbol{M})$ wird $\Gamma^T = (-\boldsymbol{p}, -\boldsymbol{M})$. Da die Umkehr der Zeitrichtung die Zustände „vor“ und „nach“ dem Stoß vertauscht, gilt

$$w(\Gamma', \Gamma_1'; \Gamma, \Gamma_1) = w(\Gamma^T, \Gamma_1^T; \Gamma'^T, \Gamma_1'^T)\,. \tag{2,3}$$

---

[1]) Die Charakteristika des Anfangs- (i) und des Endzustandes (f) in der Funktion w werden in der Reihenfolge von rechts nach links angegeben, $w(f; i)$, wie es auch in der Quantenmechanik üblich ist.

[2]) Wir möchten sofort unterstreichen, daß, obwohl die freie Bewegung der Moleküle als klassisch angenommen wird, dies keineswegs ausschließt, daß für ihre Stöße der Wirkungsquerschnitt quantenmechanisch bestimmt werden muß (wie dies auch gewöhnlich der Fall ist). Die angegebene Herleitung der kinetischen Gleichung hängt nicht von der Natur (klassisch oder quantenmechanisch) der Funktion w ab.

Wir weisen darauf hin, daß diese Beziehung die Gültigkeit des *Prinzips des detaillierten Gleichgewichts* im Zustand des statistischen Gleichgewichts gewährleistet, demzufolge im Gleichgewicht die Zahl der Stöße mit einem Übergang $\Gamma, \Gamma_1 \to \Gamma', \Gamma_1'$ gleich der Zahl der Stöße mit dem Übergang $\Gamma'^T, \Gamma_1'^T \to \Gamma^T, \Gamma_1^T$ ist. In der Tat gilt, wenn wir diese Zahlen in der Form (2,1) darstellen,

$$w(\Gamma', \Gamma_1'; \Gamma, \Gamma_1) f_0 f_{01} \, d\Gamma \, d\Gamma_1 \, d\Gamma' \, d\Gamma_1'$$
$$= w(\Gamma^T, \Gamma_1^T; \Gamma'^T, \Gamma_1'^T) f_0' f_{01}' \, d\Gamma^T \, d\Gamma_1^T \, d\Gamma'^T \, d\Gamma_1'^T ,$$

wobei f_0 die Verteilungsfunktion für das Gleichgewicht (BOLTZMANN-Verteilung) ist. Das Produkt der Phasenraumelemente $d\Gamma \, d\Gamma_1 \, d\Gamma' \, d\Gamma_1'$ bleibt bei der Zeitumkehr ungeändert. Deshalb können die Differentiale auf beiden Seiten der angegebenen Gleichung weggelassen werden. Weiterhin ändert sich die Energie bei der Ersetzung von t durch $-t$ nicht: $\varepsilon(\Gamma) = \varepsilon(\Gamma^T)$, wobei $\varepsilon(\Gamma)$ die Energie eines Moleküls als Funktion der Größen Γ ist. Da die Verteilungsfunktion im Gleichgewicht (für ein ruhendes Gas) nur von der Energie abhängt,

$$f_0(\Gamma) = \text{const} \cdot e^{-\varepsilon(\Gamma)/T} , \qquad (2,4)$$

(wobei T die Temperatur des Gases ist), gilt $f_0(\Gamma) = f_0(\Gamma^T)$. Schließlich gilt infolge des Energieerhaltungssatzes bei einem Stoß von zwei Molekülen $\varepsilon + \varepsilon_1 = \varepsilon' + \varepsilon_1'$. Deshalb ist

$$f_0 f_{01} = f_0' f_{01}' , \qquad (2,5)$$

und die oben angegebene Gleichung ergibt (2,3).

Diese Begründung bleibt natürlich auch für ein Gas richtig, das sich mit der makroskopischen Geschwindigkeit $\boldsymbol{V}$ bewegt. Die Verteilungsfunktion im Gleichgewicht lautet in diesem Falle

$$f_0(\Gamma) = \text{const} \cdot \exp\left(-\frac{\varepsilon(\Gamma) - \boldsymbol{pV}}{T}\right), \qquad (2,6)$$

und (2,5) bleibt wegen der Impulserhaltung bei Stößen $\boldsymbol{p} + \boldsymbol{p}_1 = \boldsymbol{p}' + \boldsymbol{p}_1'$ gültig.[1]

Wir möchten hervorheben, daß die Gleichung (2,5) nur durch die Art der Abhängigkeit der Verteilung (2,4) oder (2,6) von den Größen Γ bedingt ist. Die Parameter T und $\boldsymbol{V}$ können sich hierbei mit dem Ort ändern.

Das Prinzip des detaillierten Gleichgewichts kann auch in einer etwas anderen Formulierung angegeben werden. Hierzu führen wir gemeinsam mit der Zeitumkehr noch eine Inversion, d. h. die Änderung der Vorzeichen aller Koordinaten, durch. Wenn die Moleküle keine hinreichende Symmetrie aufweisen, gehen sie bei der Inversion in stereoisomere[2]) Moleküle über, mit denen sie durch keinerlei starre Drehung des Moleküls in Deckung gebracht werden können.[3]) Mit anderen Worten würde in

---

[1]) Gleichung (2,6) ergibt sich aus (2,4), indem die Energie eines Moleküls aus dem Bezugssystem K_0, in dem das Gas ruht, in das Bezugssystem K, in dem sich das Gas mit der Geschwindigkeit $\boldsymbol{V}$ bewegt, transformiert wird: $\varepsilon_0(\Gamma) = \varepsilon(\Gamma) - \boldsymbol{pV} + m\boldsymbol{V}^2/2$ (vgl. I, (3,5)).

[2]) Genaugenommen handelt es sich hier wie in allen weiteren Abschnitten des Buches um einen Spezialfall der Stereoisomerie, die Spiegelbildisomerie (Anm. d. Hrsg.).

[3]) Wir erinnern daran, daß Stereoisomerie bei Molekülen vorliegt, die weder ein Symmetriezentrum noch Symmetrieebenen besitzen.

solchen Fällen die Inversionstransformation eine Ersetzung des Gases durch einen im Grunde genommen anderen (stereoisomeren) Stoff bedeuten, und es könnten keinerlei neue Schlußfolgerungen über die Eigenschaften des ursprünglichen Stoffs gezogen werden. Wenn aber die Symmetrie der Moleküle eine Stereoisomerie nicht zuläßt, bleibt bei der Inversion das Gas identisch, und die Größen, die die Eigenschaften des makroskopisch homogenen Gases beschreiben, dürfen sich nicht ändern.

Wir bezeichnen mit Γ^{TP} die Gesamtheit der Größen, die aus den Γ bei gleichzeitiger Zeitumkehr und Inversion erhalten werden. Die Inversion ändert das Vorzeichen aller gewöhnlichen (polaren) Vektoren, wie etwa des Impulses $\boldsymbol{p}$, und läßt die axialen Vektoren, wie etwa den Drehimpulsvektor $\boldsymbol{M}$, ungeändert. Ist $\Gamma = (\boldsymbol{p}, \boldsymbol{M})$, folgt somit $\Gamma^{TP} = (\boldsymbol{p}, -\boldsymbol{M})$. Zusätzlich zu (2,3) erhalten wir die Beziehung[1])

$$w(\Gamma', \Gamma_1'; \Gamma, \Gamma_1) = w(\Gamma^{TP}, \Gamma_1^{TP}; \Gamma'^{TP}, \Gamma_1'^{TP}) . \tag{2,7}$$

Die Übergänge, auf die sich die Funktionen w auf beiden Seiten der Gleichung (2,3) beziehen, bezeichnet man als *zeitkonjugierte* Übergänge. Sie können nicht im buchstäblichen Sinne als *direkter* und *inverser* Prozeß bezeichnet werden, da sich die Größen Γ unterscheiden (Γ und Γ^T). Für das einatomige Gas kann jedoch das Prinzip des detaillierten Gleichgewichts auch unter Verwendung der direkten und inversen Prozesse formuliert werden. Da in diesem Fall die Größen Γ durch die drei Impulskomponenten des Atoms gebildet werden, ist $\Gamma = \Gamma^{TP} = \boldsymbol{p}$, und aus (2,7) folgt

$$w(\boldsymbol{p}', \boldsymbol{p}_1'; \boldsymbol{p}, \boldsymbol{p}_1) = w(\boldsymbol{p}, \boldsymbol{p}_1; \boldsymbol{p}', \boldsymbol{p}_1') . \tag{2,8}$$

In diesem Falle ist ein „detailliertes Gleichgewicht" im wörtlichen Sinne vorhanden: Jeder mikroskopische Stoßprozeß wird durch den zu ihm inversen Prozeß ausgeglichen.

Die Funktion w genügt weiterhin einer allgemeinen Relation, die keine Beziehung zur Symmetrie der Zeitumkehr besitzt. Die Herleitung dieser Relation ist durchsichtiger, wenn sie in der Sprache der Quantenmechanik durchgeführt wird. Wir betrachten hierbei Übergänge zwischen Zuständen, die zu einem diskreten Spektrum gehören, indem wir etwa die Zustände eines Paares von Molekülen, die sich in einem endlichen Volumen bewegen, einführen. Bekanntlich bilden die Wahrscheinlichkeitsamplituden der verschiedenen Stoßprozesse eine unitäre Matrix $\hat{S}$ (die sogenannte *Streumatrix* oder *S-Matrix*). Die Unitaritätsbedingung lautet $\hat{S}^+\hat{S} = 1$ oder in expliziter Form unter Verwendung von Matrixindizes (die die verschiedenen Zustände numerieren)

$$\sum_n S_{in}^+ S_{nk} = \sum_n S_{ni}^* S_{nk} = \delta_{ik} .$$

Insbesondere wird für $i = k$

$$\sum_n |S_{ni}|^2 = 1 .$$

[1]) Wenn unter den Größen Γ auch Variable auftreten, die die Orientierung des Moleküls bestimmen, so müssen sich diese beim Übergang zu Γ^T oder Γ^{TP} auch in bestimmter Weise transformieren. So wird der Präzessionswinkel des symmetrischen Kreisels durch das Produkt $\boldsymbol{Mn}$ gegeben, wobei $\boldsymbol{n}$ die Richtung der Molekülachse ist. Diese Größe ändert das Vorzeichen sowohl bei der Zeitumkehr als auch bei der Inversion.

Das Quadrat $|S_{ni}|^2$ bestimmt die Wahrscheinlichkeit eines Stoßes mit dem Übergang $i \to n$,[1]) und die angegebene Gleichung drückt nur die Normierung der Wahrscheinlichkeiten aus. Die Summe der Wahrscheinlichkeiten aller möglichen Übergänge aus einem gegebenen Anfangszustand ist gleich Eins. Die Unitaritätsbedingung läßt sich aber auch in der Form $\hat{S}\hat{S}^+ = 1$ mit der umgekehrten Reihenfolge der Faktoren $\hat{S}$ und $\hat{S}^+$ schreiben. Dann erhalten wir $\sum\limits_n S_{in} S^*_{kn} = \delta_{ik}$ und für $i = k$

$$\sum_n |S_{in}|^2 = 1\,,$$

d. h., auch die Summe der Wahrscheinlichkeiten aller möglichen Übergänge in einen gegebenen Endzustand ist gleich Eins. Eliminieren wir aus beiden Summen das Glied mit $n = i$ (Übergang ohne Änderung des Zustandes), können wir auch

$$\sum_n{}' |S_{ni}|^2 = \sum_n{}' |S_{in}|^2$$

schreiben. Dies ist die gesuchte Beziehung. Unter Verwendung der Funktionen w läßt sie sich in der Form

$$\int w(\Gamma', \Gamma_1'; \Gamma, \Gamma_1)\, \mathrm{d}\Gamma'\, \mathrm{d}\Gamma_1' = \int w(\Gamma, \Gamma_1; \Gamma', \Gamma_1')\, \mathrm{d}\Gamma'\, \mathrm{d}\Gamma_1' \tag{2,9}$$

schreiben.

§ 3. Die Boltzmann-Gleichung

Wir kommen jetzt zu der Herleitung der Grundgleichung der kinetischen Gastheorie der Bestimmungsgleichung für die Verteilungsfunktion $f(t, \boldsymbol{r}, \Gamma)$.

Könnte man die Stöße zwischen den Molekülen durchweg vernachlässigen, so würde jedes Molekül ein abgeschlossenes Untersystem darstellen, und für die Verteilungsfunktion der Moleküle würde das Liouville-Theorem

$$\frac{\mathrm{d}f}{\mathrm{d}t} = 0 \tag{3,1}$$

gelten (s. V, § 3). Hierbei bezeichnet das totale Differential die Ableitung entlang der Phasenraumtrajektorie eines Moleküls, welche durch seine Bewegungsgleichungen bestimmt wird. Wir erinnern daran, daß das Liouville-Theorem für eine Verteilungsfunktion hergeleitet wird, welche genaugenommen als Dichte in einem Phasenraum (d. h. einem Raum solcher Variablen, welche kanonisch konjugierte verallgemeinerte Koordinaten und Impulse sind) definiert ist. Dieser Sachverhalt verbietet natürlich nicht, daß die Funktion f anschließend durch beliebige andere Variable ausgedrückt werden kann.

---

[1]) Das Quadrat $|S_{ni}|^2$ ist für große Zeiten proportional zu t und ergibt nach Division durch t die Übergangswahrscheinlichkeit pro Zeiteinheit (vgl. IV, § 64). Wenn die Wellenfunktionen der Ausgangs- und Endzustände der Teilchen „auf ein Teilchen im Einheitsvolumen" normiert sind, so erhält diese „Wahrscheinlichkeit" die gleiche Dimension (cm³/s) wie die gemäß (2,1) definierte Größe $w\, \mathrm{d}\Gamma\, \mathrm{d}\Gamma_1$.

Bei Abwesenheit äußerer Felder bleiben die Größen Γ eines sich frei bewegenden Moleküls konstant, lediglich seine Koordinaten $\boldsymbol{r}$ ändern sich. Hierbei gilt

$$\frac{\mathrm{d}f}{\mathrm{d}t} = \frac{\partial f}{\partial t} + \boldsymbol{v}\nabla f . \tag{3,2}$$

Befindet sich jedoch das Gas beispielsweise in einem äußeren Feld $U(\boldsymbol{r})$, welches auf die Schwerpunktskoordinaten des Moleküls wirkt (etwa im Schwerefeld), so ergibt sich

$$\frac{\mathrm{d}f}{\mathrm{d}t} = \frac{\partial f}{\partial t} + \boldsymbol{v}\nabla f + \boldsymbol{F}\frac{\partial f}{\partial \boldsymbol{p}}, \tag{3,3}$$

wobei $\boldsymbol{F} = -\nabla U$ diejenige Kraft ist, die vom Feld auf ein Molekül ausgeübt wird.

Die Berücksichtigung von Stößen verletzt die Gleichung (3,1). Die Verteilungsfunktion ist längs einer Phasenraumtrajektorie nicht mehr konstant. Anstelle von (3,1) muß geschrieben werden

$$\frac{\mathrm{d}f}{\mathrm{d}t} = \mathrm{St}\, f . \tag{3,4}$$

Hierbei bedeutet das Symbol $\mathrm{St}\, f$ die Änderungsgeschwindigkeit der Verteilungsfunktion infolge von Stößen: $\mathrm{d}V\, \mathrm{d}\Gamma\, \mathrm{St}\, f$ ist gleich der auf die Zeiteinheit bezogenen Änderung der Zahl der Moleküle im Phasenraumvolumen $\mathrm{d}V\, \mathrm{d}\Gamma$ infolge von Stößen. In der Form

$$\frac{\partial f}{\partial t} = -\boldsymbol{v}\nabla f + \mathrm{St}\, f$$

geschrieben, bestimmt (3,4) (mit $\mathrm{d}f/\mathrm{d}t$ aus (3,2)) die gesamte Änderung der Verteilungsfunktion an einem gegebenen Punkt des Phasenraumes. Der Term $\mathrm{d}V\, \mathrm{d}\Gamma(\boldsymbol{v}\nabla f)$ ist gleich der Verringerung der Molekülzahl (pro Zeiteinheit) in einem gegebenen Element des Phasenraumes, die durch die freie Bewegung bedingt ist.

Die Größe $\mathrm{St}\, f$ wird als *Stoßintegral* bezeichnet, und Gleichungen der Form (3,4) bezeichnet man allgemein als *kinetische Gleichungen*. Selbstverständlich erhält eine kinetische Gleichung erst nach der Festlegung der Form des Stoßintegrals eine konkrete Bedeutung. Zu dieser Aufgabe gehen wir jetzt über.

Bei einem Stoß zweier Moleküle ändern sich die Werte ihrer Größen Γ. Deshalb führt ein beliebiger Stoß, den ein Molekül erfährt, dieses aus dem gegebenen Intervall $\mathrm{d}\Gamma$ heraus. Entsprechende Beiträge werden als „Verlustterme" bezeichnet. Die Gesamtzahl von Stößen mit Übergängen $\Gamma, \Gamma_1 \to \Gamma', \Gamma_1'$ für alle möglichen Werte Γ_1, Γ', Γ_1' bei festgehaltenem Γ, die in der Zeiteinheit im Volumen $\mathrm{d}V$ stattfinden, wird durch das Integral

$$\mathrm{d}V\, \mathrm{d}\Gamma \int w(\Gamma', \Gamma_1'; \Gamma, \Gamma_1)\, f f_1\, \mathrm{d}\Gamma_1\, \mathrm{d}\Gamma'\, \mathrm{d}\Gamma_1'$$

gegeben. Es ereignen sich jedoch auch solche Stöße, in deren Ergebnis Moleküle, die vorher Γ-Werte außerhalb des gegebenen Intervalls $\mathrm{d}\Gamma$ besaßen, in dieses Intervall hineingestreut werden („Gewinn"). Dies sind Stöße mit Übergängen $\Gamma', \Gamma_1' \to \Gamma, \Gamma_1$, wobei wiederum Γ_1, Γ', Γ_1' alle möglichen Werte annehmen können und Γ vorgegeben ist. Die Gesamtzahl dieser Stöße (pro Zeiteinheit und im Volumenelement dV) ist gleich

$$dV\, d\Gamma \int w(\Gamma, \Gamma_1; \Gamma', \Gamma_1') f' f_1'\, d\Gamma_1\, d\Gamma'\, d\Gamma_1' .$$

Ziehen wir die Zahl der „Verlustprozesse" von der Zahl der „Gewinnprozesse" ab, so finden wir, daß im Ergebnis aller Stöße die Zahl der betrachteten Moleküle in 1 s um

$$dV\, d\Gamma \int (w' f' f_1' - w f f_1)\, d\Gamma_1\, d\Gamma'\, d\Gamma_1'$$

zunimmt, wobei zur Abkürzung die Bezeichnungen

$$w \equiv w(\Gamma', \Gamma_1'; \Gamma, \Gamma_1), \qquad w' \equiv w(\Gamma, \Gamma_1; \Gamma', \Gamma_1') \tag{3,5}$$

eingeführt wurden.

Auf diese Weise erhalten wir den folgenden Ausdruck für das Stoßintegral:

$$\mathrm{St}\, f = \int (w' f' f_1' - w f f_1)\, d\Gamma_1\, d\Gamma'\, d\Gamma_1' . \tag{3,6}$$

Bei dem zweiten Term des Integranden bezieht sich die Integration über $d\Gamma'\, d\Gamma_1'$ nur auf die Funktion w; die Faktoren f, f_1 hängen von diesen Variablen nicht ab. Deshalb läßt sich dieser Anteil des Integrals unter Benutzung der Unitaritätsbeziehung (2,9) umformen. Im Ergebnis nimmt das Stoßintegral die Form

$$\mathrm{St}\, f = \int w' (f' f_1' - f f_1)\, d\Gamma_1\, d\Gamma'\, d\Gamma_1' \tag{3,7}$$

an, in der beide Terme den gleichen Koeffizienten w' besitzen.[1])

Somit können wir die kinetische Gleichung nach der Aufstellung des Stoßintegrals angeben:

$$\frac{\partial f}{\partial t} + \boldsymbol{v} \nabla f = \int w' (f' f_1' - f f_1)\, d\Gamma_1\, d\Gamma'\, d\Gamma_1' . \tag{3,8}$$

Diese Integro-Differentialgleichung wird auch als BOLTZMANN-*Gleichung* bezeichnet. Sie wurde erstmalig von LUDWIG BOLTZMANN, dem Begründer der kinetischen Theorie, im Jahre 1872 aufgestellt.

Die statistische Verteilung für das Gleichgewicht muß die kinetische Gleichung identisch befriedigen. Diese Bedingung wird tatsächlich erfüllt. Die Gleichgewichtsverteilung ist stationär und (bei Abwesenheit äußerer Felder) homogen. Deshalb wird die linke Seite der Gleichung (3,8) identisch gleich Null. Das Stoßintegral verschwindet ebenfalls, denn wegen (2,5) ist der Integrand gleich Null. Natürlich befriedigt auch die Gleichgewichtsverteilung für ein Gas in einem äußeren Feld die kinetische Gleichung. Es genügt, darauf hinzuweisen, daß die linke Seite der kinetischen Gleichung die totale Ableitung df/dt ist, die für beliebige Funktionen f, die nur von Erhaltungsgrößen abhängen, identisch verschwindet. Die Gleichgewichtsverteilung hängt aber nur von einer Erhaltungsgröße ab, nämlich von der Gesamtenergie des Moleküls $\varepsilon(\Gamma)$.

Bei der angegebenen Herleitung der kinetischen Gleichung werden die Stöße der Moleküle im wesentlichen als momentane Akte betrachtet, die an einem Punkt des Raumes vor sich gehen. Es ist deshalb klar, daß die kinetische Gleichung prinzipiell nur gestattet, Änderungen der Verteilungsfunktion in Zeitabschnitten, die groß im

[1]) Die Möglichkeit, das Stoßintegral mit Hilfe von (2,9) umzuformen, wurde von E. C. G. STÜCKELBERG (1952) angegeben.

Vergleich zur Dauer der Stöße sind, und in Abständen, die groß im Vergleich zu den Abmessungen des Stoßbereiches sind, zu untersuchen. Letztere sind von der Größenordnung des Wirkungsradius der molekularen Kräfte d (der für neutrale Moleküle etwa mit ihren Abmessungen übereinstimmt). Die Stoßdauer ist von der Größenordnung $d/\bar{v}$. Diese Werte ergeben auch eine untere Grenze der Abstände und Zeitdifferenzen, die im Rahmen der kinetischen Gleichungen noch betrachtet werden können. (Auf die Herleitung solcher Gültigkeitsgrenzen kommen wir in § 16 nochmals zurück.) Gewöhnlich besteht jedoch faktisch nicht die Notwendigkeit (und auch nicht die Möglichkeit) einer so detaillierten Beschreibung des Verhaltens des Systems. Insbesondere wäre hierfür die Vorgabe der Anfangsbedingungen (der räumlichen Verteilung und der Geschwindigkeiten der Gasmoleküle) mit einer solchen Genauigkeit nötig, wie sie faktisch nicht zu verwirklichen ist. In realistischen physikalischen Aufgabenstellungen existieren charakteristische Parameter für die Länge L und die Zeit T, die dem System durch die Bedingungen der Aufgabenstellung (charakteristische Längen der Gradienten makroskopischer Größen des Gases, Längen und Perioden der sich in ihm ausbreitenden Schallwellen u. ä.) aufgezwungen werden. Bei solchen Aufgabenstellungen ist es ausreichend, das Verhalten des Systems in Raum- und Zeitintervallen zu verfolgen, die klein lediglich im Vergleich zu diesen L und T sind. Anders ausgedrückt müssen die physikalisch unendlich kleinen Elemente des Raumes und der Zeit nur klein im Vergleich zu L und T sein. Auch die Anfangsbedingungen der Aufgabenstellung sind als Mittel über diese Elemente gegeben.

Für ein einatomiges Gas reduzieren sich die Größen Γ auf die drei Komponenten des Atomimpulses $\boldsymbol{p}$, und gemäß (2,8) kann die Funktion w' im Stoßintegral durch die Funktion $w = w(\boldsymbol{p}', \boldsymbol{p}_1'; \boldsymbol{p}, \boldsymbol{p}_1)$ ersetzt werden. Drücken wir weiterhin diese Funktion gemäß $w\, \mathrm{d}^3p'\, \mathrm{d}^3p_1' = v_{\mathrm{rel}}\, \mathrm{d}\sigma$ durch den differentiellen Wirkungsquerschnitt $\mathrm{d}\sigma$ aus (wobei $v_{\mathrm{rel}} = |\boldsymbol{v} - \boldsymbol{v}_1|$ ist; s. (2,2)), so erhalten wir

$$\mathrm{St}\, f = \int v_{\mathrm{rel}}(f'f_1' - ff_1)\, \mathrm{d}\sigma\, \mathrm{d}^3p_1\,. \tag{3,9}$$

Die Funktion w und mit ihr der in (2,2) definierte Wirkungsquerschnitt $\mathrm{d}\sigma$ enthalten δ-Funktionen als Faktoren, die die Erhaltungssätze für Energie und Impuls ausdrücken, auf Grund derer die Variablen $\boldsymbol{p}_1$, $\boldsymbol{p}'$, und $\boldsymbol{p}_1'$ (bei festgehaltenem $\boldsymbol{p}$) in Wirklichkeit nicht unabhängig voneinander sind. Nachdem jedoch das Stoßintegral in der Form (3,9) ausgedrückt wurde, lassen sich diese δ-Funktionen durch die entsprechenden Integrationen beseitigen. Dann ergibt sich für $\mathrm{d}\sigma$ der gewöhnliche Streuquerschnitt, der (bei gegebenem v_{rel}) nur vom Streuwinkel abhängt.

Zur qualitativen Beschreibung der kinetischen Erscheinungen in einem Gas wird für das Stoßintegral eine grobe Abschätzung unter Verwendung der *freien Weglänge* l benutzt. Dies ist eine bestimmte mittlere Entfernung, die von einem Molekül zwischen zwei aufeinanderfolgenden Stößen durchlaufen wird.[1]) Diese Größe besitzt natürlich nur qualitativen Charakter. Sogar ihre Definition hängt davon ab, welche spezielle kinetische Erscheinung im Gas betrachtet wird.

Die freie Weglänge kann durch den Stoßquerschnitt σ und die Teilchendichte N der Moleküle im Gas ausgedrückt werden. Ein Molekül möge bei seiner Bewegung 1 cm durchlaufen haben; auf diesem Wege fanden Stöße mit Molekülen statt, die sich im

[1]) Dieser Begriff wurde zuerst von R. CLAUSIUS (1858) eingeführt.

Volumen σ (das Volumen eines Zylinders mit dem Stoßquerschnitt σ als Grundfläche und der Länge 1 cm) befanden; in diesem Volumen gibt es σN Moleküle. Deshalb gilt offensichtlich

$$l \sim 1/N\sigma\,. \tag{3,10}$$

Der Stoßquerschnitt σ ist von der Größenordnung d^2, wobei d gleich den molekularen Abmessungen ist. Setzen wir weiterhin $N \sim \bar{r}^{-3}$, wobei $\bar{r}$ der mittlere Abstand zwischen den Molekülen ist, so finden wir

$$l \sim \bar{r}\left(\frac{\bar{r}}{d}\right)^2 = d\left(\frac{\bar{r}}{d}\right)^3. \tag{3,11}$$

Weil im Gas $\bar{r} \gg d$ ist, gilt auch für die freie Weglänge $l \gg \bar{r}$.

Den Quotienten $\tau \sim l/\bar{v}$ bezeichnet man als die *freie Flugzeit.* Für eine grobe Abschätzung des Stoßintegrals kann man den folgenden Ansatz machen:

$$\mathrm{St}\,f \sim -\frac{f - f_0}{\tau} \sim -\frac{\bar{v}}{l}(f - f_0)\,. \tag{3,12}$$

Indem wir im Zähler die Differenz $f - f_0$ geschrieben haben, haben wir berücksichtigt, daß für die Gleichgewichtsverteilungsfunktion das Stoßintegral verschwindet. Das negative Vorzeichen in (3,12) bringt zum Ausdruck, daß die Stöße einen Mechanismus zur Einstellung des statistischen Gleichgewichts darstellen, d. h., sie sind bestrebt, die Abweichung der Verteilungsfunktion vom Gleichgewicht zu vermindern. In diesem Sinne hat die Größe τ die Bedeutung einer Relaxationszeit für die Einstellung des Gleichgewichts in jedem Volumenelement des Gases.

§ 4. Das *H*-Theorem

Wie jedes abgeschlossene makroskopische System wird ein sich selbst überlassenes Gas danach streben, in den Gleichgewichtszustand überzugehen. Dementsprechend muß die Evolution der Verteilungsfunktion im Nichtgleichgewicht gemäß der kinetischen Gleichung von einem Anwachsen der Entropie des Gases begleitet sein. Wir wollen zeigen, daß dies tatsächlich so ist.

Bekanntlich ist die Entropie des idealen Gases, das sich in einem makroskopischen, durch die Verteilungsfunktion f beschriebenen Nichtgleichgewichtszustand befindet, gleich

$$S = \int f \ln \frac{\mathrm{e}}{f}\,\mathrm{d}V\,\mathrm{d}\Gamma \tag{4,1}$$

(s. V, § 40). Wenn wir diesen Ausdruck nach der Zeit differenzieren, erhalten wir

$$\frac{\mathrm{d}S}{\mathrm{d}t} = \int \frac{\partial}{\partial t}\left(f \ln \frac{\mathrm{e}}{f}\right)\mathrm{d}V\,\mathrm{d}\Gamma = -\int \ln f \frac{\partial f}{\partial t}\,\mathrm{d}V\,\mathrm{d}\Gamma\,. \tag{4,2}$$

Da die Einstellung des statistischen Gleichgewichts im Gas durch die Stöße der Moleküle zustande kommt, muß die Zunahme der Entropie mit dem Stoßanteil der

Änderung der Verteilungsfunktion in Zusammenhang stehen. Die Änderung dieser Funktion, die durch die freie Bewegung der Moleküle bedingt ist, kann nicht zu einer Änderung der Entropie des Gases führen. Dieser Beitrag zur Änderung der Verteilungsfunktion wird (für ein Gas im äußeren Feld $U(\boldsymbol{r})$) durch die ersten beiden Glieder auf der rechten Seite der Gleichung

$$\frac{\partial f}{\partial t} = -\boldsymbol{v}\nabla f - \boldsymbol{F}\frac{\partial f}{\partial \boldsymbol{p}} + \mathrm{St}\, f$$

gegeben. Ihr Beitrag zur Ableitung $\mathrm{d}S/\mathrm{d}t$ ist gleich

$$-\int \ln f\left[-\boldsymbol{v}\frac{\partial f}{\partial \boldsymbol{r}} - \boldsymbol{F}\frac{\partial f}{\partial \boldsymbol{p}}\right]\mathrm{d}V\,\mathrm{d}\Gamma = \int\left[\boldsymbol{v}\frac{\partial}{\partial \boldsymbol{r}} + \boldsymbol{F}\frac{\partial}{\partial \boldsymbol{p}}\right]\left(f\ln\frac{f}{\mathrm{e}}\right)\mathrm{d}V\,\mathrm{d}\Gamma\,.$$

Das Integral über $\mathrm{d}V$ im Glied mit der Ableitung $\partial/\partial\boldsymbol{r}$ läßt sich aber nach dem GAUSSschen Theorem in ein Oberflächenintegral umformen. Bei der Integration über das gesamte Gasvolumen verschwindet es, da außerhalb der Grenzen des von dem Gas eingenommenen Volumens $f = 0$ gilt. In analoger Weise wird der Term mit der Ableitung $\partial/\partial\boldsymbol{p}$ bei der Integration über $\mathrm{d}^3\boldsymbol{p}$ in ein Integral über eine unendlich entfernte Oberfläche im Impulsraum umgeformt und verschwindet ebenfalls.

Auf diese Weise verbleibt für die Änderung der Entropie

$$\frac{\mathrm{d}S}{\mathrm{d}t} = -\int \ln f\cdot \mathrm{St}\, f\,\mathrm{d}\Gamma\,\mathrm{d}V\,. \tag{4,3}$$

Dieses Integral läßt sich nach einem Verfahren umformen, welches wir (auch im Hinblick auf weitere Anwendungen) in allgemeiner Form für das Integral

$$\int \varphi(\Gamma)\,\mathrm{St}\, f\,\mathrm{d}\Gamma$$

formulieren, wobei $\varphi(\Gamma)$ eine beliebige Funktion der Größen Γ ist. Unter Verwendung des Stoßintegrals in der Form (3,6) erhalten wir

$$\int \varphi(\Gamma)\,\mathrm{St}\, f\,\mathrm{d}\Gamma = \int \varphi w(\Gamma, \Gamma_1; \Gamma', \Gamma_1')\, f' f_1'\,\mathrm{d}^4\Gamma - \int \varphi w(\Gamma', \Gamma_1'; \Gamma, \Gamma_1)\, f f_1\,\mathrm{d}^4\Gamma\,,$$

wobei zur Abkürzung die Bezeichnung $\mathrm{d}^4\Gamma = \mathrm{d}\Gamma\,\mathrm{d}\Gamma_1\,\mathrm{d}\Gamma'\,\mathrm{d}\Gamma_1'$ eingeführt wurde. Da hier die Integration über alle Variablen Γ, Γ_1, Γ', Γ_1' durchgeführt wird, kann eine beliebige Umbenennung der Variablen vorgenommen werden, ohne das Integral zu ändern. Vertauschen wir die Bezeichnungen Γ, Γ_1 und Γ', Γ_1' im zweiten Integral erhalten wir

$$\int \varphi(\Gamma)\,\mathrm{St}\, f\,\mathrm{d}\Gamma = \int (\varphi - \varphi')\, w(\Gamma, \Gamma_1; \Gamma', \Gamma_1')\, f' f_1'\,\mathrm{d}^4\Gamma\,.$$

Wenn wir jetzt die Umbenennung $\Gamma, \Gamma' \leftrightarrow \Gamma_1, \Gamma_1'$ vornehmen, die Hälfte der Summe der auf diese Weise erhaltenen Integrale bilden und die offensichtliche Symmetrie der Funktion w bezüglich der beiden sich stoßenden Moleküle berücksichtigen, erhalten wir die Transformationsgleichung

$$\int \varphi(\Gamma)\,\mathrm{St}\, f\,\mathrm{d}\Gamma = \tfrac{1}{2}\int (\varphi + \varphi_1 - \varphi' - \varphi_1')\, w' f' f_1'\,\mathrm{d}^4\Gamma\,. \tag{4,4}$$

Insbesondere gilt $\int \mathrm{St}\, f \mathrm{d}\,\Gamma = 0$. Stellen wir hierin $\mathrm{St}\, f$ in der Form (3,7) dar, erhalten wir

$$\int \mathrm{St}\, f\,\mathrm{d}\Gamma = \int w'(f' f_1' - f f_1)\,\mathrm{d}^4\Gamma = 0\,. \tag{4,5}$$

Die Formel (4,4) ergibt bei Anwendung auf das Integral (4,3)

$$\frac{\mathrm{d}S}{\mathrm{d}t} = \frac{1}{2} \int w' f' f_1' \ln \frac{f' f_1'}{f f_1} \mathrm{d}^4\Gamma \,\mathrm{d}V = \frac{1}{2} \int w' f f_1 x \ln x \,\mathrm{d}^4\Gamma \,\mathrm{d}V$$

mit der Bezeichnung $x = f' f_1' / f f_1$. Subtrahieren wir von diesem Ausdruck die Hälfte des identisch verschwindenden Integrals (4,5), so können wir ihn in die Form

$$\frac{\mathrm{d}S}{\mathrm{d}t} = \frac{1}{2} \int w' f f_1 (x \ln x - x + 1) \,\mathrm{d}^4\Gamma \,\mathrm{d}V \tag{4,6}$$

bringen. Der Ausdruck, der in den Klammern des Integranden steht, ist eine nichtnegative Funktion für alle Werte $x > 0$. Er ist gleich Null für $x = 1$ und nimmt nach beiden Seiten von diesem Punkt zu. Definitionsgemäß sind auch die Faktoren w', f und f_1 unter dem Integralzeichen positiv. Somit gelangen wir zu dem geforderten Ergebnis

$$\frac{\mathrm{d}S}{\mathrm{d}t} \geqq 0\,, \tag{4,7}$$

welches das Gesetz der Zunahme der Entropie beinhaltet (das Gleichheitszeichen gilt im Gleichgewicht).[1])

Wir möchten darauf hinweisen, daß infolge der Nichtnegativität des Integranden in (4,6) (desgleichen auch in (4,3)) nicht nur das vollständige Integral (4,3) über $\mathrm{d}\Gamma\,\mathrm{d}V$, sondern bereits das Integral über $\mathrm{d}\Gamma$ positiv ist. Mit anderen Worten führen die Stöße in jedem Volumenelement des Gases zu einer Zunahme der Entropie. Dies bedeutet natürlich nicht, daß die Entropie generell in jedem Volumenelement anwächst, da sie infolge der freien Bewegung der Moleküle auch von einem Bereich in einen anderen transportiert werden kann.

§ 5. Der Übergang zu makroskopischen Gleichungen

Die BOLTZMANN-Gleichung liefert eine mikroskopische Beschreibung der Evolution des Zustandes eines Gases. Wir zeigen nun, wie der Übergang von der kinetischen Gleichung zu den gewöhnlichen hydrodynamischen Gleichungen durchgeführt werden kann, welche eine makroskopische, weniger detaillierte Beschreibung dieser Evolution liefern. Diese Beschreibung ist unter den Voraussetzungen anwendbar, daß sich die makroskopischen Eigenschaften des Gases (seine Temperatur, Dichte, mittlere Geschwindigkeit usw.) genügend langsam mit dem Ort ändern. Die Abstände L, innerhalb der eine wesentliche Änderung dieser Eigenschaften auftritt, müssen groß im Vergleich zur freien Weglänge l der Moleküle sein.

Wir erwähnten bereits, daß das Integral

$$N(t, \boldsymbol{r}) = \int f(t, \boldsymbol{r}, \Gamma) \,\mathrm{d}\Gamma \tag{5,1}$$

---

[1]) Der Beweis des Satzes von der Zunahme der Entropie mit Hilfe der kinetischen Gleichung wurde von BOLTZMANN gegeben und stellte die erste mikroskopische Begründung dieses Satzes dar. In der Anwendung auf Gase wird dieser Satz oft als *H-Theorem* bezeichnet (nach der Bezeichnung H, die von BOLTZMANN für die Entropie benutzt wurde).

die Bedeutung der räumlichen Teilchenzahldichte der Moleküle hat. Das Produkt $\varrho = mN$ ist dementsprechend die Massendichte des Gases. Wir bezeichnen die Geschwindigkeit der makroskopischen Bewegung des Gases mit $\boldsymbol{V}$ (im Gegensatz zu den mikroskopischen Geschwindigkeiten $\boldsymbol{v}$ der Moleküle). Sie ist als Mittelwert

$$\boldsymbol{V} = \bar{\boldsymbol{v}} = \frac{1}{N}\int \boldsymbol{v} f \,\mathrm{d}\Gamma \tag{5,2}$$

definiert.

Die Stöße ändern weder die Zahl der sich stoßenden Teilchen noch ihre Gesamtenergie oder ihren Gesamtimpuls. Folglich kann der Stoßterm auch nicht zu einer Änderung der makroskopischen Größen im Volumenelement des Gases führen. Er bewirkt weder eine Änderung der Dichte noch der inneren Energie oder der makroskopischen Geschwindigkeit $\boldsymbol{V}$. In der Tat werden die Stoßbeiträge zur Änderung der Gesamtzahl, der Gesamtenergie und des Gesamtimpulses der Moleküle in der Volumeneinheit des Gases durch Integrale gegeben, die gleich Null sind:

$$\int \mathrm{St}\, f \,\mathrm{d}\Gamma = 0\,, \qquad \int \varepsilon\, \mathrm{St}\, f \,\mathrm{d}\Gamma = 0\,, \qquad \int \boldsymbol{p}\, \mathrm{St}\, f \,\mathrm{d}\Gamma = 0\,. \tag{5,3}$$

Von der Gültigkeit dieser Gleichungen kann man sich leicht überzeugen, wenn man auf diese Integrale die Transformation (4,4) mit $\varphi = 1$, ε bzw. $\boldsymbol{p}$ anwendet (das erste Integral verschwindet identisch, das zweite und dritte auf Grund der Erhaltung der Energie und des Impulses bei Stößen).

Wir schreiben nun die kinetische Gleichung in der Form

$$\frac{\partial f}{\partial t} + \frac{\partial}{\partial x_\alpha}(v_\alpha f) = \mathrm{St}\, f \tag{5,4}$$

und integrieren sie über $\mathrm{d}\Gamma$, nachdem sie mit m, p_β oder ε multipliziert wurde. In allen drei Fällen verschwindet die rechte Seite der Gleichung, und wir erhalten die Beziehungen

$$\frac{\partial \varrho}{\partial t} + \operatorname{div} \varrho \boldsymbol{V} = 0\,, \tag{5,5}$$

$$\frac{\partial}{\partial t}\varrho V_\alpha + \frac{\partial \Pi_{\alpha\beta}}{\partial x_\beta} = 0\,, \tag{5,6}$$

$$\frac{\partial}{\partial t} N\bar{\varepsilon} + \operatorname{div} \boldsymbol{q} = 0\,. \tag{5,7}$$

Die erste von ihnen ist die gewöhnliche Kontinuitätsgleichung der Hydrodynamik, die die Erhaltung der Masse des Gases zum Ausdruck bringt. Die zweite Gleichung drückt die Impulserhaltung aus. Der Tensor $\Pi_{\alpha\beta}$ ist gemäß

$$\Pi_{\alpha\beta} = \int m v_\alpha v_\beta f \,\mathrm{d}\Gamma \tag{5,8}$$

definiert und hat die Bedeutung des Tensors der Impulsstromdichte. Seine Komponente $\Pi_{\alpha\beta}$ ist die α-Komponente des Impulses, der von den Molekülen innerhalb 1 s durch eine Einheitsfläche senkrecht zur Achse x_β übertragen wird. Die Gleichung für die Erhaltung der Energie wird schließlich durch (5,7) gegeben. Der Vektor $\boldsymbol{q}$ ist gemäß

$$\boldsymbol{q} = \int \varepsilon \boldsymbol{v} f \, \mathrm{d}\Gamma \tag{5,9}$$

definiert und hat die Bedeutung der Energiestromdichte im Gas.

Um (5,6) und (5,7) in die Form der gewöhnlichen hydrodynamischen Gleichungen zu bringen, müssen $\Pi_{\alpha\beta}$ und $\boldsymbol{q}$ jedoch noch durch makroskopische Größen ausgedrückt werden. Wir erwähnten bereits, daß die makroskopische Beschreibung eines Gases voraussetzt, daß die Gradienten seiner makroskopischen Charakteristika genügend klein sind. In diesem Fall kann man in erster Näherung annehmen, daß sich in jedem einzelnen Teilbereich des Gases das thermische Gleichgewicht einstellt, während sich das Gas als Ganzes im Nichtgleichgewicht befindet. Mit anderen Worten wird in jedem Volumenelement für die Verteilungsfunktion f ein *lokales Gleichgewicht* angenommen, so daß sie mit der Gleichgewichtsverteilung f_0 zu denjenigen Parameterwerten für Dichte, Temperatur und makroskopischer Geschwindigkeit übereinstimmt, welche in dem gegebenen Element vorliegen. Diese Näherung bedeutet auch die Vernachlässigung aller dissipativen Prozesse im Gas wie der Viskosität und der Wärmeleitung. Es ist selbstverständlich, daß hierbei die Gleichungen (5,6—7) zu den hydrodynamischen Gleichungen der idealen Flüssigkeit führen. Hiervon wollen wir uns im folgenden überzeugen.

Die Gleichgewichtsverteilung in einem Teilbereich des Gases, welcher sich als Ganzes mit der Geschwindigkeit $\boldsymbol{V}$ bewegt, unterscheidet sich von der Gleichgewichtsverteilung in einem ruhenden Gas nur durch eine Galilei-Transformation. Gehen wir zu einem Bezugssystem K' über, welches sich mit dem Gas mitbewegt, so erhalten wir die gewöhnliche Boltzmann-Verteilung. Die Geschwindigkeiten $\boldsymbol{v}'$ der Moleküle in diesem Bezugssystem sind mit ihren Geschwindigkeiten im ursprünglichen System K gemäß $\boldsymbol{v} = \boldsymbol{v}' + \boldsymbol{V}$ verknüpft. Wir können schreiben

$$\Pi_{\alpha\beta} = mN\langle v_\alpha v_\beta\rangle = mN\langle (V_\alpha + v'_\alpha)(V_\beta + v'_\beta)\rangle = mN(V_\alpha V_\beta + \langle v'_\alpha v'_\beta\rangle)\,.$$

Die Glieder mit $V_\alpha v'_\beta$ und $V_\beta v'_\alpha$ verschwinden bei der Mittelung über die Richtungen von $\boldsymbol{v}'$, da im System K' alle Richtungen für die Molekülgeschwindigkeit gleichwahrscheinlich sind. Aus dem gleichen Grund wird

$$\langle v'_\alpha v'_\beta\rangle = \tfrac{1}{3}\langle v'^2\rangle\,\delta_{\alpha\beta}\,, \tag{5,10}$$

wobei das mittlere Quadrat der thermischen Geschwindigkeit $\langle v'^2\rangle = 3T/m$ ist mit T als Temperatur des Gases. Berücksichtigen wir schließlich, daß NT gleich dem Druck P des Gases ist, erhalten wir

$$\Pi_{\alpha\beta} = \varrho V_\alpha V_\beta + \delta_{\alpha\beta} P\,, \tag{5,11}$$

d. h. die bekannte Beziehung für den Tensor der Impulsstromdichte in einer idealen Flüssigkeit. Die Gleichung (5,6) mit diesem Tensor (5,11) ist der Eulerschen Gleichung in der Hydrodynamik äquivalent (s. VI, § 7).

Für die Umformung des Integrals (5,9) bemerken wir, daß die Energie eines Moleküls ε im Bezugsystem K mit seiner Energie ε' im System K' gemäß

$$\varepsilon = \varepsilon' + m\boldsymbol{V}\boldsymbol{v}' + \tfrac{1}{2} m V^2$$

zusammenhängt. Setzen wir diesen Ausdruck und die Beziehung $\boldsymbol{v} = \boldsymbol{v}' + \boldsymbol{V}$ in $\boldsymbol{q} = N\overline{\varepsilon \boldsymbol{v}}$ ein, erhalten wir

$$\boldsymbol{q} = N\boldsymbol{V}\left[\frac{mV^2}{2} + \frac{m}{3}\overline{v'^2} + \overline{\varepsilon'}\right] = \boldsymbol{V}\left(\frac{\varrho V^2}{2} + P + N\overline{\varepsilon'}\right).$$

(Bei der Mittelung des Produktes $\boldsymbol{v}'(\boldsymbol{V}\boldsymbol{v}')$ wurde (5,10) benutzt.) $N\overline{\varepsilon'}$ ist aber die thermodynamische innere Energie des Gases pro Volumeneinheit; die Summe $N\overline{\varepsilon'} + P$ ist die Enthalpie W dieser Gasmenge. Somit wird

$$\boldsymbol{q} = \boldsymbol{V}\left(\frac{\varrho V^2}{2} + W\right) \tag{5,12}$$

in Übereinstimmung mit dem bekannten Ausdruck für den Energiestrom in der Hydrodynamik einer idealen Flüssigkeit (s. VI, § 6).

Abschließend wollen wir noch auf das Gesetz von der Erhaltung des Drehimpulses in der kinetischen Gleichung eingehen. Ein exakter Erhaltungssatz muß nur für den Gesamtdrehimpuls des Gases gelten, der sich aus dem Bahndrehimpuls der Moleküle infolge ihrer Translationsbewegung und ihren Eigendrehimpulsen $\boldsymbol{M}$ zusammensetzt. Die Dichte des Gesamtdrehimpulses ergibt sich als Summe der beiden Integrale

$$\int [\boldsymbol{r}\boldsymbol{p}] f \,\mathrm{d}\Gamma + \int \boldsymbol{M} f \,\mathrm{d}\Gamma\,. \tag{5,13}$$

Diese beiden Glieder sind aber von unterschiedlicher Größenordnung. Der Bahndrehimpuls für die Relativbewegung von zwei Molekülen, die sich in einem mittleren Abstand $\bar{r}$ voneinander befinden, ist von der Größenordnung $m\bar{v}\bar{r}$, der Eigendrehimpuls eines Moleküls dagegen ist etwa $M \sim m\bar{v}d$, d. h. klein im Vergleich zum Bahndrehimpuls (da immer $d \ll \bar{r}$ ist).

Deshalb ist es klar, daß die Boltzmann-Gleichung, die der ersten nichtverschwindenden Näherung in dem kleinen Parameter $d/\bar{r}$ entspricht, die kleinen Änderungen des Bahndrehimpulses nicht berücksichtigen kann, die mit einem Austausch zwischen den beiden Beiträgen zum Gesamtdrehimpuls (5,13) verbunden sind. Im Zusammenhang hiermit steht der Umstand, daß in der Boltzmann-Gleichung der Gesamtbahndrehimpuls des Gases erhalten bleibt. Aus der Gleichung $\int \boldsymbol{p}\,\mathrm{St}\,f\,\mathrm{d}\Gamma = 0$, die die Impulserhaltung ausdrückt, folgt auch sofort

$$\int [\boldsymbol{r}\boldsymbol{p}]\,\mathrm{St}\,f\,\mathrm{d}\Gamma = \left[\boldsymbol{r}\int \boldsymbol{p}\,\mathrm{St}\,f\,\mathrm{d}\Gamma\right] = 0\,. \tag{5,14}$$

Die Herkunft dieser Eigenschaft ist offensichtlich: Da in der Boltzmann-Gleichung die Stöße so betrachtet werden, als ob sie an einem Punkt vonstatten gingen, so bleibt mit der Summe der Impulse der stoßenden Moleküle auch die Summe ihrer Bahndrehimpulse erhalten. Um eine Gleichung herzuleiten, die die Änderung des Bahndrehimpulses beschreibt, müßten Glieder der nächsten Ordnung in $d/\bar{r}$ berücksichtigt werden, die damit zusammenhängen, daß sich zum Zeitpunkt des Stoßes die Moleküle in einem endlichen Abstand voneinander befinden.

Andererseits kann jedoch der Prozeß des Austausches von Drehimpuls zwischen den Translations- und Rotationsfreiheitsgraden selbst im Rahmen der Boltzmann-Gleichung durch die Beziehung

$$\frac{\mathrm{d}\mathfrak{M}}{\mathrm{d}t} = \int \boldsymbol{M}\,\mathrm{St}\,f\,\mathrm{d}\Gamma \tag{5,15}$$

beschrieben werden, wobei $\mathfrak{M}$ die Dichte des Eigendrehimpulses der Moleküle ist. Da bei einem Molekülstoß die Summe der Eigendrehimpulse nicht erhalten bleiben muß, ist das Integral auf der rechten Seite von (5,15) im allgemeinen ungleich Null und bestimmt die Änderungsgeschwindigkeit der Größe $\mathfrak{M}$. Wenn im Gas auf irgendeine künstliche Weise eine von Null verschiedene Drehimpulsdichte hervorgerufen wird, so ist ihre darauffolgende Relaxation durch Gleichung (5,15) bestimmt.

§ 6. Kinetische Gleichung für ein schwach inhomogenes Gas

Um dissipative Prozesse (Wärmeleitung und Viskosität) in einem schwach inhomogenen Gas in die Betrachtung einzubeziehen, muß man die nächsthöhere (nach der im vorhergehenden Paragraphen behandelten) Näherung untersuchen. Anstelle der Annahme, daß die Verteilungsfunktion in jedem Teilbereich des Gases lediglich durch die Verteilungsfunktion f_0 für das lokale Gleichgewicht gegeben ist, berücksichtigen wir jetzt noch eine kleine Abweichung von f_0, d. h., wir schreiben f in der Form

$$f = f_0 + \delta f\,, \qquad \delta f = -\frac{\partial f_0}{\partial \varepsilon}\chi(\Gamma) = \frac{1}{T} f_0 \chi\,, \tag{6,1}$$

wobei δf eine kleine Korrektur ist ($\delta f \ll f_0$). Es ist zweckmäßig, letztere in der hier angegebenen Form darzustellen, bei der ein Faktor $-\partial f_0/\partial\varepsilon$ herausgezogen wurde. Für die BOLTZMANN-Verteilung unterscheidet sich diese Ableitung nur um einen Faktor $1/T$ von der Funktion f_0. Im Prinzip muß die Korrektur δf durch die Lösung der bezüglich dieser Korrektur linearisierten kinetischen Gleichung bestimmt werden.[1]

Abgesehen von der kinetischen Gleichung selbst, muß die Funktion χ noch bestimmten weiteren Bedingungen genügen. Dies liegt daran, daß f_0 diejenige Gleichgewichtsverteilungsfunktion ist, die vorgegebenen Werten für die Teilchenzahldichten, die Energie und den Impuls des Gases (im betrachteten Volumenelement), d. h. vorgegebenen Werten der Integrale

$$\int f_0 \,\mathrm{d}\Gamma\,, \qquad \int \varepsilon f_0 \,\mathrm{d}\Gamma\,, \qquad \int \boldsymbol{p} f_0 \,\mathrm{d}\Gamma \tag{6,2}$$

entspricht. Die Verteilungsfunktion für das Nichtgleichgewicht (6,1) muß zu den gleichen Werten dieser Größen führen, d. h., die Integrale mit f und f_0 müssen gleich sein. Dies bedeutet mit anderen Worten, daß die Funktion χ den Bedingungen

$$\int f_0 \chi \,\mathrm{d}\Gamma = 0\,, \qquad \int f_0 \chi \varepsilon \,\mathrm{d}\Gamma = 0\,, \qquad \int f_0 \chi \boldsymbol{p} \,\mathrm{d}\Gamma = 0 \tag{6,3}$$

genügen muß. Wir möchten hervorheben, daß der Temperaturbegriff für ein Gas im Nichtgleichgewicht nur dadurch festgelegt wird, daß den Integralen (6,2) ein bestimmter Wert zugemessen wird. Dieser Begriff ist zunächst nur für den vollkommenen Gleichgewichtszustand des gesamten Gases wohldefiniert. Zur Definition der Temperatur für ein Gas im Nichtgleichgewicht ist eine zusätzliche Bedingung erforderlich. Als solche dient hier die Angabe der obigen Werte.

Wir formen zunächst das Stoßintegral in der kinetischen Gleichung (3,8) um. Nach der Substitution der Verteilungsfunktionen gemäß (6,1) kürzen sich die Terme, die

---

[1]) Eine solche Lösungsmethode der kinetischen Gleichung stammt von D. ENSKOG (1917).

die kleine Abweichung χ nicht enthalten, gegenseitig weg, da für die Gleichgewichtsverteilungsfunktion das Stoßintegral verschwindet. Die Terme erster Ordnung ergeben

$$\mathrm{St}\, f = \frac{f_0}{T} I(\chi)\,, \tag{6,4}$$

wobei mit $I(\chi)$ der lineare Integraloperator

$$I(\chi) = \int w' f_{01}(\chi' + \chi_1' - \chi - \chi_1)\, \mathrm{d}\Gamma_1\, \mathrm{d}\Gamma'\, \mathrm{d}\Gamma_1' \tag{6,5}$$

bezeichnet wurde. Dabei wurde die Beziehung $f_0 f_{01} = f_0' f_{01}'$ benutzt. Weiterhin konnte der Faktor f_0 vor das Integralzeichen gezogen werden, da nicht über $\mathrm{d}\Gamma$ integriert wird.

Wir beachten, daß für die Funktionen

$$\chi = \text{const}\,, \qquad \chi = \text{const} \cdot \varepsilon\,, \qquad \chi = \boldsymbol{p}\, \delta \boldsymbol{V} \tag{6,6}$$

das Integral (6,5) identisch verschwindet ($\delta \boldsymbol{V}$ ist hierbei ein konstanter Vektor). Dieses Verschwinden ist für die zweite und die dritte Funktion in (6,6) durch die Erhaltung von Energie und Impuls bei jedem Stoß bedingt. Die Funktionen (6,6) hängen nicht von der Zeit und den Koordinaten ab, folglich genügen sie auch der gesamten kinetischen Gleichung.

Diese Lösungen lassen sich einfach begründen. Die kinetische Gleichung wird durch die Gleichgewichtsverteilung mit einer beliebigen (konstanten) Teilchendichte und Temperatur identisch erfüllt. Deshalb genügt ihr automatisch auch die kleine Korrektur

$$\delta f = \frac{\delta f_0}{\delta N} \delta N = f_0 \frac{\delta N}{N}\,,$$

die bei der Änderung der Dichte um δN auftritt; hieraus leitet sich die erste der Lösungen (6,6) ab. In Analogie hierzu genügt auch ein Zusatzterm

$$\delta f = \frac{\partial f_0}{\partial T} \delta T\,,$$

der bei Änderung von T um den kleinen konstanten Wert δT entsteht, der kinetischen Gleichung. Die Ableitung $\partial f_0/\partial T$ setzt sich aus einem Term der Form const $\cdot f_0$ (der bei der Differentiation des Normierungsfaktors in f_0 entsteht) und aus einem Term, der proportional zu εf_0 ist, zusammen. Hieraus leitet sich die zweite Lösung in (6,6) ab. Die dritte dieser Lösungen ergibt sich aus dem Galileischen Relativitätsprinzip: Die Verteilungsfunktion für das Gleichgewicht muß auch nach dem Übergang in ein beliebiges anderes Inertialsystem der kinetischen Gleichung genügen. Bei dem Übergang in ein Bezugssystem, welches sich mit der kleinen konstanten Geschwindigkeit $\delta \boldsymbol{V}$ relativ zum ursprünglichen System bewegt, werden die Molekülgeschwindigkeiten $\boldsymbol{v}$ durch $\boldsymbol{v} - \delta \boldsymbol{V}$ ersetzt, so daß die Verteilungsfunktion einen Zusatz

$$\delta f = -\frac{\partial f_0}{\partial \boldsymbol{v}} \delta \boldsymbol{V} = \frac{f_0}{T} \boldsymbol{p}\, \delta \boldsymbol{V}$$

erhält, welchem auch die dritte Lösung in (6,6) entspricht. Die „parasitären“ Lösungen (6,6) werden durch die drei Forderungen (6,3) ausgeschlossen.

Wir führen die Umformung der linken Seite der kinetischen Gleichung sofort für den allgemeinen Fall durch, der sowohl das Problem der Wärmeleitung als auch das Problem der Viskosität enthält. Mit anderen Worten lassen wir zu, daß Gradienten aller makroskopischen Charakteristika des Gases, unter ihnen auch der makroskopischen Geschwindigkeit $\boldsymbol{V}$, auftreten können.

Die Gleichgewichtsverteilungsfunktion für das ruhende Gas ($\boldsymbol{V} = 0$) ist die BOLTZMANN-Verteilung, die wir in der Form

$$f_0 = \exp\left(\frac{\mu - \varepsilon(\Gamma)}{T}\right) \tag{6,7}$$

angeben. Dabei ist μ das chemische Potential des Gases. Die Verteilungsfunktion für ein sich bewegendes Gas unterscheidet sich von (6,7) nur durch eine GALILEI-Transformation der Geschwindigkeit (wie bereits in § 5 dargelegt wurde). Um diese Funktion in expliziter Form anzugeben, separieren wir von der Gesamtenergie eines Moleküls $\varepsilon(\Gamma)$ die kinetische Energie seiner Translationsbewegung

$$\varepsilon(\Gamma) = \frac{mv^2}{2} + \varepsilon_{\text{in}} \tag{6,8}$$

ab. Die innere Energie ε_{in} enthält die Rotationsenergie des Moleküls und seine Schwingungsenergie. Nachdem wir $\boldsymbol{v}$ durch $\boldsymbol{v} - \boldsymbol{V}$ ersetzt haben, erhalten wir die BOLTZMANN-Verteilung für ein sich bewegendes Gas:

$$f_0 = \exp\left(\frac{\mu - \varepsilon_{\text{in}}}{T}\right) \exp\left(-\frac{m(\boldsymbol{v} - \boldsymbol{V})^2}{2T}\right). \tag{6,9}$$

In einem schwach inhomogenen Gas hängt f_0 von den Koordinaten und der Zeit ab, wobei diese Abhängigkeit durch die innerhalb des Gases (und mit der Zeit) veränderlichen makroskopischen Charakteristika — die Geschwindigkeit $\boldsymbol{V}$, die Temperatur T, den Druck P (und mit diesen auch μ) — hervorgerufen wird. Da vorausgesetzt wird, daß die Gradienten dieser Größen klein sind, genügt es (in der betrachteten Näherung), auf der linken Seite der kinetischen Gleichung f durch f_0 zu ersetzen.

Die Rechnungen lassen sich etwas vereinfachen, wenn wir berücksichtigen, daß die im Endergebnis interessierenden kinetischen Koeffizienten offensichtlich nicht von der Geschwindigkeit $\boldsymbol{V}$ abhängen. Deshalb ist es ausreichend, nur einen einzigen, beliebig gewählten Punkt im Gas zu betrachten. Insbesondere können wir einen solchen auswählen, bei dem die Geschwindigkeit $\boldsymbol{V}$ (aber natürlich nicht ihre Ableitungen) gleich Null ist.

Wenn wir den Ausdruck (6,9) nach der Zeit differenzieren und anschließend $\boldsymbol{V} = 0$ setzen, erhalten wir

$$\frac{T}{f_0}\frac{\partial f_0}{\partial t} = \left[\left(\frac{\partial \mu}{\partial T}\right)_P - \frac{\mu - \varepsilon(\Gamma)}{T}\right]\frac{\partial T}{\partial t} + \left(\frac{\partial \mu}{\partial P}\right)_T \frac{\partial P}{\partial t} + m\boldsymbol{v}\frac{\partial \boldsymbol{V}}{\partial t}\,.$$

Gemäß den bekannten thermodynamischen Gleichungen gilt

$$\left(\frac{\partial \mu}{\partial T}\right)_P = -s\,, \quad \left(\frac{\partial \mu}{\partial P}\right)_T = \frac{1}{N}\,, \quad \mu = w - Ts\,,$$

wobei w, s und $1/N$ die Enthalpie, die Entropie und das Volumen pro Gasteilchen sind. Somit wird

$$\frac{T}{f_0}\frac{\partial f_0}{\partial t} = \frac{\varepsilon(\Gamma) - w}{T}\frac{\partial T}{\partial t} + \frac{1}{N}\frac{\partial P}{\partial t} + m\boldsymbol{v}\frac{\partial \boldsymbol{V}}{\partial t}. \tag{6,10}$$

In analoger Weise finden wir

$$\frac{T}{f_0}\boldsymbol{v}\nabla f_0 = \frac{\varepsilon(\Gamma) - w}{T}\boldsymbol{v}\nabla T + \frac{1}{N}\boldsymbol{v}\nabla P + m v_\alpha v_\beta V_{\alpha\beta}, \tag{6,11}$$

wobei zur Abkürzung die Bezeichnung

$$V_{\alpha\beta} = \frac{1}{2}\left(\frac{\partial V_\alpha}{\partial x_\beta} + \frac{\partial V_\beta}{\partial x_\alpha}\right), \qquad V_{\alpha\alpha} = \operatorname{div} \boldsymbol{V} \tag{6,12}$$

eingeführt wurde. Im letzten Glied von (6,11) wurde die identische Ersetzung

$$v_\alpha v_\beta \frac{\partial V_\beta}{\partial x_\alpha} = v_\alpha v_\beta V_{\alpha\beta}$$

vorgenommen.

Die linke Seite der kinetischen Gleichung ergibt sich durch Addition der Ausdrücke (6,10—11). Hierbei können alle Zeitableitungen der makroskopischen Größen mit Hilfe der hydrodynamischen Gleichungen des idealen (d. h. nichtviskosen und nicht wärmeleitenden) Systems durch ihre räumlichen Gradienten ausgedrückt werden. Die Berücksichtigung dissipativer Glieder würde hier zu Ausdrücken führen, die klein von höherer Ordnung sind. An einem Punkt, an welchem $\boldsymbol{V} = 0$ gilt, ergibt die Eulersche Gleichung

$$\frac{\partial \boldsymbol{V}}{\partial t} = -\frac{1}{\varrho}\nabla P = -\frac{1}{Nm}\nabla P. \tag{6,13}$$

Am gleichen Punkt erhalten wir aus der Kontinuitätsgleichung $\partial N/\partial t = -N \operatorname{div} \boldsymbol{V}$ oder

$$\frac{1}{N}\frac{\partial N}{\partial t} = \frac{1}{P}\frac{\partial P}{\partial t} - \frac{1}{T}\frac{\partial T}{\partial t} = -\operatorname{div} \boldsymbol{V} \tag{6,14}$$

(unter Benutzung der Zustandsgleichung $N = P/T$ des idealen Gases). Schließlich ergibt die Gleichung für die Erhaltung der Entropie $\partial s/\partial t + \boldsymbol{V}\nabla s = 0$ hier $\partial s/\partial t = 0$ oder

$$\frac{c_p}{T}\frac{\partial T}{\partial t} - \frac{1}{P}\frac{\partial P}{\partial t} = 0, \tag{6,15}$$

wobei die thermodynamischen Beziehungen

$$\left(\frac{\partial s}{\partial T}\right)_P = \frac{c_p}{T}, \qquad \left(\frac{\partial s}{\partial P}\right)_T = -\frac{1}{P}$$

benutzt wurden (c_p ist die ebenfalls auf ein Molekül bezogene Wärmekapazität). Die zweite dieser Beziehungen gilt für das ideale Gas. Aus den Gleichungen (6,14—15) finden wir

$$\frac{1}{T}\frac{\partial T}{\partial t} = -\frac{1}{c_v}\operatorname{div}\boldsymbol{V}, \quad \frac{1}{P}\frac{\partial P}{\partial t} = -\frac{c_p}{c_v}\operatorname{div}\boldsymbol{V}. \tag{6,16}$$

(Es wurde berücksichtigt, daß für das ideale Gas $c_p - c_v = 1$ ist.)

Eine einfache Rechnung führt jetzt zum Ergebnis

$$\frac{\partial f_0}{\partial t} + \boldsymbol{v}\nabla f_0 = \frac{f_0}{T}\left\{\frac{\varepsilon(\Gamma) - w}{T}\boldsymbol{v}\nabla T + m v_\alpha v_\beta V_{\alpha\beta} + \frac{w - Tc_p - \varepsilon(\Gamma)}{c_v}\operatorname{div}\boldsymbol{V}\right\}. \tag{6,17}$$

Wir weisen darauf hin, daß bisher keine speziellen Annahmen über den Charakter der Temperaturabhängigkeit der thermodynamischen Größen gemacht wurden. Es wurde lediglich die allgemeine Zustandsgleichung des idealen Gases benutzt. Für ein Gas mit klassischer Rotation der Moleküle und nichtangeregten Schwingungen hängt die Wärmekapazität nicht von der Temperatur ab, und für die Enthalpie ergibt sich[1])

$$w = c_p T. \tag{6,18}$$

In diesem Falle vereinfacht sich der letzte Term in (6,17). Indem wir (6,17) und (6,4) gleichsetzen, können wir endgültig die kinetische Gleichung in der Form

$$\frac{\varepsilon(\Gamma) - c_p T}{T}\boldsymbol{v}\nabla T + \left[m v_\alpha v_\beta - \delta_{\alpha\beta}\frac{\varepsilon(\Gamma)}{c_v}\right] V_{\alpha\beta} = I(\chi) \tag{6,19}$$

schreiben. In den beiden folgenden Paragraphen wird diese Gleichung eingehender im Zusammenhang mit den Problemen der Wärmeleitfähigkeit und der Viskosität betrachtet.

Wir erinnern daran, daß bereits aus dem Gesetz vom Anwachsen der Entropie folgt, daß ein Druckgradient (bei Abwesenheit von Gradienten der Temperatur und der Geschwindigkeit) nicht zum Auftreten dissipativer Prozesse führt (vgl. VI, § 49). In der kinetischen Gleichung ist diese Forderung automatisch erfüllt und äußert sich darin, daß der Gradient des Druckes in der linken Seite von (6,19) nicht auftritt.

§ 7. Wärmeleitfähigkeit von Gasen

Zur Berechnung der Wärmeleitfähigkeit eines Gases muß die kinetische Gleichung mit einem Temperaturgradienten gelöst werden. Lassen wir in (6,19) auf der linken Seite nur den ersten Term stehen, erhalten wir

$$\frac{\varepsilon(\Gamma) - c_p T}{T}\boldsymbol{v}\nabla T = I(\chi). \tag{7,1}$$

---

[1]) Es wird angenommen, daß die Energie eines Moleküls $\varepsilon(\Gamma)$ von dem tiefsten Wert an, den sie erreichen kann, gezählt wird. Dementsprechend entfällt eine additive Konstante in w, die nicht von der Temperatur abhängt.

Die Lösung dieser Gleichung soll in der Form

$$\chi = \boldsymbol{g}\nabla T \tag{7,2}$$

gesucht werden, wobei der Vektor $\boldsymbol{g}$ eine Funktion lediglich der Größen Γ ist. In der Tat ergibt sich bei Einsetzen von (7,2) in (7,1) auf beiden Seiten der Gleichung ein Faktor ∇T. Da die Gleichung für beliebige Werte des Vektors ∇T gelten soll, müssen auch die Koeffizienten bei ∇T auf beiden Seiten der Gleichung übereinstimmen, so daß wir für $\boldsymbol{g}$ die Gleichung

$$\boldsymbol{v}\frac{\varepsilon(\Gamma) - c_p T}{T} = I(\boldsymbol{g}) \tag{7,3}$$

bekommen, die ∇T nicht mehr enthält (und damit auch keine explizite Abhängigkeit von den Koordinaten).

Die Funktion χ muß außerdem den Bedingungen (6,3) genügen. Von einer Funktion der Form (7,2) werden die beiden ersten dieser Bedingungen automatisch erfüllt. Dies ist bereits daraus ersichtlich, daß (7,3) keine vektoriellen Parameter enthält, längs der die konstanten Vektoren $\int f_0 \boldsymbol{g}\, \mathrm{d}\Gamma$ und $\int f_0 \varepsilon \boldsymbol{g}\, \mathrm{d}\Gamma$ gerichtet sein könnten. Die dritte Bedingung jedoch liefert für die Lösung der Gleichung (7,3) die Nebenbedingung

$$\int f_0 \boldsymbol{v}\boldsymbol{g}\, \mathrm{d}\Gamma = 0\,. \tag{7,4}$$

Wenn die kinetische Gleichung gelöst und die Funktion χ bekannt ist, läßt sich die Wärmeleitfähigkeit bestimmen, indem der Energiestrom berechnet wird, genauer gesagt, sein dissipativer Anteil, der nicht einfach einen konvektiven Transport von Energie darstellt. (Diesen Anteil des Energiestromes werden wir mit $\boldsymbol{q}'$ bezeichnen.) Liegt im Gas keine makroskopische Bewegung vor, so fällt $\boldsymbol{q}'$ mit dem gesamten Energiestrom $\boldsymbol{q}$ zusammen, welcher durch das Integral (5,9) gegeben ist. Für $f = f_0$ verschwindet dieses Integral identisch wegen der Integration über die Richtungen von $\boldsymbol{v}$. Somit verbleibt bei Einsetzen von f aus (6,1)

$$\boldsymbol{q} = \frac{1}{T}\int \boldsymbol{v} f_0 \chi \varepsilon\, \mathrm{d}\Gamma = \frac{1}{T}\int f_0 \varepsilon \boldsymbol{v}(\boldsymbol{g}\nabla T)\, \mathrm{d}\Gamma \tag{7,4b}$$

oder in Komponentenschreibweise

$$q_\alpha = -\varkappa_{\alpha\beta}\frac{\partial T}{\partial x_\beta}\,, \qquad \varkappa_{\alpha\beta} = -\frac{1}{T}\int f_0 \varepsilon v_\alpha g_\beta\, \mathrm{d}\Gamma\,. \tag{7,5}$$

Wegen der Isotropie des Gases im Gleichgewicht gibt es in ihm keine ausgezeichnete Richtung, und der Tensor $\varkappa_{\alpha\beta}$ kann nur durch den Einheitstensor $\delta_{\alpha\beta}$ ausgedrückt werden, d. h., er führt zu einer skalaren Größe

$$\varkappa_{\alpha\beta} = \varkappa\delta_{\alpha\beta}\,, \qquad \varkappa = \varkappa_{\alpha\alpha}/3\,.$$

Somit erhalten wir für den Energiestrom

$$\boldsymbol{q} = -\varkappa\nabla T\,, \tag{7,6}$$

wobei die *Wärmeleitfähigkeit* durch

$$\varkappa = -\frac{1}{3T}\int f_0 \varepsilon \boldsymbol{v}\boldsymbol{g}\, \mathrm{d}\Gamma \tag{7,7}$$

gegeben ist. Dieser Ausdruck ist positiv definit (der Strom $\boldsymbol{q}$ muß entgegen dem Temperaturgradienten gerichtet sein), was automatisch durch die kinetische Gleichung gewährleistet wird (s. § 9).

In einatomigen Gasen stellt die Geschwindigkeit $\boldsymbol{v}$ den einzigen Vektor dar, von dem die Funktion $\boldsymbol{g}$ abhängen kann. Hieraus folgt, daß diese Funktion die Form

$$\boldsymbol{g} = \frac{\boldsymbol{v}}{v} g(v) \tag{7,8}$$

haben muß.

In mehratomigen Gasen hängt die Funktion $\boldsymbol{g}$ bereits von zwei Vektoren, der Geschwindigkeit $\boldsymbol{v}$ und dem Drehimpuls $\boldsymbol{M}$, ab. Wenn die Symmetrie der Moleküle keine Stereoisomerie zuläßt, müssen das Stoßintegral und mit ihm auch Gleichung (7,3) invariant bezüglich der Inversion sein. Diese Invarianz muß dann auch die Lösung χ aufweisen. Dies bedeutet, daß $\chi = \boldsymbol{g}\nabla T$ ein echter Skalar sein muß, und da der Gradient ∇T ein echter Vektor ist, so muß auch die Funktion $\boldsymbol{g}$ ein Vektor dieser Art sein. Für ein zweiatomiges Gas, wo die Größen Γ lediglich aus den Vektoren $\boldsymbol{v}$ und $\boldsymbol{M}$ bestehen, besitzt die Funktion $\boldsymbol{g}(\Gamma)$ somit die Form

$$\boldsymbol{g} = \boldsymbol{v} g_1 + \boldsymbol{M}(\boldsymbol{vM})\, g_2 + [\boldsymbol{vM}]\, g_3 , \tag{7,9}$$

wobei g_1, g_2 und g_3 skalare Funktionen der skalaren Argumente $\boldsymbol{v}^2$, $\boldsymbol{M}^2$ und $(\boldsymbol{vM})^2$ sind. Dies ist die allgemeinste Form eines echten Vektors, der aus dem echten Vektor $\boldsymbol{v}$ und dem Pseudovektor $\boldsymbol{M}$ gebildet werden kann.[1])

Wenn jedoch das Gas aus einer stereoisomeren Substanz besteht, so ist die Invarianz bezüglich der Inversion nicht vorhanden. Wie bereits in § 2 erwähnt wurde, „transformiert" in diesem Falle die Inversion das Gas in eine dem Wesen nach andere Substanz. Dementsprechend kann die Funktion χ auch pseudoskalare Glieder enthalten, die Funktion $\boldsymbol{g}$ also auch pseudovektorielle Glieder (wie z. B. ein Glied der Form $g_4\boldsymbol{M}$).

Die Voraussetzungen für die Anwendbarkeit der dargelegten Methode zur Lösung der kinetischen Gleichung (welche auf der Annahme begründet ist, daß f nur wenig von f_0 abweicht) lassen sich mittels der Abschätzung des Stoßintegrals gemäß (3,12) aufzeigen. Die mittlere Energie eines Moleküls ist $\bar{\varepsilon} \sim T$. Deshalb ergibt eine Abschätzung der beiden Seiten von Gleichung (7,3) $\bar{v} \sim g/\tau \sim g\bar{v}/l$, woraus $g \sim l$ folgt. Die Bedingung $\chi/T \sim g\, |\nabla T|/T \ll 1$ (welche der Forderung $\delta f \ll f_0$ äquivalent ist) bedeutet demnach, daß die Abstände L, auf denen die Temperatur eine wesentliche Änderung erfährt ($|\nabla T| \sim T/L$), groß im Vergleich zu l sein müssen. Mit anderen Worten gibt die Funktion der Form (6,1) die ersten Glieder einer Entwicklung der Lösung der kinetischen Gleichung nach Potenzen des kleinen Parameters l/L an.

Die Abschätzung des Integrals (7,7) mit $g \sim l$ führt zu der Beziehung

$$\varkappa \sim cNl\bar{v} , \tag{7,10}$$

wobei c die Wärmekapazität pro Molekül ist. Dies ist die bekannte elementare gaskinetische Beziehung (s. Anmerkung auf S. 41). Setzen wir in ihr $l \sim 1/N\sigma$, $c \sim 1$

[1]) Die Lösung der Boltzmann-Gleichung für ein Gas mit rotierenden Molekülen wurde von J. M. Kagan und A. M. Afanasjew (1961) untersucht.

und $v \sim \sqrt{T/m}$, so erhalten wir

$$\varkappa \sim \frac{1}{\sigma}\sqrt{\frac{T}{m}}\,. \tag{7,11}$$

In dieser Abschätzung bezieht sich der Wirkungsquerschnitt σ auf die mittlere thermische Geschwindigkeit der Moleküle, und in diesem Sinne muß man ihn als Funktion der Temperatur auffassen. Bei Erhöhung der Geschwindigkeit nimmt der Wirkungsquerschnitt im allgemeinen ab. Demzufolge wird σ eine fallende Funktion der Temperatur. Bei nicht allzu tiefen Temperaturen verhalten sich die Moleküle eines Gases qualitativ wie harte elastische Teilchen, die nur bei den unmittelbaren Stößen miteinander wechselwirken. Diesem Charakter der Wechselwirkung entspricht ein Stoßquerschnitt, der nur schwach von der Geschwindigkeit (und damit von der Temperatur) abhängt. Unter diesen Bedingungen wird die Temperaturabhängigkeit von $\varkappa$ näherungsweise durch die Proportionalität zu $\sqrt{T}$ beschrieben.

Bei einer vorgegebenen Temperatur hängt die Wärmeleitfähigkeit nicht von der Dichte des Gases oder, was damit gleichbedeutend ist, von seinem Druck ab, wie dies aus (7,11) zu ersehen ist. Wir möchten hervorheben, daß diese wichtige Eigenschaft nicht mit den Annahmen verknüpft ist, die bei der Abschätzung gemacht wurden, und daß sie im Rahmen der BOLTZMANN-Gleichung ein exaktes Resultat darstellt. Sie ergibt sich als Folge davon, daß bei dieser Gleichung nur binäre Stöße der Moleküle berücksichtigt werden. (Aus diesem Grunde ist die freie Weglänge umgekehrt proportional zur Dichte des Gases.)

§ 8. Viskosität von Gasen

Die Berechnung der Viskosität eines Gases mit Hilfe der kinetischen Gleichung läßt sich analog zur Berechnung der Wärmeleitung durchführen. Der Unterschied besteht darin, daß die Abweichung vom Gleichgewicht nicht durch einen Temperaturgradienten, sondern durch die Inhomogenität der Strömung des Gases bezüglich der Geschwindigkeit der makroskopischen Bewegung $\boldsymbol{V}$ bedingt ist. Hierbei wird wiederum vorausgesetzt, daß für die charakteristischen Abmessungen des Problems $L \gg l$ gilt.

Bekanntlich gibt es zwei Arten der Viskosität, deren Koeffizienten üblicherweise mit η und ζ bezeichnet werden. Sie werden als Koeffizienten im Reibungstensor $\sigma'_{\alpha\beta}$ definiert, welcher ein Bestandteil des Tensors der Impulsstromdichte ist:

$$\Pi_{\alpha\beta} = P\delta_{\alpha\beta} + \varrho V_\alpha V_\beta - \sigma'_{\alpha\beta}\,, \tag{8,1}$$

$$\sigma'_{\alpha\beta} = 2\eta(V_{\alpha\beta} - \tfrac{1}{3}\,\delta_{\alpha\beta}\operatorname{div}\boldsymbol{V}) + \zeta\delta_{\alpha\beta}\operatorname{div}\boldsymbol{V}\,, \tag{8,2}$$

wobei $V_{\alpha\beta}$ gemäß (6,12) definiert ist (s. VI, § 15). Bei einer inkompressiblen Flüssigkeit tritt nur die Viskosität η (Scherviskosität) auf. Die „zweite" Viskosität ζ (Volumenviskosität) tritt bei Bewegungen auf, für die $\operatorname{div}\boldsymbol{V} \neq 0$ gilt. Es ist zweckmäßig, beide Koeffizienten getrennt zu berechnen.

Wenn wir in der allgemeinen kinetischen Gleichung (6,19) den Term mit dem Temperaturgradienten weglassen, können wir sie in

$$mv_\alpha v_\beta\left(V_{\alpha\beta} - \frac{1}{3}\,\delta_{\alpha\beta}\operatorname{div}\boldsymbol{V}\right) + \left(\frac{mv^2}{3} - \frac{\varepsilon(\Gamma)}{c_v}\right)\operatorname{div}\boldsymbol{V} = I(\chi) \tag{8,3}$$

umformen. Hierbei wurden auf der linken Seite die Terme getrennt, die die Scher- und die Volumenviskosität ergeben. Für die Berechnung der Scherviskosität muß $\operatorname{div} \boldsymbol{V} = 0$ gesetzt werden. Die so erhaltene Gleichung läßt sich in die Form

$$m(v_\alpha v_\beta - \tfrac{1}{3}\,\delta_{\alpha\beta} v^2)\, V_{\alpha\beta} = I(\chi) \tag{8,4}$$

bringen, wobei die beiden tensoriellen Faktoren auf der linken Seite eine verschwindende Spur besitzen.

Wir suchen die Lösung dieser Gleichung in der Form

$$\chi = g_{\alpha\beta} V_{\alpha\beta}\,, \tag{8,5}$$

wobei $g_{\alpha\beta}(\Gamma)$ ein symmetrischer Tensor ist. Da die Spur $V_{\alpha\alpha} = 0$ ist, läßt sich zu $g_{\alpha\beta}$ immer ein Term $\propto \delta_{\alpha\beta}$ so hinzufügen, daß auch $g_{\alpha\alpha} = 0$ wird, ohne daß sich hierbei die Funktion χ ändert. Für $g_{\alpha\beta}$ erhalten wir die Gleichung

$$m(v_\alpha v_\beta - \tfrac{1}{3}\,\delta_{\alpha\beta} v^2) = I(g_{\alpha\beta})\,. \tag{8,6}$$

Die Zusatzbedingungen (6,3) sind automatisch erfüllt.

Der Impulsstrom berechnet sich als Integral über die Verteilungsfunktion (5,8). Der uns interessierende Teil dieses Tensors — der Reibungstensor — ergibt sich als Integral

$$\sigma'_{\alpha\beta} = -\frac{m}{T}\int v_\alpha v_\beta f_0 \chi \,\mathrm{d}\Gamma = \eta_{\alpha\beta\gamma\delta} V_{\gamma\delta}\,, \tag{8,7}$$

$$\eta_{\alpha\beta\gamma\delta} = -\frac{m}{T}\int f_0 v_\alpha v_\beta g_{\gamma\delta}\,\mathrm{d}\Gamma\,. \tag{8,8}$$

Die Größen $\eta_{\alpha\beta\gamma\delta}$ bilden einen Tensor vierter Stufe, der symmetrisch bezüglich der Indexpaare α, β und γ, δ ist und bei Verjüngung bezüglich des Paares γ, δ Null ergibt. In Anbetracht der Isotropie des Gases kann dieser Tensor nur durch den Einheitstensor $\delta_{\alpha\beta}$ ausgedrückt werden. Ein Ausdruck, der diese Bedingungen erfüllt, ist

$$\eta_{\alpha\beta\gamma\delta} = \eta[\delta_{\alpha\gamma}\delta_{\beta\delta} + \delta_{\alpha\delta}\delta_{\beta\gamma} - \tfrac{2}{3}\,\delta_{\alpha\beta}\delta_{\gamma\delta}]\,.$$

Dann gilt $\sigma'_{\alpha\beta} = 2\eta V_{\alpha\beta}$, so daß η der gesuchte skalare Viskositätskoeffizient ist. Er wird durch die Verjüngung des Tensors bezüglich der Indexpaare α, γ und β, δ bestimmt:

$$\eta = -\frac{m}{10T}\int v_\alpha v_\beta g_{\alpha\beta} f_0 \,\mathrm{d}\Gamma\,. \tag{8,9}$$

Im einatomigen Gas ist $g_{\alpha\beta}$ lediglich eine Funktion des Vektors $\boldsymbol{v}$. Die allgemeine Form solch eines symmetrischen Tensors mit verschwindender Spur ist

$$g_{\alpha\beta} = (v_\alpha v_\beta - \tfrac{1}{3}\,\delta_{\alpha\beta} v^2)\, g(v) \tag{8,10}$$

mit nur einer skalaren Funktion $g(v)$. In mehratomigen Gasen wird der Tensor $g_{\alpha\beta}$ mit Hilfe einer größeren Zahl von Variablen gebildet, unter ihnen die beiden Vektoren $\boldsymbol{v}$ und $\boldsymbol{M}$. Liegt keine Stereoisomerie vor, kann $g_{\alpha\beta}$ nur echt tensorielle Glieder enthalten. Für ein Gas einer stereoisomeren Substanz sind auch pseudotensorielle Glieder zugelassen.

Die Abschätzung der Viskosität in Analogie zu der Abschätzung (7,10) für die Wärmeleitfähigkeit führt zu der bekannten elementaren gaskinetischen Formel

$$\eta \sim m\bar{v}Nl \tag{8,11}$$

(s. Anmerkung auf S. 41). Hierbei zeigt sich, daß die Wärmeleitfähigkeit und die kinematische Viskosität von der gleichen Größenordnung sind:

$$\varkappa/Nc_p \sim \eta/Nm \sim \bar{v}l\,. \tag{8,12}$$

Setzen wir in (8,11) $l \sim 1/N\sigma$ und $\bar{v} \sim (T/m)^{1/2}$, erhalten wir

$$\eta \sim \sqrt{mT}/\sigma\,. \tag{8,13}$$

All das, was in § 7 zur Abhängigkeit von $\varkappa$ vom Druck und von der Temperatur gesagt wurde, bezieht sich auch auf den Viskositätskoeffizienten η.

Zur Berechnung der Volumenviskosität muß der zweite Term der linken Seite der kinetischen Gleichung (8,3) ungleich Null gesetzt werden:

$$\left(\frac{mv^2}{3} - \frac{\varepsilon(\Gamma)}{c_v}\right)\operatorname{div}\boldsymbol{V} = I(\chi)\,. \tag{8,14}$$

Wir suchen die Lösung in der Form

$$\chi = g \operatorname{div}\boldsymbol{V}\,, \tag{8,15}$$

und für die Funktion g finden wir die Gleichung

$$\frac{mv^2}{3} - \frac{\varepsilon(\Gamma)}{c_v} = I(g)\,. \tag{8,16}$$

Wenn wir den Spannungstensor berechnen und ihn mit dem Ausdruck $\zeta\delta_{\alpha\beta}\operatorname{div}\boldsymbol{V}$ vergleichen, erhalten wir die Volumenviskosität in der Form

$$\zeta = -\frac{m}{3T}\int v^2 g f_0\,\mathrm{d}\Gamma\,. \tag{8,17}$$

Bei einatomigen Gasen gilt $\varepsilon(\Gamma) = mv^2/2$, $c_v = 3/2$, und die linke Seite von (8,16) verschwindet. Aus der Gleichung $I(g) = 0$ folgt dann, daß auch $g = 0$ und somit $\zeta = 0$ sind. Wir kommen damit zu dem interessanten Resultat, daß bei einatomigen Gasen die Volumenviskosität gleich Null ist.[1])

Aufgabe

Es ist zu zeigen, daß die Volumenviskosität eines Gases ultrarelativistischer Teilchen gleich Null ist (I. M. Chalatnikow, 1955).

[1]) Wir möchten hervorheben, daß es sich um Gase in derjenigen Näherung bezüglich des „Gasparameters" Nd^3 handelt, welche der Boltzmann-Gleichung entspricht (und in der die Viskosität η unabhängig von der Dichte wird). In den nächsthöheren Näherungen (den folgenden Gliedern der „Virialentwicklung" — s. § 18) tritt eine von Null verschiedene Viskosität ζ auf. Wesentlich ist auch die quadratische Abhängigkeit der Energie eines Teilchens von seinem Impuls. Für ein relativistisches „einatomiges" Gas ist die Volumenviskosität bereits von Null verschieden (jedoch wird sie im anderen — dem ultrarelativistischen — Grenzfall wieder Null; s. die Aufgabe).

Lösung. Die Energie ε eines relativistischen Teilchens im Bezugssystem K, in dem sich das Gas mit der (nichtrelativistischen) Geschwindigkeit $\boldsymbol{V}$ bewegt, ist mit seiner Energie ε' im System K', in welchem das Gas ruht, gemäß der Beziehung $\varepsilon' = \varepsilon - \boldsymbol{pV}$ verknüpft, wobei $\boldsymbol{p}$ der Impuls des Teilchens im System K ist (dies ist die LORENTZ-Transformation, bei der Glieder von höherer als erster Ordnung in $\boldsymbol{V}$ weggelassen wurden). Im System K' lautet die Verteilungsfunktion $f_0(\varepsilon - \boldsymbol{pV})$, wobei $f_0(\varepsilon')$ die BOLTZMANN-Verteilung ist.

Wenn wir uns nur für die Viskosität interessieren, können wir von vornherein die Gradienten aller makroskopischen Größen mit Ausnahme der Geschwindigkeit $\boldsymbol{V}$ Null setzen. Dann ist auch $\partial \boldsymbol{V}/\partial t = 0$, da der letzte Term in (6,10) wegfällt.[1]) In (6,11) fehlen auch die ersten beiden Glieder, und der dritte geht über in

$$\boldsymbol{v}\nabla(\boldsymbol{pV}) = v_\alpha p_\beta \frac{\partial V_\beta}{\partial x_\alpha} = v_\alpha p_\beta V_{\alpha\beta} .$$

(Die Richtungen von $\boldsymbol{v}$ and $\boldsymbol{p}$ fallen zusammen. Deshalb gilt $p_\alpha v_\beta = p_\beta v_\alpha$.) Die Kontinuitätsgleichung und die Entropiebilanzgleichung in der in § 6 benutzten Form bleiben auch bei der Bewegung des relativistischen Gases (mit kleinen Geschwindigkeiten $\boldsymbol{V}$) gültig. Deshalb gilt auch (6,16). Im Ergebnis erhalten wir für die kinetische Gleichung die Form

$$\left(v_\alpha p_\beta - \delta_{\alpha\beta}\frac{\varepsilon}{c_v}\right) V_{\alpha\beta} = I(\chi) .$$

Zur Bestimmung der Volumenviskosität muß man $V_{\alpha\beta} = 1/3\, \delta_{\alpha\beta} \operatorname{div} \boldsymbol{V}$ setzen. Dann wird

$$\left(\frac{vp}{3} - \frac{\varepsilon}{c_v}\right) \operatorname{div} \boldsymbol{V} = I(\chi) .$$

Im ultrarelativistischen Gas sind $v \approx c$, $\varepsilon = cp$, und die Wärmekapazität beträgt $c_v = 3$ (s. V, § 44, Aufgabe), so daß die linke Seite der Gleichung und mit ihr χ verschwinden.

§ 9. Die Symmetrie der kinetischen Koeffizienten

Die Koeffizienten für die Wärmeleitfähigkeit und die Viskosität gehören zu einer Kategorie von Größen, die die Relaxationsprozesse von Systemen im schwachen Nichtgleichgewicht bestimmen. Diese Größen — die *kinetischen Koeffizienten* — genügen einem Symmetrieprinzip (dem ONSAGER-*Prinzip*), welches in allgemeiner Form ohne die Bezugnahme auf konkrete Relaxationsmechanismen aufgestellt werden kann. Bei der konkreten Berechnung der kinetischen Koeffizienten mit Hilfe der kinetischen Gleichung liefert das Symmetrieprinzip jedoch keinerlei Bedingungen, welche zusätzlich der Lösung der Gleichungen auferlegt werden müßten. Bei einer solchen Berechnung werden die Forderungen dieses Prinzips selbstverständlich automatisch erfüllt. Es ist lehrreich zu verfolgen, auf welche Weise dies vor sich geht.

Wir erinnern daran, daß bei der allgemeinen Formulierung des ONSAGER-Prinzips (s. V, § 120) ein Satz von Größen x_a auftritt, welche den Nichtgleichgewichtszustand des Systems charakterisieren, und ein Satz hierzu „thermodynamisch konjugierter" Größen $X_a = -\partial S/\partial x_a$ (S ist die Entropie des Systems). Der Relaxationsprozeß des Systems im schwachen Nichtgleichgewicht wird durch Gleichungen beschrieben, die die Änderungsgeschwindigkeiten der Größen x_a als lineare Funktionen der Größen X_a bestimmen:

$$\dot{x}_a = -\sum_b \gamma_{ab} X_b , \tag{9,1}$$

[1]) Um Mißverständnisse zu vermeiden, erinnern wir daran, daß in einem relativistischen Gas der Druckgradient einen Beitrag zum Wärmeleitungsanteil des Energiestroms liefert (s. VI, § 126).

wobei γ_{ab} die kinetischen Koeffizienten sind. Wenn sich x_a und x_b bei Zeitumkehr gleich verhalten, gilt nach dem ONSAGER-Prinzip

$$\gamma_{ab} = \gamma_{ba} \,. \tag{9,2}$$

Hierbei ergibt sich die Änderungsgeschwindigkeit der Entropie als eine quadratische Form

$$\dot{S} = -\sum_a X_a \dot{x}_a = \sum_{a,b} \gamma_{ab} X_a X_b \,. \tag{9,3}$$

Der erste dieser Ausdrücke stellt häufig einen bequemen Zugang dar, um die Zuordnung zwischen den Größen $\dot{x}_a$ und X_a zu finden.

Im Falle der Wärmeleitung betrachten wir als „Geschwindigkeiten" $\dot{x}_a$ die Komponenten q'_α des dissipativen Wärmestromvektors (an jedem gegebenen Punkt des Systems). Der Index a fällt hierbei mit dem Vektorindex α zusammen. Die entsprechenden Größen X_a werden dann durch die Ableitungen $T^{-2}\, \partial T/\partial x_\alpha$ (vgl. IX, § 88) gegeben. Die Rolle der Gleichungen (9,1) übernehmen die Beziehungen $q'_\alpha = -\varkappa_{\alpha\beta}\, \partial T/\partial x_\beta$, so daß die Größen $T^2\varkappa_{\alpha\beta}$ als die kinetischen Koeffizienten γ_{ab} angesehen werden müssen. Gemäß dem ONSAGER-Prinzip muß gelten $\varkappa_{\alpha\beta} = \varkappa_{\beta\alpha}$.

Analog betrachten wir im Falle der Viskosität die Tensorkomponenten der viskosen Impulsstromdichte $\sigma'_{\alpha\beta}$ als die Größen $\dot{x}_a$, und die zugehörigen X_a sind die Größen $-V_{\alpha\beta}/T$ (hierbei entspricht dem Index a ein Paar $\alpha\beta$ der Tensorindizes). Die Bedeutung der Gleichung (9,1) haben die Beziehungen $\sigma'_{\alpha\beta} = \eta_{\alpha\beta\gamma\delta} V_{\gamma\delta}$, und als kinetische Koeffizienten treten hier die Größen $T\eta_{\alpha\beta\gamma\delta}$ auf. Gemäß dem ONSAGER-Prinzip muß gelten $\eta_{\alpha\beta\gamma\delta} = \eta_{\gamma\delta\alpha\beta}$.

Bei den in den vorhergehenden Paragraphen betrachteten Problemen der Wärmeleitung und der Viskosität von Gasen ergab sich die angeführte Symmetrie der Tensoren $\varkappa_{\alpha\beta}$ und $\eta_{\alpha\beta\gamma\delta}$ bereits automatisch als Folge der Isotropie des Systems, wobei nicht auf die Lösung der kinetischen Gleichung Bezug genommen werden mußte. Wir zeigen jetzt, daß diese Symmetrie auch im Ergebnis der Lösung der kinetischen Gleichung auftritt, ohne daß dabei die Isotropie des Gases angenommen werden muß.

Das Lösungsschema für die Probleme der Wärmeleitung und der Viskosität in einem schwach inhomogenen Gas bestand darin, daß eine Korrektur zur Gleichgewichtsverteilungsfunktion in der Form

$$\chi = \sum_a g_a(\Gamma)\, X_a \tag{9,4}$$

gesucht wurde. Für die Funktion g_a ergab sich eine Gleichung der Form

$$L_a = I(g_a) \,. \tag{9,5}$$

Im Falle der Wärmeleitung werden die Größen L_a durch die Komponenten des Vektors

$$T[\varepsilon(\Gamma) - c_p T]\, v_\alpha$$

und im Falle der Viskosität durch die Komponenten des Tensors

$$-T\left[m v_\alpha v_\beta - \frac{\varepsilon(\Gamma)}{c_v}\delta_{\alpha\beta}\right]$$

(vgl. (6,19)) gegeben. Die Lösungen der Gleichungen (9,5) müssen den Nebenbedingungen

$$\int f_0 g_a \, \mathrm{d}\Gamma = 0\,, \qquad \int f_0 g_a \varepsilon \, \mathrm{d}\Gamma = 0\,, \qquad \int f_0 g_a \boldsymbol{p} \, \mathrm{d}\Gamma = 0$$

genügen. Unter Berücksichtigung dieser Bedingungen können die kinetischen Koeffizienten γ_{ab} in Form der Integrale

$$T^2 \gamma_{ab} = -\int f_0 L_a g_b \, \mathrm{d}\Gamma \tag{9,6}$$

angegeben werden. Der Beweis der Symmetrie $\gamma_{ab} = \gamma_{ba}$ reduziert sich somit auf den Beweis der Gleichheit

$$\int f_0 L_a g_b \, \mathrm{d}\Gamma = \int f_0 L_b g_a \, \mathrm{d}\Gamma\,. \tag{9,7}$$

Diese Gleichung beruht darauf, daß der linearisierte Operator I „selbstadjungiert" ist, was auf folgende Weise hergeleitet werden kann.

Wir betrachten das Integral

$$\int f_0 \varphi I(\psi) \, \mathrm{d}\Gamma = \int f_0 f_{01} w' \varphi(\psi' + \psi_1' - \psi - \psi_1) \, \mathrm{d}^4\Gamma\,,$$

wobei $\psi(\Gamma)$ und $\varphi(\Gamma)$ zwei beliebige Funktionen der Variablen Γ sind. Da die Integration über alle Variablen Γ, Γ_1, Γ', Γ_1' ausgeführt wird, kann eine beliebige Umbenennung vorgenommen werden (wie dies bereits in § 4 getan wurde), ohne dabei das Integral zu ändern. Wir führen die Umbenennung $\Gamma, \Gamma' \leftrightarrow \Gamma_1, \Gamma_1'$ und anschließend in jedem der beiden so erhaltenen Integrale noch die Umbenennung $\Gamma, \Gamma_1 \leftrightarrow \Gamma', \Gamma_1'$ durch. Nehmen wir die Summe aller vier Ausdrücke, erhalten wir

$$\begin{aligned} \int f_0 \varphi I(\psi) \, \mathrm{d}\Gamma = \tfrac{1}{4} \int f_0 f_{01} [w'(\varphi + \varphi_1) \\ - w(\varphi' + \varphi_1')] \, [(\psi' + \psi_1') - (\psi + \psi_1)] \, \mathrm{d}^4\Gamma \end{aligned} \tag{9,8}$$

(zu den Bezeichnungen w und w' s. (3,5)). Wir betrachten nun ein analoges Integral, bei dem die Funktionen $\psi(\Gamma)$ und $\varphi(\Gamma)$ durch $\varphi(\Gamma^T)$ bzw. $\psi(\Gamma^T)$ ersetzt werden (ohne hierbei die Variablen in w und w' zu ändern!). Führen wir in diesem Integral die Umbenennung $\Gamma^T, \Gamma_1^T, \ldots \to \Gamma, \Gamma_1, \ldots$ durch und benutzen wir das Prinzip des detaillierten Gleichgewichts (2,3), so erhalten wir

$$\begin{aligned} &\int f_0 \psi^T I(\varphi^T) \, \mathrm{d}\Gamma \\ &= \tfrac{1}{4} \int f_0 f_{01} [w(\psi + \psi_1) - w'(\psi' + \psi_1')] \, [(\varphi' + \varphi_1') - (\varphi + \varphi_1)] \, \mathrm{d}^4\Gamma \end{aligned} \tag{9,9}$$

(es wurde weiterhin $f_0(\Gamma^T) = f_0(\Gamma)$ berücksichtigt). Indem wir in (9,8) und (9,9) die eckigen Klammern ausmultiplizieren und gliedweise vergleichen, können wir uns davon überzeugen, daß beide Integrale übereinstimmen. Bei diesem Vergleich muß die Unitaritätsbeziehung (2,9) berücksichtigt werden, nach der beispielsweise

$$\int f_0 f_{01} w(\psi + \psi_1)(\varphi + \varphi_1) \, \mathrm{d}^4\Gamma = \int f_0 f_{01} w'(\psi + \psi_1)(\varphi + \varphi_1) \, \mathrm{d}^4\Gamma$$

gilt. (Die Beziehung (2,9) wurde hier auf die Integration über die Variablen Γ', Γ_1' angewandt, von denen im Integranden nur w und w' abhängen.)

Somit erhalten wir die Gleichung

$$\int f_0 \varphi I(\psi) \, \mathrm{d}\Gamma = \int f_0 \psi^T I(\varphi^T) \, \mathrm{d}\Gamma\,. \tag{9,10}$$

Falls das Prinzip des detaillierten Gleichgewichts in seiner einfachsten Form $w = w'$, (2,8), gilt, führt die Beziehung (9,10) zur Selbstadjungiertheit des Operators I im wörtlichen Sinne:

$$\int f_0 \varphi I(\psi)\, \mathrm{d}\Gamma = \int f_0 \psi I(\varphi)\, \mathrm{d}\Gamma\,, \tag{9,11}$$

wobei in beiden Integralen die Funktionen φ und ψ von den gleichen Variablen Γ abhängen (dies ist bei $w = w'$ sofort aus dem Ausdruck (9,8) ersichtlich).

Wir wenden uns wieder den kinetischen Koeffizienten zu und führen im ersten Integral von (9,7) die Umbenennung $\Gamma \to \Gamma^T$ durch, wobei wir berücksichtigen, daß

$$L_a(\Gamma^T) = \pm L_a(\Gamma) \tag{9,12}$$

gilt. (Das obere Vorzeichen bezieht sich auf den Fall der Viskosität, das untere auf die Wärmeleitung.) Wir benutzen nun die Beziehungen (9,5) und (9,10), wobei wir in (9,10) die Integration über Γ^T anstelle von Γ durchführen können, ohne dabei den Wert des Integrals zu ändern, und erhalten

$$\begin{aligned}\int f_0 g_b L_a\, \mathrm{d}\Gamma &= \pm \int f_0 g_b^T I(g_a)\, \mathrm{d}\Gamma^T \\ &= \pm \int f_0 g_a^T I(g_b)\, \mathrm{d}\Gamma^T = \pm \int f_0 g_a^T L_b(\Gamma)\, \mathrm{d}\Gamma^T .\end{aligned}$$

Jetzt genügt es, auf der rechten Seite der Gleichung die Umbenennung $\Gamma^T \to \Gamma$ vorzunehmen, und unter Berücksichtigung von (9,12) erhalten wir das geforderte Resultat (9,7).

Die kinetischen Koeffizienten müssen außerdem den Forderungen genügen, die sich aus dem Gesetz vom Anwachsen der Entropie ergeben. Insbesondere müssen die „diagonalen" Koeffizienten γ_{aa} positiv sein. Da die kinetische Gleichung immer das Anwachsen der Entropie gewährleistet, so ist es selbstverständlich, daß für die kinetischen Koeffizienten, die mit Hilfe der kinetischen Gleichung berechnet werden, diese Forderungen automatisch erfüllt werden.

Das Anwachsen der Entropie wird durch die Ungleichung

$$-\int \ln f \cdot \mathrm{St}\, f\, \mathrm{d}\Gamma > 0$$

zum Ausdruck gebracht (s. § 4). Substituieren wir hier

$$f = f_0\left(1 + \frac{\chi}{T}\right), \qquad \mathrm{St}\, f = \frac{f_0}{T} I(\chi)\,,$$

so erhalten wir

$$-\int \ln f_0\, \mathrm{St}\, f\, \mathrm{d}\Gamma - \frac{1}{T}\int f_0 \ln\left(1 + \frac{\chi}{T}\right) I(\chi)\, \mathrm{d}\Gamma > 0\,.$$

Das erste Integral verschwindet identisch, und im zweiten können wir bei kleinem χ $\ln(1 + \chi/T) \approx \chi/T$ setzen und finden

$$-\int f_0 \chi I(\chi)\, \mathrm{d}\Gamma > 0\,. \tag{9,13}$$

Diese Ungleichung gewährleistet auch die notwendigen Eigenschaften der kinetischen Koeffizienten. Insbesondere bringt sie für $\chi = g_a$ die Positivität von γ_{aa} zum Ausdruck.

§ 10. Näherungslösungen der kinetischen Gleichung

In Anbetracht der komplizierten Form der zwischenmolekularen Wechselwirkung (insbesondere bei mehratomigen Molekülen), welche die Funktion w im Stoßintegral bestimmt, kann die BOLTZMANN-Gleichung für konkrete Gase im Grunde genommen nicht einmal in expliziter Form aufgeschrieben werden. Aber auch bei den einfachsten Annahmen über den Charakter der zwischenmolekularen Wechselwirkung bewirkt die komplizierte mathematische Struktur der kinetischen Gleichung, daß es eigentlich nicht möglich ist, ihre Lösung in exakter analytischer Form anzugeben. Dies bezieht sich sogar auf die linearisierte Gleichung. In diesem Zusammenhang besitzen genügend effektive Methoden zur genäherten Lösung der BOLTZMANN-Gleichung in der kinetischen Gastheorie besondere Bedeutung. Wir wollen hier solch eine Methode in Anwendung auf ein einatomiges Gas erläutern (S. CHAPMAN, 1916).

Wir betrachten zunächst das Problem der Wärmeleitfähigkeit. Für das einatomige Gas beträgt die Wärmekapazität $c_p = 5/2$, und die linearisierte Gleichung (7,3) hat die Form

$$-\boldsymbol{v}\left(\tfrac{5}{2} - \beta v^2\right) = I(\boldsymbol{g}) \tag{10,1}$$

(mit $\beta = m/2T$). Der lineare Integraloperator $I(\boldsymbol{g})$ wird durch die Beziehung

$$I(\boldsymbol{g}) = \iint v_{\text{rel}} f_{01} (\boldsymbol{g}' + \boldsymbol{g}_1' - \boldsymbol{g} - \boldsymbol{g}_1)\, d^3p_1\, d\sigma \tag{10,2}$$

(entsprechend dem Stoßintegral (3,9)) gegeben und die Verteilungsfunktion für das Gleichgewicht durch[1])

$$f_0(v) = \frac{N\beta^{3/2}}{m^3\pi^{3/2}}\, e^{-\beta v^2}. \tag{10,3}$$

Eine effektive Näherungsmethode zur Lösung der Gleichung (10,1) beruht auf der Entwicklung der gesuchten Funktionen nach einem vollständigen orthogonalen Funktionensystem. Ein besonders geeignetes Funktionensystem sind die SONINE-Polynome (D. BURNETT, 1935). Diese Funktionen werden durch die Formel[2])

$$S_r^s(x) = \frac{1}{s!}\, e^x\, x^{-r} \frac{d^s}{dx^s}\, e^{-x}\, x^{r+s} \tag{10,4}$$

definiert, wobei r eine beliebige und s eine ganze positive Zahl oder Null ist. Speziell ist

$$S_r^0 = 1\,, \qquad S_r^1(x) = r + 1 - x\,. \tag{10,5}$$

---

[1]) Es wird immer angenommen, daß die Verteilungsfunktion in bezug auf den Impulsraum definiert ist. Dies hindert uns jedoch nicht daran, sie gegebenenfalls auch durch die Geschwindigkeit $\boldsymbol{v} = \boldsymbol{p}/m$ auszudrücken.

[2]) Sie unterscheiden sich nur durch die Normierung und die Indizierung von den verallgemeinerten LAGUERREschen Polynomen

$$S_r^s(x) = \frac{(-1)^r}{(r+s)!}\, L_{r+s}^r(x)\,.$$

Die Orthogonalitätsbeziehung dieser Polynome bei festgehaltenem Index r und beliebigen Indizes s lautet

$$\int_0^\infty e^{-x}\, x^r S_r^s(x)\, S_r^{s'}(x)\, dx = \frac{\Gamma(r+s+1)}{s!}\,\delta_{ss'}\,. \tag{10,6}$$

Für die Lösung der Gleichung (10,1) machen wir den Ansatz

$$\boldsymbol{g}(\boldsymbol{v}) = \frac{\beta}{N}\,\boldsymbol{v} \sum_{s=1}^{\infty} A_s S_{3/2}^s(\beta v^2)\,. \tag{10,7}$$

Indem wir in dieser Entwicklung das Glied mit $s = 0$ fortlassen, erfüllen wir automatisch die Bedingung (7,4) (das Integral verschwindet wegen der Orthogonalität der Polynome zu $s = 0$ und $s \neq 0$). Der eingeklammerte Ausdruck auf der linken Seite von (10,1) ist identisch mit dem Polynom $S_{3/2}^1(\beta v^2)$, so daß diese Gleichung die Form

$$-\boldsymbol{v} S_{3/2}^1(\beta v^2) = \frac{\beta}{N} \sum_{s=1}^{\infty} A_s I(\boldsymbol{v} S_{3/2}^s) \tag{10,8}$$

annimmt. Wenn wir beide Seiten mit $\boldsymbol{v} f_0(v)\, S_{3/2}^l(\beta v^2)$ multiplizieren und über d^3p integrieren, so erhalten wir ein System von algebraischen Gleichungen

$$\sum_{s=1}^{\infty} a_{ls} A_s = \tfrac{15}{4}\,\delta_{l1}\,, \qquad l = 1, 2, \dots, \tag{10,9}$$

mit

$$a_{ls} = -\frac{\beta^2}{N^2} \int f_0 \boldsymbol{v} S_{3/2}^l I(\boldsymbol{v} S_{3/2}^s)\, d^3p = \frac{\beta^2}{4N^2} \{\boldsymbol{v} S_{3/2}^l, \boldsymbol{v} S_{3/2}^s\}\,, \tag{10,10}$$

wobei die Bezeichnungen

$$\{F, G\} = \int f_0(v) f_0(v_1)\, |\boldsymbol{v} - \boldsymbol{v}_1|\, \Delta(F)\, \Delta(G)\, d^3p\, d^3p_1\, d\sigma\,,$$

$$\Delta(F) = F(\boldsymbol{v}') + F(\boldsymbol{v}_1') - F(\boldsymbol{v}) - F(\boldsymbol{v}_1) \tag{10,11}$$

eingeführt wurden. In (10,9) fehlt die Gleichung mit $l = 0$, da infolge der Impulserhaltung $a_{0s} = 0$ gilt: $\Delta(\boldsymbol{v} S_{3/2}^0) = \Delta(\boldsymbol{v}) = 0$. Die Wärmeleitfähigkeit ergibt sich durch Einsetzen von (10,7) in das Integral (7,7). Wegen der Bedingung (7,4) läßt sich dieses Integral (mit $\varepsilon = mv^2/2$) in der Form

$$\varkappa = -\tfrac{1}{3} \int f_0 S_{3/2}^1(\beta v^2)\, \boldsymbol{v}\boldsymbol{g}\, d^3p$$

darstellen, und im Ergebnis finden wir

$$\varkappa = \tfrac{5}{4} A_1\,. \tag{10,12}$$

Die Vorzüge der Entwicklung nach Sonine-Polynomen kommen in der einfachen Struktur der rechten Seiten der Gleichungen (10,9) und (10,12) zum Ausdruck.

Für das Problem der Viskosität läuft der Rechengang völlig analog. Wir machen für die Lösung der Gleichung (8,6) den Ansatz

$$g_{\alpha\beta} = -\frac{\beta^2}{N^2}\left(v_\alpha v_\beta - \frac{1}{3}\, v^2 \delta_{\alpha\beta}\right) \sum_{s=0}^{\infty} B_s S_{5/2}^s(\beta v^2)\,. \tag{10,13}$$

Einsetzen in (8,6) und anschließende Multiplikation dieser Gleichung mit

$$f_0(v)\, S^l_{5/2}(\beta v^2)\, (v_\alpha v_\beta - \tfrac{1}{3} v^2 \delta_{\alpha\beta})$$

sowie Integration über d^3p führt zum Gleichungssystem

$$\sum_{s=0}^{\infty} b_{ls} B_s = 5\delta_{l0}\,, \qquad l = 0, 1, 2, \dots\,, \tag{10,14}$$

mit

$$b_{ls} = \frac{\beta^3}{N^2} \left\{ \left(v_\alpha v_\beta - \frac{v^2}{3} \delta_{\alpha\beta} \right) S^l_{5/2}\,, \left(v_\alpha v_\beta - \frac{v^2}{3} \delta_{\alpha\beta} \right) S^s_{5/2} \right\}. \tag{10,15}$$

Aus (8,9) erhalten wir für die Viskosität

$$\eta = \tfrac{1}{4} m B_0\,. \tag{10,16}$$

Eine genäherte Lösung des unendlichen Gleichungssystems (10,9) oder (10,14) ergibt sich, wenn in den Entwicklungen (10,7) oder (10,13) nur die ersten Glieder berücksichtigt werden, d. h., wenn das System künstlich abgebrochen wird. Die Konvergenz dieses Näherungsverfahrens bei Erhöhung der Zahl der Glieder erweist sich als außerordentlich schnell. Bereits die Mitnahme von nur einem Glied führt im allgemeinen in den Werten für $\varkappa$ oder η zu einer Genauigkeit von 1 – 2%.[1]

Wir zeigen, daß die in der angegebenen Weise erhaltene Näherungslösung der kinetischen Gleichung für einatomige Gase zu Werten für die kinetischen Koeffizienten führt, welche stets kleiner sind als diejenigen Werte, die bei der exakten Lösung dieser Gleichung erhalten würden.

Wir schreiben die kinetische Gleichung in der symbolischen Form

$$I(g) = L \tag{10,17}$$

(die Funktionen g und L sind Vektoren beim Problem der Wärmeleitung und Tensoren zweiter Stufe beim Problem der Viskosität). Aus der Funktion g bestimmt sich der entsprechende kinetische Koeffizient als eine Größe, die proportional zum Integral

$$-\int f_0 g I(g)\, d^3p \tag{10,18}$$

ist (s. § 9). Eine genäherte Funktion g genügt jedoch nicht dieser Gleichung (10,17), sondern der Integralbeziehung

$$\int f_0 g I(g)\, d^3p = \int f_0 L g\, d^3p\,. \tag{10,19}$$

(Dies folgt offensichtlich aus der Definitionsweise der Koeffizienten in den Entwicklungen für g.)

Die oben geäußerte Behauptung folgt unmittelbar aus einem „Variationsprinzip", nach dem die Lösung der Gleichung (10,17) einem Maximum des Funktionals (10,18) für die Klasse aller Funktionen, die der Bedingung (10,19) genügen, entspricht. Von der Gültigkeit dieses Prinzips kann man sich leicht überzeugen, wenn man das Integral

$$-\int f_0 (g - \varphi)\, I(g - \varphi)\, d^3p$$

[1] Es zeigt sich jedoch, daß die Konvergenz bei dem Problem der Diffusion und insbesondere bei dem Problem der Thermodiffusion etwas schlechter ist.

betrachtet, wobei g eine Lösung von Gleichung (10,17) und φ eine beliebige Testfunktion ist, welche nur der Bedingung (10,19) genügt. Gemäß der allgemeinen Eigenschaft (9,13) des Operators I ist dieses Integral positiv. Lösen wir die Klammern auf, so wird daraus

$$-\int f_0\{gI(g) + \varphi I(\varphi) - \varphi I(g) - gI(\varphi)\}\, d^3p\,.$$

Da für das einatomige Gas das Prinzip des detaillierten Gleichgewichts in der Form (2,8) gilt, ist der Operator I selbstadjungiert, (9,11).[1] Hieraus folgt, daß die Integrale über die beiden letzten Glieder in der geschweiften Klammer übereinstimmen. Setzen wir nun $I(g) = L$, finden wir

$$-\int f_0\{gI(g) + \varphi I(\varphi) - 2\varphi I(g)\}\, d^3p$$
$$= -\int f_0\{gI(g) + \varphi I(\varphi) - 2L\varphi\}\, d^3p > 0\,.$$

Formen wir weiterhin das Integral über den letzten Term mit Hilfe der Bedingung (10,19) um, erhalten wir schließlich

$$-\int f_0 gI(g)\, d^3p > -\int f_0\varphi I(\varphi)\, d^3p\,,$$

was zu zeigen war.

Wir möchten auf einen Fall hinweisen, der vom formalen Gesichtspunkt von Interesse ist, obgleich er keine unmittelbare physikalische Bedeutung besitzt. Es handelt sich um ein Gas aus Teilchen, die gemäß der Relation $U = \alpha/r^4$ miteinander wechselwirken.[2] Dieser Fall wird dadurch gekennzeichnet, daß der Stoßquerschnitt solcher Teilchen (nach der klassischen Mechanik berechnet) umgekehrt proportional zur Relativgeschwindigkeit v_{rel} ist. Deshalb hängt das Produkt $v_{\mathrm{rel}}\, d\sigma$, welches im Stoßintegral auftritt, nur vom Streuwinkel ϑ, nicht aber von v_{rel} ab. Von dieser Eigenschaft kann man sich leicht schon durch Dimensionsbetrachtungen überzeugen. Der Wirkungsquerschnitt hängt nämlich insgesamt von drei Parametern ab: der Konstanten α, der Teilchenmasse m und der Geschwindigkeit v_{rel}. Aus diesen Größen läßt sich keine dimensionslose Kombination, sondern lediglich eine Kombination von der Dimension einer Fläche, nämlich $v_{\mathrm{rel}}^{-1}(\alpha/m)^{1/2}$, bilden. Der Wirkungsquerschnitt muß proportional zu ihr sein. Diese Eigenschaft des Wirkungsquerschnitts führt zu einer wesentlichen Vereinfachung der Struktur des Stoßintegrals, so daß es möglich ist, exakte Lösungen der linearisierten kinetischen Gleichungen für die Probleme der Wärmeleitung und der Viskosität zu finden. Es zeigt sich, daß sie einfach durch die ersten Glieder der Entwicklungen (10,7) und (10,13) gegeben werden.[3]

Aufgaben[4]

1. Man bestimme die Wärmeleitfähigkeit eines einatomigen Gases, indem in der Entwicklung (10,7) nur das erste Glied mitgenommen wird.

---

[1]) Wir möchten hervorheben, daß das Variationsprinzip in der angegebenen Form mit dieser Eigenschaft verknüpft ist und nicht gilt, wenn das Prinzip des detaillierten Gleichgewichts nur in seiner allgemeinsten Form (2,3) erfüllt ist.

[2]) Die kinetischen Eigenschaften solch eines Modellgases wurden zuerst von Maxwell (1866) betrachtet.

[3]) Für eine ausführliche Darstellung der Theorie dieses Falles s. §§ 38—40 des Beitrages von L. Waldmann im Handbuch der Physik, Bd. XII, Springer, Berlin (West) 1958.

[4]) Die Gleichungen (1) bis (6) wurden von Chapman und Enskog erhalten.

Lösung. Bei nur einem Glied der Entwicklung reduziert sich (10,9) auf die Gleichung $A_1 = 15/4a_{11}$. Zur Berechnung des Integrals (10,10) mit $l = s = 1$ führen wir anstelle von $\boldsymbol{v}, \boldsymbol{v}_1, \boldsymbol{v}'$ und $\boldsymbol{v}_1'$ die Schwerpunktsgeschwindigkeit und die Relativgeschwindigkeiten der beiden Atome ein:

$$\boldsymbol{V} = \tfrac{1}{2}(\boldsymbol{v} + \boldsymbol{v}_1) = \tfrac{1}{2}(\boldsymbol{v}' + \boldsymbol{v}_1'), \qquad \boldsymbol{v}_{\text{rel}} = \boldsymbol{v} - \boldsymbol{v}_1, \qquad \boldsymbol{v}'_{\text{rel}} = \boldsymbol{v}' - \boldsymbol{v}_1',$$

$$v^2 + v_1^2 = 2V^2 + \tfrac{1}{2} v_{\text{rel}}^2, \qquad \mathrm{d}^3p\, \mathrm{d}^3p_1 = m^6\, \mathrm{d}^3V\, \mathrm{d}^3v_{\text{rel}}.$$

Eine einfache Berechnung führt zu

$$\Delta(\boldsymbol{v} S_{3/2}^1) = \Delta(\beta v^2 \boldsymbol{v}) = \beta[(\boldsymbol{V}\boldsymbol{v}'_{\text{rel}})\, \boldsymbol{v}'_{\text{rel}} - (\boldsymbol{V}\boldsymbol{v}_{\text{rel}})\, \boldsymbol{v}_{\text{rel}}].$$

Erheben wir diesen Ausdruck zum Quadrat und mitteln wir über die Richtungen von $\boldsymbol{V}$, erhalten wir

$$\frac{2\beta^2}{3}[v_{\text{rel}}^4 - (\boldsymbol{v}_{\text{rel}}\boldsymbol{v}'_{\text{rel}})^2]\, V^2 = \frac{2\beta^2}{3} v_{\text{rel}}^4 V^2 \sin^2\Theta.$$

Nach Ausführung der Integration über $4\pi V^2\, \mathrm{d}V$ und über die Richtungen von $\boldsymbol{v}_{\text{rel}}$ (letztere liefert einen Faktor 4π) erhalten wir schließlich

$$a_{11} = \frac{\beta^4}{4}\left(\frac{\beta}{2\pi}\right)^{1/2} \int_0^{\pi}\int_0^{\infty} \exp\left(-\frac{\beta v_{\text{rel}}^2}{2}\right) v_{\text{rel}}^7 \sin^2\Theta \frac{\mathrm{d}\sigma}{\mathrm{d}\Theta}\, \mathrm{d}v_{\text{rel}}\, \mathrm{d}\Theta. \tag{1}$$

Die Wärmeleitfähigkeit ergibt sich zu

$$\varkappa = 75/16a_{11}. \tag{2}$$

2. Das gleiche für die Viskosität des einatomigen Gases.

Lösung. Auf analoge Weise erhalten wir

$$B_0 = 5/b_{00}, \qquad \eta = 5m/4b_{00}.$$

Im Integral (10,15) ergibt sich für $l = s = 0$

$$\Delta\,(v_\alpha v_\beta - \tfrac{1}{3} v^2 \delta_{\alpha\beta}) = \tfrac{1}{2}(v_{\text{rel}\,\alpha} v_{\text{rel}\,\beta} - v'_{\text{rel}\,\alpha} v'_{\text{rel}\,\beta}).$$

Das Quadrat dieses Ausdrucks lautet

$$\tfrac{1}{2} v_{\text{rel}}^4 \sin^2\Theta.$$

Nach der Integration über d^3V und über die Richtungen von $\boldsymbol{v}_{\text{rel}}$ zeigt sich, daß $b_{00} = a_{11}$ ist, so daß

$$\eta = 4m\varkappa/15 \tag{3}$$

gilt. Für das einatomige Gas ist die Wärmekapazität $c_p = 5/2$. Deshalb beträgt das Verhältnis der kinematischen Viskosität $\nu = \eta/Nm$ zur Temperaturleitfähigkeit $\chi = \varkappa/Nc_p$ (die sogenannte PRANDTLsche Zahl) in der betrachteten Näherung

$$\nu/\chi = 2/3 \tag{4}$$

und hängt nicht von der Form der zwischenatomaren Wechselwirkung ab.[1])

3. In der gleichen Näherung sind die Wärmeleitfähigkeit und die Viskosität eines einatomigen Gases zu bestimmen, wobei die Atome als harte elastische Kugeln mit dem Durchmesser d betrachtet werden.

Lösung. Der Streuquerschnitt einer Kugel an einer Kugel ist äquivalent zur Streuung eines punktförmigen Teilchens an einer undurchdringlichen Kugel vom Radius d; deshalb beträgt der

---

[1]) Für ein Gas mit dem Wechselwirkungspotential $U = \alpha/r^4$ sind die Beziehungen (1) bis (4) exakt und ergeben folgende Werte:

$$\varkappa = 3{,}04T(m\alpha)^{-1/2}, \qquad \eta = 0{,}81T(m/\alpha)^{1/2}.$$

Streuquerschnitt $d\sigma = (d/2)^2\, do$. Die Berechnung des Integrals (1) führt zu den Ergebnissen[1])

$$\varkappa = \frac{76}{64\sqrt{\pi}\,d^2}\sqrt{\frac{T}{m}} = \frac{0{,}66}{d^2}\sqrt{\frac{T}{m}}\,, \tag{5}$$

$$\eta = \frac{5}{16\sqrt{\pi}\,d^2}\sqrt{mT} = 0{,}18\,\frac{\sqrt{mT}}{d^2}\,. \tag{6}$$

§ 11. Diffusion eines leichten Gases in einem schweren

Wir untersuchen die Diffusionserscheinungen für Gemische aus zwei Gasen in einigen Spezialfällen, die eine relativ weitgehende theoretische Behandlung gestatten.

Wir bezeichnen die Teilchendichten der beiden Komponenten des Gemisches mit N_1 und N_2 und definieren die Konzentration des Gemisches durch $c = N_1/N$ mit $N = N_1 + N_2$. Die Gesamtteilchenzahldichte hängt mit dem Druck und der Temperatur gemäß $N = P/T$ zusammen. Der Druck des Gases sei im gesamten Volumen konstant; die Konzentration und die Temperatur mögen sich jedoch in x-Richtung ändern. (Indem wir eine Temperaturänderung zulassen, ziehen wir auch die Thermodiffusion in die Betrachtung ein.)

Wir betrachten die Diffusion in einem Gemisch zweier Gase. Das eine Gas (das „schwere") bestehe aus Molekülen mit einer Masse, die groß ist im Vergleich zur Teilchenmasse des anderen („leichten") Gases. Wir nehmen an, daß das leichte ein einatomiges Gas ist. Da die mittlere thermische Energie der Translationsbewegung aller Teilchen (bei vorgegebener Temperatur) gleich ist, folgt, daß die mittlere Geschwindigkeit der schweren Moleküle klein im Vergleich zu der Geschwindigkeit der leichten ist, so daß man die schweren Moleküle näherungsweise als unbeweglich ansehen kann. Bei einem Stoß eines leichten Teilchens mit einem schweren kann man annehmen, daß das letztere in Ruhe bleibt. Bei dem leichten Teilchen ändert sich die Richtung der Geschwindigkeit, der Absolutbetrag bleibt jedoch ungeändert.

In diesem Paragraphen betrachten wir den Fall, daß die Konzentration des leichten Gases (es sei dies das Gas 1) in dem Gemisch gering ist. Dann sind die Stöße seiner Atome untereinander relativ selten, und man kann annehmen, daß die leichten Teilchen nur mit den schweren stoßen.[2])

Im allgemeinen Fall eines beliebigen Gasgemisches sollte für die Verteilungsfunktion der Teilchen jeder Komponente eine eigene kinetische Gleichung aufgestellt werden, in deren rechte Seite die Summe der Stoßintegrale der Teilchen der betrachteten Sorte mit den Teilchen der gleichen wie auch der anderen Sorten eingeht. Im betrachteten Spezialfall ist es jedoch zweckmäßig, die Herleitung einer vereinfachten kinetischen Gleichung von neuem durchzuführen.

Die gesuchte Gleichung soll die Verteilungsfunktion der Teilchen des leichten Gases bestimmen. Wir bezeichnen diese mit $f(\boldsymbol{p}, x)$. Unter den angegebenen Annahmen wird

[1]) Um die rasche Konvergenz der folgenden Näherungen zu charakterisieren, geben wir an, daß bei der Mitnahme des zweiten und dritten Gliedes in den Entwicklungen (10,7) und (10,13) die Ausdrücke (5) und (6) mit $(1 + 0{,}015 + 0{,}001)$ bzw. $(1 + 0{,}023 + 0{,}002)$ multipliziert werden.

[2]) Die kinetische Theorie für solch ein Modellgas wurde zuerst von H. A. Lorentz (1905) entwickelt.

die Verteilung der schweren Teilchen nicht durch die Stöße mit den leichten beeinflußt und kann für das Problem der Diffusion als vorgegeben angesehen werden.

Es sei Θ der Winkel zwischen der Richtung des Impulses $\boldsymbol{p} = m_1\boldsymbol{v}$ eines leichten Teilchens und der x-Achse. Auf Grund der Symmetrie der Problemstellung ist es offensichtlich, daß die Verteilungsfunktion (außer von den Variablen p und x) nur vom Winkel Θ abhängen kann. Wir bezeichnen mit $\mathrm{d}\sigma = F(p, \alpha)\,\mathrm{d}o'$ den Wirkungsquerschnitt für einen Stoß, bei dem ein leichtes Teilchen aus dem Impulszustand $\boldsymbol{p}$ in den Impulszustand $\boldsymbol{p}' = m_1\boldsymbol{v}'$ übergeht, welcher in das Raumwinkelelement $\mathrm{d}o'$ gerichtet ist; α ist der Winkel zwischen den Vektoren $\boldsymbol{p}$ und $\boldsymbol{p}'$ (die Beträge dieser Vektoren stimmen überein). Die Wahrscheinlichkeit dafür, daß pro Wegeinheit ein Teilchen solch einen Stoß erfährt, ist $N_2\,\mathrm{d}\sigma$, wobei N_2 die Teilchenzahldichte der schweren Teilchen ist. Die Wahrscheinlichkeit pro Zeiteinheit ergibt sich durch Multiplikation mit der Geschwindigkeit des Teilchens: $N_2 v\,\mathrm{d}\sigma$.

Wir betrachten Teilchen, die sich in einer gegebenen Volumeneinheit befinden und Impulse besitzen, deren Beträge in einem gegebenen Intervall $\mathrm{d}p$ und deren Richtungen im Raumwinkelelement $\mathrm{d}o$ liegen. Die Zahl dieser Teilchen beträgt $f\,\mathrm{d}^3p = f(p, \Theta, x)\,p^2\,\mathrm{d}p\,\mathrm{d}o$. Im Ergebnis von Stößen erlangen von ihnen pro Zeiteinheit

$$f(p, \Theta, x)\,p^2\,\mathrm{d}p\,\mathrm{d}o \cdot N_2 v F(p, \alpha)\,\mathrm{d}o'$$

Teilchen einen Impuls p', der nach $\mathrm{d}o'$ gerichtet ist. Insgesamt ändern folglich

$$\mathrm{d}^3p \int N_2 v f(p, \Theta, x)\,F(p, \alpha)\,\mathrm{d}o'$$

Teilchen ihren Impuls.

Umgekehrt erlangen aus der Zahl der Teilchen in $\mathrm{d}^3p' = p'^2\,\mathrm{d}p'\,\mathrm{d}o'$

$$f(p', \Theta', x)\,p'^2\,\mathrm{d}p'\,\mathrm{d}o' \cdot N_2 v' F(p', \alpha)\,\mathrm{d}o$$

Teilchen eine Geschwindigkeit, die nach $\mathrm{d}o$ gerichtet ist. Da $p' = p$ ist, ergibt sich für die Gesamtzahl der Teilchen, die im Ergebnis von Stößen einen Impuls in d^3p erlangen,

$$\mathrm{d}^3p \int N_2 v f(p, \Theta', x)\,F(p, \alpha)\,\mathrm{d}o'\,.$$

Somit ist die Änderung der Teilchenzahl im Element d^3p gleich der Differenz

$$\mathrm{d}^3p \cdot N_2 v \int F(p, \alpha)\,[f(p, \Theta', x) - f(p, \Theta, x)]\,\mathrm{d}o'\,.$$

Andererseits muß diese Änderung gleich der totalen Zeitableitung sein,

$$\mathrm{d}^3p\,\frac{\mathrm{d}f}{\mathrm{d}t} = \mathrm{d}^3p \cdot \boldsymbol{v}\nabla f = \mathrm{d}^3p\,\frac{\partial f}{\partial x}\,v\cos\Theta\,.$$

Wenn wir beide Ausdrücke gleichsetzen, erhalten wir die gesuchte kinetische Gleichung in der Form

$$v\cos\Theta\,\frac{\partial f}{\partial x} = N_2 v \int F(p, \alpha)\,[f(p, \Theta', x) - f(p, \Theta, x)]\,\mathrm{d}o' \equiv \mathrm{St}\,f\,. \qquad (11,1)$$

Wir merken an, daß die rechte Seite dieser Gleichung für eine beliebige Funktion f, die nicht von der Richtung von $\boldsymbol{p}$ abhängt, verschwindet, also nicht nur für die MAXWELL-Verteilung f_0, wie dies bei der BOLTZMANN-Gleichung der Fall ist. Diese

Besonderheit hängt damit zusammen, daß sich der Betrag des Impulses bei der Streuung der leichten an den schweren Teilchen nicht ändert. Offensichtlich lassen solche Stöße eine beliebige Verteilung der leichten Teilchen bezüglich der Energie stationär. Tatsächlich entspricht Gleichung (11,1) nur einer nullten Näherung in der kleinen Größe m_1/m_2, und schon in der nächsten Ordnung tritt eine Relaxation bezüglich der Energien auf.

Wenn die Gradienten für die Konzentration und die Temperatur nicht allzu groß sind (d. h. diese Größen sich auf Abständen von der Größenordnung der freien Weglänge nur geringfügig ändern), kann f in Form einer Summe

$$f = f_0(p, x) + \delta f(p, \Theta, x)$$

angesetzt werden, wobei δf eine kleine Korrektur zur Verteilungsfunktion f_0 für das lokale Gleichgewicht darstellt, die linear in den Gradienten von c und T ist. Für δf machen wir wiederum den Ansatz

$$\delta f = \cos\Theta \cdot g(p, x)\,, \tag{11,2}$$

wobei g eine Funktion lediglich von p und x ist. Setzen wir dies in (11,1) ein, genügt es, auf der linken Seite der Gleichung nur das Glied mit f_0 stehenzulassen. Im Stoßintegral fällt jedoch das Glied mit f_0 heraus:

$$\mathrm{St}\, f = g N_2 v \int F(p, \alpha)\,(\cos\Theta' - \cos\Theta)\,\mathrm{d}o'\,.$$

Die Funktion g hängt nicht von den Winkeln ab und konnte deshalb vor das Integralzeichen gezogen werden.

Dieses Integral läßt sich noch vereinfachen. Zur Berechnung der Winkel wählen wir die Richtung des Impulses $\boldsymbol{p}$ als Achse des Polarkoordinatensystems. Es seien φ und φ' die Azimute der Richtungen der x-Achse bzw. des Impulses $\boldsymbol{p}'$ bezüglich der Polarachse. Dann gilt

$$\cos\Theta' = \cos\Theta\cos\alpha + \sin\Theta\sin\alpha\cos(\varphi - \varphi')\,.$$

Für das Raumwinkelelement erhalten wir $\mathrm{d}o' = \sin\alpha\,\mathrm{d}\alpha\,\mathrm{d}\varphi'$, da α der Polarwinkel für den Impuls $\boldsymbol{p}'$ ist. Bei der Integration über $\mathrm{d}\varphi'$ verschwindet das Glied mit $\cos(\varphi - \varphi')$. Wir erhalten das Ergebnis

$$\mathrm{St}\, f = -N_2\sigma_t(p)\, v g \cos\Theta = -N_2\sigma_t(p)\, v\,\delta f\,, \tag{11,3}$$

wobei die Bezeichnung

$$\sigma_t(p) = 2\pi \int F(p, \alpha)\,(1 - \cos\alpha)\sin\alpha\,\mathrm{d}\alpha = \int (1 - \cos\alpha)\,\mathrm{d}\sigma \tag{11,4}$$

eingeführt wurde. Die Größe σ_t wird als *Transportstoßquerschnitt* bezeichnet.

Aus Gleichung (11,1) finden wir jetzt

$$g(p, x) = -\frac{1}{N_2\sigma_t}\frac{\partial f_0}{\partial x}. \tag{11,5}$$

Definitionsgemäß ist der Diffusionsstrom $\boldsymbol{i}$ gleich der Stromdichte der Moleküle einer Komponente des Gemisches (der leichten Komponente im betrachteten Fall). Er ergibt sich als Integral über die Verteilungsfunktion

$$\boldsymbol{i} = \int f \boldsymbol{v}\,\mathrm{d}^3p \tag{11,6}$$

oder, weil der Vektor $\boldsymbol{i}$ in x-Richtung liegt,

$$i = \int \cos\Theta \cdot f v \, \mathrm{d}^3p = \int \cos^3\Theta \cdot g v \, \mathrm{d}^3p \,. \tag{11,7}$$

(Das Glied mit f_0 verschwindet bei der Winkelintegration.) Setzen wir hier (11,5) ein, erhalten wir

$$i = -\frac{1}{N_2}\frac{\partial}{\partial x}\int \frac{f_0 v \cos^2\Theta}{\sigma_t(p)} \mathrm{d}^3p = -\frac{1}{3N_2}\frac{\partial}{\partial x}\int \frac{f_0 v}{\sigma_t} \mathrm{d}^3p \,.$$

Dieser Ausdruck läßt sich in der Form

$$i = -\frac{1}{3N_2}\frac{\partial}{\partial x}\left\{N_1\left\langle\frac{v}{\sigma_t}\right\rangle\right\}$$

schreiben, wobei die Mittelung über die MAXWELL-Verteilung durchgeführt wird. Schließlich führen wir die Konzentration $c = N_1/N \approx N_1/N_2$ ein (wir erinnern daran, daß voraussetzungsgemäß $N_2 \gg N_1$ ist) und ersetzen $N_2 \approx N = P/T$. Unter Berücksichtigung der Konstanz des Druckes erhalten wir

$$i = -\frac{T}{3}\frac{\partial}{\partial x}\left\{\frac{c}{T}\left\langle\frac{v}{\sigma_t}\right\rangle\right\} = -\frac{1}{3}\left\langle\frac{v}{\sigma_t}\right\rangle\frac{\partial c}{\partial x} - \frac{cT}{3}\frac{\partial}{\partial T}\left[\frac{1}{T}\left\langle\frac{v}{\sigma_t}\right\rangle\right]\frac{\partial T}{\partial x} \,. \tag{11,8}$$

Diese Beziehung kann mit dem phänomenologischen Ausdruck für den Diffusionsstrom

$$i = -ND\left(\nabla c + \frac{k_T}{T}\nabla T\right) \tag{11,9}$$

verglichen werden, welcher die Definition des *Diffusionskoeffizienten* D und des *Thermodiffusionsquotienten* k_T beinhaltet (als *Thermodiffusionskoeffizient* wird das Produkt $D_T = Dk_T$ bezeichnet, s. VI, § 58)[1]) Somit finden wir

$$D = \frac{T}{3P}\langle v/\sigma_t\rangle \,, \tag{11,10}$$

$$k_T = cT\frac{\partial}{\partial T}\ln\frac{\langle v/\sigma_t\rangle}{T} \,. \tag{11,11}$$

Beim Diffusionsgleichgewicht im inhomogen erwärmten Gas stellt sich solch eine Konzentrationsverteilung ein, bei der der Diffusionsstrom $\boldsymbol{i} = 0$ wird. Wenn wir den Ausdruck, der in den geschweiften Klammern von (11,8) steht, konstant setzen, erhalten wir

$$c = \text{const}\frac{T}{\langle v/\sigma_t\rangle} \,. \tag{11,12}$$

Wenn wir annehmen, daß der Wirkungsquerschnitt σ_t nicht von der Geschwindigkeit abhängt, und berücksichtigen, daß $\langle v\rangle \sim (T/m_1)^{1/2}$ gilt, finden wir, daß bei einem Dif-

[1]) Der Thermodiffusionseffekt wurde von ENSKOG (1911) für das hier betrachtete Modell eines Gasgemisches vorhergesagt.

fusionsgleichgewicht in einem Gemisch mit kleiner Konzentration des leichten Gases diese Konzentration proportional zu $\sqrt{T}$ ist. Das leichte Gas wird somit an Orten hoher Temperatur angereichert.

Größenordnungsmäßig ist der Diffusionskoeffizient

$$D \sim \bar{v} l\,, \tag{11,13}$$

wobei $\bar{v}$ die mittlere thermische Geschwindigkeit der Moleküle des leichten Gases und $l \sim 1/N\sigma$ die mittlere freie Weglänge ist. Wir möchten an die bekannte elementare Herleitung dieser Beziehung erinnern. Die Zahl der Moleküle des Gases 1, welche pro Zeiteinheit von links nach rechts durch die Einheitsfläche senkrecht zur x-Achse hindurchtreten, ist größenordnungsmäßig gleich dem Produkt $N_1\bar{v}$, wobei die Dichte N_1 im Abstand l links von der Fläche genommen werden muß, d. h. an den Orten, von denen aus die Moleküle die Fläche bereits ohne Stöße erreichen. Analog bestimmt sich die Zahl der Moleküle, die durch diese Fläche von rechts nach links hindurchlaufen, und die Differenz beider Zahlen ergibt den Diffusionsstrom

$$i \sim N_1(x - l)\,\bar{v} - N_1(x + l)\,\bar{v} \sim -l\bar{v}\,\frac{\mathrm{d}N_1}{\mathrm{d}x}\,,$$

woraus (11,13) folgt.[1])

§ 12. Diffusion eines schweren Gases in einem leichten

Wir betrachten den umgekehrten Grenzfall, bei dem die Konzentration des schweren Gases im Gemisch klein ist. In diesem Falle kann der Diffusionskoeffizient auf indirekte Weise berechnet werden, ohne die kinetische Gleichung zu benutzen. Wir können nämlich die sogenannte *Beweglichkeit* der Teilchen des schweren Gases definieren, indem wir annehmen, daß es sich in einem äußeren Feld befindet. Die Beweglichkeit b hängt mit dem Diffusionskoeffizienten dieser Teilchen durch die bekannte Einstein-Beziehung

$$D = bT \tag{12,1}$$

zusammen (s. VI, § 59).

Definitionsgemäß ist die Beweglichkeit der Proportionalitätskoeffizient zwischen der mittleren Geschwindigkeit $\boldsymbol{V}$, welche die Teilchen im äußeren Feld erhalten, und der Kraft $\boldsymbol{f}$, die das äußere Feld auf sie ausübt:

$$\boldsymbol{V} = b\boldsymbol{f}\,. \tag{12,2}$$

Die Geschwindigkeit $\boldsymbol{V}$ bestimmt sich im betrachteten Fall aus der Bedingung, daß sich die Kraft $\boldsymbol{f}$ und die Reibungskraft $\boldsymbol{f}_r$, die das sich bewegende schwere Teilchen

---

[1]) Die Diffusion, die Wärmeleitung und die Viskosität beruhen auf dem gleichen Mechanismus — dem unmittelbaren molekularen Transport. Die Wärmeleitung kann man als „Energiediffusion“, die Viskosität als „Impulsdiffusion“ ansehen. Deshalb kann festgestellt werden, daß die Diffusionskonstante D, die Temperaturleitfähigkeit $\chi = \varkappa/Nc_p$ und die kinematische Viskosität $\nu = \eta/Nm$ die gleiche Größenordnung besitzen, woraus sich auch die Beziehungen (7,10) und (8,11) für die Wärmeleitfähigkeit bzw. die Viskosität ergeben.

seitens der leichten erfährt, gegenseitig kompensieren. (Die Stöße der schweren Teilchen untereinander können vernachlässigt werden, da sie relativ selten auftreten.) Für die leichten Teilchen kann hierbei die MAXWELL-Verteilung

$$f_0 = \frac{N_1}{(2\pi m_1 T)^{3/2}} \exp\left(-\frac{m_1 v^2}{2T}\right)$$

mit m_1 als der Masse eines leichten Teilchens genommen werden.

Wir betrachten irgendein bestimmtes schweres Teilchen; seine Geschwindigkeit sei $\boldsymbol{V}$. Wir gehen nun zu einem Koordinatensystem über, welches sich mit diesem Teilchen mitbewegt, und $\boldsymbol{v}$ möge die Geschwindigkeiten der leichten Teilchen in diesem neuen System bezeichnen. Die Verteilungsfunktion der leichten Teilchen in diesem Koordinatensystem ergibt sich zu $f_0(\boldsymbol{v} + \boldsymbol{V})$ (vgl. mit (6,9)). Wenn wir annehmen, daß die Geschwindigkeit $\boldsymbol{V}$ klein ist, können wir schreiben

$$f_0(\boldsymbol{v} + \boldsymbol{V}) \approx f_0(v)\left(1 - \frac{m_1 \boldsymbol{v}\boldsymbol{V}}{T}\right). \tag{12,3}$$

Die gesuchte Reibungskraft $\boldsymbol{f}_r$ läßt sich aus dem Gesamtimpuls berechnen, den die leichten Teilchen pro Zeiteinheit durch Stöße auf das schwere übertragen. Das schwere Teilchen bleibt bei einem Stoß in Ruhe. Das leichte Teilchen trägt zunächst einen Impuls $m_1\boldsymbol{v}$. Nach dem Stoß, bei dem sein Impuls um den Winkel α gedreht wird, besitzt es einen Impuls, der im Mittel $m_1\boldsymbol{v} \cos\alpha$ beträgt. Somit ist der im Mittel bei einem solchen Stoß auf das schwere Teilchen übertragene Impuls gleich $m_1\boldsymbol{v}(1 - \cos\alpha)$. Multiplizieren wir ihn mit der Stromdichte der leichten Teilchen der Geschwindigkeit $\boldsymbol{v}$ und dem Wirkungsquerschnitt $d\sigma$ eines solchen Stoßes und integrieren wir, so erhalten wir den gesamten, auf ein schweres Teilchen übertragenen Impuls:

$$\boldsymbol{f}_r = m_1 \int f_0(\boldsymbol{v} + \boldsymbol{V})\, v\boldsymbol{v}\sigma_t \,\mathrm{d}^3p\,,$$

wobei wieder die Bezeichnung (11,4) eingeführt wurde. Setzen wir hier $f_0(\boldsymbol{v} + \boldsymbol{V})$ in der Form (12,3) ein, verschwindet das erste Glied (bei Integration über die Richtungen der Geschwindigkeit $\boldsymbol{v}$), und es verbleibt

$$\boldsymbol{f}_r = -\frac{m_1^2}{T}\int f_0(v)\,(\boldsymbol{V}\boldsymbol{v})\,v\boldsymbol{v}\sigma_t\,\mathrm{d}^3p$$

oder nach Mittelung über die Richtungen von $\boldsymbol{v}$

$$\boldsymbol{f}_r = -\frac{m_1^2}{3T}\boldsymbol{V}\int f_0(v)\,\sigma_t v^3\,\mathrm{d}^3p = -N_1\frac{m_1^2}{3T}\boldsymbol{V}\langle\sigma_t v^3\rangle\,,$$

wobei die spitzen Klammern wiederum die Mittelung über die gewöhnliche MAXWELL-Verteilung bedeuten. Da im betrachteten Fall $N_1 \gg N_2$ ist, setzen wir $N_1 \approx N = P/T$, so daß wir schließlich

$$\boldsymbol{f}_r = -\frac{m_1^2 P}{3T^2}\langle\sigma_t v^3\rangle\,\boldsymbol{V}\,.$$

erhalten.

Setzen wir die Summe aus der Reibungskraft $\boldsymbol{f}_r$ und der äußeren Kraft $\boldsymbol{f}$ Null, erhalten wir gemäß (12,2) die Beweglichkeit b und daraus den gesuchten Diffusionskoeffizienten

$$D = bT = \frac{3T^3}{m_1^2 P\langle \sigma_t v^3 \rangle} . \tag{12,4}$$

Um die Thermodiffusion zu berechnen, ist es in dem betrachteten Fall nötig, die Verteilungsfunktion für die Teilchen des leichten Gases unter Einfluß eines Temperaturgradienten zu kennen. Deshalb kann der Thermodiffusionskoeffizient hier nicht in der allgemeinen Form berechnet werden.

Größenordnungsmäßig ist $D \sim \bar{v}/N\sigma$, wobei $\bar{v} \sim \sqrt{T/m_1}$ wiederum (wie auch in (11,13)) die mittlere thermische Geschwindigkeit der Moleküle des leichten Gases ist. Somit ist der Diffusionskoeffizient in beiden Fällen von gleicher Größenordnung:

$$D \sim T^{3/2}/\sigma P m_1^{1/2} . \tag{12,5}$$

Aufgabe

Man bestimme den Diffusionskoeffizienten für ein Gemisch aus zwei Gasen (einem leichten und einem schweren), wobei ihre Teilchen als harte elastische Kugeln mit den Durchmessern d_1 und d_2 betrachtet werden.

Lösung. Der Stoßquerschnitt beträgt $d\sigma = \pi(d_1 + d_2)^2\, do/16\pi$, woraus für den Transportquerschnitt $\sigma_t = \pi(d_1 + d_2)^2/4$ folgt (im betrachteten Fall stimmt er mit dem totalen Wirkungsquerschnitt überein). Der Diffusionskoeffizient hat die Form

$$D = \frac{A T^{3/2}}{(d_1 + d_2)^2\, P m_1^{1/2}}$$

mit m_1 als der Masse eines leichten Teilchens und einem Zahlenfaktor A. Im Fall einer geringen Konzentration des leichten Gases ergibt die Berechnung nach (11,10)

$$A = \frac{4}{3}\left(\frac{2}{\pi}\right)^{3/2} = 0{,}68 .$$

Bei geringer Konzentration des schweren Gases dagegen ergibt (12,4)

$$A = 3/2\sqrt{2\pi} = 0{,}6 .$$

Wir weisen darauf hin, daß die Werte für A in beiden Grenzfällen dicht beieinander liegen.

§ 13. Kinetische Erscheinungen in einem Gas im äußeren Feld

Die Rotationsfreiheitsgrade der Moleküle sind die Voraussetzungen für denjenigen Mechanismus, über den ein äußeres magnetisches oder elektrisches Feld die kinetischen Erscheinungen in einem Gas beeinflussen kann.[1] Der Charakter dieser Einwirkung ist für den magnetischen und den elektrischen Fall gleich; wir werden zunächst ein Gas im magnetischen Feld behandeln.

[1] Dieser Mechanismus wurde von J. M. Kagan und L. A. Maximow (1961) aufgezeigt. Sie erhielten auch die in diesem Paragraphen dargelegten Resultate.

Ein rotierendes Molekül besitzt im allgemeinen Fall ein magnetisches Moment, dessen Mittelwert (im quantenmechanischen Sinne) wir mit μ bezeichnen. Wir nehmen das Magnetfeld als so schwach an, daß das Produkt μB klein im Vergleich zur Feinstrukturaufspaltung der Molekülniveaus ist.[1]) Dann kann der Einfluß des Feldes auf den Zustand des Moleküls vernachlässigt werden, so daß das magnetische Moment für den ungestörten Zustand des Moleküls berechnet werden kann. Für nicht allzu tiefe Temperaturen (die hier betrachtet werden) ist die Größe μB auch klein im Vergleich zu T. Dies gestattet es, den Einfluß des Feldes auf die Verteilungsfunktion der Moleküle des Gases im Gleichgewicht zu vernachlässigen.

Das magnetische Moment ist parallel zum Drehimpuls $\boldsymbol{M}$ des Moleküls gerichtet. Wir schreiben es in der Form

$$\boldsymbol{\mu} = \gamma \boldsymbol{M}. \tag{13,1}$$

Der klassischen Rotation eines Moleküls entspricht eine große Drehimpulsquantenzahl. In diesem Fall kann man in $\boldsymbol{M}$ den Unterschied zwischen dem Bahndrehimpuls und dem Gesamtdrehimpuls (einschließlich Spin) vernachlässigen. Der Wert des konstanten Koeffizienten γ hängt von der Art des Moleküls und der Natur seines magnetischen Momentes ab. So gilt für ein zweiatomiges Molekül mit von Null verschiedenem Spin S

$$\gamma \approx \frac{2\sigma}{M} \mu_B , \tag{13,2}$$

wobei μ_B das BOHRsche Magneton und $\sigma = J - K$ die Differenz zwischen den Quantenzahlen des Gesamtdrehimpulses J und des Bahndrehimpulses K ist (diese Differenz durchläuft die Werte $S, S-1, \dots, -S$). Im Nenner ist der Unterschied zwischen J und K unwesentlich: $M \approx \hbar J \approx \hbar K$. In Gleichung (13,2) wurde angenommen, daß die Spin-Bahn-Wechselwirkung im Molekül klein im Vergleich zur Aufspaltung der Rotationsstruktur der Niveaus ist (Fall b) nach HUND).[2])

Im Magnetfeld $\boldsymbol{B}$ wirkt auf ein Molekül ein Drehmoment von der Größe $[\boldsymbol{\mu B}]$. Der Vektor $\boldsymbol{M}$ bleibt unter dem Einfluß des Magnetfeldes im Verlauf der „freien" Bewegung nicht mehr konstant und ändert sich gemäß der Beziehung

$$\frac{\mathrm{d}\boldsymbol{M}}{\mathrm{d}t} = [\boldsymbol{\mu B}] = -\gamma [\boldsymbol{BM}]. \tag{13,3}$$

Der Vektor $\boldsymbol{M}$ präzediert um die Richtung des Feldes mit der Winkelgeschwindigkeit $-\gamma \boldsymbol{B}$. Im Zusammenhang hiermit muß auf der linken Seite der kinetischen Gleichung das Glied $(\partial f/\partial \boldsymbol{M})\,\dot{\boldsymbol{M}}$ hinzugefügt werden, so daß diese Gleichung die Form

$$\frac{\partial f}{\partial t} + \boldsymbol{v} \frac{\partial f}{\partial \boldsymbol{r}} + \gamma [\boldsymbol{MB}] \frac{\partial f}{\partial \boldsymbol{M}} = \mathrm{St}\, f \tag{13,4}$$

---

[1]) Wir erinnern daran, daß in der makroskopischen Elektrodynamik der (über ein physikalisch unendlich kleines Volumen) gemittelte Wert der magnetischen Feldstärke magnetische Induktion genannt und mit $\boldsymbol{B}$ bezeichnet wird. Bei geringer Dichte des Systems, wie in einem Gas, kann dessen Magnetisierung vernachlässigt werden, und der Vektor $\boldsymbol{B}$ stimmt dann mit dem Vektor der makroskopischen Feldstärke $\boldsymbol{H}$ überein.

[2]) Die Gleichung (13,2) ergibt sich aus der (für den Fall b)) exakten, in Aufgabe 3, III, § 113, gefundenen Formel durch den Grenzübergang zu großen J und K bei festgehaltener Differenz $J - K$. Der Beitrag des Bahndrehimpulses Λ verschwindet hierbei (er liefert erst einen Beitrag in der nächsten Ordnung von $1/J$).

annimmt. In den Satz der Variablen Γ, von denen die Verteilungsfunktion abhängt, muß auch die diskrete Variable σ einbezogen werden, die den Wert des magnetischen Momentes bestimmt (wenn, wie in (13,2), solch eine Variable existiert).

Für das Problem der Wärmeleitung und der Viskosität betrachten wir wiederum eine Verteilungsfunktion in der Nähe des Gleichgewichts und stellen sie in der Form

$$f = f_0(1 + \chi/T) \tag{13,5}$$

dar. Zunächst zeigen wir, daß der Term mit der Ableitung $\partial f_0/\partial \boldsymbol{M}$ aus der kinetischen Gleichung wegfällt. Da f_0 nur von der Energie des Moleküls $\varepsilon(\Gamma)$ abhängt und die Ableitung $\partial\varepsilon/\partial\boldsymbol{M}$ gleich der Winkelgeschwindigkeit $\boldsymbol{\Omega}$ ist, wird tatsächlich

$$\gamma[\boldsymbol{MB}]\,\frac{\partial f_0}{\partial \boldsymbol{M}} = \gamma([\boldsymbol{MB}]\,\boldsymbol{\Omega})\,\frac{\partial f_0}{\partial \varepsilon}. \tag{13,6}$$

Für Moleküle vom Typ eines Rotators oder eines kugelsymmetrischen Kreisels fallen die Richtungen von $\boldsymbol{M}$ und $\boldsymbol{\Omega}$ zusammen, so daß der Ausdruck (13,6) identisch verschwindet. In den anderen Fällen verschwindet er bei Mittelung über die rasch veränderlichen Phasen, welche nach § 1 notwendig ist. Bei der Rotation von Molekülen vom Typ eines symmetrischen oder asymmetrischen Kreisels ändern sich sowohl die Richtungen der Molekülachsen als auch die Richtung der Winkelgeschwindigkeit $\boldsymbol{\Omega}$ des Moleküls sehr schnell. Nach der angegebenen Mittelung kann von $\boldsymbol{\Omega}$ nur die Komponente $\boldsymbol{\Omega}_M$ in Richtung des konstanten Vektors $\boldsymbol{M}$ übrigbleiben, und für solch eine Komponente ist das Produkt $[\boldsymbol{MB}]\,\boldsymbol{\Omega}_M = 0$.

Die übrigen Glieder in der kinetischen Gleichung werden genau so umgeformt, wie dies in § 7 oder § 8 getan wurde. So finden wir bei dem Problem der Wärmeleitung die Gleichung

$$\frac{\varepsilon(\Gamma) - c_pT}{T}\,\boldsymbol{v}\nabla T = -\gamma[\boldsymbol{MB}]\,\frac{\partial\chi}{\partial\boldsymbol{M}} + I(\chi). \tag{13,7}$$

Für die Lösung dieser Gleichung machen wir wieder den Ansatz $\chi = \boldsymbol{g}\nabla T$, aber zur Bildung der Vektorfunktion $\boldsymbol{g}(\Gamma)$ stehen uns jetzt nicht zwei, sondern drei Vektoren zur Verfügung: $\boldsymbol{v}$, $\boldsymbol{M}$ und $\boldsymbol{B}$. Das äußere Feld zeichnet im Gas eine Richtung aus. Aus diesem Grunde wird der Wärmeleitungsprozeß anisotrop, und anstelle des skalaren Koeffizienten $\varkappa$ muß der Wärmeleitfähigkeitstensor $\varkappa_{\alpha\beta}$ eingeführt werden, durch den der Wärmestrom gemäß

$$q_\alpha = -\varkappa_{\alpha\beta}\,\frac{\partial T}{\partial x_\beta} \tag{13,8}$$

bestimmt wird. Der Tensor $\varkappa_{\alpha\beta}$ errechnet sich aus der Verteilungsfunktion als Integral

$$\varkappa_{\alpha\beta} = -\frac{1}{T}\int f_0\varepsilon v_\alpha g_\beta\,\mathrm{d}\Gamma \tag{13,9}$$

(vgl. (7,5)).

Die allgemeine Form eines Tensors zweiter Stufe, der vom Vektor $\boldsymbol{B}$ abhängt, ist

$$\varkappa_{\alpha\beta} = \varkappa\delta_{\alpha\beta} + \varkappa_1 b_\alpha b_\beta + \varkappa_2 e_{\alpha\beta\gamma} b_\gamma \tag{13,10}$$

mit $\boldsymbol{b} = \boldsymbol{B}/B$, dem antisymmetrischen Einheitstensor $e_{\alpha\beta\gamma}$ und den Skalaren $\varkappa$, $\varkappa_1$, $\varkappa_2$, die vom Betrag B des Feldes abhängen. Der Tensor (13,10) besitzt offensichtlich die Eigenschaft[1])

$$\varkappa_{\alpha\beta}(\boldsymbol{B}) = \varkappa_{\beta\alpha}(-\boldsymbol{B})\,. \tag{13,11}$$

Dem Ausdruck (13,10) entspricht ein Wärmestrom

$$\boldsymbol{q} = -\varkappa\nabla T - \varkappa_1\boldsymbol{b}(\boldsymbol{b}\nabla T) - \varkappa_2[\nabla T \cdot \boldsymbol{b}]\,. \tag{13,12}$$

Der letzte Term stellt einen sogenannten *ungeraden Effekt* dar. Dieser Teil des Wärmestromes ändert sein Vorzeichen bei der Änderung des Vorzeichens des Feldes.

Der Integralterm $I(\chi)$ auf der rechten Seite der Gleichung (13,7) wird durch Gleichung (6,5) gegeben. Sein Integrand enthält die Funktion f_0, die proportional zur Dichte des Gases N ist. Trennen wir diesen Faktor N ab und teilen wir beide Seiten der Gleichung durch ihn, so finden wir, daß N nur in den Kombinationen $\boldsymbol{B}/N$ und $\nabla T/N$ mit dem Feld und dem Temperaturgradienten in der Gleichung auftritt. Hieraus ist ersichtlich, daß die Funktion $f_0\chi = f_0\boldsymbol{g}\nabla T$ von den Parametern N und B nur in Form des Quotienten B/N abhängt. Auch die Integrale (13,9) hängen nur von dieser Größe ab, desgleichen die Koeffizienten $\varkappa$, $\varkappa_1$, $\varkappa_2$ in (13,12). Die Dichte N ist (bei vorgegebener Temperatur) proportional zum Druck P des Gases. Somit hängt die Wärmeleitfähigkeit eines Gases im Magnetfeld nur über den Quotienten B/P vom Druck und von der Feldstärke ab.[2])

Bei der Zunahme von B wächst der erste Term auf der rechten Seite der Gleichung (13,7) an, während sich der zweite nicht ändert. Hieraus ist ersichtlich, daß in dem Grenzfall $B \to \infty$ die Lösung der Gleichung durch eine Funktion gegeben wird, die nur von der Richtung (nicht aber von dem Betrag) des Feldes abhängt, wobei diese Funktion das Glied $[\boldsymbol{MB}]\,\partial\chi/\partial\boldsymbol{M}$ in der Gleichung identisch zum Verschwinden bringen muß. Demgemäß streben die Koeffizienten $\varkappa$, $\varkappa_1$, $\varkappa_2$ für $B \to \infty$ gegen konstante Grenzwerte (die nicht von B abhängen).

In analoger Weise läßt sich das Problem der Viskosität eines Gases im Magnetfeld behandeln. Die entsprechende kinetische Gleichung hat die Form

$$\left(mv_\alpha v_\beta - \frac{\varepsilon(\Gamma)}{c_v}\delta_{\alpha\beta}\right)V_{\alpha\beta} = I(\chi) - \gamma[\boldsymbol{MB}]\frac{\partial\chi}{\partial\boldsymbol{M}} \tag{13,13}$$

(vgl. (6,19)). Die Lösung dieser Gleichung wird in der Form $\chi = g_{\alpha\beta}V_{\alpha\beta}$ angesetzt. Anstelle der beiden Viskositätskoeffizienten η und ζ muß jetzt ein Tensor vierter Stufe $\eta_{\alpha\beta\gamma\delta}$ eingeführt werden, der den Reibungstensor gemäß

$$\sigma'_{\alpha\beta} = \eta_{\alpha\beta\gamma\delta}V_{\gamma\delta} \tag{13,14}$$

bestimmt. Definitionsgemäß ist der Tensor $\eta_{\alpha\beta\gamma\delta}$ in den Indexpaaren α, β und γ, δ symmetrisch. Wenn die Funktion χ bekannt ist, lassen sich die Komponenten des

---

[1]) Diese Eigenschaft bringt das Symmetrieprinzip für die kinetischen Koeffizienten bei Anwesenheit eines Magnetfeldes zum Ausdruck. Im betrachteten Fall ergibt sie sich unmittelbar als Folge des Auftretens nur eines Vektors $\boldsymbol{b}$, mit dessen Hilfe der Tensor $\varkappa_{\alpha\beta}$ zu bilden ist.

[2]) Die Änderung der Wärmeleitfähigkeit eines Gases im Magnetfeld wird als SENFTLEBEN-Effekt bezeichnet.

Tensors als Integrale

$$\eta_{\alpha\beta\gamma\delta} = -\int m v_\alpha v_\beta f_0 g_{\gamma\delta}\, \mathrm{d}\Gamma \tag{13,15}$$

berechnen. Der auf diese Weise berechnete Viskositätstensor erfüllt automatisch die Bedingung

$$\eta_{\alpha\beta\gamma\delta}(\boldsymbol{B}) = \eta_{\gamma\delta\alpha\beta}(-\boldsymbol{B}) , \tag{13,16}$$

welche das Symmetrieprinzip für die kinetischen Koeffizienten zum Ausdruck bringt.

Mit Hilfe des Vektors $\boldsymbol{b} = \boldsymbol{B}/B$ (und der Einheitstensoren $\delta_{\alpha\beta}$ und $e_{\alpha\beta\gamma}$) lassen sich die folgenden unabhängigen Tensorkombinationen bilden, die die Symmetrieeigenschaften des Tensors $\eta_{\alpha\beta\gamma\delta}$ haben:

$$\begin{aligned}
&1.\quad \delta_{\alpha\gamma}\delta_{\beta\delta} + \delta_{\alpha\delta}\delta_{\beta\gamma} ,\\
&2.\quad \delta_{\alpha\beta}\delta_{\gamma\delta} ,\\
&3.\quad \delta_{\alpha\gamma}b_\beta b_\delta + \delta_{\beta\gamma}b_\alpha b_\delta + \delta_{\alpha\delta}b_\beta b_\gamma + \delta_{\beta\delta}b_\alpha b_\gamma ,\\
&4.\quad \delta_{\alpha\beta}b_\gamma b_\delta + \delta_{\gamma\delta}b_\alpha b_\beta ,\\
&5.\quad b_\alpha b_\beta b_\gamma b_\delta ,\\
&6.\quad b_{\alpha\gamma}\delta_{\beta\delta} + b_{\beta\gamma}\delta_{\alpha\delta} + b_{\alpha\delta}\delta_{\beta\gamma} + b_{\beta\delta}\delta_{\alpha\gamma} ,\\
&7.\quad b_{\alpha\gamma}b_\beta b_\delta + b_{\beta\gamma}b_\alpha b_\delta + b_{\alpha\delta}b_\beta b_\gamma + b_{\beta\delta}b_\alpha b_\gamma ,
\end{aligned} \tag{13,17}$$

wobei $b_{\alpha\beta} = -b_{\beta\alpha} = e_{\alpha\beta\gamma}b_\gamma$ bedeutet. Bei allen diesen Kombinationen mit Ausnahme der vierten tritt die Eigenschaft (13,16) automatisch als Folge der Symmetrie in den Indexpaaren α, β und γ, δ auf; im vierten Ausdruck wird die Kombination der beiden Glieder durch (13,16) bedingt.[1])

Entsprechend der Zahl der Tensoren (13,17) wird ein Gas im Magnetfeld im allgemeinen durch sieben unabhängige Viskositätskoeffizienten charakterisiert. Wir definieren diese als die Koeffizienten in dem folgenden Ausdruck für den viskosen Spannungstensor:

$$\begin{aligned}
\sigma'_{\alpha\beta} = {}& 2\eta(V_{\alpha\beta} - \tfrac{1}{3}\delta_{\alpha\beta}\operatorname{div}\boldsymbol{V}) + \zeta\delta_{\alpha\beta}\operatorname{div}\boldsymbol{V}\\
&+ \eta_1(2V_{\alpha\beta} - \delta_{\alpha\beta}\operatorname{div}\boldsymbol{V} + \delta_{\alpha\beta}V_{\gamma\delta}b_\gamma b_\delta - 2V_{\alpha\gamma}b_\gamma b_\beta - 2V_{\beta\gamma}b_\gamma b_\alpha\\
&+ b_\alpha b_\beta \operatorname{div}\boldsymbol{V} + b_\alpha b_\beta V_{\gamma\delta}b_\gamma b_\delta) + 2\eta_2(V_{\alpha\gamma}b_\gamma b_\beta + V_{\beta\gamma}b_\gamma b_\alpha - 2b_\alpha b_\beta V_{\gamma\delta}b_\gamma b_\delta)\\
&+ \eta_3(V_{\alpha\gamma}b_{\beta\gamma} + V_{\beta\gamma}b_{\alpha\gamma} - V_{\gamma\delta}b_{\alpha\gamma}b_\beta b_\delta - V_{\gamma\delta}b_{\beta\gamma}b_\alpha b_\delta)\\
&+ 2\eta_4(V_{\gamma\delta}b_{\alpha\gamma}b_\beta b_\delta + V_{\gamma\delta}b_{\beta\gamma}b_\alpha b_\delta) + \zeta_1(\delta_{\alpha\beta}V_{\gamma\delta}b_\gamma b_\delta + b_\alpha b_\beta \operatorname{div}\boldsymbol{V})
\end{aligned} \tag{13,18}$$

($V_{\alpha\beta}$ ist in (6,12) definiert). Der Ausdruck (13,18) ist in solch einer Form dargestellt, daß $\eta, \eta_1, \ldots, \eta_4$ als Koeffizienten bei Tensoren stehen, die bei Verjüngung in den Indizes α, β verschwinden. Die Koeffizienten ζ und ζ_1 stehen dagegen bei Tensoren mit von Null verschiedener Spur. Sie können als Koeffizienten der Volumenviskosität bezeichnet werden. Wir weisen darauf hin, daß sie nicht nur den Skalar div $\boldsymbol{V}$, sondern auch $V_{\gamma\delta}b_\gamma b_\delta$ enthalten. Die beiden ersten Glieder in (13,18) entsprechen dem gewöhn-

[1]) Es ist nicht nötig, Kombinationen aus Termen mit zwei Faktoren $b_{\alpha\beta}$ anzuführen. Da das Produkt von zwei Tensoren $e_{\alpha\beta\gamma}$ auf ein Produkt der Tensoren $\delta_{\alpha\beta}$ führt, reduzieren sich solche Kombinationen auf die bereits in (13,17) angegebenen.

lichen Ausdruck für den Spannungstensor, so daß η und ζ die gewöhnlichen Viskositätskoeffizienten sind.

Wir merken an, daß sich die Tensoren $\varkappa_{\alpha\beta}$ und $\eta_{\alpha\beta\gamma\delta}$ unmittelbar als echte Tensoren erweisen, so daß diese Ausdrücke die Forderung der Inversionssymmetrie erfüllen. Deshalb würde der Verzicht auf diese Forderung (für ein Gas einer stereoisomeren Substanz) nicht zum Auftreten irgendwelcher neuen Glieder führen.

Solch ein Verzicht führt jedoch zum Auftreten neuer Effekte, nämlich zur Entstehung eines Wärmestromes $q^{(V)}$ unter dem Einfluß eines Geschwindigkeitsgradienten und zum Auftreten eines Reibungstensors $\sigma'^{(T)}$ unter dem Einfluß eines Temperaturgradienten. Diese sogenannten *Kreuzeffekte* werden durch Gleichungen der Art

$$q_\gamma^{(V)} = c_{\gamma,\alpha\beta} V_{\alpha\beta}\,, \qquad \sigma'^{(T)}_{\alpha\beta} = -a_{\alpha\beta,\gamma}\,\frac{\partial T}{\partial x_\gamma} \tag{13,19}$$

beschrieben, wobei $c_{\gamma,\alpha\beta}$ und $a_{\alpha\beta,\gamma}$ Tensoren dritter Stufe darstellen, die bezüglich des durch das Komma abgetrennten Indexpaares symmetrisch sind. Mit der in § 9 angegebenen Festlegung der Größen $\dot{x}_a$ und X_a treten als kinetische Koeffizienten γ_{ab} und γ_{ba} die Größen $Tc_{\gamma,\alpha\beta}$ und $T^2 a_{\alpha\beta,\gamma}$ auf. Deshalb muß auf Grund des ONSAGER-Prinzips bei Anwesenheit eines Magnetfeldes

$$T a_{\alpha\beta,\gamma}(\boldsymbol{B}) = c_{\gamma,\alpha\beta}(-\boldsymbol{B}) \tag{13,20}$$

gelten. Die allgemeine Form dieser Tensoren lautet

$$a_{\alpha\beta,\gamma} = a_1 b_\alpha b_\beta b_\gamma + a_2 b_\gamma \delta_{\alpha\beta} + a_3 (b_\alpha \delta_{\beta\gamma} + b_\beta \delta_{\alpha\gamma}) + a_4 (b_{\alpha\gamma} b_\beta + b_{\beta\gamma} b_\alpha)\,. \tag{13,21}$$

Alle Glieder in diesem Ausdruck sind Pseudotensoren, so daß die Beziehungen (13,19) mit solchen Koeffizienten nicht mehr invariant bezüglich der Inversion sind.

Wir wollen noch kurz auf die kinetischen Erscheinungen in einem Gas im elektrischen Feld eingehen. Wir betrachten ein Gas, welches aus polaren Molekülen (d. h. Molekülen, die ein Dipolmoment $\boldsymbol{d}$ besitzen) vom Typ eines symmetrischen Kreisels besteht. Im elektrischen Feld wirkt auf ein polares Molekül ein Drehmoment $[\boldsymbol{dE}]$, so daß in der kinetischen Gleichung ein Glied

$$\dot{\boldsymbol{M}}\,\frac{\partial f}{\partial \boldsymbol{M}} = [\boldsymbol{dE}]\,\frac{\partial f}{\partial \boldsymbol{M}}$$

erscheint. Die Richtung von $\boldsymbol{d}$ fällt mit der Molekülachse zusammen und steht in keiner Beziehung zum Drehimpuls $\boldsymbol{M}$ des Moleküls. Jedoch bleibt bei der Mittelung über die schnelle Präzession der Kreiselachse um die Richtung des konstanten Vektors $\boldsymbol{M}$ im angegebenen Glied nur die Projektion von $\boldsymbol{d}$ auf die Richtung von $\boldsymbol{M}$ übrig, und dieser Term wird somit

$$\gamma[\boldsymbol{ME}]\,\frac{\partial f}{\partial \boldsymbol{M}} \tag{13,22}$$

mit $\gamma = \sigma d/M$, wobei die Variable σ (der Kosinus des Winkels zwischen $\boldsymbol{d}$ und $\boldsymbol{M}$) jetzt eine stetige Folge von Werten im Intervall von -1 bis $+1$ durchläuft. Der Ausdruck (13,22) unterscheidet sich von dem entsprechenden Glied im magnetischen Fall nur durch die Ersetzung von $\boldsymbol{B}$ durch $\boldsymbol{E}$. Deshalb bleiben alle oben angegebenen kinetischen Gleichungen und die aus ihnen erhaltenen Folgerungen gültig.[1])

Einige Unterschiede treten jedoch im Zusammenhang damit auf, daß das elektrische Feld $\boldsymbol{E}$ ein echter (und kein Pseudo-) Vektor ist und sich bei der Zeitumkehr nicht ändert. Wegen dieses letzten Sachverhaltes wird das ONSAGER-Prinzip für den Wärmeleitfähigkeitstensor und den Viskositätstensor nun durch die Beziehungen

$$\varkappa_{\alpha\beta}(\boldsymbol{E}) = \varkappa_{\beta\alpha}(\boldsymbol{E}) , \qquad \eta_{\alpha\beta\gamma\delta}(\boldsymbol{E}) = \eta_{\gamma\delta\alpha\beta}(\boldsymbol{E}) \tag{13,23}$$

anstelle von (13,11) und (13,16) ausgedrückt. Dementsprechend wird in den Ausdrücken (13,10) und (13,18) (wobei jetzt $\boldsymbol{b} = \boldsymbol{E}/E$) $\varkappa_2 \equiv 0$, $\eta_3 = \eta_4 \equiv 0$.[2]) Gleichzeitig können nun Kreuzeffekte nicht nur in einem Gas einer stereoisomeren Substanz (wo der Ausdruck (13,21) vollständig gültig bleibt), sondern auch in einem Gas aus nichtstereoisomeren Molekülen auftreten, da der Ausdruck (13,21) jetzt mit $a_4 \equiv 0$ zu einem echten Tensor wird.

§ 14. Transporterscheinungen in schwach verdünnten Gasen

Die hydrodynamischen Bewegungsgleichungen eines Gases bei Berücksichtigung der Wärmeleitung und der inneren Reibung enthalten den Wärmestrom $\boldsymbol{q}'$ (den dissipativen Teil des Energiestromes $\boldsymbol{q}$) und den Reibungstensor $\sigma'_{\alpha\beta}$ (den dissipativen Teil des Impulsstromes $\Pi_{\alpha\beta}$). Diese Gleichungen erhalten eine konkrete Bedeutung je nachdem, wie $\boldsymbol{q}'$ und $\sigma'_{\alpha\beta}$ durch die Gradienten der Temperatur und der Geschwindigkeit des Gases ausgedrückt werden. Die üblichen Ausdrücke, die in diesen Gradienten linear sind, stellen jedoch nur die ersten Glieder einer Entwicklung nach dem kleinen Parameter l/L, dem Quotienten aus der freien Weglänge und den charakteristischen Abmessungen des Problems (der sogenannten KNUDSEN-*Zahl* K) dar. Wenn dieser Quotient nicht sehr klein ist, kann die Mitnahme von Korrekturen, die die Glieder der folgenden Ordnung in l/L berücksichtigen, sinnvoll sein. Solche Korrekturen treten sowohl in den Bewegungsgleichungen selbst wie auch in den Randbedingungen zu diesen Bewegungsgleichungen auf der Oberfläche der vom Gas umströmten Körper auf.

Die aufeinanderfolgenden Entwicklungsglieder der Ströme $\boldsymbol{q}'$ und $\sigma'_{\alpha\beta}$ werden durch die räumlichen Ableitungen der Temperatur, des Druckes und der makroskopischen Geschwindigkeit unterschiedlicher Ordnungen und in verschiedenen Potenzen ausgedrückt. Diese Glieder müssen im Prinzip dadurch berechnet werden, daß man zu den höheren Näherungen bei der Lösung der kinetischen Gleichung übergeht. Der „nullten" Näherung entspricht die Verteilungsfunktion f_0 für das lokale Gleichgewicht. Zu dieser Näherung gehören die hydrodynamischen Gleichungen für die ideale Flüssigkeit. Der ersten Näherung entspricht eine Verteilungsfunktion der Form $f = f_0(1 + \chi^{(1)}/T)$, welche in §§ 6–8 betrachtet wurde, und sie führt auf die hydro-

[1]) Zweiatomige Moleküle rotieren in einer Ebene senkrecht zu $\boldsymbol{M}$. Deshalb ist für ein zweiatomiges polares Molekül $\sigma = 0$. In diesem Fall tritt der Einfluß eines elektrischen Feldes auf die Molekülbewegung in der kinetischen Gleichung nur in der bezüglich des Feldes quadratischen Näherung in Erscheinung.

[2]) Das Fehlen der Terme mit $\varkappa_2$, η_3 und η_4 im elektrischen Feld folgt für ein Gas aus nicht stereoisomeren Molekülen auch aus der Bedingung der Invarianz bezüglich einer Inversion.

dynamische NAVIER-STOKES-Gleichung und die Wärmeleitungsgleichung. In der folgenden zweiten Näherung muß für die Verteilungsfunktion der Ansatz

$$f = f_0\left[1 + \frac{1}{T}\chi^{(1)} + \frac{1}{T}\chi^{(2)}\right] \tag{14,1}$$

gewählt und die kinetische Gleichung in der Korrektur zweiter Ordnung $\chi^{(2)}$ linearisiert werden. Die sich ergebende Gleichung hat die Form

$$\frac{T}{f_0}\left(\frac{\partial_0}{\partial t} + \boldsymbol{v}\nabla\right)\frac{f_0\chi^{(1)}}{T} + \frac{T}{f_0}\frac{\partial_1}{\partial t}f_0$$
$$-\frac{1}{T^2}\int w' f_{01}[\chi^{(1)\prime}\chi_1^{(1)\prime} - \chi^{(1)}\chi_1^{(1)}]\,\mathrm{d}\Gamma_1\,\mathrm{d}\Gamma'\,\mathrm{d}\Gamma_1' = \frac{1}{T}I(\chi^{(2)}) \tag{14,2}$$

mit I als dem bisherigen linearen Integraloperator (6,5). Das Symbol $\partial_0/\partial t$ bedeutet, daß die Zeitableitungen der makroskopischen Größen, die auf der linken Seite der Gleichung durch Differentiation von $f_0\chi^{(1)}/T$ entstehen, mittels der hydrodynamischen Gleichungen nullter Näherung — der EULERschen Gleichungen — durch räumliche Ableitungen zu ersetzen sind. Das Symbol $\partial_1/\partial t$ hingegen besagt, daß die Elimination der Zeitableitungen allein mit Hilfe der Glieder erster Ordnung in der NAVIER-STOKES-Gleichung und der Wärmeleitungsgleichung (d. h. solcher Glieder, die η, ζ oder $\varkappa$ enthalten) zu erfolgen hat.

Von den zahlreichen Gliedern in $\boldsymbol{q}'$ und $\sigma'_{\alpha\beta}$, die in der zweiten Näherung entstehen (diese Glieder werden als BURNETT-Terme bezeichnet, D. BURNETT, 1935), werden wir nicht alle angeben. In der Mehrzahl der Fälle ergeben diese Glieder nur einen Beitrag zur Lösung, der klein im Vergleich zu den Korrekturen aus den Randbedingungen ist, welche weiter unten noch ausgeführt werden. In diesen Fällen würde die Berücksichtigung der Korrekturen in den Gleichungen die erreichbare Genauigkeit in ungerechtfertigter Weise übersteigen. Wir wollen uns bei der Behandlung auf einige typische Korrekturglieder beschränken und diese für verschiedene Bewegungstypen abschätzen.

Wir möchten zunächst darauf verweisen, daß der kleine Parameter $\mathrm{K} = l/L$ in bestimmter Weise mit zwei weiteren Parametern zusammenhängt, welche die hydrodynamische Bewegung charakterisieren: die REYNOLDS-Zahl R und die MACHsche Zahl M. Wir erinnern daran, daß die erstere durch $\mathrm{R} \sim VL/\nu$ bestimmt wird, wobei V ein charakteristischer Wert für die Änderung der Strömungsgeschwindigkeit und ν die kinematische Viskosität ist. Die MACHsche Zahl ist $\mathrm{M} \sim V/u$, wobei u die Schallgeschwindigkeit bedeutet. In einem Gas fällt die Schallgeschwindigkeit größenordnungsmäßig mit der mittleren thermischen Geschwindigkeit $\bar{v}$ der Moleküle zusammen, und für die kinematische Viskosität gilt $\nu \sim l\bar{v}$. Somit wird $\mathrm{R} \sim VL/l\bar{v}$, $\mathrm{M} \sim V/\bar{v}$, und für die KNUDSEN-Zahl gilt

$$\mathrm{K} \sim \mathrm{M}/\mathrm{R}\,. \tag{14,3}$$

Hieraus ist ersichtlich, daß die Bedingung für eine hydrodynamische Beschreibung der Bewegung $\mathrm{K} \ll 1$ bestimmte Beschränkungen für die relative Größenordnung der Zahlen R und M liefert. Wir wollen zunächst eine „langsame" Bewegung betrachten, für die

$$\mathrm{R} \lessapprox 1\,, \qquad \mathrm{M} \ll 1 \tag{14,4}$$

gilt.

Wir betrachten einen beliebigen BURNETT-Term im Reibungstensor, welcher ein Produkt aus zwei ersten Ableitungen der Geschwindigkeit enthält, beispielsweise

$$\varrho l^2 \frac{\partial V_\alpha}{\partial x_\gamma} \frac{\partial V_\beta}{\partial x_\gamma}. \tag{14,5}$$

Der hier angegebene Koeffizient ϱl^2 (ϱ ist die Dichte des Gases) stellt eine Abschätzung der Größenordnung dar. Dieser Term liefert für $\sigma'_{\alpha\beta}$ einen Beitrag $\sigma^{(2)} \sim \varrho l^2 V^2/L^2$. Die Größenordnung der primären (NAVIER-STOKESschen) Terme im Reibungstensor beträgt dagegen

$$\sigma^{(1)} \sim \eta \frac{\partial V}{\partial x} \sim \frac{\varrho l \bar{v} V}{L}$$

und das Verhältnis

$$\frac{\sigma^{(2)}}{\sigma^{(1)}} \sim \frac{lV}{L\bar{v}} \sim \frac{l^2}{L^2} \mathrm{R}\,.$$

Da $\mathrm{R} \lesssim 1$, sehen wir, daß die Terme (14,5) eine Korrektur von der relativen Größenordnung $\lesssim (l/L)^2$ zum Reibungstensor liefern, während die Korrekturen in den Randbedingungen (s. unten) eine Korrektur von der relativen Größenordnung l/L für die Bewegung ergeben, die also wesentlich größer ist.

Noch kleiner werden die Korrekturen, die von Gliedern der Art[1])

$$\frac{\varrho l^2}{m^2 \bar{v}^2} \frac{\partial T}{\partial x_\alpha} \frac{\partial T}{\partial x_\beta} \tag{14,6}$$

herrühren, wenn man Temperaturgradienten betrachtet, die ihrerseits als Folge der Bewegung auftreten. Man kann sich hiervon leicht überzeugen, wenn man bedenkt, daß der charakteristische Abfall der Temperatur von der Größenordnung $\Delta T \sim$ $\sim TV^2/u^2$ ist. Wenn jedoch Temperaturdifferenzen „von außen" vorgegeben werden (etwa durch das Einbringen erwärmter Körper in das Gas), so können die BURNETT-Terme der Art (14,6) zum Auftreten einer stationären Bewegung führen mit charakteristischen Geschwindigkeiten, die durch die Bedingung

$$\frac{\partial}{\partial x_\beta} (\sigma^{(1)}_{\alpha\beta} + \sigma^{(2)}_{\alpha\beta}) = \frac{\partial P}{\partial x_\alpha}$$

bestimmt sind. Die Abschätzung der Geschwindigkeit dieser Bewegung liefert

$$V \sim \frac{l}{L} \frac{(\Delta T)^3}{m \bar{v} T^2} \tag{14,7}$$

(M. N. KOGAN, W. S. GALKIN, O. G. FRIDLENDER, 1970).

Bei der Abschätzung ist zu berücksichtigen, daß die Anwendung des LAPLACE-Operators auf die Temperatur mit Hilfe der Wärmeleitungsgleichung div $(\varkappa \nabla T) = 0$ durch das Quadrat des Temperaturgradienten ausgedrückt werden kann und daß

[1]) Diese Terme im Reibungstensor wurden zuerst von MAXWELL (1879) untersucht.

außerdem die Bewegung allein durch den Nichtpotentialanteil der Kraft $\partial\sigma^{(2)}_{\alpha\beta}/\partial x_\beta$ hervorgerufen wird. Der Potentialanteil wird durch den Druck ausgeglichen.

Analoge Betrachtungen können auch für die Korrekturterme zum Wärmestrom $\boldsymbol{q}'$ durchgeführt werden. Aus den Ableitungen der Temperatur allein läßt sich im allgemeinen kein Korrekturglied zweiter Ordnung bilden. Der erste solche Korrekturterm (nach $-\varkappa\nabla T$) hat die Form const $\nabla\Delta T$ (Δ ist der Laplace-Operator), er ist also von dritter Ordnung. Demgegenüber führen Glieder, die außer einer Temperaturableitung noch eine Ableitung der Geschwindigkeit enthalten, wie zum Beispiel

$$\frac{\varrho l^2}{m} \operatorname{div} \boldsymbol{V} \cdot \nabla T ,$$

wiederum zu Korrekturen von der relativen Größenordnung l^2/L^2.

Wir gehen nun zu den „schnellen“ Bewegungen über, für die

$$\mathrm{R} \gg 1 , \qquad \mathrm{M} \lesseqgtr 1 \tag{14,8}$$

gilt. In solchen Fällen setzt sich das Bild der hydrodynamischen Bewegung des Gases aus zwei Gebieten zusammen: einem Volumenbereich, in dem die viskosen Glieder in den Bewegungsgleichungen im allgemeinen unwesentlich sind, und einer dünnen Grenzschicht, in der die Geschwindigkeit des Gases rasch abnimmt.

Als Beispiel betrachten wir die Umströmung einer ebenen Platte durch ein Gas. Die Richtung der Umströmung wählen wir als x-Achse. Die Dicke der Grenzschicht an der Platte beträgt

$$\delta \sim \left(\frac{x\nu}{V}\right)^{1/2} \sim \left(\frac{xl\bar{v}}{V}\right)^{1/2},$$

wobei x der Abstand von ihrer vorderen Kante ist (s. VI, § 39). Ein charakteristischer Maßstab für die Änderung der Geschwindigkeit längs der x-Achse wird durch die Koordinate x selbst gegeben und in Richtung der y-Achse senkrecht zur Platte durch die Dicke der Grenzschicht. Hierbei ist $V_y \sim V_x\delta/x$, was aus der Kontinuitätsgleichung hergeleitet werden kann. Der Hauptterm im Navier-Stokesschen Reibungstensor ist

$$\sigma'_{xy} \sim \varrho\nu \frac{\partial V_x}{\partial y} \sim \varrho \frac{\bar{v}lV}{\delta} .$$

Unter den Burnett-Termen in σ'_{xy} gibt es keinen Term, welcher das Quadrat $(\partial V_x/\partial y)^2$ enthält: Man kann leicht einsehen, daß aus den Ableitungen $\partial V_\alpha/\partial x_\beta$ kein Tensor zweiter Stufe gebildet werden kann, der in diesen quadratisch ist und dessen xy-Komponente dieses Quadrat enthält. Die größten Terme in $\sigma^{(2)}_{xy}$ können nur Terme der Art

$$\varrho l^2 \frac{\partial V_x}{\partial y} \operatorname{div} \boldsymbol{V} \sim \frac{\varrho l^2 V^2}{x\delta}$$

sein. Ihr Verhältnis zu $\sigma^{(1)}_{xy}$ beträgt $\sigma^{(2)}/\sigma^{(1)} \sim lV/x\bar{v} \sim (l/\delta)^2$. Es ist also wiederum von zweiter Ordnung.

Wir zeigen nun, daß die Korrekturterme aus den Randbedingungen an der Grenze zwischen dem Gas und festen Körpern zu Effekten von erster Ordnung in l/L führen.

Deshalb treten merkliche Effekte, die durch die Verdünnung des Gases bedingt sind, insbesondere in der Nähe von festen Oberflächen auf.

Bei unverdünnten Gasen ergibt sich als Grenzbedingung an der Oberfläche eines festen Körpers, daß die Temperatur des Gases und des Festkörpers gleich sind. In Wirklichkeit trägt jedoch diese Bedingung Näherungscharakter und gilt nur unter der Voraussetzung, daß die freie Weglänge als beliebig klein angenommen werden kann. Bei Berücksichtigung einer endlichen freien Weglänge tritt zwischen dem ungleichmäßig erwärmten Gas und der Kontaktfläche des festen Körpers eine bestimmte Temperaturdifferenz auf. Diese Differenz verschwindet im allgemeinen nur im völligen thermischen Gleichgewicht, bei dem die Temperatur des Gases konstant ist.[1])

In der Nähe der Festkörperoberfläche (in kleinen, jedoch auch nicht allzu kleinen Abständen von ihr) kann der Temperaturgradient des Gases als konstant angenommen werden, so daß die Temperatur als Funktion des Abstandes durch eine Gerade dargestellt wird. In der unmittelbaren Umgebung der Wand (in Abständen von der Größenordnung l) ist der Temperaturverlauf im allgemeinen komplizierter und sein Gradient nicht mehr konstant. Der ungefähre Temperaturverlauf des Gases in der Nähe der Oberfläche ist in Abb. 1 durch die ausgezogene Kurve wiedergegeben.

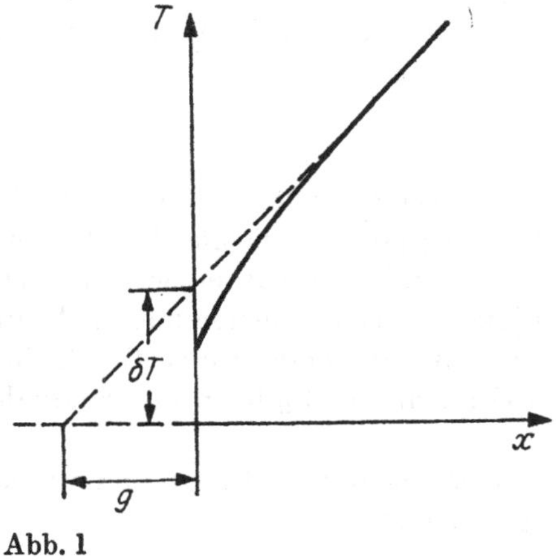

Abb. 1

Der genaue Temperaturverlauf in der unmittelbaren Umgebung der Wand, d. h. in Abständen, die vergleichbar mit der freien Weglänge sind, ist für die Untersuchung der Temperaturverteilung im gesamten Volumen des Gases unwesentlich. Bei der Untersuchung der Temperaturverteilung in der Nähe einer festen Wand interessiert uns im wesentlichen nur der gerade Teil der Kurve in Abb. 1, welcher bei den Abständen vorliegt, die groß im Vergleich zur freien Weglänge sind. Die Gleichung dieser Geraden wird durch ihren Anstiegswinkel und durch die Strecke, die sie von der Ordinatenachse abschneidet, bestimmt. Somit interessiert uns nicht der genaue Tempera-

[1]) Wenn von der Temperatur des Gases in Bereichen mit Abmessungen von der Größenordnung der freien Weglänge gesprochen wird, ist es nötig zu definieren, was dann unter dem Begriff Temperatur verstanden wird. Wir wollen in diesem Fall die Temperatur durch die mittlere Energie der Moleküle am betrachteten Ort des Gases definieren, wobei als Funktion, die die Temperatur durch die mittlere Energie der Moleküle definiert, die gleiche wie für große Volumina des Gases genommen wird.

tursprung an der Wand, sondern der Temperatursprung, der dadurch erhalten wird, daß der lineare Temperaturverlauf bis zur Wand extrapoliert wird (gestrichelte Gerade in Abb. 1). Diesen extrapolierten Temperatursprung wollen wir mit δT bezeichnen, wobei wir ihn als Differenz zwischen der Gastemperatur und der Temperatur der Wand definieren (in Abb. 1 wurde die Temperatur der Wand als Nullpunkt gewählt).

Wenn der Temperaturgradient Null ist, verschwindet auch der Temperatursprung δT. Deshalb setzen wir für nicht allzu große Temperaturgradienten

$$\delta T = g \frac{\partial T}{\partial n}. \tag{14,9}$$

(Die Ableitung bezieht sich auf die Richtung der Oberflächennormalen, die in das Gas hineinzeigt.) Den Koeffizienten g kann man als *Koeffizienten des Temperatursprungs* bezeichnen. Wenn die Temperatur des Gases nach innen zunimmt ($\partial T/\partial n > 0$), muß auch $\delta T > 0$ gelten. Folglich ist der Koeffizient g positiv.

Eine analoge Erscheinung tritt an der Grenze zwischen einer festen Wand und einem sich bewegenden Gas auf. Anstatt an der Oberfläche völlig „festzuhaften“, behält das verdünnte Gas in ihrer Nähe eine zwar kleine, aber endliche Geschwindigkeit. Es findet eine sogenannte Gleitung des Gases an der Oberfläche statt. Für die Geschwindigkeit v_0 dieses Gleitens erhalten wir eine zu (14,9) analoge Formel:

$$v_0 = \xi \frac{\partial V_t}{\partial n}, \tag{14,10}$$

wobei V_t die Tangentialkomponente der Geschwindigkeit des Gases in der Nähe der Wand ist. Wie g ist auch der *Gleitkoeffizient* ξ positiv. Die gleichen Bemerkungen, die bezüglich des Temperatursprungs δT, (14,9), gemacht wurden, lassen sich auch auf die Größe v_0 übertragen. Diese Geschwindigkeit ist streng genommen nicht die wirkliche Geschwindigkeit des Gases direkt an der Wand, sondern eine Geschwindigkeit, die durch die Annahme eines konstanten Gradienten $\partial V_t/\partial n$ in der randnahen Schicht des Gases extrapoliert wurde.

Die Koeffizienten g und ξ haben die Dimension einer Länge und stimmen größenordnungsmäßig mit der freien Weglänge überein:

$$g \sim l, \qquad \xi \sim l. \tag{14,11}$$

Hieraus folgt, daß der Temperatursprung und die Gleitgeschwindigkeit Größen von erster Ordnung in l/L sind. Zur Berechnung der Koeffizienten g und ξ müßte die kinetische Gleichung für die Verteilungsfunktion der Moleküle eines Gases in der Nähe der Oberfläche gelöst werden. In dieser Gleichung wäre es nötig, die Stöße der Moleküle mit der Wand zu berücksichtigen, und deshalb müßte das Gesetz bekannt sein, nach dem die Streuung der Moleküle bei solchen Stößen verläuft.

Wenn wir in Abb. 1 die gestrichelte Gerade bis zu ihrem Schnittpunkt mit der Abszisse verlängern, so schneidet sie von ihr ein Stück der Länge g ab. Mit anderen Worten läßt sich sagen, daß die Temperaturverteilung bei Auftreten eines Temperatursprungs die gleiche ist, wie sie sich ohne einen Sprung für eine Wand, die um den Abstand g zurückgesetzt ist, einstellen würde. Das gleiche trifft auch auf die Gleitung des Gases zu, wobei die Wand um den Abstand ξ zurückgesetzt werden müßte. Selbstverständlich sollten bei solchen Ersetzungen in den Lösungen der hydrodynamischen

Aufgaben nur Glieder erster Ordnung in g oder ξ mitgenommen werden. Da die Berücksichtigung der Sprünge in der Temperatur oder in der Geschwindigkeit einer Verschiebung der Grenzen um Abstände von der Größenordnung l äquivalent ist, besitzen die hierdurch hervorgerufenen Korrekturen in den Lösungen der hydrodynamischen Probleme die Ordnung $l\,\partial/\partial x \sim l/L$, sind also von erster Ordnung in l/L.

Außer den betrachteten Korrekturen zu den Randbedingungen gibt es noch weitere Effekte der gleichen Größenordnung l/L, welche in vielen Fällen noch wichtiger sind, da hier qualitativ neue Erscheinungen auftreten können.

Einer von diesen besteht im Auftreten einer Bewegung des Gases in der Nähe einer ungleichmäßig erwärmten festen Oberfläche, der sogenannten *thermischen Gleitung*. Dieser Effekt ist in einem gewissen Sinn analog zur Thermodiffusion in einem Gemisch aus Gasen. Ähnlich zum Auftreten eines Teilchenstromes infolge von Stößen mit den Molekülen des „fremden" Gases bei Vorliegen eines Temperaturgradienten in einem Gasgemisch entsteht im betrachteten Fall ein Strom als Folge von Molekülstößen mit der ungleichmäßig erwärmten Wand in einer dünnen oberflächennahen Schicht (Schichtdicke $\sim l$) des Gases.

Wir bezeichnen die Tangentialgeschwindigkeit, die das Gas in der Nähe der Wand infolge der thermischen Gleitung erhält, mit $\boldsymbol{V}_t$ und die Tangentialkomponente des Temperaturgradienten mit $\nabla_t T$. In erster Näherung kann man davon ausgehen, daß $\boldsymbol{V}_t$ proportional zu $\nabla_t T$ ist, d. h. für eine isotrope Oberfläche

$$\boldsymbol{V}_t = \mu \nabla_t T\,. \tag{14,12}$$

Der Koeffizient μ muß proportional zur freien Weglänge sein (da er mit den Teilchen in einer Gasschicht dieser Dicke zusammenhängt). Dann folgt aus Dimensionsbetrachtungen, daß $\mu \sim l/m\bar{v}$. Wenn wir die freie Weglänge durch den Stoßquerschnitt und die Dichte des Gases ausdrücken, erhalten wir $l \sim 1/N\sigma \sim T/\sigma P$ und schließlich

$$\mu \sim \frac{1}{\sigma P}\sqrt{\frac{T}{m}}\,. \tag{14,13}$$

Das Vorzeichen des Koeffizienten μ wird nicht durch thermodynamische Forderungen festgelegt. Erfahrungsgemäß gilt gewöhnlich $\mu > 0$.

Zum Schluß sei noch ein Oberflächeneffekt dargestellt, der dazu führt, daß in einem sich bewegenden Gas ein zusätzlicher Oberflächenwärmestrom q'_{Obfl} auftritt (d. h. ein Wärmestrom, der in der oberflächennahen Schicht der Dicke $\sim l$ konzentriert ist), welcher proportional zur Normalenableitung der Tangentialgeschwindigkeit ist:

$$q'_{\text{Obfl}} = \varphi \frac{\partial \boldsymbol{V}_t}{\partial n} \tag{14,14}$$

(dieser Strom hat die Dimension Energie/Länge × Zeit).

Die Koeffizienten μ und φ hängen miteinander durch eine Beziehung zusammen, die aus dem Onsager-Prinzip folgt. Zur Herleitung dieses Zusammenhanges betrachten wir den „Oberflächenanteil" $\dot{S}_{\text{Obfl}}$ des Entropiezuwachses, der mit der wandnahen Bewegung des Gases verknüpft ist (und sich auf die Flächeneinheit der Wandoberfläche bezieht). Dieser Entropiezuwachs setzt sich aus zwei Anteilen zusammen.

Erstens führt das Auftreten eines Wärmestromes q'_{Obfl} in der Ableitung $\dot{S}_{\text{Obfl}}$ zu einem Beitrag

$$-T^{-2}q'_{\text{Obfl}}\nabla T$$

(vgl. den analogen Ausdruck für den Entropiezuwachs, der mit einem Volumenwärmestrom verknüpft ist: VI, § 49, IX, § 88). Zweitens wirkt auf die vom Gas umströmte Wand eine Reibungskraft $-\eta\, \partial \boldsymbol{V}_t/\partial n$ (bezogen auf die Flächeneinheit). Die in der Zeiteinheit dissipierte Energie ist gleich der Arbeit dieser Kraft

$$-\eta \frac{\partial \boldsymbol{V}_t}{\partial n} \boldsymbol{V}_t$$

und ergibt nach Division durch T den entsprechenden Beitrag zum Entropiezuwachs. Somit wird

$$\dot{S}_{\text{Obfl}} = -\frac{1}{T^2} q'_{\text{Obfl}}\nabla T - \frac{1}{T}\eta \boldsymbol{V}_t \frac{\partial \boldsymbol{V}_t}{\partial n}\,. \tag{14,15}$$

Als Größen X_a, die bei der allgemeinen Formulierung des Onsager-Prinzips auftreten (§ 9), wählen wir die Vektoren

$$\boldsymbol{X}_1 = \frac{1}{T^2}\nabla_t T\,, \qquad \boldsymbol{X}_2 = \frac{1}{T}\frac{\partial \boldsymbol{V}_t}{\partial n}\,.$$

Dann zeigt der Vergleich von (14,15) mit dem allgemeinen Ausdruck (9,3), daß die zugehörigen Größen $\dot{x}_a$ durch die Vektoren

$$\dot{\boldsymbol{x}}_1 = q'_{\text{Obfl}}\,, \qquad \dot{\boldsymbol{x}}_2 = \eta \boldsymbol{V}_t$$

gegeben werden. Die Beziehungen (14,12) und (14,14) spielen die Rolle von „Bewegungsgleichungen" (9,1). Schreiben wir sie in der Form

$$\dot{\boldsymbol{x}}_1 = T\varphi \boldsymbol{X}_2\,, \qquad \dot{\boldsymbol{x}}_2 = \eta\mu T^2 \boldsymbol{X}_1\,,$$

so gelangen wir zu der gesuchten Beziehung

$$\varphi = T\eta\mu \tag{14,16}$$

(L. Waldmann, 1967).

Aufgaben

1. Zwei Gefäße, die ein Gas bei unterschiedlichen Temperaturen T_1 und T_2 enthalten, werden durch eine lange Röhre verbunden. Als Folge der thermischen Gleitung stellt sich eine Druckdifferenz zwischen den Gasen in beiden Gefäßen ein (*thermomechanischer Effekt*). Man bestimme diese Differenz.

Lösung. Die Randbedingung an der Oberfläche der Röhre bei Poiseuillescher Strömung unter dem Einfluß von Gradienten der Temperatur und des Druckes bei Berücksichtigung der thermischen Gleitung lautet: $v = \mu\, \mathrm{d}T/\mathrm{d}x$ für $r = R$ (R Radius der Röhre, x-Achse in Längsrichtung). In üblicher Weise (s. VI, § 17) finden wir für die Geschwindigkeitsverteilung über den Röhrenquerschnitt

$$v = -\frac{1}{4\eta}\frac{\mathrm{d}P}{\mathrm{d}x}(R^2 - r^2) + \mu \frac{\mathrm{d}T}{\mathrm{d}x}\,.$$

Die Menge (Masse) des Gases, welche pro Zeiteinheit den Röhrenquerschnitt durchströmt, beträgt

$$Q = -\frac{\varrho \pi R^4}{8\eta}\frac{\mathrm{d}P}{\mathrm{d}x} + \varrho\mu\pi R^2 \frac{\mathrm{d}T}{\mathrm{d}x} \tag{1}$$

(ϱ Dichte des Gases). Bei mechanischem Gleichgewicht gilt $Q = 0$, woraus

$$\frac{\mathrm{d}P}{\mathrm{d}x} = \frac{8\eta\mu}{R^2}\frac{\mathrm{d}T}{\mathrm{d}x}$$

folgt. Nach Integration über die gesamte Röhrenlänge finden wir für die Druckdifferenz

$$P_2 - P_1 = \frac{8\mu\eta}{R^2}(T_2 - T_1)\,.$$

(Bei nicht allzu großen Unterschieden $T_2 - T_1$ können die Koeffizienten η und μ als konstant angenommen werden.) Eine Abschätzung der Größenordnung des Effektes (mit Hilfe von (14,13) und (8,11)) ergibt

$$\frac{\delta P}{P} \sim \frac{l^2}{R^2}\frac{\delta T}{T}.$$

Für $Q = 0$ hat die Geschwindigkeitsverteilung über den Röhrenquerschnitt die Form

$$v = \mu\left(\frac{2r^2}{R^2} - 1\right)\frac{\mathrm{d}T}{\mathrm{d}x}.$$

An den Wänden strömt das Gas in Richtung des Temperaturgradienten ($v > 0$), in Nähe der Röhrenachse dagegen in der entgegengesetzten Richtung ($v < 0$).

2. Zwei Röhren (gleicher Länge L) mit unterschiedlichen Radien ($R_1 < R_2$) werden an beiden Enden verbunden. Die Verbindungsstellen werden auf verschiedenen Temperaturen gehalten ($T_2 > T_1$; die Temperaturdifferenz $T_2 - T_1$ sei klein). Als Folge der thermischen Gleitung entsteht eine Zirkulationsbewegung des Gases durch die Röhren. Die gesamte Durchtrittsmenge des Gases durch den Röhrenquerschnitt ist zu bestimmen.

Lösung. Nach Division von Beziehung (1) der Aufgabe 1 durch R^4 und Integration über eine geschlossene Kurve, welche durch die beiden Röhren gebildet wird, erhalten wir

$$Q = \frac{\varrho\mu\pi}{L}(T_2 - T_1)(R_2^2 - R_1^2)\frac{R_1^2 R_2^2}{R_2^4 + R_1^4}\,.$$

Die Strömung erfolgt in der in Abb. 2 angegebenen Richtung.

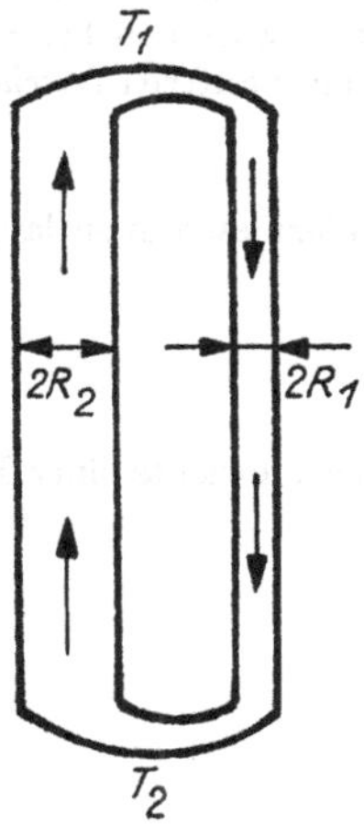

Abb. 2

3. Es ist die Kraft $\boldsymbol{F}$ zu bestimmen, die auf eine Kugel (Radius R) wirkt, welche in ein Gas eingebracht wurde, in dem ein konstanter Temperaturgradient $\nabla T = \boldsymbol{A}$ aufrechterhalten wird.

Lösung. Die Temperaturverteilung innerhalb der Kugel wird durch die Formel

$$T = \frac{3\varkappa_2}{\varkappa_1 + 2\varkappa_2} Ar \cos\Theta$$

gegeben, wobei $\varkappa_1$ und $\varkappa_2$ die Wärmeleitfähigkeiten der Kugel und des Gases sind; r und Θ sind sphärische Koordinaten mit dem Ursprung im Zentrum der Kugel und der Richtung von $\boldsymbol{A}$ als Polarachse (s. VI, § 50, Aufgabe 2). Hieraus finden wir für den Temperaturgradienten entlang der Kugeloberfläche

$$\frac{1}{R}\frac{\partial T}{\partial \Theta} = -\frac{3\varkappa_2}{\varkappa_1 + 2\varkappa_2} A \sin\Theta .$$

Die durch die thermische Gleitung auftretende laminare Strömung des Gases wird lediglich durch den Vektor $\boldsymbol{A}$ bestimmt. Deshalb kann die entsprechende Lösung der Navier-Stokesschen Gleichung in der gleichen Form angesetzt werden wie bei der Aufgabe der Umströmung einer sich in einer Flüssigkeit bewegenden Kugel (s. VI, § 20):

$$\boldsymbol{v} = -a\frac{\boldsymbol{A} + \boldsymbol{n}(\boldsymbol{A}\boldsymbol{n})}{r} + b\frac{3\boldsymbol{n}(\boldsymbol{A}\boldsymbol{n}) - \boldsymbol{A}}{r^3},$$

wobei $\boldsymbol{n} = \boldsymbol{r}/r$ ist (eine additive Konstante zu $\boldsymbol{v}$ wurde nicht angegeben, da $\boldsymbol{v} = 0$ für $r \to \infty$ gelten muß). Die Konstanten a und b bestimmen sich aus den Bedingungen

$$v_r = 0\,, \qquad v_\theta = \frac{\mu}{R}\frac{\partial T}{\partial \Theta} \quad \text{bei} \quad r = R$$

zu

$$a = \frac{b}{R^2} = -\frac{3\varkappa_2 R\mu}{2(\varkappa_1 + 2\varkappa_2)}.$$

Die auf die Kugel wirkende Kraft beträgt

$$\boldsymbol{F} = 8\pi a\eta \boldsymbol{A} = -\frac{12\pi\eta\mu R\varkappa_2}{\varkappa_1 + 2\varkappa_2}\nabla T .$$

Damit die in den Aufgaben betrachteten Oberflächeneffekte auch tatsächlich klein gegenüber den Volumeneffekten sind, darf sich die Temperatur in den Aufgaben 1 und 2 über den Radius der Röhre und in Aufgabe 3 über den Radius der Kugel nur wenig ändern.

4. Zwei Gefäße, die durch eine lange Röhre verbunden sind, enthalten ein Gas bei der gleichen Temperatur und den Drücken P_1 und P_2. Es ist der Wärmestrom zwischen beiden Gefäßen zu bestimmen, der bei der Poiseuilleschen Strömung durch die Röhre auftritt (*mechanokalorischer Effekt*).

Lösung. Gemäß den Beziehungen (14,14), (14,16) beträgt der Wärmestrom entlang der Röhrenwand

$$q' = 2\pi R q'_{\mathrm{Obfl}} = 2\pi R T\eta\mu \frac{\mathrm{d}V}{\mathrm{d}r}.$$

Andererseits finden wir aus der Bedingung des mechanischen Gleichgewichts einer Flüssigkeit bei stationärer Strömung

$$2\pi R\eta \frac{\mathrm{d}V}{\mathrm{d}r} = \pi R^2 \frac{\mathrm{d}P}{\mathrm{d}x} = \pi R^2 \frac{P_2 - P_1}{L}.$$

Hieraus folgt

$$q' = \pi R^2 T\mu(P_2 - P_1)/L .$$

§ 15. Transporterscheinungen in stark verdünnten Gasen

Die in dem vorhergehenden Paragraphen betrachteten Erscheinungen stellen nur Korrektureffekte dar, die höhere Potenzen des Verhältnisses aus der freien Weglänge l und den charakteristischen Abmessungen des Problems L beinhalten. Bisher wurde dieser Quotient als klein angenommen. Wenn jedoch das Gas soweit verdünnt ist (oder die Abmessungen so klein sind), daß $l/L \gtrsim 1$ gilt, so werden die hydrodynamischen Gleichungen überhaupt unbrauchbar werden, selbst mit verbesserten Randbedingungen.

Im allgemeinen Fall beliebiger Werte für l/L ist es im Prinzip erforderlich, die kinetische Gleichung mit bestimmten Randbedingungen an den mit dem Gas in Kontakt stehenden festen Oberflächen zu lösen. Diese Bedingungen werden durch die Wechselwirkung der Gasmoleküle mit der Oberfläche bestimmt und verknüpfen die Verteilungsfunktion der Teilchen, die auf die Oberfläche auftreffen, mit der Verteilungsfunktion der Teilchen, die die Oberfläche verlassen. Wenn diese Wechselwirkung zu einer Streuung der Moleküle führt (ohne ihre chemische Umwandlung, Ionisation oder Absorption durch die Oberfläche), so läßt sie sich durch eine Wahrscheinlichkeit $w(\Gamma', \Gamma)\,\mathrm{d}\Gamma'$ dafür beschreiben, daß ein mit gegebenen Werten Γ auf die Oberfläche treffendes Molekül von ihr in das gegebene Intervall $\mathrm{d}\Gamma'$ reflektiert wird. Die Funktion w wird durch die Bedingung

$$\int w(\Gamma', \Gamma)\,\mathrm{d}\Gamma' = 1 \tag{15,1}$$

normiert. Mit Hilfe von w läßt sich die Randbedingung für die Verteilungsfunktion $f(\Gamma)$ in der Form

$$-\int\limits_{\boldsymbol{nv}<0} w(\Gamma', \Gamma)\,\boldsymbol{nv}f(\Gamma)\,\mathrm{d}\Gamma = \boldsymbol{nv}'f(\Gamma') \quad \text{bei} \quad \boldsymbol{nv}' > 0 \tag{15,2}$$

schreiben. Das Integral auf der linken Seite (multipliziert mit $\mathrm{d}\Gamma'$) gibt die Zahl der Moleküle an, die pro Zeit- und Flächeneinheit auf die Oberfläche auftreffen und infolge der Streuung in das gegebene Intervall $\mathrm{d}\Gamma'$ gelangen. Die Integration wird über den Wertebereich von Γ ausgeführt, der den Molekülen entspricht, die sich in Richtung zur Oberfläche bewegen. ($\boldsymbol{n}$ ist der Einheitsvektor, der normal zur Oberfläche des Körpers ins Innere des Gases zeigt.) Der Ausdruck auf der rechten Seite in (15,2) gibt die Zahl der Moleküle wieder, welche die Oberfläche verlassen (auf die gleiche Zeit und die gleiche Fläche bezogen). Die Werte Γ' auf beiden Seiten der Gleichung sollen denjenigen Molekülen entsprechen, die sich von der Oberfläche wegbewegen.

Im Gleichgewicht, in dem die Temperatur des Gases mit der Temperatur des Festkörpers übereinstimmt, muß die Verteilungsfunktion der auftreffenden wie auch der reflektierten Teilchen von der Form einer Boltzmann-Verteilung sein. Hieraus folgt, daß die Funktion w die Gleichung

$$-\int\limits_{\boldsymbol{nv}<0} w(\Gamma', \Gamma)\,\boldsymbol{nv}\,\mathrm{e}^{-\varepsilon/T_1}\,\mathrm{d}\Gamma = \boldsymbol{nv}'\,\mathrm{e}^{-\varepsilon'/T_1} \tag{15,3}$$

identisch erfüllen muß, die sich ergibt, wenn in (15,2) $f(\Gamma) = \text{const} \cdot \exp(-\varepsilon/T_1)$ mit der Temperatur des Körpers T_1 eingesetzt wird.

In der angegebenen allgemeinen Formulierung ist die Lösung des Problems der Bewegung eines stark verdünnten Gases natürlich äußerst kompliziert. Die Aufgabe kann jedoch in einfacherer Weise gestellt werden, wenn das Gas so weit verdünnt ist, daß das Verhältnis $l/L \gg 1$ wird.

Eine große Gruppe solcher Probleme betrifft Situationen, bei denen der wesentliche Teil des Gases ein Volumen einnimmt, dessen Abmessungen sowohl im Vergleich zu den Abmessungen L der in das Gas eingebrachten festen Körper als auch im Vergleich zur freien Weglänge l groß sind. Die Stöße der Moleküle mit der Oberfläche der Festkörper finden relativ selten statt und sind im Vergleich zu den Stößen der Moleküle untereinander unwesentlich. Wenn sich das Gas für sich genommen im Gleichgewicht bei einer Temperatur T_2 befindet, kann man in diesen Fällen annehmen, daß das Gleichgewicht durch die eingebrachten Körper nicht gestört wird. Hierbei kann zwischen dem Gas und dem Festkörper eine beliebige Temperaturdifferenz bestehen. Das gleiche betrifft auch die Geschwindigkeiten der makroskopischen Bewegung.

Es sei $\tau = T_2 - T_1$ die Differenz zwischen der Temperatur des Gases und der Temperatur eines Elementes df der Festkörperoberfläche und $\boldsymbol{V}$ die Geschwindigkeit der Bewegung des Gases relativ zum Körper. Bei von Null verschiedenen τ und $\boldsymbol{V}$ entsteht erstens ein Wärmeaustausch zwischen dem Gas und dem Körper, und zweitens wirkt seitens des Gases eine Kraft auf den Körper. Die Dichte des dissipativen Wärmestromes vom Gas zum Körper bezeichnen wir mit q. Die Kraft, die auf jeden Punkt der Oberfläche des Körpers (bezogen auf die Flächeneinheit) wirkt, bezeichnen wir mit $\boldsymbol{F} - P\boldsymbol{n}$. Hier ist der zweite Term der gewöhnliche Druck des Gases und $\boldsymbol{F}$ die uns interessierende zusätzliche Kraft, welche mit τ und $\boldsymbol{V}$ in Verbindung steht. Die Größen q und $\boldsymbol{F}$ sind Funktionen von τ und $\boldsymbol{V}$ und verschwinden, wenn τ und $\boldsymbol{V}$ Null sind.

Wenn τ und $\boldsymbol{V}$ genügend klein sind (die erste Größe im Vergleich zu den Temperaturen des Gases und des Körpers, die zweite im Vergleich zur thermischen Geschwindigkeit der Moleküle des Gases), kann man q und $\boldsymbol{F}$ in Potenzreihen nach τ und $\boldsymbol{V}$ entwickeln und sich auf die linearen Glieder beschränken. Wir bezeichnen mit F_n und V_n die Komponenten von $\boldsymbol{F}$ und $\boldsymbol{V}$ in Richtung der Normalen $\boldsymbol{n}$ und mit $\boldsymbol{F}_t$ und $\boldsymbol{V}_t$ ihre Tangentialkomponenten. Letztere sind Vektoren mit zwei unabhängigen Komponenten. Dann nimmt die angegebene Entwicklung die Form

$$q = \alpha\tau + \beta V_n\,, \qquad F_n = \gamma\tau + \delta V_n\,, \qquad \boldsymbol{F}_t = \Theta \boldsymbol{V}_t \tag{15,4}$$

an, mit Konstanten α, β, γ, δ, Θ (richtiger Funktionen der Temperatur und des Druckes), welche von der Art des betrachteten Gases und des Festkörpers bestimmt werden. Die „skalaren" Größen q und F_n können aus Symmetriegründen keine im Vektor $\boldsymbol{V}_t$ linearen Glieder enthalten. Aus dem gleichen Grund fehlen in der Entwicklung des Vektors $\boldsymbol{F}_t$ die Glieder, die linear in den „Skalaren" τ und V_n sind.

Die Größen α, δ, Θ sind positiv. So wird, wenn die Temperatur des Gases höher als die des Festkörpers ist ($\tau > 0$), die Wärme vom Gas zum Körper übergehen, d. h., der entsprechende Anteil des Stromes q wird positiv. Deshalb gilt $\alpha > 0$. Weiterhin müssen die auf den Körper wirkenden Kräfte F_n und $\boldsymbol{F}_t$, die durch die Bewegung des Gases relativ zum Körper bedingt sind, in die gleiche Richtung wie V_n und $\boldsymbol{V}_t$ zeigen; deshalb muß $\delta > 0$ und $\Theta > 0$ gelten. Für die Koeffizienten β und γ läßt sich das Vorzeichen nicht aus allgemeinen thermodynamischen Betrachtungen ableiten (obgleich auch sie in der Regel positiv sind). Zwischen ihnen besteht eine einfache Beziehung, welche aus dem Symmetrieprinzip für die kinetischen Koeffizienten folgt.

Zur Herleitung dieser Beziehung berechnen wir die Zeitableitung der vollständigen Entropie des gesamten Systems, das aus dem Gas und dem darin befindlichen Körper besteht. In der Zeiteinheit erhält der Körper vom Gas über jedes Oberflächenelement $\mathrm{d}f$ die Wärmemenge $q\,\mathrm{d}f$. Hierbei wächst die Entropie des Körpers S_1 um

$$\dot{S}_1 = \oint \frac{q}{T_1}\,\mathrm{d}f$$

an, wobei die Integration über die gesamte Oberfläche des Körpers ausgeführt wird.

Für die Berechnung der Entropiezunahme des Gases wählen wir dasjenige Koordinatensystem aus, in dem das Gas (am Ort des Körpers) ruht. In diesem System beträgt die Geschwindigkeit für jedes Oberflächenelement des Körpers $-\boldsymbol{V}$. Um die gesuchte Beziehung zu beweisen, nehmen wir an, daß sich die Form des Körpers bei seiner Bewegung ändern kann; dann sind die Geschwindigkeiten $\boldsymbol{V}$ verschiedener Punkte seiner Oberfläche beliebige, unabhängig veränderliche Größen. Gemäß der thermodynamischen Beziehung $\mathrm{d}E = T\,\mathrm{d}S - P\,\mathrm{d}\mathcal{V}$ ist die Entropieänderung des Gases pro Zeiteinheit gleich

$$\dot{S}_2 = \frac{1}{T_2}(\dot{E}_2 + P_2\dot{\mathcal{V}}_2)$$

(die Größen mit dem Index 2 beziehen sich auf das Gas). Die Ableitung $\dot{E}_2$ ist wegen der Erhaltung der Gesamtenergie des Systems gleich dem Negativen der Energieänderung des Körpers. Letztere setzt sich aus der Wärmemenge $\oint q\,\mathrm{d}f$ und der am Körper geleisteten Arbeit, die durch das Integral $\oint (-\boldsymbol{V})(\boldsymbol{F} - P\boldsymbol{n})\,\mathrm{d}f$ gegeben ist, zusammen. Hieraus finden wir für die Änderung der Energie des Gases

$$\dot{E}_2 = \oint (-q + F_n V_n + \boldsymbol{F}_t\boldsymbol{V}_t - P_2 V_n)\,\mathrm{d}f\,.$$

Die Änderung des Gasvolumens ist gleich dem Negativen der Volumenänderung des Körpers:

$$\dot{\mathcal{V}}_2 = \oint V_n\,\mathrm{d}f\,.$$

Somit erhalten wir für die Entropieänderung des Gases

$$\dot{S}_2 = \frac{1}{T_2}\oint (-q + F_n V_n + \boldsymbol{F}_t\boldsymbol{V}_t)\,\mathrm{d}f\,.$$

Addieren wir die Ableitungen von S_1 und S_2 und setzen danach (für kleine τ) $T_1 \approx T_2 \equiv T$, so erhalten wir schließlich für die Änderungsgeschwindigkeit der Gesamtentropie des Systems

$$\dot{S} = \int \left[\frac{q\tau}{T^2} + \frac{F_n V_n}{T} + \frac{\boldsymbol{F}_t\boldsymbol{V}_t}{T}\right]\mathrm{d}f\,. \qquad (15{,}5)$$

Als Größen $\dot{x}_1, \dot{x}_2, \dot{x}_3, \dot{x}_4$ in der allgemeinen Formulierung des Onsager-Prinzips (§ 9) wählen wir q, F_n und die beiden Komponenten des Vektors $\boldsymbol{F}_t$ (an jedem gegebenen Punkt der Oberfläche des Körpers). Zur Klärung der Bedeutung der zugehörigen Größen X_a vergleichen wir Formel (15,5) mit dem allgemeinen Ausdruck für die Änderungsgeschwindigkeit der Entropie (9,3). Wir finden dabei, daß die Größen X_1, X_2, X_3, X_4 durch $-\tau/T^2$, $-V_n/T$ und die beiden Komponenten des Vektors $-\boldsymbol{V}_t/T$

am gleichen Punkt gegeben sind. Die kinetischen Koeffizienten (die Koeffizienten in den Beziehungen (9,1)) sind

$$\gamma_{11} = \alpha T^2, \quad \gamma_{22} = \delta T, \quad \gamma_{33} = \gamma_{44} = \Theta T,$$

$$\gamma_{12} = \beta T, \quad \gamma_{21} = \gamma T^2.$$

Aus der Symmetrie $\gamma_{12} = \gamma_{21}$ folgt somit die gesuchte Beziehung

$$\beta = \gamma T. \tag{15,6}$$

Wir bemerken fernerhin, daß aus der Bedingung der Positivität der quadratischen Form (9,3) ($\dot{S} > 0$) die bereits genannten Ungleichungen $\alpha, \beta, \Theta > 0$ sowie noch zusätzlich die Ungleichung

$$T\alpha\delta > \beta^2$$

folgen.

Die Berechnung der Koeffizienten in (15,4) erfordert die Kenntnis des konkreten Streugesetzes der Gasmoleküle an der Festkörperoberfläche, welches durch die oben eingeführte Funktion $w(\Gamma', \Gamma)$ ausgedrückt wird. Als Beispiel leiten wir eine Formel her, die es im Prinzip gestattet, die Größe α zu berechnen.

Die Energiestromdichte vom Gas zum Festkörper wird durch das Integral

$$q = \int (\varepsilon - \varepsilon') \, |v_x| \, w(\Gamma', \Gamma) \, f(\Gamma) \, \mathrm{d}\Gamma \, \mathrm{d}\Gamma' \tag{15,7}$$

gegeben (die Integration wird über die Gebiete $v_x = \boldsymbol{nv} < 0$, $v_x' > 0$ geführt). Bei jedem Stoß eines Moleküls mit der Wand wird der letzteren die Energie $\varepsilon - \varepsilon'$ übertragen.

Wir formen diesen Ausdruck mit Hilfe des Prinzips des detaillierten Gleichgewichtes um, nach dem im Gleichgewichtszustand die Zahl der Übergänge $\Gamma \to \Gamma'$ bei der Streuung der Moleküle an der Wand gleich der Zahl der Übergänge $\Gamma'^T \to \Gamma^T$ ist. Dies bedeutet

$$w(\Gamma', \Gamma) \, |v_x| \exp\left(\frac{\mu - \varepsilon}{T_1}\right) = w(\Gamma^T, \Gamma'^T) \, |v_x'| \exp\left(\frac{\mu - \varepsilon'}{T_1}\right) \tag{15,8}$$

(im Gleichgewicht stimmt die Temperatur des Gases mit der Temperatur der Wand überein).

Wir führen in (15,7) die Umbenennung der Integrationsvariablen $\Gamma \to \Gamma'^T$, $\Gamma' \to \Gamma^T$ durch. Nehmen wir die Hälfte der Summe beider Ausdrücke, erhalten wir

$$q = \tfrac{1}{2} \int (\varepsilon - \varepsilon') \, \mathrm{e}^{\mu/T_2} \left[w(\Gamma', \Gamma) \, |v_x| \, \mathrm{e}^{-\varepsilon/T_1} - w(\Gamma^T, \Gamma'^T) \, |v_x'| \, \mathrm{e}^{-\varepsilon'/T_2} \right] \mathrm{d}\Gamma \, \mathrm{d}\Gamma'.$$

Wenn wir schließlich hier $w(\Gamma^T, \Gamma'^T)$ aus (15,8) einsetzen und anschließend den Integranden nach Potenzen der kleinen Differenz $\tau = T_2 - T_1$ entwickeln, finden wir $q = \alpha\tau$ mit

$$\alpha = \frac{1}{2T^2} \int (\varepsilon - \varepsilon')^2 \, |v_x| \, w(\Gamma', \Gamma) \exp\left(\frac{\mu - \varepsilon(\Gamma)}{T}\right) \mathrm{d}\Gamma \, \mathrm{d}\Gamma'$$

$$(v_x < 0, \; v_x' > 0). \tag{15,9}$$

(Der Index bei der Temperatur $T_1 \approx T_2$ wurde fortgelassen.)

Die Verteilungsfunktion der von der Wand zurückgestreuten Moleküle hängt von der konkreten Form ihrer Wechselwirkung mit der Wand ab. Man sagt, daß eine *vollständige Akkommodation* stattfindet, wenn die von jedem Oberflächenelement des Festkörpers zurückgeworfenen Moleküle unabhängig von Richtung und Betrag ihrer Geschwindigkeit vor dem Stoß die gleiche Verteilung besitzen, die die Moleküle in einem Strahl haben würden, der aus einer kleinen Öffnung eines Gefäßes mit Gas von der gleichen Temperatur wie die des Festkörpers austreten würde. Mit anderen Worten geht bei der vollständigen Akkommodation das von der Wand gestreute Gas in das thermische Gleichgewicht mit der Wand über. Es ist von Interesse, die Größe der Koeffizienten in (15,4) mit ihren Werten bei vollständiger Akkommodation zu vergleichen. Insbesondere wird gewöhnlich der Energieaustausch zwischen den Gasmolekülen und der festen Wand durch den Akkommodationskoeffizienten charakterisiert, der als Verhältnis α/α_0 definiert ist (wobei α_0 der vollständigen Akkommodation entspricht). In realistischen Fällen wird die vollständige Akkommodation im allgemeinen nicht erreicht, und der Akkommodationskoeffizient ist kleiner als Eins.

Mit Hilfe der folgenden Betrachtungen kann man sich leicht davon überzeugen, daß der Wert α_0 tatsächlich der größtmögliche ist. Wir betrachten die Entropie S in (15,5) von einem etwas anderen Standpunkt: nicht als die vollständige Entropie des Festkörpers und des gesamten Gases, sondern als Entropie des Festkörpers und nur derjenigen Menge von Gasmolekülen, welche in der Zeit Δt auf die Oberfläche des Körpers treffen. Für dieses System bedeutet die Reflexion der Moleküle mit vollständiger Akkommodation den Übergang in den Zustand des vollständigen Gleichgewichts, so daß seine Entropie den maximal möglichen Wert annimmt. Dementsprechend wird auch die Entropieänderung $\Delta S = \dot{S}\,\Delta t$, die mit diesem Übergang einhergeht, maximal.[1]) Dies bedeutet, daß bei vollständiger Akkommodation die quadratische Form (9,3) für beliebige vorgegebene Werte der Größen X_a (d. h. τ, V_n, V_t) maximal sein muß. Versehen wir die entsprechenden Werte der Koeffizienten γ_{ab} mit dem Index Null, so können wir diese Bedingung in der Form

$$\frac{\alpha_0-\alpha}{T^2}\tau^2+\frac{2(\beta_0-\beta)}{T^2}\tau V_n+\frac{\delta_0-\delta}{T}V_n^2+\frac{\Theta_0-\Theta}{T}V_t^2>0$$

angeben. Hieraus folgen die Ungleichungen

$$\alpha_0>\alpha\,,\qquad \delta_0>\delta\,,\qquad \Theta_0>\Theta\,,$$
$$T(\alpha_0-\alpha)\,(\delta_0-\delta)>(\beta_0-\beta)^2\,. \tag{15,10}$$

Wir betrachten das Ausströmen eines stark verdünnten Gases aus einer kleinen Öffnung (mit den linearen Abmessungen L). Im Grenzfall $l/L \gg 1$ erhält dieser Prozeß einen höchst einfachen Charakter. Die Moleküle werden unabhängig voneinander das Gefäß verlassen, wobei sie einen Molekularstrahl bilden, in welchem sich jedes Molekül mit derjenigen Geschwindigkeit bewegt, mit der es sich der Öffnung genähert hatte. Die Zahl der Moleküle, die pro Zeiteinheit aus der Öffnung heraustreten, stimmt mit der Zahl der Stöße überein, die die Moleküle des Gases in dieser Zeit mit einer Ober-

---

[1]) Bei diesen Betrachtungen ist die Annahme wesentlich, daß der Körper (der die Bedeutung eines „Wärmereservoirs“ hat) sich im Verlauf des gesamten Vorgangs im Gleichgewichtszustand befindet und die Entropie nur von der Verteilungsfunktion der Gasmoleküle, nicht aber von der Form der zwischenmolekularen Wechselwirkung, abhängt.

fläche durchführen würden, die gleich der Fläche der Öffnung s ist. Die Zahl der Stöße pro Flächeneinheit der Wand beträgt $P(2\pi mT)^{-1/2}$, wobei P der Gasdruck und m die Molekülmasse bedeuten (s. V, § 39). Somit finden wir für die Menge (Masse) des Gases, die pro Zeiteinheit ausströmt,

$$Q = sP\sqrt{\frac{m}{2\pi T}}\,. \tag{15,11}$$

Wenn zwei Gasgefäße miteinander durch eine Öffnung verbunden werden, nehmen im mechanischen Gleichgewicht im Falle $l \ll L$ die Drücke P_1 und P_2 der Gase in den beiden Gefäßen die gleichen Werte an, unabhängig von den Werten ihrer Temperaturen T_1 und T_2. Wenn jedoch $l \gg L$ ist, dann wird die Bedingung des mechanischen Gleichgewichts dadurch gegeben, daß die Zahlen der Moleküle, die durch die Öffnung aus einem Gefäß in das andere übertreten und umgekehrt, übereinstimmen. Nach (15,11) führt dies zu der Gleichung

$$\frac{P_1}{\sqrt{T_1}} = \frac{P_2}{\sqrt{T_2}}\,. \tag{15,12}$$

Somit sind die Drücke der verdünnten Gase in beiden kommunizierenden Gefäßen unterschiedlich und verhalten sich zueinander wie die Wurzeln aus den Temperaturen (Knudsen-*Effekt*).

Bis jetzt wurden Erscheinungen in einer großen Masse eines stark verdünnten Gases betrachtet, welches sich selbst im Gleichgewicht befand. Wir wollen kurz auf Erscheinungen anderer Art eingehen, bei denen das Gas selbst sich nicht im Gleichgewicht befindet. Solch eine Erscheinung ist beispielsweise die Wärmeübertragung zwischen zwei festen Platten, die auf unterschiedliche Temperatur erwärmt und in ein verdünntes Gas eingebracht werden, wobei der Abstand zwischen ihnen klein im Vergleich zur freien Weglänge ist. Die Moleküle, die sich im Raumgebiet zwischen den Platten bewegen, erfahren praktisch keine Stöße untereinander und bewegen sich nach der Reflexion von einer Platte frei bis zum Stoß mit der anderen. Bei der Streuung an der stärker erwärmten Platte erhalten die Moleküle von ihr etwas Energie und geben einen Teil ihrer Energie danach bei einem Stoß mit der weniger erwärmten Platte ab. Der Mechanismus der Wärmeübertragung unterscheidet sich somit in diesem Fall wesentlich vom gewöhnlichen Wärmeleitungsmechanismus in unverdünnten Gasen. Man kann ihn durch einen Wärmeübergangskoeffizienten $\varkappa$ charakterisieren, der (in Analogie zur gewöhnlichen Wärmeleitfähigkeit) durch

$$q = \frac{\varkappa(T_2 - T_1)}{L} \tag{15,13}$$

definiert ist, wobei q die übertragene Wärmemenge (bezogen auf die Flächeneinheit der Platten und auf die Zeiteinheit), T_1 und T_2 die Temperaturen der Platten und L der Abstand zwischen ihnen ist. Den Koeffizienten $\varkappa$ kann man größenordnungsmäßig mit Hilfe der Formel (7,10) abschätzen. Da es sich jetzt anstelle der Stöße der Moleküle untereinander um die unmittelbaren Stöße mit den Platten handelt, muß anstelle der freien Weglänge l der Abstand L zwischen den Platten eingesetzt werden. Somit erhalten wir

$$\varkappa \sim L\bar{v}N \sim \frac{PL}{\sqrt{mT}}. \tag{15,14}$$

Der Wärmeübergangskoeffizient ist in einem stark verdünnten Gas proportional zum Druck — im Gegensatz zur Wärmeleitfähigkeit eines unverdünnten Gases, welche unabhängig vom Druck ist. Wir weisen darauf hin, daß $\varkappa$ jetzt nicht mehr eine Eigenschaft nur des Gases selbst ist, sondern auch von den konkreten Bedingungen der Aufgabe (von dem Abstand zwischen den Platten L) abhängt.[1]

Eine analoge Erscheinung ist die „Viskosität" eines stark verdünnten Gases, welche beispielsweise bei der Relativbewegung zweier in ihm eingebrachter Platten auftritt (wobei wieder $L \ll l$ sein soll). Der Viskositätskoeffizient η muß jetzt so definiert werden, daß

$$F = \eta V/L \tag{15,15}$$

gilt, wobei F die Reibungskraft, die die sich bewegenden Platten erfahren (bezogen auf die Flächeneinheit), und V die Relativgeschwindigkeit der Platten sind. Setzen wir in (8,11) anstelle der freien Weglänge l den Abstand L ein, erhalten wir

$$\eta \sim m\bar{v}NL \sim LP\sqrt{\frac{m}{T}}, \tag{15,16}$$

d. h., die Viskosität des verdünnten Gases ist ebenfalls zum Druck proportional.

Aufgaben

1. Zum Anfangszeitpunkt $t = 0$ nimmt ein Gas den Halbraum $x < 0$ ein. Unter Vernachlässigung von Stößen ist die Dichteverteilung für die darauffolgenden Zeiten zu bestimmen.

Lösung. Bei Vernachlässigung von Stößen geht die kinetische Gleichung in die Gleichung

$$\frac{\partial f}{\partial t} + \boldsymbol{v}\frac{\partial f}{\partial \boldsymbol{r}} = 0$$

über, deren allgemeine Lösung $f = f(\boldsymbol{r} - \boldsymbol{v}t, \boldsymbol{v})$ lautet. Unter Berücksichtigung der gestellten Anfangsbedingung erhalten wir im betrachteten Fall

$$f = f_0(v) \quad \text{für} \quad v_x > x/t\,, \qquad f = 0 \quad \text{für} \quad v_x < x/t\,,$$

wobei f_0 die MAXWELL-Verteilung ist. Die Dichte des Gases beträgt

$$N(t, x) = \int\limits_{-\infty}^{\infty}\!\!\int \int\limits_{x/t}^{\infty} f_0(v)\, m^3\, dv_x\, dv_y\, dv_z = \frac{N_0}{2}\left[1 - \Phi\left(\frac{x}{t}\sqrt{\frac{m}{2T}}\right)\right]$$

mit

$$\Phi(\xi) = \frac{2}{\sqrt{\pi}}\int\limits_0^{\xi} e^{-y^2}\, dy$$

[1]) Im deutschen Sprachgebrauch wird vielfach der von L unabhängige Quotient $\varkappa/L$ als Wärmeübergangskoeffizient bezeichnet (Anm. d. Hrsg.).

und der Anfangsdichte N_0. In Anbetracht der Vernachlässigung von Stößen ist die angegebene Beziehung praktisch nur im Gebiet $|x| \ll l$ gerechtfertigt.

2. Es ist die Kraft zu bestimmen, die auf eine Kugel vom Radius R wirkt, wenn sie sich mit der Geschwindigkeit $\boldsymbol{V}$ in einem verdünnten Gas bewegt.
Lösung. Die gesamte Widerstandskraft für die Bewegung der Kugel beträgt

$$\boldsymbol{F} = -\frac{4\pi}{3}\boldsymbol{V}R^2(\delta + 2\Theta)\,.$$

3. Es ist die Geschwindigkeit zu bestimmen, mit der sich eine gewichtslose ebene Scheibe in einem verdünnten Gas bewegt, wenn deren beide Seiten auf verschiedene Temperaturen T_1 und T_2 erwärmt werden.

Lösung. Die Geschwindigkeit V für die Bewegung der Scheibe (in Normalenrichtung zur Scheibe) bestimmt sich aus der Bedingung, daß im Gleichgewicht die Summe der Kräfte auf beide Seiten verschwindet. Die Scheibe bewegt sich mit der Geschwindigkeit (bei $T_2 > T_1$)

$$V = \frac{\gamma}{2\delta}(T_2 - T_1)\,,$$

wobei die kältere Seite nach vorn zeigt.

4. Der Wert α_0 des Koeffizienten α bei vollständiger Akkommodation ist zu berechnen.

Lösung. Die Energiemenge, die pro Zeiteinheit und Flächeneinheit durch die auftreffenden Moleküle auf die Festkörperoberfläche übertragen wird, beträgt $\int f_2 v_x \varepsilon \,\mathrm{d}\Gamma$ mit f_2 als der BOLTZMANNschen Verteilungsfunktion für die Gastemperatur T_2 (ε ist die Energie eines Moleküls; die x-Achse ist senkrecht zur Oberfläche des Körpers gerichtet). Die Wärmemenge, die von den gleichen Molekülen abgeführt wird, ergibt sich hieraus (bei vollständiger Akkommodation) sofort durch die Ersetzung von T_2 durch die Körpertemperatur T_1. Der Wärmestrom beträgt

$$q = \int (f_2 - f_1)\,\varepsilon v_x \,\mathrm{d}\Gamma$$

(v_x wird in den Grenzen von 0 bis ∞ integriert). Die Energie eines Moleküls ist durch $\varepsilon = \varepsilon_{\text{in}} + mv^2/2$ gegeben, wobei ε_{in} die innere Energie ist. Jedes der Integrale berechnet sich zu

$$\int f\varepsilon v_x \mathrm{d}\Gamma = \nu(\bar{\varepsilon}_{\text{in}} + 2T) = \nu\left(\bar{\varepsilon} + \frac{T}{2}\right) = \nu T\left(c_v + \frac{1}{2}\right),$$

wobei $\bar{\varepsilon} = c_v T$ die mittlere Energie eines Moleküls und $\nu = P/\sqrt{2\pi m T}$ die Zahl der Moleküle, die pro Zeit- und Flächeneinheit auf die Oberfläche stoßen, bedeuten. Der Wärmestrom q wird durch die Energiedifferenz der auftreffenden und reflektierten Moleküle bei jeweils gleicher Anzahl ν gegeben. Somit ergibt sich in $q = \alpha(T_2 - T_1)$ für den Koeffizienten der Wert

$$\alpha_0 = \frac{P}{\sqrt{2\pi m T}}\left(c_v + \frac{1}{2}\right).$$

(Es wurde angenommen, daß die Differenz $T_2 - T_1$ klein ist, so daß $T_1 \approx T_2 \equiv T$ gilt.)

5. Das gleiche für die Koeffizienten β und γ.

Lösung. Die Normalkomponente des Impulses, welcher pro Zeiteinheit durch die auftreffenden Moleküle auf eine Flächeneinheit der Körperoberfläche übertragen wird, ist gleich der Hälfte des Gasdruckes. Der Zusammenhang zwischen dem Druck und ν lautet

$$\frac{P}{2} = \nu\sqrt{\frac{\pi m T}{2}}\,.$$

Bilden wir die Differenz dieser Größe bei den Temperaturen T_1 und T_2 und bei gleichen ν, erhalten wir die Zusatzkraft F_n, die durch die Temperaturdifferenz bedingt ist. Für kleine $T_2 - T_1$ finden wir

$$\gamma_0 = P/4T\,.$$

Für den Koeffizienten β erhalten wir nach (15,6) $\beta_0 = P/4$.

6. Das gleiche für die Koeffizienten δ und Θ.

Lösung. Wir wählen das Koordinatensystem, in dem der Körper ruht und das Gas sich mit der Geschwindigkeit $\boldsymbol{V}$ bewegt. Die x-Achse zeige in Normalenrichtung zur Oberfläche, und die xy-Ebene sei so gewählt, daß der Vektor $\boldsymbol{V}$ in ihr liegt. Die Verteilungsfunktion in diesem System lautet

$$f = \text{const} \cdot \exp\left\{-\frac{\varepsilon_{\text{in}}}{T} - \frac{m}{2T}\left[(v_x - V_x)^2 + (v_y - V_y)^2 + v_z^2\right]\right\}.$$

Bei vollständiger Akkommodation besitzen die reflektierten Moleküle diese Verteilungsfunktion mit $\boldsymbol{V} = 0$. Wir nehmen an, daß τ gleich Null ist.

Zur Berechnung der Tangentialkraft F_y setzen wir $V_x = 0$. Die gesamte y-Komponente des Impulses der Moleküle, die auf die Körperoberfläche auftreffen, beträgt

$$\int m v_y v_x f \, d\Gamma = m V_y \int v_x f \, d\Gamma = m V_y \nu$$

(v_x wird überall in den Grenzen von 0 bis ∞ integriert). Die von ihnen abgeführte y-Komponente des Impulses verschwindet. Somit gilt $F_y = m\nu V_y$ oder

$$\Theta_0 = \nu m = P\sqrt{\frac{m}{2\pi T}}\,.$$

Es sei nunmehr $V_x \neq 0$, $V_y = 0$. Bei einer Genauigkeit bis zu Gliedern erster Ordnung in V_x gilt

$$f = f_0 + V_x \frac{m v_x}{T} f_0$$

mit f_0 als Verteilungsfunktion zu $\boldsymbol{V} = 0$. Die Zahl der Moleküle, die pro Zeiteinheit auf eine Flächeneinheit der Oberfläche treffen, beträgt

$$\nu = \int f v_x \, d\Gamma = \frac{P}{\sqrt{2\pi m T}} + \frac{P V_x}{2T}\,.$$

Die von diesen Molekülen zugeführte x-Komponente des Impulses ist

$$\int m v_x^2 f \, d\Gamma = \frac{P}{2} + P V_x \sqrt{\frac{2m}{\pi T}}\,.$$

Die von der Wand reflektierten Moleküle besitzen eine Verteilungsfunktion mit $V_x = 0$, die so normiert ist, daß das Integral $\int f v_x \, d\Gamma$ gleich der oben angegebenen Zahl ν der auftreffenden Moleküle ist. Die von diesen Molekülen abgeführte x-Komponente des Impulses beträgt

$$-\frac{\nu}{2}\sqrt{2\pi m T} = -\frac{P}{2} - \frac{P V_x}{2}\sqrt{\frac{\pi m}{2T}}\,.$$

Zusätzlich zum Druck tritt eine Kraft $F_x = \delta_0 V_x$ in Normalenrichtung auf, wobei

$$\delta_0 = P\sqrt{\frac{m}{2\pi T}}\left(2 + \frac{\pi}{2}\right) = \frac{\Theta_0}{2}(4 + \pi)\,.$$

7. Unter der Annahme vollständiger Akkommodation ist die Temperatur einer Platte zu bestimmen, die sich in einem verdünnten Gas mit der Geschwindigkeit V in ihrer eigenen Ebene bewegt.

Lösung. Wenn wir wie in Aufgabe 4 vorgehen, erhalten wir für die zugeführte Energie

$$\nu\left(c_v T_2 + \frac{T_2}{2} + \frac{mV^2}{2}\right)$$

und für die abgeführte Energie

$$\nu T_1\left(c_v + \frac{1}{2}\right).$$

Nach Gleichsetzen dieser beiden Energieströme finden wir

$$T_1 - T_2 = \frac{mV^2}{2c_v + 1}.$$

8. Es ist die Gasmenge zu bestimmen, die in der Zeiteinheit unter dem Einfluß der Gradienten von Druck und Temperatur durch den Querschnitt einer zylindrischen Röhre (Radius R) strömt. Das Gas sei so weit verdünnt, daß die freie Weglänge $l \gg R$ ist.[1]) Bei den Stößen der Moleküle mit der Wand des Rohrs finde vollständige Akkommodation statt.

Lösung. Die Geschwindigkeitsverteilung der von der Wand reflektierten Moleküle hat bei vollständiger Akkommodation die Form $v_x f\,\mathrm{d}^3p$, wobei f die MAXWELLsche Geschwindigkeitsverteilung ist und die x-Achse senkrecht zur Oberfläche zeigt. Wenn wir mit ϑ den Winkel zwischen der Geschwindigkeit eines Moleküls und der x-Achse bezeichnen, erhalten wir für die Verteilung der reflektierten Moleküle bezüglich der Richtung ihrer Bewegung (unabhängig vom Betrag der Geschwindigkeit) den Ausdruck

$$\frac{\nu}{\pi}\cos\vartheta\,\mathrm{d}o\,.$$

(Diese Funktion ist so normiert, daß das Integral über den gesamten Raumwinkel einer Seite der Ebene $x = 0$ gleich ν ist.)

Wir legen die z-Achse in Richtung der Röhrenachse und den Koordinatenursprung in den betrachteten Querschnitt. Durch diesen Querschnitt treten Moleküle hindurch, die die letzte Reflexion an verschiedenen Gebieten der Röhrenoberfläche erfahren haben. Von den Molekülen, die an irgendeinem Element $\mathrm{d}f$ der Wandoberfläche im Abstand z gestreut wurden, gelangen diejenigen durch den betrachteten Querschnitt, welche in Richtungen innerhalb des Raumwinkels gestreut wurden, unter dem dieser Querschnitt von dem betrachteten Punkt auf der Röhrenoberfläche aus gesehen wird, also $\mathrm{d}f\,\nu\int\cos\vartheta\,\mathrm{d}o/\pi$ Moleküle (die Integration wird über den besagten Winkelbereich geführt).

Dieses Integral ist offensichtlich für alle Punkte gleich, die sich im gleichen Abstand z von dem gegebenen Querschnitt befinden. Deshalb ergibt sich die Gesamtzahl der Moleküle, die (pro Zeiteinheit) durch diesen Querschnitt treten, indem man $\mathrm{d}f$ durch das Ringelement der Oberfläche $2\pi R\,\mathrm{d}z$ ersetzt und über die gesamte Röhrenlänge integriert. Wenn wir das Resultat mit der Molekülmasse m multiplizieren, erhalten wir für den Massendurchtritt des Gases durch den Querschnitt der Röhre

$$Q = 2mR\int \nu\left(\int\cos\vartheta\,\mathrm{d}o\right)\mathrm{d}z\,.$$

Die Zahl ν ändert sich als Funktion von Druck und Temperatur längs der Röhre. Sind die Gradienten für Druck und Temperatur entlang der Röhre nicht allzu groß, kann man

$$\nu(z) = \nu(0) + z\left.\frac{\mathrm{d}\nu}{\mathrm{d}z}\right|_{z=0}$$

schreiben. Das Integral mit $\nu(0)$ verschwindet offensichtlich. Es verbleibt

$$Q = 2\pi R\left.\frac{\mathrm{d}\nu}{\mathrm{d}z}\right|_{z=0}\iint z\cos\vartheta\,\mathrm{d}o\,\mathrm{d}z\,.$$

[1]) Unter diesen Bedingungen sprechen wir von *freier Molekularströmung*.

Zur Ausführung der Integration führen wir in der betrachteten Querschnittsebene der Röhre die Koordinaten r und φ ein, wobei r der Abstand eines variablen Punktes A' von irgendeinem Punkt O auf dem Rand des Querschnitts und φ der Winkel zwischen der Strecke OA' und dem Radius des Querschnitts zum Punkt O (Abb. 3) sind. Ein Molekül, welches am Punkt A von der Wand reflektiert wird (A ist gegenüber O in z-Richtung verschoben) und anschließend durch den Punkt A' tritt, muß eine Geschwindigkeit haben, die einen Winkel ϑ mit der Oberflächennormalen der Röhre im Punkt A bildet, wobei

$$\cos\vartheta = \frac{r\cos\varphi}{\sqrt{r^2+z^2}}$$

gilt. Das Raumwinkelelement kann in der Form

$$\mathrm{d}o = \frac{r\,\mathrm{d}r\,\mathrm{d}\varphi}{r^2+z^2}\,\frac{z}{\sqrt{r^2+z^2}}$$

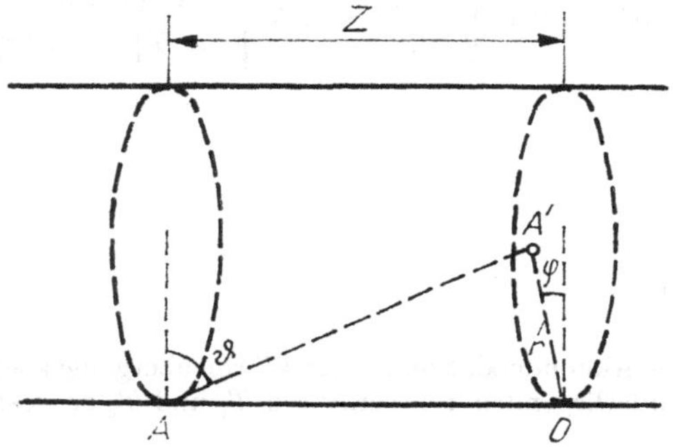

Abb. 3

angegeben werden (wir projizieren die Fläche $r\,dr\,d\varphi$ auf eine Ebene senkrecht zur Geraden AA' und dividieren durch das Quadrat der Länge dieser Geraden). Die Integration erstreckt sich über das Gebiet

$$-\pi/2 \leqq \varphi \leqq \pi/2\,, \qquad 0 \leqq r \leqq 2R\cos\varphi\,, \qquad -\infty \leqq z \leqq \infty$$

und ergibt

$$Q = \frac{8\pi R^3}{3}\,\frac{\mathrm{d}\nu}{\mathrm{d}z}\,.$$

Setzen wir $\nu = P/\sqrt{2\pi mT}$, erhalten wir schließlich

$$Q = \frac{4\pi R^3}{3L}\sqrt{2\pi m}\left(\frac{P_2}{\sqrt{T_2}} - \frac{P_1}{\sqrt{T_1}}\right),$$

wobei in den Klammern die Differenz der Größe $P/\sqrt{T}$ an beiden Enden der Röhre (Länge L) steht. (Die Ersetzung der Ableitung durch die Differenz ist möglich, weil Q nicht von L abhängt und deshalb diese Ableitung längs der Röhre konstant ist.)

9. Unter der Annahme der vollständigen Akkommodation bestimme man die Reibungskraft zwischen zwei Festkörperoberflächen, die sich mit der Geschwindigkeit V relativ zueinander bewegen (der Abstand zwischen diesen beiden Ebenen sei $L \ll l$). Die Ebenen besitzen die Temperaturen T_1 und T_2.

Lösung. Die Ebene 1 (mit der Temperatur T_1) möge ruhen und die Ebene 2 sich in x-Richtung mit der Geschwindigkeit V bewegen; die y-Achse sei von der ersten zur zweiten Ebene gerichtet. Die Moleküle mit den Geschwindigkeiten $v_y > 0$ und $v_y < 0$ sind von den Ebenen 1 bzw. 2 reflektiert worden: bei vollständiger Akkommodation lauten ihre Verteilungsfunktionen

$$f = \frac{2N_1}{(2\pi m T_1)^{3/2}} \exp\left(-\frac{mv^2}{2T_1}\right) \quad \text{für} \quad v_y > 0\,,$$

$$f = \frac{2N_2}{(2\pi m T_2)^{3/2}} \exp\left(-\frac{m(\boldsymbol{v} - \boldsymbol{V})^2}{2T_2}\right) \quad \text{für} \quad v_y < 0\,,$$

wobei N_1 und N_2 die entsprechenden Teilchenzahldichten sind. Die Gesamtdichte beträgt $N = N_1 + N_2$. Die Bedingung, daß der Gesamtstrom in y-Richtung verschwindet, ergibt

$$N_1 \sqrt{T_1} = N_2 \sqrt{T_2}\,.$$

Auf jede Ebene wirkt der Druck $P = N_1 T_1 + N_2 T_2$, und die Reibungskraft (bezogen auf die Flächeneinheit) beträgt

$$F_2 = -F_1 = mV \int\limits_{v_y > 0} v_y f \, \mathrm{d}^3p = VN_2 \sqrt{\frac{2mT_2}{\pi}} = VN \sqrt{\frac{2m}{\pi}} \frac{(T_1 T_2)^{1/2}}{T_1^{1/2} + T_2^{1/2}}\,.$$

Mit $T_1 = T_2 \equiv T$ ergibt sich

$$F_2 = -F_1 = VP \sqrt{\frac{m}{2\pi T}}$$

in Übereinstimmung mit (15,15—16).

10. Unter der Annahme vollständiger Akkommodation ist der Wärmeübergangskoeffizient $\varkappa$ zwischen zwei Platten mit nahe beieinanderliegenden Temperaturen T_1 und T_2 zu bestimmen.

Lösung. Bei vollständiger Akkommodation besitzen die auf die Platte 1 auftreffenden Moleküle eine Gleichgewichtsverteilung mit der Temperatur T_2. Deshalb beträgt der Energiestrom von der Platte 1 zur Platte 2: $q = \alpha_0(T_2 - T_1)$. Wenn wir α_0 aus Aufgabe 4 nehmen und $\varkappa$ gemäß (15,13) bestimmen, erhalten wir

$$\varkappa = \alpha_0 L = \frac{PL}{\sqrt{2\pi m T}} \left(c_v + \frac{1}{2}\right)$$

in Übereinstimmung mit der Abschätzung (15,14).

11. Man bestimme die Dichte eines Gases auf der Achse hinter einer kreisförmigen Scheibe mit dem Radius $R \ll l$, welche sich im Gas mit der Geschwindigkeit $-\boldsymbol{V}$ bewegt, die groß im Vergleich zur mittleren thermischen Geschwindigkeit v_T der Atome ist.

Lösung. Für $V \gg v_T$ sind die Teilchen, die von der hinteren Oberfläche der Scheibe reflektiert werden, unwesentlich (mit Ausnahme eines schmalen Gebietes in der Nähe dieser Oberfläche, s. unten). Das Problem läßt sich so darstellen, daß der entgegenlaufende Teilchenstrom durch die Scheibe „abgeschirmt" wird. In dem Koordinatensystem, in welchem die Scheibe ruht (und das Gas sich mit der Geschwindigkeit $\boldsymbol{V}$ bewegt), wäre die Verteilungsfunktion bei Abwesenheit der Scheibe gleich

$$f_0(\boldsymbol{v}) = \frac{N_0}{(2\pi m T)^{3/2}} \exp\left\{-\frac{m(\boldsymbol{v} - \boldsymbol{V})^2}{2T}\right\}.$$

Bei Anwesenheit der Scheibe lautet die Teilchenzahldichte des Gases auf der z-Achse (Abb. 4)

$$N(z) = 2\pi \int\limits_0^\infty \int\limits_{\vartheta_0}^\pi f_0(\boldsymbol{v})\, p^2 \sin\vartheta \, \mathrm{d}\vartheta \, \mathrm{d}p\,,$$

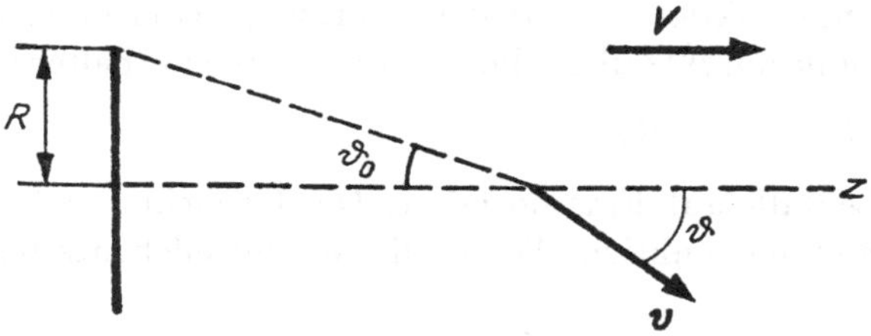

Abb. 4

wobei ϑ der Winkel zwischen $\boldsymbol{v}$ und der z-Achse ist und ϑ_0 der Winkel, unter dem der Radius der Scheibe vom Beobachtungspunkt auf der z-Achse gesehen wird ($\tan \vartheta_0 = R/z$; die Teilchen mit $\vartheta < \vartheta_0$ sind „abgeschirmt"). Unter Berücksichtigung der Bedingung $V \gg v_T$ ergibt die Integration

$$N(z) = \frac{N_0}{V} \left(\frac{m}{2\pi T}\right)^{1/2} \int_0^\infty \exp\left\{-\frac{m}{2T} [(v - V \cos \vartheta_0)^2 + V^2 \sin^2 \vartheta_0]\right\} v \, dv$$

$$\approx N_0 \cos \vartheta_0 \exp\left\{-\frac{mV^2}{2T} \sin^2 \vartheta_0\right\} = N_0 \frac{z}{\sqrt{R^2 + z^2}} \exp\left\{-\frac{mV^2}{2T} \frac{R^2}{R^2 + z^2}\right\},$$

wobei N_0 die Dichte des Gases in großen Abständen von der Scheibe ist. Die Integration über dp wurde unter der Annahme $\cos \vartheta_0 \gg v_T/V$ durchgeführt (es kann gezeigt werden, daß diese Ungleichung auch gleichzeitig die Bedingung dafür ist, daß die von der Rückseite reflektierten Teilchen vernachlässigt werden können).

§ 16. Dynamische Herleitung der kinetischen Gleichung

Obgleich die in § 3 dargelegte Herleitung der kinetischen Gleichung vom physikalischen Standpunkt aus befriedigend ist, ist es von großem Interesse zu untersuchen, auf welche Weise diese Gleichung aus dem mathematischen Apparat der Theorie, d. h. aus der Bewegungsgleichung für die Teilchen des Gases, analytisch gewonnen werden kann. Solch eine Herleitung wurde von N. N. Bogoljubow (1946) gegeben. Die Bedeutung dieser Methode besteht auch darin, daß sie zu einem systematischen Vorgehen führt, welches im Prinzip nicht nur gestattet, die Boltzmann-Gleichung zu gewinnen, sondern auch Korrekturen zu ihr zu erhalten, d. h. Glieder von höherer Ordnung in dem als klein angesehenen „Gasparameter" — dem Verhältnis $(d/\bar{r})^3$, wobei d die molekularen Abmessungen (Reichweite der molekularen Kräfte) charakterisiert und $\bar{r}$ der mittlere Abstand zwischen den Molekülen ist. Die unten angegebene Herleitung bezieht sich auf ein einatomiges Gas im klassischen Grenzfall, d. h., es wird angenommen, daß nicht nur die freie Bewegung, sondern auch die Stoßprozesse der Gasteilchen durch die klassische Mechanik beschrieben werden.

Ausgangspunkt dieser Methode ist das Liouville-Theorem für die Verteilungsfunktion des gesamten Gases, welches als System aus $\mathcal{N}$ Teilchen behandelt wird. Wir bezeichnen diese Verteilungsfunktion (im $6\mathcal{N}$-dimensionalen Phasenraum) mit $f^{(\mathcal{N})}(t, \tau_1, \tau_2, \dots, \tau_{\mathcal{N}})$, wobei die Symbole τ_a die Gesamtheit der Koordinaten und Impulskomponenten des a-ten Teilchens bedeuten: $\tau_a = (\boldsymbol{r}_a, \boldsymbol{p}_a)$. Es wird vorausgesetzt, daß diese Funktion auf Eins normiert ist:

$$\int f^{(\mathcal{N})}(t, \tau_1, \dots, \tau_{\mathcal{N}}) \, d\tau_1 \dots d\tau_{\mathcal{N}} = 1, \qquad d\tau_a = d^3x_a \, d^3p_a.$$

Die „Einteilchenverteilungsfunktion“, die in der BOLTZMANN-Gleichung auftritt, wird durch Integration der Funktion $f^{(\mathcal{N})}$ über alle $\mathrm{d}\tau_a$ außer einem erhalten:

$$f^{(1)}(t, \tau_1) = \int f^{(\mathcal{N})} \,\mathrm{d}\tau_2 \dots \mathrm{d}\tau_{\mathcal{N}} \,. \tag{16,1}$$

Die Funktion $f^{(1)}$ ist ebenfalls auf Eins normiert. Die Bezeichnung f (ohne Index) belassen wir für die Verteilungsfunktion, die auf die Gesamtteilchenzahl normiert ist: $f = \mathcal{N} f^{(1)}$.

Wir erinnern daran (s. V, § 3), daß das LIOUVILLE-Theorem aus der Kontinuitätsgleichung im Phasenraum folgt, welcher die Verteilungsfunktion eines abgeschlossenen Systems genügen muß:

$$\frac{\partial f^{(\mathcal{N})}}{\partial t} + \sum_{a=1}^{\mathcal{N}} \left\{ \frac{\partial}{\partial \boldsymbol{r}_a} (f^{(\mathcal{N})} \dot{\boldsymbol{r}}_a) + \frac{\partial}{\partial \boldsymbol{p}_a} (f^{(\mathcal{N})} \dot{\boldsymbol{p}}_a) \right\} = 0 \,. \tag{16,2}$$

Unter Benutzung der HAMILTONschen Gleichungen

$$\dot{\boldsymbol{r}}_a = \frac{\partial H}{\partial \boldsymbol{p}_a} \,, \qquad \dot{\boldsymbol{p}}_a = -\frac{\partial H}{\partial \boldsymbol{r}_a} \tag{16,3}$$

erhalten wir die Gleichung

$$\frac{\partial f^{(\mathcal{N})}}{\partial t} + \sum_{a=1}^{\mathcal{N}} \left\{ \frac{\partial f^{(\mathcal{N})}}{\partial \boldsymbol{r}_a} \dot{\boldsymbol{r}}_a + \frac{\partial f^{(\mathcal{N})}}{\partial \boldsymbol{p}_a} \dot{\boldsymbol{p}}_a \right\} = \frac{\mathrm{d} f^{(\mathcal{N})}}{\mathrm{d}t} = 0 \,, \tag{16,4}$$

in der $\dot{\boldsymbol{r}}_a \equiv \boldsymbol{v}_a$ ist. Weiterhin wird angenommen, daß die $\dot{\boldsymbol{p}}_a$ durch $\tau_1, \tau_2, \dots$ entsprechend den Gleichungen (16,3) ausgedrückt werden können. Die Gleichung (16,4) gibt den Inhalt des LIOUVILLE-Theorems wieder.

Die HAMILTON-Funktion eines einatomigen Gases stellen wir in der Form

$$H = \sum_{a \leqq \mathcal{N}} \frac{p_a^2}{2m} + \sum_{b < a \leqq \mathcal{N}} U(|\boldsymbol{r}_a - \boldsymbol{r}_b|) \tag{16,5}$$

dar. Hierbei wird angenommen, daß keine äußeren Felder vorliegen und die Wechselwirkung der Gasteilchen auf die Summe ihrer Paarwechselwirkungen beschränkt ist.[1]) Mit dieser HAMILTON-Funktion nimmt Gleichung (16,4) die Form

$$\frac{\partial f^{(\mathcal{N})}}{\partial t} + \sum_{a=1}^{\mathcal{N}} \left\{ \frac{\partial f^{(\mathcal{N})}}{\partial \boldsymbol{r}_a} \boldsymbol{v}_a - \frac{\partial f^{(\mathcal{N})}}{\partial \boldsymbol{p}_a} \sum_{b<a} \frac{\partial U_{ab}}{\partial \boldsymbol{r}_a} \right\} = 0 \tag{16,6}$$

an, wobei U_{ab} $(a \neq b)$ eine Abkürzung für $U(|\boldsymbol{r}_a - \boldsymbol{r}_b|)$ darstellt.

Wir integrieren nun diese Gleichung über $\mathrm{d}\tau_2 \dots \mathrm{d}\tau_{\mathcal{N}}$. Nach dieser Integration verbleiben von allen Gliedern unter der Summe in (16,6) nur diejenigen, die Ableitungen nach $\boldsymbol{r}_1$ oder $\boldsymbol{p}_1$ enthalten. Die Integrale der übrigen Glieder lassen sich in Integrale über eine unendlich weit entfernte Oberfläche im Impulsraum oder im Ortsraum umformen und verschwinden. Somit erhalten wir

$$\frac{\partial f^{(1)}(t, \tau_1)}{\partial t} + \boldsymbol{v}_1 \frac{\partial f^{(1)}(t, \tau_1)}{\partial \boldsymbol{r}_1} = \mathcal{N} \int \frac{\partial U_{12}}{\partial \boldsymbol{r}_1} \frac{\partial f^{(2)}(t, \tau_1, \tau_2)}{\partial \boldsymbol{p}_1} \,\mathrm{d}\tau_2 \,, \tag{16,7}$$

---

[1]) Die letzte Annahme besitzt Modellcharakter. Wir möchten jedoch hervorheben, daß sie auf das Ergebnis der ersten Näherung (welche der BOLTZMANN-Gleichung entspricht) überhaupt keinen Einfluß hat. In dieser Näherung treten nur Zweierstöße der Teilchen auf, an denen andere (außer paarweisen) Wechselwirkungen nicht beteiligt sind.

wobei $f^{(2)}$ die auf Eins normierte Zweiteilchenverteilungsfunktion bedeutet, d. h. das Integral

$$f^{(2)}(t, \tau_1, \tau_2) = \int f^{(\mathcal{N})} \, d\tau_3 \ldots d\tau_{\mathcal{N}} \,. \tag{16,8}$$

(Der Faktor $\mathcal{N}$ in (16,7) berücksichtigt die Glieder, die sich nur durch die Bezeichnung der Integrationsvariablen unterscheiden. Genau genommen beträgt die Zahl dieser Glieder $\mathcal{N} - 1$, jedoch gilt in Anbetracht der sehr großen $\mathcal{N}$: $\mathcal{N} - 1 \approx \mathcal{N}$.

In analoger Weise erhalten wir nach Integration von (16,6) über $d\tau_3 \ldots d\tau_{\mathcal{N}}$ die Gleichung

$$\frac{\partial f^{(2)}}{\partial t} + \boldsymbol{v}_1 \frac{\partial f^{(2)}}{\partial \boldsymbol{r}_1} + \boldsymbol{v}_2 \frac{\partial f^{(2)}}{\partial \boldsymbol{r}_2} - \frac{\partial U_{12}}{\partial \boldsymbol{r}_1} \frac{\partial f^{(2)}}{\partial \boldsymbol{p}_1} - \frac{\partial U_{12}}{\partial \boldsymbol{r}_2} \frac{\partial f^{(2)}}{\partial \boldsymbol{p}_2}$$

$$= \mathcal{N} \int \left[\frac{\partial f^{(3)}}{\partial \boldsymbol{p}_1} \frac{\partial U_{13}}{\partial \boldsymbol{r}_1} + \frac{\partial f^{(3)}}{\partial \boldsymbol{p}_2} \frac{\partial U_{23}}{\partial \boldsymbol{r}_2} \right] d\tau_3 \,, \tag{16,9}$$

wobei $f^{(3)}(t, \tau_1, \tau_2, \tau_3)$ die Dreiteilchenverteilungsfunktion ist.

Wenn wir in dieser Weise fortfahren, erhalten wir eine praktisch unbegrenzte Kette ($\mathcal{N}$ ist sehr groß!) von aufeinanderfolgenden Gleichungen, deren jede ein $f^{(n)}$ durch $f^{(n+1)}$ ausdrückt. Alle diese Gleichungen sind exakt in dem Sinne, daß bisher keine Annahmen gemacht wurden, die mit einer geringen Dichte des Gases zusammenhängen. Um jedoch ein abgeschlossenes Gleichungssystem zu erhalten, ist es nötig, diese Gleichungskette irgendwie abzubrechen, wobei die Bedingung benutzt werden kann, daß das Gas verdünnt ist. Speziell entspricht der ersten Näherung in dieser Methode der Abbruch der Kette bereits nach der ersten Gleichung (Gleichung (16,7)), indem die Zweiteilchenverteilungsfunktion $f^{(2)}$ näherungsweise durch die Einteilchenverteilungsfunktion $f^{(1)}$ ausgedrückt wird. Letzteres wird mit Hilfe der Gleichung (16,9) unter Berücksichtigung der geringen Gasdichte durchgeführt.

Wir wenden uns dieser Gleichung zu und zeigen zunächst, daß das Integral auf ihrer rechten Seite klein ist. In der Tat unterscheidet sich die Funktion $U(r)$ nur innerhalb der Reichweite der Wechselwirkung merklich von Null, d. h. für $r \lesssim d$. Deshalb wird in beiden Teilen des Integrals die Ortsintegration praktisch nur über die Gebiete $|\boldsymbol{r}_3 - \boldsymbol{r}_1| \lesssim d$ bzw. $|\boldsymbol{r}_3 - \boldsymbol{r}_2| \lesssim d$ ausgeführt, über ein Volumen $\sim d^3$. Wenn wir weiterhin berücksichtigen, daß bei der Integration über das gesamte Volumen des Gases $V \sim \mathcal{N}\bar{r}^3$ gelten muß: $\int f^{(3)} \, d\tau_3 = f^{(2)}$, so finden wir die Abschätzung

$$\mathcal{N} \int \frac{\partial f^{(3)}}{\partial \boldsymbol{p}_1} \frac{\partial U_{13}}{\partial \boldsymbol{r}_1} \, d\tau_3 \sim \frac{\partial U(r)}{\partial r} \frac{\partial f^{(2)}}{\partial p_1} \frac{d^3}{\bar{r}^3} \,.$$

Hieraus ist ersichtlich, daß die rechte Seite der Gleichung (16,9) im Vergleich zu den Gliedern auf der linken Seite, die $\partial U / \partial \boldsymbol{r}$ enthalten, um den Faktor $(d/\bar{r})^3$ kleiner ist und deshalb vernachlässigt werden kann. Die Glieder auf der linken Seite stellen insgesamt die totale Ableitung $df^{(2)}/dt$ dar, in der $\boldsymbol{r}_1$, $\boldsymbol{r}_2$, $\boldsymbol{p}_1$ und $\boldsymbol{p}_2$ als Funktionen der Zeit aufgefaßt werden, die die Bewegungsgleichungen (16,3) mit der HAMILTON-Funktion für das Zweikörperproblem

$$H = \frac{\boldsymbol{p}_1^2}{2m} + \frac{\boldsymbol{p}_2^2}{2m} + U(|\boldsymbol{r}_1 - \boldsymbol{r}_2|)$$

erfüllen. Somit erhalten wir

$$\frac{d}{dt} f^{(2)}(t, \tau_1, \tau_2) = 0 \,. \tag{16,10}$$

Bis hierher trugen alle Umformungen der Gleichungen einen rein mechanischen Charakter. Selbstverständlich muß für die Herleitung der kinetischen Gleichung auch eine Annahme statistischen Charakters gemacht werden. Sie kann als Postulat der statistischen Unabhängigkeit eines jeden Teilchenpaares, welches in den Stoßprozeß eintritt, formuliert werden. (Dem Wesen nach wurde diese Annahme auch bei der Herleitung der kinetischen Gleichung in § 3 gemacht, als die Stoßwahrscheinlichkeit in der Form (2,1) proportional zu dem Produkt ff_1 angegeben wurde.) Bei der hier darzustellenden Methode hat dieses Postulat die Bedeutung einer Anfangsbedingung zu der Differentialgleichung (16,10). Gerade dies bringt eine Asymmetrie bezüglich der beiden Zeitrichtungen in die Theorie hinein, als deren Folge aus den Gleichungen der Mechanik, die invariant bezüglich der Zeitumkehr sind, die irreversible kinetische Gleichung erhalten wird. Die Korrelationen zwischen den Orten und den Impulsen der Teilchen tritt nur infolge der Stöße auf und verliert sich über Entfernungen $\sim d$. Somit ist die Annahme über die statistische Unabhängigkeit der sich stoßenden Teilchen auch der Ursprung der prinzipiellen Grenzen für die durch die kinetische Gleichung zugelassenen Abstände und Zeitintervalle, über die bereits in § 3 gesprochen wurde.

Es sei t_0 irgendein Zeitpunkt vor dem Stoß, zu dem sich die beiden Teilchen noch weit voneinander entfernt befinden ($|\boldsymbol{r}_{10} - \boldsymbol{r}_{20}| \gg d$, wobei der Index Null den Wert der Größen zum Zeitpunkt t_0 bedeutet). Die statistische Unabhängigkeit der sich stoßenden Teilchen bedeutet, daß zu solch einem Zeitpunkt t_0 die Zweiteilchenverteilungsfunktion in das Produkt von zwei Einteilchenverteilungsfunktionen $f^{(1)}$ zerfällt. Somit ergibt die Integration der Gleichung (16,10) von t_0 bis t

$$f^{(2)}(t, \tau_1, \tau_2) = f^{(1)}(t_0, \tau_{10}) f^{(1)}(t_0, \tau_{20}) \,. \tag{16,11}$$

Hierbei sind $\tau_{10} = (\boldsymbol{r}_{10}, \boldsymbol{p}_{10})$ und $\tau_{20} = (\boldsymbol{r}_{20}, \boldsymbol{p}_{20})$ diejenigen Werte für Ort und Impuls, welche die Teilchen zum Zeitpunkt t_0 haben müssen, damit sie zum Zeitpunkt t die geforderten Werte $\tau_1 = (\boldsymbol{r}_1, \boldsymbol{p}_1)$ und $\tau_2 = (\boldsymbol{r}_1, \boldsymbol{p}_2)$ annehmen. In diesem Sinne erweisen sich τ_{10} und τ_{20} als Funktionen von τ_1, τ_2 und $t - t_0$ (wobei nur $\boldsymbol{r}_{10}$ und $\boldsymbol{r}_{20}$ von $t - t_0$ abhängen; die Werte für $\boldsymbol{p}_{10}$ und $\boldsymbol{p}_{20}$, die sich auf die freie Bewegung der Teilchen vor dem Stoß beziehen, hängen dagegen nicht von der Wahl von $t - t_0$ ab).

Wir kehren zu der Gleichung (16,7), der zukünftigen kinetischen Gleichung, zurück. Ihre linke Seite besitzt schon die gewünschte Form. Uns wird nun das Integral auf ihrer rechten Seite interessieren, welches letztendlich in das Stoßintegral der Boltzmann-Gleichung umgeformt werden soll. Wenn wir in dieses Integral $f^{(2)}$ aus (16,11) einsetzen und auf beiden Seiten der Gleichung von der Funktion $f^{(1)}$ zu der Funktion $f = \mathcal{N} f^{(1)}$ übergehen, erhalten wir

$$\frac{\partial f(t, \tau_1)}{\partial t} + \boldsymbol{v}_1 \frac{\partial f(t, \tau_1)}{\partial \boldsymbol{r}_1} = \mathrm{St}\, f$$

mit

$$\mathrm{St}\, f = \int \frac{\partial U_{12}}{\partial \boldsymbol{r}_1} \frac{\partial}{\partial \boldsymbol{p}_1} \{f(t_0, \tau_{10}) f(t_0, \tau_{20})\} \, d\tau_2 \,. \tag{16,12}$$

Im Integral (16,12) ist nur das Gebiet $|\boldsymbol{r}_2 - \boldsymbol{r}_1| \sim d$ wesentlich, in welchem auch der Stoß stattfindet. In diesem Gebiet kann man jedoch (in der betrachteten ersten Näherung!) die Ortsabhängigkeit der Funktion f vernachlässigen. Diese Funktion ändert sich merklich nur über Abstände von der Größe L (die charakteristischen Abmessungen des Problems), die in jedem Falle groß im Vergleich zu d sind. Wir ändern deshalb nichts an der endgültigen Form des Stoßintegrals, wenn wir (zum Zweck einer gewissen Vereinfachung der Überlegungen und der Gestalt der Formeln) den räumlich homogenen Fall betrachten, d. h., wenn wir annehmen, daß die Funktion f vom Ort überhaupt nicht abhängt. Wir möchten sofort darauf hinweisen, daß dann in den Funktionen $f(t_0, \boldsymbol{p}_{10})$ und $f(t_0, \boldsymbol{p}_{20})$ auch die Zeitabhängigkeit (über $\boldsymbol{r}_{10}(t)$ und $\boldsymbol{r}_{20}(t)$) wegfällt.

Wir formen den Integranden in (16,12) um, wobei wir davon Gebrauch machen, daß der Ausdruck in den geschweiften Klammern ein Bewegungsintegral ist (als eben solches trat er in (16,11) auf; unabhängig hiervon ist klar, daß $\boldsymbol{p}_{10}$ und $\boldsymbol{p}_{20}$ als Impulswerte zum festgehaltenen Zeitpunkt t_0 schon definitionsgemäß Bewegungsintegrale sind). Berücksichtigen wir weiterhin, daß diese nicht explizit von der Zeit t abhängen, wie oben bereits angemerkt wurde, erhalten wir

$$\frac{\mathrm{d}}{\mathrm{d}t}\{f(t_0, \boldsymbol{p}_{10})\, f(t_0, \boldsymbol{p}_{20})\}$$

$$= \left(\boldsymbol{v}_1 \frac{\partial}{\partial \boldsymbol{r}_1} + \boldsymbol{v}_2 \frac{\partial}{\partial \boldsymbol{r}_2} - \frac{\partial U_{12}}{\partial \boldsymbol{r}_1}\frac{\partial}{\partial \boldsymbol{p}_1} - \frac{\partial U_{12}}{\partial \boldsymbol{r}_2}\frac{\partial}{\partial \boldsymbol{p}_2}\right)\{f(t_0, \boldsymbol{p}_{10})\, f(t_0, \boldsymbol{p}_{20})\} = 0\,. \quad (16,13)$$

Damit können wir die Ableitung nach $\boldsymbol{p}_1$ durch die Ableitungen nach $\boldsymbol{r}_1$, $\boldsymbol{r}_2$ und $\boldsymbol{p}_2$ ausdrücken und setzen dies in (16,12) ein. Das Glied mit der Ableitung $\partial/\partial \boldsymbol{p}_2$ verschwindet nach der Umformung in ein Oberflächenintegral im Impulsraum. Danach erhalten wir

$$\operatorname{St} f(t, \boldsymbol{p}_1) = \int \boldsymbol{v}_{\mathrm{rel}} \frac{\partial}{\partial \boldsymbol{r}} \{f(t_0, \boldsymbol{p}_{10})\, f(t_0, \boldsymbol{p}_{20})\}\, \mathrm{d}^3x\, \mathrm{d}^3p_2\,, \quad (16,14)$$

wobei die Relativgeschwindigkeit der Teilchen $\boldsymbol{v}_{\mathrm{rel}} = \boldsymbol{v}_1 - \boldsymbol{v}_2$ eingeführt und außerdem berücksichtigt wurde, daß $\boldsymbol{p}_{10}$ und $\boldsymbol{p}_{20}$ (und mit diesen auch der gesamte Ausdruck in der geschweiften Klammer) von $\boldsymbol{r}_1$ und $\boldsymbol{r}_2$ nur in Form der Differenz $\boldsymbol{r} = \boldsymbol{r}_1 - \boldsymbol{r}_2$ abhängen. Wenn wir anstelle von $\boldsymbol{r} = (x, y, z)$ Zylinderkoordinaten z, ϱ, φ mit der z-Achse in Richtung von $\boldsymbol{v}_{\mathrm{rel}}$ einführen und berücksichtigen, daß $\boldsymbol{v}_{\mathrm{rel}}\, \partial/\partial \boldsymbol{r} = v_{\mathrm{rel}}\, \partial/\partial z$ wird, so können wir (16,14) nach der Integration über $\mathrm{d}z$ in die Form

$$\operatorname{St} f(t, \boldsymbol{p}_1) = \int \{f(t_0, \boldsymbol{p}_{10})\, f(t_0, \boldsymbol{p}_{20})\}\, \Big|_{z=-\infty}^{z=\infty} v_{\mathrm{rel}}\varrho\, \mathrm{d}\varrho\, \mathrm{d}\varphi \cdot \mathrm{d}^3p_2 \quad (16,15)$$

überführen.[1])

Wir erinnern jetzt daran, daß $\boldsymbol{p}_{10}$ und $\boldsymbol{p}_{20}$ die Anfangsimpulse (zum Zeitpunkt t_0) der Teilchen sind, welche zum Endzeitpunkt t die Impulse $\boldsymbol{p}_1$ und $\boldsymbol{p}_2$ besitzen. Wenn zum Endzeitpunkt $z = z_1 - z_2 = -\infty$ gilt, so ist es klar, daß diese Teilchen zum Anfangs-

---

[1]) Die Grenzwerte $z = \pm\infty$ müssen als Abstände angesehen werden, die groß im Vergleich zu d, aber klein im Vergleich zur freien Weglänge l sind. (In einer tatsächlich unendlichen Entfernung würden alle Ausdrücke verschwinden, da außerhalb des vom Gas eingenommenen Volumens $f \equiv 0$ ist.) Diese Einschränkung entsteht dadurch, daß beim Übergang von (16,12) nach (16,14) die Gleichung (16,13) benutzt wurde, die nur gültig ist, solange die betrachteten Teilchen noch keine folgenden Stöße ausgeführt haben.

zeitpunkt sich „noch weiter“ voneinander entfernt befanden, d. h., ein Stoß hat überhaupt nicht stattgefunden. Mit anderen Worten stimmen in diesem Fall die Anfangs- und Endimpulse überein:

$$\boldsymbol{p}_{10} = \boldsymbol{p}_1 , \qquad \boldsymbol{p}_{20} = \boldsymbol{p}_2 \quad \text{für} \quad z = -\infty .$$

Betrachten wir jedoch $z = +\infty$, so haben $\boldsymbol{p}_{10}$ und $\boldsymbol{p}_{20}$ die Bedeutung der Anfangsimpulse für einen Stoß, in dessen Ergebnis die Teilchen die Impulse $\boldsymbol{p}_1$ und $\boldsymbol{p}_2$ erhalten. In diesem Fall führen wir die Bezeichnungen

$$\boldsymbol{p}_{10} = \boldsymbol{p}_1'(\varrho) , \qquad \boldsymbol{p}_{20} = \boldsymbol{p}_2'(\varrho) \quad \text{für} \quad z = +\infty$$

ein. Diese Werte sind Funktionen der Koordinate ϱ, welche die Bedeutung des Stoßparameters hat. Das Produkt

$$\varrho \, \mathrm{d}\varrho \, \mathrm{d}\varphi = \mathrm{d}\sigma$$

ist der klassische Stoßquerschnitt.

Zum Abschluß muß noch bemerkt werden, daß die explizite Abhängigkeit der Funktionen $f(t_0, \boldsymbol{p}_{10})$ und $f(t_0, \boldsymbol{p}_{20})$ von t_0 in der betrachteten Näherung durch die gleiche Abhängigkeit von t ersetzt werden kann. In der Tat genügt es, für die Gültigkeit der Behauptung (16,11) nur die Ungleichung $t - t_0 \gg d/\bar{v}$ zu fordern: Zum Zeitpunkt t_0 muß der Abstand zwischen den Teilchen groß im Vergleich zur Reichweite d der Wechselwirkung sein. Die Differenz $t - t_0$ kann dabei so gewählt werden, daß gleichzeitig die Bedingung $t - t_0 \ll l/\bar{v}$ erfüllt wird, wobei l die freie Weglänge ist. Das Verhältnis $l/\bar{v}$, die freie Flugzeit, ist nun gerade die charakteristische Größe, die die Zeitspanne für eine mögliche Änderung der Verteilungsfunktion mit der Zeit bestimmt. Die Änderung der Verteilungsfunktion in der Zeit $t - t_0$ wird deshalb relativ klein sein, so daß man sie vernachlässigen kann.

Nach all dem Angeführten erhalten wir für das Integral (16,15) den endgültigen Ausdruck

$$\mathrm{St}\, f(t, \boldsymbol{p}_1) = \int \{f(t, \boldsymbol{p}_1') f(t, \boldsymbol{p}_2') - f(t, \boldsymbol{p}_1) f(t, \boldsymbol{p}_2)\} \, v_{\mathrm{rel}} \, \mathrm{d}\sigma \, \mathrm{d}^3 p_2 , \tag{16,16}$$

der mit dem Boltzmannschen Stoßintegral (3,9) übereinstimmt.

§ 17. Die kinetische Gleichung unter Berücksichtigung von Dreierstößen

Um die ersten Korrekturterme zur Boltzmann-Gleichung zu erhalten, muß man zu denjenigen Punkten der in § 16 dargelegten Herleitung zurückkehren, bei denen Näherungen durchgeführt wurden, und die Genauigkeit der Rechnung um eine Ordnung (im Gasparameter) verbessern. Diese Näherungen betrafen vor allem die Gleichung (16,9), in der die Glieder vernachlässigt wurden, die die Dreiteilchenverteilungsfunktion $f^{(3)}$ enthalten. Hierdurch wurden Dreierstöße der Atome von der Betrachtung ausgeschlossen. Außerdem wurde bei der Umformung des Stoßintegrals (16,12) in die endgültige Form (16,16) die Änderung der Verteilungsfunktion in Abständen $\sim d$ und in Zeitintervallen $\sim d/\bar{v}$ vernachlässigt. Hierdurch wurden die Zweierstöße als „lokal“, also an einem Punkt vor sich gehend, betrachtet. Jetzt sollen diese beiden Ansatzpunkte für Korrekturen, die Dreierstöße und die „Nichtlokalität“ der Zweierstöße, berücksichtigt werden.

In der ersten Näherung wurde die Gleichungskette in der zweiten Gleichung, die $f^{(2)}$ mit $f^{(3)}$ verknüpft, abgebrochen. In der zweiten Näherung ist es nötig, bis zur dritten Gleichung zu gehen, welche $f^{(3)}$ mit $f^{(4)}$ verknüpft, wobei man in ihr die Glieder mit $f^{(4)}$ weglassen kann (in ähnlicher Weise, wie in der ersten Näherung die Glieder mit $f^{(3)}$ in (16,9) weggelassen wurden). Hierdurch erhält sie die Form

$$\frac{\mathrm{d}}{\mathrm{d}t} f^{(3)}(t, \tau_1, \tau_2, \tau_3) = 0 \tag{17,1}$$

analog zu der vorhergehenden Gleichung (16,10) für $f^{(2)}$. Es wird angenommen, daß sich die Variablen τ_1, τ_2 und τ_3 in (17,1) gemäß den Bewegungsgleichungen des Dreikörperproblems mit der Zeit ändern (wie vorher soll zwischen den Teilchen eine Paarwechselwirkung vorliegen)[1]). Unter Berücksichtigung der statistischen Unabhängigkeit der Teilchen vor dem Stoß lautet die Lösung der Gleichung (17,1)

$$f^{(3)}(t, \tau_1, \tau_2, \tau_3) = f^{(1)}(t_0, \tau_{10})\, f^{(1)}(t_0, \tau_{20})\, f^{(1)}(t_0, \tau_{30})\,. \tag{17,2}$$

Die Größen t_0, τ_{a0} $(a = 1, 2, 3)$ besitzen hier die gleiche Bedeutung wie in (16,11): $\tau_{a0} = \tau_{a0}(t, t_0, \tau_1, \tau_2, \tau_3)$ sind diejenigen Werte für die Orte und Impulse, die die Teilchen zum Zeitpunkt t_0 haben müssen, damit sie zum Zeitpunkt t an die vorgegebenen Punkte τ_1, τ_2, τ_3 des Phasenraumes gelangen. Der Unterschied zu (16,11) besteht lediglich darin, daß jetzt $\tau_{a0} = (\boldsymbol{r}_{a0}, \boldsymbol{p}_{a0})$ die Anfangswerte für Orte und Impulse des Dreikörperproblems (und nicht des Zweikörperproblems) sind, von dem wir annehmen, daß es im Prinzip gelöst sei.[2])

Zur Notierung und Umformung der weiteren Gleichungen ist es zweckmäßig, den Operator $\hat{S}_{123}$ einzuführen, dessen Wirkung auf eine Funktion der Variablen τ_1, τ_2, τ_3 (welche sich auf die drei Teilchen des Dreikörperproblems beziehen) darin besteht, daß diese Variablen gemäß

$$\begin{aligned} \boldsymbol{r}_a &\to \tilde{\boldsymbol{r}}_a = \boldsymbol{r}_{a0} + \frac{\boldsymbol{p}_{a0}}{m}(t - t_0)\,, \\ \boldsymbol{p}_a &\to \tilde{\boldsymbol{p}}_a = \boldsymbol{p}_{a0} \end{aligned} \tag{17,3}$$

ersetzt werden. Analog hierzu soll der Operator $\hat{S}_{12}$ die gleiche Substitution für eine Funktion der Variablen τ_1 und τ_2, welche sich auf die beiden Teilchen des Zweikörperproblems beziehen, durchführen. Eine wichtige Eigenschaft der Transformation (17,3) besteht darin, daß sie für Zeitintervalle $t - t_0 \gg d/\bar{v}$ nicht mehr von der Zeit abhängt. Tatsächlich befinden sich für solche $t - t_0$ die Teilchen in großen Entfernungen voneinander und bewegen sich frei mit den konstanten Geschwindigkeiten $\boldsymbol{v}_{a0} = \boldsymbol{p}_{a0}/m$. Hierbei ist die Zeitabhängigkeit der Werte $\boldsymbol{r}_{a0}$ durch const $- \boldsymbol{v}_{a0}(t - t_0)$ gegeben, und in (17,3) fällt die Zeitabhängigkeit heraus. Wir bemerken weiterhin, daß die Transformation (17,3) zu einer Identität führen würde, wenn keine Wechselwirkung zwi-

---

1) Im Gegensatz zu der ersten Näherung (vgl. die Fußnote auf S. 72) beschränkt diese Annahme jetzt in gewissem Sinne die Allgemeinheit der Betrachtungen, da bei Dreierstößen auch Dreiteilchenwechselwirkungen (d. h. Terme der Form $U(\boldsymbol{r}_2 - \boldsymbol{r}_1, \boldsymbol{r}_3 - \boldsymbol{r}_1)$ in der HAMILTON-Funktion) auftreten könnten, die sich nicht auf Paarwechselwirkungen reduzieren.

2) Faktisch läßt sich die analytische Lösung des Dreikörperproblems natürlich nur in seltenen Fällen (z. B. für harte Kugeln) durchführen.

schen den Teilchen vorhanden wäre. Bei der freien Bewegung stimmen (im gesamten Zeitverlauf) die rechten Seiten der Transformationen (17,3) identisch mit den linken überein. Aus dem gleichen Grund gilt beispielsweise $\hat{S}_{123} \equiv \hat{S}_{23}$, falls Teilchen 1 nicht mit den Teilchen 2 und 3 wechselwirkt. Die Operatoren $\hat{S}_{12}$ und $\hat{S}_{13}$ werden unter diesen Bedingungen zu Einheitsoperatoren. Infolge dieser Eigenschaften wird der Operator

$$\hat{G}_{123} = \hat{S}_{123} - \hat{S}_{12} - \hat{S}_{13} - \hat{S}_{23} + 2 \tag{17,4}$$

offensichtlich bereits Null, wenn auch nur eines von den drei Teilchen nicht mit den beiden anderen wechselwirkt. Dies bedeutet, daß dieser Operator denjenigen Anteil aus Funktionen herausholt, der mit der Wechselwirkung zwischen allen drei Teilchen zusammenhängt (während in das Dreikörperproblem als Spezialfall auch Zweierstöße bei freier Bewegung des dritten Teilchens eingehen).

Unter Benutzung des Operators $\hat{S}_{123}$ läßt sich die Beziehung (17,2) in der Form

$$f^{(3)}(t, \tau_1, \tau_2, \tau_3) = \hat{S}_{123}\tilde{f}^{(1)}(t, t_0, \tau_1)\,\tilde{f}^{(1)}(t, t_0, \tau_2)\,\tilde{f}^{(1)}(t, t_0, \tau_3) \tag{17,5}$$

schreiben, wobei

$$\tilde{f}^{(1)}(t, t_0, \tau) = f^{(1)}\left(t_0, \boldsymbol{r} - \frac{\boldsymbol{p}}{m}(t - t_0), \boldsymbol{p}\right) \tag{17,6}$$

gilt. (Die Verschiebung des Arguments $\boldsymbol{r}$ in $f^{(1)}$ wurde zur Kompensation der durch den Operator $\hat{S}_{123}$ hervorgerufenen Verschiebung eingeführt.)

Die Zweiteilchenverteilungsfunktion $f^{(2)}$ erhalten wir, wenn wir die Funktion $f^{(3)}$ über die Variablen τ_3 integrieren. Die Integration über τ_2 und τ_3 ergibt die Verteilungsfunktion $f^{(1)}$:

$$f^{(2)}(t, \tau_1, \tau_2) = \int f^{(3)}(t, \tau_1, \tau_2, \tau_3)\, d\tau_3\,, \tag{17,7}$$

$$f^{(1)}(t, \tau_1) = \int f^{(3)}(t, \tau_1, \tau_2, \tau_3)\, d\tau_2\, d\tau_3\,. \tag{17,8}$$

Das Ziel der weiteren Berechnung besteht darin, aus diesen beiden Gleichungen (mit $f^{(3)}$ aus (17,5)) durch Elimination von $\tilde{f}^{(1)}$ in der erforderlichen Genauigkeit $f^{(2)}$ durch $f^{(1)}$ auszudrücken. Wenn wir anschließend diesen Ausdruck in Gleichung (16,7) (die für sich genommen exakt ist) einsetzen, erhalten wir die gesuchte kinetische Gleichung.

Zur Durchführung dieses Programms formen wir zunächst das Integral (17,8) um, indem wir in (17,5) gemäß (17,4) den Operator $\hat{S}_{123}$ durch $\hat{G}_{123}$ ausdrücken. Berücksichtigen wir, daß auf Grund der Erhaltung der Gesamtzahl der Moleküle die Gleichungen

$$\int \tilde{f}^{(1)}(t, t_0, \tau)\, d\tau = \int f^{(1)}(t_0, \tau)\, d\tau = 1\,,$$

$$\int \hat{S}_{12}\tilde{f}^{(1)}(t, t_0, \tau_1)\,\tilde{f}^{(1)}(t, t_0, \tau_2)\, d\tau_1\, d\tau_2 = 1$$

gelten, erhalten wir

$$f^{(1)}(t, \tau_1) = \tilde{f}^{(1)}(t, t_0, \tau_1) + 2\int \{(\hat{S}_{12} - 1)\,\tilde{f}^{(1)}(t, t_0, \tau_1)\,\tilde{f}^{(1)}(t, t_0, \tau_2)\}\, d\tau_2$$
$$+ \int \{\hat{G}_{123}\tilde{f}^{(1)}(t, t_0, \tau_1)\,\tilde{f}^{(1)}(t, t_0, \tau_2)\,\tilde{f}^{(1)}(t, t_0, \tau_3)\}\, d\tau_2\, d\tau_3\,. \tag{17,9}$$

Diese Gleichung läßt sich durch Iteration nach $\tilde{f}^{(1)}$ auflösen, wobei wir berücksichtigen, daß $(\hat{S}_{12} - 1)$ und $\hat{G}_{123}$ kleine Größen erster bzw. zweiter Ordnung sind (vgl. die Abschätzung der rechten Seite von (16,9)). In der nullten Näherung finden wir $\tilde{f}^{(1)}(t, t_0, \tau_1) = f^{(1)}(t, \tau_1)$. In den beiden folgenden Näherungen erhalten wir

$$\begin{aligned}\tilde{f}^{(1)}(t, t_0, \tau_1) = f^{(1)}(t, \tau_1) &- 2 \int \{(\hat{S}_{12} - 1) f^{(1)}(t, \tau_1) f^{(1)}(t, \tau_2)\} \, d\tau_2 \\ &- \int \{\hat{G}_{123} - 4(\hat{S}_{12} - 1)(\hat{S}_{13} + \hat{S}_{23} - 2) \\ &\times f^{(1)}(t, \tau_1) f^{(1)}(t, \tau_2) f^{(1)}(t, \tau_3)\} \, d\tau_2 \, d\tau_3 \,.\end{aligned}$$

Nun kann dieser Ausdruck in (17,5) und anschließend in (17,7) eingesetzt werden, wobei nur Glieder bis zur zweiten Ordnung mitgenommen werden (Glieder $\sim (\hat{S}_{12} - 1)^2$ und $\sim \hat{G}_{123}$). Als Ergebnis erhalten wir schließlich

$$\begin{aligned}f^{(2)}(t, \tau_1, \tau_2) = {} & \hat{S}_{12} f^{(1)}(t, \tau_1) f^{(1)}(t, \tau_2) \\ & + \int \{\hat{R}_{123} f^{(1)}(t, \tau_1) f^{(1)}(t, \tau_2) f^{(1)}(t, \tau_3)\} \, d\tau_3\end{aligned} \tag{17,10}$$

mit

$$\hat{R}_{123} = \hat{S}_{123} - \hat{S}_{12}\hat{S}_{13} - \hat{S}_{12}\hat{S}_{23} + \hat{S}_{12} \,. \tag{17,11}$$

Wir weisen darauf hin, daß die Reihenfolge der S-Operatoren in den Produkten wesentlich ist. Beispielsweise ersetzt der Operator $\hat{S}_{12}\hat{S}_{23}$ zunächst die Variablen $\tau_1, \tau_2, \tau_3 \to \tau_1, \tilde{\tau}_2(\tau_2, \tau_3), \tilde{\tau}_3(\tau_2, \tau_3)$, wobei die Funktionen $\tilde{\tau}_{2,3}(\tau_2, \tau_3)$ durch die Bewegungsgleichungen der wechselwirkenden Teilchen 2 und 3 bestimmt werden, und anschließend werden die Variablen τ_1, τ_2, τ_3 der Transformation $\tau_1, \tau_2, \tau_3 \to \tilde{\tau}_1(\tau_1, \tau_2), \tilde{\tau}_2(\tau_1, \tau_2), \tau_3$ unterworfen, wobei sich jetzt die Funktionen $\tilde{\tau}_{1,2}(\tau_1, \tau_2)$ aus der Lösung des Bewegungsproblems für die beiden wechselwirkenden Teilchen 1 und 2 ergeben.

Setzen wir nun (17,10) in (16,7) ein und gehen überall von den Funktionen $f^{(1)}$ zu den Funktionen $f = \mathcal{N} f^{(1)}$ über, so finden wir die kinetische Gleichung in der Form[1])

$$\frac{\partial f(t, \tau_1)}{\partial t} + \boldsymbol{v}_1 \frac{\partial f(t, \tau_1)}{\partial \boldsymbol{r}_1} = \mathrm{St}^{(2)} f + \mathrm{St}^{(3)} f \tag{17,12}$$

mit

$$\mathrm{St}^{(2)} f(t, \tau_1) = \int \frac{\partial U_{12}}{\partial \boldsymbol{r}_1} \frac{\partial}{\partial \boldsymbol{p}_1} \{\hat{S}_{12} f(t, \tau_1) f(t, \tau_2)\} \, d\tau_2 \,, \tag{17,13}$$

$$\mathrm{St}^{(3)} f(t, \tau_1) = \frac{1}{\mathcal{N}} \int \frac{\partial U_{12}}{\partial \boldsymbol{r}_1} \frac{\partial}{\partial \boldsymbol{p}_1} \{\hat{R}_{123} f(t, \tau_1) f(t, \tau_2) f(t, \tau_3)\} \, d\tau_2 \, d\tau_3 \,. \tag{17,14}$$

Das erste dieser Integrale ist das Stoßintegral für die Zweierstöße, und das zweite beschreibt Dreierstöße. Wir wollen ihre Struktur genauer betrachten.

Bei beiden Integralen treten im Integranden Funktionen f auf, die an unterschiedlichen Raumpunkten zu nehmen sind. Im Stoßintegral für die Zweierstöße muß dieser „Nichtlokalitätseffekt“ in Form einer Korrektur zum gewöhnlichen (BOLTZMANN-

[1]) Der Weg zur Herleitung von Korrekturgliedern zur BOLTZMANN-Gleichung wurde bereits von N. N. BOGOLJUBOW (1946) entworfen. Die Herleitung dieser Glieder in der endgültigen Form wurde zuerst von M. S. GREEN (1956) durchgeführt.

schen) Stoßintegral abgespalten werden. Hierzu entwickeln wir die (auf Abständen $\sim d$) langsam veränderlichen Funktionen f nach Potenzen der Differenz $\boldsymbol{r}_2 - \boldsymbol{r}_1$.

Da diese Funktionen im Integranden unter der Einwirkung des Operators $\hat{S}_{12}$ stehen, betrachten wir zunächst die Größen $\hat{S}_{12}\boldsymbol{r}_1$ und $\hat{S}_{12}\boldsymbol{r}_2$, in die dieser Operator die Variablen $\boldsymbol{r}_1$ und $\boldsymbol{r}_2$ transformiert. Die Schwerpunktskoordinate $(\boldsymbol{r}_1 + \boldsymbol{r}_2)/2$ der beiden Teilchen bewegt sich (im Rahmen des Zweikörperproblems) gleichförmig. Deshalb hat der Operator $\hat{S}_{12}$ auf diese Summe keinen Einfluß. Unter Berücksichtigung dieses Sachverhaltes können wir schreiben

$$\hat{S}_{12}\boldsymbol{r}_1 = \hat{S}_{12}\left(\frac{\boldsymbol{r}_1 + \boldsymbol{r}_2}{2} + \frac{\boldsymbol{r}_1 - \boldsymbol{r}_2}{2}\right) = \boldsymbol{r}_1 + \frac{\boldsymbol{r}_2 - \boldsymbol{r}_1}{2} - \frac{1}{2}\hat{S}_{12}(\boldsymbol{r}_2 - \boldsymbol{r}_1)\,,$$

$$\hat{S}_{12}\boldsymbol{r}_2 = \boldsymbol{r}_1 + \frac{\boldsymbol{r}_2 - \boldsymbol{r}_1}{2} + \frac{1}{2}\hat{S}_{12}(\boldsymbol{r}_2 - \boldsymbol{r}_1)\,.$$

Entwickeln wir nun die Funktionen

$$\hat{S}_{12}f(t, \boldsymbol{r}_1, \boldsymbol{p}_1) = f(t, \hat{S}_{12}\boldsymbol{r}_1, \boldsymbol{p}_{10})\,,$$

$$\hat{S}_{12}f(t, \boldsymbol{r}_2, \boldsymbol{p}_2) = f(t, \hat{S}_{12}\boldsymbol{r}_2, \boldsymbol{p}_{20})$$

nach $\boldsymbol{r}_2 - \boldsymbol{r}_1$ bis zu Gliedern erster Ordnung, erhalten wir

$$\mathrm{St}^{(2)} f = \mathrm{St}_0^{(2)} f + \mathrm{St}_1^{(2)} f \tag{17,15}$$

mit

$$\mathrm{St}_0^{(2)} f(t, \boldsymbol{r}_1, \boldsymbol{p}_1) = \int \frac{\partial U_{12}}{\partial \boldsymbol{r}_1}\frac{\partial}{\partial \boldsymbol{p}_1}\{f(t, \boldsymbol{r}_1, \boldsymbol{p}_{10})\, f(t, \boldsymbol{r}_1, \boldsymbol{p}_{20})\}\, \mathrm{d}\tau_2\,, \tag{17,16}$$

$$\mathrm{St}_1^{(2)} f(t, \boldsymbol{r}_1, \boldsymbol{p}_1) = \frac{1}{2}\int \frac{\partial U_{12}}{\partial \boldsymbol{r}_1}\frac{\partial}{\partial \boldsymbol{p}_1}\Big\{(\boldsymbol{r}_2 - \boldsymbol{r}_1)\frac{\partial}{\partial \boldsymbol{r}_1} f(t, \boldsymbol{r}_1, \boldsymbol{p}_{10})\, f(t, \boldsymbol{r}_1, \boldsymbol{p}_{20})$$

$$+ \left[f(t, \boldsymbol{r}_1, \boldsymbol{p}_{10})\frac{\partial}{\partial \boldsymbol{r}_1} f(t, \boldsymbol{r}_1, \boldsymbol{p}_{20}) - f(t, \boldsymbol{r}_1, \boldsymbol{p}_{20})\frac{\partial}{\partial \boldsymbol{r}_1} f(t, \boldsymbol{r}_1, \boldsymbol{p}_{10})\right]\hat{S}_{12}(\boldsymbol{r}_2 - \boldsymbol{r}_1)\Big\}\, \mathrm{d}\tau_2 \tag{17,17}$$

(die Differentiation nach $\boldsymbol{r}_1$ wird bei konstantem $\boldsymbol{p}_{10}$ oder $\boldsymbol{p}_{20}$ durchgeführt).

Das Integral (17,16) stimmt mit (16,12) überein.[1]) In § 16 wurde gezeigt, auf welche Weise (durch Ausführung einer von den drei Ortsintegrationen) dieses Integral in die gewöhnliche BOLTZMANNsche Form überführt werden kann.

Wir wenden uns nun dem Stoßintegral für die Dreierstöße (17,14) zu. Die Berücksichtigung der „Nichtlokalität" in diesem Integral würde die hier geforderte Genauigkeit übersteigen, da das Integral selbst bereits eine kleine Korrektur ist. Deshalb können bei ihm in den Argumenten der drei Funktionen f alle Ortsvektoren $\boldsymbol{r}_1$, $\boldsymbol{r}_2$ und $\boldsymbol{r}_3$ gleich $\boldsymbol{r}_1$ gesetzt werden. Weiterhin kann angenommen werden, daß der Operator $\hat{R}_{123}$

[1]) Der Ausdruck (17,16) unterscheidet sich von (16,12) durch die Substitution von t_0 durch t in den Argumenten der Funktionen f. Nach dieser Substitution bleibt die rechte Gleichung in (16,13) weiterhin gültig, da die Abhängigkeit von $\boldsymbol{r}_1$, $\boldsymbol{r}_2$, $\boldsymbol{p}_1$, $\boldsymbol{p}_2$ nur über $\boldsymbol{p}_{10}$, $\boldsymbol{p}_{20}$ eingeht, die Bewegungsintegrale sind.

auf diese Variablen nicht wirkt[1]):

$$\mathrm{St}^{(3)} f(t, \boldsymbol{r}_1, \boldsymbol{p}_1) = \frac{1}{\mathcal{N}} \int \frac{\partial U_{12}}{\partial \boldsymbol{r}_1} \frac{\partial}{\partial \boldsymbol{p}_1}$$

$$\times \{\hat{R}_{123} f(t, \boldsymbol{r}_1, \boldsymbol{p}_1) f(t, \boldsymbol{r}_1, \boldsymbol{p}_2) f(t, \boldsymbol{r}_1, \boldsymbol{p}_3)\} \, d\tau_2, d\tau_3 . \quad (17{,}18)$$

Wir wollen die Struktur des Operators $\hat{R}_{123}$ etwas genauer untersuchen, um zu klären, von welcher Art die Stoßprozesse sind, die im Integral (17,18) berücksichtigt werden.

Zunächst stellen wir fest, daß der Operator $\hat{R}_{123}$ (ebenso wie der Operator $\hat{G}_{123}$, (17,4)) bereits verschwindet, wenn eines der drei Teilchen nicht mit den übrigen wechselwirkt. In der Zahl der Prozesse, für die $\hat{R}_{123} \neq 0$, sind jedoch nicht nur die Dreierstöße (im eigentlichen Sinne) enthalten, sondern auch bestimmte Folgen von Zweierstößen.

Bei den echten Dreierstößen befinden sich drei Teilchen gleichzeitig innerhalb der „Reichweite der Wechselwirkung", wie dies schematisch in Abb. 5a) dargestellt ist. Der Operator $\hat{R}_{123}$ ist jedoch auch für solche Prozesse mit „Dreierwechselwirkungen"

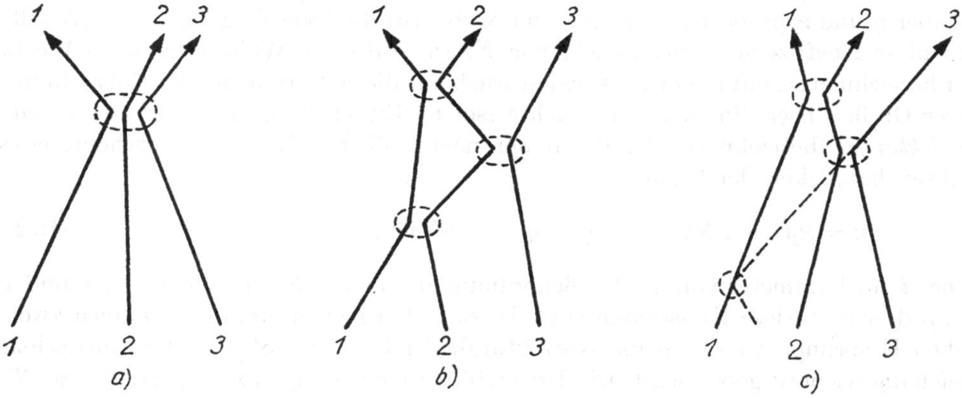

Abb. 5

von Null verschieden, welche sich auf drei aufeinanderfolgende Zweierstöße zurückführen lassen, wobei sich ein Teilchenpaar zweimal gegenseitig stößt. Ein Beispiel für solch einen Prozeß ist schematisch in Abb. 5b) dargestellt (für diesen Prozeß ist $\hat{S}_{13} = 1$, so daß sich der Operator $\hat{R}_{123}$ auf $\hat{S}_{123} - \hat{S}_{12}\hat{S}_{23}$ reduziert)[2]). Darüber hinaus müssen auch solche Fälle in $\hat{R}_{123}$ berücksichtigt werden, bei denen einer (oder mehrere) von den drei Stößen „virtuell" ist, d. h. nur dann auftritt, wenn der Einfluß eines be-

[1]) Um Mißverständnisse zu vermeiden, unterstreichen wir, daß diese Vereinfachungen keineswegs bedeuten, daß der Integrand überhaupt nicht mehr von $\boldsymbol{r}_2$, $\boldsymbol{r}_3$ abhängt. Die Abhängigkeit von diesen Variablen bleibt in den S-Operatoren bestehen, welche die Impulse $\boldsymbol{p}_a$ in die Funktionen $\tilde{\boldsymbol{p}}_a(\boldsymbol{r}_1, \boldsymbol{r}_2, \boldsymbol{r}_3, \boldsymbol{p}_1, \boldsymbol{p}_2, \boldsymbol{p}_3)$ transformieren.

[2]) Der Operator $\hat{R}_{123}$ verschwindet aber (im Gegensatz zum Operator $\hat{G}_{123}$!) für die Aufeinanderfolge von nur zwei Stößen. So wäre für einen Prozeß, der aus den Stößen 2—3 und 1—2 besteht, $\hat{S}_{123} = \hat{S}_{12}\hat{S}_{23}$, $\hat{S}_{13} = 1$, so daß $\hat{R}_{123} = 0$ wird.

liebigen der tatsächlich vorkommenden Stöße auf die Bahnen der Teilchen nicht berücksichtigt wird. Ein Beispiel für solch einen Prozeß ist in Abb. 5c) dargestellt: Der Stoß 1—3 würde nur dann stattfinden, wenn die Bahn des Teilchens 3 nicht durch den Stoß mit Teilchen 2 geändert worden wäre[1]) (für diesen Prozeß gilt $\hat{S}_{123} = \hat{S}_{12}\hat{S}_{23}$, aber $\hat{S}_{13} \neq 1$, so daß sich $\hat{R}_{123}$ auf $-\hat{S}_{12}\hat{S}_{13} + \hat{S}_{12}$ reduziert).

Analog zu der Umformung des Integrals $\mathrm{St}_0^{(2)}$ in § 16 läßt sich auch eine der sechs Ortsintegrationen im Integral der Dreierstöße durchführen. Dann tritt das Wechselwirkungspotential U_{12} nicht mehr in expliziter Form in den Gleichungen auf[2]).

§ 18. Virialentwicklung der kinetischen Koeffizienten

In den §§ 7 und 8 wurde bereits darauf hingewiesen, daß die ausschließliche Berücksichtigung der Zweierstöße von Molekülen zur Folge hat, daß die Koeffizienten der Wärmeleitfähigkeit und der Viskosität unabhängig von der Dichte (oder dem Druck) des Gases sind. Diese Stöße haben die Besonderheit, daß ihre Frequenz (d. h. die Zahl der Stöße, die ein gegebenes Molekül pro Zeiteinheit erfährt) proportional zur Dichte N ist. Da aber η und $\varkappa$ proportional zu Nl sind, wobei für die freie Weglänge $l \sim 1/N$ gilt, sind diese Koeffizienten unabhängig von N. Die auf diese Weise erhaltenen Werte (wir bezeichnen sie mit η_0 und $\varkappa_0$) sind natürlich nur die ersten Glieder der Entwicklung dieser Größen nach Potenzen der Dichte (solche Entwicklungen werden als *Virialentwicklungen* bezeichnet). Bereits in der nächsthöheren Näherung erscheint eine Dichteabhängigkeit der Form

$$\varkappa = \varkappa_0(1 + \alpha N d^3)\,, \qquad \eta = \eta_0(1 + \beta N d^3)\,, \tag{18,1}$$

wobei d ein Parameter von der Größenordnung der molekularen Abmessungen und α und β dimensionslose Konstanten sind. Diese ersten Korrekturen haben einen zweifachen Ursprung, der durch die Korrekturglieder $\mathrm{St}^{(3)}$ und $\mathrm{St}_1^{(2)}$ in der kinetischen Gleichung wiedergegeben wird. Die Dreierstöße (deren Frequenz proportional zu N^2 ist) führen zu einer Verringerung der freien Weglänge. Die Nichtlokalität der Zweierstöße gestattet die Übertragung von Impuls und Energie durch eine gegebene Oberfläche, ohne daß die stoßenden Teilchen tatsächlich durch sie hindurchtreten. Die Teilchen nähern sich bis zu einem Abstand $\sim d$ und laufen anschließend auseinander, wobei sie auf verschiedenen Seiten der Oberfläche bleiben. Dieser Effekt führt zu einer Vergrößerung der Impuls- und Energiestromdichten.

Die Lösung des Problems der Wärmeleitung oder der Viskosität auf der Grundlage der verbesserten kinetischen Gleichung (17,12) kann nach dem gleichen Schema gewonnen werden, welches in den §§ 6 bis 8 beschrieben wurde. Wir machen für die Verteilungsfunktion den Ansatz $f = f_0(1 + \chi/T)$, wobei f_0 die Verteilung für das lokale Gleichgewicht und $\chi/T \sim l/L$ ein kleiner Zusatzterm sind. Das Dreierstoßintegral $\mathrm{St}^{(3)}$ verschwindet für die Funktion f_0 ebenso wie das Stoßintegral $\mathrm{St}_0^{(2)}$. Deshalb bleibt in ihm das Glied mit χ stehen, und somit wird das Integral $\mathrm{St}^{(3)}$ in Bezug zum Boltz-

[1]) Wir erinnern daran, daß im Sinne der Wirkung der S-Operatoren den Trajektorien der Teilchen in rückwärtiger Zeitrichtung gefolgt werden muß!

[2]) Für die Durchführung dieser Transformation siehe M. S. Green, Phys. Rev. **136A** (1964) 905.

MANNschen Stoßintegral $St^{(2)}$ zu einer Korrektur von der relativen Ordnung $\sim (d/\bar{r})^3$. Dagegen genügt es, im Integral $St_1^{(2)}$, welches die räumlichen Ableitungen der Verteilungsfunktion enthält, $f = f_0$ zu setzen; in diesem Sinne muß das Glied $St_1^{(2)}$ auf die linke Seite der Gleichung gebracht werden, auf der es eine Korrektur der gleichen relativen Größenordnung $\sim (d/\bar{r})^3$ ergibt. Somit führen die beiden Zusatzglieder $St^{(3)}$ und $St_1^{(2)}$ in der kinetischen Gleichung zu Beiträgen der gleichen Größenordnung.[1])

Wir geben hier nur die Ergebnisse der Lösung der verbesserten kinetischen Gleichung für die Wärmeleitfähigkeit und die Viskosität eines Modellgases aus harten Kugeln an Durchmesser d):

$$\varkappa = \varkappa_0(1 + 1{,}2Nd^3)\,, \qquad \eta = \eta_0(1 + 0{,}35Nd^3)\,, \tag{18,2}$$

wobei $\varkappa_0$ und η_0 diejenigen Werte sind, die in Aufgabe 3, § 10, erhalten wurden (J. V. SENGERS, 1966).[2])

Nach der Einbeziehung weiterer Korrekturterme in die kinetische Gleichung (die mit den Viererstößen usw. zusammenhängen) wäre es im Prinzip möglich, die folgenden Glieder der Virialentwicklung der kinetischen Koeffizienten zu bestimmen. Wesentlich ist jedoch, daß diese Glieder nicht mehr einfach ganze Potenzen von N sein werden. Die Funktionen $\varkappa(N)$ und $\eta(N)$ sind am Punkt $N = 0$ nicht analytisch. Zur Klärung des Ursprungs dieser Nichtanalytizität untersuchen wir die Konvergenz der Integrale, die in der dargelegten Theorie auftreten (E. G. D. COHEN, J. R. DORFMAN, J. WEINSTOCK, 1963).

Wir betrachten das Integral in (17,10), welches den Beitrag der Dreierstöße zur Zweiteilchenverteilungsfunktion bestimmt. Der Konvergenzcharakter des Integrals ist unterschiedlich für die verschiedenen Typen von Stoßprozessen, die im Operator R_{123} berücksichtigt werden. Als Beispiel betrachten wir einen Prozeß vom Typ der Abb. 5b).

Die Integration erfolgt über das Volumenelement $d\tau_3$ des Phasenraumes bei gegebenen Phasenpunkten τ_1 und τ_2. Als Variable, über die die Integration zuletzt durchgeführt wird, nehmen wir den Abstand r_3 des Teilchens 3 (zum Zeitpunkt t) von demjenigen Punkt, an dem der Stoß 2—3 stattfand. Vor dieser letzten Integration wird der Integrand die folgenden Faktoren enthalten: 1. das Volumenelement der Variablen r_3: $r_3^2\, dr_3$. 2. Wenn man die Bewegung des Teilchens 3 in die Vergangenheit zurückverfolgt, ist offensichtlich, daß die Richtung seines Impulses $\boldsymbol{p}_3$ in einem bestimmten Raumwinkelelement liegen muß, damit der Stoß 2—3 vonstatten gehen konnte, nämlich in dem Winkelbereich, unter dem das Stoßgebiet aus dem Abstand r_3 zu sehen ist. Hieraus ergibt sich ein Faktor d^2/r_3^2. 3. Ein weiterer solcher Faktor entsteht im Ergebnis einer weiteren Einschränkung der möglichen Impulsrichtungen $\boldsymbol{p}_3$, die durch die Bedingung gefordert wird, daß das „zurückprallende" Teilchen 2 in den Stoßbereich mit dem Teilchen 1 gelangen muß. Somit erhält man ein Integral der Form $\int dr_3/r_3^2$, welches vom Abstand $r_3 \sim d$ bis ∞ genommen werden muß. Wir stellen fest, daß dieses

---

[1]) Diese Betrachtungen klären die Frage, die dadurch entstehen könnte, daß das Integral $St_1^{(2)}$ die Ableitung $\partial f/\partial \boldsymbol{r} \sim f/L$ enthält, während sie im Integral $St^{(3)}$ nicht auftritt, so daß es den Anschein haben könnte, als ob beide Glieder Korrekturen unterschiedlicher Größenordnung wären.

[2]) Eine Darstellung der entsprechenden, sehr umfänglichen Rechnungen findet sich im Beitrag von SENGERS im Buch: Lectures in Theoretical Physics, Vol. IX C, Kinetic Theory (edited by W. BRITTIN); Gordon and Breach, N.Y. 1967.

Integral konvergiert. In analoger Weise läßt sich die Konvergenz des Integrals für die anderen Typen von Stoßprozessen zeigen.

Der Beitrag von Viererstößen würde sich in (17,10) durch ein Integral von ähnlicher Form ausdrücken, welches über das Phasenraumvolumen der Teilchen **3** und **4** (wiederum bei gegebenen τ_1 und τ_2) auszuführen ist.

Wir betrachten einen Viererstoß von dem in Abb. 6 dargestellten Typ. Erneut wählen wir als letzte Integrationsvariable r_3. Der Unterschied zur vorangegangenen Abschätzung ergibt sich daraus, daß im Integranden noch eine Integration über $d\tau_4$ enthalten ist. Diese Integration liefert offensichtlich einen Beitrag, der proportional zum Stoßquerschnitt 1—4 sein muß, d. h. $\sim d^2$. (Das Zustandekommen des zweiten Zusammenstoßes 1—2 kann man wie vorher durch eine Beschränkung des Integrationsintervalls für die Richtungen von $\boldsymbol{p}_3$ gewährleisten.) Deshalb ergibt sich bereits aus Dimensionsgründen, daß das Integral über $d\tau_4$ einen zusätzlichen Faktor der Größenordnung $\bar{p}^3 r_3 d^2$ liefert. Für das Integral über dr_3 resultiert daraus die Form $\int dr_3/r_3$, die an der oberen Grenze logarithmisch divergiert. Wenn wir das Integral bei einem bestimmten Abstand $\Lambda \sim |t - t_0|/\bar{v}$ abschneiden, bekommen wir einen Beitrag zur Funktion $f^{(2)}$,

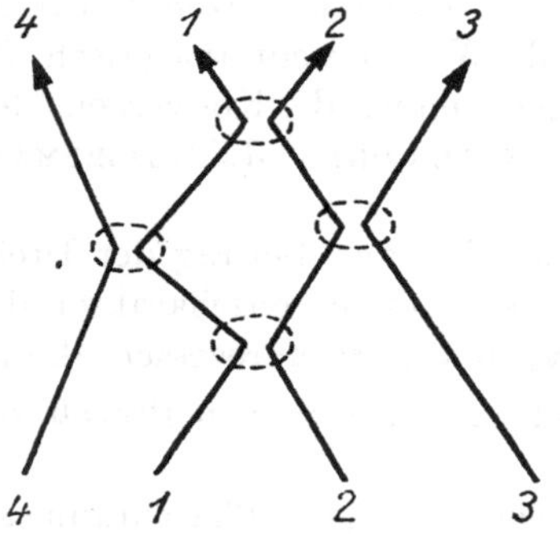

Abb. 6

der den großen Logarithmus $\ln (\Lambda/d)$ enthält. Dieser Logarithmus geht dann auch in die Korrekturen zu den kinetischen Koeffizienten ein, welche somit nicht proportional zu $(Nd^3)^2$, sondern zu $(Nd^3)^2 \ln (\Lambda/d)$ (in niedrigster Ordnung bezüglich des Gasparameters) werden.

Das Auftreten divergierender Terme bedeutet, daß Viererstöße nicht getrennt von den Stößen aller noch höheren Ordnungen (Fünferstöße usw.) betrachtet werden dürfen. In der Tat weist die Divergenz darauf hin, daß große Werte für r_3 wesentlich sind. Aber schon bei $r_3 \sim l$ kann das Teilchen 3 mit einem beliebigen anderen Teilchen 5 stoßen. Somit zeichnet sich ein Weg zur Beseitigung der Divergenz ab: In dem Ausdruck für die Funktion $f^{(2)}(t, \tau_1, \tau_2)$ müssen Glieder mit Stößen in allen Ordnungen berücksichtigt werden, wobei wir in jeder Ordnung nur die am stärksten divergierenden Integrale stehenlassen. Solch eine Summation kann ausgeführt werden und liefert ein Ergebnis, welches erwartet werden konnte: Der willkürlich gewählte große Parameter Λ im Logarithmus wird durch eine Größe ersetzt, die von der Ordnung der freien Weglänge $l \sim 1/Nd^2$ ist.[1]

[1] Siehe K. Kawasaki, I. Oppenheim, Phys. Rev. **139A** (1965) 1763.

Somit hat die Virialentwicklung der kinetischen Koeffizienten die Form

$$\varkappa = \varkappa_0 \left[1 + \alpha_1 N d^3 + \alpha_2 (N d^3)^2 \ln \frac{1}{N d^3} + \dots\right] \tag{18,3}$$

(und analog für η).

§ 19. Fluktuationen der Verteilungsfunktion für ein Gas im Gleichgewicht

Die durch die kinetische Gleichung bestimmte Verteilungsfunktion (welche wir in diesem und im folgenden Paragraphen mit $\bar{f}$ bezeichnen wollen) gibt die mittlere Zahl der Moleküle an, die sich in den Elementen des Phasenraumes $d^3x\, d\Gamma$ befinden. Im statistischen Gleichgewicht ist die Funktion $\bar{f}(\Gamma)$ die BOLTZMANNsche Verteilungsfunktion f_0 (6, 7), welche nicht von der Zeit und (falls kein äußeres Feld vorliegt) vom Ort $\boldsymbol{r}$ abhängt. Naturgemäß erhebt sich die Frage nach den Fluktuationen, die die exakte mikroskopische Verteilungsfunktion $f(t, \boldsymbol{r}, \Gamma)$ im Verlaufe ihrer zeitlichen Änderung bei der Bewegung der Teilchen des Gases gemäß ihren exakten Bewegungsgleichungen erfährt.[1])

Wir führen die *Korrelationsfunktion der Fluktuationen* (oder den sogenannten *Korrelator*)

$$\langle \delta f(t_1, \boldsymbol{r}_1, \Gamma_1)\, \delta f(t_2, \boldsymbol{r}_2, \Gamma_2) \rangle \tag{19,1}$$

mit $\delta f = f - \bar{f}$ ein. Für ein Gas im Gleichgewicht hängt diese Funktion nur von der Zeitdifferenz $t = t_1 - t_2$ ab. Die Mittelung wird über einen der Zeitpunkte t_1, t_2 bei festgehaltener Differenz $t_1 - t_2$ durchgeführt. Infolge der Homogenität des Gases gehen auch die Koordinaten der Punkte $\boldsymbol{r}_1$ und $\boldsymbol{r}_2$ nur in Form der Differenz $\boldsymbol{r} = \boldsymbol{r}_1 - \boldsymbol{r}_2$ in den Korrelator ein. Setzen wir t_2 und $\boldsymbol{r}_2$ gleich Null, so läßt sich der Korrelator in der Form

$$\langle \delta f(t, \boldsymbol{r}, \Gamma_1)\, \delta f(0, 0, \Gamma_2) \rangle \tag{19,2}$$

darstellen. Infolge der Isotropie des Gases reduziert sich die Abhängigkeit dieser Funktion von $\boldsymbol{r}$ auf die Abhängigkeit vom Betrag r.

Wenn die Funktion (19,2) bekannt ist, läßt sich durch Integration auch der Korrelator der Teilchenzahldichte finden:

$$\langle \delta N(t, \boldsymbol{r})\, \delta N(0, 0) \rangle = \int \langle \delta f(t, \boldsymbol{r}, \Gamma_1)\, \delta f(0, 0, \Gamma_2) \rangle \, d\Gamma_1\, d\Gamma_2 \,. \tag{19,3}$$

Für Abstände r, die groß im Vergleich zur freien Weglänge l sind, läßt sich der Dichtekorrelator mit Hilfe der hydrodynamischen Theorie der Fluktuationen berechnen (s. IX, § 88). Bei Abständen $\lesssim l$ ist jedoch eine kinetische Betrachtungsweise erforderlich.

Unmittelbar aus der Definition (19,1) folgt

$$\langle \delta f(t, \boldsymbol{r}, \Gamma_1)\, \delta f(0, 0, \Gamma_2) \rangle = \langle \delta f(-t, -\boldsymbol{r}, \Gamma_2)\, \delta f(0, 0, \Gamma_1) \rangle \,. \tag{19,4}$$

Die Korrelationsfunktion genügt auch einer tieferliegenden Symmetrie, welche die Symmetrie des Gleichgewichtszustandes des Systems in bezug auf die Zeitumkehr

---

1) Diese Frage wurde zuerst von B. B. KADOMZEW (1957) betrachtet.

zum Ausdruck bringt. Die Zeitumkehr ersetzt den späteren Zeitpunkt t durch den früheren $-t$ und gleichfalls den Wert der Größen Γ durch die zeitkonjugierten Γ^T. Die aufgezeigte Symmetrie wird deshalb durch die Gleichung

$$\langle \delta f(t, \boldsymbol{r}, \Gamma_1)\, \delta f(0, 0, \Gamma_2)\rangle = \langle \delta f(-t, \boldsymbol{r}, \Gamma_1^T)\, \delta f(0, 0, \Gamma_2^T)\rangle \tag{19,5}$$

zum Ausdruck gebracht.

Für $t = 0$ verknüpft die Funktion (19,2) Fluktuationen an verschiedenen Punkten des Phasenraumes zu ein und demselben Zeitpunkt. Die Korrelationen zwischen gleichzeitigen Fluktuationen erstrecken sich aber nur über Abstände von der Größenordnung der Reichweite der molekularen Kräfte. In der hier betrachteten Theorie werden indessen solche Abstände gleich Null gesetzt, und somit verschwindet der gleichzeitige Korrelator. Wir betonen, daß dieser Sachverhalt gerade mit dem Gleichgewichtszustand, bezüglich dessen die Fluktuationen betrachtet werden, verbunden ist. Im Nichtgleichgewichtsfall sind die gleichzeitigen Fluktuationen auch korreliert, wie wir im folgen den Paragraphen sehen werden.

Wenn keine Korrelationen über von Null verschiedene Abstände vorliegen, reduziert sich derKorrelator auf δ-Funktionen, wobei der Vorfaktor dieser Funktionen das mittlere Quadrat der Fluktuation an einem Punkt des Phasenraumes bestimmt (vgl. IX, § 88). Für ein ideales Gas im Gleichgewicht stimmt das mittlere Quadrat der Fluktuation der Verteilungsfunktion mit dem mittleren Wert dieser Funktion selbst überein (s. V, § 113),

$$\langle \delta f(0, \boldsymbol{r}, \Gamma_1)\, \delta f(0, 0, \Gamma_2)\rangle = f(\Gamma_1)\, \delta(\boldsymbol{r})\, \delta(\Gamma_1 - \Gamma_2)\,. \tag{19,6}$$

Die verschiedenzeitige Korrelation zwischen Fluktuationen an unterschiedlichen Punkten existiert bereits in einer Theorie, in der die molekularen Abmessungen vernachlässigt werden. Die Notwendigkeit für das Auftreten solcher Korrelationen ist schon daraus ersichtlich, daß Teilchen, die zu einem bestimmten Zeitpunkt an einer Fluktuation an irgendeinem Punkt des Phasenraumes beteiligt sind, sich zu den folgenden Zeitpunkten an anderen Orten befinden.

Das Problem der Berechnung des Korrelators für $t \neq 0$ läßt sich nicht in allgemeiner Form lösen, kann aber auf die Lösung bestimmter Gleichungen zurückgeführt werden. Hierzu erinnern wir im folgenden kurz an die allgemeine Theorie der quasistationären Fluktuationen (s. V, §§ 118, 119).

Es seien $x_a(t)$ fluktuierende Größen (mit dem Mittelwert Null). Wir nehmen an, daß für ein System im Nichtgleichgewichtszustand mit Werten x_a, welche den Bereich der mittleren Fluktuationen übersteigen (aber immer noch klein sind), der Prozeß der Relaxation zum Gleichgewicht durch die linearen „Bewegungsgleichungen" der Form

$$\dot{x}_a = -\sum_b \lambda_{ab} x_b \tag{19,7}$$

mit konstanten Koeffizienten λ_{ab} beschrieben wird. Dann können wir davon ausgehen, daß die Korrelatoren der Größen x_a ebensolche Gleichungen erfüllen,

$$\frac{\mathrm{d}}{\mathrm{d}t}\langle x_a(t)\, x_c(0)\rangle = -\sum_b \lambda_{ab}\langle x_b(t)\, x_c(0)\rangle\,, \qquad t > 0\,. \tag{19,8}$$

(Der Index c in diesem Gleichungssystem ist frei wählbar.) Nachdem wir diese Gleichungen für $t > 0$ gelöst haben, finden wir den Wert der Funktionen für $t < 0$ gemäß der Symmetrieeigenschaft

$$\langle x_a(t)\, x_b(0)\rangle = \langle x_b(-t)\, x_a(0)\rangle\,, \tag{19,9}$$

welche eine Folge der Definition der Korrelatoren ist.

Im betrachteten Fall spielt die Rolle der Bewegungsgleichungen (19,7) die linearisierte BOLTZMANN-Gleichung für den kleinen Zusatz δf zur Gleichgewichtsverteilungsfunktion $\bar{f}$. Somit muß der Korrelator der Verteilungsfunktion der Integrodifferentialgleichung

$$\left(\frac{\partial}{\partial t} + \boldsymbol{v}_1 \frac{\partial}{\partial \boldsymbol{r}} - \hat{I}_1\right)\langle \delta f(t, \boldsymbol{r}, \Gamma_1)\, \delta f(0, 0, \Gamma_2)\rangle = 0 \quad \text{für} \quad t > 0 \tag{19,10}$$

genügen, wobei $\hat{I}_1$ ein linearer Integraloperator ist, der auf die Variablen Γ_1 in den nachfolgenden Funktionen gemäß der Definition

$$\hat{I}_1 g(\Gamma_1) = \int w(\Gamma_1, \Gamma; \Gamma_1', \Gamma')\, [\bar{f}_1' g_1' + \bar{f}' g' - \bar{f}_1 g_1 - \bar{f} g]\, \mathrm{d}\Gamma\, \mathrm{d}\Gamma_1'\, \mathrm{d}\Gamma' \tag{19,11}$$

wirkt. Die Variablen Γ_2 in Gleichung (19,10) sind dagegen frei wählbar. Als Anfangsbedingung zu der Gleichung dient der Wert (19,6) des Korrelators für $t = 0$, und der Korrelator für $t < 0$ bestimmt sich anschließend durch Gleichung (19,4) (die Bedingung (19,5) wird im Ergebnis automatisch erfüllt). Die Beziehungen (19,10—11) und (19,4) stellen die Gesamtheit der Gleichungen dar, die im Prinzip ausreichend zur vollständigen Bestimmung des Korrelators sind.

Gewöhnlich ist nicht der Korrelator selbst, sondern seine FOURIER-Transformierte bezüglich der Zeit und des Ortes von Interesse, welche wir mit dem Symbol $(\delta f_1\, \delta f_2)_{\omega \boldsymbol{k}}$ bezeichnen wollen, wobei die Indizes 1 und 2 die Argumente Γ_1 und Γ_2 bezeichnen sollen:

$$(\delta f_1\, \delta f_2)_{\omega \boldsymbol{k}} = \int_{-\infty}^{\infty} \mathrm{d}t \int \langle \delta f(t, \boldsymbol{r}, \Gamma_1)\, \delta f(0, 0, \Gamma_2)\rangle\, \mathrm{e}^{-i(\boldsymbol{k}\boldsymbol{r} - \omega t)}\, \mathrm{d}^3x \tag{19,12}$$

(*Spektralfunktionen der Fluktuationen*, oder *Spektralkorrelator*). Wenn eine fluktuierende Funktion in ein FOURIER-Integral bezüglich der Zeit und des Ortes zerlegt wird, so hängt der Mittelwert des Produktes ihrer FOURIER-Komponenten mit dem Spektralkorrelator gemäß der Beziehung

$$\langle \delta f_{\omega \boldsymbol{k}}(\Gamma_1)\, \delta f_{\omega' \boldsymbol{k}'}(\Gamma_2)\rangle = (2\pi)^4\, \delta(\omega + \omega')\, \delta(\boldsymbol{k} + \boldsymbol{k}')\, (\delta f_1\, \delta f_2)_{\omega \boldsymbol{k}} \tag{19,13}$$

zusammen (vgl. V, § 122).

Es läßt sich leicht eine Gleichung angeben, die im Prinzip gestattet, die Spektralfunktion der Fluktuationen ohne vorhergehende Berechnung des raum-zeitlichen Korrelators zu bestimmen.

Wenn wir den Integrationsbereich über t in (19,12) in zwei Teile zerlegen (von $-\infty$ bis 0 und von 0 bis ∞) und (19,4) benutzen, erhalten wir

$$(\delta f_1\, \delta f_2)_{\omega \boldsymbol{k}} = (\delta f_1\, \delta f_2)^{(+)}_{\omega \boldsymbol{k}} + (\delta f_2\, \delta f_1)^{(+)}_{-\omega, -\boldsymbol{k}} \tag{19,14}$$

mit

$$(\delta f_1\, \delta f_2)^{(+)}_{\omega \boldsymbol{k}} = \int_0^{\infty} \mathrm{d}t \int \langle \delta f(t, \boldsymbol{r}, \Gamma_1)\, \delta f(0, 0, \Gamma_2)\rangle\, \mathrm{e}^{-i(\boldsymbol{k}\boldsymbol{r} - \omega t)}\, \mathrm{d}^3x\,. \tag{19,15}$$

Wir bilden von der Gleichung (19,10) die einseitige FOURIER-Transformation (19,15). Hierbei integrieren wir die Glieder mit den Ableitungen nach t und $\boldsymbol{r}$ partiell, wobei wir berücksichtigen, daß der Korrelator für $r \to \infty$ und für $t \to \infty$ gegen Null strebt. Für $t = 0$ soll sich die Beziehung (19,6) ergeben. Im Ergebnis erhalten wir die gesuchte Gleichung in der Form

$$[i(\boldsymbol{k}\boldsymbol{v}_1 - \omega) - \hat{I}_1]\,(\delta f_1\,\delta f_2)^{(+)}_{\omega\boldsymbol{k}} = \bar{f}(\Gamma_1)\,\delta(\Gamma_1 - \Gamma_2)\,. \tag{19,16}$$

Wenn wir uns nicht für die Fluktuationen der Verteilungsfunktion selbst, sondern nur für die Dichtefluktuation des Gases interessieren, ist es zweckmäßig, die Gleichung (19,16) über $d\Gamma_2$ zu integrieren,

$$[i(\boldsymbol{k}\boldsymbol{v} - \omega) - \hat{I}]\,\big(\delta f(\Gamma)\,\delta N\big)^{(+)}_{\omega\boldsymbol{k}} = \bar{f}(\Gamma)\,. \tag{19,17}$$

Die gesuchte Spektralfunktion $(\delta N^2)_{\omega\boldsymbol{k}}$ ergibt sich aus der Lösung dieser Gleichung durch eine einfache (nicht, wie in (19,3), durch eine zweifache) Integration.

Eine andere Möglichkeit zur Bestimmung von $(\delta N^2)_{\omega\boldsymbol{k}}$ beruht auf dem Zusammenhang des Dichtekorrelators mit der verallgemeinerten Suszeptibilität bezüglich eines schwachen äußeren Feldes der Form

$$U(t, \boldsymbol{r}) = U_{\omega\boldsymbol{k}}\,e^{i(\boldsymbol{k}\boldsymbol{r} - \omega t)} \tag{19,18}$$

(s. IX, § 86).[1] Wenn unter Einwirkung dieses Feldes eine Dichteänderung entsteht)

$$\delta N_{\omega\boldsymbol{k}} = \alpha(\omega, \boldsymbol{k})\,U_{\omega\boldsymbol{k}}\,, \tag{19,19}$$

so ist (gemäß IX, (86,20)) im klassischen Grenzfall der Spektralkorrelator der Dichte

$$(\delta N^2)_{\omega\boldsymbol{k}} = \frac{2T}{\omega}\,\mathrm{Im}\,\alpha(\omega, \boldsymbol{k})\,. \tag{19,20}$$

Es sei $\delta f(t, \boldsymbol{r})$ die Änderung der Verteilungsfunktion unter Einfluß dieses Feldes. Sie genügt der kinetischen Gleichung

$$\frac{\partial \delta f}{\partial t} + \boldsymbol{v}\frac{\partial \delta f}{\partial \boldsymbol{r}} - \frac{\partial U}{\partial \boldsymbol{r}}\frac{\partial \bar{f}}{\partial \boldsymbol{v}} = \hat{I}\,\delta f\,.$$

Die FOURIER-Komponenten der Funktion $\delta f(t, \boldsymbol{r}, \Gamma)$ geben wir in der Form

$$f_{\omega\boldsymbol{k}}(\Gamma) = \chi_{\omega\boldsymbol{k}}(\Gamma)\,U_{\omega\boldsymbol{k}}$$

an, wobei wir das äußere Feld von ihnen abspalten. Dann erhalten wir für $\chi_{\omega\boldsymbol{k}}$ die Gleichung

$$[i(\boldsymbol{k}\boldsymbol{v} - \omega) - \hat{I}]\,\chi_{\omega\boldsymbol{k}}(\Gamma) = i\boldsymbol{k}\,\frac{\partial \bar{f}}{\partial \boldsymbol{v}}\,. \tag{19,21}$$

Aus der Lösung dieser Gleichung bestimmt sich der gesuchte Spektralkorrelator durch eine einfache Integration

$$(\delta N^2)_{\omega\boldsymbol{k}} = \frac{2T}{\omega}\,\mathrm{Im}\int \chi_{\omega\boldsymbol{k}}(\Gamma)\,d\Gamma\,. \tag{19,22}$$

---

[1]) Wir unterstreichen, daß dieser Zusammenhang nur im Gleichgewichtsfall existiert.

Aufgaben

1. Es ist der Dichtekorrelator für ein einatomiges Gas im Gleichgewicht unter Vernachlässigung von Stößen zu bestimmen.

Lösung. Bei einem einatomigen Gas sind die Größen Γ die drei Komponenten des Impulses $\boldsymbol{p}$. Für $\hat{I}_1 = 0$ lautet die Lösung der Gleichung (19,10)

$$\langle \delta f(t, \boldsymbol{r}, \boldsymbol{p}_1)\, \delta f(0, 0, \boldsymbol{p}_2)\rangle = \bar{f}(\boldsymbol{p}_1)\, \delta(\boldsymbol{r} - \boldsymbol{v}_1 t)\, \delta(\boldsymbol{p}_1 - \boldsymbol{p}_2)\,.$$

Für die FOURIER-Komponente ergibt sich

$$(\delta f_1\, \delta f_2)_{\omega \boldsymbol{k}} = 2\pi \bar{f}(\boldsymbol{p}_1)\, \delta(\boldsymbol{p}_1 - \boldsymbol{p}_2)\, \delta(\omega - \boldsymbol{k}\boldsymbol{v}_1)\,.$$

Die Integration dieser Ausdrücke (mit der MAXWELL-Funktion $\bar{f}$) liefert für den Dichtekorrelator

$$\langle \delta N(t, \boldsymbol{r})\, \delta N(0, 0)\rangle = \bar{N} \left(\frac{m}{2\pi T}\right)^{3/2} \frac{1}{t^3} \exp\left(-\frac{m r^2}{2 T t^2}\right), \tag{1}$$

$$(\delta N^2)_{\omega \boldsymbol{k}} = \frac{\bar{N}}{k} \left(\frac{2\pi m}{T}\right)^{1/2} \exp\left(-\frac{m\omega^2}{2 T k^2}\right). \tag{2}$$

2. Das gleiche für ein Stoßintegral der Form $\hat{I}_1 g = -g/\tau$ mit einer konstanten Zeit τ (Relaxationszeitnäherung).

Lösung. Die Beziehung (19,16) läßt sich auf eine algebraische Gleichung zurückführen. Nachdem wir aus dieser $(\delta f_1\, \delta f_2)^{(+)}_{\omega \boldsymbol{k}}$ bestimmt haben, finden wir gemäß (19,14)

$$(\delta f_1\, \delta f_2)_{\omega \boldsymbol{k}} = \frac{2\tau \bar{f}(\boldsymbol{p}_1)}{1 + \tau^2(\boldsymbol{k}\boldsymbol{v}_1 - \omega)^2}\, \delta(\boldsymbol{p}_1 - \boldsymbol{p}_2)\,. \tag{3}$$

Wir weisen darauf hin, daß bereits das Vorhandensein einer geringen Anzahl von Stößen das asymptotische Verhalten des Spektralkorrelators der Dichte für große Frequenzen ändert, d. h. für $\omega \gg k\bar{v}$, also für Fluktuationen mit einer Phasengeschwindigkeit, die viel größer als die thermische Geschwindigkeit der Moleküle ist. In diesem Grenzfall gilt

$$(\delta N^2)_{\omega \boldsymbol{k}} = 2\bar{N}/\tau\omega^2\,, \tag{4}$$

d. h., der Korrelator fällt bei Erhöhung der Frequenz nach einem Potenzgesetz anstelle eines Exponentialgesetzes in (2) ab.

§ 20. Fluktuationen der Verteilungsfunktion für ein Gas im Nichtgleichgewicht

Das Gas befinde sich in einem stationären Nichtgleichgewichtszustand mit einer Verteilungsfunktion $\bar{f}(\boldsymbol{r}, \Gamma)$, welche der kinetischen Gleichung

$$\boldsymbol{v} \frac{\partial \bar{f}}{\partial \boldsymbol{r}} = \mathrm{St}\, \bar{f} \tag{20,1}$$

genügt. Die Funktion $\bar{f}$ kann sich stark von der Verteilungsfunktion für das Gleichgewicht f_0 unterscheiden, so daß das Stoßintegral $\mathrm{St}\, \bar{f}$ nicht bezüglich der Differenz $\bar{f} - f_0$ linearisiert werden soll. Der stationäre Nichtgleichgewichtszustand soll im Gas durch äußere Einwirkungen aufrechterhalten werden. Im Gas kann ein Temperaturgradient vorliegen, der durch äußere Quellen aufrechterhalten wird, oder das Gas kann eine stationäre Bewegung durchführen (die sich nicht auf eine Bewegung des Gases als Ganzes reduziert) u. ä.

Wir betrachten das Problem der Berechnung der Fluktuationen der Verteilungsfunktion $f(t, \boldsymbol{r}, \Gamma)$ um $\overline{f}(\boldsymbol{r}, \Gamma)$. Diese Fluktuationen werden wiederum durch den Korrelator (19,1) charakterisiert, in dem die Mittelung in üblicher Weise über die Zeit bei festgehaltener Differenz $t = t_1 - t_2$ durchgeführt wird, so daß der Korrelator nur von t abhängt. Wegen der Inhomogenität der Verteilung $\overline{f}(\boldsymbol{r}, \Gamma)$ wird jetzt jedoch der Korrelator von den Koordinaten $\boldsymbol{r}_1$ und $\boldsymbol{r}_2$ einzeln und nicht nur von ihrer Differenz abhängen. Die Eigenschaft (19,4) wird jetzt durch

$$\langle \delta f_1(t)\, \delta f_2(0) \rangle = \langle \delta f_2(-t)\, \delta f_1(0) \rangle \tag{20,2}$$

wiedergegeben, wobei

$$f_1(t) \equiv f(t, \boldsymbol{r}_1, \Gamma_1)\,, \qquad f_2(0) \equiv f(0, \boldsymbol{r}_2, \Gamma_2)$$

bedeuten. Die Beziehung (19,5), die mit der Zeitspiegelung zusammenhängt, gilt im allgemeinen nicht im Nichtgleichgewicht.

Der Korrelator der Verteilungsfunktion genügt der gleichen Beziehung (19,10) wie früher

$$\left(\frac{\partial}{\partial t} + \boldsymbol{v}_1 \frac{\partial}{\partial \boldsymbol{r}_1} - \hat{I}_1\right) \langle \delta f_1(t)\, \delta f_2(0) \rangle = 0\,, \tag{20,3}$$

wobei $\hat{I}_1$ der lineare Integraloperator (19,11) ist, der auf die Variablen Γ_1 wirkt.[1]) Das Problem der Anfangsbedingung zu dieser Gleichung, d. h. der Form des gleichzeitigen Korrelators, ist wesentlich schwieriger als im Gleichgewichtsfall, wo dieser einfach durch den Ausdruck (19,6) gegeben war. Für ein Gas im Nichtgleichgewicht wird der gleichzeitige Korrelator selbst aus einer kinetischen Gleichung bestimmt, deren Form sich gewinnen läßt, indem man den Zusammenhang zwischen der Korrelationsfunktion und der Zweiteilchenverteilungsfunktion $\overline{f^{(2)}}$, die in § 16 eingeführt wurde, ausnutzt. Für einen stationären Zustand hängt die Funktion $\overline{f^{(2)}}(\boldsymbol{r}_1, \Gamma_1; \boldsymbol{r}_2, \Gamma_2)$ ebenso wie $\overline{f}(\boldsymbol{r}, \Gamma)$ nicht explizit von der Zeit ab.

Zur Herleitung dieses Zusammenhanges bemerken wir, daß in Anbetracht der differentiellen Kleinheit des Phasenraumvolumens $d\tau = d^3x\, d\Gamma$ sich gleichzeitig nicht mehr als ein Teilchen in ihm aufhalten kann.[2]) Deshalb ist die mittlere Zahl $\overline{f}\, d\tau$ gleichzeitig auch die Wahrscheinlichkeit dafür, daß sich ein Teilchen im Element $d\tau$ befindet (die Wahrscheinlichkeit, in ihm gleichzeitig zwei Teilchen zu finden, ist von höherer Ordnung klein). Hieraus folgt aber, daß der Mittelwert des Produktes der Teilchenzahlen in zwei Elementen $d\tau_1$ und $d\tau_2$ mit der Wahrscheinlichkeit dafür übereinstimmt, daß gleichzeitig in jedem von diesen *ein* Teilchen angetroffen wird. Für ein gegebenes Teilchenpaar ist dies gemäß der Definition der Zweiteilchenverteilungsfunktion das Produkt $\overline{f^{(2)}_{12}}\, d\tau_1\, d\tau_2$. Da aber ein Teilchenpaar auf $\mathcal{N}(\mathcal{N} - 1) \approx \mathcal{N}^2$

[1]) Die Anwendung dieser Gleichung auf den Nichtgleichgewichtsfall wurde von M. Lax (1966) eingeführt.

[2]) Die folgende Herleitung ist eine Umformulierung der Darstellungen aus V, § 116.

Möglichkeiten aus der (sehr großen) Gesamtzahl der Teilchen ausgewählt werden kann, gilt

$$\langle f_1\,\mathrm{d}\tau_1 \cdot f_2\,\mathrm{d}\tau_2\rangle = \mathcal{N}^2\overline{f_{12}^{(2)}}\,\mathrm{d}\tau_1\,\mathrm{d}\tau_2\,.$$

Die auf diese Weise erhaltene Gleichung $\langle f_1 f_2\rangle = \mathcal{N}^2\overline{f_{12}^{(2)}}$ bezieht sich jedoch nur auf unterschiedliche Punkte des Phasenraumes. Bei dem Übergang zu der Grenze $\boldsymbol{r}_1, \Gamma_1 \to \boldsymbol{r}_2, \Gamma_2$ muß berücksichtigt werden, daß dasjenige Atom, welches sich in $\mathrm{d}\tau_1$ befindet, sich auch in $\mathrm{d}\tau_2$ befindet, falls $\mathrm{d}\tau_1$ und $\mathrm{d}\tau_2$ zusammenfallen. Die Beziehung, die diesen Sachverhalt berücksichtigt, hat die Form

$$\langle f_1 f_2\rangle = \mathcal{N}^2\overline{f_{12}^{(2)}} + \overline{f}_1\delta(\boldsymbol{r}_1 - \boldsymbol{r}_2)\,\delta(\Gamma_1 - \Gamma_2)\,. \tag{20,4}$$

Zur Bestätigung multiplizieren wir diese Gleichung mit $\mathrm{d}\tau_1\,\mathrm{d}\tau_2$ und integrieren über ein kleines Volumen $\Delta\tau$. Hierbei ergibt das erste Glied auf der rechten Seite einen kleinen Beitrag zweiter Ordnung $(\sim (\Delta\tau)^2)$. Das Glied mit der δ-Funktion dagegen ergibt $\overline{f}\,\Delta\tau$, d. h. einen Beitrag erster Ordnung. Folglich erhalten wir

$$\langle(\int_{\Delta\tau} f\,\mathrm{d}\tau)^2\rangle = \overline{f}\,\Delta\tau\,,$$

wie dies auch sein muß, wenn man beachtet, daß sich bis zu Beiträgen erster Ordnung im kleinen Volumen $\Delta\tau$ nur 0 oder 1 Teilchen befinden können.

Wenn wir (20,4) in die Definition des gleichzeitigen Korrelators

$$\langle\delta f_1(0)\,\delta f_2(0)\rangle = \langle f_1(0)\,f_2(0)\rangle - \overline{f}_1\overline{f}_2$$

einsetzen, erhalten wir die gesuchte Beziehung zwischen diesem und der Zweiteilchenverteilungsfunktion:

$$\langle\delta f_1(0)\,\delta f_2(0)\rangle = \mathcal{N}^2\overline{f_{12}^{(2)}} - \overline{f}_1\overline{f}_2 + \overline{f}_1\delta(\boldsymbol{r}_1 - \boldsymbol{r}_2)\,\delta(\Gamma_1 - \Gamma_2)\,. \tag{20,5}$$

Für ein ideales Gas im Gleichgewicht reduziert sich die Zweiteilchenverteilungsfunktion auf das Produkt $\overline{f_{12}^{(2)}} = \overline{f}_1\overline{f}_2/\mathcal{N}^2$, und dann läßt sich (20,5) auf (19,6) zurückführen. Im allgemeinen Fall strebt $\overline{f_{12}^{(2)}}$ bei Vergrößernug des Abstandes zwischen den Punkten 1 und 2 gegen das angegebene Produkt. Somit gilt

$$\langle\delta f_1(0)\,\delta f_2(0)\rangle \to 0 \quad \text{für} \quad |\boldsymbol{r}_1 - \boldsymbol{r}_2| \to \infty\,. \tag{20,6}$$

Die Zweiteilchenverteilungsfunktion genügt einer kinetischen Gleichung, die analog der Boltzmann-Gleichung ist. Diese Gleichung könnte in ähnlicher Weise aus der Gleichung (16,9) für $\overline{f^{(2)}}$ hergeleitet werden, wie die Gleichung für die Einteilchenverteilungsfunktion aus (16,7) gewonnen wurde.[1]) Wir geben hier jedoch eine Herleitung der Gleichung für $\overline{f^{(2)}}$ in Analogie zur Herleitung der Boltzmann-Gleichung in § 3, die auf anschaulichen physikalischen Betrachtungen beruht.

Wir betrachten als Unbekannte nicht die Funktion $\overline{f^{(2)}}$ selbst, sondern die Differenz

$$\varphi(\boldsymbol{r}_1, \Gamma_1; \boldsymbol{r}_2, \Gamma_2) = \mathcal{N}^2\overline{f_{12}^{(2)}} - \overline{f}_1\overline{f}_2\,, \tag{20,7}$$

---

[1]) In § 17 wurde Gleichung (16,9) nur zu einem speziellen Ziel benutzt — zur Elimination von $\overline{f^{(2)}}$ aus der Gleichung für $\overline{f}$.

die für $|\boldsymbol{r}_1 - \boldsymbol{r}_2| \to \infty$ gegen Null strebt (der Korrelator (20,5) ohne das letzte Glied). Diese Größe ist von der Ordnung $1/\mathcal{N}$ im Vergleich mit $\overline{f_1}\,\overline{f_2}$ und ist somit klein in dem für die Theorie der Fluktuationen üblichen Sinne.

Wenn keine Stöße stattfinden, genügt die Funktion φ einer Gleichung, welche lediglich das LIOUVILLE-Theorem zum Ausdruck bringt: $\overline{f^{(2)}}$ ist konstant längs der Phasenraumtrajektorie eines Teilchenpaares,

$$\frac{\mathrm{d}\overline{f^{(2)}}}{\mathrm{d}t} = \frac{\mathrm{d}\varphi}{\mathrm{d}t} = \boldsymbol{v}_1 \frac{\partial \varphi}{\partial \boldsymbol{r}_1} + \boldsymbol{v}_2 \frac{\partial \varphi}{\partial \boldsymbol{r}_2} = 0\,. \tag{20,8}$$

Die Änderung von φ infolge von Stößen hängt mit Prozessen zweierlei Art zusammen.

Die Stöße der Teilchen 1 und 2 mit allen übrigen Teilchen, jedoch nicht miteinander, führen zum Auftreten der Glieder $\hat{I}_1\varphi + \hat{I}_2\varphi$ auf der rechten Seite der Gleichung (20,8), wobei $\hat{I}_1$ und $\hat{I}_2$ die linearen Integraloperatoren (19,11) sind, die auf die Variablen Γ_1 bzw. Γ_2 wirken.

Die Stöße der Teilchen 1 und 2 miteinander spielen dagegen eine besondere Rolle. Sie führen zu einem gleichzeitigen „Sprung" der beiden Teilchen 1 und 2 aus einem Punktepaar des Phasenraumes in ein anderes. Genau die gleichen Überlegungen wie bei der Herleitung von (3,7) ergeben auf der rechten Seite von (20,8) ein Glied der Form $\delta(\boldsymbol{r}_1 - \boldsymbol{r}_2)\,\mathrm{St}_{12}\overline{f}$ mit

$$\mathrm{St}_{12}\overline{f} = \int w(\Gamma_1, \Gamma_2; \Gamma_1', \Gamma_2')(\overline{f_1'}\,\overline{f_2'} - \overline{f_1}\,\overline{f_2})\,\mathrm{d}\Gamma_1'\,\mathrm{d}\Gamma_2'\,. \tag{20,9}$$

(In diesem Integral können die Fluktuationen vernachlässigt werden.) Der Faktor $\delta(\boldsymbol{r}_1 - \boldsymbol{r}_2)$ bringt zum Ausdruck, daß nur Teilchen, die sich am gleichen Punkt des Raumes befinden, Stöße durchführen.[1])

Somit gelangen wir schließlich zu der folgenden Gleichung:

$$\boldsymbol{v}_1 \frac{\partial \varphi}{\partial \boldsymbol{r}_1} + \boldsymbol{v}_2 \frac{\partial \varphi}{\partial \boldsymbol{r}_2} - \hat{I}_1\varphi - \hat{I}_2\varphi = \delta(\boldsymbol{r}_1 - \boldsymbol{r}_2)\,\mathrm{St}_{12}\overline{f}. \tag{20,10}$$

Wenn wir diese Gleichung lösen, erhalten wir gemäß (20,5) eine Funktion, die als Anfangsbedingung für die Gleichung (20,3) bei $t = 0$ genommen werden kann.[2])

Ohne rechte Seite besitzt die homogene Gleichung (20,10) die Lösung

$$\varphi = f_{01}\,\Delta f_{02} + f_{02}\,\Delta f_{01}\,, \quad \Delta f_0 = \frac{\partial f_0}{\partial \mathcal{N}}\Delta\mathcal{N} + \frac{\partial f_0}{\partial T}\,\Delta T + \frac{\partial f_0}{\partial \boldsymbol{v}}\Delta \boldsymbol{V}\,, \tag{20,11}$$

die beliebigen kleinen Änderungen der Teilchenzahl, der Temperatur und der makroskopischen Geschwindigkeit in der Gleichgewichtsverteilung f_0 entspricht.

Diese „parasitäre" Lösung wird jedoch durch die Bedingung $\varphi \to 0$ für $|\boldsymbol{r}_1 - \boldsymbol{r}_2| \to \infty$ ausgeschlossen. Deshalb folgt aus Gleichung (20,10) für den Gleichgewichtsfall, für den das Integral St_{12} identisch verschwindet, $\varphi = 0$, und wir gelangen wiederum zu der Anfangsbedingung (19,6).

---

[1]) Wenn das Integral (20,9) nochmals über $\mathrm{d}\Gamma_2$ integriert wird, ergibt sich das übliche BOLTZMANNsche Stoßintegral.

[2]) Dieses Ergebnis wurde von S. W. GANZEWITSCH, W. L. GUREWITSCH und R. KATILJUS (1969) sowie von SCH. M. KOGAN und A. JA. SCHULMAN (1969) erhalten.

Die rechte Seite der Gleichung (20,10), d. h. die Zweierstöße zwischen den Teilchen in den vorgegebenen Zuständen Γ_1 und Γ_2, ist somit der Ursprung der gleichzeitigen Korrelationen der Fluktuationen eines Gases im Nichtgleichgewicht. Die Zweierstöße erzeugen Korrelationen zwischen den Besetzungszahlen zweier Zustände, indem sie zu einer gleichzeitigen Änderung dieser Besetzungszahlen führen. Im Gleichgewichtszustand wird dieser Mechanismus in Anbetracht der exakten Kompensation der direkten und der inversen Zweierstöße nicht wirksam, und es sind keine gleichzeitigen Korrelationen vorhanden.

Wenn die Verteilung $\bar{f}$ nicht von den Koordinaten $\boldsymbol{r}$ abhängt (wie dies etwa bei der Aufrechterhaltung des Nichtgleichgewichtszustandes durch ein äußeres Feld der Fall sein kann), kann nach den Fluktuationen der über das gesamte Gasvolumen gemittelten Verteilungsfunktion gefragt werden, d. h. nach den Fluktuationen der Funktion

$$f(t, \Gamma) = \frac{1}{V} \int f(t, \boldsymbol{r}, \Gamma) \, d^3x \tag{20,12}$$

(welche wir mit dem gleichen Buchstaben f, aber ohne das Argument $\boldsymbol{r}$, bezeichnen). Die zugehörige Korrelationsfunktion genügt einer Gleichung, die sich von (20,3) dadurch unterscheidet, daß das Glied mit der Ableitung nach dem Ort fehlt:

$$\left(\frac{\partial}{\partial t} + \boldsymbol{F}_1 \frac{\partial}{\partial \boldsymbol{p}_1} - \hat{I}_1\right) \langle \delta f(t, \Gamma_1) \, \delta f(0, \Gamma_2) \rangle = 0 \quad \text{für} \quad t > 0 \, . \tag{20,13}$$

Auf der linken Seite wurde ein Glied hinzugefügt, das durch die Kraft $\boldsymbol{F}$ bedingt ist, welche auf ein Teilchen im äußeren Feld wirkt. Der gleichzeitige Korrelator

$$\begin{aligned} \langle \delta f(0, \Gamma_1) \, \delta f(0, \Gamma_2) \rangle &= \mathcal{N}^2 \bar{f}^{(2)}(\Gamma_1, \Gamma_2) - \bar{f}(\Gamma_1) \bar{f}(\Gamma_2) + \frac{\bar{f}(\Gamma_1)}{V} \delta(\Gamma_1 - \Gamma_2) \\ &\equiv \varphi(\Gamma_1, \Gamma_2) + \frac{\bar{f}(\Gamma_1)}{V} \delta(\Gamma_1 - \Gamma_2) \end{aligned} \tag{20,14}$$

genügt nun der Gleichung

$$\left[\boldsymbol{F}_1 \frac{\partial}{\partial \boldsymbol{p}_1} + \boldsymbol{F}_2 \frac{\partial}{\partial \boldsymbol{p}_2} - (\hat{I}_1 + \hat{I}_2)\right] \varphi(\Gamma_1, \Gamma_2) = \mathrm{St}_{12} \, \varphi(\Gamma_1, \Gamma_2). \tag{20,15}$$

Wenn sich das Gas in einem abgeschlossenen Gefäß befindet, muß diese Gleichung unter der Nebenbedingung gelöst werden, daß die Gesamtteilchenzahl im Gas vorgegeben ist (d. h. nicht fluktuiert):

$$\int \langle \delta f(0, \Gamma_1) \, \delta f(0, \Gamma_2) \rangle \, d\Gamma_1 = \int \langle \delta f(0, \Gamma_1) \, \delta f(0, \Gamma_2) \rangle \, d\Gamma_2 = 0 \, . \tag{20,16}$$

Diese Bedingung muß auch im Gleichgewichtsfall erfüllt sein. Der Ausdruck $\bar{f}(\Gamma_1) \, \delta(\Gamma_1 - \Gamma_2)/V$, der dem Korrelator (19,6) entspricht, genügt aber nicht dieser Bedingung. Den korrekten Ausdruck kann man unter Ausnutzung der freien Wahl in (20,11) erhalten. Wählen wir den Parameter $\Delta\mathcal{N}$ in der erforderlichen Weise, erhalten wir

$$\langle \delta f(0, \Gamma_1) \, \delta f(0, \Gamma_2) = \frac{1}{V} \bar{f}(\Gamma_1) \, \delta(\Gamma_1 - \Gamma_2) - \frac{1}{\mathcal{N}} \bar{f}(\Gamma_1) \, \bar{f}(\Gamma_2) \, . \tag{20,17}$$

Wir merken an, daß dieser Korrelator auch einen Term enthält, der nicht vom Typ einer δ-Funktion ist.

II DIE DIFFUSIONSNÄHERUNG

§ 21. Die Fokker-Planck-Gleichung

Eine bedeutsame Gruppe kinetischer Erscheinungen bilden diejenigen Prozesse, in denen die mittleren Änderungen der Größen (von denen die Verteilungsfunktion abhängt) bei jedem Elementarakt klein im Vergleich zu ihren charakteristischen Werten sind. Für solche Prozesse sind die Relaxationszeiten groß im Vergleich zur Dauer der Elementarakte, welche den mikroskopischen Mechanismus dieser Relaxation darstellen. In diesem Sinne kann man diese Prozesse als langsam bezeichnen.

Ein typisches Beispiel dieser Art stellt das Problem der Impulsrelaxation einer geringen Beimengung eines schweren Gases in einem leichten dar (von dem angenommen wird, daß es sich selbst im Gleichgewicht befindet). In Anbetracht der geringen Konzentration der schweren Teilchen kann man ihre Stöße untereinander vernachlässigen und nur ihre Stöße mit den Teilchen der Hauptkomponente (des leichten Gases) betrachten. Bei Stößen eines schweren Teilchens mit leichten erfährt sein Impuls jedoch nur eine relativ kleine Änderung.

Zur Präzisierung werden wir uns auf dieses Beispiel konzentrieren und eine kinetische Gleichung herleiten, die in diesem Fall für die Impulsverteilungsfunktion der Teilchen der Beimengung $f(t, \boldsymbol{p})$ gilt.

Wir bezeichnen mit $w(\boldsymbol{p}, \boldsymbol{q})\,\mathrm{d}^3q$ die auf die Zeiteinheit bezogene Wahrscheinlichkeit der Impulsänderung $\boldsymbol{p} \to \boldsymbol{p} - \boldsymbol{q}$ eines schweren Teilchens bei einem Elementarakt, nämlich einem Stoß mit einem leichten Teilchen. Dann läßt sich die kinetische Gleichung für die Funktion $f(t, \boldsymbol{p})$ in der Form

$$\frac{\delta f(t, \boldsymbol{p})}{\partial t} = \int \{w(\boldsymbol{p} + \boldsymbol{q}, \boldsymbol{q})\, f(t, \boldsymbol{p} + \boldsymbol{q}) - w(\boldsymbol{p}, \boldsymbol{q})\, f(t, \boldsymbol{p})\}\,\mathrm{d}^3q \qquad (21,1)$$

schreiben, wobei auf der rechten Seite die Differenz zwischen der Zahl der Teilchen, die pro Zeiteinheit in ein gegebenes Element des Impulsraumes d^3p eintreten, und der Zahl der Teilchen, die es in dieser Zeit verlassen, steht. Entsprechend der gemachten Annahmen fällt die Funktion $w(\boldsymbol{p}, \boldsymbol{q})$ mit wachsendem $\boldsymbol{q}$ rasch ab, so daß den wesentlichen Beitrag zum Integral diejenigen $\boldsymbol{q}$-Werte geben, die klein im Vergleich zum mittleren Impuls der Teilchen sind. Dieser Umstand gestattet es, im Integranden die Entwicklung

$$w(\boldsymbol{p} + \boldsymbol{q}, \boldsymbol{q})\, f(t, \boldsymbol{p} + \boldsymbol{q}) \approx w(\boldsymbol{p}, \boldsymbol{q})\, f(t, \boldsymbol{p}) + \boldsymbol{q}\frac{\partial}{\partial \boldsymbol{p}} w(\boldsymbol{p}, \boldsymbol{q})\, f(t, \boldsymbol{p}) + \frac{1}{2} q_\alpha q_\beta \frac{\partial^2}{\partial p_\alpha\, \partial p_\beta} w(\boldsymbol{p}, \boldsymbol{q})\, f(t, \boldsymbol{p})$$

durchzuführen.

Im Ergebnis nimmt die kinetische Gleichung die Form

$$\frac{\partial f}{\partial t} = \frac{\partial}{\partial p_\alpha}\left\{\tilde{A}_\alpha f + \frac{\partial}{\partial p_\beta}(B_{\alpha\beta} f)\right\} \tag{21,2}$$

an mit

$$\tilde{A}_\alpha = \int q_\alpha w(\boldsymbol{p}, \boldsymbol{q})\, d^3q\,, \qquad B_{\alpha\beta} = \tfrac{1}{2}\int q_\alpha q_\beta w(\boldsymbol{p}, \boldsymbol{q})\, d^3q\,. \tag{21,3}$$

Somit wird die kinetische Gleichung von einer Integro-Differentialgleichung zu einer Differentialgleichung. Die Größen $\tilde{A}_\alpha$ und $B_{\alpha\beta}$ lassen sich in einer symbolischen Form schreiben, die ihre Bedeutung klarer zum Ausdruck bringt:

$$\tilde{A}_\alpha = \frac{\sum q_\alpha}{\delta t}, \qquad B_{\alpha\beta} = \frac{\sum q_\alpha q_\beta}{2\delta t}. \tag{21,4}$$

Hierbei bedeutet das Zeichen $\sum$ die Summation über die (große) Zahl von Stößen, die in der Zeit δt stattfinden.

Der Ausdruck auf der rechten Seite von (21,2) hat die Form einer Divergenz im Impulsraum, $-\partial s_\alpha/\partial p_\alpha$, für den Vektor

$$s_\alpha = -\tilde{A}_\alpha f - \frac{\partial}{\partial p_\beta}(B_{\alpha\beta} f) = -A_\alpha f - B_{\alpha\beta}\frac{\partial f}{\partial p_\beta}, \quad A_\alpha = \tilde{A}_\alpha + \frac{\partial B_{\alpha\beta}}{\partial p_\beta}. \tag{21,5}$$

Wie zu erwarten war, besitzt (21,2) die Form einer Kontinuitätsgleichung im Impulsraum. Auf diese Weise wird die Erhaltung der Teilchenzahl bei dem betrachteten Prozeß automatisch gewährleistet. Der Vektor $\boldsymbol{s}$ stellt die Teilchenstromdichte im Impulsraum dar.

Entsprechend den Formeln (21,4) werden die Koeffizienten in der kinetischen Gleichung durch gemittelte Stoßcharakteristika ausgedrückt, und in diesem Sinne stellt ihre Berechnung eine Aufgabe der Mechanik dar. Tatsächlich besteht jedoch nicht die Notwendigkeit, die Koeffizienten A_α und $B_{\alpha\beta}$ getrennt voneinander zu berechnen. Sie lassen sich mit Hilfe der Bedingung, daß der Strom im statistischen Gleichgewicht verschwindet, durcheinander ausdrücken. Im betrachteten Falle lautet die Verteilungsfunktion für das Gleichgewicht

$$f = \text{const} \cdot e^{-\boldsymbol{p}^2/2MT}\,,$$

wobei M die Masse eines Teilchens des schweren Gases und T die Temperatur der Hauptkomponente (des leichten Gases) ist. Nach Einsetzen dieses Ausdruckes in die Gleichung $\boldsymbol{s} = 0$ erhalten wir

$$MTA_\alpha = B_{\alpha\beta} p_\beta\,. \tag{21,6}$$

Somit bekommt die kinetische Gleichung die Form

$$\frac{\partial f(t, \boldsymbol{p})}{\partial t} = \frac{\partial}{\partial p_\alpha}\left[B_{\alpha\beta}\left(\frac{p_\beta}{MT} f + \frac{\partial f}{\partial p_\beta}\right)\right]. \tag{21,7}$$

Wir weisen darauf hin, daß die Koeffizienten in den beiden ersten Gliedern der Entwicklung des Stoßintegrals von gleicher Größenordnung sind. Dies hängt damit zusammen, daß die Mittelung der ersten Potenzen der vorzeichenbehafteten Größen q_α in (21,4) mit einer stärkeren Kompensation verbunden ist als die Mittelung der quadratischen Ausdrücke. Die weiteren Glieder der Entwicklung werden immer klein im Vergleich zu den beiden ersten sein.

Der einzige Vektor, von dem die Koeffizienten $B_{\alpha\beta}$ abhängen können, ist der Impuls der schweren Teilchen $\boldsymbol{p}$. Wenn allerdings die Geschwindigkeit $\boldsymbol{p}/M$ dieser Teilchen im Mittel klein ist im Vergleich zu den Geschwindigkeiten der leichten Teilchen, so kann man sie bei den Stößen als ruhend ansehen. In dieser Näherung werden die Größen $B_{\alpha\beta}$ nicht von $\boldsymbol{p}$ abhängen. Dies bedeutet, daß sich der Tensor $B_{\alpha\beta}$ auf einen konstanten Skalar B reduziert:

$$B_{\alpha\beta} = B\,\delta_{\alpha\beta}\,, \qquad B = \tfrac{1}{6}\int q^2 w(0, \boldsymbol{q})\,\mathrm{d}^3q\,, \tag{21,8}$$

und (21,7) erhält die Form

$$\frac{\partial f}{\partial t} = B\frac{\partial}{\partial \boldsymbol{p}}\left(\frac{\boldsymbol{p}}{MT}f + \frac{\partial f}{\partial \boldsymbol{p}}\right). \tag{21,9}$$

Wir wollen noch die formale Übereinstimmung der Gleichung (21,7) mit der Diffusionsgleichung im äußeren Feld beachten, die besonders in der Form (21,9) offensichtlich ist. Wir erinnern daran, daß die Diffusionsgleichung die Form

$$\frac{\partial c}{\partial t} = \operatorname{div}\,(D\nabla c - bc\boldsymbol{F})$$

besitzt, wobei c die Konzentration der Beimengung, $\boldsymbol{F}$ die Kraft, die infolge des äußeren Feldes auf ein Teilchen der Beimengung wirkt, D die Diffusionskonstante und b die Beweglichkeit bedeuten. Die durch (21,9) beschriebenen Prozesse lassen sich als Diffusion im Impulsraum bezeichnen, wobei B die Bedeutung des Diffusionskoeffizienten hat. Die Beziehung zwischen den Koeffizienten in beiden Gliedern der rechten Seite von (21,9) ist analog zu der bekannten EINSTEIN-Beziehung zwischen dem Diffusionskoeffizienten und der Beweglichkeit: $D = bT$ (s. VI, § 59).

Eine kinetische Gleichung der Form (21,2), in der die Koeffizienten durch die gemittelten Charakteristika der Elementarakte gemäß (21,4) bestimmt werden, wird als FOKKER-PLANCK-*Gleichung* bezeichnet (A. D. FOKKER, 1914; M. PLANCK, 1917). Die spezifischen Eigenschaften der Variablen p_α als Teilchenimpulse spielten bei der dargelegten Herleitung keine Rolle. Deshalb ist es offensichtlich, daß eine Gleichung der gleichen Form auch für die Verteilungsfunktion f bezüglich weiterer Variabler gültig sein wird, wenn nur die Bedingungen erfüllt sind, auf denen die Herleitung beruht: relativ geringe Änderung der Größen beim Elementarakt und Linearität des Integraloperators, welcher die Änderung der Verteilungsfunktion infolge dieser Elementarakte zum Ausdruck bringt.

Wir betrachten als Beispiel noch den Fall, daß das leichte Gas eine geringe Beimischung zum schweren Gas darstellt. Bei den Stößen mit den schweren Teilchen erfährt der Impuls eines Teilchens eine starke Änderung bezüglich der Richtung, jedoch nur eine unwesentliche Änderung bezüglich des Betrages. Obgleich für die Verteilungsfunktion der Teilchen des beigemischten Gases bezüglich des Impulsvektors $\boldsymbol{p}$ die Gleichung (21,7) unter diesen Bedingungen nicht mehr anwendbar sein wird, läßt sich eine analoge Gleichung für die Verteilungsfunktion allein des Impulsbetrages p aufstellen. Wenn wir wie vorher die Verteilungsfunktion auf das Element d^3p des Impulsraumes beziehen (so daß die Zahl der Teilchen mit dem Impulsbetrag p im Intervall $\mathrm{d}p$ durch $f(t, p)\,4\pi p^2\,\mathrm{d}p$ gegeben ist), dann gilt eine FOKKER-PLANCK-Gleichung für die Funktion $4\pi p^2 f$, die auf das Element dp bezogen ist,

$$\frac{\partial f p^2}{\partial t} = \frac{\partial}{\partial p}\left\{f p^2 A + B\,\frac{\partial}{\partial p} f p^2\right\}$$

oder

$$\frac{\partial f}{\partial t} = \frac{1}{p^2}\frac{\partial}{\partial p} p^2 \left\{f A + \frac{B}{p^2}\frac{\partial}{\partial p} f p^2\right\} \tag{21,10}$$

mit

$$B = \frac{1}{2}\,\frac{\sum (\delta p)^2}{\delta t}\,. \tag{21,11}$$

Der Ausdruck in der geschweiften Klammer stellt den radialen Strom s im Impulsraum dar. Für die Gleichgewichtsverteilung

$$f = \text{const} \cdot \mathrm{e}^{-p^2/2mT}$$

(mit m als Masse des leichten Teilchens und T als Temperatur der Hauptkomponente (des schweren Gases)) muß er verschwinden. Diese Bedingung stellt eine Verbindung zwischen den Größen A und B her, und im Ergebnis erhält die kinetische Gleichung (21,10) die Form

$$\frac{\partial f}{\partial t} = -\frac{1}{p^2}\frac{\partial p^2 s}{\partial p}\,, \qquad s = -B\left(\frac{p}{mT} f + \frac{\partial f}{\partial p}\right). \tag{21,12}$$

Aufgaben

1. Es ist der Diffusionskoeffizient im Impulsraum (B in Gleichung (21,9)) für die Beimischung eines schweren Gases in einem leichten zu bestimmen, wobei angenommen wird, daß die Geschwindigkeiten der schweren Teilchen klein im Vergleich zu den Geschwindigkeiten der leichten Teilchen sind.

Lösung. Wie im Text aufgezeigt wurde, kann man unter den gegebenen Bedingungen bei der Berechnung der Impulsübertragung das schwere Teilchen als ruhend ansehen und die Änderung seiner Energie beim Stoß vernachlässigen. Die Änderung des Impulses des schweren Teilchens stimmt mit der Impulsänderung des leichten Teilchens überein und berechnet sich daher zu $(\Delta \boldsymbol{p})^2 = 2p'^2(1 - \cos\alpha)$, wobei p' der Betrag des Impulses des leichten Teilchens und α der Ablenkwinkel bei der Streuung ist. Hieraus wird

$$\sum (\Delta \boldsymbol{p})^2 = \delta t \int 2p'^2(1 - \cos\alpha)\, N v'\, \mathrm{d}\sigma$$

(N ist die Teilchenzahldichte des leichten Gases) und schließlich

$$B = \frac{N}{3m}\,\langle p'^3 \sigma_t\rangle\,,$$

wobei $\sigma_t = \int (1 - \cos\alpha)\, \mathrm{d}\sigma$ der Transportquerschnitt ist und die Mittelung über die Verteilung der Teilchen des leichten Gases durchgeführt wird.

2. Mit Hilfe der Fokker-Planck-Gleichung ist die Beweglichkeit eines schweren Teilchens in einem leichten Gas zu bestimmen.

Lösung. Bei Anwesenheit eines äußeren Feldes wird auf der linken Seite der Gleichung (21,9) das Glied $\boldsymbol{F}\,\partial f/\partial \boldsymbol{p}$ hinzugefügt, wobei $\boldsymbol{F}$ die Kraft ist, die auf das Teilchen wirkt. Unter der Annahme, daß diese Kraft klein ist, machen wir für die stationäre Lösung der Gleichung einen Ansatz der Form $f = f_0 + \delta f$, wobei f_0 die MAXWELL-Verteilung und $\delta f \ll f_0$ ist. Für δf erhalten wir die Gleichung

$$B \frac{\partial}{\partial \boldsymbol{p}} \left(\frac{\partial \delta f}{\partial \boldsymbol{p}} + \frac{\boldsymbol{p}}{MT} \delta f \right) = \boldsymbol{F} \frac{\partial f_0}{\partial \boldsymbol{p}} .$$

Hieraus folgt

$$B \left(\frac{\partial \delta f}{\partial \boldsymbol{p}} + \frac{\boldsymbol{p}}{MT} \delta f \right) = \boldsymbol{F} f_0$$

und weiterhin $\delta f = f_0 \boldsymbol{F} \boldsymbol{p} / B$. Die Beweglichkeit b ist der Koeffizient in der Gleichung

$$\bar{\boldsymbol{v}} = \int \delta f \cdot \boldsymbol{v} \, \mathrm{d}^3 p = b \boldsymbol{F} .$$

Die Auswertung des Integrals ergibt

$$b = \frac{T}{B} = \frac{3mT}{N \langle \sigma_t p'^3 \rangle}$$

in Übereinstimmung mit (12,4).

§ 22. Das schwach ionisierte Gas im elektrischen Feld

Wir betrachten ein ionisiertes Gas, das sich in einem homogenen elektrischen Feld $\boldsymbol{E}$ befindet. Das Feld stört die Gleichgewichtsverteilung der freien Elektronen im Gas und erzeugt einen elektrischen Strom in ihm. Wir leiten eine kinetische Gleichung her, die die Verteilung der Elektronen bestimmt.[1])

Eine schwache Ionisation bedeutet, daß die Konzentration der Elektronen (und Ionen) im Gas klein ist. Deshalb spielen die Stöße der Elektronen mit den neutralen Molekülen die wesentliche Rolle. Die Stöße der Elektronen untereinander (und mit den Ionen) können vernachlässigt werden. Wir wollen weiterhin annehmen, daß die mittlere Energie, die von den Elektronen im elektrischen Feld aufgenommen wird (selbst wenn das Feld stark ist; s. unten), nicht zur Anregung oder Ionisation der Moleküle ausreicht. Dann kann man die Stöße der Elektronen mit den Molekülen als elastisch ansehen.

In Anbetracht des großen Unterschiedes zwischen der Elektronenmasse m und der Molekülmasse M ist die mittlere Geschwindigkeit der Elektronen groß im Vergleich zur mittleren Geschwindigkeit der Moleküle. Aus dem gleichen Grund ändert sich der Impuls eines Elektrons bei einem Stoß stark bezüglich der Richtung, aber nur schwach bezüglich seines Betrages. Unter diesen Umständen zerfällt das Stoßintegral in der kinetischen Gleichung in eine Summe aus zwei Teilen, welche die Änderung der Teilchenzahl in einem gegebenen Element des Impulsraumes infolge der Änderung des Betrages und infolge der Änderung der Richtung des Impulses darstellen. Der erste Teil läßt sich in Form einer FOKKER-PLANCKschen Differentialgleichung darstellen.

Wegen der Rotationssymmetrie bezüglich der Feldrichtung hängt die Verteilungsfunktion (außer von der Zeit) nur von zwei Variablen ab: vom Betrag des Impulses p

---

[1]) Die in diesem Paragraphen dargestellte Theorie wurde von B. I. DAWYDOW (1936) entwickelt. Der asymptotische Ausdruck (22,18) wurde bereits vorher von M. J. DRUYVESTEYN (1930) erhalten.

und vom Winkel Θ zwischen $\boldsymbol{p} = m\boldsymbol{v}$ und der Richtung von $\boldsymbol{E}$ (die wir als z-Achse wählen). Die kinetische Gleichung für die Funktion $f(t, p, \Theta)$ hat die Form[1]

$$\frac{\partial f}{\partial t} - e\boldsymbol{E}\frac{\partial f}{\partial \boldsymbol{p}} = -\frac{1}{p^2}\frac{\partial}{\partial p}p^2 s + Nv\int [f(t,p,\Theta') - f(t,p,\Theta)]\,\mathrm{d}\sigma \qquad (22,1)$$

mit

$$s = -B\left(\frac{v}{T}f + \frac{\partial f}{\partial p}\right), \qquad B = \frac{\Sigma\,(\Delta p)^2}{2\delta t}.$$

Das erste Glied auf der rechten Seite von (22,1) entspricht der rechten Seite der FOKKER-PLANCK-Gleichung (21,12). Das zweite Glied dagegen ist das Stoßintegral bezüglich der Änderung der Impulsrichtung. In diesem Integral kann man die Moleküle als unbeweglich ansehen (ihre Teilchenzahldichte ist N). Dann ergibt sich die Zahl der Stöße, die ein Elektron in der Zeiteinheit erfährt und die die Impulsrichtung von Θ nach Θ' (oder von Θ' nach Θ) ändern, zu $Nv\,\mathrm{d}\sigma$, wobei $\mathrm{d}\sigma$ der Streuquerschnitt für die Streuung eines Elektrons an einem ruhenden Molekül ist. Er hängt von p und vom Winkel α zwischen $\boldsymbol{p}$ und $\boldsymbol{p}'$ ab. (Es wird angenommen, daß der Streuquerschnitt bereits über die Molekülorientierungen gemittelt ist.)

Weiter unten wird der stationäre Zustand mit einer zeitunabhängigen Verteilungsfunktion betrachtet, so daß das Glied $\partial f/\partial t$ in der Gleichung (22,1) wegfällt.

Zur Berechnung der Größe B benutzen wir die Gleichung

$$(\boldsymbol{v} - \boldsymbol{V})^2 = (\boldsymbol{v}' - \boldsymbol{V}')^2,$$

welche die Konstanz der Relativgeschwindigkeit der beiden Teilchen bei einem elastischen Stoß ausdrückt ($\boldsymbol{v}$, $\boldsymbol{V}$ und $\boldsymbol{v}'$, $\boldsymbol{V}'$ sind die Anfangs- und Endgeschwindigkeiten des Elektrons und des Moleküls). Die Änderung der Molekülgeschwindigkeit ist klein im Vergleich zur Änderung der Geschwindigkeit des Elektrons: $\Delta\boldsymbol{V} = -m\,\Delta\boldsymbol{v}/M$. Deshalb kann man in der angegebenen Gleichung nach Ausquadrieren der Klammern $\boldsymbol{V} = \boldsymbol{V}'$ setzen. Wir erhalten dann

$$2\boldsymbol{V}(\boldsymbol{v} - \boldsymbol{v}') = v^2 - v'^2 \approx 2v\,\Delta v,$$

wobei $\Delta v = v - v'$ eine kleine Größe ist. Somit wird

$$(\Delta p)^2 = m^2(\Delta v)^2 = \frac{m^2}{v^2}[(\boldsymbol{V}\boldsymbol{v})^2 + (\boldsymbol{V}\boldsymbol{v}')^2 - 2(\boldsymbol{V}\boldsymbol{v})\,(\boldsymbol{V}\boldsymbol{v}')].$$

Die Mittelung dieses Ausdruckes wird in zwei Schritten durchgeführt. Zunächst mitteln wir über die (MAXWELLsche) Verteilung der Molekülgeschwindigkeiten $\boldsymbol{V}$. Infolge der Isotropie dieser Verteilung gilt $\langle V_\alpha V_\beta\rangle = \delta_{\alpha\beta}\langle V^2\rangle/3$ und für das mittlere Quadrat $\langle V^2\rangle = 3T/M$. Deshalb erhalten wir

$$(\Delta p)^2 = \frac{m^2 T}{M v^2}(v^2 + v'^2 - 2\boldsymbol{v}\boldsymbol{v}') \approx \frac{2m^2 T}{M}(1 - \cos\alpha). \qquad (22,2)$$

---

[1] In diesem Buch bedeutet e immer eine positive Größe — den Betrag der Elementarladung. Die Ladung des Elektrons beträgt deshalb $-e$.

Anschließend muß nun über die Stöße gemittelt werden, die ein Elektron in der Zeiteinheit erfährt. Dies geschieht durch Integration über $Nv\, d\sigma$. Als Ergebnis erhalten wir

$$B = \frac{Nm^2 v \sigma_t T}{M} = \frac{pmT}{Ml}, \tag{22,3}$$

wobei $\sigma_t = \int (1 - \cos\alpha)\, d\sigma$ der Transportquerschnitt und l die freie Weglänge sind. Letztere ist durch

$$l = 1/N\sigma_t \tag{22,4}$$

bestimmt (im allgemeinen Fall ist l eine Funktion von p). Somit gilt für den in (22,1) auftretenden Strom

$$s = -\frac{mp}{Ml}\left(vf + T\frac{\partial f}{\partial p}\right). \tag{22,5}$$

Wir beachten, daß gemäß (22,2) die Änderung der Energie eines Elektrons bei einem Stoß $\Delta\varepsilon \sim \bar{v}\,\Delta p \sim T(m/M)^{1/2} \sim \bar{\varepsilon}(m/M)^{1/2}$ beträgt. Deshalb tritt eine merkliche Änderung dieser Energie erst im Ergebnis von $\sim M/m$ Stößen auf, während sich die Impulsrichtung eines Elektrons schon bei einem Stoß wesentlich ändert. Mit anderen Worten beträgt die Relaxationszeit für die Elektronenenergien $\tau_\varepsilon \sim \tau_p M/m$, wobei $\tau_p \sim l/\bar{v}$ die Relaxationszeit für die Impulsrichtungen bedeutet.

Die linke Seite der Gleichung (22,1) kann ebenfalls auf die Variablen p und Θ transformiert werden:

$$e\boldsymbol{E}\frac{\partial f}{\partial \boldsymbol{p}} = eE\frac{\partial f}{\partial p_z} = eE\left[\cos\Theta\frac{\partial f}{\partial p} + \frac{\sin^2\Theta}{p}\frac{\partial f}{\partial\cos\Theta}\right]. \tag{22,6}$$

Die Lösung der auf diese Weise aufgestellten kinetischen Gleichung können wir in Form einer Entwicklung nach Legendreschen Polynomen ansetzen:

$$f(p, \Theta) = \sum_{n=0}^{\infty} f_n(p)\, P_n(\cos\Theta)\,. \tag{22,7}$$

Weiter unten zeigen wir, daß die höheren Glieder dieser Entwicklung in ihrer Größenordnung rasch abnehmen. Deshalb genügt es, sich näherungsweise auf die beiden ersten Glieder der Entwicklung zu beschränken:

$$f(p, \Theta) = f_0(p) + f_1(p)\cos\Theta\,. \tag{22,8}$$

Setzen wir (22,8) in das Integral von (22,1) ein, ergibt sich

$$\int [f(p, \Theta') - f(p, \Theta)]\, d\sigma = -f_1\sigma_t\cos\Theta$$

(vgl. die Transformation des gleichen Integrals in (11,1)). Hiermit erhält die kinetische Gleichung die Form

$$-eE\left[f_0'\cos\Theta + f_1'\cos^2\Theta + \frac{f_1}{p}\sin^2\Theta\right] + \frac{1}{p^2}(s_0p^2)' + \frac{v}{l}f_1\cos\Theta = 0\,,$$

wobei der Strich die Ableitung nach p bedeutet. Das Glied $p^{-2}(s_1p^2)'\cos\Theta$ wurde hier weggelassen, da es generell klein (im Verhältnis $\sim m/M$) im Vergleich zu dem Glied

$(vf_1/l)\cos\Theta$ ist (s_0 und s_1 sind die Ausdrücke (22,5) mit f_0 oder f_1 anstelle von f). Wenn wir diese Gleichung mit $P_0 = 1$ oder mit $P_1 = \cos\Theta$ multiplizieren und sie über $\mathrm{d}\cos\Theta$ integrieren, erhalten wir zwei Gleichungen:

$$\frac{1}{p^2}(p^2 S)' = 0\,, \qquad S = -\frac{1}{lM}(p^2 f_0 + mpTf_0') - \frac{eE}{3} f_1\,, \tag{22,9}$$

$$f_1 = \frac{eEl}{v} f_0'\,. \tag{22,10}$$

Der Ausdruck S stellt die Teilchenstromdichte im Impulsraum dar, die durch das elektrische Feld geändert wurde. Aus (22,9) folgt $S = \mathrm{const}/p^2$. Der Strom S muß aber für alle p-Werte endlich sein. Deshalb muß const $= 0$ gelten. Setzen wir jetzt f_1 aus (22,10) in die Gleichung $S = 0$ ein, gelangen wir zu einer Gleichung, die die Funktion $f_0(p)$ bestimmt:

$$\left[pT + \frac{(eEl)^2 M}{3p}\right] f_0' + \frac{p^2}{m} f_0 = 0\,. \tag{22,11}$$

Bis hierher haben wir keine Annahmen über die Form der Funktion $l(p)$ gemacht, und das Integral der Differentialgleichung erster Ordnung (22,11) kann für eine beliebige Funktion $l(p)$ angegeben werden. Um explizite Ergebnisse zu erhalten, nehmen wir an, daß $l = \mathrm{const}$ ist, was der Annahme der Impulsunabhängigkeit des Stoßquerschnitts σ_t äquivalent ist.[1]) Dann ergibt die Integration der Gleichung (22,11)

$$f_0(p) = \mathrm{const}\cdot\left(\frac{\varepsilon}{T} + \frac{\gamma^2}{6}\right)^{\gamma^2/6} \mathrm{e}^{-\varepsilon/T}\,, \tag{22,12}$$

wobei

$$\gamma = \frac{eEl}{T}\sqrt{\frac{M}{m}} \tag{22,13}$$

bedeutet. Für die Funktion $f_1(p)$ erhalten wir aus (22,10) und (22,12)

$$f_1 = -f_0 \sqrt{\frac{m}{M}}\, \frac{\gamma\varepsilon/T}{\varepsilon/T + \gamma^2/6}\,. \tag{22,14}$$

Die Größe γ ist derjenige Parameter, welcher den Grad der Einwirkung des Feldes auf die Elektronenverteilung charakterisiert. Der Grenzfall schwacher Felder entspricht der Ungleichung $\gamma \ll 1$. In erster Näherung reduziert sich $f_0(p)$ dann auf die ungestörte MAXWELL-Verteilung $\left(f_0 \propto \exp(-\varepsilon/T),\ \bar{\varepsilon} = 3T/2\right)$, und

$$f_1 = -\frac{eEl}{T} f_0\,, \qquad \gamma \ll 1\,. \tag{22,15}$$

---

[1]) Dies wird auf jeden Fall bei genügend tiefen Elektronentemperaturen erfüllt, da für langsame Teilchen der Streuquerschnitt gegen einen Grenzwert strebt, der nicht von der Energie abhängt (s. III, § 132).

Der sich im Gas einstellende elektrische Strom wird durch die Elektronenbeweglichkeit

$$b = \frac{\bar{v}_z}{-eE} = \frac{1}{-eEN_e}\int v\cos\Theta\cdot f\,\mathrm{d}^3p = -\frac{1}{3eEN_e}\int vf_1\,\mathrm{d}^3p \tag{22,16}$$

bestimmt. (N_e ist die Teilchenzahldichte der Elektronen.)[1]) Eine einfache Rechnung mit f_1 aus (22,15) ergibt für die Beweglichkeit in einem schwachen Feld

$$b_0 = \frac{2^{3/2}l}{3\pi^{1/2}(mT)^{1/2}}\,. \tag{22,17}$$

Wie zu erwarten ist, genügt dieser Ausdruck der EINSTEIN-Beziehung $D = bT$, wobei D der Diffusionskoeffizient (11,10) ist.

Die Bedeutung der Ungleichung $\gamma \ll 1$ als Kriterium für ein schwaches Feld kann man aus den folgenden einfachen Überlegungen verstehen. Offensichtlich ist der Einfluß des Feldes auf die Verteilung der Elektronen so lange schwach, solange die Energie, die von einem Elektron während seiner freien Flugzeit aufgenommen wird, klein im Vergleich zu der Energie ist, welche von ihm bei einem Stoß auf ein Atom übertragen wird. Die erstere Energie beträgt eEl, die letztere

$$\delta\varepsilon \sim V\delta P \sim Vp \sim \sqrt{\frac{T}{M}}\sqrt{Tm}\,.$$

(P und V sind Impuls und Geschwindigkeit des Atoms. Die Änderung δP ist von der Größenordnung des Elektronenimpulses.) Der Vergleich beider Ausdrücke führt zu dem geforderten Kriterium.

Für den entgegengesetzten Fall starker Felder ($\gamma \gg 1$) finden wir[2])

$$f_0(p) = A\exp\left(-\frac{3\varepsilon^2}{\gamma^2T^2}\right), \qquad A = \frac{3^{3/4}N_e}{2^{3/2}\pi\Gamma(3/4)\,(m\gamma T)^{3/2}}, \tag{22,18}$$

$$f_1 = -6\sqrt{\frac{m}{M}}\,\frac{\varepsilon}{T\gamma}f_0 \tag{22,19}$$

Die mittlere Energie der Elektronen beträgt

$$\bar{\varepsilon} = \frac{2}{\pi}\sqrt{\frac{2M}{3m}}\,\Gamma^2\left(\frac{5}{4}\right)eEl = 0{,}43eEl\sqrt{\frac{M}{m}} \tag{22,20}$$

und ihre Beweglichkeit

$$b = \frac{4\Gamma(5/4)\,l^{1/2}}{3^{3/4}\pi^{1/2}(mM)^{1/4}\,(eE)^{1/2}}\,. \tag{22,21}$$

---

[1]) Wir bemerken, daß infolge der Orthogonalität der LEGENDRE-Polynome von allen Gliedern der Entwicklung (22,7) nur das Glied f_0 einen Beitrag zum Normierungsintegral und nur das Glied $f_1\cos\Theta$ einen Beitrag zu $\bar{v}_z$ liefert.

[2]) Die Gleichung (22,18) kann einfacher erhalten werden, indem man die Gleichung (22,11) von neuem löst (für $T = 0$), anstatt den Grenzübergang in (22,12) auszuführen.

Es soll noch das Konvergenzkriterium für die Entwicklung (22,7) geklärt werden. Hierfür bemerken wir, daß aufeinanderfolgende Glieder dieser Entwicklung größenordnungsmäßig durch die Beziehung

$$\frac{eE}{mv} f_{n-1} \sim \frac{v}{l} f_n \tag{22,22}$$

verknüpft sind (nach Einsetzen von (22,7), Multiplikation mit $P_n(\cos\Theta)$ und Integration über d cos Θ verbleibt auf der linken Seite der kinetischen Gleichung das Glied mit f_{n-1}, dagegen im Stoßintegral nur das Glied mit f_n). Für $\gamma \ll 1$ beträgt die mittlere Energie eines Elektrons $\bar{\varepsilon} \sim T$, und aus (22,22) erhalten wir

$$\frac{f_n}{f_{n-1}} \sim \frac{eEl}{T} \ll \left(\frac{m}{M}\right)^{1/2} \ll 1 .$$

Dagegen gilt im Fall starker Felder ($\gamma \gg 1$) für die mittlere Energie $\bar{\varepsilon} \sim eEl(M/m)^{1/2}$, so daß sich wiederum

$$f_n/f_{n-1} \sim (m/M)^{1/2} \ll 1$$

ergibt. Somit wird die Konvergenz der Entwicklung (22,7) durch die Kleinheit des Verhältnisses m/M gewährleistet.[1])

§ 23. Fluktuationen in einem schwach ionisierten Gas im Nichtgleichgewicht

In diesem Paragraphen betrachten wir die Fluktuationen der Verteilungsfunktion der Elektronen in einem stationären Nichtgleichgewichtszustand eines schwach ionisierten Gases. Das Gas sei räumlich homogen und befinde sich in einem konstanten homogenen elektrischen Feld $\boldsymbol{E}$.

Wir wollen uns hier nur für die zeitliche, nicht aber für die räumliche Korrelation der Fluktuationen interessieren. Dann ist es zweckmäßig, anstelle der genauen (fluktuierenden) Verteilungsfunktion $f(t, \boldsymbol{r}, \boldsymbol{p})$, welche von den Ortskoordinaten abhängt, eine über das gesamte Gasvolumen gemittelte Funktion

$$f(t, \boldsymbol{p}) = \frac{1}{V} \int f(t, \boldsymbol{r}, \boldsymbol{p}) \, \mathrm{d}^3x \tag{23,1}$$

einzuführen (welche wir in diesem Paragraphen mit dem gleichen Buchstaben f, aber ohne das Argument $\boldsymbol{r}$ bezeichnen). Diese Funktion fluktuiert lediglich mit der Zeit. Die Funktion $\bar{f}(\boldsymbol{p})$, um die f fluktuiert, ist die im vorhergehenden Paragraphen gefundene Verteilung (22,8).

Für das betrachtete System sind nicht so sehr die Fluktuationen der Verteilungsfunktion an sich von Interesse als vielmehr die hiermit zuammenhängenden Fluktuationen der elektrischen Stromdichte $\boldsymbol{j}$. Die Korrelatoren dieser Größen hängen untereinander nach der evidenten Beziehung

$$\langle \delta j_\alpha(t)\, \delta j_\beta(0) \rangle = e^2 \int \langle \delta f(t, \boldsymbol{p})\, \delta f(0, \boldsymbol{p}') \rangle \, v_\alpha v'_\beta \, \mathrm{d}^3p \, \mathrm{d}^3p' \tag{23,2}$$

[1]) Wir bemerken jedoch, daß die Korrekturen $f_2, f_3, \ldots$ nicht mit Hilfe der Gleichung (22,1) bestimmt werden können, da in dieser Gleichung bereits die Fokker-Planck-Näherung benutzt wurde, in der Größen höherer Ordnung in m/M vernachlässigt sind.

zusammen, wobei natürlich $\delta \boldsymbol{j}$ die über das Gasvolumen gemittelte Fluktuation der Stromdichte ist.[1])

Die Lösung des Problems für das Gas im Nichtgleichgewicht beruht auf der in § 20 angegebenen allgemeinen Methode.[2])

Gemäß dieser Methode genügt der Korrelator $\langle \delta f(t, \boldsymbol{p}) \, \delta f(0, \boldsymbol{p}') \rangle$ (bezüglich der Variablen t und $\boldsymbol{p}$) der kinetischen Gleichung (22,1), die im betrachteten Fall die Rolle der Gleichung (20,13) der allgemeinen Methode spielt. Zusammen mit diesem Korrelator genügt auch die Funktion

$$\boldsymbol{g}(t, \boldsymbol{p}) = \int \langle \delta f(t, \boldsymbol{p}) \, \delta f(0, \boldsymbol{p}') \rangle \, \boldsymbol{v}' \, \mathrm{d}^3 p' \tag{23,3}$$

derselben Gleichung. Der gesuchte Korrelator des Stromes läßt sich nun seinerseits durch $\boldsymbol{g}$ ausdrücken:

$$\langle \delta j_\alpha(t) \, \delta j_\beta(0) \rangle = e^2 \int g_\beta(t, \boldsymbol{p}) \, v_\alpha \, \mathrm{d}^3 p \,. \tag{23,4}$$

Somit erhalten wir die Gleichung

$$\frac{\partial \boldsymbol{g}}{\partial t} - e\left(\boldsymbol{E} \frac{\partial}{\partial \boldsymbol{p}}\right) \boldsymbol{g} = \frac{1}{p^2} \frac{\partial}{\partial p}\left[p^2 B\left(\frac{v}{T} \boldsymbol{g} + \frac{\partial \boldsymbol{g}}{\partial p}\right)\right] - N v \int [\boldsymbol{g}(t, p, \Theta) - \boldsymbol{g}(t, p, \Theta')] \, \mathrm{d}\sigma \tag{23,5}$$

mit B aus (22,3).

Die kinetische Gleichung (22,1) berücksichtigt nur die Stöße der Elektronen mit den Molekülen, aber nicht untereinander. Deshalb gibt es hier keinen Mechanismus, der eine gleichzeitige Korrelation zwischen Elektronen mit verschiedenen Impulsen herstellt, und die „Anfangsbedingung" für die Funktion $g(t, \boldsymbol{p})$ wird die gleiche wie im Gleichgewichtszustand sein. Da die Fluktuationen der über das gesamte Gasvolumen gemittelten Verteilungsfunktion betrachtet werden, muß die Konstanz der Teilchenzahl (Elektronen) berücksichtigt werden.[3]) Gemäß (20,17) gilt unter dieser Bedingung

$$\langle \delta f(0, \boldsymbol{p}) \, \delta f(0, \boldsymbol{p}') \rangle = \frac{1}{V}\left[\bar{f}(\boldsymbol{p}) \, \delta(\boldsymbol{p} - \boldsymbol{p}') - \frac{1}{N_e} \bar{f}(\boldsymbol{p}) \bar{f}(\boldsymbol{p}')\right]$$

---

[1]) Solch eine Mittelung entspricht der experimentellen Situation, bei der die Fluktuationen des Stromes im Gas gemessen werden. Die Fluktuation des Stromes ist gleich der Fluktuation der mittleren Stromdichte in der gegebenen Richtung, multipliziert mit dem Probenquerschnitt.

[2]) Die Untersuchung dieser Aufgabe durch P. J. Price (1959) war das erste Beispiel für die Berechnung von Fluktuationen in einem Nichtgleichgewichtssystem. Wir folgen hier der Darstellung von W. L. Gurewitsch und R. Katiljus (1965).

[3]) Da wir uns nur für den Einfluß des durch die Anwesenheit des Feldes bedingten Nichtgleichgewichts auf die Fluktuationen interessieren, vernachlässigen wir die Fluktuationen der Gesamtzahl der Elektronen, die mit den Prozessen der Ionisation und der Rekombination verknüpft sind. Diese Fluktuationen können streng genommen in dem Fall fehlen, wenn alle Elektronen durch Beimischungen mit kleinem Ionisationspotential geliefert wurden. Dann stimmt die Gesamtzahl der Elektronen mit der Gesamtzahl der beigemischten Atome überein. Es werden auch die Fluktuationen in der Konzentration der neutralen Moleküle vernachlässigt. Die relative Schwankung dieser Konzentration ist sehr gering im Vergleich zu derjenigen der Elektronen, da die Konzentration der Elektronen viel kleiner als die Konzentration der Moleküle ist.

(N_e ist die Dichte der Elektronen), woraus für die Anfangsfunktion

$$\boldsymbol{g}(0, \boldsymbol{p}) = \frac{1}{V}\bar{f}(\boldsymbol{p})\,(\boldsymbol{v} - \boldsymbol{V}) \tag{23,6}$$

folgt mit $\boldsymbol{V}$ als mittlerer Geschwindigkeit der Elektronen im Zustand mit der Verteilungsfunktion $\bar{f}(\boldsymbol{p})$. Die Geschwindigkeit $\boldsymbol{V}$ ist natürlich parallel zum Feld $\boldsymbol{E}$ gerichtet. Wir stellen sie in der Form

$$\boldsymbol{V} = -eb\boldsymbol{E} \tag{23,7}$$

dar, wobei b die Beweglichkeit ist. Die Konstanz der Gesamtzahl der Elektronen bedeutet auch, daß $\int \delta f\, \mathrm{d}^3p = 0$ gilt und somit

$$\int \boldsymbol{g}(t, \boldsymbol{p})\, \mathrm{d}^3p = 0\,. \tag{23,8}$$

Wir gehen gemäß der in § 19 beschriebenen Methode vor und führen von der Gleichung (23,5) die halbseitige Fourier-Transformation aus: Wir multiplizieren sie mit $\exp(i\omega t)$ und integrieren über t in den Grenzen von 0 bis ∞. Hierbei wird das Glied $\exp(i\omega t)\, \partial \boldsymbol{g}/\partial t$ unter Berücksichtigung der Anfangsbedingung (23,6) und der Bedingung $\boldsymbol{g}(\infty, \boldsymbol{p}) = 0$ partiell integriert. Im Ergebnis erhalten wir die Gleichung

$$-i\omega \boldsymbol{g}^{(+)} - e\left(\boldsymbol{E}\frac{\partial}{\partial \boldsymbol{p}}\right)\boldsymbol{g}^{(+)} - \frac{1}{p^2}\frac{\partial}{\partial p}\left[\frac{mTp^3}{Ml}\left(\frac{v}{T}\boldsymbol{g}^{(+)} + \frac{\partial \boldsymbol{g}^{(+)}}{\partial p}\right)\right]$$

$$+ N_e v \int [\boldsymbol{g}^{(+)}(\boldsymbol{p}) - \boldsymbol{g}^{(+)}(\boldsymbol{p}')]\, \mathrm{d}\sigma = \frac{1}{V}\bar{f}(\boldsymbol{p})\,(\boldsymbol{v} - \boldsymbol{V}) \tag{23,9}$$

mit

$$\boldsymbol{g}^{(+)}(\omega, \boldsymbol{p}) = \int_0^\infty \mathrm{e}^{i\omega t}\, \boldsymbol{g}(t, \boldsymbol{p})\, \mathrm{d}t\,. \tag{23,10}$$

Wegen (23,8) muß diese Gleichung unter der Nebenbedingung

$$\int \boldsymbol{g}^{(+)}(\omega, \boldsymbol{p})\, \mathrm{d}^3p = 0 \tag{23,11}$$

gelöst werden.

Ist die Lösung der Gleichung (23,9) gefunden, so kann die gesuchte Spektralzerlegung des Korrelators der Ströme durch eine einfache Integration gewonnen werden. In der Tat gilt

$$(j_\alpha j_\beta)_\omega = \int_{-\infty}^{\infty} \mathrm{d}t \int \mathrm{e}^{i\omega t} \langle \delta f(t, \boldsymbol{p})\, \delta f(0, \boldsymbol{p}')\rangle\, v_\alpha v'_\beta\, \mathrm{d}^3p\, \mathrm{d}^3p'\,,$$

und wenn wir anschließend genau analog zur Herleitung von (19,14) vorgehen, erhalten wir

$$(j_\alpha j_\beta)_\omega = e^2 \int \{g_\beta^{(+)}(\omega, \boldsymbol{p})\, v_\alpha + g_\alpha^{(+)}(-\omega, \boldsymbol{p})\, v_\beta\}\, \mathrm{d}^3p\,. \tag{23,12}$$

Weiter unten werden wir den konkreten Fall betrachten, bei dem die freie Weglänge $l = \text{const}$ ist. Im Gleichgewichtszustand bei Abwesenheit eines elektrischen Feldes ist die Funktion $\bar{f}$ die Maxwell-Verteilung für das Gleichgewicht $f_0(p)$. Die Lösung der Gleichung (23,9) lautet dann

$$\boldsymbol{g}^{(+)} = \frac{\boldsymbol{p}}{p}\frac{f_0(p)}{V}\frac{l}{1 - i\omega l/v}, \tag{23,13}$$

wovon man sich leicht überzeugen kann, wenn man berücksichtigt, daß

$$\int (\boldsymbol{p} - \boldsymbol{p}')\, \mathrm{d}\sigma = \sigma_t \boldsymbol{p} \tag{23,14}$$

gilt. Wenn $\omega\tau_p \ll 1$ (wobei $\tau_p \sim l/v_T$ die Relaxationszeit bezüglich der Impulsrichtungen ist), kann man in (23,13) das Glied $-i\omega l/v$ im Nenner vernachlässigen. Die Berechnung des Integrals (23,12) führt dann zum Ergebnis

$$(j_\alpha j_\beta)_\omega = \frac{2T\sigma}{V}\delta_{\alpha\beta}, \tag{23,15}$$

wobei $\sigma = e^2 N_e b_0$ die Leitfähigkeit des Gases in einem schwachen Feld ist; b_0 ist die durch die Formel (22,17) gegebene Beweglichkeit in einem schwachen Feld. Das Ergebnis (23,15) entspricht natürlich der allgemeinen NYQUIST-Formel für die Fluktuationen des Stromes im Gleichgewicht (s. IX, §78). Hiervon überzeugen wir uns, indem wir ein zylinderförmiges Gasvolumen mit der Achse in x-Richtung betrachten. Da die Stromdichte bereits über das Volumen gemittelt ist, beträgt der Gesamtstrom $J = j_x S$, wobei S die Querschnittsfläche des Zylinders ist. Aus (23,15) erhalten wir dann

$$(J^2)_\omega = \frac{2T\sigma S^2}{V} = \frac{2T\sigma S}{L} = \frac{2T}{R}, \tag{23,16}$$

wobei $L = V/S$ die Länge des zylindrischen Gasvolumens und $R = L/\sigma S$ sein Widerstand sind.[1])

Für $\boldsymbol{E} \neq 0$ wird die Gleichung (23,9) durch Iteration ähnlich wie Gleichung (22,6) gelöst. Während jedoch Gleichung (22,6) eine skalare Funktion bestimmte, ist Gleichung (23,9) für eine Vektorfunktion formuliert worden. Die ersten Entwicklungsglieder dieser Funktion (die von zwei Vektoren abhängt: der Konstanten $\boldsymbol{E}$ und der Variablen $\boldsymbol{p}$) schreiben wir folgendermaßen:

$$\boldsymbol{g}^{(+)}(\omega, \boldsymbol{p}) = h(\omega, p)\,\boldsymbol{n} + \boldsymbol{e}\{g_0(\omega, p) + \boldsymbol{ne}g_1(\omega, p)\}, \tag{23,17}$$

wobei $g_1 \ll g_0$ ist (hier bedeuten $\boldsymbol{n} = \boldsymbol{p}/p$, $\boldsymbol{e} = \boldsymbol{E}/E$). Die Funktion $\bar{f}(\boldsymbol{p})$ lautet

$$\bar{f}(\boldsymbol{p}) = f_0(p) + \boldsymbol{ne}f_1(p) \tag{23,18}$$

mit den im vorhergehenden Paragraphen berechneten f_0 und $f_1 = eElf_0'/v$.

Wir setzen (23,17—18) in Gleichung (23,9) ein und trennen in ihr die Glieder, die gerade und ungerade in $\boldsymbol{p}$ sind. Wir setzen wiederum $\omega\tau_p \ll 1$ voraus und erhalten, wenn wir die ungeraden Glieder zusammenfassen,

$$\frac{v}{l}\{h\boldsymbol{n} + g_1\boldsymbol{e}(\boldsymbol{ne})\} - \boldsymbol{e}\left(\boldsymbol{e}\frac{\partial g_0}{\partial \boldsymbol{p}}\right)eE = \frac{f_0\boldsymbol{v}}{V}.$$

---

[1]) Beim Vergleich mit IX, (78,1) muß berücksichtigt werden, daß $\hbar\omega \ll T$ ist und daß infolge der Bedingung $\omega\tau_p \ll 1$ keine Dispersion der Leitfähigkeit vorhanden ist, weswegen $Z = R$ gilt.

Hierbei wurden Glieder weggelassen, die generell klein (im Verhältnis m/M) im Vergleich zu den angegebenen sind. Hieraus folgt

$$h(p) = \frac{l}{v} f_0(p)\,, \qquad g_1(\omega, p) = \frac{eElm}{p} \frac{\partial g_0(\omega, p)}{\partial p}\,. \tag{23,19}$$

Betrachten wir die in $\boldsymbol{p}$ geraden Glieder, so müssen diese die Gleichung (23,9) nur nach der Mittelung über die Richtungen von $\boldsymbol{p}$ erfüllen, entsprechend dem Umstand, daß der Ausdruck (23,17) nur die ersten Entwicklungsglieder der gesuchten Funktion enthält. Nach einfachen Umformungen (unter Benutzung der Ausdrücke (23,19)) wird folgende Gleichung für die Funktion $g_0(\omega, p)$ erhalten:

$$-i\omega g_0 + \frac{1}{p^2}\frac{\partial}{\partial p}(p^2 S) = \frac{1}{V}\left\{eEbf_0 + \frac{2eEl}{3p}\frac{\partial}{\partial p} pf_0\right\} \tag{23,20}$$

mit

$$S = -\frac{1}{lM}\left(p^2 g_0 + mpT\frac{\partial g_0}{\partial p}\right) - \frac{e^2E^2lm}{3p}\frac{\partial g_0}{\partial p}.$$

Diese Gleichung muß unter der Nebenbedingung

$$\int g_0(\omega, p)\, \mathrm{d}^3p = 0 \tag{23,21}$$

gelöst werden, auf die sich (23,11) nach Einsetzen von (23,17) reduziert.

Aus der bekannten Funktion $\boldsymbol{g}^{(+)}$ bestimmt sich der gesuchte Stromkorrelator gemäß der Beziehung (23,12). Setzt man in diese die Entwicklung (23,17) ein, so ergibt sich nach einfacher Umformung unter Verwendung von (23,19)

$$(j_\alpha j_\beta)_\omega = \delta_{\alpha\beta}\frac{2e^2l}{3V}\int vf_0\, \mathrm{d}^3p - E_\alpha E_\beta \frac{2le^3}{3E}\int [g_0(\omega, p) + g_0(-\omega, p)]\frac{\mathrm{d}^3p}{p}. \tag{23,22}$$

Das Glied $-i\omega g_0$ in (23,20) wird für $\omega \sim mv/Ml$ wesentlich, d. h. für $\omega\tau_\varepsilon \sim 1$, wobei τ_ε die Relaxationszeit für die Elektronenenergien ist. Bei diesen Frequenzen setzt folglich eine Dispersion der Stromfluktuationen ein.

Im allgemeinen Falle ist die Gleichung (23,20) sehr kompliziert. Zur Illustration beschränken wir uns auf den Fall kleiner Frequenzen, $\omega\tau_\varepsilon \ll 1$, und starker Felder, welche der Bedingung $\gamma \gg 1$ genügen, wobei γ der Parameter (22,13) ist. Wegen der letzteren Bedingung wird die Funktion $f_0(p)$ durch den Ausdruck (22,18) gegeben. Die Berechnung des Integrals im ersten Glied von (23,22) ergibt

$$\delta_{\alpha\beta}\frac{2^{3/2}}{3^{5/4}\Gamma(3/4)}\frac{N_e e^2 l}{V}\left(\frac{eEl}{m}\right)^{1/2}\left(\frac{M}{m}\right)^{1/4}.$$

Bei dem zweiten Glied von (23,22) beschränken wir uns auf eine grobe Abschätzung. Aus Gleichung (23,20) (ohne den Term $-i\omega g_0$) finden wir die Abschätzung

$$g_0 \sim \frac{eEl^2M}{Vp^2} f_0\,.$$

Das Integral schätzen wir anschließend durch

$$e^3lE\frac{g_0}{p}p^3$$

ab. Als Ergebnis erhalten wir für den Stromkorrelator den Ausdruck

$$(j_\alpha j_\beta)_\omega = \frac{N_e e^2 l}{V}\left(\frac{eEl}{m}\right)^{1/2}\left(\frac{M}{m}\right)^{1/4}\left[0{,}6\delta_{\alpha\beta} - \beta\frac{E_\alpha E_\beta}{E^2}\right], \tag{23,23}$$

wobei $\beta \sim 1$ eine Zahlenkonstante ist.

§ 24. Rekombination und Ionisation

Die Einstellung des Ionisationsgrades im Gleichgewicht für ein partiell ionisiertes Gas erfolgt über verschiedene Elementarakte der Stoßionisation und der dazu inversen Rekombination der sich stoßenden geladenen Teilchen. Im einfachsten Fall, wenn im Gas (außer den Elektronen) nur eine Sorte von Ionen vorhanden ist, wird der Prozeß der Herausbildung des Ionisationsgleichgewichts durch eine Gleichung der Form

$$\frac{dN_e}{dt} = \beta - \alpha N_e N_i \tag{24,1}$$

beschrieben. Hier bedeutet β die Zahl der Elektronen, welche pro Zeit- und Volumeneinheit (bei Stößen neutraler Atome oder durch die Ionisation von Atomen durch Photonen) gebildet werden. Diese Zahl hängt nicht von den jeweiligen Dichten der Elektronen N_e und der Ionen N_i ab. Das zweite Glied dagegen gibt die Abnahme der Zahl der Elektronen infolge ihrer Rekombination mit den Ionen an. Die Größe α wird als *Rekombinationskoeffizient* bezeichnet.

Der Prozeß der Rekombination verläuft gewöhnlich äußerst langsam im Vergleich zu den übrigen Prozessen, die zur Einstellung des Gleichgewichts im Plasma führen. Dies liegt daran, daß die Bildung eines neutralen Atoms beim Stoß eines Ions mit einem Elektron die Abfuhr der freiwerdenden Energie (der Bindungsenergie des Elektrons im Atom) erfordert. Diese Energie kann in Form eines Photons ausgestrahlt werden (Strahlungsrekombination). In diesem Fall ist die geringe Geschwindigkeit des Prozesses durch die Kleinheit der quantenelektrodynamischen Strahlungswahrscheinlichkeit bedingt. Die frei werdende Energie kann auch auf ein drittes Teilchen, nämlich ein neutrales Atom, übertragen werden. In diesem Fall ist die geringe Prozeßgeschwindigkeit durch die geringe Wahrscheinlichkeit von Dreierstößen bedingt. Aus all diesen Gründen ist es häufig sinnvoll, die Rekombination unter solchen Bedingungen zu untersuchen, bei denen für alle Teilchen eine MAXWELL-Verteilung angenommen werden kann.

Im Gleichgewicht verschwindet die Ableitung dN_e/dt. Hieraus folgt, daß die Größen α und β in (24,1) durch die Beziehung

$$\beta = \alpha N_{0e} N_{0i} \tag{24,2}$$

miteinander verknüpft sind, wobei N_{0e} und N_{0i} die Gleichgewichtsdichten der Elektronen und Ionen sind, welche durch die entsprechenden thermodynamischen Zustandsgleichungen bestimmt werden (s. V, § 104).[1]

[1] Im Falle der Strahlungsrekombination beinhaltet das Gleichgewicht eines Zustandes auch das Gleichgewicht der Strahlung im Plasma.

Der Koeffizient für die Strahlungsrekombination ergibt sich unmittelbar aus dem Rekombinationsquerschnitt σ_{Rek} für den Stoß eines Elektrons mit einem ruhenden Ion (die Geschwindigkeit des Ions kann im Vergleich zu der Geschwindigkeit des Elektrons vernachlässigt werden):

$$\alpha = \langle v_e \sigma_{\text{Rek}} \rangle , \tag{24,3}$$

wobei die Mittelung über die MAXWELL-Verteilung für die Elektronengeschwindigkeit v_e erfolgt (s. Aufgabe 1).

Die Strahlungsrekombination ist jedoch nur in einem genügend verdünnten Gas wesentlich, wenn die Dreierstöße der Teilchen ganz und gar vernachlässigt werden können. In weniger verdünnten Gasen ist der hauptsächliche Mechanismus die Rekombination unter Beteiligung eines dritten Teilchens — eines neutralen Atoms. Diesen letzteren Mechanismus wollen wir im folgenden eingehender betrachten.

Bei den Stößen mit Atomen ändert sich die Energie eines Elektrons nur geringfügig. Deshalb beginnt der Rekombinationsprozeß mit der Bildung eines stark angeregten Atoms, und bei den weiteren Stößen dieses Atoms vollzieht sich eine allmähliche „Absenkung" des Elektrons auf tiefer liegende Niveaus. Dieser Charakter des Prozesses gestattet es, ihn als „Diffusion bezüglich der Energie" des eingefangenen Elektrons zu betrachten und dementsprechend die FOKKER-PLANCK-Gleichung auf ihn anzuwenden (L. P. PITAJEWSKI, 1962).

Wir führen die Verteilungsfunktion der eingefangenen Elektronen bezüglich ihrer (negativen) Energien ε ein. Die wichtigste Rolle spielt natürlich die „Diffusion" innerhalb eines Energiebereiches $|\varepsilon| \sim T$. In diesem Zusammenhang erinnern wir daran, daß hier in jedem Fall vorausgesetzt wird, daß die Temperatur klein im Vergleich zum Ionisationspotential der Atome I ist; für $T \sim I$ wäre das Gas bereits praktisch vollständig ionisiert (vgl. V, § 104).

Die FOKKER-PLANCK-Gleichung lautet

$$\frac{\partial f}{\partial t} = -\frac{\partial s}{\partial \varepsilon}, \qquad s = -B\frac{\partial f}{\partial \varepsilon} - Af. \tag{24,4}$$

Wie gewöhnlich kann man den Koeffizienten A durch den Koeffizienten B aus der Bedingung $s = 0$ für $f = f_0$ ausdrücken, wobei f_0 die Gleichgewichtsverteilung ist. Dann erhalten wir für den Strom s

$$s = -Bf_0 \frac{\partial}{\partial \varepsilon}\frac{f}{f_0}. \tag{24,5}$$

Die „Diffusionskonstante" $B(\varepsilon)$ wird gemäß der allgemeinen Beziehung durch

$$B(\varepsilon) = \frac{\sum (\Delta\varepsilon)^2}{2\delta t} \tag{24,6}$$

bestimmt, wobei $\Delta\varepsilon$ die Energieänderung des angeregten Atoms bei einem Stoß mit einem nicht angeregten Atom ist. Die Berechnung von $B(\varepsilon)$ nach dieser Formel führt auf die Lösung des mechanischen Stoßproblems und die anschließende Mittelung über die Geschwindigkeiten des nicht angeregten Atoms (s. Aufgabe 2).

Zur Bestimmung der Funktion $f_0(\varepsilon)$ bemerken wir, daß für ein Elektron im COULOMB-Feld einer Ladung ze (Ionenladung) die Gleichgewichtsverteilung der Impulse und des Ortes durch die BOLTZMANN-Formel gegeben wird:

$$f_0(\boldsymbol{p}, \boldsymbol{r}) = (2\pi m T)^{-3/2}\, e^{-\varepsilon/T}\,, \qquad \varepsilon = \frac{p^2}{2m} - \frac{ze^2}{r} \tag{24,7}$$

(bezüglich ihrer Normierung s. unten). Die Bewegung des Elektrons erfolgt für $|\varepsilon| \sim \sim T \ll I$ quasiklassisch, so daß es gestattet ist, für die Energie ε den klassischen Ausdruck zu benutzen. Folglich ist die Verteilungsfunktion für ε durch

$$f_0(\varepsilon)\, d\varepsilon = (2\pi m T)^{-3/2}\, e^{|\varepsilon|/T}\, \tau(\varepsilon)\, d\varepsilon \tag{24,8}$$

gegeben, wobei $\tau(\varepsilon)$ das Volumen des Phasenraumes ist, welches dem Intervall $d\varepsilon$ entspricht:

$$\tau(\varepsilon) = \int \delta\left(|\varepsilon| + \frac{p^2}{2m} - \frac{ze^2}{r}\right) d^3x\, d^3p\,. \tag{24,9}$$

Ersetzen wir $d^3x\, d^3p = 4\pi r^2\, dr\, 4\pi p^2\, dp$ und führen die Integration durch, erhalten wir

$$\tau(\varepsilon) = \frac{\sqrt{2}\pi^3\, (ze^2)^3\, m^{3/2}}{|\varepsilon|^{5/2}}\,. \tag{24,10}$$

Zur Formulierung der Bedingungen, welche die uns interessierende Lösung der Gleichungen (24,4—5) festlegen, ist es zweckmäßig anzunehmen, daß im Gas die Dichte der vorhandenen Elektronen $N_e \gg N_{0e}$ ist. Dann kann man in (24,1) die Ionisationsgeschwindigkeit vernachlässigen, so daß die Abnahme von N_e lediglich durch die Rekombination bestimmt wird. Unter diesen Bedingungen ergibt der konstante Wert des Stromes s in der stationären Lösung der Gleichung (24,4) unmittelbar den Wert des Rekombinationskoeffizienten ($s = \text{const} = -\alpha$), vorausgesetzt, daß die Funktion $f(\varepsilon)$ in der erforderlichen Weise normiert ist. Nun befinden sich gerade in den obersten Niveaus ($|\varepsilon| \ll T$) die Elektronen im Gleichgewicht mit den freien Elektronen. Dies bedeutet

$$f(\varepsilon)/f_0(\varepsilon) \to 1 \quad \text{für} \quad |\varepsilon| \to 0\,, \tag{24,11}$$

wobei die Normierung von $f_0(\varepsilon)$ einem freien Elektron pro Volumeneinheit entsprechen soll (was auch in (24,7) erfüllt ist).

Zur Festlegung der zweiten Randbedingung (für $\varepsilon \to -\infty$) bemerken wir, daß die Verteilung in den tiefliegenden Niveaus des angeregten Atoms durch das Vorhandensein freier Elektronen nicht gestört wird und nicht von ihrer Zahl abhängt. Sie ist proportional zu der Zahl N_{0e} für das Gleichgewicht, nicht aber zu der tatsächlich vorliegenden Zahl N_e. Unter der Bedingung $N_e \gg N_{0e}$ wird dieser Sachverhalt durch die Randbedingung

$$f(\varepsilon)/f_0(\varepsilon) \to 0 \quad \text{für} \quad |\varepsilon| \to \infty \tag{24,12}$$

ausgedrückt.

Wenn wir die Gleichung $s = \text{const}$ mit der Randbedingung (24,11) integrieren, erhalten wir

$$\frac{f}{f_0} = \text{const} \int_0^{|\varepsilon|} \frac{d\,|\varepsilon|}{B f_0} + 1.$$

Die Konstante stimmt dann mit $-\alpha$ überein, wenn wir sie so bestimmen, daß die Bedingung (24,12) erfüllt wird. Auf diese Weise finden wir schließlich

$$\frac{1}{\alpha} = \int_0^\infty \frac{d\,|\varepsilon|}{Bf_0} = \frac{2T^{3/2}}{\pi^{3/2}(ze^2)^3} \int_0^\infty \frac{e^{-|\varepsilon|/T}\,|\varepsilon|^{5/2}}{B(-|\varepsilon|)}\, d\,|\varepsilon| \,. \tag{24.13}$$

Diese Beziehung wurde für einen Prozeß hergeleitet, bei dem ein nicht angeregtes Atom die Rolle des „dritten Teilchens" spielt. Ist aber das Gas stark ionisiert (ohne daß dabei die Bedingung $T \ll I$ verletzt wird) und genügend dicht, so kann die Rekombination unter Beteiligung eines zweiten Elektrons in der Rolle des „dritten Teilchens" von größerer Bedeutung sein. Die Rekombinationsgeschwindigkeit wird dann proportional zu $N_e^2 N_i$, so daß der Rekombinationskoeffizient, der wie früher gemäß (24,1) definiert ist, selbst proportional zu N_e wird. Da die Energierelaxation bei elektronischen Stößen rasch vor sich geht, ist für diesen Fall die hier dargelegte Methode zur Berechnung des Rekombinationskoeffizienten nicht anwendbar.

Aufgaben

1. Man bestimme den Koeffizienten der Strahlungsrekombination für den Einfang eines Elektrons in den Grundzustand des Wasserstoffatoms bei Temperaturen $T \ll I$ ($I = e^4 m/2\hbar^2$ ist das Ionisationspotential für das Wasserstoffatom).

Lösung. Der Wirkungsquerschnitt für die Rekombination eines langsamen Elektrons mit einem ruhenden Proton in den Grundzustand des Wasserstoffatoms beträgt

$$\sigma_{\text{Rek}} = \frac{2^{10}\pi^2(e^2/\hbar c)\, a_B^2 I^2}{3(2{,}71\ldots)^4\, m^2c^2v_e^2},$$

wobei v_e die Elektronengeschwindigkeit und $a_B = \hbar^2/me^2$ der Bohrsche Radius ist (s. IV, § 56, (56,13), (56,14)). Für den Mittelwert gilt $\langle v_e^{-1}\rangle = (2m/\pi T)^{1/2}$. Im Ergebnis erhalten wir gemäß (24,3)

$$\alpha = \frac{2^{10}\pi^{3/2}}{3(2{,}71)^4}\left(\frac{e^2}{\hbar c}\right)^3 \frac{a_B^3 I}{\hbar}\left(\frac{I}{T}\right)^{1/2} = 35\left(\frac{e^2}{\hbar c}\right)^3 \frac{a_B^3 I}{\hbar}\left(\frac{I}{T}\right)^{1/2}.$$

2. Man bestimme den Rekombinationskoeffizienten gemäß (24,13) unter Vernachlässigung des Einflusses der Bindung des Elektrons im angeregten Atom auf den Prozeß seines Stoßes mit einem nicht angeregten Atom und unter der Annahme, daß der Transportquerschnitt dieser Stöße unabhängig von der Geschwindigkeit ist.

Lösung. Die „Diffusionskonstante" $B(\varepsilon)$ wird in analoger Weise berechnet, wie dies in § 22 getan wurde, und ist gleich

$$B(\varepsilon) = \frac{N}{3m}\langle v_{\text{at}}^2\rangle\,\langle\sigma_t p^3\rangle\,. \tag{1}$$

Hierbei ist N die Dichte der Atome im Gas, m die Elektronenmasse, v_{at} die Relativgeschwindigkeit zwischen dem angeregten und dem nicht angeregten Atom. Die Geschwindigkeiten v_{at} unterliegen einer Maxwell-Verteilung mit der reduzierten Masse ($M/2$, wobei M die Atommasse ist) als Teilchenmasse. Deshalb ist $\langle v_{\text{at}}^2\rangle = 6T/M$. Weiterhin bedeutet p in (1) den Elektronenimpuls des Elektrons im Feld des Ions. Die Mittelung $\sigma_t p^3$ wird über das Gebiet $\tau(\varepsilon)$ des Phasenraumes des Elektrons ausgeführt, welches dem gegebenen Wert $|\varepsilon|$ entspricht. Für $\sigma_t = \text{const}$ finden wir

$$\langle\sigma_t p^3\rangle = \frac{\sigma_t}{\tau(\varepsilon)}\int p^3\delta\left(|\varepsilon| + \frac{p^2}{2m} - \frac{ze^2}{r}\right) d^3x\, d^3p = \frac{32\sqrt{2}}{3\pi}\,\sigma_t m\,|\varepsilon|^{3/2}\,.$$

Somit wird

$$B = \frac{64\sqrt{2}\, T\sigma_t N\, |\varepsilon|^{3/2}}{3\pi M},$$

und danach ergibt die Berechnung gemäß (24,13) schließlich

$$\alpha = \frac{32\sqrt{2\pi}\, m^{1/2}(ze^2)^3\, \sigma_t N}{3MT^{5/2}}. \tag{2}$$

Die Vernachlässigung der Bindung des Elektrons im Atom ist dann gerechtfertigt, wenn die Frequenz der Störung, die durch das Atom in der Nähe des Elektrons verursacht wird ($\sim d/\bar{v}_{\text{at}}$, d — atomare Abmessungen), groß ist im Vergleich zur Umlauffrequenz des Elektrons mit der Energie $|\varepsilon| \sim T$. Hieraus ergibt sich die Bedingung $T \ll (e^2/d)\,(m/M)^{1/2}$.

§ 25. Ambipolare Diffusion

Wir betrachten die Diffusion geladener Teilchen in einem schwach ionisierten Gas. Wie in § 22 wird angenommen, daß der Ionisationsgrad so klein ist, daß die Stöße zwischen geladenen Teilchen im Vergleich zu den Stößen mit neutralen Atomen vernachlässigt werden können. Selbst unter diesen Bedingungen verläuft die Diffusion der beiden Arten geladener Teilchen — der Elektronen und Ionen — nicht unabhängig voneinander wegen des Auftretens eines elektrischen Feldes beim Diffusionsprozeß (W. Schottky, 1924).

Die Diffusionsgleichungen haben die Form von Kontinuitätsgleichungen für die Elektronen (e) und die Ionen (i):

$$\frac{\partial N_e}{\partial t} + \operatorname{div} \boldsymbol{i}_e = 0, \qquad \frac{\partial N_i}{\partial t} + \operatorname{div} \boldsymbol{i}_i = 0, \tag{25,1}$$

wobei sich die Stromdichten durch die Teilchenzahldichten und ihre Gradienten gemäß

$$\begin{aligned} \boldsymbol{i}_e &= -N_e b_e e\boldsymbol{E} - D_e \nabla N_e, \\ \boldsymbol{i}_i &= N_i b_i e\boldsymbol{E} - D_i \nabla N_i \end{aligned} \tag{25,2}$$

ausdrücken lassen. D_e, D_i sind die Diffusionskoeffizienten und b_e, b_i die Beweglichkeiten der Elektronen und der Ionen.[1]) Zwischen diesen bestehen die Einstein-Beziehungen

$$D_e = Tb_e, \qquad D_i = Tb_i, \tag{25,3}$$

die die Bedingung des Verschwindens der Ströme (25,2) im Gleichgewicht ausdrücken. Unter Berücksichtigung dieser Bedingungen können wir die Gleichungen (25,1) in der Form

$$\frac{\partial N_e}{\partial t} = D_e \operatorname{div}\left[\nabla N_e - \frac{eN_e}{T}\nabla\varphi\right], \tag{25,4}$$

$$\frac{\partial N_i}{\partial t} = D_i \operatorname{div}\left[\nabla N_i + \frac{eN_i}{T}\nabla\varphi\right], \tag{25,5}$$

[1]) Für die Ladungszahl der Ionen nehmen wir $z_i = 1$ an, wie dies gewöhnlich auch bei kleinen Ionisationsgraden eines Gases der Fall ist.

schreiben, wenn wir die Feldstärke durch ihr Potential ($\boldsymbol{E} = -\nabla\varphi$) ausdrücken. Diese Gleichungen müssen durch die POISSON-Gleichung für das Potential

$$\Delta\varphi = -4\pi e(N_i - N_e) \tag{25,6}$$

ergänzt werden.

Das Gleichungssystem (25,4—6) läßt sich wesentlich vereinfachen, wenn die Verteilungen der Konzentrationen N_e, N_i fast homogen sind. Dann kann man in den Koeffizienten vor $\nabla\varphi$ in (25,4—5) $N_e \approx N_i \approx \text{const} \equiv N_0$ setzen und φ mit Hilfe von (25,6) eliminieren. Im Ergebnis erhalten wir

$$\frac{\partial N_e}{\partial t} = D_e\left[\Delta N_e - \frac{N_e - N_i}{a^2}\right], \tag{25,7}$$

$$\frac{\partial N_i}{\partial t} = D_i\left[\Delta N_i + \frac{N_e - N_i}{a^2}\right], \tag{25,8}$$

wobei $a^{-2} = 4\pi e^2 N_0/T$ gilt (a ist der DEBYEsche Radius der Elektronen oder Ionen; s. unten § 31).

Obgleich die Streuquerschnitte der Elektronen und Ionen etwa von gleicher Größenordnung sind, unterscheiden sich ihre Diffusionskoeffizienten stark infolge des Unterschieds der entsprechenden mittleren thermischen Geschwindigkeiten (v_T),

$$\frac{D_e}{D_i} \sim \frac{v_{Te}}{v_{Ti}} \sim \sqrt{\frac{M}{m}}, \tag{25,9}$$

so daß $D_e \gg D_i$ gilt. Dieser Umstand prägt dem Diffusionsprozeß eine besondere Spezifik auf.

Wir betrachten die zeitliche Entwicklung einer schwachen Störung der Elektronen- und Ionendichten mit einer charakteristischen Abmessung $L \gg a$. Im Anfangsstadium des Prozesses, wo für die ortsveränderlichen Anteile in den Dichten $|\delta N_e| \sim \sim |\delta N_i| \sim |\delta N_e - \delta N_i|$ gilt, sind die ersten Terme der rechten Seiten von (25,7—8) klein im Vergleich zu den zweiten:

$$\Delta N_e \sim \delta N_e/L^2 \ll (\delta N_e - \delta N_i)/a^2 . \tag{25,10}$$

Berücksichtigen wir weiterhin, daß wegen (25,9) $|\partial N_i/\partial t| \ll |\partial N_e/\partial t|$, erhalten wir

$$\frac{\partial}{\partial t}(\delta N_e - \delta N_i) = -\frac{D_e}{a^2}(\delta N_e - \delta N_i)\,, \tag{25,11}$$

woraus

$$\delta N_e - \delta N_i = (\delta N_e - \delta N_i)_0 \exp\left(-\frac{D_e}{a^2}t\right)$$

folgt. Hieraus ist ersichtlich, daß nach einer Zeit $\tau_e \sim a^2/D_e$ die Differenz $|\delta N_e - \delta N_i|$ klein im Vergleich zu den Größen δN_e und δN_i selbst wird, d. h., das Gas wird quasineutral.

Das folgende Stadium des Prozesses besteht darin, daß sich die Verteilung der Elektronen zum Gleichgewicht (bei gegebener Ionenverteilung) entwickelt. Es ist durch die Bedingung bestimmt, daß die rechte Seite von (25,7) verschwindet:

$$\delta N_e - \delta N_i = a^2 \Delta N_e \approx a^2 \Delta N_i \sim \frac{a^2}{L^2} \delta N_i \,. \tag{25,12}$$

Dieses Stadium verläuft gemäß der Gleichung (25,11), deren rechte Seite durch das Glied $D_e \Delta N_i$ ergänzt werden muß, so daß die charakteristische Relaxationszeit wieder $\sim \tau_e$ ist. Diese Zeit ist klein im Vergleich zur charakteristischen Diffusionszeit der Ionen $\tau_i \sim L^2/D_i$, deren Verteilung man deshalb immer noch als unverändert betrachten kann.

Die abschließende Relaxation der Störungen der Elektronen- und der Ionendichte vollzieht sich gemäß der Gleichung (25,8), die nach Einsetzen von (25,12) die Form

$$\frac{\partial N_i}{\partial t} = 2 D_i \Delta N_i \tag{25,13}$$

annimmt. Somit diffundieren im Verlauf einer Zeit $\sim \tau_i$ die Elektronen und Ionen gemeinsam ($\delta N_e \approx \delta N_i$) mit dem doppelten Diffusionskoeffizienten der Ionen (die sogenannte *ambipolare Diffusion*). Die Hälfte dieses Koeffizienten hängt mit der eigentlichen Diffusion der Ionen zusammen, die andere Hälfte dagegen mit dem elektrischen Feld, welches durch die auseinanderlaufenden Elektronen gebildet wird.

Abschließend bemerken wir, daß die Gleichung (25,13) ein breiteres Anwendungsgebiet besitzt, als dies aus der gegebenen Herleitung folgt. Selbst wenn die Störung nicht schwach ist, führt die Bewegung der Elektronen rasch zur Einstellung ihrer BOLTZMANNschen Verteilung im Feld und zum Ausgleich der Konzentrationen der Elektronen und der Ionen, d. h. zur Quasineutralität. Hierbei gilt

$$N_e = N_i = N_0 \, e^{e\varphi/T} \,, \qquad e\varphi = T \ln \frac{N_i}{N_0} \,. \tag{25,14}$$

Setzen wir (25,14) in (25,5) ein, gelangen wir wiederum zur Gleichung (25,13), jedoch ohne die Voraussetzung, daß die Störung klein ist.

§ 26. Die Ionenbeweglichkeit in Lösungen starker Elektrolyte

Die im vorangehenden Paragraphen angegebenen Gleichungen lassen sich leicht auf den Fall verallgemeinern, daß Ionen verschiedener Sorten vorhanden sind. Sie sind sogar auf die Ionenbeweglichkeit in Lösungen *starker Elektrolyte*[1]) anwendbar. Im Grenzfall einer „unendlich" verdünnten Lösung (d. h. für verschwindend kleine Konzentrationen) strebt die Beweglichkeit jeder (a-ten) Ionensorte gegen einen konstanten Grenzwert $b_a^{(0)}$, und entsprechend strebt ihr Diffusionskoeffizient gegen den Wert

$$D_a^{(0)} = T b_a^{(0)} \,. \tag{26,1}$$

Im vorliegenden Paragraphen sollen für die Ionenbeweglichkeit in einer schwachen Lösung die ersten Korrekturglieder bezüglich der Konzentration berechnet werden.[2])

---

[1]) Wir erinnern daran, daß unter starken Elektrolyten solche Substanzen verstanden werden, die in der Lösung vollständig in Ionen dissoziieren.

[2]) Die unten dargestellte Theorie wurde von P. DEBYE und E. HÜCKEL (1923) sowie von L. ONSAGER (1927) entwickelt.

Dadurch werden auch die Korrekturglieder für die Leitfähigkeit der Lösung bestimmt. In einem elektrischen Feld $\boldsymbol{E}$ wirkt auf jedes Ion die Kraft $ez_a\boldsymbol{E}$, unter deren Einwirkung es die gerichtete Geschwindigkeit $b_a ez_a \boldsymbol{E}$ erlangt. Deshalb beträgt die Stromdichte in der Lösung

$$\boldsymbol{j} = \boldsymbol{E} \sum_a ez_a N_a \cdot b_a ez_a ,$$

wobei N_a die Konzentrationen sind (Zahl der Ionen der Sorte a in der Volumeneinheit), so daß für die Leitfähigkeit

$$\sigma = e^2 \sum_a N_a z_a^2 b_a \tag{26,2}$$

folgt.

Die unten dargelegte Theorie beruht auf den gleichen Vorstellungen wie auch die Theorie der thermodynamischen Eigenschaften des Plasmas und der starken Elektrolyte. Sie bestehen darin, daß sich um jedes Ion eine inhomogene Ladungsverteilung (Ladungswolke) bildet, die das Ionenfeld abschirmt. Die entsprechenden Beziehungen wurden in V, §§ 78, 79 für das Plasma erhalten. Die analogen Beziehungen für die Lösung eines starken Elektrolyten unterscheiden sich lediglich durch das Auftreten der von Eins verschiedenen Dielektrizitätskonstanten ε des Lösungsmittels und werden weiter unten angegeben.

Die Abschirmwolke ändert die Ionenbeweglichkeit auf Grund von zwei verschiedenen Effekten. Erstens deformiert die Bewegung des Ions im äußeren elektrischen Feld die Ladungsverteilung in der Wolke, wodurch ein zusätzliches Feld entsteht, das auf das Ion wirkt. Zweitens führt die Bewegung der Wolke zu einer Bewegung der Flüssigkeit, die eine „Mitführung“ des Ions hervorruft. Die erste Korrektur wird als *Relaxationskraft*, die zweite als *elektrophoretische Kraft* bezeichnet.

Relaxationskraft

Wir beginnen mit der Berechnung der Korrektur der ersten Art. Da die Abschirmwolke das Vorhandensein von Korrelationen zwischen den Positionen verschiedener Ionen bedeutet, so handelt es sich hier um den Einfluß des äußeren Feldes $\boldsymbol{E}$ auf die Korrelationsfunktionen.

Wir definieren die Paarkorrelationsfunktion w_{ab} so, daß $N_a w_{ab}(\boldsymbol{r}_a, \boldsymbol{r}_b)\, \mathrm{d}V_a$ die Zahl der Ionen der Sorte a angibt, welche sich im Volumen $\mathrm{d}V_a$ am Ort $\boldsymbol{r}_a$ befinden unter der Bedingung, daß sich ein Ion der Sorte b am Ort $\boldsymbol{r}_b$ befindet. Die Sorten a und b können sowohl unterschiedlich als auch gleich sein. Offensichtlich ist

$$w_{ab}(\boldsymbol{r}_a, \boldsymbol{r}_b) = w_{ba}(\boldsymbol{r}_b, \boldsymbol{r}_a) , \tag{26,3}$$

und für $|\boldsymbol{r}_a - \boldsymbol{r}_b| \to \infty$ gilt asymptotisch $w_{ab} \to 1$. Im Gleichgewicht hängt die Funktion w_{ab} nur vom Abstand $|\boldsymbol{r}_a - \boldsymbol{r}_b|$ ab. Dies gilt nicht mehr in einem äußeren Feld.[1])

Die Korrelationsfunktionen genügen wie alle Verteilungsfunktionen Gleichungen, die die Form von Kontinuitätsgleichungen in den entsprechenden Räumen haben. Im betrachteten Fall ist dies der Konfigurationsraum zweier Teilchen.

$$\frac{\partial w_{ab}}{\partial t} + \operatorname{div}_a \boldsymbol{j}_a + \operatorname{div}_b \boldsymbol{j}_b = 0 , \tag{26,4}$$

[1]) Die Methode der Korrelationsfunktionen in Anwendung auf den Gleichgewichtszustand des Plasmas (oder eines Elektrolyten) wurde in V, § 79 dargestellt.

wobei $\boldsymbol{j}_a$, $\boldsymbol{j}_b$ die Wahrscheinlichkeitsstromdichten für die Teilchen a und b sind und der Index bei der Divergenz angibt, bezüglich welcher Variablen ($\boldsymbol{r}_a$ oder $\boldsymbol{r}_b$) die Differentiation durchgeführt wird.

Der Strom $\boldsymbol{j}_a$ hat die Form

$$\boldsymbol{j}_a = -Tb_a^{(0)}\nabla_a w_{ab} + b_a^{(0)} z_a e w_{ab}(\boldsymbol{E} - \nabla_a \varphi_b)\,, \tag{26,5}$$

und $\boldsymbol{j}_b$ besitzt die gleiche Form mit vertauschten Indizes a und b. Der erste Beitrag in (26,5) beschreibt die Diffusionsbewegung der Ionen a, die bereits bei Abwesenheit eines äußeren Feldes vorhanden ist. Der zweite Beitrag ist die Stromdichte der Ionen unter der Wirkung der Kräfte seitens des äußeren Feldes $\boldsymbol{E}$ sowie des Feldes $-\nabla_a\varphi_b$, das am Ort $\boldsymbol{r}_a$ durch die deformierte Ladungswolke eines am Orte $\boldsymbol{r}_b$ befindlichen Ions b hervorgerufen wird. Das Potential $\varphi_b = \varphi_b(\boldsymbol{r}_a, \boldsymbol{r}_b)$ des letzteren Feldes genügt der Poisson-Gleichung

$$\Delta_a \varphi_b(\boldsymbol{r}_a, \boldsymbol{r}_b) = -\frac{4\pi}{\varepsilon}\Big[\sum_c e z_c N_c w_{cb}(\boldsymbol{r}_a, \boldsymbol{r}_b) + e z_b \delta(\boldsymbol{r}_a - \boldsymbol{r}_b)\Big]\,. \tag{26,6}$$

Das erste Glied in den eckigen Klammern ist die mittlere Ladungsdichte aller Ionensorten in der Wolke, das zweite Glied dagegen die Ladungsdichte des Ions, das (voraussetzungsgemäß) am Punkt $\boldsymbol{r}_b$ lokalisiert ist. Der Faktor $1/\varepsilon$ bringt die Abschwächung des Feldes in einem dielektrischen Medium (Lösungsmittel) zum Ausdruck.

Wenn wir annehmen, daß die Lösung genügend verdünnt ist, können wir Dreierkorrelationen zwischen den Ionenpositionen vernachlässigen. In dieser Näherung wird auch die Paarkorrelationsfunktion w_{ab} nahezu 1. Wir führen die kleinen Größen

$$\omega_{ab} = w_{ab} - 1 \tag{26,7}$$

ein. Von der gleichen Größenordnung sind auch die Potentiale φ_a. Wenn wir Glieder zweiter Ordnung vernachlässigen, können wir (26,5) in

$$\boldsymbol{j}_a = b_a^{(0)}[-T\nabla_a \omega_{ab} + e z_a(1 + \omega_{ab})\,\boldsymbol{E} - e z_a \nabla_a \varphi_b] \tag{26,8}$$

umformen. Wegen der im Mittel geltenden elektrischen Neutralität der Lösung ($\sum e z_c N_c = 0$) kann man in (26,6) w_{ab} durch ω_{ab} ersetzen:

$$\Delta_a \varphi_b(\boldsymbol{r}_a, \boldsymbol{r}_b) = -\frac{4\pi}{\varepsilon}\Big[\sum_c e z_c N_c \omega_{cb}(\boldsymbol{r}_a, \boldsymbol{r}_b) + e z_b \delta(\boldsymbol{r}_a - \boldsymbol{r}_b)\Big]\,. \tag{26,9}$$

In einem konstanten, homogenen Feld $\boldsymbol{E}$ hängen die Funktionen w_{ab} nicht von der Zeit ab, und die Koordinaten der beiden Orte treten in ihnen nur in Form der Differenz $\boldsymbol{r} = \boldsymbol{r}_a - \boldsymbol{r}_b$ auf. Hierbei ist $\nabla_a w_{ab} = -\nabla_b w_{ab}$. Einsetzen von $\boldsymbol{j}_a$ aus (26,8) (und des analogen Ausdrucks für $\boldsymbol{j}_b$) in (26,4) führt nun zur Gleichung

$$\begin{aligned} T(b_a^{(0)} + b_b^{(0)})\,\Delta\omega_{ab}(\boldsymbol{r}) + e z_a b_a^{(0)}\,\Delta\varphi_b(\boldsymbol{r}) + e z_b b_b^{(0)}\,\Delta\varphi_a(-\boldsymbol{r}) \\ = (z_a b_a^{(0)} - z_b b_b^{(0)})\, e\boldsymbol{E}\nabla\omega_{ab}(\boldsymbol{r})\,, \end{aligned} \tag{26,10}$$

wobei alle Ableitungen bezüglich $\boldsymbol{r}$ genommen werden.

Unter der Annahme, daß das äußere Feld schwach ist, läßt sich das Problem durch Entwicklung nach $\boldsymbol{E}$ lösen. In nullter Näherung, für $\boldsymbol{E} = 0$, ist das Potential $\varphi_a^{(0)}(\boldsymbol{r})$

eine gerade Funktion von $\boldsymbol{r}$. Wenn wir berücksichtigen, daß alle Funktionen ω_{ab} und φ_a für $r \to \infty$ verschwinden müssen, finden wir aus (26,10)

$$T(b_a^{(0)} + b_b^{(0)})\,\omega_{ab}^{(0)} + e(b_a^{(0)} z_a \varphi_b^{(0)} + b_b^{(0)} z_b \varphi_a^{(0)}) = 0\,. \tag{26,11}$$

Für die Lösung machen wir den Ansatz

$$\omega_{ab}^{(0)}(\boldsymbol{r}) = z_a z_b \omega^{(0)}(\boldsymbol{r})\,, \qquad e\varphi_a^{(0)}(\boldsymbol{r}) = -T z_a \omega^{(0)}(\boldsymbol{r})\,. \tag{26,12}$$

Hierbei wird (26,11) identisch erfüllt, und aus (26,9) erhalten wir eine Gleichung für die Funktion $\omega^{(0)}(\boldsymbol{r})$:

$$\Delta\omega^{(0)}(\boldsymbol{r}) - \frac{1}{a^2}\,\omega^{(0)}(\boldsymbol{r}) = \frac{4\pi e^2}{\varepsilon T}\,\delta(\boldsymbol{r}) \tag{26,13}$$

mit

$$a^{-2} = \frac{4\pi e^2}{\varepsilon T} \sum_c N_c z_c^2\,. \tag{26,14}$$

Die Lösung dieser Gleichung lautet

$$\omega^{(0)}(\boldsymbol{r}) = -\frac{e^2}{\varepsilon T}\,\frac{\mathrm{e}^{-r/a}}{r}\,. \tag{26,15}$$

Die Größe a ist der DEBYEsche Abschirmradius in einer elektrolytischen Lösung.

In der folgenden Näherung setzen wir

$$\varphi_a = \varphi_a^{(0)} + \varphi_a^{(1)}\,, \qquad \omega_{ab} = \omega_{ab}^{(0)} + \omega_{ab}^{(1)}\,, \tag{26,16}$$

wobei durch den Index (1) auf einen kleinen Zusatz zur nullten Ordnung hingewiesen wird. Da es sich um skalare Größen handelt, müssen alle diese Korrekturfunktionen die Form $\boldsymbol{E}\boldsymbol{r}f(r)$ haben, wobei $f(r)$ eine Funktion lediglich des Betrages r ist. Deshalb sind alle $\omega_{ab}^{(1)}$ und $\varphi_a^{(1)}$ ungerade Funktionen von $\boldsymbol{r}$. Da gemäß (26,3)

$$\omega_{ab}^{(1)}(\boldsymbol{r}_b, \boldsymbol{r}_a) \equiv \omega_{ab}^{(1)}(\boldsymbol{r}) = \omega_{ba}^{(1)}(\boldsymbol{r}_b, \boldsymbol{r}_a) \equiv \omega_{ba}^{(1)}(-\boldsymbol{r})$$

gilt, so folgt hieraus

$$\omega_{ab}^{(1)}(\boldsymbol{r}) = -\omega_{ba}^{(1)}(\boldsymbol{r}) \tag{26,17}$$

(wir erinnern daran, daß überall $\boldsymbol{r} = \boldsymbol{r}_a - \boldsymbol{r}_b$ bedeutet). Wenn die Ionen a und b zur gleichen Sorte gehören, so kann sich die Funktion $\omega_{ab}^{(1)}(\boldsymbol{r})$ bei Vertauschung der Indizes nicht ändern, und deshalb folgt aus (26,17), daß die $\omega_{aa}^{(1)} = 0$ sind. Dies bedeutet, daß die Korrekturen $\omega_{ab}^{(1)}$ nur für die Korrelationsfunktionen von Paaren verschiedener Ionen vorhanden sind.

Zur Vereinfachung der weiteren Rechnungen beschränken wir uns auf den Fall eines Elektrolyten mit insgesamt zwei Ionensorten. In diesem Fall ist nur die eine Funktion $\omega_{12}^{(1)}(\boldsymbol{r}) = -\omega_{21}^{(1)}(\boldsymbol{r})$ von Null verschieden, und Einsetzen von (26,16) in die POISSON-Gleichung (26,9) ergibt

$$\Delta\varphi_2^{(1)}(\boldsymbol{r}) = -\frac{4\pi e}{\varepsilon}\, z_1 N_1 \omega_{12}^{(1)}(\boldsymbol{r}) \tag{26,18}$$

mit $\boldsymbol{r} = \boldsymbol{r}_1 - \boldsymbol{r}_2$. Unter Berücksichtigung der Bedingung der Elektroneutralität der Lösung und der oben angegebenen Symmetrieeigenschaften der Funktionen kann man sich leicht davon überzeugen, daß das Potential $\varphi_1^{(1)}(\boldsymbol{r})$ derselben Gleichung genügt und somit $\varphi_1^{(1)}(\boldsymbol{r}) = \varphi_2^{(1)}(\boldsymbol{r})$ gilt.

Bei Einsetzen von (26,16) in Gleichung (26,10) ist auf der rechten Seite nur das Glied mit $\omega_{12}^{(0)}$ beizubehalten, und wir finden

$$T(b_1^{(0)} + b_2^{(0)})\, \Delta\omega_{12}^{(1)}(\boldsymbol{r}) + e(b_1^{(0)}z_1 - b_2^{(0)}z_2)\, \Delta\varphi_2^{(1)}(\boldsymbol{r}) = (b_1^{(0)}z_1 - b_2^{(0)}z_2)\, ez_1z_2\boldsymbol{E}\nabla\omega^{(0)}(\boldsymbol{r})\,. \tag{26,19}$$

Das Gleichungssystem (26,18—19) wird durch die Fourier-Methode gelöst. Für die Fourier-Transformierten $\omega_{12\boldsymbol{k}}^{(1)}$ und $\varphi_{2\boldsymbol{k}}^{(1)}$ ergibt sich ein System algebraischer Gleichungen, welches sich von (26,18—19) durch die Ersetzung der Operatoren $\nabla \to i\boldsymbol{k}$, $\Delta \to -\boldsymbol{k}^2$ unterscheidet. Die Fourier-Transformierte der Funktion $\omega^{(0)}(\boldsymbol{r})$, (26,15), die auf der rechten Seite von (26,19) steht, ergibt sich aus der Beziehung

$$\omega_{\boldsymbol{k}}^{(0)} = -\frac{e^2}{\varepsilon T}\frac{4\pi}{k^2 + a^{-2}}\,.$$

Wir geben sofort das Endergebnis für die Fourier-Transformierte des Potentials an:

$$\varphi_{2\boldsymbol{k}}^{(1)} = \frac{4\pi e^2 z_1 z_2 q}{\varepsilon T a^2}\,\frac{i\boldsymbol{k}\boldsymbol{E}}{k^2(k^2 + a^{-2})\,(k^2 + qa^{-2})} \tag{26,20}$$

mit

$$q = \frac{b_1^{(0)}z_1 - b_2^{(0)}z_2}{(z_1 - z_2)\,(b_1^{(0)} + b_2^{(0)})}\,. \tag{26,21}$$

Da z_1 und z_2 entgegengesetztes Vorzeichen besitzen, gilt offensichtlich $0 < q < 1$.

Wir erinnern daran, daß $\varphi_2^{(1)}(\boldsymbol{r}_1, \boldsymbol{r}_2)$ ein Zusatzpotential ist, welches am Ort $\boldsymbol{r}_1$ vorliegt unter der Bedingung, daß sich am Ort $\boldsymbol{r}_2$ das Ion 2 befindet. Die Feldstärke dieses Feldes beträgt

$$\boldsymbol{E}_2^{(1)}(\boldsymbol{r}) = -\nabla_1\varphi_2^{(1)}(\boldsymbol{r}_1, \boldsymbol{r}_2) = -\nabla\varphi_2^{(1)}(\boldsymbol{r})\,.$$

Ihr Wert für $\boldsymbol{r}_1 = \boldsymbol{r}_2$ (d. h. für $\boldsymbol{r} = 0$) ergibt das uns interessierende Feld, welches auf das Ion 2 selbst wirkt und somit seine Beweglichkeit ändert.

Für die Fourier-Transformierte gilt $\boldsymbol{E}_{2\boldsymbol{k}}^{(1)} = -i\boldsymbol{k}\varphi_{2\boldsymbol{k}}^{(1)}$. Deshalb wird

$$\boldsymbol{E}_2^{(1)}(0) = -\int i\boldsymbol{k}\varphi_{2\boldsymbol{k}}^{(1)}\, \mathrm{e}^{i\boldsymbol{k}\boldsymbol{r}}\, \frac{\mathrm{d}^3k}{(2\pi)^3}\bigg|_{\boldsymbol{r}=0} = -\int i\boldsymbol{k}\varphi_{2\boldsymbol{k}}^{(1)}\, \frac{\mathrm{d}^3k}{(2\pi)^3}\,.$$

Setzt man hier (26,20) ein, entsteht das Integral

$$\boldsymbol{I} = \int \frac{\boldsymbol{k}(\boldsymbol{k}\boldsymbol{E})}{k^2(k^2 + a^{-2})\,(k^2 + a^{-2}q)}\,\frac{\mathrm{d}^3k}{(2\pi)^3}\,.$$

Die Mittelung über die Richtungen von $\boldsymbol{k}$ überführt $\boldsymbol{k}(\boldsymbol{k}\boldsymbol{E})$ in $k^2\boldsymbol{E}/3$. Anschließend errechnet sich das Integral über k aus den Residuen des Integranden an den Polstellen $k = i/a$ und $k = i\sqrt{q}/a$ und liefert

$$\boldsymbol{I} = \frac{\boldsymbol{E}a}{12\pi(1 + \sqrt{q})}\,.$$

Somit beträgt das auf das Ion 2 wirkende Gesamtfeld

$$\boldsymbol{E} + \boldsymbol{E}_2^{(1)}(0) = \left[1 - \frac{e^2\,|z_1 z_2|\,q}{3\varepsilon T a(1+\sqrt{q})}\right]\boldsymbol{E}\,. \tag{26,22}$$

Das gleiche Ergebnis erhält man für das Feld, das auf das Ion 1 wirkt, was offensichtlich aus der Symmetrie des Ausdrucks (26,22) bezüglich der Indizes 1 und 2 folgt. Multiplizieren wir das Feld (26,22) mit $b^{(0)}ez$, erhalten wir die vom Ion angenommene Geschwindigkeit, und wenn wir diese Geschwindigkeit in der Form $bez\boldsymbol{E}$ schreiben, finden wir, daß der Ausdruck in den eckigen Klammern auch das Verhältnis $b/b^{(0)}$ bestimmt. Somit erhalten wir für die gesuchte Relaxationskorrektur zur Ionenbeweglichkeit

$$b_{\text{relax}} = -b\,\frac{e^2\,|z_1 z_2|\,q}{3\varepsilon T a(1+\sqrt{q})}\,. \tag{26,23}$$

Wir merken an, daß dieser Effekt die Beweglichkeit verringert.

Elektrophoretische Kraft

Wir befassen uns nun mit der Berechnung der Korrektur, die mit der Bewegung des Lösungsmittels zusammenhängt. Hierbei stellt sich das Problem in der folgenden Weise.

Wir betrachten in der Lösung irgendein ausgewähltes Ion mit seiner umgebenden Abschirmwolke. Diese Wolke ist elektrisch geladen mit einer Ladungsdichte

$$\delta\varrho = \sum_a e z_a\,\delta N_a\,,$$

wobei δN_a die Abweichung der Konzentration der Ionen der Sorte a von ihrem Mittelwert N_a in der Lösung bedeutet. In einem elektrischen Feld $\boldsymbol{E}$ wirken deshalb auf die Flüssigkeit, die diese Wolke trägt, Kräfte mit einer Volumendichte $\boldsymbol{f} = \boldsymbol{E}\,\delta\varrho$. Unter dem Einfluß dieser Kräfte bewegt sich die Flüssigkeit, und diese Bewegung führt ihrerseits das betrachtete zentrale Ion mit sich.

Die Ionenverteilung in der Abschirmwolke ist mit dem Potential des Feldes in ihr gemäß der BOLTZMANN-Formel

$$\delta N_a = N_a[\mathrm{e}^{-z_a e\varphi/T} - 1] \approx -\frac{z_a e\varphi N_a}{T}$$

verknüpft. Da das Feld $\boldsymbol{E}$ schwach ist, kann die Deformation der Ionenwolke bei dem jetzt betrachteten Problem vernachlässigt werden. In einer kugelsymmetrischen Wolke ergibt sich das Potential aus der Beziehung

$$\varphi = e z_b\,\frac{\mathrm{e}^{-r/a}}{r}\,,$$

wobei ez_b die Ladung des zentralen Ions darstellt und a durch (26,14) bestimmt ist (vgl. V, § 78). Deshalb ergibt sich für die Gesamtladungsdichte in der Wolke

$$\delta\varrho = -\frac{e^2\varphi}{T}\sum_a N_a z_a^2 = -\frac{e z_b}{4\pi a^2}\,\frac{\mathrm{e}^{-r/a}}{r}\,. \tag{26,24}$$

Da die Bewegung unter Einfluß des Feldes $\boldsymbol{E}$ langsam ist, kann man die Flüssigkeit als inkompressibel ansehen, so daß

$$\operatorname{div} \boldsymbol{v} = 0 \tag{26,25}$$

gilt. Aus dem gleichen Grund kann man das in der Geschwindigkeit quadratische Glied in der NAVIER-STOKESschen Gleichung weglassen, die sich dann (für eine stationäre Bewegung) auf

$$\eta\, \Delta \boldsymbol{v} - \nabla P + \boldsymbol{f} = 0 \tag{26,26}$$

reduziert, wobei P den Druck und η die Viskosität der Flüssigkeit (des Lösungsmittels) bedeuten.

Wenn wir in den Gleichungen (26,25–26) zur FOURIER-Darstellung übergehen, erhalten wir

$$\boldsymbol{k}\boldsymbol{v}_{\boldsymbol{k}} = 0\,, \qquad -\eta k^2 \boldsymbol{v}_{\boldsymbol{k}} - i\boldsymbol{k} P_{\boldsymbol{k}} + \boldsymbol{E}\, \delta\varrho_{\boldsymbol{k}} = 0\,.$$

Multiplizieren wir die zweite Gleichung mit $i\boldsymbol{k}$, finden wir $P_{\boldsymbol{k}} = -i\boldsymbol{k}\boldsymbol{E}\, \delta\varrho_{\boldsymbol{k}}/k^2$ und anschließend

$$\boldsymbol{v}_{\boldsymbol{k}} = \frac{\delta\varrho_{\boldsymbol{k}}}{\eta} \frac{k^2 \boldsymbol{E} - \boldsymbol{k}(\boldsymbol{k}\boldsymbol{E})}{k^4}\,. \tag{26,27}$$

Die FOURIER-Transformierte der Ladungsdichte (26,24) lautet:

$$\delta\varrho_{\boldsymbol{k}} = -\frac{e z_b}{a^2 k^2 + 1}\,. \tag{26,28}$$

Die uns interessierende Geschwindigkeit der Flüssigkeit am Punkt $\boldsymbol{r} = 0$, wo sich das zentrale Ion befindet, ergibt sich aus dem Integral

$$\boldsymbol{v}(0) = \int \boldsymbol{v}_{\boldsymbol{k}} \frac{\mathrm{d}^3 k}{(2\pi)^3}\,.$$

Setzen wir hier $\boldsymbol{v}_{\boldsymbol{k}}$ aus (26,27–28) ein, erhalten wir nach Integration über die Richtungen von $\boldsymbol{k}$

$$\boldsymbol{v}(0) = -\boldsymbol{E} \frac{e z_b}{(2\pi)^3 \eta} \frac{8\pi}{3} \int\limits_0^\infty \frac{\mathrm{d}k}{k^2 a^2 + 1}$$

und schließlich

$$\boldsymbol{v}(0) = -\frac{e z_b}{6\pi\eta a} \boldsymbol{E}\,.$$

Diese Geschwindigkeit überlagert sich mit der Geschwindigkeit $e z_b b_b^{(0)} \boldsymbol{E}$, die das Ion unmittelbar unter Einwirkung des Feldes erlangt hat. Hieraus ist ersichtlich, daß die gesuchte elektrophoretische Korrektur zur Beweglichkeit für die Ionen aller Sorten gleich ist und

$$b_{\mathrm{eph}} = -1/6\pi a \eta \tag{26,29}$$

beträgt. Die gesamte Korrektur ergibt sich aus der Summe der beiden Ausdrücke (26,23) und (26,29). Beide sind negativ und wegen $1/a$ proportional zur Quadratwurzel aus der Konzentration.

III DAS STOSSFREIE PLASMA

§ 27. Das selbstkonsistente Feld

Einen weiten Anwendungsbereich der kinetischen Theorie stellt das *Plasma* dar, unter dem wir ein vollständig ionisiertes Gas verstehen wollen.[1]) Die thermodynamische Theorie für den Gleichgewichtszustand des Plasmas wurde in anderen Bänden dieser Lehrbuchreihe betrachtet (s. V, §§ 78—80; IX, § 85). Die Kapitel III—V dieses Buches haben das Studium der kinetischen Eigenschaften des Plasmas zum Gegenstand. Um unnötige Komplikationen zu vermeiden, werden wir (wo dies erforderlich ist) annehmen, daß das Plasma aus zwei Komponenten besteht — es enthalte nur Elektronen (Ladung $-e$) und positive Ionen einer Sorte mit der Ladung ze.

Ebenso wie bei den gewöhnlichen Gasen erfordert die Bedingung für die Anwendbarkeit der Methode der kinetischen Gleichung auf das Plasma, daß dieses genügend verdünnt ist. Ein Gas darf nur schwach von der Idealität abweichen. In Anbetracht des langsamen Abfalls der COULOMB-Kräfte mit dem Abstand ist jedoch diese Bedingung für ein Plasma viel stärker als für ein Gas aus neutralen Teilchen. Wenn wir keinen Unterschied zwischen Teilchen mit verschiedenen Ladungen machen, können wir die Bedingung für die schwache Nichtidealität eines Plasmas in der folgenden Form angeben:

$$T \gg e^2/\bar{r} \sim e^2 N^{1/3}\,, \tag{27,1}$$

wobei T die Temperatur des Plasmas, N die Gesamtteilchenzahl in der Volumeneinheit und $\bar{r} \sim N^{-1/3}$ den mittleren Abstand zwischen den Teilchen bedeuten. Diese Bedingung bringt zum Ausdruck, daß die mittlere Wechselwirkungsenergie zweier Ionen klein im Vergleich zu ihrer mittleren kinetischen Energie ist. Wir können diese Bedingung noch in einer anderen Form angeben, wenn wir den sogenannten DEBYE-*Radius* des Plasmas a einführen, der gemäß

$$a^{-2} = \frac{4\pi}{T} \sum_a N_a (z_a e)^2 \tag{27,2}$$

definiert ist, wobei die Summation über alle Ionensorten läuft. Wir erinnern daran, daß a den Abstand bestimmt, auf dem das COULOMB-Feld einer Ladung im Plasma abgeschirmt wird (s. V, § 78). Setzen wir $a \sim (T/4\pi N e^2)^{1/2}$ in (27,1) ein, erhalten wir

$$e^2 N^{1/3}/T \sim \bar{r}^2/4\pi a^2 \ll 1\,. \tag{27,3}$$

---

[1]) Dieser Terminus wurde von I. LANGMUIR (1923) eingeführt, der den Grundstein für die systematische theoretische Untersuchung des Plasmas legte.

Im verdünnten Plasma ist also der mittlere Abstand zwischen den Teilchen klein im Vergleich zum DEBYE-Radius, d. h., die „Ladungswolke" um eine Ladung muß auch tatsächlich viele Teilchen enthalten. Die kleine Größe in (27,3) übernimmt für das Plasma die Rolle des „Gasparameters".

In den Kapiteln III—V wird das Plasma immer (mit Ausnahme von § 40) als klassisches System betrachtet. Dies erfordert die Erfüllung einer nur sehr schwachen Bedingung — die Plasmatemperatur soll groß im Vergleich zur Entartungstemperatur der Elektronenkomponente sein,

$$T \gg \hbar^2 N^{2/3}/m\,, \tag{27,4}$$

wobei m die Elektronenmasse ist (vgl. V, § 80).

Die kinetische Gleichung für jede Teilchensorte im Plasma (Elektronen und Ionen) hat die Form

$$\frac{\partial f}{\partial t} + \boldsymbol{v}\frac{\partial f}{\partial \boldsymbol{r}} + \dot{\boldsymbol{p}}\frac{\partial f}{\partial \boldsymbol{p}} = \mathrm{St}\, f\,, \tag{27,5}$$

wobei f die Verteilungsfunktion der betrachteten Teilchen bezüglich der Koordinaten und der Impulse und St ihr Stoßintegral (für Stöße mit Teilchen aller Sorten) bedeuten. Hierbei wird die Ableitung $\dot{\boldsymbol{p}}$ durch die Kraft bestimmt, die auf das Teilchen wirkt. Diese Kraft wiederum ist durch die elektrische und die magnetische Feldstärke auszudrücken, die durch alle übrigen Teilchen an dem Punkt, wo sich das betrachtete Teilchen befindet, hervorgerufen wird. Hierbei entsteht jedoch folgende Frage.

Infolge des schnellen Abfalls der Wechselwirkungskräfte geht für den Fall neutraler Teilchen (Atome oder Moleküle) eine merkliche Änderung ihrer Bewegung, die als Stoß interpretiert werden kann, nur bei kleinen Stoßparametern (von der Größenordnung der atomaren Abmessungen) vor sich. Zwischen zwei solchen Stößen bewegen sich die Teilchen frei. Eben deshalb wird auf der linken Seite der kinetischen Gleichung für gewöhnliche Gase $\dot{\boldsymbol{p}} = 0$ gesetzt. Im Plasma dagegen geht infolge des langreichweitigen Charakters der COULOMB-Kräfte eine merkliche Änderung der Bewegung der Teilchen selbst bei großen Stoßparametern vonstatten. Die Abschirmung der COULOMB-Kräfte im Plasma geschieht erst bei Abständen $\sim a$, die gemäß der Bedingung (27,3) sogar groß im Vergleich zu den mittleren Teilchenabständen sind (s. V, § 78 sowie Aufgabe 1 zu § 31). Jedoch dürfen nicht alle diese Fälle in der kinetischen Gleichung als Stöße interpretiert werden. Im Rahmen der kinetischen Theorie stellen die chaotischen Stöße denjenigen Mechanismus dar, welcher zur Annäherung an den Gleichgewichtszustand bei einem entsprechenden Anwachsen der Entropie des Systems führt. Die Stöße mit großen Stoßparametern ($\gtrsim a$) können indessen nicht die Rolle eines solchen Relaxationsmechanismus spielen. Dies liegt daran, daß die Wechselwirkung von zwei geladenen Teilchen über solche Abstände in Wirklichkeit einen kollektiven Effekt darstellt, an dem eine große Zahl von Teilchen beteiligt ist. Dementsprechend wird auch das effektive Feld, durch welches diese Wechselwirkung beschrieben werden kann, von einer großen Zahl von Teilchen gebildet, d. h., es besitzt makroskopischen Charakter. Somit erhält dieser gesamte Prozeß eine makroskopische Determiniertheit und besitzt keinen Zufallscharakter. Solche Prozesse können nicht zu einem Anwachsen der Entropie des Systems führen. Deshalb müssen sie vom Begriff der Stöße ausgeschlossen werden, welche auf der rechten Seite der kinetischen Gleichungen berücksichtigt werden.

Dieser Aufspaltung entspricht die Darstellung des exakten mikroskopischen, auf irgendein Teilchen im Plasma wirkenden elektrischen ($\boldsymbol{e}$) und magnetischen ($\boldsymbol{h}$) Feldes in der Form

$$\boldsymbol{e} = \boldsymbol{E} + \boldsymbol{e}', \qquad \boldsymbol{h} = \boldsymbol{B} + \boldsymbol{h}', \tag{27,6}$$

wobei $\boldsymbol{E}$ und $\boldsymbol{B}$ diejenigen Werte der Feldstärken sind, die sich durch Mittelung über Bereiche ergeben, in denen viele Teilchen enthalten sind und deren Abmessungen groß im Vergleich zum Debye-Radius sind. Die Glieder $\boldsymbol{e}'$ und $\boldsymbol{h}'$ dagegen beschreiben dann die stochastischen Fluktuationen der Felder, welche auch zu den zufälligen Bewegungsänderungen der Teilchen, d. h. zu den Stößen, führen (s. Ende von § 51).

In ihrer präzisen Bedeutung sind $\boldsymbol{E}$ und $\boldsymbol{B}$ in (27,6) die Mittelwerte der Felder an dem Ort, an dem sich das Teilchen befindet. Da aber vorausgesetzt wurde, daß das Plasma verdünnt ist, können die Korrelationen zwischen den gleichzeitigen Positionen der Teilchen in ihm vernachlässigt werden. Dann ist der Aufenthaltsort eines jeden betrachteten Teilchens durch nichts ausgezeichnet, so daß unter $\boldsymbol{E}$ und $\boldsymbol{B}$ einfach die im üblichen Sinne der makroskopischen Elektrodynamik gemittelten Felder verstanden werden können. Diese Felder bestimmen dann auch die Lorentz-Kraft, welche in Gleichung (27,5) anstelle von $\dot{\boldsymbol{p}}$ eingesetzt werden muß.

In diesem Kapitel werden wir Erscheinungen betrachten, bei denen Stöße zwischen den Teilchen des Plasmas unwesentlich sind. In solchen Fällen spricht man von einem *stoßfreien* Plasma.[1]) Die genauen Bedingungen für die Möglichkeit, die Stöße zu vernachlässigen, hängen im allgemeinen von der konkreten Problemstellung ab. Gewöhnlich besteht eine notwendige Bedingung in der Forderung, daß die effektive Stoßfrequenz ν (die inverse mittlere freie Flugzeit der Teilchen) klein ist im Vergleich zu der Frequenz ω der Änderung der makroskopischen Felder $\boldsymbol{E}$ und $\boldsymbol{B}$ bei dem betrachteten Prozeß,

$$\nu \ll \omega\,. \tag{27,7}$$

Auf Grund dieser Bedingung erweist sich das Stoßintegral in der kinetischen Gleichung als klein im Vergleich zu der Ableitung $\partial f/\partial t$. Die Stöße können auch dann vernachlässigt werden, wenn die mittlere freie Weglänge der Teilchen $l \sim \bar{v}/\nu$ groß im Vergleich zu den Abständen L ist, auf denen sich das Feld ändert („Wellenlänge“ des Feldes). Mit der Bezeichnung $1/L \sim k$ läßt sich diese Bedingung in der Form

$$\nu \ll k\bar{v} \tag{27,8}$$

schreiben. Hierbei erweist sich das Stoßintegral als klein im Vergleich zu dem Glied $\boldsymbol{v}\nabla f$ auf der linken Seite der kinetischen Gleichung.

---

[1]) Unter diesen Bedingungen ist es ausreichend, die Mittelung in (27,6) als gewöhnliche makroskopische Mittelung anzusehen, die sich über Teilgebiete erstreckt, die lediglich groß im Vergleich zu den mittleren Teilchenabständen sein müssen.

Nach der Vernachlässigung des Stoßintegrals nehmen die kinetischen Gleichungen für die Verteilungsfunktionen der Elektronen (f_e) und der Ionen (f_i) die Form[1])

$$\begin{aligned} &\frac{\partial f_e}{\partial t} + \boldsymbol{v}\frac{\partial f_e}{\partial \boldsymbol{r}} - e\left(\boldsymbol{E} + \frac{1}{c}\,[\boldsymbol{vB}]\right)\frac{\partial f_e}{\partial \boldsymbol{p}} = 0\,, \\ &\frac{\partial f_i}{\partial t} + \boldsymbol{v}\frac{\partial f_i}{\partial \boldsymbol{r}} + ze\left(\boldsymbol{E} + \frac{1}{c}\,[\boldsymbol{vB}]\right)\frac{\partial f_i}{\partial \boldsymbol{p}} = 0 \end{aligned} \tag{27,9}$$

an. Zu diesen Gleichungen muß das System der gemittelten MAXWELL-Gleichungen hinzugefügt werden:

$$\begin{aligned} &\operatorname{rot} \boldsymbol{E} = -\frac{1}{c}\frac{\partial \boldsymbol{B}}{\partial t}\,, &&\operatorname{div} \boldsymbol{B} = 0\,, \\ &\operatorname{rot} \boldsymbol{B} = \frac{1}{c}\frac{\partial \boldsymbol{E}}{\partial t} + \frac{4\pi}{c}\boldsymbol{j}\,, &&\operatorname{div} \boldsymbol{E} = 4\pi\varrho\,, \end{aligned} \tag{27,10}$$

wobei ϱ und $\boldsymbol{j}$ die mittlere Ladungsdichte und die mittlere Stromdichte sind, die offensichtlich in folgender Weise durch die Verteilungsfunktionen ausgedrückt werden können:

$$\begin{aligned} \varrho &= e \int (zf_i - f_e)\, \mathrm{d}^3p\,, \\ \boldsymbol{j} &= e \int (zf_i - f_e)\, \boldsymbol{v}\, \mathrm{d}^3p\,. \end{aligned} \tag{27,11}$$

Die Gleichungen (27,9—11) stellen ein gekoppeltes Gleichungssystem dar, welches gleichzeitig sowohl die Verteilungsfunktionen f_e, f_i als auch die Felder $\boldsymbol{E}$ und $\boldsymbol{B}$ bestimmt. Das auf diese Weise bestimmte Feld wird als *selbstkonsistentes* Feld bezeichnet. Das selbstkonsistente Feld wurde von A. A. WLASSOW (1937) in die kinetischen Gleichungen eingeführt. Das Gleichungssystem (27,9—11) trägt die Bezeichnung WLASSOW-*Gleichungen*.

Entsprechend dem oben Gesagten ist die zeitliche Entwicklung der Verteilungsfunktionen in einem stoßfreien Plasma für ein selbstkonsistent bestimmtes Feld nicht mit einem Anwachsen der Entropie verknüpft und kann deshalb für sich genommen nicht zu einer Einstellung des statistischen Gleichgewichts führen. Dies kann auch direkt aus den Gleichungen (27,9) ersehen werden, in denen $\boldsymbol{E}$ und $\boldsymbol{B}$ formal nur als äußere Felder auftreten, denen das Plasma unterworfen wird.

Jede der kinetischen Gleichungen (27,9) hat die Form

$$\frac{\mathrm{d}f}{\mathrm{d}t} = 0\,, \tag{27,12}$$

wobei die totale Ableitung die Differentiation längs der Teilchentrajektorie bedeutet. Die allgemeine Lösung dieser Gleichung ist eine beliebige Funktion aller Bewegungsintegrale für die Bewegung eines Teilchens in den Feldern $\boldsymbol{E}$ und $\boldsymbol{B}$.

---

[1]) Streng genommen muß in Anwesenheit eines Magnetfeldes der Phasenraum der Teilchen als Raum der $\boldsymbol{r}$ und $\boldsymbol{P}$ definiert werden, wobei $\boldsymbol{P} = \boldsymbol{p} - e\boldsymbol{A}(t, \boldsymbol{r})/c$ der verallgemeinerte Impuls ist. Allerdings gilt $\mathrm{d}^3x\, \mathrm{d}^3P = \mathrm{d}^3x\, \mathrm{d}^3p$, da die Hinzufügung von $\boldsymbol{A}$ nur den Koordinatenursprung des Impulses in jedem Raumpunkt verändert. Deshalb kann man die Verteilungsfunktion wie vorher auf $\mathrm{d}^3x\, \mathrm{d}^3p$ beziehen.

§ 28. Räumliche Dispersion im Plasma

Wir bringen die Gleichungen (27,10) in eine für die makroskopische Elektrodynamik gebräuchlichere Form, indem wir neben der elektrischen Feldstärke $\boldsymbol{E}$ noch die elektrische Verschiebung $\boldsymbol{D}$ einführen. Hierbei bestimmen wir den Vektor der elektrischen Polarisation $\boldsymbol{P}$ durch die Beziehungen

$$\frac{\partial \boldsymbol{P}}{\partial t} = \boldsymbol{j}\,, \qquad \operatorname{div} \boldsymbol{P} = -\varrho\,. \tag{28,1}$$

Die Verträglichkeit dieser beiden Formeln wird durch die Kontinuitätsgleichung $\operatorname{div} \boldsymbol{j} = -\partial\varrho/\partial t$ gewährleistet (wir kehren weiter unten in diesem Paragraphen noch zu dieser Definition zurück). Die Gleichungen (27,10) erhalten dann die Form

$$\begin{aligned} \operatorname{rot} \boldsymbol{E} &= -\frac{1}{c}\frac{\partial \boldsymbol{B}}{\partial t}\,, \qquad && \operatorname{div} \boldsymbol{B} = 0\,, \\ \operatorname{rot} \boldsymbol{B} &= \frac{1}{c}\frac{\partial \boldsymbol{D}}{\partial t}\,, \qquad && \operatorname{div} \boldsymbol{D} = 0\,. \end{aligned} \tag{28,2}$$

In schwachen Feldern besteht ein linearer Zusammenhang zwischen der Verschiebung $\boldsymbol{D}$ und der Feldstärke $\boldsymbol{E}$.[1]) Aber bereits in gewöhnlichen Medien besitzt dieser Zusammenhang keinen momentanen Charakter bezüglich der Zeit: Der Wert $\boldsymbol{D}(t, \boldsymbol{r})$ zu irgendeinem Zeitpunkt t hängt im allgemeinen von den Werten $\boldsymbol{E}(t, \boldsymbol{r})$ nicht nur zum gleichen, sondern auch zu allen vorhergehenden Zeitpunkten ab (s. VIII, § 58). Im Plasma besteht weiterhin noch eine räumliche Nichtlokalität dieses Zusammenhangs: Der Wert $\boldsymbol{D}(t, \boldsymbol{r})$ an irgendeinem Raumpunkt $\boldsymbol{r}$ hängt nicht nur von den Werten $\boldsymbol{E}(t, \boldsymbol{r})$ am gleichen Punkt, sondern im allgemeinen von denen an allen Punkten im gesamten Plasmavolumen ab. Diese Eigenschaft hängt damit zusammen, daß die „freie" (genauer stoßfreie) Bewegung der Teilchen im Plasma durch die Werte des Feldes auf ihrer gesamten Trajektorie bestimmt wird.

Die allgemeinste lineare Beziehung zwischen den Funktionen $\boldsymbol{D}(t, \boldsymbol{r})$ und $\boldsymbol{E}(t, \boldsymbol{r})$ kann in der Form

$$D_\alpha(t, \boldsymbol{r}) = E_\alpha(t, \boldsymbol{r}) + \int_{-\infty}^{t}\!\!\int K_{\alpha\beta}(t - t', \boldsymbol{r}, \boldsymbol{r}')\, E_\beta(t', \boldsymbol{r}')\, \mathrm{d}^3x'\, \mathrm{d}t'$$

geschrieben werden. Das ungestörte Plasma wird dabei als stationär vorausgesetzt. Für ein räumlich homogenes Plasma hängt der Kern des Integraloperators $K_{\alpha\beta}$ nur von der Differenz der Ortskoordinaten $\boldsymbol{r} - \boldsymbol{r}'$ ab. Mit den Bezeichnungen $\boldsymbol{r} - \boldsymbol{r}' = \boldsymbol{\varrho}$, $t - t' = \tau$, können wir diesen Zusammenhang in folgender Form schreiben:

$$D_\alpha(t, \boldsymbol{r}) = E_\alpha(t, \boldsymbol{r}) + \int_0^{\infty}\!\!\int K_{\alpha\beta}(\tau, \boldsymbol{\varrho})\, E_\beta(t - \tau, \boldsymbol{r} - \boldsymbol{\varrho})\, \mathrm{d}^3\varrho\, \mathrm{d}\tau\,. \tag{28,3}$$

Wie üblich läßt sich das Feld durch die Zerlegung in eine Fourier-Reihe oder in ein Fourier-Integral als eine Superposition ebener Wellen darstellen, in denen $\boldsymbol{E}$ und $\boldsymbol{D}$ proportional zu $\exp i(\boldsymbol{kr} - \omega t)$ sind. Für solche ebenen Wellen nimmt der Zusammen-

---

[1]) Die Bedingung für ein schwaches Feld wird in § 29 formuliert.

hang zwischen $\boldsymbol{D}$ und $\boldsymbol{E}$ die Gestalt

$$D_\alpha = \varepsilon_{\alpha\beta}(\omega, \boldsymbol{k})\, E_\beta \tag{28,4}$$

an, wobei der Tensor der dielektrischen Permeabilität[1]) durch

$$\varepsilon_{\alpha\beta}(\omega, \boldsymbol{k}) = \delta_{\alpha\beta} + \int_0^\infty \int K_{\alpha\beta}(\tau, \boldsymbol{\varrho})\, e^{i(\omega\tau - \boldsymbol{k}\boldsymbol{\varrho})}\, d^3\varrho\, d\tau \tag{28,5}$$

gegeben ist. Aus dieser Definition folgt unmittelbar

$$\varepsilon_{\alpha\beta}(-\omega, -\boldsymbol{k}) = \varepsilon^*_{\alpha\beta}(\omega, \boldsymbol{k})\,. \tag{28,6}$$

Somit führt der nichtlokale Zusammenhang zwischen $\boldsymbol{E}$ und $\boldsymbol{D}$ dazu, daß die dielektrische Permeabilität im Plasma nicht nur eine Funktion der Frequenz, sondern auch des Wellenvektors ist. Diese letztere Abhängigkeit wird auch als *räumliche Dispersion* bezeichnet analog zu der Bezeichnung *zeitliche Dispersion* (oder *Frequenzdispersion*) für die Abhängigkeit von der Frequenz.

Wir kehren zu den Gleichungen (28,1—2) zurück und erinnern daran, daß bei der Formulierung der MAXWELL-Gleichungen für veränderliche Felder in gewöhnlichen Substanzen neben der dielektrischen Polarisation $\boldsymbol{P}$ auch die Magnetisierung $\boldsymbol{M}$ eingeführt wird, wobei der mikroskopische Strom in die beiden Teile $\partial \boldsymbol{P}/\partial t$ und $c \operatorname{rot} \boldsymbol{M}$ zerlegt wird. Für ebene Wellen lassen sich diese Ausdrücke auf $-i\omega\boldsymbol{P}$ und $ic[\boldsymbol{k}\boldsymbol{M}]$ zurückführen. Liegt jedoch eine räumliche Dispersion vor, bei der alle Größen von $\boldsymbol{k}$ abhängen, ist solch eine Zerlegung unzweckmäßig.

Wir bemerken weiterhin, daß bei vollständiger Einbeziehung der Stromdichte $\boldsymbol{j}$ und der Ladungsdichte ϱ in die Definition der Polarisation $\boldsymbol{P}$ (wie dies in (28,1) getan wurde) die letztere sowohl vom elektrischen Feld $\boldsymbol{E}$ als auch vom magnetischen Feld $\boldsymbol{B}$ abhängt. Entsprechend dem ersten Paar der MAXWELL-Gleichungen (28,2) läßt sich jedoch das Feld $\boldsymbol{B}$ durch das Feld $\boldsymbol{E}$ ausdrücken, und zwar (für ebene Wellen) gemäß $[\boldsymbol{k}\boldsymbol{E}] = \omega \boldsymbol{B}/c$, $\boldsymbol{k}\boldsymbol{B} = 0$. Damit kann auch die Polarisation allein durch $\boldsymbol{E}$ ausgedrückt werden, wie auch bei der Definition von $\varepsilon_{\alpha\beta}$ gemäß (28,3—5) angenommen wurde.

Die Abhängigkeit vom Wellenvektor $\boldsymbol{k}$ bringt in die Funktionen $\varepsilon_{\alpha\beta}(\omega, \boldsymbol{k})$ eine ausgezeichnete Richtung hinein — die Richtung des Arguments $\boldsymbol{k}$. Deshalb wird die dielektrische Permeabilität selbst in einem isotropen Medium bei Vorliegen einer räumlichen Dispersion zu einem Tensor. Die allgemeine Form solch eines Tensors läßt sich folgendermaßen darstellen:

$$\varepsilon_{\alpha\beta}(\omega, \boldsymbol{k}) = \varepsilon_t(\omega, k)\left(\delta_{\alpha\beta} - \frac{k_\alpha k_\beta}{k^2}\right) + \varepsilon_l(\omega, k)\frac{k_\alpha k_\beta}{k^2}. \tag{28,7}$$

Bei Multiplikation mit E_β ergibt das erste Glied in (28,7) einen Beitrag zur Verschiebung $\boldsymbol{D}$, der senkrecht zum Wellenvektor liegt, das zweite Glied dagegen einen Bei-

[1]) Im deutschen Sprachgebrauch verwendet man im allgemeinen die Bezeichnung „dielektrischer Tensor" oder — falls es sich um einen Skalar handelt — „dielektrische Funktion". Der Begriff „Permeabilität" wird dagegen üblicherweise nur im Zusammenhang mit der Magnetisierung gebraucht. Die Autoren möchten jedoch auch in der deutschen Übersetzung die Bezeichnung „dielektrische Permeabilität" beibehalten, um die Symmetrie zwischen elektrischem und magnetischem Feld zu betonen. (Anm. d. Hrsg.)

trag parallel zu $\boldsymbol{k}$. Für Felder, die senkrecht oder parallel zu $\boldsymbol{k}$ gerichtet sind, reduziert sich der Zusammenhang zwischen $\boldsymbol{D}$ und $\boldsymbol{E}$ auf $\boldsymbol{D} = \varepsilon_t \boldsymbol{E}$ bzw. $\boldsymbol{D} = \varepsilon_l \boldsymbol{E}$. Die skalaren Funktionen ε_t und ε_l werden als *transversale* beziehungsweise *longitudinale dielektrische Permeabilität*[1]) bezeichnet. Sie hängen von zwei unabhängigen Variablen ab — der Frequenz ω und dem Betrag k des Wellenvektors. Für $\boldsymbol{k} \to 0$ verschwindet die ausgezeichnete Richtung, und der Tensor $\varepsilon_{\alpha\beta}$ muß sich dann auf die Form $\varepsilon(\omega)\,\delta_{\alpha\beta}$ reduzieren, wobei $\varepsilon(\omega)$ die gewöhnliche skalare dielektrische Permeabilität ist, welche nur die Frequenzdispersion enthält. Demnach müssen die Grenzwerte der Funktionen ε_t und ε_l übereinstimmen und gleich

$$\varepsilon_t(\omega, 0) = \varepsilon_l(\omega, 0) = \varepsilon(\omega) \tag{28,8}$$

sein. Gemäß (28,6) weisen die skalaren Funktionen ε_l und ε_t die Eigenschaft

$$\varepsilon_l(-\omega, k) = \varepsilon_l^*(\omega, k)\,, \qquad \varepsilon_t(-\omega, k) = \varepsilon_t^*(\omega, k) \tag{28,9}$$

auf. Die räumliche Dispersion beeinflußt nicht die Eigenschaften von ε_t und ε_l als Funktionen der komplexen Variablen ω. Für diese Funktionen gelten also auch alle bekannten Ergebnisse (s. VIII, § 82), die sich auf die dielektrische Permeabilität $\varepsilon(\omega)$ in gewöhnlichen Medien ohne räumliche Dispersion beziehen.

In diesem Kapitel werden wir nur das isotrope Plasma betrachten. Wir möchten hervorheben, daß dies nicht nur das Fehlen eines äußeren magnetischen Feldes voraussetzt, sondern auch die Isotropie der Impulsverteilungsfunktion der Teilchen (im nicht vom Feld gestörten Plasma). Im entgegengesetzten Falle treten neue ausgezeichnete Richtungen auf, und die Tensorstruktur von $\varepsilon_{\alpha\beta}$ wird komplizierter.

Es wurde bereits darauf hingewiesen, daß die Ursache für die räumliche Dispersion in einem Plasma mit der Abhängigkeit der „freien" Bewegung der Teilchen von den Feldstärkewerten längs ihrer Trajektorie zusammenhängt. Praktisch haben natürlich nicht die Feldstärkewerte entlang der gesamten Trajektorie einen wesentlichen Einfluß auf die Bewegung des Teilchens an einem betrachteten Punkt der Trajektorie, sondern nur die in einem bestimmten Abschnitt von nicht allzu großer Länge. Die Größenordnung dieser Länge kann durch zwei Mechanismen bestimmt werden: durch Stöße, die die freie Bewegung auf Trajektorien zerstören, oder durch die Mittelung des oszillierenden Feldes über die Flugzeit des Teilchens auf der Trajektorie. Die charakteristische Länge für den ersten Mechanismus ist die freie Weglänge des Teilchens $l \sim \bar{v}/\nu$, die für den zweiten dagegen der Abstand $\bar{v}/\omega$, über den das Teilchen während einer Periode des Feldes verschoben wird, wenn es sich mit der mittleren Geschwindigkeit $\bar{v}$ bewegt.

Der Reichweite der Korrelationen zwischen den Werten $\boldsymbol{D}$ und $\boldsymbol{E}$ an verschiedenen Raumpunkten entsprechen im Ausdruck (28,3) die Abstände r_{corr}, über die die Funktion $K_{\alpha\beta}(\tau, \boldsymbol{\varrho})$ wesentlich abfällt. Folglich kann man davon ausgehen, daß die Größenordnung dieser Abstände durch die kleinere der beiden Größen l und $\bar{v}/\omega$ gegeben wird (wobei man sie für diejenigen Teilchen — Elektronen oder Ionen — nehmen muß, für welche sie den größeren Wert annimmt)[2]). Wenn $\nu \ll \omega$ gilt, so ist die Größe $\bar{v}/\omega$ kleiner. Folglich gilt dann

$$r_{\text{corr}} \sim \bar{v}/\omega\,. \tag{28,10}$$

[1]) oder auch transversale und longitudinale dielektrische Funktion (s. Anm. S. 126).

[2]) Genauer gesagt ist bei $l \ll \bar{v}/\omega$ der Abstand für ε_t von der Größenordnung $r_{\text{corr}} \sim l$. Wegen der Diffusion der Teilchen entlang des Feldes gilt für die longitudinale Permeabilität $r_{\text{corr}} \sim \sqrt{l\bar{v}/\omega}$.

Die räumliche Dispersion wird wesentlich für $kr_{\text{corr}} \gtrsim 1$ und verschwindet für $kr_{\text{corr}} \ll 1$. Im letzteren Fall kann man in (28,5) $\exp(-i\boldsymbol{k}\boldsymbol{\varrho}) \approx 1$ setzen, und das Integral hängt nicht mehr von $\boldsymbol{k}$ ab. Mit r_{corr} aus (28,10) finden wir folglich, daß die räumliche Dispersion für Wellen wesentlich wird, deren Phasengeschwindigkeit (ω/k) vergleichbar der oder kleiner als die mittlere Geschwindigkeit der Teilchen im Plasma ist. Im anderen Grenzfall, wenn

$$\omega \gg k\bar{v} \tag{28,11}$$

gilt, ist die räumliche Dispersion unwesentlich.

Wichtig ist, daß die Werte r_{corr} im Plasma groß im Vergleich zum mittleren Abstand zwischen den Teilchen ($\sim N^{-1/3}$) werden können. Gerade diese Bedingung ermöglicht es, die räumliche Dispersion in Form der dielektrischen Permeabilität sogar dann makroskopisch zu beschreiben, wenn die Dispersion beträchtlich wird. Wir erinnern daran (s. VIII, § 104), daß in gewöhnlichen Substanzen die atomaren Abmessungen die Rolle der Korrelationslänge spielen und deshalb bereits die Bedingung für die Anwendbarkeit der makroskopischen Theorie die Beachtung der Ungleichung $kr_{\text{corr}} \ll 1$ erfordert (die Wellenlänge muß groß im Vergleich zu den atomaren Abmessungen sein). Aus diesem Grund erweist sich in solchen Substanzen die räumliche Dispersion (die beispielsweise bei der sogenannten natürlichen optischen Aktivität auftritt) immer nur als eine kleine Korrektur.

§ 29. Die dielektrische Permeabilität des stoßfreien Plasmas

Im allgemeinen Fall beliebiger Werte $\boldsymbol{k}$, wenn die räumliche Dispersion eine wesentliche Rolle spielt, erfordert die Berechnung der dielektrischen Permeabilität die Anwendung der kinetischen Gleichung. Wir führen dies unter der Annahme durch, daß nur die Elektronen an der dielektrischen Polarisation des Plasmas beteiligt sind, die Ionenbewegung dagegen unwesentlich ist (in diesen Fällen spricht man von einem *Elektronenplasma*); auf die Zulässigkeit dieser Annahme und auf die Verallgemeinerung der Ergebnisse kommen wir in § 31 zurück.

Bei Anwesenheit eines schwachen Feldes machen wir für die Verteilungsfunktion der Elektronen den Ansatz $f = f_0 + \delta f$, wobei f_0 die nicht vom Feld gestörte stationäre, isotrope und räumlich homogene Verteilungsfunktion und δf ihre Änderung unter Einfluß des Feldes bedeuten. Wenn wir in der kinetischen Gleichung Terme zweiter Ordnung vernachlässigen, erhalten wir

$$\frac{\partial \delta f}{\partial t} + \boldsymbol{v}\frac{\partial \delta f}{\partial \boldsymbol{r}} = e\left(\boldsymbol{E} + \frac{1}{c}[\boldsymbol{v}\boldsymbol{B}]\right)\frac{\partial f_0}{\partial \boldsymbol{p}}.$$

Im isotropen Plasma hängt die Verteilungsfunktion nur vom Betrag des Impulses ab. Für solch eine Funktion fällt die Richtung des Vektors $\partial f_0/\partial \boldsymbol{p}$ mit der Richtung von $\boldsymbol{p} = m\boldsymbol{v}$ zusammen, und sein Skalarprodukt mit $[\boldsymbol{v}\boldsymbol{B}]$ verschwindet. Somit hat in linearer Näherung ein Magnetfeld keinen Einfluß auf die Verteilungsfunktion. Für δf verbleibt die Gleichung

$$\frac{\partial \delta f}{\partial t} + \boldsymbol{v}\frac{\partial \delta f}{\partial \boldsymbol{r}} = e\boldsymbol{E}\,\frac{\partial f_0}{\partial \boldsymbol{p}}. \tag{29,1}$$

Es wird angenommen, daß gemeinsam mit dem Feld $\boldsymbol{E}$ auch die Funktion δf proportional zu $\exp\left[i(\boldsymbol{kr} - \omega t)\right]$ ist. Dann finden wir aus (29,1)

$$\delta f = \frac{e\boldsymbol{E}}{i(\boldsymbol{kv} - \omega)} \frac{\partial f_0}{\partial \boldsymbol{p}} \,. \tag{29,2}$$

Die Bedingung für die Kleinheit des Feldes entsteht aus der Forderung, daß δf klein im Vergleich zu f_0 ist. Der Koeffizient vor $\partial f_0/\partial \boldsymbol{p}$ in (29,2) stellt die Amplitude des Impulses dar, den das Elektron im Feld $\boldsymbol{E}$ erhält. Diese Amplitude muß klein im Vergleich zu dem mittleren (von der Verteilung f_0 bestimmten) Impuls $m\bar{v}$ sein.

Im ungestörten Plasma wird die Ladungsdichte der Elektronen an jedem Punkt von der Ladungsdichte der Ionen kompensiert, und infolge der Isotropie des Plasmas verschwindet die Stromdichte identisch. Die Ladungsdichte und die Stromdichte, die bei der Störung des Plasmas durch ein Feld entstehen, sind gegeben durch

$$\varrho = -e \int \delta f \,\mathrm{d}^3 p \,, \qquad \boldsymbol{j} = -e \int \boldsymbol{v}\, \delta f \,\mathrm{d}^3 p \,. \tag{29,3}$$

Gemeinsam mit δf sind auch diese Größen proportional zu $\exp\left[i(\boldsymbol{kr} - \omega t)\right]$, und ihre Beziehung zur dielektrischen Polarisation wird gemäß (28,1) durch die Gleichungen

$$i\boldsymbol{kP} = -\varrho \,, \qquad -i\omega \boldsymbol{P} = \boldsymbol{j} \tag{29,4}$$

beschrieben. Die Bildung der Integrale in (29,3) erfordert jedoch noch eine Präzisierung wegen des Auftretens eines Pols in der Funktion δf bei

$$\omega = \boldsymbol{kv} \,. \tag{29,5}$$

Um dem Integral einen Sinn zu geben, werden wir anstelle eines streng harmonischen Feldes $\left(\exp\left(-i\omega t\right)\right)$ ein Feld betrachten, welches von der Zeit $t = -\infty$ ab unendlich langsam eingeschaltet wird. Einer solchen Beschreibung des Feldes entspricht das Hinzufügen eines unendlich kleinen positiven Imaginärteils zu seiner Frequenz, d. h. der Ersetzung $\omega \to \omega + i\delta$ mit $\delta \to +0$. In der Tat wird hierbei $E \propto \exp\left(-i\omega t\right) \times \exp t\delta \to 0$ für $t \to -\infty$. Das durch den Faktor $\exp t\delta$ hervorgerufene unbeschränkte Anwachsen des Feldes für $t \to \infty$ ist unwesentlich, da es auf Grund des Kausalitätsprinzips keinen Einfluß auf Erscheinungen haben kann, die zu endlichen Zeiten t betrachtet werden (während für $\delta < 0$ das Feld in der Vergangenheit beliebig groß sein würde, was der Anwendbarkeit der linearen Näherung bezüglich des Feldes widerspricht). Somit ergibt sich die *Regel für die Umgehung der Pole* (29,5) als Ersetzung

$$\omega \to \omega + i0 \,. \tag{29,6}$$

Sie wurde zuerst von L. D. Landau (1946) aufgestellt.

Die Begründung der Regel (29,6) kann man auch von einem anderen Gesichtspunkt aus vornehmen, indem man in die kinetische Gleichung ein unendlich kleines Stoßintegral einführt, welches in der Form $\mathrm{St}\, f = -\nu\, \delta f$ dargestellt wird. Das Hinzufügen eines solchen Gliedes auf der rechten Seite der Gleichung (29,1) ist der Ersetzung $\omega \to \omega + i\nu$ im Glied $\partial \delta f/\partial t = -i\omega\, \delta f$ äquivalent. Wenn anschließend $\nu \to 0$ strebt, erhalten wir wiederum die Regel (29,6)[1]).

---

[1]) In den dargelegten Betrachtungen sind im Grunde genommen zwei Grenzübergänge enthalten: zu kleinen Feldern (Linearisierung der Gleichungen) und zu $\nu \to 0$. Es ist zu beachten, daß der erstere vor dem zweiten auszuführen ist. Die Notwendigkeit für diese Reihenfolge der Grenzübergänge hängt mit der Notwendigkeit zusammen, die Bedingung $\delta f \ll f_0$ bei der Linearisierung zu erfüllen. Für $\nu = 0$ würde der Zusatz δf bei $\boldsymbol{kv} = \omega$ gegen Unendlich streben. Ausführlicher wird diese Frage in § 49 erörtert.

Bei Anwendung der Umgehungsregel (29,6) für die Pole treten Integrale der Form

$$\int_{-\infty}^{\infty} \frac{f(z)\,dz}{z - i\delta}, \qquad \delta > 0,$$

auf. In einem solchen Integral verläuft der Integrationsweg in der komplexen z-Ebene unterhalb des Punktes $z = i\delta$. Für $\delta \to 0$ ist dies einer Integration längs der reellen Achse äquivalent, wobei der Pol $z = 0$ auf einem unendlich kleinen Halbkreis von unten umgangen wird. Der Beitrag dieses Halbkreises zum Integral bestimmt sich aus dem halben Residuum des Integranden, und als Ergebnis erhalten wir

$$\int_{-\infty}^{\infty} \frac{f(z)}{z - i0}\,dz = \fint_{-\infty}^{\infty} \frac{f(z)}{z}\,dz + i\pi f(0), \tag{29,7}$$

wobei das durchstrichene Integral bedeutet, daß das Integral im Sinne des Hauptwertes genommen werden muß. Diese Beziehung läßt sich in symbolischer Form schreiben:

$$\frac{1}{z - i0} = \mathrm{P}\,\frac{1}{z} + i\pi\delta(z), \tag{29,8}$$

wobei das Symbol P die Bildung des Hauptwertes (bei den weiteren Integrationen) bedeutet.

Wir berechnen den longitudinalen Anteil der dielektrischen Permeabilität des Plasmas. Wenn wir die erste der Beziehungen (29,4) benutzen und $\delta\varrho$ aus (29,3) und (29,2) in sie einsetzen, erhalten wir

$$i\boldsymbol{k}\boldsymbol{P} = -e^2\boldsymbol{E}\int \frac{\partial f_0}{\partial \boldsymbol{p}} \frac{d^3p}{i(\boldsymbol{k}\boldsymbol{v} - \omega - i0)}.$$

Das Feld $\boldsymbol{E}$ (und mit ihm $\boldsymbol{P}$) sei parallel zu $\boldsymbol{k}$ gerichtet. Dann gilt $4\pi\boldsymbol{P} = (\varepsilon_l - 1)\,\boldsymbol{E}$. Somit gelangen wir zu der folgenden Formel für die longitudinale dielektrische Permeabilität des Plasmas mit einer beliebigen stationären Verteilungsfunktion $f(p)$ (der Index 0 an ihr wird im weiteren fortgelassen):

$$\varepsilon_l = 1 - \frac{4\pi e^2}{k^2}\int \boldsymbol{k}\frac{\partial f}{\partial \boldsymbol{p}} \frac{d^3p}{\boldsymbol{k}\boldsymbol{v} - \omega - i0}. \tag{29,9}$$

Wir legen $\boldsymbol{k}$ in x-Richtung. Im Integranden von (29,9) hängt nur f von p_y, p_z ab. Deshalb läßt sich die Beziehung (29,9) in einer anderen Form schreiben, wenn eine Verteilungsfunktion allein für $p_x = mv_x$ eingeführt wird:

$$f(p_x) = \int f(p)\,dp_y\,dp_z\,.$$

Dann gilt

$$\varepsilon_l = 1 - \frac{4\pi e^2}{k}\int_{-\infty}^{\infty} \frac{df(p_x)}{dp_x} \frac{dp_x}{kv_x - \omega - i0}. \tag{29,10}$$

Im isotropen Plasma ist $f(p_x)$ eine gerade Funktion von p_x.

Wir möchten sofort auf ein wichtiges Ergebnis hinweisen: Die dielektrische Permeabilität des stoßfreien Plasmas ist eine komplexe Größe. Der Imaginärteil des Integrals (29,10) wird durch die Gleichung (29,7) bestimmt. Zur Diskussion dieses wichtigen Ergebnisses kommen wir im folgenden Paragraphen. Hier betrachten wir noch die analytischen Eigenschaften des Integrals (29,10) als Funktion von der Frequenz ω. Bereits aus den allgemeinen Eigenschaften der dielektrischen Permeabilität ist bekannt, daß diese Funktion nur in der unteren Halbebene der komplexen Variablen ω Singularitäten haben kann (s. VIII, § 82). Das folgt bereits aus der Definition (28,5). Es ist jedoch nützlich zu untersuchen, ob dies unmittelbar aus (29,10) ersichtlich ist, und den Zusammenhang zwischen diesen singulären Punkten und den Eigenschaften der Verteilungsfunktion $f(p_x)$ zu klären.

Wenn wir die Bezeichnung der Integrationsvariablen ändern, können wir das Integral (29,10) in der Form

$$\int\limits_C \frac{\mathrm{d}f(z)}{\mathrm{d}z} \frac{\mathrm{d}z}{z - \omega/k} \tag{29,11}$$

schreiben. Die Integration wird in der komplexen z-Ebene längs der reellen Achse geführt, wobei der Punkt $z = \omega/k$ von unten umgangen wird (Abb. 7a)). Somit definiert das Integral (29,11) eine analytische Funktion in der gesamten oberen Halbebene von ω: Für alle diese ω-Werte wird der Pol bei $z = \omega/k$, wie erforderlich, von unten umgangen. Bei der analytischen Fortsetzung dieser Funktion in die untere Halbebene ω erfordert die Bedingung, daß der Pol von unten umgangen werden muß, eine entsprechende Deformation des Integrationsweges (Abb. 7b)). Die Funktion $\mathrm{d}f(z)/\mathrm{d}z$, die für reelle z regulär ist, besitzt jedoch im allgemeinen Singularitäten für komplexe z-Werte (die wir mit z_0 bezeichnen wollen), einige davon liegen in der unteren z-Halbebene. Das Vorbeiführen des Integrationsweges C am Pol $z = \omega/k$ erweist sich als unmöglich, wenn sich dieser Pol irgendeinem der singulären

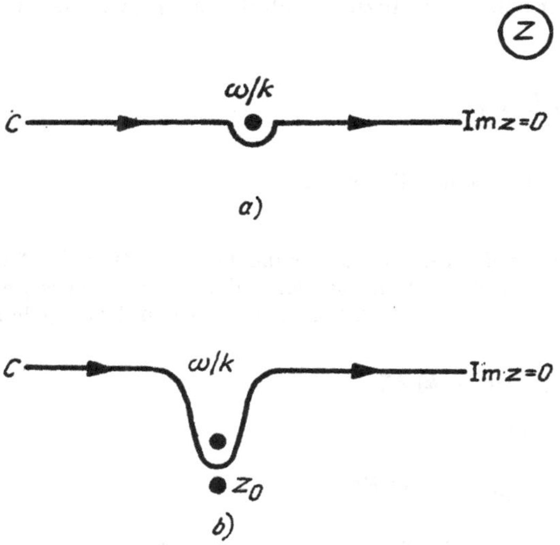

Abb. 7

Punkte z_0 nähert und die Kontur C zwischen diesen beiden Punkten eingeklemmt ist. Somit besitzt die Funktion (29,11) Singularitäten in der unteren ω-Halbebene für Werte von ω/k, die mit den singulären Punkten der Funktion $\mathrm{d}f(z)/\mathrm{d}z$ zusammenfallen.

§ 30. Die LANDAU-Dämpfung

Es wurde bereits darauf hingewiesen, daß die dielektrische Permeabilität des stoßfreien Plasmas eine komplexe Größe ist ($\varepsilon_l = \varepsilon_l' + i\varepsilon_l''$). Spalten wir den Imaginärteil mit Hilfe von (29,8) ab, erhalten wir

$$\varepsilon_l'' = -4\pi^2 e^2 \int \frac{\partial f}{\partial \boldsymbol{p}} \frac{\boldsymbol{k}}{k^2} \delta(\omega - \boldsymbol{kv}) \, \mathrm{d}^3 p \tag{30,1}$$

oder

$$\varepsilon_l'' = -\frac{4\pi^2 e^2 m}{k^2} \left. \frac{\mathrm{d}f(p_x)}{\mathrm{d}p_x} \right|_{v_x = \omega/k} . \tag{30,2}$$

Bekanntlich bedeutet eine komplexe dielektrische Permeabilität, daß die Energie des elektrischen Feldes im Medium dissipiert werden kann. Wir erinnern an die Beziehungen, welche die mittlere dissipierte Energie Q (pro Zeiteinheit und Volumeneinheit) eines monochromatischen elektrischen Feldes bestimmen. Wenn dieses Feld in der komplexen Form

$$\boldsymbol{E} = \boldsymbol{E}_{\omega \boldsymbol{k}} \, \mathrm{e}^{i(\boldsymbol{kr} - \omega t)}$$

dargestellt wird, bestimmt sich im allgemeinen Fall eines anisotropen Mediums[1]) die Dissipation aus dem antihermiteschen Teil des Tensors $\varepsilon_{\alpha\beta}$ gemäß

$$Q = \frac{i\omega}{8\pi} \frac{1}{2} [\varepsilon_{\beta\alpha}^*(\omega, \boldsymbol{k}) - \varepsilon_{\alpha\beta}(\omega, \boldsymbol{k})] \, E_\alpha^* E_\beta . \tag{30,3}$$

Wenn dieser Tensor symmetrisch ist, reduziert sich der antihermitesche Teil auf den Imaginärteil, und es gilt

$$Q = \frac{\omega}{8\pi} \varepsilon_{\alpha\beta}''(\omega, \boldsymbol{k}) \, E_\alpha^* E_\beta . \tag{30,4}$$

---

[1]) Dieser Ausdruck wird aus der allgemeinen Beziehung

$$Q = \langle \boldsymbol{E} \dot{\boldsymbol{D}} \rangle / 4\pi$$

erhalten, wobei die spitze Klammer die zeitliche Mittelung bedeutet (s. VIII, § 61). Hier wird angenommen, daß $\boldsymbol{E}$ und $\boldsymbol{D}$ reell sind. Wenn $\boldsymbol{E}$ in komplexer Form dargestellt ist, muß in die Beziehung anstelle von $\boldsymbol{E}$ die halbe Summe $(\boldsymbol{E} + \boldsymbol{E}^*)/2$ eingesetzt werden. Der zugehörige Vektor $\boldsymbol{D}$ hat die Komponenten

$$\tfrac{1}{2} \{ \varepsilon_{\alpha\beta}(\omega, \boldsymbol{k}) \, E_\beta + \varepsilon_{\alpha\beta}(-\omega, -\boldsymbol{k}) \, E_\beta^* \}$$

und der Vektor $\dot{\boldsymbol{D}}$ ist zu ersetzen durch

$$\frac{i\omega}{2} \{ -\varepsilon_{\alpha\beta}(\omega, \boldsymbol{k}) \, E_\beta + \varepsilon_{\alpha\beta}(-\omega, -\boldsymbol{k}) \, E_\beta^* \} .$$

Wenn wir das Produkt $\boldsymbol{E}\dot{\boldsymbol{D}}$ mitteln und die Eigenschaft (28,6) benutzen, erhalten wir (30,3) (vgl. die Anm. auf S. 134).

Für den Fall eines longitudinalen Feldes verbleibt nur der Imaginärteil der longitudinalen dielektrischen Permeabilität

$$Q = \frac{\omega}{8\pi} \varepsilon_l'' \, |\boldsymbol{E}|^2 . \tag{30,5}$$

Setzen wir hier (30,2) ein, finden wir für den betrachteten Fall

$$Q = -\, |\boldsymbol{E}|^2 \, \frac{\pi m e^2 \omega}{2k^2} \left. \frac{\mathrm{d}f(p_x)}{\mathrm{d}p_x} \right|_{v_x = \omega/k} . \tag{30,6}$$

Somit tritt eine Dissipation bereits im stoßfreien Plasma auf; dieser Effekt wurde von L. D. LANDAU (1946) vorhergesagt, und man bezeichnet ihn als *LANDAU-Dämpfung*. Da er nicht mit Stößen verknüpft ist, unterscheidet er sich prinzipiell von der Dissipation in gewöhnlichen absorbierenden Medien: Die stoßfreie Dissipation ist nicht mit einem Anwachsen der Entropie verbunden und stellt deshalb einen thermodynamisch reversiblen Prozeß dar. (Auf diesen Aspekt der Erscheinung kommen wir noch in § 35 zurück.)

Der Mechanismus der LANDAU-Dämpfung ist eng mit der räumlichen Dispersion verknüpft. Wie aus (30,6) ersichtlich ist, wird die Dissipation von Elektronen hervorgerufen, deren Geschwindigkeit in Richtung der Ausbreitung der elektrischen Welle mit der Phasengeschwindigkeit der Welle zusammenfällt ($v_x = \omega/k$). Von diesen Elektronen sagt man, daß sie sich in Phase mit der Welle bewegen.[1]) Bezüglich dieser Elektronen ist das Feld stationär, deshalb kann es an den Elektronen Arbeit verrichten, die bei Zeitmittlung nicht verschwindet (wie dies für die anderen Elektronen der Fall ist, bezüglich der das Feld oszilliert). Es ist lehrreich, diesen Mechanismus detaillierter zu untersuchen, indem man die Beziehung (30,6) auf direktem Wege herleitet, ohne von der kinetischen Gleichung Gebrauch zu machen.

Ein Elektron soll sich in x-Richtung parallel zum schwachen elektrischen Feld

$$E(t, x) = \mathrm{Re}\,\{E_0 \, \mathrm{e}^{i(kx - \omega t)} \, \mathrm{e}^{t\delta}\} \tag{30,7}$$

bewegen. Der Faktor $\exp t\delta$ beschreibt wiederum das langsame Einschalten des Feldes zur Zeit $t = -\infty$. Für die Geschwindigkeit $v_x \equiv w$ und den Ort x des sich bewegenden Elektrons machen wir den Ansatz

$$w = w_0 + \delta w\,, \qquad x = x_0 + \delta x\,,$$

wobei δw, δx Korrekturen zur ungestörten Bewegung $x_0 = w_0 t$ mit der konstanten Geschwindigkeit w_0 sind. Die bezüglich der kleinen Größen linearisierte Bewegungsgleichung des Elektrons lautet:

$$m \frac{\mathrm{d}\delta w}{\mathrm{d}t} = -eE(t, x_0) = -e\,\mathrm{Re}\,\{E_0 \, \mathrm{e}^{ikt(w_0 - \omega/k)} \, \mathrm{e}^{t\delta}\} .$$

Hieraus folgt

$$\begin{aligned} \delta w &= -\frac{e}{m} \mathrm{Re} \frac{E(t, x_0)}{ik(w_0 - \omega/k) + \delta}\,, \\ \delta x &= -\frac{e}{m} \mathrm{Re} \frac{E(t, x_0)}{[ik(w_0 - \omega/k) + \delta]^2} . \end{aligned} \tag{30,8}$$

[1]) Wir bemerken in diesem Zusammenhang, daß die Differenz $\omega - \boldsymbol{kv}$ die Frequenz des Feldes in dem Bezugsystem ist, welches sich mit dem Elektron mitbewegt.

Die mittlere Arbeit, die vom Feld am Elektron in der Zeiteinheit ausgeführt wird, ist gleich

$$q = -e\langle wE(t, x)\rangle = -e\langle (w_0 + \delta w)\, E(t, x_0 + \delta x)\rangle$$
$$\approx -ew_0 \left\langle \frac{\partial E}{\partial x_0}\delta x\right\rangle - e\langle \delta w \cdot E(t, x_0)\rangle$$

oder in komplexer Form[1])

$$q = -\frac{e}{2}\operatorname{Re}\left\{w_0\delta x\,\frac{\partial E^*}{\partial x_0} + \delta w \cdot E^*\right\}.$$

Wir setzen hierin E, δx, δw aus (30,7—8) ein und erhalten nach einer einfachen Umformung

$$q = \frac{e^2}{2m}|E|^2 \frac{\mathrm{d}}{\mathrm{d}w_0}\frac{w_0\delta}{\delta^2 + k^2(w_0 - \omega/k)^2}\,.$$

Jetzt muß q über die Elektronen mit allen möglichen Anfangsimpulsen $p_x = mw_0$ summiert werden:

$$Q = \int_{-\infty}^{\infty} qf(p_x)\,\mathrm{d}p_x = -\frac{e^2|E|^2}{2}\int_{-\infty}^{\infty}\frac{w_0\delta}{\delta^2 + k^2\,(w_0 - \omega/k)^2}\,\frac{\mathrm{d}f}{\mathrm{d}p_x}\,\mathrm{d}p_x\,.$$

(Dabei wurde eine partielle Integration durchgeführt.) Der Grenzübergang wird mit Hilfe der Beziehung

$$\lim_{\delta\to 0}\frac{\delta}{\delta^2 + z^2} = \pi\delta(z) \tag{30,9}$$

ausgeführt und liefert unmittelbar den Ausdruck (30,6).

Gemäß dem reversiblen Charakter der stoßfreien Dissipation erfordern die thermodynamischen Bedingungen nicht die Positivität der Größe Q (wie dies für wirkliche Dissipation der Fall ist). Der Ausdruck (30,6) ist für eine isotrope Verteilung $f(p)$ immer positiv (s. Aufgabe). Für anisotrope Verteilungen kann Q jedoch eine negative Größe sein, d. h., die Elektronen werden im Mittel Energie an die Welle abgeben, nicht aber aufnehmen.[2]) Diese Fälle hängen eng mit einer möglichen Instabilität des Plasmas zusammen (s. § 61), und somit ist die Bedingung $Q > 0$ (und gleichzeitig auch $\varepsilon'' > 0$) lediglich ein Ausdruck der Stabilität des Plasmazustandes.

---

[1]) Wenn zwei zeitlich periodische Größen A und B in der komplexen Form ($\propto \exp(-i\omega t)$) dargestellt werden, gilt

$$\langle \operatorname{Re} A \cdot \operatorname{Re} B\rangle = \tfrac{1}{4}\langle (A + A^*)\,(B + B^*)\rangle\,.$$

Bei der Mittlung verschwinden die Produkte AB und A^*B^*, da sie $\exp(-2i\omega t)$ und $\exp(2i\omega t)$ enthalten, und es bleibt

$$\langle \operatorname{Re} A \cdot \operatorname{Re} B\rangle = \tfrac{1}{4}(AB^* + A^*B) = \tfrac{1}{2}\operatorname{Re}(AB^*)\,.$$

[2]) Die oben durchgeführte anschauliche Herleitung der Beziehung (30,6) ist nicht an die Isotropie der Verteilung gebunden. Das gleiche gilt für den Ausdruck (30,2), s. unten § 32.

Vom Standpunkt des oben angegebenen physikalischen Bildes der LANDAU-Dämpfung kann man das Auftreten der Ableitung $\mathrm{d}f/\mathrm{d}p_x$ in (30,6) anschaulich in folgender Weise interpretieren: Am Austausch von Energie mit dem Feld beteiligen sich Teilchen mit Geschwindigkeiten v_x, die in der Nähe von ω/k liegen, wobei Teilchen mit $v_x < \omega/k$ Energie von der Welle erhalten und solche mit $v_x > \omega/k$ Energie an die Welle abgeben. Die Welle wird Energie verlieren, wenn die Anzahl der ersteren etwas größer als die der letzteren ist.

Aufgabe

Man zeige, daß für das isotrope Plasma die stoßfreie Dissipation Q immer positiv ist.

Lösung. Im isotropen Plasma ist f eine Funktion nur von $p^2 = p_x^2 + p_\perp^2$ (p_x und $p_\perp$ sind die Komponenten von $\boldsymbol{p}$, die parallel und senkrecht zu $\boldsymbol{k}$ liegen). Wir schreiben

$$\frac{\mathrm{d}f(p_x)}{\mathrm{d}p_x} = \frac{\mathrm{d}}{\mathrm{d}p_x}\int\limits_0^\infty f(p_x^2 + p_\perp^2)\,\pi\,\mathrm{d}(p_\perp^2) = 2\pi p_x \int\limits_0^\infty f'(p_x^2 + p_\perp^2)\,\mathrm{d}(p_\perp^2)\,,$$

und da $f(p^2) \to 0$ für $p^2 \to \infty$, gilt

$$\frac{\mathrm{d}f(p_x)}{\mathrm{d}p_x} = -2\pi p_x f(p_x^2)\,,$$

so daß $\mathrm{d}f/\mathrm{d}p_x < 0$ für $p_x = \omega/k > 0$ ist.

§ 31. Die dielektrische Permeabilität des MAXWELL-Plasmas

Wir wenden die Beziehung (29,10) auf das Elektronenplasma mit der (MAXWELLschen) Gleichgewichtsverteilung der Elektronen

$$f(p_x) = \frac{N_e}{(2\pi m T_e)^{1/2}} \exp\left(-\frac{p_x^2}{2mT_e}\right) \tag{31,1}$$

an, wobei T_e die Temperatur des Elektronengases ist. (Da wir beabsichtigen, weiter unten auch die Ionenkomponente des Plasmas in die Betrachtung einzubeziehen, werden wir schon jetzt diejenigen Größen mit dem Index e versehen, die sich auf die Elektronen beziehen.) Wir erhalten

$$\varepsilon_l(\omega, k) = 1 + \frac{1}{(ka_e)^2}\left[1 + F\left(\frac{\omega}{\sqrt{2}\,kv_{T_e}}\right)\right], \tag{31,2}$$

wobei die Funktion $F(x)$ durch das Integral[1])

$$F(x) = \frac{x}{\sqrt{\pi}} \int\limits_{-\infty}^{\infty} \frac{\mathrm{e}^{-z^2}\,\mathrm{d}z}{z - x - i0} = \frac{x}{\sqrt{\pi}} \int\limits_{-\infty}^{\infty} \frac{\mathrm{e}^{-z^2}\,\mathrm{d}z}{z - x} + i\sqrt{\pi}\,x\,\mathrm{e}^{-x^2} \tag{31,3}$$

[1]) Verschiedene Formen der Darstellung der Funktion $F(x)$ und ausführliche numerische Tabellen finden sich im Buch: W. N. FADDEJEWA, N. M. TERENTJEW, Tablizi snatscheni integrala verojatnostei ot kompleksnowo argumenta. Gostechisdat, Moskau 1954. Die in diesem Buch tabellierte Funktion $w(x)$ ist mit $F(x)$ gemäß $F(x) = i\sqrt{\pi}\,x w(x)$ verknüpft. Siehe auch: F. D. FRIED, S. D. CONTE, The Plasma Dispersion Function. Academic Press, New York 1961.

bestimmt wird und die Parameter

$$v_{T_e} = \sqrt{\frac{T_e}{m}}, \qquad a_e = \sqrt{\frac{T_e}{4\pi N_e e^2}} \tag{31,4}$$

eingeführt wurden. Die Größe v_{Te} ist eine bestimmte mittlere thermische Geschwindigkeit der Elektronen; a_e ist der DEBYE-Radius, der sich aus der Ladung, der Temperatur und der Elektronendichte bestimmt.

Die asymptotische Form der Funktion $F(x)$ für große und kleine Werte von x läßt sich leicht unmittelbar aus der Definition (31,3) angeben. Für $x \gg 1$ erhalten wir

$$\frac{x}{\sqrt{\pi}} \int_{-\infty}^{\infty} \frac{e^{-z^2}\, dz}{z - x} = -\frac{1}{\sqrt{\pi}} \int_{-\infty}^{\infty} e^{-z^2} \left(1 + \frac{z}{x} + \frac{z^2}{x^2} + \ldots\right) dz .$$

Die Integrale über die in x ungeraden Glieder verschwinden, und die übrigen ergeben

$$F(x) + 1 \approx -\frac{1}{2x^2} - \frac{3}{4x^4} + i\sqrt{\pi}\, x\, e^{-x^2}, \qquad x \gg 1 . \tag{31,5}$$

Für $x \ll 1$ führen wir zunächst die Substitution der Integrationsvariablen $z = u + x$ durch und entwickeln anschließend nach Potenzen von x:

$$\frac{x}{\sqrt{\pi}} \int_{-\infty}^{\infty} \frac{e^{-z^2}\, dz}{z - x} = \frac{x\, e^{-x^2}}{\sqrt{\pi}} \int_{-\infty}^{\infty} e^{-u^2 - 2ux} \frac{du}{u} \approx \frac{x}{\sqrt{\pi}} \int_{-\infty}^{\infty} e^{-u^2} \left(\frac{1}{u} - 2x\right) du .$$

Der Hauptwert des Integrals des ersten (bezüglich u ungeraden) Gliedes verschwindet, und unter Berücksichtigung des zweiten Gliedes erhalten wir

$$F(x) \approx -2x^2 + i\sqrt{\pi}\, x, \qquad x \ll 1 . \tag{31,6}$$

Mit Hilfe dieser Formeln kann man die asymptotische Form für die dielektrische Permeabilität angeben. Für große Frequenzen gilt

$$\varepsilon_l = 1 - \frac{\Omega_e^2}{\omega^2}\left(1 + \frac{3k^2 v_{Te}^2}{\omega^2}\right) + i\sqrt{\frac{\pi}{2}}\, \frac{\omega \Omega_e^2}{(k v_{Te})^3} \exp\left(-\frac{\omega^2}{2k^2 v_{Te}^2}\right) \quad \text{für} \quad \omega/k v_{Te} \gg 1 . \tag{31,7}$$

Hier wurde der Parameter

$$\Omega_e = \frac{v_{Te}}{a_e} = \sqrt{\frac{4\pi N_e e^2}{m}}, \tag{31,8}$$

die sogenannte *Plasmafrequenz* (oder LANGMUIR-*Frequenz*) der Elektronen, eingeführt. Wie zu erwarten war, führt im Fall $\omega/k v_{Te} \gg 1$ die räumliche Dispersion nur zu einer kleinen Korrektur der dielektrischen Permeabilität, wobei der Imaginärteil von ε_l exponentiell klein ist. Dies resultiert daraus, daß die MAXWELL-Verteilung nur einen exponentiell kleinen Bruchteil von Elektronen mit Geschwindigkeiten $v_x = \omega/k \gg v_{Te}$

aufweist. Der von k unabhängige Grenzwert der dielektrischen Permeabilität lautet

$$\varepsilon(\omega) = 1 - (\Omega_e/\omega)^2 . \tag{31,9}$$

Dieser Ausdruck bezieht sich sowohl auf die longitudinale als auch auf die transversale Permeabilität (s. (28,8)). Man kann ihn leicht mit Hilfe einfacher Betrachtungen erhalten, ohne die kinetische Gleichung zu verwenden.

In der Tat kann man für $k \to 0$ das Feld der Welle als homogen betrachten, und dann ergibt die Bewegungsgleichung der Elektronen $m\dot{\boldsymbol{v}} = -e\boldsymbol{E}$ die Beziehung $\boldsymbol{v} = e\boldsymbol{E}/im\omega$, so daß durch die Elektronen die Stromdichte

$$\boldsymbol{j} = -\frac{e^2 N_e}{im\omega}\boldsymbol{E}$$

hervorgerufen wird. Andererseits gilt

$$\boldsymbol{j} = -i\omega\boldsymbol{P} = -i\omega\frac{\varepsilon(\omega) - 1}{4\pi}\boldsymbol{E} .$$

Der Vergleich beider Ausdrücke führt dann zu (31,9).

Im entgegengesetzten Grenzfall kleiner Frequenzen gilt

$$\varepsilon_l = 1 + \left(\frac{\Omega_e}{kv_{Te}}\right)^2 \left[1 - \left(\frac{\omega}{kv_{Te}}\right)^2 + i\sqrt{\frac{\pi}{2}}\,\frac{\omega}{kv_{Te}}\right] \quad \text{für} \quad \omega/kv_{Te} \ll 1 . \tag{31,10}$$

Man beachte, daß die räumliche Dispersion den Pol bei $\omega = 0$, den die dielektrische Permeabilität für gewöhnliche leitende Medien besitzt, beseitigt. Wir bemerken weiter, daß der Imaginärteil der Permeabilität auch bei kleinen Frequenzen relativ klein ist (allerdings nicht exponentiell klein), und zwar in diesem Fall infolge des kleinen Phasenraumvolumens der Elektronen, in dem die Beziehung $\boldsymbol{kv} = \omega$ erfüllt wird.

In § 29 wurde gezeigt, daß die Funktion $\varepsilon_l(\omega)$, die durch das Integral (29,10) definiert wird, keine singulären Punkte in der oberen Halbebene von ω besitzt und daß ihre singulären Punkte in der unteren Halbebene durch die singulären Punkte von $\mathrm{d}f(p_x)/\mathrm{d}p_x$ als Funktion der komplexen Variablen p_x bestimmt werden. Für die MAXWELL-Verteilung besitzt die Funktion

$$\frac{\mathrm{d}f(p_x)}{\mathrm{d}p_x} \propto p_x \exp\left(-\frac{p_x^2}{2mT}\right)$$

überhaupt keine singulären Punkte im Endlichen der gesamten komplexen Ebene p_x (d. h., sie ist eine ganze Funktion). Deshalb ist auch die dielektrische Permeabilität des stoßfreien MAXWELL-Plasmas eine ganze Funktion von ω und besitzt keine Singularitäten für endliche ω.

Bisher betrachteten wir den Beitrag zur dielektrischen Permeabilität, welcher nur von der elektronischen Komponente des Plasmas hervorgerufen wurde. Der Beitrag des ionischen Anteils berechnet sich auf genau die gleiche Weise, und beide Beiträge superponieren sich in $\varepsilon_l - 1$. Auf diese Weise gelangen wir zu der offensichtlichen Verallgemeinerung der Beziehung (31,2)

$$\varepsilon_l - 1 = \frac{1}{(ka_e)^2}\left[F\left(\frac{\omega}{\sqrt{2}\,kv_{Te}}\right) + 1\right] + \frac{1}{(ka_i)^2}\left[F\left(\frac{\omega}{\sqrt{2}\,kv_{Ti}}\right) + 1\right]. \tag{31,11}$$

Die Indizes e und i unterscheiden die Größen, welche sich auf die Elektronen und auf die Ionen beziehen;

$$v_{Ti} = \left(\frac{T_i}{M}\right)^{1/2}, \qquad a_i = \frac{v_{Ti}}{\Omega_i} = \left[\frac{T_i}{4\pi N_i(ze)^2}\right]^{1/2}, \qquad \Omega_i^2 = \frac{4\pi N_i(ze)^2}{M} \tag{31,12}$$

(M und ze sind Masse und Ladung des Ions). Der Ausdruck (31,11) bezieht sich auf ein „zweitemperaturiges" Plasma, in dem jede der Komponenten eine Gleichgewichtsverteilung besitzt, jedoch mit unterschiedlichen Temperaturen, so daß sich die Elektronen und die Ionen gegenseitig nicht im Gleichgewicht befinden. Solch ein Fall entsteht auf natürliche Weise auf Grund dessen, daß der große Unterschied in der Masse den Austausch von Energie bei den Stößen der Elektronen mit den Ionen erschwert.

Gewöhnlich liegt die Situation vor, daß $T_i \lesseqgtr T_e$ gilt. Hierbei ist $v_{Ti} \ll v_{Te}$. Berücksichtigen wir ferner, daß immer $\Omega_i \ll \Omega_e$ ist, können wir leicht schlußfolgern, daß im Fall $\omega \gg kv_{Te} \gg kv_{Ti}$ der Ionenbeitrag vernachlässigbar ist, so daß (31,7) gilt. Im entgegengesetzten Grenzfall haben wir

$$\varepsilon_l - 1 = \frac{1}{(ka_e)^2} + \frac{1}{(ka_i)^2} + i\sqrt{\frac{\pi}{2}}\,\frac{\omega}{(ka_i)^2\,kv_{Ti}}, \quad \omega \ll kv_{Ti} \ll kv_{Te}\,. \tag{31,13}$$

Der Fall $kv_{Ti} \ll \omega \ll kv_{Te}$ wird in § 32 untersucht.

Alle in diesem und dem vorhergehenden Paragraphen angegebenen Berechnungen beziehen sich auf den longitudinalen Teil der dielektrischen Permeabilität. Die Berechnung der transversalen Permeabilität ist von geringerem Interesse. Dies liegt daran, daß sich das transversale Feld auf die gewöhnlichen elektromagnetischen Wellen reduzieren läßt, für die die Frequenz und der Wellenvektor über die Beziehung $\omega/k = c\sqrt{\varepsilon_t}$ zusammenhängen. Hierbei ist $\omega/k > c \gg v_{Te}$, d. h. $\omega \gg kv_{Te}$. Deshalb ist die räumliche Dispersion klein, und die dielektrische Permeabilität wird durch (31,9) gegeben. Für diese Wellen fehlt auch die LANDAU-Dämpfung. Da die Phasengeschwindigkeit der Welle größer als die Lichtgeschwindigkeit ist, gibt es im Plasma keine Teilchen, die sich in Phase mit der Welle bewegen können. (Streng genommen erfordert der Beweis dieser Behauptung eine relativistische Untersuchung, s. Aufgabe 4.)

Aufgaben

1. Man bestimme das Potential des elektrischen Feldes, das durch eine kleine punktförmige, im Plasma ruhende äußere Ladung e_1 hervorgerufen wird.

Lösung. Unter Berücksichtigung der Polarisation des Plasmas wird das Feld durch die Gleichung $\operatorname{div}\boldsymbol{D} = 4\pi e_1\,\delta(\boldsymbol{r})$ bestimmt. Für ein konstantes Feld sind die FOURIER-Komponenten für die Verschiebung und das Potential durch die Beziehung $\boldsymbol{D}_{\boldsymbol{k}} = \varepsilon_l(0, k)\,\boldsymbol{E}_{\boldsymbol{k}} = -i\boldsymbol{k}\varepsilon_l(0, k)\,\varphi_{\boldsymbol{k}}$ verknüpft. Deshalb finden wir für $\varphi_{\boldsymbol{k}}$

$$i\boldsymbol{k}\boldsymbol{D}_{\boldsymbol{k}} = k^2\varepsilon_l(0, k)\,\varphi_{\boldsymbol{k}} = 4\pi e_1\,.$$

Mit $\varepsilon_l(0, k)$ aus (31,13) erhalten wir

$$\varphi_k = \frac{4\pi e_1}{k^2 + a^{-2}}, \qquad a^{-2} = a_e^{-2} + a_i^{-2}.$$

Die zugehörige Ortsfunktion lautet

$$\varphi = \frac{e_1}{r} \mathrm{e}^{-r/a}.$$

Somit beschreibt die dielektrische Permeabilität (31,13) die Abschirmung einer statischen Ladung gemäß V, § 78. Die Bedingung der Kleinheit der Ladung lautet: $e_1 \ll Na^3 e$, d. h. e_1 muß klein sein im Vergleich zur Ladung der Plasmateilchen im Volumen $\sim a^3$.

2. Es ist die transversale dielektrische Permeabilität des Plasmas zu berechnen.

Lösung. Wenn wir die Elektronenpolarisation $\boldsymbol{P} = -\boldsymbol{j}/i\omega$ mit $\boldsymbol{j}$ aus (29,3) berechnen, erhalten wir für den Tensor der Permeabilität[1])

$$\varepsilon_{\alpha\beta} = \delta_{\alpha\beta} - \frac{4\pi e^2}{\omega} \int \frac{v_\alpha}{\boldsymbol{kv} - \omega - i0} \frac{\partial f}{\partial p_\beta} \mathrm{d}^3 p. \tag{1}$$

Der transversale Anteil wird aus $\varepsilon_{\alpha\beta}$ durch

$$\varepsilon_t = \frac{1}{2} \left[\varepsilon_{\alpha\alpha} - \varepsilon_{\alpha\beta} \frac{k_\alpha k_\beta}{k^2} \right]$$

abgetrennt und ergibt sich als Integral

$$\varepsilon_t = 1 - \frac{2\pi e^2}{\omega} \int \boldsymbol{v}_\perp \frac{\partial f}{\partial \boldsymbol{p}_\perp} \frac{\mathrm{d}^3 p}{\boldsymbol{kv} - \omega - i0}, \tag{2}$$

wobei $\boldsymbol{p}_\perp = m\boldsymbol{v}_\perp$ die zu $\boldsymbol{k}$ transversale Komponente des Impulses ist. Für die MAXWELL-Verteilung f finden wir nach der Integration über $\mathrm{d}^2 p_\perp$ schließlich

$$\varepsilon_t - 1 = \frac{\Omega_e^2}{\omega^2} F\left(\frac{\omega}{\sqrt{2}\, k v_{Te}} \right) \tag{3}$$

mit der Funktion F aus (31,3). Die Ionen tragen zu $\varepsilon_t - 1$ einen analogen Anteil bei. In den Grenzfällen gilt

$$\varepsilon_t - 1 = -\frac{\Omega_e^2}{\omega^2} \left[1 + \left(\frac{k v_{Te}}{\omega} \right)^2 \right] + i \sqrt{\frac{\pi}{2}} \frac{\Omega_e}{\omega k a_e} \exp\left(-\frac{\omega^2}{2k^2 v_{Te}^2} \right)$$
$$(\omega \gg k v_{Te} \gg k v_{Ti}), \tag{4}$$

$$\varepsilon_t - 1 = -\frac{1}{(k a_e)^2} - \frac{1}{(k a_i)^2} + i \sqrt{\frac{\pi}{2}} \frac{\Omega_e}{\omega k a_e} \qquad (\omega \ll k v_{Ti} \ll k v_{Te}). \tag{5}$$

3. Es ist die dielektrische Permeabilität für das ultrarelativistische Elektronenplasma der Temperatur $T_e \gg mc^2$ zu bestimmen (W. P. SILIN, 1960).

Lösung. Die kinetische Gleichung behält ihre Form (27,9) auch im relativistischen Fall bei. Dementsprechend bleiben auch solche Formeln wie (29,9) und (2) aus Aufgabe 2 gültig. Im ultrarelativistischen Fall ist die Geschwindigkeit der Elektronen $v \approx c$, ihre Energie ist gleich cp, und die Verteilungsfunktion für das Gleichgewicht lautet

$$f(p) = \frac{N_e c^3}{8\pi T_e^3} \mathrm{e}^{-cp/T_e}.$$

---

1) In diesem Ausdruck wird noch nicht angenommen, daß das Plasma isotrop ist.

Für die longitudinale Permeabilität erhalten wir

$$\varepsilon_l - 1 = \frac{4\pi e^2 c}{kT_e} \int_{-1}^{1} \int_{0}^{\infty} \frac{f(p) \cos\Theta \cdot 2\pi p^2 \, dp \, d\cos\Theta}{kc\cos\Theta - \omega - i0} \tag{6}$$

(Θ ist der Winkel zwischen $\boldsymbol{k}$ und $\boldsymbol{v}$). Die Integration von f über $2\pi p^2\,dp$ ergibt $N_e/2$. Anschließend führt die Integration über $d\cos\Theta$ bei der Umgehung des Pols $\cos\Theta = \omega/kc$ von unten zum Ergebnis

$$\varepsilon_l'(\omega, k) - 1 = \frac{4\pi N_e e^2}{k^2 T_e} \left[1 + \frac{\omega}{2kc} \ln \left|\frac{\omega - ck}{\omega + ck}\right|\right], \tag{7}$$

$$\varepsilon_l''(\omega, k) = \begin{cases} \pi\omega/2kc & \text{für} \quad \omega/k < c\,, \\ 0 & \text{für} \quad \omega/k > c\,. \end{cases}$$

Auf analoge Art finden wir ausgehend von (2) für die transversale Permeabilität

$$\begin{aligned} \varepsilon_t'(\omega, k) - 1 &= \frac{\pi e^2 N_e c}{\omega k T_e} \left[\left(1 - \frac{\omega^2}{c^2 k^2}\right) \ln \left|\frac{\omega - ck}{\omega + ck}\right| - \frac{2\omega}{ck}\right], \\ \varepsilon_t''(\omega, k) &= \begin{cases} \pi(1 - \omega^2/c^2k^2) & \text{für} \quad \omega/k < c\,, \\ 0 & \text{für} \quad \omega/k > c\,. \end{cases} \end{aligned} \tag{8}$$

4. Es ist der Imaginärteil von ε_l für das nichtrelativistische Elektronenplasma ($T_e \ll mc^2$) bei $\omega/k \sim c \gg v_{Te}$ anzugeben (W. P. Silin, 1960).

L ö s u n g. Aus der Formel (29,9) (die für beliebige Geschwindigkeiten der Elektronen gilt) finden wir nach Integration über $d\cos\Theta$

$$\varepsilon''(\omega, k) = \frac{8\pi^3 e^2 \omega}{k^3 T_e} \int_{p_m}^{\infty} \frac{f(p)\,p^2}{v} \, dp\,, \qquad p_m = \frac{mc\omega}{\sqrt{c^2k^2 - \omega^2}}\,. \tag{9}$$

(Der Pol bei $\cos\Theta = \omega/kv$ liegt nur für $\omega/kv < 1$ auf dem Integrationsweg bezüglich $\cos\Theta$. Deshalb entspricht die untere Grenze der Integration über dp dem Wert $v = \omega/k$.) Die Verteilungsfunktion für $T_e \ll mc^2$, die für alle Geschwindigkeiten der Elektronen gilt, lautet

$$f(p) = \frac{N_e}{(2\pi m T_e)^{3/2}} \exp\left(\frac{mc^2}{T_e} - \frac{\varepsilon(p)}{T_e}\right), \qquad \varepsilon = c(p^2 + m^2c^2)^{1/2}\,.$$

(Der Wert des Normierungsintegrals wird durch das Gebiet $\varepsilon - mc^2 \approx p^2/2m \sim T_e \ll mc^2$ bestimmt.) Im Integral (9) ist für $\omega/k \sim c \gg v_{T_e}$ das Gebiet mit Werten von p in der Nähe der unteren Grenze wesentlich. Setzen wir im Exponenten

$$\varepsilon(p) \approx \varepsilon(p_m) + \left.\frac{d\varepsilon}{dp}\right|_{p=p_m} (p - p_m) = \varepsilon(p_m) + \frac{\omega}{k}(p - p_m)$$

(und im Faktor vor dem Exponenten $p \approx p_m$, $v \approx \omega/k$) und integrieren über $p - p_m$ von 0 bis ∞, erhalten wir

$$\varepsilon_l'' = \sqrt{\frac{\pi}{2}} \frac{\omega\Omega_e^2}{(kv_{T_e})^3} \frac{1}{1 - (\omega/kc)^2} \exp\left\{-\frac{mc^2}{T_e}\left[\frac{1}{\sqrt{1 - (\omega/kc)^2}} - 1\right]\right\}.$$

Hierdurch wird das Gesetz für das Verschwinden von ε_l'' bei $\omega/ck \to 1$ gegeben.

§ 32. Longitudinale Plasmawellen

Die räumliche Dispersion führt zur Möglichkeit der Ausbreitung von longitudinalen elektrischen Wellen im Plasma. Die Abhängigkeit der Frequenz vom Wellenvektor (die sogenannte *Dispersionsrelation*) für diese Wellen wird durch

$$\varepsilon_l(\omega, k) = 0 \tag{32,1}$$

gegeben. In der Tat ist für ein longitudinales elektrisches Feld $\boldsymbol{E}$ die Bedingung $\varepsilon_l = 0$ gleichbedeutend mit $\boldsymbol{D} = 0$. Setzen wir auch $\boldsymbol{B} = 0$, erfüllen wir identisch das zweite Paar der MAXWELL-Gleichungen (28,2). Aus dem ersten Paar verbleibt die Gleichung $\operatorname{rot} \boldsymbol{E} = 0$, deren Erfüllung durch die Longitudinalität des Feldes gewährleistet ist: $\operatorname{rot} \boldsymbol{E} = i[\boldsymbol{kE}] = 0$.

Die Wurzeln der Gleichung (32,1) liegen im Komplexen ($\omega = \omega' + i\omega''$). Wenn der Imaginärteil der Permeabilität $\varepsilon_l'' > 0$ ist, so liegen diese Wurzeln in der unteren Halbebene der komplexen Variablen ω, d. h. $\omega'' < 0$. Die Größe $\gamma = -\omega''$ ist das Dämpfungsdekrement der Welle. Die Dämpfung erfolgt gemäß dem Gesetz $\exp(-\gamma t)$. Deshalb kann man nur dann von einer sich ausbreitenden Welle sprechen, wenn $\gamma \ll \omega'$ gilt, d. h., das Dämpfungsdekrement muß klein im Vergleich zur Frequenz sein.

Wir erhalten solch eine Wurzel der Gleichung (32,1), wenn wir

$$\omega \gg k v_{Te} \gg k v_{Ti} \tag{32,2}$$

annehmen. Dann beteiligen sich nur die Elektronen an den Schwingungen, und die Funktion $\varepsilon_l(\omega, k)$ wird durch (31.7) gegeben. Die Lösung der Gleichung $\varepsilon_l = 0$ kann mit Hilfe sukzessiver Approximationen durchgeführt werden. In der ersten Näherung finden wir unter Vernachlässigung aller von k abhängigen Terme[1])

$$\omega = \Omega_e\,, \tag{32,3}$$

d. h., die Wellen besitzen eine konstante, von k unabhängige Frequenz. Diese werden als *Plasmawellen* oder LANGMUIR-Wellen bezeichnet (I. LANGMUIR, L. TONKS, 1926). Sie sind langwellig in dem Sinne

$$k a_e \ll 1\,, \tag{32,4}$$

wie dies für $\omega = \Omega_e$ aus (32.2) folgt.

Zur Bestimmung der k-abhängigen Korrektur zum Realteil der Frequenz genügt es, $\omega = \Omega_e$ im Korrekturterm zu ε' zu setzen. Dann erhalten wir

$$\omega = \Omega_e \left(1 + \frac{3}{2} k^2 a_e^2\right) \tag{32,5}$$

(A. A. WLASSOW, 1938).

Der Imaginärteil der Frequenz lautet

$$\omega'' = -\tfrac{1}{2}\, \Omega_e \varepsilon_l''(\omega, k)\,. \tag{32,6}$$

Er ist ebenso wie ε_l'' exponentiell klein. Zu seiner Bestimmung (zusammen mit dem Faktor vor dem Exponenten) muß in ε_l'' der bereits korrigierte Wert (32,5) eingesetzt

[1]) Die Berücksichtigung der Ionenschwingungen würde nur zu einer kleinen Verschiebung dieser Frequenz führen: $\omega^2 = \Omega_e^2 + \Omega_i^2$.

werden. Im Ergebnis erhalten wir

$$\gamma = \sqrt{\frac{\pi}{8}} \frac{\Omega_e}{(ka_e)^3} \exp\left[-\frac{1}{2(ka_e)^2} - \frac{3}{2}\right] \tag{32,7}$$

(L. D. LANDAU, 1946). Auf Grund der Bedingung $ka_e \ll 1$ ist das Dämpfungsdekrement der Plasmawellen tatsächlich exponentiell klein. Es nimmt mit Verkleinerung der Wellenlänge zu, und für $ka_e \sim 1$ (wenn (32,7) bereits nicht mehr anwendbar ist) wird es von der gleichen Größenordnung wie die Frequenz, so daß die Vorstellung von der Ausbreitung von Plasmawellen ihren Sinn verliert.

Die dargelegten Betrachtungen beziehen sich streng genommen nur auf das isotrope Plasma, in dem sich der Tensor der dielektrischen Permeabilität entsprechend (28,7) auf zwei skalare Größen ε_l und ε_t reduziert. Im anisotropen Plasma (d. h., wenn die Verteilungsfunktion $f(\boldsymbol{p})$ von der Richtung von $\boldsymbol{p}$ abhängt) existieren keine exakt longitudinalen Wellen. Unter bestimmten Bedingungen jedoch können sich in ihm „fast longitudinale" Wellen ausbreiten, in denen die zum Vektor $\boldsymbol{k}$ transversale Feldkomponente $E^{(t)}$ klein ist im Vergleich zur longitudinalen Komponente $E^{(l)}$:

$$E^{(t)} \ll E^{(l)} . \tag{32,8}$$

Zur Erläuterung dieser Bedingungen bemerken wir zunächst, daß bei Vernachlässigung von $E^{(t)}$ aus der Gleichung div $\boldsymbol{D} = 0$

$$\boldsymbol{kD} \approx k_\alpha \varepsilon_{\alpha\beta} E_\beta^{(l)} = \frac{1}{k} k_\alpha k_\beta \varepsilon_{\alpha\beta} E^{(l)} = 0$$

folgt. Diese Gleichung, welche die Dispersionsrelation der Wellen bestimmt, läßt sich wieder in der Form (32,1) schreiben, wenn man den „longitudinalen" Anteil der Permeabilität gemäß

$$\varepsilon_l = \frac{1}{k^2} k_\alpha k_\beta \varepsilon_{\alpha\beta} \tag{32,9}$$

definiert. Wir heben hervor, daß diese Größe jetzt von der Richtung von $\boldsymbol{k}$ abhängt. Aus der Bedingung $\varepsilon_l = 0$ folgt jedoch nicht mehr die Gleichung $\boldsymbol{D} = 0$. Die Größe

$$D_\alpha \approx \varepsilon_{\alpha\beta} E_\beta^{(l)} = \varepsilon_{\alpha\beta} \frac{k_\beta}{k} E^{(l)} \equiv \varepsilon_\alpha E^{(l)}$$

unterscheidet sich von Null (im isotropen Plasma ist $\varepsilon_\alpha \equiv 0$ für $\varepsilon_l = 0$). Ferner finden wir aus der MAXWELL-Gleichung rot $\boldsymbol{B} = c^{-1}\, \partial \boldsymbol{D}/\partial t$ die Abschätzung für das magnetische Feld der Welle

$$B \sim \frac{\omega}{ck} \varepsilon E^{(l)}$$

und anschließend aus der Gleichung rot $\boldsymbol{E} = -c^{-1}\, \partial \boldsymbol{B}/\partial t$ die Abschätzung für das transversale elektrische Feld

$$E^{(t)} \sim \frac{\omega}{ck} B \sim \left(\frac{\omega}{ck}\right)^2 \varepsilon E^{(l)} . \tag{32,10}$$

Auf diese Weise wird die Bedingung „fast longitudinal“ (32,8) dann erfüllt, wenn die Welle „langsam“ im Sinne von

$$\omega/k \ll c/\sqrt{\varepsilon} \tag{32,11}$$

ist.

Wir bemerken abschließend, daß die Formel (29,10) auch für die gemäß (32,9) definierte Größe ε_l im Fall des anisotropen Plasmas richtig bleibt, was aus ihrer Herleitung aus dem Ausdruck

$$\boldsymbol{kP} = \frac{1}{4\pi}(k_\alpha \varepsilon_{\alpha\beta} E_\beta - \boldsymbol{kE})$$

mit einem longitudinalen Feld $\boldsymbol{E}$ ersichtlich ist. Hierbei ist es wesentlich, daß in der kinetischen Gleichung die Lorentz-Kraft $e[\boldsymbol{vB}]/c$ im Vergleich zu $e\boldsymbol{E}$ vernachlässigt werden kann (obgleich ihr Produkt mit $\partial f/\partial \boldsymbol{p}$ jetzt — für eine anisotrope Funktion $f(\boldsymbol{p})$ — nicht identisch verschwindet). In der Tat haben wir mit der Abschätzung (32,10)

$$\frac{|[\boldsymbol{vB}]|}{cE^{(l)}} \sim \frac{\omega\varepsilon\bar{v}}{kc^2} \ll 1 .$$

Dieses Verhältnis ist auf Grund der Bedingung der „langsamen“ Welle (32,11) sowie auf Grund von $\bar{v} \ll c$ klein.

Aufgaben

1. Es ist die Dispersionsrelation für die transversalen Plasmaschwingungen zu bestimmen.

Lösung. Für die transversalen Wellen ergibt sich die Dispersionsrelation aus der Gleichung $\omega^2 = c^2k^2/\varepsilon_t$. Die hochfrequenten Schwingungen ($\omega \gg kv_{Te}$) entsprechen den gewöhnlichen elektromagnetischen Wellen. Mit ε_t aus (31,9) (s. auch Aufgabe 2, § 31) finden wir

$$\omega^2 = c^2k^2 + \Omega_e^2 .$$

Dieser Ausdruck gilt für beliebige Werte von k. Die Landau-Dämpfung fehlt, wie dies bereits am Ende von § 31 aufgezeigt wurde.

Für die niederfrequenten Schwingungen ($\omega \ll kv_{Te}$) erweist sich die Bewegung der Ionen auch als unwesentlich. Für lange Wellen ($ka_e \ll 1$) lautet der Hauptbeitrag zur Dispersionsrelation

$$\omega = -i\sqrt{\frac{2}{\pi}}\,\frac{k^3c^2v_{Te}}{\Omega_e^2} .$$

Das rein imaginäre ω bedeutet eine aperiodische Dämpfung, so daß man im allgemeinen nicht von der Ausbreitung von Wellen sprechen kann.

2. Es ist die Dispersionsrelation für Plasmawellen im ultrarelativistischen Elektronenplasma anzugeben (W. P. Silin, 1960).

Lösung. Für $\omega \gg ck$ erhalten wir aus der in Aufgabe 3, § 31, angegebenen Formel

$$\varepsilon_l(\omega, k) = 1 - \frac{\Omega_{e\,\mathrm{rel}}^2}{\omega^2}\left(1 + \frac{3k^2c^2}{\omega^2}\right)$$

mit

$$\Omega^2_{e\,\mathrm{rel}} = \frac{4\pi e^2 N_e c^2}{3T_e}.$$

Setzen wir diesen Ausdruck Null, erhalten wir die Dispersionsrelation

$$\omega^2 = \Omega^2_{e\,\mathrm{rel}} + \tfrac{3}{5}\, c^2k^2 \qquad (ck \ll \Omega_{e\,\mathrm{rel}}).$$

Bei Zunahme von k verliert diese Formel ihre Gültigkeit, aber immer bleibt $\omega > ck$ (deshalb fehlt die LANDAU-Dämpfung). Im Grenzfall großer k strebt die Frequenz ω gegen ck gemäß

$$\omega = ck\left[1 + 2\exp\left(-\frac{2k^2c^2}{3\Omega^2_{e\,\mathrm{rel}}} - 2\right)\right].$$

3. Das gleiche für transversale Wellen.

Lösung. Mit Hilfe des Ausdrucks $\varepsilon_t(\omega, k)$, der in Aufgabe 3, § 31, erhalten wurde, finden wir die Dispersionsrelation

$$\omega^2 = \Omega^2_{e\,\mathrm{rel}} + \tfrac{6}{5}\, c^2k^3 \quad \text{für} \quad \omega \gg ck.$$

Der asymptotische Ausdruck für große k lautet

$$\omega^2 = \tfrac{3}{2}\, \Omega^2_{e\,\mathrm{rel}} + c^2k^2.$$

Auch hier bleibt immer $\omega > ck$, und deshalb fehlt die Dämpfung.

§ 33. Ionenschallwellen

Neben den Plasmawellen, welche mit den Schwingungen der Elektronen verknüpft sind, können sich im Plasma auch Wellen ausbreiten, bei denen sowohl die Elektronen- als auch die Ionendichte wesentliche Schwingungen erfahren. Dieser Zweig des Schwingungsspektrums besitzt eine schwache Dämpfung (so daß man von Wellenausbreitung sprechen kann), falls die Temperatur des Ionengases im Plasma klein im Vergleich zur Temperatur der Elektronen ist:

$$T_i \ll T_e. \tag{33,1}$$

Wie durch die Ergebnisse der Rechnung bestätigt werden wird, genügt die Phasengeschwindigkeit dieser Wellen den Ungleichungen

$$v_{Ti} \ll \omega/k \ll v_{Te}. \tag{33,2}$$

Die Kleinheit der LANDAU-Dämpfung ist unter diesen Bedingungen von vornherein offensichtlich. Da die Phasengeschwindigkeit außerhalb der charakteristischen Geschwindigkeitsintervalle der thermischen Bewegung sowohl der Ionen als auch der Elektronen liegt, kann sich nur ein kleiner Teil der Teilchen in Phase mit der Welle bewegen und damit am Energieaustausch mit dieser teilnehmen.

Der Beitrag der Elektronen zur dielektrischen Permeabilität wird unter den Bedingungen (33,2) durch die asymptotische Formel (31,10) gegeben, der Beitrag der Ionen dagegen durch (31,7) (nach Ersetzung der elektronischen Größen durch ionische). Mit der erforderlichen Genauigkeit gilt

$$\varepsilon_l = 1 - \frac{\Omega_i^2}{\omega^2} + \frac{1}{(ka_e)^2}\left[1 + i\sqrt{\frac{\pi}{2}}\,\frac{\omega}{kv_{Te}}\right]. \tag{33,3}$$

Wir vernachlässigen zunächst den relativ kleinen Imaginärteil und erhalten aus der Gleichung $\varepsilon_l = 0$

$$\omega^2 = \Omega_i^2 \frac{k^2 a_e^2}{1 + k^2 a_e^2} = \frac{z T_e}{M} \frac{k^2}{1 + k^2 a_e^2} . \tag{33,4}$$

(Im letzten Ausdruck wurde $N_e = z N_i$ benutzt.)

Für die längsten Wellen (unter der Bedingung $k a_e \ll 1$) reduziert sich die Dispersionsrelation (33,4) auf die Beziehung[1])

$$\omega = k \sqrt{\frac{z T_e}{M}}, \qquad k a_e \ll 1 . \tag{33,5}$$

Die Frequenz ist proportional zum Wellenvektor wie bei gewöhnlichen Schallwellen. Wellen mit dieserDispersionsrelation werden als *Ionenschall* bezeichnet. Die Phasengeschwindigkeit dieser Wellen beträgt $\omega/k \sim (T_e/M)^{1/2}$, so daß die Bedingung (33,2) tatsächlich erfüllt ist. Wenn wir in der folgenden Näherung den Imaginärteil von ε_l berücksichtigen, läßt sich leicht das Dämpfungsdekrement angeben:

$$\gamma = \omega \sqrt{\frac{\pi z m}{8M}} . \tag{33,6}$$

Diese Dämpfung ist durch die Elektronen bedingt. Der Beitrag der Ionen zu γ ist exponentiell klein. Er enthält den Faktor $\exp(-z T_e / 2 T_i)$.

Für kleinere Wellenlängen, d. h. im Gebiet $1/a_e \ll k \ll 1/a_i$ (welches auf Grund der angenommenen Ungleichung (33,1) existiert), folgt aus (33,4) einfach

$$\omega \approx \Omega_i . \tag{33,7}$$

Dies sind Ionenwellen, die zu den elektronischen Plasmawellen analog sind. Man kann sich leicht davon überzeugen, daß auch hier die Bedingungen (33,2) erfüllt sind und daß die Dämpfung klein ist. Bei der weiteren Verringerung der Wellenlänge wächst jedoch die Dämpfung an, und für $k a_i \gtrsim 1$ wird der Ionenbeitrag zum Dämpfungsdekrement mit der Frequenz vergleichbar, so daß man nicht mehr von Wellenausbreitung sprechen kann.

In Abb. 8 ist das Spektrum (Dispersionsrelation) für die hier betrachteten niederfrequenten Schwingungen (untere Kurve) im Vergleich zum Spektrum der hochfre-

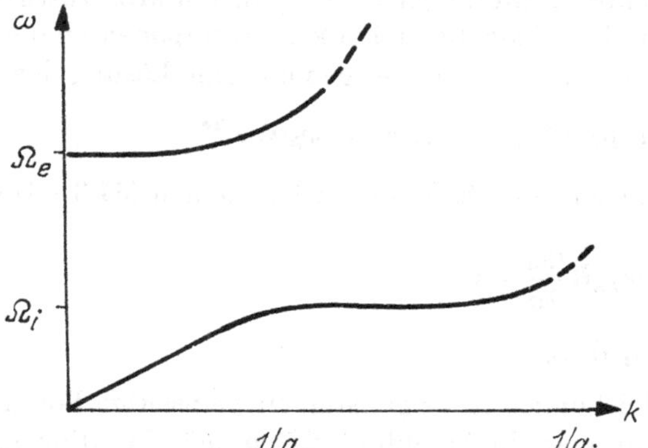

Abb. 8

[1]) Die Beziehung (33,5) wurde von LANGMUIR und TONKS (1926) gefunden, und die Notwendigkeit der Bedingung (33,1) wurde von G. W. GORDEJEW (1954) aufgezeigt.

quenten elektronischen Plasmawellen (obere Kurve) schematisch dargestellt. Durch die Punktierung ist das Gebiet angezeigt, in welchem die Dämpfung groß wird.

§ 34. Die Relaxation einer Anfangsstörung

Wir betrachten das Problem der Lösung der kinetischen Gleichung mit selbstkonsistentem Feld bei Vorgabe der Anfangsbedingungen (L. D. LANDAU, 1946). Wir beschränken uns auf den Fall eines reinen elektrischen Potentialfeldes ($\boldsymbol{E} = -\nabla\varphi$) bei verschwindendem Magnetfeld und nehmen an, daß nur die Elektronenverteilung eine Störung erfährt, während die Ionenverteilung unverändert bleibt.

Wir werden auch annehmen, daß die Anfangsstörung klein ist. Die Anfangsverteilungsfunktion der Elektronen lautet

$$f(0, \boldsymbol{r}, \boldsymbol{p}) = f_0(p) + g(\boldsymbol{r}, \boldsymbol{p}) , \tag{34,1}$$

wobei $f_0(p)$ die (MAXWELLsche) Gleichgewichtsverteilung ist und $g \ll f_0$ gilt. Natürlich bleibt die Störung auch im weiteren Zeitverlauf klein, so daß die Gleichungen linearisiert werden können. Für die Verteilungsfunktion wählen wir den Ansatz

$$f(t, \boldsymbol{r}, \boldsymbol{p}) = f_0(p) + \delta f(t, \boldsymbol{r}, \boldsymbol{p}) . \tag{34,2}$$

Für die kleine Korrektur δf und für das Potential des selbstkonsistenten Feldes $\varphi(t, \boldsymbol{r})$ (das von der gleichen Größenordnung ist) finden wir ein Gleichungssystem, welches aus der kinetischen Gleichung

$$\frac{\partial \delta f}{\partial t} + \boldsymbol{v} \frac{\partial \delta f}{\partial \boldsymbol{r}} + e\nabla\varphi \frac{\partial f_0}{\partial \boldsymbol{p}} = 0 \tag{34,3}$$

und der POISSON-Gleichung

$$\Delta\varphi = 4\pi e \int \delta f \, \mathrm{d}^3p \tag{34,4}$$

besteht. (Die Elektronenladung wird im Gleichgewicht durch die Ionenladung kompensiert.)

Da diese Gleichungen linear sind und keine Ortsvariablen in expliziter Form enthalten, kann man die gesuchten Funktionen δf und φ in FOURIER-Integrale bezüglich der Koordinaten zerlegen und für jede dieser FOURIER-Komponenten die Gleichungen getrennt aufschreiben. Mit anderen Worten, es genügt, eine Lösung der Form

$$\delta f(t, \boldsymbol{r}, \boldsymbol{p}) = f_{\boldsymbol{k}}(t, \boldsymbol{p}) \, \mathrm{e}^{i\boldsymbol{k}\boldsymbol{r}} , \qquad \varphi(t, \boldsymbol{r}) = \varphi_{\boldsymbol{k}}(t) \, \mathrm{e}^{i\boldsymbol{k}\boldsymbol{r}} \tag{34,5}$$

zu betrachten. Für solche Lösungen erhalten die Gleichungen (34,3—4) die Form

$$\frac{\partial f_{\boldsymbol{k}}}{\partial t} + i\boldsymbol{k}\boldsymbol{v} f_{\boldsymbol{k}} + ie\varphi_{\boldsymbol{k}}\boldsymbol{k} \frac{\partial f_0}{\partial \boldsymbol{p}} = 0 , \tag{34,6}$$

$$k^2\varphi_{\boldsymbol{k}} = -4\pi e \int f_{\boldsymbol{k}} \, \mathrm{d}^3p . \tag{34,7}$$

Für die Lösung dieser Gleichungen ist es günstig, eine einseitige FOURIER-Transformation durchzuführen, indem man die Abbildung $f_{\omega\boldsymbol{k}}^{(+)}(\boldsymbol{p})$ der Funktion $f_{\boldsymbol{k}}(t, \boldsymbol{p})$ gemäß

$$f_{\omega\boldsymbol{k}}^{(+)}(\boldsymbol{p}) = \int_0^\infty \mathrm{e}^{i\omega t} f_{\boldsymbol{k}}(t, \boldsymbol{p}) \, \mathrm{d}t \tag{34,8}$$

definiert. Die inverse Transformation wird durch die Beziehung

$$f_{k}(t, p) = \int\limits_{-\infty+i\sigma}^{\infty+i\sigma} e^{-i\omega t} f_{\omega k}^{(+)}(p) \frac{d\omega}{2\pi} \tag{34,9}$$

gegeben, wobei das Integral in der komplexen ω-Ebene entlang einer Geraden genommen wird, die parallel zur reellen Achse liegt und in der oberen Halbebene ($\sigma > 0$) oberhalb aller singulären Punkte der Funktion $f_{\omega k}$ verläuft.[1])

Wir multiplizieren beide Seiten der Gleichung (34,6) mit $\exp(-i\omega t)$ und integrieren über t. Wir bemerken, daß

$$\int\limits_{0}^{\infty} \frac{\partial f_{k}}{\partial t} e^{i\omega t} dt = f_{k} e^{i\omega t}\Big|_{0}^{\infty} - i\omega \int\limits_{0}^{\infty} f_{k} e^{i\omega t} dt = -g_{k} - i\omega f_{\omega k}^{(+)}$$

gilt (wobei $g_{k}(p) \equiv f_{k}(0, p)$), und indem wir beide Seiten der Gleichung durch $i(kv - \omega)$ teilen, finden wir

$$f_{\omega k}^{(+)} = \frac{1}{i(kv - \omega)} \left[g_{k} - ie\varphi_{\omega k}^{(+)} k \frac{\partial f_{0}}{\partial p} \right]. \tag{34,10}$$

Auf analoge Art erhalten wir aus (34,7)

$$k^{2}\varphi_{\omega k}^{(+)} = -4\pi e \int f_{\omega k}^{(+)}(p) \, d^{3}p\,. \tag{34,11}$$

Setzen wir $f_{\omega k}^{(+)}$ aus (34,10) in (34,11) ein, erhalten wir eine Gleichung nur für $\varphi_{\omega k}^{(+)}$. Aus dieser finden wir

$$\varphi_{\omega k}^{(+)} = -\frac{4\pi e}{k^{2}\varepsilon_{l}(\omega, k)} \int \frac{g_{k}(p) \, d^{3}p}{i(kv - \omega)}, \tag{34,12}$$

wobei die longitudinale dielektrische Permeabilität ε_{l} gemäß (29,9) eingeführt wurde. Indem wir wiederum (wie auch in § 29) die Impulskomponente $p_{x} = mv_{x}$ längs der Richtung k einführen, können wir diese Beziehung umformen in

$$\varphi_{\omega k}^{(+)} = -\frac{4\pi e}{k^{2}\varepsilon_{l}(\omega, k)} \int\limits_{-\infty}^{\infty} \frac{g_{k}(p_{x}) \, dp_{x}}{i(kv_{x} - \omega)} \tag{34,13}$$

mit

$$g_{k}(p_{x}) = \int g_{k}(p) \, dp_{y} \, dp_{z}\,.$$

---

[1]) Die Transformation (34,8—9) ist nichts anderes als die bekannte LAPLACE-Transformation

$$f_{p} = \int\limits_{0}^{\infty} f(t) \, e^{-pt} \, dt\,, \qquad f(t) = \frac{1}{2\pi i} \int\limits_{-i\infty+\sigma}^{i\infty+\sigma} f_{p} \, e^{pt} \, dp\,,$$

in der die Variable p durch $-i\omega$ ersetzt und der Integrationsweg in der Beziehung, die die Funktion $f(t)$ durch ihre Transformierte f_{p} ausdrückt, entsprechend geändert wurde.

Zur weiteren Bestimmung der zeitlichen Abhängigkeit des Potentials gemäß der Transformationsformel

$$\varphi_{\boldsymbol{k}}(t) = \frac{1}{2\pi} \int\limits_{-\infty+i\sigma}^{\infty+i\sigma} \mathrm{e}^{-i\omega t} \varphi_{\omega \boldsymbol{k}}^{(+)} \, \mathrm{d}\omega \tag{34,14}$$

ist es zunächst notwendig, die analytischen Eigenschaften von $\varphi_{\omega \boldsymbol{k}}$ als Funktion der komplexen Variablen ω zu bestimmen.

Ein Ausdruck der Form

$$\varphi_{\omega \boldsymbol{k}}^{(+)} = \int\limits_{0}^{\infty} \varphi_{\boldsymbol{k}}(t) \, \mathrm{e}^{i\omega t} \, \mathrm{d}t$$

als Funktion der komplexen Variablen ω hat nur in der oberen Halbebene Sinn. Das gleiche gilt entsprechend auch für den Ausdruck (34,13). Die Integration in (34,13) wird längs eines Weges ausgeführt (reelle Achse von p_x), welcher den Pol $p_x = m\omega/k$ von unten umläuft. Wir sahen in § 29, daß das auf diese Art definierte Integral als Funktion der Variablen ω bei der analytischen Fortsetzung in die untere Halbebene nur in den Punkten Singularitäten besitzt, die mit den singulären Punkten der Funktion $g_{\boldsymbol{k}}(p_x)$ zusammenfallen. Wir nehmen an, daß $g_{\boldsymbol{k}}(p_x)$ als Funktion der komplexen Variablen p_x eine ganze Funktion ist (d. h. keine Singularitäten für endliche p_x besitzt). Dann liefert das betrachtete Integral auch eine ganze Funktion von ω.

In § 31 wurde darauf hingewiesen, daß die Permeabilität ε_l eines MAXWELLschen Plasmas ebenfalls eine ganze Funktion von ω ist. Somit ist die in der gesamten ω-Ebene analytische Funktion $\varphi_{\omega \boldsymbol{k}}$ der Quotient aus zwei ganzen Funktionen. Hieraus folgt, daß die einzigen Singularitäten (Pole) der Funktion $\varphi_{\omega \boldsymbol{k}}$ die Nullstellen ihres Nenners, d. h. die Nullstellen der Funktion $\varepsilon_l(\omega, \boldsymbol{k})$ sind.

Diese Betrachtungen gestatten es, das asymptotische Abklingen des Potentials $\varphi_{\boldsymbol{k}}(t)$ für große Zeiten t zu ermitteln. In der Transformationsformel (35,14) wird die Integration längs einer horizontalen Geraden in der ω-Ebene durchgeführt. Wenn wir jedoch unter $\varphi_{\omega \boldsymbol{k}}$ die in angegebener Weise definierte Funktion verstehen, die in der gesamten Ebene analytisch ist, können wir den Integrationsweg in die untere Halbebene verschieben, wobei kein Pol der Funktion überstrichen werden darf. Es sei $\omega_k = \omega_k' + i\omega_k''$ diejenige der Wurzeln der Gleichung $\varepsilon_l(\omega, k) = 0$, deren Imaginärteil den kleinsten Betrag besitzt (d. h. am nächsten zur reellen Achse liegt). Wir werden die Integration in (34,14) längs eines Weges durchführen, der genügend weit unter den Punkt $\omega = \omega_k$ verschoben ist und diesen Punkt (sowie auch andere Pole, die oberhalb von ihm liegen) in der in Abb. 9 angegebenen Art umläuft. Dann wird nur das Residuum des Pols ω_k in der Berechnung des Integrals wesentlich (bei großen t). Die verbleibenden Teile des Integrals, unter anderem auch das Integral längs des horizontalen Wegstücks, werden exponentiell klein im Vergleich zum angegebenen Residuum infolge des Auftretens eines Faktors $\exp(-i\omega t)$ im Integranden, welcher bei Vergrößerung von $|\mathrm{Im}\, \omega|$ rasch abfällt. Auf diese Weise wird das asymptotische Abklingen des Potentials durch den Ausdruck

$$\varphi_{\boldsymbol{k}}(t) \propto \mathrm{e}^{-i\omega_k' t} \, \mathrm{e}^{-|\omega_k''| t} \tag{34,15}$$

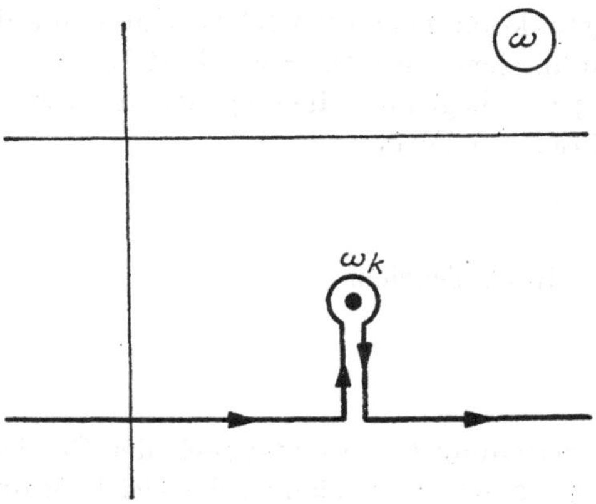

Abb. 9

gegeben, d. h., im Verlauf der Zeit wird die Störung des Feldes exponentiell mit dem Dekrement $\gamma_k = |\omega_k''|$ gedämpft.[1])

Für langwellige Störungen ($ka_e \ll 1$) fallen die Frequenz ω_k' und das Dekrement γ_k mit denjenigen für die Plasmawellen zusammen und folgen aus den Beziehungen (32,5–6). Das Dämpfungsdekrement solcher Störungen ist exponentiell klein. Im entgegengesetzten Fall kurzwelliger Störungen, wenn $ka_e \sim 1$ gilt, wird die Dämpfung sehr stark; das Dekrement γ_k wird sogar groß im Vergleich zu ω_k'.[2])

Abschließend betrachten wir die Eigenschaften der Elektronenverteilungsfunktion selbst. Die gesuchte Funktion $f_k(t, \boldsymbol{p})$ wird durch Einsetzen von (34,10) in das Integral (34,9) erhalten. Abgesehen von den Polen in der unteren Halbebene, welche von $\varphi_{\omega k}$ herrühren, besitzt der Integrand noch einen Pol im Punkt $\omega = \boldsymbol{kv}$ auf der reellen Achse. Eben dieser Pol bestimmt auch das asymptotische Verhalten des Integrals für große t. Aus seinem Residuum finden wir

$$f_k(t, \boldsymbol{p}) \propto e^{-i\boldsymbol{kv}t}\,. \tag{34,16}$$

Somit wird die Störung der Verteilungsfunktion im Verlauf der Zeit nicht gedämpft. Die Verteilung wird jedoch eine immer schneller oszillierende Funktion der Geschwindigkeit (die Periode der Oszillationen bezüglich der Geschwindigkeiten ist $\sim 1/kt$). Deshalb wird die Störung der Dichte (d. h. das Integral $\int f_k \, d^3p$) gedämpft, wie auch das Potential φ_k.[3])

---

[1]) Wenn die Anfangsfunktion $g_k(p_x)$ Singularitäten besitzt, so treten als konkurrierende ω-Werte neben den Nullstellen der Funktion $\varepsilon_l(\omega, k)$ auch die singulären Punkte der Funktion $\varphi_{\omega k}^{(+)}$ auf, die aus der Singularität des Integrals in (34,13) entstehen. Wenn beispielsweise $g_k(p_x)$ eine Singularität (z. B. einen Schnitt) auf der reellen Achse besitzt, wird auch $\varphi_{\omega k}^{(+)}$ eine Singularität bei dem reellen Wert $\omega = kv_x$ haben. Solch eine Störung wird (im stoßfreien Plasma!) nicht gedämpft.

[2]) Es kann sich die Frage erheben, woher die große Dämpfung kommt, wenn die „Phasengeschwindigkeit" ω_k'/k außerhalb des Hauptintervalls der thermischen Geschwindigkeiten liegt. In der Tat kann man jedoch für $\gamma > \omega'$ das Verhältnis ω'/k nicht mehr als Phasengeschwindigkeit bezeichnen. Wenn eine Funktion der Form $\exp(-i\omega' t - \gamma t)$ wiederum in ein FOURIER-Integral zerlegt wird, werden Komponenten im gesamten Frequenzintervall von 0 bis γ auftreten und demnach „Phasengeschwindigkeiten" von Null bis $\sim \gamma/k$.

[3]) Vorausgreifend bemerken wir jedoch, daß der oszillierende Charakter der Verteilungsfunktion für große t zu einem starken Anwachsen der effektiven Zahl von COULOMB-Stößen führt und damit die letztendlich auftretende Dämpfung der Störung beschleunigt (s. Aufgabe zu § 41).

Das Verhalten der Verteilungsfunktion gemäß (34,16) bezieht sich auf Zeiten, für die man das Feld als ausgedämpft ansehen kann. Die Formel (34,16) entspricht einfach dem freien Flug der Teilchen — jedes fliegt mit seiner eigenen konstanten Geschwindigkeit. In der Tat ist eine Funktion der Form

$$f(t, \boldsymbol{r}, \boldsymbol{p}) = g(\boldsymbol{p})\, e^{i(\boldsymbol{kr} - \boldsymbol{kv}t)} \tag{34,17}$$

Lösung der kinetischen Gleichung freier Teilchen

$$\frac{\partial f}{\partial t} + \boldsymbol{v}\frac{\partial f}{\partial \boldsymbol{r}} = 0 \tag{34,18}$$

bei einer vorgegebenen Anfangsverteilung ($t = 0$) bezüglich der Geschwindigkeiten und einer periodischen Verteilung $\propto \exp i\boldsymbol{kr}$ bezüglich der Ortskoordinaten.

§ 35. Das Plasmaecho

Der thermodynamisch reversible Charakter der Landau-Dmpfung äußert sich in einer besonderen nichtlinearen Erscheinung, dem sogenannten *Plasmaecho.* Diese Erscheinung entsteht infolge jener nichtgedämpften Oszillationen der Verteilungsfunktion (34,16), welche nach der stoßfreien Relaxation der Dichtestörungen (und des Feldes) im Plasma verbleiben. Sie besitzen einen dem Wesen nach kinematischen Ursprung, welcher nicht mit dem Vorhandensein des selbstkonsistenten elektrischen Feldes im Plasma verbunden ist. Wir erläutern ihn zunächst am Beispiel eines stoßfreien Gases aus ungeladenen Teilchen.

Zum Anfangszeitpunkt sei im Gas eine Störung vorgegeben, in der sich die Verteilungsfunktion, welche in jedem Raumpunkt maxwellartig bezüglich der Geschwindigkeiten bleibt, längs der x-Achse nach dem periodischen Gesetz

$$\delta f = A_1 \cos k_1 x \cdot f_0(p) \quad \text{für} \quad t = 0 \tag{35,1}$$

ändert. (In diesem Paragraphen bezeichnet $p = mv$ die x-Komponente des Impulses. Die Verteilungsfunktion sei bereits bezüglich p_y und p_z integriert.) Nach dem gleichen Gesetz ändert sich längs der x-Richtung (zum gleichen Zeitpunkt $t = 0$) auch die Dichtestörung des Gases, d. h. das Integral $\int \delta f \cdot \mathrm{d}p$. In den folgenden Zeitabschnitten ändert sich die Störung der Verteilungsfunktion gemäß

$$\delta f = A_1 \cos k_1(x - vt)\, f_0(p) \tag{35,2}$$

entsprechend der freien Bewegung jedes Teilchens längs der x-Achse mit seiner Geschwindigkeit v. Die Dichtestörung jedoch wird gedämpft (in der Zeit $\sim 1/v_T k_1$) infolge der Auslöschung des Integrals $\int \delta f\, \mathrm{d}p$ durch den Faktor $\cos k_1(x - vt)$ im Integranden, der bezüglich der Geschwindigkeiten oszilliert. Das asymptotische Verhalten dieser Dämpfung für Zeiten $t \gg 1/k_1 v_T$ wird durch den Ausdruck

$$\delta N = \int \delta f\, \mathrm{d}p \propto \exp\left(-\tfrac{1}{2} k_1^2 v_T^2 t^2\right) \tag{35,3}$$

gegeben (die Abschätzung des Integrals wird mit der Sattelpunktsmethode durchgeführt).

Es werde jetzt zu einem bestimmten Zeitpunkt $t = \tau \gg 1/k_1 v_T$ die Verteilungsfunktion erneut mit der Amplitude A_2 und irgendeinem neuen Wellenvektor $k_2 > k_1$ moduliert. Die auftretende Dichtestörung wird wieder gedämpft (in einer Zeit $\sim 1/k_2 v_T$), jedoch zum Zeitpunkt

$$\tau' = \frac{k_2}{k_2 - k_1}\tau \tag{35,4}$$

entsteht sie von neuem. In der Tat führt die zweite Modulation in der Verteilungsfunktion (zum Zeitpunkt $t = \tau$) zum Auftreten eines Gliedes zweiter Ordnung der Form

$$\delta f^{(2)} = A_1 A_2 \cos(k_1 x - k_1 v\tau) \cos k_2 x \cdot f_0(p) \,. \tag{35,5}$$

Die weitere Entwicklung dieser Störung für $t > \tau$ überführt sie in

$$\begin{aligned} \delta f^{(2)} &= A_1 A_2 f_0(p) \cos[k_1 x - k_1 vt] \cos[k_2 x - k_2 v(t - \tau)] \\ &= \tfrac{1}{2} A_1 A_2 f_0(p) \{\cos[(k_2 - k_1)x - (k_2 - k_1)vt + k_2 v\tau] \\ &\quad + \cos[(k_2 + k_1)x - (k_2 + k_1)vt + k_2 v\tau]\} \,. \end{aligned}$$

Jetzt ist es offensichtlich, daß zum Zeitpunkt $t = \tau'$ die oszillatorische Abhängigkeit von v im ersten Glied verschwindet, so daß dieses Glied einen endlichen Beitrag zur Störung der Dichte des Gases mit dem Wellenvektor $k_2 - k_1$ liefert. Das auf diese Art gebildete Echo wird anschließend im Verlauf der Zeit $\sim 1/v_T(k_2 - k_1)$ gedämpft, wobei das letzte Stadium dieser Dämpfung nach einem Gesetz analog zu (35,3) verläuft.

Wir gehen jetzt zur Untersuchung dieser Erscheinung im Elektronenplasma über (R. W. Gould, T. M. O'Neil, J. H. Malmberg, 1967). Sein Mechanismus bleibt der gleiche wie zuvor, das spezielle Dämpfungsgesetz ändert sich jedoch auf Grund der Wirkung des selbstkonsistenten Feldes.

Wir nehmen an, daß die Störung durch Impulse eines äußeren (durch „äußere" Ladungen hervorgerufenen) Potentials $\varphi^{(ex)}$ verursacht wird, die auf das Plasma zu den Zeitpunkten $t = 0$ und $t = \tau$ einwirken:

$$\varphi^{(ex)} = \varphi_1 \delta(t) \cos k_1 x + \varphi_2 \delta(t - \tau) \cos k_2 x \,. \tag{35,6}$$

Hierbei wird angenommen, daß $k_2 > k_1$ ist und $\tau \gg 1/k_1 v_T$, $1/\gamma(k_1)$ (wobei $\gamma(k)$ das Dekrement der Landau-Dämpfung ist).

Die Störung der Verteilungsfunktion $f = f_0 + \delta f$ genügt der stoßfreien kinetischen Gleichung, die unter Berücksichtigung des Gliedes zweiter Ordnung die folgende Form besitzt:

$$\frac{\partial \delta f}{\partial t} + v\frac{\partial \delta f}{\partial x} + e\frac{\partial \varphi}{\partial x}\frac{\mathrm{d}f_0}{\mathrm{d}p} = -e\frac{\partial \varphi}{\partial x}\frac{\partial \delta f}{\partial p}. \tag{35,7}$$

Hierbei erfüllt das Potential φ, welches im Plasma entsteht (und auch den „äußeren" Teil $\varphi^{(ex)}$ enthält), die Gleichung

$$\Delta(\varphi - \varphi^{(ex)}) = 4\pi e \int \delta f \,\mathrm{d}p \,. \tag{35,8}$$

Für die Lösung dieser Gleichungen setzen wir FOURIER-Integrale

$$\delta f = \int f_{\omega' k'} \, e^{i(k'x - \omega' t)} \frac{d\omega' \, dk'}{(2\pi)^2},$$

$$\varphi = \int \varphi_{\omega'' k''} \, e^{i(k'' x - \omega'' t)} \frac{d\omega'' \, dk''}{(2\pi)^2}$$

an. Wenn wir diese Ausdrücke einsetzen, die Gleichung anschließend mit $\exp\left[-i(kx - \omega t)\right]$ multiplizieren und sie über $dx\, dt$ integrieren, erhalten wir

$$(kv - \omega) f_{\omega k} + ek\varphi_{\omega k} \frac{df_0}{dp} = -e \int (k - k') \, \varphi_{\omega - \omega', k - k'} \frac{df_{\omega' k'}}{dp} \frac{d\omega' \, dk'}{(2\pi)^2}, \quad (35{,}9)$$

$$-k^2 \varphi_{\omega k} = 4\pi e \int f_{\omega k} \, dp - k^2 \varphi_{\omega k}^{(\text{ex})} \quad (35{,}10)$$

mit

$$\varphi_{\omega k}^{(\text{ex})} = \pi \varphi_1 [\delta(k + k_1) + \delta(k - k_1)] + \pi \varphi_2 [\delta(k + k_2) + \delta(k - k_2)] \, e^{i\omega\tau}.$$

In der linearen Näherung (d. h. unter Vernachlässigung der rechten Seite in (35,9)) lautet die Lösung dieser Gleichungen

$$f_{\omega k}^{(1)} = -e \frac{df_0}{dp} \frac{k}{kv - \omega} \varphi_{\omega k}^{(1)}, \qquad \varphi_{\omega k}^{(1)} = \frac{\varphi_{\omega k}^{(\text{ex})}}{\varepsilon_l(\omega, k)}, \quad (35{,}11)$$

wobei ε_l die dielektrische Permeabilität (29,10) bedeutet. Dieser Lösung entspricht eine Störung, die von den Zeitpunkten $t = 0$ und $t = \tau$ an mit den Dekrementen $\gamma(k_1)$ bzw. $\gamma(k_2)$ gedämpft wird.

In der zweiten Näherung muß (35,11) in die rechte Seite der Gleichung (35,9) eingesetzt werden. Für die Glieder zweiter Ordnung bezüglich der Störungen der Verteilungsfunktion und des Potentials ergeben sich die Gleichungen

$$(kv - \omega) f_{\omega k}^{(2)} + ek\varphi_{\omega k}^{(2)} \frac{df_0}{dp} = \frac{dI_{\omega k}}{dp}, \quad (35{,}12)$$

$$k^2 \varphi_{\omega k}^{(2)} = -4\pi e \int f_{\omega k}^{(2)} \, dp \quad (35{,}13)$$

mit

$$I_{\omega k} = -e \int (k - k') \, \varphi_{\omega - \omega', k - k'}^{(1)} f_{\omega' k'}^{(1)} \frac{d\omega' \, dk'}{(2\pi)^2}. \quad (35{,}14)$$

Der uns interessierende Effekt, das Echo mit dem Wellenvektor $k_2 - k_1$ wird von den Gliedern auf der rechten Seite von (35,12) geliefert, die $\delta\big(k \pm (k_2 - k_1)\big)$ enthalten. Wir suchen diese Glieder im Ausdruck $I_{\omega k}$ auf. Zum Zeitpunkt $t = \tau$ ist die Störung $\varphi^{(1)}$, die von dem bei $t = 0$ angelegten Impuls φ_1 herrührt, bereits ausgedämpft. Deshalb ist es von vornherein offensichtlich, daß bei Einsetzen von (35,11) in (35,14) nur das Glied mit φ_2 in $\varphi_{\omega k}^{(1)}$ berücksichtigt werden muß. Die uns interessierenden Glieder der Form

$$I_{\omega k} = I_\omega(k_1, k_2) \, \delta(k - k_2 + k_1) + I_\omega(-k_1, -k_2) \, \delta(k + k_2 - k_1) \quad (35{,}15)$$

ergeben sich hierbei aus den Gliedern von $f^{(1)}_{\omega k}$, die φ_1 enthalten. Nach der Ausführung der Integration über dk' in (35,14) erhalten wir im Ergebnis

$$I_\omega(k_1, k_2) = \frac{1}{4} e^2 \varphi_1 \varphi_2 k_1 k_2 \frac{df_0}{dp} \int\limits_{-\infty}^{\infty} \frac{e^{i(\omega-\omega')\tau}\, d\omega'}{(k_1 v + \omega')\, \varepsilon_l(\omega', k_1)\, \varepsilon_l(\omega - \omega', k_2)}, \quad (35{,}16)$$

wobei wie immer die Integrationsvariable ω' als $\omega' + i0$ genommen werden muß.[1])

Das Integral (35,16) wird unter der Annahme großer τ ($\tau \gg 1/k_1 v_T, 1/\gamma$) berechnet. Hierzu wird die Integrationskontur in die untere Halbebene der komplexen Variablen ω' verschoben, wobei sie an den Polen des Integranden „hängenbleibt". Diese Pole liegen an den Nullstellen der Funktion ε_l und im Punkt $\omega' = -k_1 v - i0$. Die ersten von ihnen besitzen von Null verschiedene negative Imaginärteile $(-\gamma(k_1)$ oder $-\gamma(k_2))$, und ihre Beiträge zum Integral (die Residuen an den Polstellen) werden bei Vergrößerung von τ wie $\exp(-\gamma\tau)$ gedämpft. Der ungedämpfte Beitrag entsteht nur vom reellen Pol $\omega' = -k_1 v - i0$. Somit erhalten wir

$$I_\omega(k_1, k_2) = -e^2 \frac{i\pi}{2} \frac{df_0}{dp} \frac{\varphi_1 \varphi_2 k_1 k_2\, e^{i(\omega + k_1 v)\tau}}{\varepsilon_l(-k_1 v, k_1)\, \varepsilon_l(\omega + k_1 v, k_2)}. \quad (35{,}17)$$

Wir kehren zu den Gleichungen (35,12—13) zurück, setzen $f^{(2)}_{\omega k}$ aus der ersten Gleichung in die zweite ein und erhalten

$$\varphi^{(2)}_{\omega k} = -\frac{4\pi e}{k^2 \varepsilon_l(\omega, k)} \int\limits_{-\infty}^{\infty} \frac{dI_{\omega k}}{dp} \frac{dp}{kv - \omega - i0}. \quad (35{,}18)$$

Bei der Berechnung der Ableitung $dI_{\omega k}/dp$ muß nur der exponentielle Faktor in (35,17) differenziert werden, da $k_1 v_T \tau \gg 1$ ist.

Wir fassen jetzt die erhaltenen Ausdrücke (35,15—18) zusammen und führen die umgekehrte Fourier-Transformation durch. Hierbei erhalten wir das uns interessierende Potential des Echos mit dem Wellenvektor $k_3 = k_2 - k_1$ in der Form

$$\varphi^{(2)}(t, x) = \mathrm{Re}\, \{A(t)\, e^{ik_3 x}\}. \quad (35{,}19)$$

Die Amplitude $A(t)$ schreiben wir sofort in der asymptotischen Form für $t - \tau \to \infty$ auf. In diesem Grenzfall bestimmt sich das Integral über ω allein aus dem Residuum des Integranden am Pol $\omega = k_3 v - i0$. Dabei erhalten wir schließlich

$$A(t) = -i\pi e^3 \varphi_1 \varphi_2 \tau \frac{k_1^2 k_2}{k_3^2} \int\limits_{-\infty}^{\infty} \frac{df_0}{dp} \frac{e^{-ivk_3(t-\tau')}\, dp}{\varepsilon_l(k_3 v, k_3)\, \varepsilon_l(-k_1 v, k_1)\, \varepsilon_l(k_2 v, k_2)} \quad (35{,}20)$$

mit $\tau' = k_2 \tau / k_3$.

Dieser Ausdruck — die Amplitude des Echos — ist maximal für $t = \tau'$, wobei der maximale Wert proportional zu τ ist, d. h. zum Zeitintervall zwischen den beiden Impulsen. Nach beiden Seiten vom Maximum fällt die Amplitude $A(t)$ ab, jedoch nach

---

[1]) **Bei der Berechnung muß berücksichtigt werden, daß ε_l nur von $|k|$ abhängt und deshalb mit den Bezeichnungen dieses Paragraphen ($k \equiv k_x$) $\varepsilon_l(\omega, -k) = \varepsilon_l(\omega, k)$ gilt.**

verschiedenen Gesetzen. Für $t - \tau' \to \infty$ bestimmt sich das asymptotische Verhalten des Integrals (35,20) aus dem Residuum des Integranden für die Polstelle mit dem betragsmäßig kleinsten negativen Imaginärteil. Dieser Pol liegt bei $\varepsilon_l(k_3 v, k_3) = 0$, und sein Imaginärteil ist $\mathrm{Im}\, v = -\gamma(k_3)/k_3$.[1]) Auf der anderen Seite vom Maximum, für $t - \tau' \to -\infty$, bestimmt sich das Integral aus dem Residuum an der Polstelle $\varepsilon_l(-k_1 v, k_1) = 0$, für die $\mathrm{Im}\, v = \gamma(k_1)/k_1$ gilt (der Integrationsweg muß hierbei in die obere Halbebene des komplexen v verschoben werden). Im Ergebnis erhalten wir

$$A(t) \propto \exp\left[-\gamma(k_3)\,(t - \tau')\right] \quad \text{für} \quad t - \tau' \to \infty\,,$$

$$A(t) \propto \exp\left[-\frac{k_3}{k_1}\gamma(k_1)\,(\tau' - t)\right] \quad \text{für} \quad t - \tau' \to -\infty\,. \qquad (35,21)$$

Somit wächst die Amplitude des Echos, bevor es sein Maximum erreicht, mit einem Inkrement $k_3\gamma(k_1)/k_1$, und nach dem Maximum fällt sie mit dem Dekrement $\gamma(k_3)$. Abb. 10 stellt die betrachtete Erscheinung dar: Die beiden ersten Kurven geben den Gang der Änderung des Potentials in den beiden Impulsen wieder, die zu den Zeitpunkten $t = 0$ und $t = \tau$ angelegt werden, die dritte Kurve dagegen die Form des Echos. An den Kurven ist das entsprechende Dekrement oder Inkrement angegeben.

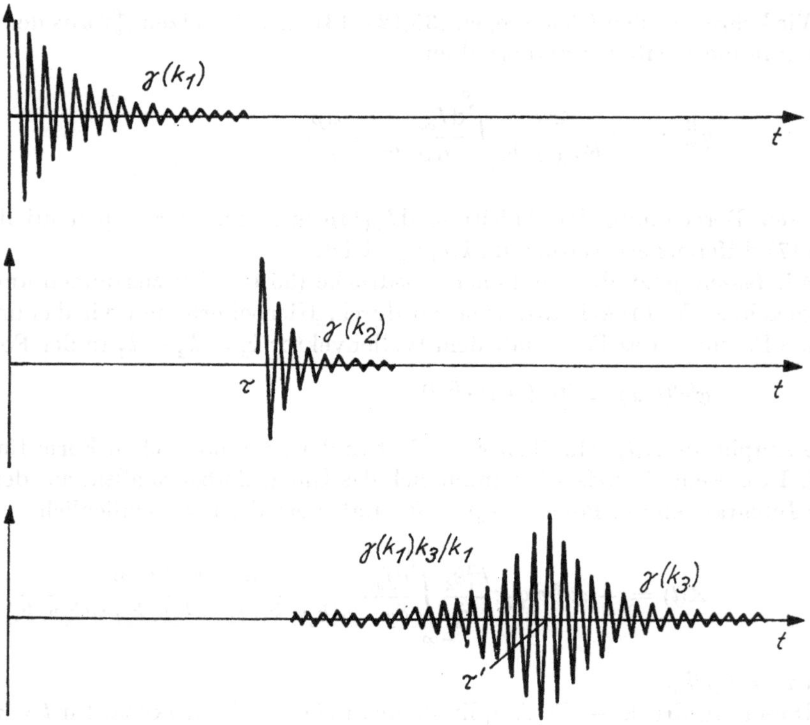

Abb. 10

[1]) Voraussetzungsgemäß sind alle Wellenvektoren $k \ll 1/a_e$. Damit ist $\gamma(k)$ exponentiell klein und fällt mit sinkendem k. Da $k_3 < k_2$, ist der Pol bei $\varepsilon_l(k_2 v, k_2) = 0$ unter diesen Bedingungen offensichtlich weiter von der reellen Achse von v entfernt als der Pol bei $\varepsilon_l(k_3 v, k_3) = 0$.

Die dargestellten Rechnungen wurden unter Vernachlässigung der Stöße durchgeführt. Deshalb erfordert die Bedingung für die Anwendung der Beziehung (35,20), daß zum gegebenen Zeitpunkt t die Oszillationen der Verteilungsfunktion noch nicht unter dem Einfluß von Stößen gedämpft werden konnten. Wenn wir vorgreifend die Ergebnisse der Aufgabe zu § 41 benutzen, kann man diese Bedingung in der Form

$$\nu(v_T)\,(kv_T)^2\,t^3 \ll 1 \qquad (35{,}22)$$

ausdrücken, wobei $\nu(v_R)$ die mittlere Frequenz für die COULOMB-Stöße eines Elektrons darstellt.

§ 36. Der adiabatische Einfang von Elektronen

Wir untersuchen das Problem der Elektronenverteilung des Plasmas in einem langsam eingeschalteten elektrischen Potentialfeld. Es sei L die Größenordnung für die Ausdehnung des Feldes und τ die charakteristische Zeit für seine Änderung. Wir nehmen an, daß

$$\tau \gg L/\bar{v}_e \qquad (36{,}1)$$

gilt. Gleichzeitig setzen wir voraus, daß τ klein im Vergleich zur freien Flugzeit der Elektronen ist, so daß wie bisher von einem stoßfreien Plasma gesprochen werden kann.

Auf Grund der Bedingung (36,1) kann das Feld in einem Zeitintervall, das für das Hindurchlaufen eines Elektrons erforderlich ist, als stationär angesehen werden. Mit gleicher Genauigkeit ist auch die Verteilungsfunktion der Elektronen im Feld stationär. Wie bereits am Ende des § 27 angegeben wurde, hängt die Lösung der stoßfreien kinetischen Gleichung nur von den Bewegungsintegralen des Teilchens ab. Für die stationäre Verteilung können dies nur diejenigen Integrale sein, welche die Zeit nicht explizit enthalten.

Wir beschränken uns auf den eindimensionalen Fall, daß das Potential des Feldes φ nur von der einen Koordinate x abhängt. Da die Bewegung in Richtung der y- und z-Achsen hierbei unwichtig ist, wird die Verteilungsfunktion f nur bezüglich des Impulses p_x (und der Koordinate x) betrachtet.

Im eindimensionalen Fall besitzt die Bewegungsgleichung zwei Integrale, von denen nur eines nicht explizit von der Zeit abhängt (im stationären Feld), nämlich die Energie des Elektrons

$$\varepsilon = \frac{p_x^2}{2m} + U(x)\,, \qquad (36{,}2)$$

wobei $U(x) = -e\varphi(x)$ ist.[1]) Deshalb hängt die stationäre Verteilungsfunktion nur in der Kombination (36,2) von p_x und x ab:

$$f = f[\varepsilon(x, p_x)]\,. \qquad (36{,}3)$$

Die Form der Funktion $f(\varepsilon)$ muß durch die Randbedingungen bestimmt werden.

[1]) Ein zweites Bewegungsintegral ist beispielsweise der Anfangswert der Teilchenkoordinate x_0 (zu einem gegebenen Zeitpunkt), welcher als Funktion der Zeit und der momentanen Koordinate längs der Bahn ausgedrückt wird: $x_0(t, x)$.

Das Feld $U(x)$ möge die Form eines Potentialwalls (Abb. 11a)) haben. In diesem Fall wird die Funktion $f(\varepsilon)$ durch die Form der Verteilung der Elektronen bestimmt, welche aus dem Unendlichen auf den Wall auftreffen. Wenn auf beiden Seiten die Elektronen in großer Entfernung vom Wall eine (homogene) Gleichgewichtsverteilung mit der Temperatur T_e besitzen, dann wird auch im gesamten Raum eine BOLTZMANN-Verteilung vorliegen:

$$f = \frac{N_0}{(2\pi m T_e)^{1/2}} \exp\left(-\frac{\varepsilon}{T_e}\right). \tag{36,4}$$

Die Dichte des Elektronengases ist überall gemäß der Formel

$$N_e(x) = N_0\, \mathrm{e}^{-U(x)/T_e} \tag{36,5}$$

verteilt, wobei N_0 die Dichte in großer Entfernung vom Wall ist.

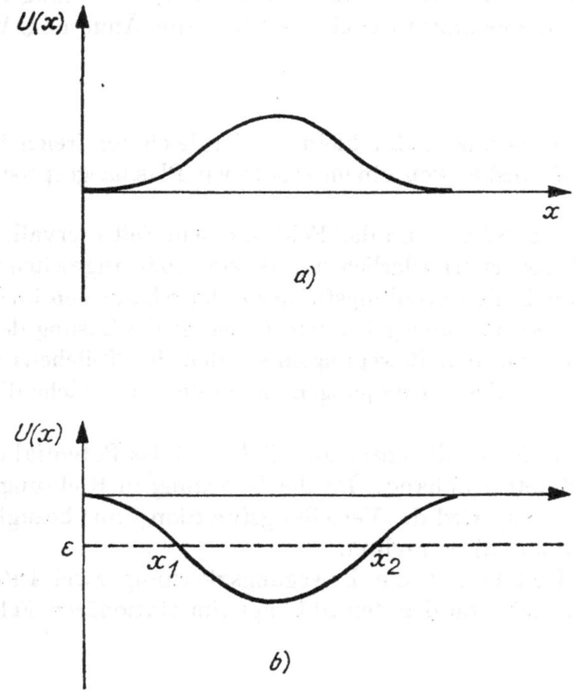

Abb. 11

Das Feld soll jetzt die Form einer Potentialmulde (Abb. 11b)) haben. In diesem Fall bestimmt sich die Verteilung der Elektronen mit positiver Energie ε wiederum aus der Verteilung der Teilchen, welche aus dem Unendlichen auftreffen. Bei einer Gleichgewichtsverteilung im Unendlichen wird die Elektronenverteilung mit $\varepsilon > 0$ im gesamten Raum die BOLTZMANNsche Form haben. Jedoch gibt es außer den Teilchen mit $\varepsilon > 0$ in diesem Fall auch Teilchen mit der Energie $\varepsilon < 0$. Diese Teilchen führen eine begrenzte Bewegung im Innern der Potentialmulde aus — sie sind „eingefangen“. Im Unendlichen gibt es keine Teilchen mit $\varepsilon < 0$. Deshalb sind die oben angegebenen Darlegungen, bei denen die Energie als eine exakte Erhaltungsgröße betrachtet wurde, unzureichend für die Bestimmung der Verteilung der eingefangenen Teilchen. Es ist nötig, auch die Änderung der Energie im nicht exakt stationären Feld zu berücksichtigen. Hierbei erweist es sich, daß die Verteilung, allgemein gesagt, von der Vorgeschichte, d. h. vom Verlauf des Einschaltens des Feldes, abhängt (A. W. Gurewitsch, 1967).

Auf Grund der Bedingung (36,1) ändert sich das Feld während einer Periode der endlichen Bewegung der eingefangenen Teilchen wenig. Bekanntlich ist in diesem Fall die sogenannte *adiabatische Invariante*, das Integral

$$I(t, \varepsilon) = \frac{1}{2\pi} 2 \int_{x_1}^{x_2} [2m(\varepsilon - U(t, x))]^{1/2} \, dx \,, \tag{36,6}$$

zwischen den beiden Grenzen der Bewegung (für gegebenes ε und t), eine Erhaltungsgröße. Diese Größe wird jetzt die Rolle des Bewegungsintegrals spielen, durch das die Verteilungsfunktion der eingefangenen Teilchen ausgedrückt werden muß:

$$f_{\text{einf}} = f_{\text{einf}}(I(t, \varepsilon)) \,. \tag{36,7}$$

(Hierbei ist die Energie ε gemäß (36,2) als Funktion von x und p_x aufzufassen.) Die Form der Funktion (36,7) wird dadurch bestimmt, daß bei langsamem Einschalten des Feldes die Verteilungsfunktion eine stetige Funktion von ε sein muß. Deshalb muß für den Grenzwert der Energie der eingefangenen Teilchen die Funktion $f_{\text{einf}}(I)$ mit der Verteilungsfunktion für die Teilchen, die über der Mulde eine unbegrenzte Bewegung durchführen, zusammenfallen.

Der Fall einer Potentialmulde von der in Abb. 11 b) dargestellten Form ist jedoch besonders einfach, da die Grenzenergie (bei allmählichem Einschalten des Feldes) konstant, nämlich gleich Null bleibt. Dann folgt aus der angegebenen Randbedingung, daß f_{einf} sich einfach auf eine Konstante reduziert:

$$f_{\text{einf}} = f(0) \,, \tag{36,8}$$

wobei $f(\varepsilon)$ die Verteilungsfunktion der Teilchen über der Mulde ist. Wir suchen die räumliche Verteilung der Elektronen für den Fall, daß $f(\varepsilon)$ die Boltzmann-Verteilung (36,4) ist.

Wenn wir die Zahl der Elektronen mit $\varepsilon > 0$ und mit $\varepsilon < 0$ summieren, haben wir

$$N_e = 2 \int_{p_1}^{\infty} f(\varepsilon) \, dp_x + 2 \int_{0}^{p_1} f(0) \, dp_x \,, \qquad p_1 = (2m\,|U|)^{1/2}$$

(der Faktor 2 berücksichtigt die Teilchen mit $p_x > 0$ und $p_x < 0$). Wenn wir hierin $f(\varepsilon)$ aus (36,4) einsetzen, erhalten wir

$$N_e(t, x) = N_0 \left\{ e^{|U|/T_e} \left[1 - \Phi\left(\sqrt{\frac{|U|}{T_e}} \right) \right] + 2 \sqrt{\frac{|U|}{\pi T_e}} \right\} \tag{36,9}$$

mit

$$\Phi(\xi) = \frac{2}{\sqrt{\pi}} \int_0^{\xi} e^{-u^2} \, du \,. \tag{36,10}$$

Für $\xi \ll 1$ entwickeln wir den Integranden in (36,10) nach Potenzen von u und erhalten

$$\Phi(\xi) \approx \frac{2}{\sqrt{\pi}}\left(\xi - \frac{\xi^3}{3}\right).$$

Deshalb wird die Verteilung von Elektronen, die in einer flachen Mulde ($|U| \ll T_e$) eingefangen sind, durch die Beziehung

$$N_e = N_0\left[1 + \frac{|U|}{T_e} - \frac{4}{3\sqrt{\pi}}\left(\frac{|U|}{T_e}\right)^{3/2}\right] \tag{36,11}$$

gegeben. Der erste Korrekturterm stimmt mit demjenigen überein, der aus der BOLTZMANN-Formel (36,5) erhalten wird. Bereits der folgende Korrekturterm unterscheidet sich von dem BOLTZMANNschen Ausdruck.

Für $\xi \gg 1$ ist die Differenz $1 - \Phi(\xi)$ exponentiell klein $(\sim \exp(-\xi^2))$. Deshalb ist für den Fall einer tiefen Mulde ($|U| \gg T_e$) in (36,9) nur das zweite Glied in den geschweiften Klammern wesentlich, so daß

$$N_e(t, x) = 2N_0\left(\frac{|U|}{\pi T_e}\right)^{1/2} \tag{36,12}$$

gilt. Mit Vergrößerung von $|U|$ wächst die Dichte wesentlich langsamer an, als dies aus der BOLTZMANN-Formel folgen würde.

§ 37. Das quasineutrale Plasma

Die Gleichungen für die Dynamik des Plasmas gestatten eine weitgehende Vereinfachung für eine Gruppe von Erscheinungen, in denen die charakteristischen Maßstäbe für die Längen und Zeiten die folgenden Bedingungen erfüllen. Die charakteristischen Abmessungen von Inhomogenitäten im Plasma L werden als groß im Vergleich zum elektronischen DEBYE-Radius angenommen:

$$a_e/L \ll 1\,. \tag{37,1}$$

Weiter wird angenommen, daß die Geschwindigkeit des Prozesses durch die Bewegung der Ionen bestimmt wird, so daß der charakteristische Maßstab für die Geschwindigkeit durch die Größe v_{Ti} gegeben wird, die klein im Vergleich zu den Geschwindigkeiten der Elektronen ist. Die Bewegung der Ionen führt zu einer langsamen Veränderung des elektrischen Potentials, der die Elektronenverteilung adiabatisch folgt.

Es seien δN_e und δN_i die Änderungen der Elektronen- und der Ionendichte im gestörten Plasma. Diese Änderungen bilden im Plasma eine mittlere Dichte nichtkompensierter Ladungen: $\delta\varrho = e(z\,\delta N_i - \delta N_e)$. Das Potential des elektrischen Feldes, welches durch diese Ladungen gebildet wird, bestimmt sich aus der POISSON-Gleichung

$$\Delta\varphi = -4\pi e(z\,\delta N_i - \delta N_e)\,. \tag{37,2}$$

Größenordnungsmäßig gilt $\Delta\varphi \sim \varphi/L^2$ und somit

$$\left|\frac{z\,\delta N_i - \delta N_e}{\delta N_e}\right| \sim \frac{1}{4\pi e L^2}\left|\frac{\varphi}{\delta N_e}\right|. \tag{37,3}$$

Wenn das Feld schwach ist ($e\varphi \ll T_e$), gilt für die Änderung der Elektronendichte

$$\delta N_e \sim e\varphi N_e/T_e$$

(vgl. (36,11)) und somit

$$\left|\frac{z\,\delta N_i - \delta N_e}{\delta N_e}\right| \sim \frac{a_e^2}{L^2} \ll 1\,. \tag{37,4}$$

Diese Ungleichung gilt auch im Fall einer starken Störung $e\varphi \sim T_e$. Dann ist $\delta N_e \sim N_e$, und aus (37,3) folgt wiederum (37,4).

Demnach erweist sich die bei einer Störung entstehende nichtkompensierte Ladungsdichte als klein im Vergleich zu den Störungen der Ladungsdichten der Elektronen und Ionen im einzelnen; in solchen Fällen wird das Plasma als *quasineutral* bezeichnet. Diese Eigenschaft gestattet es, bei der Untersuchung der betrachteten Gruppe von Erscheinungen die Verteilung des Potentials im Plasma zu bestimmen, indem man einfach von der „Gleichung der Quasineutralität"

$$N_e = zN_i \tag{37,5}$$

ausgeht, gemeinsam mit der kinetischen Gleichung für die Ionen und einer Gleichung, welche die „adiabatische" Verteilung der Elektronen ausdrückt.[1])

Es versteht sich, daß zum Anfangszeitpunkt (wenn das Problem mit Anfangsbedingungen betrachtet wird) die Dichte der Elektronen beliebig vorgegeben werden kann und nicht unbedingt die Ungleichung (37,4) erfüllen muß. Das hierbei entstehende starke elektrische Feld führt jedoch zu einer Bewegung der Elektronen, welche schnell, innerhalb der charakteristischen „elektronischen" Zeiten, die Quasineutralität herstellt. (Im Diffusionsfall wurde dieser Prozeß in § 25 untersucht.)

Der Übergang von der elektrodynamischen Gleichung (37,2) zur Bedingung (37,5) bedeutet nicht nur eine wesentliche Vereinfachung des Gleichungssystems für die Plasmadynamik, sondern auch eine grundlegende Änderung hinsichtlich der auftretenden Dimensionen. In der Tat geht das Potential φ in die kinetische Gleichung und in die Elektronenverteilung nur in Form eines Produktes mit der Ladung e ein, und die Bedingung (37,5) (im Gegensatz zu (37,2)) enthält die Ladung nicht. Deshalb verschwindet bei der Ersetzung

$$e\varphi \to \psi \tag{37,6}$$

die Ladung e überhaupt aus den Gleichungen, und gemeinsam mit diesem verschwindet auch ein Parameter von der Dimension einer Länge — der DEBYE-Radius a_e.

[1]) Wir unterstreichen, daß sich dieses Resultat sowohl auf das stoßfreie Plasma wie auch auf das Plasma mit Stößen bezieht. Wir bemerken weiterhin, daß die Eigenschaft der Quasineutralität auch in den Fällen vorliegt, in denen die elektromagnetischen Eigenschaften des Plasmas nicht mit Hilfe der dielektrischen Permeabilität beschrieben werden können (d. h. unter der Annahme eines linearen Zusammenhanges zwischen $\boldsymbol{D}$ und $\boldsymbol{E}$), da die Herleitung der Ungleichung (37,4) nicht die Annahme eines schwachen Feldes voraussetzt.

Das Fehlen eines Längenparameters in den Gleichungen ermöglicht selbstähnliche Bewegungen des Plasmas. Solche Lösungen treten dann auf, wenn auch in den Anfangs- oder Randbedingungen des Problems ein Parameter von der Dimension einer Länge fehlt. Dann können alle Funktionen nur über die Kombination $\boldsymbol{r}/t$ vom Ort und von der Zeit abhängen. Beispielsweise nehme das Plasma zum Anfangszeitpunkt den Halbraum $x < 0$ ein. Zum Zeitpunkt $t = 0$ wird „die Trennwand entfernt", und das Plasma beginnt, in das Vakuum zu expandieren. Zunächst beginnen die Elektronen, sich zu bewegen, so daß die Elektronendichte in der Nähe der Grenze eine Übergangsschicht der charakteristischen Breite $\sim a_e$ bildet. Nach einer Zeit $t_1 \gg a_e/v_{Te}$ wird die Elektronenbewegung gedämpft, und im weiteren folgt die Elektronendichte adiabatisch dem Potential gemäß der BOLTZMANN-Gleichung. Nun wird die Änderung aller Größen durch die Ionenbewegung bestimmt. Infolge dieser schmiert sich die Grenze im Zeitintervall $t_2 \gg a_e/v_{Ti} \gg a_e/v_{Te}$ auf Dicken aus, die groß im Vergleich zu a_e sind. Zu diesen Zeiten wird das Plasma quasineutral, und die Bewegung erfolgt selbstähnlich.[1])

Wir schreiben die Gleichungen für die Dynamik eines quasineutralen Plasmas in expliziter Form auf, wobei wir speziell annehmen wollen, daß die Verteilung der Elektronendichte überall von BOLTZMANNscher Form ist:

$$N_e = N_0\, e^{\varphi/T_e}\,. \tag{37,7}$$

Wie bereits in § 36 gezeigt wurde, wird diese Verteilung durch ein langsam veränderliches Feld nicht gestört, wenn das Feld keine Potentialmulden enthält. Die Beziehung (37,7) gestattet es gemeinsam mit der Bedingung (37,5), das Potential unmittelbar durch die Verteilungsfunktion der Ionen auszudrücken:

$$\varphi = T_e \ln \frac{zN_i}{N_0} = T_e \ln\left[\frac{z}{N_0}\int f_i\, d^3p\right]. \tag{37,8}$$

Wenn wir diesen Ausdruck in die kinetische Gleichung für die Ionen (mit dem selbstkonsistenten Feld $\boldsymbol{E} = -\nabla\varphi$) einsetzen, erhalten wir

$$\frac{\partial f_i}{\partial t} + \boldsymbol{v}\frac{\partial f_i}{\partial \boldsymbol{r}} - zT_e \frac{\partial f_i}{\partial \boldsymbol{p}}\frac{\partial}{\partial \boldsymbol{r}} \ln \int f_i\, d^3p = 0\,. \tag{37,9}$$

Wir bemerken, daß ungeachtet der Nichtlinearität dieser Gleichung ihre Lösung nicht von der mittleren Dichte des Plasmas abhängt: Wenn $f_i(t, \boldsymbol{r})$ eine Lösung ist, dann wird auch Cf_i eine Lösung sein, wobei C ein beliebiger konstanter Faktor ist.

§ 38. Die Hydrodynamik eines zweitemperaturigen Plasmas

Eine besonders einfache theoretische Beschreibung gestattet ein zweitemperaturiges Plasma, in dem

$$T_e \gg T_i \tag{38,1}$$

[1]) Ausführlicher s. A. W. GUREWITSCH, L. W. PARISKAJA, L. P. PITAJEWSKI, Shurn. eksper. teoret. fis. 49 (1965) 647. (Sov. Phys. JETP, 22 (1966) 449).

gilt. Wir haben bereits in § 33 gesehen, daß sich in diesem Fall im Plasma ungedämpfte Ionenschallwellen mit einer Geschwindigkeit $\sim (T_e/M)^{1/2}$ ausbreiten können. Diese Geschwindigkeit wird auch allgemein charakteristisch sein für die Ausbreitung von Störungen im Plasma. Da sie (wegen (38,1)) gleichzeitig groß im Vergleich zu den thermischen Geschwindigkeiten der Ionen ist, kann man für die Mehrzahl der Bewegungsprobleme eines Plasmas die thermische Geschwindigkeitsverteilung der Ionen vernachlässigen. Die Bewegung der Ionenkomponente des Plasmas wird dann in der „hydrodynamischen Näherung" durch die Geschwindigkeit $\boldsymbol{v} \equiv \boldsymbol{v}_i$ beschrieben, die als Funktion des Raumpunktes (und der Zeit) gegeben ist und die der Gleichung

$$M\frac{\mathrm{d}\boldsymbol{v}}{\mathrm{d}t} = ez\boldsymbol{E}$$

oder

$$\frac{\partial \boldsymbol{v}}{\partial t} + (\boldsymbol{v}\nabla)\,\boldsymbol{v} = \frac{ez}{M}\boldsymbol{E} \tag{38,2}$$

genügt. Dieser Gleichung fügen wir die Kontinuitätsgleichung

$$\frac{\partial N_i}{\partial t} + \operatorname{div}(N_i\boldsymbol{v}) = 0 \tag{38,3}$$

und die POISSON-Gleichung hinzu, die das Potential des elektrischen Feldes φ (und hiermit die Feldstärke $\boldsymbol{E} = -\nabla\varphi$) bestimmt:

$$\Delta\varphi = -4\pi e(zN_i - N_e)\,. \tag{38,4}$$

Was die Elektronen anbelangt, so folgt ihre Verteilung bei den Bewegungen des Plasmas mit Geschwindigkeiten $v \lessgtr (T_e/M)^{1/2} \ll v_{Te}$ adiabatisch der Verteilung des Feldes. Wie wir in § 36 sahen, hängt der konkrete Ausdruck für die Elektronendichte N_e hierbei wesentlich vom Charakter des Feldes ab. Für ein Feld ohne Potentialmulden wird sie einfach durch die BOLTZMANN-Formel (37,7) gegeben, so daß die Gleichung (38,4) die Form

$$\Delta\varphi = -4\pi eN_0\left(\frac{zN_i}{N_0} - \mathrm{e}^{e\varphi/T_e}\right) \tag{38,5}$$

annimmt.

Die Gleichungen (38,2—3) und (38,5) bilden ein vollständiges Gleichungssystem für die Funktionen $\boldsymbol{v}$, N und φ. Es kann für das quasineutrale Plasma vereinfacht werden. In diesem Fall haben wir gemäß (37,8)

$$e\varphi = T_e \ln\frac{zN_i}{N_0}\,, \qquad e\boldsymbol{E} = -T_e\frac{\nabla N_i}{N_i}, \tag{38,6}$$

und (38,2) kann man in die Form

$$\frac{\partial \boldsymbol{v}}{\partial t} + (\boldsymbol{v}\nabla)\,\boldsymbol{v} = -\frac{zT_e}{M}\frac{\nabla N_i}{N_i} \tag{38,7}$$

bringen. Das Gleichungssystem (38,3) und (38,7) ist formal identisch mit den Gleichungen der Hydrodynamik eines isothermen idealen Gases mit der Teilchenmasse

M und der Temperatur zT_e. Die Schallgeschwindigkeit in solch einem Gas ist gleich $(zT_e/M)^{1/2}$ entsprechend dem Ausdruck (33,5) für die Geschwindigkeit der Ionenschallwellen. Eine Dispersion der Wellen ist in dieser Näherung nicht vorhanden.

Die hergestellte Analogie zur Hydrodynamik erfordert eine wesentliche Bemerkung. Bekanntlich besitzt das System der hydrodynamischen Gleichungen bei weitem nicht immer eine im gesamten Raum stetige Lösung. Das Fehlen einer stetigen Lösung bedeutet in der gewöhnlichen Hydrodynamik die Bildung von Stoßwellen — also Oberflächen, auf denen die physikalischen Größen Sprünge erfahren. In der stoßfreien Hydrodynamik gibt es keine Stoßwellen, da sie naturgemäß mit der im betrachteten Fall fehlenden Dissipation von Energie verknüpft sind. Das Fehlen stetiger Lösungen bedeutet hier, daß in einem gewissen Raumgebiet die Annahme der Quasineutralität des Plasmas verletzt wird. In diesen Bereichen wird die Abhängigkeit der physikalischen Größen von den Koordinaten und der Zeit durch eine oszillierende Funktion beschrieben, wobei die charakteristische Wellenlänge dieser Oszillationen nicht nur durch die charakteristischen Abmessungen des Problems, sondern auch durch eine innere Eigenschaft des Plasmas — seinen DEBYE-Radius — bestimmt wird (R. S. SAGDEJEW, 1964).[1])

Wir kehren zu den allgemeineren Gleichungen (38,2—4) zurück, wobei wir die Quasineutralität des Plasmas nicht voraussetzen. Eine wichtige Eigenschaft dieser Gleichungen ist die Existenz eindimensionaler Lösungen, in denen alle Größen nur in der Kombination $\xi = x - ut$ mit einer Konstanten u von den Variablen t und x abhängen. Solche Lösungen beschreiben Wellen, die sich mit der Geschwindigkeit u ohne Änderung ihres Profils ausbreiten. Wenn wir zu einem Bezugssystem übergehen, welches sich bezüglich des ursprünglichen Systems mit der Geschwindigkeit u bewegt, so wird in diesem System die Bewegung des Plasmas stationär. Von diesen Lösungen sind solche am interessantesten, die im Raum periodisch sind, sowie Lösungen, die nach beiden Seiten im Unendlichen abfallen. Wir betrachten hier insbesondere die letzteren, die sogenannten *Solitonen*[2]) (A. A. WEDENOW, J. P. WELICHOW, R. S. SAGDEJEW, 1961).

Wir bezeichnen die Ableitung bezüglich ξ mit einem Strich und erhalten aus (38,2—3)

$$(v - u)\, v' = -\frac{e}{M}\varphi', \qquad (N_i v)' - uN_i' = 0$$

(zur Vereinfachug wurde $z = 1$ gesetzt).

Wenn wir diese Gleichungen mit den Randbedingungen $\varphi = 0$, $v = 0$, $N_i = N_0$ für $\xi \to \infty$ integrieren, erhalten wir

$$\frac{e}{M}\varphi = \frac{u^2}{2} - \frac{(u - v)^2}{2}, \tag{38,8}$$

$$N_i = N_0\frac{u}{u - v} = N_0\frac{u}{[u^2 - 2e\varphi/M]^{1/2}}. \tag{38,9}$$

---

[1]) Zur tatsächlichen Bildung einer solchen Struktur in einigen Spezialfällen s. A. W. GUREWITSCH, L. P. PITAJEWSKI, Shurn. eksper. teoret. fis. **65** (1973) 590 (Sov. Phys. JETP **38** (1974) 291).

[2]) von engl.: *solitary* — einsam, einzeln.

Die Gleichung (38,4) ergibt $\varphi'' = -4\pi e(N_i - N_e)$ oder, nach Multiplikation mit $2\varphi'$ und Integration,

$$\varphi'^2 = -8\pi e \int_0^{\varphi} [N_i(\varphi) - N_e(\varphi)]\, d\varphi\,. \tag{38,10}$$

Hierbei ist die Funktion $N_i(\varphi)$ aus (38,9) zu nehmen, und $N_e(\varphi)$ bestimmt sich aus den Beziehungen von § 36. Wir bemerken, daß in der betrachteten Welle immer $\varphi > 0$ gilt, wie dies aus (38,8) ersichtlich ist. Die potentielle Energie des Elektrons in diesem Feld ist $U = -e\varphi < 0$, d. h., bezüglich der Elektronen hat das Feld den Charakter einer Potentialmulde.

Mit Hilfe der Gleichung (38,10) läßt sich die Bestimmung des Wellenprofils $\varphi(\xi)$ auf eine Quadratur zurückführen. Hierbei zeigt sich, daß die Geschwindigkeit u unmittelbar mit der Amplitude der Welle — dem Maximalwert der Funktion $\varphi(\xi)$ — verknüpft ist (wir bezeichnen diesen Wert mit φ_m). In der Tat muß für $\varphi = \varphi_m$ gelten: $\varphi' = 0$. Wenn wir das Integral auf der rechten Seite von (38,10) Null setzen (und in ihm die Integration des ersten Gliedes ausführen), erhalten wir die Gleichung

$$\frac{Mu^2}{e}\left[1 - \left(1 - \frac{2e}{Mu^2}\varphi_m\right)^{1/2}\right] = \frac{1}{N_0}\int_0^{\varphi_m} N_e(\varphi)\, d\varphi\,, \tag{38,11}$$

die im Prinzip die φ_m-Abhängigkeit von u bestimmt. Hierbei muß offensichtlich

$$2e\varphi_m/Mu^2 < 1 \tag{38,12}$$

gelten. Diese Bedingung bildet im allgemeinen eine obere Grenze für die möglichen Werte der Wellenamplitude φ_m (und hiermit der Geschwindigkeit u).

Wir bemerken noch, daß die vollständige Vernachlässigung der Stöße eine Frequenz des Feldes ω erfordert, die groß im Vergleich zu den charakteristischen Stoßfrequenzen sowohl der Elektronen ν_e als auch der Ionen ν_i ist. Da aber $\nu_e \sim (M/m)^{1/2}\, \nu_i \gg \nu_i$ gilt (s. § 43), kann die Situation eintreten, daß $\nu_e \gg \omega \gg \nu_i$ wird. In solch einem Fall haben die Stöße wie vorher keinen Einfluß auf die Bewegung der Ionen, die Verteilung der Elektronen jedoch kann dann auch bei Auftreten einer Potentialmulde durch die BOLTZMANNsche Form beschrieben werden.

Aufgabe

Man bestimme das Profil und die Geschwindigkeit eines Solitons geringer Intensität ($e\varphi_m/T_e \ll 1$) in einem Plasma mit Elektronen, die gemäß (36,11) verteilt sind (A. W. GUREWITSCH, 1967).

Lösung. In (36,11) müssen alle Glieder berücksichtigt werden. Das Auftreten des Solitons ist mit dem letzten, nichtlinearen Glied in diesem Ausdruck verbunden. Die Berechnung gemäß (38,11) führt zum Ergebnis

$$u^2 = \frac{T_e}{M}\left[1 + \frac{16}{15}\left(\frac{e\varphi_m}{\pi T_e}\right)^{1/2}\right].$$

Das Profil der Welle wird durch Integration der Gleichung (38,10) gefunden und besitzt die Form

$$\varphi = \varphi_m \cosh^{-4}\left[\frac{x}{\sqrt{15}\, a_e}\left(\frac{e\varphi_m}{\pi T_e}\right)^{1/4}\right].$$

§ 39. Solitonen im schwach dispersiven Medium

Das Auftreten nichtlinearer Wellen mit einem stationären Profil (in einem Medium ohne Dissipation) ist eng mit dem Vorhandensein einer Dispersion verknüpft. Im nichtdispersiven Medium führt die Berücksichtigung der Nichtlinearität unausweichlich zur Zerstörung der Stationarität der Welle; die Ausbreitungsgeschwindigkeit verschiedener Punkte des Profils hängt von dem Wert der Amplitude in diesen Punkten ab, was zu einer Verzerrung des Profils führt. So verursachen in der Hydrodynamik der idealen kompressiblen Flüssigkeit die nichtlinearen Effekte eine allmähliche Vergrößerung der Steilheit der vorderen Wellenfront (s. VI, § 94). Die Dispersion ihrerseits bewirkt dagegen ein allmähliches Auseinanderfließen des Profils, und beide Einflüsse können sich gegenseitig kompensieren, was zu einem stationären Profil der Welle führt.

In diesem Paragraphen untersuchen wir diese Erscheinungen in allgemeiner Form für eine recht große Klasse von sich ausbreitenden Wellen im dissipationsfreien, schwach dispersiven Medium unter Berücksichtigung einer schwachen Nichtlinearität.

Es sei u_0 die Ausbreitungsgeschwindigkeit der Welle in linearer Näherung unter Vernachlässigung der Dispersion. In dieser Näherung hängen in einer eindimensionalen Welle, die sich in einer Richtung längs der x-Achse ausbreitet, alle Größen nur über die Kombination $\xi = x - u_0 t$ von x und t ab. In differentieller Form drückt sich diese Eigenschaft durch die Gleichung

$$\frac{\partial b}{\partial t} + u_0 \frac{\partial b}{\partial x} = 0$$

aus, wobei b irgendeine schwingende Größe der Welle bezeichnet.

Der konstanten Geschwindigkeit u_0 entspricht die Dispersionsrelation $\omega = u_0 k$. Im dispersiven Medium stellt diese Beziehung nur das erste Glied einer Entwicklung der Funktion $\omega(k)$ nach Potenzen des kleinen k dar. Unter Berücksichtigung des folgenden Gliedes erhalten wir[1])

$$\omega = u_0 k - \beta k^3 , \tag{39,1}$$

wobei β eine Konstante ist, die im Prinzip sowohl positiv als auch negativ sein kann.

Die Differentialgleichung, welche in linearer Näherung die (einseitige) Ausbreitung einer Welle in einem Medium mit solcher Dispersion beschreibt, hat die Form

$$\frac{\partial b}{\partial t} + u_0 \frac{\partial b}{\partial x} + \beta \frac{\partial^3 b}{\partial x^3} = 0 .$$

Für Wellen, in denen $b \propto \exp(-i\omega t + ikx)$ ist, folgt hieraus tatsächlich (39,1).

---

[1]) Die Tatsache, daß die Funktion $\omega(k)$ durch die ungeraden Potenzen von k ausgedrückt wird, folgt bereits aus dem Umstand, daß sie reell ist. Das Ausgangssystem der physikalischen Gleichungen für die Bewegung des Mediums enthält nur reelle Größen und Parameter. Die imaginäre Einheit i erscheint nur dadurch im Ergebnis, daß in diese Gleichungen ein Ansatz eingesetzt wird, der proportional zu $\exp(-i\omega t + ikx)$ ist. Deshalb bestimmt die Dispersionsrelation, die im Ergebnis dieses Ansatzes entsteht, $i\omega$ als Funktion von ik mit reellen Koeffizienten; die Entwicklung solch einer Funktion kann nur ungerade Potenzen von ik enthalten. Im allgemeinen Fall eines dissipativen Mediums ist die Funktion $\omega(k)$ komplex ($\omega = \omega' + i\omega''$), und dann bezieht sich die gemachte Feststellung auf die Entwicklung des Realteils der Frequenz $\omega'(k)$. Die Entwicklung der Funktion $\omega''(k)$ wird dagegen aus den gleichen Gründen nur gerade Potenzen von k enthalten.

Schließlich führt die Berücksichtigung der Nichtlinearität in der Gleichung zum Auftreten von Gliedern höherer Ordnung in b. Diese Glieder müssen auf jeden Fall die Bedingung erfüllen, daß sie für ein konstantes (nicht von x abhängiges) b, das einfach einem homogenen Medium entspricht, verschwinden. Wenn wir uns auf das Glied mit der niedrigsten Ordnung in der Ableitung beschränken (kleine k!), können wir die Gleichung für die Ausbreitung schwach nichtlinearer Wellen in der Form

$$\frac{\partial b}{\partial t} + u_0 \frac{\partial b}{\partial x} + \beta \frac{\partial^3 b}{\partial x^3} + \alpha b \frac{\partial b}{\partial x} = 0 \tag{39,2}$$

schreiben, wobei α ein konstanter Parameter ist (welcher im Prinzip auch beide Vorzeichen haben kann).[1]

Zur Vereinfachung der Schreibweise dieser Gleichung führen wir anstelle von x die neue Variable ξ und anstelle von b eine neue unbekannte Funktion a ein, die wir gemäß

$$\xi = x - u_0 t\,, \qquad a = \alpha b \tag{39,3}$$

definieren. Dann erhalten wir

$$\frac{\partial a}{\partial t} + a \frac{\partial a}{\partial \xi} + \beta \frac{\partial^3 a}{\partial \xi^3} = 0\,. \tag{39,4}$$

In dieser Form wird diese Gleichung als Korteweg-de-Vries-*Gleichung* (KdV) bezeichnet.[2] Wir nehmen von vornherein an, daß die Konstante $\beta > 0$ ist.

Uns interessieren Lösungen, welche Wellen mit einem stationären Profil beschreiben. In diesen Lösungen hängt die Funktion $a(t, \xi)$ nur von der Differenz $\xi - v_0 t$ mit einer Konstanten v_0 ab:

$$a = a(\xi - v_0 t)\,. \tag{39,5}$$

Hierbei ergibt sich für die Ausbreitungsgeschwindigkeit der Welle

$$u = u_0 + v_0\,. \tag{39,6}$$

Wenn wir (39,5) in (39,4) einsetzen und die Ableitung nach ξ mit einem Strich bezeichnen, erhalten wir die Gleichung

$$\beta a''' + a a' - v_0 a' = 0\,. \tag{39,7}$$

Wir bemerken, daß sie bezüglich der Substitution

$$a \to a + V\,, \qquad v_0 \to v_0 + V \tag{39,8}$$

mit einer beliebigen Konstanten V invariant ist.

[1]) Um Mißverständnisse zu vermeiden, möchten wir hervorheben, daß diese Form einer schwachen Nichtlinearität keineswegs universell ist. So würde die schwache Nichtlinearität bei der Ausbreitung von Plasmawellen, die vom letzten Glied der Elektronenverteilung (36,11) entsteht (s. Aufgabe zu § 38), einem Glied $\sim \sqrt{b}\, \partial b/\partial x$ in einer Gleichung vom Typ (39,2) entsprechen.

[2]) Sie wurde von D. J. Korteweg und G. de Vries (1895) für Oberflächenwellen auf flachem Wasser erhalten.

Das erste Integral der Gleichung (39,7) lautet:

$$\beta a'' + \frac{1}{2} a^2 - v_0 a = \frac{c_1}{2} .$$

Wir multiplizieren diese Gleichung mit $2a'$, integrieren noch einmal und erhalten

$$\beta a'^2 = -\frac{a^3}{3} + v_0 a^2 + c_1 a + c_2 . \tag{39,9}$$

Anstelle der drei Konstanten v_0, c_1 und c_2 ist es zweckmäßig, andere Konstanten einzuführen, nämlich die drei Wurzeln des Polynoms dritten Grades, welches auf der rechten Seite von (39,9) steht. Wir bezeichnen diese drei Wurzeln mit a_1, a_2, a_3 und schreiben

$$\beta a'^2 = -\tfrac{1}{3} (a - a_1)(a - a_2)(a - a_3) . \tag{39,10}$$

Die Konstante v_0 ist mit den neuen Konstanten durch die Gleichung

$$v_0 = \tfrac{1}{3} (a_1 + a_2 + a_3) \tag{39,11}$$

verknüpft.

Uns werden nur solche Lösungen der Gleichung (39,10) interessieren, in denen die Größe $|a(\xi)|$ beschränkt ist. Das unbegrenzte Wachstum von $|a|$ würde der Annahme einer schwachen Nichtlinearität widersprechen. Es ist leicht zu sehen, daß diese Bedingung nicht erfüllt wird, wenn unter den Wurzeln a_1, a_2, a_3 komplexwertige auftreten; wir nehmen an, daß dies für a_1 und a_2 (mit $a_2 = a_1^*$) der Fall sei. In der Tat nimmt dann die rechte Seite von (39,10) die Form $|a - a_1|^2 (a_3 - a)/3$ an, und nichts kann a daran hindern, gegen $-\infty$ zu streben.

Somit müssen die Konstanten a_1, a_2, a_3 reell sein. Wir ordnen sie in der Reihenfolge $a_1 > a_2 > a_3$ an. Da die Ausdrücke auf der rechten Seite der Gleichung (39,10) positiv sein müssen, kann die Funktion $a(\xi)$ nur im Intervall $a_1 \geqq a \geqq a_2$ variieren. Ohne Beschränkung der Allgemeinheit kann $a_3 = 0$ gesetzt werden. Dies läßt sich immer durch eine Transformation der Art (39,8) erreichen. In Übereinstimmung mit dieser Festlegung schreiben wir die Gleichung (39,10) in der Form

$$\beta a'^2 = \tfrac{1}{3} (a_1 - a)(a - a_2)\, a . \tag{39,12}$$

Die Lösung dieser Gleichung besitzt einen unterschiedlichen Charakter für $a_2 = 0$ und für $a_2 \neq 0$. Im ersten Fall ($a_2 = 0$, $a_1 > 0$) ergibt die Integration der Gleichung

$$a(\xi) = a_1 \cosh^{-2} \left(\frac{\xi}{2} \sqrt{\frac{a_1}{3\beta}} \right) . \tag{39,13}$$

Als Nullpunkt für ξ wurde das Maximum der Funktion gewählt (hier und im folgenden schreiben wir zur Vereinfachung das Profil der Welle als Funktion von $\xi = x$ zu einem bestimmten gegebenen Zeitpunkt $t = 0$). Diese Lösung beschreibt ein Soliton: Für $\xi \to \pm\infty$ strebt die Funktion $a(\xi)$ gemeinsam mit ihrer Ableitung gegen Null. Die Konstante a_1 gibt die Amplitude des Solitons an, und seine Breite fällt mit zunehmender Amplitude wie $a_1^{-1/2}$ ab. Gemäß (39,11) gilt $v_0 = a_1/3$, so daß die Geschwindigkeit des Solitons

$$u = u_0 + a_1/3 \tag{39,14}$$

beträgt. Diese Geschwindigkeit u ist größer als u_0 und wächst bei Vergrößerung der Amplitude.

Wir erinnern noch einmal daran, daß die Nichtlinearität der Prozesse, die durch die KdV-Gleichung beschrieben werden, als klein vorausgesetzt wurde. Diese Einschränkung hat einen natürlichen Sinn: Wenn die Größe a die Bedeutung der Dichteänderung des Mediums hat, so muß diese Änderung klein im Vergleich zur ungestörten Dichte sein. Gleichzeitig wird der „Grad der Nichtlinearität" dieser Prozesse noch durch einen anderen dimensionslosen Parameter charakterisiert: $L(a_1/\beta)^{1/2}$, wobei L eine charakteristische Länge und a_1 die Amplitude der Störung sind. Dieser Parameter bestimmt das Verhältnis der nichtlinearen Effekte zur Dispersion und kann sowohl klein (Überwiegen der Dispersion) als auch groß (Überwiegen der Nichtlinearität) sein. Für ein Soliton, dessen Breite $L \sim (\beta/a_1)^{1/2}$ ist, hat dieser Parameter die Größenordnung Eins.

Wir gehen jetzt zum Fall $a_2 \neq 0$ über: In diesem Fall beschreibt die Lösung der Gleichung (39,12) eine im Raum periodische, unendlich ausgedehnte Welle. Die Integration der Gleichung ergibt

$$\xi = \int\limits_a^{a_1} \frac{\sqrt{3\beta}\, da}{[a(a_1 - a)\,(a - a_2)]^{1/2}} = \left(\frac{12\beta}{a_1}\right)^{1/2} F(s, \varphi)\,, \tag{39,15}$$

wobei $F(s, \varphi)$ ein elliptisches Integral erster Art

$$F(s, \varphi) = \int\limits_0^{\varphi} \frac{d\varphi}{(1 - s^2 \sin^2 \varphi)^{1/2}} \tag{39,16}$$

ist mit[1])

$$\sin \varphi = \sqrt{\frac{a_1 - a}{a_1 - a_2}}\,, \qquad s = \sqrt{1 - \frac{a_2}{a_1}}\,. \tag{39,17}$$

Der Nullpunkt für ξ wurde in eines der Maxima der Funktion $a(\xi)$ gelegt.

Wir formen die Beziehung (39,15) durch Einführung der JACOBIschen elliptischen Funktion um und erhalten

$$a = a_1 \mathrm{dn}^2\left(\sqrt{\frac{a_1}{12\beta}}\,\xi, s\right). \tag{39,18}$$

Diese Funktion ist periodisch, wobei ihre Periode (Wellenlänge) bezüglich der x-Koordinate gleich

$$\lambda = 4\sqrt{\frac{3\beta}{a_1}}\, F\left(\frac{\pi}{2}, s\right) = 4\sqrt{\frac{3\beta}{a_1}}\, K(s) \tag{39,19}$$

---

[1]) Der Parameter des elliptischen Integrals wurde mit dem Buchstaben s (anstelle des üblichen k) bezeichnet, um Verwechslungen mit dem Wellenvektor zu vermeiden.

ist und $K(s)$ das vollständige elliptische Integral erster Art bedeutet. Der Mittelwert der Funktion (39,18) bezüglich einer Periode lautet:

$$\bar{a} = \frac{1}{\lambda} \int_0^\lambda a(\xi)\, d\xi = a_1 \frac{E(s)}{K(s)} \tag{39,20}$$

mit $E(s)$ als dem vollständigen elliptischen Integral zweiter Art. Es ist naheliegend, eine periodische Welle zu betrachten, in der der Mittelwert der oszillierenden Größe verschwindet. Dies ist immer mit Hilfe der Transformation (39,8) möglich, indem die Größe (39,20) von der Funktion (39,18) abgezogen wird. Die Ausbreitungsgeschwindigkeit der Welle ist dann gleich

$$u = u_0 + \left[\frac{a_1 + a_2}{3} - a_1 \frac{E(s)}{K(s)}\right]. \tag{39,21}$$

Kleinen Schwingungsamplituden $a_1 - a_2$ entsprechen Parameterwerte $s \ll 1$. Wenn wir den genäherten Ausdruck

$$\operatorname{dn}(z, s) \approx 1 - \frac{s^2}{4} + \frac{s^2}{4} \cos 2z\,, \qquad s \ll 1\,,$$

benutzen, finden wir, daß die Lösung (39,18) in diesem Falle, wie zu erwarten war, in eine harmonische Welle übergeht:

$$a = \frac{a_1 + a_2}{2} + \frac{a_1 - a_2}{2} \cos kx\,, \qquad k = \sqrt{\frac{a_1}{3\beta}}\,.$$

Hierbei wird die Geschwindigkeit (39,21) gleich $u = u_0 - a_1/3 = u_0 - \beta k^2$ in Übereinstimmung mit (39,1).

Dem entgegengesetzten Grenzfall großer Amplituden entsprechen (im betrachteten Modell der Wellen) Werte $a_2 \to 0$, wobei der Parameter s gegen 1 geht. Unter Berücksichtigung der asymptotischen Beziehung

$$K(s) \approx \frac{1}{2} \ln \frac{16}{1 - s^2}\,, \qquad s^2 \to 1\,,$$

finden wir, daß in dieser Grenze die Wellenlänge nach einem logarithmischen Gesetz anwächst:

$$\lambda = \sqrt{\frac{12\beta}{a_1}} \ln \frac{16 a_1}{a_2}\,. \tag{39,22}$$

Mit anderen Worten bedeutet dies, daß aufeinanderfolgende Wellenberge immer weiter auseinanderrücken. Das Profil der Welle in der Nähe eines jeden von diesen ergibt sich aus (39,18) mit Hilfe des asymptotischen Ausdrucks der Funktion $\operatorname{dn} z$ für $s = 1$ und endliche Werte von z: $\operatorname{dn} z = 1/\cosh z$. Im Ergebnis bekommen wir die Formel (39,13). Auf diese Weise zerfällt in der Grenze $s \to 1$ die periodische Welle in eine Gesamtheit voneinander weitentfernter Solitonen.

Bisher haben wir $\beta > 0$ angenommen. Der Fall $\beta < 0$ erfordert keine gesonderten Betrachtungen: Die Änderung des Vorzeichens von β in (39,4) ist äquivalent der Substitution $\xi \to -\xi$, $a \to -a$. Da hierbei das Argument $\xi - v_0 t$ in (39,5) in $-\xi - v_0 t$ umgeformt wird, geht die Ausbreitungsgeschwindigkeit der Welle in $u = u_0 - v_0$ über. So ändern sich die oben für das Soliton erhaltenen Resultate nur in der Hinsicht, daß die Funktion $a(\xi)$ negativ wird und seine Geschwindigkeit $u < u_0$.

Die KdV-Gleichung besitzt einige spezifische Eigenschaften, die es gestatten, für sie eine Reihe allgemeiner Theoreme aufzustellen. Sie beruhen auf dem formalen Zusammenhang, der zwischen der KdV-Gleichung und dem Eigenwertproblem für Gleichungen vom Typ der SCHRÖDINGER-Gleichung besteht (C. S. GARDNER, J. M. GREENE, M. D. KRUSKAL, R. M. MIURA, 1967).

Wir betrachten die Gleichung

$$\frac{\partial^2 \psi}{\partial \xi^2} + \left[\frac{1}{6\beta}\, a(t, \xi) + \varepsilon\right]\psi = 0 \tag{39,23}$$

und werden wiederum $\beta > 0$ annehmen. Die Gleichung (39,23) besitzt die Form der SCHRÖDINGER-Gleichung, in der die Funktion $-a(t, \xi)$ die Rolle der potentiellen Energie spielt, welche von t parametrisch abhängt. Die Funktion $a(t, \xi)$ sei in einem bestimmten Gebiet von ξ positiv und strebe für $\xi \to \pm\infty$ gegen Null. Dann besitzt die Gleichung (39,23) Eigenwerte ε, welche einer „gebundenen Bewegung in der Potentialmulde $-a(t, \xi)$" entsprechen. Infolge der t-Abhängigkeit der Funktion a hängen diese Eigenwerte im allgemeinen auch von t ab.

Wir zeigen, daß die Eigenwerte ε nicht von t abhängig sind, wenn die Funktion $a(t, \xi)$ der KdV-Gleichung (39,4) genügt.

Mittels (39,23) drücken wir a in der Form

$$a = -6\beta\left(\frac{\psi''}{\psi} + \varepsilon\right)$$

aus und setzen es in (39,4) ein. Nach einer einfachen Rechnung erhalten wir

$$\psi^2 \frac{\mathrm{d}\varepsilon}{\mathrm{d}t} = (\psi' A - \psi A')' \tag{39,24}$$

mit

$$A(t, \xi) = 6\beta\left(\frac{1}{\beta}\frac{\partial \psi}{\partial t} - \frac{3}{\psi}\psi'\psi'' + \psi''' - \frac{\varepsilon}{6}\psi'\right). \tag{39,25}$$

Es ist wesentlich, daß die rechte Seite von (39,24) als Ableitung eines Ausdrucks nach ξ dargestellt werden kann, der für $\xi \to \pm\infty$ verschwindet (wir erinnern daran, daß die Eigenfunktionen des diskreten Spektrums der Gleichung (39,23) im Unendlichen verschwinden). Somit ergibt die Integration der Gleichung (39,24) über alle ξ von $-\infty$ bis ∞

$$\frac{\mathrm{d}\varepsilon}{\mathrm{d}t} \int\limits_{-\infty}^{\infty} \psi^2 \,\mathrm{d}\xi = 0\,,$$

und in Anbetracht der Endlichkeit des hier auftretenden Normierungsintegrals der Funktion ψ folgt $\mathrm{d}\varepsilon/\mathrm{d}t = 0$.

Wir zeigen jetzt, daß die Gleichung (39,23) einen einzigen diskreten Eigenwert hat, wenn ein stationäres „Potential“ $a(\xi)$ der Form (39,13), das einem einzigen Soliton entspricht, vorliegt. Mit diesem „Potential“ besitzt die Gleichung (39,23) die Form

$$\psi'' + \left(\frac{U_0}{\cosh^2 \alpha\xi} + \varepsilon\right)\psi = 0 \tag{39,26}$$

mit

$$U_0 = a_1/6\beta\,; \qquad \alpha = (a_1/12\beta)^{1/2}\,. \tag{39,27}$$

Die diskreten Eigenwerte der Gleichung (39,26) werden durch die Beziehung

$$\varepsilon_n = -\alpha^2(s-n)^2\,, \qquad s = \frac{1}{2}\left(-1 + \sqrt{1 + \frac{4U_0}{\alpha^2}}\right), \qquad n = 0, 1, 2, \ldots\,,$$

gegeben, wobei $n < s$ gelten muß (s. III, § 23, Aufgabe 4). Mit den Parameterwerten aus (39,27) wird $s = 1$, so daß es nur einen Eigenwert

$$\varepsilon = -a_1/12\beta \tag{39,28}$$

gibt.

Wenn jedoch das „Potential“ $a(t, \xi)$ eine Gesamtheit von Solitonen darstellt, die sich in großen Abständen voneinander befinden (so daß die „Wechselwirkung“ zwischen ihnen fehlt), dann wird sich das Spektrum der Eigenwerte der Gleichung (39,23) aus den „Niveaus“ (39,28) zu jeder Potentialmulde zusammensetzen, wobei jedes von ihnen durch die Amplitude a_1 des entsprechenden Solitons bestimmt wird.

Da die Ausbreitungsgeschwindigkeit des Solitons mit der Vergrößerung seiner Amplitude zunimmt, werden Solitonen mit größerer Amplitude letztendlich immer ein Soliton mit kleinerer Amplitude einholen. Eine beliebige Anfangsgesamtheit voneinander entfernter Solitonen wird nach solchen Prozessen gegenseitiger „Stöße“ letztendlich in eine Gesamtheit von Solitonen übergehen, die nach wachsender Amplitude angeordnet sind (wir erinnern daran, daß alle Anregungen, die durch die KdV-Gleichung beschrieben werden, sich in einer Richtung ausbreiten!). Die oben erhaltenen Ergebnisse gestatten es, sofort eine interessante Schlußfolgerung zu ziehen: die Anfangs- und die Endgesamtheit der Solitonen stimmen bezüglich der Gesamtzahl und der Amplituden der Solitonen überein, sie unterscheiden sich nur durch die Reihenfolge ihrer Anordnung. Dies folgt unmittelbar daraus, daß jedes der isolierten Solitonen einem Eigenwert ε entspricht, und diese Eigenwerte hängen nicht von der Zeit ab.

Im allgemeinen wird eine beliebige positive ($a > 0$) Anfangsstörung, die einen endlichen Raumbereich einnimmt, im Verlauf ihrer Entwicklung gemäß der KdV-Gleichung letztendlich in eine Gesamtheit isolierter Solitonen zerfallen, deren Amplituden nicht mehr von der Zeit abhängen. Diese Amplituden und die Zahl der Solitonen lassen sich im Prinzip durch die Bestimmung des Spektrums der diskreten Eigenwerte der Gleichung (39,23) mit der Anfangsverteilung $a(0, \xi)$ als „Potential“ ermitteln. Wenn die Anfangsstörung auch Abschnitte mit $a < 0$ enthält, wird im Verlauf der Entwicklung außerdem ein Wellenpaket entstehen, das allmählich auseinanderfließt, wobei es nicht in Solitonen zerfällt.

Um Mißverständnisse zu vermeiden, muß jedoch präzisiert werden, was unter der Anfangsstörung in der KdV-Gleichung zu verstehen ist. Eine reale Störung, welche im

Medium zu einem bestimmten Zeitpunkt auftritt, wird im Verlauf ihrer Entwicklung (die sich durch die vollständige Wellengleichung zweiter Ordnung bezüglich der Zeit beschreiben läßt) im allgemeinen in zwei Störungen zerfallen, die sich nach beiden Seiten der x-Achse ausbreiten. Unter der „Anfangsstörung" für die KdV-Gleichung muß eine dieser beiden Störungen direkt nach dem Zerfall verstanden werden.

Aufgabe

Die Koeffizienten α und β in der Gleichung (39,2) sind für die Ionenschallwellen in einem Plasma mit $T_i \ll T_e$ zu bestimmen.

Lösung. Der Dispersionskoeffizient β wird aus (33,4) durch Entwicklung nach der kleinen Größe ka_e erhalten:

$$\beta = a_e^2 u_0 ,$$

wobei $u_0 = (zT_e/M)^{1/2}$ bedeutet.

Bei der Bestimmung des Nichtlinearitätskoeffizienten α kann die Dispersion überhaupt vernachlässigt werden, d. h., es kann der Grenzfall $k \to 0$ betrachtet werden. In diesem Grenzfall kann das Plasma auf jeden Fall als quasineutral angenommen werden, und dementsprechend kann es durch die hydrodynamischen Gleichungen des isothermen, idealen Gases (38,3), (38,7) beschrieben werden. Wenn wir $N_i = N_0 + \delta N$ setzen, können wir diese Gleichungen bis zur zweiten Ordnung in den kleinen Größen δN und v angeben. Hierbei kann in den Gliedern zweiter Ordnung $v = u_0\, \delta N/N_0$ gesetzt werden, wie dies auch in der linearen Näherung für Wellen, die sich in der positiven x-Richtung ausbreiten, getan wird (u_0 ist die Geschwindigkeit der Wellen in linearer Näherung). Dann nehmen die Gleichungen die Form

$$\frac{\partial\, \delta N}{\partial t} + N_0 \frac{\partial v}{\partial x} = - \frac{\partial}{\partial x}(v\, \delta N) = - \frac{2u_0}{N_0}\, \delta N \frac{\partial\, \delta N}{\partial x},$$

$$\frac{\partial v}{\partial t} + \frac{u_0^2}{N_0} \frac{\partial\, \delta N}{\partial x} = \frac{u_0^2}{N_0^2}\, \delta N \frac{\partial\, \delta N}{\partial x} - v \frac{\partial v}{\partial x} = 0$$

an. Wenn wir die erste Gleichung nach t und die zweite nach x differenzieren und $\partial^2 v/\partial t\, \partial x$ eliminieren, erhalten wir

$$\left(\frac{\partial}{\partial t} - u_0 \frac{\partial}{\partial x}\right)\left(\frac{\partial}{\partial t} + u_0 \frac{\partial}{\partial x}\right)\delta N = - \frac{2u_0}{N_0} \frac{\partial}{\partial t}\left(\delta N \frac{\partial\, \delta N}{\partial x}\right).$$

Mit der gleichen Genauigkeit ersetzen wir die Ableitung $\partial/\partial t$ auf der rechten Seite der Gleichung und in der Differenz $\partial/\partial t - u_0\, \partial/\partial x$ auf ihrer linken Seite durch $-u_0\, \partial/\partial x$. Wenn wir schließlich auf beiden Seiten die Ableitung $\partial/\partial x$ streichen und die erhaltene Gleichung mit (39,2) vergleichen, finden wir eine Gleichung für δN mit

$$\alpha = u_0/N_0 .$$

§ 40. Die dielektrische Permeabilität des entarteten, stoßfreien Plasmas

Bei der Berechnung der dielektrischen Permeabilität des stoßfreien Plasmas in den §§ 29, 31 wurden alle Quanteneffekte völlig vernachlässigt. Die auf diese Weise erhaltenen Ergebnisse sind vor allem bezüglich der Temperaturen durch die Bedingung begrenzt, daß keine Entartung auftritt. Für Elektronen lautet diese Bedingung

$$T \gg \varepsilon_F \sim \hbar^2 N_e^{2/3}/m . \qquad (40,1)$$

Dabei bedeutet $\varepsilon_F = p_F^2/2m$, und p_F ist der Grenzimpuls der FERMI-Verteilung bei $T = 0$, der mit der Dichte der Elektronen durch die Gleichung $p_F^3/3\pi^2\hbar^3 = N_e$ verknüpft ist.

Außerdem ist die Anwendbarkeit der klassischen BOLTZMANN-Gleichung auf ein Plasma im äußeren Feld an bestimmte Bedingungen gebunden, die dem Wellenvektor $\boldsymbol{k}$ und der Frequenz ω des Feldes auferlegt werden müssen. Die charakteristischen Abstände für die Änderung des Feldes ($\sim 1/k$) müssen groß sein im Vergleich zu der DE-BROGLIE-Wellenlänge der Elektronen ($\hbar/\bar{p}$), und die mit dieser Inhomogenität verbundene Unbestimmtheit des Impulses ($\sim \hbar k$) muß klein sein im Vergleich zur Breite ($\sim T/\bar{v}$) der Ausschmierung, die die thermische Verteilung der Elektronen aufweist. Für ein nichtentartetes Plasma gilt $\bar{p} \sim T/\bar{v} \sim (mT)^{1/2}$, so daß diese beiden Bedingungen zusammenfallen. Für ein entartetes Plasma gilt $\bar{p} \sim p_F$, $v \sim v_F = p_F/m$, aber da $T \lesssim \varepsilon_F$ ist, folgt $T/\bar{v} \lesssim \bar{p}$. Somit genügt es, in beiden Fällen

$$\hbar k\bar{v} \ll T \tag{40,2}$$

zu fordern. Schließlich muß die Frequenz der Bedingung

$$\hbar\omega \ll \varepsilon_F \tag{40,3}$$

genügen — ein Energiequant des Feldes muß klein im Vergleich zur mittleren Energie des Elektrons sein (diese Bedingung spielt übrigens gewöhnlich keine Rolle).

Wir betrachten nun die dielektrischen Eigenschaften des Plasmas, indem wir auf die Erfüllung der Bedingungen (40,1—3) für seine Elektronenkomponente verzichten. Die ionische Komponente soll auch weiterhin nichtentartet bleiben. Wir werden den elektronischen Anteil der dielektrischen Permeabilität berechnen. Hierbei werden wir wie vorher annehmen, daß die Wechselwirkung der Teilchen des Plasmas vernachlässigt werden kann:

$$e^2 N_e^{1/3} \ll \bar{\varepsilon}\,. \tag{40,4}$$

Für $\bar{\varepsilon} \sim \varepsilon_F$ nimmt diese Bedingung die Form $N_e^{1/3} \gg me^2/\hbar^2$ oder $e^2/\hbar v_F \ll 1$ an (vgl. V, § 80; IX, § 85).

Der Verzicht auf die Bedingung (40,2) erfordert von vornherein die Benutzung der quantenmechanischen Gleichung für die Dichtematrix. Da die Wechselwirkung zwischen den Elektronen vernachlässigbar ist, kann sofort eine abgeschlossene Gleichung für die Einteilchendichtematrix $\varrho_{\sigma_1\sigma_2}(t, \boldsymbol{r}_1, \boldsymbol{r}_2)$ angegeben werden (σ_1, σ_2 sind Spinindizes). Wir setzen voraus, daß die Verteilung der Elektronen nicht vom Spin abhängt. Das bedeutet mit anderen Worten, daß sich die Abhängigkeit der Dichtematrix von den Spinindizes in Form eines Faktors $\delta_{\sigma_1\sigma_2}$ abtrennen läßt, den wir weglassen werden. Die spinunabhängige Dichtematrix $\varrho(t, \boldsymbol{r}_1, \boldsymbol{r}_2)$ genügt der Gleichung

$$i\hbar \frac{\partial \varrho}{\partial t} = (\hat{H}_1 - \hat{H}_2^*)\,\varrho\,, \tag{40,5}$$

wobei $\hat{H}$ der HAMILTON-Operator des Elektrons im äußeren Feld ist und die Indizes 1 oder 2 die Variablen anzeigen ($\boldsymbol{r}_1$ oder $\boldsymbol{r}_2$), auf die der Operator wirkt (s. III, § 14). Diese Gleichung ersetzt das klassische LIOUVILLE-Theorem ($\mathrm{d}f/\mathrm{d}t = 0$) für die klassische Einteilchenfunktion.

Wir werden (wie auch in § 29) die longitudinale dielektrische Permeabilität berechnen. Dementsprechend betrachten wir ein elektrisches Feld mit einem skalaren Potential $\varphi(t, \boldsymbol{r})$, so daß der HAMILTON-Operator des Elektrons

$$\hat{H} = -\frac{\hbar^2}{2m}\nabla^2 - e\varphi(t, \boldsymbol{r}) \tag{40,6}$$

lautet.

Wenn das Feld als klein betrachtet wird, können wir

$$\varrho = \varrho_0(\boldsymbol{r}_1 - \boldsymbol{r}_2) + \delta\varrho(t, \boldsymbol{r}_1, \boldsymbol{r}_2) \tag{40,7}$$

ansetzen, wobei ϱ_0 die Dichtematrix des ungestörten stationären und homogenen (jedoch nicht unbedingt Gleichgewichts-) Zustandes des Gases ist. Auf Grund seiner Homogenität hängt ϱ_0 nur von der Differenz $\boldsymbol{R} = \boldsymbol{r}_1 - \boldsymbol{r}_2$ ab. Die Dichtematrix $\varrho_0(\boldsymbol{R})$ ist mit der (ungestörten) Verteilungsfunktion der Elektronen bezüglich der Impulse $n_0(\boldsymbol{p})$ durch die Beziehung

$$n_0(\boldsymbol{p}) = \mathcal{N}_e \int \varrho_0(\boldsymbol{R})\, \mathrm{e}^{-i\boldsymbol{p}\boldsymbol{R}/\hbar}\, \mathrm{d}^3x \tag{40,8}$$

verknüpft, wobei $\mathcal{N}_e$ die Gesamtzahl der Elektronen ist (s. IX, (7,20)). Hierbei ist $n(\boldsymbol{p})$ als Besetzungszahl für die Quantenzustände der Elektronen mit bestimmten Werten des Impulses und der Spinprojektion definiert. Die Zahl der Zustände, die sich im Element des Impulsraumes d^3p mit beiden Werten der Spinprojektion befinden, ist gleich $2\,\mathrm{d}^3p/(2\pi\hbar)^3$. Deshalb ist $n(\boldsymbol{p})$ mit der früher benutzten Verteilungsfunktion $f(\boldsymbol{p})$ durch die Beziehung

$$f(\boldsymbol{p}) = \frac{2n(\boldsymbol{p})}{(2\pi\hbar)^3} \tag{40,9}$$

verknüpft.

Wir setzen (40,7) in (40,8) ein und streichen die Terme zweiter Ordnung. Dabei erhalten wir eine lineare Gleichung für die kleine Korrektur zur Dichtematrix:

$$\left[i\hbar\frac{\partial}{\partial t} + \frac{\hbar^2}{2m}(\Delta_1 - \Delta_2)\right]\delta\varrho(t, \boldsymbol{r}_1, \boldsymbol{r}_2) = -e[\varphi(t, \boldsymbol{r}_1) - \varphi(t, \boldsymbol{r}_2)]\,\varrho_0(\boldsymbol{r}_1 - \boldsymbol{r}_2)\,. \tag{40,10}$$

Es sei[1])

$$\varphi(t, \boldsymbol{r}) = \varphi_{\omega\boldsymbol{k}}\, \mathrm{e}^{i(\boldsymbol{k}\boldsymbol{r} - \omega t)}\,. \tag{40,11}$$

Dann können wir in der Lösung von Gleichung (40,10) die Abhängigkeit von der Summe $\boldsymbol{r}_1 + \boldsymbol{r}_2$ (und von der Zeit) abseparieren, indem wir

$$\delta\varrho = \exp\left[i\boldsymbol{k}\frac{\boldsymbol{r}_1 + \boldsymbol{r}_2}{2} - i\omega t\right] g_{\omega\boldsymbol{k}}(\boldsymbol{r}_1 - \boldsymbol{r}_2) \tag{40,12}$$

---

[1]) Der HAMILTON-Operator (40,6) muß hermitesch und deshalb die Funktion φ in ihm (wie auch in Gleichung (40,10)) reell sein. Nachdem aber Gleichung (40,10) erhalten wurde, kann sie wegen ihrer Linearität für jede der komplexen monochromatischen Komponenten des Feldes einzeln gelöst werden.

setzen. Wir führen diesen Ausdruck in (40,10) ein und erhalten eine Gleichung für $g_{\omega k}(\boldsymbol{R})$:

$$\left[\hbar\omega + \frac{\hbar^2}{2m}\left(\nabla + i\frac{\boldsymbol{k}}{2}\right)^2 - \frac{\hbar^2}{2m}\left(\nabla - i\frac{\boldsymbol{k}}{2}\right)^2\right] g_{\omega k}(\boldsymbol{R})$$
$$= - e\varphi_{\omega k}(e^{i\boldsymbol{kR}/2} - e^{-i\boldsymbol{kR}/2})\,\varrho_0(\boldsymbol{R})\,.$$

Jetzt kann man in dieser Gleichung zu der FOURIER-Entwicklung bezüglich $\boldsymbol{R}$ übergehen. Wenn beide Seiten mit $\exp(-i\boldsymbol{pR}/\hbar)$ multipliziert werden und über d^3x integriert wird, erhalten wir (unter Berücksichtigung von (40,8))

$$\left[\hbar\omega - \varepsilon\left(\boldsymbol{p} + \frac{\hbar\boldsymbol{k}}{2}\right) + \varepsilon\left(\boldsymbol{p} - \frac{\hbar\boldsymbol{k}}{2}\right)\right] g_{\omega k}(\boldsymbol{p})$$
$$= - \frac{e\varphi_{\omega k}}{\mathcal{N}_e}\left[n_0\left(\boldsymbol{p} - \frac{\hbar\boldsymbol{k}}{2}\right) - n_0\left(\boldsymbol{p} + \frac{\hbar\boldsymbol{k}}{2}\right)\right]$$

(mit $\varepsilon(\boldsymbol{p}) = \boldsymbol{p}^2/2m$) oder

$$g_{\omega k}(\boldsymbol{p}) = \frac{e\varphi_{\omega k}}{\hbar\mathcal{N}_e}\,\frac{n_0(\boldsymbol{p} + \hbar\boldsymbol{k}/2) - n_0(\boldsymbol{p} - \hbar\boldsymbol{k}/2)}{\omega - \boldsymbol{kv}}. \tag{40,13}$$

Der Wert der Dichtematrix für $\boldsymbol{r}_1 = \boldsymbol{r}_2 \equiv \boldsymbol{r}$ bestimmt die Teilchenzahldichte im System: $N = 2\mathcal{N}\varrho(t, \boldsymbol{r}, \boldsymbol{r})$ (s. IX, (7,19)). Deshalb ist die Dichteänderung der Elektronen unter Einfluß eines Feldes gleich

$$\delta N_e = 2\mathcal{N}_e\,\delta\varrho(t, \boldsymbol{r}, \boldsymbol{r}) = 2\mathcal{N}_e\, e^{i(\boldsymbol{kr} - \omega t)}\, g_{\omega k}\,(\boldsymbol{R} = 0)$$

oder, wenn wir $g_{\omega k}\,(\boldsymbol{R} = 0)$ durch die FOURIER-Komponenten ausdrücken,

$$\delta N_e = 2\mathcal{N}_e\, e^{i(\boldsymbol{kr} - \omega t)} \int g_{\omega k}(\boldsymbol{p})\,\frac{d^3p}{(2\pi\hbar)^3}. \tag{40,14}$$

Die entsprechende Änderung der Ladungsdichte ergibt sich zu $-e\,\delta N_e$.

Die dielektrische Permeabilität kann jetzt so berechnet werden, wie dies in § 29 getan wurde: Wir gehen von der Beziehung zwischen der Ladungsdichte und dem Vektor der dielektrischen Polarisation aus ($-e\,\delta N_e = -\operatorname{div}\boldsymbol{P} = -i\boldsymbol{kP}$) und schreiben

$$e\,\delta N_e = i\,\frac{\varepsilon_l - 1}{4\pi}\,\boldsymbol{Ek} = k^2\,\frac{\varepsilon_l - 1}{4\pi}\,\varphi_{\omega k}\,.$$

Auf diese Weise finden wir die folgende Formel für den elektronischen Anteil der longitudinalen dielektrischen Permeabilität des Plasmas mit der Elektronenverteilungsfunktion $n(\boldsymbol{p})$ (den Index 0 lassen wir hierbei weg):

$$\varepsilon_l(\omega, k) - 1 = -\frac{4\pi e^2}{\hbar k^2}\int \frac{n(\boldsymbol{p} + \hbar\boldsymbol{k}/2) - n(\boldsymbol{p} - \hbar\boldsymbol{k}/2)}{\boldsymbol{kv} - \omega - i0}\,\frac{2\,d^3p}{(2\pi\hbar)^3} \tag{40,15}$$

(J. L. KLIMONTOWITSCH, W. P. SILIN, 1952). Die Umgehung des Pols im Integral bestimmt sich, wie gewöhnlich, durch die LANDAU-Regel.

Im quasiklassischen Fall kann bei Erfüllung der Bedingungen (40,2–3) die Funktion $n(\boldsymbol{p} \pm \hbar\boldsymbol{k}/2)$ nach Potenzen von $\boldsymbol{k}$ entwickelt werden. Dann gilt

$$n\left(\boldsymbol{p} + \frac{\hbar\boldsymbol{k}}{2}\right) - n\left(\boldsymbol{p} - \frac{\hbar\boldsymbol{k}}{2}\right) \approx \hbar\boldsymbol{k}\,\frac{\partial n(\boldsymbol{p})}{\partial \boldsymbol{p}}\,,$$

und die Beziehung (40,15) geht (unter Berücksichtigung des Zusammenhangs (40,9)) in die vorherige Beziehung (29,9) über. Wir unterstreichen jedoch, daß sich die Verteilung $n(\boldsymbol{p})$ in dieser Beziehung auch auf das entartete Plasma beziehen kann.

Wir wenden die Beziehung (40,15) auf das vollständig entartete Elektronenplasma bei $T = 0$ an, für das $n(\boldsymbol{p}) = 1$ für $p < p_F$ und $n(\boldsymbol{p}) = 0$ für $p > p_F$ gilt. Wenn wir in den beiden Gliedern in (40,15) die Integrationsvariable gemäß $\boldsymbol{p} \pm \hbar\boldsymbol{k}/2 \to \boldsymbol{p}$ ersetzen, erhalten wir

$$\varepsilon_l - 1 = \frac{4\pi e^2}{\hbar k^2} \int\limits_{p<p_F} \left\{\frac{1}{\omega_+ - \boldsymbol{k}\boldsymbol{v} + i0} - \frac{1}{\omega_- - \boldsymbol{k}\boldsymbol{v} + i0}\right\} \frac{2\,d^3p}{(2\pi\hbar)^3}$$

mit $\omega_\pm = \omega \pm \hbar k^2/2m$. Eine elementare, jedoch ziemlich aufwendige Integration führt zum Ergebnis

$$\varepsilon_l(\omega, k) - 1 = \frac{3\Omega_e^2}{2k^2v_F^2}\{1 - g(\omega_+) + g(\omega_-)\}\,, \tag{40,16}$$

$$g(\omega) = \frac{m(\omega^2 - k^2v_F^2)}{2\hbar k^3 v_F} \ln\frac{\omega + kv_F}{\omega - kv_F}\,,$$

wobei der Logarithmus als $\ln|u| - i\pi$ genommen werden muß, wenn sein Argument $u < 0$ ist. Die „Plasmafrequenz“ Ω_e ist wie vorher durch $\Omega_e = (4\pi N_e e^2/m)^{1/2}$ definiert.

Im quasiklassischen Grenzfall, für $\hbar k \ll p_F$, $\hbar\omega \ll \varepsilon_F$,[1]) führt die Beziehung (40,16) zu einem einfachen Ausdruck, welcher $\hbar$ nicht mehr enthält:

$$\varepsilon_l - 1 = \frac{3\Omega_e^2}{k^2v_F^2}\left[1 - \frac{\omega}{2kv_F}\ln\frac{\omega + kv_F}{\omega - kv_F}\right] + \begin{cases} 0 & \text{für } |\omega| > kv_F\,, \\ i3\pi\Omega_e^2\omega/2(kv_F)^3 & \text{für } |\omega| < kv_F\,. \end{cases} \tag{40,17}$$

Von besonderem Interesse ist der statische Fall. Für $\omega = 0$ besitzt der Ausdruck (40,16) als Funktion von k eine Singularität in dem Punkt, wo $\hbar k$ mit dem Durchmesser der FERMI-Kugel zusammenfällt:

$$\hbar k = 2p_F\,. \tag{40,18}$$

In diesem Punkt verschwindet das Argument von einem der Logarithmen. In seiner Umgebung gilt

$$\varepsilon_l(0, k) - 1 = \frac{e^2}{2\pi\hbar\varepsilon_F}\left[1 - \xi\ln\frac{1}{|\xi|}\right], \tag{40,19}$$

$$\xi = (\hbar k - 2p_F)/2p_F\,, \qquad |\xi| \ll 1\,.$$

---

[1]) Für $T = 0$ genügen diese Bedingungen. Dies liegt daran, daß der Grenzwert von ε_l für $\hbar k v_F/\varepsilon_F \to 0$ und $T \to 0$ nicht von der Reihenfolge der Grenzübergänge abhängt. Deshalb ist das Verhältnis zwischen $\hbar k v_F$ und T nicht wesentlich.

Wir zeigen, daß das Auftreten dieser Singularität (sie wird als KOHN-*Singularität* bezeichnet) zu einer Änderung im Charakter der Abschirmung des Feldes durch Ladungen im Plasma führt. Sie ist nicht mehr exponentiell.[1])

Wir schreiben den Ausdruck (40,19) in der Form

$$\varepsilon_l(0, k) = \beta - \alpha\xi \ln \frac{1}{|\xi|}, \tag{40,20}$$

wobei $\alpha = e^2/2\pi\hbar v_F$ bedeutet und die Konstante β auch einen Beitrag enthalten kann, der von der nichtentarteten Ionenkomponente des Plasmas herrührt und keine Singularität besitzt.

Die FOURIER-Komponente des Feldes, das durch eine im Plasma ruhende kleine Punktladung e_1 gebildet wird, drückt sich durch die dielektrische Permeabilität mit Hilfe der Formel

$$\varphi_k = \frac{4\pi e_1}{k^2 \varepsilon_l(0, k)} \tag{40,21}$$

aus (s. Aufgabe 1, § 31). Für das Potential $\varphi(r)$ als Funktion des Abstandes von der Ladung e_1 erhalten wir

$$\varphi(r) = \int \varphi_k \, e^{ikr} \frac{d^3k}{(2\pi)^3} = \frac{1}{2\pi^2 r} \operatorname{Im} \int_0^\infty \varphi_k \, e^{ikr} \, k \, dk \,. \tag{40,22}$$

Für $k \to 0$ strebt die Funktion $\varphi(k)$ gegen einen konstanten Grenzwert und besitzt keine Singularität. Deshalb bestimmt sich das asymptotische Verhalten des Integrals in (40,22) für $r \to \infty$ durch die Singularität dieser Funktion bei $\hbar k = 2p_F$. In ihrer Nähe gilt

$$\varphi_k = \frac{e_1 \pi \hbar^2}{\beta p_F^2} \left[1 + \frac{\alpha}{\beta} \xi \ln \frac{1}{|\xi|} \right].$$

Der Beitrag dieses Gebietes zum asymptotischen Wert des Integrals lautet

$$\varphi(r) \approx \frac{2 e_1 \alpha}{\pi \beta^2 r} \operatorname{Im} \left(e^{2ip_F r/\hbar} J \right), \qquad J = \int_{-\infty}^{\infty} \xi \ln \frac{1}{|\xi|} \, e^{2ip_F r \xi/\hbar} \, d\xi \,.$$

Wegen der raschen Konvergenz (s. unten) kann die Integration über ξ von $-\infty$ bis ∞ erstreckt werden.

Zur Berechnung des Integrals J zerlegen wir es in zwei Teile (von $-\infty$ bis 0 und von 0 bis ∞) und in jedem von ihnen drehen wir den Integrationsweg in der komplexen Ebene der Variablen ξ, bis er mit der oberen imaginären Halbachse zusammenfällt. Wenn wir anschließend $\xi = iy$ setzen, erhalten wir

$$J = \int_0^\infty e^{-2p_F r y/\hbar} \left[\ln \frac{1}{-iy} - \ln \frac{1}{iy} \right] y \, dy \,.$$

[1]) Die physikalischen Folgen der Singularität, welche bei der Bedingung (40,18) auftritt, wurden von W. KOHN (1959) aufgezeigt.

Die Differenz in den eckigen Klammern reduziert sich auf $i\pi$, so daß sich $J = i\pi(\hbar/2p_F r)^2$ ergibt. Schließlich finden wir

$$\varphi(r) \approx \frac{e_1\alpha\hbar^2}{2\beta^2 p_F^2}\frac{\cos(2p_F r/\hbar)}{r^3}. \tag{40,23}$$

Demnach oszilliert das Potential des abgeschirmten Feldes in großer Entfernung von der Ladung mit einer Amplitude, die nach einem Potenzgesetz abfällt. Dieses Resultat, das für ein entartetes Plasma bei $T = 0$ erhalten wurde, bleibt auch für endliche, aber kleine Temperaturen bei Abständen $r \ll \hbar v_F/T$ gültig.

Aufgabe

Man bestimme das Spektrum der elektronischen Schwingungen des entarteten Plasmas für $T = 0$ im quasiklassischen Gebiet der k-Werte.

Lösung. Die Abhängigkeit $\omega(k)$ wird durch die Gleichung $\varepsilon_l(\omega, k) = 0$ mit ε_l aus (40,17) gegeben. Für kleine k ($kv_F \ll \Omega_e$) ergibt sich $kv_F/\omega \ll 1$. In der Tat erhalten wir, wenn wir $\varepsilon_l(\omega, k)$ nach Potenzen dieses Verhältnisses entwickeln,

$$\omega = \Omega_e\left[1 + \frac{3}{10}\left(\frac{kv_F}{\Omega_e}\right)^2\right] \tag{1}$$

(A. A. Wlassow, 1938).[1] Dieser Teil des Spektrums entspricht den gewöhnlichen Plasmaschwingungen (vgl. (32,5)).

Für große k ($kv_F \gg \Omega_e$, jedoch wie vorher $\hbar k \ll p_F$) zeigt sich, daß $\omega \approx kv_F$ ist. Wenn wir die Gleichung $\varepsilon_l = 0$ durch sukzessive Approximation lösen, erhalten wir

$$\omega = kv_F\left[1 + 2\exp\left(-\frac{2k^2v_F^2}{3\Omega_e^2} - 2\right)\right] \tag{2}$$

(I. I. Goldman, 1947). Dieser Teil des Spektrums ist analog zum Nullschall im ungeladenen Fermi-Gas (vgl. IX, (4,16)).

Der Verlauf des Spektrums ist schematisch in Abb. 12 dargestellt. Wir bemerken, daß überall $\omega/k > v_F$, und da bei $T = 0$ keine Teilchen mit Geschwindigkeiten $v > v_F$ vorhanden sind, ist die Landau-Dämpfung exakt gleich Null.

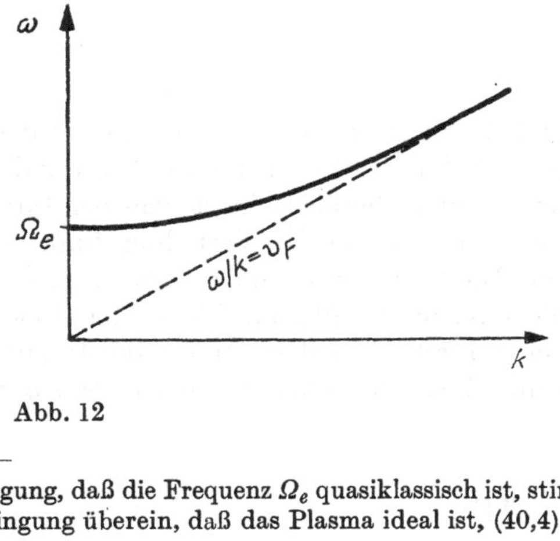

Abb. 12

[1]) Die Bedingung, daß die Frequenz Ω_e quasiklassisch ist, stimmt im entarteten Plasma ($\hbar\Omega_e \ll \varepsilon_F$) mit der Bedingung überein, daß das Plasma ideal ist, (40,4).

IV STÖSSE IM PLASMA

§ 41. Das Landausche Stoßintegral

Die Untersuchung der Eigenschaften eines Plasmas unter Berücksichtigung von Stößen zwischen den Teilchen muß mit der Herleitung der kinetischen Gleichung für die Verteilungsfunktionen der Elektronen und Ionen beginnen.

Die Spezifik dieses Falles ist mit dem langsamen Abfall der Coulomb-Wechselwirkung zwischen den Teilchen verknüpft. Bei der Anwendung des Boltzmannschen Stoßintegrals im wörtlichen Sinne führt dieser Umstand zum Auftreten von Divergenzen in den Integralen für große Abstände zwischen den stoßenden Teilchen. Dies bedeutet, daß gerade die fernen Stöße eine wesentliche Rolle spielen. Jedoch werden die Teilchen in großen Abständen nur mit kleinen Änderungen ihrer Impulse abgelenkt. Diese Besonderheit gestattet es, dem Stoßintegral eine Form zu geben ähnlich der, die es in der Fokker-Planck-Gleichung besitzt. Im Unterschied zur letzteren ist das Stoßintegral jetzt jedoch nicht mehr linear bezüglich der gesuchten Verteilungsfunktionen. Aber die relativ geringen Impulsänderungen bei den Stößen bedeuten auf jeden Fall, daß der Prozeß, der durch das Stoßintegral beschrieben wird, als Diffusion im Impulsraum betrachtet werden kann. Dementsprechend kann das Stoßintegral in der Form

$$\mathrm{St}\, f = -\operatorname{div}_{\boldsymbol{p}} \boldsymbol{s} \equiv -\frac{\partial s_\alpha}{\partial p_\alpha}$$

dargestellt werden, wobei $\boldsymbol{s}$ die Teilchenstromdichte im Impulsraum bedeutet. Das Problem besteht darin, diesen Strom durch die Verteilungsfunktion auszudrücken.

Der Ausdruck

$$wf(\boldsymbol{p})\, f'(\boldsymbol{p}')\, \mathrm{d}^3q\, \mathrm{d}^3p'$$

soll die Zahl der Stöße (pro Zeiteinheit) angeben, die ein Teilchen mit dem Impuls $\boldsymbol{p}$ von Teilchen mit den Impulsen $\boldsymbol{p}'$ im Intervall d^3p' erfährt, wobei $\boldsymbol{p}$ und $\boldsymbol{p}'$ in $\boldsymbol{p} + \boldsymbol{q}$ bzw. $\boldsymbol{p}' - \boldsymbol{q}$ übergehen. Hier wurde bereits berücksichtigt, daß der Impuls bei den Stößen erhalten bleibt. Die Argumente t und $\boldsymbol{r}$ in den Verteilungsfunktionen wurden der Kürze halber nicht angegeben. Die Teilchen $\boldsymbol{p}$ und $\boldsymbol{p}'$ können sich auf ein und dieselbe oder auf verschiedene Teilchensorten im Plasma (Elektronen, Ionen) beziehen. Wir nehmen an, daß die Funktion w durch die halbe Summe der Impulse jedes der Teilchen vor und nach dem Stoß und durch den übertragenen Impuls $\boldsymbol{q}$ ausgedrückt wird:

$$w\left(\boldsymbol{p} + \frac{\boldsymbol{q}}{2},\ \boldsymbol{p}' - \frac{\boldsymbol{q}}{2};\ \boldsymbol{q}\right).$$

Sie hängt natürlich auch von der Art der stoßenden Teilchen ab. Wegen des Prinzips des detaillierten Gleichgewichts (2,8) ist die Funktion w bezüglich der Vertauschung der Ausgangs- und Endzustände symmetrisch:

$$w\left(\boldsymbol{p} + \frac{\boldsymbol{q}}{2},\ \boldsymbol{p}' - \frac{\boldsymbol{q}}{2};\ \boldsymbol{q}\right) = w\left(\boldsymbol{p} + \frac{\boldsymbol{q}}{2},\ \boldsymbol{p}' - \frac{\boldsymbol{q}}{2};\ -\boldsymbol{q}\right). \tag{41,1}$$

Die Funktion w enthält einen δ-funktionsartigen Faktor, welcher die Energieerhaltung bei den Stößen zum Ausdruck bringt (die Impulserhaltung wurde bereits berücksichtigt).

Wir betrachten eine Einheitsfläche, die sich an einem Punkt $\boldsymbol{p}$ des Impulsraumes (der betrachteten Teilchensorte) befindet und senkrecht zur Achse p_α liegt. Definitionsgemäß ist die Komponente s_α der Stromdichte die Differenz der Zahl der Teilchen (einer gegebenen Sorte), die in der Zeiteinheit durch diese Fläche von links nach rechts hindurchtreten, und der Zahl der Teilchen, die durch sie von rechts nach links hindurchtreten. Die Verschiebung im Impulsraum ist ein Ergebnis der Stöße. Wenn bei einem Stoß einem Teilchen die α-Komponente des Impulses q_α übertragen wird ($q_\alpha > 0$), so werden im Ergebnis eines solchen Stoßes diejenigen Teilchen von links nach rechts durch die Fläche hindurchtreten, für die vor dem Stoß diese Komponente im Intervall von $p_\alpha - q_\alpha$ bis p_α lag. Deshalb ergibt sich die Gesamtzahl der Teilchen, die die Fläche von links nach rechts durchtreten, zu

$$\sum \int\limits_{q_\alpha > 0} \mathrm{d}^3q \int \mathrm{d}^3p' \int\limits_{p_\alpha - q_\alpha}^{p_\alpha} w\left(\boldsymbol{p} + \frac{\boldsymbol{q}}{2},\ \boldsymbol{p}' - \frac{\boldsymbol{q}}{2};\ \boldsymbol{q}\right) f(\boldsymbol{p})\, f'(\boldsymbol{p}')\, \mathrm{d}p_\alpha\,.$$

Die Summation erstreckt sich über alle Teilchensorten, auf die sich die gestrichenen Größen beziehen (hierunter natürlich auch die betrachtete Sorte, auf die sich die ungestrichenen Größen beziehen). Auf analoge Weise kann die Zahl der Teilchen, die durch die gleiche Fläche von rechts nach links hindurchtreten, in der Form

$$\sum \int\limits_{q_\alpha > 0} \mathrm{d}^3q \int \mathrm{d}^3p' \int\limits_{p_\alpha - q_\alpha}^{p_\alpha} w\left(\boldsymbol{p} + \frac{\boldsymbol{q}}{2},\ \boldsymbol{p}' - \frac{\boldsymbol{q}}{2};\ -\boldsymbol{q}\right) f(\boldsymbol{p} + \boldsymbol{q})\, f'(\boldsymbol{p}' - \boldsymbol{q})\, \mathrm{d}p_\alpha$$

dargestellt werden.

Wegen (41,1) stimmen die Funktionen w in beiden Integralen überein. Deshalb enthält die Differenz dieser Integrale im Integranden die Differenz

$$f(\boldsymbol{p})\, f'(\boldsymbol{p}') - f(\boldsymbol{p} + \boldsymbol{q})\, f'(\boldsymbol{p}' - \boldsymbol{q})\,.$$

Wir benutzen jetzt, daß die Impulsübertragung $\boldsymbol{q}$ klein ist (genauer gesagt, daß die in den Integralen wesentlichen Werte für $\boldsymbol{q}$ klein im Vergleich zu $\boldsymbol{p}$ und $\boldsymbol{p}'$ sind). Wenn wir die angegebene Differenz nach Potenzen von $\boldsymbol{q}$ entwickeln, erhalten wir bis zu Größen erster Ordnung

$$\left[-\frac{\partial f(\boldsymbol{p})}{\partial p_\beta} f'(\boldsymbol{p}') + f(\boldsymbol{p}) \frac{\partial f'(\boldsymbol{p}')}{\partial p'_\beta}\right] q_\beta\,.$$

Anschließend kann man mit der gleichen Genauigkeit im Integranden

$$w\left(\boldsymbol{p} + \frac{\boldsymbol{q}}{2},\ \boldsymbol{p}' - \frac{\boldsymbol{q}}{2};\ \boldsymbol{q}\right) \approx w(\boldsymbol{p}, \boldsymbol{p}'; \boldsymbol{q})$$

setzen. Die Integration über $\mathrm{d}p_\alpha$, die über das kleine Intervall zwischen $p_\alpha - q_\alpha$ und p_α auszuführen ist, kann man einfach durch das Produkt mit der Größe dieses Intervalls q_α ersetzen. Im Ergebnis erhalten wir

$$s_\alpha = \sum \int\limits_{q_\alpha > 0} \mathrm{d}^3 q \int w(\boldsymbol{p}, \boldsymbol{p}'; \boldsymbol{q}) \left[f(\boldsymbol{p}) \frac{\partial f'(\boldsymbol{p}')}{\partial p'_\beta} - f'(\boldsymbol{p}') \frac{\partial f(\boldsymbol{p})}{\partial p_\beta} \right] q_\alpha q_\beta \, \mathrm{d}^3 p' \,. \tag{41,2}$$

Wegen (41,1) ist $w(\boldsymbol{p}, \boldsymbol{p}'; \boldsymbol{q})$ eine gerade Funktion von $\boldsymbol{q}$, deshalb ist auch der Integrand in (41,2) gerade. Dies gestattet es, das Integral über den Halbraum $q_\alpha > 0$ durch die Hälfte des Integrals über den gesamten $\boldsymbol{q}$-Raum zu ersetzen.

Wir formen den Ausdruck (41,2) um, indem wir in ihm anstelle der Funktion w den Stoßquerschnitt gemäß

$$w \, \mathrm{d}^3 q = |\boldsymbol{v} - \boldsymbol{v}'| \, \mathrm{d}\sigma$$

einführen. Wie bereits im Zusammenhang mit der Darstellung des Stoßintegrals in der Form (3,9) erklärt wurde, kann man danach annehmen, daß die Zahl der unabhängigen Integrationen durch die Berücksichtigung der Energieerhaltung bereits verringert wurde. Somit nimmt die Impulsstromdichte im Impulsraum der Teilchen jeder Sorte die Form

$$s_\alpha = \sum \int \left[f(\boldsymbol{p}) \frac{\partial f'(\boldsymbol{p}')}{\partial p'_\beta} - f'(\boldsymbol{p}') \frac{\partial f(\boldsymbol{p})}{\partial p_\beta} \right] B_{\alpha\beta} \, \mathrm{d}^3 p' \tag{41,3}$$

an, wobei

$$B_{\alpha\beta} = \tfrac{1}{2} \int q_\alpha q_\beta \, |\boldsymbol{v} - \boldsymbol{v}'| \, \mathrm{d}\sigma \tag{41,4}$$

bedeutet. Es verbleibt die Aufgabe, die Größen $B_{\alpha\beta}$ für die Stöße von Teilchen zu berechnen, die nach dem COULOMB-Gesetz wechselwirken.

Bei einer Ablenkung um einen kleinen Winkel ist die Änderung $\boldsymbol{q}$ des Impulses der stoßenden Teilchen senkrecht zu ihrer Relativgeschwindigkeit $\boldsymbol{v} - \boldsymbol{v}'$ gerichtet. Deshalb ist auch der Tensor $B_{\alpha\beta}$ transversal zum Vektor $\boldsymbol{v} - \boldsymbol{v}'$:

$$B_{\alpha\beta}(v_\beta - v'_\beta) = 0 \,. \tag{41,5}$$

Wir können sofort vermerken, daß hierdurch automatisch das Verschwinden der Ströme (41,3) für die Gleichgewichtsverteilung aller Teilchen erfüllt wird. Mit den MAXWELLschen Verteilungen f und f' (bei gleicher Temperatur T) wird der Integrand in (41,3) gleich

$$\frac{ff'}{T} (v'_\beta - v_\beta) \, B_{\alpha\beta} = 0 \,.$$

Der Vektor $\boldsymbol{v} - \boldsymbol{v}'$ ist gleichzeitig der einzige Vektor, von dem der Tensor $B_{\alpha\beta}$ abhängen kann. Ein solcher, bezüglich $\boldsymbol{v} - \boldsymbol{v}'$ transversaler Tensor hat die Form

$$B_{\alpha\beta} = \frac{1}{2} B \left[\delta_{\alpha\beta} - \frac{(v_\alpha - v'_\alpha)(v_\beta - v'_\beta)}{(\boldsymbol{v} - \boldsymbol{v}')^2} \right]$$

mit dem Skalar

$$B = B_{\alpha\alpha} = \tfrac{1}{2} \int q^2 \, |\boldsymbol{v} - \boldsymbol{v}'| \, d\sigma \, .$$

Es sei χ der Ablenkwinkel der Relativgeschwindigkeit (der Ablenkwinkel im Schwerpunktsystem der beiden Teilchen). Für kleine Werte dieses Winkels beträgt die Größe der Impulsänderung $q \approx \mu \, |\boldsymbol{v} - \boldsymbol{v}'| \, \chi$, wobei μ die reduzierte Masse der Teilchen ist. Somit wird

$$B = \tfrac{1}{2} \mu^2 \, |\boldsymbol{v} - \boldsymbol{v}'|^3 \int \chi^2 \, d\sigma = \mu^2 \, |\boldsymbol{v} - \boldsymbol{v}'|^3 \, \sigma_t \, ,$$

wobei

$$\sigma_t = \int (1 - \cos \chi) \, d\sigma \approx \tfrac{1}{2} \int \chi^2 \, d\sigma$$

den Transportquerschnitt bedeutet. Der differentielle Streuquerschnitt für kleine Winkel wird im COULOMBschen Feld durch die RUTHERFORD-Formel gegeben,

$$d\sigma \approx \frac{4(ee')^2 \, do}{\mu^2(\boldsymbol{v} - \boldsymbol{v}')^4 \, \chi^4} \approx \frac{8\pi(ee')^2}{\mu^2(\boldsymbol{v} - \boldsymbol{v}')^4} \frac{d\chi}{\chi^3} \tag{41,6}$$

(e, e' sind die Ladungen der stoßenden Teilchen). Hieraus folgt für den Transportquerschnitt

$$\sigma_t = \frac{4\pi(ee')^2}{\mu^2(\boldsymbol{v} - \boldsymbol{v}')^4} L \, , \qquad L = \int \frac{d\chi}{\chi} . \tag{41,7}$$

Für die Größen $B_{\alpha\beta}$ erhalten wir folglich

$$B_{\alpha\beta} = \frac{2\pi(ee')^2}{|\boldsymbol{v} - \boldsymbol{v}'|} L \left[\delta_{\alpha\beta} - \frac{(v_\alpha - v'_\alpha)(v_\beta - v'_\beta)}{(\boldsymbol{v} - \boldsymbol{v}')^2} \right] . \tag{41,8}$$

Das Integral L divergiert logarithmisch. Die Divergenz an der unteren Grenze ist mit einer physikalischen Ursache verknüpft, nämlich dem langsamen Abfall der COULOMBschen Kräfte, welcher zu einer großen Wahrscheinlichkeit für die Streuung um kleine Winkel führt. Tatsächlich wird jedoch im elektrisch neutralen Plasma das COULOMB-Feld der Teilchen für genügend große Abstände durch die anderen Ladungen abgeschirmt. Wir bezeichnen mit $\chi_{\min}$ die Größenordnung der minimalen Winkel, für die die Streuung noch als COULOMB-Streuung bezeichnet werden kann. Die Divergenz an der oberen Grenze hängt dagegen einfach damit zusammen, daß alle Ausdrücke unter der Annahme kleiner Winkel angegeben wurden und ihre Anwendbarkeit für $\chi \sim 1$ verlieren. In Anbetracht der geringen Variation des Logarithmus bei einer kleinen Änderung eines großen Arguments können wir uns bei der Wahl der Integrationsgrenzen mit einer Abschätzung ihrer Größenordnungen begnügen, d. h. wir können

$$L = \ln (1/\chi_{\min}) \tag{41,9}$$

schreiben. Diese Größe wird als COULOMB-*Logarithmus* bezeichnet. Wir unterstreichen sofort, daß diese Art der Definition alle Betrachtungen auf eine sogenannte *logarithmische Genauigkeit* beschränkt: Es werden Größen vernachlässigt, die nicht nur klein sind bezüglich des großen Wertes $1/\chi_{\min}$, sondern auch bezüglich seines Logarithmus.

Faktisch hängt die Abschätzung $\chi_{\min}$ davon ab, ob die Streuung der Teilchen klassisch oder quantenmechanisch zu beschreiben ist. (Der Ausdruck (41,8) ist für sich genommen in beiden Fällen richtig, da eine reine COULOMB-Streuung sowohl in der klassischen als auch in der Quantenmechanik durch die RUTHERFORD-Formel beschrieben wird.[1])

Die Abschirmung des COULOMB-Feldes der Teilchen im Plasma vollzieht sich auf Abständen von der Größenordnung des DEBYE-Radius a. Im klassischen Fall bestimmt sich $\chi_{\min}$ als Streuwinkel bei einem Flug mit einem Stoßparameter $\sim a$. Die entsprechende Impulsänderung lautet: $q \sim |ee'|/a\bar{v}_{\text{rel}}$ (das Produkt der Kraft $\sim |ee'|/a^2$ mit der Flugzeit $\sim a/\bar{v}_{\text{rel}}$)[2]). Wenn wir sie durch den Impuls $\sim \mu\bar{v}_{\text{rel}}$ teilen, erhalten wir $\chi_{\min} \sim |ee'|/a\mu\bar{v}_{\text{rel}}^2$. Die Bedingung dafür, daß die Streuung klassisch verläuft, wird durch die Ungleichung $|ee'|/\hbar\bar{v}_{\text{rel}} \gg 1$ gegeben (s. III, § 127). Somit erhalten wir

$$L = \ln \frac{a\mu\bar{v}_{\text{rel}}^2}{|ee'|} \quad \text{für} \quad \frac{|ee'|}{\hbar\bar{v}_{\text{rel}}} \gg 1\,. \tag{41,10}$$

Im entgegengesetzten Grenzfall, für $|ee'|/\hbar\bar{v}_{\text{rel}} \ll 1$, muß die Streuung quantenmechanisch, in BORNscher Näherung, betrachtet werden. Der Streuquerschnitt drückt sich in diesem Falle durch die FOURIER-Komponente des streuenden Potentials mit dem Wellenvektor $\boldsymbol{q}/\hbar$ aus. Der Beitrag, den die „Abschirmwolke" der Ladungen zu dieser Komponente liefert (mit Abmessungen $\sim a$), wird klein für $qa/\hbar \gtrsim 1$; gerade dies ist im betrachteten Fall die Bedingung für eine reine COULOMB-Streuung. Deshalb wird der Winkel $\chi_{\min}$ aus der Bedingung

$$q_{\min}a/\hbar \sim \mu\bar{v}_{\text{rel}}\chi_{\min}a/\hbar \sim 1$$

bestimmt. Somit wird in diesem Fall

$$L = \ln \frac{\mu a\bar{v}_{\text{rel}}}{\hbar} \quad \text{für} \quad \frac{|ee'|}{\hbar\bar{v}_{\text{rel}}} \ll 1\,. \tag{41,11}$$

Für $|ee'| \sim \hbar\bar{v}_{\text{rel}}$ stimmen natürlich beide Ausdrücke (41,10) und (41,11) überein.

Wir möchten betonen; daß die der gesamten Darlegung zugrundeliegende Kleinheit des Winkels $\chi_{\min}$ tatsächlich automatisch durch die Bedingungen (27,1) und (27,4) für ein verdünntes und nichtentartetes Plasma gewährleistet wird. So gilt wegen (27,1) im klassischen Fall

$$\chi_{\min} \sim \frac{e^2}{aT} \sim \left(\frac{e^2N^{1/3}}{T}\right)^{3/2} \ll 1\,.$$

(Bei Abschätzungen unterscheiden wir nicht zwischen e und e'.) Im BORNschen Fall folgt aus (27,1) und (27,4)

$$\chi_{\min} \sim \frac{\hbar}{a(mT)^{1/2}} \sim \left(\frac{e^2N^{1/3}}{T}\right)^{1/2}\left(\frac{\hbar^2N^{2/3}}{mT}\right)^{1/2} \ll 1\,.$$

---

[1]) Im quantenmechanischen Fall muß bei der Streuung identischer Teilchen (Elektronen) der Austauscheffekt berücksichtigt werden. Dieser Effekt ändert jedoch nicht das Grenzverhalten des Streuquerschnitts für kleine Winkel (41,6).

[2]) Hier und überall an den folgenden analogen Stellen ist $\bar{v}_{\text{rel}}$ der Mittelwert der Relativgeschwindigkeit von zwei Teilchen $|\boldsymbol{v} - \boldsymbol{v}'|$. Wenn die Teilchen von der gleichen Sorte sind, stimmt $\bar{v}_{\text{rel}}$ mit dem Mittelwert $\bar{v}$ überein. Wenn die Teilchen unterschiedlichen Sorten angehören, stimmt $\bar{v}_{\text{rel}}$ mit dem größeren der Werte $\bar{v}$ und $\bar{v}'$ überein.

Wir geben jetzt den endgültigen Ausdruck für die Stromdichten im Impulsraum an, indem wir (41,8) in (41,3) einsetzen:

$$s_\alpha = \sum 2\pi(ee')^2 L \int \left(f \frac{\partial f'}{\partial p'_\beta} - f' \frac{\partial f}{\partial p_\beta} \right) \times$$

$$\times \frac{(\boldsymbol{v} - \boldsymbol{v}')^2 \delta_{\alpha\beta} - (v_\alpha - v'_\alpha)(v_\beta - v'_\beta)}{|\boldsymbol{v} - \boldsymbol{v}'|^3} \, d^3p' . \qquad (41{,}12)$$

Die entsprechende kinetische Gleichung lautet

$$\frac{\partial f}{\partial t} + \boldsymbol{v} \frac{\partial f}{\partial \boldsymbol{r}} + e\left(\boldsymbol{E} + \frac{1}{c}[\boldsymbol{vB}]\right) \frac{\partial f}{\partial \boldsymbol{p}} = - \operatorname{div}_{\boldsymbol{p}} \boldsymbol{s} \qquad (41{,}13)$$

e ist die Ladung der Teilchen, auf die sich die Funktion f bezieht, d. h., für Elektronen muß $-e$ und für Ionen ze genommen werden). Das Stoßintegral in logarithmischer Näherung für ein Gas mit COULOMB-Wechselwirkung zwischen den Teilchen wurde von L. D. LANDAU (1936) aufgestellt.

Die Anwendbarkeit des LANDAUschen Stoßintegrals ist mit der Erfüllung bestimmter Bedingungen verknüpft. Die charakteristischen Längen $1/k$, auf denen sich die Verteilungsfunktion wesentlich ändert, müssen groß im Vergleich zum Abschirmradius a sein und die charakteristischen Zeitintervalle $1/\omega$ groß im Vergleich zu $a/\bar{v}_{\text{rel}}$. Dementsprechend ist die Definition der mittleren Felder $\boldsymbol{E}$ und $\boldsymbol{B}$ in (41,13) jetzt als Mittelung über Gebiete zu verstehen, deren Abmessungen groß im Vergleich zum DEBYE-Radius a sind. In logarithmischer Näherung ist es jedoch faktisch ausreichend, die Erfüllung dieser Bedingungen in schwacher Form

$$ka < 1 , \qquad \omega < \bar{v}_{\text{rel}}/a \qquad (41{,}14)$$

mit dem Zeichen $<$ anstelle von $\ll$ zu fordern.

Schließlich möchten wir zur Vermeidung von Mißverständnissen folgende Bemerkung machen. In Anbetracht des langsamen Abklingens der COULOMB-Wechselwirkung finden die wesentlichen Ionenstöße im Plasma in Entfernungen statt, die groß im Vergleich zum mittleren Teilchenabstand sind. Das bedeutet, daß jedes Ion faktisch nicht nur mit einem, sondern gleichzeitig mit vielen Teilchen wechselwirkt. Andererseits setzt das BOLTZMANNsche Stoßintegral, auf dem die gegebene Ableitung des LANDAUschen Stoßintegrals basiert, unabhängige Zweierstöße zwischen den Teilchen voraus. In Wirklichkeit ist es jedoch ausreichend, daß das Resultat der Vielteilchenwechselwirkung eines Teilchens als Summe der Resultate von einzelnen unabhängigen Zweierstößen dieses Teilchens mit den restlichen Teilchen angesehen werden kann. Im allgemeinen ist das natürlich nicht der Fall. Handelt es sich aber um Stöße mit großen Stoßparametern, bei denen nur schwache Ablenkungen des betrachteten Teilchens von der geradlinigen Bahn auftreten, so ist die Gesamtablenkung in erster Näherung tatsächlich gleich der Summe unabhängiger Ablenkungen, die durch die Felder eines jeden der anderen Teilchen getrennt hervorgerufen werden. Dabei ist wesentlich, daß nach der Mittelung über die Lagen der streuenden Zentren die mittleren Quadrate der Winkelablenkungen, die jedes von ihnen erfährt, zu additiven Größen werden.

Aufgabe

In § 34 wurde gezeigt, daß nach der Ausdämpfung einer Störung in der Elektronendichte mit dem Wellenvektor $\boldsymbol{k}$ infolge der LANDAU-Dämpfung die Störung der Verteilungsfunktion weiter oszilliert gemäß $\exp(-i\boldsymbol{k}\boldsymbol{v}t)$, (34,16). Wie werden diese Oszillationen infolge der COULOMB-Stöße für Zeiten $t \gg 1/k\bar{v}$ gedämpft?

Lösung. Wir setzen für die Verteilungsfunktion

$$f = f_0 + \delta f\,, \qquad \delta f = a(t, \boldsymbol{v})\, e^{-i\boldsymbol{k}\boldsymbol{v}t + i\boldsymbol{k}\boldsymbol{r}}\,, \tag{1}$$

an, wobei δf die Abweichung der Verteilungsfunktion vom Gleichgewicht f_0 ist; a ist eine langsam veränderliche Funktion der Geschwindigkeit (welche nur in Intervallen $\sim \bar{v} \gg 1/kt$ wesentlich variiert). Beim Einsetzen von (1) in (41,12) muß im Integranden nur das Glied

$$-f_0(\boldsymbol{p}')\,\frac{\partial \delta f(\boldsymbol{p})}{\partial \boldsymbol{p}} \approx \frac{i}{m}\,\boldsymbol{k}t\,\delta f(\boldsymbol{p})\, f_0(\boldsymbol{p}')$$

beibehalten werden. Die übrigen Glieder geben einen kleinen Beitrag entweder infolge der Auslöschung des Integrals durch den schnell oszillierenden Faktor $\exp(-i\boldsymbol{k}\boldsymbol{v}'t)$ oder in Anbetracht dessen, daß in ihnen ein Faktor $kt \gg 1/\bar{v}$ fehlt. Aus dem letzten Grund muß bei der Berechnung von $\operatorname{div}_{\boldsymbol{p}} \boldsymbol{s}$ nur der exponentielle Faktor differenziert werden. Im Ergebnis liefert die kinetische Gleichung

$$\frac{\partial a}{\partial t} = -k_\alpha k_\beta b_{\alpha\beta} t^2 a\,,$$

wobei die Koeffizienten $b_{\alpha\beta}$ größenordnungsmäßig $\sim \bar{v}^2 \nu$ (ν — Stoßfrequenz) sind. Hieraus folgt

$$a(t, \boldsymbol{v}) = a_0(\boldsymbol{v}) \exp\{-\tfrac{1}{3} k_\alpha k_\beta b_{\alpha\beta} t^3\}\,. \tag{2}$$

Deshalb lautet die Dämpfungszeit für die Schwingungen

$$\tau_d \sim \nu^{-1/3}(k\bar{v})^{-2/3}\,.$$

Da die Theorie der LANDAU-Dämpfung nur unter der Bedingung $k\bar{v} \gg \nu$ anwendbar ist, folgt $\tau_d \ll 1/\nu$. Das Resultat (2) gilt nur unter der Bedingung, daß der Exponent in (2) klein im Vergleich zum Exponenten $\boldsymbol{k}\boldsymbol{v}t$ in (1) ist; hierfür muß $t \ll (\nu k\bar{v})^{-1/2}$ gelten. In dieser Zeit werden die Oszillationen um den Faktor $\exp(-\sqrt{k\bar{v}/\nu})$ gedämpft.

§ 42. Die Energieübertragung zwischen Elektronen und Ionen

Die große Differenz zwischen den Massen der Elektronen m und der Ionen M erschwert den Energieaustausch zwischen ihnen. Bei Stößen eines schweren und eines leichten Teilchens ändert sich die Energie eines jeden von ihnen fast nicht. Deshalb geht die Einstellung des Gleichgewichts innerhalb der Elektronenverteilung und ebenso innerhalb der Ionenverteilung wesentlich rascher vor sich, als zwischen den Elektronen und Ionen. Im Ergebnis kann leicht die Situation eintreten, in der die elektronische und ionische Komponente des Plasmas jeweils ihre eigene MAXWELL-Verteilung mit unterschiedlichen Temperaturen T_e und T_i besitzen (gewöhnlich ist T_e größer als T_i).

Der Temperaturunterschied zwischen den Elektronen und Ionen führt zu einer Energieübertragung zwischen beiden Komponenten des Plasmas. Wir wollen diese Übertragung bestimmen (L. D. LANDAU, 1936).

Wir bezeichnen vorübergehend die Größen, die sich auf die Ionen und die Elektronen beziehen, durch Buchstaben ohne bzw. mit Strich. Die Änderung der Ionenenergie (pro Zeit- und Volumeneinheit) wird durch das Integral

$$\frac{\mathrm{d}E}{\mathrm{d}t} = \int \varepsilon \,\mathrm{St}\, f \,\mathrm{d}^3p = -\int \varepsilon \,\mathrm{div}_{\boldsymbol{p}}\, \boldsymbol{s} \,\mathrm{d}^3p$$

gegeben oder, nach einer partiellen Integration, durch

$$\frac{\mathrm{d}E}{\mathrm{d}t} = \int \boldsymbol{s} \frac{\partial \varepsilon}{\partial \boldsymbol{p}} \,\mathrm{d}^3p = \int \boldsymbol{s}\boldsymbol{v} \,\mathrm{d}^3p \,. \tag{42,1}$$

(Das Integral über die unendlich weit entfernte Oberfläche im Impulsraum verschwindet wie üblich.)

In den Summen (41,3), die die Elektronen- und Ionenstromdichten im Impulsraum bestimmen, verbleiben nur die Glieder, die den Elektron-Ion-Stößen entsprechen. Die Elektron-Elektron- und die Ion-Ion-Glieder verschwinden für die MAXWELL-Verteilungen. Wenn wir in diese übrigbleibenden Glieder MAXWELL-Verteilungen mit den Temperaturen T' und T einsetzen, erhalten wir für den Ionenstrom

$$s_\alpha = \int f f' \left(\frac{v_\beta}{T} - \frac{v'_\beta}{T'}\right) B_{\alpha\beta} \,\mathrm{d}^3p' \,.$$

Wegen (41,5) gilt jedoch $B_{\alpha\beta} v'_\beta = B_{\alpha\beta} v_\beta$. Führen wir diese Substitution durch und setzen den Strom $\boldsymbol{s}$ in (42,1) ein, finden wir

$$\frac{\mathrm{d}E}{\mathrm{d}t} = \left(\frac{1}{T} - \frac{1}{T'}\right) \int f f' v_\alpha v_\beta B_{\alpha\beta} \,\mathrm{d}^3p \,\mathrm{d}^3p' \,. \tag{42,2}$$

Infolge ihrer geringen Masse haben die Elektronen Geschwindigkeiten, die im Mittel im Vergleich zu den Geschwindigkeiten der Ionen groß sind. Deshalb kann man in $B_{\alpha\beta}$ die Näherung $v'_\alpha - v_\alpha \approx v'_\alpha$ einsetzen. Danach werden die Größen $B_{\alpha\beta}$ nicht mehr von v_α abhängen, und in (42,2) kann man die Integration über d^3p durchführen:

$$\int f v_\alpha v_\beta \,\mathrm{d}^3p = \frac{1}{3} \delta_{\alpha\beta} N \overline{v^2} = \delta_{\alpha\beta} N \frac{T}{M} \,.$$

Somit folgt

$$\frac{\mathrm{d}E}{\mathrm{d}t} = \frac{NT}{M} \left(\frac{1}{T} - \frac{1}{T'}\right) \int f' B \,\mathrm{d}^3p' \,. \tag{42,3}$$

Setzen wir schließlich hierin gemäß (41,8) $B = 4\pi e^4 z^2 L/v'$ (ze ist die Ladung der Ionen) und berücksichtigen wir, daß für die MAXWELL-Verteilung

$$\int f' \frac{\mathrm{d}^3p'}{v'} = N' \sqrt{\frac{2m}{\pi T'}}$$

gilt, erhalten wir

$$\frac{\mathrm{d}E}{\mathrm{d}t} = \frac{4NN'z^2e^4\sqrt{2\pi m}\,L}{MT'^{3/2}} (T' - T) \,. \tag{42,4}$$

Der gleiche Ausdruck mit negativem Vorzeichen gibt den Energieverlust der Elektronenkomponente des Plasmas $-\,\mathrm{d}E'/\mathrm{d}t$ an. Wir drücken die Energie der Elektronen pro Volumeneinheit durch ihre Temperatur gemäß $E' = 3N'T'/2$ aus und führen wieder die Bezeichnung der Elektronen- und der Ionengrößen durch die Indizes e und i ein. Dann erhalten wir abschließend den folgenden Ausdruck für die Änderungsgeschwindigkeit der Elektronentemperatur:

$$\frac{\mathrm{d}T_e}{\mathrm{d}t} = -\frac{T_e - T_i}{\tau_{ei}^{\varepsilon}}, \qquad \tau_{ei}^{\varepsilon} = \frac{T_e^{3/2} M}{8N_i z^2 e^4 L_e (2\pi m)^{1/2}} . \tag{42,5}$$

Der hier auftretende Coulomb-Logarithmus ist gleich

$$L_e = \begin{cases} \ln\,(aT_e/ze^2) & \text{für} \quad ze^2/\hbar v_{Te} \gg 1\,, \\ \ln\,(\sqrt{mT_e}\,a/\hbar) & \text{für} \quad ze^2/\hbar v_{Te} \ll 1\,. \end{cases} \tag{42,6}$$

Die Größe τ_{ei}^{ε} stellt die Relaxationszeit für die Einstellung des Elektronen-Ionen-Gleichgewichts dar.

§ 43. Die freie Weglänge der Plasmateilchen

Wir sahen bei der in § 41 dargestellten Herleitung, daß der Transportquerschnitt σ_t, (41,7), als Charakteristikum für die Stöße in der kinetischen Gleichung dient. Deshalb muß dieser Transportquerschnitt auch in der Definition der freien Weglänge auftreten.

Für die Elektron-Elektron- (ee) und Elektron-Ion- (ei) Stöße beträgt die reduzierte Masse $\mu \sim m$, und da die Geschwindigkeiten der Elektronen viel größer als die Geschwindigkeiten der Ionen sind, gilt

$$\mu(\boldsymbol{v}_e - \boldsymbol{v}_i)^2 \sim m v_{Te}^2 \sim T_e .$$

Für die freie Weglänge der Elektronen erhalten wir deshalb die Abschätzung

$$l_e \sim T_e^2/4\pi e^4 N L_e \tag{43,1}$$

mit L_e aus (42,6). Die Faktoren z schreiben wir in den Abschätzungen nicht mit. Es wird $z_i \sim 1$ angenommen. Die freie Flugzeit der Elektronen τ_e (oder die hierzu inverse Größe — die Stoßfrequenz ν_e) ergibt sich zu

$$\tau_e \sim \frac{1}{\nu_e} \sim \frac{l_e}{v_{Te}} \sim \frac{T_e^{3/2} m^{1/2}}{4\pi e^4 N L_e} . \tag{43,2}$$

Wir bemerken, daß

$$\frac{l_e}{a_e} \sim \frac{1}{L_e}\left(\frac{T_e}{N^{1/3} e^2}\right)^{3/2}$$

und wegen der Bedingung eines verdünnten Plasmas (27,1) $l_e \gg a_e$ gilt. Dementsprechend ist die Stoßfrequenz klein im Vergleich zur Plasmafrequenz der Elektronen:

$$\nu_e \ll v_{Te}/a_e = \Omega_e . \tag{43,3}$$

In analoger Weise gilt für die freie Weglänge der Ionen bezüglich der Ion-Ion- (ii) Stöße

$$l_i \sim T_i^2/4\pi e^4 N L_i\,, \qquad L_i = \ln\,(aT_i/e^2)\,, \tag{43,4}$$

wobei L_i der Coulomb-Logarithmus mit ionischen Größen anstelle der elektronischen ist. Die entsprechende Flugzeit lautet

$$\tau_{ii} \sim \frac{1}{\nu_{ii}} \sim \frac{T_i^{3/2} M^{1/2}}{4\pi e^4 N L_i}\,. \tag{43,5}$$

Die Größe τ_e bestimmt größenordnungsmäßig die Relaxationszeit für die Einstellung des lokalen thermischen Gleichgewichts der Elektronenkomponente des Plasmas und τ_{ii} die analoge Zeit für die Ionenkomponente. Obgleich die Frequenzen ν_{ee} und ν_{ei} der ee- und der ei-Stöße von der gleichen Größenordnung sind, ist die Zeit τ_e keineswegs die Relaxationszeit für die Einstellung des Gleichgewichts zwischen den Elektronen und den Ionen. Sie charakterisiert nur die Geschwindigkeit der Impulsübertragung von den Elektronen zu den Ionen, nicht aber die Geschwindigkeit des Energieaustausches zwischen ihnen. Die Relaxationszeit für das Elektron-Ion-Gleichgewicht wird durch die in dem vorhergehenden Paragraphen bestimmte Größe τ_{ei}^{ε} gegeben. Der Vergleich all dieser Größen liefert

$$\tau_{ee}:\tau_{ii}:\tau_{ei}^{\varepsilon} \sim 1:(M/m)^{1/2}:(M/m)\,. \tag{43,6}$$

Mit Hilfe der freien Weglänge führen wir eine Abschätzung der kinetischen Koeffizienten des Plasmas durch.

Zur Abschätzung der elektrischen Leitfähigkeit σ benutzen wir die bekannte elementare „gaskinetische" Beziehung. Die Teilchen (Stromträger) mit der Ladung e und der Masse m erhalten während ihrer freien Bewegung in der Zeit τ unter dem Einfluß des elektrischen Feldes E die „geordnete" Geschwindigkeit $V \sim \tau e E/m$. Die durch diese Bewegung hervorgerufene elektrische Stromdichte beträgt $j \sim eNV$. Die Leitfähigkeit (der Proportionalitätskoeffizient zwischen j und E) ist folglich

$$\sigma \sim e^2 N\tau/m \sim e^2 N l/m v_T\,, \tag{43,7}$$

wobei unter l, m und v_T die Größen verstanden werden müssen, die sich auf die leichteren Teilchen — die Elektronen — beziehen. Schätzen wir die Leitfähigkeit mit Hilfe dieser Beziehung ab, erhalten wir

$$\sigma \sim T_e^{3/2}/e^2 m^{1/2} L_e\,. \tag{43,8}$$

Die Wärmeleitfähigkeit wird in analoger Weise mit Hilfe der gaskinetischen Beziehung (7,10) abgeschätzt. Die wesentliche Rolle spielen hierbei die Elektronen. Es gilt $\varkappa \sim N_e l_e v_{Te} c_e$ (wobei $c_e \sim 1$ die elektronische Wärmekapazität bedeutet). Daraus folgt

$$\varkappa \sim T_e^{5/2}/e^4 m^{1/2} L_e\,. \tag{43,9}$$

Im Gegensatz zur elektrischen und zur Wärmeleitfähigkeit ist die Viskosität des Plasmas im wesentlichen mit der Bewegung der Ionen verbunden, da der Impuls vor allem in der Ionenkomponente des Plasmas konzentriert ist. Der Ionenimpuls ändert sich nur geringfügig bei den Stößen mit den Elektronen. Aus diesem Grunde genügt es, nur die *ii*-Stöße zu betrachten. Gemäß (8,11) wird die Viskosität durch $\eta \sim N_i M l_i v_{Ti}$ abgeschätzt. Daraus ergibt sich

$$\eta \sim M^{1/2} T_i^{5/2} / e^4 L_i \,. \tag{43,10}$$

Die Berechnung der Proportionalitätsfaktoren in den Ausdrücken (43,8—10) erfordert die Lösung der linearisierten kinetischen Gleichung mit dem LANDAUschen Stoßintegral, was nur mit Hilfe numerischer Näherungsverfahren möglich ist. Dabei ergeben sich zum Beispiel für ein Wasserstoffplasma ($z = 1$) für die Koeffizienten in den Ausdrücken für σ, $\varkappa$, η die Werte 0,6; 0,9 bzw. 0,4.

§ 44. Das LORENTZ-Plasma

Bei der Berechnung des elektronischen Beitrages zu den kinetischen Koeffizienten des Plasmas müssen im allgemeinen sowohl die *ei*- als auch die *ee*-Stöße berücksichtigt werden. Wenn jedoch die Ladung der Ionen hinreichend groß ist, kann sich die Rolle der *ei*-Stöße als dominierend erweisen. In der Tat ist der Querschnitt der *ee*-Stöße proportional zu $(e^2)^2$, und die Frequenz dieser Stöße ν_{ee} ist außerdem der Elektronendichte N_e proportional. Analog dazu ist die Frequenz der *ei*-Stöße proportional zu $(ze^2)^2 N_i = e^4 z N_e$, so daß für $z \gg 1$ die Beziehung $\nu_{ei} \gg \nu_{ee}$ gilt. Ein Plasma, in dem die *ee*- im Vergleich zu den *ei*-Stößen vernachlässigt werden können, wird als *LORENTZ-Plasma* bezeichnet. Obgleich dieser Fall nicht sehr realistisch ist, ist er in methodischer Hinsicht wie auch wegen möglicher Anwendungen auf andere Objekte von Interesse.[1])

Da die Ionengeschwindigkeiten klein sind im Vergleich zu den Geschwindigkeiten der Elektronen, kann man sie in erster Näherung vernachlässigen, d. h., man kann die Ionen als ruhend und ihre Verteilung als vorgegeben ansehen. Bei der Untersuchung des Verhaltens eines Plasmas im äußeren elektrischen Feld gibt es eine ausgezeichnete Richtung, die Richtung des Feldes $\boldsymbol{E}$. Wenn die Elektronenverteilungsfunktion sich nur wenig von der Gleichgewichtsverteilung unterscheidet, $f = f_0(p) + \delta f$, ist die kleine Korrektur δf linear bezüglich des Feldes, d. h., sie besitzt die Form $\delta f = \boldsymbol{pE}g(p)$. Unter diesen Bedingungen nimmt das Stoßintegral für die Elektron-Ion-Stöße die gleiche Form an, die bereits in § 11 für das Stoßintegral bei dem Problem der Diffusion von Beimengungen eines leichten Gases in einem schweren gewählt wurde:

$$\mathrm{St}\, f = -\nu_{ei}(v)\, \delta f \,, \tag{44,1}$$

wobei die geschwindigkeitsabhängige *effektive Stoßfrequenz*

$$\nu_{ei}(v) = N_i v \sigma_t^{(ei)} \tag{44,2}$$

eingeführt wurde und $\sigma_t^{(ei)}$ der Transportquerschnitt für die Streuung der Elektronen an den Ionen ist. Nehmen wir letzteren aus (41,7) und ersetzen dabei $zN_i = N_e$, erhalten wir

$$\nu_{ei}(v) = \frac{4\pi z e^4 N_e L}{m^2 v^3} \,. \tag{44,3}$$

---

[1]) beispielsweise auf das schwach ionisierte Gas, wo anstatt der *ei*-Stöße Stöße der Elektronen mit neutralen Atomen zu betrachten sind.

Weiter unten in diesem Paragraphen werden wir einfach $\nu(v)$ schreiben, wobei wir die Indizes *ei* weglassen.

Wir berechnen die dielektrische Permeabilität des LORENTZ-Plasmas für ein räumlich homogenes, zeitlich oszillierendes elektrisches Feld ($\propto \exp(-i\omega t)$, Wellenvektor $\boldsymbol{k} = 0$). Die Abweichung von der Gleichgewichtsverteilung δf hängt in der gleichen Weise von der Zeit ab, und die kinetische Gleichung für sie hat die Form

$$-i\omega\,\delta f - e\boldsymbol{E}\frac{\partial f_0}{\partial \boldsymbol{p}} + \nu(v)\,\delta f = 0\,. \tag{44,4}$$

Wir bemerken weiterhin, daß $\partial f_0/\partial \boldsymbol{p} = -\boldsymbol{v} f_0/T$ gilt, und finden hieraus

$$\delta f = -\frac{e}{T}\boldsymbol{E}\boldsymbol{v}\frac{f_0}{\nu(v) - i\omega}\,. \tag{44,5}$$

Die dielektrische Permeabilität wird bestimmt durch die Beziehung (29,4), $-i\omega \boldsymbol{P} = \boldsymbol{j}$, oder

$$-i\omega\frac{\varepsilon - 1}{4\pi}\boldsymbol{E} = -e\int \boldsymbol{v}\,\delta f\,\mathrm{d}^3p\,. \tag{44,6}$$

Setzen wir (44,5) ein und führen die Mittelung über die Richtungen von $\boldsymbol{v}$ durch (gemäß $\langle v_\alpha v_\beta\rangle = \delta_{\alpha\beta}v^2/3$), erhalten wir

$$\varepsilon(\omega) = 1 - \frac{4\pi e^2}{3\omega T}\int\frac{v^2 f_0\,\mathrm{d}^3p}{\omega + i\nu(v)}\,. \tag{44,7}$$

Im Grenzfall $\omega \gg \nu$[1]) ergibt diese Beziehung

$$\varepsilon(\omega) = 1 - \frac{4\pi e^2 N_e}{m\omega^2} + i\,\frac{4\pi e^2 N_e}{3\omega^3 T}\langle v^2\nu(v)\rangle\,, \tag{44,8}$$

wobei die Mittelung über die MAXWELL-Verteilung der Elektronen durchgeführt wird. Wenn wir diese Mittelung für $\nu(v)$ aus (44,3) berechnen, erhalten wir

$$\varepsilon(\omega) = 1 - \frac{\Omega_e^2}{\omega^2} + i\,\frac{4\sqrt{2\pi}}{3}\frac{ze^4 L N_e}{T^{3/2}m^{1/2}}\frac{\Omega_e^2}{\omega^3} \qquad (\omega \gg \nu)\,. \tag{44,9}$$

Wir erinnern jedoch daran, daß der Gültigkeitsbereich dieser Formel nach oben durch die allgemeine Beziehung (41,14) für die Anwendbarkeit der logarithmischen Näherung im Stoßintegral begrenzt ist: $\omega \ll v_{Te}/a_e = \Omega_e$. Die Frequenz muß klein sein im Vergleich zur Plasmafrequenz der Elektronen.[2])

Die Beziehung (44,9) hat eine besondere Bedeutung, da sie für beliebige (nicht nur für große) Werte von z richtig ist. In der Tat reduziert sich für $\omega \gg \nu$ die Rolle der Stöße auf kleine Korrekturen. Die *ei*- und die *ee*-Stöße können folglich als unabhängig betrachtet werden. Bei Abwesenheit der Ionen würde aber das homogene elektrische Feld nur zu einer Verschiebung des gesamten Elektronensystems führen, und die Stöße

[1]) Unter ν (ohne Angabe des Argumentes) wird der Wert von $\nu(v)$ für $v = v_T$ verstanden. Im betrachteten Falle ist $\nu = 4\pi z e^4 N_e L/m^{1/2}T_e^{3/2}$.

[2]) Die Berechnung von ε'' für $\omega \gg \Omega_e$ wird in § 48 betrachtet.

in solch einem System können keine Dissipation (die durch den Imaginärteil der Permeabilität ε'' ausgedrückt wird) hervorrufen. Diese ist unter den gegebenen Bedingungen nur durch die ei-Stöße bedingt, die in (44,9) berücksichtigt wurden.

Im entgegengesetzten Grenzfall $\omega \ll \nu$ besitzt die Permeabilität die Form

$$\varepsilon = i\frac{4\pi\sigma}{\omega}, \qquad \sigma = \frac{e^2 N_e}{3T}\left\langle\frac{v^2}{\nu(v)}\right\rangle. \tag{44,10}$$

Die Größe σ, die in diesem Grenzfall auftritt, ist die statische Leitfähigkeit des Plasmas (s. VIII, § 78). Die Berechnung mit $\nu(v)$ aus (44,3) ergibt für sie

$$\sigma = \frac{4\sqrt{2}}{\pi^{3/2}}\frac{T^{3/2}}{ze^2 L m^{1/2}}. \tag{44,11}$$

Dieses Ergebnis kann auch durch die unmittelbare Berechnung der elektrischen Stromdichte

$$\boldsymbol{j} = -e\int \boldsymbol{v}\,\delta f\,d^3p$$

mit δf aus (44,5) (für $\omega = 0$) gewonnen werden.

Wir berechnen auch die anderen kinetischen Koeffizienten des LORENTZ-Plasmas, die sein Verhalten unter dem Einfluß eines konstanten ($\omega = 0$) elektrischen Feldes und eines Temperaturgradienten beschreiben. Zunächst erinnern wir an die Definition dieser Koeffizienten (s. VIII, § 26).

Die Bedingungen des thermischen Gleichgewichts erfordern bekanntlich neben der Konstanz der Temperatur auch, daß die Summe $\mu + U$ innerhalb des Mediums konstant ist, wobei μ das chemische Potential der Teilchen und U ihre Energie im äußeren Feld bedeuten. Im betrachteten Fall handelt es sich um das Gleichgewicht bezüglich der Elektronen, so daß unter μ ihr chemisches Potential verstanden werden muß und $U = -e\varphi$ gilt, wobei φ das Potential des elektrischen Feldes ist. Dementsprechend verschwinden der elektrische Strom $\boldsymbol{j}$ und der dissipative Energiestrom $\boldsymbol{q}'$ gleichzeitig nur unter den Bedingungen $T = \text{const}$, $\mu - e\varphi = \text{const}$, d. h. für $\nabla T = 0$, $\nabla\mu + e\boldsymbol{E} = 0$. Die Ausdrücke für $\boldsymbol{j}$ und $\boldsymbol{q}'$ lassen sich in Form der folgenden Beziehungen schreiben, die die angegebenen Bedingungen erfüllen:

$$\boldsymbol{E} + \frac{1}{e}\nabla\mu = \frac{1}{\sigma}\boldsymbol{j} + \alpha\nabla T, \tag{44,12}$$

$$\boldsymbol{q}' = \boldsymbol{q} - \left(\varphi - \frac{\mu}{e}\right)\boldsymbol{j} = \alpha T\boldsymbol{j} - \varkappa\nabla T. \tag{44,13}$$

Hierbei sind σ die elektrische Leitfähigkeit des Systems, $\varkappa$ die Wärmeleitfähigkeit und α der thermoelektrische Koeffizient. Die Beziehung zwischen den Koeffizienten von ∇T in (44,12) und $\boldsymbol{j}$ in (44,13) ist eine Folge des ONSAGER-Prinzips. Die Größe $(\varphi - \mu/e)\,\boldsymbol{j}$, die vom gesamten Energiestrom abgezogen wird, stellt den konvektiven Energiestrom dar.[1])

[1]) Bei der Formulierung der Beziehungen (44,12—13) in VIII, § 25, wurden andere Bezeichnungen benutzt: Unter φ und E wurden dort $\varphi - \mu/e$ und $\boldsymbol{E} + \nabla\mu/e$ verstanden. Solch eine Definition, die im Rahmen eines phänomenologischen Zuganges zulässig ist, erweist sich in der kinetischen Theorie als unzweckmäßig, wo unter $-e\boldsymbol{E}$ die auf das Elektron wirkende Kraft verstanden werden muß.

Zur Berechnung der kinetischen Koeffizienten gehen wir von der kinetischen Gleichung

$$-e\boldsymbol{E}\,\frac{\partial f_0}{\partial \boldsymbol{p}} + \boldsymbol{v}\,\frac{\partial f_0}{\partial \boldsymbol{r}} = -\nu(v)\,\delta f \tag{44,14}$$

aus. Wenn wir in ihr die Gleichgewichtsverteilung in der Form[1])

$$f_0 = \exp\left(\frac{\mu - \varepsilon}{T}\right) \tag{44,15}$$

einsetzen, erhalten wir

$$\delta f = -\frac{f_0}{T\nu(v)}\,(e\boldsymbol{E} + \nabla\mu)\,\boldsymbol{v} + f_0\,\frac{\mu - \varepsilon}{T^2\nu(v)}\,\boldsymbol{v}\nabla T\,. \tag{44,16}$$

Der thermoelektrische Koeffizient berechnet sich aus dem Koeffizienten in der Gleichung $\boldsymbol{j} = -\alpha\sigma\nabla T$ für $\boldsymbol{E} + \nabla\mu/e = 0$. Wir schreiben

$$\boldsymbol{j} = -e\int \boldsymbol{v}\,\delta f\,\mathrm{d}^3p = -\frac{e}{T^2}\int f_0\,\frac{\mu - \varepsilon}{\nu(v)}\,\boldsymbol{v}(\boldsymbol{v}\nabla T)\,\mathrm{d}^3p\,,$$

und nach der Mittelung über die Richtungen von $\boldsymbol{v}$ finden wir

$$\alpha = \frac{N_e e}{3\sigma T^2}\left\langle\frac{v^2(\mu - \varepsilon)}{\nu(v)}\right\rangle = \frac{1}{eT}\left\{\mu - \frac{\langle v^2\varepsilon/\nu(v)\rangle}{\langle v^2/\nu(v)\rangle}\right\}. \tag{44,17}$$

Die Berechnung mit $\nu(v)$ aus (44,3) ergibt[2])

$$\alpha = \frac{1}{e}\left(\frac{\mu}{T} - 4\right). \tag{44,18}$$

Zur Berechnung der Wärmeleitfähigkeit bemerken wir, daß für $\boldsymbol{j} = 0$ die Bedingung $\boldsymbol{E} + \nabla\mu/e = \alpha\nabla T$ erfüllt sein muß. Wenn wir diesen Wert zusammen mit α aus (44,18)) in (44,16) einsetzen, erhalten wir

$$\delta f = \frac{f}{T\nu(v)}\left(4 - \frac{\varepsilon}{T}\right)\boldsymbol{v}\nabla T\,.$$

Wenn wir mit dieser Funktion den Energiestrom

$$\boldsymbol{q} = \int \boldsymbol{v}\varepsilon\,\delta f\,\mathrm{d}^3p$$

---

[1]) Die Bezeichnung der dielektrischen Permeabilität und der Elektronenenergie durch den gleichen Buchstaben ε kann kaum zu Mißverständnissen führen.

[2]) In der klassischen Statistik enthält das chemische Potential ein Glied der Form ζT mit einer unbestimmten Konstanten ζ (welche der unbestimmten additiven Konstanten in der Entropie entspricht). Somit entsteht auch eine unbestimmte Konstante ζ/e in α. Diese Unbestimmtheit kommt jedoch in keinem beobachtbaren Effekt zum Ausdruck; die unbestimmten Glieder $(\zeta/e)\,\nabla T$ kürzen sich auf beiden Seiten der Gleichung (44,12) heraus. Wenn f_0 in der Form (44,15) gewählt wird, so ist damit über den freien Parameter bereits verfügt. Es gilt dann

$$\mu = T\ln\frac{N_e}{(2\pi m T)^{3/2}}\,.$$

berechnen, erhalten wir

$$\varkappa = \frac{N_e}{3T^2}\left\langle\frac{v^2\varepsilon(4T-\varepsilon)}{\nu(v)}\right\rangle \tag{44,19}$$

und schließlich

$$\varkappa = \frac{16\sqrt{2}}{\pi^{3/2}}\,\frac{T^{5/2}}{ze^4Lm^{1/2}}. \tag{44,20}$$

Aufgabe

Es ist der Stoßanteil in der Dämpfung der elektronischen Plasmawellen anzugeben.

Lösung. Wenn der Imaginärteil der dielektrischen Permeabilität klein ist, superponieren sich in ihm die aus der Landau-Dämpfung und aus den Stößen resultierenden Beiträge. Unter Berücksichtigung des letzteren wird ε durch die Beziehung (44,9) gegeben. Setzen wir ε Null, so finden wir $\omega = \Omega_e - i\gamma$, wobei der Dämpfungskoeffizient

$$\gamma = \frac{\nu_{ei}}{3\sqrt{2\pi}} = \frac{2\sqrt{2\pi}}{3}\,\frac{ze^4LN_e}{m^{1/2}T_e^{3/2}}$$

lautet. Infolge der Bedingung eines verdünnten Plasmas gilt für das Verhältnis

$$\frac{\gamma}{\Omega_e} = \frac{\sqrt{2}\,zL}{3}\left(\frac{e^2N_e^{1/3}}{T_e}\right)^{3/2} \ll 1\,.$$

Hierdurch wird die Anwendung von (44,9) gerechtfertigt.

§ 45. „Runaway"-Elektronen

Die rasche Abnahme des Coulombschen Streuquerschnitts mit der Erhöhung der Geschwindigkeit der sich stoßenden Teilchen führt, wie wir sehen werden, dazu, daß bei beliebig schwachem elektrischen Feld die Verteilungsfunktion für hinreichend schnelle Elektronen im Plasma stark verzerrt wird.

Wenn sich ein Elektron mit der thermischen Geschwindigkeit v bewegt, erhält es während seiner freien Flugzeit im elektrischen Feld E die geordnete Geschwindigkeit

$$V \sim \frac{eEl}{mv} \sim \frac{eE}{mvN_e\sigma_t(v)} \sim \frac{v^3mE}{4\pi e^3LN_e}$$

(mit dem Querschnitt σ_t aus (41,7)). Schon für $v \sim v_c$ mit

$$v_c = \left(\frac{4\pi N_e e^3L}{mE}\right)^{1/2} \tag{45,1}$$

wird $V \sim v$, und für $v > v_c$ werden Länge und Zeit des freien Fluges bereits durch die Geschwindigkeit V bestimmt. Der Impuls, der von einem Elektron in der freien Flugzeit aufgenommen wird, ergibt sich hierbei zu

$$\frac{eEl}{V} \sim \frac{eE}{VN_e\sigma_t(V)} \sim \frac{V^3m^2E}{4\pi e^3LN_e} \sim mV\left(\frac{V}{v_c}\right)^2.$$

Der Impuls jedoch, der von dem Elektron bei einem Stoß am Ende des Fluges abgegeben wird, ist $\sim mV$. Hieraus ist ersichtlich, daß die Elektronen mit hinreichend großen Geschwindigkeiten sich unbegrenzt beschleunigen. Solche Elektronen werden als *„Runaway“-Elektronen* (*run away* (engl.) = weglaufen) bezeichnet. Unter der Bedingung $v_e \gg (T_e/m)^{1/2}$ wird diese Erscheinung nur im „Ausläufer“ der MAXWELL-Verteilung beobachtet. Das elektrische Feld muß hierzu die Bedingung

$$E \ll E_c = 4\pi e^3 L N_e / T_e \tag{45,2}$$

erfüllen.

Unter diesen Bedingungen kann das Problem der Runaway-Elektronen als stationär behandelt werden. Die Hauptmenge der Elektronen, die nach der MAXWELL-Funktion verteilt ist, spielt die Rolle eines großen Reservoirs, aus dem ein kleiner stationärer Strom in Richtung großer Energien „fließt“.[1])

Schon aus der Entstehung der Runaway-Elektronen infolge einer gerichteten Beschleunigung im elektrischen Feld ist offensichtlich, daß sie sich im wesentlichen unter kleinen Winkeln Θ zur Richtung des Feldes bewegen. Wenn jedoch nur die Größe des Stromes der Runaway-Elektronen berechnet werden soll, ist es nicht nötig, ihre gesamte Verteilungsfunktion zu bestimmen. Es genügt, die über die Winkel gemittelte Energieverteilung $\bar{f}$ zu bestimmen.

Die kinetische Gleichung für die Impulsverteilung der Elektronen im elektrischen Feld hat die Form

$$\frac{\partial f}{\partial t} - e\boldsymbol{E}\,\frac{\partial f}{\partial \boldsymbol{p}} + \operatorname{div}_{\boldsymbol{p}} \mathbf{s} = 0\,, \tag{45,3}$$

wobei $\mathbf{s}$ die aus den Stößen resultierende Stromdichte im Impulsraum ist. In sphärischen Koordinaten p, Θ, φ im Impulsraum (mit der Polarachse in Richtung der Kraft $-e\boldsymbol{E}$) erhalten wir

$$-e\boldsymbol{E}\,\frac{\partial f}{\partial \boldsymbol{p}} = eE\left(\cos\Theta\,\frac{\partial f}{\partial p} - \frac{\sin\Theta}{p}\,\frac{\partial f}{\partial \Theta}\right)$$
$$= eE\left(\frac{\cos\Theta}{p^2}\,\frac{\partial}{\partial p}\,p^2 f - \frac{1}{p\sin\Theta}\,\frac{\partial}{\partial\Theta}\,\sin^2\Theta\cdot f\right).$$

Die Divergenz der Stromdichte lautet

$$\operatorname{div}_{\boldsymbol{p}} \mathbf{s} = \frac{1}{p^2}\,\frac{\partial}{\partial p}\,p^2 s_p + \frac{1}{p\sin\Theta}\,\frac{\partial}{\partial\Theta}\,\sin\Theta\cdot s_\Theta\,.$$

Wir mitteln die Gleichung (45,3) über die Winkel, d. h., wir multiplizieren sie mit $2\pi\sin\Theta\,\mathrm{d}\Theta/4\pi$ und integrieren. Alle Glieder mit der Ableitung $\partial/\partial\Theta$ fallen hierbei weg. Den Faktor $\cos\Theta$ kann man in erster Näherung durch Eins ersetzen. Im Ergebnis erhalten wir für die gemittelte Funktion f die Gleichung

$$\frac{\partial \bar{f}}{\partial t} + \frac{eE}{p^2}\,\frac{\partial}{\partial p}\,p^2\bar{f} + \frac{1}{p^2}\,\frac{\partial}{\partial p}\,p^2\bar{s}_p = 0\,. \tag{45,4}$$

---

[1]) Die Erscheinung der Runaway-Elektronen wurde von H. DREICER (1958) gefunden. Die hier dargestellte quantitative Theorie stammt von A. W. GUREWITSCH (1960).

In ihr bleibt nur die radiale Komponente der Stromdichte im Impulsraum übrig. Diese Komponente ist mit der Energieübertragung bei den Stößen verknüpft. Der Beitrag der *ei*-Stöße ist in ihr selbstverständlich klein im Vergleich zum Beitrag der *ee*-Stöße.

Da die Runaway-Elektronen nur einen sehr kleinen Bruchteil aller Elektronen darstellen, muß man bei der Berechnung des Stromes s_p nur deren Stöße mit dem überwiegenden Anteil der MAXWELLschen Elektronen (aber nicht die gegenseitigen Stöße) berücksichtigen. Die Geschwindigkeit der letzteren ist klein im Vergleich zu den Geschwindigkeiten der Runaway-Elektronen. Unter diesen Bedingungen ist es nicht erforderlich, den Strom s_p erneut zu berechnen. Für ihn kann man die Beziehung

$$s_p = -T_e \nu_{ee}(v)\, m \left[\frac{\partial f}{\partial p} + \frac{p}{mT_e} f\right] \tag{45,5}$$

benutzen, die sich unmittelbar in Analogie zu der früher hergeleiteten Formel (22,5) ergibt. Hierin bedeutet $\nu_{ee}(v) = 4\pi e^4 N_e L/m^2 v^3$ die COULOMBsche Stoßfrequenz für die Stöße der schnellen Elektronen mit den langsamen (vgl. (44,3))[1]. Da sich der Ausdruck (45,5) auf die Elektronen mit den Geschwindigkeiten $v \sim v_c$ bezieht, setzen wir für den COULOMB-Logarithmus

$$L = \ln (mv_c^2 a/e^2)\,. \tag{45,6}$$

Die Größe

$$\overline{S}_p = \bar{s}_p + eE\bar{f} \tag{45,7}$$

stellt, wie dies aus der Form der Gleichung (45,4) ersichtlich ist, die gesamte (von den Stößen und der Wirkung des Feldes herrührende) radiale Stromdichte im Impulsraum dar. Gemäß dem oben Gesagten kann die Verteilung der Runaway-Elektronen als stationär angesehen werden, d. h., die Zeitableitung in der kinetischen Gleichung (45,4) kann vernachlässigt werden. Dann gilt

$$4\pi p^2 \overline{S}_p = \text{const} \equiv n_{\text{run}}\,. \tag{45,8}$$

Diese Gleichung (mit $\bar{s}_p$ aus (45,5)) stellt eine Differentialgleichung zur Bestimmung der Verteilungsfunktion $\bar{f}$ dar. Die Konstante n_{run} ist die gesuchte Größe — die Gesamtzahl der Runaway-Elektronen (pro Zeit- und Volumeneinheit).

Wir führen die dimensionslose Variable u und die dimensionslose Konstante b gemäß der Definition

$$u = p/p_c\,, \qquad b = E/E_c\,, \qquad p_c = (mT_e/b)^{1/2}\,, \tag{45,9}$$

ein. Dann nimmt die Gleichung (45,8) die Form

$$-\frac{b}{u}\frac{d\bar{f}}{du} - (1 - u^2)\bar{f} = C \tag{45,10}$$

[1]) Bei der Herleitung der Beziehung (22,5) wurde nur die Kleinheit der Energieübertragung bei den Stößen und die Kleinheit der Geschwindigkeit des Targetteilchens im Vergleich mit der Geschwindigkeit des auftreffenden Elektrons benutzt. Für den Übergang zum betrachteten Fall genügt es, in (22,5) M durch m zu ersetzen und unter der freien Weglänge l die Weglänge bezüglich der *ee*-Stöße zu verstehen.

an (die Konstante C unterscheidet sich von n_{run} durch einen konstanten Faktor). Da für das Feld $E \ll E_c$ angenommen wird, gilt für den Parameter $b \ll 1$. Diese Größe spielt in der betrachteten Aufgabe die Rolle eines kleinen Parameters, der den Grad der Näherung charakterisiert.[1])

Die Lösung der Gleichung (45,10) lautet

$$\bar{f} = F - CF \int_0^u \frac{u}{F} \, du \,, \tag{45,11}$$

wobei

$$F = \frac{N_e}{(2\pi m T_e)^{3/2}} \exp\left\{\frac{1}{2b}\left(\frac{u^4}{2} - u^2\right)\right\} \tag{45,12}$$

die Lösung der homogenen Gleichung ist. Der Normierungsfaktor in F wird aus der Bedingung bestimmt, daß für $u \to 0$ die Funktion $\bar{f}$ in die MAXWELL-Verteilung

$$f_0 = \frac{N_e}{(2\pi m T_e)^{3/2}} \exp\left(-\frac{u^2}{2b}\right)$$

übergehen soll. Für $u \to \infty$ wächst die Funktion F unbegrenzt, während $\bar{f}(u)$ endlich bleiben muß. Hieraus erhalten wir die Bedingung $\bar{f}/F \to 0$ für $u \to \infty$, aus der die zu n_{run} proportionale Konstante C bestimmt wird[2]):

$$C = \frac{N_e}{(2\pi m T_e)^{3/2}} \left[\int_0^\infty \exp\left\{-\frac{1}{2b}\left(\frac{u^4}{2} - u^2\right)\right\} u \, du\right]^{-1} . \tag{45,13}$$

Das Integral wird mit Hilfe der Sattelpunktsmethode durch Entwicklung des Exponenten in der Nähe seines Maximums $u = 1$ berechnet. Dabei ergibt sich das folgende Gesetz für die Abhängigkeit der Zahl der Runaway-Elektronen von der Feldstärke E:

$$n_{run} \sim N_e \nu_{ee}(v_{T_e}) \exp\left(-\frac{E_c}{4E}\right). \tag{45,14}$$

Der Faktor vor dem Exponenten wurde hier nur aus Dimensionsgründen angegeben. Die genauere Berechnung liegt außerhalb der betrachteten Näherung und erfordert von Anfang an größere Genauigkeit bei der Lösung der kinetischen Gleichung.

§ 46. Das konvergente Stoßintegral

Die kinetische Gleichung mit dem LANDAUschen Stoßintegral gestattet es nur, die Aufgaben der Plasmaphysik bis zur logarithmischen Genauigkeit zu lösen. Das große Argument im COULOMB-Logarithmus ist nicht vollständig bestimmt. Diese Unbe-

---

[1]) Speziell zeigt eine Analyse des winkelabhängigen Anteils der kinetischen Gleichung, daß die Bewegungsrichtungen der Runaway-Elektronen in einem Winkelbereich $\Theta \sim b^{1/4}$ liegen.

[2]) Die Formulierung der Randbedingungen ist hier analog zur Formulierung in § 24.

stimmtheit ist durch die Divergenz der Integrale für große und kleine Streuwinkel bedingt. Wie bereits angegeben, besitzt die Divergenz bei großen Winkeln keinen prinzipiellen Charakter. Sie entsteht nur im Ergebnis der Entwicklung nach Potenzen des übertragenen Impulses $\boldsymbol{q}$, die bei der Herleitung durchgeführt wurde, im BOLTZMANNschen Stoßintegral selbst fehlt diese Divergenz. Die Divergenz bei kleinen Winkeln entsteht im Ergebnis dessen, daß die abschirmende Wirkung des Plasmas bei der gegenseitigen Streuung der Teilchen nicht berücksichtigt wurde. Zur Berechnung des Stoßintegrals in höherer als logarithmischer Genauigkeit ist es nötig, die Abschirmung in konsequenter Weise von Anfang an zu berücksichtigen (und nicht nur bei der Bestimmung des Integrationsbereichs im COULOMB-Logarithmus).

Wie in § 41 bereits aufgezeigt wurde, fordern die Bedingungen für die Anwendbarkeit des Stoßintegrals mit einer abgeschirmten Wechselwirkung zwischen den Teilchen, daß sich die Verteilungsfunktion in Zeiten $\sim a/\bar{v}_{\mathrm{rel}}$ und auf Abständen $\sim a$ nur wenig ändert. Diese Bedingungen gestatten es, die Abschirmung der Ladungen in makroskopischer Weise als Ergebnis der dielektrischen Polarisation des Plasmas zu betrachten.

Wir betrachten die gestellte Aufgabe in zwei Grenzfällen: 1. wenn die quantenmechanische BORNsche Näherung auf die Stöße der Teilchen angewendet werden kann und 2. wenn der Stoß quasiklassisch verläuft.

BORNscher Fall

Wir beginnen mit dem ersten Fall, welcher unter der Bedingung

$$|ee'|/\hbar\bar{v}_{\mathrm{rel}} \ll 1 \tag{46,1}$$

vorliegt.

Der Einfluß, den das dielektrische Medium auf die Streuung der Teilchen ausübt, wird in klarster Weise in der Sprache der Diagrammtechnik formuliert. In BORNscher Näherung wird die Streuung der beiden Teilchen (im nichtrelativistischem Fall) durch das Diagramm[1])

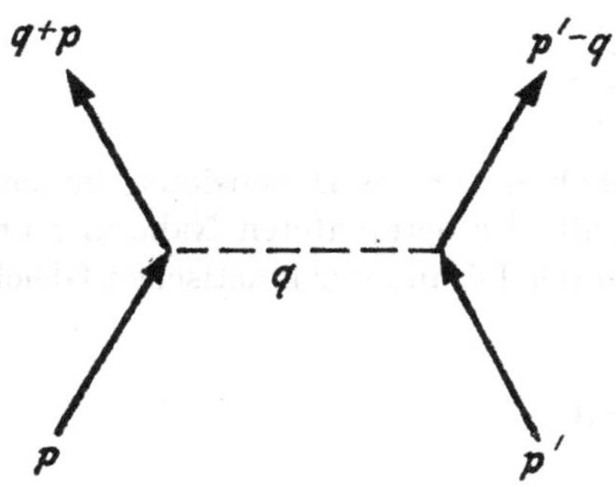

(46,2)

beschrieben, wobei der punktierten Linie die Funktion $4\pi/\boldsymbol{q}^2$, d. h. die FOURIER-Komponente des COULOMB-Potentials einer Einheitsladung entspricht. ($\boldsymbol{q}$ ist der bei der Streuung übertragene Impuls.) Bei Vorhandensein des Mediums ist diese Funktion

[1]) Wie auch in § 41 beziehen sich die Buchstaben ohne und mit Strich auf die beiden sich stoßenden Teilchen gleicher oder unterschiedlicher Sorte).

durch die Potentialkomponente im Medium $4\pi/q_\alpha q_\beta \varepsilon_{\alpha\beta}$ zu ersetzen, wobei $\varepsilon_{\alpha\beta}(\omega, \boldsymbol{q}/\hbar)$ der Tensor der dielektrischen Permeabilität des Mediums ist und $\hbar\omega$ mit der übertragenen Energie übereinstimmt (vgl. IX, § 85). Dementsprechend erscheint auch in der Amplitude der Streuung ein zusätzlicher Faktor $q^2/q_\alpha q_\beta \varepsilon_{\alpha\beta}$ und im Streuquerschnitt sein Quadrat. Somit erhalten wir

$$d\sigma = d\sigma_{\text{Ruth}} \frac{q^4}{|\varepsilon_{\alpha\beta} q_\alpha q_\beta|^2}. \tag{46,3}$$

Der Einfachheit halber nehmen wir im weiteren an, daß das Plasma isotrop ist. Für solch ein Plasma reduziert sich der Tensor $\varepsilon_{\alpha\beta}$ auf zwei Skalare (ε_t und ε_l), wobei im Produkt

$$\varepsilon_{\alpha\beta} q_\alpha q_\beta = \varepsilon_l q^2$$

nur einer von ihnen auftritt. Wir werden den Index l fortlassen und verstehen unter ε die longitudinale Permeabilität.

Somit nimmt der Wirkungsquerschnitt die Form

$$d\sigma = \frac{d\sigma_{\text{Ruth}}}{|\varepsilon(\omega, q/\hbar)|^2} \tag{46,4}$$

an, wobei $d\sigma_{\text{Ruth}}$ der gewöhnliche Rutherfordsche Streuquerschnitt für die Streuung im Vakuum bedeutet.[1]) Wir bemerken weiterhin, daß die beim Stoß übertragene Energie mit der Impulsübertragung durch die Gleichung

$$\hbar\omega = \boldsymbol{q}\boldsymbol{V} \tag{46,5}$$

verknüpft ist, wobei $\boldsymbol{V}$ die Schwerpunktsgeschwindigkeit der sich stoßenden Teilchen bedeutet.[2]) Die Größe des Vektors $\boldsymbol{q}$ ist mit dem Streuwinkel χ im Schwerpunktssystem durch die bekannte Beziehung

$$q = 2\mu\, |\boldsymbol{v} - \boldsymbol{v}'| \sin\frac{\chi}{2} \tag{46,6}$$

verknüpft, wobei $\mu = mm'/(m + m')$ gilt.

Ein Stoßintegral, das automatisch in korrekter Weise große und kleine Streuwinkel berücksichtigt und frei von Divergenzen ist, wird durch Einsetzen von (46,4) in das gewöhnliche Boltzmann-Integral gewonnen:

$$\operatorname{St} f = \Sigma \int \{f(\boldsymbol{p} + \boldsymbol{q}) f'(\boldsymbol{p}' - \boldsymbol{q}) - f(\boldsymbol{p}) f'(\boldsymbol{p}')\} \frac{|\boldsymbol{v} - \boldsymbol{v}'|\, d\sigma_{\text{Ruth}}}{|\varepsilon(\omega, q/\hbar)|^2} d^3p' \tag{46,7}$$

(vgl. (3,9)). Die Summation über alle Teilchensorten ist für die Teilchen durchzuführen, auf die sich die gestrichenen Größen beziehen.

---

[1]) Für die Streuung identischer Teilchen (um endliche Winkel) muß unter $d\sigma_{\text{Ruth}}$ der Streuquerschnitt der Coulomb-Streuung bei Berücksichtigung der Austauscheffekte verstanden werden (s. III, § 137).

[2]) Hiervon kann man sich leicht überzeugen, indem man die Teilchengeschwindigkeiten $\boldsymbol{v}$ und $\boldsymbol{v}'$ durch $\boldsymbol{V}$ und die Relativgeschwindigkeit $\boldsymbol{v} - \boldsymbol{v}'$ ausdrückt und berücksichtigt, daß sich $\boldsymbol{V}$ und $|\boldsymbol{v} - \boldsymbol{v}'|$ bei der Streuung nicht ändern.

Die kinetische Gleichung mit dem Stoßintegral (46,7) ist sehr kompliziert — nicht nur wegen der Unmöglichkeit, den Integranden nach Potenzen von $\boldsymbol{q}$ zu entwickeln, sondern auch in Anbetracht dessen, daß die dielektrische Permeabilität des Plasmas selbst durch die gesuchte Verteilungsfunktion bestimmt wird. Eine wesentliche Vereinfachung wird nur im Falle einer schwachen Abweichung vom Gleichgewicht erhalten, für den es zulässig ist, die kinetische Gleichung zu linearisieren. Dann kann die Permeabilität mit den Gleichgewichtsverteilungen berechnet werden und hängt somit nicht mehr von den gesuchten Korrekturfunktionen ab.

Der quasiklassische Fall

Wir wenden uns dem entgegengesetzten Grenzfall

$$|ee'|/\hbar\bar{v}_{\text{rel}} \gg 1 \tag{46,8}$$

zu, in dem die quasiklassische Näherung für die Streuung der Teilchen anwendbar ist. In diesem Fall kann man den Einfluß des Mediums auf die Streuung nicht mehr in einheitlicher Weise für kleine und große Streuwinkel berücksichtigen (wie dies in der BORNschen Näherung möglich war). Deshalb müssen diese beiden Gebiete getrennt betrachtet und anschließend die Ergebnisse für den dazwischenliegenden Winkelbereich „interpoliert" werden.

Das Feld einer Ladung e, die sich mit der Geschwindigkeit $\boldsymbol{v}$ in einem dielektrischen Medium bewegt, wird durch die Gleichung

$$\operatorname{div} \boldsymbol{D} = 4\pi e\delta(\boldsymbol{r} - \boldsymbol{v}t)$$

bestimmt. In FOURIER-Darstellung ergibt sich hieraus für das Potential des Feldes[1])

$$\varphi_{\boldsymbol{k}} = \frac{4\pi e}{k^2\varepsilon(\boldsymbol{kv}, k)}\, e^{-i\boldsymbol{kv}t}. \tag{46,9}$$

Bei kleinen Streuwinkeln ist die Impulsänderung des Teilchens durch die klassische Formel (s. I, § 20)

$$\boldsymbol{q} = -\int \frac{\partial U}{\partial \boldsymbol{r}}\, dt \tag{46,10}$$

gegeben, wobei U die Wechselwirkungsenergie der beiden Teilchen ist und die Integration längs der geradlinigen Trajektorie $\boldsymbol{r} = \boldsymbol{\varrho} + \boldsymbol{v}'t$ ausgeführt wird ($\boldsymbol{\varrho}$ ist der Vektor des Stoßabstands).[2]) Wenn wir die Energie $U = e'\varphi$ in Form eines FOURIER-Integrals

$$U = 4\pi ee' \int \frac{e^{i(\boldsymbol{kr} - \omega t)}}{k^2\varepsilon(\omega, k)} \frac{d^3k}{(2\pi)^3} \tag{46,11}$$

---

[1]) Die Herleitung der Beziehung (46,9) setzt einen linearen Zusammenhang zwischen $\boldsymbol{D}$ und $\boldsymbol{E}$ voraus und somit ein genügend schwaches Feld. Diese Bedingung wird (im schwach nichtidealen Gas) auf jeden Fall für Abstände $r \gtrsim a$ erfüllt, von denen auch die Divergenz des Integrals herrührt, zu deren Beseitigung wir die Beziehung (46,9) benutzen wollen. Diesen Abständen entsprechen Werte $k \lesssim 1/a$, für die die dielektrische Permeabilität wesentlich von Eins verschieden ist.

[2]) Es ist gleichgültig, wie die Größe $\boldsymbol{q}$ berechnet wird: als Impulsänderung jedes der sich stoßenden Teilchen oder als Änderung des Impulses ihrer Relativbewegung.

ausdrücken (wobei $\omega = \boldsymbol{kv}$ ist) und dieses in (46,10) einsetzen, erhalten wir

$$\boldsymbol{q} = -4\pi i e e' \int \frac{d^3k}{(2\pi)^3} \left\{ \frac{\boldsymbol{k}\, e^{i\boldsymbol{k}\boldsymbol{\varrho}}}{k^2 \varepsilon(\omega, k)} \int_{-\infty}^{\infty} e^{-i\boldsymbol{k}(\boldsymbol{v}-\boldsymbol{v}')t}\, dt \right\}.$$

Das innere Integral ergibt $2\pi\delta(k_{||})/|\boldsymbol{v} - \boldsymbol{v}'|$, wobei $k_{||}$ die Projektion des Vektors $\boldsymbol{k}$ auf die Richtung $\boldsymbol{v} - \boldsymbol{v}'$ bedeutet. Wenn wir anschließend die δ-Funktion durch die Integration über $dk_{||}$ beseitigen, finden wir

$$\boldsymbol{q} = -\frac{4\pi i e e'}{|\boldsymbol{v} - \boldsymbol{v}'|} \int \frac{\boldsymbol{k}_\perp\, e^{i\boldsymbol{k}_\perp \boldsymbol{\varrho}}}{k_\perp^2 \varepsilon(\omega, k_\perp)} \frac{d^2k_\perp}{(2\pi)^2}, \tag{46,12}$$

wobei $\boldsymbol{k}_\perp$ (wie auch $\boldsymbol{\varrho}$) ein zweidimensionaler Vektor in der Ebene senkrecht zu $\boldsymbol{v} - \boldsymbol{v}'$ ist. Hierbei gilt für die Frequenz

$$\omega = \boldsymbol{k}_\perp \boldsymbol{v} = \boldsymbol{k}_\perp \boldsymbol{V}. \tag{46,13}$$

Im weiteren werden wir in diesem Paragraphen den Index $\perp$ fortlassen, wobei wir überall unter $\boldsymbol{k}$ den angegebenen zweidimensionalen Vektor verstehen wollen.

Wir berechnen jetzt mit Hilfe von (46,12) die Größen

$$B_{\alpha\beta} = \tfrac{1}{2} \int q_\alpha q_\beta |\boldsymbol{v} - \boldsymbol{v}'|\, d^2\varrho, \tag{46,14}$$

die im Stoßintegral auftreten, wenn wir es nach Potenzen des kleinen $\boldsymbol{q}$ entwickeln. (Der Streuquerschnitt $d\sigma$ von (41,4) wurde hier in Form der Stoßfläche $d^2\varrho$ geschrieben.) Wenn wir das Produkt der beiden Integrale (46,12) in Form eines zweifachen Integrals (über $d^2k\, d^2k'$) schreiben, können wir die Integration bezüglich $d^2\varrho$ gemäß

$$\int e^{i\boldsymbol{\varrho}(\boldsymbol{k}+\boldsymbol{k}')}\, d^2\varrho = (2\pi)^2\, \delta(\boldsymbol{k} + \boldsymbol{k}')$$

ausführen. Anschließend beseitigt die Integration über d^2k' die δ-Funktion, und es verbleibt

$$B_{\alpha\beta} = \frac{2e^2e'^2}{|\boldsymbol{v} - \boldsymbol{v}'|} \int \frac{k_\alpha k_\beta\, d^2k}{k^4\, |\varepsilon(\boldsymbol{kV}, k)|^2}. \tag{46,15}$$

(Hier wurde außerdem benutzt, daß gemäß (28,9) $\varepsilon(-\omega, k) = \varepsilon^*(\omega, k)$ ist.) Diese Integrale konvergieren bereits für kleine k (da $|\varepsilon|^{-2} \to 0$ für $\omega, k \to 0$).[1])

In (46,15) geht die Permeabilität für die von Null verschiedene Frequenz $\omega = \boldsymbol{kV}$ ein. Wenn wir diesen Umstand berücksichtigen, können wir davon sprechen, daß diese Formel den Effekt der *dynamischen Abschirmung* erfaßt.

Es ist zu beachten, daß der Integrand in (46,15) über das Argument $\boldsymbol{kV}$ der Funktion ε von der Richtung von $\boldsymbol{V}$ abhängt. Diese Abhängigkeit verschwindet bei der Berechnung des Integrals in logarithmischer Näherung, bei der die Integration auf das Gebiet von $k \sim 1/a$ bis $k \sim \mu v_{\text{rel}}^2/|ee'|$ begrenzt ist. Den Hauptbeitrag zum Integral liefern diejenigen k-Werte, die weit entfernt von diesen beiden Grenzen liegen. In diesem Gebiet haben wir $|\varepsilon|^2 = 1$, und das Integral reduziert sich auf $\int k_\alpha k_\beta\, d^2k/k^4$. Der über alle

[1]) Die Beseitigung der Divergenz im LANDAUschen Stoßintegral, die mit der Abschirmung des COULOMB-Feldes verknüpft ist, wurde von R. BALESCU (1960) und A. LENARD (1960) durchgeführt. Der vollständig konvergente Ausdruck (46,7) wurde von A. A. RUCHADSE und W. P. SILIN (1961) angegeben.

Richtungen von $\boldsymbol{k}$ in der senkrecht zu $\boldsymbol{v} - \boldsymbol{v}'$ liegenden Ebene gemittelte Integrand führt zum früheren Ausdruck (41,8) mit $L = \int \mathrm{d}k/k$ zurück.

Um die Divergenzen bei großen Impulsübertragungen zu beseitigen, muß, wie bereits angemerkt, eine „Interpolation" zwischen dem nach Potenzen von $\boldsymbol{q}$ entwickelten Stoßintegral und dem nichtentwickelten Integral durchgeführt werden (J. HUBBARD, 1961; O. AONO, 1962).

Wir betrachten die Differenz

$$\mathrm{St_{kl}}f - \mathrm{St}_B f\,, \tag{46,16}$$

wobei $\mathrm{St_{kl}}$ das gesuchte konvergente Stoßintegral ist und St_B durch den Ausdruck (46,7) gegeben wird, der im BORNschen Fall das korrekte Stoßintegral darstellt, hier aber nur die Rolle einer Hilfsgröße spielt.

Wir zerlegen das gesamte Intervall des Streuwinkels in zwei Gebiete,

$$\text{I)}\quad \chi < \chi_1\,,\qquad \text{II)}\quad \chi > \chi_1\,,$$

wobei χ_1 so zu wählen ist, daß

$$|ee'|/\mu a\bar{v}_{\mathrm{rel}}^2 \ll \chi_1 \ll 1\,. \tag{46,17}$$

Bei der klassischen Streuung um kleine Winkel im COULOMB-Feld ist der Streuwinkel χ mit dem Stoßparameter ϱ durch die Beziehung

$$\varrho = 2\,|ee'|/\mu(\boldsymbol{v} - \boldsymbol{v}')^2\,\chi$$

verknüpft. Deshalb entspricht dem Wert $\chi = \chi_1$ (mit der Bedingung (46,17)) ein Wert $\varrho = \varrho_1 \ll a$, so daß bei diesem Abstand die Abschirmung unwesentlich ist und die Streuung in der Tat als reine COULOMB-Streuung betrachtet werden kann. Das gleiche gilt auch für das gesamte Gebiet $\varrho < \varrho_1$ (d. h. $\chi > \chi_1$). Der Streuquerschnitt wird in diesem Gebiet folglich der RUTHERFORDsche Streuquerschnitt sein, und der entsprechende Beitrag zum Stoßintegral lautet

$$\mathrm{St_{kl}^{II}}f = \Sigma \int\limits_{\chi > \chi_1} [f(\boldsymbol{p} + \boldsymbol{q})\,f'(\boldsymbol{p}' - \boldsymbol{q}) - f(\boldsymbol{p})\,f'(\boldsymbol{p}')]\,|\boldsymbol{v} - \boldsymbol{v}'|\,\mathrm{d}\sigma_{\mathrm{Ruth}}\,\mathrm{d}^3p'\,.$$

Genau den gleichen Beitrag liefert aber das Gebiet $\chi > \chi_1$ zum Integral (46,7). In diesem Gebiet gilt $q > q_1$ und wegen der Bedingung (46,8)

$$\frac{q_1}{\hbar} \sim \frac{\mu\bar{v}_{\mathrm{rel}}\chi_1}{\hbar} \gg \frac{|ee'|}{\hbar\bar{v}_{\mathrm{rel}}a} \gg \frac{1}{a}\,,$$

so daß in (46,7) $|\varepsilon|^2 = 1$ gesetzt werden kann. Deshalb kann nur das Gebiet $\chi < \chi_1$ ($\varrho > \varrho_1$), das noch betrachtet werden muß, einen Beitrag zur Differenz (46,16) liefern.

In diesem gesamten Gebiet ist die Impulsübertragung klein, so daß das Stoßintegral nach Potenzen von $\boldsymbol{q}$ entwickelt werden kann. Die in der Entwicklung von $\mathrm{St_{kl}}$ auftretenden Größen $B_{\alpha\beta}$ werden als Integrale (46,14) mit $\boldsymbol{q}$ aus (46,12) berechnet. Der Beitrag des Gebietes $\varrho > \varrho_1$ zu diesen Integralen beträgt

$$(B_{\alpha\beta})_{\mathrm{kl}}^{\mathrm{I}} = \frac{(ee')^2}{2\pi^2\,|\boldsymbol{v} - \boldsymbol{v}'|}\,F_{\alpha\beta}\,,$$

$$F_{\alpha\beta} = \int\limits_{\varrho_1}^{\infty} \mathrm{d}^2\varrho \left(\int\limits_0^{\infty} \frac{ik_\alpha\,\mathrm{e}^{i\boldsymbol{k}\boldsymbol{\varrho}}}{k^2\varepsilon}\,\mathrm{d}^2k \int\limits_0^{\infty} \frac{ik_\beta\,\mathrm{e}^{i\boldsymbol{k}\boldsymbol{\varrho}}}{k^2\varepsilon}\,\mathrm{d}^2k\right), \tag{46,18}$$

wobei als Grenzen der Doppelintegrale (über $d^2\varrho$ und d^2k) hier lediglich die Grenzen für ϱ und k angegeben wurden. Wir nehmen für die Größen $F_{\alpha\beta}$ eine identische Umformung vor:

$$F_{\alpha\beta} = \int\limits_0^\infty d^2\varrho \, (\int\limits_0^{q_1/\hbar} \ldots d^2k)_\alpha \, (\int\limits_0^{q_1/\hbar} \ldots d^2k)_\beta - \int\limits_0^{\varrho_1} d^2\varrho \, (\int\limits_0^{q_1/\hbar} \ldots d^2k)_\alpha \, (\int\limits_0^{q_1/\hbar} \ldots d^2k)_\beta$$

$$+ \int\limits_{\varrho_1}^\infty d^2\varrho \, (\int\limits_0^\infty \ldots d^2k)_\alpha \, (\int\limits_{q_1/\hbar}^\infty \ldots d^2k)_\beta + \int\limits_{\varrho_1}^\infty d^2\varrho \, (\int\limits_{q_1/\hbar}^\infty \ldots d^2k)_\alpha \, (\int\limits_0^{q_1/\hbar} \ldots d^2k)_\beta \,. \qquad (46{,}19)$$

Das erste Glied in (46,19) liefert, wenn es, wie bei der Herleitung von (46,15) transformiert wird, in (46,18) den Beitrag

$$\frac{2(ee')^2}{|\boldsymbol{v} - \boldsymbol{v}'|} \int\limits_0^{q_1/\hbar} \frac{k_\alpha k_\beta}{k^4 \, |\varepsilon|^2} \, d^2k \,.$$

Dieser Ausdruck stimmt mit demjenigen überein, der sich bei einer Entwicklung des Integrals (46,7) für das Gebiet $\chi < \chi_1$ ergeben würde.[1]) Für die uns interessierende Differenz (46,16) gibt er folglich keinen Beitrag.

Für die Umformung der übrigen Glieder in (46,19) bemerken wir, daß in ihren Integranden $\varepsilon = 1$ gesetzt werden kann. Die Integrale bleiben hierbei konvergent, und ihre Werte werden durch das Gebiet $k \sim q_1/\hbar$ bestimmt, in dem $ka \gg 1$ und deshalb $|\varepsilon| \approx 1$ gilt. Wesentlich ist auch, daß wegen der Bedingung (46,8) der Parameter

$$q_1 \varrho_1/\hbar = 2\,|ee'|/\hbar \bar{v}_{\text{rel}} \gg 1 \qquad (46{,}20)$$

ist. Deshalb müssen nur diejenigen Glieder berücksichtigt werden, die für $q_1\varrho_1/\hbar \to \infty$ endlich bleiben. In dieser Grenze verschwinden das dritte und das vierte Glied von (46,19). Somit verbleibt nur

$$(B_{\alpha\beta})^{\mathrm{I}}_{\mathrm{kl}} - (B_{\alpha\beta})^{\mathrm{I}}_{B} = - \frac{(ee')^2}{2\pi^2 \, |\boldsymbol{v} - \boldsymbol{v}'|} \int\limits_0^{\varrho_1} d^2\varrho \left(\int\limits_0^{q_1/\hbar} i k_\alpha \, e^{i\boldsymbol{k}\boldsymbol{\varrho}} \frac{d^2k}{k^2} \int\limits_0^{q_1/\hbar} i k_\beta \, e^{i\boldsymbol{k}\boldsymbol{\varrho}} \frac{d^2k}{k^2} \right), \qquad (46{,}21)$$

wobei die Indizes kl und B angeben, daß die Werte $B_{\alpha\beta}$ sich auf die Entwicklungen der Integrale $\mathrm{St_{kl}}$ bzw. St_B beziehen.

Jedes der beiden Integrale über d^2k ist längs des Vektors $\boldsymbol{\varrho}$ gerichtet. Nach Integration über diese Richtungen (in einer Ebene, die senkrecht zu $\boldsymbol{v} - \boldsymbol{v}'$ liegt) erhalten wir für die Differenz (46,21) einen Ausdruck der Form (41,8) mit negativem Vorzeichen und

$$L = \int\limits_0^{\varrho_1} \varrho \, d\varrho \left[\frac{i}{2\pi} \int\limits_0^{q_1/\hbar} \int\limits_0^{2\pi} \cos\varphi \; e^{ik\varrho\cos\varphi} \, d\varphi \, dk \right]^2 .$$

---

[1]) Der RUTHERFORDsche Streuquerschnitt besitzt für kleine Winkel die Form

$$d\sigma_{\mathrm{Ruth}} = \frac{4(ee')^2}{q^4 \, |\boldsymbol{v} - \boldsymbol{v}'|^2} \, d^2q \,,$$

wenn er durch $\boldsymbol{q}$ ausgedrückt wird. (Dabei wurde $q \approx \mu \, |\boldsymbol{v} - \boldsymbol{v}'| \, \chi$, $d o \approx d^2q/\mu^2(\boldsymbol{v} - \boldsymbol{v}')^2$ benutzt.)

Wenn wir die bekannte Integraldarstellung der BESSEL-Funktionen und die Gleichung $J_0'(x) = -J_1(x)$ benutzen, können wir dieses Integral in der Form

$$L = \int_0^{\varrho_1} \varrho \, d\varrho \left[\int_0^{q_1/\hbar} J_1(k\varrho) \, dk \right]^2 = \int_0^{\varrho_1 q_1/\hbar} [J_0(x) - 1]^2 \frac{dx}{x}$$

oder nach einer partiellen Integration in der Form

$$L = \ln \frac{q_1 \varrho_1}{\hbar} + 2 \int_0^{\infty} J_1(x) \, [J_0(x) - 1] \ln x \, dx$$

schreiben. Hier wurde berücksichtigt, daß der Parameter $\varrho_1 q_1/\hbar$ (der die Hilfsgröße χ_1 bereits nicht mehr enthält) groß ist. Dementsprechend wurde die obere Grenze im verbleibenden Integral Unendlich gesetzt, und im ersten Glied wurde $J_0(q_1\varrho_1/\hbar) \approx 0$ angenommen. Mit Hilfe der Relationen

$$\int_0^{\infty} J_1(x) \ln x \, dx = -C + \ln 2 \, ,$$

$$\int_0^{\infty} J_0(x) \, J_1(x) \ln x \, dx = \tfrac{1}{2} (\ln 2 - C)$$

(wobei $C = 0{,}577 \ldots$ die EULERsche Konstante bedeutet, $\gamma = \exp C = 1{,}78 \ldots$) und unter Berücksichtigung von (46,20) finden wir schließlich

$$L = \ln \frac{\gamma \, |ee'|}{\hbar \, |\boldsymbol{v} - \boldsymbol{v}'|} \, . \tag{46,22}$$

Wenn wir die ausgeführten Rechnungen zusammenfassen, gelangen wir zu dem Ergebnis, daß im klassischen Grenzfall das divergenzfreie Stoßintegral in der Form

$$\mathrm{St_{kl}} f = \mathrm{St}_B f - \mathrm{St}_L f \tag{46,23}$$

dargestellt werden kann, wobei sich St_B aus der Beziehung (46,7) ergibt und St_L das LANDAUsche Stoßintegral mit dem COULOMB-Logarithmus (46,22) bedeutet. Wir unterstreichen, daß in letzterem $|\boldsymbol{v} - \boldsymbol{v}'|$ die exakte Variable und nicht den Mittelwert $\bar{v}_{\mathrm{rel}}$ bedeutet.

Wegen der bei der Herleitung gemachten Näherungen ist dieses Ergebnis natürlich nur im Rahmen einer „verbesserten logarithmischen Genauigkeit“ korrekt. Die kinetische Gleichung mit dem Stoßintegral (46,23) erhöht die Genauigkeit der Berechnungen nur in dem Sinne, daß der Koeffizient im Argument des großen Logarithmus exakt bestimmt wird. (In dieser Genauigkeit fällt aus allen Ergebnissen selbstverständlich $\hbar$ heraus. Es spielt in (46,23) nur die Rolle eines Hilfsparameters.)

Aufgaben

1. Im BORNschen Fall ist mit der verbesserten logarithmischen Genauigkeit der Imaginärteil der dielektrischen Permeabilität des einfach geladenen Plasmas ($z = 1$) im Gleichgewicht ($T_i = T_e$) für Frequenzen $\omega \gg \nu_{ei}$ zu bestimmen.

Lösung. Bei der Berechnung von ε'' unter der Bedingung $\omega \gg \nu$ müssen nur die ei-Stöße berücksichtigt werden (wie dies in Verbindung mit der Herleitung von (44,8) erklärt wurde). Da sich das Stoßintegral (46,7) vom gewöhnlichen BOLTZMANNschen Stoßintegral nur durch den Faktor $|\varepsilon|^{-2}$ vor $d\sigma_{\text{Ruth}}$ unterscheidet, kann man das gesuchte ε'' nach der gleichen Beziehung (44,8) berechnen:

$$\varepsilon''(\omega) = \frac{4\pi e^2 N_i N_e}{3T\omega^3} \langle v_e^3 \langle \sigma_t \rangle_i \rangle_e , \tag{1}$$

wobei $\langle ... \rangle_e$ oder $\langle ... \rangle_i$ die Mittelung bezüglich der Gleichgewichtsverteilung der Elektronengeschwindigkeiten $\boldsymbol{v}_e$ oder der Ionengeschwindigkeiten $\boldsymbol{v}_i$ bedeuten. Der Unterschied zu den in § 44 durchgeführten Rechnungen besteht lediglich darin, daß σ_t jetzt durch

$$\sigma_t = \int (1 - \cos\chi) \left| \varepsilon \left(\frac{\boldsymbol{q}\boldsymbol{v}_i}{\hbar}, \frac{q}{\hbar} \right) \right|^{-2} d\sigma_{\text{Ruth}} \tag{2}$$

gegeben ist, und in der Notwendigkeit, σ_t bezüglich der Ionengeschwindigkeiten (die in diesem Fall natürlich nicht vernachlässigt werden dürfen) zu mitteln. Im Argument $\omega = \boldsymbol{q}\boldsymbol{V}/\hbar$ der Funktion ε wird die Geschwindigkeit des Massenmittelpunktes von Elektron und Ion näherungsweise durch die Geschwindigkeit des Ions ersetzt. Den RUTHERFORDschen Stoßquerschnitt schreiben wir in der Form

$$d\sigma_{\text{Ruth}} = \frac{(ze^2)^2 m^2}{4p_e^4} \frac{2\pi \sin\chi \, d\chi}{\sin^4(\chi/2)} = \frac{8\pi (ze^2)^2 m^2}{p_e^2 q^3} dq \tag{3}$$

mit

$$q = 2p_e \sin\frac{\chi}{2}, \qquad 1 - \cos\chi = \frac{q^2}{2p_e^2}, \qquad 0 \leqq q \leqq 2p_e$$

($p_e = mv_e$ ist der Impuls des Elektrons).

Die Funktion $\varepsilon(\omega, q/\hbar) - 1$ wird durch die Beziehung (31,11) bestimmt und setzt sich aus einem elektronischen und einem ionischen Anteil zusammen. Da für ihr Argument in (2) $\hbar\omega = \boldsymbol{q}\boldsymbol{v}_i \ll qv_e$ gilt, kann der elektronische Anteil bei $\omega = 0$ genommen werden. Damit ergibt sich

$$\varepsilon\left(\frac{\boldsymbol{q}\boldsymbol{v}_i}{\hbar}, \frac{q}{\hbar}\right) - 1 = \frac{\hbar^2}{q^2 a_e^2} \left\{ 2 + F\left(\frac{v_{iq}}{\sqrt{2}\, v_{Ti}} \right) \right\} \tag{4}$$

(v_{iq} ist die Projektion von $\boldsymbol{v}_i$ auf $\boldsymbol{q}$. Außerdem wurde berücksichtigt, daß für $z = 1$ $a_i = a_e$ gilt.)

Wenn wir (3) und (4) in (2) einsetzen, erhalten wir nach einer leicht ersichtlichen Variablensubstitution

$$\langle \sigma_t \rangle_i = \frac{2\sqrt{\pi}\, e^4}{p_e^4} \int_0^{4p_e^2 a_e^2/\hbar^2} \int_{-\infty}^{\infty} \frac{\zeta \, e^{-\xi^2} \, d\xi \, d\zeta}{[\zeta + 2 + F'(\xi)]^2 + [F''(\xi)]^2}$$

($F = F' + iF''$). Die Integration über $d\zeta$ läßt sich in elementarer Weise ausführen. Beim Einsetzen der Grenzen muß berücksichtigt werden, daß $\hbar^2/p_e^2 a_e^2 \ll 1$ ist und alle Glieder $\sim \hbar^2/p_e^2 a_e^2$ und höher zu streichen sind. Im Ergebnis erhalten wir

$$\langle \sigma_t \rangle_i = \frac{4\pi e^4}{m^2 v_e^4} \left[\ln \frac{2mv_e a_e}{\hbar} + A \right] \tag{5}$$

mit

$$A = \frac{1}{\sqrt{\pi}} \int_0^{\infty} e^{-\xi^2} \left\{ \frac{2 + F'}{F''} \left[\arctan \frac{2 + F'}{F''} - \frac{\pi}{2} \right] - \frac{1}{2} \ln \left[(2 + F')^2 + F''^2 \right] \right\} d\xi \, .$$

(Es wurde berücksichtigt, daß $F'(\xi)$ eine gerade und $F''(\xi)$ eine ungerade Funktion von ξ ist.) Die zahlenmäßige Berechnung ergibt $A = -0{,}69$.

Die Mittelung in (1) wird mit Hilfe der Beziehungen

$$\langle v^{-1}\rangle = \left(\frac{2m}{\pi T}\right)^{1/2}, \quad \left\langle\frac{\ln v}{v}\right\rangle = \left(\frac{m}{2\pi T}\right)^{1/2}\left[\ln\frac{2T}{m} - C\right]$$

durchgeführt (C ist die EULERsche Konstante). Abschließend erhalten wir

$$\varepsilon'' = \frac{4\sqrt{2\pi}}{3}\frac{e^4 N_e}{T^{3/2}m^{1/2}}\frac{\Omega_e^2}{\omega^3}L_B, \qquad L_B = \ln\frac{\alpha_B(mT)^{1/2}a_e}{\hbar},$$

$$\ln\alpha_B = \frac{3}{2}\ln 2 - \frac{C}{2} + A = \ln 1{,}06 \tag{6}$$

(W. I. PEREL, G. M. ELIASCHBERG, 1961).

2. Das gleiche für den quasiklassischen Fall.

Lösung. Gemäß (46,23) wird der Ausdruck für σ_t im quasiklassischen Fall dadurch erhalten, daß $\ln(\gamma e^2/\hbar v)$ vom Logarithmus in (5) abgezogen wird:

$$\langle\sigma_t\rangle_i = \frac{4\pi e^4}{m^2 v_e^4}\left[\ln\frac{2mv_e^2 a_e}{\gamma e^2} + A\right]. \tag{7}$$

Für ε'' ergibt sich die Beziehung (6) mit dem Logarithmus

$$L_{\mathrm{kl}} = \ln\frac{Ta_e\alpha_{\mathrm{kl}}}{e^2}, \qquad \ln\alpha_{\mathrm{kl}} = 2\ln 2 - 2C + A = \ln 0{,}63 \tag{8}$$

anstelle von L_B.

3. Man bestimme die Geschwindigkeit für die Energieübertragung von den Elektronen auf die Ionen eines einfach geladenen Plasmas ($z = 1$) mit verbesserter logarithmischer Genauigkeit, wobei die Temperaturdifferenz zwischen den Elektronen und den Ionen als klein angenommen wird ($\delta T = T_e - T_i \ll T_e$).[1]

Lösung. Infolge des kleinen Verhältnisses m/M (und damit der geringen Energieübertragung bei jedem Stoßprozeß) ist von vornherein klar, daß die Gleichung für die Verteilungsfunktion der Elektronen auf eine Gleichung vom FOKKER-PLANCK-Typ zurückgeführt werden kann. Sie besitzt die Form (s. § 21)

$$\frac{\partial f_e}{\partial t} = \frac{1}{p_e^2}\frac{\partial}{\partial p_e}\left\{p_e^2 B(p_e)\left[\frac{\partial f}{\partial p_e} + \frac{v_e}{T_i}f_e\right]\right\}.$$

Wir multiplizieren diese Gleichung mit $p_e^2/2m$ und integrieren über $4\pi p_e^2\,\mathrm{d}p_e$. Nach einer partiellen Integration erhalten wir für die Änderung der Elektronenenergie

$$\frac{\mathrm{d}E_e}{\mathrm{d}t} = -\int Bv_e\left[\frac{\partial f_e}{\partial p_e} + \frac{v_e}{T_i}f_e\right]\mathrm{d}^3p_e.$$

Wenn wir annehmen, daß die Elektronen eine MAXWELLsche Verteilungsfunktion besitzen und die Temperaturdifferenz klein ist, finden wir

$$\frac{\mathrm{d}E_e}{\mathrm{d}t} = \left(\frac{1}{T_e} - \frac{1}{T_i}\right)\int Bv_e^2 f_e\,\mathrm{d}^3p_e \approx -\frac{\delta T}{T^2}N_e\langle Bv_e^2\rangle_e. \tag{9}$$

Der Koeffizient B wird, wie auch in (21,11), durch das mittlere Quadrat der Impulsänderung des Elektrons bei einem Stoß mit einem Ion ausgedrückt:

$$B = \frac{\Sigma\,(\Delta p_e)^2}{2\delta t} = \frac{1}{2}N_i v_e\int\langle(\Delta p_e)^2\rangle_i\,\mathrm{d}\sigma. \tag{10}$$

---

[1]) Dieses Problem wurde von R. R. RAMASASCHWILI, A. A. RUCHADSE und W. P. SILIN (1962) betrachtet.

Die Größe Δp_e finden wir aus der Gleichung (46,5)

$$\Delta p_e \approx -\frac{Vq}{v_e} \approx -\frac{v_i q}{v_e} \equiv \frac{v_{iq} q}{v_e}.$$

Wenn wir dies in (10) und anschließend in (9) einsetzen und die Beziehung zwischen q und dem Streuwinkel χ aus Aufgabe 1 benutzen, erhalten wir

$$\frac{\mathrm{d}E_e}{\mathrm{d}t} = -\frac{\delta T}{T^2} N m^2 \langle v_e^3 \langle v_{iq}^2 \sigma_t \rangle_i \rangle_e \qquad (N_i = N_e \equiv N)\,. \tag{11}$$

Die Beziehung (11) ist völlig analog zur Beziehung (1) der Aufgabe 1, und die weiteren Berechnungen sind deshalb praktisch die gleichen. Im BORNschen Fall haben wir

$$\langle v_{iq}^2 \sigma_t \rangle_i = \frac{4\pi e^4 T}{m^2 M v_e^4} \left[\ln \frac{2 m v_e a_e}{\hbar} + A_1\right],$$

wobei A_1 ein Integral ist, welches sich von A aus Aufgabe 1 durch einen zusätzlichen Faktor $2\xi^2$ unter dem Integralzeichen unterscheidet (die numerische Berechnung ergibt $A_1 = -0{,}52$). Die Mittelung über die Geschwindigkeiten der Elektronen wird wie in Aufgabe 1 durchgeführt. Abschließend erhalten wir

$$\frac{\mathrm{d}E_e}{\mathrm{d}t} = -\frac{4\sqrt{2\pi m}\, N^2 e^2}{M T^{3/2}} L_B\, \delta T\,, \qquad L_B = \ln\left(\beta_B (mT)^{1/2} a_e/\hbar\right) \tag{12}$$

mit

$$\ln \beta_B = \frac{3}{2} \ln 2 - \frac{C}{2} + A_1 = \ln 1{,}26\,.$$

Analog dazu ergibt sich im quasiklassischen Fall eine Beziehung der Form (12), in der jedoch L_B durch

$$L_{\mathrm{kl}} = \ln\left(T a_e \beta_{\mathrm{kl}}/e^2\right), \qquad \ln \beta_{\mathrm{kl}} = 2 \ln 2 - 2C + A_1 = \ln 0{,}75 \tag{13}$$

zu ersetzen ist. Die Beziehungen (12)—(13) präzisieren die Ergebnisse von § 42, indem sie (für den Fall einer kleinen Temperaturdifferenz) den Zahlenfaktor unter dem Logarithmuszeichen in (42,6) bestimmen.

§ 47. Die Wechselwirkung über Plasmawellen

In einigen Fällen führt die Berücksichtigung der dynamischen Abschirmung der COULOMBschen Wechselwirkung der Teilchen im Plasma nicht nur zu einer Präzisierung des Arguments des COULOMB-Logarithmus, sondern auch zu qualitativ neuen Effekten. Zu ihrer Untersuchung stellen wir das Stoßintegral in einer Form dar, die den Beitrag der Streuung um kleine Winkel exakt und den der Streuung um große Winkel nur mit logarithmischer Genauigkeit erfaßt.

Im quasiklassischen Fall treten große Streuwinkel ($\chi \sim 1$) bei kleinen Stoßparametern auf:

$$\varrho \lesssim |ee'|/\mu \overline{v_{\mathrm{rel}}^2}\,.$$

Das gesuchte Stoßintegral besitzt die Form des LANDAUschen Stoßintegrals mit den Größen $B_{\alpha\beta}$ aus (46,15),

$$B_{\alpha\beta} = \frac{2(ee')^2}{|\boldsymbol{v} - \boldsymbol{v}'|} \int \frac{k_\alpha k_\beta\, \mathrm{d}^2 k}{k^4\, |\varepsilon(\boldsymbol{k}\boldsymbol{V}, k)|^2}, \tag{47,1}$$

wobei die Integration über ein Gebiet bis zu

$$k_{\max} \sim \mu \bar{v}_{\mathrm{rel}}^2 / |ee'| \tag{47,2}$$

durchgeführt wird.

Im entgegengesetzten BORNschen Fall ergibt sich die gesuchte Form des Stoßintegrals durch die Entwicklung des Integranden in (46,7) nach Potenzen von $\boldsymbol{q}$. Im Ergebnis gelangen wir wiederum zum LANDAUschen Stoßintegral mit Größen $B_{\alpha\beta}$, die durch die gleiche Beziehung (47,1) gegeben werden, jedoch mit dem Unterschied, daß sich jetzt

$$k_{\max} \sim \mu \bar{v}_{\mathrm{rel}} / \hbar \tag{47,3}$$

(der Wert $k = q/\hbar$ bei einer Impulsübertragung $q \sim \mu \bar{v}_{\mathrm{rel}}$) ergibt. Wir erinnern nochmals daran, daß die physikalische Bedeutung des Abschneidens bei großen k-Werten im klassischen und im BORNschen Fall die gleiche ist: Das Abschneiden wird bei Streuwinkeln $\chi \sim 1$ durchgeführt. Die unterschiedliche Beziehung zwischen k und χ in diesen Fällen führt jedoch zu unterschiedlichen Ausdrücken für $k_{\max}$.

Das LANDAUsche Stoßintegral mit den Größen $B_{\alpha\beta}$ aus (47,1) wird als BALESCU-LENARD*sches Stoßintegral* bezeichnet.[1]) Wir formen (47,1) in einen Ausdruck um, der für das Weitere geeigneter ist:

$$B_{\alpha\beta} = 2(ee')^2 \int\limits_{-\infty}^{\infty} \int\limits_{k \leq k_{\max}} \delta(\omega - \boldsymbol{k}\boldsymbol{v})\, \delta(\omega - \boldsymbol{k}\boldsymbol{v}') \frac{k_\alpha k_\beta \, d^3k \, d\omega}{k^4 \, |\varepsilon(\omega, k)|^2}, \tag{47,4}$$

wobei jetzt die Integration über die dreidimensionalen Vektoren $\boldsymbol{k}$ (anstelle der zweidimensionalen) durchgeführt wird. Die beiden δ-Funktionen im Integranden gewährleisten die Gleichung $\boldsymbol{k}\boldsymbol{v} = \boldsymbol{k}\boldsymbol{v}'$, d. h. die Orthogonalität von $\boldsymbol{k}$ und $\boldsymbol{v} - \boldsymbol{v}'$. Die Integration über $d\omega$ ersetzt das Argument ω in $\varepsilon(\omega, k)$ durch den erforderlichen Wert $\omega = \boldsymbol{k}\boldsymbol{v} = \boldsymbol{k}\boldsymbol{v}' = \boldsymbol{k}\boldsymbol{V}$.

Der Faktor $|\varepsilon(\omega, k)|^{-2}$ im Integranden von (47,4) divergiert bei solchen Werten von $\omega = \boldsymbol{k}\boldsymbol{V}$ und $\boldsymbol{k}$, für die $\varepsilon(\omega, k) = 0$ wird, d. h. bei Werten, die der Dispersionsrelation der longitudinalen Plasmawellen entsprechen. Diese Werte von $\boldsymbol{k}$ können einen großen Beitrag zum Stoßintegral liefern. Physikalisch kann man diesen Beitrag als Ausdruck einer Wechselwirkung zwischen den Teilchen betrachten, die durch die Emission und Absorption von Plasmawellen realisiert wird. Dieser Effekt ist jedoch nur dann wesentlich, wenn im Plasma hinreichend viele Teilchen vorhanden sind, deren Geschwindigkeit vergleichbar mit der Phasengeschwindigkeit der Wellen $v_{\mathrm{ph}} = \omega/k$ ist oder diese übersteigt. (Nur für diese Teilchen kann die geforderte Beziehung $\omega = \boldsymbol{k}\boldsymbol{V}$ erfüllt werden.)

Wir betrachten ein Plasma, in dem die Elektronen und Ionen jeweils die Temperaturen T_e und T_i besitzen. Für $T_e \approx T_i$ können sich (ohne merkliche Dämpfung) im Plasma nur elektronische Plasmawellen ausbreiten, deren Phasengeschwindigkeit $v_{\mathrm{ph}} \gg v_{Te}$ ist. Die Zahl der Elektronen, die in der Lage sind, untereinander Wellen „auszutauschen", ist folglich in diesem Fall exponentiell klein.

Wenn jedoch $T_e \gg T_i$ ist, können sich im Plasma auch Ionenschallwellen ausbreiten, deren Phasengeschwindigkeit die Ungleichung

$$v_{Ti} \ll \omega/k \ll v_{Te} \tag{47,5}$$

[1]) Die formale Herleitung dieses Integrals wird am Ende von § 51 gegeben.

erfüllt. Diese Wellen können einen wesentlichen Beitrag zum Stoßintegral zwischen den Elektronen liefern (W. P. SILIN, 1962).

Wir trennen von den Elektron-Elektron-Größen $B_{\alpha\beta}^{(ee)}$ denjenigen Teil ab, der mit diesem Effekt zusammenhängt. Wir bezeichnen ihn mit $B_{\alpha\beta}^{(\mathrm{pl})}$. Er entsteht, wenn man die Integration in (47,4) über die Umgebung derjenigen Lösung der Gleichung $\varepsilon(\omega, k) = 0$ durchführt, die der Dispersionsrelation der Ionenschallwellen entspricht. Die Wurzel $\omega(k)$ selbst ist komplex mit einem kleinen Imaginärteil (Dämpfungskoeffizient der Welle). Wenn ω die reellen Werte im Integrationsbereich durchläuft, geht der Realteil der Funktion $\varepsilon = \varepsilon' + i\varepsilon''$ durch Null, und der Imaginärteil bleibt klein. Gemäß (30,9) setzen wir den Faktor $|\varepsilon|^{-2}$ im Integranden von (47,4) in der Form

$$\frac{1}{|\varepsilon|^2} = \frac{1}{\varepsilon'^2 + \varepsilon''^2} = \frac{\pi}{|\varepsilon''|}\,\delta(\varepsilon')$$

an. Für das Elektron-Elektron-Stoßintegral beziehen sich die Geschwindigkeiten $\boldsymbol{v}$ und $\boldsymbol{v}'$ in (47,4) auf Elektronen, und auf Grund der Ungleichung $\omega \ll k v_{T_e}$ kann man in den Argumenten beider δ-Funktionen das Glied ω weglassen. Somit nimmt der uns interessierende Beitrag von $B_{\alpha\beta}^{(ee)}$ die Form

$$B_{\alpha\beta}^{(\mathrm{pl})} = 2\pi e^4 \int\!\!\int_{-\infty}^{\infty} \delta(\boldsymbol{kv})\,\delta(\boldsymbol{kv}')\,\delta(\varepsilon')\,\frac{k_\alpha k_\beta\,\mathrm{d}^3k\,\mathrm{d}\omega}{k^4\,|\varepsilon''(\omega, k)|} \tag{47,6}$$

an, wobei die Integration d^3k über das Gebiet (47,5) (mit gegebenem ω) durchzuführen ist.

Wir schreiben das Integral über d^3k in die neuen Variablen

$$\varkappa = \boldsymbol{kn}\,, \qquad k_1 = \boldsymbol{kv}\,, \qquad k_2 = \boldsymbol{kv}'$$

um, wobei $\boldsymbol{n}$ der Einheitsvektor in der Richtung von $[\boldsymbol{vv}']$ ist. Die direkte Berechnung der JACOBI-Determinante der Transformation ergibt, daß d^3k durch

$$\frac{\mathrm{d}\varkappa\,\mathrm{d}k_1\,\mathrm{d}k_2}{|[\boldsymbol{vv}']|}$$

zu ersetzen ist. Die Integration über $\mathrm{d}k_1\,\mathrm{d}k_2$ beseitigt die δ-Funktionen, wobei sich $k_1 = k_2 = 0$ und damit $\boldsymbol{k} = \varkappa\boldsymbol{n}$ ergibt. Die Variable $\varkappa$ durchläuft sowohl positive als auch negative Werte. Wir beschränken die Integration auf die positiven Werte und schreiben

$$B_{\alpha\beta}^{(\mathrm{pl})} = \frac{2\pi e^4 n_\alpha n_\beta}{|[\boldsymbol{vv}']|}\, 2 \int \int_{-\infty}^{\infty} \frac{\delta[\varepsilon'(\omega, \varkappa)]}{\varkappa^2\,|\varepsilon''(\omega, \varkappa)|}\,\mathrm{d}\omega\,\mathrm{d}\varkappa\,. \tag{47,7}$$

Die dielektrische Permeabilität für das zweitemperaturige Plasma wird im Gebiet der Ionenschallwellen (47,5) durch die Beziehungen[1])

---

[1]) Siehe (33,3). In (47,8) wurde auch der Ionenbeitrag zu ε'' berücksichtigt. Obwohl er im Gebiet (47,5) exponentiell klein ist, wird trotzdem das Integrationsgebiet im folgenden Integral (47,9) von ihm bestimmt.

$$\varepsilon' = 1 - \frac{\Omega_i^2}{\omega^2} + \frac{1}{k^2 a_e^2}\,,$$
$$\varepsilon'' = \sqrt{\frac{\pi}{2}}\,\frac{\omega}{k^3}\left\{\frac{\Omega_e^2}{v_{Te}^3} + \frac{\Omega_i^2}{v_{Ti}^3}\exp\left(-\frac{\omega^2}{2k^2 v_{Ti}^2}\right)\right\} \tag{47,8}$$

gegeben. Der Hauptbeitrag zum Integral über $d\varkappa$ in (47,7) wird vom Gebiet $a_e\varkappa \gg 1$ erbracht (wie dies von der weiteren Rechnung bestätigt wird). Deshalb kann man den letzten Term in $\varepsilon'(\omega, \varkappa)$ vernachlässigen. Wenn wir

$$\delta\left(1 - \frac{\Omega_i^2}{\omega^2}\right) = \frac{\Omega_i}{2}\left[\delta(\omega - \Omega_i) + \delta(\omega + \Omega_i)\right]$$

berücksichtigen und in (47,7) die Integration über $d\omega$ ausführen, finden wir

$$B_{\alpha\beta}^{(\mathrm{pl})} = n_\alpha n_\beta \frac{4\pi e^4 \Omega_i}{|[\boldsymbol{v}\boldsymbol{v}']|}\int \frac{d\varkappa}{\varkappa^2 \varepsilon''(\Omega_i, \varkappa)}$$

oder, indem wir den Ausdruck für ε'' einsetzen und die Variable $\xi = \varkappa^2 a_i^2$ einführen,

$$B_{\alpha\beta}^{(\mathrm{pl})} = n_\alpha n_\beta \frac{2\sqrt{2\pi}\, e^4 v_{Te} a_e^2}{|[\boldsymbol{v}\boldsymbol{v}']|\, a_i^2}\int \frac{d\xi}{1 + \exp\left(-1/2\xi + L_1/2\right)} \tag{47,9}$$

mit

$$L_1 = \ln \frac{\Omega_i^4 v_{Te}^6}{\Omega_e^4 v_{Ti}^6} = \ln \frac{z^2 M T_e^3}{m T_i^3}\,. \tag{47,10}$$

Wegen der Bedingungen (47,5) muß die Integration in (47,9) über das Gebiet $(\Omega_i a_i/\Omega_e a_e)^2 \ll \xi \ll 1$ durchgeführt werden. Da das Integral für kleine ξ konvergiert, kann die untere Grenze Null gesetzt werden.

Für $L_1 \to \infty$ strebt das Integral in (47,9) gegen Null. Wenn wir annehmen, daß L_1 genügend groß ist, können wir es in logarithmischer Näherung berechnen, d. h., wir beschränken uns nur auf das erste Glied der Entwicklung bezüglich $1/L_1$. Der Hauptbeitrag zum Integral kommt von dem Gebiet, in welchem das exponentielle Glied im Nenner vernachlässigt werden kann. Hierfür muß $-1/2\xi + L_1/2 > 1$ sein, d. h. das Integral muß in den Grenzen von 0 bis $1/(L_1 - 1) \approx 1/L_1$ genommen werden, was einfach $1/L_1$ ergibt.[1]) Somit erhalten wir schließlich

$$B_{\alpha\beta}^{(\mathrm{pl})} = n_\alpha n_\beta \frac{2\sqrt{2\pi}\, e^4 z v_{Te} T_e}{|[\boldsymbol{v}\boldsymbol{v}']|\, T_i L_1}\,. \tag{47,11}$$

Der vollständige Wert der Größe $B_{\alpha\beta}^{(ee)}$ im Elektron-Elektron-Stoßintegral wird durch die Addition von (47,11) und dem gewöhnlichen COULOMBschen Ausdruck (41,8) erhalten, wobei im Argument des COULOMB-Logarithmus L der DEBYE-Radius

$$a = (a_e^{-2} + a_i^{-2})^{-1/2} \approx a_i$$

---

[1]) In dem für das Integral wesentlichen Gebiet gilt $\xi \sim 1/L_1$, d. h. $\varkappa \sim 1/a_i L_1^{1/2}$. Hierbei ist

$$\varkappa a_e \sim a_e/a_i L_1^{1/2} \sim (T_e/T_i L_1)^{1/2} \gg 1$$

im Einklang mit der oben gemachten Annahme.

steht. Der Beitrag der Plasmawellen (47,11) wird dominierend für

$$zT_e/T_iLL_1 \gg 1\,. \tag{47,12}$$

§ 48. Die Absorption im Plasma im Grenzfall hoher Frequenzen

Das Frequenzgebiet, in dem die Beziehung (44,9) für den Imaginärteil der dielektrischen Permeabilität des Plasmas gültig ist, wird durch die Ungleichungen $\Omega_e \gg \omega \gg \nu_{ei}$ begrenzt. Die linke Ungleichung ist die allgemeine Bedingung für die Anwendbarkeit des Stoßintegrals auf die abgeschirmte COULOMB-Wechselwirkung. Wir betrachten jetzt den entgegengesetzten Grenzfall

$$\omega \gg \Omega_e\,. \tag{48,1}$$

Wir bemerken zunächst, daß in diesem Fall der Realteil der Permeabilität ε' dicht bei 1 liegt und der Imaginärteil ε'' klein ist.

Die Dissipation der Energie eines äußeren Wechselfeldes wird durch die ei-Stöße bewirkt, deren Dauer von der Größenordnung der Schwingungsperiode des Feldes oder kleiner als diese ist. Dies bedeutet, daß für $\omega \gg \Omega_e$ diejenigen Stöße wesentlich sind, die in Abständen $\sim v_{Te}/\omega \ll v_{Te}/\Omega_e = a_e$ vonstatten gehen. In diesen Abständen ist das COULOMB-Feld der Ionen noch nicht abgeschirmt, und somit tragen die Stöße einen reinen Zweiteilchencharakter (und keinen Vielteilchencharakter, wie ihn dem Wesen nach Stöße mit einer abgeschirmten Wechselwirkung besitzen). Unter diesen Bedingungen werden die mikroskopischen Akte der Absorption von Feldenergie zu Prozessen, die zur Bremsstrahlung bei Zweierstößen geladener Teilchen invers sind. Dieser Umstand gestattet es, mit Hilfe des Prinzips des detaillierten Gleichgewichts ε'' durch den Querschnitt der Bremsstrahlung auszudrücken (W. L. GINSBURG, 1949).

Die Dissipation Q der elektromagnetischen Feldenergie pro Volumeneinheit des Mediums und pro Zeiteinheit wird durch ε'' aus (30,4) ausgedrückt. Um diese Größe mit dem Bremsstrahlungsquerschnitt zu verbinden, nehmen wir an, daß das Feld durch eine monochromatische ebene Welle gegeben wird, in der die Energiedichte gleich

$$\mathscr{E} = \frac{\overline{E^2} + \overline{H^2}}{8\pi} = \frac{|\boldsymbol{E}|^2}{8\pi}$$

ist. (Im letzten Ausdruck wurde angenommen, daß $\boldsymbol{E}$ in komplexer Form gegeben ist — vgl. die Anmerkung auf S. 134.) Da die dielektrische Permeabilität nahezu Eins ist, setzen wir hier $\varepsilon = 1$. Danach kann man die Beziehung (30,4) in der Form

$$Q = \omega\varepsilon''\mathscr{E} \tag{48,2}$$

angeben.

Andererseits ist die Dissipation gleich der Differenz zwischen der Energie Q_{abs}, die bei den Stößen der Elektronen mit den Ionen absorbiert wird, und der Energie, die bei diesen Stößen abgestrahlt wird. Hierunter ist die Energie Q_{ind} der induzierten (und nicht der spontanen) Strahlung zu verstehen, da diese aus Photonen besteht, die mit dem ursprünglichen Feld kohärent sind und in diesem Sinne nicht von ihm unterschieden werden können.

Den Querschnitt für die spontane Emission eines Photons, d. h. für die gewöhnliche Bremsstrahlung, geben wir in der Form

$$\mathrm{d}\sigma_{\mathrm{sp}} = \frac{w(\boldsymbol{p}', \boldsymbol{p})}{v}\,\delta(\varepsilon - \varepsilon' - \hbar\omega)\,\frac{\mathrm{d}^3k}{(2\pi)^3}\,\mathrm{d}^3p' \tag{48,3}$$

an. Hier ist $\boldsymbol{k}$ der Wellenvektor des Photons, $\boldsymbol{p}$ und $\boldsymbol{p}'$ sind der Ausgangs- und der Endimpuls des Elektrons. Das Produkt $N_i v\,\mathrm{d}\sigma_{\mathrm{sp}}$ (wobei N_i die Teilchenzahldichte der Ionen bedeutet) ist gleich der Wahrscheinlichkeit für die Abstrahlung eines Photons durch ein Elektron in der Zeiteinheit. Die Funktion $w(\boldsymbol{p}', \boldsymbol{p})$ hängt auch noch von der Polarisation des emittierten Photons ab. Wenn wir über die Richtungen von $\boldsymbol{p}'$ und $\boldsymbol{k}$ integrieren und über die Polarisationen des Photons summieren, erhalten wir den differentiellen Streuquerschnitt (bezüglich der Frequenzen) für die Bremsstrahlung $\mathrm{d}\sigma_\omega$. Die δ-Funktion in (48,3) wird durch Integration über $\varepsilon' = p'^2/2m$ beseitigt. Somit ergibt sich

$$\mathrm{d}\sigma_\omega = \frac{4m^2v'}{\pi v c^3}\,\overline{w}\omega^2\,\mathrm{d}\omega\,,$$

wobei $\overline{w}(\boldsymbol{p}', \boldsymbol{p})$ den über die Richtungen von $\boldsymbol{p}$ und $\boldsymbol{p}'$ gemittelten Wert der Funktion $w(\boldsymbol{p}', \boldsymbol{p})$ bedeutet. Dieser Wert hängt nicht von der Polarisation des Photons ab, und deshalb führt die Summation über diese zu einem Faktor 2. Wenn wir eine „effektive Strahlung“ $\varkappa_\omega$ gemäß der Definition

$$\hbar\omega\,\mathrm{d}\sigma_\omega = \varkappa_\omega\,\mathrm{d}\omega$$

einführen, können wir $\overline{w}$ in der Form

$$\overline{w} = \frac{\pi v c^3}{4m^2v'\hbar\omega^3}\,\varkappa_\omega \tag{48,4}$$

ausdrücken.

Der Querschnitt der induzierten Strahlung unterscheidet sich von (48,3) nur durch den Faktor $N_{\boldsymbol{k}\boldsymbol{e}}$ — die Zahl der Photonen in dem Quantenzustand mit dem Wellenvektor $\boldsymbol{k}$ und der Polarisationsrichtung $\boldsymbol{e}$ parallel zu $\boldsymbol{E}$ (s. IV, § 44). Deshalb ist die gesamte Energie der induzierten Strahlung gleich

$$Q_{\mathrm{ind}} = N_i \sum_{\boldsymbol{e}} \int N_{\boldsymbol{k}\boldsymbol{e}}\hbar\omega w(\boldsymbol{p}', \boldsymbol{p})\,f(\boldsymbol{p})\,\delta(\varepsilon - \varepsilon' - \hbar\omega)\,\frac{\mathrm{d}^3k}{(2\pi)^3}\,\mathrm{d}^3p\,\mathrm{d}^3p'\,,$$

wobei $f(\boldsymbol{p})$ die Verteilungsfunktion der Elektronen ist. Im weiteren werden wir eine Maxwell-Verteilung annehmen, die nur vom Betrag der Größe $\boldsymbol{p}$ abhängt. Wenn wir über die Richtungen von $\boldsymbol{p}$ und $\boldsymbol{p}'$ mitteln und berücksichtigen, daß für ein monochromatisches Feld

$$\sum_{\boldsymbol{e}} \int N_{\boldsymbol{k}\boldsymbol{e}}\,\frac{\mathrm{d}^3k}{(2\pi)^3} = \frac{\mathscr{E}}{\hbar\omega}$$

gilt, können wir Q_{ind} in der Form

$$Q_{\mathrm{ind}} = N_i\,\mathscr{E} \int \overline{w} f(p)\,\delta(\varepsilon - \varepsilon' - \hbar\omega)\,\mathrm{d}^3p\,\mathrm{d}^3p' \tag{48,5}$$

angeben.

Auf analoge Weise kann die Energie berechnet werden, die bei den umgekehrten Übergängen mit einer Impulsänderung des Elektrons $\boldsymbol{p}' \to \boldsymbol{p}$ absorbiert wird (inelastische Streuung des Elektrons im elektromagnetischen Feld). Hierbei sind die Wahrscheinlichkeiten w, welche den Querschnitt des direkten und des inversen Prozesses bestimmen, gemäß dem Prinzip des detaillierten Gleichgewichts identisch. Deshalb ergibt sich für Q_{abs} ein Ausdruck, der sich von (48,5) nur durch die Ersetzung der Verteilungsfunktion $f(p)$ durch $f(p')$ unterscheidet. Die Dissipation beträgt $Q = Q_{\text{abs}} - Q_{\text{ind}}$. Wenn wir diesen Ausdruck mit (48,2) vergleichen, erhalten wir

$$\varepsilon'' = \frac{N_i}{\omega} \int \overline{w}[f(p') - f(p)]\, \delta(\varepsilon - \varepsilon' - \hbar\omega)\, \mathrm{d}^3p\, \mathrm{d}^3p' . \tag{48,6}$$

Wir beschränken uns auf Frequenzen

$$\hbar\omega \ll T . \tag{48,7}$$

Dann ist die Differenz $p' - p$ klein, so daß man

$$f(p') - f(p) = -\frac{\mathrm{d}f}{\mathrm{d}\varepsilon}\hbar\omega = \frac{\hbar\omega}{T} f(p)$$

und in den übrigen Faktoren $p = p'$ setzen kann. Führen wir dies in (48,6) ein und drücken $\overline{w}$ durch $\varkappa_\omega$ gemäß (48,4) aus, so finden wir schließlich den folgenden Ausdruck für den Imaginärteil der Permeabilität:

$$\varepsilon''(\omega) = N_i N_e \frac{\pi^2 c^3}{T\omega^3} \langle v\varkappa_\omega \rangle , \tag{48,8}$$

wobei die spitzen Klammern die Mittelung über die MAXWELL-Verteilung der Elektronen bedeuten.

Wir wenden diese Beziehung auf zwei Grenzfälle an, den quasiklassischen und den BORNschen. Im ersten Fall, d. h. für

$$ze^2/\hbar v \gg 1 , \tag{48,9}$$

beschränken wir das Frequenzintervall $\omega \gg \Omega_e$ nochmals durch das engere Intervall

$$mv_{Te}^3/ze^2 \gg \omega \gg \Omega_e . \tag{48,10}$$

(Links steht eine Größe, die invers ist zur Dauer des Vorbeiflugs eines Elektrons in demjenigen Abstand vom Ion, bei dem der Streuwinkel ~ 1 wird.) Man kann leicht sehen, daß aus den Bedingungen (48,9–10) automatisch (48,7) folgt. Im quasiklassischen Fall wird die effektive Strahlung mit den Frequenzen (48,10) beim Stoß eines Elektrons mit einem ruhenden Ion durch die Beziehung

$$\varkappa_\omega = \frac{16 z^2 e^6}{3 v^2 c^3 m^2} \ln \frac{2mv^3}{\gamma\omega z e^2} \tag{48,11}$$

gegeben, wobei $\gamma = \exp C = 1{,}78\ldots$ ist und C die EULERsche Konstante bedeutet (s. II, (70,21)). Setzen wir dies in (48,8) ein und führen die Mittelung durch, erhalten wir[1])

$$\varepsilon'' = \frac{4\sqrt{2\pi}}{3}\,\frac{ze^4N_e}{T^{3/2}m^{1/2}}\,\frac{\Omega_e^2}{\omega^3}\ln\frac{2^{5/2}T^{3/2}}{\gamma^{5/2}\omega ze^2m^{1/2}}. \tag{48,12}$$

Im BORNschen Fall, d. h. für $ze^2/\hbar v \ll 1$, wird die effektive Strahlung bei den Frequenzen $\hbar\omega \ll T$ durch

$$\varkappa_\omega = \frac{16z^2e^6}{3v^2c^3m^2}\ln\frac{2mv^2}{\hbar\omega} \tag{48,13}$$

gegeben.[2]) Die Auswertung von (48,8) führt zum Ausdruck

$$\varepsilon'' = \frac{4\sqrt{2\pi}}{3}\,\frac{ze^4N_e}{m^{1/2}T^{3/2}}\,\frac{\Omega_e^2}{\omega^3}\ln\frac{4T}{\gamma\hbar\omega}, \tag{48,14}$$

der sich von (44,9) nur durch das Argument des Logarithmus unterscheidet.

§ 49. Die quasilineare Theorie der LANDAU-Dämpfung

Die in den §§ 29 bis 32 dargestellte Theorie der Plasmaschwingungen beruht auf der Lösung der kinetischen Gleichung in linearer Näherung der Störungstheorie. Die Bedingung für ihre Anwendbarkeit besteht darin, daß die Korrektur δf zur Verteilungsfunktion, (29,2), klein sein muß im Vergleich zu der ungestörten Funktion f_0:

$$\frac{eE}{|\boldsymbol{kv} - \omega|}\,\frac{\partial f_0}{\partial \boldsymbol{p}} \ll f_0. \tag{49,1}$$

Für schwach gedämpfte Plasmaschwingungen mit der Frequenz $\approx \Omega_e$ und dem Wellenvektor $k \ll \Omega_e/v_{Te}$ ist somit

$$\frac{eE}{\Omega_e}\,\frac{\partial f_0}{\partial p} \ll f_0$$

zu fordern. Für ein MAXWELLsches Plasma läßt sich diese Bedingung (nachdem beide Seiten quadriert wurden) in der Form

$$E^2/4\pi \ll N_eT_e \tag{49,2}$$

schreiben. In dieser Form besitzt sie eine einfache physikalische Bedeutung: Die Energiedichte des Wellenfeldes muß viel kleiner sein als die kinetische Energiedichte der Plasmaelektronen.

---

[1]) Hierbei wurde der Wert des Integrals

$$\int_0^\infty e^{-x}\ln x\,dx = -C$$

benutzt.

[2]) Siehe IV, (92,16). Beim Übergang von dieser Beziehung zu (48,14) wurde außerdem berücksichtigt, daß für $\hbar\omega \ll T = mv_{Te}^2$ das Elektron bei der Strahlung nur einen kleinen Teil seiner Energie verliert.

Die Bedingung (49,2) gewährleistet, daß für den Hauptteil der Elektronen die Korrektur δf klein ist. Aber auch wenn sie erfüllt ist, gibt es eine relativ kleine Zahl von Teilchen, für die die Bedingung (49,1) verletzt sein kann, nämlich die Teilchen, die sich nahezu in Phase mit der Welle bewegen ($\boldsymbol{kv} \approx \omega$) und somit an der LANDAU-Dämpfung beteiligt sind (*Resonanzteilchen*). Bereits ein schwaches Feld kann ihre Verteilungsfunktion wesentlich ändern. Diese Änderung stellt einen nichtlinearen Effekt dar, und deshalb hängt sein Charakter wesentlich von der spektralen Zusammensetzung des Wellenfeldes (bezüglich ω und $\boldsymbol{k}$) ab. Der Grund besteht darin, daß nur in linearer Näherung die verschiedenen FOURIER-Komponenten des Feldes unabhängig in ihrer Wirkung auf die Teilchen sind.

Wir werden hier eine elektromagnetische Störung im Plasma betrachten, die eine Gesamtheit von Plasmawellen darstellt, deren Wellenvektoren einen kontinuierlichen Wertebereich in einem bestimmten Intervall $\Delta\boldsymbol{k}$ durchlaufen.

Wenn die Anfangsstörung ein breites Spektrum von Wellenvektoren $k \sim \Omega_e/v_{Te}$ enthält, dann ist die LANDAU-Dämpfung auf eine große Zahl von Elektronen ausgedehnt, die sich unter einheitlichen Bedingungen (hinsichtlich des auf sie wirkenden Feldes) befinden. Im Ergebnis wird sich die Verzerrung der Verteilungsfunktion für alle Geschwindigkeiten als relativ schwach erweisen. Die lineare Theorie wird folglich (bei der Bedingung (49,2)) für den gesamten Verlauf der Entwicklung der Störung anwendbar sein.

Wenn demgegenüber die Störung nur Wellenvektoren in einem schmalen Bereich $\Delta\boldsymbol{k}$ um einen bestimmten Wert k_0 mit $k_0 \ll \Omega_e/v_{Te}$ enthält, dann ist das Resonanzintervall der Elektronengeschwindigkeiten

$$|\Delta\boldsymbol{v}| \sim \Delta\frac{\Omega_e}{k} \sim \frac{v_0}{k_0}|\Delta\boldsymbol{k}|\,, \qquad \boldsymbol{v}_0 = \frac{\Omega_e}{k_0}\frac{\boldsymbol{k}_0}{k_0}\,, \tag{49,3}$$

ebenfalls klein und in der Nähe des Wertes $v_0 \gg v_{Te}$ gelegen. An der LANDAU-Dämpfung wird folglich eine relativ kleine Zahl von Elektronen teilnehmen, und ihre Verteilungsfunktion kann sich im Ergebnis stark ändern.

Die quantitative Theorie dieser Erscheinung legen wir für den Fall dar, daß die Störung eine fast monochromatische Welle darstellt, deren Amplitude und Phase im Raum nach irgend einem statistischen Gesetz moduliert sind. Das Spektrum der Werte $\boldsymbol{k}$ für die Anfangsstörung sei schmal,

$$|\Delta\boldsymbol{k}|/k_0 \ll 1\,, \tag{49,4}$$

aber gleichzeitig sei

$$\frac{|\Delta\boldsymbol{k}|}{k} \gg \frac{1}{v_0}\left(\frac{e\,|\varphi_0|}{m}\right)^{1/2}, \tag{49,5}$$

wobei φ_0 die Größenordnung für die Amplitude des Potentials des elektrischen Wellenfeldes ist (die Bedeutung dieser Bedingung wird unten geklärt). Wir bemerken, daß wegen (49,2) (mit $E \sim k\varphi_0$) der Ausdruck auf der rechten Seite der Ungleichung (49,5) klein ist: $e\,|\varphi_0|/mv_0^2 \ll 1$. Wir werden auch annehmen, daß das Feld statistisch homogen im gesamten Volumen des Plasmas ist. Dies bedeutet, daß das Quadrat $\boldsymbol{E}^2$, gemittelt über die statistische Verteilung der Phasen und der Intensitäten der Wellen, nicht von den Koordinaten abhängt. (Eine solche Mittelung ist äquivalent einer Mittelung über Raumbereiche mit den Abmessungen $\Delta x \gg 1/|\Delta \boldsymbol{k}|$.)

Wir stellen das Feld $\boldsymbol{E}$ zum Anfangszeitpunkt in der Form eines FOURIER-Integrals

$$\boldsymbol{E} = \int \boldsymbol{E}_{\boldsymbol{k}} \, e^{i\boldsymbol{k}\boldsymbol{r}} \frac{d^3k}{(2\pi)^3} \tag{49,6}$$

dar, wobei wegen der Bedingung der Realität $\boldsymbol{E}_{-\boldsymbol{k}} = \boldsymbol{E}_{\boldsymbol{k}}^*$ gilt. Die Annahme (49,4) bezüglich des Charakters der Anfangsverteilung bedeutet, daß die Integration in (49,6) faktisch nur über die Umgebung der Punkte $\boldsymbol{k} = \pm \boldsymbol{k}_0$ auszuführen ist. Die Bedingung der statistischen Homogenität der Störung läßt sich leicht formulieren, wenn man den quadratischen Tensor $E_\alpha E_\beta$ in Form eines zweifachen Integrals

$$E_\alpha E_\beta = \iint E_{\boldsymbol{k}\alpha} E_{\boldsymbol{k}'\beta} \, e^{i(\boldsymbol{k}+\boldsymbol{k}')\boldsymbol{r}} \frac{d^3k \, d^3k'}{(2\pi)^6}$$

schreibt. Nach der Mittelung über die statistische Verteilung darf dieser Ausdruck nicht mehr von $\boldsymbol{r}$ abhängen.[1]) Hierzu muß der Mittelwert $\langle E_{\boldsymbol{k}\alpha} E_{\boldsymbol{k}'\beta} \rangle$ die δ-Funktion $\delta(\boldsymbol{k} + \boldsymbol{k}')$ enthalten. Wenn wir außerdem beachten, daß die Plasmawellen longitudinal sind, erhalten wir

$$\langle E_{\boldsymbol{k}\alpha} E_{\boldsymbol{k}'\beta} \rangle = (2\pi)^3 \frac{k_\alpha k_\beta}{k^2} (\boldsymbol{E}^2)_{\boldsymbol{k}} \, \delta(\boldsymbol{k} + \boldsymbol{k}') \, . \tag{49,7}$$

Diese Beziehung kann als Definition der Größen betrachtet werden, die hier in symbolischer Weise mit $(\boldsymbol{E}^2)_{\boldsymbol{k}}$ bezeichnet wurden. Wir bemerken, daß diese Größen reell sind. Der Ausdruck (49,7) ist nur für $\boldsymbol{k} = -\boldsymbol{k}'$ von Null verschieden und symmetrisch bezüglich der Vertauschung von $\boldsymbol{k}$ und $\boldsymbol{k}'$. Deshalb gilt $(\boldsymbol{E}^2)_{\boldsymbol{k}} = (\boldsymbol{E}^2)_{-\boldsymbol{k}}$. Die Änderung des Vorzeichens von $\boldsymbol{k}$ aber ist äquivalent zur Bildung des komplex Konjugierten. Das mittlere Quadrat $\langle \boldsymbol{E}^2 \rangle$ ergibt sich aus diesen Größen gemäß

$$\langle \boldsymbol{E}^2 \rangle = \int (\boldsymbol{E}^2)_{\boldsymbol{k}} \frac{d^3k}{(2\pi)^3} \, . \tag{49,8}$$

Die Integration in (49,6) und deshalb auch in (49,8) wird, wie bereits angegeben, in der Umgebung der Punkte $\boldsymbol{k}_0$ und $-\boldsymbol{k}_0$ ausgeführt. Es ist jedoch günstiger, den Vektor $-\boldsymbol{k}_0$ aus den Betrachtungen auszuschließen, indem wir (49,6) in der Form

$$\boldsymbol{E} = \int\limits_{\boldsymbol{k} \approx \boldsymbol{k}_0} \boldsymbol{E}_{\boldsymbol{k}} \, e^{i\boldsymbol{k}\boldsymbol{r}} \frac{d^3k}{(2\pi)^3} + \text{k.k.} \tag{49,9}$$

darstellen, wobei die Integration nur über die Umgebung des Punktes $\boldsymbol{k} = \boldsymbol{k}_0$ ausgeführt wird und k.k. den konjugiert komplexen Ausdruck bedeutet. Dementsprechend ergibt sich für (49,8)

$$\langle \boldsymbol{E}^2 \rangle = 2 \int\limits_{\boldsymbol{k} \approx \boldsymbol{k}_0} (\boldsymbol{E}^2)_{\boldsymbol{k}} \frac{d^3k}{(2\pi)^3} \, , \tag{49,10}$$

[1]) Für Störungen vom betrachteten Typ divergieren faktisch die Integrale $\boldsymbol{E}_{\boldsymbol{k}} = \int \boldsymbol{E}(\boldsymbol{r}) \times$ $\times \exp(-i\boldsymbol{k}\boldsymbol{r}) \, d^3x$, da $\boldsymbol{E}(\boldsymbol{r})$ im Unendlichen nicht verschwindet. Dieser Umstand ist jedoch für die formalen Herleitungen unwesentlich, da sie sich ausdrücklich auf endliche mittlere Quadrate beziehen.

und die Beziehung (49,7) schreibt sich in der Form

$$\begin{aligned} \langle E_{k\alpha} E^*_{k'\beta} \rangle &= (2\pi)^3 (\boldsymbol{E}^2)_{\boldsymbol{k}} \frac{k_\alpha k_\beta}{k^2} \delta(\boldsymbol{k} - \boldsymbol{k}') , \\ \langle E_{k\alpha} E_{k'\beta} \rangle &= 0 . \end{aligned} \tag{49,11}$$

Die weitere Entwicklung der Störung (49,9) mit der Zeit wird durch den Ausdruck

$$\boldsymbol{E} = \int\limits_{\boldsymbol{k} \approx \boldsymbol{k}_0} \mathrm{e}^{i(\boldsymbol{kr} - \omega t)} \boldsymbol{E}_{\boldsymbol{k}}(t) \frac{\mathrm{d}^3 k}{(2\pi)^3} + \text{k.k.} \tag{49,12}$$

dargestellt, wobei $\omega(k) \approx \Omega_e$ die Frequenz der Plasmawellen bedeutet und die Koeffizienten $\boldsymbol{E}_{\boldsymbol{k}}(t)$ sich nur langsam infolge der LANDAU-Dämpfung ändern. In analoger Weise stellen wir die Verteilungsfunktion der Elektronen

$$f = f_0(t, \boldsymbol{p}) + \left\{ \int\limits_{\boldsymbol{k} \approx \boldsymbol{k}_0} f_{\boldsymbol{k}}(t, \boldsymbol{p}) \, \mathrm{e}^{i(\boldsymbol{kr} - \omega t)} \frac{\mathrm{d}^3 k}{(2\pi)^3} + \text{k.k.} \right\} \tag{49,13}$$

dar. Der Ausdruck in der geschweiften Klammer stellt den (in Raum und Zeit) rasch oszillierenden „chaotischen" Anteil der Verteilungsfunktion dar; er verschwindet bei statistischer Mittelung der Wellen. Das Glied $f_0(t, \boldsymbol{p})$ ist die langsam veränderliche, gemittelte Verteilung[1]).

Unser Ziel besteht darin, ein Gleichungssystem zu erhalten, das die Entwicklung der gemittelten Charakteristika des Plasmazustandes bestimmt — der Funktionen $(\boldsymbol{E}^2)_{\boldsymbol{k}}$ und $f_0(t, \boldsymbol{p})$. Damit dieses System abgeschlossen sein kann, müssen diese Charakteristika alle Elektronen umfassen, die an den uns interessierenden nichtlinearen Effekten beteiligt sind. Hierfür muß seinerseits das Geschwindigkeitsintervall (49,3), das dem Variationsbereich der Wellenvektoren $\Delta \boldsymbol{k}$ entspricht, auf jeden Fall die Amplitude der Schwingungen, die die Elektronengeschwindigkeit im Resonanzfall unter dem Einfluß des Wellenfeldes ausführt, breit überdecken. Gerade diese Bedingung wird durch die Ungleichung (49,5) ausgedrückt; denn $(e\,|\varphi_0|/m)^{1/2}$ gibt die Größenordnung der genannten Amplitude an. In der Tat ist in einem Koordinatensystem, welches sich mit der Phasengeschwindigkeit der Welle bewegt, das Feld der letzteren statisch und stellt eine Aufeinanderfolge von Potentialbergen der Höhe $|\varphi_0|$ dar. In diesem System vollführen die Resonanzelektronen Schwingungen zwischen zwei Bergen, wobei ihre Geschwindigkeit im Intervall zwischen $\pm\,(2e\,|\varphi_0|/m)^{1/2}$ variiert.

Eine der Gleichungen, die $(\boldsymbol{E}^2)_{\boldsymbol{k}}$ mit f_0 verknüpfen, drückt die LANDAU-Dämpfung für jede der FOURIER-Komponenten des Feldes aus

$$\frac{\mathrm{d}}{\mathrm{d}t} (\boldsymbol{E}^2)_{\boldsymbol{k}} = -2\gamma_{\boldsymbol{k}} (\boldsymbol{E}^2)_{\boldsymbol{k}} , \tag{49,14}$$

wobei

$$\gamma_{\boldsymbol{k}} = 2\pi^2 e^2 \Omega_e \int \frac{\partial f_0}{\partial \boldsymbol{p}} \frac{\boldsymbol{k}}{k^2} \delta(\omega - \boldsymbol{kv}) \, \mathrm{d}^3 p \tag{49,15}$$

gemäß (32,6) und (30,1) der Dämpfungskoeffizient der Wellenamplitude ist. Der Faktor 2 auf der rechten Seite der Gleichung (49,14) hängt damit zusammen, daß die Größen $(\boldsymbol{E}^2)_{\boldsymbol{k}}$ quadratisch sind.

---

[1]) Nicht zu verwechseln mit der MAXWELL-Verteilung für das Gleichgewicht!

Die zweite Gleichung erhalten wir, indem wir von der kinetischen Gleichung des stoßfreien Plasmas

$$\frac{\partial f}{\partial t} + \boldsymbol{v}\frac{\partial f}{\partial \boldsymbol{r}} - e\boldsymbol{E}\frac{\partial f}{\partial \boldsymbol{p}} = 0 \tag{49,16}$$

ausgehen. Wir wenden sie zunächst in linearer Näherung auf die einzelnen FOURIER-Komponenten der Störung an. Im letzten Glied der Gleichung, das bereits die kleine Größe $\boldsymbol{E}_{\boldsymbol{k}} \exp i(\boldsymbol{k}\boldsymbol{r} - \omega t)$ enthält, setzen wir $f \approx f_0$. Im ersten Glied vernachlässigen wir die langsame t-Abhängigkeit von $f_{\boldsymbol{k}}$. Im Ergebnis erhalten wir für $f_{\boldsymbol{k}}$ den üblichen Ausdruck

$$f_{\boldsymbol{k}} = \frac{ie\boldsymbol{E}_{\boldsymbol{k}}}{\omega - \boldsymbol{k}\boldsymbol{v}}\frac{\partial f_0}{\partial \boldsymbol{p}}, \tag{49,17}$$

wobei bei weiteren Integrationen ω wie stets im Sinne von $\omega + i0$ verstanden werden muß.

Nun setzen wir in (49,16) die vollständigen Ausdrücke für $\boldsymbol{E}$ und f in der Form (49,12) und (49,13) (mit $f_{\boldsymbol{k}}$ aus (49,17)) ein und führen die Mittelung über die statistische Verteilung der Wellen mit Hilfe von (49,11) durch. Alle Glieder, die linear in der Störung sind, verschwinden hierbei, die quadratischen Glieder bestimmen die Ableitung $\partial f_0/\partial t$ in der Form

$$\frac{\partial f_0}{\partial t} = e^2 \frac{\partial}{\partial p_\alpha}\frac{\partial f_0}{\partial p_\beta}\int\limits_{\boldsymbol{k}\approx \boldsymbol{k}_0} \frac{k_\alpha k_\beta}{k^2}(\boldsymbol{E}^2)_{\boldsymbol{k}}\left[\frac{i}{\omega - \boldsymbol{k}\boldsymbol{v} + i0} - \frac{i}{\omega - \boldsymbol{k}\boldsymbol{v} - i0}\right]\frac{\mathrm{d}^3k}{(2\pi)^3}.$$

Wenn wir die Differenz in der eckigen Klammer gemäß (29,8) durch $2\pi\delta(\omega - \boldsymbol{k}\boldsymbol{v})$ ersetzen, erhalten wir schließlich

$$\frac{\partial f_0}{\partial t} = \frac{\partial}{\partial p_\alpha}\left(D_{\alpha\beta}^{(n)}\frac{\partial f_0}{\partial p_\beta}\right) \tag{49,18}$$

mit

$$D_{\alpha\beta}^{(n)}(\boldsymbol{p}) = 2\pi e^2 \int\limits_{\boldsymbol{k}\approx \boldsymbol{k}_0} (\boldsymbol{E}^2)_{\boldsymbol{k}}\frac{k_\alpha k_\beta}{k^2}\delta(\omega - \boldsymbol{k}\boldsymbol{v})\frac{\mathrm{d}^3k}{(2\pi)^3}\,. \tag{49,19}$$

Die Gleichungen (49,14) und (49,18) stellen das gesuchte vollständige System dar. Die auf diesen Gleichungen beruhende Theorie der Plasmawellen wird als *quasilineare Theorie* bezeichnet.[1])

Die Gleichung (49,18) hat die Form einer Diffusionsgleichung im Geschwindigkeitsraum, wobei $D_{\alpha\beta}^{(n)}$ den Tensor der Diffusionskonstanten bedeutet. (Der Index (n) erinnert daran, daß diese „Diffusion" mit nichtlinearen Effekten verknüpft ist.) Diese Koeffizienten sind als Funktionen der Elektronengeschwindigkeit nur im Intervall $\Delta\boldsymbol{v}$ in der Nähe von $\boldsymbol{v}_0$, das mit dem Intervall $\Delta\boldsymbol{k}$ gemäß (49,3) zusammenhängt, von Null verschieden. Nur in diesem Geschwindigkeitsbereich findet

---

[1]) Sie wurde von A. A. WEDENOW, J. P. WELICHOW und R. S. SAGDEJEW (1961) entwickelt. Unabhängig davon wurden die Gleichungen (49,14), (49,18) auch von J. A. ROMANOW und G. F. FILIPPOW (1961) sowie von W. E. DRUMMOND und D. PINES (1961) formuliert.

Diffusion statt und tritt dementsprechend eine Deformation der Verteilungsfunktion auf (während sie für den restlichen Teil der Elektronen von MAXWELLscher Form bleibt). Der Charakter dieser Deformation ergibt sich aus den allgemeinen Eigenschaften aller Diffusionsprozesse: Die Diffusion führt zu einer Glättung, d. h. im gegebenen Fall zum Auftreten eines Plateaus der Breite Δv im „Ausläufer" der Funktion $f_0(p)$ (für $v \approx v_0 \gg v_{Te}$), wie dies schematisch in Abb. 13 dargestellt ist. Wir bemerken, daß sich bei solch einem Charakter der Deformation hauptsächlich die Ableitung $\partial f_0/\partial p$ ändert und der Wert von f_0 selbst in der Nähe des MAXWELLschen Wertes verbleibt.

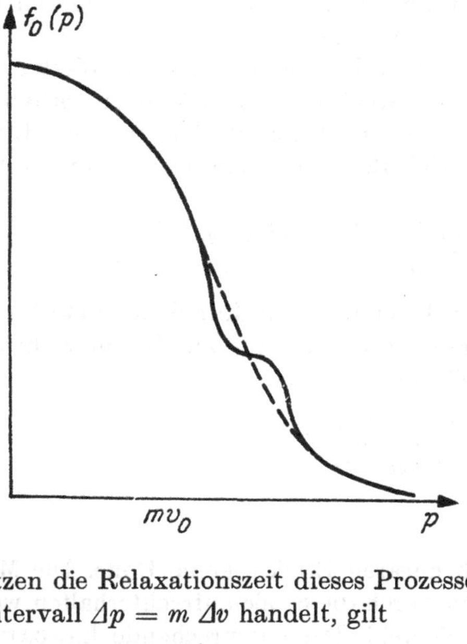

Abb. 13

Wir schätzen die Relaxationszeit dieses Prozesses τ_n ab. Da es sich um einen Ausgleich im Intervall $\Delta p = m\,\Delta v$ handelt, gilt

$$\tau_n \sim m^2(\Delta v)^2/D^{(n)}\,. \tag{49,20}$$

Zur Abschätzung der Diffusionskonstanten bemerken wir, daß gemäß (49,10) $(E^2)_k\,(\Delta k/2\pi)^3 \sim \langle E^2\rangle$ ist. Das Auftreten der δ-Funktion im Integranden von (49,19) ist größenordnungsmäßig der Multiplikation des Integrals mit $1/v_0\,\Delta k$ äquivalent. Somit gilt

$$D^{(n)} \sim \frac{e^2\langle E^2\rangle}{v_0\,\Delta k} \sim \frac{e^2\langle E^2\rangle}{k_0\,\Delta v}\,. \tag{49,21}$$

Wenn wir schließlich $\langle E^2\rangle$ durch die Amplitude φ_0 der Schwingungen des Potentials ($\sim k^2\,|\varphi_0|^2$) ausdrücken und (49,21) in (49,20) einsetzen, finden wir[1])

$$\tau_n \sim \frac{(\Delta v)^3}{k_0(e\,|\varphi_0|/m)^2}\,. \tag{49,22}$$

---

[1]) Für $\Delta v \sim (e\,|\varphi_0|/m)^{1/2}$, wenn die dargelegte Theorie streng genommen nicht mehr anwendbar ist (das Zeichen $\sim$ steht anstelle von $\gg$ in (49,5)), ergibt diese Abschätzung $\tau_n \sim k_0^{-1}(m/e\,|\varphi_0|)^{1/2}$. Genau dieses Ergebnis ist auch zu erwarten, wenn das Intervall der Resonanzgeschwindigkeiten Δv mit der Amplitude der Geschwindigkeit der Elektronen bei ihren Schwingungen im Feld der Welle übereinstimmt: Größenordnungsmäßig fällt τ_n mit der Periode dieser Schwingungen zusammen.

Bei der dargelegten Betrachtung ist natürlich vorausgesetzt worden, daß die Zeit τ_n klein im Vergleich zur Zeit der LANDAU-Dämpfung ist: $\tau_n \ll 1/\gamma$. Im entgegengesetzten Fall werden die Wellen gedämpft, bevor die Effekte der Nichtlinearität in Erscheinung treten können. Gleichzeitig setzt die Anwendbarkeit der Gleichung (49,14) die Kleinheit der Zeit $1/\gamma$ im Vergleich zur freien Flugzeit der Elektronen voraus: $1/\gamma \ll 1/\nu_e$, wobei ν_e die mittlere Stoßfrequenz bedeutet. Die letztere Bedingung rechtfertigt jedoch noch nicht die Vernachlässigung der Stöße bei der betrachteten Erscheinung (d. h. die Benutzung der kinetischen Gleichung in der Form (49,16)). Für den Vergleich mit den nichtlinearen Effekten ist nicht die allgemeine Zeit der Stoßrelaxation wesentlich, sondern nur die Zeit der Stoßrelaxation im Intervall der Geschwindigkeiten Δv. Wir bezeichnen sie mit τ_{st}.

Da es sich um die Relaxation im Intervall Δv in der Nähe des Wertes $v_0 \gg v_{Te}$ handelt, in welchem nur ein relativ kleiner Bruchteil aller Elektronen enthalten ist, ist die Situation analog zu der, die wir bei der Problematik der Runaway-Elektronen betrachtet haben. Der Prozeß erweist sich als Diffusion im Impulsraum mit einer Diffusionskonstanten

$$D^{(st)} = m^2 \nu_{ee}(v)\, v_{Te}^2 = \frac{4\pi e^4 L N_e T_e}{m v^3} \approx \frac{m^2 \nu_{ee}(v_{Te})\, v_{Te}^5}{v^3} \tag{49,23}$$

(dem Koeffizienten bei $\partial f/\partial p$ in der Stromdichte im Impulsraum (45,5)).

Die gesuchte Zeit für die Stoßrelaxation im Intervall Δv unterscheidet sich von (49,20) durch die Ersetzung von $D^{(n)}$ durch $D^{(st)}$:

$$\tau_{st} \sim \frac{m^2 (\Delta v)^2}{D^{(st)}} \sim \frac{(\Delta v)^2}{v_{Te}^2 \nu_{ee}(v_{Te})} \left(\frac{v_0}{v_{Te}}\right)^3 \tag{49,24}$$

Für

$$\tau_n \gg \tau_{st} \tag{49,25}$$

(d. h. $D^{(n)} \ll D^{(st)}$) spielen die nichtlinearen Effekte keine Rolle. Die MAXWELLsche Verteilung in der Nähe von $\boldsymbol{v}_0$ kann durch die Stöße aufrechterhalten werden, ungeachtet der Störung durch das Wellenfeld. Der entsprechende LANDAUsche Dämpfungskoeffizient γ wird durch den üblichen Ausdruck gegeben, welcher dem MAXWELLschen Wert der Ableitung $\partial f_0/\partial \boldsymbol{p}$ in der Umgebung von $\boldsymbol{v}_0$ entspricht. Somit stellt die Ungleichung (49,25) eine Bedingung für die Anwendbarkeit der streng linearen Theorie der LANDAU-Dämpfung dar. Wir erinnern gleichzeitig daran, daß die dargestellte quasilineare Theorie bei der wesentlich schwächeren Forderung (49,2) gerechtfertigt ist. Die Bedingung (49,25) läßt sich in der Form

$$\frac{E^2}{4\pi} \ll N_e T_e \left[\sqrt{4\pi}\, L \eta^{3/2} \left(\frac{v_{Te}}{v_0}\right)^3 \frac{\Delta v}{v_0}\right] \tag{49,26}$$

darstellen, wobei $\eta = e^2 N^{1/3}/T$ der Gasparameter ist. Die Kleinheit des in eckige Klammern eingeschlossenen Faktors demonstriert, daß die Bedingung (49,2) schwach im Vergleich zu (49,25) ist.[1])

---

[1]) Wie bereits bemerkt wurde, ist die streng lineare Theorie anwendbar, falls $\tau_n \gg 1/\gamma$ gilt. Diese Bedingung, die sich in

$$\frac{E^2}{4\pi} \ll N_e T_e \left[\left(\frac{\Delta v}{v_{Te}}\right)^2 \frac{\Delta v \gamma}{v_0 \Omega_e}\right]$$

umschreiben läßt, kann sich als schwächer erweisen als (49,26).

Im entgegengesetzten Grenzfall, für $\tau_n \ll \tau_{st}$, führen die nichtlinearen Effekte zu einer starken Verringerung der Ableitung $\partial f_0/\partial p$ im angegebenen Gebiet, grob gesagt im Verhältnis $D^{(st)}/D^{(n)}$. Dementsprechend verringert sich auch der Koeffizient der LANDAU-Dämpfung.

§ 50. Die kinetische Gleichung für das relativistische Plasma

Wenn die Teilchengeschwindigkeiten (der Elektronen) im Plasma nicht klein im Vergleich zur Lichtgeschwindigkeit sind, muß die kinetische Gleichung unter Berücksichtigung relativistischer Effekte angegeben werden (S. T. BELJAJEW, G. I. BUDKER, 1956).

Vorbereitend zeigen wir, daß die Verteilungsfunktion im Phasenraum $f(t, \boldsymbol{r}, \boldsymbol{p})$ eine relativistisch invariante Größe ist. Hierzu bemerken wir, daß die räumliche Dichte der Teilchen und ihre Stromdichte, d. h. die Integrale

$$N = \int f \, \mathrm{d}^3p \, , \qquad \boldsymbol{i} = \int \boldsymbol{v} f \, \mathrm{d}^3p$$

einen Vierervektor $i^k = (cN, \boldsymbol{i})$ bilden müssen (vgl. II, § 28)[1]). In Anbetracht dessen, daß in der relativistischen Mechanik die Geschwindigkeit der Teilchen mit dem Impuls $\boldsymbol{p}$ und der Energie ε durch $\boldsymbol{v} = \boldsymbol{p}c^2/\varepsilon$ gegeben wird, können wir diesen Vierervektor in der Form

$$i^k = c^2 \int p^k f \frac{\mathrm{d}^3p}{\varepsilon} \tag{50,1}$$

schreiben, wobei $p^k = (\varepsilon/c, \boldsymbol{p})$ den Viererimpuls bedeutet. Der Ausdruck $\mathrm{d}^3p/\varepsilon$ ist jedoch ein Viererskalar (s. II, § 10). Deshalb kann das Integral (50,1) nur dann ein Vierervektor sein, wenn die Funktion f ein Viererskalar ist.[2])

Wir gehen nun zur Herleitung der kinetischen Gleichung über. Zunächst bemerken wir, daß die in § 41 durchgeführten Berechnungen auch im relativistischen Fall bis zu den Ausdrücken (41,3—4) für die Stromdichte im Impulsraum gültig bleiben. Es ist nur nötig, die Größen

$$B_{\alpha\beta} = \tfrac{1}{2} \int q_\alpha q_\beta v_{\mathrm{rel}} \, \mathrm{d}\sigma \tag{50,2}$$

von neuem zu berechnen.

Die Größe $\boldsymbol{v}_{\mathrm{rel}}$ bedeutet hier wie früher die Relativgeschwindigkeit zweier Teilchen. Wir erinnern jedoch daran, daß in der relativistischen Mechanik diese als Geschwindigkeit eines Teilchens im Ruhesystem des anderen definiert ist und, allgemein gesagt, sich nicht auf die Differenz $\boldsymbol{v} - \boldsymbol{v}'$ reduziert (s. II, § 12).

Zunächst klären wir den Transformationscharakter dieser Größen. Das Produkt

$$v_{\mathrm{rel}} \, \mathrm{d}\sigma \cdot f f' \, \mathrm{d}^3p \, \mathrm{d}^3p' \, \mathrm{d}^3x \, \mathrm{d}t$$

---

[1]) In diesem Paragraphen werden mit lateinischen Buchstaben k, l vierdimensionale Vektorindizes bezeichnet. Das Skalarprodukt von zwei Vierervektoren a und b wird mit $(ab) \equiv a_k b^k$ bezeichnet.

[2]) Die reine Impulsverteilungsfunktion, d. h. das Integral $f(t, \boldsymbol{p}) = \int f(t, \boldsymbol{r}, \boldsymbol{p}) \, \mathrm{d}^3x$, ist dagegen kein Viererskalar (diese Funktion wurde in II, § 10 betrachtet).

ist die Zahl der Streuakte, die im Volumen d^3x im Verlauf der Zeit dt zwischen zwei Teilchen mit Impulsen in den gegebenen Intervallen d^3p und d^3p' vor sich gehen. Definitionsgemäß ist diese Zahl eine Invariante. Wir schreiben sie in der Form

$$\varepsilon\varepsilon' v_{\text{rel}}\, d\sigma \cdot f \cdot f' \cdot \frac{d^3p}{\varepsilon} \cdot \frac{d^3p'}{\varepsilon'} \cdot d^3x\, dt$$

und bemerken, daß die letzten fünf Faktoren (die durch Punkte abgetrennt sind) Invarianten sind. Hieraus schließen wir, daß auch der erste Faktor $\varepsilon\varepsilon' v_{\text{rel}}\, d\sigma$ eine Invariante ist. Hieraus folgt wiederum, daß die Integrale

$$W^{kl} = \tfrac{1}{2}\varepsilon\varepsilon' \int q^k q^l v_{\text{rel}}\, d\sigma \tag{50,3}$$

einen symmetrischen Vierertensor bilden. Die Größen (50,2) sind mit den räumlichen Komponenten dieses Vierertensors gemäß

$$B_{\alpha\beta} = \frac{W^{\alpha\beta}}{\varepsilon\varepsilon'} \tag{50,4}$$

verknüpft.

Wir berechnen den Vierertensor (50,3) zunächst in dem Bezugssystem, in dem eines der Teilchen (beispielsweise das Teilchen e) ruht. Der relativistische Streuquerschnitt für die RUTHERFORDsche Streuung des Teilchens e' am (bis zum Stoß) ruhenden Teilchen e beträgt für kleine Streuwinkel χ[1])

$$d\sigma = \frac{4(ee')^2\,\varepsilon'^2}{p'^4\chi^4}\, 2\pi\chi\, d\chi\,. \tag{50,5}$$

Die gleiche Berechnung wie bei der Herleitung von (41,8) führt zu folgendem Ausdruck für die räumlichen Komponenten des Tensors (50,3):

$$W^{\alpha\beta} = 2\pi(ee')^2\, L(v'^2\delta_{\alpha\beta} - v'_\alpha v'_\beta)\, mc^2\, \frac{\varepsilon'}{v'^3}\,. \tag{50,6}$$

Die übrigen Komponenten müssen Null gesetzt werden,

$$W^{00} = W^{0\alpha} = 0\,. \tag{50,7}$$

In der Tat ist die Änderung der Teilchenenergie bei einem Stoß (q^0) im betrachteten Bezugssystem eine Größe zweiter Ordnung bezüglich des kleinen Streuwinkels. Deshalb erweisen sich $W^{0\alpha}$ und W^{00} als Größen dritter oder vierter Ordnung, während die gesamte Herleitung des Stoßintegrals nur mit einer Genauigkeit bis zu Größen zweiter Ordnung durchgeführt wurde.

Aus (50,6–7) erhalten wir

$$W_k^k = -W_\alpha^\alpha = -4\pi(ee')^2\, Lmc^2\varepsilon'/v'\,.$$

Diesen Viererskalar kann man in invarianter Form schreiben, wenn man berücksichtigt, daß im Ruhesystem des Teilchens e

$$(uu') = \frac{\varepsilon'}{m'c^2}\,, \qquad \frac{[(uu')^2 - 1]^{1/2}}{(uu')} = \frac{v'}{c}$$

1) Dieser Ausdruck bezieht sich auf die Streuung von Elektronen an Elektronen sowie an Ionen. Im ersten Fall wird er aus IV, (81,7) erhalten und im zweiten Fall aus dem Streuquerschnitt für ein unbewegliches COULOMB-Zentrum IV, (80,7).

gilt, wobei $u^k = p^k/mc$, $u'^k = p'^k/m'c$ die Vierergeschwindigkeiten beider Teilchen sind. Deshalb gilt

$$W^k_k = -4\pi(ee')^2 \, Lmm'c^4 \, \frac{(uu')^2}{c[(uu')^2 - 1]^{1/2}} \, . \tag{50,8}$$

Aus (50,6—7) finden wir auch

$$W^{kl}u_l = W^{kl}u'_l = 0 \, . \tag{50,9}$$

In Anbetracht ihrer relativistisch invarianten Form sind diese Gleichungen in einem beliebigen Bezugssystem gültig.

Der Ausdruck für den Vierertensor W^{kl}, der in einem beliebigen Bezugssystem gilt, muß offensichtlich symmetrisch bezüglich der beiden Teilchen sein. Die allgemeine Form eines Vierertensors, der nur von den Vierervektoren u^k und u'^k abhängt, lautet

$$W^{kl} = \alpha g^{kl} + \beta(u^k u^l + u'^k u'^l) + \delta(u^k u'^l + u'^k u^l) \, ,$$

wobei α, β, δ Skalare sind. Wenn wir die letzteren aus den Bedingungen (50,8—9) bestimmen, erhalten wir

$$W^{kl} = 2\pi(ee')^2 \, L \, \frac{mm'c^4(uu')^2}{c[(uu')^2 - 1]^{3/2}}$$
$$\times \{-[(uu')^2 - 1]\, g^{kl} - (u^k u^l + u'^k u'^l) + (uu')\,(u^k u'^l + u'^k u^l)\} \, . \tag{50,10}$$

Schließlich bekommen wir aus dem räumlichen Teil dieses Vierertensors in einem beliebigen Bezugssystem den folgenden Ausdruck für die in das Stoßintegral eingehenden Größen $B_{\alpha\beta}$:

$$B_{\alpha\beta} = 2\pi(ee')^2 \, L \, \frac{\gamma\gamma'(1 - \boldsymbol{vv}'/c^2)^2}{c[\gamma^2\gamma'^2(1 - \boldsymbol{vv}'/c^2)^2 - 1]^{3/2}} \left\{\left[\gamma^2\gamma'^2\left(1 - \frac{\boldsymbol{vv}'}{c^2}\right)^2 - 1\right]\delta_{\alpha\beta}\right.$$
$$\left. - \frac{\gamma^2}{c^2} v_\alpha v_\beta - \frac{\gamma'^2}{c^2} v'_\alpha v'_\beta + \frac{\gamma^2\gamma'^2}{c^2}\left(1 - \frac{\boldsymbol{vv}'}{c^2}\right)(v_\alpha v'_\beta + v'_\alpha v_\beta)\right\} , \tag{50,11}$$

wobei

$$\gamma = \frac{\varepsilon}{mc^2} = \left(1 - \frac{v^2}{c^2}\right)^{-1/2} , \qquad \gamma' = \frac{\varepsilon'}{m'c^2} = \left(1 - \frac{v'^2}{c^2}\right)^{-1/2}$$

die Lorentz-Faktoren für die beiden Teilchen bedeuten. Wir bemerken, daß ungeachtet seiner sehr komplizierten Form (im Vergleich zum nichtrelativistischen Fall) der dreidimensionale Tensor (50,11) wie früher die Beziehungen

$$B_{\alpha\beta} v_\beta = B_{\alpha\beta} v'_\beta \tag{50,12}$$

erfüllt.

Für die Abschätzung des Coulomb-Logarithmus bemerken wir, daß im relativistischen Fall die Bornsche Situation vorliegt: $ze^2/\hbar v \sim ze^2/\hbar c \ll 1$. Deshalb gilt für ee- und ei-Stöße

$$L \approx \ln\,(pa/\hbar) \approx \ln\,(T_e a/\hbar c) \, . \tag{50,13}$$

Für ii-Stöße muß T_e durch T_i ersetzt werden (wenn die Ionen auch relativistisch sind), oder es werden die üblichen nichtrelativistischen Ausdrücke benutzt.

Die kinetische Gleichung mit dem COULOMBschen Stoßintegral besitzt ihre Berechtigung, solange die RUTHERFORD-Streuung der Hauptgrund für die Änderung des Impulses und der Energie des Elektrons ist. Als konkurrierender Prozeß tritt hier die Bremsstrahlung in Erscheinung (und bei Vorhandensein einer großen Zahl von Photonen im Plasma auch der COMPTON-Effekt). Der Transportquerschnitt der RUTHERFORD-Streuung ist von der Größenordnung

$$\sigma_{\text{Ruth}} \sim z^2 \left(\frac{e^2}{mc^2}\right)^2 \left(\frac{mc^2}{\varepsilon}\right)^2 L \sim z^2 \left(\frac{e^2}{mc^2}\right)^2 \left(\frac{mc^2}{T_e}\right)^2 L\,. \tag{50,14}$$

Der Querschnitt für die Bremsstrahlung mit der Energie $\hbar\omega \sim T_e$ beträgt

$$\sigma_{\text{Br}} \sim \frac{z^2}{137} \left(\frac{e^2}{mc^2}\right)^2 \ln \frac{T_e}{mc^2} \tag{50,15}$$

(vgl. IV, (91,17)). Diese Querschnitte werden vergleichbar für

$$\frac{T_e}{mc^2} \sim \left(\frac{137L}{\ln(137L)}\right)^{1/2}.$$

Aufgaben

1. Man bestimme die Geschwindigkeit der Energieübertragung von Elektronen mit einer Temperatur $T_e \gg mc^2$ auf Ionen mit einer Temperatur $T_i \ll Mc^2$.

Lösung. Die in § 42 dargestellten Rechnungen bleiben bis (42,3) gültig. Die Größen $B_{\alpha\beta}^{(ei)}$ nehmen wir aus (50,4), (50,6), wobei wir $v' \approx c$ setzen:

$$B_{\alpha\alpha}^{(ei)} = 4\pi e^4 z^2 L/c\,.$$

Im Ergebnis erhalten wir

$$\frac{\mathrm{d}E_i}{\mathrm{d}t} = -\frac{\mathrm{d}E_e}{\mathrm{d}t} = \left(1 - \frac{T_i}{T_e}\right) \frac{4\pi z^2 e^4 N_i N_e L}{Mc}\,.$$

Wenn wir die Energie der ultrarelativistischen Elektronen durch ihre Temperatur gemäß $E_e = 3T_e N_e$ ausdrücken (s. Aufgabe in V, § 44), erhalten wir

$$\frac{\mathrm{d}T_e}{\mathrm{d}t} = -(T_e - T_i)\,\frac{4\pi z^2 e^4 N_i L}{3McT_e}\,.$$

2. Man bestimme die elektrische Leitfähigkeit für das relativistische LORENTZ-Plasma.

Lösung. Nach der Vernachlässigung von ee-Stößen und dem Übergang zur Grenze $M \to \infty$ fällt der Lösungsweg im relativistischen Fall mit der Lösung der nichtrelativistischen Aufgabe in § 44 zusammen. Als Korrektur zur Verteilungsfunktion im konstanten ($\omega = 0$) elektrischen Feld erhalten wir wiederum

$$\delta f = -\frac{e\boldsymbol{E}\boldsymbol{v}}{T_e \nu_{ei}(p)} f_0$$

(vgl. (44,5)), jedoch mit dem Unterschied, daß die Stoßfrequenz sich jetzt aus dem relativistischen Querschnitt der RUTHERFORD-Streuung bestimmt:

$$\nu_{ei}(p) = N_i v \sigma_t, \qquad \sigma_t \approx \int \frac{\chi^2}{2} \, d\sigma = \frac{4\pi z^2 e^4 L}{v^2 p^2}.$$

Wenn wir den Strom als Integral $-e \int \boldsymbol{v} \, \delta f \, d^3p$ berechnen, erhalten wir für die elektrische Leitfähigkeit

$$\sigma = \frac{\langle v^3 p^2 \rangle}{12\pi z e^2 T_e L}.$$

Im ultrarelativistischen Fall gilt $v \approx c$, $\langle p^2 \rangle = 12(T_e/c)^2$ und folglich

$$\sigma = c T_e / \pi z e^2 L.$$

§ 51. Fluktuationen im Plasma

Die Theorie der Fluktuationen im Plasma wird im Prinzip genauso aufgebaut wie für das gewöhnliche Gas (§§ 19, 20). Die zweizeitigen Korrelatoren, beispielsweise

$$\langle \delta f_a(t_1, \boldsymbol{r}_1, \boldsymbol{p}_1) \, \delta f_b(t_2, \boldsymbol{r}_2, \boldsymbol{p}_2) \rangle, \qquad \langle \delta\varphi(t_1, \boldsymbol{r}_1) \, \delta f_a(t_2, \boldsymbol{r}_2, \boldsymbol{p}_2) \rangle$$

(φ ist das Potential des elektrischen Feldes; die Indizes a, b unterscheiden die Teilchensorten), genügen für $t = t_1 - t_2 > 0$ dem gleichen System von Gleichungen wie die Verteilungsfunktionen $\bar{f}_a$ und das Potential $\bar{\varphi}$ — der linearisierten kinetischen Gleichung und der linearisierten POISSON-Gleichung. Für die Lösung dieses Gleichungssystems müssen als Anfangsbedingungen die entsprechenden einzeitigen Korrelatoren bekannt sein. Jedoch tritt im Plasma im Unterschied zu einem Gas neutraler Teilchen im Gleichgewicht eine einzeitige Korrelation zwischen den Orten verschiedener Teilchen auf, die mit ihrer COULOMBschen Wechselwirkung zusammenhängt und sich über große Abstände ($\sim a$) erstreckt. Im Gleichgewichtsfall wird diese Korrelation durch die Dichtekorrelatoren beschrieben, die in V, § 79 berechnet wurden. Im Nichtgleichgewichtsfall hingegen ist die Bestimmung der einzeitigen Korrelatoren eine schwierige Aufgabe.

Diese Schwierigkeit kann jedoch im Fall des stoßfreien Plasmas in allgemeiner Form überwunden werden. Wir bemerken, daß sich für stoßfreie Plasmen das Problem der Fluktuationen im stationären Nichtgleichgewichtszustand in besonders natürlicher Weise ergibt, da in solch einem Plasma bei Anwesenheit eines äußeren Feldes eine beliebige, nur von den Impulsen der Teilchen abhängige Verteilungsfunktion $\bar{f}_a(\boldsymbol{p})$ eine stationäre Lösung der kinetischen Gleichung darstellt. Der Korrelator der Fluktuationen um diese Verteilung wird, wie im Gleichgewichtsfall, von den Koordinaten der zwei Punkte und den beiden Zeiten nur in Form der Differenzen $\boldsymbol{r} = \boldsymbol{r}_1 - \boldsymbol{r}_2$ und $t = t_1 - t_2$ abhängen. Hierbei bedeutet die Stoßfreiheit des Plasmas, daß Zeiten t betrachtet werden, die klein im Vergleich mit $1/\nu$ sind, wobei ν die effektive Stoßfrequenz ist. Die unten dargestellte Methode ist gerade unter diesen Bedingungen anwendbar. Die Stoßfreiheit wird in ihr von Anfang an benutzt. Sie basiert auf der unmittelbaren Mittelung des Produktes der exakten fluktuierenden Verteilungsfunktionen $f_a(t, \boldsymbol{r}, \boldsymbol{p})$.[1])

---

[1]) Diese Methode wurde von N. ROSTOKER (1961) sowie von J. L. KLIMONTOWITSCH und W. P. SILIN (1962) entwickelt.

Diese Funktionen genügen den Gleichungen

$$\frac{\mathrm{d}f_a}{\mathrm{d}t} = \frac{\partial f_a}{\partial t} + \boldsymbol{v}\frac{\partial f_a}{\partial \boldsymbol{r}} - e_a \frac{\partial \varphi}{\partial \boldsymbol{r}}\frac{\partial f_a}{\partial \boldsymbol{p}} = 0\,, \tag{51,1}$$

wobei φ das exakte Potential des elektrischen Feldes ist, welches die Gleichung

$$\Delta\varphi = -4\pi \sum_a e_a \int f_a\, \mathrm{d}^3p \tag{51,2}$$

erfüllt. Die Gleichung (51,1) stellt ein Analogon zum LIOUVILLE-Theorem dar. Wir betonen, daß bei diesen exakten Gleichungen die Stöße noch nicht vernachlässigt wurden. Die exakten Verteilungsfunktionen

$$f_a(t, \boldsymbol{r}, \boldsymbol{p}) = \sum \delta[\boldsymbol{r} - \boldsymbol{r}_a(t)]\,\delta[\boldsymbol{p} - \boldsymbol{p}_a(t)] \tag{51,3}$$

(es wird über alle Teilchen der Sorte a summiert) berücksichtigen die Bewegung der Teilchen auf den Bahnen $\boldsymbol{r} = \boldsymbol{r}_a(t)$, die exakte Lösungen der Bewegungsgleichungen für das System wechselwirkender Teilchen sind. Die Gleichung (51,1) kann man leicht durch direkte Differentiation der Ausdrücke (51,3) unter Berücksichtigung der Bewegungsgleichungen der Teilchen im selbstkonsistenten Feld bestätigen.

Die Gleichungen (51,1—2) sind für sich genommen nutzlos. Wenn sie auch Verteilungsfunktionen in der Form (51,3) enthalten, muß doch jedes Teilchen im einzelnen verfolgt werden. Wenn sie aber über physikalisch unendlich kleine Volumina[1]) gemittelt werden, ergeben sich die üblichen kinetischen Gleichungen. Wir setzen $f_a = \overline{f_a} + \delta f_a$, $\varphi = \overline{\varphi} + \delta\varphi$, mitteln die Gleichungen (wobei wir keinerlei Näherungen durchführen!) und erhalten

$$\frac{\partial \overline{f_a}}{\partial t} + \boldsymbol{v}\frac{\partial \overline{f_a}}{\partial \boldsymbol{r}} - e_a \frac{\partial \overline{\varphi}}{\partial \boldsymbol{r}}\frac{\partial \overline{f_a}}{\partial \boldsymbol{p}} = e_a \left\langle \frac{\partial \delta\varphi}{\partial \boldsymbol{r}}\frac{\partial \delta f_a}{\partial \boldsymbol{p}} \right\rangle, \tag{51,4}$$

$$\Delta\overline{\varphi} = -4\pi \sum_a e_a \int \overline{f_a}\, \mathrm{d}^3p\,. \tag{51,5}$$

Die rechte Seite in (51,4) ist das Stoßintegral.[2])

Wenn wir (51,4—5) von den exakten Gleichungen (51,1—2) abziehen, erhalten wir die Gleichungen für die fluktuierenden Teile der Verteilungsfunktionen und des Potentials. Hierbei beschreiben die bezüglich $\delta\varphi$ und δf_a quadratischen Glieder in der kinetischen Gleichung den Einfluß der Stöße auf die Fluktuationen. Wenn wir diese Glieder vernachlässigen und den räumlich homogenen Fall betrachten, d. h., wenn wir

$$\overline{f_a} = \overline{f_a}(\boldsymbol{p})\,, \qquad \overline{\varphi} = 0 \tag{51,6}$$

setzen, erhalten wir die Gleichungen

$$\frac{\partial \delta f_a}{\partial t} + \boldsymbol{v}\frac{\partial \delta f_a}{\partial \boldsymbol{r}} - e_a \frac{\partial \delta\varphi}{\partial \boldsymbol{r}}\frac{\partial \overline{f_a}}{\partial \boldsymbol{p}} = 0\,, \tag{51,7}$$

$$\Delta\delta\varphi = -4\pi \sum_a e_a \int \partial f_a\, \mathrm{d}^3p\,. \tag{51,8}$$

[1]) oder, was das gleiche ist, über die Anfangswerte des exakten mechanischen Problems, die dem gegebenen makroskopischen Zustand entsprechen

[2]) Wir kehren zu diesem Ausdruck noch am Ende des Paragraphen zurück und bemerken zunächst nur, daß er der rechten Seite von (16,7) für den Fall der COULOMB-Wechselwirkung zwischen den Teilchen entspricht.

Diese Gleichungen gestatten es, die Funktionen $\delta f_a(t, \boldsymbol{r}, \boldsymbol{p})$ zu einem beliebigen Zeitpunkt t durch ihre Werte zu einem bestimmten Anfangszeitpunkt $t = 0$ auszudrücken. Somit ist es möglich, auch den Korrelator

$$\langle \delta f_a(t_1, \boldsymbol{r}_1, \boldsymbol{p}_1)\, \delta f_b(t_2, \boldsymbol{r}_2, \boldsymbol{p}_2)\rangle \tag{51,9}$$

durch seinen Wert bei $t_1 = t_2 = 0$ zu beschreiben. Dieser Anfangswert des Korrelators (wir bezeichnen ihn mit $g_{ab}(\boldsymbol{r}_1 - \boldsymbol{r}_2, \boldsymbol{p}_1, \boldsymbol{p}_2)$ ist eine in hohem Maße willkürliche Funktion (s. unten). Wir betonen sofort, daß er keineswegs derjenige einzeitige Korrelator ist, den wir (zusammen mit dem vollständigen zweizeitigen Korrelator) bestimmen wollen. Der zentrale Punkt, der die Effektivität der dargelegten Methode gewährleistet, besteht darin, daß bei willkürlicher Wahl der Funktion g der auf diese Weise berechnete Korrelator (51,9) im Verlauf der Zeit (t_1, t_2 von der Größenordnung der LANDAUschen Dämpfungszeit) zu einer Funktion führt, die nur von der Differenz $t = t_1 - t_2$ und nicht von der Wahl von g abhängt. Auf diese Weise wird die Aufgabe gelöst: Diese asymptotische Funktion stellt gerade die gesuchte zweizeitige Korrelationsfunktion dar, und ihr Wert für $t_1 - t_2 = 0$ den einzeitigen Korrelator.

Zur Realisierung des angegebenen Programms führen wir zunächst eine FOURIER-Transformation bezüglich der Koordinaten und eine einseitige FOURIER-Entwicklung bezüglich der Zeit durch,

$$\delta f_{a\omega\boldsymbol{k}}^{(+)}(\boldsymbol{p}) = \int \mathrm{d}^3x \int_0^\infty \mathrm{d}t \cdot \mathrm{e}^{-i(\boldsymbol{kr}-\omega t)}\, \delta f_a(t, \boldsymbol{r}, \boldsymbol{p})\,, \tag{51,10}$$

und analog für $\varphi_{\omega\boldsymbol{k}}^{(+)}$. Wenn wir die Gleichungen (51,7–8) mit $\exp\left[-i(\boldsymbol{kr} - \omega t)\right]$ multiplizieren und über $\mathrm{d}t$ von 0 bis ∞ sowie über d^3x integrieren, erhalten wir

$$i(\boldsymbol{kv} - \omega)\, \delta f_{a\omega\boldsymbol{k}}^{(+)} - ie_a\boldsymbol{k}\,\frac{\partial \overline{f_a}}{\partial \boldsymbol{p}}\, \delta\varphi_{\omega\boldsymbol{k}}^{(+)} = \delta f_{a\boldsymbol{k}}(0, \boldsymbol{p})\,,$$

$$-k^2\, \delta\varphi_{\omega\boldsymbol{k}}^{(+)} = 4\pi \sum_a e_a \int \delta f_{a\omega\boldsymbol{k}}^{(+)}\, \mathrm{d}^3p\,. \tag{51,11}$$

Zu ähnlichen Gleichungen sind wir schon mehrmals gekommen (vgl. (34,10–41)). Aus ihnen finden wir

$$\delta\varphi_{\omega\boldsymbol{k}}^{(+)} = -\frac{4\pi}{k^2\varepsilon_l(\omega, k)} \sum_a e_a \int \frac{\delta f_{a\boldsymbol{k}}(0, \boldsymbol{p})}{i(\boldsymbol{kv} - \omega)}\, \mathrm{d}^3p\,, \tag{51,12}$$

wobei ε_l die dielektrische Permeabilität eines Plasmas mit der Verteilung $f(p)$ bedeutet.[1]) Die Multiplikation von zwei solchen Ausdrücken und eine statistische Mittelung ergeben

$$\langle \delta\varphi_{\omega\boldsymbol{k}}^{(+)}\, \delta\varphi_{\omega'\boldsymbol{k}'}^{(+)}\rangle = \frac{16\pi^2}{k^4\varepsilon_l(\omega, k)\, \varepsilon_l(\omega', k')} \times \sum_{a,b} e_a e_b \int \frac{\langle \delta f_{a\boldsymbol{k}}(0, \boldsymbol{p})\, \delta f_{b\boldsymbol{k}'}(0, \boldsymbol{p}')\rangle}{i(\boldsymbol{kv} - \omega)\, i(\boldsymbol{k}'\,\boldsymbol{v}' - \omega')}\, \mathrm{d}^3p\, \mathrm{d}^3p'\,. \tag{51,13}$$

[1]) Lediglich für die einfachere Schreibweise der folgenden Formeln nehmen wir an, daß die Funktion $\overline{f(p)}$ isotrop ist, so daß der ihr entsprechende Tensor der dielektrischen Permeabilität $\varepsilon_{\alpha\beta}$ auf zwei Skalare ε_l und ε_t reduziert werden kann.

Der Mittelwert im Zähler des Integranden ist mit der FOURIER-Komponente $g_{abk}(\boldsymbol{p}_1, \boldsymbol{p}_2)$ des „Anfangskorrelators" $g_{ab}(\boldsymbol{r}_1 - \boldsymbol{r}_2, \boldsymbol{p}_1, \boldsymbol{p}_2)$ durch die Beziehung

$$\langle \delta f_{ak}(0, \boldsymbol{p})\, \delta f_{bk'}(0, \boldsymbol{p}')\rangle = (2\pi)^3\, \delta(\boldsymbol{k} + \boldsymbol{k}')\, g_{abk}(\boldsymbol{p}_1, \boldsymbol{p}_2)$$

verknüpft (vgl. (19,13)). Wie jede einzeitige Korrelationsfunktion muß der Anfangskorrelator ein δ-funktionsartiges Glied enthalten, das solche Fälle ausdrückt, bei denen sich gerade ein Teilchen in den zusammenfallenden Elementen des Phasenraumes befindet:

$$\delta_{ab}\bar{f}(p)\, \delta(\boldsymbol{r}_1 - \boldsymbol{r}_2)\, \delta(\boldsymbol{p}_1 - \boldsymbol{p}_2)$$

(s. (19,6)). Die FOURIER-Transformierte dieses Gliedes lautet $\delta_{ab}\bar{f}(p)\, \delta(\boldsymbol{p}_1 - \boldsymbol{p}_2)$. Somit muß in (51,13)

$$\langle \delta f_{ak}(0, \boldsymbol{p})\, \delta f_{bk'}(0, \boldsymbol{p}')\rangle = (2\pi)^3\, \delta(\boldsymbol{k} + \boldsymbol{k}')\, [\delta_{ab}\bar{f}_a(p)\, \delta(\boldsymbol{p} - \boldsymbol{p}') + \mu_k(\boldsymbol{p}, \boldsymbol{p}')] \tag{51,14}$$

gesetzt werden, wobei $\mu_k(\boldsymbol{p}, \boldsymbol{p}')$ eine willkürliche glatte Funktion (ohne Singularitäten für reelle $\boldsymbol{p}$ und $\boldsymbol{p}'$) ist — die FOURIER-Transformierte irgendeiner Funktion $\mu(\boldsymbol{r}_1 - \boldsymbol{r}_2, \boldsymbol{p}_1, \boldsymbol{p}_2)$, die für $|\boldsymbol{r}_1 - \boldsymbol{r}_2| \to \infty$ gegen Null strebt.

Beim Einsetzen in (51,13) ergibt das Glied mit dieser willkürlichen Funktion in (51,14)

$$\frac{4(2\pi)^5\, \delta(\boldsymbol{k} + \boldsymbol{k}')}{k^4 \varepsilon_l(\omega, k)\, \varepsilon_l(\omega', k')} \sum_{a,b} \int \frac{\mu_k(\boldsymbol{p}, \boldsymbol{p}')\, \mathrm{d}^3p\, \mathrm{d}^3p'}{i(\boldsymbol{kv} - \omega)\, i(\boldsymbol{kv}' - \omega')}. \tag{51,15}$$

Wir zeigen, daß dieser Ausdruck in der Zeitdarstellung einer Funktion entspricht, die mit der Vergrößerung von t oder t' schnell abklingt.

Der Übergang von der LAPLACE-Transformierten $\langle \delta\varphi^{(+)}_{\omega k}\, \delta\varphi^{(+)}_{\omega' k'}\rangle$ (s. Anmerkung auf Seite 147) zu einer Funktion der Zeiten t_2 und $t_1 = t_2 + t$ wird durch die Transformationsformel

$$\langle \delta\varphi_{k}(t_1)\, \delta\varphi_{k'}(t_2)\rangle = \int \mathrm{e}^{-i\omega t_1 - i\omega' t_2} \langle \delta\varphi^{(+)}_{\omega k} \delta\varphi^{(+)}_{\omega' k'}\rangle\, \frac{\mathrm{d}\omega\, \mathrm{d}\omega'}{(2\pi)^2} \tag{51,16}$$

gegeben, wobei die Integration längs Wegen in der komplexen Ebene der Variablen ω, ω' durchgeführt wird, welche oberhalb aller singulären Punkte des Integranden verlaufen. Uns interessiert das asymptotische Verhalten des Ausdrucks (51,16) für $t_1, t_2 \to \infty$. Hierfür müssen die Integrationskonturen solange nach unten verschoben werden, bis sie an singulären Punkten „hängenbleiben". So führt eine Singularität im Punkte $\omega = \omega_c$ zu einer asymptotischen Zeitabhängigkeit des Integrals über $\mathrm{d}\omega$ in der Form $\exp(-i\omega_c t)$. Man kann leicht einsehen, daß der Ausdruck (51,15) nur in den unteren Halbebenen von ω oder ω' Singularitäten besitzt (nicht aber auf den reellen Achsen dieser Variablen) und deshalb das asymptotische Verhalten des Integrals (51,16) mit (51,15) als $\langle \delta\varphi^{(+)}_{\omega k}\, \delta\varphi^{(+)}_{\omega' k'}\rangle$ nur gedämpfte Glieder enthält.

Wir betrachten zum Beispiel das Integral über ω. Der Faktor $1/\varepsilon_l(\omega, k)$ in (51,15) besitzt Pole an den Nullstellen der Funktion $\varepsilon_l(\omega, k)$, welche nur in der unteren Halbebene von ω auftreten.[1]) Die gleiche Eigenschaft besitzt auch das Integral über d^3p in

[1]) Es wird angenommen, daß die Verteilung $\bar{f}(p)$ einem stabilen Plasmazustand entspricht, so daß die Plasmawellen gedämpft sind. Offensichtlich ist nur in diesem Falle die Problemstellung stationärer Fluktuationen überhaupt sinnvoll.

(51,15). In der Tat hat dieses Integral die Form

$$\int \frac{\psi(z)\,dz}{z - \omega/k - i0},$$

wobei $z \equiv v_x$ die Projektion des Vektors $\boldsymbol{v}$ auf die $\boldsymbol{k}$-Richtung ist und (gemäß den vorausgesetzten Eigenschaften der Funktion $\mu_{\boldsymbol{k}}(\boldsymbol{p}, \boldsymbol{p}')$) der Faktor $\psi(z)$ singuläre Punkte nur für komplexe Werte z haben kann. Ein Integral dieser Art wurde bereits am Ende von § 29 betrachtet, und es wurde gezeigt, daß es nur in der unteren Halbebene von ω Pole haben kann.

Somit entsteht der uns interessierende ungedämpfte Anteil des Korrelators lediglich aus dem Beitrag des ersten Gliedes von (51,14) zum Integral (51,13):

$$\langle \delta\varphi^{(+)}_{\omega\boldsymbol{k}}\, \delta\varphi^{(+)}_{\omega'\boldsymbol{k}'}\rangle = -\frac{4(2\pi)^5\,\delta(\boldsymbol{k}+\boldsymbol{k}')}{k^4\varepsilon_l(\omega, k)\,\varepsilon_l(\omega', k)} \sum_a e_a^2 \int \frac{\overline{f}_a(p)\,d^3p}{(\omega - \boldsymbol{kv} + i0)\,(\omega' + \boldsymbol{kv} + i0)}. \quad (51,17)$$

Wir formen den Integranden um und schreiben

$$[(\omega - \boldsymbol{kv} + i0)\,(\omega' + \boldsymbol{kv} + i0)]^{-1} = \frac{1}{\omega + \omega' + i0}\left[\frac{1}{\omega - \boldsymbol{kv} + i0} + \frac{1}{\omega' + \boldsymbol{kv} + i0}\right].$$

Bei der folgenden Integration über ω' in (51,16) entsteht der ungedämpfte Beitrag für $t \to \infty$ aus dem Residuum am Pol $\omega' = -\omega - i0$, der von der Integrationskontur umlaufen wird, wie dies in Abb. 14 gezeigt wird. In diesem Sinne muß der Faktor $1/(\omega + \omega')$ als $-2\pi i\delta(\omega + \omega')$ verstanden werden. Die Bedeutung des Faktors $1/(\omega \pm \boldsymbol{kv})$ bei der darauffolgenden Integration über ω wird durch die Formel (29,8) bestimmt, gemäß der

$$\frac{1}{\omega - \boldsymbol{kv} + i0} - \frac{1}{\omega - \boldsymbol{kv} - i0} = -2\pi i\delta(\omega - \boldsymbol{kv})$$

gilt. (Diese Bezeichnung setzt voraus, daß die Integration über ω und ω' entlang der reellen Achse ausgeführt wird.)

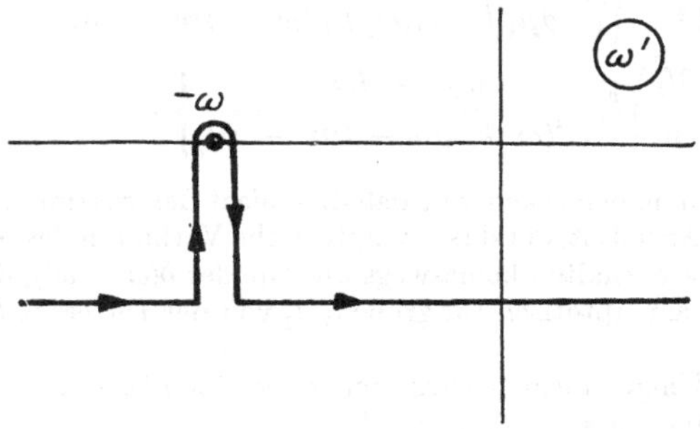

Abb. 14

Somit ist es nötig, zur Berechnung des Korrelators in der asymptotischen Grenze großer Zeiten t im Integral (51,17) folgende Ersetzung durchzuführen:

$$[(\omega - \boldsymbol{kv} + i0)(\omega' + \boldsymbol{kv} + i0)]^{-1} \to -(2\pi)^2 \, \delta(\omega + \omega') \, \delta(\omega - \boldsymbol{kv}) \, . \tag{51,18}$$

Im Ergebnis erhalten wir[1])

$$\langle \delta\varphi^{(+)}_{\omega\boldsymbol{k}} \, \delta\varphi^{(+)}_{\omega'\boldsymbol{k}'} \rangle = (2\pi)^4 \, \delta(\omega + \omega') \, \delta(\boldsymbol{k} + \boldsymbol{k}') \, (\delta\varphi^2)_{\omega\boldsymbol{k}} \tag{51,19}$$

mit

$$(\delta\varphi^2)_{\omega\boldsymbol{k}} = \frac{32\pi^3}{k^4 |\varepsilon_l(\omega, k)|^2} \sum_a e_a^2 \int \overline{f}_a(\boldsymbol{p}) \, \delta(\omega - \boldsymbol{kv}) \, \mathrm{d}^3p \, . \tag{51,20}$$

Aus der Definition (51,19) ist ersichtlich (vgl. (19,13)), daß die Größen $(\delta\varphi^2)_{\omega\boldsymbol{k}}$ die gesuchte Fourier-Transformierte der Korrelationsfunktion darstellen — den Spektralkorrelator. Somit löst die Beziehung (51,20) die gestellte Aufgabe für die Fluktuationen des Potentials.

In analoger Weise lassen sich auch die anderen Korrelatoren bestimmen. So erhalten wir, wenn wir $\delta f^{(+)}_{a\omega'\boldsymbol{k}'}$ mittels (51,11) durch $\delta\varphi^{(+)}_{\omega'\boldsymbol{k}'}$ ausdrücken, mit $\delta\varphi^{(+)}_{\omega\boldsymbol{k}}$ aus (51,12) multiplizieren und mitteln, den Korrelator des Potentials und der Verteilungsfunktion[2])

$$(\delta\varphi \, \delta f_a)_{\omega\boldsymbol{k}} = \frac{e_a \boldsymbol{k}}{\boldsymbol{kv} - \omega + i0} \frac{\partial \overline{f}_a}{\partial \boldsymbol{p}} (\delta\varphi^2)_{\omega\boldsymbol{k}} + \frac{8\pi^2 e_a}{k^2 \varepsilon_l(\omega, k)} \overline{f}_a(\boldsymbol{p}) \, \delta(\omega - \boldsymbol{kv}) \, . \tag{51,21}$$

Wir erinnern daran, daß die Reihenfolge, in der $\delta\varphi$ und δf_a im Symbol $(\delta\varphi \, \delta f_a)_{\omega\boldsymbol{k}}$ angegeben wurden, wesentlich ist. Definitionsgemäß (vgl. V, (122,11)) ist (51,21) die Fourier-Transformierte des raum-zeitlichen Korrelators

$$\langle \delta\varphi(t, \boldsymbol{r}) \, \delta f_a(0, 0) \rangle \, .$$

Wenn der Korrelator gemäß $\langle \delta f_a(t, \boldsymbol{r}) \, \delta\varphi(0, 0) \rangle$ definiert ist, so wird

$$(\delta f_a \, \delta\varphi)_{\omega\boldsymbol{k}} = (\delta\varphi \, \delta f_a)_{-\omega-\boldsymbol{k}} = (\delta\varphi \, \delta f_a)^*_{\omega\boldsymbol{k}} \tag{51,22}$$

(vgl. V, (122,13)).

Schließlich gilt für den Spektralkorrelator der Verteilungsfunktionen

$$\begin{aligned}(\delta f_a \, \delta f_b)_{\omega\boldsymbol{k}} = {} & 2\pi\delta_{ab}\delta(\boldsymbol{p}_1 - \boldsymbol{p}_2) \overline{f}_a(\boldsymbol{p}_1) \, \delta(\omega - \boldsymbol{kv}_1) \\ & + \frac{e_a e_b (\delta\varphi^2)_{\omega\boldsymbol{k}}}{(\omega - \boldsymbol{kv}_1 + i0)(\omega - \boldsymbol{kv}_2 - i0)} \left(\boldsymbol{k} \frac{\partial \overline{f}_a}{\partial \boldsymbol{p}_1}\right) \left(\boldsymbol{k} \frac{\partial \overline{f}_b}{\partial \boldsymbol{p}_2}\right) \\ & - \frac{8\pi^2 e_a e_b}{k^2} \left\{ \left(\boldsymbol{k} \frac{\partial \overline{f}_a}{\partial \boldsymbol{p}_1}\right) \overline{f}_b \frac{\delta(\omega - \boldsymbol{kv}_2)}{\varepsilon_l(\omega, k)(\omega - \boldsymbol{kv}_1 + i0)} \right. \\ & \left. + \left(\boldsymbol{k} \frac{\partial \overline{f}_b}{\partial \boldsymbol{p}_2}\right) \overline{f}_a \frac{\delta(\omega - \boldsymbol{kv}_1)}{\varepsilon_l^*(\omega, k)(\omega - \boldsymbol{kv}_2 - i0)} \right\} . \end{aligned} \tag{51,23}$$

---

[1]) Um Mißverständnisse zu vermeiden, bemerken wir, daß dies nicht der gesamte Ausdruck, sondern nur sein in $\omega + \omega'$ singulärer Anteil ist, der das asymptotische Verhalten des Korrelators bestimmt. Im vollständigen Ausdruck enthalten keineswegs alle Glieder $\delta(\omega + \omega')$, da die entsprechende Funktion von t_1 und t_2 nur asymptotisch für große t_1, t_2 von der Differenz $t = t_1 - t_2$ abhängt.

[2]) Zu beachten ist die umgekehrte Umgehungsvorschrift im ersten Glied ($\omega - i0$ anstelle $\omega + i0$). Sie entstand durch die Substitutionen $\omega = -\omega'$, $\boldsymbol{k} = -\boldsymbol{k}'$ in

$$(\boldsymbol{k}'\boldsymbol{v} - \omega' - i0)^{-1} = -(\boldsymbol{kv} - \omega + i0)^{-1} \, .$$

Dies ist die FOURIER-Transformierte des Korrelators

$$\langle \delta f_a(t, \boldsymbol{r}, \boldsymbol{p}_1)\, \delta f_b(0, 0, \boldsymbol{p}_2)\rangle .$$

Wenn wir in den Beziehungen (51,20—23) als $\overline{f_a}$ die MAXWELLsche Verteilungsfunktion f_{0a} wählen, erhalten wir die Korrelatoren für die Fluktuationen des stoßfreien Plasmas im Gleichgewicht.

Wir betrachten beispielsweise die Fluktuationen des Potentials. Für das MAXWELLsche Plasma läßt sich der Imaginärteil der longitudinalen dielektrischen Permeabilität in der Form

$$\varepsilon_l''(\omega, k) = \frac{4\pi^2\omega}{k^2T} \sum_a e_a^2 \int f_{0a}(p)\, \delta(\omega - \boldsymbol{kv})\, \mathrm{d}^3p \tag{51,24}$$

darstellen (s. (30,1); die Verallgemeinerung auf mehrere Teilchensorten ist offensichtlich). Wenn wir diesen Ausdruck in (51,20) einführen, erhalten wir

$$(\delta\varphi^2)_{\omega\boldsymbol{k}} = \frac{8\pi T\varepsilon_l''(\omega, k)}{\omega k^2\, |\varepsilon_l(\omega, k)|^2}. \tag{51,25}$$

Der Korrelator für die longitudinale elektrische Feldstärke beträgt

$$(E_\alpha E_\beta)_{\omega\boldsymbol{k}} = k_\alpha k_\beta (\delta\varphi^2)_{\omega\boldsymbol{k}} . \tag{51,26}$$

Dieses Ergebnis kann natürlich auch aus der allgemeinen makroskopischen Theorie der elektromagnetischen Fluktuationen im Gleichgewicht erhalten werden, die in IX, §§ 75—77 dargestellt wurde.[1]) Gemäß dieser Theorie läßt sich der Spektralkorrelator der elektrischen Feldstärke durch die retardierte GREENsche Funktion gemäß einer Formel ausdrücken, die im klassischen Grenzfall ($\hbar\omega \ll T$) die Form

$$(E_\alpha E_\beta)_{\omega\boldsymbol{k}} = -\frac{2\omega T}{\hbar c^2} \operatorname{Im} D_{\alpha\beta}^R(\omega, \boldsymbol{k}) \tag{51,27}$$

annimmt (s. IX, (76,3), (77,2)). In einem Medium mit räumlicher Dispersion lautet die GREENsche Funktion[2])

$$D_{\alpha\beta}^R(\omega, \boldsymbol{k}) = \frac{4\pi\hbar}{\omega^2\varepsilon_t/c^2 - k^2}\left(\delta_{\alpha\beta} - \frac{k_\alpha k_\beta}{k^2}\right) + \frac{4\pi\hbar c^2}{\omega^2\varepsilon_l}\frac{k_\alpha k_\beta}{k^2} . \tag{51,28}$$

Einsetzen des longitudinalen Teils dieser Funktion (zweites Glied) in (51,27) ergibt ebenfalls (51,25—26).

Abschließend kehren wir zur Gleichung (51,4) zurück und zeigen, daß der auf der rechten Seite stehende Ausdruck

$$e_a \frac{\partial}{\partial \boldsymbol{p}} \left\langle \frac{\partial \delta\varphi(t, \boldsymbol{r})}{\partial \boldsymbol{r}}\, \delta f_a(t, \boldsymbol{r}, \boldsymbol{p}) \right\rangle \tag{51,29}$$

[1]) Das selbstkonsistente Feld im Plasma ist eine makroskopische Größe, und deshalb ist die makroskopische Theorie der Fluktuationen hierauf anwendbar. Die Verteilungsfunktion ist keine makroskopische Größe, und ihre Fluktuationen erfordern immer eine kinetische Betrachtung.

[2]) Dieser Ausdruck ergibt sich aus IX, (75,20), wenn letzterer in einen transversalen und einen longitudinalen Anteil zerlegt wird und ε in diesen Anteilen durch $\varepsilon_t(\omega, k)$ bzw. $\varepsilon_l(\omega, k)$ ersetzt wird.

in der Tat mit dem bekannten Ausdruck für das Stoßintegral im Plasma übereinstimmt. Die Größe (51,29) wird aus der Korrelationsfunktion $\langle \delta\varphi(t, \boldsymbol{r})\, \delta f_a(0, 0)\rangle$ durch Differentiation bezüglich $\boldsymbol{r}$ erhalten. Anschließend muß in ihr $\boldsymbol{r} = 0$ gesetzt werden. Somit finden wir

$$\left\langle \frac{\partial \delta\varphi}{\partial \boldsymbol{r}} \delta f_a \right\rangle = \int i\boldsymbol{k} (\delta\varphi\, \delta f_a)_{\omega \boldsymbol{k}} \frac{\mathrm{d}\omega\, \mathrm{d}^3k}{(2\pi)^4} = -\int \boldsymbol{k}\, \mathrm{Im}\, (\delta\varphi\, \delta f_a)_{\omega \boldsymbol{k}} \frac{\mathrm{d}\omega\, \mathrm{d}^3k}{(2\pi)^4}. \quad (51{,}30)$$

(In der letzten Gleichung wurde (51,22) berücksichtigt.) Aus (51,21) erhalten wir aber (wenn wir außerdem (51,20) und (30,1) benutzen)

$$\mathrm{Im}\, (\delta\varphi\, \delta f_a)_{\omega \boldsymbol{k}} = \left\{ -\pi \boldsymbol{k} \frac{\partial \bar{f}_a}{\partial \boldsymbol{p}_a} (\delta\varphi^2)_{\omega \boldsymbol{k}} - \frac{8\pi^2 \varepsilon''}{k^2 |\varepsilon|^2} \bar{f}_a \right\} e_a \delta(\omega - \boldsymbol{k}\boldsymbol{v}_a)$$

$$= -\frac{32\pi e_a}{k^4 |\varepsilon_l|^2} \sum_b e_b^2 \int \boldsymbol{k} \left\{ \frac{\partial \bar{f}_a}{\partial \boldsymbol{p}_a} \bar{f}_b - \bar{f}_a \frac{\partial \bar{f}_b}{\partial \boldsymbol{p}_b} \right\} \delta(\omega - \boldsymbol{k}\boldsymbol{v}_b)\, d^3p_b \cdot \delta(\omega - \boldsymbol{k}\boldsymbol{v}_a)\,.$$

Wenn wir diesen Ausdruck in (51,30) einsetzen, können wir (51,29) leicht in die Form des Stoßintegrals von Balescu und Lenard (§ 47) überführen.

In Verbindung mit der angegebenen Herleitung mag es sonderbar erscheinen, daß zur Berechnung des Stoßintegrals die Betrachtung der Fluktuationen in einem stoßfreien Plasma ausreichend war. Dies rührt jedoch daher, daß bei den Stößen im Plasma die Fourier-Komponenten des elektrischen Feldes mit $k \gtrsim 1/a \gg 1/l$ wesentlich sind, was ermöglicht, die Stöße zu vernachlässigen. Die Situation ist hier völlig analog zu derjenigen, die bei der Herleitung der Boltzmann-Gleichung in § 16 vorlag. In der Tat bedeutet die Gleichung (16,10) gerade die Vernachlässigung der Einflüsse von Stößen auf die Paarkorrelationsfunktion.

V DAS PLASMA IM MAGNETFELD

§ 52. Die dielektrische Permeabilität des stoßfreien kalten Plasmas

Dieses Kapitel ist dem Studium der Eigenschaften eines Plasmas gewidmet, das sich in einem äußeren Magnetfeld befindet. Ein solches Plasma bezeichnen wir als magnetisch aktiv (Magnetoplasma). Das Magnetfeld bestimmt in starkem Maße das Verhalten des Plasmas, da es die geladenen Teilchen veranlaßt, sich auf schraubenförmigen Flugbahnen entlang der Feldlinien zu bewegen. Insbesondere seine dielektrischen Eigenschaften werden dadurch beeinflußt.

Wir wollen zunächst an einige allgemeine Eigenschaften des Tensors der dielektrischen Permeabilität bei Anwesenheit eines Magnetfeldes der Induktion $\boldsymbol{B}$ erinnern (s. VIII, § 101). Wie bei fehlendem Magnetfeld gilt auch hier die Beziehung (28,6):

$$\varepsilon_{\alpha\beta}(-\omega, -\boldsymbol{k}; \boldsymbol{B}) = \varepsilon^*_{\alpha\beta}(\omega, \boldsymbol{k}; \boldsymbol{B}) . \tag{52,1}$$

Dieser Tensor ist entsprechend dem Onsager-Prinzip symmetrisch bei gleichzeitiger Inversion des Magnetfeldes und des Wellenvektors:

$$\varepsilon_{\alpha\beta}(\omega, \boldsymbol{k}; \boldsymbol{B}) = \varepsilon_{\beta\alpha}(\omega, -\boldsymbol{k}; -\boldsymbol{B}) . \tag{52,2}$$

Im Gegensatz zur Beziehung (52,1), die direkt aus der Definition des Dielektrizitätstensors folgt, gilt diese Eigenschaft nur im thermodynamischen Gleichgewicht. Ist das Medium außerdem invariant bei räumlicher Inversion (das Gleichgewichtsplasma besitzt natürlich diese Eigenschaft), so werden die $\varepsilon_{\alpha\beta}$ gerade Funktionen von $\boldsymbol{k}$, und folglich gilt

$$\varepsilon_{\alpha\beta}(\omega, \boldsymbol{k}; \boldsymbol{B}) = \varepsilon_{\beta\alpha}(\omega, \boldsymbol{k}; -\boldsymbol{B}) . \tag{52,2a}$$

Im allgemeinen Fall können wir den Tensor $\varepsilon_{\alpha\beta}$ in einen hermiteschen $(\varepsilon_{\alpha\beta} + \varepsilon^*_{\beta\alpha})/2$ und einen antihermiteschen Anteil $(\varepsilon_{\alpha\beta} - \varepsilon^*_{\beta\alpha})/2$ zerlegen. Der letztere bestimmt die Dissipation der Feldenergie im Medium (vgl. (30,3)).

Die Untersuchung des magnetisch aktiven Plasmas beginnen wir mit dem einfachsten Beispiel, dem „kalten, stoßfreien" Plasma. Die Temperatur dieses Plasmas soll so niedrig sein, daß die thermische Bewegung der Teilchen vernachlässigt werden kann. (Die dafür notwendigen Bedingungen werden später formuliert.) Im Rahmen dieser Näherung existiert keine räumliche Dispersion. Die dielektrische Permeabilität hängt nur von der Frequenz des elektrischen Feldes ab. Außerdem finden in diesem System keine Dissipationsprozesse statt, so daß der Tensor $\varepsilon_{\alpha\beta}$ hermitesch ist:

$$\varepsilon_{\alpha\beta}(\omega; \boldsymbol{B}) = \varepsilon^*_{\beta\alpha}(\omega; \boldsymbol{B}) . \tag{52,3}$$

Zusammen mit Gleichung (52,1) folgt hieraus

$$\varepsilon_{\alpha\beta}(\omega; \boldsymbol{B}) = \varepsilon_{\beta\alpha}(-\omega; \boldsymbol{B}) . \tag{52,4}$$

Zerlegt man den hermiteschen Tensor in Real- und Imaginärteil, $\varepsilon_{\alpha\beta} = \varepsilon'_{\alpha\beta} + i\varepsilon''_{\alpha\beta}$, so ergibt sich unter Ausnutzung von (52,2—3)

$$\begin{aligned} \varepsilon'_{\alpha\beta}(\omega; \boldsymbol{B}) &= \varepsilon'_{\beta\alpha}(\omega; \boldsymbol{B}) = \varepsilon'_{\alpha\beta}(\omega; -\boldsymbol{B}) , \\ \varepsilon''_{\alpha\beta}(\omega; \boldsymbol{B}) &= -\varepsilon''_{\beta\alpha}(\omega; \boldsymbol{B}) = -\varepsilon''_{\alpha\beta}(\omega; -\boldsymbol{B}) . \end{aligned} \tag{52,5}$$

Auf diese Weise erhalten wir im dissipationsfreien Medium $\varepsilon'_{\alpha\beta}$ als gerade und $\varepsilon''_{\alpha\beta}$ als ungerade Funktionen des Feldes.

Wir setzen voraus, daß das Plasma erst unter der Wirkung eines konstanten homogenen Magnetfeldes anisotrop wird. Die Induktion im Inneren des Plasmas werde mit $\boldsymbol{B}_0$ bezeichnet. In diesem Fall besitzt die allgemeine Abhängigkeit zwischen der elektrischen Verschiebung und der Feldstärke eines schwachen, monochromatischen elektrischen Feldes die Gestalt

$$\boldsymbol{D} = \varepsilon_{\perp}\boldsymbol{E} + (\varepsilon_{\parallel} - \varepsilon_{\perp})\, \boldsymbol{b}(\boldsymbol{b}\boldsymbol{E}) + ig[\boldsymbol{E}\boldsymbol{b}] , \tag{52,6}$$

wobei $\boldsymbol{b} = \boldsymbol{B}_0/B_0$ ist. Die Parameter $\varepsilon_{\perp}$, $\varepsilon_{\parallel}$ und g sind Funktionen von ω und B_0. In Komponentendarstellung erhalten wir mit $D_\alpha = \varepsilon_{\alpha\beta}E_\beta$,

$$\varepsilon_{\alpha\beta} = \varepsilon_{\perp}\delta_{\alpha\beta} + (\varepsilon_{\parallel} - \varepsilon_{\perp})\, b_\alpha b_\beta + ige_{\alpha\beta\gamma}b_\gamma . \tag{52,7}$$

Wählt man das Koordinatensystem so, daß die z-Achse mit der $\boldsymbol{B}_0$-Richtung übereinstimmt, so ergeben sich die folgenden Tensorkomponenten:

$$\begin{aligned} \varepsilon_{xx} &= \varepsilon_{yy} = \varepsilon_{\perp} , & \varepsilon_{zz} &= \varepsilon_{\parallel} , \\ \varepsilon_{xy} &= -\varepsilon_{yx} = ig , & \varepsilon_{xz} &= \varepsilon_{yz} = 0 . \end{aligned} \tag{52,8}$$

Aus der Hermitezitätsforderung des Tensors (52,7) folgt, daß die Funktionen $\varepsilon_{\perp}$, $\varepsilon_{\parallel}$ und g reell sind. Weiterhin ergeben sich aus (52,4) für $\varepsilon_{\perp}$ und $\varepsilon_{\parallel}$ gerade Funktionen sowie für g eine ungerade Funktion der Frequenz. Das ONSAGER-Prinzip wird durch den Ausdruck (52,7) automatisch erfüllt.

In schwachen Feldern können wir den Tensor $\varepsilon_{\alpha\beta}$ nach ganzzahligen Potenzen des Vektors $\boldsymbol{B}_0$ entwickeln. Beim Grenzübergang $\boldsymbol{B}_0 \to 0$ geht deshalb der Koeffizient $\varepsilon_{\perp}$ in einen endlichen Wert über, und zwar in die dielektrische Permeabilität des magnetfeldfreien Plasmas. Die Differenz $\varepsilon_{\perp} - \varepsilon_{\parallel}$ ist proportional zu $\boldsymbol{B}$, während der Koeffizient g sich wie B_0 verhält.

Ausgehend von den Bewegungsgleichungen für Teilchen in einem veränderlichen elektrischen Feld $\boldsymbol{E}$ und einem konstanten Magnetfeld $\boldsymbol{B}_0$ können wir den Tensor $\varepsilon_{\alpha\beta}$ in der betrachteten Näherung unmittelbar berechnen (analog zur Herleitung der Gleichung (31,9) in § 31). Die Bewegungsgleichung für Elektronen lautet

$$m\frac{\mathrm{d}\boldsymbol{v}}{\mathrm{d}t} = -e\boldsymbol{E} - \frac{e}{c}[\boldsymbol{v}\boldsymbol{B}_0] . \tag{52,9}$$

Die zeitliche Geschwindigkeitsänderung erfolgt nach dem gleichen Gesetz $\exp(-i\omega t)$ wie die des elektrischen Feldes $\boldsymbol{E}$. Indem wir die räumliche Änderung des letzteren im

Aufenthaltsbereich der Teilchen vernachlässigen, erhalten wir aus (52,9)

$$i\omega \boldsymbol{v} = \frac{e}{m}\boldsymbol{E} + \frac{e}{mc}[\boldsymbol{v}\boldsymbol{B}_0].$$

Die Lösung dieser algebraischen Vektorgleichung enthält Beiträge in den Richtungen $\boldsymbol{E}$, $\boldsymbol{b}$ und $[\boldsymbol{E}\boldsymbol{b}]$. Bei entsprechender Wahl der Koeffizienten erhält man

$$\boldsymbol{v} = -\frac{ie\omega}{m(\omega^2 - \omega_{Be}^2)}\left\{\boldsymbol{E} - \frac{\omega_{Be}^2}{\omega^2}\boldsymbol{b}(\boldsymbol{E}\boldsymbol{b}) - i\frac{\omega_{Be}}{\omega}[\boldsymbol{E}\boldsymbol{b}]\right\}, \tag{52,10}$$

wobei $\omega_{Be} = eB_0/mc$ ist. Die durch die Bewegung der Elektronen hervorgerufene Polarisation $\boldsymbol{P}$ und somit die Verschiebung $\boldsymbol{D}$ sind über die Relation (29,4) mit der Geschwindigkeit der Elektronen verknüpft:

$$-i\omega\boldsymbol{P} = -i\omega\frac{\boldsymbol{D}-\boldsymbol{E}}{4\pi} = \boldsymbol{j} = -eN_e\boldsymbol{v}.$$

In analoger Weise wird auch der Ionenbeitrag zur Polarisation berechnet. Beide Anteile addieren sich zum Resultat

$$\begin{aligned}
\varepsilon_\perp &= 1 - \frac{\Omega_e^2}{\omega^2 - \omega_{Be}^2} - \frac{\Omega_i^2}{\omega^2 - \omega_{Bi}^2},\\
\varepsilon_\parallel &= 1 - \frac{\Omega_e^2 + \Omega_i^2}{\omega^2},\\
g &= \frac{\omega_{Be}\Omega_e^2}{\omega(\omega^2 - \omega_{Be}^2)} - \frac{\omega_{Bi}\Omega_i^2}{\omega(\omega^2 - \omega_{Bi}^2)}.
\end{aligned} \tag{52,11}$$

Hierbei sind

$$\omega_{Be} = \frac{eB_0}{mc}, \qquad \omega_{Bi} = \frac{zeB_0}{Mc} \tag{52,12}$$

die sogenannten Zyklotronfrequenzen (oder Gyrofrequenzen) der Elektronen und der Ionen. Sie beschreiben die Frequenz der kreisförmigen Bewegung der Teilchen im Magnetfeld und stellen damit charakteristische Kenngrößen des magnetisch aktiven Plasmas dar.

Die Verhältnisse

$$\frac{\omega_{Bi}}{\omega_{Be}} = \frac{zm}{M}, \qquad \frac{\Omega_i}{\Omega_e} = \left(\frac{zm}{M}\right)^{1/2} \tag{52,13}$$

besitzen kleine Werte. Was das Verhältnis der Frequenzen Ω_e und ω_{Be} (oder auch Ω_i und ω_{Bi}) betrifft, die von vollkommen verschiedenen Parametern (von der Plasmadichte und vom Feld $\boldsymbol{B}_0$) abhängen, so kann sich dieses in sehr weiten Bereichen ändern.

Es sei noch bemerkt, daß der ionische Beitrag zur dielektrischen Permeabilität trotz der großen Ionenmasse für hinreichend kleine Frequenzen ω vergleichbar mit dem Elektronenanteil oder sogar größer als dieser werden kann. Für $\omega \to 0$ heben sich die zwei Terme in g gegenseitig auf, und g geht gegen Null, wie leicht nachgeprüft werden kann, wenn man berücksichtigt, daß auf Grund der Neutralität des Plasmas ($N_e = zN_i$)

$$\Omega_e^2/\omega_{Be} = \Omega_i^2/\omega_{Bi} \tag{52,14}$$

gilt. Beide Beiträge in g sind für $\omega \sim \omega_{Bi}$ von gleicher Größenordnung. Der Ionenanteil von g kann deshalb nur unter der Bedingung $\omega \gg \omega_{Bi}$ vernachlässigt werden. In der transversalen dielektrischen Permeabilität $\varepsilon_\perp$ dagegen sind beide Anteile nur im Bereich

$$\omega \sim \omega_{Bi}(M/m)^{1/2} \sim (\omega_{Bi}\omega_{Be})^{1/2}$$

vergleichbar. Eine Vernachlässigung des Ionenanteils ist hier nur unter der Voraussetzung

$$\omega \gg (\omega_{Bi}\omega_{Be})^{1/2} \tag{52,15}$$

gerechtfertigt.

Schließlich kann in der longitudinalen dielektrischen Permeabilität $\varepsilon_\parallel$ (in die Ω_e^2 und Ω_i^2 in Form einer Summe eingehen) der ionische Beitrag immer vernachlässigt werden. Nebenbei sei festgestellt, daß die Unabhängigkeit der Komponente $\varepsilon_\parallel$ von $\boldsymbol{B}_0$ eine Folge davon ist, daß das elektrische Feld als homogen betrachtet wird. In gekreuzten homogenen Feldern verändert das Magnetfeld die Bewegung der Teilchen in der Richtung von $\boldsymbol{B}_0$ nicht.

Schließlich wollen wir noch die Bedingungen für die Anwendbarkeit der erhaltenen Gleichungen analysieren. In Anwendung von (52,9) auf die Teilchenbewegung wurde die räumliche Änderung des $\boldsymbol{E}$-Feldes im Aufenthaltsbereich des Teilchens vernachlässigt. Die Abmessungen dieses Bereiches in Richtung des konstanten Feldes $\boldsymbol{B}_0$ werden durch die Weglänge v_T/ω bestimmt, die ein Teilchen mit mittlerer thermischer Geschwindigkeit v_T während einer Periodendauer des veränderlichen Feldes durchläuft. In der Richtung senkrecht zum Feld $\boldsymbol{B}_0$ hingegen sind diese Abmessungen für $\omega < \omega_B$ durch die Größe

$$r_B \sim v_T/\omega_B \tag{52,16}$$

bestimmt, d. h. durch den Radius der Kreisbahn eines Teilchens, das sich mit der Geschwindigkeit v_T im Magnetfeld $\boldsymbol{B}_0$ bewegt (LARMOR-Radius des Teilchens). Die oben genannte Näherung erfordert, daß diese Abmessungen im Vergleich zu den Abständen, in denen sich das $\boldsymbol{E}$-Feld (in den entsprechenden Richtungen) ändert, klein sind,

$$v_T\,|k_z|/\omega \ll 1\,, \qquad v_T k_\perp/\omega_B \ll 1\,, \tag{52,17}$$

wobei $k_z \equiv k_\parallel$ und $k_\perp$ die Projektionen des Wellenvektors parallel und senkrecht zum Feld $\boldsymbol{B}_0$ bedeuten. Diese Ungleichungen müssen für alle Teilchensorten im Plasma gleichermaßen erfüllt sein.

Im weiteren werden wir außerdem sehen, daß die Frequenz ω nicht in der Nähe einer der Frequenzen ω_{Be} und ω_{Bi} oder eines ihrer Vielfachen (Bedingung (53,17)) liegen darf. In der Nähe dieser Frequenzen muß die räumliche Dispersion sogar bei Gültigkeit der Bedingung (52,17) berücksichtigt werden. Wie wir in § 55 sehen können, werden dadurch die Pole, die in (52,11) bei $\omega^2 = \omega_{Be}^2$ und $\omega^2 = \omega_{Bi}^2$ auftreten, beseitigt.

§ 53. Die Verteilungsfunktion im Magnetfeld

Die dielektrische Permeabilität des stoßfreien, magnetisch aktiven Plasmas bei Berücksichtigung der räumlichen Dispersion wird mittels der Verteilungsfunktionen der Elektronen und der Ionen berechnet, die ihrerseits durch die kinetischen Gleichungen bestimmt sind.

Wir werden bei der Behandlung sämtliche Formeln für den Elektronenanteil aufschreiben. Die kinetischen Gleichungen des stoßfreien Plasmas wurden bereits in § 27 angegeben. Für die Elektronen erhält man

$$\frac{\partial f}{\partial t} + \boldsymbol{v}\,\frac{\partial f}{\partial \boldsymbol{r}} - e\left(\boldsymbol{E} + \frac{1}{c}\,[\boldsymbol{v}\boldsymbol{B}]\right)\frac{\partial f}{\partial \boldsymbol{p}} = 0\,. \tag{53,1}$$

Wir nehmen an, daß sich das Plasma in einem konstanten, homogenen Magnetfeld $\boldsymbol{B}_0$ beliebiger Stärke und einem schwachen, veränderlichen elektromagnetischen Feld

$$\boldsymbol{E}, \boldsymbol{B}' \propto \mathrm{e}^{i(\boldsymbol{k}\boldsymbol{r}-\omega t)} \tag{53,2}$$

befindet. Auf Grund der MAXWELLschen Gleichungen gilt

$$\frac{\omega}{c}\,\boldsymbol{B}' = [\boldsymbol{k}\boldsymbol{E}]\,. \tag{53,3}$$

In Gleichung (53,1) setzen wir $\boldsymbol{B} = \boldsymbol{B}_0 + \boldsymbol{B}'$ und schreiben die Verteilungsfunktion in der Form $f = f_0 + \delta f$, wobei f_0 die stationäre, homogene Verteilung in Abwesenheit eines veränderlichen Feldes beschreibt. Die kleine Abweichung δf besitzt die gleiche Zeit- und Ortsabhängigkeit (53,2) wie die Felder $\boldsymbol{E}$ und $\boldsymbol{B}'$, zu denen sie proportional ist. Trennt man in (53,1) die Beiträge nullter und erster Ordnung bezüglich des schwachen Feldes, so erhält man[1])

$$\frac{\partial f_0}{\partial \boldsymbol{p}}\,[\boldsymbol{v}\boldsymbol{B}_0] = 0\,, \tag{53,4}$$

$$i(\boldsymbol{k}\boldsymbol{v} - \omega)\,\delta f - \frac{e}{c}\,[\boldsymbol{v}\boldsymbol{B}_0]\,\frac{\partial \delta f}{\partial \boldsymbol{p}} = e\,\frac{\partial f_0}{\partial \boldsymbol{p}}\left\{\boldsymbol{E} + \frac{1}{\omega}\,[\boldsymbol{v}[\boldsymbol{k}\boldsymbol{E}]]\right\}. \tag{53,5}$$

Die Komponenten von $\boldsymbol{v}$ und $\boldsymbol{k}$ in Richtung des Feldes $\boldsymbol{B}_0$ werden mit v_z und k_z bezeichnet, entsprechend sind $\boldsymbol{v}_\perp$, $\boldsymbol{k}_\perp$ die Anteile senkrecht zu $\boldsymbol{B}_0$. Der Winkel zwischen $\boldsymbol{v}_\perp$ und der von $\boldsymbol{k}_\perp$ und $\boldsymbol{B}_0$ aufgespannten Ebene (im rechten Drehsinn gemessen) wird φ genannt. Die somit eingeführten Variablen v_z, $v_\perp$, φ stellen Zylinderkoordinaten im $\boldsymbol{v}$-Raum dar. In diesen Zylinderkoordinaten nimmt die Gleichung (53,5) folgende Gestalt an:

$$i(k_z v_z + k_\perp v_\perp \cos\varphi - \omega)\,\delta f + \omega_{Be}\,\frac{\partial \delta f}{\partial \varphi} = e\left\{\boldsymbol{E} + \frac{1}{\omega}\,[\boldsymbol{v}[\boldsymbol{k}\boldsymbol{E}]]\right\}\frac{\partial f_0}{\partial \boldsymbol{p}}\,. \tag{53,6}$$

---

[1]) Im kalten Plasma mußte die durch das schwache Feld $\boldsymbol{B}'$ hervorgerufene LORENTZ-Kraft nicht berücksichtigt werden, da unter Vernachlässigung der Eigenbewegung der Teilchen (und ohne äußeres Feld) diese Kraft nur einen kleinen Beitrag zweiter Ordnung darstellt.

Aus (53,4) folgt, daß $\partial f_0/\partial\varphi = 0$ ist, d. h., f_0 ist eine beliebige, nur von p_z und $p_\perp$ abhängige Funktion:

$$f_0 = f_0(p_z, p_\perp)\,. \tag{53,7}$$

(Für das stoßfreie Plasma ist dieses Resultat im voraus klar, da p_z und $p_\perp$ diejenigen Variablen sind, die vom Magnetfeld nicht beeinflußt werden.)

Zur Vereinfachung der Schreibweise führen wir folgende Abkürzungen ein:

$$\alpha = \frac{k_z v_z - \omega}{\omega_{Be}}\,, \qquad \beta = \frac{k_\perp v_\perp}{\omega_{Be}}\,, \tag{53,8}$$

$$Q(v_z, v_\perp, \varphi) = \frac{e}{\omega_{Be}} \frac{\partial f_0}{\partial \boldsymbol{p}} \left\{\boldsymbol{E} + \frac{1}{\omega}\,[\boldsymbol{v}[\boldsymbol{kE}]]\right\}. \tag{53,9}$$

Falls f_0 nur von der Elektronenenergie $\varepsilon = p^2/2m$ abhängig ist, ergibt sich für die Ableitung $\partial f_0/\partial \boldsymbol{p} = \boldsymbol{v}\, \mathrm{d}f_0/\mathrm{d}\varepsilon$, so daß ihr Produkt mit dem zweiten Ausdruck in der Klammer von (53,9) verschwindet. Wir erhalten somit

$$Q = \frac{e}{\omega_{Be}} \frac{\mathrm{d}f_0}{\mathrm{d}\varepsilon} \boldsymbol{vE}\,. \tag{53,10}$$

Mit diesen Bezeichnungen ergibt sich für (53,6)

$$\frac{\partial \delta f}{\partial \varphi} + i(\alpha + \beta \cos\varphi)\,\delta f = Q(\varphi)\,. \tag{53,11}$$

(Die Argumente v_z, $v_\perp$ in der Funktion Q sind nicht mitgeschrieben.) Die Lösung lautet

$$\delta f = \mathrm{e}^{-i(\alpha\varphi + \beta\sin\varphi)} \int\limits_C^{\varphi} \mathrm{e}^{i(\alpha\varphi' + \beta\sin\varphi')}\, Q(\varphi')\, \mathrm{d}\varphi'\,,$$

oder nach Substitution der Integrationsvariablen durch $\varphi' = \varphi - \tau$

$$\delta f = \mathrm{e}^{-i\beta\sin\varphi} \int\limits_0^{C-\varphi} \mathrm{e}^{i\beta\sin(\varphi-\tau) - i\alpha\tau}\, Q(\varphi - \tau)\, \mathrm{d}\tau\,.$$

Die Konstante C wird aus der Forderung bestimmt, daß die Funktion δf mit einer Periode 2π periodisch in φ ist. Da der Integrand wie auch der vorm Integral stehende Faktor in φ periodisch sind, wird diese Voraussetzung erfüllt, falls die Integrationsgrenzen nicht von φ abhängen. Dies gilt nur für die Fälle $C \to \infty$, $C \to -\infty$. Die Auswahl zwischen beiden Möglichkeiten wird entsprechend der LANDAUschen Umgehungsregel (29,6) getroffen: Die Integration muß für $\omega \to \omega + i0$ durchgeführt werden, d. h. $\alpha \to \alpha - i0$. Dieses Integral konvergiert nur für $C \to \infty$.[1]) Endgültig erhalten wir

$$\delta f = \mathrm{e}^{-i\beta\sin\varphi} \int\limits_0^{\infty} \mathrm{e}^{i\beta\sin(\varphi-\tau) - i\alpha\tau}\, Q(\varphi - \tau)\, \mathrm{d}\tau$$

$$= \int\limits_0^{\infty} \exp\left\{-i\alpha\tau - 2i\beta\cos\left(\varphi - \frac{\tau}{2}\right)\sin\frac{\tau}{2}\right\} Q(\varphi - \tau)\, \mathrm{d}\tau\,. \tag{53,12}$$

---

[1]) Diese Schlußfolgerung ist abhängig vom Vorzeichen, mit dem ω in den Exponenten eingeht. Für Ionen ist die Ladung $-e$ durch $+ze$ zu ersetzen, so daß ω_{Be} in $-\omega_{Bi}$ übergeht, deshalb würde $\omega \to \omega + i0$ zur Ersetzung $\alpha \to \alpha + i0$ führen, und für C müßte dann der Wert $-\infty$ gewählt werden.

Im Grenzfall $B_0 \to 0$ muß dieser Ausdruck in (29,2) übergehen. Zur Durchführung des Grenzüberganges sei bemerkt, daß für $\alpha \gg 1$ bei der Integration nur der Bereich $\tau \ll 1$ von Bedeutung ist. Dann gilt $\sin(\varphi - \tau) \approx \sin\varphi - \tau\cos\varphi$, und das Integral erhält die Form

$$\delta f = Q(\varphi)\int_0^\infty e^{-i(\alpha+\beta)\tau}\,d\tau = Q(\varphi)\int_0^\infty \exp\left\{-i\tau\,\frac{\boldsymbol{kv}-\omega}{\omega_{Be}}\right\}d\tau\,.$$

Berechnen wir dieses Integral für $\omega \to \omega + i0$, so erhalten wir, wie gefordert,

$$\delta f = \frac{Q\omega_{Be}}{i(\boldsymbol{kv}-\omega)}\,. \tag{53,13}$$

Wenn die Frequenz des Feldes mit der Zyklotronfrequenz bzw. einem ihrer Vielfachen übereinstimmt, spricht man von *einfacher* bzw. *vielfacher* Zyklotronresonanz der Elektronen. Für die Untersuchung der dielektrischen Eigenschaften des Plasmas in der Nähe dieser Resonanzen erweist sich eine andere Methode zur Lösung der Gleichung (53,11) als vorteilhaft, die auf einer FOURIER-Darstellung der gesuchten Funktion bezüglich der Variablen φ beruht.

Ersetzt man in (53,11) δf durch

$$\delta f = e^{-i\beta\sin\varphi}\,g\,, \tag{53,14}$$

so erhalten wir für die Funktion g die Gleichung

$$\frac{\partial g}{\partial\varphi} + i\alpha g = e^{i\beta\sin\varphi}\,Q(v_z, v_\perp, \varphi)\,.$$

Ihre Lösung suchen wir in Form einer FOURIER-Reihe

$$g = \sum_{s=-\infty}^{\infty} e^{is\varphi}\,g_s(v_z, v_\perp) \tag{53,15}$$

und finden für die Koeffizienten g_s

$$g_s = Q_s/i(\alpha + s)\,,$$
$$Q_s(v_z, v_\perp) = \frac{1}{2\pi}\int_0^{2\pi} e^{i(\beta\sin\tau - s\tau)}\,Q(v_z, v_\perp, \tau)\,d\tau\,. \tag{53,16}$$

Die Zerlegung (53,15) gewährleistet automatisch die Periodizität der Funktion δf bezüglich φ.

Es ist zunächst festzustellen, daß anhand des Ausdrucks für δf in Form der Reihe (53,14—15) die Bedingungen sofort angegeben werden können, unter denen eine Vernachlässigung der räumlichen Dispersion zulässig ist. Der Wellenvektor geht über die Parameter

$$\beta = k_\perp v_\perp/\omega_B\,,\qquad \alpha + s = -(\omega - s\omega_B - k_z v_z)/\omega_B$$

in die Reihenglieder ein. Die dielektrische Permeabilität des Plasmas wird durch die Verteilungsfunktion für die Geschwindigkeiten $v \sim v_T$ bestimmt. Unter den Bedingungen

$$k_\perp v_\perp \ll \omega_B , \qquad |\omega - s\omega_B| \gg |k_z|\, v_T \tag{53,17}$$

wird diese Funktion vom Wellenvektor unabhängig. Die erste der Ungleichungen in (53,17) und die zweite für $s = 0$ stimmen mit den Bedingungen (52,17) überein. Wie wir sehen, ist außer diesen Bedingungen noch weiter zu fordern, daß die Frequenz ω nicht zu dicht bei irgendeiner der Zyklotronresonanzen liegt.

In der Umgebung der Zyklotronresonanzen kann die Verteilungsfunktion bei Erfüllung bestimmter Bedingungen durch ein einziges Glied der FOURIER-Reihe dargestellt werden. Vor allem muß

$$|k_z|\, v_T \ll \omega_B , \qquad |\omega - n\omega_B| \ll \omega_B \tag{53,18}$$

erfüllt sein, wobei $n = 0, \pm 1, \pm 2, \ldots$ irgendeine ganze Zahl ist. Man kann leicht sehen, daß dabei das n-te Glied der Zerlegung (53,15) im Vergleich zu den anderen Gliedern groß ist. Tatsächlich finden wir

$$g_n \sim \frac{Q_n \omega_B}{|k_z v_T| + |\omega - n\omega_B|} \gg Q_n ,$$

während für $s \neq n$ die Relation $g_s \lesssim Q_s$ gilt (wegen $|s\omega_B - \omega| \gtrsim \omega_B$). Beschränken wir uns auf diesen einen Beitrag, so erhalten wir für die Verteilungsfunktion der Elektronen

$$\delta f = Q_n \frac{\omega_{Be} \exp\left[i\left(n\varphi - \frac{k_\perp v_\perp}{\omega_{Be}} \sin\varphi\right)\right]}{i[k_z v_z - (\omega - n\omega_{Be})]} ,$$

$$Q_n = \frac{1}{2\pi} \int_0^{2\pi} \exp\left[-i\left(n\tau - \frac{k_\perp v_\perp}{\omega_{Be}} \sin\tau\right)\right] Q(v_z, v_\perp, \tau)\, d\tau . \tag{53,19}$$

Die Abhängigkeit der Verteilungsfunktion vom Winkel φ ist durch diese Gleichung in expliziter Form bestimmt. Insbesondere ist die Verteilung für $n = 0$ und $k_\perp \to 0$ nicht von φ abhängig. Der Ursprung dieser Eigenschaft liegt in der Forderung $\omega \ll \omega_{Be}$ ((53,18) für $n = 0$) begründet: die Zyklotronfrequenz ist im Vergleich zur Frequenz der Feldänderung groß, was zu einer „Mittelung" der Verteilungsfunktion bezüglich des Drehwinkels führt.[1])

§ 54. Die dielektrische Permeabilität des magnetisch aktiven MAXWELL-Plasmas

Der elektronische Beitrag zum Tensor der dielektrischen Permeabilität wird entsprechend der Formel

$$P_\alpha = \frac{\varepsilon_{\alpha\beta} - \delta_{\alpha\beta}}{4\pi} E_\beta = \frac{e}{i\omega} \int v_\alpha\, \delta f\, d^3p \tag{54,1}$$

[1]) Analoge Überlegungen sind bereits ausführlicher in § 1 dargelegt worden.

aus der Verteilungsfunktion bestimmt (analog durch Ersetzen von $e \to -ze$ auch der ionische Beitrag). Für das MAXWELL-Plasma kann in diesem Ausdruck die Integration über d^3p analytisch ausgeführt werden.

Die Funktion δf ist durch das Integral (53,12) gegeben, wobei entsprechend der Definition (53,10)

$$Q = -\frac{e\boldsymbol{E}\boldsymbol{v}}{\omega_{Be}T} f_0 \tag{54,2}$$

gilt. Wir schreiben dieses Integral in einer kompakteren Form, indem wir anstelle der Vektoren $\boldsymbol{k} = (k_z, \boldsymbol{k}_\perp)$ und $\boldsymbol{E} = (E_z, \boldsymbol{E}_\perp)$ die Vektoren

$$\boldsymbol{K} = \left(k_z\tau, 2\tilde{\boldsymbol{k}}_\perp \sin\frac{\tau}{2}\right), \qquad \tilde{\boldsymbol{E}} = (E_z, \tilde{\boldsymbol{E}}_\perp) \tag{54,3}$$

einführen, wobei $\tilde{\boldsymbol{k}}_\perp$ aus dem Vektor $\boldsymbol{k}_\perp$ durch eine Drehung um den Winkel $\tau/2$ in der Ebene senkrecht zu $\boldsymbol{B}_0$ entsteht und $\tilde{\boldsymbol{E}}_\perp$ aus dem Vektor $\boldsymbol{E}_\perp$ durch Drehung um den Winkel τ hervorgeht. Wir erhalten somit für δf

$$\delta f = -\frac{e}{T\omega_{Be}} \int_0^\infty \exp\left\{\frac{i}{\omega_{Be}}(\omega\tau - \boldsymbol{K}\boldsymbol{v})\right\} f_0(p)\,(\tilde{\boldsymbol{E}}\boldsymbol{v})\,d\tau\,,$$

wobei $f_0(p)$ die MAXWELLsche Verteilungsfunktion ist.

Diesen Ausdruck setzen wir in (54,1) ein und ersetzen die Integrationsvariable $\boldsymbol{p} = m\boldsymbol{v}$ gemäß

$$\boldsymbol{v} = \boldsymbol{u} - i\boldsymbol{K}T/m\omega_{Be}\,.$$

Die Integration bezüglich d^3u kann mit elementaren Mitteln durchgeführt werden. Als Resultat finden wir

$$\boldsymbol{P} = \frac{ie^2N_e}{m\omega\omega_{Be}} \int_0^\infty \left(\tilde{\boldsymbol{E}} - \frac{T}{m\omega_{Be}^2}(\tilde{\boldsymbol{E}}\boldsymbol{K})\boldsymbol{K}\right) \exp\left[-\frac{i\omega\tau}{\omega_{Be}} - \frac{\boldsymbol{K}^2T}{2m\omega_{Be}^2}\right] d\tau\,. \tag{54,4}$$

Dabei gilt entsprechend der Definition (54,3)

$$\boldsymbol{K}^2 = k_z^2\tau^2 + 4k_\perp^2 \sin^2\frac{\tau}{2}\,.$$

Indem wir in (54,4) zur Komponentenschreibweise übergehen, erhalten wir die Komponenten des Tensors $\varepsilon_{\alpha\beta}$. Dabei orientieren wir die Koordinatenachsen wie folgt: die z-Achse in Richtung von $\boldsymbol{B}_0$, die x-Achse in $\boldsymbol{k}_\perp$-Richtung und die y-Achse in Richtung von $[\boldsymbol{B}_0\boldsymbol{k}_\perp]$ (Abb. 15). Nach einfacher Rechnung erhalten wir

$$\varepsilon_{\alpha\beta} - \delta_{\alpha\beta} = \frac{i\Omega_e^2}{\omega\omega_{Be}} \int_0^\infty \varkappa_{\alpha\beta} \exp\left\{i\tau\frac{\omega + i0}{\omega_{Be}} - \frac{1}{2}k_z^2r_{Be}^2\tau^2 - 2k_\perp^2 r_{Be}^2 \sin^2\frac{\tau}{2}\right\} d\tau \tag{54,5}$$

mit den Bezeichnungen

$$\begin{aligned}
\varkappa_{xx} &= \cos\tau - (k_\perp r_{Be})^2 \sin^2\tau\,,\\
\varkappa_{yy} &= \cos\tau + 4(k_\perp r_{Be})^2 \sin^4\frac{\tau}{2}\,,\\
\varkappa_{zz} &= 1 - (k_z r_{Be})^2 \tau^2\,,\\
\varkappa_{xy} &= -\varkappa_{yx} = -\sin\tau + 2(k_\perp r_{Be})^2 \sin\tau \sin^2\frac{\tau}{2}\,,\\
\varkappa_{xz} &= \varkappa_{zx} = -k_z k_\perp r_{Be}^2 \tau \sin\tau\,,\\
\varkappa_{yz} &= -\varkappa_{zy} = -2k_z k_\perp r_{Be}^2 \tau \sin^2\frac{\tau}{2}
\end{aligned} \tag{54,6}$$

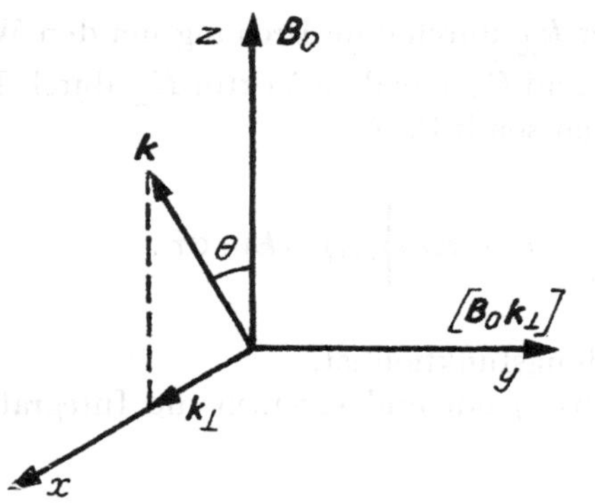

Abb. 15

($r_{Be} = v_{Te}/\omega_{Be}$ ist der LARMOR-Radius der Elektronen). Es ist hervorzuheben, daß die Gültigkeit der Beziehungen

$$\varepsilon_{xy} = -\varepsilon_{yx}\,, \qquad \varepsilon_{xz} = \varepsilon_{zx}\,, \qquad \varepsilon_{yz} = -\varepsilon_{zy} \tag{54,7}$$

von vornherein offensichtlich ist. In der Tat gilt für ein festes Koordinatensystem gemäß dem ONSAGER-Prinzip $\varepsilon_{\alpha\beta}(\boldsymbol{B}_0) = \varepsilon_{\beta\alpha}(-\boldsymbol{B}_0)$. Entsprechend der oben getroffenen Vereinbarung der Koordinatenachsen, die an die Richtungen von $\boldsymbol{B}_0$ und $\boldsymbol{k}_\perp$ gekoppelt sind, kehren sich beim Übergang $\boldsymbol{B}_0 \to -\boldsymbol{B}_0$ die Richtungen der y- und der z-Achse um. Für dieses Koordinatensystem gilt deshalb

$$\begin{aligned}
&\varepsilon_{xy}(\boldsymbol{B}_0) = -\varepsilon_{yx}(-\boldsymbol{B}_0)\,, \qquad \varepsilon_{xz}(\boldsymbol{B}_0) = -\varepsilon_{zx}(-\boldsymbol{B}_0)\,,\\
&\varepsilon_{yz}(\boldsymbol{B}_0) = \varepsilon_{zy}(-\boldsymbol{B}_0)\,.
\end{aligned} \tag{54,8}$$

Andererseits ist $\boldsymbol{B}_0$ (in Richtung der z-Achse) ein Pseudovektor, dagegen sind $\boldsymbol{k}_\perp$ und $[\boldsymbol{B}_0\boldsymbol{k}_\perp]$ (in x- bzw. y-Richtung) echte Vektoren. Aus diesem Grund sind infolge der Forderung nach Inversionssymmetrie die Komponenten ε_{xz} sowie ε_{yz} (die den Index z nur jeweils einmal enthalten) ungerade und alle anderen Komponenten gerade Funktionen bezüglich $\boldsymbol{B}_0$. Aus dieser Tatsache sowie aus (54,8) folgt die Gültigkeit der Beziehung (54,7).

Wir stellen fest, daß infolge der Beziehungen (54,7) die hermiteschen und die antihermiteschen Anteile der verschiedenen Komponenten $\varepsilon_{\alpha\beta} = \varepsilon'_{\alpha\beta} + i\varepsilon''_{\alpha\beta}$ auf unterschiedliche Weise durch ihre Real- und Imaginäranteile ausgedrückt werden. Die Zerlegung in den hermiteschen und den antihermiteschen Anteil ist durch die folgende Summe gegeben:

$$(\varepsilon_{\alpha\beta}) = \begin{pmatrix} \varepsilon'_{xx} & i\varepsilon''_{xy} & \varepsilon'_{xz} \\ -i\varepsilon''_{xy} & \varepsilon'_{yy} & i\varepsilon''_{yz} \\ \varepsilon'_{xz} & -i\varepsilon''_{yz} & \varepsilon'_{zz} \end{pmatrix} + \begin{pmatrix} i\varepsilon''_{xx} & \varepsilon'_{xy} & i\varepsilon''_{xz} \\ -\varepsilon'_{xy} & i\varepsilon''_{yy} & \varepsilon'_{yz} \\ i\varepsilon''_{xz} & -\varepsilon'_{yz} & i\varepsilon''_{zz} \end{pmatrix}. \tag{54,9}$$

Obwohl wir alle Rechnungen nur für den elektronischen Anteil der dielektrischen Permeabilität durchgeführt haben, gelten vollständig analoge Formeln für den ionischen Beitrag. Der Übergang zum Ionenanteil wird durch die Ersetzungen $\Omega_e, v_{Te} \to \Omega_i, v_{Ti}$; $\omega_{Be} \to -\omega_{Bi}$ bei gleichzeitiger Änderung der oberen Integrationsgrenze in (54,5) auf $-\infty$ realisiert (s. Fußnote auf S. 236). Ändert man danach die Integrationsvariable gemäß $\tau \to -\tau$, so kehrt man zu den früheren Ausdrücken (54,5–6) zurück, wobei lediglich $\Omega_i, v_{Ti}, \omega_{Bi}$ anstelle von $\Omega_e, v_{Te}, \omega_{Be}$ auftreten und sich die Vorzeichen von $\varkappa_{xy}$ und $\varkappa_{yz}$ umkehren. Auf diese Weise erhält man eine Vorschrift für den Übergang vom Elektronen- zum Ionenbeitrag der dielektrischen Permeabilität, indem man die Elektronenparameter bei gleichzeitiger Änderung des Vorzeichens der Komponenten ε_{xy} und ε_{yz} durch die entsprechenden Ionenparameter ersetzt.

§ 55. Die LANDAU-Dämpfung im magnetisch aktiven Plasma

Die Berücksichtigung der Wärmebewegung der Plasmateilchen führt zum Auftreten eines antihermiteschen Anteils des Tensors $\varepsilon_{\alpha\beta}$. Im stoßfreien Plasma ist infolge des Fehlens einer echten Energiedissipation dieser Anteil des Tensors mit der LANDAU-Dämpfung verknüpft.

In § 30 haben wir gesehen, daß der Mechanismus der LANDAU-Dämpfung verbunden ist mit einer Energieübertragung des elektromagnetischen Feldes auf diejenigen Teilchen, die sich mit der elektromagnetischen Welle in Phase bewegen. An der Dämpfung sind also diejenigen Teilchen beteiligt, für die $\omega = \boldsymbol{kv}$ gilt. Die Projektion ihrer Geschwindigkeit $\boldsymbol{v}$ auf die Richtung von $\boldsymbol{k}$ stimmt mit der Phasengeschwindigkeit ω/k der Welle überein. Im magnetisch aktiven Plasma ändert sich diese Bedingung etwas. Die Geschwindigkeiten, mit der sich die Teilchen und die Phase der Welle in Richtung des konstanten Magnetfeldes $\boldsymbol{B}_0$ verschieben, müssen übereinstimmen:

$$v_z k_z = \omega\,. \tag{55,1}$$

In der Tat erfolgt die zu $\boldsymbol{B}_0$ transversale Bewegung der Teilchen auf kreisförmigen Flugbahnen und kann somit nicht mit einer systematischen Energieübertragung vom Feld auf das Teilchen verbunden sein. Wenn sich das Teilchen auf einem Teil der kreisförmigen Flugbahn in Phase mit der Welle bewegt und von ihr Energie aufnimmt, so wird die gleiche Energie auf dem gegenüberliegenden Teil der Flugbahn wieder an das Feld abgegeben.

Im magnetisch aktiven Plasma wirkt jedoch auch noch ein anderer Mechanismus der stoßfreien Dissipation, der gerade mit der LARMOR-Rotation der Teilchen verbunden ist. In einem Koordinatensystem, das sich gemeinsam mit dem Teilchen (der Geschwindigkeit v_z) in Richtung des Feldes $\boldsymbol{B}_0$ bewegt, durchläuft dieses mit der Frequenz ω_B eine kreisförmige Umlaufbahn. Ein solches Teilchen stellt in elektromagnetischer Hinsicht einen Oszillator dar, der mit der Frequenz ω_B strahlt (magnetische Bremsstrahlung). Umgekehrt wird ein solcher Oszillator in einem äußeren Wechselfeld Energie dieser Frequenz absorbieren. Die Frequenz einer elektromagnetischen Welle im (relativ zum Plasma) bewegten Koordinatensystem ändert sich infolge des DOPPLER-Effekts entsprechend der Relation $\omega' = \omega - k_z v_z$. Deshalb werden sich an der Absorption gerade diejenigen Teilchen beteiligen, für die

$$\omega - k_z v_z = \omega_B$$

erfüllt ist.

Für $\boldsymbol{k}_\perp = 0$ ist das Wellenfeld in den zu $\boldsymbol{B}_0$ senkrechten Richtungen homogen, d. h., die auf den Oszillator wirkende Kraft ist unabhängig von seinen Koordinaten. Gerade unter diesen Bedingungen absorbiert der Oszillator nur auf seiner Eigenfrequenz ω_B. Wenn dagegen $\boldsymbol{k}_\perp \neq 0$ ist, hängt die auf den Oszillator wirkende Kraft von seinen Koordinaten ab. Im Ergebnis dieser Tatsache erfolgt die Absorption auch bei Vielfachen der Frequenz ω_B, d. h. unter der Bedingung

$$\omega - k_z v_z = n\omega_B \,, \tag{55,2}$$

wobei n eine beliebige (positive oder negative) ganze Zahl ist. Der beschriebene Dissipationsmechanismus wird als LANDAU*sche Zyklotrondämpfung* bezeichnet. Je nachdem, welchen Wert n besitzt, spricht man von einfacher ($n = \pm 1$) oder vielfacher Zyklotrondämpfung.

Auf diese Weise kann eine starke Dämpfung in denjenigen Frequenzbereichen auftreten, für die

$$|\omega - n\omega_B| \lesseqgtr |k_z|\, v_T \,, \qquad n = 0, \pm 1, \pm 2, \ldots \,, \tag{55,3}$$

gilt. (Der Wert $n = 0$ entspricht der Bedingung (55,1).) Diese Resonanzabsorptionslinien existieren sowohl für die Elektronen- als auch für die Ionenfrequenzen ω_{Be} bzw. ω_{Bi}.

Vom mathematischen Standpunkt aus entsprechen den Bedingungen (55,1–2) Pole, die an diesen Punkten in verschiedenen Termen der FOURIER-Reihe (53,14–16) für die Verteilungsfunktion auftreten. Der antihermitesche Anteil des Tensors $\varepsilon_{\alpha\beta}$ ergibt sich aus den Residuen, die bei der Umgehung dieser Pole entsprechend der LANDAU-Regel im Integral (54,1) entstehen. Der Grenzübergang $B_0 \to 0$ besitzt einen besonderen mathematischen Charakter. Im Magnetfeld bilden die „Polwerte" v_z (bei gegebenen k_z) eine diskrete Folge, die sich aus Gleichung (55,2) ergibt. In dem Maße, wie das Feld verkleinert wird, nähern sich die Pole einander, und im Grenzfall $B_0 = 0$ sind die Polwerte v_z nicht mehr von den diskreten Werten n abhängig. Vielmehr hängen sie dann entsprechend der Bedingung

$$\omega = \boldsymbol{k}\boldsymbol{v} = k_z v_z + \boldsymbol{k}_\perp \boldsymbol{v}_\perp$$

vom kontinuierlichen Parameter $\boldsymbol{k}_\perp \boldsymbol{v}_\perp$ ab (wie bereits beim Übergang von (53,12) zu (53,13) gezeigt wurde).

Wir berechnen nun als Beispiel den Tensor der dielektrischen Permeabilität im Bereich einfacher ($n = 1$) Zyklotronresonanz der Elektronen. Wir setzen weiterhin voraus, daß

$$|k_z|\, v_{Te}/\omega_{Be} \ll 1\,, \qquad k_\perp v_{Te}/\omega_{Be} \ll 1 \tag{55,4}$$

gilt. Unter diesen Annahmen kann man als Verteilungsfunktion ein einziges Glied ihrer FOURIER-Reihe verwenden, und zwar den Ausdruck (53,19) für den gegebenen Wert n. Außerdem kann infolge der zweiten Bedingung in (55,4) diese Funktion nach Potenzen von $k_\perp$ entwickelt werden. Im Fall $n = 1$ kann man sich dabei auf das nullte Glied beschränken in Anbetracht der Tatsache, daß die Zyklotronabsorption bei der Frequenz ω_{Be} keine Inhomogenität des äußeren Feldes in der xy-Ebene erfordert.

Dieser Überlegung entsprechend, schreiben wir die Verteilungsfunktion in der Form

$$\delta f = Q_1 \frac{\omega_{Be}\, e^{i\varphi}}{i[k_z v_z - (\omega - \omega_{Be})]}\,, \tag{55,5}$$

wobei

$$Q_1 = -\frac{e f_0}{2\pi T \omega_{Be}} \int\limits_0^{2\pi} \boldsymbol{E}\boldsymbol{v}\; e^{-i\tau}\, d\tau$$

ist. Indem man

$$\boldsymbol{E}\boldsymbol{v} = E_x v_\perp \cos\tau + E_y v_\perp \sin\tau + E_z v_z$$

schreibt und die Integration durchführt, erhält man

$$Q_1 = -\frac{e v_\perp}{2T\omega_{Be}} f_0 (E_x - iE_y)\,. \tag{55,6}$$

Mit dieser Verteilungsfunktion besitzt der Polarisationsvektor (54,1) nur eine x- und eine y-Komponente. Nach Ausführung der Integration bezüglich $v_\perp\, dv_\perp\, d\varphi$ ergeben sich diese Komponenten in der Form

$$P_x = -iP_y = (E_x - iE_y)\, \frac{e^2 N_e}{2\omega m k_z} \left(\frac{m}{2\pi T}\right)^{1/2}$$
$$\times \int\limits_{-\infty}^{\infty} \exp\left(-\frac{m v_z^2}{2T}\right) \frac{dv_z}{v_z - (\omega - \omega_{Be})/k_z - i0\, \operatorname{sgn} k_z}\,.$$

Ein Integral dieser Gestalt wird durch die entsprechend (31,1) definierte Funktion F ausgedrückt. Als endgültiges Ergebnis finden wir für die Komponenten der dielektrischen Permeabilität[1])

$$\varepsilon_{xx} - 1 = \varepsilon_{yy} - 1 = i\varepsilon_{xy} = \frac{\Omega_e^2}{2\omega(\omega - \omega_{Be})}\, F\left(\frac{\omega - \omega_{Be}}{\sqrt{2}\, v_{Te}\, |k_z|}\right),$$
$$\varepsilon_{zz} - 1 = \varepsilon_{xz} = \varepsilon_{yz} = 0\,. \tag{55,7}$$

[1]) Der Pol $v_z = (\omega - \omega_{Be})/k_z$ wird in Abhängigkeit vom Vorzeichen von k_z unterhalb bzw. oberhalb umgangen. Dieser Umstand führt zum Auftreten des Betragszeichens bei k_z im Argument der Funktion.

Der antihermitesche Anteil dieses Tensors, der die Dämpfung beschreibt, lautet

$$\varepsilon''_{xx} = \varepsilon''_{yy} = \varepsilon'_{xy} = \frac{\pi^{1/2}\Omega_e^2}{2^{3/2}\omega\,|k_z|\,v_{Te}} \exp\left\{-\frac{(\omega - \omega_{Be})^2}{2v_{Te}^2k_z^2}\right\}. \tag{55,8}$$

Der hermitesche Anteil in unmittelbarer Nähe von $\omega = \omega_{Be}$ besitzt dagegen die Gestalt

$$\begin{gathered}\varepsilon'_{xx} - 1 = \varepsilon'_{yy} - 1 = -\varepsilon''_{xy} = -\frac{\Omega_e^2(\omega - \omega_{Be})}{2\omega v_{Te}^2 k_z^2}, \\ |\omega - \omega_{Be}|/v_{Te}\,|k_z| \ll 1\,.\end{gathered} \tag{55,9}$$

Im Punkte $\omega = \omega_{Be}$ selbst ändert dieser sein Vorzeichen und wird Null. Wir sehen hierbei, auf welche Weise die Berücksichtigung einer räumlichen Dispersion die Pole der dielektrischen Permeabilität des kalten Plasmas (52,11) beseitigt. Die unstetige Abhängigkeit, dargestellt durch den gestrichelten Linienverlauf in Abb. 16, wird dabei in eine stetige Abhängigkeit (ausgezogene Linie) verwandelt.[1])

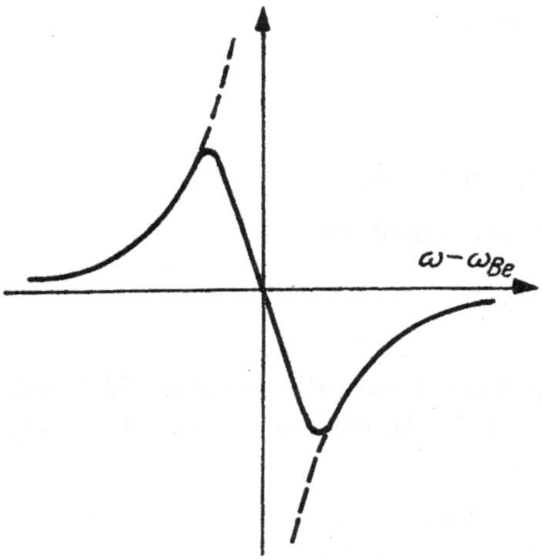

Abb. 16

Im Grenzübergang $|k_z| \to 0$ geht der Ausdruck (55,8) in eine δ-Funktion über:

$$\varepsilon''_{xx} = \varepsilon''_{yy} = \varepsilon'_{xy} \to \frac{\pi\Omega_e^2}{2\omega}\,\delta(\omega - \omega_{Be})\,. \tag{55,10}$$

(In der Tat wird für $\omega - \omega_{Be} \neq 0$ die Funktion (55,8) im Grenzübergang Null. Gleichzeitig wird das Integral dieser Funktion bezüglich $d\omega$ unabhängig von k_z und nimmt den Wert $\pi\Omega_e^2/2\omega$ an.) Die Bedeutung dieses Resultates ist klar. Beim Fehlen einer räumlichen Dispersion ($k \to 0$) geht die Breite der Absorptionslinie gegen Null, und eine Dämpfung erfolgt nur bei genauer Übereinstimmung von ω mit ω_{Be}. In diesem Fall kann anstelle von (55,8) die Formel (55,10) in Integralen über ω benutzt werden.

---

[1]) Der Ausdruck (55,7) besitzt natürlich nicht die Eigenschaft (52,1). Diese Eigenschaft würde nur auftreten, wenn neben der Absorptionslinie in der Nähe von $\omega = \omega_{Be}$ auch die Linie in der Nähe von $\omega = -\omega_{Be}$ berücksichtigt würde.

Es sei bemerkt, daß die Formel (55,10) mit Hilfe der LANDAUschen Regel der Polumgehung unmittelbar aus dem Ausdruck (52,11) für die dielektrische Permeabilität des kalten Plasmas erhalten werden kann. Dieser Regel entsprechend, muß bei Vorhandensein eines Pols die Frequenz ω durch $\omega + i0$ ersetzt werden. Deshalb sind die in (52,11) auftretenden singulären Beiträge in Wirklichkeit folgendermaßen zu verstehen:

$$\frac{1}{\omega^2 - \omega_{Be}^2} \to \frac{1}{2\omega_{Be}} \left[\frac{1}{\omega - \omega_{Be} + i0} - \frac{1}{\omega + \omega_{Be} + i0} \right]$$

und entsprechend der Regel (29,8)

$$\frac{1}{\omega^2 - \omega_{Be}^2} \to \mathrm{P} \frac{1}{\omega^2 - \omega_{Be}^2} - \frac{i\pi}{2\omega_{Be}} [\delta(\omega - \omega_{Be}) - \delta(\omega + \omega_{Be})] . \qquad (55,11)$$

Führt man in (52,11) diese Ersetzung durch, so erhält man (55,10).

Für $k_z = 0$ (d. h. für $\boldsymbol{k} \perp \boldsymbol{B}_0$) tritt im magnetisch aktiven Plasma keine LANDAU-Dämpfung auf, denn die Geschwindigkeit der Teilchen fällt dann aus den Bedingungen (55,1—2) heraus, und diese können nicht mehr erfüllt werden (außer beim genauen Zusammenfallen von ω mit irgendeiner der Frequenzen $n\omega_B$).[1]) Es sei unterstrichen, daß diese Eigenschaft mit einer nichtrelativistischen Näherung verbunden ist. In einem relativistischen Plasma kann die LANDAUsche (Zyklotron-) Dämpfung auch für $k_z = 0$ existieren. Die Rotationsfrequenz um die $\boldsymbol{B}_0$-Richtung ist für relativistische geladene Teilchen der Energie ε gegeben durch

$$\omega_B \frac{mc^2}{\varepsilon} = \omega_B \sqrt{1 - \frac{v^2}{c^2}}$$

(mit der bisherigen Definition von ω_B). Dieser Wert muß anstelle von ω_B auf der rechten Seite der Bedingung (55,2) stehen. Insbesondere gilt für $k_z = 0$

$$\omega = n\omega_B \sqrt{1 - \frac{v^2}{c^2}} . \qquad (55,12)$$

Die Erfüllung dieser Bedingung ist möglich für $\omega < n\omega_B$.

Die LANDAU-Dämpfung im magnetisch aktiven relativistischen Plasma kann auch im Grenzfall $\boldsymbol{k} \to 0$ existieren (im Unterschied nicht nur zum magnetisch aktiven nichtrelativistischen Plasma, sondern auch zum relativistischen Plasma bei Fehlen eines magnetischen Feldes). Sie wird durch die Teilchen hervorgerufen, die sich in einfacher Zyklotronresonanz mit dem homogenen Wechselfeld befinden (Bedingung (55,12) mit $n = 1$), und existiert infolgedessen für Frequenzen $\omega < \omega_B$ (s. Aufgabe 2).

[1]) Im Grenzfall $B_0 \to 0$ tritt selbstverständlich die LANDAU-Dämpfung erneut auf — hervorgerufen durch Elektronen, die die Bedingung $\omega = \boldsymbol{kv} \equiv \boldsymbol{k}_\perp \boldsymbol{v}_\perp$ erfüllen.

Aufgaben

1. Man bestimme den Tensor der dielektrischen Permeabilität des magnetisch aktiven Plasmas für $\omega \lesseqgtr |k_z| v_{Te}$. Es wird außerdem angenommen, daß die Bedingungen (55,4) erfüllt sind.

Lösung. In nullter Näherung bezüglich des kleinen Parameters $k_\perp v_{Te}/\omega_{Be}$ ist die Verteilungsfunktion für diesen Fall durch das Glied $s = 0$ der FOURIER-Reihe (53,14—15) gegeben,

$$\delta f = Q_0 \frac{\omega_{Be}}{i(k_z v_z - \omega)},$$

wobei

$$Q_0 = -\frac{e f_0}{\omega_{Be} T} \frac{1}{2\pi} \int_0^{2\pi} \boldsymbol{E v} \, d\tau = -\frac{e v_z E_z}{\omega_{Be} T} f_0$$

ist. Mit dieser Funktion δf besitzt der Polarisationsvektor nur $\boldsymbol{P}$ eine z-Komponente, und es existiert nur eine von Null verschiedene Komponente des Tensors $\varepsilon_{\alpha\beta} - \delta_{\alpha\beta}$:

$$\varepsilon_{zz} - 1 = \frac{4\pi e^2}{\omega T} \int \frac{f_0(p)\, v_z^2 \, d^3p}{k_z v_z - \omega - i0}.$$

Nach Einsetzen der Identität

$$v_z^2 = \frac{1}{k_z}(k_z v_z - \omega) v_z + \frac{\omega}{k_z} v_z$$

wird das Integral des ersten Gliedes (bei Integration über dp_z) Null. Der zweite Beitrag dagegen führt zum Ergebnis

$$\varepsilon_{zz} - 1 = \frac{\Omega_e^2}{k_z^2 v_{Te}^2} \left[F\left(\frac{\omega}{\sqrt{2}\, |k_z|\, v_{Te}} \right) + 1 \right].$$

Der Imaginärteil dieses Ausdruckes lautet

$$\varepsilon_{zz}'' = \frac{\pi^{1/2} \omega \Omega_e^2}{2^{1/2} |k_z|^3 v_{Te}^3} \exp\left(-\frac{\omega^2}{2 k_z^2 v_{Te}^2} \right).$$

2. Man bestimme den antihermiteschen Anteil des Tensors der dielektrischen Permeabilität für ein ultrarelativistisches magnetisch aktives Plasma im Grenzfall $\boldsymbol{k} \to 0$.

Lösung. In einer relativistischen Problemstellung bleibt die kinetische Gleichung (53,5) unverändert, jedoch führt bei ihrer Darstellung in der Form (53,6) die Ersetzung von $\boldsymbol{p} = m\boldsymbol{v}$ durch den relativistischen Ausdruck $\boldsymbol{p} = \varepsilon \boldsymbol{v}/c^2$ (ε Elektronenenergie) zu einem Übergang von ω_{Be} zu $\omega_{Be} mc^2/\varepsilon$. Mit dieser Ersetzung bleiben auch alle folgenden Formeln in § 53 gültig.

Für $k = 0$ erfolgt die Dämpfung nur infolge einfacher Zyklotronresonanz. Deshalb genügt es für die Berechnung des antihermiteschen Anteils von $\varepsilon_{\alpha\beta}$, nur das Glied $s = 1$ in (53,14—15) zu berücksichtigen. In Analogie zu (55,5—6) finden wir

$$\delta f = -\frac{i e p_\perp c^2 e^{i\varphi} f_0}{2 T \varepsilon (\omega - \omega_{Be} mc^2/\varepsilon)} (E_x - i E_y).$$

Die ultrarelativistische ($T \gg mc^2$) Funktion f_0 ist hierbei gegeben durch[1])

$$f_0 = \frac{N_e c^3}{8\pi T^3} e^{-\varepsilon/T}.$$

[1]) In diesem Ausdruck wurde der Normierungskoeffizient mit ultrarelativistischer Genauigkeit geschrieben. In Anbetracht der noch folgenden Integration über p von 0 bis ∞ ist es noch nicht möglich, $\varepsilon \approx cp$ anzunehmen.

Der Polarisationsvektor wird berechnet als

$$\boldsymbol{P} = \frac{e}{i\omega} \int \frac{\boldsymbol{p}c^2}{\varepsilon}\, \delta f \, \mathrm{d}^3p \,,$$

wobei d^3p in der Form $p^2\, \mathrm{d}p\, \mathrm{d}o = p\varepsilon\, \mathrm{d}\varepsilon\, \mathrm{d}o/c^2$ geschrieben werden muß. Nach Ausführung der Integration bezüglich $\mathrm{d}o$ und Ersetzen von $cp = (\varepsilon^2 - m^2c^4)^{1/2}$ ergibt sich

$$\varepsilon_{xx} - 1 = \varepsilon_{yy} - 1 = i\varepsilon_{xy} = -\frac{\Omega_e^2 mc^2}{12\omega^2 T^4} \int\limits_{mc^2}^{\infty} \frac{(\varepsilon^2 - m^2c^4)^{3/2}\, \mathrm{e}^{-\varepsilon/T}\, \mathrm{d}\varepsilon}{\varepsilon - \omega_{Be} mc^2/\omega + i0} \,.$$

Dieses Integral besitzt einen Imaginärteil, wenn der Pol $\varepsilon = \omega_{Be} mc^2/\omega$ im Integrationsbereich liegt, d. h., wenn $\omega < \omega_{Be}$ gilt. In diesem Fall finden wir schließlich

$$\varepsilon''_{xx} \doteq \varepsilon''_{yy} = \varepsilon'_{xy} = \frac{\pi \Omega_e^2 \omega_{Be}^3}{12\omega^5} \left(1 - \frac{\omega^2}{\omega_{Be}^2}\right)^{3/2} \exp\left(-\frac{mc^2\omega_{Be}}{\omega T}\right).$$

§ 56. Elektromagnetische Wellen im magnetisch aktiven kalten Plasma

In diesem Paragraphen wird für freie monochromatische Wellen, die sich in einem Medium mit einem beliebigen dielektrischen Tensor $\varepsilon_{\alpha\beta}(\omega, \boldsymbol{k})$ ausbreiten, eine allgemeine Beziehung hergeleitet, die die Abhängigkeit der Frequenz vom Wellenvektor beschreibt. Diese wird als Dispersionsrelation bezeichnet.

Für ein orts- und zeitabhängiges Feld der Form $\exp(-i\omega t + i\boldsymbol{k}\boldsymbol{r})$ besitzen die MAXWELLschen Gleichungen folgendes Aussehen¹):

$$[\boldsymbol{k}\boldsymbol{E}] = \frac{\omega}{c} \boldsymbol{B} \,, \qquad [\boldsymbol{k}\boldsymbol{B}] = -\frac{\omega}{c} \boldsymbol{D} \,, \tag{56,1}$$

$$\boldsymbol{k}\boldsymbol{B} = 0 \,, \qquad \boldsymbol{k}\boldsymbol{D} = 0 \,. \tag{56,2}$$

Setzen wir die erste der Gleichungen (56,1) in die zweite ein, so erhalten wir

$$\frac{\omega^2}{c^2} \boldsymbol{D} = -[\boldsymbol{k}[\boldsymbol{k}\boldsymbol{E}]] = \boldsymbol{E}k^2 - \boldsymbol{k}(\boldsymbol{k}\boldsymbol{E})$$

bzw. in Komponentenschreibweise

$$E_\alpha k^2 - k_\alpha k_\beta E_\beta = \frac{\omega^2}{c^2} D_\alpha = \frac{\omega^2}{c^2} \varepsilon_{\alpha\beta} E_\beta \,. \tag{56,3}$$

Die Kompatibilitätsbedingung dieses linearen homogenen Gleichungssystems besagt, daß die Koeffizientendeterminante Null wird:

$$\left| k^2 \delta_{\alpha\beta} - k_\alpha k_\beta - \frac{\omega^2}{c^2} \varepsilon_{\alpha\beta} \right| = 0 \,. \tag{56,4}$$

Dies stellt bereits die gesuchte Dispersionsgleichung dar.²) Für einen gegebenen (reellen) Wellenvektor $\boldsymbol{k}$ bestimmt sie die Frequenzen $\omega(\boldsymbol{k})$ (die im allgemeinen kom-

¹) Das veränderliche magnetische Wellenfeld $\boldsymbol{B}$ ist nicht mit dem konstanten Feld $\boldsymbol{B}_0$ zu verwechseln.

²) In der Kristalloptik wird sie als FRESNELsche Gleichung bezeichnet.

plex sind) oder, wie man auch sagt, das Spektrum der Eigenschwingungen des Mediums. Im allgemeinen Fall der Existenz von zeitlicher und räumlicher Dispersion liefert Gleichung (56,4) eine unendliche Zahl von Zweigen der Funktion $\omega(\boldsymbol{k})$.

Wir untersuchen zunächst elektromagnetische Wellen in einem kalten, magnetisch aktiven Plasma mit dem in (52,7) und (52,11) gegebenen Tensor der dielektrischen Permeabilität.[1]) Auf Grund der Hermitezität dieses Tensors ist im voraus klar, daß die durch Gleichung (56,4) bestimmten Werte k^2c^2/ω^2 reell sind.

Da beim Fehlen von räumlicher Dispersion $\varepsilon_{\alpha\beta}$ nur von ω abhängt, ist hinsichtlich der $\boldsymbol{k}$-Abhängigkeit die Dispersionsgleichung (56,4) eine rein algebraische Beziehung. Löst man die Determinante auf, so erhält man nach einfacher Rechnung[2])

$$A\left(\frac{kc}{\omega}\right)^4 + B\left(\frac{kc}{\omega}\right)^2 + C = 0\,, \tag{56,5}$$

wobei

$$A = \frac{1}{k^2}\varepsilon_{\alpha\beta}k_\alpha k_\beta = \varepsilon_\perp \sin^2\Theta + \varepsilon_\parallel \cos^2\Theta \equiv \varepsilon_l\,, \tag{56,6}$$

$$B = -\varepsilon_\perp\varepsilon_\parallel(1+\cos^2\Theta) - (\varepsilon_\perp^2 - g^2)\sin^2\Theta\,, \tag{56,7}$$

$$C = \varepsilon_\parallel(\varepsilon_\perp^2 - g^2) \tag{56,8}$$

gilt (Θ ist der Winkel zwischen $\boldsymbol{k}$ und $\boldsymbol{B}_0$). Für gegebene Werte ω und Θ ergeben sich aus (56,5) zwei Werte für k^2, d. h., im Plasma können sich, allgemein gesprochen, zwei Arten von Wellen ausbreiten.[3])

Wir untersuchen zuerst die Ausbreitung von Wellen genau in Richtung des Magnetfeldes ($\Theta = 0$) bzw. genau senkrecht dazu ($\Theta = \pi/2$), die spezifische Besonderheiten besitzen.

Für $\Theta = 0$ ergeben sich die Lösungen der Dispersionsgleichung als

$$\left(\frac{kc}{\omega}\right)^2 = \varepsilon_\perp \pm g = 1 - \frac{\Omega_e^2}{\omega(\omega \pm \omega_{Be})} - \frac{\Omega_i^2}{\omega(\omega \mp \omega_{Bi})}\,. \tag{56,9}$$

Aus Gleichung (56,3) ist leicht zu erkennen, daß diese Wellen transversal ($E_z = 0$) und zirkular polarisiert sind ($E_y/E_x = \mp i$). Das Unendlichwerden des Ausdrucks (56,9) für $\omega = \omega_{Be}$ und $\omega = \omega_{Bi}$ entspricht Resonanzen des Systems, d. h. der Übereinstimmung der Frequenz und der Rotationsachse des Vektors $\boldsymbol{E}$ mit der Frequenz und der Richtung der Larmor-Rotation der Elektronen bzw. der Ionen. Zur Illustration ist in Abb. 17 der qualitative Verlauf der Funktion $n^2 = (ck/\omega)^2$ in Abhängigkeit von ω dargestellt. Für $\omega \to 0$ strebt n^2 gegen den Grenzwert

$$1 + \frac{\Omega_i^2}{\omega_{Bi}^2} = 1 + \frac{c^2}{u_A^2}$$

---

[1]) Elektromagnetische Wellen im kalten, magnetisch aktiven Plasma wurden zuerst unter Vernachlässigung des Einflusses der Ionen von E. V. Appleton (1928) und H. Lassen (1927) untersucht.

[2]) Für die Rechnung erweist es sich als günstig, $\boldsymbol{B}_0$ und $\boldsymbol{k}$ in eine der Koordinatenebenen (z. B. die xz-Ebene) zu legen.

[3]) Die zugehörigen Wellen werden *ordentliche* und *außerordentliche* Welle genannt. Diese Bezeichnungen besitzen jedoch hier nicht die gleiche physikalische Bedeutung wie in der Optik einachsiger Kristalle, da sich keine dieser Wellen wie eine Welle in einem isotropen Medium verhält.

(ω_{Bi} wurde im Vergleich zu ω_{Be} vernachlässigt; u_A wird später in Formel (56,18) definiert). Der Ausbreitung von ungedämpften Wellen entsprechen natürlich nur diejenigen Teile der Kurven, für die $n^2 > 0$ ist (ausgezogene Linien in Abb. 17).

Für $\Theta = 0$ wird die Bedingung (56,5) auch für $\varepsilon_{||} = 0$ erfüllt, was zu gewöhnlichen longitudinalen Plasmawellen mit einer von $\boldsymbol{k}$ unabhängigen Frequenz $\omega \approx \Omega_e$ führt.

Für $\Theta = \pi/2$ gibt es zwei Lösungen der Dispersionsgleichung:

$$\left(\frac{ck}{\omega}\right)^2 = \varepsilon_{||}\,, \qquad \left(\frac{ck}{\omega}\right)^2 = \varepsilon_{\perp} - \frac{g^2}{\varepsilon_{\perp}}\,. \tag{56,10}$$

Der ersten entspricht eine Welle mit einer vom Magnetfeld $\boldsymbol{B}_0$ unabhängigen Dispersionsrelation

$$\omega^2 \approx c^2k^2 + \Omega_e^2\,.$$

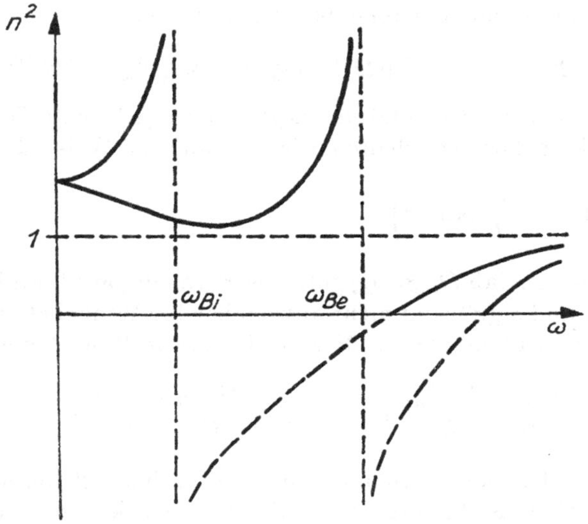

Abb. 17

Diese Welle ist transversal ($\boldsymbol{E} \perp \boldsymbol{k}$) und linear polarisiert, da $\boldsymbol{E} \,||\, \boldsymbol{B}_0$ ist. Der zweiten Lösung entspricht eine Welle mit einem Feld $\boldsymbol{E} \perp \boldsymbol{B}_0$, die sowohl einen zu $\boldsymbol{k}$ transversalen als auch einen longitudinalen Anteil besitzt. Wenn die Frequenz derart groß wird, daß der Ionenanteil in $\varepsilon_{\alpha\beta}$ vernachlässigt werden kann $\left(\omega \gg (\omega_{Be}\omega_{Bi})^{1/2}\right.$ gemäß Bedingung $\left.(52{,}15)\right)$, gilt für diese Welle[1])

$$\left(\frac{ck}{\omega}\right)^2 = 1 - \frac{\Omega_e^2(\omega^2 - \Omega_e^2)}{\omega^2(\omega^2 - \omega_{Be}^2 - \Omega_e^2)}\,. \tag{56,11}$$

Im allgemeinen Fall beliebiger Winkel Θ (verschieden von 0 und $\pi/2$) ist vor allem festzustellen, daß zu jedem Winkelwert Frequenzen existieren, für die der Koeffizient

[1]) Die Plasmaschwingungen, bei denen der Einfluß der Ionen keine Rolle spielt, werden allgemein als *hochfrequente* Schwingungen bezeichnet, die Schwingungen dagegen, bei denen ein Einfluß der Ionen existiert, bezeichnet man als *niederfrequent*.

A in (56,5) Null wird:

$$\varepsilon_l \equiv \varepsilon_\perp \sin^2\Theta + \varepsilon_\| \cos^2\Theta$$
$$= 1 - \frac{\Omega_e^2 + \Omega_i^2}{\omega^2}\cos^2\Theta - \left[\frac{\Omega_e^2}{\omega^2 - \omega_{Be}^2} + \frac{\Omega_i^2}{\omega^2 - \omega_{Bi}^2}\right]\sin^2\Theta = 0\,. \quad (56,12)$$

Wenn für die durch diese Gleichung definierten Frequenzen (die sogenannten Plasmaresonanzfrequenzen) auch die Bedingung $\omega \ll kc$ erfüllt ist, so entsprechen ihnen in Übereinstimmung mit § 32 longitudinale Eigenschwingungen des Plasmas. Gleichzeitig bedeutet das Verschwinden des zu k^4 gehörigen Koeffizienten in der (bezüglich k^2) quadratischen Gleichung (56,5), daß eine ihrer Lösungen Unendlich wird. Für $A \to 0$ sind diese Lösungen gleich $-C/B$ und $-B/A$.

Die bezüglich ω^2 kubische Gleichung (56,12) besitzt drei reelle Lösungen. Da Ω_i/Ω_e und ω_{Bi}/ω_{Be} klein sind, kann man diese leicht bestimmen. Zwei Lösungen ergeben sich bei Vernachlässigung der Ionenbeiträge in (56,12):

$$\omega_{1,2}^2 \approx \tfrac{1}{2}(\Omega_e^2 + \omega_{Be}^2) \pm \tfrac{1}{2}[(\Omega_e^2 + \omega_{Be}^2)^2 - 4\Omega_e^2\omega_{Be}^2\cos^2\Theta]^{1/2}\,. \quad (56,13)$$

Im Bereich $\omega \approx \omega_{Bi}$, in dem die dritte Lösung liegt, müssen jedoch die Ionen berücksichtigt werden. Für diese Lösung erhalten wir in einfacher Weise den Ausdruck

$$\omega_3^2 \approx \omega_{Bi}^2\left(1 - z\frac{m}{M}\tan^2\Theta\right). \quad (56,14)$$

Hierbei wurde vorausgesetzt, daß $\Omega_e \gg \omega_{Bi}$ gilt. Die Formeln (56,13) und (56,14) zur Bestimmung von $\omega_2(\Theta)$ und $\omega_3(\Theta)$ sind nicht anwendbar für Winkel Θ, die sich dem Wert $\pi/2$ so stark nähern, daß $\cos\Theta \ll m/M$ wird. In diesem Winkelbereich gilt

$$\omega_2^2 \equiv \omega_{2H}^2 = \frac{\omega_{Be}^2(\Omega_i^2 + \omega_{Bi}^2)}{\Omega_e^2 + \omega_{Be}^2}\,, \qquad \omega_3^2 = \frac{\Omega_e^2\omega_{Bi}^2\cos^2\Theta}{\Omega_e^2 + \omega_{Be}^2}\,. \quad (56,15)$$

Der Einfluß der Ionen darf weder für ω_3 noch für ω_2 vernachlässigt werden.

In Abb. 18 ist schematisch der Charakter der Abhängigkeit der Frequenzen ω_1, ω_2, ω_3 vom Winkel Θ dargestellt.[1]) Die beiden Kurven $\omega_1(\Theta)$ und $\omega_2(\Theta)$ überschneiden sich

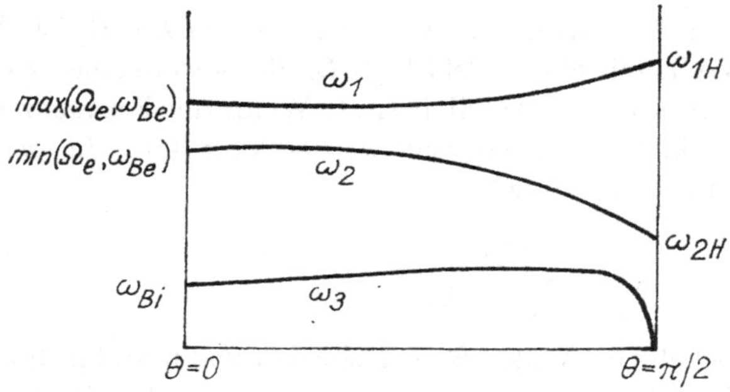

Abb. 18

[1]) Es ist jedoch sofort zu bemerken, daß die Schwingungen mit der Frequenz ω_3 faktisch nur in einem engen Winkelbereich in der Nähe von $\pi/2$ auftreten. Im übrigen Winkelbereich werden diese Schwingungen auf Grund der Zyklotronabsorption an der einfachen Ionenresonanz stark gedämpft.

nicht. Die erste von ihnen beginnt (für $\Theta = 0$) beim größeren und die zweite beim kleineren Wert der Frequenzen Ω_e und ω_{Be}. Für $\Theta = \pi/2$ erreichen sie die Werte

$$\omega_{1H} = (\Omega_e^2 + \omega_{Be}^2)^{1/2} \tag{56,16}$$

bzw. ω_{2H}. Diese Frequenzen werden entsprechend als *obere* und *untere Hybridfrequenz* bezeichnet. Für $\Omega_e^2 \gg \omega_{Be}^2$ (und damit offensichtlich auch $\Omega_i^2 \gg \omega_{Bi}^2$) ergibt sich für letztere $\omega_{2H} = (\omega_{Be}\omega_{Bi})^{1/2}$.

Die Lage der Frequenzen ω_1, ω_2, ω_3 bestimmt in entscheidender Weise die Anordnung der verschiedenen Zweige des Spektrums, das durch die Dispersionsgleichung (56,5) geliefert wird. Als quadratische Gleichung für $(ck/\omega)^2$ besitzt diese für gegebenes ω und Θ zwei Wurzeln. Verfolgt man bei festgehaltenem Θ deren Verlauf als Funktionen von ω und ermittelt insbesondere ihre Unendlichkeitsstellen, so erhält man leicht das in Abb. 19 schematisch dargestellte Verhalten. Die Schnittpunkte mit der Abszisse sind durch die Gleichung $C = 0$ gegeben, d. h. durch $\varepsilon_{\parallel} = 0$ oder $\varepsilon_{\perp}^2 = g^2$. Die Lage dieser Punkte hängt nicht vom Winkel Θ ab. Einer von ihnen, nämlich die Lösung der Gleichung $\varepsilon_{\parallel} = 0$, ist immer gegeben durch $\omega \approx \Omega_e$.

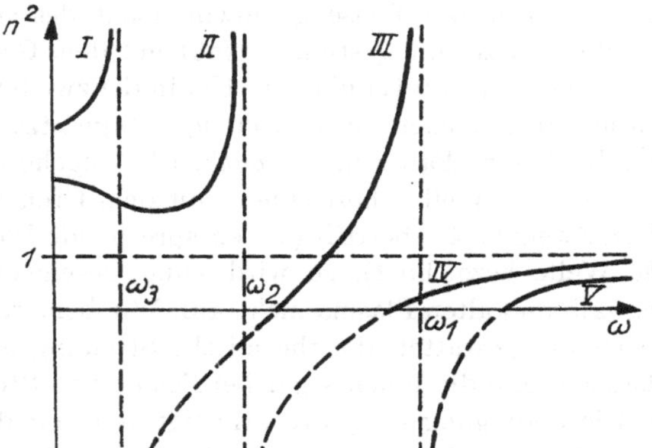

Abb. 19

Das Spektrum der Eigenschwingungen des kalten, magnetisch aktiven Plasmas enthält folglich insgesamt fünf Zweige. Zwei von ihnen (die Zweige I und II in Abb. 19) erreichen das Gebiet niederfrequenter Schwingungen. Die Grenzwerte für die Phasengeschwindigkeit dieser Zweige bei $\omega \to 0$ lauten

$$\left(\frac{\omega}{k}\right)_{\mathrm{I}} = \frac{u_A\,|\cos\Theta|}{(1 + u_A^2/c^2)^{1/2}}, \qquad \left(\frac{\omega}{k}\right)_{\mathrm{II}} = \frac{u_A}{(1 + u_A^2/c^2)^{1/2}}, \tag{56,17}$$

wobei die Bezeichnung

$$u_A = c\,\frac{\omega_{Bi}}{\Omega_i} = \frac{B_0}{(4\pi N_i M)^{1/2}} \tag{56,18}$$

eingeführt worden ist. Dieser Wert wird als ALFVÉN-Geschwindigkeit bezeichnet. Die Ausdrücke (56,17) findet man in einfacher Weise aus der Gleichung (56,5), indem man die Grenzwerte

$$\varepsilon_\perp \approx 1 + \frac{u_A^2}{c^2}\,, \qquad \varepsilon_{\|} \approx -\frac{\Omega_e^2}{\omega^2}\,, \qquad g \sim O(\omega)$$

benutzt.

Für $u_A \ll c$ sind die Phasengeschwindigkeiten (56,17) entsprechend gleich $u_A\,|\cos\Theta|$ und u_A. Diese Grenzwerte entsprechen den Wellen, die in Übereinstimmung mit den üblichen Gleichungen der Magnetohydrodynamik (s. VIII, § 69) im kalten Plasma existieren. In der Tat besteht das Spektrum der magnetohydrodynamischen Wellen aus drei Zweigen. In allen drei Zweigen ist die Funktion $\omega(\boldsymbol{k})$ linear, aber im allgemeinen von der Richtung des Wellenvektors $\boldsymbol{k}$ abhängig:

$$\begin{aligned}
(\omega/k)_A^2 &= u_A^2\cos^2\Theta\,,\\
(\omega/k)_S^2 &= \tfrac{1}{2}\,\{u_s^2 + u_A^2 + [(u_s^2+u_A^2)^2 - 4u_s^2u_A^2\cos^2\Theta]^{1/2}\}\,,\\
(\omega/k)_L^2 &= \tfrac{1}{2}\,\{u_s^2 + u_A^2 - [(u_s^2+u_A^2)^2 - 4u_s^2u_A^2\cos^2\Theta]^{1/2}\}\,.
\end{aligned} \qquad (56,19)$$

Dabei ist u_s die Schallgeschwindigkeit, die formal aus der adiabatischen Kompressibilität des Mediums berechnet wird. Die Phasengeschwindigkeit des ersten dieser Zweige (er wird als ALFVÉN-Welle bezeichnet) stimmt exakt mit dem Grenzwert der Geschwindigkeit des ersten Zweiges aus (56,17) überein. Um in der zweiten Gleichung von (56,19) zum kalten Plasma überzugehen, muß in ihr $u_s = 0$ gesetzt werden (da im Gas $u_s \sim (T/M)^{1/2}$ gilt). In diesem Fall stimmt $(\omega/k)_S$ (die zugehörigen Wellen werden als *schnelle magnetoakustische* Wellen bezeichnet) mit dem Grenzwert $(\omega/k)_{\text{II}}$ überein. Was nun den dritten Zweig $(\omega/k)_L$ betrifft (die entsprechende Welle wird als *langsame magnetoakustische* Welle bezeichnet), so wird seine Geschwindigkeit für $u_s \to 0$ Null, und er tritt deshalb im kalten Plasma nicht auf. Wir bemerken, daß die Annahme eines kalten Plasmas es gestattet, die thermische Streuung der Ionengeschwindigkeit zu vernachlässigen und die Ionen sogar bei Fehlen von Stößen hydrodynamisch zu beschreiben. Die Bedingung $u_A \ll c$ rechtfertigt weiterhin die Vernachlässigung von Verschiebungsströmen in den Gleichungen der Magnetohydrodynamik.

Im entgegengesetzten Fall großer Frequenzen gehen die Phasengeschwindigkeiten der Zweige IV und V gegen die Werte $\omega/k = c$, die transversalen hochfrequenten Wellen in einem isotropen Plasma entsprechen — wie es auch sein sollte, da das Magnetfeld für $\omega \gg \omega_{Be}$ keinerlei Einfluß besitzt.

Schließlich wenden wir uns noch dem interessanten Fall von Wellen zu, die nur für $\Omega_e \gg \omega_{Be}$ auftreten können. Dabei gilt für die Resonanzfrequenz $\omega_2 \approx \omega_{Be}\cos\Theta$. Wir untersuchen in diesem Fall den zwischen ω_2 und $\omega_3 \approx \omega_{Bi}$ liegenden Frequenzbereich (des Zweiges II), der durch die Ungleichungen

$$\omega_{Bi} \ll \omega \ll \omega_{Be}\cos\Theta\,, \qquad \omega_e \ll \Omega_e^2/\omega_{Be} \qquad (56,20)$$

bestimmt wird. Die Bedingung $\omega \gg \omega_{Bi}$ gestattet es, den Ionenbeitrag in g zu vernachlässigen. Wegen $\omega \ll \omega_{Be}$ wird schließlich

$$\varepsilon_{xy} = ig = -i\,\frac{\Omega_e^2}{\omega\omega_{Be}}\,. \qquad (56,21)$$

Unter der Bedingung (56,20) gilt weiterhin $\varepsilon_{\|} \gg g \gg \varepsilon_\perp$.

Die gesuchte Lösung der Dispersionsgleichung erhält man auf direkterem Weg, wenn diese in der Form

$$\left| k^2 \varepsilon_{\alpha\beta}^{-1} - k_\alpha k_\gamma \varepsilon_{\gamma\beta}^{-1} - \frac{\omega^2}{c^2} \delta_{\alpha\beta} \right| = 0 \tag{56,22}$$

geschrieben wird, indem man in (56,4) zum inversen Tensor von $\varepsilon_{\alpha\beta}$ übergeht (d. h., indem man in den Gleichungen (56,3) $\boldsymbol{E}$ durch $\boldsymbol{D}$ ausdrückt). Die Komponenten des inversen Tensors sind gegeben durch

$$\varepsilon_{xx}^{-1} = \varepsilon_{yy}^{-1} \approx -\varepsilon_\perp / g^2 , \qquad \varepsilon_{zz}^{-1} = 1/\varepsilon_{\|} , \qquad \varepsilon_{xy}^{-1} = -\varepsilon_{yx}^{-1} \approx i/g ,$$

wobei ε_{xy}^{-1} den größten Wert besitzt. Vernachlässigt man die anderen Komponenten und wählt man als xz-Ebene die durch $\boldsymbol{B}_0$ und $\boldsymbol{k}$ aufgespannte Ebene, so erhält man die Dispersionsgleichung

$$\begin{vmatrix} -\omega^2/c^2 & ik_z^2/g \\ -ik^2/g & -\omega^2/c^2 \end{vmatrix} = 0$$

und daraus

$$\omega = k^2 c^2 \frac{\omega_{Be}}{\Omega_e^2} |\cos \Theta| = \frac{c B_0 |\cos \Theta|}{4\pi e N_e} k^2 . \tag{56,23}$$

Diese Wellen sind rein elektronischen Ursprungs und werden als *Helikonwellen* bezeichnet.[1])

Der Name dieser Wellen ist mit ihren Polarisationseigenschaften verbunden. Aus der Gleichung $\boldsymbol{kD} = 0$ (56,2) erhalten wir nach durchgeführter Wahl der Koordinatenachsen

$$D_x \sin \Theta + D_z \cos \Theta = 0 . \tag{56,24}$$

Aus den Gleichungen (56,3), geschrieben in der Form

$$[k^2 \varepsilon_{\alpha\beta}^{-1} - k_\alpha k_\gamma \varepsilon_{\gamma\beta}^{-1}] D_\beta = \frac{\omega^2}{c^2} D_\alpha , \tag{56,25}$$

finden wir $D_x = -i |\cos \Theta| D_y$. In der gleichen Näherung (Vernachlässigung aller $\varepsilon_{\alpha\beta}^{-1}$ außer ε_{xy}^{-1}) liegt das elektrische Wellenfeld vollständig in der xy-Ebene senkrecht zu $\boldsymbol{B}_0$: $E_z = \varepsilon_{z\beta}^{-1} D_\beta = 0$. Die übrigen Komponenten lauten

$$E_x = \varepsilon_{xy}^{-1} D_y , \qquad E_y = \varepsilon_{yx}^{-1} D_x = -\varepsilon_{xy}^{-1} D_x ,$$

und aus (56,24) folgt

$$E_y = i |\cos \Theta| E_x . \tag{56,26}$$

Auf diese Weise ist die Welle in der Ebene senkrecht zu $\boldsymbol{B}_0$ elliptisch polarisiert. Für $\Theta = \pi/2$ wird die Polarisation linear. In einem Koordinatensystem ξ, y, ζ dagegen, mit ζ in $\boldsymbol{k}$-Richtung, erhalten wir

$$E_\xi = -i \frac{|\cos \Theta|}{\cos \Theta} E_y , \qquad E_\zeta = E_\xi \tan \Theta . \tag{56,27}$$

Der Vektor $\boldsymbol{E}$ rotiert auf einem kreisförmigen Konus um die $\boldsymbol{k}$-Richtung.

---

[1]) In geophysikalischen Anwendungen nennt man sie auch *Whistler*.

Wir weisen noch darauf hin, daß der Ausdruck (56,21) eine einfache physikalische Bedeutung besitzt. Für $\omega_{Be} \gg \omega$ (und unter der allgemein vorausgesetzten Bedingung (52,17) $k_\perp v_{Te}/\omega_{Be} = k_\perp r_{Be} \ll 1$) kann man annehmen, daß die (bezüglich $\boldsymbol{B}_0$) transversale Bewegung der Elektronen in einem konstanten, homogenen Feld $\boldsymbol{E}$ erfolgt. Bewegt sich aber eine Ladung in konstanten, homogenen, gekreuzten Feldern $\boldsymbol{E}$ und $\boldsymbol{B}_0$, so erhalten wir für die mittlere transversale Geschwindigkeit (elektrische Driftgeschwindigkeit)

$$\bar{\boldsymbol{v}}_\perp = c[\boldsymbol{E}\boldsymbol{B}_0]/B_0^2 \tag{56,28}$$

(s. II, § 22). Dieser Geschwindigkeit entspricht gerade der Ausdruck (56,21). Auf diese Weise sind die Helikonwellen mit einer elektrischen Driftbewegung der Elektronen im Plasma verbunden.

§ 57. Einfluß der thermischen Bewegung auf die Ausbreitung elektromagnetischer Wellen in einem magnetisch aktiven Plasma

Unter Berücksichtigung der thermischen Bewegung der Teilchen wird die Dispersionsgleichung im allgemeinen transzendent und führt zu einer unendlichen Zahl von Zweigen der Funktion $\omega(\boldsymbol{k})$. Die meisten dieser Schwingungen sind jedoch stark gedämpft. Nur in Ausnahmefällen erweist sich die Dämpfung als schwach, und die Schwingungen können sich in Form von Wellen ausbreiten. Dazu gehören vor allem die im vorigen Paragraphen behandelten Wellen, für die die thermische Bewegung (bei Beachtung der Bedingungen (52,17) und (53,17)) nur zu kleinen Korrekturen in der Dispersionsrelation sowie zu kleinen Koeffizienten der Landau-Dämpfung führt.

Wir konnten jedoch sehen, daß für die Wellen im kalten Plasma Frequenzbereiche existieren, für die das Verhältnis kc/ω beliebig groß wird (Umgebung der Plasmaresonanzen). Für $k \to \infty$ wird aber die Bedingung (52,17) offensichtlich verletzt, so daß die thermische Bewegung unbedingt berücksichtigt werden muß. Wir zeigen jetzt, daß bereits die Berücksichtigung der thermischen Bewegung als einer kleinen Korrektur in der dielektrischen Permeabilität das divergente Verhalten der Lösungen der Dispersionsgleichung beseitigt sowie zu einigen qualitativ neuen Eigenschaften des Spektrums der Plasmaschwingungen führt (B. N. Gerschman, 1956). Dabei können, wie wir sehen werden, noch alle Bedingungen erfüllt bleiben, die eine exponentielle Kleinheit der Landau-Dämpfung garantieren, so daß nach wie vor der antihermitesche Anteil des Tensors $\varepsilon_{\alpha\beta}$ vernachlässigt werden kann. Wir wollen der Einfachheit halber nur die Umgebung hochfrequenter Plasmaresonanzen betrachten, wo es genügt, lediglich die Wärmebewegung der Elektronen zu berücksichtigen.

Die Korrekturglieder in $\varepsilon_{\alpha\beta}$ sind proportional zu $(kv_{Te})^2$.[1]) Die gleichen Korrekturen erscheinen auch in den Koeffizienten A, B, C der Dispersionsgleichung (56,5). Untersucht man nur die divergierende Lösung dieser Gleichung, so genügt es, die Korrekturen nur im Koeffizienten A zu berücksichtigen, da dieser ohne Korrekturen an der Resonanzstelle Null wird.

---

[1]) Sie ergeben sich aus den Gliedern erster Ordnung in der Entwicklung des Integranden von (54,5) nach Potenzen von k^2.

In der Umgebung der Resonanzfrequenz (diese sei zum Beispiel ω_1) wird der Koeffizient A wie folgt dargestellt:

$$A = a_r(\omega - \omega_1) - A_{1r}\left(\frac{v_{Te}k}{\omega_1}\right)^2 . \tag{57,1}$$

Der zweite Summand repräsentiert die Korrektur infolge der Wärmebewegung der Elektronen. Die Koeffizienten a_r und A_{1r} werden für den Punkt $\omega = \omega_1$ gewählt, so daß sie nicht mehr von der Variablen ω (wohl aber noch von der Richtung des Wellenvektors $\boldsymbol{k}$, d. h. vom Winkel Θ) abhängen. Setzen wir auch in den Koeffizienten B und C für die Frequenz ω_1 ein und bezeichnen die entsprechenden Werte mit B_r und C_r, so erhalten wir die Dispersionsgleichung in der Umgebung der Resonanzfrequenz in der Form

$$\left[a_r(\omega - \omega_1) - A_{1r}\frac{v_{Te}^2}{c^2}\left(\frac{kc}{\omega_1}\right)^2\right]\left(\frac{kc}{\omega_1}\right)^4 + B_r\left(\frac{kc}{\omega_1}\right)^2 + C_r = 0 . \tag{57,2}$$

Uns interessiert speziell diejenige Lösung dieser Gleichung, die im Grenzfall $v_{Te} \to 0$ in

$$\left(\frac{kc}{\omega_1}\right)^2 \approx -\frac{B_r}{a_r(\omega - \omega_1)}$$

übergeht, d. h. also

$$\omega - \omega_1 = -\frac{B_r\omega_1^2}{a_r c^2 k^2} . \tag{57,3}$$

Da in dieser Lösung der Wert $(kc/\omega_1)^2$ groß ist, kann man zu ihrer Bestimmung in (57,2) den Koeffizienten C_r weglassen, der diese Größe nicht enthält. Auf diesem Weg erhalten wir die folgende Dispersionsrelation:

$$\omega - \omega_1 = \frac{A_{1r}}{a_r}\left(\frac{kv_{Te}}{\omega_1}\right)^2 - \frac{B_r}{a_r}\left(\frac{\omega_1}{kc}\right)^2 . \tag{57,4}$$

In Abhängigkeit vom Vorzeichen von A_{1r} muß man hier zwei Fälle unterscheiden (die Größen a_r und B_r besitzen dagegen stets positive Werte)[1]).

In Abb. 20 stellt die ausgezogene Linie die Dispersionsrelation (57,4) für $A_{1r} > 0$ dar. Die Kurve schneidet die Abszisse im Punkt[2])

$$k^2 = \frac{\omega_1^2}{cv_{Te}}\sqrt{\frac{B_r}{A_{1r}}} . \tag{57,5}$$

---

[1]) Mit Hilfe der Ausdrücke (56,6—7) kann man sich leicht davon überzeugen, daß B_r positiv ist. Beseitigt man nämlich $\varepsilon_{||}$ mittels der Bedingung $A = 0$, so ergibt sich $B_r = \varepsilon_{\perp}^2 \tan^2\Theta + g^2\sin^2\Theta > 0$. Aus den Gleichungen (56,6) für A und (52,11) für $\varepsilon_{\perp}$ und $\varepsilon_{||}$ folgt weiterhin, daß $\partial A/\partial\omega > 0$ gilt. Deshalb ist $a_r = (\partial A/\partial\omega)_{\omega=\omega_1}$ ebenfalls positiv.

[2]) Es ist zu beachten, daß für diesen Wert k das Verhältnis kv_{Te}/ω_1 die Größe $(v_{Te}/c)^{1/2}$ enthält und deshalb klein ist. Dies ist auch gerade die oben erwähnte Bedingung für kleine LANDAU-Dämpfung.

Für $v_{Te} \to 0$ wandert dieser Schnittpunkt gegen Unendlich, und wir kehren zu der Kurve zurück, die der Dispersionsrelation des kalten Plasmas (57,3) entspricht (gestrichelte Linie in Abb. 20).

Besonderes Augenmerk erfordert der Umstand, daß die Berücksichtigung der Wärmebewegung zu einer Verlängerung des betrachteten Zweiges des Schwingungsspektrums in den Bereich $\omega > \omega_1$ führt. Gerade dieser Teil des Zweiges liefert im Grenzfall verschwindenden äußeren Feldes die gewöhnlichen longitudinalen Plasmaschwingungen, denn bei fehlendem Feld wird der Koeffizient B_r Null, die Frequenz ω_1 fällt dann mit Ω_e zusammen, und die Kurve $\omega - \Omega_e$ als Funktion von k^2 wird zu einer Geraden durch den Koordinatenursprung, deren Gleichung mit (32,5) übereinstimmt.[1])

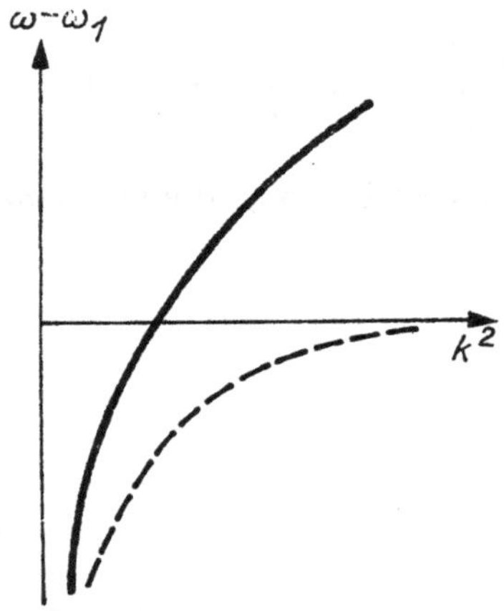

Abb. 20

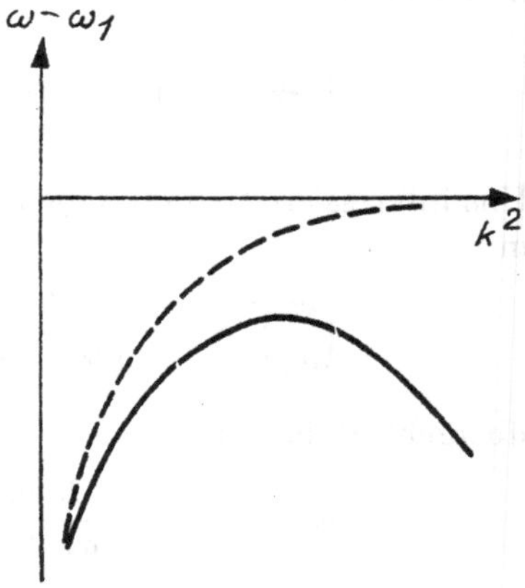

Abb. 21

Unter Vernachlässigung der Wärmebewegung sind die Schwingungen in den Plasmaresonanzen longitudinal. Es sei hervorgehoben, daß unter Berücksichtigung der räumlichen Dispersion diese Eigenschaft nicht mehr streng gilt. Die Größe $A = \varepsilon_{\alpha\beta} k_\alpha k_\beta / k^2 \equiv \varepsilon_l$ wird k-abhängig, und die Bedingung für die Longitudinalität der Schwingung $\varepsilon_l = 0$ wird unvereinbar mit dem Zusammenhang zwischen den Variablen ω, k, Θ, wie er durch die Dispersionsgleichung gegeben ist. Allerdings bleiben die Wellen sowohl in den Punkten der Plasmaresonanzen wie auch in ihrer Umgebung fast longitudinal. Infolge der Kleinheit von A sowie der geringen Wellengeschwindigkeit (ω/kc ist klein) ist die transversale Komponente $E^{(t)}$ (entsprechend (32,10)) klein im Vergleich mit der longitudinalen Komponente $E^{(l)}$.

Wir wenden uns nun dem Fall $A_{1r} < 0$ zu. Der Charakter der Abhängigkeit der Frequenz $(\omega - \omega_1)$ von k wurde für diesen Fall in Abb. 21 dargestellt. Die Kurve

[1]) Aus diesem Grund werden die Wellen, die (im magnetisch aktiven Plasma) dem oberen Teil der ausgezogenen Linie von Abb. 20 entsprechen, im allgemeinen als Plasmawellen bezeichnet im Unterschied zu den ordentlichen oder außerordentlichen Wellen, die dem unteren Teil der Kurve entsprechen. Wir müssen jedoch auf die Bedingtheit dieser Terminologie hinweisen. In Wirklichkeit haben wir es mit einem einheitlichen Zweig des Schwingungsspektrums zu tun, dessen Schnittpunkt mit der Abszisse ($\omega = \omega_1$) keinerlei Besonderheiten aufweist.

dringt nicht in den Bereich $\omega > \omega_1$ ein, sondern biegt in einem Maximum bei den Koordinatenwerten

$$k^2 = \frac{\omega_1^2}{c v_{Te}} \left(\frac{B_r}{|A_{1r}|} \right)^{1/2}, \qquad \omega - \omega_1 = \frac{2 v_{Te}}{a_r c} (|A_{1r}|\, B_r)^{1/2} \tag{57,6}$$

wieder nach unten ab. Für $v_{Te} \to 0$ wandert dieses Maximum nach rechts gegen Unendlich, wobei es sich gleichzeitig der Abszisse nähert, und wir erhalten wiederum die Kurve des Dispersionsgesetzes (57,3).

Als weiteres Beispiel untersuchen wir transversale Wellen in der Nähe der Elektronenzyklotronresonanz, die sich in Richtung des Magnetfeldes ausbreiten. Unter Vernachlässigung der thermischen Bewegung wird die Dispersionsrelation dieser Wellen durch die Formel (56,9) gegeben (mit dem unteren Vorzeichen), wobei in der Umgebung des Punktes $\omega = \omega_{Be}$

$$\omega = \omega_{Be} \left(1 - \frac{\Omega_e^2}{k^2 c^2} \right) \tag{57,7}$$

gilt[1]) (dabei ist $kc \gg \Omega_e$). Das gesamte Spektrum liegt im Bereich $\omega < \omega_{Be}$.

Für die Untersuchung dieser Wellen muß die Dispersionsgleichung unter Berücksichtigung der thermischen Bewegung mit dem Tensor der dielektrischen Permeabilität (55,7) gebildet werden, der sich wiederum auf den Bereich der Zyklotronresonanzen bezieht.[2]) Löst man die Determinante (56,4) auf (für einen $\boldsymbol{k}$-Vektor in Richtung der z-Achse), so ergibt sich

$$\frac{k^2 c^2}{\omega^2} = 1 + \frac{\Omega_e^2}{\omega(\omega - \omega_{Be})} F\left(\frac{\omega - \omega_{Be}}{\sqrt{2}\, k v_{Te}} \right). \tag{57,8}$$

Außerhalb des Bereiches der Resonanzabsorption, d. h. für $|\omega_{Be} - \omega| \gg k v_{Te}$ (aber natürlich $|\omega_{Be} - \omega| \ll \omega_{Be}$) erhält diese Beziehung die folgende Gestalt:

$$\frac{k^2 c^2}{\omega_{Be}^2} = - \frac{\Omega_e^2}{\omega_{Be}(\omega - \omega_{Be})} + i \sqrt{\frac{\pi}{2}} \frac{\Omega_e^2}{\omega_{Be} k v_{Te}} \exp\left(- \frac{(\omega - \omega_{Be})^2}{2 k^2 v_{Te}^2} \right).$$

Hieraus folgt wiederum die Dispersionsrelation (57,7) für den Realteil der Frequenz sowie der Ausdruck

$$\gamma = \sqrt{\frac{\pi}{2}}\, \omega_{Be} \frac{\omega_{Be}}{k v_{Te}} \left(\frac{\Omega_e}{ck} \right)^4 \exp\left\{ - \frac{1}{2} \left(\frac{\Omega_e}{ck} \right)^4 \left(\frac{\omega_{Be}}{k v_{Te}} \right)^2 \right\} \tag{57,9}$$

für den Koeffizienten der LANDAU-Dämpfung.

Bei weiterer Annäherung von ω an ω_{Be} wächst im Bereich $|\omega_{Be} - \omega| \ll k v_{Te}$ der Dämpfungskoeffizient und wird vergleichbar mit der Frequenz ω selbst. In diesem Bereich ist es bereits nicht mehr möglich, von einer Ausbreitung der Wellen zu sprechen.

---

[1]) Hierbei nehmen wir an, daß nicht nur $\omega_{Be} - \omega \ll \omega_{Be}$ gilt, sondern auch $\Omega_e > \omega_{Be}$, so daß die Eins auf der rechten Seite von (56,9) vernachlässigt werden kann.

[2]) Wir erinnern daran, daß die Gleichungen (55,7) auch die Gültigkeit der Bedingung (55,4) $\omega_{Be} \gg k v_{Te}$ voraussetzen.

§ 58. Hydrodynamische Gleichungen des magnetisch aktiven Plasmas

Wenn die charakteristischen räumlichen Abmessungen L im bewegten Plasma im Vergleich zur freien Weglänge groß sind,

$$L \gg l\,, \tag{58,1}$$

so kann man annehmen, daß sich infolge von Stößen innerhalb jedes kleineren Plasmabereiches das thermodynamische Gleichgewicht mit den entsprechenden lokalen Werten für die Temperatur (gleich für Elektronen und Ionen), den Druck sowie andere physikalische Eigenschaften einstellt. In diesen Fällen kann die Bewegung des Plasmas mit Hilfe makroskopischer hydrodynamischer Gleichungen beschrieben werden.

Die Gleichungen der Magnetohydrodynamik wurden bereits in VIII, § 65 angegeben. Dabei wurde jedoch angenommen, daß die kinetischen Koeffizienten des Mediums (seine Zähigkeit und Wärmeleitfähigkeit) nicht vom Magnetfeld abhängig sind. Im Plasma müssen dafür die Bedingungen

$$\nu_i \gg \omega_{Bi}\,, \qquad \nu_e \gg \omega_{Be}$$

erfüllt sein (die zweite Bedingung folgt aus der ersten). Diese Bedingungen erweisen sich oft als zu streng, so daß es notwendig wird, hydrodynamische Gleichungen herzuleiten, die von den angeführten Beschränkungen frei sind.[1]

Die Kontinuitätsgleichung für die Massendichte ϱ behält natürlich ihre allgemeine Form

$$\frac{\partial \varrho}{\partial t} + \operatorname{div} \varrho \boldsymbol{V} = 0\,, \tag{58,2}$$

wobei $\boldsymbol{V}$ die makroskopische Geschwindigkeit repräsentiert. Unverändert bleibt auch die allgemeine Gestalt der Navier-Stokesschen Gleichung

$$\varrho \left[\frac{\partial V_\alpha}{\partial t} + (\boldsymbol{V}\nabla)\, V_\alpha\right] + \frac{\partial P}{\partial x_\alpha} - \frac{1}{c}\,[\boldsymbol{jB}]_\alpha = -\frac{\partial \sigma'_{\alpha\beta}}{\partial x_\beta} \tag{58,3}$$

sowie des Energieerhaltungssatzes

$$\frac{\partial}{\partial t}\left(\frac{\varrho V^2}{2} + \varrho U + \frac{B^2}{8\pi}\right) = -\operatorname{div}\left[\varrho \boldsymbol{V}\left(\frac{V^2}{2} + W\right) - (\sigma' \boldsymbol{V}) + \frac{c}{4\pi}\,[\boldsymbol{EB}] + \boldsymbol{q}\right], \tag{58,4}$$

wobei $\sigma'_{\alpha\beta}$ der Reibungstensor ist. Die Größe $(\sigma'\boldsymbol{V})$ beschreibt einen Vektor mit den Komponenten $\sigma'_{\alpha\beta} V_\beta$, während $\boldsymbol{q}$ die Energiestromdichte darstellt, die sowohl den mit der Wärmeleitfähigkeit und den thermoelektrischen Erscheinungen verbundenen dissipativen Anteil als auch die konvektive Übertragung der Energie durch den Strom (siehe Definition (58,8)) einbezieht. U und W sind die innere Energie und die Enthalpie

[1]) Außerdem wurden in VIII, § 65 in den Gleichungen Glieder weggelassen, die den thermoelektrischen Effekt beschreiben.

des Mediums pro Masseneinheit. Der Tensor $\sigma'_{\alpha\beta}$ und der Vektor $\boldsymbol{q}$ müssen durch die Gradienten der thermodynamischen Größen und der Geschwindigkeit ausgedrückt werden. Die Form eben dieser Ausdrücke ist vom Magnetfeld abhängig.

Im Zusammenhang mit Gleichung (58,3) ist folgendes zu bemerken. In dieser Gleichung wurde die Kraft berücksichtigt, die vom Magnetfeld auf das Plasma ausgeübt wird (letztes Glied links). Dagegen wurde die Kraft $e(zN_i - N_e)\boldsymbol{E}$, die seitens des elektrischen Feldes wirkt, weggelassen. Diese Vernachlässigung ist im gegebenen Fall gerechtfertigt. Aus der Bedingung (58,1) folgt, daß erst recht $L \gg a$ gilt und deshalb das Plasma quasineutral ist, so daß man $zN_i = N_e$ setzen kann und unkompensierte Ladungen im Plasma fehlen.[1])

Zu den Gleichungen (58,2—4) müssen noch die MAXWELLschen Gleichungen für das quasistationäre elektromagnetische Feld (ohne Verschiebungsstrom) hinzugefügt werden:

$$\operatorname{rot} \boldsymbol{E} = -\frac{1}{c}\frac{\partial \boldsymbol{B}}{\partial t}, \qquad \operatorname{div} \boldsymbol{B} = 0, \qquad \operatorname{rot} \boldsymbol{B} = \frac{4\pi}{c}\boldsymbol{j}. \tag{58,5}$$

Wir erinnern daran, daß man ein Feld dann als quasistationär bezeichnen kann, wenn die Frequenz ω seiner Änderung im Sinne von $\omega \ll c/L$ klein ist. Dabei ist das elektrische Feld, das infolge eines magnetischen Wechselfeldes induziert wird, von der Größenordnung $E \sim \omega L B/c \ll B$. Deshalb muß in (58,4) nur die Energiedichte des magnetischen Feldes, nicht aber die des elektrischen Feldes, berücksichtigt werden. Wir bemerken außerdem, daß die Vernachlässigung des Verschiebungsstromes im Einklang ist mit der Annahme eines quasineutralen Plasmas, da aus der letzten Gleichung von (58,5) $\operatorname{div} \boldsymbol{j} = 0$ folgt.

Schließlich muß noch die Gleichung des verallgemeinerten OHMschen Gesetzes hinzugefügt werden,

$$\boldsymbol{E} + \frac{1}{c}[\boldsymbol{V}\boldsymbol{B}] = \boldsymbol{F}, \tag{58,6}$$

wobei $\boldsymbol{F}$ eine Linearkombination des Stromes $\boldsymbol{j}$ und der Gradienten der thermodynamischen Größen darstellt. Wir erinnern daran (vgl. VIII, § 63), daß das Auftreten der Kombination der Felder $\boldsymbol{E}$ und $\boldsymbol{B}$ auf der linken Seite der Gleichung (58,6) mit der Transformation von $\boldsymbol{E}$ beim Übergang aus dem Ruhesystem eines gegebenen Volumenelementes des Mediums in ein System, in dem sich das Medium mit der Geschwindigkeit $\boldsymbol{V}$ bewegt, verbunden ist.

In einem quasineutralen Plasma ist die relative Konzentration seiner Komponenten (Elektronen, Ionen) eine festgelegte unveränderliche Größe ($N_e/N_i = z$). Deshalb sind nur die Temperatur und der Druck unabhängige thermodynamische Variable. Die Darstellung der Größen $\boldsymbol{F}$ und $\boldsymbol{q}$ durch die Gradienten dieser Variablen (sowie den

---

[1]) Diese Überlegung beruht auf der Gültigkeit der Ungleichung $l \gg a$. Es sei daran erinnert, daß wir immer ein vollständig ionisiertes Plasma im Auge haben. Im teilweise ionisierten Plasma ist es möglich, daß die Bedingung $l \gg a$ nicht erfüllt wird, da sich die freie Weglänge infolge von Stößen mit neutralen Atomen verringert und somit die Forderung $l \gg a$ als zusätzliche Bedingung betrachtet werden muß, die notwendig ist für eine Vernachlässigung der elektrischen Volumenkraft.

Strom $\boldsymbol{j}$) stimmt formal mit der entsprechenden Frage innerhalb der Theorie der thermo-galvano-magnetischen Effekte in Metallen (VIII, § 27)[1]) überein.

Die Beziehungen zwischen $\boldsymbol{j}$ und $\boldsymbol{q}$ einerseits und dem Feld und den Gradienten der thermodynamischen Variablen andererseits werden in Verallgemeinerung der Gleichungen (44,12—13) in folgender Form dargestellt:

$$F_\alpha + \frac{1}{e}\frac{\partial \mu_e}{\partial x_\alpha} = \sigma^{-1}_{\alpha\beta} j_\beta + \alpha_{\alpha\beta}\frac{\partial T}{\partial x_\beta}\,, \tag{58,7}$$

$$q_\alpha = -\frac{\mu_e}{e} j_\alpha + \beta_{\alpha\beta} j_\beta - \varkappa_{\alpha\beta}\frac{\partial T}{\partial x_\beta}\,. \tag{58,8}$$

Hierbei ist μ_e das chemische Potential der Elektronen und $\sigma_{\alpha\beta}$, $\alpha_{\alpha\beta}$, $\beta_{\alpha\beta}$ sind parametrisch vom Magnetfeld $\boldsymbol{B}$ abhängige Tensoren. Das Fehlen des Ausdruckes $-\varphi\boldsymbol{j}$ auf der linken Seite der Gleichung (58,8) (vgl. (44,13)) ist in der Tatsache begründet, daß die Größe $\varphi\boldsymbol{j}$ bereits in (58,4) durch den POYNTING-Vektor in der Energiestromdichte berücksichtigt wurde. Dies kann einfach nachgeprüft werden, indem man mit Hilfe der MAXWELLschen Gleichungen (58,5) die Divergenz des POYNTING-Vektors bestimmt. In dem in § 44 betrachteten stationären Fall haben wir

$$-\operatorname{div}\frac{c}{4\pi}[\boldsymbol{E}\boldsymbol{B}] = \boldsymbol{j}\boldsymbol{E} = -\operatorname{div}(\varphi\boldsymbol{j})\,.$$

Deshalb ist im Energiestrom $\boldsymbol{q}$ in (58,8) keine Übertragung der Energie $-e\varphi$ durch Teilchen mehr enthalten.

Infolge der Gültigkeit des ONSAGER-Prinzips bestehen zwischen den Koeffizienten in den Ausdrücken (58,7—8) folgende Relationen:

$$\sigma_{\alpha\beta}(\boldsymbol{B}) = \sigma_{\beta\alpha}(-\boldsymbol{B})\,, \qquad \varkappa_{\alpha\beta}(\boldsymbol{B}) = \varkappa_{\beta\alpha}(-\boldsymbol{B})\,, \tag{58,9}$$

$$\beta_{\alpha\beta}(\boldsymbol{B}) = T\alpha_{\beta\alpha}(-\boldsymbol{B})\,. \tag{58,10}$$

Da das Magnetfeld $\boldsymbol{B}$ als einziger Parameter in unserer Betrachtung Vektorcharakter besitzt, kann die Abhängigkeit der Tensoren von der Richtung $\boldsymbol{b} = \boldsymbol{B}/B$ in allgemeiner Form angegeben werden,

$$\alpha_{\alpha\beta}(\boldsymbol{B}) = \alpha_1\delta_{\alpha\beta} + \alpha_2 b_\alpha b_\beta + \alpha_3 e_{\alpha\beta\gamma} b_\gamma \tag{58,11}$$

(analog auch für alle anderen Tensoren), wobei die skalaren Koeffizienten α_1, α_2, α_3 noch vom Betrag des Magnetfeldes B abhängen. Dieser Ausdruck erfüllt die Forderung bezüglich Inversionssymmetrie, denn $\boldsymbol{B}$ ist ein axialer Vektor. Entsprechend bleibt das Vorzeichen seiner Komponenten bei Inversion unverändert, wie es auch für die Komponenten der echten Tensoren $\alpha_{\alpha\beta}$, ... sein muß. Es ist weiterhin festzustellen, daß die Ausdrücke der Form (58,11) automatisch die Symmetrieforderungen (58,9) erfüllen, während (58,10) die Gestalt

$$\beta_{\alpha\beta}(\boldsymbol{B}) = T\alpha_{\alpha\beta}(\boldsymbol{B}) \tag{58,12}$$

erhält.

---

[1]) Wir erinnern nochmals daran, daß ein vollständig ionisiertes Plasma gemeint ist. Die Existenz verschiedener Arten schwerer Teilchen (verschiedene Ionen, neutrale Atome) würde eine Berücksichtigung entsprechender Diffusionsprozesse erfordern.

Bei der praktischen Anwendung der Ausdrücke (58,7–8) in der Magnetohydrodynamik ist es günstiger, den Gradienten des chemischen Potentials durch die Gradienten von Druck und Temperatur entsprechend

$$\nabla\mu_e = -s_e\nabla T + \frac{1}{N_e}\nabla P_e\,, \qquad \mu_e = w_e - Ts_e\,,$$

auszudrücken, wobei $P_e = N_e T = Pz/(1+z)$ der Partialdruck der Elektronen im Plasma ist. Dabei sind s_e und w_e die Entropie und die Enthalpie der Elektronenkomponente des Plasmas, bezogen auf ein Teilchen. Endgültig erhalten wir für die Vektordarstellung der Gleichungen (58,7–8)

$$\begin{aligned} &\boldsymbol{E} + \frac{1}{c}[\boldsymbol{VB}] + \frac{1}{eN_e}\nabla P_e \\ &= \frac{\boldsymbol{j}_{\|}}{\sigma_{\|}} + \frac{\boldsymbol{j}_{\perp}}{\sigma_{\perp}} + \mathcal{R}[\boldsymbol{Bj}] + \alpha_{\|}(\nabla T)_{\|} + \alpha_{\perp}(\nabla T)_{\perp} + \mathcal{N}[\boldsymbol{B}\nabla T]\,, \end{aligned} \tag{58,13}$$

$$\begin{aligned} &\boldsymbol{q} + \frac{w_e}{e}\boldsymbol{j} \\ &= \alpha_{\|}T\boldsymbol{j}_{\|} + \alpha_{\perp}T\boldsymbol{j}_{\perp} + \mathcal{N}T[\boldsymbol{Bj}] - \varkappa_{\|}(\nabla T)_{\|} - \varkappa_{\perp}(\nabla T)_{\perp} + \mathcal{L}[\boldsymbol{B}\nabla T]\,, \end{aligned} \tag{58,14}$$

wobei neue Bezeichnungen für die Koeffizienten (sie alle sind Funktionen von $\boldsymbol{B}$) eingeführt wurden. Die Indizes $\|$ und $\perp$ bezeichnen die zu $\boldsymbol{B}$ longitudinalen bzw. transversalen Vektorkomponenten. Die Definition des Koeffizienten $\alpha_{\|}$ in (58,13) unterscheidet sich von seiner Definition in (58,7) durch die Einbeziehung des Beitrags s_e/e. Die Koeffizienten $\mathcal{R}$, $\mathcal{N}$, $\mathcal{L}$ beschreiben entsprechend den Hall-Effekt, den Nernst-Effekt sowie den Leduc-Righi-Effekt. Es sei daran erinnert, daß die Ausdrücke $\mathcal{R}[\boldsymbol{Bj}]$ in (58,13) und $\mathcal{L}[\boldsymbol{B}\nabla T]$ in (58,14) dissipationsfreie kinetische Prozesse darstellen. Sie fallen aus den Produkten $\boldsymbol{Ej}$ und $\boldsymbol{q}\nabla T$ heraus und haben deshalb keine Entropieerhöhung zur Folge.

Was nun den Reibungstensor $\sigma'_{\alpha\beta}$ betrifft, so wurde sein allgemeiner Zusammenhang mit dem Gradienten der makroskopischen Geschwindigkeit bereits in § 13 aufgeschrieben. In Anwendung auf das Plasmaproblem vereinfacht sich dieser Ausdruck etwas, indem beide Koeffizienten der Volumenviskosität ζ und ζ_1 Null werden. Das Verschwinden von ζ ist eine allgemeine Eigenschaft aller einatomigen Gase, zu denen auch das Plasma gehört. Die Ursache für das Fehlen des Gliedes mit ζ_1 wird im folgenden Abschnitt erklärt.

Die in (13,18) noch verbleibenden Beiträge werden in Anbetracht dessen, daß im Plasma das Magnetfeld im allgemeinen einen starken Einfluß auf die Zähigkeit ausübt (und keinen schwachen wie im neutralen Gas), zweckmäßigerweise etwas umgruppiert. Deshalb hat es keinen Sinn, den gewöhnlichen Zähigkeitskoeffizienten η abzutrennen. Wir stellen hier $\sigma'_{\alpha\beta}$ in einer Form dar, die sich von (13,18) nur darin unterscheidet, daß der Ausdruck mit η durch den Ausdruck

$$\eta_0(3b_\alpha b_\beta - \delta_{\alpha\beta})\,(b_\gamma b_\delta V_{\gamma\delta} - \tfrac{1}{3}\operatorname{div}\boldsymbol{V}) \tag{58,15}$$

ersetzt wird, wobei (anstelle von $\boldsymbol{h}$) $\boldsymbol{b} = \boldsymbol{B}/B$ ist. Die Zweckmäßigkeit der Definition von η_0 wird später noch genauer erläutert (s. Fußnote auf S. 272).

Wenn man die z-Achse in $\boldsymbol{b}$-Richtung wählt, so erhalten die Komponenten des Spannungstensors die Gestalt

$$
\begin{aligned}
\sigma'_{xx} &= -\eta_0(V_{zz} - \tfrac{1}{3}\operatorname{div}\boldsymbol{V}) + \eta_1(V_{xx} - V_{yy}) + 2\eta_3 V_{xy}\,,\\
\sigma'_{yy} &= -\eta_0(V_{zz} - \tfrac{1}{3}\operatorname{div}\boldsymbol{V}) + \eta_1(V_{xx} - V_{yy}) - 2\eta_3 V_{xy}\,,\\
\sigma'_{zz} &= 2\eta_0(V_{zz} - \tfrac{1}{3}\operatorname{div}\boldsymbol{V})\,,\\
\sigma'_{xy} &= 2\eta_1 V_{xy} - \eta_3(V_{xx} - V_{yy})\,,\\
\sigma'_{xz} &= 2\eta_2 V_{xz} + 2\eta_4 V_{yz}\,,\\
\sigma'_{yz} &= 2\eta_2 V_{yz} - 2\eta_4 V_{xz}\,.
\end{aligned}
\tag{58,16}
$$

§ 59. Kinetische Koeffizienten des Plasmas in einem starken Magnetfeld

Für die Berechnung der kinetischen Koeffizienten des magnetisch aktiven Plasmas muß zunächst, wie gewöhnlich, die Verteilungsfunktion der Teilchen in der Form $f = f_0 + \delta f$ bestimmt werden, wobei δf eine kleine Korrektur zur lokalen Gleichgewichtsverteilung darstellt, die proportional zum Gradienten der entsprechenden thermodynamischen Größe ist. Beim Einsetzen dieses Ausdrucks in die kinetische Gleichung zum Beispiel der Elektronen

$$\frac{\partial f_e}{\partial t} + \boldsymbol{v}\frac{\partial f_e}{\partial \boldsymbol{r}} - e\boldsymbol{E}\frac{\partial f_e}{\partial \boldsymbol{p}} - \frac{e}{c}[\boldsymbol{vB}]\frac{\partial f_e}{\partial \boldsymbol{p}} = \operatorname{St} f_e \tag{59,1}$$

setzen wir in den ersten drei Summanden der linken Seite $f_e = f_{0e}$. Der vierte Summand würde in dieser Näherung verschwinden (da der Vektor $\partial f_{0e}/\partial \boldsymbol{p}$ in $\boldsymbol{v}$-Richtung liegt). Deshalb muß hier der Beitrag mit δf_e beibehalten werden, und wir finden auf diese Weise die folgende Gleichung für δf_e[1]):

$$\frac{\partial f_{0e}}{\partial t} + \boldsymbol{v}\frac{\partial f_{0e}}{\partial \boldsymbol{r}} - e\boldsymbol{E}\frac{\partial f_{0e}}{\partial \boldsymbol{p}} = \frac{e}{c}[\boldsymbol{vB}]\frac{\partial \delta f_e}{\partial \boldsymbol{p}} + I(\delta f_e)\,, \tag{59,2}$$

wobei I das linearisierte Stoßintegral ist.

Vor allem können wir feststellen, daß die Koeffizienten der longitudinalen elektrischen und Wärmeleitfähigkeit $\sigma_{\parallel}$ und $\varkappa_{\parallel}$ überhaupt nicht vom Magnetfeld $\boldsymbol{B}$ abhängen, d. h., sie sind gleich den gewöhnlichen skalaren Größen σ und $\varkappa$ bei fehlendem Magnetfeld. Tatsächlich ist aus Symmetrieüberlegungen bereits von vornherein ersichtlich, daß bei Übereinstimmung der Vektorrichtungen von $\boldsymbol{E}$ oder ∇T mit der Richtung des Magnetfeldes $\boldsymbol{B}$ die Verteilungsfunktion δf nicht vom Winkel φ der transversalen Geschwindigkeit $\boldsymbol{v}_{\perp}$ in der zum Feld $\boldsymbol{B}$ senkrechten Ebene abhängt. Es gilt die Beziehung

$$[\boldsymbol{vB}]\frac{\partial \delta f}{\partial \boldsymbol{p}} = -\frac{B}{m}\frac{\partial \delta f}{\partial \varphi}\,,$$

[1]) Wir erinnern daran, daß bei der Berechnung der dielektrischen Permeabilität des Plasmas in § 29 der Beitrag mit Magnetfeld weggelassen wurde, da er für kleine Felder $\boldsymbol{E}$ und $\boldsymbol{B}$ nur eine kleine Größe zweiter Ordnung darstellt. Bei der in diesem Abschnitt behandelten Problemstellung dagegen kann das Magnetfeld durchaus nicht als klein vorausgesetzt werden (im Gegensatz zum elektrischen Feld).

und folglich fällt für $\partial \delta f / \partial \varphi = 0$ das Magnetfeld vollkommen aus der kinetischen Gleichung heraus.[1])

Aus dem gleichen Grund hängt auch der Zähigkeitskoeffizient η_0 nicht vom Magnetfeld ab (und entspricht somit der gewöhnlichen Zähigkeit η). Dies ist der Koeffizient, der die Reibungsspannung $\sigma'_{\alpha\beta}$ charakterisiert, falls der Geschwindigkeitsvektor $\boldsymbol{V}$ in die Richtung des Magnetfeldes $\boldsymbol{B}$ (z-Achse) weist und nur von der z-Koordinate abhängt. Dabei bleiben in den Ausdrücken (58,16) nur die Glieder mit

$$\sigma'_{xx} = \sigma'_{yy} = -\frac{1}{2}\sigma'_{zz} = -\frac{2}{3}\eta_0 \frac{\mathrm{d}V}{\mathrm{d}z}$$

erhalten.

Schließlich sollte auch der Koeffizient ζ_1, der für die betrachtete Geschwindigkeitsverteilung zum Spannungstensor den Beitrag

$$\sigma'_{xx} = \sigma'_{yy} = \frac{1}{2}\sigma'_{zz} = \zeta_1 \frac{\mathrm{d}V}{\mathrm{d}z}$$

liefern würde, vom Magnetfeld unabhängig sein. Da jedoch bei fehlendem Feld dieser Effekt überhaupt nicht auftritt, gilt entsprechend auch bei Vorhandensein eines Feldes $\zeta_1 = 0$.[2]) (Es sei bemerkt, daß die Ursache dafür nicht an ein klassisches Plasma gebunden ist, so daß die Beziehung $\zeta_1 = 0$ auch im relativistischen Fall erfüllt bleibt, im Gegensatz zum Koeffizienten ζ, der im relativistischen Plasma von Null verschieden ist.)

Die Berechnung der restlichen kinetischen Koeffizienten kann im Grenzfall starker Magnetfelder, wenn (für jeden Teilchentyp) die Zyklotronfrequenz $\omega_B \gg \nu$ ist, analytisch durchgeführt werden. Unter diesen Bedingungen spielen die Stöße eine untergeordnete Rolle und führen nur zu kleinen Korrekturen.[3])

Elektrische Leitfähigkeit

Wir beginnen mit der Berechnung der Koeffizienten, die den elektrischen Strom im Plasma charakterisieren. Diese Berechnungen erfolgen vorteilhafterweise in einem Bezugssystem, in dem das gegebene Volumenelement des Plasmas ruht. Vernachlässigt man Größen der Ordnung m/M, so kann man annehmen, daß dieses System mit dem Ruhesystem der Ionen zusammenfällt. Der elektrische Strom in diesem System besitzt rein elektronischen Charakter. Deshalb muß nur die kinetische Gleichung für die Elektronen gelöst werden.

---

[1]) Hierzu muß jedoch sofort erläuternd bemerkt werden, daß diese Überlegungen (wie auch die noch folgenden) voraussetzen, daß der Streuprozeß der Teilchen nicht vom Magnetfeld abhängt. Hierfür ist unbedingt erforderlich, daß das Magnetfeld die Eigenschaft (59,10) besitzt — s. unten.

[2]) Wir betonen noch einmal, daß all diese Behauptungen mit der Form des Gliedes in der kinetischen Gleichung (59,2) verknüpft sind, welches das Magnetfeld $\boldsymbol{B}$ enthält. Sie treffen deshalb nicht für ein gewöhnliches Gas zu, dessen Moleküle ein magnetisches Moment besitzen, über das sie auch mit dem Magnetfeld in Wechselwirkung treten können (jedoch nicht über die Ladungen der Teilchen, wie im Plasma).

[3]) Die kinetischen Koeffizienten des magnetisch aktiven Plasmas wurden von R. Landshoff (1949), E. S. Fradkin (1951) und S. I. Braginski (1952) berechnet. Die weiter unten dargestellte analytische Methode wurde von I. J. Tamm (1951) entwickelt.

Die linke Seite der kinetischen Gleichung muß, ähnlich wie bereits in § 6 für das gewöhnliche Gas, mit Hilfe der hydrodynamischen Gleichungen umgeformt werden Dabei ist für das gewählte Bezugssystem die makroskopische Geschwindigkeit (jedoch natürlich nicht ihre Ableitung) in einem gegebenen Punkt gleich Null.[1])

Die vollständige Durchführung dieser Rechnungen ist allerdings im gegebenen Fall (für Elektronen) nicht notwendig. Vor allem muß beachtet werden, daß der Ausdruck $\partial f_{0e}/\partial t$ vollständig weggelassen werden kann. Die Differentiation bezüglich der Zeit führt zum Auftreten von Gliedern mit den Ableitungen $\partial T/\partial t$, $\partial P/\partial t$ und $\partial \boldsymbol{V}/\partial t$. Die zwei ersten dieser Ableitungen werden über die skalare Größe div $\boldsymbol{V}$ ausgedrückt (vgl. (6.16)). Diese Glieder kürzen sich jedoch, wie uns bereits bekannt ist, im Falle eines einatomigen Gases (zu dem auch das Plasma gehört) gegenseitig heraus. Die Ableitung $\partial \boldsymbol{V}/\partial t$ dagegen, die sich aus der hydrodynamischen Gleichung (58,3) bestimmen läßt, enthält einen Faktor $1/\varrho$, d. h. einen Faktor $1/M$. Eine Berücksichtigung dieser Glieder in der kinetischen Gleichung würde nur zu Korrekturen $\sim m/M$ führen, für die wir uns hier nicht weiter interessieren. Weiterhin kann in (59,2) $\boldsymbol{E} = 0$ gesetzt werden, da im voraus bekannt ist, daß $\boldsymbol{E}$ nur in Form der Summe

$$\boldsymbol{E} + \frac{1}{eN_e}\nabla P$$

in die Stromdichte $\boldsymbol{j}$ eingehen kann. Schließlich können wir, da nicht beabsichtigt ist, die vom Magnetfeld unabhängigen „longitudinalen" kinetischen Koeffizienten $(\sigma_{||}, \varkappa_{||}, \eta_0)$ zu berechnen, annehmen, daß alle thermodynamischen Größen des Plasmas nur von den Koordinaten in der Ebene senkrecht zur $\boldsymbol{B}$-Richtung abhängen. Indem wir den Differentiationsoperator innerhalb dieser Ebene mit $\nabla_\perp$ bezeichnen, können wir die kinetische Gleichung folglich in der Gestalt

$$(\boldsymbol{v}\nabla_\perp) f_{0e} = \frac{e}{c}[\boldsymbol{vB}]\frac{\partial \delta f_e}{\partial \boldsymbol{p}} + I(\delta f_e) \tag{59,3}$$

schreiben.

Diese Gleichung ihrerseits kann schrittweise durch Entwicklung nach Potenzen von $1/\omega_{Be}$ gelöst werden. Der ersten Näherung (mit dem Index (1) bezeichnet) entspricht eine vollständige Vernachlässigung des Stoßintegrals, d. h., wir erhalten die Gleichung

$$[\boldsymbol{vb}]\frac{\partial \delta f_e^{(1)}}{\partial \boldsymbol{v}} = \frac{1}{\omega_{Be}}(\boldsymbol{v}\nabla_\perp) f_{0e} \tag{59,4}$$

$(\boldsymbol{b} = \boldsymbol{B}/B)$. Die Lösung dieser Gleichung lautet

$$\delta f_e^{(1)} = -\frac{1}{\omega_{Be}}(\boldsymbol{v}[\boldsymbol{b}\nabla_\perp f_{0e}]), \tag{59,5}$$

wovon man sich durch direktes Einsetzen in (59,4) leicht überzeugen kann. Es ist im voraus klar, daß mit ihrer Hilfe nur dissipationsfreie kinetische Koeffizienten berechnet werden können, denn in Abwesenheit von Stößen existiert keine Energiedissipation.

[1]) Dies wurde im Prinzip bereits weiter oben zugrunde gelegt, nämlich mit der Annahme, daß die Vektorrichtungen von $\partial f_0/\partial \boldsymbol{p}$ und $\boldsymbol{v}$ übereinstimmen.

Die elektrische Stromdichte wird durch das Integral

$$\boldsymbol{j} = -e \int \boldsymbol{v}\, \delta f_e\, \mathrm{d}^3 p \tag{59,6}$$

gegeben. Setzt man in diese Gleichung (59,5) ein, ergibt sich

$$\boldsymbol{j}^{(1)} = \frac{mc}{B} \left([\boldsymbol{b}\nabla_\perp] \langle \boldsymbol{v}) \boldsymbol{v} \rangle N_e = \frac{mc}{3B} [\boldsymbol{b}\nabla_\perp] N_e \langle v^2 \rangle ,$$

wobei die Mittelung über die MAXWELL-Verteilung erfolgt. Als Ergebnis finden wir

$$\boldsymbol{j}^{(1)} = \frac{c}{B} [\boldsymbol{b}\nabla_\perp P_e] , \qquad \nabla_\perp P_e = -\frac{B}{c} [\boldsymbol{b}\boldsymbol{j}^{(1)}] . \tag{59,7}$$

Indem man diesen Ausdruck mit der Definition des Koeffizienten $\mathcal{R}$ in (58,13) vergleicht, erhält man

$$\mathcal{R} = -1/N_e ec . \tag{59,8}$$

In der darauffolgenden Näherung suchen wir eine Lösung der Gleichung (59,3) in der Form $\delta f_e = \delta f_e^{(1)} + \delta f_e^{(2)}$ und finden als Bestimmungsgleichung für $\delta f_e^{(2)}$

$$\omega_{Be} [\boldsymbol{v}\boldsymbol{b}] \frac{\partial \delta f_e^{(2)}}{\partial \boldsymbol{v}} = -I(\delta f_e^{(1)}) = \frac{1}{\omega_{Be}} I(\boldsymbol{v}[\boldsymbol{b}\nabla_\perp] f_{0e}) . \tag{59,9}$$

(Es ist unmöglich, den Operator $\nabla_\perp$ aus dem Stoßintegral I herauszuziehen, da die Koeffizienten im Integranden des linearisierten Stoßintegrals Größen enthalten, die von den Koordinaten abhängig sind — zum Beispiel N_i.)

Wie bereits gefordert wurde, soll das Magnetfeld so stark sein, daß $\omega_{Be} \gg \nu_e$ gilt. Des weiteren werden wir in diesem Abschnitt gleichzeitig annehmen, daß

$$r_{Be} = v_{Te}/\omega_{Be} \gg a_e \tag{59,10}$$

gilt (d. h. $\omega_{Be} \ll \Omega_e$), wodurch die Größe des Feldes von oben her begrenzt wird. Falls diese Bedingung erfüllt ist, werden die Flugbahnen der Elektronen (und erst recht die der Ionen) im Stoßbereich nahezu nicht vom Feld gekrümmt, so daß dieses Feld keinerlei Einfluß auf den Stoßprozeß hat. Mit anderen Worten, der Operator I hängt nicht explizit vom Feld ab. Dann muß aber auf Grund von Symmetrieüberlegungen der rechte Teil der Gleichung (59,9) eine Vektorstruktur der Form $(\boldsymbol{v}[\boldsymbol{b}\nabla_\perp])\, \varphi(v^2)$ besitzen. In bezug auf die Variable $\boldsymbol{v}$ ist diese Struktur die gleiche wie auf der rechten Seite der Gleichung (59,4) (wobei anstelle von $\nabla_\perp$ der Ausdruck $[\boldsymbol{b}\nabla_\perp]$ steht). Die Lösung der Gleichung (59,9) lautet deshalb

$$\delta f_e^{(2)} = -\frac{1}{\omega_{Be}^2} I(\boldsymbol{v}[\boldsymbol{b}[\boldsymbol{b}\nabla_\perp]] f_{0e}) = \frac{1}{\omega_{Be}^2} I(\boldsymbol{v}\nabla_\perp f_{0e}) . \tag{59,11}$$

Bei der Berechnung des Stromes liefern nur die *ei*-Stöße einen von Null verschiedenen Beitrag. Da die Stöße unter den betrachteten Bedingungen tatsächich nur einen kleinen Effekt darstellen, können die Anteile von *ee*- und *ei*-Stößen zur Leitfähigkeit unabhängig voneinander berücksichtigt werden. Das heißt zum Beispiel, daß der Beitrag der *ee*-Stöße aus derjenigen Verteilungsfunktion berechnet wird, die sich durch Lösung einer kinetischen Gleichung ergibt, auf deren rechter Seite nur das Stoßintegral dieser Stöße auftritt, so, als ob die Elektronen überhaupt nicht mit den Ionen zusammenstoßen würden. Allerdings wird dann das Integral $\int \boldsymbol{v}\, \delta f_e^{(2)}\, d^3p$ mit $\delta f_e^{(2)}$ in der Form (59,11) Null, da sich auf Grund der Wirkung des Impulserhaltungssatzes bei den Stößen für eine beliebige Verteilungsfunktion f_e identisch

$$\int \boldsymbol{v}\, \mathrm{St}_{ee} f_e\, d^3p = 0$$

ergibt (vgl. § 5).

Aus diesem Grund muß bei der Berechnung des elektrischen Stromes das Symbol I in (59,11) als Elektron-Ion-Stoßintegral aufgefaßt werden. Dabei ist[1])

$$I_{ei}(\boldsymbol{v}\nabla_\perp f_{0e}) = -\nu_{ei}(v)\,(\boldsymbol{v}\nabla_\perp) f_{0e}\,, \tag{59,12}$$

wobei nach (44,3)

$$\nu_{ei}(v) = \frac{4\pi z e^4 N_e L_e}{m^2 v^3}$$

gilt.

Der Beitrag der Verteilungsfunktion (59,11—12) zur Stromdichte ergibt sich als

$$\boldsymbol{j}^{(2)} = \frac{eN_e}{3\omega_{Be}^2}\nabla_\perp\langle v^2\nu_{ei}(v)\rangle = \frac{4\sqrt{2\pi}\, z e^5 L_e N_e}{3m^{3/2}\omega_{Be}^2}\nabla_\perp \frac{P_e}{T^{3/2}}\,. \tag{59,13}$$

Für die Berechnung der gesuchten kinetischen Koeffizienten müssen wir den Strom $\boldsymbol{j}_\perp = \boldsymbol{j}^{(1)} + \boldsymbol{j}^{(2)}$ in die Gleichung (58,13)

$$\frac{1}{eN_e}\nabla_\perp P_e = \frac{\boldsymbol{j}_\perp}{\sigma_\perp} + \mathcal{R}B[\boldsymbol{b}\boldsymbol{j}_\perp] + \alpha_\perp\nabla_\perp T + \mathcal{N}B[\boldsymbol{b}\nabla_\perp T] \tag{59,14}$$

einsetzen, in der diese Koeffizienten definiert werden. Setzt man zunächst $\nabla T = 0$ und faßt Glieder der Ordnung $1/\omega_{Be}$ zusammen, so findet man

$$\boldsymbol{j}^{(1)}/\sigma_\perp + \mathcal{R}B[\boldsymbol{b}\boldsymbol{j}^{(2)}] = 0\,,$$

woraus

$$\sigma_\perp = \frac{3\pi^{1/2}e^2N_e}{2^{1/2}m\nu_{ei}} \tag{59,15}$$

folgt. Dabei bedeutet ν_{ei} (ohne Argument)

$$\nu_{ei} = \nu_{ei}(v_{Te}) = \frac{4\pi z e^4 L_e N_e}{m^{1/2}T^{3/2}}\,. \tag{59,16}$$

Die Größe (59,15) ist von der gleichen Ordnung wie auch die Leitfähigkeit (43,8) in Abwesenheit eines Feldes, die im betrachteten Fall mit $\sigma_\parallel$ zusammenfällt.

Setzen wir in analoger Verfahrensweise in (59,14) $\nabla P_e = 0$ und fassen wiederum die Beiträge $\sim 1/\omega_{Be}$ zusammen, so finden wir

$$\mathcal{R}B[\boldsymbol{b}\boldsymbol{j}^{(2)}] + \mathcal{N}B[\boldsymbol{b}\nabla T] = 0\,,$$

---

[1]) Vgl. (44,1). Es sei daran erinnert, daß eine Gleichung dieser Form für Stf dann gilt, wenn die Stöße mit Teilchen stattfinden, die man als unbeweglich voraussetzen kann, und wenn δf die Gestalt $(\boldsymbol{v}\boldsymbol{A})\, g(v)$ besitzt, wobei $\boldsymbol{A}$ ein konstanter Vektor ist. Im hier betrachteten Fall übernimmt der Vektoroperator $\nabla_\perp$ die Rolle des Vektors $\boldsymbol{A}$.

woraus schließlich

$$\mathcal{N} = -\frac{\nu_{ei}}{(2\pi)^{1/2}\, mc\omega_{Be}^2} = -\frac{3cN_e}{2\sigma_\perp B^2} \tag{59,17}$$

folgt.

Was den Koeffizienten $\alpha_\perp$ betrifft, so tritt er nur in der nächsthöheren Ordnung bezüglich $1/\omega_{Be}$ auf. Man erhält (für $z = 1$)

$$\alpha_\perp = 0{,}36(\nu_{ei}/\omega_{Be})^2 . \tag{59,18}$$

Elektronischer Anteil der Wärmeleitfähigkeit

Der Wärmestrom im Plasma setzt sich sowohl aus einem elektronischen als auch einem ionischen Anteil zusammen. Wir untersuchen zunächst den ersten von beiden.

Der elektronische Wärmestrom wird mit Hilfe des Integrals

$$\boldsymbol{q}_e = \frac{m}{2}\int v^2 \boldsymbol{v}\, \delta f_e\, \mathrm{d}^3p \tag{59,19}$$

berechnet. Setzen wir hier (59,5) in niedrigster Näherung bezüglich $1/\omega_{Be}$ ein, so finden wir

$$\boldsymbol{q}_e^{(1)} = -\frac{m}{2\omega_{Be}}\left([\boldsymbol{b}\nabla_\perp]\langle \boldsymbol{v})\, \boldsymbol{v}v^2\rangle N_e = -\frac{m}{6\omega_{Be}}[\boldsymbol{b}\nabla_\perp]\, N_e\langle v^4\rangle$$

und schließlich

$$\boldsymbol{q}_e^{(1)} = -\frac{5c}{2eB}[\boldsymbol{b}\nabla_\perp]\, P_e T = -\frac{w_e}{e}\boldsymbol{j}^{(1)} - \frac{5cP_e}{2eB}[\boldsymbol{b}\nabla_\perp T]\,, \tag{59,20}$$

wobei $w_e = 5T/2$ die elektronische Enthalpie, bezogen auf ein Elektron, darstellt. Vergleicht man dieses Ergebnis mit der Definition des Koeffizienten $\mathcal{L}$ in (58,14), so erhält man

$$\mathcal{L}_e = -\frac{5cN_eT}{2eB^2} . \tag{59,21}$$

In der darauffolgenden Näherung muß das Integral (59,19) mit Hilfe der Verteilungsfunktion (59,11) berechnet werden. Zum Wärmestrom liefern aber sowohl *ei*- als auch *ee*-Stöße Beiträge. Im ersten Fall können wir wiederum die Ausdrücke (59,11—12) benutzen und finden

$$\boldsymbol{q}_e^{(ei)} = -\frac{mN_e}{6\omega_{Be}^2}\nabla_\perp\langle v^4\nu_{ei}(v)\rangle\,,$$

woraus

$$\boldsymbol{q}_e^{(ei)} = -\frac{4\sqrt{2\pi}}{3}\frac{ze^4N_eL_e}{m^{3/2}\omega_{Be}^2}\nabla_\perp\frac{P_e}{\sqrt{T}} \tag{59,22}$$

folgt.

Um hieraus den entsprechenden Anteil des Wärmeleitfähigkeitskoeffizienten $\varkappa_\perp$ zu bestimmen, muß jedoch noch die Bedingung $\boldsymbol{j} = \boldsymbol{j}^{(1)} + \boldsymbol{j}^{(2)} = 0$ berücksichtigt werden, da entsprechend (58,14) der Koeffizient $\varkappa_\perp$ durch den Wärmestrom gerade in Abwesenheit eines elektrischen Stromes definiert wurde. Mit Hilfe von (59,7) und (59,13) finden wir, daß diese Bedingung folgende Beziehung zwischen den Gradienten von Druck und Temperatur zur Folge hat:

$$\frac{c}{B}\left[\boldsymbol{b}\nabla_\perp P_e\right] = \frac{eN_e\nu_{ei}}{\sqrt{2\pi}\, m\omega_{Be}^2}\nabla_\perp T\,.$$

(In allen Rechnungen werden Beiträge höherer Ordnungen bezüglich $1/\omega_{Be}$ vernachlässigt.) Berechnet man unter Berücksichtigung dieser Beziehung die Summe $\boldsymbol{q}_e^{(1)} + \boldsymbol{q}_e^{(ei)}$, so findet man

$$\varkappa_{\perp e}^{(ei)} = \frac{13}{6\sqrt{2\pi}}\frac{N_eT\nu_{ei}}{m\omega_{Be}^2}\,. \tag{59,23}$$

Diese Formel besitzt eine einfache physikalische Bedeutung. Größenordnungsmäßig muß für die Wärmeleitfähigkeit $\varkappa_\perp \sim C_eD_\perp$ gelten, wobei $C_e \sim N_e$ die spezifische Wärme der Elektronen, bezogen auf das Einheitsvolumen, und $D_\perp$ der Diffusionskoeffizient der Elektronen senkrecht zum Magnetfeld sind. Letzterer wird als $\langle(\Delta x)^2\rangle/\delta t$ abgeschätzt mit $\langle(\Delta x)^2\rangle$ als dem mittleren Verschiebungsquadrat im Zeitintervall δt. In einem Magnetfeld tritt eine Verschiebung in transversaler Richtung nur bei Stößen auf, wobei das Elektron um eine Strecke $\sim r_{Be}$ verschoben wird. Aus diesem Grund gilt $D_\perp \sim \nu_{ei}r_{Be}^2$, woraus man ebenfalls (59,23) erhält.

Wir wenden uns nun dem Beitrag der ee-Stöße zu. Die Rechnung hierfür ist wesentlich umständlicher. Wir wollen hier kurz ihren Verlauf skizzieren.

In der Funktion (59,11) muß unter I jetzt das linearisierte LANDAUsche Stoßintegral verstanden werden,

$$I_{ee}(\delta f_e) = -\operatorname{div}_{\boldsymbol{p}}\boldsymbol{s}^{(ee)}\,,$$

wobei

$$s_\alpha^{(ee)} = 2\pi e^4L_e\int\frac{w^2\delta_{\alpha\beta} - w_\alpha w_\beta}{w^3}$$
$$\times\left\{f_{0e}\frac{\partial\delta f_e'}{\partial p_\beta'} + \delta f_e\frac{\partial f_{0e}'}{\partial p_\beta'} - f_{0e}'\frac{\partial\delta f_e}{\partial p_\beta} - \delta f_e'\frac{\partial f_{0e}}{\partial p_\beta}\right\}\mathrm{d}^3p' \tag{59,24}$$

gilt ($\boldsymbol{w} = \boldsymbol{v} - \boldsymbol{v}'$). Das Integral (59,19) nimmt mit dieser Verteilungsfunktion nach partieller Integration folgende Gestalt an:

$$\boldsymbol{q}_e^{(ee)} = \frac{1}{2\omega_{Be}^2}\int\{v^2\boldsymbol{s}^{(ee)} + 2\boldsymbol{v}(\boldsymbol{v}\boldsymbol{s}^{(ee)})\}\,\mathrm{d}^3p\,. \tag{59,25}$$

Der Koeffizient in dieser Formel wurde so geschrieben, daß unter δf_e in (59,24) jetzt die Funktion $(\boldsymbol{v}\nabla_\perp)f_{0e}$ verstanden werden muß. Dabei genügt es, die Differentiation

$\nabla_\perp$ nur auf T im Exponenten der MAXWELL-Funktion f_{0e} anzuwenden:

$$(\boldsymbol{v}\nabla_\perp) f_{0e} \to f_{0e} \frac{mv^2}{2T^2} (\boldsymbol{v}\nabla_\perp T) .$$

Die Glieder, die sich infolge der Differentiation des vor dem Exponenten stehenden Faktors ergeben, kürzen sich gegenseitig heraus.[1])

Nach einfacher, aber ziemlich langer Rechnung führt das Integral (59,25) zu einem Ausdruck der Form $-\varkappa_{\perp e}^{(ee)} \nabla_\perp T$, wobei[2])

$$\varkappa_{\perp e}^{(ee)} = \frac{\pi L_e e^4}{3T^2\omega_{Be}^2} \int \left\{ w V^2 + \frac{(\boldsymbol{w}\boldsymbol{V})^2}{w} + \dots \right\} f_{0e}(p) f_{0e}(p') \, \mathrm{d}^3p \, \mathrm{d}^3p'$$

gilt und weiterhin $\boldsymbol{w} = \boldsymbol{v} - \boldsymbol{v}'$, $\boldsymbol{V} = (\boldsymbol{v} + \boldsymbol{v}')/2$ sind. Die Punkte innerhalb der geschweiften Klammern stehen für diejenigen Glieder, die ungerade Potenzen von $\boldsymbol{wV}$ enthalten und entsprechend bei der Integration Null ergeben.

Unter Beachtung von

$$f_{0e}(p) f_{0e}(p') \propto \exp\left(-\frac{mV^2}{T} - \frac{mw^2}{4T} \right)$$

erhalten wir nach Ausführung der Integration über $\mathrm{d}^3p \, \mathrm{d}^3p'$ schließlich

$$\varkappa_{\perp e}^{(ee)} = \frac{2}{3\sqrt{\pi}} \frac{N_e T \nu_{ee}}{m\omega_{Be}^2} \tag{59,26}$$

mit

$$\nu_{ee} = \frac{4\pi e^4 N_e L_e}{m^{1/2} T^{3/2}} . \tag{59,27}$$

Auf diese Weise wird der vollständige elektronische Beitrag zur transversalen Wärmeleitfähigkeit

$$\varkappa_{\perp e} = \frac{2N_e T \nu_{ee}}{3\sqrt{\pi}\, m\omega_{Be}^2} \left(1 + \frac{13}{4} z \right). \tag{59,28}$$

Ionischer Anteil der Wärmeleitfähigkeit

Es muß hierbei zunächst hervorgehoben werden, daß die Bedingung der Anwendbarkeit der betrachteten Näherung für ii-Stöße, $\omega_{Bi} \gg \nu_{ii}$, wesentlich strenger ist als die für Elektronen. Da $\nu_{ii} \sim \nu_{ee}(m/M)^{1/2}$ gilt und $\omega_{Bi} \sim \omega_{Be} m/M$ ist, folgt aus $\omega_{Bi} \gg \nu_{ii}$ die Forderung $\omega_{Be} \gg \nu_{ee}(M/m)^{1/2}$, die wesentlich einschränkender als $\omega_{Be} \gg \nu_{ee}$ ist. Was die Bedingung $r_{Bi} \gg a$ betrifft, so wird sie offensichtlich erfüllt, da sie viel schwächer ist als die Bedingung (59,10).

---

[1]) Dieser Umstand ist eine Folge der im § 6 behandelten allgemeinen Eigenschaft, daß das Stoßintegral im Fall gleichartiger Teilchen für eine Funktion der Form $\boldsymbol{v}f_0$ verschwindet.

[2]) Der Druckgradient tritt hier nicht auf, und es besteht deshalb auch nicht die Notwendigkeit, ihn mittels der Bedingung $\boldsymbol{j} = 0$ zu beseitigen.

Die kinetische Gleichung der Ionen erhält man analog zur Gleichung (59,2) für Elektronen in der Form

$$\frac{\partial f_{0i}}{\partial t} + \boldsymbol{v}\frac{\partial f_{0i}}{\partial \boldsymbol{r}} + ze\boldsymbol{E}\,\frac{\partial f_{0i}}{\partial \boldsymbol{p}} = -\frac{ze}{c}\,[\boldsymbol{v}\boldsymbol{B}]\,\frac{\partial \delta f_i}{\partial \boldsymbol{p}} + I(\delta f_i)\,. \tag{59,29}$$

Bei der Umformung ihrer linken Seite unterscheidet sich die Situation jedoch vom Elektronenproblem. Setzt man hier

$$f_{0i} = \frac{N_i}{(2\pi TM)^{3/2}}\exp\left\{-\frac{M}{2T}(\boldsymbol{v}-\boldsymbol{V})^2\right\}$$

ein, so muß jetzt $\boldsymbol{V}$ nach der Zeit t differenziert werden (wonach wiederum bei geeigneter Wahl des Bezugssystems $\boldsymbol{V} = 0$ gesetzt werden kann). Für $\boldsymbol{V} = 0$ erhalten wir entsprechend der hydrodynamischen Bewegungsgleichung

$$\frac{\partial \boldsymbol{V}}{\partial t} = -\frac{1}{\varrho}\nabla P + \frac{1}{\varrho c}[\boldsymbol{j}\boldsymbol{B}]\,,$$

wobei $P = P_e + P_i$ den Druck und $\varrho = N_i M$ die Dichte darstellen. Im Ergebnis erhält die kinetische Gleichung die Gestalt

$$\boldsymbol{v}\nabla_\perp f_{0i} - \frac{f_{0i}}{N_i T}\boldsymbol{v}\left(\nabla_\perp P - \frac{1}{c}\,[\boldsymbol{j}\boldsymbol{B}]\right) = -\frac{ze}{c}\,[\boldsymbol{v}\boldsymbol{B}]\frac{\partial \delta f_i}{\partial \boldsymbol{p}} + I(\delta f_i)\,, \tag{59,30}$$

wobei wir wiederum (wie auch in (59,3)) $\boldsymbol{E} = 0$ gesetzt und $\nabla_\perp$ anstelle von ∇ geschrieben haben.[1])

Wir lösen die Gleichung (59,30) schrittweise durch Entwicklung nach Potenzen von $1/\omega_{Be}$. In erster Näherung erhalten wir analog zu (59,5)

$$\delta f_i^{(1)} = \frac{1}{\omega_{Bi}}\left(\boldsymbol{v}\left[\boldsymbol{b},\nabla_\perp f_{0i} - \frac{f_{0i}}{N_i T}\nabla_\perp P + \frac{f_{0i}}{cN_i T}\,[\boldsymbol{j}\boldsymbol{B}]\right]\right).$$

In dieser Näherung gilt aber entsprechend (59,7) $\nabla_\perp P_e = [\boldsymbol{j}\boldsymbol{B}]/c$, so daß

$$\delta f_i^{(1)} = \frac{1}{\omega_{Bi}}\left(\boldsymbol{v}\left[\boldsymbol{b},\nabla_\perp f_{0i} - \frac{f_{0i}}{P_i}\,\nabla_\perp P_i\right]\right) \tag{59,31}$$

wird.

Diese Verteilungsfunktion liefert natürlich keinen Beitrag zum elektrischen Strom, $\int \delta f_i^{(1)}\,\boldsymbol{v}\,\mathrm{d}^3p = 0$, wie es auch in einem Bezugssystem, in dem die Ionen des Plasmas ruhen, sein muß. Für den Wärmestrom dagegen finden wir

$$\begin{aligned}\boldsymbol{q}_i^{(1)} &= \frac{M}{2}\int v^2\boldsymbol{v}\,\delta f_i^{(1)}\,\mathrm{d}^3p \\ &= \frac{M}{6\omega_{Bi}}\left[\boldsymbol{b},\nabla_\perp(N_i\langle v^4\rangle) - \frac{\langle v^4\rangle}{T}\,\nabla_\perp P_i\right] = \frac{5cP_i}{2zeB}\,[\boldsymbol{B}\nabla T]\,,\end{aligned}$$

---

[1]) Für den Fall von Elektronen würde der zweite Summand der linken Seite anstelle von M/ϱ den Faktor $m/\varrho = m/MN_i$ enthalten und könnte vernachlässigt werden.

woraus schließlich

$$\mathcal{L}_i = \frac{5cN_iT}{2zeB^2} = -\frac{\mathcal{L}_e}{z^2} \tag{59,32}$$

folgt.

Bei der Berechnung des Wärmestromes in nächsthöherer Ordnung sind nur *ii*-Stöße von Bedeutung. Die *ie*-Stöße liefern einen Beitrag, der infolge der geringen Impulsänderung des Ions beim Stoß mit einem Elektron um einen Faktor $\sim (m/M)^{1/2}$ kleiner ist. Die dabei durchzuführenden Rechnungen verlaufen völlig analog zu den obigen Rechnungen für *ee*-Stöße.[1]) Der ionische Anteil der Wärmeleitfähigkeit ergibt sich deshalb aus (59,26) bei Ersetzen der Elektronenwerte durch die entsprechenden Ionenwerte zu

$$\varkappa_{\perp i} = \frac{2N_iT\nu_{ii}}{3\sqrt{\pi}M\omega_{Bi}^2}, \qquad \nu_{ii} = \frac{4\pi z^2e^4L_iN_i}{M^{1/2}T^{3/2}}. \tag{59,33}$$

Ein Vergleich von (59,33) mit (59,23) zeigt, daß (für $z \sim 1$) $\varkappa_{\perp i} \sim \varkappa_{\perp e}(M/m)^{1/2}$ ist. Aus diesem Grund ist in Feldern, die so stark sind, daß $\omega_{Bi} \gg \nu_{ii}$ gilt, die transversale Wärmeleitfähigkeit praktisch rein ionischen Ursprungs. Die elektronische Wärmeleitfähigkeit wird mit der ionischen in ihrer Größe vergleichbar, wenn $\omega_{Bi} \sim (m/M)^{1/4}\, \nu_{ii}$ gilt. (Dabei muß berücksichtigt werden, daß für derartige Feldstärken der Einfluß des Magnetfeldes auf $\varkappa_i$ vernachlässigt werden kann.) Für noch kleinere Felder wird der ionische Beitrag in $\varkappa_\perp$ unwesentlich. Falls hierbei $\omega_{Be} \gg \nu_{ee}$ gilt, so ist $\varkappa_\perp$ durch den Ausdruck (59,28) gegeben.

Zähigkeit

Der Impuls des bewegten Plasmas ist hauptsächlich in den Ionen konzentriert. Deshalb wird die Zähigkeit des Systems durch die Verteilungsfunktion der Ionen bestimmt. Da sich beim Zusammenstoß eines Ions mit Elektronen der Impuls des Ions nur wenig ändert, müssen in der kinetischen Gleichung nur Ion-Ion-Stöße berücksichtigt werden.

Die linke Seite der kinetischen Gleichung (59,29) wird in der gleichen Weise umgeformt wie in den §§ 6, 8 und erhält auch die dortige Gestalt.[2]) Auf diese Weise ergibt sich die kinetische Gleichung zur Bestimmung der Zähigkeit

$$\frac{M}{T} v_\alpha v_\beta \left(V_{\alpha\beta} - \frac{1}{3}\delta_{\alpha\beta}\,\mathrm{div}\,\boldsymbol{V}\right) f_{0i} = -\frac{ze}{cM}[\boldsymbol{vB}]\frac{\partial \delta f_i}{\partial \boldsymbol{v}} + I_{ii}(\delta f_i). \tag{59,34}$$

Die Lösung dieser Gleichung muß in der Gestalt

$$\delta f_i = \sum_{n=0}^{4} g_n(v^2)\, V_{\gamma\delta}^{(n)} v_\gamma v_\delta \tag{59,35}$$

---

[1]) Der Ausdruck mit ∇P_i, durch den sich (59,31) von (59,5) unterscheidet, ist dabei unwesentlich: dieser Anteil der Verteilungsfunktion ist proportional zu $\boldsymbol{v}f_{0i}$, und das Stoßintegral wird Null; vgl. Fußnote S. 269.

[2]) Dabei muß berücksichtigt werden, daß der Druck des Plasmas $P = (N_i + N_e)\,T = N_i(1+z)\,T$ und die Wärmekapazität pro Ion gleich $3(1+z)/2$ sind.

gesucht werden, wobei $V_{\gamma\delta}^{(n)}$ die Linearkombinationen der Tensorkomponenten $V_{\alpha\beta}$ sind, die nach den Definitionen (13,18) und (58,15) im Ausdruck des Reibungstensors

$$\sigma'_{\alpha\beta} = \sum_{n=1}^{4} \eta_n V_{\alpha\beta}^{(n)} \tag{59,36}$$

auftreten. Wir erinnern daran, daß alle $V_{\alpha\alpha}^{(n)} = 0$ sind. Der Spannungstensor wird als Integral

$$-\sigma'_{\alpha\beta} = \int M v_\alpha v_\beta \, \delta f_i \, d^3p$$

berechnet. Setzt man (59,35) in dieses Integral ein und mittelt mit Hilfe der Beziehung

$$\langle v_\alpha v_\beta v_\gamma v_\delta \rangle = \frac{v^4}{15} (\delta_{\alpha\beta}\delta_{\gamma\delta} + \delta_{\alpha\gamma}\delta_{\beta\delta} + \delta_{\alpha\delta}\delta_{\beta\gamma})$$

über alle Richtungen von $\boldsymbol{v}$, so erhält man durch Vergleich mit (59,36)

$$\eta_n = -\frac{2M}{15} \int v^4 g_n(v^2) \, d^3p \, . \tag{59,37}$$

Die Bestimmungsgleichungen der Funktionen g_n erhält man durch Substitution von (59,35) in (59,34) und anschließendes Gleichsetzen der Koeffizienten, die vor gleichen Tensoren $V_{\alpha\beta}^{(n)}$ auf beiden Seiten der erhaltenen Beziehung stehen. Wir wollen Einzelheiten dieser relativ umfangreichen Rechnungen hier weglassen und geben sofort die Endresultate an.

Von Null verschiedene Zähigkeitskoeffizienten η_3 und η_4 treten bereits unter Vernachlässigung des Stoßintegrals auf und sind deshalb proportional zu $1/\omega_{Bi}$. Die Koeffizienten η_1 und η_2 dagegen erscheinen erst in der nächsthöheren Ordnung unter Berücksichtigung von Stoßprozessen und sind deshalb proportional zu $1/\omega_{Bi}^2$[1]:

$$\eta_1 = \frac{\eta_2}{4} = \frac{2\pi^{1/2}(ze)^4 L_i N_i^2}{5(MT)^{1/2}\,\omega_{Bi}^2}\,, \qquad \eta_3 = \frac{\eta_4}{2} = \frac{N_i T}{2\omega_{Bi}}\,. \tag{59,38}$$

Schließlich muß noch bemerkt werden, daß alle in diesem Abschnitt erhaltenen Ausdrücke für „transversale" kinetische Koeffizienten auch unter Bedingungen, die nicht so einschränkend sind wie die allgemeine Bedingung (58,1), sinnvoll bleiben. Man kann sich leicht davon überzeugen, daß die Korrektur zur Verteilungsfunktion bereits dann klein ist, wenn die charakteristischen Längen des Problems groß sind im Vergleich zum Larmor-Radius der entsprechenden Teilchensorte. Diese Bedingung gewährleistet die Anwendbarkeit der angegebenen Ausdrücke. Sie ist auch für die Anwendbarkeit der hydrodynamischen Gleichungen selbst ausreichend, falls die Gradienten des Druckes und der Temperatur überall transversal zur Magnetfeldrichtung sind.

Bei unseren Betrachtungen sind wir stets von einem Plasma ausgegangen, in dem die Temperaturen der Elektronen und Ionen gleich sind. Jedoch entsteht auf Grund der

---

[1]) Der Vorteil der Definition des Zähigkeitskoeffizienten η_0 (58,15) für das magnetisch aktive Plasma besteht darin, daß dann alle übrigen Koeffizienten η für $B \to \infty$ gegen Null gehen.

großen Massenunterschiede von Elektronen und Ionen nicht selten die Notwendigkeit, zwei unterschiedliche Temperaturen einzuführen. Auch für diesen Fall kann man ein Gleichungssystem vom Typ der hydrodynamischen Gleichungen formulieren und die darin auftretenden kinetischen Koeffizienten berechnen.[1])

Aufgabe

Ein in x-Richtung inhomogenes Plasma wird durch ein in z-Richtung gerichtetes Magnetfeld gehaltert. Man bestimme unter der Bedingung $\omega_{Be} \gg \nu_{ei}$ den Verlauf der Dichte und des Magnetfeldes im Plasma, wobei die Temperaturverteilung als gegeben vorausgesetzt wird (I. E. Tamm, 1951).

Lösung. Voraussetzungsgemäß sind die Gradienten von Temperatur und Druck längs der x-Achse gerichtet. In gleicher Richtung liegt auch das auf Grund der Inhomogenität des Plasmas entstehende elektrische Feld $\boldsymbol{E}$, das im stationären Fall ein Potentialfeld darstellt. Die Halterung des Plasmas bedeutet, daß in x-Richtung keine Bewegung des Plasmas sowie kein elektrischer Strom existieren: $V_x = 0$, $j_x = 0$.

Projiziert man unter Berücksichtigung des bereits Gesagten die Gleichungen (58,13) auf die y-Achse und verwendet die Maxwellsche Gleichung rot $\boldsymbol{B} = 4\pi \boldsymbol{j}/c$, so erhält man

$$\frac{c}{4\pi}\frac{\mathrm{d}B}{\mathrm{d}x} = -j_y = \mathcal{N}\sigma_{\perp} B \frac{\mathrm{d}T}{\mathrm{d}x}\,.$$

Setzt man in diese Gleichung den Ausdruck (59,17) für $\mathcal{N}\sigma_{\perp}$ ein, so ergibt sich

$$\frac{\mathrm{d}}{\mathrm{d}x}\frac{B^2}{8\pi} = -\frac{3}{2} N_e \frac{\mathrm{d}T}{\mathrm{d}x}\,. \tag{1}$$

Das Magnetfeld wird aus den heißeren Gebieten des Plasmas „hinausgedrängt". Projiziert man nun die Gleichung (58,3) auf die x-Achse und vernachlässigt die Zähigkeitsglieder, die einen Beitrag höherer Ordnung bezüglich der kleinen Größe $1/B$ liefern, so findet man als zweite Gleichung

$$\frac{\mathrm{d}}{\mathrm{d}x}(P_e + P_i) = \frac{1}{c} j_y B\,,$$

die mit Hilfe der schon vorher benutzten Maxwellschen Gleichung (für $z = 1$) in die Form

$$2N_e T + \frac{B^2}{8\pi} = \text{const} \tag{2}$$

überführt wird. Die Beziehung (1) kann in einer günstigeren Form dargestellt werden, indem man aus den Gleichungen (1) und (2) das Magnetfeld eliminiert. Nach Integration findet man

$$N_e T^{1/4} = \text{const.} \tag{3}$$

Durch die Beziehungen (2) und (3) ist das gestellte Problem gelöst. Die Temperaturverteilung dagegen wird aus der Wärmeleitungsgleichung bestimmt.

§ 60. Driftnäherung

Bei der Berechnung der kinetischen Koeffizienten des Plasmas im starken Magnetfeld im vorhergehenden Paragraphen benutzten wir das Landausche Stoßintegral, welches

[1]) Diese Frage wurde in der Arbeit von S. I. Braginski, Transporterscheinungen im Plasma, im Sammelband „Fragen der Plasmatheorie", Band 1, Atomisdat, 1963 (russ.), behandelt.

bedingt, daß die Ungleichung $r_{Be} \gg a$, (59,10), erfüllt ist. Wir zeigen jetzt, wie man sich von dieser Einschränkung befreien und entsprechende Formeln herleiten kann, die auch für so starke Felder gültig sind, daß für die Elektronen die umgekehrte Ungleichung

$$r_{Be} \ll a \tag{60,1}$$

gilt.

Dabei ist es vorteilhaft, eine spezielle Näherung, die sogenannte *Driftnäherung*, zu benutzen, die bereits in der kinetischen Gleichung selbst und nicht erst im Verlauf ihrer Lösung eingeführt wird. Diese Näherung ist gerechtfertigt, wenn sich sowohl magnetisches als auch elektrisches Feld hinreichend langsam örtlich und zeitlich ändern. Mit anderen Worten, die Frequenz ω und die effektive Stoßfrequenz müssen klein im Vergleich zur Zyklotronfrequenz sein, und der charakteristische Abstand, in dem sich das Feld ändert (mit $1/k$ bezeichnet), muß groß gegenüber dem LARMOR-Radius sein. Diese Bedingungen müssen für alle Teilchenarten, auf welche die Driftnäherung angewandt wird, erfüllt sein. Wir werden in diesem Paragraphen der Einfachheit halber alle Beziehungen für die Elektronen aufschreiben. (Die analogen Beziehungen für das Ionenproblem ergeben sich durch die Substitutionen $e \to -ze$; $\omega_{Be} \to -\omega_{Bi}$; $m \to M$.) Damit ist die Erfüllung der Bedingungen

$$\omega, \nu_{ei} \ll \omega_{Be}, \qquad 1/k \gg r_{Be} \tag{60,2}$$

vorauszusetzen.

Die Grundlage der betrachteten Methode besteht in der näherungsweisen Lösung der Bewegungsgleichung geladener Teilchen in gegebenen Feldern $\boldsymbol{E}(t, \boldsymbol{r})$ und $\boldsymbol{B}(t, \boldsymbol{r})$, wobei berücksichtigt wird, daß sich diese langsam als Funktionen von t und $\boldsymbol{r}$ ändern. Die Bewegung der Teilchen in diesen Feldern setzt sich zusammen aus einer schnell veränderlichen Rotation (mit der Frequenz ω_{Be}) entlang der Zyklotronbahnen und einer langsam veränderlichen Verschiebung der Zentren dieser Kreisbewegungen (auch als Führungszentren bezeichnet). Die Lösungsmethode besteht im Abtrennen des schnell veränderlichen, oszillierenden Beitrages der Bewegung und der Mittelung bezüglich dieses Anteils.

Wir stellen den Radiusvektor und die Geschwindigkeit der Elektronen in der Form

$$\boldsymbol{r} = \boldsymbol{R}(t) + \boldsymbol{\zeta}(t), \qquad \boldsymbol{v} = \boldsymbol{V} + \dot{\boldsymbol{\zeta}}, \qquad \boldsymbol{V} = \dot{\boldsymbol{R}}, \tag{60,3}$$

dar, wobei $\boldsymbol{R}$ der Ortsvektor des Führungszentrums der Kreisbahn und $\boldsymbol{\zeta}$ der um dieses Zentrum oszillierende Radiusvektor des Elektrons sind.[1]). In nullter Näherung, unter vollständiger Vernachlässigung der räumlichen und zeitlichen Abhängigkeit des Feldes sowie der Stöße, haben wir es mit einer einfachen Bewegung in gekreuzten, homogenen, konstanten Feldern $\boldsymbol{E}$ und $\boldsymbol{B}$ zu tun. Wie aus II, § 22 bekannt ist, liegt in diesem Fall der Vektor $\boldsymbol{\zeta}$ genau in der Ebene senkrecht zum Feld $\boldsymbol{B}$ und rotiert mit konstanter Winkelgeschwindigkeit $\omega_{Be} = eB/mc$ in dieser Ebene, wobei sein Betrag unverändert bleibt. Zwischen dem Radius der Kreisbahn $|\boldsymbol{\zeta}|$ und der Geschwindigkeit $|\dot{\boldsymbol{\zeta}}| \equiv v_\perp$ besteht die Beziehung $|\boldsymbol{\zeta}| = v_\perp/\omega_{Be}$. In Vektordarstellung erhalten wir für

[1]) Man darf hierbei nicht die Bedeutung von $\boldsymbol{V}$ aus diesem Paragraphen mit der makroskopischen Geschwindigkeit $\boldsymbol{V}$ in § 59 verwechseln.

den Zusammenhang zwischen ζ und $\dot{\zeta}$ mit $\boldsymbol{b} = \boldsymbol{B}/B$

$$\zeta = -\frac{1}{\omega_{Be}}\,[\boldsymbol{b}\dot{\zeta}]\,. \tag{60,4}$$

Das Zentrum der Kreisbahn dagegen bewegt sich mit der Geschwindigkeit

$$\dot{\boldsymbol{R}} = \boldsymbol{V}_0 = v_{0\|}\boldsymbol{b} + \boldsymbol{w}_0\,,$$

wobei $v_{0\|}$ die Geschwindigkeit der gleichförmig beschleunigten Bewegung in Richtung des Magnetfeldes darstellt, die sich aus der Bewegungsgleichung

$$m\dot{v}_{0\|} = -e\boldsymbol{b}\boldsymbol{E} \tag{60,5}$$

ergibt. Der Ausdruck

$$\boldsymbol{w}_0 = \dot{\boldsymbol{R}}_\perp = \frac{c}{B}[\boldsymbol{E}\boldsymbol{b}] \tag{60,6}$$

entspricht der Geschwindigkeit der Verschiebung in der Ebene senkrecht zu $\boldsymbol{B}$ (Geschwindigkeit der elektrischen Drift).[1]

In folgendem werden wir uns auf diese Näherung beschränken und vernachlässigen Beiträge, die von der Orts- und Zeitabhängigkeit der Felder $\boldsymbol{E}$ und $\boldsymbol{B}$ herrühren, d. h., wir werden diese als faktisch konstant behandeln. In Verbindung damit werden wir den Index 0 bei allen Größen weglassen.

Das Wesen der Driftnäherung besteht im Übergang zu langsam veränderlichen Variablen $\boldsymbol{R}$, $v_\|$, $v_\perp = |\dot{\zeta}|$ in der kinetischen Gleichung. Diese Größen bilden zusammen fünf unabhängige Variable, von denen die Verteilungsfunktion abhängt.

Das Element des Phasenraumes lautet in diesen neuen Variablen

$$\mathrm{d}^3x\,\mathrm{d}^3p = \mathrm{d}^3R \cdot 2\pi m^3\,\mathrm{d}v_\| \cdot v_\perp\,\mathrm{d}v_\perp = 2\pi m^3\,\mathrm{d}^3R\,\mathrm{d}v_\|\,\mathrm{d}J\,, \tag{60,7}$$

wobei für die weitere Darstellung vorteilhafterweise die Größe

$$J = v_\perp^2/2 \tag{60,8}$$

eingeführt wurde. (Bei Überprüfung der Beziehung (60,7) ist zu beachten, daß innerhalb der durchgeführten Näherung die Felder als konstant angenommen werden können.)

Wir stellen die Stromdichte der Elektronen mit Hilfe der neuen Variablen dar. Für ein Elektron erhalten wir die Stromdichte $-e\boldsymbol{v}\,\delta(\boldsymbol{r}-\boldsymbol{r}_e)$, wobei $\boldsymbol{r}$ die laufenden Koordinaten des Raumpunktes und $\boldsymbol{r}_e$ die Koordinaten des Aufenthaltsortes des Elektrons darstellen. Setzt man $\boldsymbol{v} = \boldsymbol{V} + \dot{\zeta}$ und $\boldsymbol{r}_e = \boldsymbol{R} + \zeta$, so erhält man

$$-e\boldsymbol{v}\,\delta(\boldsymbol{r}-\boldsymbol{r}_e) \approx -e(\boldsymbol{V}+\dot{\zeta})\,[\delta(\boldsymbol{r}-\boldsymbol{R}) - \zeta\nabla_{\boldsymbol{r}}(\boldsymbol{r}-\boldsymbol{R})]\,.$$

[1]) Hierbei wird natürlich angenommen, daß $E/B \ll 1$ gilt, so daß $\omega \ll c$ ist und relativistische Effekte vernachlässigt werden können.

Wir mitteln diesen Ausdruck mit Hilfe der Beziehung

$$\omega_{Be}\langle\dot{\zeta}_\alpha[\boldsymbol{b}\zeta]_\beta\rangle = \langle\dot{\zeta}_\alpha\dot{\zeta}_\beta\rangle = \tfrac{1}{2}\,v_\perp^2\delta_{\alpha\beta}$$

bezüglich des Drehwinkels. Dabei sind α, β zweidimensionale Vektorindizes in der Ebene senkrecht zum Magnetfeld. Wir erhalten

$$-e\boldsymbol{V}\,\delta(\boldsymbol{r}-\boldsymbol{R}) + \frac{mcJ}{B}\,[\boldsymbol{b}\nabla_{\boldsymbol{r}}]\,\delta(\boldsymbol{r}-\boldsymbol{R})\,.$$

Multipliziert man diesen Ausdruck mit der Verteilungsfunktion der Elektronen f_e und integriert über $\mathrm{d}^3p = 2\pi m^3\,\mathrm{d}v_{||}\,\mathrm{d}J$, so erhält man die Stromdichte im $\boldsymbol{R}$-Raum[1])

$$\boldsymbol{j}_e = -e\int \boldsymbol{V}f_e\,\mathrm{d}^3p - \frac{mc}{B}\,\mathrm{rot}\left(\boldsymbol{b}\int Jf_e\,\mathrm{d}^3p\right). \tag{60,9}$$

Der erste Term dieses Ausdrucks beschreibt den Ladungstransport infolge der Verschiebung der LARMOR-Kreise, der zweite berücksichtigt die Rotation der Teilchen auf diesen Kreisbahnen.[2]) Dieser zweite Term besitzt eine einfache physikalische Bedeutung. Stellt man ihn in der Form c rot $\boldsymbol{M}$ dar, so beschreibt der Vektor

$$\boldsymbol{M} = -\,\frac{m\boldsymbol{b}}{B}\int f_eJ\,\mathrm{d}^3p \tag{60,10}$$

die mit der Rotation der Ladungen verbundene Magnetisierung des Plasmas. Das magnetische Moment (60,10) ist unabhängig vom Vorzeichen der Ladungen und entgegengesetzt dem Magnetfeld gerichtet, d. h., es besitzt diamagnetischen Charakter.

Wir gehen nun in der kinetischen Gleichung zu den neuen Variablen über. Da sich die Verteilungsfunktion f_e auf das gleiche Element des Phasenraumes bezieht wie in der früheren Betrachtung (es ist nur in der veränderten Form (60,7) dargestellt), besitzt die kinetische Gleichung die ursprüngliche Gestalt $\mathrm{d}f_e/\mathrm{d}t = \mathrm{St}\,f_e$ bzw., wenn man die linke Seite mit Hilfe der neuen Variablen darstellt,

$$\frac{\partial f_e}{\partial t} + v_{||}\,\frac{\partial f_e}{\partial R_{||}} + \frac{c}{B}\,[\boldsymbol{E}\boldsymbol{b}]\,\frac{\partial f_e}{\partial \boldsymbol{R}_\perp} = \mathrm{St}\,f_e\,. \tag{60,11}$$

Hierbei wurden die üblichen Bezeichnungen der Vektorprojektionen eingeführt und die Gleichungen (60,5—6) benutzt. Ein Beitrag mit $\dot{v}_\perp$ dagegen tritt in dieser Näherung nicht auf, da sich $v_\perp$ bei der Driftbewegung nicht ändert.

---

[1]) Im zweiten Glied wurde partiell integriert, wodurch $\nabla_{\boldsymbol{r}}$ in $\boldsymbol{b}f_e$ übergeht.

[2]) Es sei bemerkt, daß die gleiche Mittelung der Ladungsdichte $-e\,\delta(\boldsymbol{r}-\boldsymbol{r}_e)$ zu dem üblichen Ausdruck $-e\int f_e\,\mathrm{d}^3p$ führt. Korrekturglieder infolge der Teilchenrotation würden hier nur unter der Berücksichtigung kleiner Beiträge zweiter Ordnung (zweite Ableitungen nach den Koordinaten) auftreten.

Wir wenden uns nun der Darstellung des Stoßintegrals mit Hilfe der Driftvariablen zu.[1]) Vor allem ist hervorzuheben, daß der Stoßprozeß, beschrieben mittels dieser Variablen, in einer plötzlichen Änderung der Geschwindigkeiten $v_{\|}$ und $\boldsymbol{v}_{\perp}$ sowie der senkrecht zum Magnetfeld stehenden Komponenten $\boldsymbol{R}_{\perp}$ des Ortsvektors des Führungszentrums besteht. (Was dagegen die parallele Komponente $R_{\|}$ betrifft, so fällt sie praktisch mit der entsprechenden Koordinate des Teilchens selbst zusammen und ändert sich beim Stoß nicht.)

Stöße finden nur zwischen denjenigen Teilchen statt, die aneinander in Abständen ϱ (Stoßparameter) vorbeifliegen, die nicht größer als der Abschirmradius a sind, d. h. $\varrho \leqq a$. Falls ϱ klein im Vergleich zum LARMOR-Radius der stoßenden Teilchen ist, hat das magnetische Feld keinerlei Einfluß auf den Streuprozeß, da es in diesen Abständen die Flugbahnen der Teilchen nur unwesentlich krümmt. Die Beschreibung dieser Stöße in der Terminologie der Driftvariablen erweist sich nicht als vorteilhaft. Deshalb ist die Verwendung des Stoßintegrals in einer Darstellung mit diesen Variablen nur dann günstig, wenn zumindest für eines der stoßenden Teilchen $r_B \ll a$ gilt.

Bei COULOMB-Wechselwirkung der Teilchen existieren sowohl unter der Wirkung eines Magnetfeldes als auch in seiner Abwesenheit langreichweitige Stoßprozesse mit entsprechend geringer Veränderung aller Variablen. Deshalb ist die in § 41 durchgeführte Ableitung des Stoßintegrals im $\boldsymbol{p}$-Raum auch im Raum der Variablen $\boldsymbol{R}_{\perp} = (X, Y)$, $v_{\|}$, J (die z-Achse weist in Richtung des Magnetfeldes) gültig, falls anstelle der Impulskomponenten die vier Variablen $g_k\{X, Y, v_{\|}, J\}$ eingeführt und unter $\Delta g_1, \Delta g_2, \ldots$ die Änderungen dieser Größen bei Stößen verstanden werden.

Das Stoßintegral behält seine frühere Gestalt bei,

$$\operatorname{St} f = -\sum_{k=1}^{4} \frac{\partial s_k}{\partial g_k} = -\frac{\partial \boldsymbol{s}_{\perp}}{\partial \boldsymbol{R}_{\perp}} - \frac{\partial s_{\|}}{\partial v_{\|}} - \frac{\partial s_J}{\partial J}. \tag{60,12}$$

(Der Strom $\boldsymbol{s}_{\perp}$ besitzt definitionsgemäß nur Komponenten in der Ebene senkrecht zu $\boldsymbol{B}$.) Hierbei ist wichtig, daß sich das Volumenelement im Variablenraum g_k einfach auf das Produkt der Differentiale zurückführen läßt. Deshalb besitzt das Stoßintegral die Gestalt einer gewöhnlichen Divergenz. Die Ableitung in § 41 kann mit geringen Änderungen übernommen werden. Vor allem wurde bei der Ableitung von (41,2) bereits berücksichtigt, daß auf Grund der Impulserhaltung $\Delta \boldsymbol{p} = \boldsymbol{q} = -\Delta \boldsymbol{p}'$ gilt. Für die hier betrachteten Driftvariablen existiert eine derartige Beziehung natürlich nicht. Wiederholt man die Ableitung ohne diese Annahme, so findet man (z. B. für Stöße von Elektronen mit Ionen)

$$s_k^{(ei)} = \sum_{l=1}^{4} \frac{1}{2} \int \left\{ \langle \Delta g_{ek}\, \Delta g_{el} \rangle f_i \frac{\partial f_e}{\partial g_{el}} + \langle \Delta g_{ek}\, \Delta g_{il} \rangle f_e \frac{\partial f_i}{\partial g_{il}} \right\} \mathrm{d}^3 p_i\,, \tag{60,13}$$

wobei $\mathrm{d}^3 p_i = 2\pi M^3\, \mathrm{d}J_i\, \mathrm{d}v_{i\|}$ ist, während Δg_k die Änderung der Größen g_k bei Stößen charakterisiert. Die eckigen Klammern beschreiben die Mittelung über sämtliche Stöße.

Bei der Herleitung von (60,13) wurde von dem Umstand Gebrauch gemacht, daß im Stoßintegral Anfangs- und Endzustand vertauscht werden können, wobei ersichtlich wird, daß sich die in Δg_k linearen Glieder herauskürzen. Außerdem wird es da-

[1]) Das Stoßintegral unter Verwendung von Driftvariablen wurde von E. M. LIFSCHITZ (1937) für das Elektronengas abgeleitet und von S. T. BELJAJEW (1955) auf das Plasma verallgemeinert.

durch möglich, die Integration über den gesamten g-Raum durchzuführen. Im § 41 wurde eine derartige Umformung auf der Grundlage der Symmetrie bezüglich Zeitumkehr durchgeführt, die die Wahrscheinlichkeiten von direkten und umgekehrten Stößen miteinander verknüpft. Unter der Wirkung eines Magnetfeldes gilt diese Symmetrieeigenschaft nur bei gleichzeitiger Umkehr der Richtung des Feldes $\boldsymbol{B} \to -\boldsymbol{B}$, so daß durch sie Stoßwahrscheinlichkeiten in unterschiedlichen Feldern miteinander verknüpft werden. Jedoch werden wir später noch sehen, daß im betrachteten Fall die Symmetrie bezüglich Zeitumkehr durch die Integration über den Stoßparameter wieder hergestellt werden kann.

Schließlich wurde in (60,13) ausgenutzt, daß eine gegenseitige Streuung von „Kreisen" nur dann stattfindet, wenn sich diese in einem Abstand, der kleiner als der Abschirmradius a ist, aneinander vorbeibewegen. Unter der Annahme, daß sich die Verteilungsfunktion im Bereich dieser Abstände nur wenig ändert, konnten wir näherungsweise $f_i(\boldsymbol{R}_i, v_{i\|}, J_i) \approx f_i(\boldsymbol{R}_e, v_{i\|}, J_i)$ setzen und die Integration bezüglich d^3R_i durchführen. Im Ergebnis blieb in (60,13) nur noch die Integration bezüglich d^3p_i erhalten. Die Mittelung über alle Stöße schließt eine Integration über alle Lagen $\boldsymbol{R}_i$ ein. Weiter unten wird bei der Untersuchung konkreter Fälle diese Mittelung mit Hilfe des entsprechenden Streuquerschnitts ausgedrückt. Jetzt sei nur darauf hingewiesen, daß die Mittelwerte $\langle \Delta\boldsymbol{R}_\perp\, \Delta J\rangle$, $\langle \Delta\boldsymbol{R}_\perp\, \Delta v_\|\rangle$ gleich Null sind. Dies wird daraus ersichtlich, daß die Produkte $\Delta X\, \Delta J$, $\Delta Y\, \Delta J$ (und entsprechend auch diejenigen mit $\Delta v_\|$ anstelle von ΔJ) einen Vektor in der xy-Ebene bilden. Da für die LARMORschen Kreise in dieser Ebene keine ausgezeichneten Richtungen existieren, muß dieser Vektor bei der Mittelung Null werden.

Eine wichtige Eigenschaft des Stoßintegrals in der Darstellung mittels Driftvariablen besteht darin, daß sein Hinzufügen zur kinetischen Gleichung den Zusammenhang zwischen dem Teilchenstrom (im gewöhnlichen Raum) und der Verteilungsfunktion ändert. Um sich davon zu überzeugen, schreibt man die kinetische Gleichung in der Form

$$\frac{\partial f_e}{\partial t} + \frac{\partial (\boldsymbol{V} f_e)}{\partial \boldsymbol{R}_\perp} + \frac{\partial}{\partial v_\|}(\dot{v}_\| f_e) = -\frac{\partial \boldsymbol{s}_{e\perp}}{\partial \boldsymbol{R}_\perp} - \frac{\partial s_{e\|}}{\partial v_\|} - \frac{\partial s_{eJ}}{\partial J}\,. \tag{60,14}$$

(Da die Felder $\boldsymbol{B}$ und $\boldsymbol{E}$ konstant sind, kann $\boldsymbol{V}$ unter das Differentiationszeichen gezogen werden.) Indem man diese Gleichung über d^3p integriert, erhält man

$$\frac{\partial N_e}{\partial t} + \operatorname{div}_{\boldsymbol{R}} \int (\boldsymbol{V} f_e + \boldsymbol{s}_{e\perp})\, d^3p = 0\,, \qquad N_e = \int f_e\, d^3p\,. \tag{60,15}$$

(Der Index e bei den Elektronenvariablen wird der Kürze halber weggelassen.) N_e ist die räumliche Dichte der Anzahl von LARMORschen Kreisen. Der unter dem Divergenzzeichen $\operatorname{div}_{\boldsymbol{R}}$ stehende Ausdruck beschreibt folglich die Stromdichte dieser Kreise. Wir sehen, daß zum ursprünglichen Ausdruck $\int \boldsymbol{V} f_e\, d^3p$ der mit den Stößen verbundene Beitrag $\int \boldsymbol{s}_{e\perp}\, d^3p$ hinzukommt. Dieses Glied beschreibt im wesentlichen einen Diffusionsstrom senkrecht zum Magnetfeld. Bei dieser Beschreibungsweise geht dieser Beitrag (im Unterschied zur üblichen Beschreibung der Diffusion) unmittelbar in die kinetische Gleichung ein.

Bei der Verwendung dieser Ausdrücke muß natürlich berücksichtigt werden, daß die Dichte des elektrischen Stromes mit dem Strom der wirklichen Teilchen und nicht mit dem Strom der Kreise verbunden ist. Die Teilchenstromdichte unterscheidet sich entsprechend (60,9) von der Stromdichte der Kreise durch ein Rotationsglied, das die Magnetisierung beschreibt. Der endgültige Ausdruck für die Elektronenstromdichte besitzt deshalb die Gestalt

$$\boldsymbol{j}_e = -e \int \boldsymbol{V} f_e \, d^3p - \frac{mc}{B} \operatorname{rot}\left(\boldsymbol{b} \int f_e J \, d^3p\right) - \int e \boldsymbol{s}_{e\perp} \, d^3p \,. \tag{60,16}$$

Der Ausdruck (60,13) erhält nur nach Berechnung der in ihm auftretenden Mittelwerte eine reale Bedeutung. Wie das zu tun ist, soll am Beispiel des Elektronenintegrals für Elektron-Ion-Stöße erläutert werden.

Die Berechnung erfolgt in den beiden Wertebereichen des Stoßparameters

$$\text{I.} \quad \varrho \ll r_{Be}\,, \qquad \text{II.} \quad r_{Be} \ll \varrho \ll a \tag{60,17}$$

auf unterschiedliche Weise. Wir weisen darauf hin, daß die Integrationen über den Parameter ϱ, wie gewöhnlich bei der COULOMB-Streuung, logarithmischen Charakter besitzen. Innerhalb logarithmischer Genauigkeit muß nicht zwischen starken ($\gg$) und schwachen ($>$) Ungleichungen unterschieden werden. Deshalb wird von den Bereichen (60,17) praktisch das gesamte Intervall der Änderung des Stoßparameters überstrichen. (In Übereinstimmung mit (60,1) wird natürlich gefordert, daß $r_{Be} \ll a$ ist.) Für das Auftreten des Bereiches I ist außerdem notwendig, daß

$$r_{Be} \gg \varrho_{\min} = ze^2/mv_{Te}^2 \tag{60,18}$$

gilt, wobei $\varrho_{\min}$ der Stoßabstand ist, für den sich ein Streuwinkel der Größenordnung ~ 1 ergibt. (Wir betrachten hierbei nur den quasiklassischen Fall $e^2/\hbar v_{Te} \gg 1$.)

Gleichzeitig werden wir annehmen, daß $r_{Bi} \gtrless a$ gilt. Somit ist für alle Parameter $\varrho \lessgtr a$ der Einfluß des Magnetfeldes auf die Bewegung der Ionen (während des Stoßprozesses) unwesentlich. Die Flugbahn des Ions wird in Abständen $\sim \varrho$ nur wenig durch das Feld gekrümmt. Dabei kann (im Grenzfall $m/M \to 0$) der Rückstoß der Ionen vernachlässigt werden. Das heißt, daß sich alle Ionenvariablen $\boldsymbol{R}_\perp$, $v_\parallel$, J praktisch nicht ändern.[1]) In (60,13) verschwindet dann das zweite Glied in der geschweiften Klammer, so daß der Elektron-Ion-Beitrag des elektrischen Stromes die Form

$$s_\alpha^{(ei)} = -\frac{N_i}{2} \langle \Delta X_\alpha \, \Delta X_\beta \rangle^{(ei)} \frac{\partial f_e}{\partial X_\beta} \tag{60,19}$$

besitzt. Die Größen $\langle \Delta X_\alpha \, \Delta X_\beta \rangle$ bilden einen räumlichen Tensor, der transversal zur Feldrichtung ist. Wir schreiben ihn in der Form

$$\langle \Delta X_\alpha \, \Delta X_\beta \rangle = \tfrac{1}{2} \langle (\Delta \boldsymbol{R}_\perp)^2 \rangle \, (\delta_{\alpha\beta} - b_\alpha b_\beta)\,, \tag{60,20}$$

[1]) Dies gilt nicht, falls für die Stoßparameter ein Bereich $a \gg \varrho \gg r_{Bi}$ existiert. Bei derartigen Zusammenstößen driftet das Ion ungeachtet seiner großen Masse im Feld des Elektrons.

indem wir diese Transversalität explizit darstellen. Der Strom (60,19) wird somit wie folgt geschrieben:

$$\boldsymbol{s}^{(ei)} = -\frac{N_i}{4}\langle(\Delta \boldsymbol{R}_\perp)^2\rangle^{(ei)} \nabla_\perp f_e\,, \tag{60,21}$$

wobei $\nabla_\perp = \nabla_{\boldsymbol{R}} - \boldsymbol{b}(\boldsymbol{b}\nabla_{\boldsymbol{R}})$ der Nablaoperator in den Richtungen senkrecht zu $\boldsymbol{b}$ ist.

Die zu (60,19) analogen Ausdrücke für die „Geschwindigkeitsströme" lauten

$$\begin{aligned} s_{\|}^{(ei)} &= -\frac{N_i}{2}\left\{\langle(\Delta v_{\|})^2\rangle^{(ei)}\frac{\partial f_e}{\partial v_{\|}} + \langle\Delta v_{\|}\,\Delta J\rangle^{(ei)}\frac{\partial f_e}{\partial J}\right\},\\ s_J^{(ei)} &= -\frac{N_i}{2}\left\{\langle\Delta v_{\|}\,\Delta J\rangle^{(ei)}\frac{\partial f_e}{\partial v_{\|}} + \langle(\Delta J)^2\rangle^{(ei)}\frac{\partial f_e}{\partial J}\right\}. \end{aligned} \tag{60,22}$$

Im Gleichgewicht, d. h. für die MAXWELL-Verteilung

$$f_e = \text{const}\cdot\exp\left\{-\frac{m}{T}\left(\frac{v_{\|}^2}{2} + J\right)\right\}, \tag{60,23}$$

muß das Stoßintegral Null werden. Führt man (60,23) in (60,22) ein und setzt die Ströme Null, so findet man

$$\langle\Delta v_{\|}\,\Delta J\rangle^{(ei)} = -v_{\|}\langle(\Delta v_{\|})^2\rangle^{(ei)} = -\frac{1}{v_{\|}}\langle(\Delta J)^2\rangle^{(ei)}. \tag{60,24}$$

Wir berechnen zuerst den Beitrag des Bereiches I. In diesem Bereich kann angenommen werden, daß das Magnetfeld keinerlei Einfluß auf die Streuprozesse hat, da innerhalb dieser Abstände nicht nur die Flugbahn des Ions, sondern auch die des Elektrons nur unwesentlich gekrümmt wird. In diesem Fall erweist sich der gewöhnliche Impuls des Elektrons $\boldsymbol{p}$ als natürliche Variable zur Beschreibung von Stößen, mit dessen Hilfe auch die Driftvariablen ausgedrückt werden müssen. Entsprechend (60,3—4) und (60,8) erhalten wir

$$\boldsymbol{r} = \boldsymbol{R} - \frac{1}{m\omega_{Be}}[\boldsymbol{b}\boldsymbol{p}_\perp], \qquad v_{\|} = \frac{p_{\|}}{m}, \qquad J = \frac{p_\perp^2}{2m^2}.$$

In Anbetracht dessen, daß sich die Teilchenkoordinaten $\boldsymbol{r}$ (im Unterschied zu den Koordinaten $\boldsymbol{R}$ des Zentrums der Kreisbewegung!) bei den Stößen nicht ändern, finden wir hieraus

$$\Delta\boldsymbol{R}_\perp = \frac{1}{m\omega_{Be}}[\boldsymbol{b}\boldsymbol{q}_\perp], \qquad \Delta v_{\|} = \frac{q_{\|}}{m}, \qquad \Delta J = \frac{1}{m^2}\boldsymbol{p}_\perp\boldsymbol{q}_\perp, \tag{60,25}$$

wobei $\boldsymbol{q}$ eine kleine Impulsänderung beschreibt.

Bezeichnet man den Beitrag der betrachteten Art von Stößen mit dem Index I, so kann man jetzt schreiben

$$\langle(\Delta \boldsymbol{R}_{\perp})^2\rangle_{\mathrm{I}}^{(ei)} = \int (\Delta \boldsymbol{R}_{\perp})^2\, v\, \mathrm{d}\sigma = \frac{1}{m^2\omega_{Be}^2}\int q_{\perp}^2 v\, \mathrm{d}\sigma\,, \tag{60,26}$$

wobei $\mathrm{d}\sigma$ den Querschnitt der Streuung des Elektrons am unbewegten Ion darstellt. Indem wir letzteren aus (41,6) entnehmen und die Integration durchführen, erhalten wir

$$\langle(\Delta \boldsymbol{R}_{\perp})^2\rangle_{\mathrm{I}}^{(ei)} = \frac{8\pi z^2 e^4 L_{\mathrm{I}}}{m^2\omega_{Be}^2 v}\,\frac{1+\cos^2\Theta}{2}\,, \tag{60,27}$$

wobei Θ der Winkel zwischen $\boldsymbol{v}$ und $\boldsymbol{b}$ ist und

$$L_{\mathrm{I}} = \ln\frac{m r_{Be} v_{Te}^2}{ze^2} = \ln\frac{m v_{Te}^3}{ze^2\omega_{Be}} \tag{60,28}$$

den Coulombschen Logarithmus beschreibt, der von oben bei einem Stoßparameter $\varrho \sim r_{Be}$ abgeschnitten ist (obere Grenze des Bereichs I). Drückt man dieses Resultat mit Hilfe der Driftvariablen aus, so findet man schließlich

$$\langle(\Delta \boldsymbol{R}_{\perp})^2\rangle_{\mathrm{I}}^{(ei)} = \frac{8\pi z^2 e^2 c^2 L_{\mathrm{I}}}{B^2}\,\frac{v_{\parallel}^2 + J}{(v_{\parallel}^2 + 2J)^{3/2}}\,. \tag{60,29}$$

Eine analoge Rechnung ergibt

$$\langle \Delta v_{\parallel}\, \Delta J\rangle_{\mathrm{I}}^{(ei)} = -\frac{8\pi z^2 e^4 L_{\mathrm{I}}}{m^2}\,\frac{J v_{\parallel}}{(v_{\parallel}^2 + 2J)^{3/2}}\,, \tag{60,30}$$

und die zwei noch verbleibenden Größen werden aus (60,24) bestimmt.

Wir wenden uns nun dem Bereich II zu. Hierbei besitzen gerade die Driftvariablen eine anschauliche Bedeutung, und der Stoß äußert sich in einer Abweichung der Bewegung des Kreises von der $\boldsymbol{b}$-Richtung (z-Achse), die durch die Drift im Coulomb-Feld des unbewegten Ions verursacht wird. Bei der Drift ändern sich die Geschwindigkeit $v_{\perp}$ und damit auch J nicht. Wegen der Energieerhaltung bei der Streuung an einem schweren Ion muß folglich auch $v_{\parallel}$ erhalten bleiben. Aus diesem Grund liefert der Bereich II keinen Beitrag zu den Größen (60,24).

Der Beitrag zu $\langle(\Delta \boldsymbol{R}_{\perp})^2\rangle$ dagegen berechnet sich aus

$$\langle(\Delta \boldsymbol{R}_{\perp})^2\rangle_{\mathrm{II}}^{(ei)} = \int (\Delta \boldsymbol{R}_{\perp})^2\, |v_{\parallel}|\, \mathrm{d}\sigma = \int (\Delta \boldsymbol{R}_{\perp})^2\, |v_{\parallel}|\, \mathrm{d}^2\varrho\,, \tag{60,31}$$

wobei $\boldsymbol{\varrho}$ der Wert des Ortsvektors des Kreiszentrums $\boldsymbol{R}_{\perp}$ vor dem Stoß ist. Die Änderung von $\boldsymbol{R}_{\perp}$ bei der Bewegung des Kreises in einem konstanten, homogenen Magnetfeld $\boldsymbol{B}$ sowie einem konstanten elektrischen Feld $\boldsymbol{E} = ez\boldsymbol{R}/R^3$ (Feld des Ions) wird mit Hilfe der Driftgleichung

$$\frac{\mathrm{d}\boldsymbol{R}_\perp}{\mathrm{d}t} = \frac{c}{B}[\boldsymbol{bE}] = \frac{zec}{B}\frac{[\boldsymbol{bR}_\perp]}{(R_\parallel^2 + R_\perp^2)^{3/2}} \tag{60,32}$$

bestimmt (s. (60,6)). In erster Näherung kann auf der rechten Seite dieser Gleichung $\boldsymbol{R}_\perp \approx \boldsymbol{\varrho}$ und $R_\parallel = v_\parallel t$ gesetzt werden. Die Gesamtänderung von $\boldsymbol{R}_\perp$ beim Stoß ergibt sich durch Integration von (60,32) bezüglich der Zeit von $-\infty$ bis $+\infty$:

$$\Delta\boldsymbol{R}_\perp = \frac{2zec}{B|v_\parallel|}\frac{[\boldsymbol{b\varrho}]}{\varrho^2}. \tag{60,33}$$

Setzt man diesen Ausdruck in (60,31) ein und integriert (mit logarithmischer Genauigkeit, die den Grenzen des Bereiches II entspricht), so findet man

$$\langle(\Delta\boldsymbol{R}_\perp)^2\rangle_{\mathrm{II}}^{(ei)} = \frac{8\pi z^2e^2c^2L_{\mathrm{II}}}{B^2\,|v_\parallel|}, \qquad L_{\mathrm{II}} = \ln\frac{a}{r_{Be}}. \tag{60,34}$$

Die Beiträge (60,29) und (60,34) besitzen im allgemeinen die gleiche Größenordnung

$$N_i\langle(\Delta\boldsymbol{R}_\perp)^2\rangle \sim \nu_{ei}r_{Be}^2,$$

wobei ν_{ei} die mittlere Frequenz der Elektron-Ion-Stöße ist. Die Besonderheit des Beitrages (60,34) besteht jedoch darin, daß er unabhängig vom Wert $\boldsymbol{v}_\perp$ für $v_\parallel \to 0$ unendlich wird. Der physikalische Sinn dieser Divergenz besteht darin, daß sich bei kleiner Geschwindigkeit $v_\parallel$ der Kreis lange im Feld des Ions aufhält und die Drift während dieser Zeit zu großen Verschiebungen führt.

In Wirklichkeit ist natürlich die Formel (60,34) für kleine $v_\parallel$ aus einer Reihe von Gründen nicht anwendbar: 1. Falls $r_{Bi} \gg a$ ist, kann sich für $|v_\parallel| \ll v_{Ti}$ das Ion während des Stoßes vom Elektron wegbewegen. Dieser Mechanismus führt dazu, daß die Divergenz bei $|v_\parallel| \sim v_{Ti}$ „abgeschnitten" wird. 2. Bei der Herleitung der Formel wird in jedem Fall vorausgesetzt, daß $|\Delta\boldsymbol{R}_\perp| \ll \varrho$ gilt. 3. Der Kreis kann sich vom betrachteten Ion infolge der durch das Feld eines anderen Teilchens hervorgerufenen Drift entfernen (Dreierstoß).

Die niedergeschriebenen Formeln beantworten die Frage nach der Aufstellung der kinetischen Gleichung im Rahmen der Driftnäherung. Diese gestattet es insbesondere, die kinetischen Koeffizienten des Plasmas in der ersten nichtverschwindenden Näherung bezüglich $1/B$ zu bestimmen (s. Aufgabe 1).

Schließlich bleibt noch zu erklären, auf welche Weise die Integration über $\mathrm{d}^2\varrho$ die Symmetrie bezüglich Zeitumkehr, die bereits beim Aufschreiben von (60,13) benutzt wurde, formal wiederherstellt. Eine Verletzung dieser Symmetrie äußert sich in einer Änderung des Vorzeichens der Abweichung $\Delta\boldsymbol{R}_\perp$ in (60,33) bei Umkehrung der Magnetfeldrichtung. Das ursprüngliche Vorzeichen kann man jedoch wiederherstellen, indem man die Integrationsvariable $\boldsymbol{\varrho}$ durch $-\boldsymbol{\varrho}$ ersetzt, so daß die Änderung des Vorzeichens von $\boldsymbol{B}$ in dieser Näherung keinerlei Einfluß hat. (Im Bereich I dagegen werden die Streuprozesse vom Magnetfeld überhaupt nicht beeinflußt.)

Aufgaben

1. Man bestimme im Rahmen der Driftnäherung den HALL-Koeffizienten $\mathcal{R}$ und die transversale Leitfähigkeit $\sigma_\perp$ des Plasmas (S. T. BELJAJEW, 1955).

Lösung. Bei der Untersuchung des Plasmas mit einem Gradienten der Elektronendichte (in Abwesenheit von elektrischem Feld und Temperaturgradienten) nehmen wir für die Verteilungsfunktion f_e in (60,16) und (60,21) eine MAXWELL-Verteilung an und finden

$$\boldsymbol{j} = \frac{cT}{B}[\boldsymbol{b}\nabla N_e] + eD_\perp \nabla_\perp N_e ,$$

wobei der Koeffizient der transversalen Diffusion folgende Form hat:

$$D_\perp = \frac{N_i}{4}\overline{\langle(\Delta \boldsymbol{R}_\perp)^2\rangle} .$$

Der Querstrich bezeichnet die Mittelung über die MAXWELL-Verteilung der Elektronen. Vergleicht man mit dem allgemeinen Ausdruck (58,13), so findet man in erster Näherung bezüglich $1/B$ den ursprünglichen Ausdruck (59,8) für $\mathcal{R}$. In nächsthöherer Näherung erhalten wir

$$\sigma_\perp = T/e^2 N_e \mathcal{R}^2 B^2 D_\perp . \tag{1}$$

Für den Bereich II (s. (60,17)) entnehmen wir $\langle(\Delta \boldsymbol{R}_\perp)^2\rangle$ aus (60,34). In logarithmischer Genauigkeit ergibt sich

$$\overline{|v_{||}|^{-1}} = \left(\frac{m}{2\pi T}\right)^{1/2} \int_{-\infty}^{\infty} \exp\left(-\frac{mv_{||}^2}{2T}\right)\frac{dv_{||}}{|v_{||}|} \approx 2\left(\frac{m}{2\pi T}\right)^{1/2} \ln\frac{v_{Te}}{v_{\min}},$$

wobei $v_{\min}$ durch einen der am Ende des Paragraphen behandelten Mechanismen bestimmt wird. Setzen wir zum Beispiel $v_{\min} \sim v_{Ti}$, so finden wir im Ergebnis

$$D_\perp^{\mathrm{II}} = \frac{(2\pi m)^{1/2} z^2 e^2 c^2 N_i}{T^{1/2} B^2} \ln\frac{M}{m} \ln\frac{a}{r_{Be}} . \tag{2}$$

In analoger Weise erhält man mit $\langle(\Delta \boldsymbol{R}_\perp)^2\rangle$ aus (60,27) für den Beitrag des Bereichs I zum Diffusionskoeffizienten

$$D_\perp^{\mathrm{I}} = \frac{4(2\pi m)^{1/2} z^2 e^2 c^2 N_i}{3T^{1/2} B^2} \ln\frac{mv_{Te}^3}{ze^2\omega_{Be}} . \tag{3}$$

Unter der Annahme, daß die zu (60,1) entgegengesetzte Ungleichung (59,10) erfüllt ist, existiert der Bereich II nicht, und der Logarithmus in (3) ist durch seinen gewöhnlichen COULOMB-Wert (41,10) zu ersetzen. In diesem Fall führt das Einsetzen von (3) in (1) für $\sigma_\perp$ zur Formel (59,15).

2. Man bestimme den Koeffizienten der transversalen Diffusion für die Stöße von Elektronen mit neutralen Atomen.

Lösung. Infolge des kurzreichweitigen Charakters der Wechselwirkung der Elektronen mit Atomen existiert nur der Bereich I, wobei unter a die Ausdehnung des Atoms zu verstehen ist.[1]) Dabei bleibt auch die Formel (60,26) weiterhin gültig. In diese muß jedoch jetzt der Querschnitt der Streuung von Elektronen an einem neutralen Atom eingesetzt werden. Nach Ausführung der Winkelintegration wird $D_\perp$ durch den Transportquerschnitt dieser Streuung σ_t ausgedrückt:

$$D_\perp = \frac{N_a}{4}\overline{\langle(\Delta R_\perp)^2\rangle} = \frac{N_a}{2\omega_{Be}^2}\overline{v^3\sigma_t}\,.$$

(N_a ist die Dichte der Atome.) Für einen von der Elektronengeschwindigkeit unabhängigen Querschnitt σ_t erhalten wir nach Mittelung über die MAXWELL-Verteilung

$$D_\perp = \frac{2}{3\sqrt{\pi}}\left(\frac{2T}{m}\right)^{3/2}\frac{N_a\sigma_t}{\omega_{Be}^2}\,.$$

---

[1]) Es könnten Zweifel hinsichtlich der Anwendbarkeit des Stoßintegrals (60,12) zur Beschreibung der Streuung an einem kurzreichweitigen Potential um Winkel der Größenordnung Eins auftreten. Man kann jedoch leicht sehen, daß in der hier gestellten Aufgabe nur erforderlich ist, daß die Lageänderung des Kreiszentrums $\Delta R_\perp \sim r_{Be}$, verglichen mit den charakteristischen Abständen, in denen sich die Elektronenkonzentration ändert, klein ist. Dies entspricht der Bedingung für die Anwendbarkeit der transversalen Diffusionsgleichung (vgl. Ende von § 59).

VI THEORIE DER INSTABILITÄTEN

§ 61. Strahlinstabilität

Entsprechend den Ergebnissen von § 34 verhält sich eine Störung mit dem Wellenvektor $\boldsymbol{k}$ in einem homogenen, unendlichen Medium asymptotisch für $t \to \infty$ wie

$$e^{-i\omega(\boldsymbol{k})t}, \tag{61,1}$$

wobei $\omega(\boldsymbol{k})$ die Frequenz der sich im Medium ausbreitenden Welle charakterisiert. Für longitudinale Plasmawellen ergeben sich die Frequenzen $\omega(\boldsymbol{k})$ aus den Lösungen der Gleichung[1])

$$\varepsilon_l(\omega, \boldsymbol{k}) = 0\,. \tag{61,2}$$

Die Frequenzen $\omega(\boldsymbol{k})$ sind im allgemeinen komplex. Falls der Imaginärteil Im $(\omega) \equiv -\gamma < 0$ ist, wird die Störung zeitlich gedämpft. Gilt dagegen in irgendeinem Intervall von $\boldsymbol{k}$-Werten $\gamma < 0$, so wachsen diese Störungen an — das Medium ist gegenüber Schwingungen in diesem Wellenlängenbereich instabil. Die Größe $|\gamma|$ wird in diesem Fall als *Inkrement der Instabilität* bezeichnet. Dabei muß jedoch sofort bemerkt werden, daß wir unter einem „unbegrenzten" Wachstum der Störung (nach dem Gesetz $\exp(|\gamma|\, t)$) hier und auch bei der weiteren Betrachtung das Verhalten in linearer Näherung meinen. In Wirklichkeit jedoch ist das Anwachsen durch die Wirkung nichtlinearer Effekte begrenzt.

Im stoßfreien Plasma besitzt die Frequenz infolge der LANDAU-Dämpfung einen von Null verschiedenen Imaginärteil. Der thermodynamische Gleichgewichtszustand des Plasmas, der dem absoluten Maximum an Entropie entspricht, ist gegenüber jeder beliebigen Störung stabil. In § 30 wurde jedoch bereits festgestellt, daß sich für Nichtgleichgewichtsverteilungen im Plasma die Absorption der Schwingungsenergie in eine Verstärkung umkehren kann. Dies zeigt sich im Auftreten eines Wertebereiches der unabhängigen Variablen $\boldsymbol{k}$ und ω $(\omega > 0)$, in dem der Imaginärteil der dielektrischen Permeabilität negativ ist: $\varepsilon_l''(\omega, \boldsymbol{k}) < 0$. Es sei jedoch betont, daß die Existenz solcher Bereiche allein noch nicht bedeutet, daß sich das Plasma unbedingt instabil verhält (auf jeden Fall in linearer Näherung). Eine notwendige Voraussetzung dafür ist noch, daß in diesen Bereich tatsächlich irgendeiner der Zweige des Spektrums der Plasmaschwingungen fällt.

Ein charakteristisches Beispiel einer Instabilität stellt ein durch ein ruhendes Plasma hindurchlaufender, gerichteter Elektronenstrahl dar (A. I. ACHIJESER, J. B. FAINBERG, 1949; D. BOHM, E. P. GROSS, 1949). Das System sei elektrisch neutral. Die Summe der elektronischen Ladungsdichten im Plasma und im Strahl sei gleich der

---

[1]) Es sei daran erinnert, daß im Fall des anisotropen Plasmas diese Dispersionsgleichung für quasilongitudinale „langsame" Wellen gilt — siehe § 32.

ionischen Ladungsdichte des Plasmas. Das System sei außerdem homogen und unendlich ausgedehnt, d. h., der Strahl (wie auch das ruhende Plasma) nimmt den gesamten Raum ein, wobei seine gerichtete Geschwindigkeit $\boldsymbol{V}$ überall gleich ist. Diese Geschwindigkeit $\boldsymbol{V}$ werden wir als nichtrelativistisch voraussetzen.

Wir nehmen zunächst an, daß sowohl der Strahl als auch das Plasma „kalt" sind, d. h., die Wärmebewegung ihrer Teilchen kann vernachlässigt werden; die hierfür notwendige Bedingung wird weiter unten erläutert.

Im Frequenzbereich der Elektronenschwingungen erhält die longitudinale dielektrische Permeabilität des Plasma-Strahl-Systems die Form

$$\varepsilon_l(\omega, \boldsymbol{k}) - 1 = -\frac{\Omega_e^2}{\omega^2} - \frac{\Omega_e'^2}{(\omega - \boldsymbol{k}\boldsymbol{V})^2}. \tag{61,3}$$

Der erste Summand auf der rechten Seite charakterisiert das ruhende Plasma mit $\Omega_e = (4\pi e^2 N_e/m)^{1/2}$ als der entsprechenden elektronischen Plasmafrequenz. Der zweite Summand tritt infolge der Elektronen des Strahls auf. In einem Bezugssystem K', das sich gemeinsam mit dem Strahl bewegt, ist der Beitrag der Strahlelektronen in $\varepsilon_e - 1$ gleich $-(\Omega_e'/\omega')^2$, wobei ω' die Schwingungsfrequenz in diesem System charakterisiert und $\Omega_e' = (4\pi e^2 N_e'/m)^{1/2}$ ist (N_e' ist die Elektronendichte im Strahl). Beim Übergang zum Ausgangsbezugssystem K wird die Frequenz ω' ersetzt durch

$$\omega' = \omega - \boldsymbol{k}\boldsymbol{V}, \tag{61,4}$$

und wir erhalten den Ausdruck (61,3).[1])

Wir werden annehmen, daß die Dichte des Strahls im Sinne von

$$N_e' \ll N_e \tag{61,5}$$

klein ist, so daß auch $\Omega_e' \ll \Omega_e$ gilt. Dann wird der Hauptzweig des Spektrums der longitudinalen Plasmaschwingungen — diejenige Lösung der Dispersionsgleichung $\varepsilon_l = 0$, für die $\omega \approx \Omega_e$ gilt — durch die Existenz des Strahls nur unwesentlich verändert. Neben diesem Zweig tritt aber noch ein neuer Zweig auf, der mit dem Einfluß des Strahls verbunden ist und uns hier im folgenden interessieren wird.

Damit das Glied mit dem kleinen Zähler $\Omega_e'^2$ nicht aus der Dispersionsgleichung

$$\frac{\Omega_e^2}{\omega^2} + \frac{\Omega_e'^2}{(\omega - \boldsymbol{k}\boldsymbol{V})^2} = 1 \tag{61,6}$$

herausfällt, muß diese Kleinheit durch die Kleinheit des Nenners kompensiert werden. Deshalb suchen wir eine Lösung der Form $\omega = \boldsymbol{k}\boldsymbol{V} + \delta$ mit einem kleinen δ. Die Gleichung erhält somit das Aussehen

$$\frac{\Omega_e^2}{(\boldsymbol{k}\boldsymbol{V})^2} + \frac{\Omega_e'^2}{\delta^2} = 1. \tag{61,7}$$

[1]) Die Vorschrift für die Transformation der Frequenz erhält man auf einfachem Weg durch das Umschreiben des Phasenfaktors der Welle. Der Ortsvektor eines Punktes im System K' ist $\boldsymbol{r}' = \boldsymbol{r} - \boldsymbol{V}t$. Deshalb gilt

$$\boldsymbol{k}\boldsymbol{r} - \omega t = \boldsymbol{k}\boldsymbol{r}' - (\omega - \boldsymbol{k}\boldsymbol{V})\, t = \boldsymbol{k}\boldsymbol{r}' - \omega' t.$$

Daraus ergibt sich

$$\delta = \pm \frac{\Omega_e'}{[1 - (\Omega_e/\boldsymbol{k}\boldsymbol{V})^2]^{1/2}}, \tag{61,8}$$

wobei die Bedingung $\delta \ll \boldsymbol{k}\boldsymbol{V}$ erfordert, daß $|\boldsymbol{k}\boldsymbol{V}|$ nicht zu nahe bei der Frequenz Ω_e liegt. Die Annahme eines kalten Plasmas dagegen erfordert die Einhaltung der Bedingung $kv_{Te} \ll \omega$, was im gegebenen Fall folglich bedeutet, daß auch $v_{Te} \ll V$ sein muß. Die Geschwindigkeit des Strahls ist groß im Vergleich zur thermischen Geschwindigkeit der Plasmaelektronen.

Falls $(\boldsymbol{k}\boldsymbol{V})^2 > \Omega_e^2$ ist, sind beide Lösungen (61,8) reell, und die Schwingungen wachsen nicht an. Gilt dagegen

$$(\boldsymbol{k}\boldsymbol{V})^2 < \Omega_e^2, \tag{61,9}$$

so sind beide Werte für δ imaginär. Derjenige von beiden, für den $\operatorname{Im}\omega = \operatorname{Im}\delta > 0$ gilt, entspricht anwachsenden Schwingungen. Infolgedessen ist das System gegenüber Schwingungen mit hinreichend kleinen Werten $\boldsymbol{k}\boldsymbol{V}$ instabil.

Eine andere Situation entsteht bei der Berücksichtigung der Wärmebewegung der Plasmaelektronen. Im allgemeinen Fall erhalten wir anstelle von (61,3)

$$\varepsilon_l(\omega, \boldsymbol{k}) = \varepsilon_l^{(\mathrm{Pl})}(\omega, \boldsymbol{k}) - \frac{\Omega_e'^2}{(\omega - \boldsymbol{k}\boldsymbol{V})^2}, \tag{61,10}$$

wobei sich $\varepsilon_l^{(\mathrm{Pl})}$ auf das Plasma ohne Strahl bezieht. Löst man die Gleichung $\varepsilon_l = 0$ mit der gleichen Methode, so findet man jetzt

$$\delta = \pm \frac{\Omega_e'}{[\varepsilon_l^{(\mathrm{Pl})}(\boldsymbol{k}\boldsymbol{V}, \boldsymbol{k})]^{1/2}}. \tag{61,11}$$

Infolge der LANDAU-Dämpfung besitzt die Funktion $\varepsilon_l^{(\mathrm{Pl})}$ (für beliebiges $\boldsymbol{k}$) immer einen Imaginärteil. Aus dem gleichen Grund wird auch δ immer komplex sein, wobei infolge des doppelten Vorzeichens in (61,11) für einen der Schwingungszweige $\operatorname{Im}\delta > 0$ gilt, was bedeutet, daß diese Schwingungen instabil sind. Beim Übergang zu großen $\boldsymbol{V}$, was dem oben beschriebenen Fall des kalten Plasmas entspricht, wird der mit der LANDAU-Dämpfung verbundene Anteil $\operatorname{Im}\varepsilon_l$ exponentiell klein, und wir kehren zum Ausdruck (61,8) zurück.

In den durchgeführten Überlegungen ist die thermische Schwankung der Elektronengeschwindigkeiten im Strahl vernachlässigt worden. Diese Näherung ist gerechtfertigt, wenn für die Größe dieser Unschärfe

$$v_{Te}' \ll |\delta|/k \tag{61,12}$$

gilt.

Aufgaben

1. Man bestimme die Grenze des Instabilitätsbereiches eines Strahls im kalten Plasma für Werte $\boldsymbol{k}\boldsymbol{V}$, die in der Nähe von Ω_e liegen.

Lösung. Für kleine Werte der Differenz $(\boldsymbol{k}\boldsymbol{V})^2 - \Omega_e^2$ ist die Genauigkeit der Gleichung (61,7) unzureichend. Berücksichtigt man in der Gleichung $\varepsilon_l = 0$ (mit ε_l aus (61,3)) auch den Beitrag der nächsthöheren Ordnung in δ, so erhält man

$$\frac{\Omega_e'^2}{\delta^2} \approx 1 - \frac{\Omega_e^2}{(\boldsymbol{k}\boldsymbol{V})^2} + \frac{2\Omega_e^2\delta}{(\boldsymbol{k}\boldsymbol{V})^3} \approx \frac{2(\boldsymbol{k}\boldsymbol{V} - \Omega_e)}{\Omega_e} + \frac{2\delta}{\Omega_e}.$$

Durch Einführung der neuen Größen ξ und τ entsprechend

$$\delta = \xi \left(\frac{1}{2}\Omega_e'^2\Omega_e\right)^{1/3}, \qquad \tau = \left(\frac{2}{\Omega_e'^2\Omega_e}\right)^{1/3} (\boldsymbol{k}\boldsymbol{V} - \Omega_e)$$

schreiben wir diese Gleichung in der Form

$$\xi^3 + \tau\xi^2 = 1\,. \tag{1}$$

(Wir nehmen hier an, daß $\boldsymbol{k}\boldsymbol{V}$ in der Nähe von $+\Omega_e$, nicht aber von $-\Omega_e$ liegt.) Alle drei Lösungen der Gleichung (1) sind für $\tau > 3 \cdot 2^{-2/3}$ reell, wodurch auch der Stabilitätsbereich festgelegt wird. Zwei dieser Lösungen entsprechen den zwei Lösungen der Gleichung (61,7), die dritte aber der für $\Omega_e = \boldsymbol{k}\boldsymbol{V}$ nahe dabei liegenden Schwingungsfrequenz des ruhenden Plasmas.

2. Man untersuche die Instabilität von Ionenschallwellen in einem Zwei-Temperatur-Plasma ($T_e \gg T_i$), in dem sich das Elektronensystem gegenüber dem Ionensystem mit der makroskopischen Geschwindigkeit $\boldsymbol{V}$ bewegt und $V \ll v_{T_e}$ gilt.

Lösung. Unter der Bedingung $V \ll v_{T_e}$ wirkt sich die gerichtete Bewegung der Elektronen nur unwesentlich auf die Dispersionsrelation der Ionenschallwellen aus, die nach wie vor durch die Beziehung (33,4) gegeben ist:

$$\frac{\omega}{k} = \left(\frac{zT_e}{M}\right)^{1/2} \frac{1}{(1 + k^2a_e^2)^{1/2}}\,. \tag{1}$$

Das Dämpfungsdekrement dagegen (d. h. sein elektronischer Anteil) ergibt sich aus (33,6) mit der Ersetzung (61,4):

$$\gamma = (\boldsymbol{k}\boldsymbol{V} - \omega)\left(\frac{\pi z m}{8M}\right)^{1/2} \tag{2}$$

Die Instabilitätsbedingung lautet $\boldsymbol{k}\boldsymbol{V} > \omega$. Hierfür muß in jedem Fall $V > \omega/k$ sein. In der Nähe der Instabilitätsgrenze ist der Faktor $(\boldsymbol{k}\boldsymbol{V} - \omega)$ in (2) klein, wodurch es sich als notwendig erweisen kann, in γ auch den Ionenbeitrag der Dämpfung, der unter gewöhnlichen Bedingungen klein ist, zu berücksichtigen.

§ 62. Absolute und konvektive Instabilität

Die Existenz von Lösungen der Dispersionsgleichung in der oberen ω-Halbebene bedeutet, daß eine kleine Anfangsstörung, die in Form einer ebenen Welle gegeben ist, anwächst, d. h., das System ist gegenüber dieser Störung instabil. In Wirklichkeit jedoch stellt die gesamte Anfangsstörung ein „Wellenpaket" endlicher räumlicher Abmessungen dar, und die ebenen Wellen sind nur seine einzelnen FOURIER-Komponenten. Im zeitlichen Verlauf läuft dieses Wellenpaket auseinander, aber seine Amplitude wächst (im instabilen System). Gleichzeitig wird es sich auch räumlich verschieben. Dabei können zwei Fälle eintreten.

Im ersten Fall wächst die Störung ungeachtet der Verschiebung des Paketes in jedem beliebigen Raumpunkt unbegrenzt an. Die entsprechende Instabilität wird als *absolut* bezeichnet. Im anderen Fall wird das Paket so schnell davongetragen, daß in jedem fixierten Raumpunkt die Störung für $t \to \infty$ gegen Null geht. Diese Instabilität wird *konvektiv* genannt.

An dieser Stelle muß jedoch sofort hervorgehoben werden, daß diese Unterscheidung relativ ist, da der Charakter der Instabilität immer bezüglich eines bestimmten Bezugssystems ermittelt wird und ein Übergang von einem zum anderen System diesen Charakter verändern kann. Haben wir in irgendeinem System eine konvektive Instabilität, so wird sie in dem System, das sich „gemeinsam mit dem Paket" bewegt, zur absoluten Instabilität. Andererseits wird in einem System, das sich genügend schnell vom Paket „fortbewegt", die absolute zur konvektiven Instabilität.

Diese Tatsache stellt jedoch keineswegs den physikalischen Sinn der Unterscheidung zweier Instabilitätstypen in Frage. Bei einer realen Fragestellung existiert vom experimentellen Standpunkt aus immer ein ausgezeichnetes Bezugssystem, bezüglich dessen auch die Instabilität zu untersuchen ist. Die Zulässigkeit, ein physikalisches System als unendlich ausgedehnt zu betrachten, schließt nicht aus, daß in Wirklichkeit Grenzen (z. B. Wände) vorhanden sind, die als „Laborsystem" dienen können. Außerdem kann die reale Begrenztheit des Systems dazu führen, daß sich im Fall einer konvektiven Instabilität die Störung überhaupt nicht entfalten kann, bevor das Paket über die Systemgrenzen „hinausgetragen" wird (z. B. beim Strömen einer Flüssigkeit im Rohr).

Die im folgenden dargestellte Theorie, mit deren Hilfe ein Kriterium für die Unterscheidung beider Instabilitätstypen aufgestellt wird, besitzt einen sehr allgemeinen Charakter.[1]) Dabei kann jedes beliebige homogene und (wenn auch nur in einer Richtung, z. B. der x-Achse) unendliche System betrachtet werden. Deshalb werden wir die Natur des Mediums sowie der Störung in ihm, die mittels irgendeiner Funktion $\psi(\boldsymbol{r}, t)$ beschrieben wird, nicht weiter konkretisieren. Wir beschränken uns auf den Fall eines eindimensionalen Paketes. Wenn von einem dreidimensionalen System die Rede ist, bedeutet dies, daß die Störung in der Form

$$\psi(t, \boldsymbol{r}) = \psi(t, x)\, \mathrm{e}^{i(k_y y + k_z z)}$$

dargestellt wird mit gegebenen Werten k_y, k_z.

Wir stellen die Funktion $\psi(x, t)$ in einer einseitigen Fourier-Zerlegung für die Zeiten von $t = 0$ (Zeitpunkt der Entstehung der Störung) bis $t = \infty$ dar. Die Komponenten dieser Zerlegung bezeichnen wir mit $\varphi(\omega, x)$:

$$\varphi(\omega, x) = \int_0^\infty \psi(t, x)\, \mathrm{e}^{i\omega t}\, \mathrm{d}t\,. \tag{62,1}$$

Im weiteren müssen wir Störungen betrachten, die für $t \to \infty$ anwachsen. Wir werden annehmen (wie es auch in Wirklichkeit der Fall ist), daß dieses Anwachsen nicht schneller erfolgt als nach irgendeinem exponentiellen Gesetz $\exp(\sigma_0 t)$. Somit kann unter der Annahme, daß ω eine komplexe Größe mit $\operatorname{Im}\omega = \sigma > \sigma_0$ ist, erreicht werden, daß die Integration in (62,1) konvergiert. In diesem Bereich besitzt $\varphi(\omega, x)$ als Funktion der komplexen Variablen ω keine Singularitäten. Im Bereich $\operatorname{Im}\omega < \sigma_0$ dagegen muß die Funktion $\varphi(\omega, x)$ im Sinne einer analytischen Fortsetzung verstanden werden. Hier besitzt sie selbstverständlich auch Singularitäten.

---

[1]) Dieses Kriterium wurde erstmals von P. A. Sturrock (1958) abgeleitet. Der in den folgenden Paragraphen 62 bis 64 dargestellten Formulierung des Kriteriums liegt eine Arbeit von R. J. Briggs (1964) zugrunde.

Die inverse Darstellung der Funktion $\psi(t, x)$ durch ihre FOURIER-Komponenten hat die Form

$$\psi(t, x) = \int\limits_{-\infty+i\sigma}^{\infty+i\sigma} e^{-i\omega t}\, \varphi(\omega, x) \frac{d\omega}{2\pi}, \tag{62,2}$$

wobei $\sigma > \sigma_0$ ist, so daß der Integrationsweg in (62,2) (den wir als ω-Kontur bezeichnen werden) in der oberen ω-Halbebene oberhalb aller Singularitäten der Funktion $\varphi(\omega, x)$ verläuft.

Die Funktion $\varphi(\omega, x)$ zerlegen wir ihrerseits in ein FOURIER-Integral bezüglich der x-Koordinate:

$$\varphi(\omega, x) = \int\limits_{-\infty}^{\infty} \psi_{\omega k}^{(+)}\, e^{ikx} \frac{dk}{2\pi}. \tag{62,3}$$

(Der Index bei k_x wird zur Vereinfachung der Schreibweise weggelassen.)

Die Funktion $\psi_{\omega k}^{(+)}$ erhält man für jeden konkreten Fall durch die Lösung der linearisierten Bewegungsgleichungen des untersuchten Systems in der Form

$$\psi_{\omega k}^{(+)} = \frac{g_{\omega k}}{\Delta(\omega, k)}, \tag{62,4}$$

wobei $g_{\omega k}$ durch die Anfangsstörung bestimmt ist und die Funktion $\Delta(\omega, k)$ das System selbst charakterisiert. (Für das Plasma übernimmt die kinetische Gleichung die Rolle der Bewegungsgleichung; $\Delta(\omega, k)$ erweist sich als longitudinale dielektrische Permeabilität des Plasmas, und $g_{\omega k}$ wird durch die FOURIER-Komponenten der Anfangsstörung gemäß (34,12) ausgedrückt.)

Wir werden annehmen, daß $g_{\omega k}$ als Funktion der komplexen Variablen ω und k für endliche Werte dieser Variablen keine Singularitäten besitzt, d. h. eine ganze Funktion dieser Variablen darstellt.[1]) Alle singulären Punkte von $\psi_{\omega k}^{(+)}$ fallen somit mit den Singularitäten des Faktors $1/\Delta(\omega, k)$ zusammen. Die Beziehung

$$\Delta(\omega, k) = 0 \tag{62,5}$$

ist die Dispersionsgleichung des Systems. Ihre Lösungen $\omega(k)$ liefern die Schwingungsfrequenzen für gegebene (reelle) Werte des Wellenvektors k. Wie wir in § 34 sehen konnten, beschreiben gerade diese Frequenzen (für $t \to \infty$) das asymptotische zeitliche Verhalten der FOURIER-Komponenten der Störung mit einem gegebenen k-Wert:

$$\psi_k(t) \propto e^{-i\omega(k)\,t} = e^{-i\omega'(k)\,t + \omega''(k)\,t}.$$

Geht man von diesem Gesetz aus, so würde die Bestimmung des asymptotischen Verhaltens der Störung in einem gegebenen Raumpunkt die Untersuchung des Integrals

$$\psi(t, x) \propto \int e^{-i\omega'(k)\,t}\, e^{\omega''(k)\,t}\, e^{ikx}\, dk \tag{62,6}$$

erfordern. Falls in irgendeinem k-Wertebereich $\omega''(k) > 0$ gilt, und somit eine Instabilität vorliegt, wächst einer der Faktoren des Integranden für $t \to \infty$ unbegrenzt an;

---

[1]) Dafür ist in jedem Fall notwendig, daß das Anfangswellenpaket genügend schnell (schneller als $\exp(-\alpha\,|x|)$) räumlich abklingt.

der andere wird zu einer unendlich schnell oszillierenden Funktion von k. Diese entgegengesetzten Tendenzen erschweren die Abschätzung des Integrals.

Aus diesem Grund kehren wir bis zur Ausführung der Integration bezüglich ω zum Ausdruck $\psi(t, x)$ in der Form (62,2) zurück. Wir verschieben die ω-Kontur abwärts bis zu ihrer „Berührung" mit dem ersten singulären Punkt der Funktion $\varphi(\omega, x)$. (Gemeint ist die höchstliegende Singularität, d. h. die mit dem größten ω''.) Dieser Punkt soll bei $\omega = \omega_c$ liegen. (Wie aus folgendem klar wird, hängt ω_c nicht von x ab.) Es ist offensichtlich, daß der asymptotische Wert des Integrals gerade durch die Umgebung dieses Punktes bestimmt wird, so daß

$$\psi(t, x) \propto \mathrm{e}^{-i\omega_c t} = \exp\left(-i\omega_c' t + \omega_c'' t\right) \tag{62,7}$$

gilt. Falls $\omega_c'' > 0$ ist, wächst die Störung in jedem betrachteten Punkt x, d. h., die Instabilität ist absolut. Gilt dagegen $\omega_c'' < 0$, so strebt in jedem betrachteten Punkt die Störung gegen Null, d. h., die Instabilität ist konvektiv. Das gesuchte Kriterium führt auf diese Weise zur Bestimmung von ω_c.

Die Funktion $\varphi(\omega, x)$ ist durch das Integral (62,3) gegeben mit $\psi_{\omega k}^{(+)}$ aus (62,4):

$$\varphi(\omega, x) = \int_{-\infty}^{\infty} \frac{g_{\omega k}}{\Delta(\omega, k)} \mathrm{e}^{ikx} \frac{\mathrm{d}k}{2\pi}. \tag{62,8}$$

Da, wie angenommen wurde, $g_{\omega k}$ eine ganze Funktion von k ist, stimmen die Singularitäten des Integranden (als Funktionen komplexer k) mit den Singularitäten des Faktors $1/\Delta(\omega, k)$ überein. Gewöhnlich ist dabei von den Polen die Rede, also den Lösungen $k(\omega)$ der Gleichung (62,5).

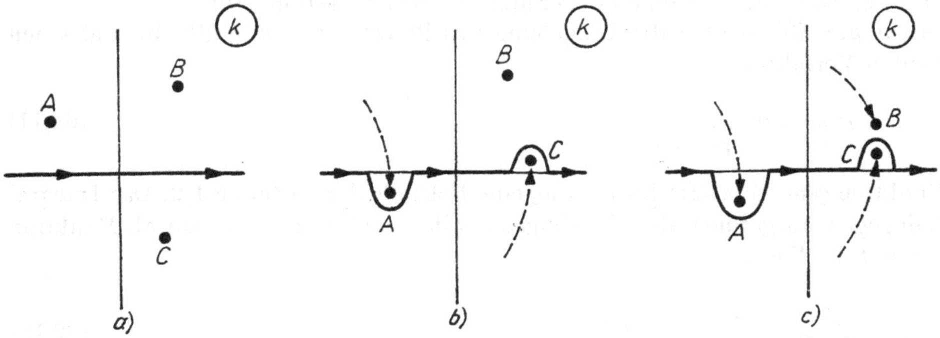

Abb. 22

Für irgendeinen Wert ω (auf der ω-Kontur) mit genügend großem (positiven) Imaginärteil $\omega'' = \sigma$ sollen die Singularitäten so in der k-Ebene liegen, wie in Abb. 22 dargestellt wurde — einige in der oberen, die anderen in der unteren Halbebene. Der Integrationsweg über k in (62,8) (wir nennen ihn k-Kontur) verläuft dabei entlang der reellen Achse. Wir werden jetzt ω verändern, indem wir ω'' systematisch verkleinern. Dabei verlagern sich die Singularitäten (in der k-Ebene) und können für spezielle

ω-Werte die reelle Achse erreichen.[1]) Die Funktion $\varphi(\omega, k)$ ist für diese ω-Werte noch nicht singulär. Nichts hindert uns daran, die k-Kontur so zu verschieben, daß sie aus der Umgebung der singulären Stellen, die die reelle Achse kreuzen, entfernt wird (wie in Abb. 22b) gezeigt ist). Eine Divergenz des Integrals tritt jedoch dann auf, wenn sich zwei sich verlagernde Singularitäten aufeinander zubewegen und den Integrationsweg zwischen sich einschließen, so daß es unmöglich wird, ihn aus ihrer Umgebung zu entfernen (Abb. 22c)).[2])

Auf diese Weise ist der Wert ω, der den Charakter der Instabilität bestimmt, aus denjenigen ω-Werten auszuwählen, für die zwei Lösungen $k(\omega)$ der Dispersionsgleichung miteinander verschmelzen. Dabei sind nur die Vereinigungsfälle zu betrachten, in denen sich die zwei Lösungen von verschiedenen Seiten der k-Kontur aufeinander zubewegen. Anders ausgedrückt, für $\omega \to \infty$ müssen diese Lösungen auf verschiedenen Seiten der reellen Achse liegen. Bei dieser Gelegenheit sei folgendes festgestellt: Da die Werte ω_c nur durch die Eigenschaften der Funktion $1/\Delta(\omega, k)$ bestimmt werden, ist ihre Unabhängigkeit von x offensichtlich.

Bei der Vereinigung zweier einfacher Wurzeln einer Gleichung entsteht eine Doppelwurzel (Wurzel zweiter Ordnung). In der Nähe einer solchen Wurzel erhält die Dispersionsgleichung die Gestalt

$$\Delta(\omega, k) \approx (\omega - \omega_c)\left(\frac{\partial \Delta}{\partial \omega}\right)_c + \frac{1}{2}(k - k_c)^2 \left(\frac{\partial^2 \Delta}{\partial k^2}\right)_c = 0\,, \tag{62,9}$$

so daß $k - k_c \propto \pm (\omega - \omega_c)^{1/2}$ wird.[2]) Es sei darauf hingewiesen, daß im Punkt $\omega = \omega_c$ die Funktion $\omega(k)$ die Bedingung

$$\frac{d\omega}{dk} = 0 \tag{62,10}$$

erfüllt, d. h., ω_c ist ein Sattelpunkt der analytischen Funktion $\omega(k)$.

Das Integral (62,8) über die Umgebung des Punktes $k = k_c$ ergibt bis auf einen konstanten Vorfaktor

$$\varphi(\omega, x) \propto \frac{e^{ik_c x}}{\sqrt{\omega - \omega_c}}\,. \tag{62,11}$$

Die Funktion $\varphi(\omega, x)$ besitzt für $\omega = \omega_c$ eine Polstelle der Ordnung 1/2. Das Integral (62,2) dagegen, ausgeführt über die Umgebung des Punktes $\omega = \omega_c$, hat als Funktion von x und t die Form

$$\psi(t, x) \propto \frac{1}{\sqrt{t}}\, e^{-i(\omega_c t - k_c x)}\,. \tag{62,12}$$

---

[1]) Im Fall eines instabilen Mediums muß das Einmünden des Singularitätspunktes in die reelle k-Achse (wenigstens in einem gewissen Wertebereich von ω') noch für $\omega'' > 0$ erfolgen, da voraussetzungsgemäß solche Lösungen der Gleichung $\Delta(\omega, k) = 0$ existieren, die für ein reelles k einen Imaginärteil $\omega'' > 0$ besitzen.

[2]) In einigen Fällen kann sogar eine Vereinigung einer größeren Anzahl von Lösungen stattfinden, was sich im Auftreten einer Wurzel höherer Ordnung äußert. Diese Fälle können jedoch im allgemeinen nur bei der Wahl spezieller Werte von Systemparametern auftreten, da sie den Punkten ω_c, k_c zusätzliche Einschränkungen auferlegen. In der Entwicklung von $\Delta(\omega, k)$ müssen dann neben $(\partial \Delta/\partial k)_c$ auch noch andere Koeffizienten verschwinden.

Da dieser asymptotische Ausdruck für $t \to \infty$ und festgehaltenes x erhalten wurde, ist er nur im Bereich $|k_c x| \ll |\omega_c t|$ gültig.

Obwohl die Verschmelzung von Lösungen der Dispersionsgleichung die Hauptursache für das Entstehen von Singularitäten der Funktion $\varphi(\omega, x)$ ist (durch sie wird gewöhnlich auch der Charakter der Instabilität bestimmt), sei noch eine andere Art von Singularitäten erwähnt, die bei der Frequenz entstehen, für die die Lösung der Dispersionsrelation $|k| \to \infty$ geht.[1] Der Imaginärteil dieser Frequenz ω_c ist jedoch faktisch immer negativ und kann deshalb offensichtlich nicht zu einer absoluten Instabilität führen. (Ein positives ω_c'' würde in diesem Fall eine Instabilität des Systems gegenüber Schwingungen mit unendlich kleiner Wellenlänge bedeuten.) Dieser Fall wird im weiteren (s. (63,10)) noch betrachtet werden.

Wie bereits festgestellt wurde, kann eine Instabilität, die in dem einen Bezugssystem (Laborsystem) konvektiv ist, in einem anderen System zur absoluten Instabilität werden. Wir stellen uns jetzt das Ziel, die Geschwindigkeit V des Bezugssystems zu bestimmen, in dem die Instabilität absolut ist und ein maximales Inkrement aufweist.

Der Übergang vom Laborsystem zum Bezugssystem, das sich mit der Geschwindigkeit V bewegt, erfolgt in sämtlichen Ausdrücken durch die Ersetzung $\omega \to \omega - kV$. Wie wir oben sehen konnten, entspricht der Wert ω_c der Stelle, an der im Zuge einer Verkleinerung von ω'' auf der ω-Kontur zwei Pole der Funktion $1/\Delta(\omega, k)$ in der k-Ebene miteinander verschmelzen, wobei die beiden Pole von unterschiedlichen Seiten der reellen Achse zum Verschmelzungspunkt laufen müssen und deshalb einer von ihnen vorher diese Achse kreuzen muß. Wir bezeichnen mit $\omega''_{\max}$ den maximalen (von V unabhängigen!) Wert ω'' für reelle k-Werte. Da $\omega_c''(k, V)$ offenbar kleiner ist als der Wert ω'', bei dem der Pol die reelle Achse überquert, gilt $\omega_c''(k, V) \leqq \omega''_{\max}$ für alle V. Dies bedeutet, daß der größtmögliche Wert ω_c'' dann erreicht wird, wenn die Vereinigung der Pole auf der reellen Achse im Punkt mit maximalem Wert $\omega''(k)$ erfolgt.

Ersetzt man in (62,10) $\omega(k)$ durch $\omega(k) - kV$ und betrachtet getrennt den Imaginär- und den Realteil der Gleichung, so findet man zwei Beziehungen:

$$\frac{d\omega''}{dk} = 0\,, \tag{62,13}$$

$$V = \frac{d\omega'}{dk}\,. \tag{62,14}$$

Auf diese Weise ist das größte Inkrement der Instabilität durch den Maximalwert der Funktion $\omega''(k)$ für reelle k gegeben. Die Geschwindigkeit des Bezugssystems dagegen, in dem eine solche Instabilität auftritt, wird durch den entsprechenden Wert der Ableitung $d\omega'/dk$ bestimmt. Dieser Wert V kann in natürlicher Weise als Definition der Gruppengeschwindigkeit des Wellenpaketes im konvektiv-instabilen Medium angesehen werden.

---

[1] Diese Lösung führt zu einer wesentlichen Singularität der Funktion $\varphi(\omega, x)$. Falls $|k|$ nach dem Gesetz $k^{-n} = C(\omega - \omega_c)$ gegen Unendlich strebt, ist der Beitrag von der Umgebung der Singularität zum Integral (62,8) gegeben durch

$$\varphi(\omega, x) \propto \exp\left\{\frac{ix}{[C(\omega - \omega_c)]^{1/n}}\right\}.$$

§ 63. Verstärkung und Undurchlässigkeit

Bisher behandelten wir das Problem einer Instabilität, bei der die zeitliche Entwicklung einer Störung untersucht wurde, die im Raum zu einem Anfangszeitpunkt vorgegeben war. Die FOURIER-Zerlegung dieser Störung enthält Komponenten mit reellen Werten des Wellenvektors $\boldsymbol{k}$, und ihre zeitliche Abhängigkeit ist charakterisiert durch die Frequenzen $\omega(\boldsymbol{k})$, die die komplexen Lösungen der Dispersionsgleichung darstellen.

Es ist jedoch auch möglich, die Aufgabe bezüglich des Instabilitätsproblems anders zu formulieren. Es soll jetzt eine Störung betrachtet werden, die in irgendeinem räumlichen Bereich nach einer vorgegebenen Zeitabhängigkeit erzeugt wird. Die FOURIER-Zerlegung dieser Störung enthält Komponenten mit reellen Frequenzen ω. Ihre räumliche Ausbreitung wird mit Hilfe der Wellenzahlen $k(\omega)$ beschrieben, die man durch Lösung der Dispersionsgleichung — diesmal bezüglich k — erhält. Entsprechend sind auch nicht die Frequenzen, sondern die Wellenvektoren komplex. (Wie im vorherigen Paragraphen betrachten wir auch hier nur eine eindimensionale Aufgabe und schreiben anstelle des Wellenvektors $\boldsymbol{k}$ deshalb $k \equiv k_x$.)

Der komplexe Charakter des Wellenvektors kann unterschiedliche Bedeutung haben. In manchen Fällen kann er einfach bedeuten, daß sich die entsprechenden Wellen im Medium nicht ausbreiten können (Undurchlässigkeit). In anderen Fällen kann ein komplexes k bedeuten, daß die Wellen, ausgehend von einer Quelle, bei ihrer Ausbreitung im Raum verstärkt werden. Wir stellen jedoch sofort fest, daß das Kriterium für die Unterscheidung dieser beiden Möglichkeiten offensichtlich nicht im Vorzeichen von Im k gesucht werden kann. Die Wellen können sich in beiden Richtungen der x-Achse ausbreiten, und eine Änderung der Ausbreitungsrichtung ist einer Umkehrung des Vorzeichens von k äquivalent.

Es ist physikalisch klar, daß nur ein instabiles Medium über diese verstärkenden Eigenschaften verfügen kann. Deshalb ist zum Beispiel schon im voraus ersichtlich, daß für transversale elektromagnetische Wellen im Plasma mit der Dispersionsrelation $\omega^2 = \Omega_e^2 + c^2k^2$ (s. Aufgabe 1, § 32) für Frequenzen $\omega < \Omega_e$ (wenn $k(\omega)$ imaginär ist) keine Ausbreitung möglich ist, das Plasma also undurchlässig ist. In der Tat ist die durch diese Gleichung gegebene Funktion $\omega(k)$ für alle reellen Werte k reell, so daß das System stabil ist.

Zur genauen Formulierung der Fragestellung betrachten wir eine bezüglich der x-Koordinate punktförmige Quelle (oder wie man auch sagt, ein *Signal*), die zur Zeit $t = 0$ eingeschaltet wird und danach eine monochromatische Anregung ψ irgendeiner Frequenz ω_0 (*Antwort* des Systems auf das Signal — engl.: response) verursacht. Die Intensität der Quelle ist demnach gegeben durch

$$\begin{aligned} g(t, x) &= 0 && \text{für} \quad t < 0\,, \\ g(t, x) &= \text{const} \cdot \delta(x)\, e^{-i\omega_0 t} && \text{für} \quad t > 0\,. \end{aligned} \tag{63,1}$$

Da wir die physikalische Natur der Anregung ψ nicht näher konkretisieren, werden wir das auch nicht hinsichtlich der physikalischen Natur der Intensität der Quelle g tun. Wesentlich ist nur, daß die ωk-Komponenten der Störung mit Hilfe des folgenden Ausdrucks aus den Quellen bestimmt werden:

$$\psi_{\omega k} = g_{\omega k}/\Delta(\omega, k)\,. \tag{63,2}$$

Diesen Ausdruck erhält man aus der inhomogenen linearisierten „Bewegungsgleichung" des Systems, in der $g(t, x)$ die Rolle der „rechten Seite" übernimmt (analog dazu, daß (62,4) die Lösung der homogenen Gleichung war, mit der durch die Funktion $g(0, x)$ gegebenen Anfangsbedingung). Für die Quelle (63,1) erhalten wir[1])

$$g_{\omega k} = \frac{\text{const}}{i(\omega - \omega_0)} . \tag{63,3}$$

Die Funktion $\psi(t, x)$ findet man danach mit Hilfe der Umkehrformel

$$\psi(t, x) = \text{const} \int\limits_{-\infty+i\sigma}^{\infty+i\sigma} \Phi(\omega, x) \frac{e^{-i\omega t}}{i(\omega - \omega_0)} \frac{d\omega}{2\pi}, \tag{63,4}$$

$$\Phi(\omega, x) = \int\limits_{-\infty}^{\infty} \frac{e^{ikx}}{\Delta(\omega, k)} dk . \tag{63,5}$$

Dieser Ausdruck erfüllt in Übereinstimmung mit den durch die Aufgabe gegebenen Bedingungen für $t < 0$ automatisch die Beziehung $\psi(t, x) = 0$. Die Störung entsteht erst zum Zeitpunkt $t = 0$ des Einschaltens der Quelle.

Die Aufgabe besteht jetzt darin, das asymptotische Verhalten von $\psi(t, x)$ weit entfernt von der Quelle ($|x| \to \infty$) im stationären Zustand zu bestimmen, d. h. nach dem Verstreichen einer langen Zeit $t \to \infty$ seit dem Einschalten der Quelle. Wenn in diesem Regime die Störung für $x \to \pm\infty$ verschwindet, so haben wir es mit Undurchlässigkeit zu tun. Erweist sich dagegen die Störung, wenn auch nur in einer Richtung von der Quelle, als anwachsend, so liegt Verstärkung vor. Es ist offensichtlich, daß in beiden Fällen nur von einem konvektiv-instabilen (oder auch stabilen) System gesprochen werden kann. Bei einer absoluten Instabilität wächst die Störung in allen Raumpunkten zeitlich unbegrenzt an, so daß die Einstellung eines stationären Zustandes überhaupt nicht möglich ist.

Geht man nun zur Bestimmung des asymptotischen Verhaltens über, so muß vor allem beachtet werden, daß der Übergang $t \to \infty$ vor dem Übergang $|x| \to \infty$ durchzuführen ist. Da sich innerhalb einer endlichen Zeit die Störung nicht ins Unendliche ausbreiten kann, führt der Übergang $|x| \to \infty$ für endliche Zeiten t zu einem Verschwinden der Funktion ψ.

Wie bereits im § 62 verschieben wir zur Bestimmung des asymptotischen Verhaltens für $t \to \infty$ den Integrationsweg bezüglich ω in (63,4) nach unten. Die analytischen Eigenschaften der Funktion $\Phi(\omega, x)$ sind die gleichen wie auch die der Funktion $\varphi(\omega, x)$ in § 62. Da das System, wie angenommen, nur konvektiv-instabil ist, besitzt $\Phi(\omega, x)$ keine Singularitäten in der oberen ω-Halbebene, so daß der Pol $\omega = \omega_0$ auf der reellen Achse die am höchsten liegende Singularität des Integranden von (63,4) ist. Das asymptotische Verhalten für $t \to \infty$ ist deshalb gegeben durch

$$\psi(t, x) \propto e^{-i\omega_0 t} \Phi(\omega_0, x) . \tag{63,6}$$

---

[1]) Bei der Berechnung von $g_{\omega k}$ muß man beachten, daß in der Umkehrtransformation die Integration entlang eines Weges verläuft, für den Im $\omega > 0$ gilt, so daß exp $(i\omega t)$ für $t \to \infty$ gegen Null geht.

Um das asymptotische Verhalten der Funktion $\Phi(\omega_0, x)$ für $|x| \to \infty$ zu finden, muß jetzt der Integrationsweg der k-Integration entweder nach oben (für $x > 0$) oder nach unten (für $x < 0$) so weit verschoben werden, bis er mit den Polen des Integranden von (63,5) (den Lösungen der Gleichung $\Delta(\omega_0, k) = 0$) in Berührung kommt.

Wir bezeichnen mit $k_+(\omega)$ und $k_-(\omega)$ die Pole, die sich für $\text{Im}\,\omega \to \infty$ in der oberen bzw. der unteren k-Halbebene befinden. Bei einer Verkleinerung von $\text{Im}\,\omega$ verschieben sich die Pole und können für ein reelles $\omega = \omega_0$ entweder in „ihrer" Halbebene verbleiben oder auch in die andere Halbebene gelangen. Im ersten Fall liegt der Integrationsweg (wie in Abb. 22a) gezeigt) längs der reellen Achse. Im zweiten Fall wird er gemäß Abb. 22b) deformiert, indem die in die „fremden" Halbebenen „weglaufenden" Pole $k_+(\omega_0)$ und $k_-(\omega_0)$ (Punkte A und C) umgangen werden. In beiden Fällen umschließt die Kontur bei einer Verschiebung nach oben bzw. unten jeweils die Pole k_+ bzw. k_-. Der asymptotische Ausdruck der Funktion $\psi(t, x)$ wird für $x \to +\infty$ durch den Beitrag des am niedrigsten liegenden Pols $k_+(\omega_0)$ bestimmt, dagegen für $x \to -\infty$ durch den am höchsten liegenden Pol $k_-(\omega_0)$. Mit anderen Worten handelt es sich um den der reellen Achse am nächsten liegenden Pol (falls alle Pole einer Art in „ihrer" Halbebene geblieben sind) oder aber um den von der reellen Achse entferntesten Pol aus der Anzahl derjenigen Pole, die in eine „fremde" Halbebene übergewechselt sind. Mit diesen Werten k_+ und k_- erhalten wir

$$\begin{aligned} \psi(t, x) &\propto \exp\{ik_+(\omega_0)\,x - i\omega_0 t\} \quad \text{für} \quad x > 0\,, \\ \psi(t, x) &\propto \exp\{ik_-(\omega_0)\,x - i\omega_0 t\} \quad \text{für} \quad x < 0\,. \end{aligned} \tag{63,7}$$

Für ein stabiles System bleiben alle Pole für $\omega = \omega_0$ in „ihren" Halbebenen. Tatsächlich könnte infolge des Fehlens von Schwingungszweigen mit $\text{Im}\,\omega(k) > 0$ (für reelle k) der Pol $k(\omega)$ die reelle Achse nur für $\text{Im}\,\omega < 0$ überschreiten. Deshalb wird in (63,7)

$$\text{Im}\,k_+(\omega_0) > 0\,, \qquad \text{Im}\,k_-(\omega_0) < 0\,,$$

so daß die Wellen in beiden Richtungen von der Quelle gedämpft sind.

Im Fall einer konvektiven Instabilität dagegen erreichen die Pole $k(\omega)$ die reelle Achse bereits für $\text{Im}\,\omega > 0$. Deshalb existieren offensichtlich Pole k_+ bzw. k_-, die sich für $\omega = \omega_0$ bereits in die gegenüberliegende „fremde" Halbebene hineinbewegt haben, d. h., für die also $\text{Im}\,k_+(\omega_0) < 0$ bzw. $\text{Im}\,k_-(\omega_0) > 0$ gilt. Das Auftreten solcher Pole $k_+(\omega_0)$ und $k_-(\omega_0)$ führt zu einer Verstärkung der Wellen rechts bzw. links von der Quelle.

Resümiert man die bisher durchgeführten Überlegungen, so erhält man folgendes Kriterium, um zu entscheiden, ob für Wellen, die von einer Quelle mit der Frequenz ω_0 in ein konvektiv-instabiles System ausgesandt werden, Verstärkung oder Undurchlässigkeit des Systems vorliegt.

Eine Welle mit einem für reelles ω_0 komplexen Wert $k(\omega_0)$ wird verstärkt, wenn die Funktion $\text{Im}\,k(\omega)$ bei der Änderung der Größe $\text{Im}\,\omega$ im Bereich von $+\infty$ bis 0 (für gegebenen $\text{Re}\,\omega = \omega_0$) ihr Vorzeichen wechselt. Ändert sich dagegen das Vorzeichen nicht, dann liegt Undurchlässigkeit vor.

Wir stellen fest, daß die Formulierung dieses Kriteriums mit der Forderung nach Kausalität verbunden ist. In der Tat muß bei beliebig schnellem Einschalten einer Quelle die Störung in jedem Fall für $x \to \pm\infty$ einfach deshalb verschwinden, weil sie sich innerhalb einer endlichen Zeitspanne nicht in eine unendlich große Entfernung von der Quelle ausbreiten kann. Andererseits kann ein „beliebig schnelles“ Einschalten durch das Gesetz $\exp(-i\omega t)$ mit $\operatorname{Im}\omega \to \infty$ realisiert werden. Deshalb wird auch klar, daß Wellen, die (für reelle ω) von der Quelle aus nach der einen oder anderen Richtung hin verstärkt werden, in diesen Richtungen für $\operatorname{Im}\omega \to \infty$ gedämpft sein müssen, wodurch sich die Formulierung des obigen Kriteriums ergibt.

Die erhaltenen Resultate besitzen noch einen anderen physikalischen Aspekt. Sie gestatten es, die Ausbreitungsrichtung einer Welle in einem Medium mit Absorption oder Verstärkung zu bestimmen. In einem durchlässigen Medium (d. h., wenn alle ω und k reell sind) wird die Frage nach der physikalischen Ausbreitungsrichtung mit Hilfe des Richtungsvektors der Gruppengeschwindigkeit gelöst. Insbesondere bewegt sich im eindimensionalen Fall die Welle mit einem positiven Wert von $\mathrm{d}\omega/\mathrm{d}k$ in positiver Richtung der x-Achse und die mit negativem Wert in entgegengesetzter Richtung. In einem Medium mit Absorption bzw. Verstärkung dagegen kann man zeigen, daß sich in positiver Richtung die Wellen der Gruppe k_+ und in negativer Richtung die Wellen der Gruppe k_- ausbreiten. Im Fall reeller Werte von ω und k stimmt diese allgemeine Formulierung mit der ursprünglichen überein. Tatsächlich sind kleine Veränderungen von k und ω durch folgende Beziehung miteinander verknüpft:

$$\delta k = \frac{\delta\omega}{\mathrm{d}\omega/\mathrm{d}k}.$$

Hieraus ist ersichtlich, daß sich k beim Auftreten eines Imaginärteiles $\operatorname{Im}\omega > 0$ für $\mathrm{d}\omega/\mathrm{d}k > 0$ in die obere Halbebene und im umgekehrten Fall in die untere Halbebene verschiebt.

Als einfaches Beispiel für die Anwendung der in diesem und im vorigen Paragraphen erhaltenen Kriterien betrachten wir die Instabilität eines kalten Elektronenstrahls in einem kalten Plasma, die bereits in § 61 untersucht wurde. Die Dispersionsgleichung dieses Systems lautet

$$\frac{\Omega_e^2}{\omega^2} + \frac{\Omega_e'^2}{(\omega - kV)^2} = 1 \tag{63,8}$$

(s. (61,6)). Für Wellen, die sich in Richtung des Strahls ausbreiten, gilt $\boldsymbol{kV} = kV$. Die Lösungen $k(\omega)$ dieser Gleichung haben für $|\omega| \to \infty$ die Form[1])

$$k = (\omega \pm \Omega_e')/V\,. \tag{63,9}$$

Für $\operatorname{Im}\omega \to \infty$ liegen beide Lösungen in ein und derselben (oberen) Halbebene, d. h., beide Lösungen gehören zur Gruppe $k_+(\omega)$. Sie können offensichtlich bei ihrer Verschiebung (bei einer Verkleinerung von $\operatorname{Im}\omega$) die k-Kontur nicht zwischen sich einklemmen. Die Instabilität ist konvektiv. Das asymptotische Verhalten einer im Anfangszeitpunkt erzeugten Störung ist durch die Frequenz $\omega = \Omega_e$ gegeben, in deren Nähe die Lösungen der Gleichung (63,8) nach dem Gesetz

$$k^2 = \frac{\Omega_e\Omega_e'^2}{2V^2(\omega - \Omega_e)} \tag{63,10}$$

1) Wir stellen fest, daß die Gleichung (63,9) mit der Dispersionsgleichung des Strahls selbst übereinstimmt, als wäre das ruhende Plasma überhaupt nicht vorhanden.

gegen Unendlich streben. Auf diese Weise bleiben für $t \to \infty$ von der Störung nur die ungedämpften Plasmawellen übrig.

Für reelle Werte $\omega < \Omega_e$ besitzt die Gleichung (63,8) zwei konjugiert komplexe Lösungen $k(\omega)$. Die Lösung, für welche $\mathrm{Im}\, k(\omega) < 0$ gilt, ist aus der oberen in die untere Halbebene gewandert. Deshalb erfolgt bei der Ausbreitung von Wellen der Frequenz $\omega_0 < \Omega_e$ von der Quelle eine Verstärkung der Wellen in der Richtung $x > 0$, d. h. entlang der Strahlrichtung.

§ 64. Instabilität bei schwacher Kopplung zweier Zweige des Schwingungsspektrums

Wir benutzen in folgendem die in den §§ 62, 63 entwickelte allgemeine Methode zur Untersuchung einer Instabilität, die infolge der „Wechselwirkung" zwischen Schwingungen unterschiedlicher Zweige des Schwingungsspektrums eines dissipationsfreien Systems auftritt, wenn die Werte von ω und k benachbart sind. Unter dissipationsfrei verstehen wir hierbei sowohl das Fehlen jeglicher echter Dissipation als auch das Fehlen der LANDAU-Dämpfung.

Falls die Zweige $\omega = \omega_1(k)$ und $\omega = \omega_2(k)$ vollkommen unabhängig voneinander wären, würde dies bedeuten, daß die Dispersionsgleichung in zwei Faktoren zerfällt:

$$[\omega - \omega_1(k)]\,[\omega - \omega_2(k)] = 0\,. \tag{64,1}$$

In der Nähe des Schnittpunktes dieser Zweige würden die Funktionen $\omega_1(k)$ und $\omega_2(k)$ im allgemeinen Fall folgende Form annehmen:

$$\begin{aligned} \omega_1(k) &= \omega_0 + v_1(k - k_0)\,, \\ \omega_2(k) &= \omega_0 + v_2(k - k_0)\,, \end{aligned} \tag{64,2}$$

wobei v_1, v_2 Konstanten sind und ω_0, k_0 die (reellen!) Werte von ω und k im Schnittpunkt darstellen.

Ein derartiger Fall ist jedoch im allgemeinen physikalisch nicht real. Die Kopplung zwischen zwei Zweigen könnte bestenfalls für ganz bestimmte spezifische Parameterwerte des Systems völlig fehlen, würde aber bereits bei kleinsten Änderungen dieser Werte wieder auftreten.[1]) Zur Beschreibung der realen Situation ist es deshalb notwendig, eine schwache Kopplung zwischen den Zweigen zu berücksichtigen. Diese Kopplung wird eingeführt, indem man die Null auf der rechten Seite von Gleichung (64,1) durch irgendeine kleine Größe ε ersetzt. Die Dispersionsgleichung in der Nähe dieses Punktes erhält somit die Gestalt

$$[\omega - \omega_0 - v_1(k - k_0)]\,[\omega - \omega_0 - v_2(k - k_0)] = \varepsilon\,. \tag{64,3}$$

Ihre Lösung bezüglich ω lautet

$$\omega(k) - \omega_0 = \tfrac{1}{2}\,\{(v_1 + v_2)\,(k - k_0) \pm [(k - k_0)^2\,(v_1 - v_2)^2 + 4\varepsilon]^{1/2}\} \tag{64,4}$$

---

[1]) Eine Ausnahme stellen diejenigen Fälle dar, bei denen eine Wechselwirkung aus Symmetriegründen nicht existiert, z. B., wenn ein Zweig zu einer longitudinalen, der andere aber zu einer transversalen Welle des isotropen Mediums gehört. Da im isotropen Medium der longitudinale Strom kein transversales Feld induzieren kann und umgekehrt, können diese Wellen auch nicht miteinander wechselwirken. Diese Situation ist analog zu der in der Quantenmechanik bei einem Überschneiden von Termen unterschiedlicher Symmetrie (s. III, § 79).

und entsprechend bezüglich k

$$k(\omega) - k_0 = \frac{1}{2v_1v_2}\{(v_1 + v_2)(\omega - \omega_0) \pm [(\omega - \omega_0)^2 (v_1 - v_2)^2 + 4\varepsilon v_1 v_2]^{1/2}\}\,. \tag{64,5}$$

Infolge der Kopplung der unterschiedlichen Zweige wandert ihr Schnittpunkt in den komplexen Bereich. Die Abhängigkeiten $\omega(k)$ für reelle ω und k dagegen besitzen, je nach dem Vorzeichen der Konstanten ε und den Vorzeichen der Konstanten v_1 und v_2 ,unterschiedlichen Charakter. Ihr Verhalten wurde in Abb. 23 für die folgenden Fälle dargestellt:

$$\begin{aligned} &\text{A)}\ \varepsilon > 0\,, \quad v_1v_2 > 0\,, \qquad \text{B)}\ \varepsilon > 0\,, \quad v_1v_2 < 0\,, \\ &\text{C)}\ \varepsilon < 0\,, \quad v_1v_2 > 0\,, \qquad \text{D)}\ \varepsilon < 0\,, \quad v_1v_2 < 0\,. \end{aligned} \tag{64,6}$$

Wir wollen nun diese Fälle der Reihe nach untersuchen.

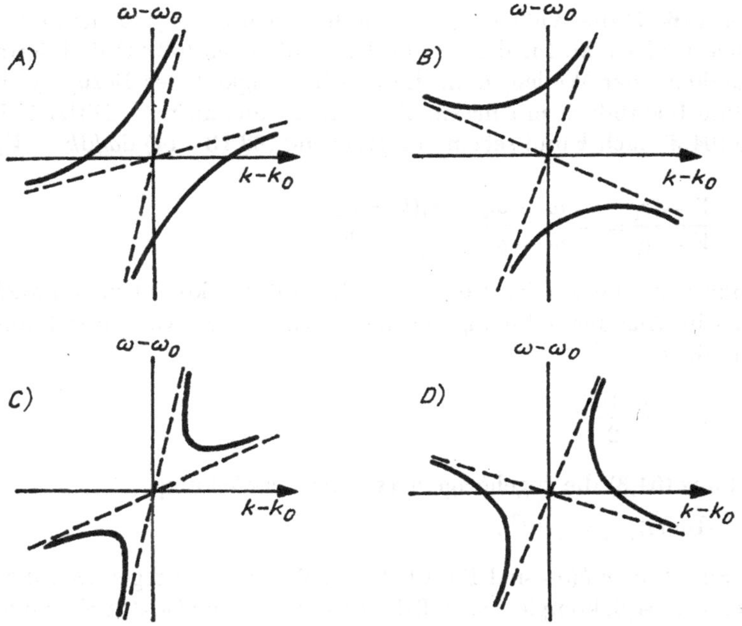

Abb. 23

A) Hier sind die Funktionen $\omega(k)$ für alle (reellen) Werte k reell, so daß das System stabil ist. Außerdem sind die Funktionen $k(\omega)$ für alle ω reell, d. h., die Wellen breiten sich für alle ω unverstärkt aus.

B) Die Funktionen $\omega(k)$ sind für alle k reell, so daß das System stabil ist. Dagegen sind die Funktionen $k(\omega)$ im Frequenzbereich

$$(\omega - \omega_0)^2 < \frac{4\,|\varepsilon v_1 v_2|}{(v_1 - v_2)^2} \tag{64,7}$$

komplex. Infolge der Stabilität des Systems liegt in diesem Bereich Undurchlässigkeit vor.

C) Für

$$(k - k_0)^2 < \frac{4\,|\varepsilon|}{(v_1 - v_2)^2} \tag{64,8}$$

sind die Funktionen $\omega(k)$ komplex, wobei für eine von ihnen $\operatorname{Im} \omega(k) > 0$ gilt, d. h., es tritt eine Instabilität auf. Diese Instabilität ist konvektiv. Tatsächlich haben für $\omega \to \infty$ die Lösungen $k(\omega)$ die Form

$$k \approx \omega/v_1\,, \qquad k \approx \omega/v_2\,, \tag{64,9}$$

und für $\operatorname{Im} \omega \to \infty$ liegen beide in ein und derselben k-Halbebene. Sind zum Beispiel $v_1, v_2 > 0$, so ist dies die obere Halbebene, und die Lösungen gehören zur Gruppe $k_+(\omega)$. Für reelle ω dagegen bilden die Lösungen $k(\omega)$ im Bereich (64,7) ein Paar konjugiert komplexer Größen. Diejenige von ihnen, für welche $\operatorname{Im} k(\omega) < 0$ gilt, ist aus der oberen in die untere Halbebene übergewechselt. Folglich werden in diesem Frequenzbereich (64,7) die Wellen, die sich in der Richtung $x > 0$ ausbreiten, verstärkt.

Außerdem findet man für diesen Fall leicht die nach (62,14) definierte „Gruppengeschwindigkeit" der Wellen, d. h. die Geschwindigkeit des Bezugssystems, in dem eine absolute Instabilität mit maximaler Verstärkung auftritt. Differenzieren wir die Gleichung (64,3) nach k und setzen entsprechend (62,13—14) $d\omega/dk = V$, so erhalten wir

$$\frac{V - v_1}{V - v_2} = -\frac{\omega - \omega_0 - v_1(k - k_0)}{\omega - \omega_0 - v_2(k - k_0)}\,. \tag{64,10}$$

Da die linke Seite dieser Gleichung reell ist, muß (für komplexes ω) auch die rechte Seite reell sein. Aus dieser Bedingung finden wir $k = k_0$, wonach sich aus (64,10) die Geschwindigkeit

$$V = \frac{v_1 + v_2}{2} \tag{64,11}$$

ergibt und aus (64,3) die zugehörige maximale Verstärkung

$$(\operatorname{Im} \omega)_{\max} = |\varepsilon|^{1/2}\,. \tag{64,12}$$

D) Die Funktionen $k(\omega)$ sind für alle (reellen) ω reell, dagegen sind die Funktionen $\omega(k)$ im Bereich (64,8) komplex, so daß das System instabil ist. Zur Klärung des Charakters dieser Instabilität sei bemerkt, daß in Übereinstimmung mit (64,9) (für unterschiedliche Vorzeichen von v_1 und v_2) die Lösungen $k(\omega)$ für $\operatorname{Im} \omega \to \infty$ in unterschiedlichen Halbebenen liegen. Diese zwei Lösungen besitzen in der oberen ω-Halbebene einen Vereinigungspunkt bei

$$\omega = \omega_c = \omega_0 + 2i\,\frac{\sqrt{v_1 v_2 \varepsilon}}{|v_1 - v_2|}\,. \tag{64,13}$$

Das bedeutet, die Instabilität ist absolut mit dem Inkrement $\operatorname{Im} \omega_c$. Für $v_1 = -v_2$, was der Darstellung der Störung in einem sich mit der Geschwindigkeit (64,11) bewegenden Bezugssystem entspricht, erreicht die Verstärkung den Maximalwert (64,12).

Aufgabe

Man bestimme den Charakter der Instabilität von niederfrequenten ($\omega \sim \omega_{Bi}$), „langsamen" ($\omega/k \ll c$), transversalen elektromagnetischen Wellen, die sich in Richtung eines konstanten Magnetfeldes im kalten magnetisch aktiven Plasma ausbreiten. Entlang der gleichen Richtung bewegt sich ein kalter Elektronenstrahl geringer Dichte durch das Plasma.

Lösung. Zur Aufstellung der Dispersionsgleichung schreiben wir diese zunächst nur unter Berücksichtigung der Strahlelektronen in einem Bezugssystem auf, in dem der Strahl ruht. Entsprechend (56,9) gilt in diesem System

$$k^2c^2 - \omega^2 = -\frac{\Omega_e'^2\omega}{\omega \pm \omega_{Be}},$$

wobei Ω_e' die Plasmafrequenz ist, die der Dichte des Strahls entspricht. Beim Übergang zum Laborsystem, in dem sich der Strahl mit der Geschwindigkeit V (entlang der die x-Achse ausgerichtet wird) bewegt, muß auf der rechten Seite der Gleichung ω durch $\omega - kV$ ersetzt werden. Die Differenz $k^2c^2 - \omega^2$ dagegen ist invariant bezüglich einer Änderung des Bezugssystems. Fügt man jetzt im Laborsystem die Beiträge hinzu, die von den Elektronen und Ionen des Plasmas hervorgerufen werden, so erhalten wir

$$k^2c^2 - \omega^2 = -\frac{\Omega_e'^2(\omega - kV)}{\omega - kV \pm \omega_{Be}} - \frac{\omega\Omega_e^2}{\omega \pm \omega_{Be}} - \frac{\omega\Omega_i^2}{\omega \mp \omega_{Bi}}.$$

Wird hierbei ω (in Übereinstimmung mit den in der Aufgabe formulierten Bedingungen) im Vergleich zu ck und ω_{Be} vernachlässigt und außerdem beachtet, daß $\Omega_e^2/\omega_{Be} = \Omega_i^2/\omega_{Bi}$ gilt, so erhält man die Dispersionsgleichung in der Form

$$\left[k^2c^2 - \frac{\Omega_i^2\omega^2}{\omega_{Bi}(\omega_{Bi} \mp \omega)}\right](\omega - kV \pm \omega_{Be}) = -\Omega_e'^2(\omega - kV). \tag{1}$$

Der erste Faktor auf der linken Seite dieser Gleichung beschreibt den „Hauptzweig" und der zweite Faktor den „Strahlzweig" des Schwingungsspektrums. Die rechte Seite widerspiegelt die „Wechselwirkung" dieser Zweige.

Für die oberen Vorzeichen in (1) sind die Dispersionsrelationen der zwei unabhängigen Zweige mittels der vollen Linien in Abb. 24 dargestellt (wie immer genügt es, nur die Zweige mit $\omega > 0$ zu betrachten). In der Nähe ihres Schnittpunktes ω_0, k_0 kann die Gleichung (1) wie folgt entwickelt werden:

$$2k_0c^2\left[k - k_0 - \frac{\omega - \omega_0}{v_1}\right][\omega - \omega_0 - V(k - k_0)] = \Omega_e'^2\omega_{Be}$$

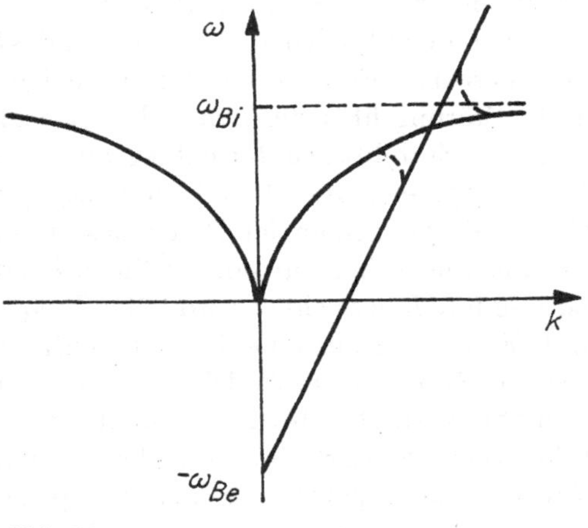

Abb. 24

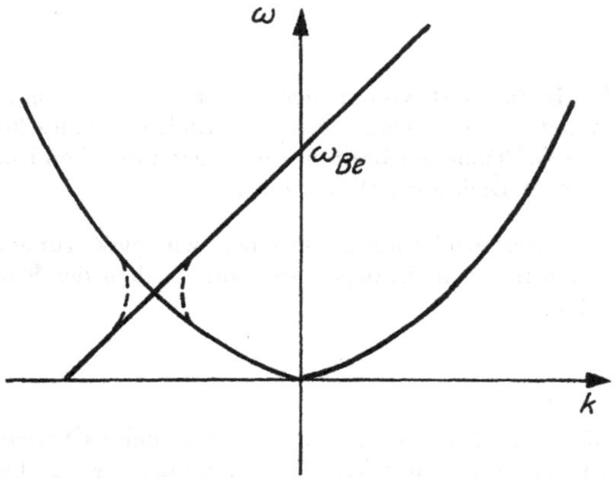

Abb. 25

mit positivem Koeffizienten v_1 (wie aus dem Anstieg der Kurven in Abb. 24 klar wird). Ein Vergleich mit (64,3) zeigt, daß wir es mit dem Fall C, einer konvektiven Instabilität, zu tun haben. (In Abb. 24 ist der Verlauf der Zweige des Spektrums unter Berücksichtigung ihrer Wechselwirkung durch gestrichelte Linien dargestellt.)

Ein analoges Bild erhält man für die unteren Vorzeichen von (1) in Abb. 25. In der Nähe des Schnittpunktes lautet die Dispersionsgleichung

$$2k_0c^2\left[k - k_0 + \frac{\omega - \omega_0}{v_1}\right][\omega - \omega_0 - V(k - k_0)] = -\Omega_e'^2\omega_{Be},$$

wobei wiederum $v_1 > 0$ ist. Dabei tritt jetzt der Fall D einer absoluten Instabilität ein. (In diesem Fall existiert, wie aus Abb. 25 ersichtlich ist, ein zweiter Schnittpunkt der Zweige für $\omega \gtrless \omega_{Be}$, der den Annahmen in der Aufgabenstellung widerspricht.)

§ 65. Instabilität endlicher Systeme

Die gesamte in den §§ 61 bis 63 dargelegte Theorie bezog sich auf homogene Medien, die mindestens in einer Richtung (x-Achse) unendlich ausgedehnt waren. Bei ihrer Anwendung auf reale, begrenzte Systeme ist das gleichbedeutend mit der Vernachlässigung von Effekten, die mit der Reflexion von Wellen an den Grenzen des Systems verbunden sind. Anders ausgedrückt, diese Theorie ist auf Zeiten derjenigen Größenordnung beschränkt, in denen sich die Störung über die Länge des Systems ausbreitet.

Wir untersuchen jetzt die Frage der Stabilität in der entgegengesetzten Problemstellung, wenn also die Endlichkeit des Systems wesentlich ist und das Spektrum seiner Eigenschwingungen durch die Grenzbedingungen an den Enden des Systems bestimmt wird. (Hierbei beschränken wir uns wie bisher auf ein eindimensionales Problem, wobei die Systemlänge in x-Richtung mit L bezeichnet wird.) Das Frequenzspektrum des endlichen Systems ist diskret. Falls auch nur eine dieser Eigenfrequenzen einen positiven Imaginärteil besitzt, ist das System instabil. Die Unterscheidung zwischen absoluter und konvektiver Instabilität verliert dabei ihre Bedeutung.

Demnach ist die Frage nach der Klärung des Stabilitätsverhaltens eines endlichen Systems äquivalent mit dem Problem, das Spektrum seiner (komplexen) Eigenfrequenzen zu bestimmen. Die Dispersionsgleichung, durch die diese Frequenzen definiert werden, kann für hinreichend große, aber endliche Ausmaße des Systems L (Im $|k| \times L \gg 1$) in allgemeiner Form dargestellt werden (A. G. KULIKOWSKI, 1966).

Es möge $k(\omega)$ die Lösung der Dispersionsgleichung des unbegrenzten Mediums sein. Die Zweige dieser mehrdeutigen Funktion werden wieder in die zwei Gruppen $k_+(\omega)$ und $k_-(\omega)$, die in § 63 definiert wurden, unterteilt. Die Eigenschwingungen des endlichen Systems können als Resultat einer Überlagerung von laufenden Wellen betrachtet werden, die an seinen zwei Grenzen reflektiert werden. (In einem System ohne Absorption und Verstärkung wären dies gewöhnliche stehende Wellen.) Die Reflexion wird im allgemeinen von einer gegenseitigen Umwandlung der Wellen unterschiedlicher Zweige des Spektrums begleitet. Deshalb stellt die laufende Welle einer gegebenen Frequenz eine Superposition all ihrer Zweige dar. In großem Abstand von den Grenzen wird jedoch der Hauptbeitrag zu einer jeden Welle von nur einem der superponierten Glieder geliefert. Somit erhält man für eine Welle, die sich von der linken Grenze $x = 0$ (Abb. 26) in positiver x-Richtung ausbreitet, in großem Abstand von dieser Grenze folgenden asymptotischen Ausdruck:

$$\psi = a \exp \{i[k_+(\omega)\, x - \omega t]\}\,, \tag{65,1}$$

wobei als $k_+(\omega)$ derjenige Zweig dieser Gruppe ausgewählt werden muß, für den der Im $k_+(\omega)$ (bei gegebenem reellen ω) den algebraisch kleinsten Wert besitzt.[1])

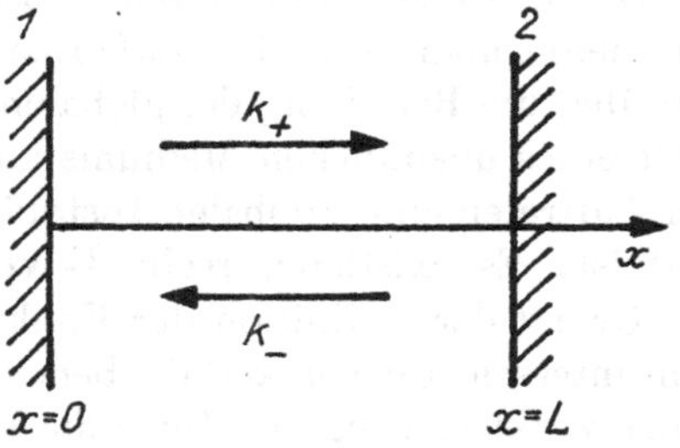

Abb. 26

Nach erfolgter Reflexion an der rechten Grenze ($x = L$) breitet sich die Welle nach links aus und erhält in hinreichend großem Abstand von dieser Grenzfläche die asymptotische Form

$$\psi = R_2 a \exp \{ik_+(\omega)\, L\} \exp \{i[k_-(\omega)\,(x - L) - \omega t]\}\,, \tag{65,2}$$

wobei mit $k_-(\omega)$ der Zweig dieser Gruppe gemeint ist, für den Im $k_-(\omega)$ den größtmöglichen algebraischen Wert besitzt. Der Koeffizient R_2 hängt von dem Transformationsgesetz der Wellen an der konkret vorliegenden Grenzfläche ab.

Schließlich erhalten wir nach einer zweiten Reflexion — diesmal an der linken Grenze — erneut eine Welle, die sich nach rechts ausbreitet:

$$\psi = R_1 R_2 a\, e^{i(k_+ - k_-)\, L}\, e^{i(k_+ x - \omega t)}\,. \tag{65,3}$$

---

1) Das bedeutet den kleinsten positiven Wert, falls alle Im $k_+(\omega) > 0$ sind, oder den negativen Wert mit größtem Betrag, falls Zweige existieren, für die Im $k + (\omega) < 0$ gilt. Im ersten Fall beschreibt (65,1) eine (mit dem Abstand x) möglichst langsam gedämpfte Welle und im zweiten Fall eine Welle mit schnellster Verstärkung.

Infolge der Eindeutigkeit der Funktion $\psi(t, x)$ muß dieser Ausdruck (65,3) mit (65,1) übereinstimmen. Daraus ergibt sich die Beziehung

$$R_1 R_2 \exp\{i[k_+(\omega) - k_-(\omega)]\, L\} = 1\,. \tag{65,4}$$

Sie liefert das Frequenzspektrum ω des endlichen Systems und stellt somit die Dispersionsgleichung dieses Systems dar.

Bildet man auf beiden Seiten dieser Gleichung den Betrag, so erhält man

$$|R_1 R_2| \exp\{-\operatorname{Im}(k_+ - k_-)\, L\} = 1\,. \tag{65,5}$$

Für $L \to \infty$ strebt der Exponentialfaktor gegen Null oder gegen Unendlich (in Abhängigkeit vom Vorzeichen der Differenz $\operatorname{Im}(k_+ - k_-)$). Deshalb kann für hinreichend lange Systeme die Gleichheit (65,5) nur erfüllt werden, falls

$$\operatorname{Im}[k_+(\omega) - k_-(\omega)] = 0 \tag{65,6}$$

gilt. Somit ergibt sich in diesem Fall für die Dispersionsgleichung eine Form, die nur von den Eigenschaften des Mediums selbst bestimmt wird und nicht vom konkreten Charakter der Bedingungen an seinen Grenzen abhängig ist. Die Gleichung (65,6) beschreibt in der ω-Ebene eine Kurve, auf der für große L die diskreten Eigenfrequenzen sehr dicht beieinander liegen. Falls diese Kurve wenigstens teilweise in der oberen Halbebene liegt, ist das System instabil. Da diese Instabilität durch die Eigenschaften des Systems als Ganzem bestimmt wird, nennt man sie auch *globale* Instabilität.

Wir wollen noch einige Bemerkungen über die Beziehung der globalen Instabilität eines endlichen Systems zur Instabilität eines unendlichen Mediums anführen. Vor allem kann man leicht sehen, daß beim Auftreten einer globalen Instabilität das unendliche System offensichtlich instabil ist: Es existieren reelle k-Werte, für die $\operatorname{Im}\omega(k) > 0$ ist. Tatsächlich liegen auf Grund der Definition der Funktionen $k_+(\omega)$ und $k_-(\omega)$ ihre Werte für $\operatorname{Im}\omega \to \infty$ in unterschiedlichen k-Halbebenen. Die Bedingung (65,6) dagegen besagt, daß bei einer Verkleinerung von $\operatorname{Im}\omega$ die Punkte $k_+(\omega)$ und $k_-(\omega)$ in ein und dieselbe Halbebene gelangen können, wobei dies (im Falle der globalen Instabilität) bereits für $\operatorname{Im}\omega > 0$ geschieht. Folglich wird noch vorher (d. h. für $\operatorname{Im}\omega > 0$) mindestens einer dieser Punkte, wie gefordert, die reelle Achse bei seiner Bewegung schneiden.

Eine Umkehrung dieser Aussage ist jedoch nur für eine absolute (nicht aber für eine konvektive) Instabilität des unendlichen Mediums gültig. Das Auftreten einer absoluten Instabilität ist auch hinreichend für die Existenz einer globalen Instabilität des endlichen Systems. Tatsächlich besteht die Bedingung für das Auftreten einer absoluten Instabilität in der Existenz eines Verzweigungspunktes der Funktion $k(\omega)$ für $\operatorname{Im}\omega > 0$, wobei die sich vereinigenden Zweige zu den Gruppen k_+ und k_- gehören. In diesem Punkt wird offensichtlich auch die Bedingung (65,6) erfüllt.

Dagegen kann eine konvektive Instabilität des Mediums bei Anwesenheit von Grenzen sowohl zu einer Instabilität als auch zur Stabilität des Systems führen.

VII DIELEKTRIKA

§ 66. Die Wechselwirkung von Phononen

Die physikalische Natur kinetischer Erscheinungen (Wärmeleitfähigkeit, elektrische Leitfähigkeit) in Gasen besteht in Transportprozessen, die infolge der thermischen Bewegung der Gasteilchen auftreten. Bei der Beschreibung der kinetischen Erscheinungen in Festkörpern wird die Rolle der Teilchen von den Quasiteilchen übernommen. Wir gehen zur Untersuchung dieser Erscheinungen über und beginnen zunächst mit der Wärmeleitfähigkeit von nichtmagnetischen Dielektrika. Die relative Einfachheit des physikalischen Bildes dieser Erscheinung im Vergleich zu den kinetischen Prozessen in anderen Festkörpertypen ist damit verbunden, daß bei Dielektrika nur eine Sorte von Quasiteilchen auftritt — und zwar die *Phononen*.

Wir erinnern daran (s. V, § 72), daß die Vorstellung freier Phononen im Ergebnis der Quantisierung der Schwingungsbewegung der Atome im Kristallgitter in harmonischer Näherung entsteht. Dies bedeutet, daß im HAMILTON-Operator nur quadratische Glieder (in den Atomverschiebungen) berücksichtigt werden. Unter der Einbeziehung von Gliedern höherer Ordnung, d. h. anharmonischer Beiträge dritter und folgender Ordnungen bezüglich der Verschiebungen[1]) treten verschiedenartige Wechselwirkungsprozesse der Phononen auf.

Die ersten anharmonischen Glieder — die kubischen Beiträge — im klassischen Ausdruck der Gitterenergie besitzen die Form

$$H^{(3)} = \frac{1}{6} \sum_{(\boldsymbol{n}s)} \Lambda^{s_1 s_2 s_3}_{\alpha\beta\gamma}(\boldsymbol{n}_1 - \boldsymbol{n}_3, \boldsymbol{n}_2 - \boldsymbol{n}_3)\, U_{s_1\alpha}(\boldsymbol{n}_1)\, U_{s_2\beta}(\boldsymbol{n}_2)\, U_{s_3\gamma}(\boldsymbol{n}_3)\,. \qquad (66{,}1)$$

Hierbei sind $\boldsymbol{U}_s(\boldsymbol{n})$ die Verschiebungsvektoren der Atome im Gitter und α, β, γ Vektorindizes, die die Werte x, y, z durchlaufen, während s_1, s_2, s_3 die Nummern der Atome in der Elementarzelle angeben. Die ganzzahligen „Vektoren" $\boldsymbol{n}_1$, $\boldsymbol{n}_2$, $\boldsymbol{n}_3$ bestimmen die Lage der Elementarzelle im Gitter. Das Symbol $(\boldsymbol{n}s)$ unter dem Summationszeichen bedeutet, daß die Summe über alle $\boldsymbol{n}$ und alle Werte s zu erstrecken ist. Infolge der Homogenität des Kristalls sind die Funktionen Λ nur von den gegenseitigen Abständen $\boldsymbol{n}_1 - \boldsymbol{n}_3$, $\boldsymbol{n}_2 - \boldsymbol{n}_3$ der verschiedenen Zellen zueinander abhängig, jedoch nicht von ihren Absolutlagen im Gitter.

Den HAMILTON-Operator in der Darstellung der zweiten Quantisierung erhält man, indem man die Verschiebungsvektoren $\boldsymbol{U}_s(\boldsymbol{n})$ in (66,1) durch Erzeugungs- und Vernichtungsoperatoren $\hat{c}^+_{\boldsymbol{k}g}$ bzw. $\hat{c}_{\boldsymbol{k}g}$ für Phononen der Sorte g (gemeint sind Zweige des

[1]) Die Notwendigkeit der Berücksichtigung anharmonischer Schwingungen der Gitteratome für die Untersuchung der Wärmeleitfähigkeit eines Kristalls wurde erstmals von P. DEBYE (1914) und M. BORN (1914) gezeigt.

Phononenspektrums) mit dem Quasiimpuls $\boldsymbol{k}$ ausdrückt,

$$\hat{U}_s(\boldsymbol{n}) = \sum_{gk} [2M\mathcal{N}\omega_g(\boldsymbol{k})]^{-1/2} \{\hat{c}_{kg} e_s^{(g)}(\boldsymbol{k})\, \mathrm{e}^{i\boldsymbol{k}\boldsymbol{r}_n} + \hat{c}_{kg}^+ e_s^{(g)*}(\boldsymbol{k})\, \mathrm{e}^{-i\boldsymbol{k}\boldsymbol{r}_n}\}\,. \quad (66{,}2)$$

$\mathcal{N}$ ist die Zahl der Elementarzellen im Gitter, M die Gesamtmasse der Atome in einer Elementarzelle, $e_s^{(g)}(\boldsymbol{k})$ ist der Polarisationsvektor der Phononen und $\omega_g(\boldsymbol{k})$ die Energie eines Phonons der Sorte g.[1]) Beim Einsetzen von (66,2) in (66,1) entstehen Glieder, in denen die Operatoren $\hat{c}$, $\hat{c}^+$ in verschiedensten Kombinationen von drei Operatoren auftreten. Diese Glieder beschreiben Prozesse, an denen drei Phononen beteiligt sind. Die Kombination der Form $\hat{c}^+\hat{c}^+\hat{c}$ beschreibt den Zerfall eines Phonons in zwei Phononen, die Kombination $\hat{c}^+\hat{c}\hat{c}$ dagegen die Vereinigung zweier aufeinanderstoßender Phononen zu einem. (Kombinationen der Form $\hat{c}\hat{c}\hat{c}$ und $\hat{c}^+\hat{c}^+\hat{c}^+$ sind auf Grund des Energieerhaltungssatzes verboten.)

Wir schreiben als Beispiel die Glieder auf, die dem Zerfall eines Phonons $(\boldsymbol{k}_1 g_1)$ in zwei Phononen $(\boldsymbol{k}_2 g_2)$ und $(\boldsymbol{k}_3 g_3)$ entsprechen. Indem wir in (66,1) von der Summation bezüglich $\boldsymbol{n}_1, \boldsymbol{n}_2, \boldsymbol{n}_3$ zur Summation bezüglich $\boldsymbol{\nu}_1 = \boldsymbol{n}_1 - \boldsymbol{n}_3$, $\boldsymbol{\nu}_2 = \boldsymbol{n}_2 - \boldsymbol{n}_3$, $\boldsymbol{n}_3$ übergehen, schreiben wir diese Glieder in der Form

$$\hat{H}^{(3)}_{\text{Zerf}} = \Omega \frac{\hat{c}_1 \hat{c}_2^+ \hat{c}_3^+}{\mathcal{N}^{3/2}(\omega_1\omega_2\omega_3)^{1/2}} \sum_{\boldsymbol{n}_3} \exp\{i(\boldsymbol{k}_1 - \boldsymbol{k}_2 - \boldsymbol{k}_3)\, \boldsymbol{r}_{\boldsymbol{n}_3}\}\,, \quad (66{,}3)$$

wobei

$$\Omega = (2M)^{-3/2} \sum_{(\nu s)} \Lambda^{s_1 s_2 s_3}_{\alpha\beta\gamma}(\boldsymbol{\nu}_1, \boldsymbol{\nu}_2)\, e_{1\alpha} e^*_{2\beta} e^*_{3\gamma} \exp\{i(\boldsymbol{k}_1 \boldsymbol{r}_{\nu_1} - \boldsymbol{k}_2 \boldsymbol{r}_{\nu_2})\}\,, \quad (66{,}4)$$

$$\hat{c}_1 \equiv \hat{c}_{\boldsymbol{k}_1 g_1}\,, \qquad \omega_1 = \omega_{g_1}(\boldsymbol{k}_1)\,, \qquad \boldsymbol{e}_1 = \boldsymbol{e}^{(g_1)}_{s_1}(\boldsymbol{k}_1)\,, \ldots$$

ist.

In (66,3) wurde ein Exponentialfaktor, der von der Absolutlage $\boldsymbol{n}_3$ der Elementarzelle im Gitter abhängig ist, abgetrennt. Falls $\boldsymbol{k}_1 - \boldsymbol{k}_2 - \boldsymbol{k}_3$ mit einer beliebigen Periode des reziproken Gitters $\boldsymbol{b}$ übereinstimmt, ergibt die Summation dieses Faktors über alle $\boldsymbol{n}_3$ den Wert $\mathcal{N}$ und anderenfalls Null. Man erhält somit

$$\hat{H}^{(3)}_{\text{Zerf}} = \Omega \frac{\hat{c}_1 \hat{c}_2^+ \hat{c}_3^+}{\mathcal{N}^{1/2}(\omega_1\omega_2\omega_3)^{1/2}}\,, \quad (66{,}5)$$

wobei die Quasiimpulse der Phononen den Erhaltungssatz

$$\boldsymbol{k}_1 = \boldsymbol{k}_2 + \boldsymbol{k}_3 + \boldsymbol{b} \quad (66{,}6)$$

erfüllen.

Die Bedingung (66,6) muß hierbei als Gleichung verstanden werden, die zum Beispiel den Wert des Quasiimpulses $\boldsymbol{k}_3$ aus den gegebenen Werten von $\boldsymbol{k}_1$ und $\boldsymbol{k}_2$ bestimmt. Dabei müssen die Vektoren $\boldsymbol{k}_1, \boldsymbol{k}_2$ so gewählt werden, daß sie innerhalb der gleichen, geeignet ausgewählten Elementarzelle des reziproken Gitters liegen (diese umfaßt alle physikalisch verschiedenen Werte des Quasiimpulses). Außerdem ist darauf zu achten, daß auch $\boldsymbol{k}_3$ innerhalb dieser Elementarzelle liegt. Die letztere Bedingung definiert eindeutig den erforderlichen Vektor $\boldsymbol{b}$ in (66,6). In der Tat würde, falls für gegebene $\boldsymbol{k}_1, \boldsymbol{k}_2, \boldsymbol{b}$ der Vektor $\boldsymbol{k}_3$ in der gewählten Elementarzelle liegt, jede beliebige

[1]) In diesem Paragraphen benutzen wir ein Maßeinheitensystem, in dem $\hbar = 1$ gesetzt wird. In diesem System stimmen die Maßeinheiten des Impulses und des Wellenvektors miteinander überein. Das gleiche gilt auch für die Maßeinheiten von Energie und Frequenz.

Änderung von $\boldsymbol{b}$ den Vektor $\boldsymbol{k}_3$ aus dieser Elementarzelle herausführen. Prozesse (im gegebenen Fall der Zerfall eines Phonons), bei denen der Erhaltungssatz des Quasiimpulses einen von Null verschiedenen Vektor $\boldsymbol{b}$ enthält, werden *Umklappprozesse* (*U-Prozesse*) genannt, im Unterschied zu den *Normalprozessen* (*N-Prozesse*) mit $\boldsymbol{b} = 0$. Es muß gesagt werden, daß eine Unterscheidung dieser zwei Kategorien von Prozessen relativ ist. Jeder konkrete Prozeß kann sich in Abhängigkeit von der Wahl der Einheitszelle als Normal- oder auch als Umklappprozeß erweisen. Wesentlich ist nur, daß $\boldsymbol{b}$ niemals gleichzeitig für alle möglichen Prozesse Null sein kann. Es erweist sich als günstig, die Elementarzelle des reziproken Gitters so zu wählen, daß sich der Punkt $\boldsymbol{k} = 0$ (der einer unendlich großen Wellenlänge entspricht) in ihrem Zentrum befindet. Bei einer derartigen Wahl entsprechen allen niederfrequenten Phononen kleine Quasiimpulswerte ($k \ll 1/d$ mit d als der Gitterkonstanten). Alle Prozesse, an denen nur niederfrequente Phononen beteiligt sind, sind dann Normalprozesse.[1]) Große Werte des Quasiimpulses ($k \sim 1/d$) dagegen gehören zu kurzwelligen Phononen mit hoher Energie (von der Größenordnung der DEBYE-Temperatur Θ).

Wir wollen nun zum Zerfallsprozeß eines Phonons zurückkehren. In Übereinstimmung mit den allgemeingültigen Gesetzen der Quantenmechanik (s. III, (43,1)) ergibt sich die Wahrscheinlichkeit für einen Zerfall, bei dem der Quasiimpuls eines der zwei neu entstehenden Phononen im Intervall d^3k_2 liegt, als Quadrat des zugehörigen Matrixelementes des Störoperators (66,5) entsprechend der Beziehung

$$\begin{aligned} dW &= 2\pi\, |\langle N_1 - 1, N_2 + 1, N_3 + 1|\, \hat{H}^{(3)}\, |N_1, N_2, N_3\rangle|^2 \\ &\quad \times \delta(\omega_1 - \omega_2 - \omega_3) \frac{V\, d^3k_2}{(2\pi)^3}, \end{aligned} \tag{66,7}$$

wobei $N_1 \equiv N_{\boldsymbol{k}_1 g_1}$ und N_2, N_3 die Besetzungszahlen der Phononen im Ausgangszustand des Kristalls sind. Die Matrixelemente der Erzeugungs- und Vernichtungsoperatoren sind gegeben durch

$$\langle N - 1\, |\hat{c}|\, N\rangle = \langle N\, |\hat{c}^+|\, N - 1\rangle = \sqrt{N}\,. \tag{66,8}$$

Als Ergebnis erhalten wir die Zerfallswahrscheinlichkeit in der Form

$$dW = wN_1(N_2 + 1)\,(N_3 + 1)\,\delta(\omega_1 - \omega_2 - \omega_3) \frac{d^3k_2}{(2\pi)^3} \tag{66,9}$$

mit

$$w = w(g_2\boldsymbol{k}_2, g_3\boldsymbol{k}_3; g_1\boldsymbol{k}_1) = \frac{2\pi v}{\omega_1\omega_2\omega_3}\, |\Omega|^2 \tag{66,10}$$

($v = V/\mathcal{N}$ ist das Volumen einer Elementarzelle des Kristallgitters). Die Wahrscheinlichkeit dieser Prozesse ist somit proportional zur Zahl der Ausgangsphononen N_1 im Anfangszustand sowie zu den Phononenzahlen $N_2 + 1$ und $N_3 + 1$ im Endzustand

[1]) Wählt man dagegen zum Beispiel die Elementarzelle so, daß der Punkt $\boldsymbol{k} = 0$ in einem ihrer Eckpunkte liegt, so gehören zu kleinen Frequenzen auch die Umgebungen der anderen Eckpunkte, in deren Nähe der Vektor $\boldsymbol{k}$ nicht mehr klein ist.

des Kristalls. Letztere Eigenschaft ist mit der BOSE-Statistik verbunden, die für Phononen gültig ist. Sie ist charakteristisch für alle Prozesse, an denen Bosonen beteiligt sind.[1])

Die Umkehrung des Zerfallsprozesses stellt die ,,Verschmelzung" zweier Phononen $\boldsymbol{k}_2$ und $\boldsymbol{k}_3$ zu einem Phonon $\boldsymbol{k}_1$ dar. Man sieht auf einfache Weise, daß sich die zu diesem Prozeß gehörenden Glieder des HAMILTON-Operators von denjenigen in (66,5) nur dadurch unterscheiden, daß das Produkt der c-Operatoren im Zähler durch $\hat{c}_1^+\hat{c}_2\hat{c}_3$ und Ω durch Ω^* ersetzt werden. Deshalb ist die Wahrscheinlichkeit dieses Prozesses durch einen Ausdruck gegeben, der sich von (66,9) nur in den N-Faktoren unterscheidet,

$$\mathrm{d}W = wN_2N_3(N_1 + 1)\,\delta(\omega_1 - \omega_2 - \omega_3)\frac{\mathrm{d}^3k_2}{(2\pi)^3}. \tag{66,11}$$

Die Funktionen w dagegen sind hier und in (66,9) die gleichen. Diese Tatsache entspricht einer allgemeingültigen Regel: In BORNscher Näherung (erste Ordnung der Störungstheorie) sind die Wahrscheinlichkeiten des direkten Streuprozesses und des inversen Prozesses gleich groß (s. III, § 126).

Das Phononenspektrum besteht aus unterschiedlichen Zweigen, wobei in jedem Fall drei akustische Zweige auftreten, bei denen die Energie für $\boldsymbol{k} \to 0$ gegen Null geht. Für langwellige akustische Phononen (kleine $\boldsymbol{k}$) ist die $\omega(\boldsymbol{k})$-Abhängigkeit linear. Im weiteren Verlauf der Betrachtung wird das Verhalten der Funktion w (66,10) für diese Phononen von besonderer Bedeutung.

Dieses Verhalten kann man klären, indem man eine Eigenschaft der Koeffizienten Λ im HAMILTON-Operator (66,1) beachtet, die besagt, daß eine einfache Verschiebung des Kristalls als Ganzes seine Energie nicht ändert — unabhängig davon, ob der Kristall bereits deformiert wurde oder nicht. Das bedeutet, daß sich die Energie $H^{(3)}$ nicht ändern darf, wenn in ihr ein jeder der Faktoren $\boldsymbol{U}_s(\boldsymbol{n})$ durch $\boldsymbol{U}_s + \boldsymbol{a}$ ersetzt wird, wobei $\boldsymbol{a}$ ein von $\boldsymbol{n}$ und s unabhängiger Vektor ist. Hierfür ist erforderlich, daß

$$\sum_{\boldsymbol{n}_1 s_1} \Lambda^{s_1s_2s_3}_{\alpha\beta\gamma}(\boldsymbol{n}_1, \boldsymbol{n}_2, \boldsymbol{n}_3) = 0 \tag{66,12}$$

gilt, wobei nur über ein Variablenpaar $\boldsymbol{n}_1$, s_1 summiert wird.

Von den am Streuprozeß beteiligten drei Phononen können entweder nur eines oder alle drei langwellige akustische Phononen sein. (Das Auftreten zweier solcher Phononen gemeinsam mit einem dritten kurzwelligen ist auf Grund des Impuls- und Energieerhaltungssatzes nicht möglich.) Für ein akustisches Phonon wird im Grenzfall $\boldsymbol{k} \to 0$ der Polarisationsvektor $\boldsymbol{e}_s(\boldsymbol{k})$ ein von s unabhängiger Vektor, da alle Atome in der Zelle gemeinsam schwingen. Die Faktoren $\exp(i\boldsymbol{k}\boldsymbol{r}_n)$ gehen gegen den Wert Eins. Infolge der Eigenschaft (66,12) strebt folglich auch die Größe Ω (66,4) gegen Null und wird für kleine $\boldsymbol{k}$ proportional zu k oder (was für akustische Phononen dasselbe ist) proportional zu ω. Als Ergebnis finden wir, daß

$$w \propto k_1 \tag{66,13}$$

---

[1]) Die Verteilungsfunktion der Phononen $N_{\boldsymbol{k}}$ (oder $N(\boldsymbol{k})$) ist definiert durch die Besetzungszahlen der Quantenzustände mit unterschiedlichen Quasiimpulswerten $\boldsymbol{k}$. Die Zahl der Zustände innerhalb eines Volumenelementes d^3k des $\boldsymbol{k}$-Raumes ist $\mathrm{d}^3k/(2\pi)^3$, so daß die zu d^3k gehörige Verteilung $N_{\boldsymbol{k}}/(2\pi)^3$ lautet.

gilt, wenn ein Phonon langwelligen Charakter besitzt, bzw.

$$w \propto k_1 k_2 k_3 \,, \tag{66,14}$$

wenn alle drei Phononen langwellig sind.

Zu den Ergebnissen (66,13—14) kann man auch auf eine anschaulichere Weise gelangen, indem man sich daran erinnert, daß langwellige akustische Phononen makroskopischen Schallwellen entsprechen, die eine Behandlung mit Hilfe der makroskopischen Elastizitätstheorie erlauben. Im Rahmen dieser Theorie wird die Energie eines deformierten Kristalls mit Hilfe des Deformationstensors

$$U_{\alpha\beta} = \frac{1}{2}\left(\frac{\partial U_\alpha}{\partial x_\beta} + \frac{\partial U_\beta}{\partial x_\alpha}\right) \tag{66,15}$$

ausgedrückt, wobei $\boldsymbol{U}(\boldsymbol{r})$ den makroskopischen Verschiebungsvektor der Punkte eines elastischen Mediums repräsentiert. Die Komponenten eben dieses Tensors sind diejenigen kleinen Größen, bezüglich derer die Entwicklung der elastischen Energie erfolgt. Im Rahmen der zweiten Quantisierung wird der Vektor $\boldsymbol{U}$ analog zu (66,2) durch den Operator $\hat{\boldsymbol{U}}$ ersetzt. Die Differentiation von $\hat{\boldsymbol{U}}$ bezüglich der Koordinaten bei der Bildung der Operatoren $\hat{U}_{\alpha\beta}$ liefert den zusätzlichen Faktor k, der zu den Gesetzen (66,13—14) führt.

§ 67. Kinetische Gleichung für Phononen in einem Dielektrikum

In einem festen Kristall bilden die Phononen ein verdünntes Gas, dessen kinetische Gleichung ähnlich aufgebaut ist wie im Fall eines gewöhnlichen Gases.

Es sei $N \equiv N_g(t, \boldsymbol{r}, \boldsymbol{k})$ die Verteilungsfunktion für die Phononen der Sorte g. Die kinetische Gleichung (für jede Phononensorte) wird in der Form

$$\frac{\partial N}{\partial t} + \boldsymbol{u}\frac{\partial N}{\partial \boldsymbol{r}} = \mathrm{St}\, N \tag{67,1}$$

geschrieben mit $\boldsymbol{u} = \partial\omega/\partial\boldsymbol{k}$ als der Geschwindigkeit der Phononen.

Ein wesentlicher Unterschied zur Situation in gewöhnlichen Gasen besteht jedoch darin, daß für die Stöße in einem Phononengas im allgemeinen weder die Zahl der Phononen noch ihr Gesamtquasiimpuls (wegen des Vorhandenseins von Umklapprozessen) erhalten bleiben. Als einzige Erhaltungsgröße bleibt nur die Energie übrig. Dies wird durch die Beziehung

$$\sum_g \int \omega\, \mathrm{St}\, N \frac{\mathrm{d}^3k}{(2\pi)^3} = 0 \tag{67,2}$$

ausgedrückt. Indem man die Gleichung (67,1) mit ω multipliziert, bezüglich d^3k integriert und über g summiert, erhält man den Energieerhaltungssatz in der Form

$$\frac{\partial E}{\partial t} + \operatorname{div} \boldsymbol{q} = 0 \,, \tag{67,3}$$

wobei die Dichte der thermischen Energie E eines Kristalls und die entsprechende Stromdichte $\boldsymbol{q}$ durch die naheliegenden Ausdrücke

$$E = \sum_g \int \omega N \frac{\mathrm{d}^3k}{(2\pi)^3}, \qquad \boldsymbol{q} = \sum_g \int \omega \boldsymbol{u} N \frac{\mathrm{d}^3k}{(2\pi)^3} \tag{67,4}$$

gegeben sind.

Das Stoßintegral in (67,1) muß im Prinzip alle Prozesse berücksichtigen, die im Ergebnis der Wechselwirkung von Phononen der Sorte g mit allen übrigen Phononen auftreten können. In Wirklichkeit jedoch resultiert der Hauptbeitrag zum Stoßintegral aus den Drei-Phononen-Prozessen, die im vorhergehenden Paragraphen behandelt wurden. Prozesse mit Beteiligung einer größeren Phononenzahl treten erst in höheren Entwicklungsgliedern des Hamilton-Operators bezüglich der Atomverschiebungen auf. Die Beiträge dieser Glieder nehmen mit zunehmender Ordnung schnell ab. Die Ursache einer derartigen Abnahme ist in der Kleinheit des Verhältnisses der Schwingungsamplitude ξ zur Gitterkonstante d zu suchen. In festen Kristallen ist dieses Verhältnis für alle Temperaturen bis zur Schmelztemperatur immer eine kleine Größe.[1]) Für eine grobe Abschätzung kann von der klassischen Beziehung $M\omega^2\xi^2 \sim T$ ausgegangen werden. Indem wir für den charakteristischen Frequenzwert $\omega \sim u/d$ wählen,[2]) finden wir

$$(\xi/d)^2 \sim T/Mu^2 \ll 1\,. \tag{67,5}$$

Wie gewohnt, wird das Stoßintegral durch die Differenz der Anzahl von Prozessen (pro Zeiteinheit) gegeben, bei denen einerseits Phononen in einem gegebenen Zustand ($g\boldsymbol{k}$) entstehen und andererseits Phononen diesen Zustand verlassen. Berücksichtigen wir dabei nur Drei-Phononen-Prozesse, so erhalten wir

$$\begin{aligned} \mathrm{St}\,N = \int \Big\{ & \frac{1}{2} \sum_{g_1 g_2} w(\boldsymbol{k}_1, \boldsymbol{k}_2; \boldsymbol{k})\, \delta(\omega - \omega_1 - \omega_2) \\ & \times [(N+1) N_1 N_2 - N(N_1+1)(N_2+1)] \\ & + \sum_{g_1 g_2} w(\boldsymbol{k}, \boldsymbol{k}_1; \boldsymbol{k}_3)\, \delta(\omega_3 - \omega - \omega_1) \\ & \times [(N+1)(N_1+1) N_3 - N N_1 (N_3+1)] \Big\} \frac{\mathrm{d}^3k_1}{(2\pi)^3}, \end{aligned} \tag{67,6}$$

wobei $N_1 \equiv N_{g_1}(\boldsymbol{k}_1)$ und $\omega_1 = \omega_{g_1}(\boldsymbol{k}_1), \ldots$ bedeuten. Das erste Glied in der geschweiften Klammer beschreibt den direkten und den umgekehrten Prozeß der Form

$$(g\boldsymbol{k}) \rightleftarrows (g_1\boldsymbol{k}_1) + (g_2\boldsymbol{k}_2)\,, \qquad \boldsymbol{k}_2 = \boldsymbol{k} - \boldsymbol{k}_1 - \boldsymbol{b}\,. \tag{67,7}$$

Der Faktor 1/2 in diesem Glied berücksichtigt, daß in Anbetracht der Ununterscheidbarkeit der Phononen nur über die Hälfte der Endzustände summiert werden muß. Das zweite Glied dagegen beschreibt Prozesse der Gestalt

$$(g_3\boldsymbol{k}_3) \rightleftarrows (g\boldsymbol{k}) + (g_1\boldsymbol{k}_1)\,, \qquad \boldsymbol{k}_3 = \boldsymbol{k} + \boldsymbol{k}_1 + \boldsymbol{b}\,. \tag{67,8}$$

---

[1]) Eine Ausnahme bildet der „Quantenkristall" — das feste Helium.

[2]) Hierbei werden wir in den Abschätzungen unter u die Schallgeschwindigkeit verstehen, obwohl natürlich diese Identifizierung nur für langwellige akustische Phononen streng gültig ist.

In diesem Ausdruck wird der Faktor 1/2 nicht benötigt, da eines der zwei Zerfallsphononen vorgegeben ist. Es ist zu beachten, daß sich im Integranden des Integrals (67,6) die Dreifachprodukte NN_1N_2 und NN_1N_3 herausheben.

Das Stoßintegral wird für die Gleichgewichtsverteilung der Phononen — die PLANCKsche Verteilung —

$$N_0 = (e^{\omega/T} - 1)^{-1} \tag{67,9}$$

identisch Null. Davon kann man sich anhand des Integrals (67,6) durch direktes Nachprüfen leicht selbst überzeugen. Ein Ausmultiplizieren der Faktoren ergibt

$$N_0(N_{01} + 1)(N_{02} + 1) = (N_0 + 1)\, N_{01}N_{02} \exp \frac{\omega_1 + \omega_2 - \omega}{T}, \tag{67,10}$$

wobei infolge des Energieerhaltungssatzes der Exponentialfaktor auf der rechten Seite den Wert Eins annimmt.

Wenn die Umklappprozesse fehlen würden, wäre nicht nur die Gesamtenergie, sondern auch der Gesamtquasiimpuls der Phononen eine Erhaltungsgröße. In diesem Fall wäre nicht nur die Verteilungsfunktion (67,9), sondern auch

$$N_0 = \left[\exp \frac{\omega - \boldsymbol{k}\boldsymbol{V}}{T} - 1\right]^{-1} \tag{67,11}$$

eine Gleichgewichtsfunktion, die einer Bewegung (Drift) des Phononengases als Ganzes mit einer willkürlichen Geschwindigkeit $\boldsymbol{V}$ relativ zum Gitter entspricht. Diese Behauptung stimmt mit den allgemeinen Prinzipien der Statistik überein. Von ihrer Gültigkeit kann man sich direkt überzeugen. Bei Verwendung der Funktionen (67,11) für N_0 erscheint auf der rechten Seite der Gleichung (67,10) noch ein Faktor

$$\exp \frac{\boldsymbol{V}(\boldsymbol{k} - \boldsymbol{k}_1 - \boldsymbol{k}_2)}{T},$$

der für Normalprozesse, wenn also $\boldsymbol{k} = \boldsymbol{k}_1 + \boldsymbol{k}_2$ gilt, den Wert Eins annimmt.

Eine Verteilungsfunktion der Gestalt (67,11) führt natürlich zu einem von Null verschiedenen Energiestrom $\boldsymbol{q}$. Auf diese Weise wäre beim Fehlen von Umklappprozessen das Auftreten eines Wärmestromes bei einer im gesamten Kristall konstanten Temperatur möglich. Mit anderen Worten, der Kristall würde eine unendlich große Wärmeleitfähigkeit besitzen. Eine endliche Wärmeleitfähigkeit entsteht nur im Ergebnis von Umklappprozessen.[1]

Zur Berechnung der Wärmeleitfähigkeit muß man die kinetische Gleichung für einen Kristall mit einer örtlich langsam veränderlichen Temperatur aufschreiben. Wie üblich suchen wir die Verteilungsfunktionen der Phononen in der Gestalt

$$N(\boldsymbol{r}, \boldsymbol{k}) = N_0(\boldsymbol{k}) + \delta N(\boldsymbol{r}, \boldsymbol{k}), \tag{67,12}$$

[1]) Die Quantentheorie der Wärmeleitfähigkeit von Dielektrika, die auf der kinetischen Gleichung für Phononen basiert, wurde von R. PEIERLS (1929) entwickelt. Er erkannte erstmals die Bedeutung von U-Prozessen für die kinetischen Prozesse in Festkörpern.

wobei δN eine kleine Abweichung von der Gleichgewichtsfunktion darstellt. Die kinetischen Gleichungen besitzen somit die Form

$$(\boldsymbol{u}\,\nabla T)\frac{\partial N_0}{\partial T} = I(\delta N) \tag{67,13}$$

mit $I(\delta N)$ als dem linearisierten Stoßintegral.

Die Funktion δN muß auch noch die zusätzliche Bedingung

$$\sum_g \int \omega \delta N \frac{d^3k}{(2\pi)^3} = 0 \tag{67,14}$$

erfüllen, welche besagt, daß die gestörten Verteilungsfunktionen zur gleichen Energiedichte des Gitters führen müssen wie die Gleichgewichtsfunktionen. Wie bereits in § 6 ausgeführt wurde, wird durch diese Bedingung im Grunde genommen die Temperatur für das Nichtgleichgewicht definiert. Was die anderen Bedingungen, die für δN in § 6 formuliert wurden, betrifft, so existieren diese für den Fall eines Phononengases nicht (im Unterschied zum gewöhnlichen Gas). Die Zahl der Teilchen in einem Phononengas ist keinesfalls eine vorgegebene Größe, sondern wird durch die Temperatur bestimmt. Der tatsächliche Gesamtimpuls (nicht der Quasiimpuls!) der Phononen in einem Kristall ist automatisch gleich Null. Das Gegenteil würde bedeuten, daß der Festkörper fließt, was für ein ideales Kristallgitter (ohne Defekte) selbstverständlich nicht möglich ist. Jedes Atom im Gitter führt nur begrenzte Bewegungen aus, und zwar Schwingungen um die Gitterlagen. Der mittlere Impuls dieser Bewegung ist identisch Null. Somit hat der Phononenstrom im Gitter (der mit einem Energiestrom verbunden ist) keinen Massentransport zur Folge.[1])

Wir wollen jetzt das linearisierte Stoßintegral (67,6) in expliziter Form aufschreiben. Hierbei erweist es sich als vorteilhaft, anstelle von δN neue unbekannte Funktionen χ entsprechend der Definition

$$\delta N = -\frac{\partial N_0}{\partial \omega}\chi = \frac{N_0(N_0 + 1)}{T}\chi \tag{67,15}$$

einzuführen. Die Durchführung der Linearisierung wird vereinfacht, wenn man berücksichtigt, daß

$$\delta \frac{N}{1+N} = \frac{N_0}{1+N_0}\frac{\chi}{T} \tag{67,16}$$

gilt. Wir schreiben den Ausdruck in den eckigen Klammern (zum Beispiel im ersten Integral von (67,6)) in der Form

$$(N+1)\,(N_1+1)\,(N_2+1)\left[\frac{N_1}{N_1+1}\frac{N_2}{N_2+1} - \frac{N}{N+1}\right].$$

[1]) Im Unterschied dazu ist der Phononenstrom in Flüssigkeiten, wo der Phononenimpuls einen echten Impuls darstellt, mit einem Massentransport verbunden. Die Bewegung der Atome in einer Flüssigkeit ist unbegrenzt. Während einer hinreichend großen Zeit kann jedes Atom zu einem beliebigen Raumpunkt des Volumens gelangen.

In den aus den Klammern herausgezogenen Faktoren kann sofort $N = N_0$ gesetzt werden. Die Differenz in den eckigen Klammern dagegen ergibt

$$\frac{1}{T} \frac{N_0}{N_0 + 1} (\chi_1 + \chi_2 - \chi),$$

wobei die Beziehung

$$\frac{N_{01}}{N_{01} + 1} \frac{N_{02}}{N_{02} + 1} = \frac{N_0}{1 + N_0}$$

berücksichtigt wurde. Auf diese Weise erhält man für das Stoßintegral die Gestalt

$$\begin{aligned} \operatorname{St} N \approx I(\chi) = \frac{1}{T} \int \Big\{ & \frac{1}{2} \sum_{g_1 g_2} w(\boldsymbol{k}_1, \boldsymbol{k}_2; \boldsymbol{k})\, N_0 (N_{01} + 1)\, (N_{02} + 1) \\ & \times \delta(\omega_1 + \omega_2 - \omega)\, (\chi_1 + \chi_2 - \chi) \\ & + \sum_{g_1 g_3} w(\boldsymbol{k}, \boldsymbol{k}_1; \boldsymbol{k}_3)\, N_0 N_{01} (N_{03} + 1) \\ & \times \delta(\omega + \omega_1 - \omega_3)\, (\chi_3 - \chi_1 - \chi) \Big\} \frac{d^3 k_1}{(2\pi)^3}. \end{aligned} \qquad (67,17)$$

Wir machen darauf aufmerksam, daß die Funktion $\chi(\boldsymbol{k})$ in Form einfacher Summen ihrer Werte für verschiedene $\boldsymbol{k}$ in die Integranden eingeht (ähnlich wie auch beim klassischen Stoßintegral in Gasen (6,4–5)).

Zur Lösung der Gleichung (67,1) kann stets noch eine homogene Lösung

$$\chi = \text{const} \cdot \omega \qquad (67,18)$$

hinzugefügt werden, für die das Integral (67,17) infolge der Energieerhaltung bei Stößen identisch Null wird. Wie bereits in § 6 erläutert wurde, entspricht diese „parasitäre" Lösung einfach einer Temperaturänderung um einen kleinen konstanten Wert. Sie wird durch die zusätzliche Bedingung (67,14) ausgeschlossen.

Eine andere „parasitäre" Lösung

$$\chi = \boldsymbol{k} \delta \boldsymbol{V} \qquad (67,19)$$

($\delta \boldsymbol{V}$ ist eine Konstante), die einer kleinen Geschwindigkeitsänderung der Gesamtbewegung des Phononengases entspricht (vgl. (6,6)), wird bereits durch das Auftreten von U-Prozessen ausgeschlossen, die die Erhaltung des Gesamtquasiimpulses der Phononen verletzen.

§ 68. Wärmeleitfähigkeit in Dielektrika. Hohe Temperaturen

Die Gleichung (67,13) gestattet es uns, sofort die Temperaturabhängigkeit der Wärmeleitfähigkeit des Dielektrikums für solche Temperaturen zu bestimmen, die groß sind im Vergleich zur Debye-Temperatur $\Theta \sim u/d$ ($\hbar u/d$ in gewöhnlichen Einheiten).

Der Maximalwert der Phononenenergie aller Zweige des Spektrums ist von der Größenordnung Θ. Deshalb gilt bei $T \gg \Theta$ für die Energie sämtlicher Phononen $\omega \ll T$, wobei für den überwiegenden Anteil $\omega \sim \Theta$ gilt. Dabei verhält sich die Gleichgewichtsverteilungsfunktion (67,9) wie

$$N_0 \approx T/\omega \gg 1\,. \tag{68,1}$$

Im Stoßintegral (67,17) tritt die Temperatur in Form eines T^2-Faktors auf. Die Funktion w, genommen für Frequenzen $\omega \sim \Theta$, besitzt keinen Einfluß auf die Temperaturabhängigkeit des Integrals. Die Ableitung $\partial N_0/\partial T \approx 1/\omega$ auf der linken Seite von Gleichung (67,13) enthält die Temperatur ebenfalls nicht. Ausgehend davon schließen wir, daß

$$\chi \propto \frac{\nabla T}{T^2}\,, \qquad \delta N = -\frac{\partial N_0}{\partial \omega}\chi \propto \frac{\nabla T}{T}$$

gilt und deshalb der Wärmestrom[1])

$$\boldsymbol{q} = \sum_g \int \omega \boldsymbol{u} \delta N \frac{d^3k}{(2\pi)^3} \propto \frac{\nabla T}{T}$$

wird.

Somit ist die Wärmeleitfähigkeit umgekehrt proportional zur Temperatur,

$$\varkappa \propto 1/T\,, \qquad T \gg \Theta\,. \tag{68,2}$$

(Im Rahmen einer klassischen Theorie wurde dieses Ergebnis von P. Debye erhalten.) In einem anisotropen Kristall stimmen die Richtungen von $\boldsymbol{q}$ und ∇T im allgemeinen nicht überein, so daß die Wärmeleitfähigkeit keine skalare Größe ist, sondern ein Tensor zweiter Stufe. Wenn wir über ihre Temperaturabhängigkeit sprechen, so lassen wir diese Tatsache außer Betracht.

Wir wollen nun die freie Weglänge der Phononen im betrachteten Temperaturbereich abschätzen. In Übereinstimmung mit der elementaren gaskinetischen Beziehung (7,10) gilt $\varkappa \sim C\bar{v}l$, wobei C die spezifische Wärme (bezogen auf die Volumeneinheit), $\bar{v}$ die mittlere Geschwindigkeit der Energieträger und l ihre freie Weglänge repräsentieren. Die spezifische Wärme eines Kristalls ist für hohe Temperaturen konstant. Konstant ist auch die Geschwindigkeit der Phononen, die man durch die Schallgeschwindigkeit u abschätzen kann. Man sieht somit, daß die freie Weglänge $l \propto 1/T$ ist. Für Temperaturen, bei denen die Amplitude der Atomschwingungen die Größenordnung der Gitterkonstanten d erreicht, müßte die Länge l ebenfalls von der Größenordnung von d werden. In Übereinstimmung mit der Abschätzung (67,5) ist diese Temperatur von der Ordnung Mu^2. Für die freie Weglänge und die effektive Stoßfrequenz $\nu \sim u/l$ finden wir folglich die Abschätzung

$$l \sim Mu^2 d/T\,, \qquad \nu \sim T/Mud\,. \tag{68,3}$$

Hieraus ist ersichtlich, daß praktisch für alle Temperaturen unterhalb der Schmelztemperatur $l \gg d$ gilt.

---

[1]) Das offensichtliche Verschwinden des Wärmestromes $\boldsymbol{q}$ im Gleichgewicht folgt formal aus dem Nullwerden des Integrals über d^3k, da der Integrand eine ungerade Funktion von $\boldsymbol{k}$ ist. Die Frequenz $\omega(\boldsymbol{k})$ und mit ihr $N_0(\omega)$ sind gerade Funktionen von $\boldsymbol{k}$, dagegen ist die Geschwindigkeit $\boldsymbol{u} = \partial\omega/\partial\boldsymbol{k}$ eine ungerade Funktion. Wir erinnern daran (s. V, § 69), daß diese Symmetrieeigenschaft der Funktion $\omega(\boldsymbol{k})$ verbunden ist mit der Symmetrie bezüglich Zeitumkehr und für alle Kristallsymmetrien Gültigkeit besitzt.

Bei den hier dargestellten Überlegungen wurde implizit angenommen, daß der untersuchte Drei-Phononen-Mechanismus des Wärmewiderstandes eines Kristallgitters für alle Phononen wirksam ist. Die Energieströme, die durch verschiedene Phononengruppen übertragen werden, sind additiv, so daß auch ihre Beiträge zur Wärmeleitfähigkeit additiv sind. Wenn der behandelte Mechanismus auch nur für irgendeine Phononengruppe unzureichend wäre, so wäre er damit überhaupt unzureichend für die Gewährleistung einer endlichen Wärmeleitfähigkeit. In dieser Hinsicht ist eine gesonderte Untersuchung langwelliger akustischer Phononen erforderlich.

Wir untersuchen zunächst diejenigen Prozesse, an denen nur langwellige akustische Phononen kleiner Quasiimpulse vergleichbarer Größe beteiligt sind. (Wir werden diese Quasiimpulse mit dem Buchstaben $\boldsymbol{f}$ und entsprechenden Indizes bezeichnen.) Zunächst schätzen wir für diese Prozesse das Stoßintegral (67,17) bezüglich seiner $\boldsymbol{f}$-Abhängigkeit ab. In Übereinstimmung mit (66,14) ist in diesem Fall die Funktion $w \propto ff_1f_2 \sim f^3$. Für den Faktor N_0 gilt $N_0 \sim T/\omega \propto 1/f$. Die Integration wird im $\boldsymbol{k}$-Raum über ein Volumenelement $\sim f^3$ ausgeführt, wobei die δ-Funktion jedoch innerhalb dieses Volumens nur eine Fläche der Größe $\sim f^2$ herausprojiziert. Wir finden so für das Stoßintegral

$$I(\chi) \propto f^2\chi \propto f^4\,\delta N\,.$$

(Im letzten Ausdruck wurde berücksichtigt, daß entsprechend der Definition (67,15) $\delta N \propto \chi/f^2$ gilt.) Dieses Ergebnis kann auch mittels der effektiven Stoßfrequenz ausgedrückt werden:

$$\nu(f) \propto f^4\,. \tag{68,4}$$

Auf der linken Seite der kinetischen Gleichung (67.13) ist der Faktor $\boldsymbol{u}$ (für akustische Phononen) nicht von f abhängig, dagegen gilt $\partial N_0/\partial T \propto 1/f$, und man erhält deshalb

$$\delta N \propto 1/f\nu\,.$$

Der Beitrag der langwelligen Phononen zum Energiestrom $\boldsymbol{q}$ ist durch das Integral (67,4) gegeben, wobei die Integration über ein Volumen $\sim f^3$ erfolgt. Dieses Integral

$$\int \omega u\,\delta N\,\frac{d^3f}{(2\pi)^3} \propto \int \frac{d^3f}{\nu(f)} \tag{68,5}$$

divergiert aber für kleine f wie $1/f$. Auf diese Weise würden Drei-Phononen-Prozesse zwischen ausschließlich langwelligen akustischen Phononen zu einer unendlichen Wärmeleitfähigkeit führen. Für die Gewährleistung einer endlichen Wärmeleitfähigkeit sind unbedingt Stöße dieser Phononen mit kurzwelligen Phononen erforderlich (I. J. Pomerantschuk, 1941).

Wir wollen nun den Zerfall eines kurzwelligen Phonons mit dem Quasiimpuls $\boldsymbol{k}$ in ein langwelliges akustisches Phonon $\boldsymbol{f}$ und ein kurzwelliges Phonon $\boldsymbol{k} - \boldsymbol{f} - \boldsymbol{b}$ betrachten, wobei das kurzwellige Phonon zum gleichen Zweig des Spektrums $\omega(\boldsymbol{k})$ gehören soll wie das Phonon $\boldsymbol{k}$. (Für weitere Überlegungen ist nicht so sehr der Absolutwert k wichtig, sondern vielmehr der Umstand, daß $k \gg f$ gilt.) Da $\omega(\boldsymbol{k})$ eine periodische Funktion im reziproken Gitter ist, gilt $\omega(\boldsymbol{k} - \boldsymbol{f} - \boldsymbol{b}) = \omega(\boldsymbol{k} - \boldsymbol{f})$, und der Energieerhaltungssatz ergibt

$$\omega(\boldsymbol{k}) = \omega(\boldsymbol{k} - \boldsymbol{f}) + u(\boldsymbol{n})\,f\,. \tag{68,6}$$

Das zweite Glied auf der rechten Seite ist die Frequenz des akustischen Phonons in Form einer linearen Funktion von f. Dabei ist $u(\boldsymbol{n}) = \omega(\boldsymbol{f})/f$ die Phasengeschwindigkeit des Schalls, die von der Richtung $\boldsymbol{n} = \boldsymbol{f}/f$ abhängt. Indem wir $\omega(\boldsymbol{k} - \boldsymbol{f})$ in eine Potenzreihe bezüglich kleiner $\boldsymbol{f}$ entwickeln, schreiben wir diese Beziehung in der Form

$$\boldsymbol{f}\frac{\partial\omega}{\partial\boldsymbol{k}} = fu(\boldsymbol{n}) . \tag{68.7}$$

Sie kann nur erfüllt werden, wenn die Geschwindigkeit des kurzwelligen Phonons größer wird als die Schallgeschwindigkeit,

$$\left|\frac{\partial\omega}{\partial\boldsymbol{k}}\right| > u(\boldsymbol{n}) . \tag{68,8}$$

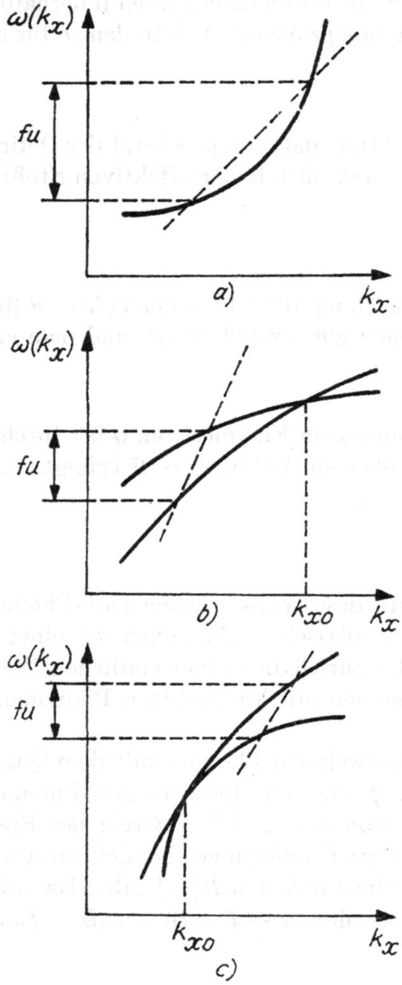

Abb. 27

In diesem Sinn ist der akustische Zweig mit der größten Schallgeschwindigkeit am „gefährlichsten". Diesen Zweig werden wir im Auge haben, wenn wir über akustische Phononen sprechen.[1])

Andere Möglichkeiten für Drei-Phononen-Prozesse entstehen bei Vorhandensein von Entartungspunkten im $\boldsymbol{k}$-Raum, in denen die Energien von zwei oder auch mehreren Phononenzweigen zusammenfallen (C. Herring, 1954). Die Existenz solcher Punkte (oder auch Linien und Flächen) ist in vielen Fällen bereits durch die Symmetrie des Kristallgitters bedingt. Die daraus resultierenden Möglichkeiten werden durch graphische Konstruktionen illustriert, die wir zuerst für das bereits behandelte Problem der Emission eines kurzwelligen „Ultraschall"-Phonons durchführen wollen.

Für eine vorgegebene Richtung $\boldsymbol{f}$ wählen wir diese Richtung als x-Achse. In Abb. 27a) beschreibt die ausgezogene Kurve die Abhängigkeit $\omega(k_x)$ (bei festen Werten k_y, k_z) für kurzwellige Phononen. Schreibt man die Bedingung (68,7) in der Form

$$v_x \equiv \frac{\partial \omega}{\partial k_x} = u(\boldsymbol{n}_x)\,,$$

so sehen wir, daß die Emission eines akustischen Phonons möglich ist, falls in irgendeinem Punkt der Kurve ihr Anstieg mit der Schallgeschwindigkeit übereinstimmt. Somit sind in der Nähe dieses Punktes die Frequenzen $\omega(\boldsymbol{k})$ und $\omega(\boldsymbol{k} - \boldsymbol{f})$ der kurzwelligen Phononen gegeben durch die Schnittpunkte der Kurve mit der gestrichelten Geraden, die den Anstieg $u(\boldsymbol{n}_x)$ besitzt. Die Differenz der Ordinaten dieser Punkte ergibt die Frequenz uf.

Falls sich jedoch in irgendeinem Punkt $k_x = k_{x0}$ die Kurven zweier Zweige $\omega(k_x)$ schneiden, so ist in der Nähe dieses Punktes immer ein Drei-Phononen-Prozeß möglich. Dies gilt für beliebige Anstiege der Kurven $\omega(k_x)$, unabhängig davon, ob im Punkt k_{x0} ein einfacher Schnitt (Abb. 27b)) oder eine Berührung (Abb. 27c)) vorliegt. Dabei gehören die beiden kurzwelligen Phononen zu verschiedenen Zweigen des Spektrums.

Wir schätzen nun die effektive Stoßfrequenz eines langwelligen akustischen Phonons bei Vorhandensein eines Entartungspunktes ab. Dazu müssen die Prozesse der Absorption und Emission eines solchen Phonons, d. h. die Prozesse (67,8), untersucht werden. (Beim Zerfall des Phonons — Prozeß (67,7) — werden die zwei entstehenden Phononen ebenfalls langwellig sein, und wir kehren zur vorhergehenden Situation zurück.) Wir müssen deshalb den zweiten Beitrag in (67,17) abschätzen, indem wir annehmen:

$$\omega_1, \omega_3 \gg \omega \propto f \to 0\,.$$

Dabei berücksichtigen wir, daß $w \propto f$, $N_0 \propto 1/f$ gilt und daß alle noch im Integral stehenden Faktoren durch f-unabhängige Mittelwerte ersetzt werden können, da die Integration nur in der Umgebung des Entartungspunktes durchzuführen ist. Benutzt man erneut $\delta N \propto \chi/f^2$, so erhält man als Abschätzung für die f-Abhängigkeit des Stoßintegrals $I(\chi) \sim \nu(f)\,\delta N$ mit

$$\nu(f) \propto f^2 \int \delta[\omega_1(\boldsymbol{k} - \boldsymbol{f}) + u(\boldsymbol{n})\,f - \omega_3(\boldsymbol{k})]\,\mathrm{d}^3k\,. \tag{68,9}$$

---

[1]) In einem isotropen Festkörper entspricht ein Zweig des akustischen Phononenspektrums der longitudinalen Schwingung, die anderen zwei dagegen transversalen Schwingungen. Die Geschwindigkeit der longitudinalen Schallwelle ist größer als die der transversalen Wellen. In einem anisotropen Kristall verliert die Unterscheidung der Wellen in longitudinale und transversale im allgemeinen ihren Sinn. In der Literatur wird aber oft derjenige Zweig mit der größten Schallgeschwindigkeit als „longitudinal" bezeichnet.

Dieses Integral kann in ein Integral über die durch

$$F(\boldsymbol{k}) = \omega_1(\boldsymbol{k} - \boldsymbol{f}) + u(\boldsymbol{n}) f - \omega_3(\boldsymbol{k}) = 0 \tag{68,10}$$

definierte Fläche im $\boldsymbol{k}$-Raum umgeformt werden, und zwar mittels der Formel[1])

$$\int \delta(F)\, \mathrm{d}^3k = \oint \frac{\mathrm{d}S}{|\nabla_{\boldsymbol{k}} F|}, \tag{68,11}$$

wobei die Integration entlang der Fläche $F(\boldsymbol{k}) = 0$ durchzuführen ist. Wir erhalten somit

$$\nu(f) \propto f^2\, \Delta S(f) \left\langle \left| \frac{\partial \omega_3(\boldsymbol{k})}{\partial \boldsymbol{k}} - \frac{\partial \omega_1(\boldsymbol{k} - \boldsymbol{f})}{\partial \boldsymbol{k}} \right|^{-1} \right\rangle, \tag{68,12}$$

wobei $\Delta S(f)$ den Flächeninhalt von (68,10) beschreibt und die eckigen Klammern eine Mittelung bezüglich dieser Fläche darstellen.

Wir untersuchen nun den typischen Fall, daß die Entartungspunkte eine Linie im $\boldsymbol{k}$-Raum bilden. Dabei zieht sich für $f \to 0$ die Fläche (68,10) zu der Linie zusammen, auf der die Entartungspunkte liegen. Für kleine f bildet sie ein enges Rohr, das diese Linie umschließt. Die Abhängigkeit der Fläche ΔS von f stimmt deshalb mit der Abhängigkeit des Rohrdurchmessers von f überein.

Falls sich die Energieflächen auf einer Entartungslinie unter endlichem Winkel schneiden (Abb. 27 b)), so ist der Abstand des Punktes $\boldsymbol{k}$ vom Entartungspunkt linear von f abhängig, so daß $\Delta S \propto f$ gilt. Da in diesem Fall die Differenz der Ableitungen im Schnittpunkt endlich ist, gilt

$$\nu(f) \propto f^3\,. \tag{68,13}$$

Das Integral (68,5) besitzt jetzt bereits nur noch eine logarithmische Divergenz. Diese Divergenz muß auf gleiche Weise beseitigt werden wie bei fehlender Entartung (s. weiter unten). Infolge des schwachen Charakters dieser Divergenz führt sie gewöhnlich nicht zu einer wesentlichen Änderung des Gesetzes (68,2).

Die Energieflächen sollen jetzt im Entartungspunkt eine quadratische Berührung besitzen. Dann wird, wie aus Abb. 27 c) ersichtlich, f proportional zum Quadrat des Abstandes vom Berührungspunkt. Die Fläche ΔS, die proportional zu diesem Abstand ist, erweist sich als proportional zu $f^{1/2}$. Die gleiche f-Abhängigkeit besitzt in diesem Fall die Differenz der Ableitungen in (68,12), da sich die Kurven der Ableitungen bereits ohne Berührung schneiden. In diesem Fall erhält man folglich

$$\nu(f) \propto f^2, \tag{68,14}$$

und in der Wärmeleitfähigkeit tritt keine Divergenz auf.

In analoger Weise können auch andere Entartungstypen untersucht werden.[2])

Falls im Phononenspektrum keine Entartungspunkte existieren, muß zur Aufrechterhaltung einer endlichen Wärmeleitfähigkeit durch Drei-Phononen-Prozesse die Bedingung (68,8) (zumindest für einen Zweig des Spektrums) für alle Richtungen $\boldsymbol{n}$

---

1) Diese Formel kann sofort erhalten werden, wenn man berücksichtigt, daß

$$\mathrm{d}^3k = \mathrm{d}S\, \mathrm{d}l = \mathrm{d}S\, \mathrm{d}F/|\nabla_{\boldsymbol{k}} F|$$

gilt, wobei l der Abstand in Normalenrichtung zur Oberfläche ist.

2) Siehe C. Herring, Phys. Rev. 95 (1954) 954.

erfüllt sein. Andernfalls erhält man eine endliche Wärmeleitfähigkeit nur unter der Berücksichtigung von Prozessen höherer Ordnung (Vier-Phononen-Prozesse), und das Gesetz (68,2) ist nicht gültig. Es sei bemerkt, daß für tiefe Temperaturen, wenn die freie Weglänge derart wächst, daß sie mit den Probenabmessungen L vergleichbar wird, die Divergenz des Integrals (68,5) bei $f \sim 1/L$ abgeschnitten werden kann, was zu einer Abhängigkeit der Wärmeleitfähigkeit von den Abmessungen L führen würde.

§ 69. Wärmeleitfähigkeit in Dielektrika. Tiefe Temperaturen

Für tiefe Temperaturen ($T \ll \Theta$) ändert sich der Charakter der Wärmeübertragung in Dielektrika vollständig. Das liegt daran, daß unter diesen Bedingungen die Anzahl der Umklappprozesse exponentiell klein wird, wie wir aus den folgenden Überlegungen sehen werden.

Die Erhaltung des Quasiimpulses im Drei-Phononen-Umklappprozeß, ausgedrückt durch die Beziehung $\boldsymbol{k} = \boldsymbol{k}_1 + \boldsymbol{k}_2 + \boldsymbol{b}$, erfordert, daß wenigstens einer der drei Quasiimpulse groß ist. Dies sei zum Beispiel $k_1 \sim b$. Somit wird auch die Energie $\omega_1 \sim \Theta$. Infolgedessen erfordert die Energieerhaltung ($\omega = \omega_1 + \omega_2$), daß auch die Energie $\omega \sim \Theta$ groß wird. Für $T \ll \Theta$ jedoch besitzt der Großteil der Phononen eine Energie $\sim T$, und die Zahl der Phononen mit Energien $\sim \Theta$ ist exponentiell klein. Auf diese Weise wird sowohl für den Prozeß des Phononenzerfalls als auch für den umgekehrten Prozeß der Vereinigung zweier Phononen die Zahl der Ausgangsphononen und mit ihnen die Zahl der Prozesse exponentiell klein. Es kann leicht festgestellt werden, daß bei diesen Überlegungen die Beschränkung auf Drei-Phononen-Prozesse nicht wichtig ist. Das gleiche gilt auch für Prozesse, an denen eine größere Zahl von Phononen beteiligt ist.

In dieser Situation kann das physikalische Bild der Wärmeübertragung folgendermaßen veranschaulicht werden. Die große Zahl von normalen Stoßprozessen der Phononen, bei denen der Gesamtquasiimpuls erhalten bleibt, führt nur zur Einstellung eines „inneren" Gleichgewichts des Phononengases, das sich dabei mit einer beliebigen Geschwindigkeit $\boldsymbol{V}$ relativ zum Gitter bewegen kann. Die vergleichsweise geringe Zahl von U-Prozessen ändert die Verteilungsfunktion nur geringfügig. Diese Prozesse führen aber zur Einstellung einer bestimmten Geschwindigkeit $\boldsymbol{V}$ (proportional zum Temperaturgradienten). Durch diesen Geschwindigkeitswert wird seinerseits der Wärmestrom festgelegt. Wir zeigen jetzt, auf welche Weise dieses Bild mathematisch formuliert werden kann.[1])

Wir schreiben die kinetische Gleichung in der Form

$$\frac{\partial N_0}{\partial T}\boldsymbol{u}\nabla T = I_N(\chi) + I_U(\chi)\,, \tag{69,1}$$

indem wir das Stoßintegral in Anteile aufspalten, die mit Normal- (Index N) und Umklappprozessen (Index U) verbunden sind. Die Gleichgewichtsverteilungsfunktion, die einer globalen Bewegung des Gases mit der Geschwindigkeit $\boldsymbol{V}$ entspricht, erhält

[1]) Man muß hierbei beachten, daß eine eindeutige Abtrennung der U-Prozesse als eines kleinen Effektes gerade bei der in § 66 getroffenen Wahl der Elementarzelle des reziproken Gitters erreicht werden kann, in deren Ergebnis alle Stöße zwischen ausschließlich langwelligen Phononen kleiner Energie N-Prozesse sind.

man aus der Funktion $N_0(\omega)$, indem man das Argument ω durch $\omega - \boldsymbol{kV}$ ersetzt. Für kleine $\boldsymbol{V}$ erhalten wir

$$N_0(\omega - \boldsymbol{kV}) \approx N_0(\omega) - \boldsymbol{kV}\frac{\partial N_0}{\partial \omega}. \tag{69,2}$$

In Übereinstimmung mit dem oben beschriebenen physikalischen Bild suchen wir eine Lösung der Gleichung (69,1) in der Form

$$\chi = \chi_N + \chi_U, \qquad \chi_N = \boldsymbol{kV}. \tag{69,3}$$

Dabei ist χ_U die Änderung der Verteilungsfunktion infolge von U-Prozessen. Dieser Beitrag ist klein im Vergleich zu χ_N. Bezeichnet man die Größenordnungen der effektiven Stoßfrequenzen für N- und U-Prozesse als ν_N bzw. ν_U ($\ll \nu_N$), so gilt

$$\chi_U/\chi_N \sim \nu_U/\nu_N. \tag{69,4}$$

Einsetzen in (69,1) führt zur Gleichung

$$\frac{\partial N_0}{\partial T}\boldsymbol{u}\nabla T = I_N(\chi_U) + I_U(\chi_N), \tag{69,5}$$

wobei die auf die Funktion χ wirkenden linearen Operatoren durch die Ausdrücke (67,17) definiert sind. In (69,5) wurde berücksichtigt, daß $I_N(\chi_N) = 0$ ist. Weiterhin wurde das Glied $I_U(\chi_U)$ als klein weggelassen. Beide auf der rechten Seite verbleibenden Glieder sind infolge von (69,4) von gleicher Größenordnung.

Zunächst muß hervorgehoben werden, daß unter Vernachlässigung von U-Prozessen die kinetische Gleichung für einen von Null verschiedenen Temperaturgradienten überhaupt keine Lösung besitzen würde. Um dies zu zeigen, multiplizieren wir Gleichung (69,5) mit $\boldsymbol{k}$, integrieren bezüglich $\mathrm{d}^3k/(2\pi)^3$ und summieren über alle Zweige des Phononenspektrums. Da bei normalen Stoßprozessen der Gesamtquasiimpuls erhalten bleibt, verschwindet im Ergebnis der Beitrag von $I_N(\chi_U)$, und es verbleibt

$$\sum_g \int \boldsymbol{k}(\boldsymbol{u}\nabla T)\frac{\partial N_0}{\partial T}\frac{\mathrm{d}^3k}{(2\pi)^3} = \sum_g \int \boldsymbol{k} I_U(\chi_N)\frac{\mathrm{d}^3k}{(2\pi)^3}. \tag{69,6}$$

Unter Vernachlässigung von U-Prozessen würde die rechte Seite dieser Gleichung Null ergeben, obwohl die linke Seite ein von Null verschiedenes Resultat liefert. (Deren Integrand ist eine gerade Funktion von $\boldsymbol{k}$, da $\omega(\boldsymbol{k})$ eine gerade Funktion, aber $\boldsymbol{u} = \partial\omega/\partial\boldsymbol{k}$ eine ungerade Funktion ist.) Dieser Widerspruch bedeutet, daß die kinetische Gleichung keine Lösung besitzt.

Berücksichtigt man jedoch die U-Prozesse, so bestimmt die Gleichung (69,6) die unbekannte Größe $\boldsymbol{V}$, die in die Lösung (69,3) eingeht. Zur Vereinfachung der Schreibweise werden wir annehmen, daß der Kristall kubische Symmetrie besitzt. In diesem Fall tritt die Kristallanisotropie in den Integralen (69,6) nicht in Erscheinung,[1] und man erhält nach Einsetzen von χ_N aus (69,3) in (69,6) den Ausdruck

$$\beta_1\nabla T = -\nu_U\beta_2 T\boldsymbol{V}, \tag{69,7}$$

---

[1] Für kubische Symmetrie verhält sich jeder Tensor zweiter Stufe wie ein Skalar: $a_{\alpha\beta} = (1/3)\, a\delta_{\alpha\beta}$, $a \equiv a_{\alpha\alpha}$.

wobei folgende Symbole eingeführt wurden:

$$\beta_1 = \frac{1}{3}\frac{\partial}{\partial T}\sum_g \int \boldsymbol{k}\boldsymbol{u} N_0 \frac{d^3k}{(2\pi)^3}, \qquad \beta_2 = \frac{1}{3}\frac{\partial}{\partial T}\sum_g \int \frac{k^2}{\omega} N_0 \frac{d^3k}{(2\pi)^3}, \tag{69,8}$$

$$T\nu_U\,\beta_2 = -\frac{1}{3}\sum_g \int \boldsymbol{k}\boldsymbol{I}_U(\boldsymbol{k}) \frac{d^3k}{(2\pi)^3}.$$

(Der Faktor β_2 wurde zur Vereinfachung der folgenden Formeln abgetrennt.)

Die Gleichung (69,7) bestimmt die Geschwindigkeit $\boldsymbol{V}$. Der Energiestrom wird dann als Integral (67,4) berechnet, in das anstelle von N die Funktion

$$\delta N_N = -\boldsymbol{k}\boldsymbol{V}\frac{\partial N_0}{\partial \omega} = \boldsymbol{k}\boldsymbol{V}\frac{T}{\omega}\frac{\partial N_0}{\partial T}$$

eingesetzt werden muß. Somit erhalten wir $\boldsymbol{q} = T\beta_1\boldsymbol{V}$. Zusammen mit (69,7) ergibt das $\boldsymbol{q} = -\varkappa\nabla T$ mit der Wärmeleitfähigkeit

$$\varkappa = \beta_1^2/\nu_U\beta_2\,. \tag{69,9}$$

Es ist interessant festzustellen, daß im betrachteten Fall die Berechnung von $\varkappa$ keine Lösung der kinetischen Gleichung (69,5) erfordert, sondern über die Berechnung der Integrale (69,8) erfolgt.

Die Integrale β_1 und β_2 werden durch den Frequenzbereich $\omega \sim T$ bestimmt, in dem sich der Großteil der Phononen befindet. Diese Integrale hängen nur potenzförmig von T ab. Da nur die akustischen Phononen kleine Energien besitzen können, ist es faktisch ausreichend, in β_1 und β_2 nur über die drei akustischen Zweige des Spektrums zu summieren. Man kann leicht sehen, daß dabei

$$\beta_1, \beta_2 \propto T^3 \tag{69,10}$$

gilt.

Eine exponentielle Abhängigkeit dagegen liefert das Integral ν_U. Einen konkreten Ausdruck für dieses Integral kann man mit Hilfe von (67,17) finden. Für U-Prozesse gilt

$$\chi_{N1} + \chi_{N2} - \chi_N = \boldsymbol{V}(\boldsymbol{k}_1 + \boldsymbol{k}_2 - \boldsymbol{k}) = \boldsymbol{V}\boldsymbol{b}\,.$$

Für den Großteil der Phononen ist $\omega \sim T$, und für deren Verteilungsfunktion gilt $N_0 \sim 1$. Für Phononen mit $\omega \gg T$ dagegen wird die Funktion $N_0 \ll 1$. Deshalb sind die Faktoren $N_0 + 1 \sim 1$ und brauchen bei der Abschätzung des Integrals nicht berücksichtigt zu werden. Die Funktionen

$$N_0 = e^{-\omega/T}\,(N_0 + 1)$$

dagegen enthalten Faktoren $\exp(-\omega/T)$, die exponentiell klein werden können. Diese Faktoren spielen eine bestimmende Rolle bei der Abschätzung des Integrals.

Wenn man sich nur für die exponentielle Temperaturabhängigkeit von ν_U interessiert, so erhält man folglich

$$\nu_U \propto \sum_{(gb)} \int e^{-\omega/T}\,\delta(\omega - \omega_1 - \omega_2)\, d^3k\, d^3k_1\,. \tag{69,11}$$

Die Summation erfolgt über alle Zweige des Spektrums g, g_1, g_2 und über alle in den U-Prozessen auftretenden, von Null verschiedenen Werte $\boldsymbol{b}$. Die Gleichung

$$\omega_g(\boldsymbol{k}) = \omega_{g_1}(\boldsymbol{k}_1) + \omega_{g_2}(\boldsymbol{k} - \boldsymbol{k}_1) \tag{69,12}$$

definiert eine fünfdimensionale Fläche im sechsdimensionalen $\boldsymbol{k}$, $\boldsymbol{k}_1$-Raum. Den Minimalwert von $\omega_g(\boldsymbol{k})$ auf dieser Hyperfläche nennen wir $\Delta(g, g_1, g_2)$. Da die Energie der Phononen, die an den U-Prozessen beteiligt sind, groß ist, sind diese Werte von der Größenordnung Θ. Jedes der Integrale unter der Summe über (g) in (69,11) ist proportional zu $\exp[-\Delta(g, g_1, g_2)/T]$. Berücksichtigt man nur das größte von ihnen, so erhält man

$$\nu_U \propto \exp(-\Delta_{\min}/T), \tag{69,13}$$

wobei $\Delta_{\min}$ der kleinste Wert von $\Delta(g, g_1, g_2)$ ist.

Auf diese Weise gelangen wir zum Ergebnis, daß die Wärmeleitfähigkeit im wesentlichen exponentiell von der Temperatur abhängt,

$$\varkappa \propto \exp(\Delta_{\min}/T), \tag{69,14}$$

wobei $\Delta_{\min} \sim \Theta$ ist (R. Peierls, 1929).

Prozesse höherer Ordnung unter Beteiligung einer größeren Anzahl von Phononen führen zu einer Temperaturabhängigkeit gleichen Charakters, wobei Δ in jedem Prozeß der kleinstmögliche Energiewert der Ausgangsphononen ist (oder — was dasselbe ist — die Hälfte des kleinsten Wertes der Summe der Energien aller Ausgangs- und Endphononen, die am Prozeß beteiligt sind). Dabei kann es prinzipiell möglich sein, daß dieser Wert kleiner ist als der für Drei-Phononen-Prozesse. Der Beitrag von Prozessen höherer Ordnung zur Wärmeleitfähigkeit kann dann dominierend werden, ungeachtet dessen, daß der Vorfaktor mit wachsender Ordnung der Prozesse kleiner wird.

Im Unterschied zur Frequenz ν_U der U-Prozesse verringert sich die effektive Frequenz ν_N der Normalstöße potenzförmig mit der Temperatur. Im Hinblick auf die Anwendung in § 71 bestimmen wir die Gesetzmäßigkeit dieser Abnahme.

Normalstöße treten zwischen akustischen Phononen mit $\omega \sim T$ auf, die den Hauptanteil bilden. Ihre Quasiimpulse sind $k \sim \omega/u \sim T/u$. Im Stoßintegral (67,17) erfolgt die Integration über eine Fläche des Inhalts $\sim k^2$, die durch eine δ-Funktion aus dem Volumen $\sim k^3$ herausprojiziert wird. In diesem Gebiet sind die Funktionen $N_0 \sim 1$ und die Funktion $w \propto k^3$ (gemäß (66,14)). Deshalb gilt $\nu_N \propto T^5$. Der Proportionalitätsfaktor läßt sich am einfachsten aus der Forderung bestimmen, daß für $T \sim \Theta$ dieser Ausdruck und die Abschätzung (68,3) zum gleichen Resultat führen müssen. Hieraus folgt

$$\nu_N \sim T^5/\Theta^4 M u d\,. \tag{69,15}$$

§ 70. Streuung von Phononen an Verunreinigungen

In den zwei vorhergehenden Paragraphen wurde angenommen, daß wir es mit einem idealen Kristallgitter ohne irgendwelche Defekte zu tun haben. Wir werden jetzt in folgendem untersuchen, welchen Einfluß die Streuung von Phononen an Verunreinigungsatomen auf die Wärmeleitfähigkeit des Dielektrikums besitzen kann.

Für die langwelligen akustischen Phononen stellt die atomare Verunreinigung einen Punktdefekt des Gitters dar. Die charakteristische Besonderheit der Streuung an diesen Defekten besteht in ihrem elastischen Charakter (die Phononenfrequenz ändert sich nicht), wobei der Streuquerschnitt mit kleiner werdender Frequenz oder, was das gleiche bedeutet, mit kleiner werdendem Wellenvektor nach einem k^4-Gesetz schnell abnimmt.[1])

Das Stoßintegral für die Phononenstreuung an Verunreinigungen hat die Form

$$\mathrm{St}\, N_{\boldsymbol{k}} = N_{\mathrm{Fr}} \int w(\boldsymbol{k}, \boldsymbol{k}') \left\{N_{\boldsymbol{k}'}(1 + N_{\boldsymbol{k}}) - N_{\boldsymbol{k}}(1 + N_{\boldsymbol{k}'})\right\} \delta(\omega' - \omega) \frac{\mathrm{d}^3k'}{(2\pi)^3} . \tag{70,1}$$

Wie gewohnt, beschreibt das erste Glied in der geschweiften Klammer die Zahl der Streuprozesse (pro Zeiteinheit), bei denen ein Phonon mit gegebenem Quasiimpuls $\boldsymbol{k}$ aus einem Zustand mit beliebigen anderen Werten $\boldsymbol{k}'$ und gleicher Energie entsteht. Analog beschreibt das zweite Glied die Anzahl der Prozesse, welche die Phononen aus dem gegebenen Zustand in alle anderen Zustände streuen. Falls die Verunreinigungsatome stochastisch verteilt sind und der mittlere Abstand zwischen ihnen viel größer ist als die Streuamplitude, so streuen die verschiedenen Atome unabhängig voneinander, und die Wahrscheinlichkeiten addieren sich. Unter diesen Bedingungen (die auch in (70,1) angenommen wurden) ist die Gesamtzahl der Streuprozesse proportional zur Dichte der Fremdatome N_{Fr}. Bei der Streuung in einem anisotropen Medium ist die Funktion $w(\boldsymbol{k}, \boldsymbol{k}')$ von der Richtung beider Vektoren $\boldsymbol{k}$ und $\boldsymbol{k}'$ abhängig. Die Abhängigkeit vom Betrag k dagegen ergibt sich nach dem Gesetz $w \propto k^4$. In (70,1) wurde $w(\boldsymbol{k}, \boldsymbol{k}') = w(\boldsymbol{k}', \boldsymbol{k})$ gesetzt. Wir erinnern daran, daß in Bornscher Näherung diese Gleichung aus der Unitaritätsbedingung unter Berücksichtigung der Kleinheit der Streuamplitude und bei Vernachlässigung von Gliedern zweiter Ordnung folgt (s. III. § 126). Für die Phononstreuung an einem Fremdatom ist die Bornsche Näherung im allgemeinen nicht anwendbar. Bei tiefen Temperaturen jedoch, wenn es sich um Phononen mit kleinen $\boldsymbol{k}$-Werten handelt, besteht eine andere Ursache für die Kleinheit der Streuamplitude — ihre Proportionalität zu k^2. Vernachlässigt man Beiträge $\propto k^4$, so gelangt man erneut zur geforderten Gleichung.

Die Produkte $N_{\boldsymbol{k}}N_{\boldsymbol{k}'}$ in der geschweiften Klammer in (70,1) kürzen sich heraus. Setzen wir $N = N_0 + \delta N$, erhalten wir für das Stoßintegral sofort die linearisierte Form

$$\mathrm{St}\, N \equiv I_{\mathrm{Fr}}(\delta N) = N_{\mathrm{Fr}} \int w(\delta N_{\boldsymbol{k}'} - \delta N_{\boldsymbol{k}})\, \delta(\omega' - \omega) \frac{\mathrm{d}^3k'}{(2\pi)^3} . \tag{70,2}$$

Ebenso wie die Funktion w ist dieses Integral proportional zu k^4. Da gleichzeitig für $\omega \ll T$ die Ableitung $\partial N_0/\partial T \propto 1/\omega \propto 1/k$ ist, gilt in diesem Frequenzbereich

$$\delta N \propto k^{-5} . \tag{70,3}$$

Mit einer derartigen Situation wurden wir bereits in § 68 (vgl. (68,4)) konfrontiert. Die Abhängigkeit (70,3) führt zu einer Divergenz des Integrals für den Wärmestrom.

---

[1]) Dies ist eine allgemeine Eigenschaft der Streuung von Schallwellen an Hindernissen, deren Abmessungen klein im Vergleich zur Wellenlänge sind (vgl. VI, § 76). Vgl. auch mit der analogen Situation bei der Streuung langwelliger elektromagnetischer Wellen — II, § 79.

Somit kann das Auftreten von Verunreinigungen im Kristall allein keine endliche Wärmeleitfähigkeit des Dielektrikums gewährleisten.

Das bedeutet jedoch nicht, daß die Verunreinigungen überhaupt keine Rolle für die Wärmeleitfähigkeit spielen. Entscheidend ist, daß bei der Streuung an Fremdatomen der Quasiimpuls der Phononen nicht erhalten bleibt. In diesem Sinne können diese Streuprozesse die Rolle von U-Prozessen übernehmen. In hinreichend reinen Proben kann ein Bereich tiefer Temperaturen existieren, in dem die effektive Streufrequenz ν_{Fr} an den Verunreinigungen (für Phononen mit $\omega \sim T$) einen Wert besitzt, der zwischen den Frequenzen für N- und U-Prozesse liegt:

$$\nu_N \gg \nu_{\mathrm{Fr}} \gg \nu_U \,. \tag{70,4}$$

Unter diesen Bedingungen wird die Rolle der U-Prozesse von der Streuung an Verunreinigungen übernommen, und die Formeln (69,6—8) bleiben gültig, wenn man in ihnen I_U durch I_{Fr} ersetzt. Im Ergebnis ist die Wärmeleitfähigkeit durch die Formel (69,9) mit ν_{Fr} anstelle von ν_U bestimmt:

$$\varkappa = \beta_1^2/\beta_2 \nu_{\mathrm{Fr}} \,.$$

In Übereinstimmung mit (70,2) gilt $\nu_{\mathrm{Fr}} \propto \omega^4 \sim T^4$. Andererseits sind die Größen β_1 und β_2 für akustische Phononen proportional zu T^3 (s. (69,10)). Wir erhalten deshalb für die betrachtete Situation die Gesetzmäßigkeit $\varkappa \propto 1/T$.

§ 71. Hydrodynamik des Phononengases im Dielektrikum

Die angenäherte Erhaltung des Quasiimpulses unter der Bedingung, daß die freie Weglänge l_N für N-Prozesse klein ist im Vergleich zur freien Weglänge l_U für U-Prozesse,

$$l_N/l_U \sim \nu_U/\nu_N \ll 1 \,, \tag{71,1}$$

macht das Phononensystem in einem Kristall für tiefe Temperaturen in vieler Hinsicht ähnlich einem gewöhnlichen Gas. Die Normalstöße führen in jedem Volumenelement des Gases (das groß ist im Vergleich zu l_N) zur Einstellung eines inneren Gleichgewichts. Dabei kann es sich noch mit einer beliebigen Geschwindigkeit $\boldsymbol{V}$ bewegen. Falls sich die Geschwindigkeit $\boldsymbol{V}$ und die Temperatur T nur in Abständen merklich ändern, die groß sind im Vergleich zu l_N (und in Zeiten, die groß sind im Vergleich zu $1/\nu_N$), kann man für diese Größen ein System „hydrodynamischer Gleichungen" erhalten. Diese Gleichungen wollen wir in linearer Näherung bezüglich der Geschwindigkeit $\boldsymbol{V}$ sowie des Temperaturgradienten, die als kleine Größen vergleichbarer Ordnung angenommen werden, ableiten. Außerdem werden wir wiederum zur Vereinfachung der Schreibweise (wie bereits in § 69) voraussetzen, daß der Kristall eine kubische Symmetrie besitzt.

Eine der gesuchten Gleichungen beschreibt den Energieerhaltungssatz. Man erhält sie durch Einsetzen der Verteilungsfunktion (69,2) in (67,3—4). Die Integrale von $\omega(\boldsymbol{kV})\,\partial N_0/\partial\omega$ und $\omega \boldsymbol{u} N_0$ verschwinden bei der Integration über die Richtungen von $\boldsymbol{k}$ (vgl. Fußnote auf S. 314). Die Funktion $N_0(\omega)$ hängt von den Koordinaten und der Zeit nur implizit über T ab. Vernachlässigen wir das Glied, in dem das Produkt

$V\nabla T$ auftritt, so erhalten wir

$$\beta_3 \frac{\partial T}{\partial t} + \beta_1 T \operatorname{div} \boldsymbol{V} = 0 \tag{71,2}$$

mit

$$\beta_3 = \partial E_0/\partial T . \tag{71,3}$$

E_0 ist die Gleichgewichtsdichte der Energie, und β_1 wurde in (69,8) definiert.

Eine andere Gleichung beschreibt die angenäherte Erhaltung des Quasiimpulses. Diese erhält man aus der kinetischen Gleichung

$$\frac{\partial N}{\partial t} + \boldsymbol{u}\nabla N = \mathrm{St}_N\, N + \mathrm{St}_U\, N , \tag{71,4}$$

indem man N in der Form (69,2) einsetzt, mit $\boldsymbol{k}$ multipliziert, bezüglich d^3k integriert und über alle Phononenarten summiert. Das Integral von $\boldsymbol{k}\,\mathrm{St}_N\, N$ verschwindet infolge der Quasiimpulserhaltung für Normalstöße. Im Ergebnis erhalten wir

$$\beta_2 T \frac{\partial \boldsymbol{V}}{\partial t} + \beta_1 \nabla T = -\nu_U \beta_2 T \boldsymbol{V} \tag{71,5}$$

mit β_2 und ν_U aus (69,8). Die Gleichungen (71,2) und (71,5) stellen das gesuchte hydrodynamische Gleichungssystem für das Phononengas in einem Dielektrikum dar.

Das wegen des Faktors ν_U exponentiell kleine Glied auf der rechten Seite der Gleichung (71,5) charakterisiert den Einfluß der U-Prozesse. Bei Vernachlässigung dieses Gliedes gilt die Quasiimpulserhaltung streng. Unter diesen Bedingungen können sich im Phononengas ungedämpfte Wellen ausbreiten, analog zu den Wellen des zweiten Schalls in suprafluiden Flüssigkeiten (W. P. Peschkow, 1946). Eliminiert man nämlich die Geschwindigkeit $\boldsymbol{V}$ aus (71,2) und (71,5), so erhält man

$$\frac{\partial^2 T}{\partial t^2} = \frac{\beta_1^2}{\beta_2 \beta_3} \Delta T , \tag{71,6}$$

d. h. eine Wellengleichung, welche die Ausbreitung von Temperaturschwingungen mit der Geschwindigkeit

$$u_2 = (\beta_1^2/\beta_2\beta_3)^{1/2} \tag{71,7}$$

beschreibt. Wie bereits festgestellt wurde, tragen in den Integralen β_1, β_2, β_3 für tiefe Temperaturen im wesentlichen nur die akustischen Zweige des Spektrums bei. Für lineare Dispersionsrelationen $\omega(\boldsymbol{k})$ sind die Integrale proportional zu T^3. Dabei hängt die Geschwindigkeit (71,7) nicht von der Temperatur ab und ist von gleicher Größenordnung wie die Schallgeschwindigkeit.[1])

Bisher nahmen wir an, daß die Abmessungen des Kristalls unbegrenzt sind. Für tiefe Temperaturen, wenn die freie Weglänge der Phononen schnell anwächst, kann eine Situation eintreten, bei der die freie Weglänge vergleichbar mit den Abmessungen L des Kristalls oder sogar größer als diese wird. Dies betrifft in erster Linie die exponentiell anwachsende Länge l_U.

---

[1]) In einer isotropen Flüssigkeit mit einem Phononen-Energiespektrum (suprafluides Helium bei tiefen Temperaturen) existiert nur ein akustischer Zweig, für den $\omega = uk$ gilt. Dabei ist $\beta_1/\beta_2 = u^2$, $\beta_1/\beta_3 = 1/3$, und die Geschwindigkeit des zweiten Schalls lautet $u_2 = u/\sqrt{3}$.

Wir untersuchen nun den Wärmetransport in einem Dielektrikum unter Bedingungen, bei denen $l_U \gg L$ (diese Bedingung wird weiter unten noch präzisiert) und gleichzeitig noch $l_N \ll L$ gelten sollen. Letztere Bedingung gestattet es uns, die Gleichungen der Phononenhydrodynamik anzuwenden (J. A. SUSSMANN, A. THELLUNG, 1963; R. N. GURSHI, 1964).

Wegen der mikroskopischen Inhomogenitäten der Kristalloberfläche erfolgt die Reflexion der Phononen an dieser Fläche gewöhnlich auf unregelmäßige Weise (diffus). Das bedeutet, daß die makroskopische Geschwindigkeit des Phononengases $\boldsymbol{V}$ an der Grenzfläche verschwindet. Die Gleichungen (71,2), (71,5) lassen jedoch eine solche Grenzbedingung nicht zu. Von ihren Lösungen kann man nur fordern, daß die Geschwindigkeitskomponente normal zur Oberfläche verschwindet. Wie auch in der Hydrodynamik gewöhnlicher Flüssigkeiten, erfordert die Grenzbedingung des Verschwindens der tangentialen Geschwindigkeitskomponente die Berücksichtigung der Zähigkeit der Flüssigkeit.

Im stationären Fall erhalten wir aus (71,2) $\operatorname{div} \boldsymbol{V} = 0$. Die Berücksichtigung der Zähigkeit führt auf der rechten Seite von Gleichung (71,5) zum Auftreten eines Terms mit $\Delta \boldsymbol{V}$, der vergleichbar ist mit dem entsprechenden Glied in der NAVIER-STOKESschen Gleichung der Hydrodynamik einer gewöhnlichen zähen Flüssigkeit. Im stationären Fall hat diese Gleichung die Form

$$\frac{\beta_1}{\beta_2 T} \nabla T = \mu \Delta \boldsymbol{V} - \nu_U \boldsymbol{V} . \tag{71,8}$$

Die Größe μ besitzt die Dimension Fläche/Zeit und repräsentiert die kinematische Zähigkeit des Phononengases.[1]) Ihre Berechnung erfordert im Prinzip die Lösung der entsprechenden kinetischen Gleichung. Für eine Abschätzung der Größenordnung kann man aber die gewöhnliche gaskinetische Beziehung benutzen:

$$\mu \sim l_N \bar{v} \sim u^2/\nu_N . \tag{71,9}$$

Größeneffekte spielen dann eine dominierende Rolle, wenn man in der Gleichung (71,8) das Glied $\nu_U \boldsymbol{V}$ im Vergleich zu $\mu \Delta \boldsymbol{V}$ vernachlässigen kann. Betrachten wir zum Beispiel den Wärmetransport längs eines zylindrischen Stabes der Dicke R. Letztere stellt eine charakteristische Länge für die Änderung der Geschwindigkeit $\boldsymbol{V}$ dar, so daß $\Delta \boldsymbol{V} \sim \boldsymbol{V}/R^2$ gilt. Wir sehen, daß das Glied $\nu_U \boldsymbol{V}$ vernachlässigt werden kann, falls $\mu/R^2 \gg \nu_U$ ist. Mit der Abschätzung (71,9) läßt sich diese Bedingung in der Form $l_U \gg l_{\text{eff}}$ schreiben, wobei

$$l_{\text{eff}} \sim R^2/l_N \tag{71,10}$$

die Rolle einer effektiven freien Weglänge der Phononen in einem begrenzten Körper übernimmt. Dagegen sind für $l_{\text{eff}} \gg l_U$ die Abmessungen des Körpers bedeutungslos, und es gilt das Gesetz (69,14).

Der Prozeß des Wärmetransports längs eines Stabes besitzt für $l_U \gg l_{\text{eff}}$ den Charakter einer POISEUILLE-Strömung eines zähen Phononengases. Dieser Prozeß kann durch eine effektive Wärmeleitfähigkeit charakterisiert werden, die die Energiestrom-

[1]) Da wir nur eine qualitative Untersuchung dieser Frage vornehmen, vernachlässigen wir hier vollständig die Anisotropie des Kristalls. Dabei muß beachtet werden, daß die Zähigkeit sogar für kubische Symmetrie nicht mittels eines skalaren Zähigkeitskoeffizienten, sondern mit Hilfe eines Tensors vierter Stufe beschrieben wird, der mehr als eine unabhängige Komponente besitzt

dichte als $-\varkappa_{\text{eff}}\nabla T$ bestimmt mit ∇T als dem Temperaturgradienten längs des Stabes. Dieser Strom kann abgeschätzt werden, indem man (71,10) in den Ausdruck $\varkappa_{\text{eff}} \sim \sim Cul_{\text{eff}}$ einsetzt. Für tiefe Temperaturen gilt für die Wärmekapazität des Gitters $C \propto T^3$. Die freie Weglänge dagegen ist $l_N \sim u/v_N \propto T^{-5}$ (entsprechend (69,15)). Deshalb nimmt die effektive Wärmeleitfähigkeit gemäß

$$\varkappa_{\text{eff}} \propto R^2 T^8 \quad \text{für} \quad R^2/l_U \ll l_N \ll R \tag{71,11}$$

bei Temperaturerniedrigung ab.

Für noch tiefere Temperaturen schließlich, wenn sogar $l_N \gg R$ gilt, werden die Stöße der Phononen untereinander vollkommen bedeutungslos (ähnlich zur KNUDSENschen Situation in stark verdünnten gewöhnlichen Gasen). Die Rolle der freien Weglänge geht dabei auf die Abmessungen R des Körpers über, und die effektive Wärmeleitfähigkeit wird

$$\varkappa_{\text{eff}} \sim CuR \propto T^3 R \tag{71,12}$$

(H. B. G. CASIMIR, 1938).

§ 72. Schallabsorption im Dielektrikum. Lange Wellen

Der Charakter der Schallabsorption in dielektrischen Kristallen ist in starkem Maße abhängig vom Verhältnis der Wellenlänge zur freien Weglänge l der thermischen Phononen. Wenn die Wellenlänge groß ist im Vergleich zu l ($fl \ll 1$, wobei f der Wellenvektor der Schallwelle ist), so ist es möglich, die makroskopische Theorie auf der Grundlage der Gleichungen der Elastizitätstheorie anzuwenden (s. VII, § 35). Entsprechend dieser Theorie setzt sich der Absorptionskoeffizient aus zwei Anteilen zusammen, die sich entsprechend aus der Wärmeleitfähigkeit und der Zähigkeit des Mediums ergeben. Beide Glieder sind proportional zum Quadrat der Frequenz. Unser Ziel besteht jetzt darin, ihre Temperaturabhängigkeit zu bestimmen.

Der Wärmeleitfähigkeitsanteil des Schallabsorptionskoeffizienten wird größenordnungsmäßig mit Hilfe der Formel[1])

$$\gamma_W \sim \omega^2 \frac{\varkappa T \alpha^2 \varrho}{uC^2} \tag{72,1}$$

ausgedrückt, wobei α der Wärmeausdehnungskoeffizient des Körpers ist. C ist die spezifische Wärme, bezogen auf die Volumeneinheit, und ϱ die Dichte. Für hohe Temperaturen $T \gg \Theta$ ist die Wärmeleitfähigkeit $\varkappa \propto 1/T$, dagegen hängen C und α nicht von der Temperatur ab (s. V, §§ 65, 67). Deshalb ist in diesem Bereich γ_W nicht von der Temperatur abhängig. Für tiefe Temperaturen dagegen wird die Temperaturabhängigkeit von γ_W (im idealen Gitter) hauptsächlich durch die bei Temperaturerniedrigung exponentiell wachsende Wärmeleitfähigkeit bestimmt.

Wir wenden uns nun der Bestimmung des Zähigkeitsanteils des Schallabsorptionskoeffizienten zu (A. I. ACHIESER, 1938).

---

1) Wir schreiben den Absorptionskoeffizienten pro Längeneinheit auf. Die Frequenz- und Temperaturabhängigkeit ist für den Absorptionskoeffizienten pro Zeiteinheit die gleiche, da sich beide Definitionen nur um einen konstanten Faktor, die Schallgeschwindigkeit, unterscheiden.

Das äußere Schallfeld ruft eine makroskopische Deformation des Kristallgitters hervor, die die Dispersionsrelation der Phononen ändert. Die Wellenlänge thermischer Phononen ist klein im Vergleich zur Schallwellenlänge. Aus diesem Grund kann die Deformation bezüglich der thermischen Phononen als homogen betrachtet werden, d. h., es wird angenommen, das Phonon befinde sich wie auch vorher in einem regelmäßigen Gitter, dessen Periode sich jedoch etwas verändert hat. In erster Näherung bezüglich einer kleinen Deformation besteht folgende Beziehung zwischen der Phononenfrequenz $\omega(\boldsymbol{k})$ in diesem Gitter und der Frequenz $\omega^{(0)}(\boldsymbol{k})$ im nichtdeformierten Gitter:

$$\omega(\boldsymbol{k}) = \omega^{(0)}(\boldsymbol{k})\,(1 + \lambda_{\alpha\beta} U_{\alpha\beta}) \tag{72,2}$$

mit

$$U_{\alpha\beta} = \frac{1}{2}\left(\frac{\partial U_\alpha}{\partial x_\beta} + \frac{\partial U_\beta}{\partial x_\alpha}\right)$$

als dem Deformationstensor ($\boldsymbol{U}$ ist der Verschiebungsvektor). Der den Kristall charakterisierende Tensor $\lambda_{\alpha\beta}$ ist im allgemeinen von $\boldsymbol{k}$ abhängig. Für langwellige akustische Phononen mit linearer Dispersionsrelation hängt er jedoch nicht vom Betrag des Wellenvektors $\boldsymbol{k}$ ab.

In der Klammer in (72,2) müßte eigentlich noch ein Term der Form $\boldsymbol{\lambda}$ rot $\boldsymbol{U}$ auftreten, der einen trivialen Umstand beschreibt: Falls die Deformation eine Rotation des Volumenelements verursacht (rot $\boldsymbol{U} \neq 0$), so ändert sich die Richtung der Achsen (des reziproken Gitters), bezüglich derer der Quasiimpuls des Phonons in der Dispersionsrelation bestimmt werden muß. Der Ausdruck $\boldsymbol{\lambda}$ rot $\boldsymbol{U}$ würde die entsprechende Umrechnung von $\boldsymbol{k}$ beschreiben. Wir werden diesen Beitrag in (72,2) nicht mitschreiben, da von vornherein klar ist, daß er sich nicht auf die uns interessierende Energiedissipation in einer Schallwelle auswirken kann. Ein realer physikalischer Effekt wie die Dissipation kann nicht vom Vektor rot $\boldsymbol{U}$ abhängen, der bereits für eine starre Rotation des Körpers von Null verschieden ist.

Die durch die Deformation des Gitters hervorgerufene Änderung der Verteilungsfunktion der Phononen wird mit Hilfe der kinetischen Gleichung

$$\frac{\partial N}{\partial \omega}\,\dot{\omega} + \frac{\partial N}{\partial T}\,\dot{T} = \mathrm{St}\,N \tag{72,3}$$

bestimmt, wobei $\mathrm{St}\,N$ das Phonon-Phonon-Stoßintegral (67,6) ist und $\dot{T}$ die Geschwindigkeit der Temperaturänderung an einem festgehaltenen Gitterpunkt beschreibt, die unweigerlich mit der Deformation einhergeht. Linearisiert man diese Gleichung auf übliche Weise und führt die Funktion χ entsprechend der Definition (67,15) ein, so kann man sie in die Form

$$\omega\,\frac{\partial N_0}{\partial \omega}\left(\lambda_{\alpha\beta}\dot{U}_{\alpha\beta} - \frac{\dot{T}}{T}\right) = I(\chi) \tag{72,4}$$

überführen, wobei $I(\chi)$ das linearisierte Stoßintegral (67,17) darstellt. Im links stehenden Ausdruck wurde die Ableitung $\dot{\omega}$ mit Hilfe von (72,2) ausgedrückt. Der Index (0) bei der ungestörten Frequenz wird hier und im folgenden weggelassen.

Die zeitliche Ableitung $\dot{T}$ kann man im Prinzip mit Hilfe desselben Tensors $\lambda_{\alpha\beta}$ ausdrücken. Nach einer Multiplikation beider Seiten der Gleichung (72,4) mit ω,

Integration über den $\boldsymbol{k}$-Raum und Summation bezüglich aller Zweige des Phononenspektrums wird die rechte Seite dieser Gleichung auf Grund der Energieerhaltung bei den Stößen Null. Die linke Seite der Gleichung dagegen ergibt

$$\frac{\dot{T}}{T} = \bar{\lambda}_{\alpha\beta} \dot{U}_{\alpha\beta}, \tag{72,5}$$

wobei $\bar{\lambda}_{\alpha\beta}$ den über $\omega^2\,\partial N_0/\partial\omega$ gemittelten Tensor $\lambda_{\alpha\beta}$ darstellt. In den beiden Grenzfällen hoher und tiefer Temperaturen hängt $\bar{\lambda}_{\alpha\beta}$ nicht von der Temperatur ab. In der Tat sind für $T \gg \Theta$ für den Mittelungsprozeß die Phononen wesentlich, die einen von der Temperatur unabhängigen Quasiimpuls $k \sim k_{\max} \sim 1/d$ besitzen. Für $T \ll \Theta$ sind nur langwellige akustische Phononen wichtig, für die $\lambda_{\alpha\beta}$ nicht von $\boldsymbol{k}$ abhängt, so daß die Mittelung auch keine Temperaturabhängigkeit hervorruft.

Indem wir jetzt die Bezeichnung $\lambda_{\alpha\beta} - \bar{\lambda}_{\alpha\beta} = \tilde{\lambda}_{\alpha\beta}$ einführen, schreiben wir die kinetische Gleichung in der Gestalt

$$\omega \frac{\partial N_0}{\partial \omega} \tilde{\lambda}_{\alpha\beta} \dot{U}_{\alpha\beta} = I(\chi). \tag{72,6}$$

Im weiteren leiten wir eine Formel ab, welche die Energiedissipation im Nichtgleichgewichtsphononengas bestimmt. Hierfür gehen wir vom Ausdruck für die Entropiedichte eines Bose-Gases

$$S = \sum_g \int \{(N+1)\ln(N+1) - N\ln N\} \frac{d^3k}{(2\pi)^3} \tag{72,7}$$

aus (s. V, § 55). Differenziert man diesen Ausdruck nach der Zeit, so findet man

$$\dot{S} = \sum_g \int \dot{N} \ln \frac{N+1}{N} \frac{d^3k}{(2\pi)^3}. \tag{72,8}$$

Ersetzen wir in diesem Ausdruck $\dot{N}$ durch das Integral St N (vgl. § 4) und führen in beiden Gliedern des Ausdrucks (67,6) bestimmte Variablenumbenennungen für $\boldsymbol{k}$, $\boldsymbol{k}_1$, $\boldsymbol{k}_2$ durch, so erhalten wir $\dot{S}$ in der Form

$$\dot{S} = \frac{1}{2} \sum_{g_1 g_2 g_3} \int w(\boldsymbol{k}_2, \boldsymbol{k}_3; \boldsymbol{k}_1)\, \delta(\omega_1 - \omega_2 - \omega_3) \ln \frac{(N_1+1) N_2 N_3}{N_1(N_2+1)(N_3+1)}$$
$$\times [(N_1+1) N_2 N_3 - N_1(N_2+1)(N_3+1)] \frac{d^3k_1\, d^3k_2}{(2\pi)^6}.$$

Multipliziert man weiterhin diesen Ausdruck mit T, so erhält man die Dissipationsfunktion — die Energie, die pro Zeiteinheit und Volumeneinheit dissipiert wird. Indem man hier $N = N_0 + \delta N$ einsetzt (mit δN in der Form (67,15)) und sich auf die ersten, in δN quadratischen Entwicklungsglieder beschränkt, erhält man

$$T\dot{S} = \frac{1}{2T} \sum_{g_1 g_2 g_3} \int w(\boldsymbol{k}_2, \boldsymbol{k}_3; \boldsymbol{k}_1)\, \delta(\omega_1 - \omega_2 - \omega_3)$$
$$\times (N_{01}+1) N_{02} N_{03} (\chi_1 - \chi_2 - \chi_3)^2 \frac{d^3k_1\, d^3k_2}{(2\pi)^6}. \tag{72,9}$$

Die hier niedergeschriebenen Formeln erlauben es, die Temperaturabhängigkeit des Schallabsorptionskoeffizienten zu bestimmen. Betrachten wir zunächst den Bereich hoher Temperaturen.

In diesem Fall enthält das Stoßintegral $I(\chi)$ die Temperatur in Form eines Faktors T^2 (s. Anfang von § 68). Auf der linken Seite der kinetischen Gleichung (72,6) dagegen haben wir $\omega\, \partial N_0/\partial\omega \approx -T/\omega$, wobei für den überwiegenden Teil der Phononen die Frequenz $\omega \sim \Theta$ nicht von der Temperatur abhängt. Auf diese Weise finden wir, daß für diese Frequenzen

$$\chi \sim \frac{1}{T} \tilde{\lambda}_{\alpha\beta} \dot{U}_{\alpha\beta}$$

gilt. Aus dem Ausdruck (72,9), in dem $N_0 \approx T/\omega \gg 1$ gesetzt werden muß, finden wir jetzt, daß die Dissipationsfunktion nicht von der Temperatur abhängt. Das gleiche gilt auch für den Absorptionskoeffizienten, den man bei Division der Dissipationsfunktion durch eine temperaturunabhängige Größe — die Energiestromdichte in der Schallwelle — erhält. Demnach sind für $T \gg \Theta$ sowohl der Zähigkeits- als auch der Wärmeleitfähigkeitsanteil des Schallabsorptionskoeffizienten von der Temperatur unabhängig.

Für tiefe Temperaturen ist es vor allem notwendig, einen prinzipiellen Unterschied zur Aufgabenstellung der Wärmeleitfähigkeit zu unterstreichen. Einen endlichen Wert des Schallabsorptionskoeffizienten erhält man bereits unter Vernachlässigung von U-Prozessen (deren Häufigkeit für tiefe Temperaturen klein ist). Wir erinnern daran, daß im Fall der Wärmeleitfähigkeit das Fehlen einer Lösung der kinetischen Gleichung ohne Berücksichtigung von U-Prozessen sich in dem Widerspruch zeigte, der bei einer Multiplikation dieser Gleichung mit $\boldsymbol{k}$ und Integration über das gesamte Phononenspektrum auftrat. Die rechte Seite dieser Gleichung wurde Null, während die linke Seite von Null verschieden blieb (vgl. (69,6)). Für die Gleichung (72,6) jedoch existiert ein solcher Widerspruch nicht. Da ihre linke Seite eine gerade Funktion von $\boldsymbol{k}$ ist, ergibt sich nach Multiplikation mit $\boldsymbol{k}$ eine ungerade Funktion, und die Integration bezüglich d^3k ergibt für die linke Seite Null. Dabei wird angenommen, daß auch das Integral des Gliedes mit dem Operator der U-Prozesse — das Integral von $\boldsymbol{k}I_U(\chi)$ — verschwindet. Da diese Tatsache nicht automatisch auf Grund irgendeines Erhaltungssatzes gilt, ergibt sich daraus eine bestimmte Bedingung für die Lösung der kinetischen Gleichung: Die Funktion $\chi(\boldsymbol{k})$ muß eine gerade Funktion von $\boldsymbol{k}$ sein. (Dann ist $\boldsymbol{k}I_U(\chi)$ eine ungerade Funktion. Man sieht leicht, daß der Operator I die Symmetrieeigenschaften der Funktion χ nicht ändert.) Diese Forderung beseitigt die Willkür, die (beim Fehlen von U-Prozessen) mit dem Auftreten einer bezüglich $\boldsymbol{k}$ ungeraden „parasitären" Lösung der Gestalt $\chi = \boldsymbol{k}\,\delta\boldsymbol{V}$ verbunden ist, und garantiert einen korrekten Grenzübergang zum Fehlen dieser Prozesse.

Für $T \ll \Theta$ spielen im Stoßintegral (und in der Dissipationsfunktion) die Phononen mit Energien $\omega \sim T$ die Hauptrolle. Dies sind langwellige Phononen der akustischen Zweige des Spektrums. Ihre Frequenz ist linear von k abhängig, und deshalb gilt $k \sim T/u$. Entsprechend (66,14) ist für Stöße dieser Phononen die Funktion w im Integral (67,17) proportional zu kk_1k_2. Die Verteilungsfunktion N_0 hängt nur vom Verhältnis ω/T ab, so daß für $\omega \sim T$ die Relation $N_0 \sim 1$ gilt. Die Integration erfolgt bezüglich $\mathrm{d}^3k_1 = k_1^2\,\mathrm{d}k_1\,\mathrm{d}o_1$, wobei für k_1 das Gebiet $\sim T$ beiträgt. Jeder der Faktoren

k, k_1, k_2 führt deshalb im Integral zu einem Faktor T und die δ-Funktion zu einem Faktor $1/T$. Auf diese Weise finden wir, daß sich das gesamte Integral bezüglich seiner Temperaturabhängigkeit wie χT^4 verhält. Die linke Seite der kinetischen Gleichung (72,6) dagegen ist für $\omega \sim T$ von der Temperatur unabhängig. Hieraus finden wir, daß für $\omega \sim T$

$$\chi \propto T^{-4}\tilde{\lambda}_{\alpha\beta}\dot{U}_{\alpha\beta}$$

gilt. Anschließend führt eine analoge Abschätzung des Integrals (72,9) zu dem Ergebnis, daß sich die Dissipationsfunktion und mit ihr der Zähigkeitsanteil des Schallabsorptionskoeffizienten umgekehrt proportional zu T verhalten. Somit gilt

$$\gamma_Z \propto \omega^2/T \quad \text{für} \quad T \ll \Theta\,. \tag{72,10}$$

Die Entbehrlichkeit von U-Prozessen führt dazu, daß dieser Teil des Absorptionskoeffizienten bei Temperaturerniedrigung nur potenzförmig, nicht aber exponentiell anwächst.

Die Verwendung der Dissipationsfunktion in der durchgeführten Herleitung ermöglichte es, die Darstellung des Reibungstensors in einem Kristall durch die Verteilungsfunktion der Phononen zu umgehen. Die Nichttrivialität dieser Frage ist damit verbunden, daß es sich um den Stromdichtetensor des tatsächlichen Impulses handelt, der durchaus nicht mit dem des Quasiimpulses der Phononen übereinstimmt. Wir zeigen jetzt, auf welche Weise dieser Ausdruck seinerseits aus der Form der Dissipationsfunktion erhalten werden kann.

Dazu gehen wir erneut vom Integral (72,8) aus, in dem wir diesmal die Ableitung $\dot{N}$ durch den Ausdruck darstellen, der auf der linken Seite der kinetischen Gleichung (72,6) auftritt. Den Logarithmus im Integranden formen wir um in

$$-\ln\frac{N}{N+1} = -\ln\left[\frac{N_0}{N_0+1}\left(1+\frac{\chi}{T}\right)\right] \approx \frac{\omega-\chi}{T}$$

(s. (67,16)). Als Ergebnis finden wir

$$T\dot{S} = \sum_g \int \omega\tilde{\lambda}_{\alpha\beta}\,\delta N\,\frac{d^3k}{(2\pi)^3}\cdot\dot{U}_{\alpha\beta} \tag{72,11}$$

mit $\delta N = -\chi\,\partial N_0/\partial\omega$. (Das Glied mit dem Faktor ω anstelle von χ verschwindet auf Grund der Definition von $\tilde{\lambda}_{\alpha\beta}$.) Anstelle von $\tilde{\lambda}_{\alpha\beta} = \lambda_{\alpha\beta} - \bar{\lambda}_{\alpha\beta}$ kann hier einfach $\lambda_{\alpha\beta}$ geschrieben werden, da das Integral mit dem konstanten Faktor $\bar{\lambda}_{\alpha\beta}$ infolge der zusätzlich geforderten Bedingung für δN (67,14) keinen Beitrag liefert.

Andererseits wird die Dissipationsfunktion (pro Volumeneinheit) durch den Reibungstensor $\sigma'_{\alpha\beta}$ in der Form $\sigma'_{\alpha\beta}\dot{U}_{\alpha\beta}$ ausgedrückt (vgl. VII, § 34). Ein Vergleich mit (72,11) führt zu folgendem Ausdruck für den Reibungstensor:

$$\sigma'_{\alpha\beta} = \sum_g \int \omega\lambda_{\alpha\beta}\,\delta N\,\frac{d^3k}{(2\pi)^3} \tag{72,12}$$

(W. L. Gurewitsch, 1980).

§ 73. Schallabsorption im Dielektrikum. Kurze Wellen

Im entgegengesetzten Fall kleiner Wellenlängen $fl \gg 1$ kann man den Prozeß der Dämpfung von Schallwellen als das Ergebnis der Absorption von einzelnen Schallquanten bei ihren Stößen mit thermischen Phononen betrachten (L. D. LANDAU, J. B. RUMER, 1937). Die Zulässigkeit dieses Zugangs setzt voraus, daß die Energie und der Impuls der thermischen Phononen hinreichend genau definiert sind. Bei den infolge der Absorption eines Schallquants auftretenden Änderungen müssen diese Größen in einen Bereich außerhalb ihrer Quantenunschärfe fallen. Diese Unschärfe ist durch die Endlichkeit der freien Weglänge bedingt. Die Forderung ist durch die Ungleichung $fl \gg 1$ erfüllt. Eine solche Situation kann faktisch nur für tiefe Temperaturen eintreten, wenn die freie Weglänge hinreichend groß ist.

In erster Näherung, d. h. unter Berücksichtigung von Prozessen mit der geringstmöglichen Zahl von beteiligten Phononen, haben wir Drei-Phononen-Prozesse zu betrachten,

$$\boldsymbol{k}_1 + \boldsymbol{f} = \boldsymbol{k}_2\,, \qquad \omega_1 + \omega = \omega_2\,, \tag{73,1}$$

wobei ω, $\boldsymbol{f}$ die Energie bzw. den Quasiimpuls des Schallquants repräsentieren, während ω_1, $\boldsymbol{k}_1$ und ω_2, $\boldsymbol{k}_2$ sich auf thermische Phononen beziehen. Die Energie und die Quasiimpulse der thermischen Phononen sind von den Größenordnungen $\omega_1, \omega_2 \sim T$; $k_1, k_2 \sim T/u$. Im weiteren werden wir

$$\hbar\omega \ll T \tag{73,2}$$

voraussetzen. Dann sind ω_1, ω_2 und k_1, k_2 groß, verglichen mit ω und f.

Wie wir in § 68 sehen konnten, sind die Erhaltungssätze (73,1) nur erfüllbar, wenn die Geschwindigkeit des thermischen Phonons größer ist als die Geschwindigkeit der absorbierten (bzw. emittierten) Schallquanten. Ohne daß wir die verschiedenen möglichen Fälle näher diskutieren, werden wir annehmen, daß die Schallwelle nicht „longitudinal" ist (d. h. nicht zum akustischen Zweig des Phononenspektrums mit größtmöglicher Geschwindigkeit gehört), so daß die angegebene Bedingung erfüllt werden kann. Infolge der Kleinheit von ω und f gehören das thermische Ausgangs- und Endphonon im allgemeinen zu ein und demselben akustischen Zweig des Phononenspektrums. Für tiefe Temperaturen sind sie langwellig.

Die Emissions- bzw. Absorptionswahrscheinlichkeiten des Phonons im Drei-Phononen-Prozeß sind durch die Gleichungen (66,9) bzw. (66,11) gegeben. Hierbei werden die Besetzungszahlen $N_1 \equiv N(\boldsymbol{k}_1)$ und $N_2 \equiv N(\boldsymbol{k}_2)$ durch die PLANCKsche Gleichgewichtsverteilungsfunktion (67,9) geliefert. Die makroskopische Schallwelle entspricht einer sehr großen Besetzungszahl des gegebenen Phononenzustandes $\boldsymbol{f}$. Im Vergleich mit dieser Zahl kann natürlich die Eins vernachlässigt werden. Läßt man den Faktor $N(\boldsymbol{f})$ weg, erhält man die Wahrscheinlichkeit, bezogen auf ein Schallquant.

Somit ist die Absorptionswahrscheinlichkeit des Schallquants bei seinen Stößen mit thermischen Phononen aller möglichen Werte $\boldsymbol{k}_1$ gegeben durch das Integral

$$\int A k_1 k_2 f N_1 (N_2 + 1)\, \delta(\omega_1 + \omega - \omega_2) \frac{d^3 k_1}{(2\pi)^3}\,. \tag{73,3}$$

Die Wahrscheinlichkeit des umgekehrten Prozesses der Emission eines Phonons $\boldsymbol{f}$ durch alle möglichen Phononen $\boldsymbol{k}_2$ dagegen ist

$$\int A k_1 k_2 f N_2 (N_1 + 1)\, \delta(\omega_1 + \omega - \omega_2) \frac{d^3 k_1}{(2\pi)^3} . \tag{73,4}$$

Die in den Formeln (66,9) und (66,11) auftretende Funktion w ist unter Berücksichtigung dessen, daß alle drei Phononen langwellig sind, nach (66,14) in der Form $A k_1 k_2 f$ geschrieben worden (A ist eine Funktion der Richtungen aller Phononen).

Die Absorption von Phononen (die relative Geschwindigkeit, mit der ihre Zahl abnimmt) wird durch die Differenz dieser beiden Wahrscheinlichkeiten bestimmt. Da die Frequenz ω im Vergleich zu ω_1 und ω_2 klein ist, erhalten wir

$$N_1 (N_2 + 1) - (N_1 + 1) N_2 = N_1 - N_2 = -\frac{\partial N_1}{\partial \omega_1} \omega .$$

Auf diese Weise wird der Absorptionskoeffizient

$$\gamma \propto \omega f \int A k_1 k_2 \left| \frac{\partial N_1}{\partial \omega_1} \right| \delta(\omega_1 + \omega - \omega_2)\, d^3 k_1 . \tag{73,5}$$

Uns interessiert die Abhängigkeit dieser Größe von der Schallfrequenz ω und der Temperatur des Kristalls T. Sie wird vollständig durch die Tatsache bestimmt, daß alle in (73,5) auftretenden Frequenzen homogene Funktionen erster Ordnung der Wellenvektoren sind. Zur Vereinfachung der Überlegungen genügt es, die Dispersionsrelationen $\omega = Uf$, $\omega_1 = uk_1$, $\omega_2 = uk_2$ anzunehmen, wobei U und u richtungsunabhängige Geschwindigkeiten sind.

Infolge der Kleinheit von f kann man $k_1 \approx k_2$ setzen. Aus gleichem Grunde gilt

$$\omega_2 - \omega_1 \approx \frac{\partial \omega_1}{\partial \boldsymbol{k}_1} \boldsymbol{f} = uf \cos\Theta = \omega \frac{u}{U} \cos\Theta$$

mit Θ als dem Winkel zwischen $\boldsymbol{f}$ und $\boldsymbol{k}$. Somit erhalten wir

$$\delta(\omega_1 + \omega - \omega_2) = \frac{1}{\omega} \delta\left(1 - \frac{u}{U} \cos\Theta\right),$$

und das Integral (73,5) erhält die Form

$$\gamma \propto \omega \int A k_1^2 \left| \frac{\partial N_1}{\partial \omega} \right| \delta\left(1 - \frac{u}{U} \cos\Theta\right) k_1^2\, dk_1\, d\cos\Theta \tag{73,6}$$

bzw. nach Beseitigung der δ-Funktion

$$\gamma \propto \omega \int k_1^4 \left| \frac{\partial N}{\partial k_1} \right| dk_1 .$$

Da N_1 nur eine Funktion des Verhältnisses $\omega_1/T = uk_1/T$ ist (in Anbetracht der schnellen Konvergenz kann man die Integration über k_1 bis ∞ erweitern), ist das verbleibende Integral proportional zu T^4. Deshalb gilt

$$\gamma \propto \omega T^4 . \tag{73,7}$$

Wir stellen fest, daß der Schallabsorptionskoeffizient hierbei proportional zur ersten Potenz der Frequenz ist.

Weiterhin stellen wir fest, daß unter der oben angenommenen Bedingung (73,2) der beschriebene Mechanismus der Schalldämpfung vollkommen analog zur LANDAU-Dämpfung im Plasma ist. Die Rolle der „Resonanzelektronen" übernehmen im hier betrachteten Fall die Phononen, die sich in Phase mit der Schallwelle bewegen. Es ist deshalb nicht erstaunlich, daß sich eine Ähnlichkeit von (73,6) mit der Formel (30,1) der LANDAU-Dämpfung ergibt.

VIII QUANTENFLÜSSIGKEITEN

§ 74. Kinetische Gleichung für Quasiteilchen in einer FERMI-Flüssigkeit

Die kinetische Gleichung für Quasiteilchen in einer gewöhnlichen FERMI-Flüssigkeit wurde bereits in einem anderen Band dieser Lehrbuchreihe in Verbindung mit der Ausbreitung von Schwingungen in dieser Flüssigkeit behandelt (s. IX, §§ 4, 5). Für die Lösung dieser Fragestellung war das Stoßintegral in der kinetischen Gleichung ohne Bedeutung. Wir setzen jetzt die Untersuchung der kinetischen Gleichung fort und betrachten dabei ihre Anwendung auf dissipative Prozesse, die mit Stößen verbunden sind.

Die Quasiteilchen in einer FERMI-Flüssigkeit besitzen den Spin 1/2. Dementsprechend ist die zugehörige Verteilungsfunktion im allgemeinen eine Matrix bezüglich der Spinvariablen. Jedoch erweist es sich für eine Vielzahl von Aufgabenstellungen als ausreichend, Verteilungen zu betrachten, die von der Spinvariablen nicht abhängen. In diesen Fällen kann die Verteilungsfunktion auf eine skalare Funktion $n(\boldsymbol{r}, \boldsymbol{p})$ zurückgeführt werden, die so normiert ist, daß $n\, \mathrm{d}^3p/(2\pi\hbar)^3$ die Zahl der Quasiteilchen pro Volumeneinheit mit Impulsen innerhalb des Intervalls d^3p und mit gegebener Spinorientierung beschreibt. So sind die Verteilungsfunktionen in §§ 74–76 zu verstehen.

Die charakteristische Eigenschaft des Spektrums einer FERMI-Flüssigkeit besteht darin, daß die Energie ε der Quasiteilchen ein Funktional der Verteilungsfunktion ist. Falls sich letztere um einen kleinen Wert ändert,

$$n(\boldsymbol{r}, \boldsymbol{p}) = n_0(\boldsymbol{p}) + \delta n(\boldsymbol{r}, \boldsymbol{p}) \tag{74,1}$$

(mit n_0 als der Gleichgewichtsverteilung), ändert sich die Energie um

$$\delta\varepsilon(\boldsymbol{r}, \boldsymbol{p}) = \int f(\boldsymbol{p}, \boldsymbol{p}')\, \delta n(\boldsymbol{r}, \boldsymbol{p}')\, \frac{\mathrm{d}^3p'}{(2\pi\hbar)^3}, \tag{74,2}$$

wobei $f(\boldsymbol{p}, \boldsymbol{p}')$ die Wechselwirkungsfunktion der Quasiteilchen darstellt. Somit entspricht der Verteilungsfunktion (74,1) eine Energie der Quasiteilchen

$$\varepsilon(\boldsymbol{r}, \boldsymbol{p}) = \varepsilon_0(\boldsymbol{p}) + \delta\varepsilon(\boldsymbol{r}, \boldsymbol{p}), \tag{74,3}$$

wobei $\varepsilon_0(\boldsymbol{p})$ die Energie beschreibt, die zur Gleichgewichtsverteilung gehört.

Die kinetische Gleichung lautet

$$\frac{\partial n}{\partial t} + \frac{\partial \varepsilon}{\partial \boldsymbol{p}} \frac{\partial n}{\partial \boldsymbol{r}} - \frac{\partial \varepsilon}{\partial \boldsymbol{r}} \frac{\partial n}{\partial \boldsymbol{p}} = \mathrm{St}\, n\,. \tag{74,4}$$

Ihre charakteristische Besonderheit besteht darin, daß in einer inhomogenen Flüssigkeit die linke Seite der Gleichung sogar ohne äußeres Feld einen Beitrag der Form $\partial\varepsilon/\partial\boldsymbol{r}$ enthält, und zwar infolge der durch die Beziehung (74,3) verursachten Ortsabhängigkeit der Energie.

Das Stoßintegral auf der rechten Seite der Gleichung (74,4) besitzt die Form

$$\mathrm{St}\, n = \int w(\boldsymbol{p}, \boldsymbol{p}_1; \boldsymbol{p}', \boldsymbol{p}_1') \left[n'n_1'(1-n)(1-n_1) - nn_1(1-n')(1-n_1')\right] \times \delta(\varepsilon + \varepsilon_1 - \varepsilon' - \varepsilon_1') \frac{\mathrm{d}^3p_1\, \mathrm{d}^3p'}{(2\pi\hbar)^6}, \tag{74,5}$$

wobei n, n_1, n', n_1' Funktionen der Impulse $\boldsymbol{p}, \boldsymbol{p}_1, \boldsymbol{p}', \boldsymbol{p}_1'$ der sich stoßenden Quasiteilchen sind. Es wird vorausgesetzt, daß der Impulserhaltungssatz in der Form $\boldsymbol{p} + \boldsymbol{p}_1 = \boldsymbol{p}' + \boldsymbol{p}_1'$ bereits berücksichtigt ist. Die Integration in (74,5) muß deshalb nur noch über zwei Impulse (nicht aber über drei Impulse) durchgeführt werden. Die Energieerhaltung wird durch die δ-Funktion, die explizit in (74,5) auftritt, gewährleistet. Die Funktion w hängt von den Impulsen ab und charakterisiert die Stoßwahrscheinlichkeit. Der erste und der zweite Term in der eckigen Klammer bestimmen die Anzahl der Quasiteilchen, die in einen gegebenen Quantenzustand hineingestreut bzw. aus ihm herausgestreut werden. Diese Glieder unterscheiden sich von den entsprechenden Gliedern im Stoßintegral des BOLTZMANN-Gases durch die Faktoren $(1 - n), \ldots$. Das Auftreten dieser Faktoren ist mit der FERMI-Statistik verbunden, die bewirkt, daß die Quasiteilchen bei Stößen nur in noch nicht besetzte Zustände gelangen können.

Für die Stöße von Quasiteilchen in einer FERMI-Flüssigkeit ist die BORNsche Näherung im allgemeinen nicht anwendbar. Trotzdem können die Wahrscheinlichkeiten des direkten und des umgekehrten Streuprozesses als gleich angenommen werden. Wir untersuchen Größen, die bereits über alle Spinrichtungen der Quasiteilchen gemittelt sind. Unter diesen Bedingungen ist die Streuwahrscheinlichkeit allein von den Ausgangs- und Endimpulsen der stoßenden Quasiteilchen abhängig. Diese Tatsache gestattet es uns, hier die gleichen Überlegungen durchzuführen, die bereits in § 2 zur Herleitung des Prinzips des detaillierten Gleichgewichts in der Form (2,8) benutzt wurden. Dabei ist es wichtig, daß in der FERMI-Flüssigkeit wie bisher die Invarianz bezüglich räumlicher Inversion gilt. Auf diese Weise gelangen wir zur Gleichung

$$w(\boldsymbol{p}', \boldsymbol{p}_1'; \boldsymbol{p}, \boldsymbol{p}_1) = w(\boldsymbol{p}, \boldsymbol{p}_1; \boldsymbol{p}', \boldsymbol{p}_1'),$$

die bereits in das Stoßintegral (74,5) eingegangen ist. Die Funktion w ist im allgemeinen von den Besetzungszahlen der Zustände und somit von der Temperatur abhängig. Infolge der Kleinheit der Temperatur (diese ist wichtig für die gesamte Theorie der FERMI-Flüssigkeit) ist jedoch unter w im Stoßintegral die Funktion für $T = 0$ zu verstehen.

Setzt man in (74,5) für n die FERMIsche Gleichgewichtsverteilungsfunktion

$$n_0(\varepsilon) = \left[\exp\frac{\varepsilon - \mu}{T} + 1\right]^{-1} \tag{74,6}$$

ein, so wird das Integral (74,5) identisch Null. Beachtet man nämlich

$$\frac{n_0}{1 - n_0} = \exp\left(-\frac{\varepsilon - \mu}{T}\right),$$

so kann man sofort sehen, daß auf Grund des Energieerhaltungssatzes folgende Gleichung erfüllt ist:

$$\frac{n_0 n_{01}}{(1 - n_0)(1 - n_{01})} = \frac{n_0' n_{01}'}{(1 - n_0')(1 - n_{01}')}. \tag{74,7}$$

Wir wollen mittels der kinetischen Gleichung klären, auf welche Weise man die Erhaltungssätze für Masse, Energie und Impuls der FERMI-Flüssigkeit durch die Verteilungsfunktion ausdrücken kann. Die Abhängigkeit der Quasiteilchenenergie von der Verteilungsfunktion gibt dieser Fragestellung eine besondere Note.

Wir integrieren zunächst beide Seiten der Gleichung (74,4) über $2\,d^3p/(2\pi\hbar)^3$ (der Faktor 2 berücksichtigt die zwei möglichen Spineinstellungen). Auf Grund der Erhaltung der Zahl der Quasiteilchen bei Stößen verschwindet der Beitrag des Integrals über St n. Auf der linken Seite der Gleichung wird das Integral des Gliedes $-(\partial n/\partial \boldsymbol{p}) \times (\partial \varepsilon/\partial \boldsymbol{r})$ partiell integriert, wonach die Gleichung folgende Gestalt annimmt:

$$\frac{\partial N}{\partial t} + \operatorname{div} \boldsymbol{i} = 0$$

mit N als der Quasiteilchendichte, der Stromdichte

$$\boldsymbol{i} = \langle \boldsymbol{v} \rangle \tag{74,8}$$

und $\boldsymbol{v} = \partial\varepsilon/\partial\boldsymbol{p}$ als der Quasiteilchengeschwindigkeit.[1]) Diese Gleichung stellt die Kontinuitätsgleichung für Quasiteilchen dar, so daß $\boldsymbol{i}$ deren Stromdichte charakterisiert. Da in einer FERMI-Flüssigkeit die Zahl der Quasiteilchen mit der Zahl der tatsächlichen Teilchen übereinstimmt, ist $\boldsymbol{i}$ gleichzeitig auch die Stromdichte der wirklichen Teilchen, so daß $\boldsymbol{i} = \langle \boldsymbol{p}/m \rangle$ gilt.

Wir führen jetzt mit der Gleichung (74,4) noch einmal die gleichen Operationen durch, nachdem wir beide Seiten mit $\boldsymbol{p}$ multipliziert haben. Das Integral über $\boldsymbol{p}$ St n wird infolge der Erhaltung des Gesamtquasiteilchenimpulses bei Stößen Null. Die linke Seite ergibt in Komponentenschreibweise

$$\frac{\partial\langle p_\alpha\rangle}{\partial t} + \int p_\alpha \left(\frac{\partial n}{\partial x_\beta}\frac{\partial \varepsilon}{\partial p_\beta} - \frac{\partial n}{\partial p_\beta}\frac{\partial \varepsilon}{\partial x_\beta}\right)\frac{2d^3p}{(2\pi\hbar)^3}.$$

Den Integranden im zweiten Term überführen wir in die Form

$$\frac{\partial}{\partial x_\beta}\left(p_\alpha \frac{\partial\varepsilon}{\partial p_\beta} n\right) + n\frac{\partial\varepsilon}{\partial x_\alpha} - \frac{\partial}{\partial p_\beta}\left(p_\alpha\frac{\partial\varepsilon}{\partial x_\beta} n\right).$$

Durch die Integration verschwindet das dritte Glied, während der zweite Summand die Ableitung $\partial E/\partial x_\alpha$ der Energiedichte der Flüssigkeit E liefert. Wir erinnern daran,

---

[1]) In diesem Paragraphen beschreibt das Symbol $\langle\ldots\rangle$ die Integration über die Verteilung n:

$$\langle\ldots\rangle = \int \ldots n \frac{2\,d^3p}{(2\pi\hbar)^3}.$$

daß die Energie der Quasiteilchen in einer FERMI-Flüssigkeit gerade durch die Variation der inneren Energie bestimmt wird,

$$\delta E = \int \varepsilon\, \delta n \frac{2\mathrm{d}^3 p}{(2\pi\hbar)^3}. \tag{74,9}$$

Auf diese Weise erhalten wir die Gleichung für die Impulserhaltung in der Form

$$\frac{\partial}{\partial t}\langle p_\alpha\rangle + \frac{\partial \Pi_{\alpha\beta}}{\partial x_\beta} = 0$$

mit dem Impulsstromdichtetensor

$$\Pi_{\alpha\beta} = \langle p_\alpha v_\beta\rangle + \delta_{\alpha\beta}(\langle\varepsilon\rangle - E)\,. \tag{74,10}$$

Multiplizieren wir schließlich beide Seiten der Gleichung (74,4) mit ε und führen die Integration aus, so erhalten wir auf analoge Weise eine Gleichung für die Energieerhaltung,

$$\partial E/\partial t + \operatorname{div} \boldsymbol{q} = 0$$

mit der Energiestromdichte

$$\boldsymbol{q} = \langle \varepsilon \boldsymbol{v}\rangle\,. \tag{74,11}$$

Im Gleichgewicht werden alle Ströme $\boldsymbol{i}$, $\boldsymbol{q}$, $\Pi_{\alpha\beta}$ Null. Wir erhalten für diese Ströme Ausdrücke, die linear bezüglich der kleinen Abweichung δn der gestörten Verteilung (74,1) sind.

Die Gleichgewichtsfunktion n_0 ist nur von der Energie der Quasiteilchen abhängig, wobei diese die Energie des Gleichgewichts ist. Berücksichtigt man diesen Umstand mit dem Index Null an ε, so können wir die Definition (74,1) in der genaueren Form

$$n(\boldsymbol{r}, \boldsymbol{p}) = n_0(\varepsilon_0) + \delta n(\boldsymbol{r}, \boldsymbol{p}) \tag{74,12}$$

schreiben. Will man jedoch n_0 als Funktion der tatsächlichen Energie der Quasiteilchen ε ausdrücken, so muß man schreiben

$$n_0(\varepsilon_0) = n_0(\varepsilon) - \delta\varepsilon \frac{\partial n_0}{\partial \varepsilon},$$

wodurch die gestörte Verteilungsfunktion folgende Form erhält:

$$n(\boldsymbol{r}, \boldsymbol{p}) = n_0(\varepsilon) + \delta\tilde{n}(\boldsymbol{r}, \boldsymbol{p})\,, \tag{74,13}$$

$$\delta\tilde{n} = \delta n - \delta\varepsilon \frac{\partial n_0}{\partial\varepsilon} = \delta n - \frac{\partial n_0}{\partial \varepsilon}\int f(\boldsymbol{p}, \boldsymbol{p}')\, \delta n(\boldsymbol{r}, \boldsymbol{p}') \frac{\mathrm{d}^3 p'}{(2\pi\hbar)^3}.$$

Da in den Integralen (74,8—11) ε und $\boldsymbol{v} = \partial\varepsilon/\partial\boldsymbol{p}$ bereits die tatsächliche Energie sowie die Geschwindigkeit der Quasiteilchen darstellen, ist es ausreichend, in diese Ausdrücke n in der Form (74,13) einzusetzen. Wir erhalten sofort

$$\boldsymbol{i} = \int \boldsymbol{v}\, \delta\tilde{n} \frac{2\mathrm{d}^3 p}{(2\pi\hbar)^3}, \qquad \boldsymbol{q} = \int \varepsilon \boldsymbol{v}\, \delta\tilde{n} \frac{2\,\mathrm{d}^3 p}{(2\pi\hbar)^3}, \qquad \Pi_{\alpha\beta} = \int p_\alpha v_\beta\, \delta\tilde{n} \frac{2\,\mathrm{d}^3 p}{(2\pi\hbar)^3}. \tag{74,14}$$

(In der letzten Beziehung wurde außerdem (74,9) verwendet.) Da bereits die Glieder erster Ordnung als $\delta\tilde{n}$ abgespalten wurden, kann in den Integralen (74,14) jetzt natürlich ε als $\varepsilon_0(\boldsymbol{p})$ verstanden werden.

Wie schon öfters praktiziert, stellen wir δn in der Form

$$\delta n = -\psi \frac{\partial n_0}{\partial \varepsilon} \tag{74,15}$$

dar. Im betrachteten Fall besitzt die Abspaltung des Faktors $\partial n_0/\partial\varepsilon$ eine besondere Bedeutung. Die Störung δn ist auf den Bereich der Ausschmierung der FERMI-Verteilungsfunktion konzentriert. Gerade in diesem Gebiet ist auch die Ableitung $\partial n_0/\partial\varepsilon$ merklich von Null verschieden. Nach der Abspaltung dieses Faktors ist die verbleibende Funktion ψ nur noch langsam veränderlich. Analog zu (74,15) schreiben wir

$$\delta\tilde{n} = -\varphi \frac{\partial n_0}{\partial \varepsilon} = \frac{n_0(1-n_0)}{T}\varphi \tag{74,16}$$

mit

$$\varphi = \psi - \int f(\boldsymbol{p}, \boldsymbol{p}') \frac{\partial n_0(\varepsilon')}{\partial \varepsilon'} \psi(\boldsymbol{r}, \boldsymbol{p}') \frac{\mathrm{d}^3 p'}{(2\pi\hbar)^3}. \tag{74,17}$$

In nullter Näherung bezüglich des kleinen Verhältnisses T/ε_F wird aus der Funktion $n_0(\varepsilon)$ eine Stufenfunktion, die an der FERMI-Grenze springt. Somit wird

$$\frac{\partial n_0}{\partial \varepsilon} = -\delta(\varepsilon - \varepsilon_F), \tag{74,18}$$

und die Integration über d^3p geht in eine Integration auf der FERMI-Fläche über. Das Volumenelement, das von zwei unendlich nahen Isoenergieflächen im Impulsraum eingeschlossen wird, besitzt die Größe

$$\frac{\mathrm{d}S\,\mathrm{d}\varepsilon}{|\partial\varepsilon/\partial\boldsymbol{p}|} \tag{74,19}$$

mit $\mathrm{d}S$ als dem Flächenelement der Isoenergiefläche. Deshalb wird die Integration über d^3p mit Hilfe nachfolgender Formel als Integration über die FERMI-Fläche ausgedrückt:

$$\int \ldots \delta(\varepsilon - \varepsilon_F)\,\mathrm{d}^3p = \int \ldots \frac{\mathrm{d}S_F}{v_F} \tag{74,20}$$

mit v_F als der Geschwindigkeit an der FERMI-Fläche. In (74,20) wurde noch nicht die Kugelgestalt der Oberfläche ausgenutzt. Für die Kugeloberfläche gilt $\mathrm{d}S_F = p_F^2\,\mathrm{d}o$ mit konstantem Wert p_F.

Nach dieser Umformung erhalten wir für die Definition (74,17) die Gestalt

$$\varphi(\boldsymbol{r}, \boldsymbol{p}) = \psi(\boldsymbol{r}, \boldsymbol{p}) + \int f(\boldsymbol{p}, \boldsymbol{p}_F')\,\psi(\boldsymbol{r}, \boldsymbol{p}_F') \frac{\mathrm{d}S_F'}{v_F'(2\pi\hbar)^3}, \tag{74,21}$$

wobei $\boldsymbol{p}_F$ der Impuls (mit veränderlicher Richtung!) an der FERMI-Fläche ist. Der Teilchenstrom ergibt sich als

$$\boldsymbol{i} = \int \frac{\boldsymbol{v}_F}{v_F} \varphi \frac{2\,\mathrm{d}S_F}{(2\pi\hbar)^3}. \tag{74,22}$$

Analoges gilt für den Impulsstrom. Für die Beschreibung des Energiestromes jedoch ist die Näherung (74,18) offensichtlich unzulänglich. Sie würde $\boldsymbol{q}$ einfach auf die konvektive Energieübertragung $\varepsilon_F \boldsymbol{i}$ reduzieren, d. h. auf den ersten Beitrag des Ausdrucks

$$\boldsymbol{q} = \varepsilon_F \boldsymbol{i} - \int \boldsymbol{v}(\varepsilon - \varepsilon_F) \frac{\partial n_0}{\partial \varepsilon} \varphi \frac{2\, d^3p}{(2\pi\hbar)^3}. \tag{74,23}$$

Zur Durchführung einer Linearisierung des Stoßintegrals muß beachtet werden, daß es verschwindet, falls die Gleichgewichtsverteilung $n_0(\varepsilon)$ als Funktion der tatsächlichen Energie ε eingesetzt wird.[1]) Deshalb wird für die Linearisierung eine Verteilung n der Form (74,13), (74,16) benötigt. Die Berechnungen erfolgen ähnlich wie beim Übergang von (67,6) zu (67,17). Wir schreiben den Ausdruck innerhalb der eckigen Klammer in (74,5) in der Form

$$(1 - n)(1 - n_1)(1 - n')(1 - n_1') \left[\frac{n'}{1 - n'} \frac{n_1'}{1 - n_1'} - \frac{n}{1 - n} \frac{n_1}{1 - n_1} \right]$$

und benutzen

$$\delta \frac{n}{1 - n} = \frac{n_0}{1 - n_0} \frac{\varphi}{T}.$$

Im Ergebnis erhalten wir

$$\begin{aligned} \mathrm{St}\, n \equiv I(\varphi) = \frac{1}{T} \int & w n_0 n_{01} (1 - n_0')(1 - n_{01}')(\varphi' + \varphi_1' - \varphi - \varphi_1) \\ & \times \delta(\varepsilon' + \varepsilon_1' - \varepsilon - \varepsilon_1) \frac{d^3p_1\, d^3p'}{(2\pi\hbar)^6}. \end{aligned} \tag{74,24}$$

Man beachte, daß die (bei der Lösung der kinetischen Gleichung) gesuchte Störung der Verteilungsfunktion in das Stoßintegral in Form desselben $\delta\tilde{n}$ eingeht, welches auch in den Ausdrücken für die Ströme (74,14) steht. Falls auf der linken Seite der kinetischen Gleichung (74,4) die Beiträge mit δn vernachlässigt werden (wie bei der Berechnung der Wärmeleitfähigkeit und der Zähigkeit — siehe folgenden Paragraphen), so tritt die Wechselwirkungsfunktion $f(\boldsymbol{p}, \boldsymbol{p}')$ der Quasiteilchen im entstehenden Gleichungssystem nicht explizit auf. Die Gleichungen für unbekanntes $\delta\tilde{n}$ sind bei gegebener Wechselwirkungsfunktion f die gleichen, wie sie sich bei $f \equiv 0$ für unbekanntes δn ergeben würden. Mit anderen Worten ausgedrückt, bei diesen Aufgabenstellungen existieren keine „Fermi-Flüssigkeits"-Effekte, und das Problem wird formal identisch mit dem eines gewöhnlichen Fermi-Gases.

Wir wollen zeigen, daß die gleiche Situation in einer bestimmten Kategorie von Fällen eintritt, wenn auf der linken Seite der kinetischen Gleichung die Beiträge erster Ordnung in δn beibehalten werden müssen. Für eine koordinatenunabhängige Funktion n_0 sind diese Beiträge

$$\begin{aligned} \frac{\partial \delta n}{\partial t} + \frac{\partial \delta n}{\partial \boldsymbol{r}} \frac{\partial \varepsilon_0}{\partial \boldsymbol{p}} - \frac{\partial n_0}{\partial \boldsymbol{p}} \frac{\partial \delta \varepsilon}{\partial \boldsymbol{r}} = {} & \frac{\partial \delta n}{\partial t} + \boldsymbol{v} \frac{\partial \delta n}{\partial \boldsymbol{r}} \\ & - \boldsymbol{v} \frac{\partial n_0}{\partial \varepsilon} \frac{\partial}{\partial \boldsymbol{r}} \int f(\boldsymbol{p}, \boldsymbol{p}')\, \delta n(\boldsymbol{r}, \boldsymbol{p}') \frac{d^3p'}{(2\pi\hbar)^3}. \end{aligned}$$

---

[1]) Wir unterstreichen noch einmal den allgemeinen Charakter dieser Feststellung. Sie bezieht sich auf ein beliebiges Stoßintegral für Fermi-Quasiteilchen und nicht nur auf das Integral (74,5).

Mit $\delta\tilde{n}$ aus (74,13) erhalten sie die Form

$$\frac{\partial \delta n}{\partial t} + \boldsymbol{v}\frac{\partial \delta \tilde{n}}{\partial \boldsymbol{r}}. \tag{74,25}$$

Falls man die Ableitung bezüglich der Zeit vernachlässigen kann, tritt in diesem Ausdruck nur $\delta\tilde{n}$ auf.

Diese Überlegungen gelten nicht nur für eine elektrisch neutrale FERMI-Flüssigkeit, die bisher betrachtet wurde, sondern auch für die Elektronenflüssigkeit in Metallen, welche im nächsten Kapitel untersucht werden wird. Um nicht noch einmal zu diesen Fragen zurückkehren zu müssen, machen wir dazu bereits an dieser Stelle einige zusätzliche Bemerkungen.

Falls die Quasiteilchen eine elektrische Ladung $-e$ besitzen, erscheint bei einem angelegten elektromagnetischen Feld in der Ableitung $\dot{\boldsymbol{p}} = -\partial\varepsilon/\partial\boldsymbol{r}$ ein zusätzliches Glied — die auf diese Ladung wirkende LORENTZ-Kraft. Entsprechend tritt auf der linken Seite der kinetischen Gleichung ein Term

$$-e\left(\boldsymbol{E} + \frac{1}{c}\left[\frac{\partial\varepsilon}{\partial\boldsymbol{p}}\boldsymbol{B}\right]\right)\frac{\partial n}{\partial\boldsymbol{p}}$$

auf. Das elektrische Feld wird gewöhnlich als schwach vorausgesetzt, wodurch es möglich wird, in $-e\boldsymbol{E}\,\partial n/\partial\boldsymbol{p}$ für die Verteilungsfunktion $n = n_0$ zu setzen. Der Ausdruck mit dem Magnetfeld ergibt für eine Funktion $n_0(\varepsilon)$, die nur von ε abhängig ist, exakt Null. Wenn allerdings das Feld stark ist, so kann es notwendig werden, auch Beiträge erster Ordnung in δn zu berücksichtigen. Die entsprechenden Glieder haben die Form

$$-\frac{e}{c}[\boldsymbol{vB}]\frac{\partial\delta n}{\partial\boldsymbol{p}} - \frac{e}{c}\left[\frac{\partial\delta\varepsilon}{\partial\boldsymbol{p}}\boldsymbol{B}\right]\frac{\partial n_0}{\partial\boldsymbol{p}} = -\frac{e}{c}[\boldsymbol{vB}]\left\{\frac{\partial\delta n}{\partial\boldsymbol{p}} - \frac{\partial n_0}{\partial\varepsilon}\frac{\partial\delta\varepsilon}{\partial\boldsymbol{p}}\right\}$$

(mit $\boldsymbol{v} = \partial\varepsilon_0/\partial\boldsymbol{p}$). In der geschweiften Klammer kann der Faktor $\partial n_0/\partial\varepsilon$, der nur von ε abhängt, unter den Differentialoperator $\partial/\partial\boldsymbol{p}$ gezogen werden (seine Ableitung ist parallel zu $\boldsymbol{v}$ gerichtet und verschwindet bei Multiplikation mit $[\boldsymbol{vB}]$). Im Ergebnis führen diese Beiträge zu einem Ausdruck der Form

$$-\frac{e}{c}[\boldsymbol{vB}]\frac{\partial\delta\tilde{n}}{\partial\boldsymbol{p}}, \tag{74,26}$$

der wiederum nur $\delta\tilde{n}$ enthält.

§ 75. Wärmeleitfähigkeit und Zähigkeit einer FERMI-Flüssigkeit

Die Temperaturabhängigkeiten der Zähigkeit und der Wärmeleitfähigkeit in einer FERMI-Flüssigkeit können bereits mittels einfacher qualitativer Überlegungen bestimmt werden (I. J. POMERANTSCHUK, 1950).

In Übereinstimmung mit der elementaren gaskinetischen Gleichung (8,11) ist die Zähigkeit $\eta \sim mN\bar{v}l$ mit m als der Teilchenmasse, N der Teilchendichte, $\bar{v}$ der mittleren thermischen Geschwindigkeit sowie l als der freien Weglänge. Im hier behandelten Fall übernehmen die Quasiteilchen die Rolle der wirklichen Teilchen. Da die

Zahl beider zusammenfällt, ist das Produkt mN eine von der Temperatur unabhängige Größe — die Dichte der Flüssigkeit.[1]) Für die Geschwindigkeit gilt $\bar{v} \sim v_F$, wobei v_F die von der Temperatur unabhängige Geschwindigkeit an der FERMI-Grenze ist. Die freie Weglänge ist $l \sim v_F \tau$ mit τ als der Zeit zwischen den Stößen der Quasiteilchen. Letztere ändert sich mit der Temperatur wie T^{-2} (s. IX, § 1), so daß für die Zähigkeit

$$\eta \propto T^{-2} \tag{75,1}$$

gilt.

Die Wärmeleitfähigkeit wird nach Gleichung (7,10) abgeschätzt: $\varkappa \sim cN\bar{v}l$ mit c als der Wärmekapazität (bezogen auf ein Teilchen). Für eine FERMI-Flüssigkeit gilt $c \propto T$ und deshalb

$$\varkappa \propto T^{-1}\,. \tag{75,2}$$

Zu einer genaueren Bestimmung von η und $\varkappa$ muß man sich der Lösung der kinetischen Gleichung zuwenden. Wir wollen am Beispiel der Wärmeleitfähigkeit den Verlauf der Rechnungen verfolgen.

Die Umformung der linken Glieder der kinetischen Gleichung (74,4) erfolgt analog zu der in § 7 behandelten Aufgabenstellung der Wärmeleitfähigkeit des klassischen Gases.

In der Flüssigkeit soll ein Temperaturgradient existieren, wobei die Flüssigkeit makroskopisch unbewegt bleibt. Infolge letzterer Bedingung ist der Druck in der Flüssigkeit konstant und die Temperaturverteilung stationär. Auf der linken Seite von (74,4) setzen wir anstelle von n und ε die entsprechenden lokalen Gleichgewichtsausdrücke mit einer sich innerhalb der Flüssigkeit ändernden Temperatur ein. Somit wird $\partial\varepsilon/\partial\boldsymbol{r} = 0$, und es bleibt nur das Glied $\boldsymbol{v}\,\partial n_0/\partial\boldsymbol{r}$ übrig (der Index 0 an ε und $\boldsymbol{v}$ wird weggelassen). Die Funktion n hängt nur noch von der Kombination $(\varepsilon-\mu)/T$ ab. Da wir nur das Grenzverhalten (für $T \to 0$) suchen, können wir das chemische Potential gleich seinem Wert für $T = 0$ setzen (der mit der Grenzenergie ε_F übereinstimmt). Somit ergibt sich

$$\boldsymbol{v}\frac{\partial n_0}{\partial \boldsymbol{r}} = \frac{\partial n_0}{\partial T}(\boldsymbol{v}\nabla T) = \frac{n_0(1-n_0)}{T}\frac{\varepsilon-\mu}{T}\boldsymbol{v}\nabla T\,,$$

und die kinetische Gleichung erhält die Form

$$n_0(1-n_0)\frac{\varepsilon-\mu}{T^2}\boldsymbol{v}\nabla T = I(\varphi) \tag{75,3}$$

mit $I(\varphi)$ aus (74,24). Der Lösung dieser Gleichung muß eine zusätzliche Bedingung auferlegt werden, die das Fehlen eines makroskopischen Massentransportes beinhaltet

$$\int \boldsymbol{v}\varphi\frac{\partial n_0}{\partial\varepsilon}\frac{\mathrm{d}^3p}{(2\pi\hbar)^3} = 0\,. \tag{75,4}$$

Auf Grund dieser Bedingung bleibt im Energiestrom (74,23) nur das zweite Glied übrig.

---

[1]) Da wir das Verhalten der Funktion $\eta(T)$ für den Grenzfall tiefer Temperaturen suchen, ist für alle Größen, die für $T \to 0$ gegen einen endlichen Grenzwert gehen, selbstverständlich immer dieser Grenzwert gemeint.

Wie bereits im vorhergehenden Abschnitt bemerkt wurde, enthält das Gleichungssystem (75,3—4) die Wechselwirkungsfunktion der Quasiteilchen nicht in expliziter Form, so daß die Aufgabe zur Bestimmung der Wärmeleitfähigkeit einer FERMI-Flüssigkeit (gleiches gilt auch für die Zähigkeit) in ihrer Form mit der Aufgabenstellung für ein FERMI-Gas zusammenfällt.

Die dominierende Rolle in allen Integrationen spielt der Ausschmierungsbereich der FERMI-Verteilung, für welchen $\varepsilon - \mu \sim T$ gilt und die Quasiteilchenimpulse nahe dem Wert des FERMI-Radius p_F liegen. In diesem Bereich gilt $(\varepsilon - \mu) = v_F(p - p_F)$. Überall, wo die Impulse nicht in Form der Differenz $p - p_F$ auftreten, kann $p = p_F$ gesetzt werden, während die Geschwindigkeit überall gleich v_F zu setzen ist. Insbesondere können wir das auch in w tun, wobei im Ergebnis w nur eine Funktion der Winkel wird, die sich aus den relativen Orientierungen der Vektoren $\boldsymbol{p}, \boldsymbol{p}', \boldsymbol{p}_1, \boldsymbol{p}_1'$ zueinander ergeben. Für gegebene Vektoren $\boldsymbol{p}$ und $\boldsymbol{p}_1$ wird der Winkel zwischen $\boldsymbol{p}'$ und $\boldsymbol{p}_1' = \boldsymbol{p} + \boldsymbol{p}_1 - \boldsymbol{p}'$ durch den Impulserhaltungssatz festgelegt. Die Integration über diesen Winkel führt zur Beseitigung der δ-Funktion im Stoßintegral. Hiernach verbleiben noch die Integrationen über die Beträge p_1 und p' (wenn man von den Integrationen bezüglich der restlichen Winkelvariablen absieht). Diese Integrationen überführen wir in eine Integration bezüglich $T^2\, du_1\, du'$, wobei $u = (\varepsilon - \mu)/T = v_F(p - p_F)/T$ die Variablen sind, von denen die Verteilungsfunktionen n_0 abhängen. Auf Grund der schnellen Konvergenz dieser Integrationen kann man sie über den Bereich von $-\infty$ bis $+\infty$ erstrecken. Im Ergebnis finden wir, daß das gesamte Integral $I(\varphi)$ proportional zu T wird und die Lösung der Gleichung (75,3) folgendes Aussehen besitzt:

$$\varphi = -T^{-2} g(u)\, \boldsymbol{v} \nabla T\,.$$

Nach Einsetzen dieser Funktion in (74,23) und anschließender Integration über die Richtungen von $\boldsymbol{v}$ erhält der Wärmestrom die Gestalt $\boldsymbol{q} = -\varkappa \nabla T$, wobei

$$\varkappa = \frac{8\pi v_F p_F^2}{3T} \int_{-\infty}^{\infty} u g(u) \left| \frac{\partial n_0}{\partial u} \right| du$$

bedeutet. Hieraus wird erneut ersichtlich, daß $\varkappa \propto T^{-1}$ gilt.

Die oben angenommenen Vereinfachungen im Stoßintegral erweisen sich als hinreichend für eine exakte Lösung der kinetischen Gleichung. (Das gleiche gilt auch für das Problem der Zähigkeit.) Im Ergebnis erhalten wir für die Koeffizienten $\varkappa$ und η Formeln, die diese Größen durch die Parameter p_F und v_F sowie durch die in bestimmter Weise über die Richtungen gemittelte Funktion w ausdrücken.[1])

§ 76. Schallabsorption in einer FERMI-Flüssigkeit[2])

Wir erinnern daran (s. IX, § 4), daß der Charakter der sich in einer FERMI-Flüssigkeit ausbreitenden Wellen in starkem Maße von der Größe des Produktes $\omega\tau$ abhängt, wobei τ die freie Laufzeit beschreibt.

---

[1]) s. G. A. BROOKER, J. SYKES, Phys. Rev. Lett., **21** (1968) 279.

[2]) Die Ergebnisse dieses Paragraphen beruhen auf einer Arbeit von L. D. LANDAU (1957).

Für $\omega\tau \ll 1$ haben wir es mit gewöhnlichen hydrodynamischen Schallwellen zu tun. Die Frequenz- und Temperaturabhängigkeit ihres Absorptionskoeffizienten γ (bezogen auf eine Längeneinheit) kann man aus der bekannten Beziehung $\gamma \sim \omega^2\eta/\varrho u^3$ bestimmen mit η als der Zähigkeit, ϱ als der Flüssigkeitsdichte und u als der Schallgeschwindigkeit (s. VI, § 77). Da in einer FERMI-Flüssigkeit $\eta \propto T^{-2}$ gilt, erhalten wir

$$\gamma \propto \omega^2/T^2 . \tag{76,1}$$

Auf eine formalere Art kann dieses Ergebnis erhalten werden, indem man beachtet, daß die Absorption in der Dispersionsrelation des Schalls durch das Korrekturglied erster Ordnung bezüglich des kleinen Parameters beschrieben wird:

$$k = \frac{\omega}{u}(1 + i\alpha\omega\tau) \tag{76,2}$$

(α ist eine Konstante). Der Imaginärteil dieses Ausdrucks (bei reeller Frequenz) ergibt ebenfalls γ. Da $\tau \propto T^{-2}$ gilt, erhalten wir erneut (76,1).

Für $\omega\tau \sim 1$ wird die Absorption sehr stark, so daß eine Ausbreitung von Schallwellen nicht möglich ist.

Für $\omega\tau \gg 1$ wird erneut eine Ausbreitung schwach gedämpfter Wellen möglich. Diese bezeichnen wir als *Nullschall*. Seine Absorption wird mit Hilfe eines Korrekturgliedes in der Dispersionsrelation beschrieben — diesmal aber bezüglich des kleinen Parameters $1/i\omega\tau$:

$$k = \frac{\omega}{u_0}\left(1 + \frac{i\alpha}{\omega\tau}\right) \tag{76,3}$$

(u_0 ist die Ausbreitungsgeschwindigkeit des Nullschalls). Dieser Absorptionskoeffizient ist proportional zur Stoßfrequenz: $\gamma \propto 1/\tau$. Letztere ist ihrerseits proportional zum Quadrat der Breite der Ausschmierung in der Quasiteilchenverteilung. Für $\hbar\omega \ll T$ wird diese Breite durch die Temperatur gegeben, so daß $1/\tau \propto T^2$ gilt und der Absorptionskoeffizient

$$\gamma = aT^2 , \qquad T \gg \hbar\omega \gg \hbar/\tau , \tag{76,4}$$

wird. Gilt jedoch $\hbar\omega \gg T$ (aber gleichzeitig auch $\hbar\omega \ll \varepsilon_F$ als Grundvoraussetzung für die Anwendbarkeit dieser Theorie), so ist die Verteilung in einem Bereich der Breite $\sim \hbar\omega$ verschmiert. In diesem Fall wird die Absorption des Nullschalls

$$\gamma = b\omega^2 , \qquad \hbar\omega \gg T . \tag{76,5}$$

Hierzu gehört insbesondere der Nullschall aller Frequenzen für $T = 0$. Weiter unten wird gezeigt werden, daß die Konstanten a und b in den Gleichungen (76,4—5) miteinander verknüpft sind.

Der unterschiedliche Charakter der Absorption des gewöhnlichen und des Nullschalls ist mit ihrer unterschiedlichen physikalischen Natur verbunden. In einer gewöhnlichen Schallwelle entspricht die Quasiteilchenverteilung in jedem (im Vergleich zur Wellenlänge) kleinen Volumenelement in erster Näherung dem Gleichgewicht bei vorgegebener lokaler Temperatur und Geschwindigkeit der Flüssigkeit. Im Rahmen dieser Näherung existiert keine Dissipation, und die Schallabsorption tritt nur bei Berücksichtigung des Einflusses der Temperatur- und der Geschwindigkeitsgradienten auf die Quasiteilchenverteilung auf. In der Nullschallwelle dagegen rufen bereits die Schwingungen an sich das Nichtgleichgewicht der Verteilungsfunktion in jedem Volumenelement hervor, und die Berücksichtigung der Quasiteilchenstöße führt zur Schallabsorption.

Entsprechend der Grundvorstellungen der Theorie einer normalen FERMI-Flüssigkeit, kann ein Quasiteilchen in ihr bekannterweise als Teilchen betrachtet werden, das sich im selbstkonsistenten Feld der umgebenden Teilchen befindet. In der Nullschallwelle ist dieses Feld periodisch in Raum und Zeit. Entsprechend den allgemeinen Regeln der Quantenmechanik wird der Stoß zweier Quasiteilchen in einem solchen Feld von einer Änderung ihrer Gesamtenergie und des Gesamtimpulses um $\hbar\omega$ bzw. $\hbar\boldsymbol{k}$ begleitet. Man kann sagen, daß beim Stoß die Emission bzw. Absorption eines „Nullschallquants" erfolgt.[1]) Der Gesamteffekt solcher Stöße führt zu einer Verringerung der Gesamtzahl von Schallquanten. Der Absorptionskoeffizient des Schalls ist proportional zur Geschwindigkeit dieser Abnahme.

Im Rahmen dieses Zugangs ergibt sich der Absorptionskoeffizient des Nullschalls in der Form

$$\gamma = \int W\{n_1 n_2(1 - n_1')(1 - n_2') - n_1' n_2'(1 - n_1)(1 - n_2)\}$$
$$\times\, \delta(\varepsilon_1' + \varepsilon_2' - \varepsilon_1 - \varepsilon_2 - \hbar\omega)\,\delta(\boldsymbol{p}_1' + \boldsymbol{p}_2' - \boldsymbol{p}_1 - \boldsymbol{p}_2 - \hbar\boldsymbol{k})$$
$$\times\, \frac{d^3p_1\, d^3p_2\, d^3p_1'\, d^3p_2'}{(2\pi\hbar)^{12}}. \tag{76,6}$$

Im Integranden wurden δ-Funktionen explizit angegeben. Sie garantieren die Erfüllung der Erhaltungssätze für Energie und Impuls bei den Stößen. Das erste Glied in der geschweiften Klammer entspricht Stößen der Art $\boldsymbol{p}_1, \boldsymbol{p}_2 \to \boldsymbol{p}_1', \boldsymbol{p}_2'$, verbunden mit der Absorption eines Quants. Das zweite Glied dagegen beschreibt Stöße $\boldsymbol{p}_1', \boldsymbol{p}_2' \to \boldsymbol{p}_1, \boldsymbol{p}_2$ bei gleichzeitiger Emission eines Quants. Die Funktion W, die mit der Wahrscheinlichkeit von „strahlenden" Stößen im Zusammenhang steht, hängt von den Eigenschaften der Nullschallwelle ab. Diese Welle selbst kann als sich bei $T = 0$ ausbreitend betrachtet werden (s. IX, § 4). Dann hängt W nicht von der Temperatur ab.[2])

Die Kenntnis der Funktion W ist jedoch nicht unbedingt notwendig, wenn man sich lediglich das Ziel stellt, den Absorptionskoeffizienten durch seinen Wert im Grenzfall $\hbar\omega \ll T$ auszudrücken. Dabei muß beachtet werden, daß im Integral (76,6) nur die Energiewerte der Quasiteilchen von Bedeutung sind, die im Bereich der Ausschmierung der FERMI-Verteilung liegen. Innerhalb dieses Bereiches ändern sich im Integranden nur diejenigen Faktoren merklich, welche die Funktion $n(\varepsilon)$ enthalten. Außerdem muß berücksichtigt werden, daß sich die Winkelintegrationen in (76,6) beim Übergang vom Bereich $\hbar\omega \ll T$ zu $\hbar\omega \gg T$ praktisch nicht ändern. Infolge-

[1]) Die Emission (bzw. Absorption) eines „Nullschallquants" durch ein Quasiteilchen ist nicht möglich, da die Geschwindigkeit des Nullschalls größer ist als die FERMI-Geschwindigkeit.

[2]) Es sei vermerkt, daß die Funktion W nicht mit der Funktion w im Stoßintegral (74,5) identisch ist.

dessen ist es ausreichend, nur die Integrationen

$$J = \int \{n_1 n_2 (1 - n_1') (1 - n_2') - n_1' n_2' (1 - n_1) (1 - n_2)\}$$
$$\times \delta(\varepsilon_1' + \varepsilon_2' - \varepsilon_1 - \varepsilon_2 - \hbar\omega) \, d\varepsilon_1 \, d\varepsilon_2 \, d\varepsilon_1' \, d\varepsilon_2' \tag{76,7}$$

bezüglich der Energien durchzuführen. Der Proportionalitätsfaktor zwischen γ und J ist dabei nur von ω abhängig, jedoch nicht von T, so daß man ihn mit Hilfe des Grenzwertes von γ für $\hbar\omega/T \ll 1$ bestimmen kann.

Im Integral (76,7) kann selbstverständlich eine kleine Verzerrung der Verteilungsfunktion durch die Welle vernachlässigt werden, d. h., man kann

$$n(\varepsilon) = [e^{(\varepsilon-\mu)/T} + 1]^{-1}$$

setzen. Durch Einführung der Abkürzungen

$$x = \frac{\varepsilon - \mu}{T}, \qquad \xi = \frac{\hbar\omega}{T}$$

erhalten wir

$$J = T^3 \int\limits_{-\infty}^{\infty} \frac{(1 - e^{-\xi}) \, \delta(x_1 + x_2' - x_1 - x_2 - \xi) \, dx_1 \, dx_2 \, dx_1' \, dx_2'}{(e^{x_1} + 1)(e^{x_2} + 1)(1 + e^{-x_1'})(1 + e^{-x_2'})}.$$

Auf Grund der schnellen Konvergenz der Integration kann der Integrationsbereich auf $-\infty$ bis $+\infty$ erweitert werden.

Zur Durchführung der Integration gehen wir zu den Variablen y_1, y_2, u_1, u_2 über, wobei $y = x - x'$ und $u = \exp x$ sind. Die Integration bezüglich u_1, u_2 kann elementar ausgeführt werden und ergibt

$$T^{-3} J = (1 - e^{-\xi}) \iint\limits_{-\infty}^{\infty} \iint\limits_{0}^{\infty} \frac{\delta(y_1 + y_2 + \xi) \, du_1 \, du_2 \, dy_1 \, dy_2}{(u_1 + 1)(u_2 + 1)(u_1 + e^{y_1})(u_2 + e^{y_2})}$$

$$= (1 - e^{-\xi}) \iint\limits_{-\infty}^{\infty} \frac{y_1 y_2 \, \delta(y_1 + y_2 + \xi) \, dy_1 \, dy_2}{(1 - e^{y_1})(1 - e^{y_2})}$$

$$= \int\limits_{-\infty}^{\infty} y(\xi + y) \left\{\frac{1}{e^y - 1} - \frac{1}{e^{y+\xi} - 1}\right\} dy.$$

Für die Berechnung der sich ergebenden Differenz zweier divergierender Integrale führen wir vorläufig eine endliche untere Grenze $-\Lambda$ ein und schreiben

$$T^{-3} J = \int\limits_{-\Lambda}^{\infty} \frac{y(\xi + y) \, dy}{e^y - 1} - \int\limits_{-\Lambda+\xi}^{\infty} \frac{y(y - \xi) \, dy}{e^y - 1}$$

$$= 2\xi \int\limits_{-\Lambda}^{\infty} \frac{y \, dy}{e^y - 1} - \int\limits_{-\Lambda+\xi}^{-\Lambda} \frac{y(y - \xi) \, dy}{e^y - 1}.$$

Im Hinblick auf den Grenzübergang $\Lambda \to \infty$ vernachlässigen wir im zweiten der hier angeführten Integrale im Nenner die Funktion exp y. Das erste Integral schreiben wir in folgende Form um:

$$\int_{-\Lambda}^{\infty} \frac{y\,dy}{e^y - 1} = \int_{0}^{\infty} \frac{y\,dy}{e^y - 1} + \int_{-\Lambda}^{0} \frac{y\,dy}{e^y - 1}$$

$$= \frac{\pi^2}{6} + \int_{-\Lambda}^{0} \left(\frac{y}{1 - e^{-y}} - y\right) dy = \frac{\pi^2}{6} + \int_{0}^{\Lambda} \frac{y\,dy}{e^y - 1} + \frac{\Lambda^2}{2}.$$

Durch Herauskürzen und anschließenden Übergang zum Grenzwert $\Lambda \to \infty$ erhalten wir endgültig

$$J = \frac{2\pi^2 \xi T^3}{3}\left(1 + \frac{\xi^2}{4\pi^2}\right).$$

Der Proportionalitätsfaktor zwischen γ und J kann, wie bereits diskutiert, aus der Forderung bestimmt werden, daß für $\xi \ll 1$ entsprechend (76,4) $\gamma = aT^2$ gilt. Auf diese Weise finden wir

$$\gamma = a\left[T^2 + \left(\frac{\hbar\omega}{2\pi}\right)^2\right], \tag{76,8}$$

wodurch eine Beziehung zwischen den Koeffizienten in (76,4) und (76,5) hergestellt wird.

§ 77. Kinetische Gleichung für Quasiteilchen in einer BOSE-Flüssigkeit

Falls die freie Weglänge der Quasiteilchen in einer suprafluiden BOSE-Flüssigkeit klein ist im Vergleich zu den charakteristischen Abmessungen des Problems, wird die Bewegung der Flüssigkeit mit Hilfe der LANDAUschen Zweigeschwindigkeitshydrodynamik beschrieben (s. VI, Kap. XVI). Die Dissipationsglieder in diesen Gleichungen enthalten einige kinetische Koeffizienten (die Wärmeleitfähigkeit sowie vier Zähigkeitskoeffizienten). Die Berechnung dieser Koeffizienten erfordert eine genaue Untersuchung der verschiedenen Streuprozesse, deren Vielfalt mit der Existenz zweier Arten von Quasiteilchen — der Phononen und der Rotonen — verbunden ist. Im realen flüssigen Helium wird die Situation noch durch die Instabilität des Anfangsbereiches des Phononenspektrums verkompliziert. Diese Fragen sollen hier nicht näher untersucht werden.

Die freien Weglängen der Quasiteilchen wachsen bei Temperaturerniedrigung (allein schon durch die Verringerung der Quasiteilchendichte). Deshalb kann für hinreichend tiefe Temperaturen leicht eine wesentliche Abweichung des Quasiteilchensystems vom Gleichgewicht entstehen. Unter diesen Bedingungen sind die Gleichungen der Zweigeschwindigkeitshydrodynamik nicht anwendbar. Außerdem verlieren die Vorstellungen von einer Temperatur sowie einer normalen Geschwindigkeit $\boldsymbol{v}_n$ vollständig ihren Sinn; sie kann man nur über die Gleichgewichtsverteilung der Quasiteilchen definieren. Gemeinsam mit $\boldsymbol{v}_n$ besitzt auch die Zerlegung der Flüssigkeitsdichte in einen suprafluiden und einen normalen Anteil keinen Sinn mehr. Die Gesamtdichte ϱ sowie die suprafluide Geschwindigkeit $\boldsymbol{v}_s$ behalten ihre Bedeutung bei, da sie unter diesem Aspekt im Grunde genommen mechanische Variable darstellen. Das vollständige Gleichungssystem zur Beschreibung einer suprafluiden Flüssigkeit muß sich dann aus der kinetischen Gleichung zur Bestimmung der Quasiteilchenverteilungsfunktion $n(t, \boldsymbol{r}, \boldsymbol{p})$, der Kontinuitätsgleichung für die Dichte ϱ sowie der Gleichung für die Geschwindigkeit $\boldsymbol{v}_s$ zusammensetzen.

Die kinetische Gleichung besitzt die übliche Form[1])

$$\frac{\partial n}{\partial t} + \frac{\partial n}{\partial \boldsymbol{r}} \frac{\partial \tilde{\varepsilon}}{\partial \boldsymbol{p}} - \frac{\partial n}{\partial \boldsymbol{p}} \frac{\partial \tilde{\varepsilon}}{\partial \boldsymbol{r}} = \mathrm{St}\, n\,, \tag{77,1}$$

wobei $\tilde{\varepsilon}$ die Quasiteilchenenergie ist, die parametrisch von der Geschwindigkeit $\boldsymbol{v}_s$ der suprafluiden Bewegung abhängt. Das Symbol ε behalten wir uns für die Bezeichnung der Quasiteilchenenergie in einer ruhenden Flüssigkeit vor. Die Beziehung zwischen ε und $\tilde{\varepsilon}$ läßt sich aus folgenden Überlegungen ermitteln.

Nach Definition ist $\varepsilon(p)$ die Dispersionsrelation der Quasiteilchen in einem Bezugssystem K_0, in dem $\boldsymbol{v}_s = 0$ gilt. Anders ausgedrückt ist bei Vorhandensein nur eines Quasiteilchens die Energie der Flüssigkeit (abzüglich der Energie bei $T = 0$) $\varepsilon(p)$. Ihr Impuls aber fällt mit dem des Quasiteilchens $\boldsymbol{p}$ zusammen. Wir führen nun eine GALILEI-Transformation in das Laborsystem K durch, in welchem die suprafluide Geschwindigkeit gleich $\boldsymbol{v}_s$ ist. In diesem System sind die Energie und der Impuls einer Flüssigkeitsmenge M

$$E = \varepsilon(p) + \boldsymbol{p}\boldsymbol{v}_s + \frac{Mv_s^2}{2}, \qquad \boldsymbol{P} = \boldsymbol{p} + M\boldsymbol{v}_s\,. \tag{77,2}$$

Hieraus ist ersichtlich, daß in einer Flüssigkeit, die eine suprafluide Bewegung ausführt, die Energie des Quasiteilchens gegeben ist durch

$$\tilde{\varepsilon}(\boldsymbol{p}) = \varepsilon(p) + \boldsymbol{p}\boldsymbol{v}_s \tag{77,3}$$

(vgl. mit der Überlegung zur Ableitung der Suprafluiditätsbedingung in IX, § 23).

Damit lauten die in der kinetischen Gleichung auftretenden Ableitungen[2])

$$\begin{aligned} \frac{\partial \tilde{\varepsilon}}{\partial \boldsymbol{p}} &= \frac{\partial \varepsilon}{\partial \boldsymbol{p}} + \boldsymbol{v}_s\,, \\ \frac{\partial \tilde{\varepsilon}}{\partial \boldsymbol{r}} &= \frac{\partial \varepsilon}{\partial \boldsymbol{r}} + \frac{\partial}{\partial \boldsymbol{r}} (\boldsymbol{p}\boldsymbol{v}_s) = \frac{\partial \varepsilon}{\partial \varrho} \nabla \varrho + (\boldsymbol{p}\nabla)\, \boldsymbol{v}_s\,. \end{aligned} \tag{77,4}$$

In der zweiten Gleichung wurde berücksichtigt, daß die Energie ε von der variablen Dichte ϱ parametrisch abhängt und somit auch implizit von den Koordinaten. Weiter-

---

1) Selbstverständlich wird vorausgesetzt, daß die quasiklassische Bedingung, d. h. die langsame Veränderlichkeit aller Größen in Abständen der Größenordnung der Wellenlänge des Quasiimpulses $\hbar/p$, erfüllt ist.

2) Streng genommen wurde Gleichung (77,2) für eine homogene suprafluide Strömung, $\boldsymbol{v}_s = \mathrm{const}$, abgeleitet. In einer inhomogenen Strömung könnten in der Energie noch Beiträge auftreten, die räumliche Ableitungen von $\boldsymbol{v}_s$ enthalten. Unter der Annahme der langsamen Veränderlichkeit von $\boldsymbol{v}_s$ würden diese Beiträge jedoch nur zu kleinen Korrekturen höherer Ordnung in der kinetischen Gleichung führen.

hin wurde verwendet (bei der Differentiation von $\boldsymbol{p}\boldsymbol{v}_s$), daß die suprafluide Bewegung immer wirbelfrei ist:

$$\operatorname{rot} \boldsymbol{v}_s = 0 \,. \tag{77,5}$$

Die Kontinuitätsgleichung für die Dichte lautet

$$\frac{\partial \varrho}{\partial t} + \operatorname{div} \boldsymbol{i} = 0 \,, \tag{77,6}$$

wobei $\boldsymbol{i}$ definitionsgemäß der Impuls der Flüssigkeit pro Volumeneinheit ist. Ein Ausdruck für $\boldsymbol{i}$ kann direkt aus der zweiten Gleichung von (77,2) gewonnen werden, indem sie über alle Quasiteilchen innerhalb dieses Volumens summiert wird:

$$\boldsymbol{i} = \varrho \boldsymbol{v}_s + \langle \boldsymbol{p} \rangle \,. \tag{77,7}$$

Hier, wie auch im weiteren Verlauf dieses Paragraphen, stehen die spitzen Klammern für die Integration über die Impulsverteilung,

$$\langle \ldots \rangle = \int \ldots n \frac{\mathrm{d}^3 p}{(2\pi\hbar)^3} \,.$$

Somit bleibt nur noch die Gleichung für die suprafluide Geschwindigkeit zu bestimmen. Hierzu gehen wir vom Impulserhaltungssatz aus, der durch die Gleichung

$$\frac{\partial i_\alpha}{\partial t} + \frac{\partial \Pi_{\alpha\beta}}{\partial x_\beta} = 0 \tag{77,8}$$

ausgedrückt wird. Dabei ist $\boldsymbol{i}$ durch (77,7) gegeben, und $\Pi_{\alpha\beta}$ stellt den Tensor der Impulsstromdichte dar.

$\Pi^{(0)}_{\alpha\beta}$ sei der Wert dieses Tensors im Bezugssystem K_0. Geht man zum System K über, so erhält man[1])

$$\begin{aligned} \Pi_{\alpha\beta} &= \Pi^{(0)}_{\alpha\beta} + \varrho v_{s\alpha} v_{s\beta} + v_{s\alpha} i^{(0)}_\beta + v_{s\beta} i^{(0)}_\alpha \\ &= \Pi^{(0)}_{\alpha\beta} + \varrho v_{s\alpha} v_{s\beta} + v_{s\alpha} \langle p_\beta \rangle + v_{s\beta} \langle p_\alpha \rangle \end{aligned} \tag{77,9}$$

($\boldsymbol{i}^{(0)} = \langle \boldsymbol{p} \rangle$ ist der Impuls pro Volumeneinheit im System K_0). Hierdurch wird die Abhängigkeit des Tensors $\Pi_{\alpha\beta}$ von der Geschwindigkeit $\boldsymbol{v}_s$ bestimmt.

Zur weiteren Umformung der Gleichung (77,8) kehren wir zur kinetischen Gleichung (77,1) zurück. Wir multiplizieren sie mit p_α und integrieren über $\mathrm{d}^3p/(2\pi\hbar)^3$. Auf Grund der Erhaltung des Gesamtimpulses der Quasiteilchen bei Stoßprozessen wird die rechte Seite der Gleichung Null. Das Integral auf der linken Seite formen wir ebenso wie bereits in § 74 bei der Ableitung von (74,10) um und finden

$$\frac{\partial}{\partial t} \langle p_\alpha \rangle + \frac{\partial}{\partial x_\beta} \left\langle p_\alpha \frac{\partial \tilde{\varepsilon}}{\partial p_\beta} \right\rangle + \left\langle \frac{\partial \tilde{\varepsilon}}{\partial x_\alpha} \right\rangle = 0 \,. \tag{77,10}$$

Wir setzen jetzt die Ausdrücke (77,7) und (77,9) für $\boldsymbol{i}$ und $\Pi_{\alpha\beta}$ in (77,8) ein und eliminieren hiernach mit Hilfe von (77,6) und (77,10) $\partial\varrho/\partial t$ und $\partial\langle \boldsymbol{p} \rangle/\partial t$. Im Ergebnis erhal-

---

[1]) Die Gleichung der GALILEI-Transformation für $\Pi_{\alpha\beta}$ findet man auf einfache Weise, indem man ein klassisches Teilchensystem betrachtet, für welches $\Pi_{\alpha\beta} = \sum p_\alpha v_\beta = \sum m v_\alpha v_\beta$ gilt, wobei die Summation über alle Teilchen im Einheitsvolumen erfolgt.

ten wir

$$\frac{\partial v_{s\alpha}}{\partial t} + \frac{\partial}{\partial x_\alpha}\frac{v_s^2}{2} + \frac{1}{\varrho}\frac{\partial \Pi_{\alpha\beta}^{(0)}}{\partial x_\beta} - \frac{1}{\varrho}\left\langle\frac{\partial \varepsilon}{\partial \varrho}\right\rangle\frac{\partial \varrho}{\partial x_\alpha} - \frac{1}{\varrho}\frac{\partial}{\partial x_\beta}\left\langle p_\alpha \frac{\partial \varepsilon}{\partial p_\beta}\right\rangle = 0\,.$$

Aus der Bedingung rot $\boldsymbol{v}_s = 0$ (die bereits bei der Ableitung dieser Gleichung berücksichtigt wurde) folgt, daß die Summe der drei letzten Terme gleich dem Gradienten irgendeiner Funktion sein muß. Außerdem muß der Tensor $\Pi_{\alpha\beta}^{(0)}$ beim Fehlen von Quasiteilchen gleich $P_0\delta_{\alpha\beta}$ sein, wobei $P_0(\varrho)$ der Flüssigkeitsdruck für $T = 0$ ist. Aus diesen Forderungen folgt eindeutig der Ausdruck für den Tensor $\Pi_{\alpha\beta}^{(0)}$:

$$\Pi_{\alpha\beta}^{(0)} = \left\langle p_\alpha \frac{\partial \varepsilon}{\partial p_\beta}\right\rangle + \delta_{\alpha\beta}\left[P_0 + \varrho\left\langle\frac{\partial \varepsilon}{\partial \varrho}\right\rangle\right]. \tag{77,11}$$

Die Gleichung für $\boldsymbol{v}_s$ erhält jetzt die Form

$$\frac{\partial \boldsymbol{v}_s}{\partial t} + \nabla\left[\frac{v_s^2}{2} + \frac{\mu_0}{m} + \left\langle\frac{\partial \varepsilon}{\partial \varrho}\right\rangle\right] = 0 \tag{77,12}$$

mit μ_0 als dem chemischen Potential der Flüssigkeit (für $T = 0$). Dieses ist mit dem Druck P_0 über die thermodynamische Beziehung $\mathrm{d}\mu_0 = m\,\mathrm{d}P_0/\varrho$ verbunden (m ist die Masse eines Flüssigkeitsteilchens und m/ϱ das Molekularvolumen). Die Gleichungen (77,1), (77,6), (77,12) stellen ein vollständiges Gleichungssystem zur Beschreibung einer suprafluiden Flüssigkeit im Nichtgleichgewicht dar (I. M. Chalatnikow, 1952).

Der Vollständigkeit halber betrachten wir noch den Energieerhaltungssatz. Dieser läßt sich mit Hilfe der Gleichung

$$\frac{\partial E}{\partial t} + \operatorname{div} \boldsymbol{q} = 0 \tag{77,13}$$

darstellen, wobei $\boldsymbol{q}$ die Energiestromdichte der Flüssigkeit ist. Entsprechend (77,2) gilt

$$E = E_0(\varrho) + \langle\varepsilon\rangle + \boldsymbol{v}_s\langle\boldsymbol{p}\rangle + \frac{\varrho v_s^2}{2}. \tag{77,14}$$

$E_0(\varrho)$ ist dabei die Energie für $T = 0$, die mit dem chemischen Potential nach der Beziehung $\mathrm{d}E_0 = \mu_0\,\mathrm{d}\varrho/m$ verknüpft ist. Differenziert man den Ausdruck (77,14) nach der Zeit und verwendet die bereits bekannten Gleichungen für alle Größen, so kann man die Energiestromdichte finden. Ohne im einzelnen die Rechnungen zu verfolgen, geben wir das Endergebnis an:

$$\boldsymbol{q} = (\langle\boldsymbol{p}\rangle + \varrho\boldsymbol{v}_s)\left[\frac{\mu_0}{m} + \left\langle\frac{\partial \varepsilon}{\partial \varrho}\right\rangle + \frac{v_s^2}{2}\right] + \left\langle(\varepsilon + \boldsymbol{p}\boldsymbol{v}_s)\left(\frac{\partial \varepsilon}{\partial \boldsymbol{p}} + \boldsymbol{v}_s\right)\right\rangle. \tag{77,15}$$

Die Gleichgewichtsverteilungsfunktion der Quasiteilchen in einem Bezugssystem, in dem das „Quasiteilchengas“ als Ganzes ruht (d. h. die Normalgeschwindigkeit $\boldsymbol{v}_n = 0$ ist), ist eine gewöhnliche Bose-Verteilung mit den Quasiteilchenenergien $\tilde{\varepsilon}$, die durch den Ausdruck (77,3) gegeben sind. Die Verteilung in einem Bezugssystem mit einer von Null verschiedenen Normalgeschwindigkeit erhält man, indem man $\tilde{\varepsilon}$ durch $\tilde{\varepsilon} - \boldsymbol{p}\boldsymbol{v}_n$ ersetzt. Somit ist die Gleichgewichtsverteilung der Quasiteilchen bei Vorhandensein beider Bewegungen gegeben durch

$$n(\boldsymbol{p}) = \left[\exp \frac{\varepsilon + (\boldsymbol{v}_s - \boldsymbol{v}_n)\,\boldsymbol{p}}{T} - 1\right]^{-1}. \tag{77,16}$$

Durch die Mittelung der oben erhaltenen Gleichungen bezüglich dieser Verteilung kann man das Gleichungssystem der Zweigeschwindigkeitshydrodynamik erhalten (in dieser Näherung ohne dissipative Beiträge), jedoch werden wir uns damit hier nicht weiter aufhalten.

Aufgabe

Man bestimme den Schallabsorptionskoeffizienten in einer BOSE-Flüssigkeit für Frequenzen $\omega \gg \nu$ mit ν als der Stoßfrequenz der Quasiteilchen. Die Temperatur wird als so niedrig angenommen, daß praktisch alle Quasiteilchen Phononen sind (A. F. ANDREJEW, I. M. CHALATNIKOW, 1963).

Lösung. Unter den betrachteten Bedingungen kann das Stoßintegral in (77,1) vernachlässigt werden. Wir setzen $\varrho = \varrho_0 + \delta\varrho$, $n = n_0 + \delta n$ (wobei $\delta\varrho$ und δn kleine Korrekturen zur Gleichgewichtsdichte der Flüssigkeit sowie zur Verteilungsfunktion der Phononen darstellen) und linearisieren die Gleichungen (77,1), (77,6) und (77,12) bezüglich der kleinen Größen $\delta\varrho$, δn, $\boldsymbol{v}_s$. Setzt man all diese Größen als proportional zu $\exp(-i\omega t + i\boldsymbol{k}\boldsymbol{r})$ an, so erhalten wir folgende Gleichungen:

$$(\boldsymbol{k}\boldsymbol{v} - \omega)\,\delta n = \frac{\partial n}{\partial \varepsilon}\,\boldsymbol{v}\boldsymbol{k}\left(\frac{\partial \varepsilon}{\partial \varrho}\,\delta\varrho + \boldsymbol{p}\boldsymbol{v}_s\right), \tag{1}$$

$$\omega\delta\varrho - \boldsymbol{k}\boldsymbol{v}_s\varrho = \int \boldsymbol{k}\boldsymbol{p}\,\delta n\,\frac{\mathrm{d}^3p}{(2\pi\hbar)^3}, \tag{2}$$

$$\omega\boldsymbol{v}_s - \boldsymbol{k}u_0^2\,\frac{\delta\varrho}{\varrho} = \boldsymbol{k}\int\left\{n\,\frac{\partial^2\varepsilon}{\partial\varrho^2}\,\delta\varrho + \frac{\partial\varepsilon}{\partial\varrho}\,\delta n\right\}\frac{\mathrm{d}^3p}{(2\pi\hbar)^3}. \tag{3}$$

Hierbei haben wir die thermodynamischen Beziehungen

$$\mathrm{d}\,\frac{\mu_0}{m} = \frac{\mathrm{d}P_0}{\varrho} = \frac{u_0^2}{\varrho}\,\mathrm{d}\varrho$$

mit u_0 als der Schallgeschwindigkeit für $T = 0$ verwendet. Der Index 0 an ϱ und n ist hier und im weiteren Verlauf weggelassen.

Infolge der geringen Zahl von Phononen für Temperaturen nahe dem Nullpunkt stellen die Ausdrücke auf den rechten Seiten der Gleichungen (1), (2), (3) kleine Korrekturen dar. Läßt man sie ganz weg, erhält man aus den Gleichungen (2) und (3)

$$\omega = u_0 k\,, \qquad \boldsymbol{v}_s = u_0\,\frac{\delta\varrho}{\varrho}\,\frac{\boldsymbol{k}}{k}. \tag{4}$$

Im Rahmen der nächsten Näherung setzen wir (4) in die rechte Seite von Gleichung (1) ein und finden

$$\delta n = \frac{\partial n}{\partial \varepsilon}\,\frac{v\cos\Theta}{v\cos\Theta - \omega/k}\left(\frac{\partial\varepsilon}{\partial\varrho} + \frac{p u_0}{\varrho}\cos\Theta\right)\delta\varrho \tag{5}$$

(Θ ist der Winkel zwischen $\boldsymbol{p}$ und $\boldsymbol{k}$). Die Dispersionsrelation der Phononen schreiben wir in der Form

$$\varepsilon(p) = u_0 p(1 + \alpha p^2)\,, \qquad v = \frac{\partial\varepsilon}{\partial p} = u_0(1 + 3\alpha p^2)\,,$$

wobei neben dem linearen Term das nächsthöhere Entwicklungsglied berücksichtigt wurde. (Für flüssiges Helium gilt bei üblichen Drücken $\alpha > 0$, was eine Instabilität der Phononen in bezug auf spontanen Zerfall bedeutet.)

Das Auftreten eines „Resonanz"-Nenners in (5) führt zum Entstehen eines großen logarithmischen Faktors bei der Integration (s. weiter unten). Indem wir uns auf „logarithmische" Genauigkeit beschränken, können wir auf der rechten Seite von Gleichung (3) den Beitrag mit $\delta\varrho$, der nicht einen solchen Nenner enthält, vernachlässigen. Eliminiert man nun $\boldsymbol{v}_s$ aus den Gleichungen (2) und (3), so erhält man die endgültige Form der Dispersionsrelation

$$\frac{\omega^2}{k^2} - u_0^2 = A\,\frac{u_0^2}{\varrho} \int \frac{p^2}{\cos\Theta - 1 + 3\alpha p^2 - i0}\,\frac{\partial n}{\partial \varepsilon}\,\frac{\mathrm{d}^3p}{(2\pi\hbar)^3} \tag{6}$$

mit

$$A = \left(1 + \frac{\varrho}{u_0}\frac{\mathrm{d}u_0}{\mathrm{d}\varrho}\right)^2.$$

Der Imaginärteil des Integrals über $\cos\Theta$ wird durch die Umgehung des Pols bestimmt (falls $\alpha > 0$ gilt, befindet sich der Pol im Integrationsbereich). Den Realteil berechnen wir in logarithmischer Genauigkeit, indem wir die Integration unten bei $1 - \cos\Theta \sim \alpha p^2 \sim \alpha T^2/u_0^2$ und oben bei $1 - \cos\Theta \sim 1$ abschneiden. Die linke Seite von Gleichung (6) schreiben wir in der Form

$$2u_0\left(\delta u - i\,\frac{u_0}{\omega}\,\gamma\right),$$

wobei γ der Absorptionskoeffizient und δu die Korrektur zur Schallgeschwindigkeit ($u = u_0 + \delta u$) sind. Die Berechnung des Integrals führt zum Ergebnis

$$\delta u = \frac{3\varrho_n u_0 A}{4\varrho}\ln\frac{u_0^2}{\alpha T^2}, \qquad \gamma = \frac{3\pi\omega\varrho_n A}{4\varrho}. \tag{7}$$

Dabei stellt $\varrho_n = 2\pi^2 T^4/45\hbar^3 u_0^5$ den Phononenanteil der normalen Dichte der Flüssigkeit dar. Die Frequenz- und die Temperaturabhängigkeit von γ stimmen natürlich mit der in § 73 gefundenen Abhängigkeit überein.

IX METALLE

§ 78. Restwiderstand

Die kinetischen Eigenschaften von Metallen sind wesentlich komplizierter als die der Dielektrika. Die Ursache hierfür ist die Existenz verschiedener Arten von Quasiteilchen — Leitungselektronen und Phononen.

Die Leitungselektronen sind die Träger des elektrischen Ladungstransports. Für den Wärmetransport hingegen sind sowohl Elektronen als auch Phononen verantwortlich. In Wirklichkeit jedoch spielen in hinreichend reinen Metallen für die Wärmeleitfähigkeit die Elektronen die Hauptrolle, vor allem deshalb, weil ihre Geschwindigkeit (die Geschwindigkeit v_F auf der FERMI-Fläche) im Vergleich zur Geschwindigkeit der Phononen (Schallgeschwindigkeit) groß ist. Außerdem ist für tiefe Temperaturen die elektronische Wärmekapazität bedeutend größer als die der Phononen.

Die Leitungselektronen führen verschiedene Arten von Stoßprozessen aus — miteinander, mit Phononen, mit Fremdatomen (und anderen Gitterdefekten). Die Stoßfrequenz der beiden zuerst genannten Arten nimmt bei Verringerung der Temperatur ab. Aus diesem Grund ist für hinreichend tiefe Temperaturen die Streuung der Elektronen an Verunreinigungen für die kinetischen Erscheinungen von bestimmendem Einfluß. Dieser Temperaturbereich wird als Bereich des *Restwiderstands* bezeichnet. Mit ihm wollen wir das Studium der Kinetik von Metallen beginnen.

Der Zusammenhang des elektrischen Stromes $\boldsymbol{j}$ und des dissipativen Energiestromes $\boldsymbol{q}'$ in einem Metall mit dem elektrischen Feld $\boldsymbol{E}$ und dem Temperaturgradienten wird in Form der Beziehungen (44,12—13) geschrieben:

$$\boldsymbol{E} + \nabla \frac{\mu}{e} = \frac{1}{\sigma} \boldsymbol{j} + \alpha \nabla T , \tag{78,1}$$

$$\boldsymbol{q}' = \boldsymbol{q} - \left(\varphi - \frac{\mu}{e}\right) \boldsymbol{j} = \alpha T \boldsymbol{j} - \varkappa \nabla T . \tag{78,2}$$

In dieser Form beziehen sie sich auf Kristalle kubischer Symmetrie, die zur Vereinfachung der Darstellung auch im folgenden vorausgesetzt werden. Für Kristalle nichtkubischer Symmetrie werden aus den Koeffizienten σ, $\varkappa$, α Tensoren zweiter Stufe. Die Beziehung (78,2) benutzt man günstiger in einer Form, in der $\boldsymbol{j}$ mittels der ersten Gleichung (78,1) durch $\boldsymbol{E}$ ausgedrückt wird:

$$\boldsymbol{q}' = \sigma \alpha T \left(\boldsymbol{E} + \nabla \frac{\mu}{e}\right) - (\varkappa + T \sigma \alpha^2) \nabla T . \tag{78,3}$$

Alles, was bereits im § 74 über die kinetische Gleichung für eine FERMI-Flüssigkeit gesagt wurde, bleibt im wesentlichen auch für die Elektronenflüssigkeit im Metall gültig. An die Stelle des Impulses der Quasiteilchen tritt jetzt ihr Quasiimpuls. Die FERMI-Fläche besitzt im allgemeinen eine komplizierte, für jedes konkrete Metall spezifische Gestalt.

Die kinetischen Koeffizienten eines Metalls können im Prinzip mit Hilfe der linearisierten kinetischen Gleichung

$$-e\boldsymbol{E}\boldsymbol{v}\frac{\partial n_0}{\partial \varepsilon} + \boldsymbol{v}\frac{\partial n_0}{\partial \boldsymbol{r}} = I(\delta\tilde{n})$$

berechnet werden, wobei $\boldsymbol{v} = \partial\varepsilon/\partial\boldsymbol{p}$ ist und das Stoßintegral bezüglich der gesuchten kleinen Funktion $\delta\tilde{n}$, die entsprechend (74,13) definiert ist, linearisiert wird. Die Differentiation der Funktion n_0 bezüglich $\boldsymbol{r}$ kann unter der Bedingung $\mu = \text{const}$ ausgeführt werden, da der Gradient von μ lediglich in der Kombination $e\boldsymbol{E} + \nabla\mu$ eingehen würde, wie es entsprechend (78,1) sein muß. Somit erhalten wir

$$\frac{\partial n_0}{\partial T} = -\frac{\varepsilon - \mu}{T}\frac{\partial n_0}{\partial \varepsilon},$$

und die kinetische Gleichung nimmt die Form

$$-\left(e\boldsymbol{E} + \frac{\varepsilon - \mu}{T}\nabla T\right)\boldsymbol{v}\frac{\partial n_0}{\partial \varepsilon} = I(\delta\tilde{n}) \tag{78,4}$$

an. Die Stromdichte und die dissipative Energiestromdichte sind durch die Integrale

$$\boldsymbol{j} = -e\int \boldsymbol{v}\,\delta\tilde{n}\frac{2\,\mathrm{d}^3p}{(2\pi\hbar)^3}, \qquad \boldsymbol{q}' = \int (\varepsilon - \mu)\,\boldsymbol{v}\,\delta\tilde{n}\frac{2\,\mathrm{d}^3p}{(2\pi\hbar)^3} \tag{78,5}$$

gegeben. (Berechnet man $\boldsymbol{q}'$ als Stromdichte der kinetischen Energie $(\varepsilon - \mu)$, so besteht nicht die Notwendigkeit, von ihr die konvektive Übertragung der potentiellen Energie $\varphi\boldsymbol{j}$ abzuziehen.)

Eine charakteristische Besonderheit der Streuung von Leitungselektronen an Verunreinigungsatomen besteht darin, daß sie elastisch ist. Infolge der großen Masse der Atome und ihrer starren Bindung ans Gitter kann die Energie des Elektrons beim Stoß als unveränderlich angenommen werden. Wir zeigen, daß allein die Annahme über den elastischen Charakter der Streuung ausreichend ist, um die elektrische und die Wärmeleitfähigkeit des Metalls durch eine einfache Formel zu verbinden.

Dabei ist zu beachten, daß der elastische Stoßoperator die Abhängigkeit der Funktion $\delta\tilde{n}$ von der Energie ε nicht beeinflußt. Die Stöße führen nur zu einer Verschiebung der Teilchen auf Isoenergieflächen. Das bedeutet, daß ein beliebiger Faktor in $\delta\tilde{n}$, der nur von der Energie abhängt, aus dem Zeichen I herausgezogen werden kann. Diese Tatsache gestattet es, die Lösung der kinetischen Gleichung in der Form

$$\delta\tilde{n} = \frac{\partial n_0}{\partial \varepsilon}\left(e\boldsymbol{E} + \frac{\varepsilon - \mu}{T}\nabla T\right)\boldsymbol{l}(\boldsymbol{p}) \tag{78,6}$$

zu suchen, wobei $\boldsymbol{l}(\boldsymbol{p})$ der Gleichung

$$I(\boldsymbol{l}) = -\boldsymbol{v} \tag{78,7}$$

genügt.

Die mittels der Verteilung (78,6) berechnete Stromdichte ist

$$\boldsymbol{j} = -e \int \left\{ e(\boldsymbol{E}\boldsymbol{l})\,\boldsymbol{v} + \frac{\varepsilon - \mu}{T} (\boldsymbol{l}\nabla T)\,\boldsymbol{v} \right\} \frac{\partial n_0}{\partial \varepsilon} \frac{2\,\mathrm{d}^3p}{(2\pi\hbar)^3}. \tag{78,8}$$

Aus dem ersten Summanden der rechten Seite finden wir den Leitfähigkeitstensor

$$\sigma_{\alpha\beta} = -e^2 \int v_\alpha l_\beta \frac{\partial n_0}{\partial \varepsilon} \frac{2\,\mathrm{d}^3p}{(2\pi\hbar)^3}. \tag{78,9}$$

Für einen Kristall kubischer Symmetrie gilt $\sigma_{\alpha\beta} = \sigma\delta_{\alpha\beta}$, so daß die Leitfähigkeit die Form

$$\sigma = -\frac{e^2}{3} \int \boldsymbol{l}\boldsymbol{v} \frac{\partial n_0}{\partial \varepsilon} \frac{2\,\mathrm{d}^3p}{(2\pi\hbar)^3}$$

erhält oder, bei Umformung des Integrals entsprechend (74,18—20),

$$\sigma = \frac{2e^2}{3} J_F, \qquad J = \int \boldsymbol{l}\boldsymbol{v} \frac{\mathrm{d}S}{v(2\pi\hbar)^3}. \tag{78,10}$$

Die Integration in J_F erfolgt über alle Teile der FERMI-Fläche innerhalb der Grenzen einer Elementarzelle des reziproken Gitters.

Auf analoge Weise finden wir aus dem zweiten Summanden in (78,8) durch einen Vergleich mit (78,1)

$$\alpha\sigma = \frac{2e}{3T} \int \eta(\boldsymbol{v}\boldsymbol{l}) \frac{\partial n_0}{\partial \varepsilon} \frac{\mathrm{d}^3p}{(2\pi\hbar)^3},$$

wobei $\eta = \varepsilon - \mu$ ist. Die Integration bezüglich d^3p überführen wir in eine Integration auf den Isoenergieflächen $\eta = \mathrm{const}$ sowie eine Integration über η. Indem man erneut die Bezeichnung J aus (78,10) einführt, erhält man

$$\alpha\sigma = \frac{2e}{3T} \int J\eta \frac{\partial n_0}{\partial \eta} \mathrm{d}\eta\,. \tag{78,11}$$

Die Funktion

$$\frac{\partial n_0}{\partial \varepsilon} = -\frac{1}{T(\mathrm{e}^{\eta/T}+1)\,(\mathrm{e}^{-\eta/T}+1)}$$

nimmt für $\eta \to \pm\infty$ exponentiell ab, weswegen die Integration über η auf den Bereich von $-\infty$ bis $+\infty$ erweitert werden kann. Das Integral wird im wesentlichen durch den Bereich $|\eta| \sim T$ bestimmt; die Größe $J(\eta)$ hingegen ändert sich erst über ein Intervall $\eta \sim \mu \gg T$ merklich. Deshalb ist es ausreichend,

$$J \approx J_F + \eta \frac{\mathrm{d}J}{\mathrm{d}\varepsilon_F}$$

zu setzen. Bei der Einführung dieses Ausdrucks in (78,11) wird das Integral des ersten Summanden Null, da er eine ungerade Funktion von η ist. Für den zweiten Summanden ergibt sich

$$\alpha\sigma = \frac{2e}{3T}\frac{\mathrm{d}J}{\mathrm{d}\varepsilon_F}2\int_0^\infty \eta^2\frac{\partial n_0}{\partial\eta}\mathrm{d}\eta = -\frac{8e}{3T}\frac{\mathrm{d}J}{\mathrm{d}\varepsilon_F}\int_0^\infty \eta n_0\,\mathrm{d}\eta\,.$$

Die Integration liefert

$$\int_0^\infty \frac{\eta\,\mathrm{d}\eta}{\mathrm{e}^{\eta/T}+1} = \frac{\pi^2}{12}T^2\,.$$

Benutzt man weiterhin (78,10), so erhält man

$$\alpha = -\frac{\pi^2 T}{3e}\frac{\mathrm{d}\ln J}{\mathrm{d}\varepsilon_F}\,. \tag{78,12}$$

Größenordnungsmäßig gilt $|\alpha| \sim T/e\varepsilon_F$.

Wir setzen jetzt $\boldsymbol{E} = 0$ und bestimmen den Energiestrom. Unter erneuter Ausnutzung der kubischen Symmetrie finden wir

$$\boldsymbol{q}' = \frac{2\nabla T}{3T}\int_{-\infty}^{\infty} J\eta^2\frac{\partial n_0}{\partial\eta}\mathrm{d}\eta\,.$$

Hierbei genügt es, $J = J_F$ zu setzen, wonach wir

$$\boldsymbol{q}' = -\frac{2\pi^2}{9}TJ_F\nabla T$$

erhalten. Vergleicht man diesen Ausdruck mit (78,3) und (78,10), so findet man

$$\varkappa + T\sigma\alpha^2 = \frac{\pi^2\sigma T}{3e^2}\,.$$

Die oben angegebene Abschätzung von α zeigt, daß der Beitrag $T\sigma\alpha^2$ auf der linken Seite der Gleichung klein ist im Vergleich zur rechten Seite der Gleichung. Sie verhalten sich zueinander wie $(T/\varepsilon_F)^2$. Vernachlässigt man diesen Beitrag, so findet man im Endergebnis die folgende Beziehung zwischen der Wärmeleitfähigkeit und der elektrischen Leitfähigkeit:

$$\varkappa = \frac{\pi^2 T}{3e^2}\sigma \tag{78,13}$$

— das WIEDEMANN-FRANZsche Gesetz.[1])

Es sei noch einmal hervorgehoben, daß zur Herleitung dieser Beziehung nur ausgenutzt wurde, daß die Streuung der Leitungselektronen elastisch erfolgt. Anhand des

---

[1]) Eine Beziehung der Form (78,13) wurde qualitativ von P. DRUDE (1900) erhalten. Damit wurde erstmals die Vorstellung von Leitungselektronen formuliert, die am thermischen Gleichgewicht des Metalls beteiligt sind. Eine quantitative Ableitung wurde im Rahmen der klassischen Statistik von H. A. LORENTZ (1905) und im Rahmen der FERMI-Statistik von A. SOMMERFELD (1928) gegeben.

Verlaufs dieser Ableitung ist leicht festzustellen, daß die Annahme der kubischen Symmetrie nur die Darstellung der Gleichungen vereinfacht hat. Für den allgemeinen Fall einer beliebigen Kristallsymmetrie gilt die gleiche Beziehung (78,13) zwischen den Tensoren $\varkappa_{\alpha\beta}$ und $\sigma_{\alpha\beta}$.

Zur Bestimmung der Temperaturabhängigkeit der Koeffizienten $\varkappa$ und σ müssen wir das Stoßintegral im einzelnen aufschreiben. Für Stöße mit Fremdatomen besitzt es eine Form, die vollkommen analog ist zu der des Integrals (70,1) für die Streuung von Phononen an Verunreinigungen:

$$\mathrm{St}\, n = N_{\mathrm{Fr}} \int w(\boldsymbol{p}, \boldsymbol{p}')\, [n'(1-n) - n(1-n')]\, \delta(\varepsilon - \varepsilon')\, \frac{2\, \mathrm{d}^3p'}{(2\pi\hbar)^3}. \qquad (78,14)$$

Die Faktoren $(1 - n)$ und $(1 - n')$ berücksichtigen das PAULI-Prinzip, wonach ein Übergang nur in unbesetzte Zustände erfolgen kann. Die Faktoren n' und n berücksichtigen weiterhin, daß eine Streuung nur aus besetzten Zuständen möglich ist. Wie bereits in (70,1) wird auch für das Integral (78,14) angenommen, daß die Fremdatome stochastisch verteilt sind und daß ihr mittlerer Abstand viel größer als die entsprechende Streuamplitude ist. Somit erfolgt die Streuung an verschiedenen Atomen unabhängig voneinander. Beim Aufschreiben des Integrals (78,14) wurde bereits ausgenutzt, daß $w(\boldsymbol{p}, \boldsymbol{p}') = w(\boldsymbol{p}', \boldsymbol{p})$ gilt. Für die Streuung der Leitungselektronen an Fremdatomen ist die BORNsche Näherung im allgemeinen nicht anwendbar. Die angegebene Gleichung beruht auf Überlegungen, die bereits zur Herleitung des Prinzips des detaillierten Gleichgewichts in der Form (2,8) benutzt wurden. Dabei muß selbstverständlich angenommen werden, daß die von den Fremdatomen eingenommenen Atomlagen im Metallgitter die Inversionssymmetrie nicht verletzen.

Die Linearisierung des Stoßintegrals führt zu einer Ersetzung der Differenz $n'(1-n) - n(1-n') = n' - n$ durch $\delta\tilde{n}' - \delta\tilde{n}$. Die Gleichung (78,7) erhält somit die Form

$$N_{\mathrm{Fr}} \int w(\boldsymbol{p}, \boldsymbol{p}')\, (\boldsymbol{l}' - \boldsymbol{l})\, \delta(\varepsilon - \varepsilon')\, \frac{2\, \mathrm{d}^3p'}{(2\pi\hbar)^3} = -\boldsymbol{v}\,. \qquad (78,15)$$

Diese Gleichung ist nicht von der Temperatur abhängig. Somit wird auch ihre Lösung $\boldsymbol{l}(\boldsymbol{p})$ nicht von der Temperatur abhängen und entsprechend (78,10) auch nicht die Leitfähigkeit σ. Aus diesem Grunde strebt der Widerstand für hinreichend tiefe Temperaturen, wenn die Streuung der Leitungselektronen an Verunreinigungsatomen den Hauptmechanismus für den elektrischen Widerstand darstellt, gegen einen konstanten (Rest-) Wert. Entsprechend ist in diesem Bereich die Wärmeleitfähigkeit $\varkappa$ proportional zu T.[1])

Für eine grobe quantitative Abschätzung des Restwiderstandes können wir die elementare Beziehung (43,7) benutzen, indem wir in ihr (für Elektronen im Metall) $p \sim p_F$ setzen:

$$\sigma \sim e^2 N l / p_F \qquad (78,16)$$

[1]) Bei dieser Überlegung wird angenommen, daß die Gleichung (78,15) in der Nähe von $\varepsilon = \varepsilon_F$ keine schnell veränderlichen Größen enthält, wodurch es möglich wird, in (78,9) $\boldsymbol{l}$ durch $\boldsymbol{l}_F$ zu ersetzen. Dies gilt für die Streuung an gewöhnlichen Verunreinigungen, nicht jedoch an paramagnetischen Ionen.

mit N als der Elektronendichte. Bei Streuung an Verunreinigungen gilt für die freie Weglänge $l \sim 1/N_{\text{Fr}}\sigma_t$, wobei σ_t den Transportquerschnitt der Streuung beschreibt. Für den Restwiderstand $\varrho_R = 1/\sigma$ gilt somit

$$\varrho_R \sim \frac{N_{\text{Fr}}\sigma_t p_F}{e^2 N}. \tag{78,17}$$

Zu den Ausführungen dieses Paragraphen muß noch folgendes hinzugefügt werden. Die allgemeine Bedingung für die Anwendbarkeit der kinetischen Gleichung auf eine FERMI-Flüssigkeit verlangt, daß die Quantenunschärfe der Elektronenenergie klein ist im Vergleich zur Breite ($\sim T$) der thermischen Verschmierung der FERMI-Verteilung. Die erwähnte Unschärfe ist proportional zu $\hbar/\tau$ mit $\tau \sim l/v_F$ als der freien Laufzeit. Für die Streuung an Verunreinigungen gilt $l \sim 1/N_{\text{Fr}}\sigma_t$. Die Unschärfe $\hbar/\tau$ ist von der Temperatur unabhängig, so daß bereits für $T = 0$ eine Verschmierung der FERMI-Grenze auftritt. Auf den ersten Blick folgt hieraus, daß alle oben durchgeführten Überlegungen nur bei Befriedigung der sehr strengen Bedingung

$$T \gg \hbar v_F \sigma_t N_{\text{Fr}}, \tag{78,18}$$

die von der Konzentration der Fremdatome abhängt, gültig sind. In Wirklichkeit jedoch existiert eine derartige Beschränkung nicht (L. D. LANDAU, 1934).

Der Grund liegt darin, daß wegen der starren Lagen der Fremdatome und des elastischen Charakters der Elektronenstreuung an diesen die Berechnung des elektrischen Stromes im Prinzip als quantenmechanische Aufgabe der Bewegung eines Elektrons in einem gegebenen komplizierten äußeren Potential formuliert werden kann. Für die Elektronenzustände, die als stationäre Zustände in diesem Feld definiert sind, besitzt die Energie keine Unschärfe. Für $T = 0$ besetzen die Elektronen einen Bereich von Zuständen, der scharf durch die FERMI-Fläche begrenzt wird, jedoch nicht im Impulsraum, sondern im Raum der Quantenzahlen, die die Bewegung in diesem Potentialfeld charakterisieren. Im Rahmen dieser Formulierung des Problems treten Bedingungen der Form (78,18) nicht auf.

§ 79. Elektron-Phonon-Wechselwirkung

In hinreichend reinen Metallen ist innerhalb eines breiten Temperaturbereiches die Wechselwirkung der Leitungselektronen mit den Phononen der Hauptmechanismus zur Einstellung des Gleichgewichtszustandes.

Die Emission (bzw. Absorption) eines Phonons durch ein Elektron ist nur möglich, wenn die Geschwindigkeit des Elektrons größer wird als die des Phonons — vgl. analoge Argumentation in § 68 für die Emission eines Phonons durch ein Phonon. Die Geschwindigkeit der Elektronen an der FERMI-Fläche ist jedoch im allgemeinen groß im Vergleich zur Geschwindigkeit der Phononen, so daß diese Bedingung erfüllt ist und der Hauptbeitrag zum Elektron-Phonon-Stoßintegral im wesentlichen durch die erwähnten „Ein-Phonon"-Prozesse bestimmt wird.

Bei Berücksichtigung dieser Prozesse erhält das Stoßintegral analog zum Phonon-Phonon-Integral (67,6) die folgende Gestalt[1]):

$$\mathrm{St}_{e,\,\mathrm{ph}}\, n_{\boldsymbol{p}} = \int w(\boldsymbol{p}', \boldsymbol{k}; \boldsymbol{p}) \{n_{\boldsymbol{p}'}(1 - n_{\boldsymbol{p}}) N_{\boldsymbol{k}} - n_{\boldsymbol{p}}(1 - n_{\boldsymbol{p}'}) (1 + N_{\boldsymbol{k}})\}$$
$$\times\, \delta(\varepsilon_{\boldsymbol{p}} - \varepsilon_{\boldsymbol{p}'} - \omega_{\boldsymbol{k}}) \frac{\mathrm{d}^3k}{(2\pi)^3}$$
$$+ \int w(\boldsymbol{p}'; \boldsymbol{p}, \boldsymbol{k}) \{n_{\boldsymbol{p}'}(1 - n_{\boldsymbol{p}}) (1 + N_{\boldsymbol{k}}) - n_{\boldsymbol{p}}(1 - n_{\boldsymbol{p}'}) N_{\boldsymbol{k}}\}$$
$$\times\, \delta(\varepsilon_{\boldsymbol{p}} + \omega_{\boldsymbol{k}} - \varepsilon_{\boldsymbol{p}'}) \frac{\mathrm{d}^3k}{(2\pi)^3}\,. \tag{79,1}$$

Das erste Glied beschreibt Prozesse der Emission eines Phonons mit dem Quasiimpuls $\boldsymbol{k}$ durch ein Elektron mit gegebenem Quasiimpuls $\boldsymbol{p}$ sowie die umgekehrten Prozesse der Absorption eines Phonons $\boldsymbol{k}$ durch Elektronen $\boldsymbol{p}'$, die zu einem Quasiimpuls $\boldsymbol{p}$ führen,

$$\boldsymbol{p} = \boldsymbol{p}' + \boldsymbol{k} + \boldsymbol{b}\,. \tag{79,2a}$$

Bei diesen Prozessen finden Übergänge zwischen einem Elektronenzustand der gegebenen Energie $\varepsilon_{\boldsymbol{p}}$ und energetisch tieferliegenden Zuständen statt. Das zweite Glied beschreibt Prozesse der Absorption eines Phonons durch ein Elektron $\boldsymbol{p}$ sowie die umgekehrten Prozesse der Emission durch ein Elektron $\boldsymbol{p}'$,

$$\boldsymbol{p} + \boldsymbol{k} = \boldsymbol{p}' + \boldsymbol{b}\,. \tag{79,2b}$$

Bei diesen Prozessen finden Übergänge zwischen einem gegebenen Zustand und höherliegenden Elektronenzuständen statt. Aus den gleichen Gründen wie auch bei der Emission eines Phonons durch ein Phonon in § 66 wird die Größe $\boldsymbol{b}$ in den Gleichungen (79,2) eindeutig aus den vorgegebenen Werten $\boldsymbol{k}$, $\boldsymbol{p}$ sowie der Forderung, daß $\boldsymbol{p}'$ innerhalb der gleichen gewählten Elementarzelle des reziproken Gitters liegt, bestimmt. Die δ-Funktionen in (79,1) widerspiegeln den Energieerhaltungssatz; $\varepsilon_{\boldsymbol{p}}$ ist die Energie der Elektronen, $\omega_{\boldsymbol{k}}$ die Energie der Phononen. Wie bereits in Kapitel VII wird die Verteilungsfunktion (Besetzungszahlen der Zustände) der Phononen mit $N_{\boldsymbol{k}}$ bezeichnet, die der Elektronen mit $n_{\boldsymbol{p}}$. Die Indizes, welche die Zweige des Phononenspektrums charakterisieren (und die entsprechenden Summationszeichen über diese Zweige), werden der Kürze halber weggelassen. Es wird angenommen, daß die Übergangswahrscheinlichkeiten nicht vom Spin des Elektrons, der beim Übergang unverändert bleibt, abhängen.

In analoger Weise ist das Phonon-Elektron-Stoßintegral aufzuschreiben, welches zum Phonon-Phonon-Integral auf der rechten Seite der kinetischen Gleichung für die Verteilungsfunktion der Phononen hinzugefügt werden muß:

$$\mathrm{St}_{\mathrm{ph},\,e}\, N_{\boldsymbol{k}} = \int w(\boldsymbol{p}; \boldsymbol{p}', \boldsymbol{k}) \{n_{\boldsymbol{p}}(1 - n_{\boldsymbol{p}'}) (1 + N_{\boldsymbol{k}}) - n_{\boldsymbol{p}'}(1 - n_{\boldsymbol{p}}) N_{\boldsymbol{k}}\}$$
$$\times\, \delta(\varepsilon_{\boldsymbol{p}'} + \omega_{\boldsymbol{k}} - \varepsilon_{\boldsymbol{p}}) \frac{2\, \mathrm{d}^3p}{(2\pi)^3} \tag{79,3}$$

[1]) In §§ 79—83 verwenden wir ein System von Maßeinheiten, in dem $\hbar = 1$ gesetzt wird.

mit $\boldsymbol{p} = \boldsymbol{p}' + \boldsymbol{k} + \boldsymbol{b}$. Dieses Integral beschreibt die Differenz zwischen der Anzahl von Phononen $\boldsymbol{k}$, die von Elektronen aller möglichen Quasiimpulse $\boldsymbol{p}$ ausgesandt werden, und der Anzahl der Phononen, die durch Elektronen aller möglichen $\boldsymbol{p}'$ absorbiert werden. Der Faktor 2 berücksichtigt die zwei möglichen Spineinstellungen des ausstrahlenden (bzw. absorbierenden) Elektrons.

Im Rahmen einer Störungstheorie erster Ordnung werden die in den Integralen auftretenden Wahrscheinlichkeiten für die Absorption bzw. Emission eines Phonons durch ein Elektron mit Hilfe des Operators der Elektron-Phonon-Wechselwirkung, der linear in den Phononenoperatoren $\hat{\boldsymbol{U}}_s(\boldsymbol{n})$ (66,2) ist, beschrieben. Die Linearität widerspiegelt den Umstand, daß diese Operatoren Übergänge induzieren, bei denen sich lediglich eine der Besetzungszahlen der Phononenzustände um 1 ändert. Ohne die in § 66 durchgeführten Überlegungen zu wiederholen, konstatieren wir, daß im Grenzfall eines gegen Null gehenden Phononen-Quasiimpulses $\boldsymbol{k}$ die Emissions- bzw. Absorptionswahrscheinlichkeit eines Phonons proportional zur ersten Potenz von k ist:

$$w \propto k\,. \tag{79,4}$$

Gemäß den allgemeinen Eigenschaften der Übergangswahrscheinlichkeiten in BORNscher Näherung sind die Wahrscheinlichkeiten für den direkten und den umgekehrten Prozeß gleich. Deshalb gilt[1])

$$w(\boldsymbol{p}', \boldsymbol{k}; \boldsymbol{p}) = w(\boldsymbol{p}; \boldsymbol{p}', \boldsymbol{k})\,. \tag{79,5}$$

Diese Eigenschaft wurde bereits in den Integralen (79,1) und (79,3) berücksichtigt.

Eine weitere Vereinfachung erhält man bei Berücksichtigung der Symmetrie, mit der die Erzeugungs- und Vernichtungsoperatoren der Phononen in den Operator der Elektron-Phonon-Wechselwirkung eingehen. (Diese Symmetrie äußert sich darin, daß die Operatoren $\hat{\boldsymbol{U}}_s$ reell sind.) Infolge der Symmetrie ist die Emission eines Phonons mit dem Quasiimpuls $\boldsymbol{k}$ äquivalent zur Absorption eines Phonons mit dem Quasiimpuls $-\boldsymbol{k}$. Wir berücksichtigen außerdem, daß die Elektronenenergien $\varepsilon_{\boldsymbol{p}}$ und $\varepsilon_{\boldsymbol{p}'}$ nahe bei der FERMI-Energie ε_F liegen. Wir definieren $\boldsymbol{p}_F$ und $\boldsymbol{p}'_F$ als Vektoren in den Richtungen von $\boldsymbol{p}$ und $\boldsymbol{p}'$, die auf der FERMI-Fläche enden. Die Funktionen w werden in Abhängigkeit von den Richtungen $\boldsymbol{p}_F$, $\boldsymbol{p}'_F$ sowie den Differenzen $\eta_{\boldsymbol{p}} = \varepsilon_{\boldsymbol{p}} - \varepsilon_F$ und $\eta_{\boldsymbol{p}'} = \varepsilon_{\boldsymbol{p}'} - \varepsilon_F$ ausgedrückt, wobei letztere den Abstand der Elektronenenergien von der FERMI-Energie beschreiben. Bezüglich der letztgenannten Variablen stellt w eine langsam veränderliche Funktion dar, die sich nur in Intervallen $\sim \varepsilon_F \gg T$ wesentlich ändert. Unter der Vernachlässigung von Größen $\sim \eta \sim T$ kann in diesen Funktionen $\eta_{\boldsymbol{p}} = \eta_{\boldsymbol{p}'} = 0$ gesetzt werden. Somit wird die oben beschriebene Äquivalenz ausgedrückt durch die Beziehung

$$w(\boldsymbol{p}'_F, \boldsymbol{k}; \boldsymbol{p}_F) = w(\boldsymbol{p}'_F; \boldsymbol{p}_F, -\boldsymbol{k})\,, \tag{79,6}$$

wobei die w lediglich Funktionen der Richtungen $\boldsymbol{p}_F$ und $\boldsymbol{p}'_F$ darstellen. Wenn man jetzt im zweiten Summanden in (79,1) die Integrationsvariable $\boldsymbol{k}$ in $-\boldsymbol{k}$ umbenennt, werden die Koeffizienten w in beiden Integralen gleich. Da $\omega_{-\boldsymbol{k}} = \omega_{\boldsymbol{k}}$ gilt, führt diese Umbenennung nur zur einer Ersetzung von $N_{\boldsymbol{k}}$ durch $N_{-\boldsymbol{k}}$.

---

[1]) Wir erinnern daran, daß die Quantenzahlen des Ausgangs- (i) und des Endzustandes (f) in den Bezeichnungen der Wahrscheinlichkeiten überall in der Reihenfolge fi auftreten.

Die Integrale (79,1) und (79,3) werden natürlich für die Gleichgewichtsverteilungen der Elektronen und Phononen Null. Die Linearisierung dieser Integrale bezüglich kleiner Abweichungen vom Gleichgewicht wird gleichzeitig für beide Verteilungsfunktionen durchgeführt, welche wir in folgender Form darstellen:

$$n = n_0(\varepsilon) + \delta\tilde{n}\,, \qquad N = N_0(\omega) + \delta N\,,$$
$$\delta\tilde{n} = -\frac{\partial n_0}{\partial \varepsilon}\varphi = \frac{n_0(1-n_0)}{T}\varphi\,, \tag{79,7}$$
$$\delta N = -\frac{\partial N_0}{\partial \omega}\chi = \frac{N_0(1+N_0)}{T}\chi\,.$$

Die Umformung erfolgt in vollständiger Analogie zu den in § 67 und § 74 vorgenommenen. Der Ausdruck innerhalb der geschweiften Klammer im ersten Summanden von (79,1), geschrieben als

$$(1-n)\,(1-n')\,(1+N)\left[\frac{n'}{1-n'}\,\frac{N}{1+N} - \frac{n}{1-n}\right],$$

wird dabei überführt in die Form

$$n_0(1-n_0')\,(1+N_0)\,\frac{1}{T}\,(\varphi' - \varphi + \chi)\,.$$

Es erweist sich als vorteilhaft, diesen Ausdruck unter Verwendung der Beziehung

$$n_0(\varepsilon)\,[1 - n_0(\varepsilon')] = [n_0(\varepsilon) - n_0(\varepsilon')]\,N_0(\varepsilon - \varepsilon')\,, \tag{79,8}$$

die durch direktes Nachrechnen leicht verifiziert werden kann, weiter umzuformen. Wir erhalten auf diesem Weg

$$(n_0 - n_0')\,\frac{N_0(1+N_0)}{T}\,(\varphi' - \varphi + \chi) = -\frac{\partial N_0}{\partial \omega}\,(n_0 - n_0')\,(\varphi' - \varphi + \chi)\,.$$

Auf gleiche Art und Weise werden auch alle übrigen Glieder umgeformt. Als Resultat ergeben sich die folgenden linearisierten Stoßintegrale:

$$\begin{aligned}\mathrm{St}_{e,\,\mathrm{ph}}\, n &= I_{e,\,\mathrm{ph}}(\varphi, \chi)\\ &= -\int \frac{\partial N_0}{\partial \omega}\, w(n_0' - n_0)\,\{(\varphi_{\boldsymbol{p}'} - \varphi_{\boldsymbol{p}} + \chi_{\boldsymbol{k}})\,\delta(\varepsilon_{\boldsymbol{p}} - \varepsilon_{\boldsymbol{p}'} - \omega_{\boldsymbol{k}})\\ &\quad - (\varphi_{\boldsymbol{p}'} - \varphi_{\boldsymbol{p}} - \chi_{-\boldsymbol{k}})\,\delta(\varepsilon_{\boldsymbol{p}} - \varepsilon_{\boldsymbol{p}'} + \omega_{\boldsymbol{k}})\}\,\frac{\mathrm{d}^3k}{(2\pi)^3}\,,\end{aligned} \tag{79,9}$$

$$\begin{aligned}\mathrm{St}_{\mathrm{ph},\,e}\, N &= I_{\mathrm{ph},\,e}(\chi, \varphi)\\ &= \frac{\partial N_0}{\partial \omega}\int w(n_0' - n_0)\,(\varphi_{\boldsymbol{p}'} - \varphi_{\boldsymbol{p}} + \chi_{\boldsymbol{k}})\,\delta(\varepsilon_{\boldsymbol{p}} - \varepsilon_{\boldsymbol{p}'} - \omega_{\boldsymbol{k}})\,\frac{2\,\mathrm{d}^3p}{(2\pi)^3}\,,\end{aligned} \tag{79,10}$$

wobei in beiden $\boldsymbol{p} = \boldsymbol{p}' + \boldsymbol{k} + \boldsymbol{b}$ gilt.

Diese Integrale lassen sich auf einfache Weise in zwei lineare Integraloperatoren zerlegen, die jeweils auf die Funktionen φ bzw. χ wirken. Wir erhalten

$$I_{e,\,\mathrm{ph}}(\varphi, \chi) = I^{(1)}_{e,\,\mathrm{ph}}(\varphi) + I^{(2)}_{e,\,\mathrm{ph}}(\chi)\,. \tag{79,11}$$

Wir stellen eine wichtige Eigenschaft des Operators $I^{(1)}_{\varepsilon,\mathrm{ph}}$ fest: Er ändert das Symmetrieverhalten der Funktion $\varphi(\eta, \boldsymbol{p}_F)$ bezüglich der Variablen η nicht, so daß aus einer geraden Funktion wiederum eine gerade und aus einer ungeraden eine ungerade Funktion wird. In der Tat besitzt der Operator hinsichtlich seiner Wirkung auf eine Funktion von η die Gestalt

$$I^{(1)}_{\varepsilon,\mathrm{ph}}(\varphi(\eta)) \sim \int K(\eta, \eta') \, [\varphi(\eta') - \varphi(\eta)] \, \mathrm{d}\eta$$

mit

$$K(\eta, \eta') = [n_0(\eta') - n_0(\eta)] \, [\delta(\eta - \eta' - \omega) - \delta(\eta' - \eta - \omega)] \, .$$

Beachtet man, daß

$$n_0(\eta) = \frac{1}{2}\left[1 - \tanh\frac{\eta}{2T}\right] \tag{79,12}$$

und deshalb

$$n_0(\eta') - n_0(\eta) = \frac{1}{2}\left[\tanh\frac{\eta}{2T} - \tanh\frac{\eta'}{2T}\right]$$

gilt, findet man

$$K(\eta, \eta') = K(-\eta, -\eta') \, ,$$

woraus direkt die oben beschriebene Eigenschaft des Operators folgt. Diese Eigenschaft wird im weiteren in §§ 80, 82 Verwendung finden.

Die Stoßintegrale (79,9—10) werden für die Funktionen

$$\varphi = \mathrm{const} \cdot \varepsilon \, , \qquad \chi = \mathrm{const} \cdot \omega \tag{79,13}$$

(mit gleichem Koeffizienten const) identisch Null. Diese „parasitäre" Lösung der kinetischen Gleichung entspricht (wie auch die Lösung (67,18) in der Phonon-Phonon-Gleichung) einer Temperaturänderung des Systems um einen kleinen konstanten Wert. Die Integrale (79,9—10) werden ebenfalls Null für eine konstante Funktion

$$\varphi = \mathrm{const} \tag{79,14}$$

bei $\chi = 0$. Diese Lösung ist mit der Erhaltung der Gesamtelektronenzahl (im Gegensatz zur Gesamtzahl der Phononen) verbunden. Formal entspricht sie der Änderung des chemischen Potentials der Elektronen um einen kleinen konstanten Betrag.

Für weitere quantitative Abschätzungen sei daran erinnert, daß die Größenordnungen der Parameter des Elektronenspektrums im Metall nur durch die Gitterkonstante d und die effektive Elektronenmasse m^* bestimmt werden. So gilt für den FERMI-Impuls (in gewöhnlichen Einheiten) $p_F \sim \hbar/d$, für die FERMI-Geschwindigkeit $v_F \sim p_F/m^* \sim \hbar/m^*d$ und die FERMI-Energie $\varepsilon_F \sim v_F p_F \sim \hbar^2/m^*d^2$. Die Parameter des Phononenspektrums und der Elektron-Phonon-Wechselwirkung enthalten außerdem noch die Atommasse M. Die Dichte des Körpers ist $\varrho \propto M$ und die Schallgeschwindigkeit $u \propto \varrho^{-1/2} \propto M^{-1/2}$. Ergänzt man diesen Ausdruck mit den Größen $\hbar$, d, m^* so, daß man die richtige Dimension erhält (dies ist auf eindeutige Weise möglich), ergibt sich

$$u \sim v_F (m^*/M)^{1/2} \, . \tag{79,15}$$

Hieraus folgt für die DEBYE-Temperatur

$$\Theta \sim \hbar\omega_{\max} \sim \hbar u/d \sim \varepsilon_F (m^*/M)^{1/2} \, . \tag{79,16}$$

In den Elektron-Phonon-Wechselwirkungsoperator geht die Masse M nur über die Verschiebungsoperatoren der Atome $\hat{U}_s$ (66,2) ein. Diese Wechselwirkung enthält keine anderen kleinen Größen in $1/M$. Ihre Energie erreicht die Größenordnung ε_F, falls $U_s \sim d$ gilt. Die Matrixelemente der Operatoren $\hat{U}_s$ und mit ihnen die Matrixelemente des Operators der Elektron-Phonon-Wechselwirkung sind proportional zu $(M\omega)^{-1/2} \propto M^{-1/4}$. (Bei gegebenem Quasiimpuls k gilt für die Frequenz $\omega \sim uk \propto \propto M^{-1/2}$.) Die Streuwahrscheinlichkeit ergibt sich aus dem Quadrat des Matrixelementes. Deshalb ist die Funktion w im Stoßintegral proportional zu $M^{-1/2}$ bzw., wenn man durch Ergänzungen die erforderliche Dimension herstellt,

$$w \sim \Theta v_F d^2 . \tag{79,17}$$

Diese Abschätzung muß für die Untersuchung der Emission bzw. Absorption eines langwelligen akustischen Phonons abgeändert werden. Die Tatsache, daß in diesem Fall w proportional zu k ist, hat zur Folge, daß bei der Abschätzung ein zusätzlicher Faktor $k/k_{\max} \sim kd$ einzuführen ist:

$$w \sim \Theta v_F k d^3 . \tag{79,18}$$

§ 80. Kinetische Koeffizienten eines Metalls. Hohe Temperaturen

Für hohe Temperaturen $T \gg \Theta$ sind in einem Kristall Phononen aller möglichen Quasiimpulse angeregt, wobei ihre maximale Größe mit der Größenordnung des FERMI-Impulses der Elektronen $k_{\max} \sim p_F \sim 1/d$ übereinstimmt. Nach der Definition der DEBYE-Temperatur ist die Maximalenergie $\omega_{\max} \sim \Theta$, wodurch insgesamt für alle Phononen $\omega \ll T$ gilt.

Demnach ist unter den betrachteten Bedingungen die Energie der Phononen klein im Vergleich zur Ausschmierungsbreite der FERMI-Verteilung der Elektronen. Diese Tatsache gestattet es uns, die Emission bzw. Absorption eines Phonons als elastische Streuung eines Elektrons zu betrachten. Die Streuwinkel sind jedoch dabei keineswegs klein, da die Quasiimpulse der Elektronen und Phononen unter den betrachteten Bedingungen von gleicher Größenordnung sind.

Für hohe Temperaturen, wenn die Besetzungszahlen für Phononenzustände groß sind, erfolgt die Einstellung des Gleichgewichts in einem jeden Volumenelement des Phononengases sehr schnell (Phonon-Phonon-Relaxation). Aus diesem Grund kann bei der Untersuchung der elektrischen und der Wärmeleitfähigkeit eines Metalls für die Phononenverteilungsfunktion die Gleichgewichtsverteilung angenommen werden, d. h., im Stoßintegral wird $\chi = 0$ gesetzt. (Zu einer quantitativen Abschätzung von χ werden wir am Ende dieses Paragraphen noch einmal zurückkehren.) Anders ausgedrückt, genügt es, nur die kinetische Gleichung für das Elektronensystem zu untersuchen.

Es muß sofort darauf hingewiesen werden, daß im Rahmen der Näherung elastischer Elektronenstreuung die in § 78 erhaltenen Resultate, die nur auf dieser Annahme beruhen, weiterhin gültig sind. Somit bleibt auch das WIEDEMANN-FRANZsche Gesetz (78,13) zur Bestimmung des Verhältnisses $\sigma/\varkappa$ in seiner Form gültig. Für eine Ermittlung der Temperaturabhängigkeit eines jeden der Koeffizienten σ und $\varkappa$ muß jedoch das Elektron-Phonon-Stoßintegral (79,9) genauer untersucht werden.

Unter den betrachteten Bedingungen vereinfacht sich dieses Integral bedeutend. Infolge der Kleinheit der Phononenenergie $\omega = \pm (\varepsilon' - \varepsilon)$ kann die Differenz $n_0' - n_0$ bezüglich dieser Energie entwickelt werden[1]):

$$n_0' - n_0 \approx \pm \omega \frac{\partial n_0}{\partial \varepsilon}.$$

Danach können wir in den Argumenten der δ-Funktionen bereits $\omega = 0$ setzen. Somit wird

$$I_{e,\,\mathrm{ph}}(\varphi) = 2 \int w \frac{\partial N_0}{\partial \omega} \frac{\partial n_0}{\partial \varepsilon} \delta(\varepsilon' - \varepsilon)(\varphi' - \varphi)\, \omega \frac{\mathrm{d}^3 k}{(2\pi)^3}.$$

Für $\omega \ll T$ ist die Verteilungsfunktion der Phononen $N_0 \approx T/\omega$, so daß $\partial N_0/\partial\omega \approx \approx -T/\omega^2$ wird. Für die Ableitung $\partial n_0/\partial\varepsilon$ gilt $\partial n_0/\partial \varepsilon \sim -1/T$. Entscheidend für das Integral ist der Wertebereich $k \sim k_{\max}$, in dem $\omega \sim \Theta$ gilt. Unter Berücksichtigung der δ-Funktionen trägt die Integration bezüglich d^3k zur Abschätzung des Integrals einen Faktor $k_{\max}^2/v_F$ bei,

$$I_{e,\,\mathrm{ph}}(\varphi) \sim -w \frac{T}{\Theta} \frac{k_{\max}^2}{v_F} \frac{\varphi}{T}.$$

Bei Verwendung der Abschätzung (79,17) finden wir hieraus

$$I_{e,\,\mathrm{ph}}(\varphi) \sim -\varphi \sim -T\,\delta\tilde{n}. \tag{80,1}$$

Das bedeutet, daß die Elektron-Phonon-Stoßfrequenz $\nu_{e,\,\mathrm{ph}} \sim T$ ist ($T/\hbar$ in gewöhnlichen Einheiten), während für die freie Weglänge $l \sim v_F/T$ gilt. Aus (78,16) finden wir für die elektrische Leitfähigkeit (in gewöhnlichen Einheiten)[2])

$$\sigma \sim \frac{Ne^2\hbar}{m^* T}. \tag{80,2}$$

Somit ist die elektrische Leitfähigkeit eines Metalls für $T \gg \Theta$ umgekehrt proportional zur Temperatur. Aus dem WIEDEMANN-FRANZschen Gesetz folgt weiter, daß die Wärmeleitfähigkeit konstant ist,

$$\varkappa \sim \frac{N\hbar}{m^*}. \tag{80,3}$$

Wir wollen jetzt die Korrekturfunktionen φ und χ in den Verteilungen der Elektronen und Phononen abschätzen mit dem Ziel, die Vernachlässigung von χ im Stoß-

---

[1]) Die Berücksichtigung von ω in dieser Differenz widerspricht nicht der Näherungsannahme elastischer Elektronenstreuung. Diese Berücksichtigung ist erforderlich, da bei der Überführung des Stoßintegrals in die Form (79,9) die Gleichung (79,8) verwendet worden ist, deren rechter Anteil für $\varepsilon = \varepsilon'$ unbestimmt wird.

[2]) Es sei darauf hingewiesen, daß die Quantenunschärfe der Elektronenenergie, die $\sim \hbar\nu_{e,\,\mathrm{ph}} \sim T$ ist, von der Größenordnung der Ausschmierungsbreite ihrer Verteilung ist. Diese Tatsache beeinträchtigt jedoch nicht die Anwendbarkeit der erhaltenen Resultate. Hierfür gilt die gleiche Ursache, die bereits am Ende von § 78 in Verbindung mit der Streuung an Verunreinigungsatomen erläutert wurde. Infolge der relativ langsamen Schwingungen der Gitteratome und des elastischen Charakters der Elektronenstreuung kann die Aufgabenstellung im Prinzip als Bewegung der Elektronen in dem gegebenen Potentialfeld des deformierten Gitters aufgefaßt werden.

integral zu rechtfertigen. Dies tun wir zum Beispiel für den Fall eines angelegten elektrischen Feldes und eines verschwindenden Temperaturgradienten.

Da die Bewegung der Phononen nicht vom elektrischen Feld beeinflußt wird, ist die linke Seite der kinetischen Gleichung für Phononen gleich Null. Die Gleichung sagt folglich aus, daß die Summe der Stoßintegrale für Phonon-Elektron-Stöße und Phonon-Phonon-Stöße Null ergibt:

$$I^{(1)}_{\text{ph},e}(\varphi) + I^{(2)}_{\text{ph},e}(\chi) + I_{\text{ph},\text{ph}}(\chi) = 0\,. \tag{80,4}$$

(Die Indizes (1) und (2) unterscheiden ähnlich wie in (79,11) die zwei Integralanteile von (79,10).)

Das Integral $I_{\text{ph},e}$ wird in analoger Weise abgeschätzt wie bereits weiter oben das Integral $I_{e,\text{ph}}$. Dabei muß jedoch berücksichtigt werden, daß die Integration bezüglich der Quasiimpulse eines Elektrons faktisch nur in der Nähe der FERMI-Fläche über eine Schicht der Dicke $\sim T/v_F$ und der Fläche $\sim p_F^2$ erfolgt. Die auftretende δ-Funktion liefert bei der Integralabschätzung noch einen Faktor $1/\varepsilon_F$. Im Ergebnis erhalten wir

$$I^{(2)}_{\text{ph},e}(\chi) \sim -w\frac{\chi}{T}\frac{T}{\Theta}\frac{Tp_F^2}{v_F\varepsilon_F} \sim -\chi\frac{T}{\varepsilon_F}\,, \qquad I^{(1)}_{\text{ph},e}(\varphi) \sim -\varphi\frac{T}{\varepsilon_F}\,. \tag{80,5}$$

Das Integral der Phonon-Phonon-Stöße wird entsprechend

$$I_{\text{ph},\text{ph}}(\chi) \sim -\nu_{\text{ph},\text{ph}}\,\delta N \sim -\nu_{\text{ph},\text{ph}}\frac{T}{\Theta^2}\chi$$

abgeschätzt mit der effektiven Stoßfrequenz aus (68,3)

$$\nu_{\text{ph},\text{ph}} \sim \frac{T}{Mud} \sim T\sqrt{\frac{m^*}{M}}\,.$$

Damit erhalten wir

$$I_{\text{ph},\text{ph}}(\chi) \sim -\frac{T^2}{\Theta^2}\sqrt{\frac{m^*}{M}}\,\chi \sim -\frac{T^2}{\Theta\varepsilon_F}\chi\,. \tag{80,6}$$

Vergleicht man (80,5) und (80,6), so sieht man vor allem, daß

$$I^{(2)}_{\text{ph},e}(\chi)/I_{\text{ph},\text{ph}}(\chi) \sim \Theta/T \ll 1$$

gilt. Die effektive Frequenz für Phonon-Elektron-Stöße (im Gleichgewicht der Elektronen, d. h. unter der Voraussetzung $\varphi = 0$) ist klein im Vergleich zur Phonon-Phonon-Stoßfrequenz. Dementsprechend kann in Gleichung (80,4) das zweite Glied vernachlässigt werden. Ein Vergleich der beiden noch verbleibenden Glieder führt zum Resultat

$$\chi/\varphi \sim \Theta/T \ll 1\,, \tag{80,7}$$

wodurch auch die Vernachlässigung der Funktion χ im Elektron-Phonon-Stoßintegral gerechtfertigt wird. Das gleiche Ergebnis (80,7) erhält man, wie man sich leicht überzeugen kann, auch bei Existenz eines Temperaturgradienten.

Die Vernachlässigung der Funktion χ in der kinetischen Gleichung der Elektronen kann sich jedoch bei der Untersuchung von thermoelektrischen Erscheinungen als unzulässig erweisen.

Entsprechend der Beziehung (78,12) (deren Ableitung lediglich auf der Voraussetzung des elastischen Charakters der Elektronenstreuung basiert) gilt für den thermoelektrischen Koeffizienten

$$\alpha^{\mathrm{I}} \sim T/e\varepsilon_F \,. \tag{80,8}$$

(Die Bedeutung des Index I wird weiter unten erläutert.) Diese Größe ist „anomal" klein, und zwar in dem Sinn, daß sich die Größenordnung des Integrals in (78,8) (zweites Glied des Integranden) im Verhältnis T/ε_F verringert, da die Funktion

$$\varphi^{\mathrm{I}} = -\frac{\eta}{T}\,\boldsymbol{l}\nabla T \tag{80,9}$$

ungerade bezüglich der Variablen $\eta = \varepsilon - \mu$ ist. Dieser Umstand ist im üblichen Sinne „zufällig". Infolgedessen kann es sich ergeben, daß ein vergleichsweise kleiner Zusatz zu φ, der vom Nichtgleichgewicht der Phononen herrührt, zu einem mit (80,8) vergleichbaren Beitrag in α führt.

Wir suchen eine Lösung der kinetischen Gleichung der Elektronen

$$\frac{\partial n_0}{\partial T}\boldsymbol{v}\nabla T = -\frac{\partial n_0}{\partial \varepsilon}\frac{\eta}{T}\boldsymbol{v}\nabla T = I^{(1)}_{e,\mathrm{ph}}(\varphi) + I^{(2)}_{e,\mathrm{ph}}(\chi) \tag{80,10}$$

in Form einer Summe $\varphi = \varphi^{\mathrm{I}} + \varphi^{\mathrm{II}}$, wobei φ^{I} die Lösung ohne das zweite Glied auf der rechten Seite darstellt und φ^{II} die Lösung der Gleichung

$$I^{(1)}_{e,\mathrm{ph}}(\varphi) + I^{(2)}_{e,\mathrm{ph}}(\chi) = 0 \tag{80,11}$$

ist. φ^{I} repräsentiert den „Haupt"-Beitrag der Funktion φ. Auf Grund der in § 79 beschriebenen Symmetrieeigenschaft des Operators $I^{(1)}_{e,ph}$ bezüglich der Variablen η besitzt dieser Anteil die Gestalt (80,9) und ist somit ungerade bezüglich η. Aus Gleichung (80,11) aber folgt, daß $\varphi^{\mathrm{II}} \sim \chi$ ist und daß deshalb

$$\varphi^{\mathrm{II}}/\varphi^{\mathrm{I}} \sim \chi/\varphi^{\mathrm{I}} \sim \Theta/T \ll 1$$

gilt. Im Unterschied zu φ^{I} wird die Funktion φ^{II} für $\varepsilon = \mu$ keineswegs Null. Deshalb wird bei der Berechnung des entsprechenden Beitrages zur Stromdichte der Beitrag nullter Ordnung nicht ausgelöscht, und das Ergebnis ist nur klein im Sinn der relativen Kleinheit von φ^{II}. Das bedeutet, daß der Beitrag letzterer Funktion zum thermoelektrischen Koeffizienten von der Ordnung

$$\alpha^{\mathrm{II}} \sim \alpha^{\mathrm{I}}\frac{\varepsilon_F}{T}\frac{\Theta}{T} \sim \frac{\Theta}{eT} \tag{80,12}$$

ist. An der unteren Grenze des betrachteten Temperaturbereiches bei $T \sim \Theta$ erhalten wir anstelle der kleinen Größe $e\alpha^{\mathrm{I}} \sim \Theta/\varepsilon_F$ den Wert $e\alpha^{\mathrm{II}} \sim 1$.

Auf diese Weise läßt sich der thermoelektrische Koeffizient aus zwei additiven Beiträgen zusammensetzen. Diese Beiträge können von ein und derselben Größenordnung sein, besitzen jedoch eine unterschiedliche Temperaturabhängigkeit. Der physikalische Ursprung des zweiten Summanden in α liegt darin, daß beim Wärmetransport in einem Kristall ein Phononenstrom existiert („Phononenwind"), der die Elektronen mitführt.[1])

---

[1]) Die Klärung der Rolle der Mitführung von Elektronen durch Phononen in den kinetischen Erscheinungen von Metallen geht auf L. E. GUREWITSCH (1946) zurück.

§ 81. Umklappprozesse in einem Metall

Der Charakter der Elektron-Phonon-Streuung unterscheidet sich für tiefe Temperaturen vollständig vom Streucharakter für $T \gg \Theta$. Für $T \ll \Theta$ sind in einem Kristall Phononen mit Energien $\omega \sim T$ angeregt (diese gehören im allgemeinen zu akustischen Zweigen des Spektrums). Bei der Emission bzw. Absorption eines solchen Phonons ändert sich die Energie des Elektrons um einen Wert $\sim T$, d. h. um die Größenordnung der gesamten Breite des Ausschmierungsbereiches der FERMI-Verteilung. Die Quasiimpulsänderung des Elektrons stimmt mit dem Quasiimpuls des Phonons überein. Da $k \sim T/u \ll k_{\max}$ gilt, aber $k_{\max} \sim p_F$ ist, bedeutet dies, daß sich der Elektronenquasiimpuls nur um einen relativ kleinen Wert ändert. Auf diese Weise tritt für tiefe Temperaturen der im Vergleich zur elastischen Streuung entgegengesetzte Grenzfall ein: Die Relaxation der Elektronen bezüglich der Energien erfolgt bedeutend schneller als bezüglich der Richtungen ihrer Quasiimpulse.

Die Relaxation bezüglich der Energien stellt eine schnelle „Vermischung" im Ausschmierungsbereich der FERMI-Verteilung dar. Die Relaxation bezüglich der Richtungen dagegen entspricht einem Ausgleichen der Verteilung längs dieser Fläche. Sie erfolgt in kleinen Sprüngen ($\sim T/u$), d. h., sie trägt den Charakter einer langsamen Diffusion entlang dieser Fläche.

Bevor wir uns der genaueren Untersuchung der kinetischen Erscheinungen unter diesen Bedingungen zuwenden, wollen wir noch einige allgemeine Bemerkungen über die Bedeutung von U-Prozessen machen.

Wie auch in dielektrischen Kristallen, ist die Endlichkeit der Werte der kinetischen Koeffizienten eines idealen metallischen Kristalls (ohne Verunreinigungen und Defekte) mit der Existenz von U-Prozessen verbunden. Unter der alleinigen Berücksichtigung von N-Prozessen, die mit der Erhaltung des Gesamtquasiimpulses der Elektronen und Phononen einhergehen, würden die kinetischen Gleichungen parasitäre Lösungen besitzen. Diese charakterisieren eine Bewegung des Elektronen- und Phononensystems als Ganzes relativ zum Gitter und haben die Form

$$\varphi = \boldsymbol{p}\,\delta\boldsymbol{V}\,, \qquad \chi = \boldsymbol{k}\,\delta\boldsymbol{V} \tag{81,1}$$

mit konstantem Vektor $\delta\boldsymbol{V}$ (vgl. (67,19)). Für diese Funktionen werden die Stoßintegrale (79, 9—10) Null, falls bei der Emission bzw. der Absorption der Phononen durch Elektronen die Quasiimpulserhaltung $\boldsymbol{p} = \boldsymbol{p}' + \boldsymbol{k}$ gilt.

Für hohe Temperaturen, wenn sowohl die Quasiimpulse der Elektronen als auch die der Phononen groß sind ($\sim 1/d$), erfolgen die U-Prozesse im allgemeinen mit der gleichen Häufigkeit wie die N-Prozesse. Die Notwendigkeit ihrer Berücksichtigung führt deshalb zu keinerlei spezifischen Besonderheiten innerhalb der kinetischen Erscheinungen.

Die Quasiimpulse der Elektronen liegen in der Nähe der FERMI-Fläche und sind aus diesem Grund praktisch von der Temperatur unabhängig. Für tiefe Temperaturen werden dagegen die Quasiimpulse der Phononen klein, wodurch das Auftreten von U-Prozessen erschwert werden kann. In dieser Hinsicht sind die Fälle mit geschlossener und mit offener FERMI-Fläche wesentlich voneinander verschieden.

Eine offene FERMI-Fläche schneidet bei einer beliebigen Wahl der Elementarzelle im $\boldsymbol{p}$-Raum (des reziproken Gitters) die Grenzen dieser Elementarzelle. Damit wird klar, daß in diesem Fall immer U-Prozesse möglich sind, die mit der Emission bzw.

Absorption eines Phonons beliebig kleiner Energie verbunden sind. Bereits eine kleine Änderung des Elektronenimpulses in der Nähe der Grenze der Elementarzelle kann diesen in eine benachbarte Zelle verschieben. Im Verlauf ihrer Diffusion entlang der FERMI-Fläche erreichen schließlich alle Elektronen die Grenze der Elementarzelle und können somit an den U-Prozessen teilnehmen. Folglich ist in diesem Fall die Wahrscheinlichkeit der U-Prozesse, verglichen mit der der N-Prozesse, auch nicht irgendeine kleine zusätzliche Größe. Die Unterteilung in N- und U-Prozesse an sich ist von der Wahl der Elementarzelle des reziproken Gitters abhängig. Für eine offene FERMI-Fläche bleibt die eben diskutierte Eigenschaft (daß die Frequenz der U-Prozesse nicht besonders klein ist) bei beliebiger Wahl der Elementarzelle erhalten. In diesem Fall erweist es sich als vorteilhaft, von einer Unterteilung der Streuprozesse in zwei Arten abzusehen, indem man sie alle als N-Prozesse behandelt (für welche die Quasiimpulserhaltung gilt), aber Quasiimpulswerte der Elektronen im gesamten reziproken Gitter zuläßt. Für Phononen dagegen wird die Elementarzelle so gewählt, daß der Punkt $\boldsymbol{k} = 0$ in ihrem Zentrum liegt. Auf diese Weise konzentrieren sich alle langwelligen Phononen (die für $T \ll \Theta$ allein betrachtet werden müssen) innerhalb eines kleinen Volumenbereiches einer Zelle in der Umgebung ihres Zentrums. Die parasitäre Lösung (81,1) wird beseitigt, indem man die Verteilungsfunktion der Elektronen der Periodizitätsbedingung des reziproken Gitters unterwirft:

$$n(\boldsymbol{p} + \boldsymbol{b}) = n(\boldsymbol{p}) . \tag{81,2}$$

Die Gleichgewichtsverteilung, die nur von der Elektronenenergie $\varepsilon(\boldsymbol{p})$ abhängig ist, genügt dieser Bedingung auf Grund der Periodizität der Funktion $\varepsilon(\boldsymbol{p})$ automatisch. Gemeinsam mit $n_0(\boldsymbol{p})$ ist auch die Ableitung $\partial n_0/\partial \varepsilon$ periodisch, wodurch auch der Faktor $\varphi(\boldsymbol{p})$ in $\delta\tilde{n}$ periodisch sein muß. Durch diese Bedingung wird die Lösung (81,1), die diese Forderung nicht erfüllt, ausgeschlossen.

Wir wenden uns nun dem Fall einer geschlossenen FERMI-Fläche zu. Dabei kann die Elementarzelle des reziproken Gitters so gewählt werden, daß die FERMI-Fläche die Grenzen dieser Zelle nicht schneidet.[1]) Somit stellen U-Prozesse Elektronenübergänge dar, die zwischen beliebigen Punkten der FERMI-Flächen zweier benachbarter Elementarzellen erfolgen, wie schematisch in Abb. 29 dargestellt wurde. Der diese Punkte

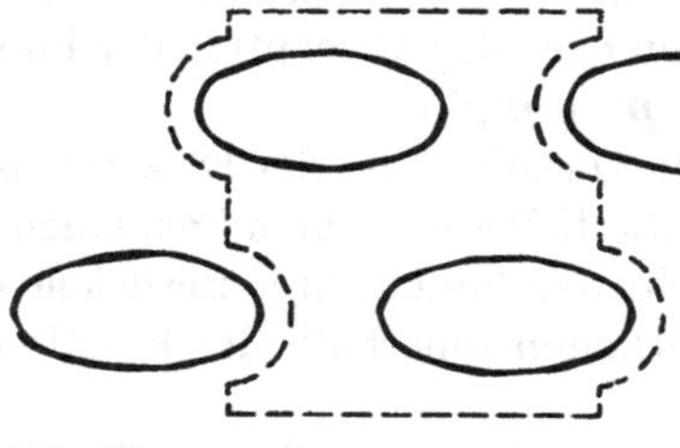

Abb. 28

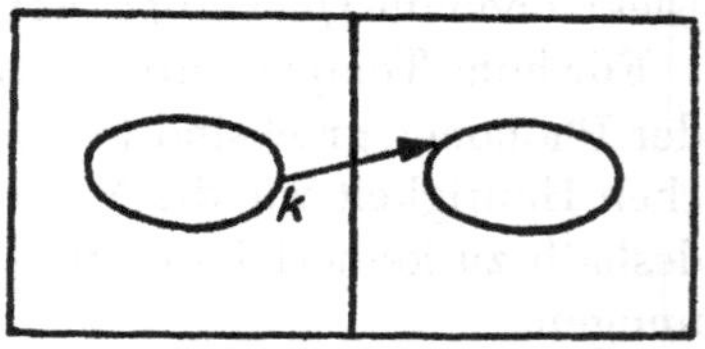

Abb. 29

[1]) Wenn jedoch die FERMI-Fläche aus einigen geschlossenen Teilflächen besteht, kann es sich als notwendig erweisen, die Elementarzelle nicht in Form eines Parallelepipeds mit ebenen Grenzflächen zu wählen. Dieser Umstand ist schematisch in Abb. 28 am Beispiel eines ebenen Gitters mit zwei nichtäquivalenten geschlossenen Teilen der „FERMI-Fläche" dargestellt. Mit der unterbrochenen Linie wurde die Elementarzelle gekennzeichnet, die diese Teilflächen nicht schneidet. Mit der Wahl einer rechteckigen Elementarzelle wäre es einfach unmöglich, einen Schnitt zu vermeiden.

verbindende Vektor $\boldsymbol{k}$ ist der Quasiimpuls eines emittierten bzw. absorbierten Phonons. Der entsprechende Abstand k ist im allgemeinen groß ($k \sim 1/d$). Andererseits ist für tiefe Temperaturen die Zahl der Phononen mit entsprechenden Energien $\omega(\boldsymbol{k})$ exponentiell klein — proportional zu $\exp\left(-\omega(\boldsymbol{k})/T\right)$. Die effektive Häufigkeit von U-Prozessen ist unter diesen Bedingungen nach dem Gesetz

$$\nu_U \propto \exp\left\{-\omega(\boldsymbol{k}_{\min})/T\right\} \tag{81,3}$$

von der Temperatur abhängig. Dabei ist $\boldsymbol{k}_{\min}$ derjenige Phononenquasiimpuls (aus der Gesamtheit aller Vektoren des beschriebenen Typs), dessen Energie $\omega(\boldsymbol{k})$ einen Minimalwert besitzt.

Hierbei ist natürlich wesentlich, daß die Geschwindigkeit der Elektronen viel größer ist als die der Phononen ($v_F \gg u$). Gerade deshalb ist es unmöglich, den Exponenten in (81,3) zu verkleinern, indem man den Vektor $\boldsymbol{k}$ durch Entfernung von der FERMI-Fläche verkürzt. Wenn sich auch die Phononenenergie dabei um einen Wert $\sim u\,\delta k$ verringern kann, so würde doch gleichzeitig die Energie des am Prozeß beteiligten Elektrons um einen bedeutend größeren Wert $\sim v_F\,\delta k$ anwachsen. Diese Tatsache würde im Endergebnis zu einer Verringerung, nicht aber zu einer Vergrößernug von ν_U führen. Für das Auffinden des Vektors $\boldsymbol{k}_{\min}$ ist es deshalb ausreichend, die FERMI-Fläche an sich zu betrachten, ohne die Verschmierung der Verteilung in ihrer Nähe zu berücksichtigen. Dabei erweisen sich faktisch immer diejenigen Punkte als wesentlich, die sich im Bereich maximaler Annäherung der FERMI-Fläche mit ihrer Wiederholung in der benachbarten Elementarzelle befinden.

Die Lösung (81,1) beschreibt das Auftreten eines makroskopischen Elektronenstromes in Abwesenheit eines elektrischen Feldes. Dies würde bedeuten, daß die elektrische Leitfähigkeit unendlich groß wäre. Eine exponentiell kleine Frequenz der U-Prozesse führt zu einer exponentiell großen Leitfähigkeit (R. PEIERLS).

Die Wärmeleitfähigkeit eines Metalls mit geschlossener FERMI-Fläche bleibt dagegen auch unter Vernachlässigung der U-Prozesse endlich. Die Ursache liegt darin, daß der Wärmeleitfähigkeitskoeffizient $\varkappa$ entsprechend (78,2) den Wärmestrom bei Fehlen eines elektrischen Stromes charakterisiert. Die Bedingung $\boldsymbol{j} = 0$ aber schließt automatisch das Auftreten einer parasitären Lösung der Gestalt (81,1) aus. Die Berücksichtigung von U-Prozessen kann den Wert $\varkappa$ je nach ihrer Häufigkeit nur geringfügig ändern. Das gleiche gilt auch für den thermoelektrischen Koeffizienten α, der (entsprechend der Definition (78,1)) den Temperaturgradienten wiederum unter der Bedingung $\boldsymbol{j} = 0$ mit dem elektrischen Feld verknüpft (s. Aufgabe zu § 82).

Diese Ausführungen gelten jedoch nicht für kompensierte Metalle mit geschlossenen Elektronen- und Loch-FERMI-Flächen, d. h. für Metalle mit einer gleichen Zahl von Elektronen und Löchern, $N_e = N_h$ (s. IX, § 61). In diesem Fall ist es so, daß die Lösung (81,1) nicht mit dem Auftreten eines elektrischen Stromes verbunden ist. Die dieser Lösung entsprechende Stromdichte lautet

$$\boldsymbol{j} = e\int \boldsymbol{v}\,\frac{\partial n_0}{\partial \varepsilon}\,(\boldsymbol{p}\,\delta\boldsymbol{V})\,\frac{2\mathrm{d}^3p}{(2\pi)^3} = e\int \frac{\partial n_0}{\partial \boldsymbol{p}}\,(\boldsymbol{p}\,\delta\boldsymbol{V})\,\frac{2\mathrm{d}^3p}{(2\pi)^3}$$

$$= e\int \frac{\partial n_0^{(e)}}{\partial \boldsymbol{p}}\,(\boldsymbol{p}\,\delta\boldsymbol{V})\,\frac{2\mathrm{d}^3p}{(2\pi)^3} - e\int \frac{\partial n_0^{(h)}}{\partial \boldsymbol{p}}\,(\boldsymbol{p}\,\delta\boldsymbol{V})\,\frac{2\mathrm{d}^3p}{(2\pi)^3}\,.$$

Das erste Integral erstreckt sich über das Volumen der Elektronenflächen und das zweite über das der Lochflächen. In letzterem ist die Lochverteilung entsprechend der Beziehung $n^{(h)} = 1 - n$ eingeführt. Nun können die Integrale partiell integriert werden. Die dabei auftretenden Integrationen entlang der Zonengrenzen ergeben Null infolge des schnellen Abklingens der Funktionen $n_0^{(e)}$ und $n_0^{(h)}$ mit wachsender Entfernung von der entsprechenden FERMI-Fläche. Als Ergebnis finden wir

$$\boldsymbol{j} = e\,\delta \boldsymbol{V}(N_h - N_e)\,. \tag{81,4}$$

Für kompensierte Metalle gilt $\boldsymbol{j} = 0$.

Das bedeutet, daß die elektrische Leitfähigkeit eines kompensierten Metalls bereits ohne Berücksichtigung von U-Prozessen endlich ist. Die Wärmeleitfähigkeit sowie der thermoelektrische Koeffizient werden dagegen gerade durch die U-Prozesse bestimmt. Ohne deren Berücksichtigung würden diese Koeffizienten unendlich werden, da die Bedingung $\boldsymbol{j} = 0$ in diesem Fall nicht zu einer Beseitigung der parasitäten Lösung (81,1) führt.

Bei den Überlegungen und Abschätzungen dieses (und des folgenden) Paragraphen sind die einfachsten Annahmen über die Form der FERMI-Fläche zugrunde gelegt worden. Es ist vorausgesetzt worden, daß sie entweder geschlossen oder offen ist, wobei alle ihre charakteristischen Abmessungen von der Größenordnung $1/d$ sind. Demgegenüber besitzt die FERMI-Fläche realer Metalle im allgemeinen eine sehr komplizierte Form und kann aus mehreren verschiedenen Teilflächen bestehen. Wir wollen uns jedoch nicht damit aufhalten, die daraus resultierenden Komplikationen im Verhalten der kinetischen Koeffizienten in realen Metallen zu analysieren. Nur soviel sei gesagt, daß die Teilflächen offener FERMI-Flächen in verschiedenen Zellen des reziproken Gitters durch enge Hälse (der Dicke $\Delta p \ll p_F$) verbunden sein können. Das Auftreten eines neuen kleinen Parameters $\Delta p/p_F$ kann zum Entstehen neuer „Zwischenbereiche" der Temperatur mit eigenen Gesetzmäßigkeiten im Temperaturverhalten der kinetischen Koeffizienten führen. Die Teilflächen geschlossener FERMI-Flächen können sich einander „anomal" nähern. Diese Tatsache kann zu einer Verschiebung der exponentiellen Abhängigkeit (81,3) in einen Bereich „anomal" tiefer Temperaturen führen.

§ 82. Kinetische Koeffizienten eines Metalls. Tiefe Temperaturen

Die quantitative Untersuchung der kinetischen Erscheinungen bei tiefen Temperaturen werden wir auf den Fall offener FERMI-Flächen beschränken. In diesem Fall müssen wir uns keine speziellen Gedanken bezüglich der U-Prozesse machen.

Zunächst zeigen wir, daß die Relaxation im Phononensystem (für $T \ll \Theta$) hauptsächlich durch Phonon-Elektron- und nicht durch Phonon-Phonon-Stöße verursacht wird.

Für eine Abschätzung des Phonon-Elektron-Stoßintegrals (79,10) beachten wir, daß bei tiefen Temperaturen $\omega \sim T$, $\varepsilon - \mu \sim T$ gilt und deshalb $N_0 \sim n_0 \sim 1$ und $\partial N_0/\partial\omega \sim 1/T$ sind. Die Integration bezüglich d^3p erfolgt über eine Schicht der Dicke $\sim T/v_F$ längs der FERMI-Fläche. Auf Grund der Kleinheit des Verhältnisses k/p kann das Argument der δ-Funktion in der Form

$$\varepsilon(\boldsymbol{p}) - \varepsilon(\boldsymbol{p} - \boldsymbol{k}) - \omega(\boldsymbol{k}) \approx \boldsymbol{k}\,\frac{\partial \varepsilon}{\partial \boldsymbol{p}} - \omega \approx \boldsymbol{v}_F \boldsymbol{k} - \omega \tag{82,1}$$

dargestellt werden. Die δ-Funktion wird durch Ausführung der Integration über die Richtungen von $\boldsymbol{p}$ oder, was dasselbe ist, über die Richtungen von $\boldsymbol{v}_F$ bei gegebenem Vektor $\boldsymbol{k}$ beseitigt und trägt einen Faktor $1/v_F k$ zum Integranden bei. Schließlich wird noch w mittels (79,18) abgeschätzt. Als Ergebnis finden wir

$$I_{\mathrm{ph},e}(\chi) \sim -\chi(m^*/M)^{1/2} \sim -T(m^*/M)^{1/2}\,\delta N\,,$$

d. h., die effektive Stoßfrequenz ist

$$\nu_{\mathrm{ph},e} \sim T\sqrt{\frac{m^*}{M}}\,. \tag{82,2}$$

Die effektive Phonon-Phonon-Stoßfrequenz dagegen verhält sich entsprechend der Abschätzung (69,15) für tiefe Temperaturen wie

$$\nu_{\mathrm{ph,ph}} \sim T\sqrt{\frac{m^*}{M}}\left(\frac{T}{\Theta}\right)^4 \ll \nu_{\mathrm{ph},e}\,, \tag{82,3}$$

womit die aufgestellte Behauptung bewiesen ist.

Im weiteren werden wir die Phonon-Phonon-Stöße vernachlässigen. Somit erhält die kinetische Gleichung der Phononen die Gestalt

$$\boldsymbol{u}\frac{\partial N_0}{\partial \boldsymbol{r}} = -\frac{\omega}{T}\frac{\partial N_0}{\partial \omega}\boldsymbol{u}\nabla T = I_{\mathrm{ph},e}(\chi,\varphi)\,. \tag{82,4}$$

Diese Gleichung für die Phononenfunktion χ kann explizit gelöst werden. Da $\boldsymbol{k}$ in dieser Gleichung einen gegebenen Wert besitzt, kann die Funktion $\chi_{\boldsymbol{k}}$ aus dem Integral herausgezogen werden, und man erhält

$$\chi_{\boldsymbol{k}} = -\frac{\omega}{T\nu_{\mathrm{ph},e}}(\boldsymbol{u}\nabla T) + \frac{1}{\nu_{\mathrm{ph},e}}\int w(n_0' - n_0)\,\delta(\varepsilon - \varepsilon' - \omega)\,(\varphi - \varphi')\frac{2\mathrm{d}^3p}{(2\pi)^3} \equiv \chi_1 + \chi_2 \tag{82,5}$$

mit

$$\nu_{\mathrm{ph},e} = \int w(n_0' - n_0)\,\delta(\varepsilon - \varepsilon' - \omega)\frac{2\mathrm{d}^3p}{(2\pi)^3}\,. \tag{82,6}$$

Man kann leicht sehen, daß $\chi_2 \gg \chi_1$ gilt. Aus der Definition der Funktion χ_2 ersieht man in der Tat, daß $\chi_2 \sim \varphi$ ist (die Integrale im Zähler und im Nenner unterscheiden sich nur durch einen Faktor $\varphi - \varphi'$ im Integranden). Die Größenordnung der Funktion φ wird mit Hilfe der kinetischen Gleichung der Elektronen

$$(\boldsymbol{v}\nabla T)\frac{\partial n_0}{\partial T} = I_{e,\mathrm{ph}}(\varphi) \sim -\nu_{e,\mathrm{ph}}\,\delta\tilde{n} \sim -\nu_{e,\mathrm{ph}}\frac{\varphi}{T}$$

bestimmt, woraus

$$\varphi \sim \frac{v_F}{\nu_{e,\mathrm{ph}}}|\nabla T|$$

folgt. Die effektive Frequenz der Elektron-Phonon-Stöße wird auf die gleiche Weise abgeschätzt wie bereits die Frequenz $\nu_{\mathrm{ph},e}$. Der einzige Unterschied besteht darin, daß die Integration bezüglich d^3k im Integral $I_{e,\mathrm{ph}}$ über das Volumen $\sim (T/u)^3$ des Impulsraumes erfolgt (anstatt über das Volumen $\sim p_F^2 T/v_F$ bei der Integration bezüglich d^3p im Integral $I_{\mathrm{ph},e}$)

$$\nu_{e,\mathrm{ph}} \sim T^3/\Theta^2 . \tag{82,7}$$

Beachtet man schließlich, daß $\chi_1 \sim |\nabla T|\, u/\nu_{\mathrm{ph},e}$ gilt, so findet man

$$\frac{\chi_1}{\chi_2} \sim \frac{u\nu_{e,\mathrm{ph}}}{v_F \nu_{\mathrm{ph},e}} \sim \frac{T^2}{\Theta^2} \ll 1 , \tag{82,8}$$

was bewiesen werden sollte.

Bei der Berechnung der elektrischen und der Wärmeleitfähigkeit (jedoch nicht des thermoelektrischen Koeffizienten — s. weiter unten) kann die kleine Größe χ_1 vernachlässigt werden. Setzt man danach $\chi \approx \chi_2$ aus (82,5) in das linearisierte Elektron-Phonon-Stoßintegral ein (dargestellt in der Form von (79,11)), so erhält man

$$I_{e,\mathrm{ph}}(\varphi, \chi) = I^{(1)}_{e,\mathrm{ph}}(\varphi) + I_{e,\mathrm{ph},e}(\varphi) , \tag{82,9}$$

wobei $I_{e,\mathrm{ph},e}(\varphi)$ durch Einsetzen von χ_2 in das Integral $I^{(2)}_{e,\mathrm{ph}}(\chi)$ entsteht. Der erste Summand in (82,9) beschreibt die Stöße von Elektronen mit Gleichgewichtsphononen, und der zweite kann als Stoßintegral für Stöße zwischen Elektronen vermittels Phononenaustausch interpretiert werden.

Wir führen (wie bereits in § 79) in der Funktion $\varphi(\boldsymbol{p})$ die Größe $\eta = \varepsilon - \mu$ sowie den Vektor $\boldsymbol{p}_F$ als unabhängige Variable ein. Der Vektor $\boldsymbol{p}_F$ weist in Richtung von $\boldsymbol{p}$ und endet auf der FERMI-Fläche. Beide Beiträge in (82,9) enthalten in ihren Integranden die Differenz

$$\varphi(\eta, \boldsymbol{p}_F) - \varphi(\eta', \boldsymbol{p}'_F) , \tag{82,10}$$

wobei

$$\eta - \eta' = \pm\omega , \qquad \boldsymbol{p}_F - \boldsymbol{p}'_F = \boldsymbol{\varkappa}$$

gilt. $\boldsymbol{\varkappa}$ ist die Projektion des Vektors $\boldsymbol{k}$ in die Ebene, die im Punkt $\boldsymbol{p}_F$ tangential zur FERMI-Fläche liegt.

Bezüglich der Variablen $\boldsymbol{p}_F$ ändert sich die Funktion $\varphi(\eta, \boldsymbol{p}_F)$ merklich innerhalb eines Bereiches $\sim p_F$; die Differenz $\varkappa$ dagegen ist von der Ordnung $\sim k \ll p_F$. In diesem Sinn ändert sich φ in Abhängigkeit von der Variablen $\boldsymbol{p}_F$ nur langsam, so daß in erster Näherung in der Differenz (82,10) $\boldsymbol{p}'_F = \boldsymbol{p}_F$ gesetzt werden kann:

$$\varphi(\eta, \boldsymbol{p}_F) - \varphi(\eta', \boldsymbol{p}_F) . \tag{82,11}$$

Die Abhängigkeit von der Variablen η dagegen ist stark in dem Sinn, daß die Differenz $|\eta - \eta'| = \omega \sim T$ mit der Größenordnung des Intervalls übereinstimmt, in dem sich die Funktion φ wesentlich ändert.

Wir bezeichnen den Operator, den wir bei Ersetzung von (82,10) durch (82,11) aus $I_{e,\mathrm{ph}}$, (82,9), erhalten, mit L_0. Das Integral $I_{e,\mathrm{ph}}$ nimmt somit die Form

$$I_{e,\mathrm{ph}}(\varphi) = L_0(\varphi) + L_1(\varphi)$$

an ($L_0 \gg L_1$). Die kinetische Gleichung für Elektronen (bei Vorhandensein eines elektrischen Feldes wie auch eines Temperaturgradienten) lautet

$$-\left(e\boldsymbol{E} + \frac{\eta}{T}\nabla T\right)\boldsymbol{v}\frac{\partial n_0}{\partial \varepsilon} = L_0(\varphi) + L_1(\varphi) \,. \tag{82,12}$$

Die zwei Glieder auf der rechten Seite besitzen eine vollkommen unterschiedliche physikalische Bedeutung. Das erste ist verantwortlich für eine schnelle Relaxation der Energie und das zweite für eine langsame „Diffusions"-Relaxation der Richtung des Quasiimpulses.

Wir stellen zwei offensichtliche Eigenschaften des Operators L_0 fest. Erstens wird er für jede Funktion, die nur von $\boldsymbol{p}_F$ abhängt, Null (weil die Differenz (82,11) Null wird). Zweitens verschwindet auch das Integral:

$$\int L_0(\varphi)\, d\eta = 0 \,. \tag{82,13}$$

Der Operator L_0 beschreibt Stöße, bei denen sich nur die Energie ändert, und die Gleichung (82,13) bedeutet einfach die Erhaltung der Elektronenzahl in einer vorgegebenen Richtung $\boldsymbol{p}$.

Wir werden in folgendem eine Lösung der kinetischen Gleichung in der Form

$$\varphi(\eta, \boldsymbol{p}_F) = a(\boldsymbol{p}_F) + b(\eta, \boldsymbol{p}_F) \tag{82,14}$$

suchen, wobei $a(\boldsymbol{p}_F)$ nur eine Funktion von $\boldsymbol{p}_F$ ist. Dabei gilt $|a| \gg |b|$. Die Tatsache, daß die Funktion a (für die der Anteil L_0 im Stoßintegral verschwindet) groß ist, ist ein Ausdruck für die Schnelligkeit, mit der die Energie relaxiert. Setzt man (82,14) in (82,12) ein und vernachlässigt den relativ kleinen Beitrag $L_1(b)$, so erhält man die Gleichung

$$-\left(e\boldsymbol{E} + \frac{\eta}{T}\nabla T\right)\boldsymbol{v}\frac{\partial n_0}{\partial \varepsilon} = L_0(b) + L_1(a) \,. \tag{82,15}$$

Beide Summanden auf der rechten Seite sind im allgemeinen von der gleichen Größenordnung. Jedoch ist für die Berechnung der elektrischen und der Wärmeleitfähigkeit jeweils nur einer dieser Beiträge von Bedeutung.

Davon überzeugt man sich leicht, indem man sich erinnert, daß der linearisierte Elektron-Phonon-Operator $I_{e,\mathrm{ph}}$ (und mit ihm auch die Operatoren L_0 und L_1) bei Anwendung auf die Funktion $\varphi(\eta, p_F)$ deren Symmetrieeigenschaften bezüglich η nicht verändert.[1]) Im Hinblick darauf unterteilen wir die Funktion φ in einen geraden (φ_g) und einen ungeraden Anteil (φ_u) bezüglich η:

$$\varphi_g = a + b_g \,, \qquad \varphi_u = b_u \,.$$

(Die von η unabhängige Funktion a ist definitionsgemäß gerade.) Setzt man $\varphi = \varphi_g + \varphi_u$ in (82,15) ein und trennt weiter die bezüglich η geraden und ungeraden Anteile, so findet man zwei Gleichungen

$$-\frac{\eta}{T}\frac{\partial n_0}{\partial \varepsilon}\boldsymbol{v}_F\nabla T = L_0(b_u) \,, \tag{82,16}$$

$$-\frac{\partial n_0}{\partial \varepsilon}e\boldsymbol{E}\boldsymbol{v}_F = L_0(b_g) + L_1(a) \,. \tag{82,17}$$

---

[1]) Für den Operator $I^{(1)}_{e,\mathrm{ph}}$ wurde dies bereits in § 79 gezeigt. Wir werden uns deshalb nicht mit einem vollkommen analogen Beweis für den Operator $I_{e,\mathrm{ph},e}$ aufhalten.

Auf der linken Seite der Gleichungen wurde die Geschwindigkeit $\boldsymbol{v}$ in hinreichender Genauigkeit durch die von η unabhängige Geschwindigkeit $\boldsymbol{v}_F$ an der Fermi-Fläche ersetzt. Die zweite dieser Gleichungen integrieren wir noch über η. Infolge der Eigenschaft (82,13) fällt im Ergebnis der Term mit L_0 heraus, und es verbleibt

$$e\boldsymbol{E}\boldsymbol{v}_F = \int L_1(a)\, \mathrm{d}\eta\,. \tag{82,18}$$

Der Wärmestrom (für $\boldsymbol{E} = 0$) wird vollständig durch die Lösung der Gleichung (82,16), welche nur den Operator L_0 enthält, bestimmt. Wie zu erwarten war, hängt dieser Wärmestrom von den Relaxationsprozessen in der Elektronenenergie ab. Aus der Lösung von Gleichung (82,16) ergibt sich der Wärmestrom als Integral

$$\boldsymbol{q}' = \int \boldsymbol{v}\eta\, \delta\tilde{n}\, \frac{2\mathrm{d}^3p}{(2\pi)^3} \approx -\int \boldsymbol{v}_F\eta\, \frac{\partial n_0}{\partial \eta}\, b_u\, \frac{2\mathrm{d}^3p}{(2\pi)^3}\,. \tag{82,19}$$

Der bezüglich η gerade Anteil der Funktion φ liefert keinen Beitrag zum Integral, da er zu einem ungeraden Integranden führt.

Der Operator L_0 stellt den Hauptanteil des Elektron-Phonon-Stoßintegrals dar. Die zugehörige effektive Stoßfrequenz ist deshalb $\nu_{e,\mathrm{ph}}$ aus (82,7). Diese Größe muß genauer als effektive Stoßfrequenz für den Energieaustausch bezeichnet werden. Die zugehörige freie Weglänge der Elektronen ist $l \sim v_F/\nu_{e,\mathrm{ph}}$. Die Wärmeleitfähigkeit kann über die gaskinetische Beziehung (7,10) $\varkappa \sim c\bar{v}lN$ abgeschätzt werden. Hierbei ist N die Teilchendichte der Elektronen, c ist der Elektronenanteil der spezifischen Wärme (bezogen auf ein Leitungselektron), und für die Geschwindigkeit gilt $\bar{v} \sim v_F$. Während die Größen N und v_F nicht von der Temperatur abhängen, ist die spezifische Wärme der Elektronenflüssigkeit proportional zu T, und entsprechend (82,7) gilt für die freie Weglänge $l \propto T^{-3}$. Da sich der auf diese Weise berechnete Wärmestrom auf den Fall $\boldsymbol{E} = 0$ bezieht, ist der in ihm auftretende Koeffizient nicht die Wärmeleitfähigkeit $\varkappa$ selbst, sondern die Summe $\varkappa' = \varkappa + T\sigma\alpha^2$ (s. (78,3)). Deshalb gilt $\varkappa' \propto T^{-2}$. Der Beitrag $T\sigma\alpha^2$ erweist sich jedoch als klein im Vergleich zu $\varkappa'$ (s. Fußnote auf S. 375). Deshalb gilt auch $\varkappa \propto T^{-2}$. Setzt man für eine grobe Abschätzung

$$c \sim \frac{m^* p_F T}{N\hbar^3}$$

(in gewöhnlichen Einheiten, vgl. IX, (1,15)), so erhält man

$$\varkappa \sim \frac{\varepsilon_F p_F}{\hbar^2} \frac{\Theta^2}{T^2}\,. \tag{82,20}$$

Die elektrische Leitfähigkeit ergibt sich aus der Lösung der Gleichung (82,18), die nur den Operator L_1 enthält. Wie zu erwarten war, ist der elektrische Strom abhängig von den Relaxationsprozessen der Richtungen der Elektronenquasiimpulse. Zu Beginn von § 81 wurde festgestellt, daß diese Prozesse den Charakter einer Diffusion entlang der Fermi-Fläche tragen. Im folgenden Paragraphen wird gezeigt werden, auf welche Weise die kinetische Gleichung (82,18) tatsächlich in die Form einer Diffusionsgleichung überführt werden kann. Die Temperaturabhängigkeit der elektrischen Leitfähigkeit kann bereits aus folgender einfachen Überlegung gewonnen werden.

Die Verschiebung entlang der Fermi-Fläche erfolgt in kleinen Sprüngen $k \sim T/u$. Diese Größe übernimmt dabei die Rolle der „freien Weglänge" im Impulsraum (l_p), die Frequenz der „Streuprozesse“ dagegen stimmt mit der Elektron-Phonon-Stoßfrequenz $\nu_{e,\,\mathrm{ph}}$ überein. Der Diffusionskoeffizient entlang der FERMI-Fläche kann über die gaskinetische Beziehung $D \sim l\bar{v} \sim l^2\nu$ abgeschätzt werden, indem wir anstelle von l und ν die Werte l_p und $\nu_{e,\,\mathrm{ph}}$ einsetzen. Auf diese Weise erhalten wir (in gewöhnlichen Einheiten)

$$D_p \sim \frac{p_F^2\Theta}{\hbar}\left(\frac{T}{\Theta}\right)^5. \tag{82,21}$$

Hiervon ausgehend können wir die Relaxationszeit bestimmen, die in die Abschätzung der elektrischen Leitfähigkeit entsprechend der Beziehung (78,16) eingeht: $\sigma \sim e^2Nv_F\tau/p_F$. Sie ist die Zeit, in der sich der Quasiimpuls eines Elektrons um einen Wert seiner eigenen Größenordnung ändert. Mit anderen Worten ausgedrückt, muß innerhalb der Zeit τ ein Elektron entlang der FERMI-Fläche um eine Entfernung $\sim p_F$ diffundieren. Bei einem Diffusionsprozeß ist aber das mittlere Quadrat der Verschiebung proportional zur Zeit (und zum Diffusionskoeffizienten). Hieraus finden wir die Beziehung $p_F^2 \sim D_p\tau$ und schließlich die Leitfähigkeit (in gewöhnlichen Einheiten)

$$\sigma \sim \frac{\hbar e^2N}{m^*\Theta}\left(\frac{\Theta}{T}\right)^5. \tag{82,22}$$

Somit ist für tiefe Temperaturen die Leitfähigkeit proportional zu T^{-5}.[1])

Wir wenden uns nun dem thermoelektrischen Koeffizienten zu. Die Situation ist hierbei analog zu derjenigen für hohe Temperaturen.

Wenn man den Strom $\boldsymbol{j}$ aus der Funktion b_u — der Lösung von Gleichung (82,16) — berechnet, so wird auf Grund des ungeraden Charakters dieser Funktion bezüglich η das Integral in erster Näherung Null. Ein von Null verschiedenes Ergebnis erhält man nur unter Berücksichtigung des nächsthöheren Entwicklungsgliedes des Integranden bezüglich η/ε_F. Dies führt (wie auch im Falle $T \gg \Theta$) zu einem Wert des thermoelektrischen Koeffizienten (in gewöhnlichen Einheiten)

$$\alpha^{\mathrm{I}} \sim T/e\varepsilon_F \tag{82,23}$$

anstelle der „normalen“ Größenordnung $\alpha \sim 1/e$.[2])

Ein anderer Beitrag zum thermoelektrischen Koeffizienten entsteht durch den in (82,5) weggelassenen Term χ_1 in der Phononenfunktion χ. Dieser Beitrag ist verbunden mit dem Effekt der Mitführung der Elektronen durch die Phononen. Wenn man diesen Beitrag berücksichtigt, so kommt zum Stoßintegral (82,9) das Glied

$$I_{e,\,\mathrm{ph}}^{(2)}(\chi_1) \sim \nu_{e,\,\mathrm{ph}}\chi_1\frac{\partial N_0}{\partial\omega} \sim -\nu_{e,\,\mathrm{ph}}\frac{u\,|\nabla T|}{v_{\mathrm{ph},\,e}T} \tag{82,24}$$

hinzu. Dieses Glied kann danach auf die linke Seite der kinetischen Gleichung (82,12) gebracht werden, wo es mit dem Ausdruck

$$-\frac{\partial n_0}{\partial\varepsilon}\frac{\eta}{T}(\boldsymbol{v}\nabla T) \tag{82,25}$$

[1]) Dieses Resultat wurde erstmals von F. BLOCH (1929) erhalten.

[2]) Aus den Abschätzungen (82,20—23) ist ersichtlich, daß $T\alpha^2\sigma/\varkappa \sim (\Theta/\varepsilon_F)^2 \ll 1$ gilt, so daß die bei der Herleitung von (82,21) durchgeführte Näherung gerechtfertigt ist.

verglichen werden muß. Der Beitrag von (82,24) ist klein im Vergleich zu dem von (82,25), und beide verhalten sich (in Analogie zur Abschätzung (82,8)) wie T^2/Θ^2. Aber seine Berücksichtigung führt zum Auftreten eines Summanden (proportional zu ∇T) in der Lösung φ der kinetischen Gleichung, der nicht ungerade bezüglich η ist. Deshalb tritt bei der Berechnung des entsprechenden Strombeitrages keine zusätzliche Verminderung der Größenordnung auf, und im thermoelektrischen Koeffizienten erscheint ein Beitrag

$$\alpha^{\mathrm{II}} \sim T^2/e\Theta^2 \tag{82,26}$$

(L. E. GUREWITSCH, 1946).[1])

In dem Maße wie die Temperatur erniedrigt wird, verringert sich auch die Frequenz der Elektron-Phonon-Stöße, und die Elektronenstöße an Fremdatomen werden schließlich zum Hauptmechanismus für die Entstehung eines elektrischen und eines Wärmewiderstands. Es ist jedoch anzumerken, daß infolge der unterschiedlichen Temperaturabhängigkeit der Übergang zum „Wärme-Restwiderstand" später erfolgt als der Übergang zum elektrischen Restwiderstand.

In sehr reinen Metallen kann ein Temperaturbereich existieren, in dem die kinetischen Eigenschaften des Metalls fast ausschließlich durch Elektron-Elektron-Stöße bestimmt werden. Die zugehörige freie Weglänge in der Elektronenflüssigkeit eines Metalls hängt, wie auch in allen anderen FERMI-Flüssigkeiten, nach einem T^{-2}-Gesetz von der Temperatur ab, wobei als kleiner Entwicklungsparameter der Quotient T/ε_F auftritt (s. § 75). Für $T \sim \varepsilon_F$ muß diese freie Weglänge proportional zu d werden, so daß

$$l_{ee} \sim d(\varepsilon_F/T)^2 \tag{82,27}$$

gilt. Hieraus folgen die Temperaturabhängigkeiten der elektrischen und der Wärmeleitfähigkeit

$$\sigma \propto T^{-2}, \qquad \varkappa \propto T^{-1} \tag{82,28}$$

(L. D. LANDAU, I. J. POMERANTSCHUK, 1936). Bei Temperaturerniedrigung nimmt die effektive Frequenz ν_{ee} der Elektron-Elektron-Stöße langsamer ab als die Elektron-Phonon-Stoßfrequenz $\nu_{e,\,\mathrm{ph}}$. Da aber in ν_{ee} der kleine Parameter T/ε_F auftritt und nicht T/Θ wie in $\nu_{e,\,\mathrm{ph}}$, können die Elektron-Elektron-Stöße nur für sehr tiefe Temperaturen dominierend werden.

Es ist weiterhin festzustellen, daß die Gesetze (82,28) prinzipiell sowohl für offene als auch für geschlossene FERMI-Flächen gelten. Da die Elektronenquasiimpulse groß sind, führt die Notwendigkeit von U-Prozessen für geschlossene FERMI-Flächen im allgemeinen nicht zu einer Reduzierung der Größenordnung des Widerstands.

---

[1]) Hierzu muß folgendes bemerkt werden. Infolge der Kleinheit des Phononenquasiimpulses ergibt sich aus dem Energieerhaltungssatz

$$\varepsilon(\boldsymbol{p}) - \varepsilon(\boldsymbol{p} - \boldsymbol{k}) \approx \boldsymbol{v}_F\boldsymbol{k} \approx \pm\omega(\boldsymbol{k}),$$

woraus ersichtlich ist, daß der Winkel Θ zwischen $\boldsymbol{v}_F$ und $\boldsymbol{k}$ nahezu $\pi/2$ ist: $\cos\Theta \sim \omega/v_Fk \sim u/v_F \ll 1$. Im isotropen Fall stimmen die Richtungen des Quasiimpulses $\boldsymbol{k}$ und der Phononengeschwindigkeit $\boldsymbol{u}$ überein, so daß auch das Produkt $\boldsymbol{u}\boldsymbol{v}_F$ klein wird. Das gleiche Produkt steht auch im Integral, das den Strom aus der Funktion φ, die proportional zu $\boldsymbol{u}\nabla T$ ist, bestimmt. Diese Tatsache würde im isotropen Fall zu einer zusätzlichen Verminderung der Größenordnung von α^{II} führen. Im anisotropen Kristall (einschließlich kubischer Symmetrie) existiert jedoch im allgemeinen kein Grund für das Auftreten einer derartigen Verminderung.

Aufgabe

Man bestimme den thermoelektrischen Koeffizienten α eines Metalls mit geschlossener Fermi-Fläche für tiefe Temperaturen unter Vernachlässigung von U-Prozessen.

Lösung. Die kinetische Gleichung der Elektronen lautet

$$-e\boldsymbol{E}\frac{\partial n_0}{\partial \boldsymbol{p}} - \frac{\varepsilon-\mu}{T}\frac{\partial n_0}{\partial \varepsilon}(\boldsymbol{v}\nabla T) = \mathrm{St}_{e,\,\mathrm{ph}}\, n\,. \tag{1}$$

Die kinetische Gleichung der Phononen schreiben wir in der Form

$$-\frac{\omega}{T}\frac{\partial N_0}{\partial \boldsymbol{k}}\nabla T = \mathrm{St}_{\mathrm{ph},\,e}\, N \tag{2}$$

indem wir berücksichtigen, daß

$$\boldsymbol{u}\frac{\partial N_0}{\partial T} = -\frac{\omega}{T}\frac{\partial N_0}{\partial \omega}\boldsymbol{u} = -\frac{\omega}{T}\frac{\partial N_0}{\partial \boldsymbol{k}}$$

gilt. Wir multiplizieren die Gleichung (1) mit $\boldsymbol{p}$, die Gleichung (2) mit $\boldsymbol{k}$, integrieren sie über $2\mathrm{d}^3p/(2\pi)^3$ bzw. $\mathrm{d}^3k/(2\pi)^3$ und addieren danach beide erhaltenen Gleichungen gliedweise. Die rechte Seite wird Null infolge der Erhaltung des Gesamtquasiimpulses der Elektronen und Phononen in Abwesenheit von U-Prozessen. Als Ergebnis erhalten wir

$$\int e\left(\boldsymbol{E}\frac{\partial n_0}{\partial \boldsymbol{p}}\right)\boldsymbol{p}\frac{2\mathrm{d}^3p}{(2\pi)^3} + \frac{\nabla T}{3}\int \frac{\varepsilon-\mu}{T}\frac{\partial n_0}{\partial \varepsilon}(\boldsymbol{v}\boldsymbol{p})\frac{2\mathrm{d}^3p}{(2\pi)^3} + \frac{\nabla T}{3}\int \frac{\omega}{T}\left(\frac{\partial N_0}{\partial \boldsymbol{k}}\boldsymbol{k}\right)\frac{\mathrm{d}^3k}{(2\pi)^3} = 0\,. \tag{3}$$

Beim Schreiben des zweiten und dritten Integrals wurde kubische Kristallsymmetrie vorausgesetzt.

Das erste Integral in (3) wird analog zur Herleitung von (81,4) umgeformt und ergibt $-e\boldsymbol{E}(N_e - N_h)$. Das zweite Integral wird analog zur Herleitung von (78,12) berechnet und ist gleich $-AT\nabla T$ mit

$$A = \frac{\pi^2}{9}\left[\frac{\partial}{\partial \varepsilon}\int \boldsymbol{v}\boldsymbol{p}\frac{\mathrm{d}S}{v(2\pi)^3}\right]_{\varepsilon=\varepsilon_F}.$$

(Die Integration erfolgt bezüglich der Isoenergiefläche $\varepsilon = \text{const.}$) Das dritte Integral erhält nach Durchführung einer partiellen Integration die Form

$$-\frac{\nabla T}{3T}\int N_0(3\omega + \boldsymbol{k}\boldsymbol{u})\frac{\mathrm{d}^3k}{(2\pi)^3}\,.$$

(Die Integration entlang der Grenzflächen der Elementarzelle des reziproken Gitters liefert für tiefe Temperaturen infolge des schnellen Abklingens der Funktion N_0 bei einer Vergrößerung der Frequenz ω keinen Beitrag.) Für langwellige akustische Phononen (nur diese sind für tiefe Temperaturen von Bedeutung) sind die Geschwindigkeit $\boldsymbol{u}$ sowie das Verhältnis $\boldsymbol{\varkappa} = \boldsymbol{k}/\omega$ nur von der $\boldsymbol{k}$-Richtung (nicht aber von ω) abhängig. Benutzt man für die ω-Integration die bekannte Formel, so findet man, daß das dritte Integral in (3) gleich $-BT^3\nabla T$ ist mit

$$B = \frac{\pi^4}{15}\Sigma\int\left(1 + \frac{\boldsymbol{\varkappa}\boldsymbol{u}}{3}\right)\varkappa^2\frac{\mathrm{d}o_{\boldsymbol{k}}}{(2\pi)^3}\,.$$

(Die Summation läuft über die drei akustischen Zweige des Phononenspektrums.)

Auf diese Weise erhält die Gleichung (3) die Form

$$-e\boldsymbol{E}(N_e - N_h) = \nabla T(AT + BT^3)\,.$$

Durch Vergleich dieser Gleichung für $\boldsymbol{j} = 0$ mit (78,1) erhält man den thermoelektrischen Koeffizienten

$$\alpha = \frac{AT + BT^3}{N_h - N_e}. \tag{4}$$

Die Bedingung $\boldsymbol{j} = 0$ kann durch Hinzufügen eines geeignet gewählten Beitrags der Form (81,1) zur Lösung der kinetischen Gleichung gewährleistet werden. In Übereinstimmung mit dem in § 81 Gesagten ist der Ausdruck (4) für nichtkompensierte Metalle endlich, während er für $N_e = N_h$ gegen Unendlich geht.

§ 83. Diffusion von Elektronen auf der FERMI-Fläche

In diesem Paragraphen wird gezeigt, auf welche Weise die kinetische Gleichung zur Bestimmung der elektrischen Leitfähigkeit (82,17) für tiefe Temperaturen in die Gestalt einer Diffusionsgleichung überführt werden kann.[1]) Indem wir uns lediglich auf dieses Problem konzentrieren, werden wir nur den von $\eta = \varepsilon - \mu$ unabhängigen Anteil der Funktion φ betrachten, den wir mit $\varphi(\boldsymbol{p}_F)$ bezeichnen (anstatt der Bezeichnung $a(\boldsymbol{p}_F)$ aus dem vorherigen Paragraphen). Wie bereits in § 82 betrachten wir den Fall einer offenen FERMI-Fläche.

Die Funktion

$$\frac{\delta \tilde{n}}{(2\pi)^3} = -\frac{\partial n_0}{\partial \varepsilon} \frac{\varphi}{(2\pi)^3}$$

stellt eine Nichtgleichgewichtskorrektur zur Elektronenverteilung im Impulsraum dar. Hiervon ausgehend kann man zur Verteilung auf der FERMI-Fläche übergehen, indem man das Volumenelement d^3p in der Form $d\varepsilon\, dS/v$, (74,19) schreibt, bezüglich $d\varepsilon = d\eta$ integriert und näherungsweise das von ε abhängige Flächenelement dS der Isoenergiefläche und die Geschwindigkeit v durch ihre Werte dS_F und v_F an der FERMI-Fläche ersetzt. Die Funktion φ hängt voraussetzungsgemäß nicht von ε ab, und die Integration des Faktors $-\partial n_0/\partial \varepsilon$ ergibt Eins. Auf diese Weise wird die Verteilungsfunktion auf der FERMI-Fläche durch

$$\frac{\varphi(\boldsymbol{p}_F)}{(2\pi)^3\, v_F} \tag{83,1}$$

gegeben.

Um die Herleitung anschaulicher zu gestalten, schreiben wir zunächst die kinetische Gleichung (82,17) mit einer partiellen Zeitableitung auf ihrer linken Seite auf, so als wäre die Verteilung nichtstationär:

$$-\frac{\partial n_0}{\partial \varepsilon} \frac{\partial \varphi}{\partial t} - e\boldsymbol{E}\boldsymbol{v}_F \frac{\partial n_0}{\partial \varepsilon} = L_1(\varphi)\,.$$

Hierbei wurde bereits der Ausdruck mit L_0, der bei der Integration über $d\eta/v_F$ herausfällt, weggelassen:

$$\frac{\partial}{\partial t} \frac{\varphi}{v_F} - \int L_1(\varphi) \frac{d\eta}{v_F} = -\frac{e\boldsymbol{E}\boldsymbol{v}_F}{v_F}. \tag{83,2}$$

[1]) Dabei folgen wir R. N. GURSHI und A. I. KOPELIOWITSCH (1971).

Das erste Glied links ist die Änderungsgeschwindigkeit der Elektronendichte an der FERMI-Fläche. Diese Gleichung muß das Aussehen einer Kontinuitätsgleichung besitzen, d. h., das zweite Glied links muß sich als Divergenz der Elektronenstromdichte $\boldsymbol{s}$ an der FERMI-Fläche darstellen lassen. Der Beitrag mit dem elektrischen Feld auf der rechten Seite der Gleichung dagegen spielt die Rolle der Dichte von Quellen und Senken. Hierbei ist von einer zweidimensionalen Divergenz auf einer gekrümmten Oberfläche die Rede, die man jedoch zweckmäßigerweise in dreidimensionaler Schreibweise

$$-\int L_1(\varphi)\,\frac{\mathrm{d}\eta}{v_F} = \{\nabla_{\boldsymbol{p}} - \boldsymbol{n}_F(\boldsymbol{n}_F\nabla_{\boldsymbol{p}})\}\,\boldsymbol{s} \tag{83,3}$$

darstellt. Hierbei ist $\nabla_{\boldsymbol{p}}$ ein gewöhnlicher Differentialoperator bezüglich kartesischer Koordinaten im $\boldsymbol{p}$-Raum. Der Operator in der geschwungenen Klammer stellt seine Projektion auf eine Ebene dar, die im jeweilig gegebenen Punkt tangential zur FERMI-Fläche liegt ($\boldsymbol{n}_F$ ist der Einheitsvektor normal zu dieser Fläche).[1] Der Vektor $\boldsymbol{s}(\boldsymbol{p}_F)$ ist an der FERMI-Fläche gegeben, jedoch wird er in (83,3) formal als im gesamten Raum definiert (und nur von der Richtung $\boldsymbol{p}_F$ abhängig) vorausgesetzt. Die kinetische Gleichung (in der wir jetzt die Zeitableitung weglassen) erhält die Form

$$\{\nabla_{\boldsymbol{p}} - \boldsymbol{n}_F(\boldsymbol{n}_F\nabla_{\boldsymbol{p}})\}\,\boldsymbol{s} = -e\boldsymbol{E}\,\frac{\boldsymbol{v}_F}{v_F}\,. \tag{83,4}$$

Die Aufgabe besteht nun darin, die Stromdichte $\boldsymbol{s}$ zu bestimmen und sie durch die Funktion φ auszudrücken.

Wir führen dazu ein kartesisches Koordinatensystem im $\boldsymbol{p}$-Raum ein, dessen Ursprung in denjenigen Punkt der FERMI-Fläche gelegt wird, für den wir $\boldsymbol{s}(\boldsymbol{p}_F)$ berechnen wollen, und dessen z-Achse in diesem Punkt normal zur FERMI-Fläche liegt. Die Komponente s_x der Stromdichte ist definitionsgemäß gegeben als Differenz der Zahl der Elektronen, die pro Zeiteinheit infolge von Stößen durch einen Streifen der Einheitsbreite in der yz-Ebene von links nach rechts (in positiver x-Richtung) hindurchtreten, und der Zahl der Elektronen, die in entgegengesetzter Richtung laufen.

Wir untersuchen die Differenz der Zahl von Emissionsprozessen von Phononen mit einem Quasiimpuls $\boldsymbol{k}$ innerhalb des Intervalls d^3k durch Elektronen mit Quasiimpulsen innerhalb eines Intervalls d^3p zur Zahl von umgekehrten Prozessen der Absorption solcher Phononen. Diese Differenz wird (mit umgekehrtem Vorzeichen) durch das erste Glied des Integranden in (79,9) gegeben:

$$\mathrm{d}^3p\,\frac{\mathrm{d}^3k}{(2\pi)^3}\,\frac{\partial N_0}{\partial\omega}\,w(n_0' - n_0)\,\delta(\varepsilon - \varepsilon' - \omega_{\boldsymbol{k}})\,(\varphi_{\boldsymbol{p}'} - \varphi_{\boldsymbol{p}} + \chi_{\boldsymbol{k}})\,, \tag{83,5}$$

---

[1]) Dieser Operator tritt im zweidimensionalen Analogon des GAUSSschen Theorems auf,

$$\oint \boldsymbol{es}\,\mathrm{d}l = \int \{\nabla - \boldsymbol{n}(\boldsymbol{n}\nabla)\}\,\boldsymbol{s}\,\mathrm{d}S\,.$$

Die Integration auf der linken Seite erfolgt über eine geschlossene Kontur in der gegebenen Fläche ($\boldsymbol{e}$ ist der Normaleneinheitsvektor der Kontur, der in der Tangentialebene liegt und nach außen gerichtet ist). Die Integration auf der rechten Seite erfolgt über den von der Kontur begrenzten Flächenbereich.

wobei $\boldsymbol{p} = \boldsymbol{p}' + \boldsymbol{k}$ ist.[1]) Die Phononenfunktion $\chi_{\boldsymbol{k}}$ muß hierbei entsprechend (82,5) durch φ ausgedrückt werden:

$$\chi_{\boldsymbol{k}} = -\frac{1}{\nu_{\mathrm{ph},e}} \int w(n_0' - n_0)\, \delta(\varepsilon - \varepsilon' - \omega_{\boldsymbol{k}})\, (\varphi_{\boldsymbol{p}'} - \varphi_{\boldsymbol{p}}) \frac{2\mathrm{d}^3p}{(2\pi)^3} \tag{83,6}$$

mit $\nu_{\mathrm{ph},e}$ aus (82,6).

Falls $k_x < 0$ gilt, durchlaufen im Ergebnis der Emission eines Phonons diejenigen Elektronen den betrachteten Streifen von links nach rechts, bei denen die x-Komponente des Ausgangsquasiimpulses im Intervall

$$k_x < p_x < 0 \tag{83,7a}$$

liegt. Für diese $\boldsymbol{p}$-Werte liefert der Ausdruck (83,5) einen positiven Beitrag zum Strom s_x. Falls jedoch $k_x > 0$ ist, so durchlaufen im Ergebnis der Emission eines Phonons diejenigen Elektronen diesen Streifen von rechts nach links, für die

$$0 < p_x < k_x \tag{83,7b}$$

gilt. Der entsprechende Beitrag zu s_x ist negativ.

Hieraus wird klar, daß zur Bestimmung von s_x die folgenden Schritte notwendig sind: 1. Der Ausdruck (83,5) muß über das Einheitsintervall von p_y sowie über den gesamten Bereich von p_z integriert werden. Infolge der schnellen Konvergenz kann der Bereich der zuletzt genannten Integration auf $-\infty$ bis $+\infty$ ausgedehnt werden. 2. Es muß über das Intervall (83,7) der p_x-Werte integriert werden. Auf Grund der schwachen Abhängigkeit aller Größen von p_x entlang der FERMI-Fläche führt diese Integration einfach zu einer Multiplikation mit der Länge dieses Intervalls. Unter Berücksichtigung des Vorzeichens, mit dem das Integrationsergebnis in s_x eingehen muß, bedeutet das eine einfache Multiplikation mit $-k_x$. 3. Es muß schließlich noch bezüglich d^3k integriert werden.

Die s_y-Komponente des Stromes unterscheidet sich von s_x nur durch den Übergang von k_x zu k_y im Integranden. Deshalb kann man den Strom wie folgt in Vektordarstellung schreiben:

$$\boldsymbol{s}(\boldsymbol{p}_F) = -\int \frac{\mathrm{d}^3k}{(2\pi)^3} \times \int_{-\infty}^{\infty} \boldsymbol{\varkappa} \left\{ \frac{\partial N_0}{\partial \omega} w(n_0' - n_0)\, \delta(\varepsilon - \varepsilon' - \omega)\, (\varphi_{\boldsymbol{p}'} - \varphi_{\boldsymbol{p}} + \chi_{\boldsymbol{k}}) \right\} \mathrm{d}p_z\,, \tag{83,8}$$

wobei $\boldsymbol{\varkappa}$ die Projektion von $\boldsymbol{k}$ auf die Tangentialebene im Punkt $\boldsymbol{p}_F$ darstellt.

Zunächst schreiben wir aber $\mathrm{d}^3k = \mathrm{d}k_z\, \mathrm{d}^2\varkappa$ und integrieren bezüglich $\mathrm{d}k_z$. Infolge der Kleinheit von $\boldsymbol{k}$ kann das Argument der δ-Funktion in (83,8) umgeschrieben wer-

---

[1]) In den oben durchgeführten Überlegungen wurde der in der Definition der Oberflächendichte (83,1) enthaltene Faktor $(2\pi)^{-3}$ weggelassen. In Übereinstimmung damit lassen wir auch in (83,5) einen solchen Faktor weg.

Wir erinnern außerdem an die Vereinbarung, für den Fall offener FERMI-Flächen Quasiimpulswerte der Elektronen im gesamten reziproken Gitter zuzulassen (s. § 81). Deshalb wird der Quasi impulserhaltungssatz ohne den Summanden $\boldsymbol{b}$ geschrieben.

den in

$$\delta(\varepsilon_{\boldsymbol{p}} - \varepsilon_{\boldsymbol{p}-\boldsymbol{k}} - \omega_{\boldsymbol{k}}) \approx \delta(\boldsymbol{k}\boldsymbol{v}_F - \omega) = \frac{1}{v_F}\,\delta\left(k_z - \frac{\omega}{v_F}\right)$$

(die Richtung von $\boldsymbol{v}_F$ stimmt mit der Normalenrichtung der FERMI-Fläche überein). Bei Integration über k_z verschwindet die δ-Funktion, wobei gleichzeitig überall anstelle von k_z der Wert ω/v_F einzusetzen ist. Da aber $\omega/v_F \sim ku/v_F \ll k$ ist, kann man einfach $k_z = 0$ setzen, d. h.,

$$\boldsymbol{k} \to \boldsymbol{\varkappa}\,. \tag{83,9}$$

Auch die Integration bezüglich $\mathrm{d}p_z = \mathrm{d}\varepsilon/v_z$ kann in allgemeiner Form ausgeführt werden, da im Integranden nur die Differenz

$$n_0(\varepsilon - \omega) - n_0(\varepsilon) \approx -\omega\,\frac{\partial n_0}{\partial \varepsilon}$$

eine schnell veränderliche Funktion von ε ist. Eine entsprechende Integration über ε verwandelt diesen Faktor in ω. Nach Ausführung dieser Operationen erhält der Ausdruck (83,8) die Form

$$\mathrm{s}(\boldsymbol{p}_F) = -\frac{1}{2\pi v_F^2}\int \varkappa\omega_\varkappa\,\frac{\partial N_0(\omega_\varkappa)}{\partial \omega_\varkappa}\,w(\varphi_{\boldsymbol{p}} - \varphi_{\boldsymbol{p}} + \chi_\varkappa)\,\frac{\mathrm{d}^2\varkappa}{(2\pi)^2}\,. \tag{83,10}$$

Zur weiteren Umformung des Integrals schreiben wir in ihm unter erneuter Ausnutzung der Kleinheit von $\boldsymbol{k}$

$$\varphi(\boldsymbol{p} - \boldsymbol{k}) - \varphi(\boldsymbol{p}) \approx -\boldsymbol{k}\,\frac{\partial\varphi}{\partial\boldsymbol{p}} \approx -\boldsymbol{\varkappa}\,\frac{\partial\varphi}{\partial\boldsymbol{p}} = -\varkappa\boldsymbol{t}\,\frac{\partial\varphi}{\partial\boldsymbol{p}}$$

mit $\boldsymbol{t} = \boldsymbol{\varkappa}/\varkappa$ als dem Einheitsvektor in $\boldsymbol{\varkappa}$-Richtung tangential zur FERMI-Fläche. Da die gleiche Differenz auch im Integral (83,6) auftritt, kann die Funktion $\chi(\boldsymbol{k})$ in der Form

$$\chi(\boldsymbol{k}) = \varkappa\boldsymbol{a}(\boldsymbol{t}) \tag{83,11}$$

dargestellt werden. Mit Hilfe der Beziehung (79,4) können wir schließlich w in der Form

$$w = \varkappa M(\boldsymbol{p}_F, \boldsymbol{t}) \tag{83,12}$$

schreiben. Mit diesen Bezeichnungen erhalten wir

$$\mathrm{s} = -\frac{1}{2\pi v_F^2}\int \boldsymbol{t}\varkappa^3\omega_\varkappa\,\frac{\partial N_0}{\partial\omega_\varkappa}\,M\left(\boldsymbol{t}\boldsymbol{a} - \boldsymbol{t}\,\frac{\partial\varphi}{\partial\boldsymbol{p}}\right)\frac{\varkappa\,\mathrm{d}\varkappa\,\mathrm{d}\Phi}{(2\pi)^2}\,, \tag{83,13}$$

wobei Φ der Polarwinkel der Richtung $\boldsymbol{\varkappa}$ in der Tangentialebene ist.

Die Integration über $\varkappa$ in (83,13) reduziert sich auf die Berechnung eines Integrals der Gestalt

$$J = \int\limits_0^\infty \varkappa^4\omega_\varkappa\,\frac{\partial N_0}{\partial\omega_\varkappa}\,\mathrm{d}\varkappa\,.$$

Infolge der schnellen Konvergenz kann der Integrationsbereich bis ∞ ausgedehnt werden. Die Energie eines Phonons mit einem kleinen Quasiimpuls $\boldsymbol{\varkappa} = \varkappa\boldsymbol{t}$ ist $\omega_\varkappa =$

$= u(\boldsymbol{t})\,\varkappa$. Deshalb wird

$$J = \frac{1}{u^5}\int\limits_0^\infty \omega^5 \frac{\partial N_0}{\partial \omega}\,\mathrm{d}\omega = -\frac{5}{u^5}\int\limits_0^\infty N_0\omega^4\,\mathrm{d}\omega = -\frac{5T^5}{u^5}\int\limits_0^\infty \frac{x^4\,\mathrm{d}x}{\mathrm{e}^x - 1}$$

$$= -120\zeta(5)\frac{T^5}{u^5}$$

(der Wert der ζ-Funktion beträgt $\zeta(5) = 1{,}037$).

Auf diesem Weg gelangen wir zu folgendem Ausdruck für die Stromdichte der Elektronen entlang der Fermi-Fläche:

$$\boldsymbol{s} = -\frac{30\zeta(5)\,T^5}{\pi^2 v_F^2}\left\langle \frac{M(\boldsymbol{t})}{u^5(\boldsymbol{t})}\boldsymbol{t}\left(\boldsymbol{t}\frac{\partial\varphi}{\partial\boldsymbol{p}} - \boldsymbol{ta}\right)\right\rangle, \tag{83,14}$$

wobei die spitze Klammer $\langle\ldots\rangle$ die Mittelung bezüglich der Richtungen $\boldsymbol{t}$ in der Tangentialebene an einem gegebenen Punkt $\boldsymbol{p}_F$ der Fermi-Fläche beschreibt. Verbleibt noch die Aufgabe, den Ausdruck für $\boldsymbol{a}$ maximal zu vereinfachen.

In Übereinstimmung mit der Definition (83,11) erhalten wir aus (83.6)

$$\boldsymbol{a} = \frac{\int M(n_0' - n_0)\,\delta(\varepsilon - \varepsilon' - \omega)\,(\partial\varphi/\partial\boldsymbol{p})\,\mathrm{d}^3p}{\int M(n_0' - n_0)\,\delta(\varepsilon - \varepsilon' - \omega)\,\mathrm{d}^3p}$$

(gleiche Faktoren in Zähler und Nenner wurden herausgekürzt). Die Integration bezüglich d^3p überführen wir (vgl. Anfang dieses Paragraphen) in eine Integration bezüglich $\mathrm{d}S_F\,\mathrm{d}\varepsilon/v_F$. Hierbei ist nur der Faktor $n_0(\varepsilon - \omega) - n_0(\varepsilon)$, der in beiden Integralen der gleiche ist, von ε abhängig. Die Ergebnisse der ε-Integrationen in Zähler und Nenner kürzen sich heraus. Das Argument der δ-Funktion schreiben wir danach in der Form $\boldsymbol{kv}_F - \omega \approx \boldsymbol{\varkappa v}_F$, indem wir Größen der Ordnung u/v_F vernachlässigen. Im Endergebnis finden wir

$$\boldsymbol{a} = \frac{\int v_F^{-2} M\,\delta(\boldsymbol{nt})\,(\partial\varphi/\partial\boldsymbol{p})\,\mathrm{d}S_F}{\int v_F^{-2} M\,\delta(\boldsymbol{nt})\,\mathrm{d}S_F}. \tag{83,15}$$

(M ist eine Funktion des Punktes $\boldsymbol{p}_F$ auf der Fermi-Fläche sowie der Richtung $\boldsymbol{t}$; $\boldsymbol{n}$ ist der Normaleneinheitsvektor.) Infolge des Auftretens der δ-Funktionen sind die Integrale faktisch nur entlang eines Weges auf der Fermi-Fläche zu bilden, auf dem die Normale senkrecht zur Richtung $\boldsymbol{t}$ des Phononenquasiimpulses steht.

Mit den Gleichungen (83,4) und (83,14–15) ist die Aufgabe gelöst, die kinetische Gleichung in Diffusionsform darzustellen. Diese Gleichung ist eine Integro-Differentialgleichung. Die Stromdichte (83,14) kann in der Form

$$s_\alpha = -D_{\alpha\beta}\left(\frac{\partial\varphi}{\partial p_\beta} - a_\beta\right) \tag{83,16}$$

geschrieben werden, wobei

$$D_{\alpha\beta} = T^5\frac{30\zeta(5)}{\pi^2 v_F^2}\left\langle\frac{M(\boldsymbol{t})}{u^5(\boldsymbol{t})}t_\alpha t_\beta\right\rangle \tag{83,17}$$

gilt (α, β sind zweidimensionale Vektorindizes). Das erste Glied besitzt eine gewöhnliche Differentialform mit dem Tensor der Diffusionskoeffizienten $D_{\alpha\beta}$. Dieser Beitrag bezieht sich auf die Streuung der Elektronen durch Gleichgewichtsphononen. Das zweite Glied dagegen ist von integraler Gestalt und beschreibt den Effekt der Mitführung von Elektronen durch Nichtgleichgewichtsphononen.

Die Stromdichte wird als Integral über die Funktion φ

$$\boldsymbol{j} = -\frac{2e}{(2\pi)^3}\int \varphi \boldsymbol{n}\, \mathrm{d}S_F$$

berechnet. Aus der Gleichung (83,4) mit $\boldsymbol{s}$ aus (83,16–17) ist ersichtlich, daß die Funktion φ (und mit ihr die Leitfähigkeit des Metalls) in der Form T^{-5} von der Temperatur abhängt – in Übereinstimmung mit den Ergebnissen des vorhergehenden Paragraphen. Dabei ist zu beachten, daß die Mitführung der Elektronen durch die Phononen diese Abhängigkeit nicht verändert, obwohl sie das Aussehen der kinetischen Gleichung beeinflußt.

§ 84. Galvanomagnetische Erscheinungen in starken Feldern. Allgemeine Theorie

Der Einfluß eines Magnetfeldes auf die elektrische Leitfähigkeit eines Metalls wird mit Hilfe des charakteristischen Parameters r_B/l beschrieben mit r_B als dem LARMOR-Radius der Elektronenbahn und l als der freien Weglänge.

Wir erinnern daran (s. IX, § 57), daß die Bewegung von Leitungselektronen in einem Magnetfeld auf Grund eines sehr kleinen Wertes des Verhältnisses $\hbar\omega_B/\varepsilon_F$ (ω_B – Zyklotronfrequenz) praktisch in jedem Fall quasiklassisch erfolgt. Die Bahnkurve im Impulsraum ist dabei die Kontur des Schnittes der Isoenergiefläche $\varepsilon(\boldsymbol{p}) = \text{const}$ mit der Ebene $p_z = \text{const}$, wobei die z-Achse in die Richtung des Feldes weist. Da die Elektronenenergien in der Nähe der Grenzenergie ε_F liegen, liegen auch die Isoenergieflächen, von denen hier die Rede sein kann, in der Nähe der FERMI-Fläche. Deshalb stimmen die Abmessungen der Bahnkurven im Impulsraum mit den linearen Abmessungen p_F des entsprechenden Schnittes der FERMI-Fläche überein. Die Ausdehnung der Flugbahnen im gewöhnlichen Raum dagegen wird durch

$$r_B \sim cp_F/eB$$

charakterisiert. Diese Größe ist umgekehrt proportional zum Magnetfeld. Deshalb muß bei der Untersuchung der galvanomagnetischen Erscheinungen das Feld als schwach angesehen werden, wenn $r_B \gg l$ ist, und als stark, wenn

$$r_B \ll l \tag{84,1}$$

gilt.

Im Falle schwacher Magnetfelder führt eine kinetische Betrachtungsweise (bei beliebiger Dispersionsrelation der Elektronen) im Vergleich zur rein phänomenologischen Theorie zu keinerlei neuen Ergebnissen. Der Charakter der Magnetfeldabhängigkeit des Leitfähigkeitstensors $\sigma_{\alpha\beta}$ entspricht hierbei einer einfachen Entwicklung nach Potenzen von B unter Berücksichtigung der Forderungen, die auf Grund des Symmetrieprinzips für die kinetischen Koeffizienten gelten (s. VIII, § 22).

In starken Magnetfeldern dagegen erfordert die Bestimmung dieser Abhängigkeit eine kinetische Betrachtungsweise. Die Bedingung für ein starkes Feld (84,1) wird faktisch nur für tiefe Temperaturen erfüllt, wenn die freie Weglänge l hinreichend groß ist. Dabei befindet sich das Metall gewöhnlich im Temperaturbereich seines Restwiderstandes, der infolge der Elektronenstreuung an Verunreinigungsatomen entsteht. Diesen Fall wollen wir im folgenden untersuchen. Die Wechselwirkung der Leitungselektronen mit den Fremdatomen tritt in Abständen von der Größenordnung der Gitterkonstanten d ein. Falls $r_B \ll l$ und gleichzeitig $r_B \gg d$ gelten, besitzt ein angelegtes Magnetfeld keinen Einfluß auf diese Wechselwirkung — und damit auch nicht auf das Stoßintegral. Unter diesen Bedingungen erweist sich der Charakter der Abhängigkeit des Leitfähigkeitstensors vom Magnetfeld als unabhängig von der konkreten Gestalt des Stoßintegrals. Gleichzeitig jedoch hängt er empfindlich von der Struktur des Energiespektrums der Leitungselektronen, d. h. von der Gestalt der FERMI-Fläche ab.[1])

Wir wenden uns nun der Ableitung einer kinetischen Gleichung zu, die die galvanomagnetischen Erscheinungen beschreibt.

Die Verteilungsfunktion wird dabei günstigerweise nicht durch die kartesischen Komponenten des Quasiimpulses $\boldsymbol{p}$ ausgedrückt, sondern durch andere Variable, die mit der Flugbahn eines Elektrons im Zusammenhang stehen: die Energie ε, die Quasiimpulskomponente p_z in Richtung des Magnetfeldes (z-Achse) und die „Laufzeit des Elektrons entlang der Impulsbahn" von irgendeinem fixierten Punkt bis zum betrachteten Punkt. Letztere Variable (die wir mit τ bezeichnen) wird mittels der quasiklassischen Bewegungsgleichung für Leitungselektronen in einem Magnetfeld

$$\frac{\mathrm{d}\boldsymbol{p}}{\mathrm{d}\tau} = -\frac{e}{c}[\boldsymbol{v}\boldsymbol{B}]\,, \qquad \boldsymbol{v} = \frac{\partial \varepsilon}{\partial \boldsymbol{p}}\,,$$

eingeführt. Die x- und y-Komponenten dieser Gleichung lauten

$$\frac{\mathrm{d}p_x}{\mathrm{d}\tau} = -\frac{e}{c}v_y B\,, \qquad \frac{\mathrm{d}p_y}{\mathrm{d}\tau} = \frac{e}{c}v_x B\,. \tag{84,2}$$

Bildet man die Summe der Quadrate dieser Gleichungen und führt das Längenelement $\mathrm{d}s$ der Impulsbahn in der xy-Ebene ($\mathrm{d}s^2 = \mathrm{d}p_x^2 + \mathrm{d}p_y^2$) ein, so erhält man

$$\mathrm{d}\tau = \frac{c}{eB}\frac{\mathrm{d}s}{v_\perp}\,, \qquad v_\perp^2 = v_x^2 + v_y^2\,. \tag{84,3}$$

Durch Integration dieser Beziehung wird schließlich die neue Variable τ aus den alten Variablen p_x, p_y, p_z bestimmt.

Die linke Seite der kinetischen Gleichung erhält in den neuen Variablen die Gestalt[2])

$$\frac{\mathrm{d}n}{\mathrm{d}t} = \frac{\partial n}{\partial \varepsilon}\dot{\varepsilon} + \frac{\partial n}{\partial p_z}\dot{p}_z + \frac{\partial n}{\partial \tau}\dot{\tau}\,. \tag{84,4}$$

---

[1]) Die im folgenden dargestellte Theorie geht auf I. M. LIFSCHITZ, M. J. ASBEL und M. I. KAGANOW (1956) zurück.

[2]) Die Verwendung der quasiklassischen kinetischen Gleichung hat zur Folge, daß Effekte, die mit der Quantisierung der Energieniveaus im Magnetfeld verbunden sind, vernachlässigt werden. Diese Effekte werden später in § 90 behandelt.

Wie gewohnt, werden wir die Verteilungsfunktion in der Form

$$n = n_0(\varepsilon) + \delta\tilde{n}(\varepsilon, p_z, \tau) \tag{84,5}$$

suchen. Am Ende von § 74 wurde gezeigt, daß die bezüglich $\delta\tilde{n}$ linearisierte kinetische Gleichung für die Quasiteilchen einer FERMI-Flüssigkeit in einem konstanten elektrischen und magnetischen Feld genauso geschrieben werden kann wie für die Teilchen eines FERMI-Gases. Hierbei müssen die zeitlichen Ableitungen $\dot{\varepsilon}$, $\dot{p}_z$, $\dot{\tau}$ mit Hilfe der Bewegungsgleichung für ein einzelnes Elektron im elektromagnetischen Feld

$$\dot{\boldsymbol{p}} = -e\boldsymbol{E} - \frac{e}{c}[\boldsymbol{v}\boldsymbol{B}] \tag{84,6}$$

bestimmt werden. Für die Ableitung $\dot{\varepsilon}$ erhalten wir hieraus

$$\dot{\varepsilon} = \frac{\partial\varepsilon}{\partial\boldsymbol{p}}\dot{\boldsymbol{p}} = -e\boldsymbol{v}\boldsymbol{E}\,.$$

Das Magnetfeld verrichtet an der Ladung keine Arbeit und fällt deshalb heraus. Weiterhin erhält man für ein in z-Richtung angelegtes Magnetfeld $\dot{p}_z = -eE_z$. Aus einem Vergleich der Gleichungen (84,2) und (84,6) ist schließlich ersichtlich, daß die Ableitung $\mathrm{d}\tau/\mathrm{d}t$ nur infolge des Feldes $\boldsymbol{E}$ verschieden von Eins ist (eine Berücksichtigung der entsprechenden Abweichung von Eins ist nicht erforderlich).

Da die Gleichgewichtsverteilung n_0 nur von ε abhängig ist, ε, p_z, τ aber unabhängige Variable sind, ergeben sich $\partial n_0/\partial p_z = 0$ und $\partial n_0/\partial\tau = 0$. Das elektrische Feld wird als beliebig klein betrachtet. Folglich können bei der Linearisierung der kinetischen Gleichung die Terme weggelassen werden, in denen die kleinen Größen $\delta\tilde{n}$ und $\boldsymbol{E}$ gleichzeitig auftreten. Der Ausdruck (84,4) reduziert sich deshalb auf

$$\frac{\mathrm{d}n}{\mathrm{d}t} \approx -\frac{\partial n_0}{\partial\varepsilon}e\boldsymbol{v}\boldsymbol{E} + \frac{\partial\delta\tilde{n}}{\partial\tau}\,.$$

Wir stellen $\delta\tilde{n}$ in der Form

$$\delta\tilde{n} = \frac{\partial n_0}{\partial\varepsilon}e\boldsymbol{E}\boldsymbol{g}\,, \qquad \boldsymbol{g} = \boldsymbol{g}(\varepsilon, p_z, \tau)\,, \tag{84,7}$$

dar (vgl. (78,6)). Auf diese Weise erhält die linke Seite der kinetischen Gleichung die endgültige Gestalt

$$\frac{\mathrm{d}n}{\mathrm{d}t} = \frac{\partial n_0}{\partial\varepsilon}e\boldsymbol{E}\left(-\boldsymbol{v} + \frac{\partial\boldsymbol{g}}{\partial\tau}\right). \tag{84,8}$$

Das Stoßintegral auf der rechten Seite der kinetischen Gleichung schreiben wir nach erfolgter Linearisierung in der Form

$$\mathrm{St}\,n = \frac{\partial n_0}{\partial\varepsilon}e\boldsymbol{E}\boldsymbol{I}(\boldsymbol{g})\,. \tag{84,9}$$

(Wir erinnern daran, daß im Stoßintegral der elastischen Streuung an Verunreinigungsatomen ein beliebiger, nur von ε abhängender Faktor in $\delta\tilde{n}$ aus dem Integrationszeichen herausgezogen werden kann.) Die konkrete Form des linearen Integraloperators $I(\boldsymbol{g})$ wird hierbei nicht benötigt.

Indem wir die Ausdrücke (84,8) und (84,9) einander gleichsetzen, erhalten wir die endgültige Gestalt der kinetischen Gleichung zur Bestimmung der Funktion $\boldsymbol{g}$

$$\frac{\partial \boldsymbol{g}}{\partial \tau} - I(\boldsymbol{g}) = \boldsymbol{v}\,. \tag{84,10}$$

Der Leitfähigkeitstensor ist durch das Integral (78,9) gegeben,

$$\sigma_{\alpha\beta} = -e^2 \int \frac{\partial n_0}{\partial \varepsilon} v_\alpha g_\beta \frac{2\,\mathrm{d}^3p}{(2\pi\hbar)^3}\,.$$

Der Übergang zu neuen Variablen in diesem Integral erfolgt durch die Ersetzung $\mathrm{d}^3p \to |J|\,\mathrm{d}\varepsilon\,\mathrm{d}p_z\,\mathrm{d}\tau$, wobei

$$J = \frac{\partial(p_x, p_y, p_z)}{\partial(\tau, \varepsilon, p_z)}$$

die Jacobi-Determinante repräsentiert. Man erhält sie direkt aus den Gleichungen (84,2), die die Variable τ festlegen. Indem wir beide Seiten beispielsweise der ersten dieser Gleichungen als Jacobi-Determinanten schreiben,

$$\frac{\partial(p_x, \varepsilon, p_z)}{\partial(\tau, \varepsilon, p_z)} = -\frac{eB}{c}\frac{\partial(\varepsilon, p_x, p_z)}{\partial(p_y, p_x, p_z)}\,,$$

und sie mit $\partial(p_y, p_x, p_z)/\partial(\varepsilon, p_x, p_z)$ multiplizieren, finden wir $|J| = eB/c$. Unter Vernachlässigung der thermischen Verschmierung der Verteilungsfunktion n_0 nehmen wir wie üblich $\partial n_0/\partial\varepsilon = -\delta(\varepsilon - \varepsilon_F)$ an. Danach erhalten wir als endgültigen Ausdruck

$$\sigma_{\alpha\beta} = \frac{2e^3B}{c(2\pi\hbar)^3} \int v_\alpha g_\beta\,\mathrm{d}\tau\,\mathrm{d}p_z\,, \tag{84,11}$$

wobei die Integration über die Fermi-Fläche erfolgt.

Entsprechend der Definition (84,3) ist die Variable τ proportional zu $1/B$. Deshalb ist der Ausdruck $\partial\boldsymbol{g}/\partial\tau$ in der linearen Gleichung (84,10) proportional zu B und somit groß im Vergleich zu allen anderen Gliedern. Hieraus ergibt sich die Möglichkeit, diese Gleichung in aufeinanderfolgenden Näherungen in Form einer Potenzreihe bezüglich $1/B$ zu lösen,

$$\boldsymbol{g} = \boldsymbol{g}^{(0)} + \boldsymbol{g}^{(1)} + \dots\,, \tag{84,12}$$

wobei $\boldsymbol{g}^{(n)} \propto B^{-n}$ ist.[1]) Für die Glieder dieser Reihe erhalten wir die Gleichungen

$$\frac{\partial \boldsymbol{g}^{(0)}}{\partial \tau} = 0\,, \qquad \frac{\partial \boldsymbol{g}^{(1)}}{\partial \tau} = I(\boldsymbol{g}^{(0)}) + \boldsymbol{v}\,, \qquad \frac{\partial \boldsymbol{g}^{(2)}}{\partial \tau} = I(\boldsymbol{g}^{(1)}), \dots\,. \tag{84,13}$$

---

[1]) ähnlich wie in § 59 bei der Berechnung der kinetischen Koeffizienten des Plasmas in einem starken Magnetfeld

Die Lösungen dieser Gleichungen lauten

$$\begin{aligned} \boldsymbol{g}^{(0)} &= \boldsymbol{C}^{(0)}, \\ \boldsymbol{g}^{(1)} &= \int_0^\tau [I(\boldsymbol{C}^{(0)}) + \boldsymbol{v}(\tau)]\, \mathrm{d}\tau + \boldsymbol{C}^{(1)}, \\ \boldsymbol{g}^{(2)} &= \int_0^\tau I(\boldsymbol{g}^{(1)})\, \mathrm{d}\tau + \boldsymbol{C}^{(2)}, \dots, \end{aligned} \tag{84,14}$$

wobei $\boldsymbol{C}^{(0)}, \boldsymbol{C}^{(1)}, \dots$ nur Funktionen von ε und p_z sind.

Die Funktion $\boldsymbol{g}$ muß bestimmten Bedingungen genügen. Falls die Impulsbahnen der Elektronen (d. h. die Schnittkurven der FERMI-Fläche mit den Ebenen $p_z = \text{const}$) in sich geschlossen sind, erfolgt die Bewegung der Elektronen periodisch. In entsprechender Weise muß auch die Funktion $\boldsymbol{g}(\varepsilon, p_z, \tau)$ bezüglich der Variablen τ periodisch sein (mit der von p_z abhängigen Periode T). Sind die Bahnen jedoch offen, so ist die Bewegung im Impulsraum unbegrenzt, und die Funktion $\boldsymbol{g}$ muß nur die Bedingung erfüllen, daß sie endlich ist.

Wir mitteln die Gleichungen (84,13) bezüglich τ. Wenn die Funktionen $\boldsymbol{g}$ periodisch sind, so ist der über eine Periode gemittelte Wert

$$\overline{\frac{\partial \boldsymbol{g}}{\partial \tau}} = \frac{1}{T} \int_0^T \frac{\partial \boldsymbol{g}}{\partial \tau}\, \mathrm{d}\tau = \frac{\boldsymbol{g}(T) - \boldsymbol{g}(0)}{T}$$

gleich Null, da $\boldsymbol{g}(T) = \boldsymbol{g}(0)$ gilt. Falls die Funktionen $\boldsymbol{g}$ nicht periodisch sind, erfolgt die Mittelung über ein unendliches Intervall τ, und der Mittelwert verschwindet infolge der Endlichkeit von $\boldsymbol{g}$. Auf diese Weise ergibt die Mittelung der Gleichungen in jedem Fall

$$\overline{I(\boldsymbol{g}^{(0)})} \equiv \overline{I(\boldsymbol{C}^{(0)})} = -\overline{\boldsymbol{v}}, \qquad \overline{I(\boldsymbol{g}^{(1)})} = 0, \dots. \tag{84,15}$$

Diese Beziehungen stellen im Prinzip Bestimmungsgleichungen für die Funktionen $\boldsymbol{C}^{(0)}, \boldsymbol{C}^{(1)}, \dots$ dar.

Bevor wir zur Berechnung des Leitfähigkeitstensors übergehen, wollen wir uns zunächst an einige allgemeine Eigenschaften dieses Tensors erinnern, die aus der phänomenologischen Theorie bekannt sind (s. VIII, § 22).

Entsprechend dem ONSAGERschen Symmetrieprinzip für die kinetischen Koeffizienten gilt

$$\sigma_{\alpha\beta}(\boldsymbol{B}) = \sigma_{\beta\alpha}(-\boldsymbol{B}). \tag{84,16}$$

Der Tensor $\sigma_{\alpha\beta}$ kann in einen symmetrischen und einen antisymmetrischen Anteil zerlegt werden:

$$\sigma_{\alpha\beta} = \sigma_{\alpha\beta}^{(s)} + \sigma_{\alpha\beta}^{(a)}. \tag{84,17}$$

Für diese gilt unter Berücksichtigung von (84,16)

$$\begin{aligned} \sigma_{\alpha\beta}^{(s)}(\boldsymbol{B}) &= \sigma_{\beta\alpha}^{(s)}(\boldsymbol{B}) = \sigma_{\alpha\beta}^{(s)}(-\boldsymbol{B}), \\ \sigma_{\alpha\beta}^{(a)}(\boldsymbol{B}) &= -\sigma_{\beta\alpha}^{(a)}(\boldsymbol{B}) = -\sigma_{\alpha\beta}^{(a)}(-\boldsymbol{B}). \end{aligned} \tag{84,18}$$

Demnach sind die Komponenten $\sigma^{(s)}_{\alpha\beta}$ gerade und $\sigma^{(a)}_{\alpha\beta}$ ungerade Funktionen des Feldes $\boldsymbol{B}$. Anstelle des antisymmetrischen Tensors $\sigma^{(a)}_{\alpha\beta}$ kann man entsprechend der Definition

$$\sigma^{(a)}_{xy} = a_z\,, \qquad \sigma^{(a)}_{zx} = a_y\,, \qquad \sigma^{(a)}_{yz} = a_x$$

einen zu diesem Tensor dualen axialen Vektor $\boldsymbol{a}$ einführen.

Die Komponenten des Stromdichtevektors werden somit in der Form

$$j_\alpha = \sigma_{\alpha\beta} E_\beta = \sigma^{(s)}_{\alpha\beta} E_\beta + [\boldsymbol{E}\boldsymbol{a}]_\alpha \tag{84,19}$$

dargestellt. Die Energiedissipation bei Fließen eines Stromes wird nur durch den symmetrischen Anteil des Leitfähigkeitstensors bestimmt: $\boldsymbol{j}\boldsymbol{E} = \sigma^{(s)}_{\alpha\beta} E_\alpha E_\beta$. In gleicher Weise kann auch der inverse Tensor $\varrho_{\alpha\beta} = (\sigma^{-1})_{\alpha\beta}$ in einen symmetrischen und einen antisymmetrischen Anteil zerlegt werden, der dual zu einem axialen Vektor $\boldsymbol{b}$ ist. Zwischen $\boldsymbol{E}$ und $\boldsymbol{j}$ entsteht somit die Beziehung

$$E_\alpha = \varrho^{(s)}_{\alpha\beta} j_\beta + [\boldsymbol{j}\boldsymbol{b}]_\alpha\,. \tag{84,20}$$

Der Beitrag $[\boldsymbol{E}\boldsymbol{a}]$ im Strom bzw. das Glied $[\boldsymbol{j}\boldsymbol{b}]$ im elektrischen Feld beschreiben den HALL-Effekt.

§ 85. Galvanomagnetische Erscheinungen in starken Feldern. Spezialfälle

Geschlossene Bahnen

Wir beginnen mit den Fällen, bei denen alle Impulsbahnen der Elektronen (d. h. für alle p_z) für eine gegebene Richtung von $\boldsymbol{B}$ geschlossen sind. Die Flugbahnen sind im Fall einer geschlossenen FERMI-Fläche für eine beliebige Richtung von $\boldsymbol{B}$ immer geschlossen. Was offene FERMI-Flächen betrifft, so sind hierbei sowohl Fälle möglich, bei denen die Flugbahnen für eine beliebige Richtung von $\boldsymbol{B}$ geschlossen sind, wie auch Fälle, bei denen die Querschnitte nur für bestimmte Feldrichtungen (bzw. bestimmte Intervalle) geschlossen sind.

Bei der Bewegung auf einer geschlossenen Bahn (in der xy-Ebene) sind die Mittelwerte der Geschwindigkeiten in dieser Ebene gleich Null: $\bar{v}_x = \bar{v}_y = 0$. Dies wird sofort aus der Bewegungsgleichung (84,2) klar, wenn man berücksichtigt, daß p_x und p_y nach einem Durchlauf der Flugbahn wieder ihre Ausgangswerte annehmen.

Der Mittelwert $\bar{v}_z$ dagegen ist infolge der unbegrenzten Bewegung in Feldrichtung immer von Null verschieden. Die erste Bedingung aus (84,15) ergibt jetzt

$$\overline{I(C^{(0)}_x)} = \overline{I(C^{(0)}_y)} = 0\,,$$

woraus folgt, daß $C^{(0)}_x = C^{(0)}_y = 0$ ist.[1]) Die Lösung (84,14) nimmt in diesem Fall die Gestalt

$$\begin{aligned} g_x &= \frac{c}{eB} p_y + C^{(1)}_x + g^{(2)}_x + \dots\,,\\ g_y &= -\frac{c}{eB} p_x + C^{(1)}_y + g^{(2)}_y + \dots\,,\\ g_z &= C^{(0)}_z + g^{(1)}_z + \dots \end{aligned} \tag{85,1}$$

[1]) Es gibt keinerlei Grund dafür, daß die lineare homogene Gleichung $\overline{I(C)} = 0$ außer der trivialen Lösung $C = 0$ noch irgendwelche anderen Lösungen besitzen sollte.

an. (Die Integration der Funktion $\boldsymbol{v}(\tau)$ wurde mit Hilfe von Gleichung (84,2) ausgeführt.)

Die Komponenten des Leitfähigkeitstensors werden nach (84,11) berechnet. Somit erhalten wir

$$\sigma_{xx} = \frac{2e^2}{(2\pi\hbar)^3} \int \oint \frac{\mathrm{d}p_y}{\mathrm{d}\tau} \left[\frac{c}{eB} p_y + C_x^{(1)} + g_x^{(2)}\right] \mathrm{d}\tau \, \mathrm{d}p_z$$

(wobei v_x erneut mit Hilfe von (84,2) ausgedrückt wurde). Da $C_x^{(1)}$ nicht von τ abhängt, führt die Integration über τ in den ersten zwei Gliedern zu einer Integration der Ableitungen $\mathrm{d}p_y^2/\mathrm{d}\tau$ und $\mathrm{d}p_y/\mathrm{d}\tau$ und ergibt Null. Auf diese Weise liefert nur der Term mit $g_x^{(2)}$ einen Beitrag zum Integral, so daß $\sigma_{xx} \propto B^{-2}$ wird.

Weiterhin berechnen wir

$$\sigma_{xy} = \frac{2e^2}{(2\pi\hbar)^3} \int \oint \frac{\mathrm{d}p_y}{\mathrm{d}\tau} \left[-\frac{c}{eB} p_x + C_y^{(1)}\right] \mathrm{d}\tau \, \mathrm{d}p_z \, .$$

Die Integration des zweiten Gliedes ergibt wiederum Null. Dagegen erhalten wir vom ersten Glied

$$\oint p_x \frac{\mathrm{d}p_y}{\mathrm{d}\tau} \mathrm{d}\tau = \int p_x \, \mathrm{d}p_y = \pm S(p_z) \, ,$$

wobei $S(p_z)$ die Querschnittsfläche des FERMI-Körpers für $p_z = \text{const}$ ist. Die Vorzeichen $+$ und $-$ beziehen sich entsprechend auf die Fälle, bei denen von der Schnittkurve entweder ein Bereich kleinerer oder größerer Energien eingeschlossen wird, d. h., bei denen die Umlaufbahnen entweder Elektronen- oder Lochbahnen sind (s. IX, § 61). Die Fläche S wird im ersten Fall mit S_e und im zweiten mit S_h bezeichnet. Der Unterschied im Vorzeichen ergibt sich durch Umkehrung des Umlaufsinns der Bahn. Die Integration der Fläche S über p_z ergibt das Volumen Ω des Impulsraumes, das von der FERMI-Fläche eingeschlossen wird. (Falls die Umlaufbahnen auf einer offenen FERMI-Fläche liegen, so ist Ω das Volumen, das von dieser Fläche sowie den Grenzflächen der Elementarzelle des reziproken Gitters eingeschlossen wird.) Auf diese Weise erhalten wir

$$\sigma_{xy} = \frac{ec}{B} \frac{2(\Omega_h - \Omega_e)}{(2\pi\hbar)^3} = \frac{ec}{B}(N_h - N_e) \, . \tag{85,2}$$

Ω_e und Ω_h sind die Volumina der Elektronen- bzw. der Lochflächen. Die Größen

$$N_e = \frac{2\Omega_e}{(2\pi\hbar)^3}, \qquad N_h = \frac{2\Omega_h}{(2\pi\hbar)^3}$$

sind entsprechend die Zahl der besetzten Elektronenzustände mit Energien $\varepsilon < \varepsilon_F$ und die Zahl der freien Zustände mit $\varepsilon > \varepsilon_F$ (bezogen auf die Volumeneinheit des Kristalls). Für geschlossene FERMI-Flächen haben diese Begriffe einen wohldefinierten Sinn, und die Werte N_e und N_h sind Charakteristika des Energiespektrums der Metallelektronen, die nicht von der Richtung von $\boldsymbol{B}$ abhängen. Für den Fall offener FERMI-Flächen dagegen wird der Sinn dieser Größen relativiert, da sie von der Richtung von $\boldsymbol{B}$ abhängen können.

Der Ausdruck (85,2) ist eine ungerade Funktion des Feldes $\boldsymbol{B}$ und geht deshalb in den antisymmetrischen Anteil des Tensors $\sigma_{\alpha\beta}$ ein.[1]) Die Komponente $\sigma_{xy}^{(s)}$ des symmetrischen Anteils des Tensors dagegen ergibt sich im folgenden Entwicklungsglied von σ_{xy} als proportional zu B^{-2}.

Auf analoge Weise wird auch die B-Abhängigkeit der verbleibenden Komponenten von $\sigma_{\alpha\beta}$ bestimmt. So erhalten wir

$$\sigma_{zz} = \frac{2e^3B}{(2\pi\hbar)^3\,c}\int\oint v_z C_z^{(0)}\,d\tau\,dp_z\,.$$

Die Integration über τ liefert einen Faktor der Ordnung B^{-1}, während $C_z^{(0)}$ von B unabhängig ist. Deshalb hängt σ_{zz} nicht von B ab.

Als Ergebnis finden wir:

$$\sigma_{zz}^{(s)} = \text{const}\,, \quad \text{für die übrigen Komponenten} \quad \sigma_{\alpha\beta}^{(s)} \propto B^{-2}\,, \quad \boldsymbol{a} \propto B^{-1}\,. \tag{85,3}$$

Dabei sind alle Komponenten von $\sigma_{\alpha\beta}^{(s)}$ und $\boldsymbol{a}$ von der konkreten Gestalt des Stoßintegrals abhängig, mit Ausnahme von

$$a_z = \frac{ec}{B}(N_h - N_e)\,.$$

Wir stellen fest, daß mit Ausnahme von σ_{zz} alle Komponenten von $\sigma_{\alpha\beta}$ für $B \to \infty$ Null werden. Die physikalische Ursache dieses Verhaltens besteht in der Lokalisierung der Elektronen auf Umlaufbahnen, deren Ausmaße klein sind im Vergleich zur freien Weglänge. Die Endlichkeit von σ_{zz} dagegen ist damit verbunden, daß die Bewegung der Elektronen in Magnetfeldrichtung immer unbegrenzt bleibt.

Als kleiner Entwicklungsparameter fungiert hierbei der Quotient r_B/l. Deshalb kann man die zu B^{-2} proportionalen Komponenten von $\sigma_{\alpha\beta}^{(s)}$ größenordnungsmäßig wie folgt abschätzen:

$$\sigma^{(s)} \sim \sigma_0(r_B/l)^2\,, \qquad \sigma_0 \sim Ne^2l/p_F\,.$$

Wir lenken die Aufmerksamkeit darauf, daß $\sigma^{(s)} \propto 1/l$ ist. Das bedeutet, daß bei einer Vergrößerung der freien Weglänge die transversale Komponente der Leitfähigkeit im Magnetfeld gegen Null geht und nicht gegen Unendlich wie in Abwesenheit des Feldes.

Die Komponenten des antisymmetrischen Anteils des Tensors $\sigma_{\alpha\beta}$ dagegen ergeben bei analoger Abschätzung

$$\sigma^{(a)} \sim {}_0r_B\sigma/l \sim ecN/B\,.$$

Man muß hierbei jedoch unterstreichen, daß die Unabhängigkeit dieser Abschätzung von l nicht bedeutet, daß der exakte Wert $\sigma_{\alpha\beta}^{(a)}$ nicht von der konkreten Form des Stoßintegrals abhängt (eine Ausnahme bildet nur $\sigma_{xy}^{(a)}$). Für eine exakte Berechnung des Tensors $\sigma_{\alpha\beta}$ wäre eine vollständige Bestimmung der Funktionen $\boldsymbol{C}^{(1)}$ und $\boldsymbol{g}^{(2)}$ durch Lösung der konkreten kinetischen Gleichung erforderlich.

[1]) Aus der Ableitung der kinetischen Gleichung ist klar, daß das Magnetfeld B nicht den Betrag des Vektors $\boldsymbol{B}$ darstellt, sondern die Projektion $B_z = B$. Der Übergang $\boldsymbol{B} \to -\boldsymbol{B}$ erfordert deshalb n den angegebenen Formeln auch die Ersetzung von B durch $-B$.

Aus (85,3) kann auch das Grenzverhalten der B-Abhängigkeit des inversen Tensors $\varrho_{\alpha\beta} = \sigma_{\alpha\beta}^{-1}$ gefunden werden.[1]) Indem wir nur die Glieder niedrigster Ordnung bezüglich $1/B$ berücksichtigen, erhalten wir

$$\varrho_{\alpha\beta}^{(s)} = \text{const}\,, \qquad b_x, b_y = \text{const}\,, \qquad b_z \propto B\,, \tag{85,4}$$

wobei all diese Größen von der speziellen Form des jeweiligen Stoßintegrals abhängen, mit Ausnahme von

$$b_z \approx -\frac{1}{a_z} = \frac{B}{ec(N_e - N_h)}\,. \tag{85,5}$$

Alle Komponenten von $\varrho_{\alpha\beta}^{(s)}$ streben für $B \to \infty$ gegen endliche Grenzwerte.

Eine gesonderte Untersuchung ist für die kompensierten Metalle erforderlich, in denen $N_e = N_h$ gilt. In diesem Fall wird der Ausdruck (85,2) Null, und die Reihenentwicklung von $\sigma_{xy}^{(a)}$ beginnt mit einem Glied proportional zu B^{-3}. Wir erhalten dann

$$a_x, a_y \propto B^{-1}\,, \qquad a_z \propto B^{-3}\,. \tag{85,6}$$

Dagegen bleibt die Abhängigkeit des Tensors $\sigma_{\alpha\beta}^{(s)}$ von $\boldsymbol{B}$ die gleiche. Für den inversen Tensor erhalten wir jetzt

$$\begin{aligned} &\varrho_{zz}^{(s)} = \text{const}\,, \qquad \varrho_{yz}^{(s)}, \varrho_{xz}^{(s)} = \text{const}\,, \\ &\varrho_{xy}^{(s)}, \varrho_{xx}^{(s)}, \varrho_{yy}^{(s)} \propto B^2\,, \qquad \boldsymbol{b} \propto B\,. \end{aligned} \tag{85,7}$$

Offene Bahnen

Für Metalle mit ofenfen Fermi-Flächen, die das Auftreten von offenen Bahnen gestatten, sind die verschiedenartigsten Fälle möglich, von denen wir hier nur einen untersuchen werden. Dieser wird die charakteristischen Besonderheiten der dabei entstehenden Situation illustrieren.

Wir untersuchen eine Fermi-Fläche vom Typ eines „gewellten Zylinders", der kontinuierlich von einer Elementarzelle des reziproken Gitters in die nächste übergeht (Abb. 30). Falls das Magnetfeld nicht senkrecht zur Zylinderachse verläuft, sind alle Querschnitte geschlossen. Dabei wird das asymptotische Verhalten der Abhängigkeit des Tensors $\sigma_{\alpha\beta}$ von $\boldsymbol{B}$ durch das früher erhaltene Gesetz (85,3) beschrieben.

Steht jedoch das Magnetfeld senkrecht zur Zylinderachse, so treten offene Querschnitte auf. Wie gewohnt, wählen wir die z-Achse in Richtung des Feldes. Die x-Achse dagegen legen wir in diesem Fall in die Richtung der Zylinderachse. (In Abb. 31 wurde ein Schnitt durch den innerhalb einer Elementarzelle liegenden Teil

---

[1]) Der reziproke Tensor muß für die Summe $\sigma_{\alpha\beta} = \sigma_{\alpha\beta}^{(s)} + \sigma_{\alpha\beta}^{(a)}$ berechnet werden. Erst danach erfolgt die Zerlegung in einen symmetrischen und einen antisymmetrischen Anteil. Wir erhalten auf diese Weise die Formeln

$$\varrho_{\alpha\beta}^{(s)} = \frac{1}{\sigma}\{\sigma_{\alpha\beta}^{(s)-1}\sigma^{(s)} + a_\alpha a_\beta\}\,, \qquad b_\alpha = -\frac{1}{\sigma}\sigma_{\alpha\beta}^{(s)}a_\beta$$

mit $\sigma = \sigma^{(s)} + \sigma_{\alpha\beta}^{(s)}a_\alpha a_\beta$ als der Determinante des Tensors $\sigma_{\alpha\beta}$ und $\sigma^{(s)}$ als der Determinante des symmetrischen Anteils (s. Aufgabe in VIII, § 22).

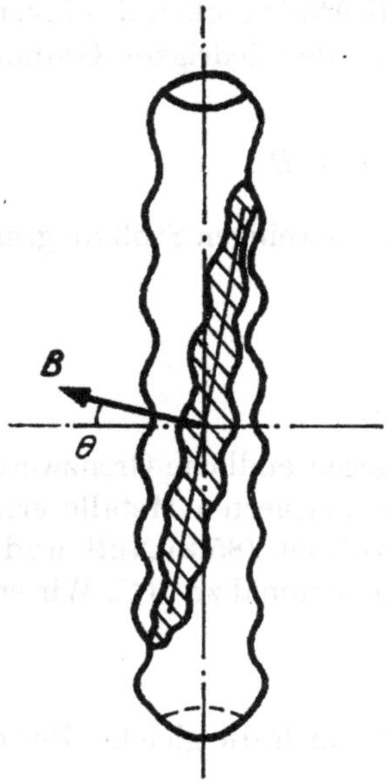

Abb. 30

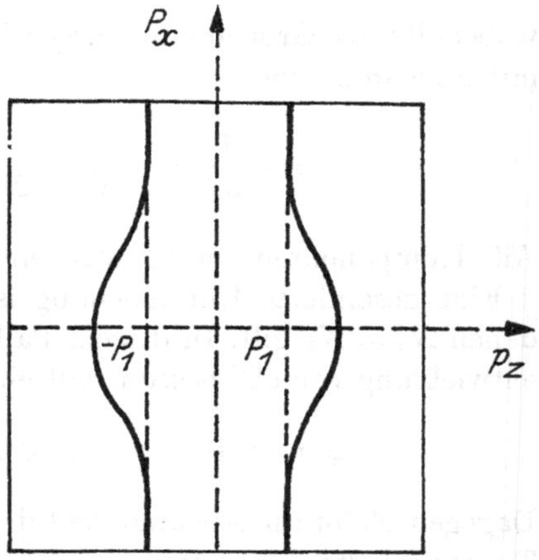

Abb. 31

der FERMI-Fläche dargestellt.) Die Bahnen sind für $|p_z| < |p_1|$ offen, wobei sie in Richtung der p_x-Achse unbegrenzt sind. Die Mittelwerte der Geschwindigkeit sind

$$\bar{v}_x = \frac{c}{eB} \overline{\frac{\mathrm{d}p_y}{\mathrm{d}\tau}} = 0\,, \qquad \bar{v}_y = -\frac{c}{eB} \overline{\frac{\mathrm{d}p_x}{\mathrm{d}\tau}} \neq 0\,,$$

da p_x uneingeschränkt variieren kann. Wie immer gilt auch $\bar{v}_z \neq 0$. Von den Komponenten des Vektors $C^{(0)}$ in der Lösung der kinetischen Gleichung werden jetzt $C_y^{(0)}$ und $C_z^{(0)}$ von Null verschieden sein, wodurch sich in der Lösung (85,1) der kinetischen Gleichung die zweite Zeile verändert:

$$g_y = C_y^{(0)} + g_y^{(1)} + \dots\,.$$

In analoger Weise wie oben finden wir jetzt

$$\begin{aligned} &\sigma_{xx}^{(s)} \propto B^{-2}\,, \quad \text{für alle übrigen Komponenten} \quad \sigma_{\alpha\beta}^{(s)} = \text{const}\,, \\ &a_x \propto B^{-3}\,, \qquad a_y, a_z \propto B^{-1}\,. \end{aligned} \tag{85,8}$$

Für den inversen Tensor erhalten wir hieraus

$$\begin{aligned} &\varrho_{xx}^{(s)} \propto B^{2}\,, \quad \text{für alle übrigen Komponenten} \quad \varrho_{\alpha\beta}^{(s)} = \text{const}\,, \\ &b_x \propto B^{-1}\,, \qquad b_y, b_z \propto B\,. \end{aligned} \tag{85,9}$$

Wir lenken die Aufmerksamkeit auf die starke Anisotropie des Widerstandes in der Ebene senkrecht zum Magnetfeld: Der Widerstand ϱ_{yy} entlang der y-Achse strebt gegen einen endlichen Grenzwert, während er gleichzeitig in Richtung der x-Achse bei Vergrößerung des Feldes proportional zu dessen Quadrat anwächst.[1])

Eine andere charakteristische Besonderheit der galvanomagnetischen Eigenschaften von Metallen mit einer offenen FERMI-Fläche ist ihre ausgeprägte Abhängigkeit von der Richtung des starken Magnetfeldes. Die Situation ändert sich bei Annäherung der $\boldsymbol{B}$-Richtung an die Ebene senkrecht zur Zylinderachse, indem ein Übergang von den Gesetzen (85,3—4) zu den Gesetzen (85,8—9) erfolgt. Bei einer Neigung der $\boldsymbol{B}$-Richtung um einen kleinen Winkel Θ zur erwähnten Ebene (s. Abb. 30) werden die Abmessungen der Impulsbahn des Elektrons groß — von der Größenordnung p_F/Θ mit p_F als der transversalen Ausdehnung der zylinderförmigen FERMI-Fläche. Dementsprechend werden auch die Abmessungen der Flugbahn im Ortsraum groß — von der Größenordnung r_B/Θ mit r_B als dem LARMOR-Radius, der dem Impuls p_F entspricht. Innerhalb eines Winkelbereiches, in dem $r_B/\Theta l \gtrsim 1$ gilt, ist die oben benutzte Entwicklung nach Potenzen von r_B/l nicht anwendbar. In diesem Bereich erfolgt der Umschlag in der Abhängigkeit des Widerstandes vom Feld.

Es muß beachtet werden, daß bei allen Überlegungen natürlich von Monokristallen die Rede war. In einer polykristallinen Probe erfolgt eine Mittelung der anisotropen galvanomagnetischen Eigenschaften, die von der Orientierungsverteilung der Kristallite abhängt.

Auf analoge Weise könnte man auch die thermomagnetischen Erscheinungen in einem Metall im starken Magnetfeld untersuchen. Dabei würde sich insbesondere herausstellen, daß die Tensorkomponenten der elektronischen Wärmeleitfähigkeit für $B \to \infty$ verschwinden. Unter diesen Bedingungen wird jedoch die Wärmeübertragung durch die Phononen dominierend, und es entsteht somit die Notwendigkeit, auch die Elektron-Phonon-Wechselwirkung zu berücksichtigen, wodurch die gesamte Behandlung wesentlich komplizierter wird.

§ 86. Anomaler Skineffekt

Wie aus der makroskopischen Elektrodynamik bekannt ist, wird ein elektromagnetisches Wechselfeld beim Eindringen in einen Leiter gedämpft. Gemeinsam mit dem Feld ist auch der von ihm hervorgerufene elektrische Strom in einer Oberflächenschicht des Leiters konzentriert (dies wird als *Skineffekt* bezeichnet). Wir erinnern uns zunächst an einige sich darauf beziehende Gleichungen (s. VIII, §§ 58, 59).

Ein quasistationäres elektromagnetisches Feld in einem Metall erfüllt die MAXWELLschen Gleichungen

$$\operatorname{rot} \boldsymbol{E} = -\frac{1}{c}\frac{\partial \boldsymbol{B}}{\partial t}, \tag{86,1}$$

$$\operatorname{rot} \boldsymbol{B} = \frac{4\pi}{c}\boldsymbol{j}, \qquad \operatorname{div} \boldsymbol{B} = 0. \tag{86,2}$$

[1]) Wir erinnern daran (s. IX, § 57), daß sich die Flugbahnen des Elektrons in der xy-Ebene des wahren Raumes von den Bahnen in der $p_x p_y$-Ebene des Impulsraumes nur durch eine Maßstabänderung und eine Drehung um 90° unterscheiden. Deshalb ist im betrachteten Fall die Bewegung eines Elektrons in Richtung der y-Achse des wahren Raumes unbegrenzt.

(Das Metall wird als unmagnetisch vorausgesetzt, so daß in ihm $\boldsymbol{H} = \boldsymbol{B}$ gilt.) Dabei wird natürlich angenommen, daß die allgemeine Bedingung für die Anwendbarkeit der makroskopischen Gleichungen erfüllt ist: Der Abstand δ, in dem sich das Feld merklich ändert, ist groß, verglichen mit den atomaren Abmessungen. Ist dieser Abstand außerdem groß im Vergleich zur freien Weglänge l der Leitungselektronen, so wird die Beziehung zwischen der Stromdichte $\boldsymbol{j}$ und dem Feld $\boldsymbol{E}$ durch lineare Ausdrücke gegeben, die deren Werte im gleichen Raumpunkt miteinander verknüpfen: $j_\alpha = \sigma_{\alpha\beta} E_\beta$ mit $\sigma_{\alpha\beta}$ als dem Leitfähigkeitstensor. Unter diesen Bedingungen wird der Skineffekt als *normal* bezeichnet. Wir untersuchen diesen Effekt unter der Voraussetzung eines isotropen Mediums (bzw. eines Kristalls kubischer Symmetrie). Dann wird aus dem Tensor $\sigma_{\alpha\beta}$ eine skalare Größe, $\boldsymbol{j} = \sigma \boldsymbol{E}$.

Wir nehmen die einfachsten geometrischen Bedingungen an, bei denen das Metall den Halbraum $x > 0$ ausfüllt, der von der Ebene $x = 0$ begrenzt wird. An das Metall wird ein homogenes äußeres elektrisches Feld parallel zu dessen Oberfläche angelegt, das sich mit der Frequenz ω zeitlich ändert. Die Gleichungen (86,1—2) erhalten die Form

$$\operatorname{rot} \boldsymbol{E} = \frac{i\omega}{c} \boldsymbol{B}\,, \qquad \operatorname{rot} \boldsymbol{B} = \frac{4\pi}{c} \sigma \boldsymbol{E}\,, \qquad \operatorname{div} \boldsymbol{B} = 0\,. \tag{86,3}$$

Aus Symmetriegründen sind alle Größen im Metall Funktionen von nur einer Koordinate, und zwar x. Aus der ersten Gleichung (86,3) folgt somit, daß das Magnetfeld $\boldsymbol{B}$ überall parallel zur Grenzfläche orientiert ist. Wir können alle Gleichungen durch die Annahme erfüllen, daß auch das elektrische Feld $\boldsymbol{E}$ überall in der gleichen Ebene liegt. Dabei wird auch automatisch die notwendige Grenzbedingung erfüllt, daß die zur Metalloberfläche normale Stromkomponente verschwindet: Aus $E_x = 0$ folgt, daß überall auch $j_x = 0$ gilt.[1])

Indem man $\boldsymbol{B}$ aus den ersten zwei Gleichungen von (86,3) eliminiert, erhält man

$$\operatorname{rot}\operatorname{rot} \boldsymbol{E} = \operatorname{grad}\operatorname{div} \boldsymbol{E} - \Delta \boldsymbol{E} = \frac{4\pi i\omega\sigma}{c^2} \boldsymbol{E}\,.$$

Für das nur von x abhängige tangentiale Feld gilt $\operatorname{div} \boldsymbol{E} = 0$, und die Gleichung erhält die Form

$$\boldsymbol{E}'' = -\frac{4\pi i\omega\sigma}{c^2} \boldsymbol{E}\,, \tag{86,4}$$

wobei der Strich die Differentiation bezüglich x bezeichnet. Die Lösung dieser Gleichung, die für $x \to \infty$ verschwindet, lautet

$$\boldsymbol{E} = \boldsymbol{E}_0\, e^{-i\omega t}\, e^{(i-1)x/\delta} \tag{86,5}$$

mit $\boldsymbol{E}_0$ als der Amplitude des Feldes an der Metalloberfläche und

$$\delta = c/\sqrt{2\pi\sigma\omega}\,. \tag{86,6}$$

---

[1]) **In einem anisotropen Medium ändert sich die Situation. Um die angeführte Bedingung zu erfüllen, muß gemeinsam mit dem tangentialen auch ein zur Oberfläche normales elektrisches Feld eingeführt werden.**

Die Größe δ charakterisiert die *Eindringtiefe* des Feldes. Sie nimmt mit größer werdender Feldfrequenz ab. Das Magnetfeld im Metall klingt in gleicher Weise ab. Aus Gleichung (86,3) folgt, daß zwischen den Feldern $\boldsymbol{E}$ und $\boldsymbol{B}$ überall die Beziehung $\boldsymbol{E} = \zeta[\boldsymbol{B}\boldsymbol{n}]$ gilt, wobei $\boldsymbol{n}$ der Einheitsvektor normal zur Oberfläche ist (in positiver x-Richtung, also in das Metall hineingerichtet). Der Faktor ζ ist gegeben als

$$\zeta = (1 - i)\frac{\omega\delta}{2c} = (1 - i)\sqrt{\frac{\omega}{8\pi\sigma}}\,. \tag{86,7}$$

Durch diese Beziehung werden insbesondere auch die Feldwerte an der Metalloberfläche selbst miteinander verknüpft:

$$\boldsymbol{E}_0 = \zeta[\boldsymbol{B}_0\boldsymbol{n}]\,. \tag{86,8}$$

Die Größe ζ wird als *Oberflächenimpedanz* des Metalls bezeichnet. Es sei daran erinnert, daß ihr Realteil die Dissipation der Feldenergie im Metall bestimmt (s. VIII, § 87).

Damit eine Beziehung $\boldsymbol{j} = \sigma\boldsymbol{E}$ zwischen der Stromdichte und dem elektrischen Feld im gleichen Raumpunkt und zur gleichen Zeit gilt, müssen die freie Weglänge der Elektronen l und die freie Laufzeit $\tau \sim l/v_F$ die Bedingungen $l \ll \delta$ und $\tau\omega \ll 1$ befriedigen, d. h., l muß klein sein im Vergleich zur charakteristischen Länge der Feldänderung δ und τ klein im Vergleich zur Periode des Feldes. Bei Verletzung der ersten dieser Bedingungen ist die Beziehung zwischen der Stromdichte und dem Feld nicht mehr lokal, es tritt eine räumliche Dispersion der Leitfähigkeit auf. Die Verletzung der zweiten Bedingung dagegen führt zu einer Frequenzdispersion der Leitfähigkeit. Um die Relation zwischen dem Strom und dem Feld in einem solchen Fall zu ermitteln, muß man sich der kinetischen Gleichung zuwenden.

Somit ist der Charakter des Skineffekts von den relativen Werten dreier charakteristischer Abmessungen abhängig: δ, l und v_F/ω. Dem normalen Skineffekt, beschrieben durch die Formeln (86,5–8), entspricht der Bereich der niedrigsten Frequenzen, in dem

$$l \ll \delta\,, \qquad l \ll v_F/\omega \tag{86,9}$$

gilt. Bei einer Vergrößerung der Feldfrequenz oder auch der freien Weglänge (infolge Temperaturerniedrigung des Metalls) vermindert sich die Eindringtiefe. In Metallen ist gewöhnlich zuerst die Bedingung $\delta \gg l$ verletzt, so daß die Verknüpfung des Stromes mit dem Feld nicht mehr lokal ist. Der Skineffekt wird unter diesen Bedingungen als *anomal* bezeichnet. Wir untersuchen in diesem Paragraphen den extrem anomalen Fall, wenn

$$\delta \ll l\,, \qquad \delta \ll v_F/\omega \tag{86,10}$$

gilt. Das Verhältnis zwischen l und v_F/ω kann dabei beliebig sein.[1])

Die Lösung der Randwertaufgabe des Skineffekts beginnen wir mit einer Hilfsaufgabe über die Beziehung zwischen der Stromdichte und einem räumlich und zeitlich

---

[1]) Die größenordnungsmäßige Gleichheit $\delta \sim l$ wird für $\omega \sim c^2/\sigma l^2$ erreicht, d. h. (unter Verwendung von $\sigma \sim le^2N/p_F$) für $\omega \sim c^2p_F/e^2l^3N$. Dieser Wert ist vereinbar mit der Ungleichung $\delta \sim l \ll v_F/\omega$, falls $l \gg c/\Omega$, wobei $\Omega \sim (Ne^2/m^*)^{1/2}$ die Plasmafrequenz des Metalls darstellt ($m^* \sim p_F/v_F$ ist die effektive Masse der Leitungselektronen). Für gewöhnliche Metalle gilt $\Omega \sim 10^{15}$ bis 10^{16} s^{-1}.

veränderlichen Feld in einem unendlich ausgedehnten Metall

$$\boldsymbol{E} = \boldsymbol{E}_0 \, e^{i(\boldsymbol{kr} - \omega t)} .$$

Für den Wellenvektor des Feldes nehmen wir an, daß er die Ungleichungen

$$1/k \ll l , \qquad 1/k \ll v_F/\omega \tag{86,11}$$

erfüllt, die den Bedingungen (86,10) entsprechen. Gemeinsam mit dem Feld wird sich auch die Korrektur δn zur Elektronenverteilungsfunktion nach dem gleichen Gesetz ändern.

Auf Grund der Bedingung $v_F k \gg v_F/l \sim 1/\tau$ kann in der kinetischen Gleichung das Stoßintegral $\mathrm{St}\, n \sim \delta n/\tau$ im Vergleich zu dem Glied mit der Ortsableitung $\boldsymbol{v}\, \partial n/\partial \boldsymbol{r} \sim v_F k\, \delta n$ vernachlässigt werden. Infolge der Bedingung $k v_F \gg \omega$ ist es möglich, auch die zeitliche Ableitung $\partial n/\partial t \sim \omega\, \delta n$ zu vernachlässigen.

Mit der letztgenannten Vernachlässigung reduziert sich die kinetische Gleichung für die Quasiteilchen einer Elektronen-FERMI-Flüssigkeit durch Umdefinition der Verteilungsfunktion — Ersetzen von δn durch $\delta \tilde{n}$ nach (74,13) — erneut auf die Gleichung des Elektronengases. Nach Ausführung der beschriebenen Näherungen erhält die kinetische Gleichung für das betrachtete Problem die einfache Form

$$\boldsymbol{v} \frac{\partial \delta \tilde{n}}{\partial \boldsymbol{r}} - e\boldsymbol{E} \frac{\partial n_0}{\partial \boldsymbol{p}} = 0 .$$

Setzt man

$$\frac{\partial \delta \tilde{n}}{\partial \boldsymbol{r}} = i\boldsymbol{k}\, \delta \tilde{n} , \qquad \frac{\partial n_0}{\partial \boldsymbol{p}} = \boldsymbol{v} \frac{\partial n_0}{\partial \varepsilon} ,$$

so findet man

$$\delta \tilde{n} = - \frac{ie\boldsymbol{E}\boldsymbol{v}}{\boldsymbol{k}\boldsymbol{v}} \frac{\partial n_0}{\partial \varepsilon} . \tag{86,12}$$

Dieser Ausdruck besitzt für $\boldsymbol{kv} = 0$ eine Polstelle. Bei der Berechnung der Stromdichte

$$\boldsymbol{j} = -e \int \boldsymbol{v}\, \delta \tilde{n} \frac{2\, \mathrm{d}^3 p}{(2\pi\hbar)^3}$$

muß dieser Pol durch Ersetzen von $\boldsymbol{kv} \to \boldsymbol{kv} - i0$ umgangen werden[1]):

$$\boldsymbol{j} = ie^2 \int \frac{\boldsymbol{v}(\boldsymbol{E}\boldsymbol{v})}{\boldsymbol{kv} - i0} \frac{\partial n_0}{\partial \varepsilon} \frac{2\, \mathrm{d}^3 p}{(2\pi\hbar)^3} . \tag{86,13}$$

Vernachlässigen wir wie gewöhnlich die thermische Verschmierung der Gleichgewichtsverteilungsfunktion, so können wir $\partial n_0/\partial \varepsilon = -\delta(\varepsilon - \varepsilon_F)$ schreiben und die Integration bezüglich $\mathrm{d}^3 p$ entsprechend der Formel (74,20) in ein Integral über die FERMI-Fläche überführen. Entsprechend der bekannten Beziehung der Differentialgeometrie gilt für ein Flächenelement $\mathrm{d}S = \mathrm{d}o_\nu/K$, wobei $\mathrm{d}o_\nu$ das Raumwinkelelement für die Richtung der Normalen $\boldsymbol{\nu}$ auf der Oberfläche ist und K die GAUSSsche Krüm-

[1]) Dies entspricht der üblichen Ersetzung $\omega \to \omega + i0$ in der Differenz $\omega - \boldsymbol{kv}$.

mung der Oberfläche beschreibt, d. h. das reziproke Produkt seiner Hauptkrümmungsradien $K = 1/R_1R_2$ in einem gegebenen Punkt. Beachtet man weiterhin, daß die Richtung normal zur FERMI-Fläche in jedem ihrer Punkte mit der Geschwindigkeitsrichtung $\boldsymbol{v} = \partial\varepsilon/\partial\boldsymbol{p}$ übereinstimmt, so erhält man

$$\boldsymbol{j} = -\frac{2ie^2}{(2\pi\hbar)^3}\int \frac{\boldsymbol{\nu}(\boldsymbol{E\nu})}{K(\boldsymbol{\nu})}\frac{do_\nu}{\boldsymbol{k\nu} - i0}\,. \tag{86,14}$$

Indem wir die Richtung $\boldsymbol{\nu}$ durch Azimut- und Polarwinkel φ und Θ bezüglich der Richtung von $\boldsymbol{k}$ als der Polarachse charakterisieren, erhalten wir $\boldsymbol{k\nu} = k\cos\Theta$, $do_\nu = \sin\Theta\, d\varphi\, d\Theta$.

Die Integration bezüglich der Variablen $\mu = \cos\Theta$ erfolgt im Intervall $-1 \leqq \mu \leqq +1$ der reellen Achse bei Umgehung des Pols $\mu = 0$ in einem Halbkreis von unten. Man erkennt leicht, daß das Integral über die geradlinigen Abschnitte (d. h. der Hauptwert des Integrals) dabei Null ergibt, so daß nur der Beitrag von der Umgehung des Pols übrig bleibt. Dazu ist festzustellen, daß auf Grund der Symmetrie der Funktion $\varepsilon(\boldsymbol{p})$ die FERMI-Fläche $\varepsilon(\boldsymbol{p}) = \varepsilon_F$ invariant gegenüber der Vertauschung $\boldsymbol{p} \to -\boldsymbol{p}$ ist. Da bei einer Vorzeichenänderung von $\boldsymbol{p}$ sich auch das Vorzeichen des Normalenvektors $\boldsymbol{\nu}$ ändert, folgt hieraus, daß $K(-\boldsymbol{\nu}) = K(\boldsymbol{\nu})$ gilt. Das Integral in (86,14) kann somit in der Form

$$\frac{1}{2}\left\{\int \frac{\boldsymbol{\nu}(\boldsymbol{E\nu})\, do_\nu}{K(\boldsymbol{\nu})\,(\boldsymbol{k\nu} - i0)} - \int \frac{\boldsymbol{\nu}(\boldsymbol{E\nu})\, do_\nu}{K(\boldsymbol{\nu})\,(\boldsymbol{k\nu} + i0)}\right\}$$

dargestellt werden, wobei in den Klammern die Summe zweier Integrale steht, die durch Ersetzung $\boldsymbol{\nu} \to -\boldsymbol{\nu}$ auseinander hervorgehen.

Für den Pol des Integranden gilt $\boldsymbol{k\nu} = k\cos\Theta = 0$, d. h., die Normale $\boldsymbol{\nu}$ steht senkrecht zur gegebenen Richtung des Wellenvektors $\boldsymbol{k}$. Das Residuum bezüglich der Variablen $\cos\Theta$ ist folglich durch das Integral

$$\int \frac{\boldsymbol{\nu}(\boldsymbol{E\nu})}{kK(\boldsymbol{\nu})}\, d\varphi$$

gegeben, wobei entlang eines Weges zu integrieren ist, der den geometrischen Ort aller Punkte der FERMI-Fläche darstellt, in denen $\boldsymbol{\nu} \perp \boldsymbol{k}$ ist.

Auf diese Weise erhalten wir die endgültige Beziehung zwischen dem Strom und dem Feld in der Form

$$j_\alpha = \sigma_{\alpha\beta}(\boldsymbol{k})\, E_\beta \tag{86,15}$$

mit

$$\sigma_{\alpha\beta}(\boldsymbol{k}) = \frac{2\pi e^2 A_{\alpha\beta}}{(2\pi\hbar)^3\, k}, \qquad A_{\alpha\beta} = \int_0^{2\pi} \frac{\nu_\alpha \nu_\beta}{K(\varphi)}\, d\varphi\,, \tag{86,16}$$

als einem reellen Tensor in der Ebene senkrecht zu $\boldsymbol{k}$. Wenn man die $\boldsymbol{k}$-Richtung als x-Achse wählt, durchlaufen die Indizes α und β die Werte y, z. Der Vektor $\boldsymbol{j}$ liegt vollständig in dieser Ebene, d. h. senkrecht zu $\boldsymbol{k}$.

Es ist zu beachten, daß zum Strom nur Elektronen mit $\boldsymbol{vk} = 0$ beitragen, d. h. solche, die sich senkrecht zum Wellenvektor bewegen. Diese Tatsache ist natürlich eine Folge der Näherung, in der die freie Weglänge als beliebig groß angenommen wurde. Bei der Bewegung unter einem Winkel zur $\boldsymbol{k}$-Richtung durchläuft das Elektron während seiner freien Bewegung ein räumlich oszillierendes Feld, wobei durch die Oszillationen die Gesamtwirkung des Feldes auf das Elektron ausgelöscht wird. In der nächsthöheren Ordnung würde unter Berücksichtigung der Endlichkeit des Produktes kl bereits ein Strombeitrag von den Elektronen entstehen, die sich innerhalb eines kleinen Winkelbereiches $\sim 1/kl$ relativ zur Fläche mit der Normalen $\boldsymbol{k}$ bewegen.

Wir gehen jetzt unmittelbar zur Aufgabe über, das Eindringen des Feldes im Falle des anomalen Skineffekts zu untersuchen. Hierbei haben wir es mit einer Aufgabe für einen Halbraum zu tun, die unter Berücksichtigung der Grenzbedingungen an der Metalloberfläche gelöst werden muß. Die Grenzbedingungen für die Verteilungsfunktion sind abhängig von den physikalischen Eigenschaften der Oberfläche bezüglich der auf sie fallenden Elektronen. Wesentlich ist jedoch, daß im untersuchten Fall an der Entstehung des Stromes fast ausschließlich Elektronen beteiligt sind, die sich nahezu parallel zur Metalloberfläche bewegen. (Diese werden auch „streifende" Elektronen genannt.) Für diese Elektronen hängt das Reflexionsgesetz im wesentlichen nicht vom Grad der Güte der Metalloberfläche ab, so daß die Reflexion nahezu ideal ist, d. h., die Elektronen werden unter Vorzeichenänderung der zur Oberfläche normalen Komponente der Geschwindigkeit $\boldsymbol{v}$ bei unveränderten Tangentialkomponenten reflektiert. (Um unsere Überlegung hier nicht zu unterbrechen, wird diese Frage am Ende dieses Paragraphen genauer erläutert.)

Der idealen Reflexion entspricht folgende Grenzbedingung für die Verteilungsfunktion:

$$\delta\tilde{n}(v_x, v_y, v_z) = \delta\tilde{n}(-v_x, v_y, v_z) \quad \text{für} \quad x = 0\,. \tag{86,17}$$

Unter diesen Bedingungen ist die Aufgabe der Untersuchung des Halbraumes äquivalent zur Aufgabenstellung für ein unbegrenztes Medium, in dem sich das Feld symmetrisch zur Ebene $x = 0$ nach beiden Seiten ausdehnt: $\boldsymbol{E}(t, x) = \boldsymbol{E}(t, -x)$. Dabei entsprechen den Elektronen, die an der Grenze des Halbraums $x > 0$ reflektiert worden sind, im unbegrenzten Medium diejenigen Elektronen, die ungehindert von der Seite $x < 0$ durch die Ebene $x = 0$ hindurchgehen.

In der Aufgabenstellung des extrem anomalen Skineffekts kann angenommen werden, daß das Feld $\boldsymbol{E}$ (das nur von der einen Koordinate x abhängt) überall parallel zur Ebene $x = 0$ verläuft. Entsprechend (86,15) liegt auch der Stromvektor $\boldsymbol{j}$ in der gleichen Ebene, wodurch automatisch die Bedingung erfüllt wird, daß an der Metalloberfläche die zu dieser Fläche normale Stromkomponente gleich Null ist.[1])

Ohne die Voraussetzung $\boldsymbol{j} = \sigma\boldsymbol{E}$ erhalten wir für den zweidimensionalen Vektor $\boldsymbol{E}$ anstelle von (86,4) die Gleichung

$$\boldsymbol{E}'' = -\frac{4\pi i\omega}{c^2}\boldsymbol{j}\,. \tag{86,18}$$

Im weiteren lassen wir den Zeitfaktor $\exp(-i\omega t)$ in allen Funktionen weg, so daß $\boldsymbol{E}, \boldsymbol{j}, \ldots$ nur noch Funktionen von x sind.

---

[1]) In höheren Näherungen treten bei Berücksichtigung des endlichen Verhältnisses δ/l neben den Komponenten $\sigma_{\alpha\beta}$ des Leitfähigkeitstensors auch die Komponenten $\sigma_{\alpha x}$, σ_{xx} auf. Um die Grenzbedingung $j_x = 0$ zu erfüllen, muß dann auch eine zur Oberfläche normale Komponente des Feldes E_x eingeführt werden (wie bereits in der Fußnote auf S. 394 bemerkt wurde).

Die Funktion $\boldsymbol{E}(x)$, die im Gebiet $x < 0$ symmetrisch fortgesetzt wird, ist für $x = 0$ stetig. Dagegen besitzt die Ableitung $\boldsymbol{E}'(x)$, die eine ungerade Funktion von x ist, bei $x = 0$ einen Sprung, indem sie beim Nulldurchgang der x-Variablen ihr Vorzeichen wechselt. Gemäß Gleichung (86,1) ist diese Ableitung mit dem Magnetfeld durch folgende Beziehung verknüpft:

$$\boldsymbol{E}' = \frac{i\omega}{c}[\boldsymbol{Bn}],$$

wobei $\boldsymbol{n}$ der Einheitsvektor in Richtung der x-Achse ist. Für einen Halbraum würden wir deshalb bei $x = 0$ die Bedingung $\boldsymbol{E}' = i\omega[\boldsymbol{B}_0\boldsymbol{n}]/c$ erhalten, wobei $\boldsymbol{B}_0$ das Magnetfeld an der Oberfläche des Metalls ist. Für das unbegrenzte Medium gilt dementsprechend die Bedingung

$$\boldsymbol{E}'(+0) - \boldsymbol{E}'(-0) = 2\frac{i\omega}{c}[\boldsymbol{B}_0\boldsymbol{n}].$$

Wir multiplizieren die Gleichung (86,18) von beiden Seiten mit $\exp(-ikx)$ und integrieren in den Grenzen von $-\infty$ bis $+\infty$ über x.[1]) Auf der linken Seite der Gleichung schreiben wir

$$\int_{-\infty}^{\infty} \boldsymbol{E}'' \, \mathrm{e}^{-ikx} \, \mathrm{d}x = \int_{-\infty}^{0} (\boldsymbol{E}' \, \mathrm{e}^{-ikx})' \, \mathrm{d}x + \int_{0}^{\infty} (\boldsymbol{E}' \, \mathrm{e}^{-ikx})' \, \mathrm{d}x + ik \int_{-\infty}^{\infty} \boldsymbol{E}' \, \mathrm{e}^{-ikx} \, \mathrm{d}x .$$

Da für $x \to \pm\infty$ das Feld $\boldsymbol{E}(x)$ Null wird, ergeben die beiden ersten Integrale gerade die Differenz $\boldsymbol{E}'(-0) - \boldsymbol{E}'(+0)$. Auf Grund der Stetigkeit der Funktion $\boldsymbol{E}(x)$ kann im letzten Integral partiell integriert werden. Im Ergebnis gelangen wir zu der Gleichung

$$\frac{2i\omega}{c}[\boldsymbol{B}_0\boldsymbol{n}] + k^2\boldsymbol{E}(k) = \frac{4\pi i\omega}{c^2}\boldsymbol{j}(k),$$

wobei $\boldsymbol{E}(k)$ und $\boldsymbol{j}(k)$ die Fourier-Transformierten der Funktionen $\boldsymbol{E}(x)$ und $\boldsymbol{j}(x)$ sind.

Entsprechend (86,15) besteht zwischen diesen Fourier-Transformierten die Beziehung $j_\alpha(k) = \sigma_{\alpha\beta}(k)\, E_\beta(k)$. Benutzen wir diese, so finden wir für die Fourier-Transformierte des Feldes den Ausdruck

$$E_\alpha(k) = \zeta_{\alpha\beta}(k)\,[\boldsymbol{B}_0\boldsymbol{n}]_\beta, \tag{86,19}$$

wobei $\zeta_{\alpha\beta}(k)$ ein zweidimensionaler Tensor ist, dessen Reziprokes durch

$$\zeta^{-1}_{\alpha\beta}(k) = -\frac{c}{2i\omega}\left[k^2\delta_{\alpha\beta} - \frac{4\pi i\omega}{c^2}\sigma_{\alpha\beta}(|k|)\right] \tag{86,20}$$

gegeben ist. Das Argument der Funktionen $\sigma_{\alpha\beta}$ wurde als $|k|$ geschrieben, um daran zu erinnern, daß hier nur der Absolutbetrag des Vektors $\boldsymbol{k}$ eingeht.

Die Funktion $\boldsymbol{E}(x)$ selbst ergibt sich aus (86,19) durch Multiplikation mit $\exp(ikx)$ und Integration bezüglich $\mathrm{d}k/2\pi$. Da die Funktionen $\zeta_{\alpha\beta}(k)$ gerade sind, erhält man

$$E_\alpha(x) = \frac{1}{\pi}\int_0^{\infty} \zeta_{\alpha\beta}(k)\cos kx \, \mathrm{d}k \cdot [\boldsymbol{B}_0\boldsymbol{n}]_\beta . \tag{86,21}$$

---

[1]) Die weitere Berechnung erfolgt analog zur Lösung der Aufgabe über das Eindringen eines Magnetfeldes in einen Supraleiter (s. IX, § 52).

Insbesondere wird der Wert des Feldes an der Oberfläche des Metalls gegeben durch

$$E_{0\alpha} = \zeta_{\alpha\beta}[\boldsymbol{B}_0\boldsymbol{n}]_\beta\,, \qquad \zeta_{\alpha\beta} = \frac{1}{\pi}\int\limits_0^\infty \zeta_{\alpha\beta}(k)\,\mathrm{d}k\,. \tag{86,22}$$

Zur expliziten Berechnung der Oberflächenimpedanz wählen wir die y- und die z-Achse in den Richtungen der Hauptachsen des symmetrischen Tensors $\sigma_{\alpha\beta}(k)$. Gemeinsam mit $\sigma_{\alpha\beta}$ nimmt auch der Tensor $\zeta_{\alpha\beta}$ Diagonalform an. Seine Hauptwerte sind

$$\zeta^{(\alpha)} = -\frac{2i\omega}{\pi c}\int\limits_0^\infty \frac{\mathrm{d}k}{k^2 - ib^{(\alpha)}/k}\,, \qquad b^{(\alpha)} = \frac{\omega e^2 A^{(\alpha)}}{\pi c^2\hbar^3}$$

mit $A^{(\alpha)}$ als den Hauptwerten des Tensors $A_{\alpha\beta}$. Die Integration führt zum Ergebnis[1])

$$\zeta^{(\alpha)} = (1 - i\sqrt{3})\,\frac{2\pi^{1/3}\hbar}{3^{3/2}}\left(\frac{\omega^2}{ce^2A^{(\alpha)}}\right)^{1/3}. \tag{86,23}$$

Die Größe $A^{(\alpha)}$ ist nur von den Charakteristika — der Gestalt und den Abmessungen — der FERMI-Fläche abhängig. Wir stellen fest, daß die Impedanz (86,23) in keiner Weise von der freien Weglänge der Elektronen abhängt. Für eine Abschätzung der Größenordnung kann angenommen werden, daß der Krümmungsradius der FERMI-Fläche $\sim p_F$ ist. Somit gilt $A \sim p_F^2$ und weiter

$$\zeta \sim \left(\frac{\hbar^3\omega^2}{ce^2p_F^2}\right)^{1/3}. \tag{86,24}$$

Wir erinnern daran, daß der Realteil der Impedanz die Dissipation der Feldenergie im Metall beschreibt. Im Rahmen der betrachteten Näherung (die die Stöße der Elektronen nicht berücksichtigt) ist diese Dissipation von der Natur der LANDAU-Dämpfung.[2])

Das Abklingen des elektrischen Feldes innerhalb eines Metalls erfolgt beim anomalen Skineffekt nicht exponentiell, wodurch der Begriff der Eindringtiefe in diesem

---

[1]) Der Integrationsweg (die rechte reelle Halbachse) kann um den Winkel $-\pi/6$ in der komplexen k-Ebene gedreht werden, ohne dabei Pole des Integranden zu überstreichen. Durch Integration entlang des Strahls $k = u\exp(-i\pi/6)$ erhalten wir

$$I \equiv \int\limits_0^\infty \frac{k\,\mathrm{d}k}{k^3 - ib} = \mathrm{e}^{i\pi/6}\int\limits_0^\infty \frac{u\,\mathrm{d}u}{u^3 + b}$$

und nach Substitution von $u^3 + b = b/\xi$

$$I = \frac{\mathrm{e}^{i\pi/6}}{3b^{1/3}}\int\limits_0^1 \xi^{-2/3}(1-\xi)^{-1/3}\,\mathrm{d}\xi = \frac{\Gamma(1/3)\,\Gamma(2/3)}{3b^{1/3}\Gamma(1)}\,\mathrm{e}^{i\pi/6} = \frac{\pi(\sqrt{3}+i)}{3^{3/2}b^{1/3}}\,.$$

[2]) Auf Erscheinungen, die das Wesen des anomalen Skineffekts ausmachen, wies erstmals H. LONDON (1940) hin. Die qualitative Theorie zur Beschreibung dieses Effektes wurde von A. B. PIPPARD (1947) gegeben, und die dargestellte quantitative Theorie geht auf G. E. H. REUTER und E. H. SONDHEIMER (1948) zurück.

Fall nicht die gleiche unmittelbare Bedeutung besitzt wie in (86,5). Infolge des Auftretens des oszillierenden Faktors $\cos kx$ im Integranden von (86,21) wird das Integral (für vorgegebenes x) hauptsächlich durch den Wertebereich $k \sim 1/x$ bestimmt. Ein starkes Abklingen der Funktion $\boldsymbol{E}(x)$ erfolgt, wenn diese Werte $k \gg b^{1/3}$ sind.[1]) Deshalb ist die Eindringtiefe größenordnungsmäßig gleich $\delta \sim b^{-1/3}$ oder

$$\delta \sim \left(\frac{c^2\hbar^3}{\omega e^2 A}\right)^{1/3} \sim \left(\frac{c^2\hbar^3}{\omega e^2 p_F^2}\right)^{1/3}. \tag{86,25}$$

Bei einer Vergrößerung der Frequenz wird diese Tiefe weiter verringert, jedoch langsamer als im Falle des normalen Effekts. Die Größen, die durch die Ausdrücke (86,6) und (86,25) definiert sind (wir bezeichnen sie mit δ_n und δ_a), sind für $\delta \sim l$ in ihrer Größenordnung vergleichbar. Da die eine Größe mit $\omega^{-1/2}$, die andere dagegen mit $\omega^{-1/3}$ abnimmt, ist klar, daß für ein und denselben Wert ω die Beziehung $\delta_a^3 \sim \delta_n^2 l$ gilt.

Schließlich sollen noch einige Bemerkungen bezüglich des Charakters der Reflexion von Elektronen an der Oberfläche des Metalls gemacht werden. Falls die Oberfläche ideal (ohne Defekte) ist und mit einer beliebigen Kristallebene zusammenfällt, so weist die Lage der Atome in ihr strenge Periodizität auf, die der Translationssymmetrie des Kristallgitters entspricht. In einem solchen Fall bleiben bei der Reflexion eines Elektrons gemeinsam mit der Energie auch die Tangentialkomponenten seines Quasiimpulses p_y, p_z erhalten. Die Normalkomponente des Quasiimpulses des reflektierten Elektrons p_x' dagegen wird aus dem Wert p_x des einfallenden Elektrons mit Hilfe der Gleichung

$$\varepsilon(p_x', p_y, p_z) = \varepsilon(p_x, p_y, p_z) \tag{86,26}$$

bestimmt, wobei $v_x' = \partial\varepsilon/\partial p_x' > 0$ sein muß — das reflektierte Elektron bewegt sich von der Grenzfläche weg (die Geschwindigkeit des einfallenden Elektrons dagegen ist $v_x = \partial\varepsilon/\partial p_x < 0$). Die Gleichung (86,26) kann einige Lösungen besitzen, wobei im allgemeinen $v_x' \neq -v_x$ gilt.

Für ein streifend einfallendes Elektron aber existiert unter den Lösungen stets eine, die einer geringen Veränderung des Quasiimpulses entspricht, wobei $v_x' = -v_x$ ist (d. h., es erfolgt eine Spiegelung im wahrsten Sinne des Wortes). Tatsächlich ist für Elektronen, die sich nahezu parallel zur Grenzfläche bewegen, die Ableitung $v_x = \partial\varepsilon/\partial p_x$ klein. Das bedeutet, daß auf einer Isoenergiefläche im $\boldsymbol{p}$-Raum das Elektron einem Punkt P entspricht, der sich in der Nähe des Extremwertes der Energie ε als Funktion von p_x befindet, d. h. in der Nähe des Punktes, in dem $\partial\varepsilon/\partial p_x = 0$ gilt. Nahe einem solchen Punkt existiert aber immer ein Punkt P' auf der anderen Seite des Extremums, in dem sich der Wert der Ableitung $\partial\varepsilon/\partial p_x$ von dem Wert im Punkt P nur durch das Vorzeichen unterscheidet.

Man kann zeigen, daß die Reflexion eines streifend einfallenden Elektrons mit sehr großer Wahrscheinlichkeit gerade mit einer solchen Änderung des Quasiimpulses erfolgt. Außerdem bleibt diese Feststellung auch für die Reflexion an einer nichtidealen Oberfläche, die Unebenheiten von der Größenordnung der Atomabmessungen besitzt, gültig, obwohl dann das Erhaltungsgesetz der Tangentialkomponenten des

[1]) Für $x \gg \delta$ wird das Integral (86,21) durch die Werte $k \ll b^{1/3}$ bestimmt. Dabei gilt $\zeta(k) \sim k$, und das Feld $\boldsymbol{E}(x)$ nimmt mit x^{-2} ab.

Quasiimpulses genaugenommen nicht mehr existiert. Die anschauliche Erklärung besteht darin, daß sich die Wellenfunktion eines streifenden Elektrons entlang der x-Achse nur langsam ändert, so daß es atomare Unebenheiten der Oberfläche „nicht fühlt“.[1])

Interessant ist, daß der Wert der Oberflächenimpedanz für den extrem anomalen Skineffekt nahezu unabhängig vom Charakter der Reflexion der Elektronen ist. So unterscheidet sich der Wert der Impedanz für diffuse Reflexion (wenn alle Richtungen des reflektierten Elektrons unabhängig vom Einfallswinkel gleichwahrscheinlich sind) von (86,23) nur durch den Faktor 9/8. Die Grenzbedingung für die diffuse Reflexion an einer ebenen Oberfläche kann als $\delta\tilde{n}(v_x > 0, v_y, v_z) = 0$ für $x = 0$ formuliert werden. Dabei erweist sich jedoch die FOURIER-Methode als ungeeignet, und die Aufgabe muß mit Hilfe der sogenannten WIENER-HOPF-Methode gelöst werden.[2])

§ 87. Skineffekt im Infrarotbereich

Wir untersuchten bisher zwei Grenzfälle des Skineffekts: den normalen Skineffekt, wenn die kleinste der drei charakteristischen Größen (δ, l, v_F/ω) die freie Weglänge l ist, und den anomalen Skineffekt, wenn die Eindringtiefe δ die kleinste Größe darstellt. Jetzt betrachten wir den dritten Fall, wenn die kleinste Länge v_F/ω ist:

$$v_F/\omega \ll \delta\,, \qquad v_F/\omega \ll l\,. \tag{87,1}$$

Zu diesem Fall gelangen wir auf natürliche Weise, indem wir, ausgehend vom anomalen Skineffekt, die Frequenz weiter erhöhen. Obwohl die Eindringtiefe dabei abnimmt, wächst jedoch das Produkt $\omega\delta$ mit $\omega^{2/3}$. In gewöhnlichen Metallen sind die Bedingungen (87,1) im Infrarotbereich verwirklicht.

Die Bedingungen (87,1) beschränken den Frequenzbereich von unten. Aber die Gültigkeit der weiter unten dargestellten Resultate, die auf der Theorie der FERMI-Flüssigkeit basieren, ist außerdem auch von oben durch die Bedingung $\hbar\omega \ll \varepsilon_F$ begrenzt. Eine Verletzung dieser Bedingung würde zu einer Anregung von Quasiteilchen aus der Tiefe der FERMI-Verteilung führen, die im Rahmen der Theorie einer FERMI-Flüssigkeit keinen Sinn besitzen.

Für die Bestimmung des Zusammenhanges zwischen dem Strom und dem elektrischen Feld muß man sich erneut der kinetischen Gleichung zuwenden. Jetzt ist aber das Glied mit der zeitlichen Ableitung infolge der Bedingung $\omega \gg v_F/\delta$ groß im Vergleich zum Glied mit der Ortsableitung und auf Grund der Bedingung $\omega \gg v_F/l$ auch im Vergleich zum Stoßintegral. Nach der Vernachlässigung dieser Beiträge erhält die kinetische Gleichung die Gestalt

$$\frac{\partial \delta n}{\partial t} - e\boldsymbol{E}\boldsymbol{v}\frac{\partial n_0}{\partial \varepsilon} = 0\,.$$

Schreibt man $\partial\delta n/\partial t = -i\omega\,\delta n$, so findet man hieraus

$$\delta n = -\frac{\partial n_0}{\partial \varepsilon}\psi\,, \qquad \psi = \frac{e\boldsymbol{E}\boldsymbol{v}}{i\omega}\,. \tag{87,2}$$

---

[1]) Einen Beweis der angeführten Überlegungen kann man im Übersichtsartikel von A. F. ANDREJEW, Usp. fis. nauk **105** (1971) 113, finden.

[2]) Siehe G. E. H. REUTER, E. H. SONDHEIMER, Proc. Roy. Soc. **A195** (1948) 336.

Das Fehlen des Gliedes mit der Ableitung nach den Koordinaten in der kinetischen Gleichung hat das Fehlen einer räumlichen Dispersion zur Folge. In diesem Sinn wird der Skineffekt wieder „normal". Das Auftreten des Gliedes mit der Zeitableitung jedoch äußert sich in einer Frequenzdispersion der Leitfähigkeit. Die Situation ist hier die gleiche wie bei der Berechnung der dielektrischen Permeabilität des stoßfreien Plasmas. Der Unterschied besteht lediglich in der Anisotropie des Metalls und im Auftreten von FERMI-Flüssigkeitseffekten. Letztere machen sich dadurch bemerkbar, daß die Stromdichte über ein Integral ausgedrückt wird, das nicht nur von der Verteilungsfunktion δn, sondern auch von der Wechselwirkungsfunktion der Quasiteilchen (Leitungselektronen) $f(\boldsymbol{p}, \boldsymbol{p}')$ abhängt. Wir lenken die Aufmerksamkeit darauf, daß infolge der Existenz des Gliedes $\partial\delta n/\partial t$ in der kinetischen Gleichung eine Eliminierung der Quasiteilchenwechselwirkung durch Einführung einer effektiven Verteilungsfunktion $\delta\tilde{n}$ hier nicht möglich ist.

Entsprechend (74,21—22) wird die Stromdichte durch die Störung der Verteilungsfunktion der Elektronen mittels der Gleichung

$$\boldsymbol{j} = -e\int \boldsymbol{v}\left[\psi(\boldsymbol{p}_F) + \int f(\boldsymbol{p}_F, \boldsymbol{p}_F')\,\psi(\boldsymbol{p}_F')\frac{\mathrm{d}S_F'}{v_F'(2\pi\hbar)^3}\right]\frac{2\,\mathrm{d}S_F}{(2\pi\hbar)^3}$$

ausgedrückt, wobei $\boldsymbol{v}$ der Einheitsvektor in Richtung der Geschwindigkeit $\boldsymbol{v}_F$ ist, der mit dem Normalenvektor zur FERMI-Fläche übereinstimmt. Setzt man hier die Funktion ψ aus (87,2) ein, findet man den Zusammenhang des Stromes mit dem Feld in Form von $j_\alpha = \sigma_{\alpha\beta}(\omega)\,E_\beta$ mit dem Leitfähigkeitstensor

$$\sigma_{\alpha\beta} = -\frac{e^2}{i\omega m}N_{\alpha\beta}^{(\mathrm{eff})},$$
$$N_{\alpha\beta}^{(\mathrm{eff})} = \int \nu_\alpha\left[v_F\nu_\beta + \int f(\boldsymbol{p}_F, \boldsymbol{p}_F')\,\nu_\beta'\frac{\mathrm{d}S_F'}{(2\pi\hbar)^3}\right]\frac{2\mathrm{d}S_F}{(2\pi\hbar)^3}. \tag{87,3}$$

Die Symmetrie des Tensors $N_{\alpha\beta}^{(\mathrm{eff})}$ folgt aus der Kristallsymmetrie und hängt nicht von der Feldrichtung ab wie in (86,15). In einem Kristall kubischer Symmetrie (den wir im folgenden der Einfachheit wegen betrachten werden) wird dieser Tensor, und mit ihm auch $\sigma_{\alpha\beta}$, eine skalare Größe $N_{\alpha\beta}^{(\mathrm{eff})} = N^{(\mathrm{eff})}\delta_{\alpha\beta}$ und somit

$$\sigma(\omega) = -\frac{e^2}{im\omega}N^{(\mathrm{eff})}. \tag{87,4}$$

Die Beschreibung der Eigenschaften eines Metalls mit Hilfe dieser Leitfähigkeit kann auf übliche Weise durch die Beschreibung mit Hilfe der dielektrischen Permeabilität ersetzt werden,

$$\varepsilon(\omega) = 1 + i\frac{4\pi\sigma(\omega)}{\omega} = 1 - \frac{4\pi e^2}{m\omega^2}N^{(\mathrm{eff})}. \tag{87,5}$$

Die Bezeichnung $N^{(\mathrm{eff})}$ wurde in Analogie zum bekannten Grenzausdruck der dielektrischen Permeabilität für sehr hohe Frequenzen eingeführt: $\varepsilon = 1 - 4\pi e^2 N/m\omega^2$ (s. VIII, § 78) mit N als der Gesamtelektronenzahl pro Volumeneinheit des Mediums. Folglich spielt die Größe $N^{(\mathrm{eff})}$ in der Infrarotoptik von Metallen die Rolle einer effektiven Elektronenzahl. Sie ist abhängig von der Wechselwirkungsfunktion der Leitungselektronen.

Gemeinsam mit der Zahl $N^{(\text{eff})}$ führt man zweckmäßigerweise eine effektive Plasmafrequenz

$$\Omega = \left(\frac{4\pi e^2}{m} N^{(\text{eff})}\right)^{1/2} \tag{87,6}$$

ein. Die Leitfähigkeit kann somit in der Form

$$\sigma = i\Omega^2/4\pi\omega \tag{87,7}$$

geschrieben werden. Die Größe Ω wird nur durch die Parameter des Energiespektrums der Metallelektronen bestimmt. In einer groben Abschätzung stimmt sie deshalb mit dem Parameter $\varepsilon_F/\hbar$, der FERMI-Energie, überein. Da die dargestellte Theorie durch die Bedingung $\hbar\omega \ll \varepsilon_F$ eingeschränkt wird, gilt auch $\Omega \gg \omega$.

Das Eindringen des Feldes in das Metall wird durch die Gleichung (86,4) beschrieben, die nach dem Einsetzen von σ aus (87,7) folgende Form erhält:

$$E'' - \frac{\Omega^2}{c^2} E = 0 .$$

Ihre Lösung, die für $x \to \infty$ Null wird, lautet

$$E = E_0 \, \mathrm{e}^{-x/\delta}, \qquad \delta = c/\Omega \tag{87,8}$$

(für typische Metalle gilt $c/\Omega \sim 10^{-5}$ cm). Auf diese Weise wird das Feld exponentionell gedämpft, mit einer von der Frequenz unabhängigen Eindringtiefe. Der Zusammenhang zwischen dem elektrischen und dem magnetischen Feld wird jetzt (was man erneut leicht mit Hilfe der ersten der Gleichungen (86,3) nachprüfen kann) durch die Beziehung (86,8) gegeben mit der Impedanz

$$\zeta = -\frac{i\omega}{c}\delta = -\frac{i\omega}{\Omega}. \tag{87,9}$$

Die rein imaginäre Impedanz bedeutet vollständige Reflexion einer elektromagnetischen Welle an der Metalloberfläche, ohne daß eine Dissipation erfolgt. Dieses Ergebnis ist normal, da innerhalb der betrachteten Näherung keine Elektronenstöße berücksichtigt wurden, die eine Dissipation verursachen könnten.

Wir fügen hinzu, daß unter Berücksichtigung von (87,7) die grundlegenden Bedingungen für die Anwendbarkeit der betrachteten Theorie als

$$\Omega \gg \omega \gg \Omega v_F/c \tag{87,10}$$

formuliert werden können. Die linke Ungleichung gilt gewöhnlich gleichzeitig mit der Ungleichung $\hbar\omega \gg \Theta$ (Θ DEBYE-Temperatur). In diesem Fall müssen der FERMI-Parameter v_F und die Funktion f in Formel (87,3) nicht unmittelbar an der FERMI-Fläche genommen werden, sondern für $|\varepsilon - \varepsilon_F| \gg \Theta$. Wie in IX, § 65 gezeigt wurde, führt die Elektron-Phonon-Wechselwirkung dazu, daß sich v_F in diesem Bereich von v_F im Bereich $|\varepsilon - \varepsilon_F| \ll \Theta$ unterscheidet (was z. B. für die statischen Eigenschaften eines Metalls im Bereich tiefer Temperaturen wesentlich ist). Das gleiche gilt auch für die Wechselwirkungsfunktion der Quasiteilchen f.

§ 88. Helikonwellen im Metall

Die Tatsache, daß ein äußeres elektromagnetisches Wechselfeld nicht in die Tiefe eines Metalls eindringt, bedeutet, daß im Metall die Ausbreitung ungedämpfter elektromagnetischer Wellen mit Frequenzen bis zur Plasmafrequenz $\omega \sim \Omega$ nicht möglich ist.

Die Situation ändert sich jedoch vollständig bei Anlegen eines konstanten Magnetfeldes $\boldsymbol{B}$. Das Magnetfeld ändert den Charakter der Elektronenbewegung und besitzt dadurch einen starken Einfluß auf die elektromagnetischen Eigenschaften eines Metalls. Dabei ist wichtig, daß die Bewegung in der Ebene senkrecht zum Feld begrenzt wird. In starken Feldern, wenn der LARMOR-Radius der Bahn $r_B \sim cp_F/eB$ klein wird im Vergleich zur freien Weglänge

$$r_B \ll l \tag{88,1}$$

(oder, was das gleiche ist, $\omega_B \tau \gg 1$ mit $\omega_B \sim v_F/r_B \sim eB/m^*c$ als der Zyklotronfrequenz und $\tau \sim l/v_F$ als der freien Laufzeit), verringert sich die elektrische Leitfähigkeit transversal zum Feld sehr stark und strebt für $B \to \infty$ gegen Null. Man kann sagen, daß sich in diesen Richtungen das Metall wie ein Isolator verhält, wodurch sich die Dissipation der Energie in Wellen mit einem transversal zum $\boldsymbol{B}$ polarisierten elektrischen Feld verringert. Mit anderen Worten wird eine Ausbreitung dieser Wellen als ein (in erster Näherung) ungedämpfter Prozeß möglich. Dabei sind die zugelassenen Frequenzen der Wellen durch die Bedingung

$$\omega \ll \omega_B \tag{88,2}$$

beschränkt. Nur unter dieser Bedingung können die Flugbahnen der Elektronen während einer zeitlichen Periode des Feldes merklich gekrümmt werden, was auch zur Veränderung der elektromagnetischen Eigenschaften des Metalls für diese Frequenzen führt.

Die Begrenztheit der Bewegung des Elektrons (in der Ebene senkrecht zu $\boldsymbol{B}$) setzt auch die Begrenztheit seiner Impulsbahn — des Querschnitts der FERMI-Fläche — voraus. Deshalb bezieht sich das oben Gesagte bei Metallen mit geschlossenen FERMI-Flächen auf beliebige Richtungen von $\boldsymbol{B}$ und bei Metallen mit offenen FERMI-Flächen nur auf diejenigen Richtungen von $\boldsymbol{B}$, für welche die Querschnitte geschlossen sind. Bei offenen Querschnitten bleibt die Bewegung der Elektronen im Magnetfeld unbegrenzt, die Leitfähigkeit klingt nicht ab, und die Ausbreitung elektromagnetischer Wellen in den entsprechenden Richtungen erweist sich als unmöglich.

Ungedämpfte elektromagnetische Wellen in einem Metall kann man als BOSE-Zweige des Energiespektrums einer Elektronen-FERMI-Flüssigkeit betrachten. Der makroskopische Charakter dieser Wellen äußert sich in einem großen Wert der Wellenlänge (verglichen mit der Gitterkonstanten). Aus diesem Grund entspricht diesen Anregungen nur ein relativ kleines Phasenvolumen, und wir vernachlässigen ihren Beitrag zu den thermodynamischen Größen.

Wir schreiben abermals die MAXWELLschen Gleichungen auf,

$$\operatorname{rot} \tilde{\boldsymbol{B}} = \frac{4\pi}{c} \boldsymbol{j}, \qquad \operatorname{rot} \boldsymbol{E} = -\frac{1}{c} \frac{\partial \tilde{\boldsymbol{B}}}{\partial t}, \tag{88,3}$$

wobei mit $\tilde{\boldsymbol{B}}$ (im Unterschied zum konstanten Feld $\boldsymbol{B}$) das schwache magnetische Wechselfeld der Welle bezeichnet wird. Wir eliminieren $\tilde{\boldsymbol{B}}$ aus diesen Gleichungen und erhalten

$$\operatorname{rot}\operatorname{rot}\boldsymbol{E} = \operatorname{grad}\operatorname{div}\boldsymbol{E} - \Delta\boldsymbol{E} = -\frac{4\pi}{c^2}\frac{\partial\boldsymbol{j}}{\partial t}.$$

Für monochromatische ebene Wellen ergibt sich hieraus

$$(-k_\alpha k_\gamma + k^2\delta_{\alpha\gamma})\,E_\gamma = \frac{4\pi i\omega}{c^2}\,j_\alpha\,. \tag{88,4}$$

Wir drücken jetzt das Feld $\boldsymbol{E}$ mittels $E_\alpha = \varrho_{\alpha\beta} j_\beta$ durch den Strom aus, wobei $\varrho_{\alpha\beta} = \sigma_{\alpha\beta}^{-1}$ den spezifischen Widerstand repräsentiert. Auf diese Weise erhalten wir ein System homogener linearer Gleichungen

$$\left[k^2\varrho_{\alpha\beta} - k_\alpha k_\gamma \varrho_{\gamma\beta} - \frac{4\pi i\omega}{c^2}\,\delta_{\alpha\beta}\right] j_\beta = 0 \tag{88,5}$$

Seine Determinante liefert uns die Gleichung zur Bestimmung des Dispersionsgesetzes.

In den §§ 84,85 wurde der Leitfähigkeitstensor eines Metalls (im Bereich seines Restwiderstandes) für den stationären Fall in einem starken Magnetfeld bestimmt. Wir untersuchen jetzt, auf welche Weise dieses Ergebnis für den nichtstationären Fall abgeändert werden muß.

Die zeitliche und räumliche Periodizität des elektrischen Feldes (und mit ihm auch des veränderlichen Anteils der Verteilungsfunktion der Elektronen) führt zum Auftreten von Gliedern auf der linken Seite der kinetischen Gleichung

$$\frac{\partial\delta n}{\partial t} + \boldsymbol{v}\,\frac{\partial\delta\tilde{n}}{\partial\boldsymbol{r}} = -i\omega\,\delta n + i\boldsymbol{k}\boldsymbol{v}\,\delta\tilde{n}$$

(vgl. (74,25)). In Analogie zu (84,7) werden die Funktionen δn und $\delta\tilde{n}$ in der Form

$$\delta n = \frac{\partial n_0}{\partial\varepsilon}\,e\boldsymbol{E}\boldsymbol{h}\,, \qquad \delta\tilde{n} = \frac{\partial n_0}{\partial\varepsilon}\,e\boldsymbol{E}\boldsymbol{g}$$

dargestellt. Entsprechend (74,21) sind die Funktionen $\boldsymbol{h}$ und $\boldsymbol{g}$ durch eine lineare Integralbeziehung

$$\boldsymbol{g} = \boldsymbol{h} + \int f(\boldsymbol{p}, \boldsymbol{p}'_F)\,\boldsymbol{h}'\,\frac{\mathrm{d}S'_F}{v'_F(2\pi\hbar)^3} \equiv \hat{L}\boldsymbol{h}$$

miteinander verbunden. Auf diese Weise erhält die kinetische Gleichung die Gestalt

$$\frac{\partial\boldsymbol{g}}{\partial\tau} - [I(\boldsymbol{g}) + i\omega\hat{L}^{-1}\boldsymbol{g} - i(\boldsymbol{k}\boldsymbol{v})\,\boldsymbol{g}] = \boldsymbol{v}\,. \tag{88,6}$$

Sie unterscheidet sich von der früheren Gleichung (84,10) dadurch, daß $I(\boldsymbol{g})$ durch den hier in der eckigen Klammer stehenden Ausdruck ersetzt wurde. Dieser Ausdruck hängt jetzt nicht nur vom Charakter der Streuung der Elektronen an den Verunreinigungsatomen ab, sondern auch von der Funktion ihrer Wechselwirkung untereinander.

Infolge der Bedingung $r_B \ll l$ ist der Ausdruck $I(\boldsymbol{g})$ in Gleichung (88,6) klein im Vergleich zum Glied $\partial\boldsymbol{g}/\partial\tau$, ebenso wie in Gleichung (84,10). Auf Grund der Bedingung $\omega \ll \omega_B$ ist außerdem auch der Beitrag $i\omega\hat{L}^{-1}g \sim i\omega g$ klein. Wir fordern nun noch für den Wellenvektor die Bedingung $kv_F \ll \omega_B$, d. h.

$$kr_B \ll 1 \tag{88,7}$$

— die Wellenlänge muß groß sein im Vergleich zum LARMOR-Radius. Damit wird auch das letzte Glied in der eckigen Klammer in (88,6) klein. Unter diesen Bedingungen bleibt die in § 84 entwickelte Methode der iterativen Lösung der kinetischen Gleichung gültig und damit auch die dort erhaltenen Ergebnisse für die ersten Glieder der Entwicklung des Leitfähigkeitstensors nach Potenzen von $1/B$. Allerdings wird infolge des Auftretens von ω und $\boldsymbol{k}$ in Gleichung (88,6) die Leitfähigkeit im allgemeinen sowohl eine räumliche als auch eine Frequenzdispersion besitzen.

Das Vorhandensein mehrerer charakteristischer Längen- und Zeitparameter sowie die Vielgestaltigkeit der geometrischen Eigenschaften der FERMI-Fläche führen zu einer Mannigfaltigkeit von Erscheinungen, die mit der Ausbreitung von elektromagnetischen Wellen in Metallen verbunden sind. Wir beschränken uns hier (in diesem wie im folgenden Paragraphen) auf die Untersuchung einiger charakteristischer Fälle.

Wir betrachten ein nicht kompensiertes Metall mit einer geschlossenen FERMI-Fläche. Entsprechend (85,4—5) ist die größte der Komponenten des Widerstandstensors

$$\varrho_{xy} = -\varrho_{yx} = \frac{B}{ec(N_e - N_h)}; \tag{88,8}$$

sie gehört zum dissipationsfreien (antihermiteschen) Anteil des Tensors. Diese Komponente, in die die konkrete Gestalt des Stoßintegrals überhaupt nicht eingeht, hängt deshalb auch nicht von der Form des Ausdrucks in der eckigen Klammer in Gleichung (88,6) ab. Die Beziehung (88,8) bleibt folglich auch in einem Wellenfeld gültig.

Die Beschreibung eines Mediums mit Hilfe des Widerstandstensors $\varrho_{\alpha\beta}$ (oder der Leitfähigkeit) ist äquivalent zur Beschreibung mittels des Tensors der dielektrischen Permeabilität

$$\varepsilon_{\alpha\beta} = \frac{4\pi i \sigma_{\alpha\beta}}{\omega}, \qquad \varepsilon_{\alpha\beta}^{-1} = \frac{\omega \varrho_{\alpha\beta}}{4\pi i}.$$

Im gegebenen Fall besitzt der Tensor $\varepsilon_{\alpha\beta}^{-1}$ nur die Komponenten

$$\varepsilon_{xy}^{-1} = -\varepsilon_{yx}^{-1} = \frac{\omega B}{4\pi i c e (N_e - N_h)}.$$

Dieser Ausdruck stimmt mit dem in § 56 in Verbindung mit Helikonwellen im Plasma betrachteten Ausdruck überein, wobei nur die Elektronendichte N_e durch die Differenz $N_e - N_h$ ersetzt ist. Aus diesem Grund übertragen sich die in § 56 erhaltenen Ergebnisse direkt auf die hier untersuchten Wellen in einem Metall, die ebenfalls als *Helikonwellen* bezeichnet werden.[1])

Die Dispersionsrelation dieser Wellen lautet

$$\omega = \frac{cB\,|\cos\Theta|}{4\pi e\,|N_e - N_h|} \tag{88,9}$$

---

[1]) Die Möglichkeit der Ausbreitung solcher Wellen in einem Metall wurde von O. W. KONSTANTINOW und W. I. PEREL (1960) festgestellt.

mit Θ als dem Winkel zwischen $\boldsymbol{k}$ und $\boldsymbol{B}$. Das elektrische Wellenfeld ist in der Ebene senkrecht zum Magnetfeld $\boldsymbol{B}$ elliptisch polarisiert. Wählt man (wie auch in § 56) die Richtung von $\boldsymbol{B}$ als z-Achse und die xz-Ebene als die von den Richtungen $\boldsymbol{k}$ und $\boldsymbol{B}$ aufgespannte Ebene, so ergibt sich für das elektrische Feld

$$E_y = \pm i \,|\cos \Theta|\, E_x\,, \tag{88,10}$$

wobei das obere Vorzeichen dem Fall $N_e > N_h$ und das untere dem Fall $N_e < N_h$ entspricht.

§ 89. Magnetoplasmawellen im Metall

Wir untersuchen nun die Wellen in einem kompensierten Metall ($N_e = N_h$) mit geschlossener FERMI-Fläche. Außer den obligatorischen Bedingungen (88,1–2) werden wir auch die Ungleichungen

$$\omega \gg v_F/l\,, \qquad \omega \gg k v_F \tag{89,1}$$

als erfüllt annehmen. Infolge der ersten Bedingung ist das Stoßintegral $I(\boldsymbol{g})$ in der kinetischen Gleichung (88,6) klein im Vergleich zum Beitrag $i\omega\hat{L}^{-1}\boldsymbol{g}$, und infolge der zweiten Ungleichung gilt das gleiche für das Glied $i(\boldsymbol{kv})\,\boldsymbol{g}$. Unter Vernachlässigung dieser Beiträge erhalten wir die Gleichung

$$\frac{\partial \boldsymbol{g}}{\partial \tau} - i\omega\hat{L}^{-1}\boldsymbol{g} = \boldsymbol{v}\,, \tag{89,2}$$

die sich von der Gleichung (84,10) dadurch unterscheidet, daß $I(\boldsymbol{g})$ durch $i\omega\hat{L}^{-1}\boldsymbol{g}$ ersetzt ist.

Deshalb bleiben die Ergebnisse, die in § 85 für den Widerstandstensor im stationären Fall erhalten wurden, weiterhin gültig, nur mit dem Unterschied, daß der kleine Parameter für die Entwicklung nach Potenzen von $1/B$ jetzt nicht r_B/l, sondern $-i\omega/\omega_B$ ist. Es tritt keine räumliche Dispersion der Leitfähigkeit auf, aber eine Frequenzdispersion.

Entsprechend (85,7) sind im stationären Fall die Hauptentwicklungsglieder der Tensorkomponenten des spezifischen Widerstandes für ein kompensiertes Metall die folgenden:

$$\varrho_{zz} = \text{const}; \qquad \varrho_{xx}, \varrho_{yy}, \varrho_{xy} \propto B^2; \qquad \varrho_{xz}, \varrho_{yz} \propto B\,. \tag{89,3}$$

Für die Abspaltung des Parameters r_B/l in diesem Tensor muß allerdings nicht nur die Abhängigkeit der Komponenten von B, sondern auch die von l ermittelt werden. Zu diesem Zweck machen wir beispielsweise die Abschätzung

$$\varrho_{xx} \sim \varrho_0 \left(\frac{l}{r_B}\right)^2 \sim \frac{B}{ecN}\frac{l}{r_B}$$

mit $\varrho_0 \sim p_F/Ne^2 l$. Auf analoge Weise erhalten wir

$$\varrho_{yz} \sim \varrho_0 \frac{l}{r_B} \sim \frac{B}{ecN}\,, \qquad \varrho_{zz} \sim \varrho_0 \sim \frac{B}{ecN}\frac{r_B}{l}\,.$$

Führt man jetzt die oben angegebene Substitution des Entwicklungsparameters durch, findet man für den Tensor $\varrho_{\alpha\beta}(\omega)$

$$\varrho_{\alpha\beta} = \frac{B}{ecN} \begin{vmatrix} \frac{\omega_B}{-i\omega} a_{xx} & \frac{\omega_b}{-i\omega} a_{xy} & a_{xz} \\ \frac{\omega_B}{-i\omega} a_{xy} & \frac{\omega_B}{-i\omega} a_{yy} & a_{yz} \\ -a_{xz} & -a_{yz} & \frac{-i\omega}{\omega_B} a_{zz} \end{vmatrix}, \tag{89,4}$$

wobei alle $a_{\alpha\beta} \sim 1$ dimensionslose reelle Koeffizienten sind. Die Größen N und m^* (in $\omega_B = eB/m^*c$) müssen hier als geeignet gewählte Parameter betrachtet werden, die die erforderliche Größenordnung besitzen. Alle Glieder in (89,4) gehören zum antihermiteschen, d. h. zum dissipationsfreien Anteil des Tensors. Aus diesem Grund ist im voraus klar, daß die Berücksichtigung nur dieser Glieder zu ungedämpften Wellen führt.

Im allgemeinen Fall beliebiger Richtungen von $\boldsymbol{B}$ und $\boldsymbol{k}$ wird die Dispersionsrelation durch relativ umfangreiche Formeln ausgedrückt. Wir beschränken uns auf einen Spezialfall, der die grundlegenden Eigenschaften dieser Wellen charakterisiert.

Wir werden annehmen, daß das Kristallgitter des Metalls eine Symmetrieachse höherer als zweiter Ordnung besitzt. In dieser Richtung soll das Feld $\boldsymbol{B}$ (z-Achse) liegen. Die Größen a_{xx}, a_{yy}, $a_{xy} = a_{yx}$ bilden einen zweidimensionalen symmetrischen Tensor in der xy-Ebene, der für die gegebene Symmetrie ein Skalar wird: $a_{xx} = a_{yy} = a_1$, $a_{xy} = 0$. Die Größen a_{xz}, a_{yz} bilden einen zweidimensionalen Vektor in der gleichen Ebene und werden für die gegebene Symmetrie Null. Auf diese Weise bleiben nur die Komponenten

$$\varrho_{xx} = \varrho_{yy} = \frac{B}{ecN}\frac{\omega_B}{-i\omega} a_1\,, \qquad \varrho_{zz} = \frac{B}{ecN}\frac{-i\omega}{\omega_B} a_2 \tag{89,5}$$

übrig.

Wir wählen wiederum als xz-Ebene die Ebene, die von den Richtungen $\boldsymbol{B}$ und $\boldsymbol{k}$ aufgespannt wird. Wenn man die (im Vergleich zu ϱ_{xx}) kleine Größe ϱ_{zz} vernachlässigt, zerfällt die Dispersionsbeziehung in die zwei Gleichungen

$$\frac{4\pi i\omega}{c^2} - k^2\varrho_{yy} = 0\,, \qquad \frac{4\pi i\omega}{c^2} - k_z^2\varrho_{xx} = 0\,.$$

Dabei wird selbstverständlich angenommen, daß der Winkel Θ zwischen $\boldsymbol{k}$ und $\boldsymbol{B}$ nicht zu nahe dem Wert $\pi/2$ liegt, so daß k_z^2 nicht zu klein wird ($\cos\Theta \gg \omega/\omega_B$). Ausgehend hiervon finden wir die Dispersionsrelationen der zwei Wellenmoden

$$\begin{aligned} \omega^{(1)} &= ku_A\sqrt{a_1}\,, \\ \omega^{(2)} &= ku_A\,|\cos\Theta|\,\sqrt{a_1}\,, \end{aligned} \tag{89,6}$$

wobei[1])

$$u_A = \frac{B}{(4\pi N m^*)^{1/2}} \tag{89,7}$$

gilt.

Diese elektromagnetischen Wellen in einem Metall werden als *Magnetoplasmawellen* bezeichnet. Die Wellen vom ersten und vom zweiten Typ sind analog zu den schnellen magnetoakustischen und den ALFVÉN-Wellen im Plasma.[2]) Schwingungen, die einer langsamen magnetoakustischen Welle entsprechen, können offenbar keine Geschwindigkeit ω/k besitzen, die die zweite Bedingung in (89,1) erfüllt. Sie treten deshalb hier nicht auf.

§ 90. Quantenoszillationen der Leitfähigkeit eines Metalls im Magnetfeld

Die in den §§ 84, 85 dargestellte Theorie der galvanomagnetischen Erscheinungen besaß einen quasiklassischen Charakter in dem Sinne, daß die Quanteneigenschaft nur in Form der Verteilungsfunktion der Elektronen auftrat. Die Diskretheit der Energieniveaus im Magnetfeld (für geschlossene Elektronenbahnen) dagegen wurde nicht berücksichtigt. Diese Diskretheit führt jedoch zu einer qualitativ neuen Erscheinung — zu Oszillationen der Leitfähigkeit als Funktion des Magnetfeldes (sogenannter SCHUBNIKOW-DE-HAAS-Effekt). Dieser Effekt ist analog zu den Oszillationen der Magnetisierung (DE-HAAS-VAN-ALPHEN-Effekt). Seine Theorie jedoch ist infolge des kinetischen, nichtthermodynamischen Charakters dieser Erscheinung komplizierter. Wir untersuchen ihn im Rahmen des Modells wechselwirkungsfreier Elektronen, indem wir das Problem des Einflusses von FERMI-Flüssigkeitseffekten (das offenbar noch nicht untersucht wurde) ausklammern.

Wie auch in § 84 werden wir das Magnetfeld im Sinne der Bedingung (84,1) als stark annehmen. Wir schreiben diese in der Form

$$\omega_B \tau \gg 1\,, \tag{90,1}$$

wobei τ die freie Laufzeit der Elektronen ist und

$$\omega_B = \frac{eB}{m^* c} \tag{90,2}$$

die Zyklotronfrequenz angibt mit m^* als der Zyklotronmasse der Elektronen.[3]) Gleichzeitig darf das Feld natürlich nicht so stark werden, daß die Bedingung für quasiklassisches Verhalten

$$\hbar\omega_B \ll \varepsilon_F \tag{90,3}$$

verletzt wird. Das Verhältnis von $\hbar\omega_B$ zu T dagegen kann beliebig sein.

---

[1]) Für die Dispersionsgesetze (89,6—7) bedeutet die Bedingung $kv_F \ll \omega$, daß $u_A \gg v_F$ sein muß. In erreichbaren Feldern B kann diese Bedingung faktisch nur in Halbmetallen (Wismut) mit einer geringen Dichte von Ladungsträgern erreicht werden.

[2]) Die Möglichkeit des Auftretens dieser Wellen zeigten S. J. BUCHSBAUM und J. GOLT (1961). Die dargestellte Theorie wurde von E. A. KANER und W. G. SKOBOW (1963) entwickelt.

[3]) Wir erinnern an die Definition $m^* = (\partial S/\partial \varepsilon)/2\pi$ (s. IX, (57,6)) mit $S(\varepsilon, p_z)$ als dem Querschnitt der Isoenergiefläche in der Ebene $p_z = \text{const}$. Die Isoenergiefläche wird hier im $\boldsymbol{p}$-Raum definiert (und nicht im $\boldsymbol{p}/\hbar$-Raum wie in IX).

Wir beschränken uns im folgenden auf die Untersuchung von Quantenoszillationen der transversalen Leitfähigkeit (bezogen auf die Magnetfeldrichtung), wobei wir zur Vereinfachung der Schreibweise eine kubische Kristallsymmetrie mit einer parallel zum Magnetfeld orientierten Symmetrieachse annehmen. In einem solchen Kristall besitzt der symmetrische (dissipative) Anteil des Leitfähigkeitstensors nur die Komponenten $\sigma_{xx} = \sigma_{yy}$ und σ_{zz}. Die Aufgabe für die transversalen Komponenten ist relativ einfach, da für sie (wie wir in § 84 gesehen haben) der Einfluß von Stößen, verglichen mit dem Einfluß des Magnetfeldes, als eine kleine Störung behandelt werden kann. Für die longitudinale Komponente σ_{zz} ist das nicht der Fall.[1])

Wie auch in § 84 untersuchen wir ein Metall im Bereich seines Restwiderstandes, so daß wir es mit den Stößen von Elektronen an Verunreinigungsatomen zu tun haben. Da diese Stöße elastisch sind, tragen die Elektronen verschiedener Energien unabhängig voneinander zum elektrischen Strom bei.

Es sei $g(\varepsilon)$ die Zustandsdichte der Elektronen. Somit ist die räumliche Elektronendichte mit Energien im Intervall $d\varepsilon$ durch $n(\varepsilon)\, g(\varepsilon)\, d\varepsilon$ gegeben, wobei $n(\varepsilon)$ die Besetzungszahl der Zustände ist. Wir bezeichnen mit $j_y(\varepsilon)$ die Dichte des von diesen Elektronen verursachten transversalen Stromes. Bei Vorhandensein sowohl eines elektrischen Feldes als auch eines Gradienten der Elektronendichte wird die Stromdichte durch die Summe

$$j_y(\varepsilon) = eD(\varepsilon) \frac{\partial n}{\partial y} g(\varepsilon) + \sigma_{yy}(\varepsilon)\, E_y \tag{90,4}$$

ausgedrückt. Das erste Glied beschreibt dabei den Ladungstransport durch Diffusion. $D(\varepsilon)$ ist der Diffusionskoeffizient (im realen Raum) für Elektronen der Energie ε.

Der Strom (90,4) muß für die Verteilung

$$n_0(\varepsilon - e\varphi) \approx n_0(\varepsilon) - e\varphi \frac{\partial n_0}{\partial \varepsilon},$$

die dem statistischen Gleichgewicht des Elektronengases in einem schwachen konstanten elektrischen Feld mit dem Potential $\varphi(\boldsymbol{r})$ entspricht, Null werden (n_0 ist die Fermi-Verteilung). Hiervon ausgehend finden wir eine Beziehung zwischen $\sigma_{yy}(\varepsilon)$ und $D(\varepsilon)$:

$$\sigma_{yy}(\varepsilon) = -e^2 g(\varepsilon)\, D(\varepsilon) \frac{\partial n_0}{\partial \varepsilon}.$$

Die totale elektrische Leitfähigkeit, die die Beiträge der Elektronen aller Energien berücksichtigt, lautet

$$\sigma_{yy} = -e^2 \int g(\varepsilon)\, D(\varepsilon) \frac{\partial n_0}{\partial \varepsilon} d\varepsilon = -e^2 \sum_s D(\varepsilon_s) \frac{\partial n_0(\varepsilon_s)}{\partial \varepsilon}. \tag{90,5}$$

Im letzten Ausdruck erfolgt die Summation über alle Quantenzustände des Elektrons. Mit s wird im gegebenen Fall die Gesamtheit der Quantenzahlen der Zustände bezeichnet. Diese Gleichung reduziert das Problem der Berechnung der Leitfähigkeit auf eine Berechnung des Diffusionskoeffizienten der Elektronen in Abwesenheit eines elektrischen Feldes.

---

[1]) Was den antisymmetrischen Anteil des Leitfähigkeitstensors betrifft, so treten die Quantenoszillationen in ihm nur in zweiter Ordnung bezüglich $1/\omega_B\tau$ auf.

Der Diffusionskoeffizient seinerseits wird mit Hilfe einer Formel vom Typ (21,4) durch die charakteristischen Parameter der mikroskopischen Streuakte ausgedrückt,

$$D = \sum (\Delta y)^2/2\,\delta t\,,$$

wobei die Summation über alle Stöße erfolgt, die vom Elektron innerhalb der Zeit δt ausgeführt werden, und Δy die Änderung des Mittelwertes der y-Koordinate des Elektrons beim Stoß charakterisiert. (Wir erinnern daran, daß die Bewegung des Elektrons in der Ebene senkrecht zum Feld begrenzt ist. Im anschaulichen Bild quasiklassischer Kreisbahnen ist Δy die Verschiebung des Zentrums dieser Kreisbahn.) Wir bezeichnen mit

$$N_{\text{Fr}} W_{s's}\, \delta(\varepsilon_s - \varepsilon_{s'})$$

die Wahrscheinlichkeit für den Übergang eines Elektrons aus dem Zustand s in den Zustand s' bei einem Streuprozeß. Die δ-Funktion drückt den elastischen Charakter dieser Streuung aus, und der Faktor N_{Fr} (Dichte der Fremdatome) widerspiegelt den Umstand, daß die Streuprozesse an den stochastisch verteilten Atomen unabhängig voneinander erfolgen. Der Diffusionskoeffizient wird somit durch die Formel

$$D(\varepsilon_s) = \tfrac{1}{2} N_{\text{Fr}} \sum_{s'} (y_s - y_{s'})^2\, W_{ss'}\, \delta(\varepsilon_s - \varepsilon_{s'})$$

ausgedrückt, wobei y_s der Mittelwert der Koordinate im Zustand s ist. Setzt man diesen Ausdruck in (90,5) ein, so erhält man für die Leitfähigkeit

$$\sigma_{yy} = -\frac{e^2}{2} N_{\text{Fr}} \sum_{ss'} (y_s - y_{s'})^2 \frac{\partial n_0(\varepsilon_s)}{\partial \varepsilon} W_{s's} \delta(\varepsilon_s - \varepsilon_{s'}) \tag{90,6}$$

(S. Titeica, 1935; B. I. Dawydow, I. J. Pomerantschuk, 1939).[1])

Soll diese Formel wirklich verwendet werden, so muß noch die Bedeutung von s näher diskutiert werden. Eine diskrete Quantisierung der Energieniveaus eines Elektrons im Magnetfeld tritt für geschlossene quasiklassische Flugbahnen im $\boldsymbol{p}$-Raum auf (d. h. geschlossene Querschnitte der Isoenergieflächen), was auch im weiteren angenommen wird. Dabei werden die Quantenzustände durch vier Zahlen charakterisiert,

$$s = (n, P_x, P_z = p_z, \sigma)\,, \tag{90,7}$$

wobei n eine positive ganze (große) Zahl ist. $\sigma = \pm 1$ beschreibt die Projektion des Elektronenspins, und P_x, P_z sind Komponenten des verallgemeinerten Quasiimpulses $\boldsymbol{P} = \boldsymbol{p} - e\boldsymbol{A}/c$. Dabei ist das Vektorpotential des Magnetfeldes in der Eichung $A_x = -By$, $A_y = A_z = 0$ gewählt worden. Auf Grund der zyklischen Eigenschaften der Koordinaten x und z bleiben die Komponenten des verallgemeinerten Quasiimpulses P_x und P_z erhalten (s. IX, § 58). Die Energieniveaus sind aber nur von drei dieser Quantenzahlen abhängig, von n, p_z und σ. Sie sind gegeben durch den Ausdruck

$$\varepsilon_{n\sigma}(p_z) = \varepsilon(n, p_z) + \sigma\beta B \xi_n(p_z)\,, \tag{90,8}$$

---

[1]) Bei der Streuung an Verunreinigungen beeinflußt das Pauli-Prinzip nicht die Gestalt der Gleichungen (vgl. Stoßintegral in (78,14)), da sich die mit dem Pauli-Prinzip im Zusammenhang stehenden Produkte nn' herausheben.

wobei die Funktion $\varepsilon(n, p_z)$ die Lösung der Gleichung

$$S(\varepsilon, p_z) = 2\pi \frac{e\hbar B}{c}\left(n + \frac{1}{2}\right) \tag{90,9}$$

darstellt. Im zweiten Summanden von (90,8) ist $\beta = e\hbar/2mc$ das BOHRsche Magneton, der Faktor $\xi_n(p_z)$ charakterisiert die Änderung des magnetischen Momentes eines Elektrons im Ergebnis der Spin-Bahn-Wechselwirkung im Gitter.

Der in den §§ 84, 85 betrachtete Leitfähigkeitstensor ist in Wirklichkeit das Resultat der Mittelung der Funktionen $\sigma_{\alpha\beta}(B)$ bezüglich der kleinen Quantenoszillationen. Speziell gilt für die auf diese Weise gemittelte transversale Leitfähigkeit entsprechend (85,3) $\bar{\sigma}_{yy} \propto B^{-2}$. Wir werden vor allem zeigen, wie man dieses Ergebnis aus der Beziehung (90,6) erhält, und dabei den Zusammenhang zwischen den in dieser Formel auftretenden Größen $W_{s's}$ und der Funktion $w(\boldsymbol{p}', \boldsymbol{p})$ im quasiklassischen Stoßintegral der Elektronen mit den Verunreinigungen (78,14) herausfinden.

In § 84 wurde bereits festgestellt, daß die Bedingung für den quasiklassischen Charakter der Elektronenbewegung gleichzeitig die Unabhängigkeit des Streuprozesses vom Magnetfeld gewährleistet. Die Wahrscheinlichkeit für die Streuung des Quasiimpulses von $\boldsymbol{p}$ nach $\boldsymbol{p}'$ wurde für den feldfreien Fall im Stoßintegral (78,14) in der Form

$$w(\boldsymbol{p}', \boldsymbol{p})\,\delta(\varepsilon - \varepsilon')\,\frac{\mathrm{d}^3p'}{(2\pi\hbar)^3} \tag{90,10}$$

dargestellt. Um diesen Ausdruck in einer für die Streuung im Magnetfeld geeigneten Form aufzuschreiben, genügt es, ihn in solche Variablen zu transformieren, die auch für eine Bewegung im Feld ihren Sinn beibehalten:

$$w(P_x', p_z', \varepsilon'; P_x, p_z, \varepsilon)\,\delta(\varepsilon - \varepsilon')\,\frac{\mathrm{d}P_x\,\mathrm{d}p_z\,\mathrm{d}\varepsilon}{(2\pi\hbar)^3\,v_y}. \tag{90,11}$$

(Die Ableitung $v_y = \partial\varepsilon/\partial p_y$ muß dementsprechend auch mittels dieser neuen Variablen ausgedrückt werden.) Die Koordinate y ist bei der Bewegung auf einer quasiklassischen Flugbahn mit dem verallgemeinerten Quasiimpuls durch die Beziehung $P_x = p_x + eBy/c$ verknüpft. Deshalb ist der entsprechende Mittelwert (entlang dieser Flugbahn)

$$\bar{y} = \frac{c}{eB}[P_x - \bar{p}_x(\varepsilon, p_z)] \equiv \frac{\varkappa}{B}. \tag{90,12}$$

Die bezüglich der Oszillationen gemittelte Leitfähigkeit $\bar{\sigma}_{yy}$ ergibt sich aus der Beziehung (90,6), indem man von der Summation über die diskrete Variable s zu einer Integration bezüglich der kontinuierlichen Variablen ε übergeht. Wir führen zur Kürzung der Schreibweise die Bezeichnung

$$a(\varepsilon, p_z', p_z) = \frac{1}{2}\int (\varkappa - \varkappa')^2\,\frac{w\,\mathrm{d}P_x\,\mathrm{d}P_x'}{v_y v_y'(2\pi\hbar)^4} \tag{90,13}$$

ein und erhalten

$$\bar{\sigma}_{yy} = -\frac{e^2 N_{\mathrm{Fr}}}{B^2} \int a \frac{\partial n_0}{\partial \varepsilon} \delta(\varepsilon - \varepsilon') \, \mathrm{d}\varepsilon \, \mathrm{d}\varepsilon' \frac{2 \mathrm{d}p_z \, \mathrm{d}p_z'}{(2\pi\hbar)^2} . \tag{90,14}$$

(Der Faktor 2 tritt infolge der zwei Spinrichtungen des Elektrons auf. Die Streuwahrscheinlichkeit wird als spinunabhängig angenommen, so daß sich die Spinprojektion nicht ändert.) Durch die Integration über ε' wird die δ-Funktion beseitigt. Bei der Integration über ε dagegen kann man den langsam veränderlichen Faktor a als konstant annehmen (mit seinem Wert für $\varepsilon = \mu$) und nur über die Ableitung $\partial n_0/\partial \varepsilon$ integrieren. Als Ergebnis erhalten wir

$$\bar{\sigma}_{yy} = \frac{e^2 N_{\mathrm{Fr}}}{B^2} \int a \frac{2 \mathrm{d}p_z \, \mathrm{d}p_z'}{(2\pi\hbar)^2} \equiv \frac{1}{B^2} \int b(p_z) \cdot 2 \mathrm{d}p_z . \tag{90,15}$$

Wir gehen jetzt zu einer Berücksichtigung der diskreten Energieniveaus über. Das bedeutet, daß anstelle der Integration in (90,14) bezüglich der kontinuierlichen Variablen ε (für gegebene P_x und p_z) die Summation über n geschrieben werden muß:

$$\int \ldots \mathrm{d}\varepsilon \to \hbar\omega_B \sum_n \ldots ,$$

wobei

$$\hbar\omega_B = \frac{\partial \varepsilon(n, p_z)}{\partial n}$$

ist, wie aus (90,9) und der Definition der Zyklotronmasse m^* klar wird. Unter Benutzung der oben eingeführten Bezeichnungen schreiben wir

$$\sigma_{yy} = -\frac{e^2 N_{\mathrm{Fr}}}{B^2} \int \sum_{nn'\sigma} a(\varepsilon_{n\sigma}, p_z', p_z) \frac{\partial n_0(\varepsilon_{n\sigma})}{\partial \varepsilon} \delta(\varepsilon_{n\sigma} - \varepsilon_{n'\sigma}) \, \hbar\omega_B \hbar\omega_B' \frac{\mathrm{d}p_z \, \mathrm{d}p_z'}{(2\pi\hbar)^3} . \tag{90,16}$$

(Auf Grund der Integration über beide Variablen p_z und p_z' kann die Funktion a als symmetrisch bezüglich ihrer Vertauschung angenommen werden.)

Der oszillierende Anteil dieses Ausdrucks $\tilde{\sigma}_{yy}$ wird mit Hilfe der POISSONschen Summationsformel abgetrennt (vgl. IX, § 63),

$$\tfrac{1}{2} F(0) + \sum_{n=1}^{\infty} F(n) = \int_0^{\infty} F(x) \, \mathrm{d}x + 2 \operatorname{Re} \sum_{l=1}^{\infty} \int_0^{\infty} F(x) \, \mathrm{e}^{2\pi i l x} \, \mathrm{d}x , \tag{90,17}$$

und entsteht aus der hier auftretenden Summe über l. Der gemittelte Wert $\bar{\sigma}_{yy}$ dagegen ergibt sich aus dem ersten, integralen Anteil.

Wir werden annehmen, daß die Amplitude der Oszillationen, verglichen mit dem mittleren Wert $\bar{\sigma}_{yy}$, klein ist (woraus eine bestimmte Bedingung für die Größe des Magnetfeldes folgt — siehe unten, (90,26)). Somit ist es ausreichend, den oszillierenden Anteil jeweils nur in einer der Summen über n und n' in (90,16) zu berücksichtigen.

Unter Ausnutzung der Symmetrie von a bezüglich p_z und p_z' und bei Einführung der Bezeichnung b analog zur Definition in (90,15) erhalten wir

$$\tilde{\sigma}_{yy} = \frac{4}{B^2} \operatorname{Re} \sum_{l=1}^{\infty} \sum_{\sigma=\pm 1} \tilde{J}_{l\sigma} \tag{90,18}$$

mit $\tilde{J}_{l\sigma}$ als dem oszillierenden Anteil des Integrals

$$J_{l\sigma} = -\int_0^{\infty} \mathrm{d}n \int b(\varepsilon_{n\sigma}, p_z) \frac{\partial n_0(\varepsilon_{n\sigma})}{\partial \varepsilon} \frac{\partial \varepsilon_{n\sigma}}{\partial n} \mathrm{e}^{2\pi i l n} \, \mathrm{d}p_z .$$

Indem wir anstelle von n die Funktion $\varepsilon(n, p_z)$ aus (90,8) als Integrationsvariable einführen, können wir über ε partiell integrieren (wobei der langsam veränderliche Faktor b als konstant angenommen werden kann). Der integrierte Anteil zeigt keine oszillierende Abhängigkeit vom Feld (und stellt nur eine kleine Korrektur zu $\bar{\sigma}_{yy}$ dar). Läßt man ihn weg, so erhält man

$$\tilde{J}_{l\sigma} = 2\pi i l \int_0^{\infty}\!\!\int \frac{b(\varepsilon, p_z)}{\exp \dfrac{\varepsilon - \mu_\sigma}{T} + 1} \frac{\partial n}{\partial \varepsilon} \, \mathrm{d}p_z \mathrm{d}\varepsilon . \tag{90,19}$$

Hierbei wurden die Bezeichnung $\mu_\sigma = \mu - \sigma\beta\xi B$ und die Funktion

$$n(\varepsilon, p_z) = \frac{cS(\varepsilon, p_z)}{2\pi e\hbar B} - \frac{1}{2} \tag{90,20}$$

eingeführt (vgl. (90,9)). Im Argument der Funktion $b(\varepsilon_{n\sigma}, p_z)$ ist der Beitrag $\beta\xi B$ neben dem großen ε vernachlässigt worden.

Die Integration bezüglich p_z in (90,19) wird genauso durchgeführt wie im Integral IX, (63,8) bei der Behandlung des DE-HAAS-VAN-ALPHEN-Effektes. Das Integral wird hauptsächlich durch die Gebiete in der Nähe der Punkte $p_z = p_{z\,\mathrm{ex}}(\varepsilon)$ bestimmt, in denen $n(\varepsilon, p_z)$ (d. h. die Querschnittsfläche S) als Funktion von p_z Extremwerte besitzt. Im Ergebnis erhalten wir

$$\tilde{J}_{l\sigma} = \sum_{\mathrm{ex}} \int_0^{\infty} \frac{2\pi i \sqrt{l} \exp\{2\pi i l n_{\mathrm{ex}} \pm i\pi/4\} \, b_{\mathrm{ex}}(\varepsilon)}{\left[\exp \dfrac{\varepsilon - \mu_\sigma}{T} + 1\right] |\partial^2 n/\partial p_z^2|_{\mathrm{ex}}^{1/2}} \frac{\mathrm{d}n_{\mathrm{ex}}}{\mathrm{d}\varepsilon} \mathrm{d}\varepsilon , \tag{90,21}$$

wobei

$$n_{\mathrm{ex}}(\varepsilon) = n\big(\varepsilon, p_{z\,\mathrm{ex}}(\varepsilon)\big) , \qquad b_{\mathrm{ex}}(\varepsilon) = b\big(\varepsilon, p_{z\,\mathrm{ex}}(\varepsilon)\big)$$

gilt. Im Exponenten stehen die Vorzeichen $+$ oder $-$ je nachdem, ob bei $p_{z\,\mathrm{ex}}$ ein Maximum oder ein Minimum der Funktion $n(\varepsilon, p_z)$ vorliegt. Die Summation läuft dabei über alle Extrema.

Das Integral (90,21) seinerseits ist vollkommen analog zum Integral IX, (63,9) und unterscheidet sich von ihm nur durch das Auftreten der langsam veränderlichen Faktoren b und $dn_{ex}/d\varepsilon = cm^*_{ex}/e\hbar B$ im Integranden. Diese Faktoren (wie auch der Faktor $|\partial^2 n/\partial p_z^2|_{ex}^{-1/2}$) können durch die entsprechenden Werte bei $\varepsilon = \mu$, d. h. an der FERMI-Fläche, ersetzt werden. Danach liefert die Durchführung der Integration über ε und der Summation über σ das endgültige Ergebnis

$$\tilde{\sigma}_{yy} = \sum_{ex} \sum_{l=1}^{\infty} (-1)^l \sigma_{yy}^{(l)} \cos\left\{l \frac{cS_{ex}}{e\hbar B} \pm \frac{\pi}{4}\right\},$$

$$\sigma_{yy}^{(l)} = \frac{2^{5/2}\pi^{1/2}(e\hbar)^{1/2}\, b_{ex}}{c^{1/2}B^{3/2}l^{1/2}} \left|\frac{\partial^2 S}{\partial p_z^2}\right|_{ex}^{-1/2} \frac{\lambda_l}{\sinh \lambda_l} \cos\left(\pi l \xi_{ex} \frac{m^*_{ex}}{m}\right), \tag{90,22}$$

$$\lambda_l = 2\pi^2 l T/\hbar\omega_B\,, \qquad \omega_B = eB/m^*_{ex}c\,,$$

wobei S_{ex}, ξ_{ex}, m^*_{ex}, b_{ex} für $\varepsilon = \mu$ an der FERMI-Fläche zu nehmen sind.[1])

Falls für eine vorgegebene Richtung von $\boldsymbol{B}$ nur ein Extremalquerschnitt der FERMI-Fläche vorhanden ist, so besteht zwischen den oszillierenden Anteilen der Leitfähigkeit σ_{yy} und der longitudinalen magnetischen Suszeptibilität ein proportionaler Zusammenhang. Vergleichen wir (90,22) mit der Beziehung IX, (63,13), so finden wir

$$\tilde{\sigma}_{yy} = \frac{(2\pi)^4\, \hbar^3 m^*_{ex} b_{ex}}{S_{ex}^2} \frac{\partial \tilde{M}_z}{\partial B}\,. \tag{90,23}$$

Die dargestellten Rechnungen setzen voraus, daß die Oszillationsamplitude der Leitfähigkeit klein im Vergleich zu ihrem Mittelwert ist. Außerdem ist diese Forderung im Grunde genommen eine Bedingung für die Anwendbarkeit der gesamten in den §§ 84, 85 entwickelten Theorie. Es ist einzusehen, daß die Mittelwerte nur dann eine reale Bedeutung besitzen, wenn sie den Hauptanteil des Leitfähigkeitstensors darstellen.

Für $\hbar\omega_B \sim T$ wird die Amplitude der Oszillationen durch die ersten Glieder der Summe in (90,22) bestimmt, in denen $l \sim 1$ und $\lambda_l \sim 1$ sind. Entsprechend der Definition in (90,15) wird der Wert von b_{ex} als $b_{ex} \sim \bar{\sigma} B^2/p_F$ abgeschätzt. Die Ableitung $\partial^2 S/\partial p_z^2$ dagegen ist von der Größenordnung Eins. Hieraus erhalten wir folgende Abschätzung der Amplitude der Oszillationen:

$$\tilde{\sigma}/\bar{\sigma} \sim (\hbar\omega_B/\varepsilon_F)^{1/2}\,, \qquad \hbar\omega_B \sim T\,. \tag{90,24}$$

Dieses Verhältnis ist bereits auf Grund der erforderlichen Bedingung (90,3) klein.

Ist jedoch $T \ll \hbar\omega_B$, so ändert sich die Abschätzung. In diesem Fall wird die Oszillationsamplitude durch die Summe einer großen Anzahl von Beiträgen in (90,22) bestimmt, für die $\lambda_l \sim 1$, d. h. $l \sim \hbar\omega_B/T \gg 1$ gilt. Die Zahl dieser Glieder ist von der gleichen Größenordnung wie l. Verglichen mit der vorhergegangenen Abschätzung,

---

[1]) Die Oszillationen der Leitfähigkeit wurden von A. I. ACHIESER (1939) sowie von B. I. DAWYDOW und I. J. POMERANTSCHUK (1939) für eine quadratische Dispersionsrelation der Elektronen und von A. M. KOSEWITSCH und W. W. ANDREJEW (1960) für ein beliebiges Dispersionsgesetz untersucht.

tritt hier ein zusätzlicher Faktor $l^{-1/2}l \sim (\hbar\omega_B/T)^{1/2}$ auf, so daß

$$\frac{\tilde{\sigma}}{\overline{\sigma}} \sim \left(\frac{\hbar\omega_B}{\varepsilon_F}\right)^{1/2} \left(\frac{\hbar\omega_B}{T}\right)^{1/2} \tag{90,25}$$

gilt. Die Forderung der Kleinheit dieses Verhältnisses führt zu der Bedingung

$$\hbar\omega_B \ll (\varepsilon_F T)^{1/2} . \tag{90,26}$$

Aufgabe

Man bestimme die transversale Leitfähigkeit eines Elektronengases mit quadratischer Dispersionsrelation ($\varepsilon = p^2/2m$). Die Streuung der Elektronen an den Fremdatomen erfolgt isotrop mit einem von der Energie unabhängigen Streuquerschnitt.

Lösung. Die Aufgabe reduziert sich auf die Berechnung der in (90,15) und (90,23) auftretenden Größe $b(p_z)$. Für eine quadratische Dispersionsrelation gilt $\boldsymbol{p} = m\boldsymbol{v}$, und da der Mittelwert von $\boldsymbol{v}$ längs der geschlossenen Flugbahn $\bar{\boldsymbol{v}} = 0$ ist, gilt auch $\bar{\boldsymbol{p}} = 0$. Entsprechend (90,12) ist deshalb $\varkappa = cP_x/e$. In Übereinstimmung mit den Aussagen des Textes kann bei der Berechnung des Mittelwertes von $(\varkappa - \varkappa')^2$ der Streuprozeß als unabhängig vom Magnetfeld angenommen werden. Damit ist der Unterschied zwischen $\boldsymbol{P}$ und $\boldsymbol{p}$ nicht von Bedeutung. Wählt man den Ort des streuenden Atoms mit $\boldsymbol{r} = 0$, erhält man $\boldsymbol{P} = \boldsymbol{p}$.

In dem hier untersuchten Problem besitzt die Streuwahrscheinlichkeit die Gestalt $v\sigma_0\, do'/4\pi$ mit do' als dem Raumwinkelelement der Impulsrichtung $\boldsymbol{p}'$ nach der Streuung und σ_0 als dem konstanten totalen Streuquerschnitt. Dieser Ausdruck kann in der äquivalenten Form

$$\frac{\sigma_0}{4\pi m}\, dp_z'\, d\varphi'\, \delta(\varepsilon - \varepsilon')\, d\varepsilon'$$

geschrieben werden. Dabei ist φ' der Azimutwinkel der Richtung $\boldsymbol{p}'$ in der xy-Ebene. Dieser Ausdruck ersetzt (90,11). Auf analoge Weise schreiben wir das Volumenelement des $\boldsymbol{p}$-Raumes als $d^3p \to m\, dp_z\, d\varphi\, d\varepsilon$. Dabei gilt

$$p_x = (2m\varepsilon - p_z^2)^{1/2} \cos\varphi .$$

Nunmehr finden wir

$$a(\varepsilon, p_z', p_z) = \frac{c^2\sigma_0}{8\pi e^2} \int (p_x - p_x')^2 \frac{d\varphi\, d\varphi'}{2\pi\hbar} = \frac{\sigma_0 c^2}{8e^2\hbar}(4m\varepsilon - p_z^2 - p_z'^2)$$

und weiter

$$b(\varepsilon, p_z) = e^2 N_{\mathrm{Fr}} \int_{-\sqrt{2m\varepsilon}}^{\sqrt{2m\varepsilon}} a \frac{dp_z'}{(2\pi\hbar)^2} = \frac{c^2\sqrt{2m\varepsilon}}{16\pi^2\hbar^3 l}\left(\frac{10}{3} m\varepsilon - p_z^2\right),$$

wobei $l = 1/\sigma_0 N_{\mathrm{Fr}}$ die freie Weglänge charakterisiert.

Die gemittelte Leitfähigkeit wird entsprechend (90,15) berechnet und ergibt sich zu

$$\bar{\sigma}_{yy} = c^2 p_F N/B^2 l$$

mit $N = p_F^3/3\pi^2\hbar^3$ als der Elektronendichte. Die Querschnittsfläche der Fermi-Kugel besitzt für $p_z = 0$ das Maximum $S_{\mathrm{ex}} = \pi p_F^2$. Deshalb gilt

$$b_{\mathrm{ex}} = 5c^2 N/16 l .$$

Für den oszillierenden Anteil der Leitfähigkeit finden wir entsprechend (90,23)

$$\tilde{\sigma}_{yy} = B^2 \bar{\sigma}_{yy} \frac{5}{6N\varepsilon_F} \frac{\partial \tilde{M}_z}{\partial B}.$$

Der oszillierende Anteil der Magnetisierung $\tilde{M}_z$ wird für das hier betrachtete Modell durch die Beziehung V, (60,6) gegeben.

X DIAGRAMMTECHNIK FÜR NICHTGLEICHGEWICHTSSYSTEME

§ 91. MATSUBARA-Suszeptibilität

Das Studium des Verhaltens verschiedener Systeme in einem schwach veränderlichen äußeren Feld wird gewöhnlich auf die Berechnung der zugehörigen verallgemeinerten Suszeptibilitäten zurückgeführt. In diesem Paragraphen werden Beziehungen abgeleitet, welche die verallgemeinerte Suszeptibilität mit einer gewissen Hilfsgröße verknüpfen, die mit Hilfe der MATSUBARA-Diagrammtechnik berechnet werden kann. Außerdem wird gezeigt, wie diese Technik bei der Untersuchung kinetischer Systemeigenschaften zu verwenden ist (A. A. ABRIKOSSOW, I. J. DSJALOSCHINSKI, L. P. GORKOW, 1962).

Wir erinnern uns an die Definition der verallgemeinerten Suszeptibilität $\alpha(\omega)$ (s. V, § 123). Die äußere Einwirkung auf ein System wird durch die Einführung eines Störoperators der Form

$$\hat{V}(t) = -\hat{x}f(t) \tag{91,1}$$

im HAMILTON-Operator beschrieben, wobei $\hat{x}$ der (zeitunabhängige) SCHRÖDINGER-Operator einer bestimmten physikalischen Größe ist, die das System charakterisiert, und die erregende verallgemeinerte Kraft $f(t)$ eine gegebene Funktion der Zeit darstellt. Es wird vorausgesetzt, daß ohne eine äußere Einwirkung der Mittelwert der Größe x verschwindet. Dann ergibt sich in erster Näherung bezüglich f eine lineare Beziehung zwischen den FOURIER-Komponenten des Mittelwertes $\bar{x}(t)$ und der Kraft $f(t)$. Der Koeffizient in dieser Beziehung ist die verallgemeinerte Suszeptibilität

$$\bar{x}_\omega = \alpha(\omega) f_\omega\,. \tag{91,2}$$

Entsprechend der KUBO-Formel (s. V, § 126) kann die Funktion $\alpha(\omega)$ wie folgt in Operatorform dargestellt werden:

$$\alpha(\omega) = i \int_0^\infty e^{i\omega t} \langle \hat{x}_0(t)\, \hat{x}_0(0) - \hat{x}_0(0)\, \hat{x}_0(t) \rangle \, dt\,, \tag{91,3}$$

wobei $\hat{x}_0(t)$ ein HEISENBERG-Operator bezüglich des ungestörten HAMILTON-Operators des Systems ist (d. h. ein Operator im sogenannten Wechselwirkungsbild, charakterisiert durch den Index 0). Die Mittelung erfolgt bezüglich des gegebenen ungestörten stationären Zustandes des Systems bzw. bezüglich der GIBBSschen Verteilung mit dem ungestörten HAMILTON-Operator.[1])

Wir betrachten jetzt auf rein formale Weise ein System, das den „MATSUBARA"-Bewegungsgleichungen genügt, die sich von den tatsächlichen Gleichungen nur durch

---

[1]) Innerhalb dieses Kapitels setzen wir $\hbar = 1$.

die Ersetzung der Zeit $t \to -i\tau$ unterscheiden. Die neue Variable τ durchläuft dabei die Werte in dem endlichen Intervall

$$-1/T \leqq \tau \leqq 1/T\,. \tag{91,4}$$

Auf dieses System soll eine Störung der Form

$$\hat{V}(\tau) = -\hat{x}f(\tau) \tag{91,5}$$

einwirken. Damit wird auch der Mittelwert $\bar{x}$ eine Funktion von der Variablen τ. Wir entwickeln die Funktion $f(\tau)$ im Intervall (91,4) in eine FOURIER-Reihe,

$$f(\tau) = \sum_{s=-\infty}^{\infty} f_s\, e^{-i\zeta_s\tau}\,, \qquad \zeta_s = 2\pi s T\,, \tag{91,6}$$

und auf analoge Weise auch die Funktion $\bar{x}(\tau)$.[1]) Der Proportionalitätsfaktor zwischen den Entwicklungsgliedern beider Reihen wird als MATSUBARA-*Suszeptibilität* bezeichnet:

$$\bar{x}_s = \alpha_M(\zeta_s)\, f_s\,. \tag{91,7}$$

Unser Ziel besteht jetzt einerseits darin, analog zu (91,3) eine Formel für $\alpha_M(\zeta_s)$ zu erhalten und andererseits einen Zusammenhang zwischen $\alpha_M(\zeta_s)$ und der uns interessierenden Funktion $\alpha(\omega)$ herzustellen. Beginnen wir zunächst mit dem ersten Teil der gestellten Aufgabe.

Es sei $\hat{H}$ der HAMILTON-Operator des ungestörten Systems. Der MATSUBARA-Operator der Größe x wird nach der Beziehung[2])

$$\hat{x}^M(\tau) = \hat{\sigma}^{-1}(\tau, 0)\, \hat{x}_0^M(\tau)\, \hat{\sigma}(\tau, 0) \tag{91,8}$$

mit der MATSUBARAschen S-Matrix

$$\hat{\sigma}(\tau, 0) = T_\tau \exp\left\{-\int_0^\tau \hat{V}_0^M(\tau')\, d\tau'\right\} \tag{91,9}$$

berechnet. Die Operatoren in der MATSUBARAschen „Wechselwirkungsdarstellung"

$$\hat{x}_0^M(\tau) = \exp(\tau\hat{H}_0)\, \hat{x} \exp(-\tau\hat{H}_0) \tag{91,10}$$

werden mit dem Index 0 versehen.[3]) Analog dazu ist $V_0^M(\tau)$ zu bilden. In erster Ordnung der Störungstheorie führt der Ausdruck (91,9) zu

$$\hat{\sigma}(\tau, 0) \approx 1 - \int_0^\tau \hat{V}_0^M(\tau')\, d\tau'\,. \tag{91,11}$$

Wir berechnen zunächst den über die GIBBSsche Verteilung gemittelten Wert

$$\bar{x}(\tau) = \mathrm{Sp}\,\{e^{-\hat{H}/T}\, \hat{x}^M(\tau)\}\,. \tag{91,12}$$

---

[1]) Für die Berechnung einer Größe x, für die ein klassischer Grenzfall existiert, muß eine der BOSE-Statistik entsprechende Technik benutzt werden. Aus diesem Grund wird die Entwicklung (91,6) bezüglich „gerader Frequenzen" ζ_s durchgeführt.

[2]) Alle im weiteren verwendeten Begriffe und Formeln sind in IX, § 38 erläutert.

[3]) Die Beziehung (91,8) ist auch dann gültig, wenn der Ausgangsoperator $\hat{V}(\tau)$ explizit von der Variablen τ abhängt (wenn dies auch nicht bei der Ableitung in IX, § 38 vorausgesetzt wurde).

Entsprechend der Formel IX, (38,6) ergibt sich

$$\mathrm{e}^{-\hat{H}/T} = \mathrm{e}^{-\hat{H}_0/T}\,\hat{\sigma}\left(\frac{1}{T}, 0\right) \approx \exp\left(-\hat{H}_0/T\right)\left(1 - \int_0^{1/T} \hat{V}_M^0(\tau')\,\mathrm{d}\tau'\right)$$

und mit (91,8) und (91,11)

$$\hat{x}^M(\tau) \approx \hat{x}_0^M(\tau) - \int_0^{\tau} \{\hat{x}_0^M(\tau)\,\hat{V}_0^M(\tau') - \hat{V}_0^M(\tau')\,\hat{x}_M^0(\tau)\}\,\mathrm{d}\tau'\,.$$

Setzt man diesen Ausdruck in (91,12) ein, so erhält man in gleicher Genauigkeit

$$\bar{x}(\tau) = \mathrm{Sp}\,\{\mathrm{e}^{-\hat{H}_0/T}\,[\int_0^{\tau} (\hat{V}_0^M(\tau')\,\hat{x}_0^M(\tau) - \hat{x}_0^M(\tau)\,\hat{V}_0^M(\tau'))\,\mathrm{d}\tau'$$
$$- \int_0^{1/T} \hat{V}_0^M(\tau')\,\hat{x}_0(\tau)\,\mathrm{d}\tau']\}\,.$$

Im ersten Integral gilt für die Variablen $\tau' < \tau$. Im zweiten Integral wird der Integrationsbereich in die Intervalle von 0 bis τ und von τ bis $1/T$ zerlegt. Nach Kürzungen und Einsetzen von $\hat{V}_0(\tau)$ aus (91,5) erhalten wir das Ergebnis in der Form

$$\bar{x}(\tau) = \int_0^{1/T} f(\tau')\,\langle \mathrm{T}_\tau \hat{x}_0^M(\tau)\,\hat{x}_0^M(\tau')\rangle\,\mathrm{d}\tau'\,. \tag{91,13}$$

(Wir erinnern daran, daß der „Zeitordnungsoperator“ T_τ die Faktoren ohne Veränderung des Vorzeichens bezüglich der Variablen τ „chronologisch“ ordnet, und zwar mit von rechts nach links wachsendem τ.) Die Mittelung in (91,13) wird über die GIBBSsche Verteilung für den HAMILTON-Operator $\hat{H}_0$ durchgeführt. Das Ergebnis dieser Mittelung ist nur von der Differenz $\tau - \tau'$ abhängig. Wird schließlich noch $f(\tau')$ in Form einer FOURIER-Zerlegung (91,6) dargestellt, so erhalten wir die gesuchte Formel für die MATSUBARA-Suszeptibilität

$$\alpha_M(\zeta_s) = \int_0^{1/T} \mathrm{e}^{i\zeta_s\tau}\,\langle \mathrm{T}_\tau \hat{x}_0^M(\tau)\,\hat{x}_0^M(0)\rangle\,\mathrm{d}\tau\,. \tag{91,14}$$

Wir sehen, daß sich $\alpha_M(\zeta_s)$ durch die FOURIER-Komponente der MATSUBARA-GREEN-Funktion für den Operator $\hat{x}$ ausdrückt (vgl. Definition IX, (37,2)). Wir lenken die Aufmerksamkeit auf einen Unterschied zur Formel (91,3) für $\alpha(\omega)$, in der der (bezüglich der Zeit t) retardierte Kommutator und nicht das zeitgeordnete Produkt steht.

Für die Lösung des zweiten Teils der gestellten Aufgabe — das Auffinden eines Zusammenhanges zwischen den Funktionen $\alpha(\omega)$ und $\alpha_M(\zeta_s)$ — müssen, ausgehend von den Formeln (91,3) und (91,14), diese Funktionen durch die Matrixelemente des Operators $\hat{x}$ ausgedrückt werden. Wir werden hier nicht die entsprechenden Rechnungen ausführen, da sie praktisch mit den Rechnungen, die bereits im Zusammenhang mit anderen, analogen Problemen durchgeführt wurden, übereinstimmen (vgl. V, § 126; IX, §§ 36, 37). Wir beschränken uns deshalb auf die Angabe der Ergebnisse:

$$\alpha(\omega) = \sum_{m,n} \mathrm{e}^{-E_n/T}\,\frac{|x_{mn}|^2}{\omega - \omega_{mn} + i0}\,(1 - \mathrm{e}^{-\omega_{mn}/T})\,, \tag{91,15}$$

$$\alpha_M(\zeta_s) = \sum_{m,n} \mathrm{e}^{-E_n/T}\,\frac{|x_{mn}|^2}{i\zeta_s - \omega_{mn}}\,(1 - \mathrm{e}^{-\omega_{mn}/T})\,. \tag{91,16}$$

Hierbei sind x_{mn} die Matrixelemente des SCHRÖDINGER-Operators $\hat{x}$, bezogen auf stationäre Zustände des Systems. Weiterhin bedeutet $\omega_{mn} = E_m - E_n$. Ein Vergleich beider Ausdrücke zeigt, daß

$$\alpha_M(\zeta_s) = \alpha(i\zeta_s)\,, \qquad \zeta_s > 0 \tag{91,17}$$

gilt. Da die verallgemeinerte Suszeptibilität $\alpha(\omega)$ auf der oberen imaginären ω-Halbachse reell ist, ist die Funktion $\alpha_M(\zeta_s)$ für $\zeta_s > 0$ reell. Andererseits gilt, wie aus (91,16) ersichtlich ist, $\alpha_M(-\zeta_s) = \alpha_M^*(\zeta_s)$. Deshalb ist $\alpha_M(\zeta_s)$ eine gerade, reelle Funktion von ζ_s und läßt sich mit Hilfe der Beziehung

$$\alpha_M(\zeta_s) = \alpha(i\,|\zeta_s|) \tag{91,18}$$

durch $\alpha(\omega)$ ausdrücken.

Diese Beziehung (91,18) stellt den gesuchten Zusammenhang dar. Für die Bestimmung von $\alpha(\omega)$ muß eine in der oberen ω-Halbebene analytische Funktion konstruiert werden, deren Werte in den diskreten Punkten $\omega = i\zeta_s$ auf der oberen imaginären Halbachse mit $\alpha_M(\zeta_s)$ übereinstimmen. Diese Funktion wird die gesuchte verallgemeinerte Suszeptibilität sein.

Die beschriebene Methode wird im folgenden Kapitel auf die kinetischen Eigenschaften von Supraleitern angewandt.

Wir wollen schließlich noch zeigen, daß die Kenntnis der Funktion $\alpha(\omega)$ es gestattet, das Relaxationsverhalten der Größe x zum Gleichgewichtswert $\bar{x} = 0$ zu bestimmen. Dazu werden wir annehmen, daß der anfängliche Nichtgleichgewichtswert $\bar{x}$ durch eine verallgemeinerte Kraft $f(t)$, die für $t < 0$ wirkt und anschließend ausgeschaltet wird, hervorgerufen wird. Der Wert $\bar{x}(t)$ zu irgendeinem Zeitpunkt t wird durch die Werte von f zu allen vorherigen Zeiten mittels der Beziehung

$$\bar{x}(t) = \int_{-\infty}^{t} \alpha(t - t')\, f(t')\, \mathrm{d}t'$$

bestimmt, wobei die Funktion $\alpha(t)$ mit der verallgemeinerten Suszeptibilität durch die reziproke FOURIER-Darstellung

$$\alpha(t) = \int_{-\infty}^{\infty} \alpha(\omega)\, \mathrm{e}^{-i\omega t}\, \frac{\mathrm{d}\omega}{2\pi}$$

verknüpft ist (vgl. V, § 123). Falls für $t > 0$ die Relation $f = 0$ gilt, ergibt sich

$$\bar{x}(t) = \int_{-\infty}^{0} \alpha(t - t')\, f(t')\, \mathrm{d}t'\,.$$

Das Verhalten von $\bar{x}(t)$ für große t wird durch das asymptotische Verhalten von $\alpha(t)$ für $t \to \infty$ charakterisiert. Letzteres wird durch die der reellen Achse am nächsten gelegene Singularität der Funktion $\alpha(\omega)$ in der unteren Halbebene bestimmt. Speziell entspricht einem einfachen exponentiellen Relaxationsgesetz $\bar{x} \propto \mathrm{e}^{-t/\tau}$ mit der Relaxationszeit τ eine einfache Polstelle von $\alpha(\omega)$ bei $\omega = -i/\tau$.

§ 92. GREENsche Funktionen für das Nichtgleichgewicht

Die Aufgaben der physikalischen Kinetik sind stets mit der Untersuchung von Nichtgleichgewichtszuständen verbunden. Nichtsdestoweniger gestattet die Anwendung der im vorhergehenden Paragraphen beschriebenen Methode für eine Reihe von Fällen, die Berechnung kinetischer Größen auf eine Berechnung von entsprechenden GREENschen Funktionen für thermodynamische Gleichgewichtssysteme zu reduzieren. Dadurch wird es möglich, Diagrammtechniken (wie die von MATSUBARA) zu verwenden, die ihrem Wesen nach gerade auf Gleichgewichtszustände anwendbar sind. Es ist klar, daß diese Möglichkeit auf physikalische Fragen beschränkt ist, bei denen nur schwache Abweichungen vom Gleichgewicht auftreten.

Wir beginnen jetzt mit der Entwicklung einer Diagrammtechnik, die prinzipiell zur Berechnung von GREEN-Funktionen für Systeme in beliebigen Nichtgleichgewichtszuständen geeignet ist. Die mit Hilfe dieser Technik erhaltenen Gleichungen für die GREEN-Funktionen sind im Prinzip den kinetischen Gleichungen äquivalent. Bei der Anwendung auf Gleichgewichtssysteme ist es aber möglich, mit derselben Technik GREEN-Funktionen und verallgemeinerte Suszeptibilitäten (für von Null verschiedene Temperaturen) als Funktionen von kontinuierlichen reellen Frequenzen sofort, ohne die Notwendigkeit einer analytischen Fortsetzung, zu erhalten.[1]) (Aus diesem Grund kann sie sich in komplizierten Fällen als vorteilhafter als die MATSUBARA-Technik erweisen.)

Die GREENsche Funktion eines Nichtgleichgewichtssystems wird auf die gleiche Weise wie im Gleichgewichtsfall definiert:

$$iG_{\sigma_1\sigma_2}(X_1, X_2) = \langle n|\, \mathrm{T}\hat{\Psi}_{\sigma_1}(X_1)\, \hat{\Psi}^+_{\sigma_2}(X_2)\, |n\rangle$$
$$= \begin{cases} \langle n|\, \hat{\Psi}_{\sigma_1}(X_1)\, \hat{\Psi}^+_{\sigma_2}(X_2)\, |n\rangle\,, & t_1 > t_2\,, \\ \mp \langle n|\, \hat{\Psi}^+_{\sigma_2}(X_2)\, \hat{\Psi}_{\sigma_1}(X_1)\, |n\rangle\,, & t_1 < t_2\,. \end{cases} \tag{92,1}$$

Der Unterschied besteht lediglich darin, daß die Mittelung (mit dem Symbol $\langle n| \dots |n\rangle$ bezeichnet) jetzt bezüglich beliebiger Quantenzustände des Systems und nicht, wie im Gleichgewichtsfall, unbedingt über stationäre Zustände durchgeführt wird.[2]) Das obere Vorzeichen bezieht sich (hier und im weiteren) auf die FERMI-Statistik, das untere auf die BOSE-Statistik. Im letzteren Fall müssen (für Systeme spinloser Teilchen) natürlich die Spinindizes σ_1, σ_2 weggelassen werden. Für die BOSE-Statistik wird angenommen, daß keine Kondensation eintritt, d. h., daß entweder Systeme mit nichtkonstanter Teilchenzahl (Phononen, Photonen) betrachtet werden oder Systeme, die sich im Temperaturbereich oberhalb des Einsatzpunktes der Kondensation befinden.

---

[1]) Diese Technik wurde von L. W. KELDYSCH (1964) entwickelt. Sie ähnelt in gewissen Zügen der von R. MILLS (1962) für Gleichgewichtszustände entwickelten Technik.

[2]) In der Definition der Funktion G in IX, § 36 für Gleichgewichtssysteme bei $T \neq 0$ ist auch die Mittelung bezüglich der GIBBSschen Verteilung enthalten. Wir erinnern noch einmal daran, daß entsprechend den Grundprinzipien der Statistik das Ergebnis der statistischen Mittelung für Gleichgewichtssysteme nicht davon abhängt, ob sie bezüglich der exakten Wellenfunktion des stationären Zustandes eines abgeschlossenen Systems oder mit Hilfe der GIBBSschen Verteilung für Systeme in einem Wärmebad durchgeführt wird. Der Unterschied besteht lediglich darin, daß im ersten Fall das Mittelungsergebnis durch die Energie und die Teilchenzahl des Systems, im zweiten Fall durch die Temperatur und das chemische Potential ausgedrückt wird.

In inhomogenen Nichtgleichgewichtssystemen ist die Funktion (92,1) von beiden Variablenpaaren $X_1 = (t_1, \boldsymbol{r}_1)$ und $X_2 = (t_2, \boldsymbol{r}_2)$ getrennt abhängig und nicht nur von ihrer Differenz wie im Gleichgewichtsfall.

Die Diagrammtechnik soll die Möglichkeit bieten, die GREENsche Funktion eines Systems wechselwirkender Teilchen durch Funktionen des idealen Gases auszudrükken. Dabei entsteht jedoch automatisch die Notwendigkeit, außer G auch noch andere Funktionen einzuführen. Um die weiteren Darlegungen nicht unterbrechen zu müssen, geben wir die Definitionen dieser Funktionen sofort an und erklären einige ihrer Eigenschaften.

Aus Gründen, die im folgenden Paragraphen erläutert werden, ist es vorteilhaft, die Funktion (92,1) als G^{--} zu bezeichnen. Somit schreiben wir diese Definition in der Form[1])

$$iG_{12}^{--} = \langle \mathrm{T}\hat{\Psi}_1\hat{\Psi}_2^+\rangle = \begin{cases} \langle \hat{\Psi}_1\hat{\Psi}_2^+\rangle\,, & t_1 > t_2\,, \\ \mp\langle \hat{\Psi}_2^+\hat{\Psi}_1\rangle\,, & t_1 < t_2\,. \end{cases} \qquad (92,2)$$

Die Definition der Funktion

$$iG_{12}^{++} = \langle \tilde{\mathrm{T}}\hat{\Psi}_1\hat{\Psi}_2^+\rangle = \begin{cases} \mp\langle \hat{\Psi}_2^+\hat{\Psi}_1\rangle\,, & t_1 > t_2\,, \\ \langle \hat{\Psi}_1\hat{\Psi}_2^+\rangle\,, & t_1 < t_2\,, \end{cases} \qquad (92,3)$$

unterscheidet sich von (92,2) dadurch, daß in ihr anstelle von T das Symbol $\tilde{\mathrm{T}}$ auftritt, welches eine Ordnung der Operatorfaktoren in entgegengesetzter chronoloigscher Reihenfolge — mit von rechts nach links abnehmender Zeit — bewirkt.

Zwei weitere Funktionen werden als die Mittelwerte nichtchronologischer Produkte von Ψ-Operatoren definiert:

$$iG_{12}^{+-} = \langle \hat{\Psi}_1\hat{\Psi}_2^+\rangle\,, \qquad iG_{12}^{-+} = \mp\langle \hat{\Psi}_2^+\hat{\Psi}_1\rangle\,. \qquad (92,4)$$

Das unterschiedliche Vorzeichen für FERMI-Systeme in diesen Definitionen ist mit der allgemeinen Regel verbunden, daß sich das Vorzeichen bei einer Vertauschung der Ψ-Operatoren ändert.

Wir erwähnen, daß die zweite der Funktionen (92,4) für $t_1 = t_2 \equiv t$ mit der Einteilchendichtematrix übereinstimmt. In ausführlicher Schreibweise gilt

$$\mp iG^{-+}(t, \boldsymbol{r}_1; t, \boldsymbol{r}_2) = \mathcal{N}\varrho(t, \boldsymbol{r}_1, \boldsymbol{r}_2) \qquad (92,5)$$

(vgl. IX, (7,17), (31,4)). Von welcher Seite t_2 gegen t_1 strebt, ist hierbei völlig bedeutungslos, da die Funktion G^{-+} für $t_2 = t_1$ stetig ist. Der Wert der Funktion iG^{+-} für $t_1 = t_2$ dagegen ist mit dem Wert von iG^{-+} durch die Beziehung

$$i\{G^{+-}(t, \boldsymbol{r}_1; t, \boldsymbol{r}_2) - G^{-+}(t, \boldsymbol{r}_1; t, \boldsymbol{r}_2)\} = \delta(\boldsymbol{r}_1 - \boldsymbol{r}_2) \qquad (92,6)$$

verknüpft, die sich aus den Kommutationsregeln für FERMI- bzw. BOSE-Operatoren Ψ ergibt.

---

[1]) Zur Verringerung des Schreibaufwands wird vereinbart, daß im weiteren die Spinindizes in die Variable X einbezogen sind: $X = (t, \boldsymbol{r}, \sigma)$. Dort, wo dies nicht zu Mißverständnissen führt, werden wir die Bezeichnungen noch weiter vereinfachen, indem wir die Werte der Argumente X durch entsprechende Indizes angeben: $\psi_1 \equiv \psi(X_1)$, $G_{12} \equiv G(X_1, X_2)$ usw. Schließlich wird noch vereinbart, das Mittelungssymbol anstelle von $\langle n| \ldots |n\rangle$ einfach als $\langle \ldots \rangle$ zu schreiben.

Die auf diese Weise definierten vier G-Funktionen sind nicht unabhängig voneinander. Sie sind durch eine lineare Beziehung verknüpft, die sich unmittelbar aus ihren Definitionen ergibt:

$$G^{--} + G^{++} = G^{-+} + G^{+-}. \tag{92,7}$$

Die Funktionen G^{--} und G^{++} sind außerdem noch „antihermitesch konjugiert" bezüglich der Vertauschung ihrer Argumente,

$$G_{12}^{--} = -G_{21}^{++*}. \tag{92,8}$$

Die Funktionen G^{-+} und G^{+-} hingegen sind beide selbst „antihermitesch",

$$G_{12}^{-+} = -G_{21}^{-+*}, \qquad G_{12}^{+-} = -G_{21}^{+-*}. \tag{92,9}$$

Eine wesentliche Rolle bei der weiteren Betrachtung wird der Zusammenhang dieser Funktionen mit den retardierten bzw. avancierten GREEN-Funktionen spielen. Letztere sind in analoger Weise wie im Gleichgewichtsfall definiert (vgl. IX, § 36):

$$iG_{12}^{R} = \begin{cases} \langle \hat{\Psi}_1 \hat{\Psi}_2^+ \pm \hat{\Psi}_2^+ \hat{\Psi}_1 \rangle, & t_1 > t_2, \\ 0, & t_1 < t_2, \end{cases} \tag{92,10}$$

$$iG_{12}^{A} = \begin{cases} 0, & t_1 > t_2, \\ -\langle \hat{\Psi}_1 \hat{\Psi}_2^+ \pm \hat{\Psi}_2^+ \hat{\Psi}_1 \rangle, & t_1 < t_2. \end{cases}$$

Diese zwei Funktionen sind zueinander „hermitesch konjugiert",

$$G_{12}^{A} = G_{21}^{R*}. \tag{92,11}$$

Ein direkter Vergleich der Definitionen (92,2—4) und (92,10) ergibt

$$\begin{aligned} G^R &= G^{--} - G^{-+} = G^{+-} - G^{++}, \\ G^A &= G^{--} - G^{+-} = G^{-+} - G^{++}. \end{aligned} \tag{92,12}$$

Beim stationären, räumlich homogenen Problem, wenn alle Funktionen nur von den Differenzen $t = t_1 - t_2$ und $\boldsymbol{r} = \boldsymbol{r}_1 - \boldsymbol{r}_2$ abhängen, können sie einer FOURIER-Entwicklung bezüglich dieser Variablen unterzogen werden. Aus (92,8) und (92,11) folgen für die FOURIER-Komponenten die Beziehungen

$$G^{--}(\omega, \boldsymbol{p}) = -[G^{++}(\omega, \boldsymbol{p})]^*, \qquad G^A(\omega, \boldsymbol{p}) = [G^R(\omega, \boldsymbol{p})]^*. \tag{92,13}$$

Aus (92,9) folgt weiterhin, daß die FOURIER-Komponenten $G^{+-}(\omega, \boldsymbol{p})$ und $G^{-+}(\omega, \boldsymbol{p})$ imaginär sind.

Für ein System wechselwirkungsfreier Teilchen erfüllt die Funktion G^{--} die Bedingung

$$\hat{G}_{01}^{-1} G_{12}^{(0)--} = \delta(X_1 - X_2), \tag{92,14}$$

wobei $\hat{G}_0^{-1}$ einen Differentialoperator der Form

$$\hat{G}_0^{-1} = i\frac{\partial}{\partial t} - \varepsilon(-i\nabla) + \mu = i\frac{\partial}{\partial t} + \frac{\Delta}{2m} + \mu \tag{92,15}$$

darstellt $\varepsilon\big((\boldsymbol{p}) = \boldsymbol{p}^2/2m\big)$ und

$$\delta(X_1 - X_2) = \delta_{\sigma_1\sigma_2}\delta(t_1 - t_2)\,\delta(\boldsymbol{r}_1 - \boldsymbol{r}_2) \tag{92,16}$$

bedeutet. Der Index (0) bei der Funktion G besagt, daß sie sich auf ein ideales Gas bezieht, und der Index 1 beim Operator $\hat{G}_0^{-1}$, daß die Differentiation bezüglich der Variablen t_1, $\boldsymbol{r}_1$ durchzuführen ist. Wir erinnern daran, daß die δ-Funktion auf der rechten Seite der Gleichung (92,14) mit dem Sprung verbunden ist, den die Funktion G^- für $t_1 = t_2$ besitzt.[1]) Den gleichen Sprung besitzen auch die Funktionen G^R und G^A, so daß $G^{(0)\,R}$ und $G^{(0)\,A}$ dieselbe Gleichung erfüllen. Die Funktion G^{++} hingegen besitzt für $t_1 = t_2$ einen Sprung mit entgegengesetztem Vorzeichen. Deshalb gilt

$$\hat{G}_{01}^{-1}G_{12}^{(0)++} = -\delta(X_1 - X_2)\,. \tag{92,17}$$

Die Funktionen G^{+-} und G^{-+} schließlich sind für $t_1 = t_2$ stetig. Aus diesem Grund erfüllen sie für ein ideales Gas die Gleichungen[2])

$$\hat{G}_{01}^{-1}G_{12}^{(0)+-} = 0\,, \qquad \hat{G}_{01}^{-1}G_{12}^{(0)-+} = 0\,. \tag{92,18}$$

Wir berechnen alle Funktionen G für den stationären homogenen Zustand eines idealen Gases, der durch eine bestimmte Verteilung der Impulse $n_{\boldsymbol{p}}$ (nicht unbedingt die Gleichgewichtsverteilung) charakterisiert ist. Zur Vereinfachung der Formeln werden wir annehmen, daß diese Verteilung nicht vom Spin abhängt. Dadurch wird die Spinabhängigkeit der Funktionen G (innerhalb der Fermi-Statistik) in Form eines Faktors $\delta_{\sigma_1\sigma_2}$ abgetrennt. Gemeinsam mit den Spinindizes werden wir auch diesen Faktor weglassen.

Die Ψ-Operatoren eines idealen Gases schreiben wir in Form einer einfachen Zerlegung,

$$\hat{\Psi}_0(t, \boldsymbol{r}) = \frac{1}{\sqrt{V}} \sum_{\boldsymbol{p}} \hat{a}_{\boldsymbol{p}} \exp\{i[\boldsymbol{p}\boldsymbol{r} - \varepsilon(\boldsymbol{p})\,t + \mu t]\}\,, \tag{92,19}$$

und analog für $\hat{\Psi}_0^+$ (vgl. IX, (9,3)). Beim Einsetzen dieser Ausdrücke in die Definitionen der G-Funktionen muß beachtet werden, daß die diagonalen Matrixelemente nur dann von Null verschieden sind, wenn sie Produkte aus Teilchenvernichtungs- und Teilchenerzeugungsoperatoren mit gleichem $\boldsymbol{p}$ enthalten.

$$\langle \hat{a}_{\boldsymbol{p}}^+\hat{a}_{\boldsymbol{p}}\rangle = n_{\boldsymbol{p}}\,, \qquad \langle \hat{a}_{\boldsymbol{p}}\hat{a}_{\boldsymbol{p}}^+\rangle = 1 \mp n_{\boldsymbol{p}}\,.$$

Damit finden wir beispielsweise

$$G^{(0)-+}(t, \boldsymbol{r}) = \pm \frac{i}{V} \int n_{\boldsymbol{p}} \exp\{i\boldsymbol{p}\boldsymbol{r} - i\varepsilon(\boldsymbol{p})\,t + i\mu t\}\, \frac{V\,d^3p}{(2\pi)^3}$$

---

[1]) Siehe IX, § 9. Die dort durchgeführte Herleitung der Gleichung ist nicht an die Mittelung bezüglich des Grundzustandes des Systems gebunden und bleibt somit auch für eine Mittelung bezüglich eines beliebigen Quantenzustandes gültig.

[2]) Falls die Differentiation nicht bezüglich der ersten, sondern bezüglich der zweiten Variablen in den G-Funktionen ausgeführt wird, muß das Vorzeichen vor $i\,\partial/\partial t$ geändert werden, d. h., der Operator $\hat{G}_{01}^{-1}$ ist durch $\hat{G}_{02}^{-1*}$ zu ersetzen:

$$\hat{G}_{02}^{-1*}\hat{G}_{12}^{(0)--} = \delta(X_1 - X_2) \quad \text{usw.} \tag{92,14a}$$

mit $t = t_1 - t_2$, $\boldsymbol{r} = \boldsymbol{r}_1 - \boldsymbol{r}_2$. Schreibt man diesen Ausdruck in der äquivalenten Form

$$G^{(0)-+}(t, \boldsymbol{r}) = \pm 2\pi i \int n_{\boldsymbol{p}} \exp(i\boldsymbol{p}\boldsymbol{r} - i\omega t)\, \delta(\omega - \varepsilon + \mu) \frac{d\omega\, d^3p}{(2\pi)^4},$$

so sieht man, daß

$$G^{(0)-+}(\omega, \boldsymbol{p}) = \pm 2\pi i n_{\boldsymbol{p}}\, \delta(\omega - \varepsilon + \mu) \tag{92,20}$$

gilt. Auf analoge Weise finden wir

$$G^{(0)+-}(\omega, \boldsymbol{p}) = -2\pi i(1 \mp n_{\boldsymbol{p}})\, \delta(\omega - \varepsilon + \mu)\,. \tag{92,21}$$

Für die Berechnung von G^R ist es am vorteilhaftesten, direkt von der Gleichung

$$\left[i\frac{\partial}{\partial t} - \varepsilon(-i\nabla) + \mu\right] G^{(0)R}(t, \boldsymbol{r}) = \delta(t)\, \delta(\boldsymbol{r})$$

auszugehen, indem man sie mit der FOURIER-Methode löst und dabei berücksichtigt, daß $G^R(\omega, \boldsymbol{p})$ in der oberen ω-Halbebene keine Singularitäten besitzen darf. Hieraus finden wir sofort

$$G^{(0)R}(\omega, \boldsymbol{p}) = [\omega - \varepsilon(\boldsymbol{p}) + \mu + i0]^{-1}\,. \tag{92,22}$$

(Die Funktion $G^{(0)A}(\omega, \boldsymbol{p})$ ergibt sich aus diesem Ausdruck entsprechend (92,13) einfach als konjugiert komplexe Größe.)

Schließlich finden wir mit Hilfe von (92,12)

$$\begin{aligned} G^{(0)--}(\omega, \boldsymbol{p}) &= [\omega - \varepsilon(\boldsymbol{p}) + \mu + i0]^{-1} \pm 2\pi i n_{\boldsymbol{p}}\, \delta(\omega - \varepsilon + \mu) \\ &= \mathrm{P}\frac{1}{\omega - \varepsilon + \mu} + i\pi(\pm 2n_{\boldsymbol{p}} - 1)\, \delta(\omega - \varepsilon + \mu)\,. \end{aligned} \tag{92,23}$$

Wir möchten darauf hinweisen, daß der Ausdruck (92,22) in keiner Weise von den Eigenschaften des Zustandes (d. h. von der Verteilung $n_{\boldsymbol{p}}$) abhängt, bezüglich dessen die Mittelung erfolgt. Diese Eigenschaft der Funktion $G^{(0)R}$ (und $G^{(0)A}$) ist nicht etwa mit der bei der Herleitung von (92,22) zu Beginn angenommenen Homogenität und Stationarität des Systemzustandes verbunden. Die Funktion $G^{(0)R}(X_1, X_2)$ ist automatisch nur von der Differenz $X_1 - X_2$ abhängig.

Bei der Anwendung auf Gleichgewichtssysteme ist in den Ausdrücken (92,21–23) unter $n_{\boldsymbol{p}}$ die FERMI- bzw. BOSE-Verteilungsfunktion zu verstehen. Dabei werden die G-Funktionen von T und μ abhängig. Dadurch wird auch der Übergang von der Mittelung bezüglich eines vorgegebenen stationären Quantenzustandes zur Mittelung bezüglich der GIBBSschen Verteilung vollzogen.

Aufgabe

Man bestimme die GREENschen Funktionen für den stationären, homogenen Zustand des Phononengases in einer Flüssigkeit.

Lösung. Analog zu den Definitionen (92,4) erhalten wir für das Phononenfeld

$$iD_{12}^{+-} = \langle \hat{\varrho}_1' \hat{\varrho}_2' \rangle\,, \qquad iD_{12}^{-+} = \langle \hat{\varrho}_2' \hat{\varrho}_1' \rangle\,, \tag{1}$$

wobei $\hat{\varrho}' = \hat{\varrho}'^{+}$ der Operator des veränderlichen Anteils der Dichte des Mediums ist. Auf Grund der Selbstadjungiertheit dieses Operators sind die Funktionen (1) durch die Beziehung

$$D_{12}^{+-} = D_{21}^{-+} \tag{2}$$

miteinander verknüpft (und besitzen nach wie vor die Eigenschaft (92,9)).

Für ein wechselwirkungsfreies Phononengas gilt (s. IX, (24,10))

$$\hat{\varrho}' = \hat{\varrho}'^{+} = \sum_{\boldsymbol{k}} i \left(\frac{\varrho_0 k}{2uV}\right)^{1/2} \left(\hat{c}_{\boldsymbol{k}}\, e^{i(\boldsymbol{kr}-ukt)} - \hat{c}_{\boldsymbol{k}}^{+}\, e^{-i(\boldsymbol{kr}-ukt)}\right). \tag{3}$$

(ϱ_0 ist die ungestörte Dichte und u die Schallgeschwindigkeit.) Setzt man (3) in (1) ein und überführt die Summation in eine Integration, so ergibt sich

$$iD^{(0)-+}(t, \boldsymbol{r}) = \frac{\varrho_0}{2u} \int \{\langle \hat{c}_{\boldsymbol{k}}^{+} \hat{c}_{\boldsymbol{k}} \rangle\, e^{i(\boldsymbol{kr}-ukt)} + \langle \hat{c}_{\boldsymbol{k}} \hat{c}_{\boldsymbol{k}}^{+} \rangle\, e^{-i(\boldsymbol{kr}-ukt)}\} \frac{k\, d^3k}{(2\pi)^3}.$$

Werden weiter im zweiten Summanden die Integrationsvariable $\boldsymbol{k}$ durch $-\boldsymbol{k}$ ersetzt und die Mittelwerte durch die Besetzungszahlen der Phononenzustände $N_{\boldsymbol{k}}$ ausgedrückt, erhalten wir

$$iD^{(0)-+}(t, \boldsymbol{r}) = \int \frac{\varrho_0 k}{2u} \{N_{\boldsymbol{k}}\, e^{-iukt} + (1 + N_{-\boldsymbol{k}})\, e^{iukt}\}\, e^{i\boldsymbol{kr}} \frac{d^3k}{(2\pi)^3}.$$

Der Integrand (ohne den Faktor $\exp i\boldsymbol{kr}$) ist bereits die Komponente der FOURIER-Entwicklung bezüglich der Koordinaten. Wird auch die FOURIER-Entwicklung bezüglich der Zeit durchgeführt, so finden wir

$$iD^{(0)-+}(\omega, \boldsymbol{k}) = \frac{\pi \varrho_0 k}{u} \{N_{\boldsymbol{k}} \delta(\omega - uk) + (1 + N_{-\boldsymbol{k}})\, \delta(\omega + uk)\}. \tag{4}$$

Für die Funktion $D^{(0)+-}$ ergibt sich dann nach (2)

$$D^{(0)+-}(\omega, \boldsymbol{k}) = D^{(0)-+}(-\omega, -\boldsymbol{k}). \tag{5}$$

Zwei weitere GREEN-Funktionen sind durch

$$iD_{12}^{--} = \langle \mathrm{T} \hat{\varrho}_1' \hat{\varrho}_2' \rangle, \qquad iD_{12}^{++} = \langle \tilde{\mathrm{T}} \hat{\varrho}_1' \hat{\varrho}_2' \rangle \tag{6}$$

definiert. Dabei gilt

$$D_{12}^{--} = D_{21}^{--}, \qquad D_{12}^{++} = D_{21}^{++}. \tag{7}$$

Für wechselwirkungsfreie Phononen ergibt eine analoge Berechnung (vgl. Aufgabe in IX, § 31)

$$\begin{aligned} D^{(0)--}(\omega, \boldsymbol{k}) &= -[D^{(0)++}(\omega, \boldsymbol{k})]^* \\ &= \frac{\varrho_0 k}{2u} \left\{ \left[\frac{1}{\omega - uk + i0} - \frac{1}{\omega + uk - i0} \right] - 2\pi i [N_{\boldsymbol{k}}\, \delta(\omega - uk) + N_{-\boldsymbol{k}}\, \delta(\omega + uk)] \right\}. \end{aligned} \tag{8}$$

In Übereinstimmung mit (7) gilt $D^{(0)--}(\omega, \boldsymbol{k}) = D^{(0)--}(-\omega, -\boldsymbol{k})$.

Aus (8) folgt, daß die Funktion $D^{(0)--}(t, \boldsymbol{r})$ in Koordinatendarstellung die Beziehung

$$\left(\frac{\partial^2}{\partial t^2} - u^2 \Delta\right) D^{(0)--}(t, \boldsymbol{r}) = \varrho_0 \delta(t)\, \Delta \delta(\boldsymbol{r}) \tag{9}$$

erfüllt, die die Gleichung (92,14) für GREEN-Funktionen gewöhnlicher Teilchen ersetzt.

§ 93. Diagrammtechnik für Nichtgleichgewichtssysteme

Jede Diagrammtechnik beruht auf einer Abtrennung des Wechselwirkungsoperators vom HAMILTON-Operator des Systems: $\hat{H} = \hat{H}_0 + \hat{V}$, wobei $\hat{H}_0$ den HAMILTON-Operator des Systems wechselwirkungsfreier Teilchen charakterisiert. Die Diagrammtechnik entspricht demnach einer Störungstheorie bezüglich $\hat{V}$.

Sie wird für ein Nichtgleichgewichtssystem auf dem gleichen Weg aufgebaut wie im Gleichgewichtsfall für $T = 0$.[1]) Die GREEN-Funktion $G \equiv G^{--}$ wird mit Hilfe der Beziehung

$$iG_{12}^{--} = \langle \hat{S}^{-1} \mathrm{T}[\hat{\Psi}_{01} \hat{\Psi}_{02}^{+} \hat{S}] \rangle \tag{93,1}$$

durch die Ψ-Operatoren im Wechselwirkungsbild (d. h. für ein ideales Gas) ausgedrückt, wobei

$$\hat{S} \equiv \hat{S}(\infty, -\infty) = \mathrm{T} \exp\left(-i \int_{-\infty}^{\infty} \hat{V}_0(t)\, \mathrm{d}t\right) \tag{93,2}$$

gilt und $\hat{V}_0(t)$ der Operator $\hat{V}$ in Wechselwirkungsdarstellung ist. Die Mittelung in (93,1) erfolgt bezüglich eines bestimmten Zustands des Systems wechselwirkungsfreier Teilchen. Für die weitere Überlegung wird günstigerweise angenommen, daß dies ein stationärer, homogener Zustand, jedoch nicht der Grundzustand ist. (Wir werden später sehen, daß dieser Anfangszustand eliminiert und die Theorie so formuliert werden kann, daß die Gleichung in keiner Weise mehr von ihm abhängt.) Gerade darin besteht der Unterschied zum Fall $T = 0$, für den die Mittelung bezüglich des Grundzustandes ausgeführt wird. Dieser Unterschied ist sehr wesentlich. Die Mittelung des Operators $\hat{S}^{-1}$ kann bereits nicht mehr von der Mittelung der übrigen Faktoren separiert werden (wie es in IX, § 12 beim Übergang von (12,12) zu (12,14) geschah). Das liegt daran, daß ein angeregter Zustand unter der Wirkung des Operators $\hat{S}^{-1}$ nicht in sich selbst überführt wird, sondern in bestimmte Superpositionen anderer angeregter Zustände (die anschaulich als das Ergebnis aller möglichen Prozesse der gegenseitigen Streuung von Quasiteilchen betrachtet werden können).[2])

Der Ausdruck (93,1) muß nun nach Potenzen von $\hat{V}$ entwickelt werden. Dabei ist es vorteilhaft, zunächst $\hat{S}^{-1}$ unter Benutzung der Unitarität des Operators $\hat{S}$ umzuformen:

$$\hat{S}^{-1} = \hat{S}^{+} = \tilde{\mathrm{T}} \exp\left(i \int_{-\infty}^{\infty} \hat{V}(t)\, \mathrm{d}t\right). \tag{93,3}$$

(Es wurde ebenfalls verwendet, daß der Operator $\hat{V}$ hermitesch ist.) Das Symbol $\tilde{\mathrm{T}}$ der umgekehrten Zeitordnung wurde bereits im vorhergehenden Paragraphen eingeführt.

Indem wir $\hat{S}$ und $\hat{S}^{-1}$ in Reihen entwickeln und diese in (93,1) einsetzen, erhalten wir eine Summe von unterschiedlichen Gliedern, für die jeweils gesondert die Mittelung mit Hilfe des WICKschen Theorems durchgeführt werden muß, wobei jeder Möglichkeit, paarweise Kontraktionen von Ψ-Operatoren zu bilden, ein bestimmtes Diagramm zugeordnet wird.[3])

---

[1]) Die weitere Darstellung beruht im wesentlichen auf den Ausführungen in IX, §§ 12, 13.

[2]) Wir merken an, daß aus dem gleichen Grund die in IX, §§ 12, 13 dargestellte Diagrammtechnik im allgemeinen sogar für $T = 0$ nicht anwendbar ist, falls veränderliche äußere Felder vorhanden sind (d. h., falls der Operator $\hat{V}$ bereits in der SCHRÖDINGER-Darstellung explizit von der Zeit abhängt). Die veränderlichen Felder regen den Grundzustand des Systems an. Es sei gleichzeitig hervorgehoben, daß wir hier eine Technik entwickeln, die auch für veränderliche äußere Felder gültig ist.

[3]) Wir erinnern daran, daß im makroskopischen Grenzfall die Gültigkeit des WICKschen Theorems nicht davon abhängig ist, bezüglich welchen homogenen, stationären Zustandes die Mittelung durchgeführt wird — siehe Ende IX, § 13.

Wir stellen zunächst fest, daß (wie bereits in der Diagrammtechnik für $T = 0$, die wir als „gewöhnliche" bezeichnen werden) nur Verbunddiagramme, die keine entkoppelten Vakuumschleifen enthalten, berücksichtigt werden müssen. Die Vakuumschleifen kürzen sich gegenseitig heraus. Davon kann man sich leicht überzeugen, indem man einige von den ersten Diagrammen betrachtet, an denen man das allgemeine Prinzip eines derartigen Herauskürzens erkennen kann.

Wenn alle Kontraktionen, die zu einem Verbundgraphen führen, im Operatorprodukt $\mathrm{T}\hat{\Psi}_1\hat{\Psi}_2^+\hat{S}$ ausgeführt werden, erhalten wir Glieder, die durch die in IX, § 13 beschriebenen gewöhnlichen Diagramme dargestellt werden (selbstverständlich mit einer anderen konkreten Form der Funktionen, die den ausgezogenen Linien entsprechen). Es sei daran erinnert, daß wir es hier mit Diagrammen in Koordinatendarstellung zu tun haben. Für Nichtgleichgewichtszustände (wenn die Funktionen G von den Variablen X_1 und X_2 einzeln abhängen) erweist sich ein Übergang in die Impulsdarstellung als unbequem. Weitere Glieder entstehen infolge von Kontraktionen, an denen auch Ψ-Operatoren aus $\hat{S}^{-1} = \hat{S}^+$ beteiligt sind. In jeder Ordnung der Störungstheorie ergeben sich diese aus den üblichen Gliedern bei Ersetzung eines beliebigen Faktors $\hat{V}$ aus $\hat{S}$ durch einen Faktor $\hat{V}$ aus $\hat{S}^+$. Diese Glieder werden mit Hilfe von Diagrammen der gleichen graphischen Gestalt, jedoch mit etwas abgeänderten Regeln für ihre Interpretation dargestellt. Diese Änderungen resultieren aus den drei folgenden Umständen: 1. Die Wechselwirkungsoperatoren gehen in $\hat{S}^+$ in der Form $+i\hat{V}$ ein (anstelle von $-i\hat{V}$ in $\hat{S}$). 2. Alle Ψ-Operatoren in $\hat{S}^+$ stehen stets weiter links als die Operatoren im Produkt $\mathrm{T}\hat{\Psi}_1\hat{\Psi}_2^+\hat{S}$. 3. Innerhalb des Faktors $\hat{S}^+$ sind die Operatoren in Form eines $\tilde{\mathrm{T}}$-Produkts (anstelle von T) geordnet.

Wir untersuchen, wie sich diese Änderungen beim Aufbau der Diagrammtechnik im einfachsten Fall — einem System von Teilchen (sagen wir Fermionen), die sich in einem äußeren Feld $U(t, \boldsymbol{r}) \equiv U(X)$ befinden — äußern.

Die Glieder erster Ordnung in der Entwicklung (93,1) lauten

$$\langle \mathrm{T}\hat{\Psi}_1\hat{\Psi}_2^+(-i\int \hat{\Psi}_3^+ U_3\hat{\Psi}_3\,\mathrm{d}^4X_3)\rangle + \langle \tilde{\mathrm{T}}\, i\int \hat{\Psi}_3^+ U_3\hat{\Psi}_3\,\mathrm{d}^4X_3\cdot \mathrm{T}\hat{\Psi}_1\hat{\Psi}_2^+\rangle .$$

Für die hier betrachtete Situation ist das zweite Glied dieser Summe charakteristisch. Bei einer Mittelung bezüglich des Grundzustandes müßte nur der erste Summand betrachtet werden. Im ersten Summanden stehen alle vier Ψ-Operatoren in dem zeitgeordneten T-Produkt. Ihre Kontraktionen

$$\mathrm{T}\Psi_1\Psi_2^+(-i\Psi_3^+U_3\Psi_3) \qquad (93,4)$$

ergeben die Faktoren $G_{32}^{(0)--}$ und $G_{13}^{(0)--}$. Im zweiten Summanden dagegen sind die kontrahierten Ψ-Operatoren nicht durch ein T- oder $\tilde{\mathrm{T}}$-Produkt untereinander geordnet,

$$\tilde{\mathrm{T}}(i\Psi_3^+U_3\Psi_3)\,\mathrm{T}(\Psi_1\Psi_2^+)\,. \qquad (93,5)$$

Ihre Kontraktionen liefern die Faktoren $G_{32}^{(0)+-}$ und $G_{13}^{(0)--}$. Außerdem steht hier $+iU_3$ anstelle von $-iU_3$.

Wir führen an dieser Stelle graphische Elemente ein, die sich von den in der gewöhnlichen Diagrammtechnik auftretenden durch zusätzliche Indizes $+$ bzw. $-$ an den Linienenden unterscheiden. Gestrichelte Linien mit den Indizes $+$ oder $-$ an einem Ende (Vertex des Diagramms) repräsentieren den Faktor $+iU(X)$ bzw. $-iU(X)$:

(93,6)

(Vgl. IX, § 19.) Den ausgezogenen Linien mit den Indizes $\pm$ an beiden Enden werden unterschiedliche Funktionen G zugeordnet:

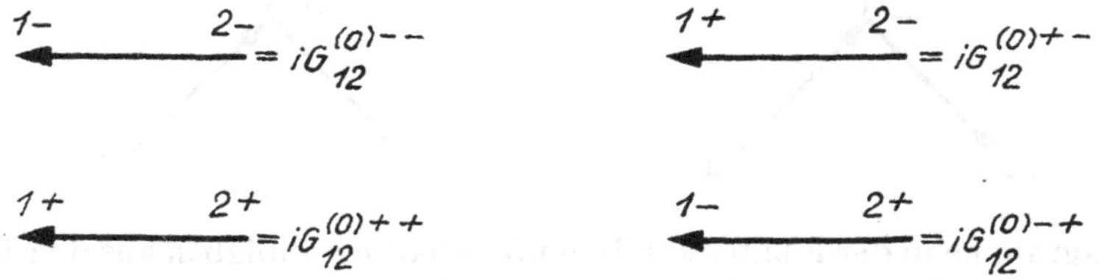

(93,7)

Die Ziffern an den Linienenden kennzeichnen die Argumente der Funktion, die Variablen X_1, X_2.

Die zwei Glieder (93,4–5) werden auf diese Weise durch folgende Diagramme dargestellt:

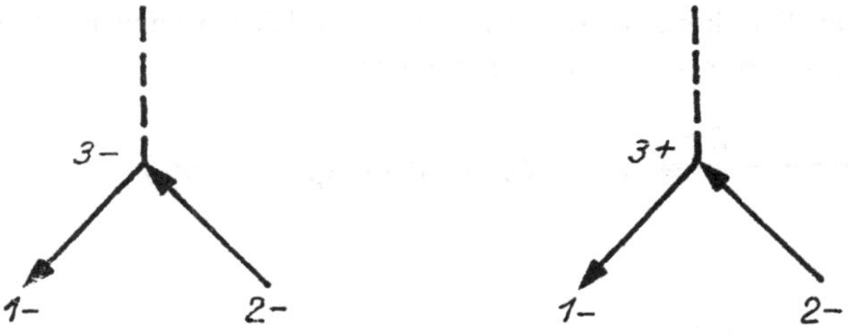

(93,8)

Den zwei äußeren Enden der ausgezogenen Linien werden Indizes zugeordnet, die zum Ausdruck bringen, daß es sich um Korrekturen der Funktion G^{--} handelt. Über Variable, die an einem Vertex des Diagramms stehen, muß selbstverständlich integriert werden.[1]) In analytischer Darstellung ergibt sich

$$iG_{12}^{(1)--} = \int \{iG_{13}^{(0)--} iG_{32}^{(0)--}(-iU_3) + iG_{13}^{(0)-+} iG_{32}^{(0)+-} iU_3\}\, d^4X_3 . \qquad (93,9)$$

In der folgenden zweiten Ordnung der Störungstheorie werden die Korrekturen zur Funktion G^{--} durch vier Diagramme dargestellt:

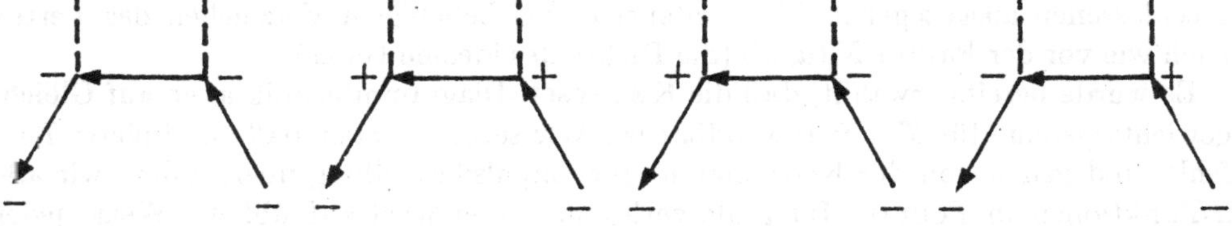

(93,10)

[1]) Genauer: Es muß über $dt\, d^3x$ integriert und über paarweise gleiche Spinindizes summiert werden. Die Summation werden wir uns im weiteren als in die Integration d^4X einbezogen denken.

(die Ziffernindizes wurden weggelassen.) Die Indizes $\pm$ an jedem Vertex des Diagramms beziehen sich auf die Enden aller drei in ihn einlaufenden Linien.

In analoger Weise werden die Korrekturglieder zu den anderen G-Funktionen als Diagramme mit anderen Indizes an den jeweiligen äußeren Enden der ausgezogenen Linien ausgedrückt. So ergeben sich für die Funktion G^{-+} in erster Ordnung zwei Diagramme:

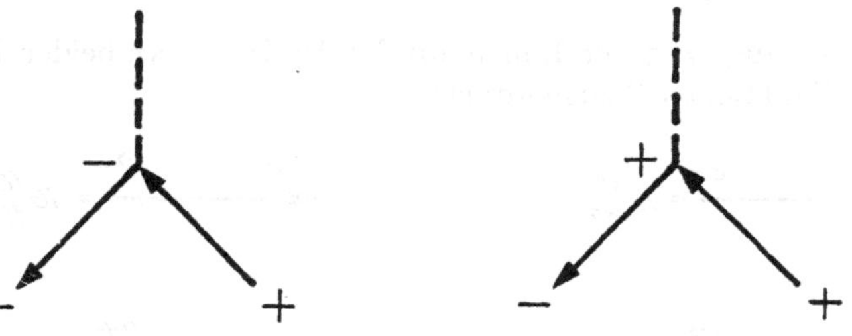

(93,11)

Die Diagramme in der KELDYSCH-Technik erhält man folglich aus den Diagrammen der gewöhnlichen Technik, indem man an den Vertizes und den freien Enden in allen möglichen Kombinationen die zusätzlichen Indizes $+$ bzw. $-$ hinzufügt. Diese Regel bleibt auch in der Diagrammtechnik für andere Typen von Wechselwirkung bestehen.

Für ein System mit Paarwechselwirkung zwischen den Teilchen entspricht in der gewöhnlichen Diagrammtechnik einer inneren gestrichelten Linie das Wechselwirkungspotential zweier Teilchen. An den Enden dieser Linien wird jetzt noch ein Paar von gleichen Indizes $+$ oder $-$ hinzugeschrieben:

$$\overset{1+}{-}\,-\,-\,-\,-\,\overset{2+}{-} = iU(x_1-x_2) \equiv i\delta(t_1-t_2)\,U(\mathbf{r}_1-\mathbf{r}_2)$$

(93,12)

$$\overset{1-}{-}\,-\,-\,-\,-\,\overset{2-}{-} = -\,iU(x_1-x_2)$$

Somit wird die Korrektur erster Ordnung zur Funktion G^{--} für ein System mit Paarwechselwirkung als Summe von vier Diagrammen dargestellt:

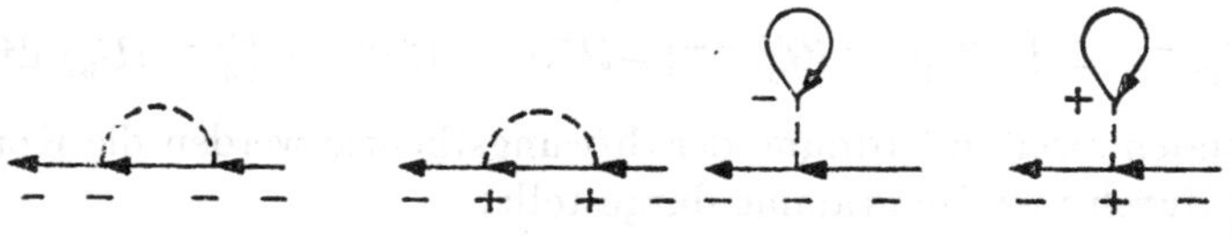

(93,13)

(anstelle der zwei Diagramme IX, (13,13) in der gewöhnlichen Technik). Der in sich geschlossenen ausgezogenen Linie entspricht bei beliebigem Vorzeichen des Vertex nach wie vor der Faktor $N_0(\mu, T)$ (die Dichte des idealen Gases).

Es wurde bereits erwähnt, daß die KELDYSCH-Diagrammtechnik auch auf Gleichgewichtssysteme für $T \neq 0$ anwendbar ist. Wir setzen voraus, daß ein äußeres Feld fehlt, und gehen von der Koordinaten- zur Impulsdarstellung über, indem wir alle G-Funktionen in FOURIER-Integrale zerlegen. Dabei wird auf übliche Weise jeder Linie in den Diagrammen ein bestimmter „Viererimpuls" zugeschrieben. Den Linien entsprechen nach den gleichen Regeln die Funktionen $U(Q)$, $G^{(0)}(P)$ in Impulsdarstellung.

Für $T = 0$ lautet die FERMI-Verteilungsfunktion

$$n_p = \begin{cases} 1, & p < p_F, \\ 0, & p > p_F. \end{cases}$$

Nach (92,20—21) gilt deshalb für FERMI-Systeme bei $T = 0$

$$G^{(0)-+}(P) = 0 \quad \text{für} \quad p > p_F, \qquad G^{(0)+-}(P) = 0 \quad \text{für} \quad p < p_F,$$

und alle Diagramme für G^{--}, die „Plus"-Vertizes enthalten, werden identisch Null. Auf diese Weise geht die KELDYSCH-Diagrammtechnik bei Anwendung auf Gleichgewichtssysteme (im Unterschied zur MATSUBARA-Technik) für $T = 0$ unmittelbar in die gewöhnliche Diagrammtechnik über.

§ 94. Selbstenergiefunktionen

Wie in jeder „vernünftigen" Diagrammtechnik ist es auch im Rahmen der KELDYSCH-Technik möglich, die Diagramme zu „Blöcken" aufzusummieren. Die wichtigsten von diesen Blöcken sind die sogenannten Selbstenergiefunktionen.

Wir erinnern daran (s. IX, § 14), daß dieser Begriff bei der Betrachtung von solchen Diagrammen der GREENschen Funktion entstand, die nicht in zwei, nur durch eine ausgezogene Linie verbundene Anteile zerfallen (*irreduzible* Diagramme). Werden die Faktoren $iG^{(0)}$, die den zwei Endlinien des Diagramms entsprechen, abgetrennt, so kann ein derartiges Diagramm (in Koordinatendarstellung als Funktion der zwei Argumente X_1, X_2) in der Form

$$\int iG^{(0)}_{13}(-i\Sigma_{34})\, iG^{(0)}_{42}\, d^4X_3\, d^4X_4$$

dargestellt werden. Die Funktion $-i\Sigma_{34}$, die den gesamten inneren Anteil des Diagramms repräsentiert, stellt einen Beitrag zur sogenannten *Selbstenergie* dar. Die exakte Selbstenergie (die mit $-i\Sigma$ bezeichnet wird) ist als Summe aller möglichen Diagramme des betrachteten Typs definiert. In Übereinstimmung damit, daß in der dargelegten Technik jedem Vertex noch ein Vorzeichen $+$ oder $-$ zugeschrieben werden muß, existieren entsprechend den Vorzeichen ihrer „Eingangs"- und „Ausgangsvertizes" vier exakte Selbstenergiefunktionen. Wir bezeichnen sie mit Σ^{--}, Σ^{++}, Σ^{+-}, Σ^{-+}.

Die exakten G-Funktionen hängen mit den exakten Σ-Funktionen über Identitäten zusammen, die man in graphischer Form aufschreiben kann. Für die Funktion G^{--} gilt

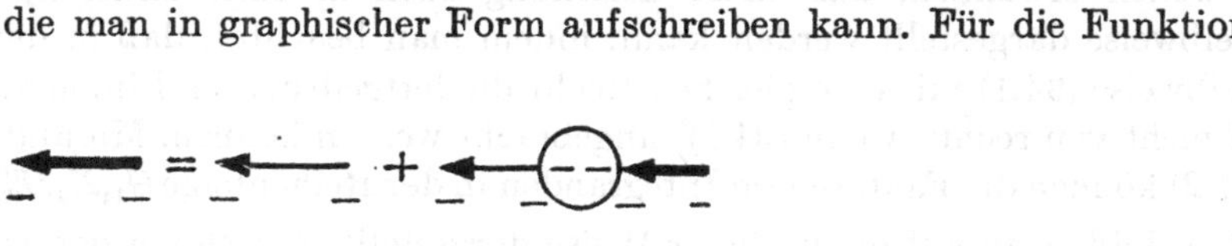

(94,1)

und analog für alle übrigen Funktionen (fettgedruckte Linien sind exakte G-Funktionen und Kreise Σ-Funktionen; vgl. IX, (14,4)). In analytischer Form erhalten wir die Gleichung

$$G_{12}^{--} = G_{12}^{(0)--} + \int \{G_{14}^{(0)--}\Sigma_{43}^{--}G_{32}^{--} + G_{14}^{(0)-+}\Sigma_{43}^{++}G_{32}^{+-} + G_{14}^{(0)-+}\Sigma_{43}^{+-}G_{32}^{--} + G_{14}^{(0)--}\Sigma_{43}^{-+}G_{32}^{+-}\}\, d^4X_3\, d^4X_4 \tag{94,2}$$

sowie noch drei weitere Beziehungen für die übrigen G-Funktionen.

Für eine kompakte Schreibweise dieser Gleichungen ist es vorteilhaft, Matrizen einzuführen:

$$G = \begin{pmatrix} G^{--} & G^{-+} \\ G^{+-} & G^{++} \end{pmatrix}, \qquad \Sigma = \begin{pmatrix} \Sigma^{--} & \Sigma^{-+} \\ \Sigma^{+-} & \Sigma^{++} \end{pmatrix}. \tag{94,3}$$

Auf diese Weise werden die vier Gleichungen der Gestalt (94,2) zu einer Matrixgleichung

$$G_{12} = G_{12}^{(0)} + \int G_{14}^{(0)}\Sigma_{43}G_{32}\, d^4X_3\, d^4X_4 \tag{94,4}$$

zusammengefaßt. Die Faktoren unter dem Integrationszeichen werden entsprechend den Matrizenregeln multipliziert.

Auf analoge Weise werden auch die Gleichungen (92,14—18), die von den G-Funktionen des idealen Gases erfüllt werden, zusammengefaßt:

$$\hat{G}_{01}^{-1}G_{12}^{(0)} = \sigma_z\delta(X_1 - X_2) \tag{94,5}$$

mit[1])

$$\sigma_z = \begin{pmatrix} 1 & 0 \\ 0 & -1 \end{pmatrix}.$$

Wir wenden uns wieder der Gleichung (94,4) zu und lassen auf beide Seiten den Operator $\hat{G}_{01}^{-1}$ wirken. Unter Berücksichtigung von (94,5) erhalten wir im Ergebnis ein System von vier Integro-Differentialgleichungen, das in Form einer Matrixgleichung aufgeschrieben wird:

$$\hat{G}_{01}^{-1}G_{12} = \sigma_z\delta(X_1 - X_2) + \int \sigma_z\Sigma_{13}G_{32}\, d^4X_3\,. \tag{94,6}$$

Wir wollen erwähnen, daß diese Gleichung auch in einer anderen, äquivalenten Schreibweise dargestellt werden kann, indem man beachtet, daß in der Diagrammschreibweise (94,1) mit dem gleichen Recht die fettgedruckten Linien auch von links (und nicht von rechts wie in (94,1)) angebracht werden können. Mit anderen Worten, in (94,2) können die Faktoren im Integranden in der Reihenfolge $G_{14}\Sigma_{43}G_{32}^{(0)}$ geschrieben werden. Läßt man auf die in dieser Weise dargestellte Gleichung den Operator $\hat{G}_{02}^{-1*}$

---

[1]) Die Bezeichnung σ_z, die den Standardbezeichnungen der Pauli-Matrizen entlehnt wurde, steht natürlich hier in keinerlei Beziehung zum Spin.

wirken (s. Fußnote auf S. 426), so erhält man

$$G_{02}^{-1*}G_{12} = \sigma_z \delta(X_1 - X_2) + \int G_{13}\Sigma_{32}\sigma_z \, d^4X_3 \, . \tag{94,7}$$

Die Selbstenergiefunktionen können ihrerseits in Form einer Reihe von Skelettdiagrammen, deren graphische Elemente fettgedruckte durchgehende Linien — die exakten G-Funktionen — sind, dargestellt werden. Für ein System von Teilchen mit Paarwechselwirkung erhält man

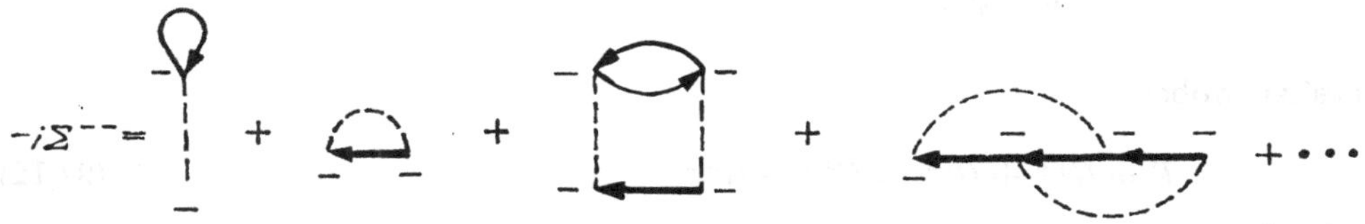

(94,8)

(94,9)

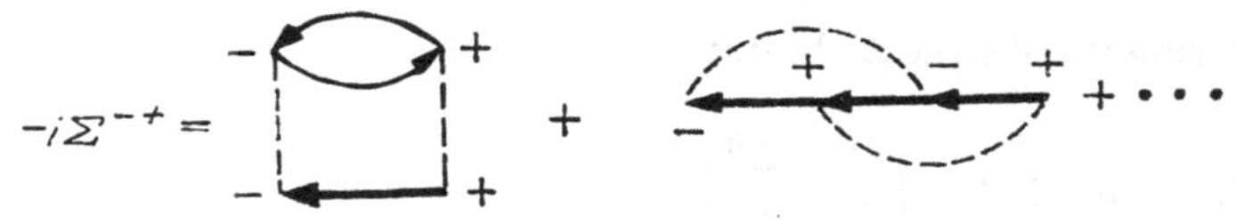

und analoge Ausdrücke für Σ^{++} und Σ^{+-}. Die weiteren Glieder der Reihe enthalten Diagramme mit einer größeren Anzahl von gestrichelten Linien.[1] Die Gleichungen (94,4) bzw. (94,7) ergeben auf diese Weise ein vollständiges, wenn auch sehr kompliziertes System von Gleichungen für die exakten G-Funktionen.

Die Gleichungen (94,6) enthalten nicht mehr die Funktionen $G^{(0)}$, die von der Wahl des ungestörten „Ausgangszustandes" des Systems wechselwirkungsfreier Teilchen abhängen. Somit verschwindet jegliche Abhängigkeit von dieser Wahl.[2] Jedoch führt das Auftreten von Differentialoperationen in diesen Gleichungen dazu, daß ihre Lösungen nicht eindeutig sind. Diese Nichteindeutigkeit äußert sich im Auftreten der Funktionen $G^{(0)}$ in den Integralgleichungen (94,4).

Das Gleichungssystem (94,6) besitzt jedoch den Mangel, daß in ihm die lineare Abhängigkeit der G-Funktionen, ausgedrückt durch die Relation (92,7), noch nicht in expliziter Form berücksichtigt wurde. Zur Beseitigung dieses Mangels muß eine lineare Transformation der Matrizen G so durchgeführt werden, daß unter Benutzung von (92,7) eines ihrer Elemente verschwindet. Eine derartige Transformation wird mit Hilfe der Beziehung

$$G' = R^{-1}GR \tag{94,10}$$

---

[1] Vgl. IX, (14,9—10); alle dort angeführten Diagramme erster und zweiter Ordnung gehen in die Skelettgraphen (94,8) ein.

[2] Hierzu muß man eine wesentliche Bemerkung machen. Bei Fehlen eines äußeren Feldes hängt die Störungsreihe für G genauso wie G_0 nur von den Differenzkoordinaten $X_1 - X_2$ ab. Nach Elimination von G_0 jedoch kann man auch Lösungen von (94,6) betrachten, die getrennt von X_1 und X_2 abhängen.

realisiert, wobei folgende Bezeichnungen eingeführt wurden:

$$R = \frac{1}{\sqrt{2}}\begin{pmatrix} 1 & 1 \\ -1 & 1 \end{pmatrix}, \qquad R^{-1} = \frac{1}{\sqrt{2}}\begin{pmatrix} 1 & -1 \\ 1 & 1 \end{pmatrix}.$$

Man kann leicht sehen, daß die transformierte Matrix die Gestalt

$$G' = \begin{pmatrix} 0 & G^A \\ G^R & F \end{pmatrix} \tag{94,11}$$

besitzt, wobei

$$F = G^{++} + G^{--} = G^{+-} + G^{-+} \tag{94,12}$$

gilt. Transformieren wir auf die gleiche Weise auch die Matrizen $G^{(0)}$ und Σ, so bleibt die Gleichung (94,4) unverändert.

Die transformierte Matrix Σ' lautet

$$\Sigma' = R^{-1}\Sigma R = \begin{pmatrix} \Omega & \Sigma^R \\ \Sigma^A & 0 \end{pmatrix} \tag{94,13}$$

mit den Bezeichnungen

$$\Omega = \Sigma^{--} + \Sigma^{++}, \qquad \Sigma^R = \Sigma^{--} + \Sigma^{-+}, \qquad \Sigma^A = \Sigma^{--} + \Sigma^{+-}. \tag{94,14}$$

Dies kann man durch direkte Rechnung nachprüfen, wenn man die Beziehung

$$\Sigma^{++} + \Sigma^{--} = -(\Sigma^{+-} + \Sigma^{-+}) \tag{94,15}$$

berücksichtigt, die sich aus (92,7) ergibt. (Man erhält sie einfach, indem man den Ausdruck

$$\hat{G}_{01}^{-1}(G^{--} + G^{++} - G^{-+} - G^{+-})$$

mittels (94,6) umformt und ihn dann gleich Null setzt.)

Wir lösen jetzt die transformierte Matrixgleichung in Komponenten auf und erhalten drei Gleichungen. Eine von ihnen lautet

$$G_{12}^A = G_{12}^{(0)A} + \int G_{14}^{(0)A} \Sigma_{43}^A G_{32}^A \, d^4X_3 \, d^4X_4 \,. \tag{94,16}$$

Die entsprechende Gleichung für G^R liefert nichts Neues, da sie einfach „hermitesch konjugiert“ zur Gleichung (94,16) ist. Wir betonen, daß diese Gleichung, obwohl in ihr auch die zum idealen Gas gehörenden Funktionen $G^{(0)A}$ auftreten, nicht vom „Ausgangszustand“ abhängt, da die Funktion $G^{(0)A}$ (wie in § 92 festgestellt wurde) nicht von diesem Zustand abhängig ist.

Schließlich erhalten wir aus (94,4) noch die dritte Gleichung für die Funktion F, die Ausdrücke mit der Funktion $F^{(0)}$ enthält und über diese vom „Ausgangszustand“

abhängt. Diese Glieder verschwinden jedoch bei der Anwendung des Differentialoperators $\hat{G}_{01}^{-1}$, da $\hat{G}_{01}^{-1} F^{(0)} = 0$ ist. Als Ergebnis erhalten wir die Gleichung

$$\hat{G}_{01}^{-1} F_{12} = \int \{\Omega_{13} G_{02}^A + \Sigma_{13}^R F_{32}\}\, d^4 X_3 \,. \tag{94,17}$$

Die Gleichungen (94,16—17) bilden ein vollständiges System, das im Prinzip das Verhalten eines Nichtgleichgewichtssystems beschreibt. Die zweite dieser Gleichungen ist eine Integro-Differentialgleichung und stellt eine Verallgemeinerung der Boltzmannschen kinetischen Gleichung dar. Wir erinnern in diesem Zusammenhang daran, daß entsprechend (92,5—6) die Funktionen G^{-+} und G^{+-}, und mit ihnen auch F, unmittelbar mit der Verteilungsfunktion der Teilchen im System verknüpft sind. Die Lösung der Gleichung (94,17) enthält eine Willkür, die der Willkür in der Lösung der kinetischen Gleichung entspricht. Die Gleichung (94,16) dagegen ist eine reine Integralgleichung und liefert deshalb keinerlei zusätzliche Willkür bei der Lösung des Systems.

Wir unterstreichen eine bedeutsame Besonderheit dieser Gleichungen (94,16—17), durch die sie sich im allgemeinen Fall von der gewöhnlichen kinetischen Gleichung unterscheiden: Sie enthalten zwei Zeitvariable t_1 und t_2 anstelle von einer. Im folgenden Paragraphen wird gezeigt, auf welche Weise dieser Unterschied im quasiklassischen Fall verschwindet.

§ 95. Kinetische Gleichung in Diagrammtechnik

Wir zeigen an einem einfachen Beispiel, auf welche Weise ein Übergang von den Gleichungen des Typs (94,16—17) zur quasiklassischen kinetischen Gleichung zustande kommt. Wir untersuchen ein schwach nichtideales Fermi-Gas bei Temperaturen $T \sim \varepsilon_F$, von dem wir annehmen, daß es die Bedingungen für ein quasiklassisches Verhalten erfüllt: Die Zeitspanne τ und der Abstand L, in denen sich alle physikalischen Größen merklich ändern, erfüllen die Ungleichungen

$$\tau \varepsilon_F \gg 1 \,, \qquad L p_F \gg 1 \tag{95,1}$$

(vgl. § 40). Obwohl wir in diesem Fall natürlich keinerlei neue Informationen erhalten werden, bietet die Ableitung einige lehrreiche Aspekte, die auch für kompliziertere Probleme von Nutzen sind.

Die quantenkinetische Gleichung muß die Einteilchen-Dichtematrix $\varrho(t, \boldsymbol{r}_1, \boldsymbol{r}_2)$ bestimmen.[1]) Für den Übergang zum quasiklassischen Fall ist es vorteilhaft, ϱ in einer gemischten Koordinaten-Impulsdarstellung aufzuschreiben, indem man die Fourier-Zerlegung bezüglich der Differenz $\boldsymbol{\xi} = \boldsymbol{r}_1 - \boldsymbol{r}_2$ durchführt und die Koordinatenabhängigkeit von $\boldsymbol{r} = (\boldsymbol{r}_1 + \boldsymbol{r}_2)/2$ beibehält. Dabei gilt

$$\boldsymbol{r}_1 = \boldsymbol{r} + \frac{\boldsymbol{\xi}}{2}\,, \qquad \boldsymbol{r}_2 = \boldsymbol{r} - \frac{\boldsymbol{\xi}}{2}\,,$$

---

[1]) Wie in § 40 nehmen wir die Elektronenverteilung als spinunabhängig an und lassen den Spinfaktor $\delta_{\sigma_1\sigma_2}$ in ϱ weg.

so daß die entsprechende FOURIER-Darstellung durch

$$\frac{1}{\mathcal{N}} n(t, \boldsymbol{r}, \boldsymbol{p}) = \int \mathrm{e}^{-i\boldsymbol{p}\boldsymbol{\xi}} \varrho\left(t, \boldsymbol{r} + \frac{\boldsymbol{\xi}}{2}, \boldsymbol{r} - \frac{\boldsymbol{\xi}}{2}\right) \mathrm{d}^3\xi \tag{95,2}$$

gegeben ist. Die inverse Transformation lautet

$$\varrho(t, \boldsymbol{r}_1, \boldsymbol{r}_2) = \frac{1}{\mathcal{N}} \int \mathrm{e}^{i\boldsymbol{p}(\boldsymbol{r}_1 - \boldsymbol{r}_2)} n\left(t, \frac{\boldsymbol{r}_1 + \boldsymbol{r}_2}{2}, \boldsymbol{p}\right) \frac{\mathrm{d}^3p}{(2\pi)^3}. \tag{95,3}$$

Die Integration der Funktion $n(t, \boldsymbol{r}, \boldsymbol{p})$ bezüglich der Koordinaten ergibt die Impulsverteilung der Teilchen, wie man bei Darstellung dieses Integrals durch die ursprüngliche Dichtematrix erkennen kann.

$$N_{\boldsymbol{p}} = \int n(t, \boldsymbol{r}, \boldsymbol{p}) \, \mathrm{d}^3x = \mathcal{N} \int \mathrm{e}^{-i\boldsymbol{p}(\boldsymbol{r}_1 - \boldsymbol{r}_2)} \varrho(t, \boldsymbol{r}_1, \boldsymbol{r}_2) \, \mathrm{d}^3x_1 \, \mathrm{d}^3x_2 \,. \tag{95,4}$$

Eine Integration bezüglich der Impulse dagegen liefert, wie wiederum durch die Darstellung mit Hilfe der Dichtematrix erkennbar ist, die Verteilung über die Koordinaten, d. h. die räumliche Teilchenzahldichte

$$N(t, \boldsymbol{r}) = \int n(t, \boldsymbol{r}, \boldsymbol{p}) \, \mathrm{d}^3p = \mathcal{N} \varrho(t, \boldsymbol{r}, \boldsymbol{r}) \,. \tag{95,5}$$

Die Funktion $n(t, \boldsymbol{r}, \boldsymbol{p})$ kann aber im allgemeinen Quantenfall keineswegs als Verteilungsfunktion bezüglich der Koordinaten *und* der Impulse betrachtet werden. Abgesehen davon, daß dies den Grundprinzipien der Quantenmechanik widersprechen würde, ist die nach (95,2) definierte Funktion $n(t, \boldsymbol{r}, \boldsymbol{p})$ im allgemeinen Fall auch gar nicht überall positiv.

Die Funktion $n(t, \boldsymbol{r}, \boldsymbol{p})$ besitzt jedoch die unmittelbare Bedeutung der Verteilungsfunktion in einer quasiklassischen Näherung. Um sich davon zu überzeugen, betrachten wir den Operator einer beliebigen physikalischen Größe, der sich auf ein einzelnes Teilchen bezieht und von $\boldsymbol{r}$ und $\boldsymbol{p}$ abhängt: $\hat{f} = f(\boldsymbol{r}, \hat{\boldsymbol{p}}) = f(\boldsymbol{r}, -i\nabla)$.[1] Entsprechend der Definition der Dichtematrix ist der Mittelwert der Größe f durch das Integral

$$\bar{f} = \int [\hat{f}_1 \varrho(t, \boldsymbol{r}_1, \boldsymbol{r}_2)]_{\boldsymbol{r}_1 = \boldsymbol{r}_2 = \boldsymbol{r}} \, \mathrm{d}^3x$$

gegeben, wobei $\hat{f}_1$ auf die Variable $\boldsymbol{r}_1$ wirkt. Wir setzen hier ϱ in Form von (95,3) ein und berücksichtigen, daß unter den Bedingungen (95,1) n eine langsamer veränderliche Funktion von $\boldsymbol{r}_1$ ist als der Faktor $\exp(i\boldsymbol{p}\boldsymbol{r}_1)$. Deshalb ist es ausreichend, nur diesen Faktor zu differenzieren, was zu einer Ersetzung von $-i\nabla_1$ durch $\boldsymbol{p}$ führt. Der Ausdruck $\bar{f}$ erhält somit die Form

$$\bar{f} = \frac{1}{\mathcal{N}} \int f(\boldsymbol{r}, \boldsymbol{p}) \, n(t, \boldsymbol{r}, \boldsymbol{p}) \, \mathrm{d}^3x \frac{\mathrm{d}^3p}{(2\pi)^3}, \tag{95,6}$$

---

[1]) Um definierte Verhältnisse zu haben, kann angenommen werden, daß alle Operatoren ∇ rechts von $\boldsymbol{r}$ stehen. In quasiklassischer Näherung ist dies nicht von Bedeutung.

was (bei beliebigem f) gerade der Definition der klassischen Verteilungsfunktion entspricht.

Im weiteren werden wir Gleichungen für die GREEN-Funktion $G^{-+}(X_1, X_2)$ aufschreiben, die (entsprechend (92,5)) am engsten mit der Dichtematrix verknüpft ist. Wir führen für sie folgende „vierdimensionale" gemischte Darstellung ein:

$$G^{-+}(X, P) = \int e^{iP\Xi} G^{-+}(X + \tfrac{1}{2}\,\Xi, X - \tfrac{1}{2}\,\Xi)\, d^4\,\Xi \tag{95,7}$$

mit $P = (\omega, \boldsymbol{p})$, $X = (t, \boldsymbol{r})$, $\Xi = (\xi_0, \xi)$, wobei $t = (t_1 + t_2)/2$ und $\xi_0 = t_1 - t_2$ bedeuten. Somit wird

$$n(t, \boldsymbol{r}, \boldsymbol{p}) = -i \int G^{-+}(X, P) \frac{d\omega}{2\pi}. \tag{95,8}$$

Die Integration bezüglich $d\omega/2\pi$ entspricht einem Gleichsetzen der Zeiten $t_1 = t_2$.

Nach diesen vorangestellten Definitionen gehen wir zur Ableitung der kinetischen Gleichung über.

Wir nehmen die $(-+)$-Komponenten aus den Gleichungen (94,6) und (94,7) und bilden gliedweise ihre Differenz:

$$(\hat{G}_{02}^{-1*} - \hat{G}_{01}^{-1})\, G_{12}^{-+}$$
$$= -\int (\Sigma_{13}^{--} G_{32}^{-+} + \Sigma_{13}^{-+} G_{32}^{++} + G_{13}^{-+} \Sigma_{32}^{++} + G_{13}^{--} \Sigma_{32}^{-+})\, d^4X_3\,. \tag{95,9}$$

Der auf der linken Seite auf die Funktion G_{12}^{-+} wirkende Operator hat die Form

$$\hat{G}_{02}^{-1*} - \hat{G}_{01}^{-1} = -i\left(\frac{\partial}{\partial t_1} + \frac{\partial}{\partial t_2}\right) - \frac{1}{2m}(\Delta_1 - \Delta_2) = -i\left(\frac{\partial}{\partial t} - \frac{i}{m}\nabla_{\boldsymbol{r}}\nabla_{\xi}\right).$$

Wir gehen jetzt auf beiden Seiten der Gleichung (95,9) zu den FOURIER-Komponenten (95,7) über und setzen $t_1 = t_2$ (oder, was dazu äquivalent ist, wir integrieren bezüglich $d\omega/2\pi$). Unter Berücksichtigung von (95,8) finden wir, daß die linke Seite der Gleichung (95,9) im Ergebnis die Gestalt

$$\frac{\partial n}{\partial t} + \frac{\boldsymbol{p}}{m}\frac{\partial n}{\partial \boldsymbol{r}}$$

erhält, die dem geforderten Aussehen der linken Seite der kinetischen Gleichung für die Verteilungsfunktion $n(t, \boldsymbol{r}, \boldsymbol{p})$ entspricht. Die rechte Seite der Gleichung (95,9) muß deshalb nach der FOURIER-Transformation das Stoßintegral St n ergeben.

Der Übergang zu den FOURIER-Komponenten auf dieser Seite muß unter Berücksichtigung der quasiklassischen Bedingungen durchgeführt werden. Das Integral in (95,9) stellt eine Summe von Gliedern der Form

$$\int \Sigma(X_1, X_3)\, G(X_3, X_2)\, d^4X_3$$

dar. Wir drücken die Faktoren Σ und G als Funktionen der Differenzen und Halbsummen der „Viererkoordinaten“ aus:

$$\int \Sigma\left(X_1 - X_3, \frac{X_1 + X_3}{2}\right) G\left(X_3 - X_2 \frac{X_3 + X_2}{2}\right) d^4X_3 .$$

Beim Übergang zu den FOURIER-Komponenten bezüglich der ersten Argumente sind nur Wertebereiche der Koordinatendifferenzen und der Zeitdifferenzen von Bedeutung, für die $|\boldsymbol{r}_1 - \boldsymbol{r}_3|, |\boldsymbol{r}_3 - \boldsymbol{r}_2| \sim 1/p$ und $|t_1 - t_3|, |t_3 - t_2| \sim 1/\varepsilon$ gilt. Entsprechend den Bedingungen (95,1) ändern sich in diesen Intervallen Σ und G als Funktionen ihrer zweiten Argumente nur geringfügig. Deshalb kann man diese Argumente näherungsweise durch die Werte $X = (X_1 + X_2)/2$ ersetzen:

$$\int \Sigma(X_1 - X_3, X)\, G(X_3 - X_2, X)\, d^4X_3 ,$$

wonach zur FOURIER-Darstellung bei festgehaltenem Wert X übergegangen werden kann. Im Ergebnis erhält die rechte Seite von Gleichung (95,9) die Form

$$\begin{aligned} \mathrm{St}\, n &= -\int \{\Sigma^{-+}(G^{--} + G^{++}) + (\Sigma^{--} + \Sigma^{++})\, G^{-+}\} \frac{d\omega}{2\pi} \\ &= \int \{-\Sigma^{-+}G^{+-} + \Sigma^{+-}G^{-+}\} \frac{d\omega}{2\pi}, \end{aligned} \tag{95,10}$$

wobei alle Funktionen im Integranden die gleichen Argumente $(X, P) \equiv (t, \boldsymbol{r}; \omega, \boldsymbol{p})$ besitzen. Im zweiten Gleichheitszeichen wurden die Beziehungen (92,7) und (94,15) berücksichtigt.

Wir wenden nun die Gleichung (95,10) auf das Modell eines nahezu idealen FERMI-Gases an, das bereits in IX, §§ 6, 21 untersucht wurde. Wiederum soll angenommen werden, daß das Wechselwirkungspotential $U(\boldsymbol{r}_1 - \boldsymbol{r}_2)$ der Teilchen die Bedingung für die Anwendbarkeit der Störungstheorie erfüllt. Für einen Übergang zur wirklichen Wechselwirkung (die diese Bedingung nicht erfüllt) genügt es, das Ergebnis durch die Streuamplitude auszudrücken.

Will man das Stoßintegral in erster nichtverschwindender Ordnung der Störungstheorie bezüglich der Wechselwirkung bestimmen, so kann man annehmen, daß die exakten G-Funktionen in (95,10) mit der Verteilungsfunktion n über die gleichen Beziehungen (92,20–21) verknüpft sind wie im Falle des idealen Gases. Das bedeutet, daß kleine, infolge der Wechselwirkung auftretende Korrekturen zur Energie $\varepsilon = p^2/2m$ der Gasteilchen vernachlässigt werden.[1]) Die Ausdrücke (92,20–21) beziehen sich genaugenommen auf den homogenen und stationären Zustand eines Gases,

[1]) Gerade diese Vernachlässigung erlaubt es, auf die Betrachtung der übrigen Komponenten von (94,6) zu verzichten, d. h., sie in der erforderlichen Genauigkeit als identisch erfüllt anzusehen.

können jedoch im quasiklassischen Fall auf Grund der langsamen Veränderlichkeit von n als Funktion der Koordinaten und der Zeit unverändert verwendet werden mit $n_{\boldsymbol{p}}$ als der Funktion $n(t, \boldsymbol{r}, \boldsymbol{p})$, in der $\boldsymbol{r}$ und t die Rolle von Parametern spielen. Die Integration über ω beseitigt die δ-Funktion und liefert

$$\begin{aligned} \mathrm{St}\, n = {} & i\Sigma^{-+}(\varepsilon - \mu, \boldsymbol{p}; t, \boldsymbol{r})\,[1 - n(t, \boldsymbol{r}, \boldsymbol{p})] \\ & + i\Sigma^{+-}(\varepsilon - \mu, \boldsymbol{p}; t, \boldsymbol{r})\, n(t, \boldsymbol{r}, \boldsymbol{p})\,. \end{aligned} \tag{95,11}$$

Bereits aus der Gestalt dieses Ausdrucks wird klar, daß der erste Summand den „Zuwachs" an Teilchen beschreibt, der nur für $1 - n \neq 0$ möglich ist. Der zweite Beitrag hingegen charakterisiert den „Verlust", der proportional zu n ist. Somit bleiben nur noch die Selbstenergiefunktionen Σ^{-+} und Σ^{+-} zu berechnen.

Ihre ersten nichtverschwindenden Beiträge ergeben sich als Diagramme zweiter Ordnung (vgl. (94,9))

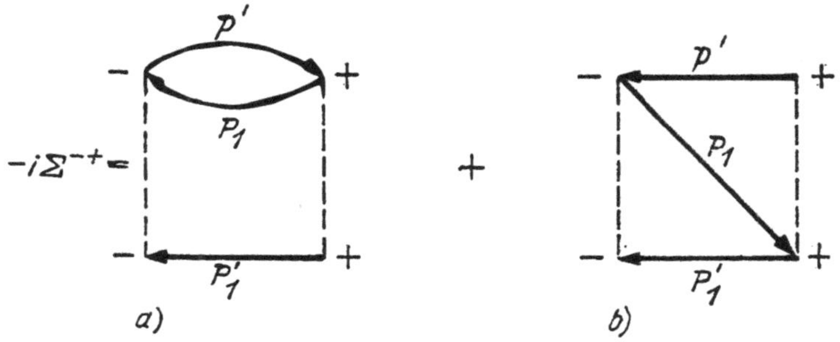

(95,12)

wobei $P_1' = P + P_1 - P'$ gilt. Nach der Ersetzung von U durch U_0 (s. unten) sind die Beiträge von beiden Diagrammen in Σ durch die Relation $\Sigma_a = -2\Sigma_b$ miteinander verknüpft. (Das Minuszeichen entsteht auf Grund der geschlossenen Schleife in a) und der Koeffizient 2 infolge der Spinsummation innerhalb dieser Schleife, vgl. mit den analogen Rechnungen in IX, § 21). Löst man das Diagramm b) in analytische Form auf, so erhält man

$$i\Sigma^{-+}(P) = \int G^{-+}(P')\, G^{+-}(P_1)\, G^{-+}(P_1')\, U^2(\boldsymbol{p}_1 - \boldsymbol{p}')\, \frac{\mathrm{d}^4P_1\, \mathrm{d}^4P'}{(2\pi)^8}\,.$$

In einem entarteten Gas ist die Wellenlänge der Teilchen ($\sim 1/p$) wegen der geringen Dichte des Gases groß im Vergleich zum Wechselwirkungsradius (s. IX, § 6). Auf Grund dieser Tatsache ist es möglich, $U(\boldsymbol{p}_1 - \boldsymbol{p}')$ durch den entsprechenden Wert für $\boldsymbol{p}_1 - \boldsymbol{p}' = 0$

$$U_0 \equiv \int U(r)\, \mathrm{d}^3x$$

zu ersetzen. Führen wir für die Funktionen G^{-+} und G^{+-} die Ausdrücke (92,20—21) ein und beseitigen die δ-Funktionen durch Integration über die Zeitkomponenten der

Viererverektoren P_1 und P', so können wir uns davon überzeugen, daß der erste Summand in (95,11) tatsächlich mit dem „Zuwachsterm“ im Stoßintegral (74,5) übereinstimmt (wobei $w = 2\pi U_0^2$ ist). Auf analogem Weg wird auch die Funktion Σ^{+-} berechnet, wobei sich ergibt, daß der zweite Summand in (95,11) mit dem „Verlustterm“ im gleichen Stoßintegral (74,5) zusammenfällt.

XI SUPRALEITER

§ 96. Hochfrequenzeigenschaften von Supraleitern. Allgemeine Formulierung

In IX, § 51 wurden Formeln erhalten, die eine Beziehung zwischen dem Strom in einem Supraleiter und dem Vektorpotential des elektromagnetischen Feldes in ihm herstellen. In diesem Paragraphen werden diese Formeln für den Fall eines zeitlich veränderlichen Feldes verallgemeinert. Wie bereits in IX werden wir diese Frage im Rahmen des BCS-Modells untersuchen, in dem die Elektronen im Metall als ein isotropes Gas mit schwacher Anziehung zwischen den Teilchen betrachtet werden.[1])

Wie stets in Metallen (und erst recht in Supraleitern) kann in den MAXWELLschen Gleichungen der Verschiebungsstrom vernachlässigt werden, d. h., wir können schreiben

$$\operatorname{rot} \boldsymbol{H} = \frac{4\pi}{c} \boldsymbol{j} . \tag{96,1}$$

Hieraus folgt, daß im Rahmen dieser Näherung

$$\operatorname{div} \boldsymbol{j} = 0 \tag{96,2}$$

gilt. Für die Beschreibung des Feldes wählen wir eine Eichung, in der das skalare Potential $\varphi = 0$ wird. Die lineare Beziehung zwischen den FOURIER-Transformierten (bezüglich der Zeit und der Koordinaten) der Stromdichte und des Vektorpotentials des Feldes schreiben wir in der Form

$$j_\alpha(\omega, \boldsymbol{k}) = -Q(\omega, \boldsymbol{k}) \left(\delta_{\alpha\beta} - \frac{k_\alpha k_\beta}{k^2}\right) A_\beta(\omega, \boldsymbol{k}) , \tag{96,3}$$

wodurch die Gleichung (96,2), d. h. die Bedingung $\boldsymbol{k}\boldsymbol{j}(\omega, \boldsymbol{k}) = 0$ identisch erfüllt wird. Die longitudinale Komponente des Vektors $\boldsymbol{A}$ (längs $\boldsymbol{k}$) fällt aus der Relation (96,3) und damit insgesamt aus den Gleichungen heraus, so daß man sie gleich Null setzen kann. Das heißt, es wird angenommen, daß $\boldsymbol{k}\boldsymbol{A}(\omega, \boldsymbol{k}) = 0$ gilt. Bei einer derartigen Wahl von $\boldsymbol{A}$ reduziert sich die Beziehung zwischen dem Strom und dem Feld auf

$$\boldsymbol{j}(\omega, \boldsymbol{k}) = -Q(\omega, \boldsymbol{k}) \boldsymbol{A}(\omega, \boldsymbol{k}) . \tag{96,4}$$

Unser Ziel besteht in der Berechnung der Funktion $Q(\omega, \boldsymbol{k})$. Diese Größe gehört zur Kategorie der verallgemeinerten Suszeptibilitäten. Für die Lösung dieser Aufgabe benutzen wir die in § 91 dargestellte Methode.

---

[1]) Den Ergebnissen dieses sowie des folgenden Paragraphen liegen Arbeiten von J. BARDEEN und D. C. MATTIS (1958) sowie A. A. ABRIKOSSOW, L. P. GORKOW und I. M. CHALATNIKOW (1958) zugrunde.

Entsprechend dieser Methode führen wir formal im HAMILTON-Operator des Supraleiters ein „Vektorpotential" ein, welches von der MATSUBARA-Variablen τ (und von den Koordinaten) abhängt[1]):

$$A(\tau, r) = A(\zeta_s, k)\, e^{i(kr - \zeta_s \tau)}, \qquad \zeta_s = 2\pi s T. \tag{96,5}$$

Mit Hilfe der GORKOWschen Gleichungen berechnen wir die bezüglich A lineare Korrektur zur MATSUBARA-GREEN-Funktion

$$\mathscr{G}(\tau_1, r_1; \tau_2, r_2) = \mathscr{G}^{(0)}(\tau_1 - \tau_2, r_1 - r_2) + \mathscr{G}^{(1)}(\tau_1, r_1; \tau_2, r_2). \tag{96,6}$$

Infolge der „Homogenität" in τ sowie der räumlichen Homogenität des ungestörten Supraleiters ist $\mathscr{G}^{(0)}$ nur von der Differenz seiner Argumente abhängig. Die Stromdichte $j(\tau, r)$ läßt sich entsprechend

$$j(\tau, r) = -\frac{ie}{m}[(\nabla' - \nabla)\, \mathscr{G}^{(1)}(\tau, r; \tau', r')]_{\substack{r'=r \\ \tau'=\tau+0}} - \frac{e^2 N}{mc} A(\tau, r) \tag{96,7}$$

mit Hilfe der GREENschen Funktion ausdrücken, wobei N die Teilchendichte ist.[2]) Mit dem Feld (96,5) erhält diese Beziehung die Gestalt

$$j(\tau, r) = -Q_M(\zeta_s, k)\, A(\tau, r). \tag{96,8}$$

Der Koeffizient Q_M in ihr stellt die MATSUBARA-Suszeptibilität dar, für die entsprechend (91,18)

$$Q(i\,|\zeta_s|, k) = Q_M(\zeta_s, k) \tag{96,9}$$

gilt. Zur Bestimmung der gesuchten Funktion $Q(\omega, k)$ muß ihre analytische Fortsetzung von den Punkten $\omega = i\,|\zeta_s|$ in der gesamten oberen Halbebene gebildet werden.

Der Berechnungsweg für Q_M ist völlig analog zu den Berechnungen in IX, § 51. Wir erinnern daran, daß bei der Eichung der Potentiale mit $\operatorname{div} A = 0$ keine Korrektur zur Energielücke Δ im Spektrum auftritt und die linearisierten GORKOWschen Gleichungen für die GREENschen Funktionen $\mathscr{G}$ und $\overline{\mathscr{F}}$ die Gestalt[3])

$$\begin{aligned}
&\left[-\frac{\partial}{\partial\tau} + \frac{\nabla^2}{2m} + \mu\right] \mathscr{G}^{(1)}(\tau, r; \tau', r') + \Delta\overline{\mathscr{F}}^{(1)}(\tau, r; \tau', r') \\
&= -\frac{ie}{mc} A(\tau, r)\, \nabla\mathscr{G}^{(0)}(\tau - \tau', r - r'), \\
&\left[\frac{\partial}{\partial\tau} + \frac{\nabla^2}{2m} + \mu\right] \overline{\mathscr{F}}^{(1)}(\tau, r; \tau', r') - \Delta\mathscr{G}^{(1)}(\tau, r; \tau', r') \\
&= \frac{ie}{mc} A(\tau, r)\, \nabla\overline{\mathscr{F}}^{(0)}(\tau - \tau', r - r')
\end{aligned} \tag{96,10}$$

besitzen.

---

1) In diesem Paragraphen setzen wir $\hbar = 1$.

2) Vgl. IX, (51,17). Beim Vergleich mit den Formeln in IX, § 51 muß beachtet werden, daß jetzt e eine positive Größe ist — die Elementarladung.

3) Den LAPLACE-Operator schreiben wir als ∇^2 im Unterschied zur Energielücke Δ!

Bei der Verwendung eines Feldes vom Typ (96,5) kann sofort die Abhängigkeit der GREENschen Funktionen $\mathcal{G}^{(1)}$ und $\bar{\mathcal{F}}^{(1)}$ von den Summen $\tau + \tau'$ und $\boldsymbol{r} + \boldsymbol{r}'$ abgetrennt werden, indem man

$$\mathcal{G}^{(1)} = g(\tau - \tau', \boldsymbol{r} - \boldsymbol{r}') \exp\left[\frac{i}{2}\boldsymbol{k}(\boldsymbol{r} + \boldsymbol{r}') - \frac{i}{2}\zeta_s(\tau + \tau')\right] \tag{96,11}$$

setzt und analog den Ausdruck für $\bar{\mathcal{F}}^{(1)}$ mit der Funktion f anstelle von g aufschreibt. Nach dieser Ersetzung erhält die erste der Gleichungen (96,10) die Form

$$\left[-\left(\frac{\partial}{\partial\tau} - \frac{i}{2}\zeta_s\right) + \frac{1}{2m}\left(\nabla + \frac{i}{2}\boldsymbol{k}\right)^2 + \mu\right]g + \Delta f$$
$$= -\frac{ie}{mc}\boldsymbol{A}(\zeta_s, \boldsymbol{k}) \exp\left[\frac{i}{2}\boldsymbol{k}(\boldsymbol{r} - \boldsymbol{r}') - \frac{i}{2}\zeta_s(\tau - \tau')\right]\nabla\mathcal{G}^{(0)}.$$

Wir entwickeln jetzt alle Größen in FOURIER-Reihen bezüglich $\tau - \tau'$ und -Integrale bezüglich $\boldsymbol{r} - \boldsymbol{r}'$:

$$g(\tau, \boldsymbol{r}) = T\sum_{s'=-\infty}^{\infty}\int g(\zeta'_{s'}, \boldsymbol{p}) \exp\left[i\boldsymbol{p}\boldsymbol{r} - i\zeta'_{s'}\tau\right]\frac{d^3p}{(2\pi)^3} \tag{96,12}$$

usw. Als Ergebnis erhalten wir für die FOURIER-Komponenten ein System von zwei algebraischen Gleichungen:

$$\begin{aligned}&\left[i\left(\zeta'_{s'} + \frac{\zeta_s}{2}\right) - \frac{1}{2m}\left(\boldsymbol{p} + \frac{\boldsymbol{k}}{2}\right)^2 + \mu\right]g(\zeta'_{s'}, \boldsymbol{p}) + \Delta f(\zeta'_{s'}, \boldsymbol{p})\\ &= \frac{e}{mc}\boldsymbol{p}\boldsymbol{A}(\zeta_s, \boldsymbol{k})\,\mathcal{G}^{(0)}\left(\zeta'_{s'} - \frac{\zeta_s}{2}, \boldsymbol{p} - \frac{\boldsymbol{k}}{2}\right),\\ &\left[-i\left(\zeta'_{s'} + \frac{\zeta_s}{2}\right) - \frac{1}{2m}\left(\boldsymbol{p} + \frac{\boldsymbol{k}}{2}\right)^2 + \mu\right]f(\zeta'_{s'}, \boldsymbol{p}) - \Delta f(\zeta'_{s'}, \boldsymbol{p})\\ &= -\frac{e}{mc}\boldsymbol{p}\boldsymbol{A}(\zeta_s, \boldsymbol{k})\,\bar{\mathcal{F}}^{(0)}\left(\zeta'_{s'} - \frac{\zeta_s}{2}, \boldsymbol{p} - \frac{\boldsymbol{k}}{2}\right).\end{aligned} \tag{96,13}$$

Die „ungestörten“ GREENschen Funktionen des FERMI-Systems $\mathcal{G}^{(0)}$ und $\bar{\mathcal{F}}^{(0)}$ stellen FOURIER-Reihen mit „ungeraden Frequenzen“ $(2s' + 1)\,\pi T$ dar. Aus (96,13) folgt deshalb, daß die „Frequenzen“ $\zeta'_{s'}$ die Werte

$$\zeta'_{s'} = (2s' + 1 - s)\,\pi T$$

durchlaufen.

Die Funktionen $\mathcal{G}^{(0)}$ und $\bar{\mathcal{F}}^{(0)}$ werden durch die Ausdrücke

$$\mathcal{G}^{(0)}(\zeta_s, \boldsymbol{p}) = -\frac{i\zeta_s + \eta}{\zeta_s^2 + \varepsilon^2}, \qquad \bar{\mathcal{F}}^{(0)}(\zeta_s, \boldsymbol{p}) = \frac{\Delta}{\zeta_s^2 + \varepsilon^2} \tag{96,14}$$

gegeben (s. IX, (42,7—8)) mit den Bezeichnungen

$$\eta = \frac{p^2}{2m} - \mu \approx v_F(p - p_F), \qquad \varepsilon^2 = \Delta^2 + \eta^2. \tag{96,15}$$

(Die Konstante Δ wird als reell angenommen.) Unter Verwendung dieser Formeln kann die Lösung des Systems (96,13) auf einfachem Weg in die Form

$$g(\zeta'_{s'}, \boldsymbol{p}) = \frac{e}{mc} \boldsymbol{p}\boldsymbol{A}(\zeta_s, \boldsymbol{p}) \{\mathcal{G}^{(0)}(P_+)\, \mathcal{G}^{(0)}(P_-) + \bar{\mathcal{F}}^{(0)}(P_+)\, \bar{\mathcal{F}}^{(0)}(P_-)\} \tag{96,16}$$

überführt werden, wobei

$$P_\pm = \left(\zeta'_{s'} \pm \frac{\zeta_s}{2}, \boldsymbol{p} \pm \frac{\boldsymbol{k}}{2}\right) \tag{96,17}$$

ist.

Mit Hilfe von (96,7), (96,11—12) erhalten wir für die Stromdichte

$$\boldsymbol{j}(\zeta_s, \boldsymbol{k}) = -\frac{2eT}{m} \sum_{s'=-\infty}^{\infty} \int \boldsymbol{p} g(\zeta'_{s'}, \boldsymbol{p}) \frac{d^3p}{(2\pi)^3} - \frac{Ne^2}{mc} \boldsymbol{A}(\zeta_s, \boldsymbol{k})$$

mit der Funktion g aus (96,16). Unter Berücksichtigung der Transversalität der Vektoren $\boldsymbol{j}$ und $\boldsymbol{A}$ bezüglich $\boldsymbol{k}$ führen wir unter dem Integrationszeichen die Mittelung über die Richtungen des Vektors $\boldsymbol{p}_\perp$ in der zu $\boldsymbol{k}$ senkrechten Ebene durch. Die Funktionen $\mathcal{G}^{(0)}$ und $\bar{\mathcal{F}}^{(0)}$ in (96,16) hängen von der Richtung von $\boldsymbol{p}_\perp$ nicht ab. Die Mittelung des Faktors $\boldsymbol{p}_\perp(\boldsymbol{p}_\perp \boldsymbol{A})$ dagegen liefert $\boldsymbol{A}p^2 \sin^2 \Theta/2$ mit Θ als dem Winkel zwischen $\boldsymbol{p}$ und $\boldsymbol{k}$. Im Ergebnis finden wir folgenden endgültigen Ausdruck für die MATSUBARA-Suszeptibilität:

$$Q_M(\zeta_s, \boldsymbol{k}) = \frac{Ne^2}{mc} + \frac{e^2T}{m^2c} \int \sum_{s'=-\infty}^{\infty} p^2 \sin^2 \Theta \\ \times [\mathcal{G}^{(0)}(P_+)\, \mathcal{G}^{(0)}(P_-) + \bar{\mathcal{F}}^{(0)}(P_+)\, \bar{\mathcal{F}}^{(0)}(P_-)] \frac{d^3p}{(2\pi)^3}. \tag{96,18}$$

Wir werden uns nun mit der analytischen Fortsetzung dieser Funktion von einer diskreten Folge von Punkten $\zeta_s = 2s\pi T$ in die gesamte rechte Halbebene der komplexen Variablen ζ beschäftigen (d. h. in die obere Halbebene der Variablen $\omega = i\zeta$). Diese Aufgabe läßt sich auf eine analytische Fortsetzung des Integranden im d^3p-Integral reduzieren. Wir betrachten zum Beispiel den ersten Term dieses Integranden:

$$J_M(\zeta_s) \equiv T \sum_{s'=-\infty}^{\infty} \mathcal{G}_+\left(\zeta'_{s'} + \frac{\zeta_s}{2}\right) \mathcal{G}_-\left(\zeta'_{s'} - \frac{\zeta_s}{2}\right) \\ = T \sum_{s'=-\infty}^{\infty} \mathcal{G}_+((2s'+1)\pi T)\, \mathcal{G}_-((2s'+1)\pi T - \zeta_s). \tag{96,19}$$

(Zur Vereinfachung der Schreibweise wurde der Index (0) weggelassen, und die Argumente $\boldsymbol{p}_\pm = \boldsymbol{p} \pm \boldsymbol{k}/2$ wurden durch die Indizes $\pm$ ersetzt.) Dieser Ausdruck kann in Form des Integrals

$$J_M(\zeta_s) = \frac{1}{4\pi i} \oint \mathcal{G}_+(z)\, \mathcal{G}_-(z - \zeta_s) \tan \frac{z}{2T} dz \tag{96,20}$$

dargestellt werden. Die Berechnung erfolgt bezüglich der drei geschlossenen Integrationswege C_1, C_2, C_3, die in Abb. 32 dargestellt sind. Sie umschließen die unendliche

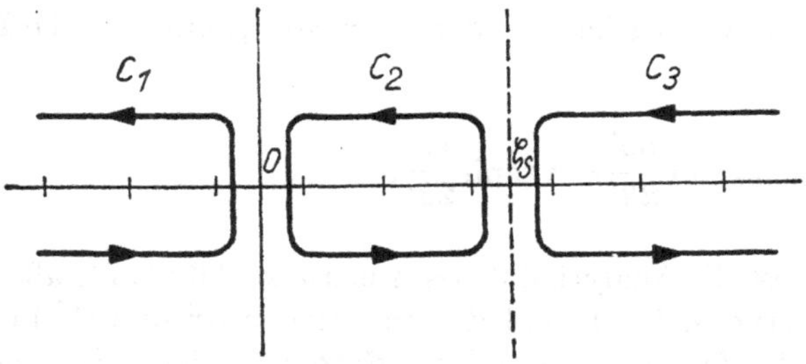

Abb. 32

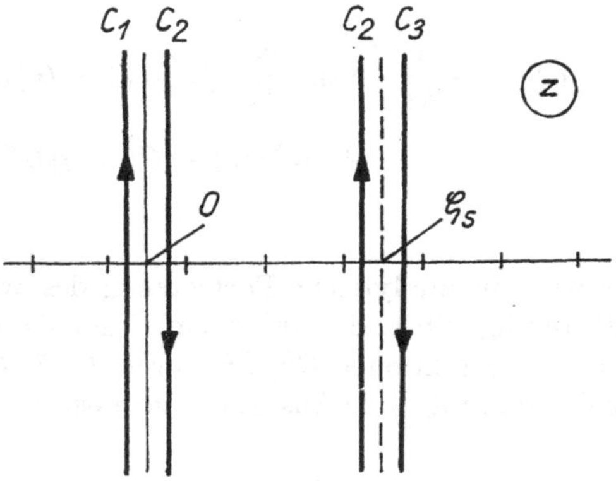

Abb. 33

Gesamtheit aller Pole, die der Faktor $\tan(z/2T)$ in den Punkten $z = (2s' + 1)\pi T$ (Punkte in Abb. 32) besitzt. Die Residuen des Integranden in jedem dieser Pole liefern die entsprechenden Glieder in der Summe (96,19) (im Unendlichen gilt $\mathcal{G}(z) \propto 1/z$, so daß das Integral konvergiert). Bei der Wahl der Konturen wurde berücksichtigt, daß die Funktion $\mathcal{G}(z)$ in jeder der beiden Halbebenen analytisch ist:

$$\mathcal{G}(z) = \begin{cases} G^R(iz)\,, & \operatorname{Re} z > 0\,, \\ G^A(iz)\,, & \operatorname{Re} z < 0\,, \end{cases}$$

mit den analytischen Funktionen G^R und G^A (retardierte und avancierte GREEN-Funktion — s. IX, § 37). Die imaginäre z-Achse stellt im allgemeinen einen Schnitt für die Funktion $\mathcal{G}(z)$ dar.

Wir verschieben jetzt die Konturen so, daß sie senkrecht, entlang der beiden Ufer der Schnittlinien $\operatorname{Re} z = 0$ und $\operatorname{Re} z = \zeta_s$ verlaufen (Abb. 33; die unendlich entfernten verbindenden Teile der Konturen sind nicht gezeigt). Für das Linienpaar C_1, C_2 ersetzen wir die Integrationsvariable durch $z = i\omega'$. Für das Paar C_2, C_3 setzen wir $z - \zeta_s = i\omega'$. Auf diese Weise erhalten wir für $\zeta_s > 0$

$$J_M(\zeta_s) = -\frac{1}{4\pi} \int\limits_{-\infty}^{\infty} \left\{ \tan\frac{i\omega'}{2T} [G_+^R(\omega') - G_+^A(\omega')]\, G_-^A(\omega' - i\zeta_s) \right.$$
$$\left. + \tan\frac{i\omega' + \zeta_s}{2T} [G_-^R(\omega') - G_-^A(\omega')]\, G_+^R(\omega' + i\zeta_s) \right\} d\omega'\,. \tag{96,21}$$

Bei der Ableitung dieses Ausdrucks war der Wert von ζ_s auf $\zeta_s = 2\pi s T$ fixiert. Für diese Werte aber gilt

$$\tan\frac{i\omega' + \zeta_s}{2T} = \tan\frac{i\omega'}{2T} = i\tanh\frac{\omega'}{2T}.$$

Nach dieser Ersetzung ist die Analytizität des Ausdrucks (96,21) für alle $\zeta_s > 0$ offensichtlich, wenn man berücksichtigt, daß die Funktionen G^A und G^R in den entsprechenden Halbebenen ebenfalls analytisch sind. Setzen wir jetzt $i\zeta_s = \omega$, so erhalten wir für den bereits analytisch fortgesetzten Ausdruck[1])

$$J(\omega) \equiv J_M(-i\omega) = -\frac{i}{4\pi}\int \tanh\frac{\omega'}{2T}\{[G_+^R(\omega') - G_+^A(\omega')]\,G_-^A(\omega' - \omega)$$
$$+ [G_-^R(\omega') - G_-^A(\omega')]\,G_+^R(\omega' + \omega)\}\,d\omega'. \tag{96,22}$$

Auf die gleiche Weise wird die analytische Fortsetzung des zweiten Ausdrucks im Integranden von (96,18) durchgeführt. Sie liefert ein Ergebnis, das sich von (96,22) nur durch die Ersetzung der Funktionen G^R, G^A durch F^{+R}, F^{+A} unterscheidet.[2]) All diese Funktionen sind durch folgende Ausdrücke gegeben (s. IX, § 41):

$$G^R(\omega, \boldsymbol{p}) = \frac{u_p^2}{\omega - \varepsilon + i0} + \frac{v_p^2}{\omega + \varepsilon + i0},$$
$$F^{+R}(\omega, \boldsymbol{p}) = \frac{\Delta}{2\varepsilon}\left[\frac{1}{\omega + \varepsilon + i0} - \frac{1}{\omega - \varepsilon + i0}\right], \tag{96,23}$$

wobei

$$\left.\begin{matrix} u_p^2 \\ v_p^2 \end{matrix}\right\} = \frac{1}{2}\left(1 \pm \frac{\eta}{\varepsilon}\right)$$

gilt. Die Funktionen G^A, F^{+A} unterscheiden sich von G^R, F^{+R} nur im Vorzeichen vor $i0$. Aus diesem Grund gilt

$$G^R - G^A = 2\,\mathrm{Im}\,G^R = -\pi[u_p^2\delta(\omega - \varepsilon) + v_p^2\delta(\omega + \varepsilon)],$$
$$F^{+R} - F^{+A} = \frac{\pi\Delta}{2\varepsilon}[\delta(\omega - \varepsilon) - \delta(\omega + \varepsilon)],$$

und die Integration in (96,22) reduziert sich auf die Beseitigung der δ-Funktionen.

---

1) Das verwendete Verfahren der analytischen Fortsetzung geht auf eine Arbeit von G. M. Eliaschberg (1962) zurück.

2) Die Definition der Greenschen Funktion F^+ (die der Temperaturfunktion $\overline{\mathfrak{F}}$ entspricht) ist in IX, § 41 gegeben. Die Definitionen der Funktionen F^{+R} und F^{+A} unterscheiden sich von F^+ dadurch, daß das T-Produkt durch den Kommutator ersetzt ist — analog zur Beziehung zwischen G^R, G^A und G.

Nach einer Reihe von einfachen, aber umfangreichen algebraischen Umformungen ergibt sich der endgültige Ausdruck¹)

$$Q(\omega, \boldsymbol{k}) = \frac{Ne^2}{mc} - \frac{e^2}{4m^2c} \int p^2 \sin^2\Theta \tanh\frac{\varepsilon_+}{2T}$$
$$\times \left\{\left[1 + \frac{\eta_+\eta_- + \Delta^2}{\varepsilon_+\varepsilon_-}\right]\left[\frac{1}{\varepsilon_+ - \varepsilon_- - \omega - i0} + \frac{1}{\varepsilon_+ - \varepsilon_- + \omega + i0}\right]\right.$$
$$\left. + \left[1 - \frac{\eta_+\eta_- + \Delta^2}{\varepsilon_+\varepsilon_-}\right]\left[\frac{1}{\varepsilon_+ + \varepsilon_- - \omega - i0} + \frac{1}{\varepsilon_+ + \varepsilon_- + \omega + i0}\right]\right\}$$
$$\times \frac{d^3p}{(2\pi)^3} \qquad (96,24)$$

mit den Bezeichnungen

$$\eta_\pm = \frac{1}{2m}\left(\boldsymbol{p} \pm \frac{\boldsymbol{k}}{2}\right)^2 - \mu, \qquad \varepsilon_\pm^2 = \Delta^2 + \eta_\pm^2 . \qquad (96,25)$$

Die zwei Glieder in der geschweiften Klammer von (96,24) sind von vollkommen unterschiedlicher Herkunft und Bedeutung. Der erste von ihnen ist ungerade in $\boldsymbol{p}$. Aus diesem Grund wird das Integral dieses Gliedes für $T = 0$ (wenn der Faktor $\tanh(\varepsilon_+/2T) = 1$ wird) Null. Dieser Anteil von Q ist mit der stoßfreien Dynamik der Elementaranregungen verbunden, und sein Imaginäranteil, der für beliebige ω und $\boldsymbol{k}$ existiert, rührt von der stoßfreien Landau-Dämpfung her.

Das Integral über den zweiten Ausdruck dagegen bleibt auch für $T = 0$ von Null verschieden. Dieser Anteil von Q ist mit der Bildung oder dem Aufbrechen von Cooper-Paaren verbunden. Die Pole des Integranden liegen für diesen Anteil bei $\varepsilon_+ + \varepsilon_- = \pm\omega$. Für ihre Existenz (und damit für das Auftreten von Dissipationsprozessen — Imaginärteil von Q) muß die Frequenz größer als 2Δ — die Bindungsenergie des Cooper-Paares — sein.

§ 97. Hochfrequenzeigenschaften von Supraleitern. Grenzfälle

Wir gehen nun zur Untersuchung der allgemeinen Formel (96,24) über. Die Anzahl der Grenzfälle ist hierbei infolge des Auftretens von vier unabhängigen Parametern $\hbar\omega$, $\hbar k v_F$, Δ, T, die sich in unterschiedlichen Verhältnissen zueinander befinden können, sehr groß. Wir werden nur einige von ihnen betrachten.

Für $\hbar\omega \gg \Delta$ ist die Existenz der Energielücke im Spektrum des Supraleiters ohne Bedeutung. Setzt man in erster Näherung $\Delta = 0$, so erhält man die Formel für die

¹) In IX, § 51 wurde auf die Notwendigkeit hingewiesen, bei der Berechnung von Summen und Integralen der Form (96,18) wegen des langsamen Abklingverhaltens des Integranden vorsichtig zu sein. Bei der hier verwendeten Reihenfolge der Operationen wurde diese Schwierigkeit umgangen. Dies wird dadurch bestätigt, daß der endgültige Ausdruck (96,24) die notwendige Bedingung erfüllt: $Q = 0$ für $\Delta = 0$ und $\omega = 0$ (gewöhnliches Metall im konstanten Feld) — s. Fußnote auf S. 451.

transversale dielektrische Permeabilität des gewöhnlichen FERMI-Elektronengases. Wir wollen uns hier nicht mit den zugehörigen Rechnungen aufhalten.[1])

LONDON*scher Grenzfall*

Wir untersuchen den LONDONschen Grenzfall, in dem

$$\hbar k v_F \ll \Delta_0 \tag{97,1}$$

gilt mit Δ_0 als dem Wert von $\Delta(T)$ für $T = 0$. Dabei werden wir annehmen, daß $\Delta \lesssim T$ ist, wodurch der Bereich sehr tiefer Temperaturen ausgeschlossen wird. Die Frequenz werden wir in dem Sinne von $\omega \lesssim k v_F$ als klein voraussetzen.

Für $k \to 0$ erhalten wir

$$1 - \frac{\eta_+\eta_- + \Delta^2}{\varepsilon_+\varepsilon_-} \propto k^2 .$$

Aus diesem Grund ist der zweite Summand innerhalb der geschweiften Klammer in (96,24) klein und kann somit vernachlässigt werden. Dagegen kann die erste eckige Klammer im ersten Summanden durch die Zahl Zwei ersetzt werden. Unter Ausnutzung des ungeraden Verhaltens der zweiten eckigen Klammer als Funktion von $\boldsymbol{p}$ schreiben wir hiernach

$$Q(\omega, \boldsymbol{k}) = \frac{Ne^2}{mc} - \frac{e^2}{2m^2c} \int \left[\tanh\frac{\varepsilon_+}{2T} - \tanh\frac{\varepsilon_-}{2T}\right] \times \frac{p^2 \sin^2\Theta}{\varepsilon_+ - \varepsilon_- - \hbar\omega - i0} \frac{\mathrm{d}^3p}{(2\pi\hbar)^3}.$$

Bei Beachtung der Relation $\tanh(\varepsilon/2T) = 1 - 2n_0(\varepsilon)$ mit

$$n_0(\varepsilon) = [\mathrm{e}^{\varepsilon/T} + 1]^{-1} \tag{97,2}$$

als der Verteilungsfunktion der Elementaranregungen im supraleitenden FERMI-Gas (FERMI-Verteilung für verschwindendes chemisches Potential) erhalten wir

$$\tanh\frac{\varepsilon_+}{2T} - \tanh\frac{\varepsilon_-}{2T} = -2[n_0(\varepsilon_+) - n_0(\varepsilon_-)] \approx -2\hbar\boldsymbol{k}\boldsymbol{v}\frac{\partial n_0}{\partial\varepsilon}$$

mit

$$\boldsymbol{v} = \frac{\partial\varepsilon}{\partial\boldsymbol{p}} = \frac{\eta\boldsymbol{p}}{m\varepsilon}.$$

Somit ergibt sich

$$Q(\omega, \boldsymbol{k}) = \frac{Ne^2}{mc} + \frac{e^2}{m^2c} \int \frac{\partial n_0}{\partial\varepsilon} \frac{\boldsymbol{k}\boldsymbol{v}p^2\sin^2\Theta}{\boldsymbol{k}\boldsymbol{v} - \omega - i0} \frac{\mathrm{d}^3p}{(2\pi\hbar)^3}. \tag{97,3}$$

[1]) Die Beziehung zwischen $Q(\omega, \boldsymbol{k})$ und der transversalen dielektrischen Permeabilität $\varepsilon_t(\omega, \boldsymbol{k})$ ist auf folgende Weise zu verstehen. Drückt man die Stromdichte entsprechend $-i\omega\boldsymbol{P} = \boldsymbol{j}$ durch den Polarisationsvektor aus und führt anstelle von $\boldsymbol{A}$ die elektrische Feldstärke $\boldsymbol{E} = i\omega\boldsymbol{A}/c$ ein, so kann die Beziehung (96,4) in der Form $\boldsymbol{P} = -c\omega^{-2}Q\boldsymbol{E}$ geschrieben werden. Hieraus ist ersichtlich, daß

$$-cQ/\omega^2 = (\varepsilon_t - 1)/4\pi$$

gilt.

Für $\omega = 0$ stimmt dieser Ausdruck, wie zu erwarten war, mit dem LONDONschen Wert $N_s e^2/mc$ überein, mit $N_s(T)$ als der Dichte der supraleitenden Elektronen.[1]) Aus diesem Grund kann (97,3) in der äquivalenten Form

$$Q(\omega, \boldsymbol{k}) = \frac{N_s e^2}{mc} + \frac{\omega e^2}{m^2 c} \int \frac{\partial n_0}{\partial \varepsilon} \frac{p^2 \sin^2 \Theta}{\boldsymbol{k}\boldsymbol{v} - \omega - i0} \frac{d^3 p}{(2\pi\hbar)^3} \tag{97,4}$$

geschrieben werden. Der zweite Summand in diesem Ausdruck beschreibt den Beitrag der Elementaranregungen des FERMI-Gases zur dielektrischen Permeabilität.[2])

Für $\omega \ll kv$ kann ω im Nenner des Integranden in (97,4) vernachlässigt werden,

$$Q(\omega, \boldsymbol{k}) = \frac{N_s e^2}{mc} + \frac{\omega e^2}{4\pi^2 c \hbar^3 k} \int_{-1}^{1} \frac{\sin^2 \Theta \, d \cos \Theta}{\cos \Theta - i0} \int \frac{\partial n_0}{\partial \varepsilon} \frac{p^4}{m^2 v} dp \,. \tag{97,5}$$

Das Integral über $\cos \Theta$ ergibt sich aus dem Residuum im Pol $\cos \Theta = i0$ und ist gleich $i\pi$. Das Integral bezüglich p, umgeschrieben in der Form

$$\int \frac{\partial n_0}{\partial \varepsilon} \frac{p^2 \varepsilon}{\eta} d\eta \,,$$

divergiert logarithmisch für $|\eta| \ll \Delta$. Schneidet man die Integration bei Werten $|\eta| \sim \omega\Delta/kv_F$ (für die $kv \sim \omega$ ist) ab, so erhält man mit logarithmischer Genauigkeit

$$\left.\frac{\partial n_0}{\partial \varepsilon}\right|_{\varepsilon = \Delta} p_F^2 \Delta \cdot 2 \int_{\omega\Delta/kv_F}^{\Delta} \frac{d\eta}{\eta} \,.$$

Auf diese Weise ergibt sich

$$Q(\omega, \boldsymbol{k}) = \frac{N_s e^2}{mc} - i \frac{e^2 p_F^2 \Delta \omega \ln (kv_F/\omega)}{2\pi c \hbar^3 \, Tk(e^{\Delta/T} + 1)(e^{-\Delta/T} + 1)} \,. \tag{97,6}$$

Der Imaginärteil von Q charakterisiert die Dissipation. Sein negatives Vorzeichen entspricht einem positiven Vorzeichen des Imaginärteils der dielektrischen Permeabilität.

Der Ausdruck (97,6) wird für $T \to T_c$ unbrauchbar, wenn N_s und Δ gegen Null gehen. Der Hauptanteil zum Integral über p in (97,5) wird hier vom Bereich $\eta \sim T \gg \gg \Delta$ geliefert. In ihm kann $\Delta = 0$ gesetzt werden. Danach erhalten wir

$$Q(\omega, \boldsymbol{k}) = -i \frac{3\pi}{4} \frac{Ne^2}{mc} \frac{\omega}{kv_F}$$

---

[1]) Davon kann man sich leicht mit Hilfe der Formeln überzeugen, die in IX, § 40 bei der Berechnung von $\varrho_s = mN_s$ eingeführt wurden. Wir stellen fest, daß $Q(0, \boldsymbol{k})$ für $T \to T_c$ gegen Null geht (zusammen mit N_s), wie bereits in der Fußnote auf Seite 449 erwähnt wurde.

[2]) Davon überzeugt man sich, indem man (97,4) mit der Formel (2) für die transversale Permeabilität des stoßfreien Elektronenplasmas in Aufgabe 2 zu § 31 vergleicht. Bei diesem Vergleich muß berücksichtigt werden, daß der LONDONsche Grenzfall dem quasiklassischen Grenzfall entspricht, so daß sich die Formel für ein entartetes Gas von der Formel für das MAXWELLsche Plasma nur durch die Gestalt der Verteilungsfunktion und das Dispersionsgesetz $\varepsilon(p)$ unterscheidet.

mit $N = p_F^3/3\pi^2\hbar^3$ als der Elektronendichte. Dieser Ausdruck entspricht dem anomalen Skineffekt in einem gewöhnlichen Metall (mit dem Dispersionsgesetz $\varepsilon = p^2/2m$).[1])

PIPPARD*scher Grenzfall*

In einem statischen Magnetfeld entspricht der PIPPARDsche Grenzfall der Bedingung

$$\hbar k v_F \gg \Delta_0 \sim T_c . \tag{97,7}$$

Bei der Untersuchung eines elektromagnetischen Wechselfeldes fügen wir noch die Bedingung

$$k v_F \gg \omega \tag{97,8}$$

hinzu.

Die Berechnungen werden in diesem Fall wesentlich vereinfacht, wenn man zu Beginn vom Ausdruck $Q(\omega, \boldsymbol{k})$ (96,24) seinen statischen Wert $Q(0, \boldsymbol{k})$ abzieht. Dies führt dazu, daß das konstante Glied Ne^2/mc weggelassen wird und von jedem Ausdruck $(\varepsilon_+ \pm \varepsilon_- \pm \hbar\omega)^{-1}$ im Integranden der gleiche Ausdruck mit $\omega = 0$ abgezogen wird. Die Differenz $Q(\omega, \boldsymbol{k}) - Q(0, \boldsymbol{k})$ erweist sich als proportional zu $1/k$. In gleicher Weise hängt auch der PIPPARDsche Ausdruck $Q(0, \boldsymbol{k})$ von k ab:

$$Q(0, \boldsymbol{k}) = \frac{c\beta}{4\pi k}, \qquad \beta = \frac{4\pi N e^2}{mc^2} \frac{3\pi^2}{4\hbar v_F} \Delta \tanh \frac{\Delta}{2T} \tag{97,9}$$

(s. IX, (51,21)). Aus diesem Grund kann $Q(\omega, \boldsymbol{k})$ in der Form

$$Q(\omega, \boldsymbol{k}) = \frac{c}{4\pi k} [\beta + \gamma(\omega)] \tag{97,10}$$

geschrieben werden, wobei die zu berechnende Funktion $\gamma(\omega)$ für $\omega = 0$ Null wird. Man beachte, daß auf Grund der gleichen k-Abhängigkeit die Gleichung IX, (52,6) für die Eindringtiefe δ gültig gleibt, wobei lediglich β durch $\beta + \gamma(\omega)$ ersetzt werden muß. Da jedoch $\gamma(\omega)$ komplex ist (s. weiter unten), empfiehlt es sich, nicht δ, sondern die mit ihm verbundene Größe der Oberflächenimpedanz $\zeta(\omega) = -i\omega\delta/c$ zu verwenden.

Im Integral, welches die Differenz $Q(\omega, \boldsymbol{k}) - Q(0, \boldsymbol{k})$ bestimmt, sind (wie auch bei der Berechnung von $Q(0, \boldsymbol{k})$ in IX, § 51) nur kleine Werte $\cos\Theta$ von Bedeutung, wobei das Integral bei Vergrößerung von $\cos\Theta$ schnell konvergiert. Dies gestattet uns, $\sin\Theta = 1$ zu setzen und die Integration bezüglich $\cos\Theta$ auf den Bereich von $-\infty$ bis $+\infty$ auszudehnen.

Wir wandeln das Integral über

$$d^3p = 2\pi p^2 \, dp \, d\cos\Theta \approx 2\pi p_F^2 m \, d\eta \, d\cos\Theta$$

$(\eta = p^2/2m - \mu)$ in eine Integration über die neuen Variablen

$$x_1 = \varepsilon_+/\Delta , \qquad x_2 = \varepsilon_-/\Delta$$

---

[1]) Siehe (86,16). Beim Vergleich muß die Unabhängigkeit der Größe K von φ im gegebenen Fall berücksichtigt werden. Außerdem ist zu beachten, daß Q im Gegensatz zu σ aus (86,16) die Stromdichte $\boldsymbol{j}$ nicht mit $\boldsymbol{E}$, sondern mit $\boldsymbol{A}$ verknüpft.

um. Es gilt zunächst

$$\eta_+ + \eta_- \approx 2\eta\,, \qquad \eta_+ - \eta_- \approx \hbar k v_F \cos\Theta\,.$$

Somit kann die Integration bezüglich $d\eta\, d\cos\Theta$ durch eine Integration über $d\eta_+\, d\eta_-/kv_F$ ersetzt werden, wobei für jede der Variablen die Grenzen $-\infty$ und $+\infty$ zu nehmen sind. Dabei fallen alle Glieder, die das Produkt $\eta_+\eta_-$ enthalten und deshalb ungerade bezüglich dieser Variablen sind, aus dem Integranden heraus. Anschließend daran kann man zu einer Integration bezüglich der Variablen x_1 und x_2 in den Grenzen von 1 bis ∞ übergehen, indem man folgende Ersetzung durchführt:

$$d\eta\, d\cos\Theta \to 4\,\frac{\varepsilon_+\varepsilon_-}{\hbar k v_F \eta_+\eta_-}\, d\varepsilon_+\, d\varepsilon_- = \frac{4\Delta^2 x_1 x_2\, dx_1\, dx_2}{\hbar k v_F[(x_1^2-1)\,(x_2^2-1)]^{1/2}}\,.$$

Im Ergebnis dieser Umformungen finden wir

$$\gamma(\omega) = -3\pi\,\frac{Ne^2}{mc^2}\,\frac{\Delta}{\hbar v_F}\,J\,,$$

$$\begin{aligned} J = \int_1^\infty\!\!\int_1^\infty & \frac{dx_1\, dx_2}{[(x_1^2-1)\,(x_2^2-1)]^{1/2}}\tanh\frac{x_1\Delta}{2T} \\ & \times\left\{(x_1x_2+1)\left[\frac{1}{x_1-x_2-\tilde\omega-i0}+\frac{1}{x_1-x_2+\tilde\omega+i0}-\mathrm{P}\,\frac{2}{x_1-x_2}\right]\right. \\ & \left. + (x_1x_2-1)\left[\frac{1}{x_1+x_2-\tilde\omega-i0}+\frac{1}{x_1+x_2+\tilde\omega+i0}-\frac{2}{x_1+x_2}\right]\right\} \end{aligned} \tag{97.11}$$

mit $\tilde\omega = \hbar\omega/\Delta$. Wir beschränken uns auf die Untersuchung des Imaginärteils dieses Ausdrucks, der die Absorption der Feldenergie bestimmt.

Der Imaginärteil des Integranden in (97,11) läßt sich nach der Regel (29,8) abtrennen, wobei die δ-Funktionen durch die Integration bezüglich einer der Variablen x_1 oder x_2 verschwinden. Dabei muß man darauf achten, daß der Punkt, in dem das Argument der δ-Funktion Null wird, tatsächlich im Integrationsbereich liegt. Nach einfachen Umformungen erhalten wir für $\omega > 0$

$$\begin{aligned} J'' \equiv \operatorname{Im} J = \pi & \int_1^\infty \frac{x(x+\tilde\omega)+1}{(x^2-1)^{1/2}\,[(x+\tilde\omega)^2-1]^{1/2}} \\ & \times\left[\tanh\frac{(x+\tilde\omega)\,\Delta}{2T} - \tanh\frac{x\Delta}{2T}\right]dx \\ + \pi & \int_1^{\tilde\omega-1} \frac{x(\tilde\omega-x)-1}{(x^2-1)^{1/2}\,[(x-\tilde\omega)^2-1]^{1/2}}\tanh\frac{x\Delta}{2T}\,dx\,. \end{aligned} \tag{97,12}$$

Das zweite Glied tritt nur für $\tilde\omega > 2$ auf. Auf analoge Weise läßt sich einfach zeigen, daß $J''(-\tilde\omega) = J''(\tilde\omega)$ gilt. Das Integral (97,12) ist von den zwei Parametern Δ/T

und ω/Δ abhängig, die sich noch in verschiedenen Verhältnissen zueinander sowie zum Wert Eins befinden können. Wir untersuchen einige von den hierbei möglichen Grenzfällen.

Es sei zum Beispiel $T = 0$. Dann wird das erste Integral in (97,12) Null. Das zweite Integral dagegen ist für $\hbar\omega > 2\Delta_0$ von Null verschieden, d. h., es existiert eine Absorptionsschwelle mit dem Wert der „Bindungsenergie" der COOPER-Paare. Das Auftreten dieser Schwelle, in dem sich unmittelbar die Existenz einer Energielücke manifestiert, ist eine spezifische Eigenschaft von Supraleitern.

In der Nähe dieser Schwelle, für $\tilde{\omega} - 2 \ll 1$, liegt x im gesamten Integrationsbereich in der Nähe von 1. Setzt man $\tilde{\omega} - 2 = \delta$, $x - 1 = z\delta$, so findet man

$$J'' \approx \frac{\pi\delta}{2} \int\limits_0^1 \frac{\mathrm{d}z}{\sqrt{z(1-z)}} = \frac{\pi^2\delta}{2} = \pi^2\left(\frac{\tilde{\omega}}{2} - 1\right).$$

Fassen wir die oben niedergeschriebenen Formeln zusammen, so erhalten wir für $T = 0$ den folgenden Ausdruck für den Imaginärteil von Q in der Nähe der Absorptionsschwelle:

$$Q'' = -\frac{3\pi^2 Ne^2}{4mc} \frac{\Delta_0}{\hbar v_F k}\left(\frac{\hbar\omega}{2\Delta_0} - 1\right). \tag{97,13}$$

Für eine von Null verschiedene Temperatur untersuchen wir den Fall kleiner Frequenzen, $\hbar\omega \ll \Delta$, wobei wir annehmen werden, daß $\Delta(T) \sim T$ gilt (wodurch sowohl Temperaturen in der Nähe von Null als auch in der Nähe von T_c ausgeschlossen werden). In diesem Fall verschwindet das zweite Integral in (97,12). Im ersten Integral dagegen wird der Bereich $x - 1 \sim \tilde{\omega} \ll 1$ wesentlich. Entwickeln wir im Integranden die Differenz der zwei tanh bezüglich der Potenzen von $\tilde{\omega}$ und führen die Variable $x - 1 = u$ ein, so finden wir in logarithmischer Genauigkeit

$$J'' \approx \frac{\pi\hbar\omega}{2T} \cosh^{-2}\frac{\Delta}{2T} \int\limits_0^{\sim 1} \frac{du}{\sqrt{u(u+\tilde{\omega})}} = \frac{\pi\hbar\omega}{2T}\cosh^{-2}\frac{\Delta}{2T}\ln\frac{\Delta}{\hbar\omega}.$$

Im Ergebnis erhalten wir

$$Q' = -\frac{3\pi}{8}\frac{Ne^2}{mc}\frac{\omega}{v_F k}\frac{\Delta}{T}\cosh^{-2}\frac{\Delta}{2T}\ln\frac{\Delta}{\hbar\omega}. \tag{97,14}$$

§ 98. Wärmeleitfähigkeit von Supraleitern

Die physikalische Natur der elektronischen Wärmeleitfähigkeit ist analog zur Natur der Wärmeleitfähigkeit oder Zähigkeit einer suprafluiden BOSE-Flüssigkeit. In beiden Fällen handelt es sich um kinetische Koeffizienten der Normalkomponente einer Quantenflüssigkeit, d. h. der Gesamtheit ihrer Elementaranregungen. Wir untersuchen hier diese Frage im Rahmen des bereits betrachteten BCS-Modells (B. T. GEJLIKMAN, 1958).

Wir gehen hierzu von der kinetischen Gleichung der Verteilungsfunktion von Quasiteilchen in einem Supraleiter aus, in dem ein Temperaturgradient existiert,

$$\boldsymbol{v}\frac{\partial n}{\partial \boldsymbol{r}} - \frac{\partial \varepsilon}{\partial \boldsymbol{r}}\frac{\partial n}{\partial \boldsymbol{p}} = \mathrm{St}\, n\,, \tag{98,1}$$

wobei $\boldsymbol{v} = \partial\varepsilon/\partial\boldsymbol{p}$ die Geschwindigkeit der Quasiteilchen repräsentiert. Die Energie eines Quasiteilchens ist

$$\varepsilon = [v_F^2(p - p_F)^2 + \Delta^2(T)]^{1/2}\,. \tag{98,2}$$

Sie hängt selbst über die Energielücke $\Delta(T)$ von der Temperatur ab. Deshalb wird beim Anlegen eines Temperaturgradienten die Energie ebenfalls eine Funktion der Koordinaten, und die Ableitung $-\partial\varepsilon/\partial\boldsymbol{r}$ besitzt die Bedeutung einer auf das Quasiteilchen wirkenden Kraft. Hieraus resultiert das Auftreten des zweiten Gliedes auf der linken Seite von Gleichung (98,1).

Wie gewöhnlich nehmen wir an, daß $n = n_0(\varepsilon) + \delta n(\boldsymbol{r}, \boldsymbol{p})$ gilt, wobei

$$n_0(\varepsilon) = (\mathrm{e}^{\varepsilon/T} + 1)^{-1} \tag{98,3}$$

die Gleichgewichtsverteilungsfunktion ist. Indem wir auf der linken Seite von Gleichung (98,1) nur die Glieder mit n_0 stehen lassen, erhalten wir für sie

$$\boldsymbol{v}\frac{\partial n_0}{\partial \boldsymbol{r}} - \frac{\partial \varepsilon}{\partial \boldsymbol{r}}\frac{\partial n_0}{\partial \boldsymbol{p}} = \left[\frac{\partial n_0}{\partial T} - \frac{\partial n_0}{\partial \varepsilon}\frac{\partial \varepsilon}{\partial T}\right]\boldsymbol{v}\nabla T\,.$$

In der in der eckigen Klammer auftretenden Differenz heben sich die Beiträge mit den Ableitungen von Δ gegenseitig auf, und es verbleibt

$$-\frac{\varepsilon}{T}\frac{\partial n_0}{\partial \varepsilon}\boldsymbol{v}\nabla T = \frac{\boldsymbol{v}\nabla T}{T^2}\frac{\varepsilon}{(\mathrm{e}^{\varepsilon/T} + 1)(\mathrm{e}^{-\varepsilon/T} + 1)}\,.$$

Das Stoßintegral ist vom Streumechanismus der Quasiteilchen abhängig. Wir untersuchen den Fall, daß die elastische Streuung an den unbewegten Verunreinigungsatomen den Hauptmechanismus der Streuung darstellt. Das Streugesetz werden wir dabei als isotrop voraussetzen. Das Stoßintegral reduziert sich auf den Ausdruck (vgl. (11,3))

$$\mathrm{St}\, n = -\nu\, \delta n$$

mit $\nu = vN_{\mathrm{Fr}}\sigma_t$ als der effektiven Stoßfrequenz, N_{Fr} als der Dichte der Fremdatome und σ_t als dem Transportquerschnitt der Streuung eines Quasiteilchens an einem Fremdatom. Letzterer besitzt einen konstanten Wert von der Größenordnung der Atomabmessungen.

Auf diese Weise erhält die kinetische Gleichung die Gestalt

$$\frac{\boldsymbol{v}\nabla T}{v}\frac{\varepsilon}{T}\frac{\partial n_0}{\partial \varepsilon} = \frac{\delta n}{l}\,, \tag{98,4}$$

wobei $l = 1/N_{\mathrm{Fr}}\sigma_t$ die konstante freie Weglänge charakterisiert.

Der Wärmestrom berechnet sich als Integral

$$\boldsymbol{q} = \int \varepsilon \boldsymbol{v}\, \delta n \frac{2\, \mathrm{d}^3 p}{(2\pi\hbar)^3}\,. \tag{98,5}$$

(Der Faktor 2 tritt infolge der zwei möglichen Spinrichtungen des Quasiteilchens auf.) Die Verteilungsfunktion $n = n_0 + \delta n$ liefert aber auch den normalen elektrischen Strom in einem Supraleiter mit der Stromdichte

$$\boldsymbol{j}_n = -\frac{e}{m}\int \boldsymbol{p}\,\delta n\,\frac{2\,\mathrm{d}^3p}{(2\pi\hbar)^3} - e(N - N_s)\,\boldsymbol{v}_s\,.$$

(Im betrachteten Modell gilt $\boldsymbol{j} = -e\boldsymbol{i}/m$, wobei $\boldsymbol{i}$ durch Gleichung (77,7) gegeben ist.)

Allgemein wird der Koeffizient der Wärmeleitfähigkeit durch den Wärmestrom unter der Bedingung $\boldsymbol{j} = 0$ definiert. Im gegebenen Fall jedoch führt diese Bedingung nicht zur Notwendigkeit irgendeiner Veränderung in der Gleichung (98,4). Das liegt daran, daß sich die gesamte Stromdichte aus der Summe $\boldsymbol{j} = \boldsymbol{j}_n + \boldsymbol{j}_s$ des normalleitenden und des supraleitenden Stromes ergibt. Der beim Anlegen eines Temperaturgradienten auftretende Strom $\boldsymbol{j}_n$ wird automatisch (in einem offenen Stromkreis) durch den supraleitenden Strom kompensiert, $\boldsymbol{j}_s = -\boldsymbol{j}_n$. Dabei ist wesentlich, daß die Bewegung der supraleitenden Elektronen nicht mit Wärmeübertragung verbunden ist. Die Gleichgewichtsverteilungsfunktion der Quasiteilchen „auf dem Untergrund" der suprafluiden Bewegung mit der Geschwindigkeit $\boldsymbol{v}_s = -\boldsymbol{j}_s/eN_s$ unterscheidet sich von (98,3) durch die Ersetzung $\varepsilon \to \varepsilon + \boldsymbol{p}\boldsymbol{v}_s$ (vgl. § 77). Diese Ersetzung müßte auch in der kinetischen Gleichung (98,1) durchgeführt werden. Die Größe $\boldsymbol{v}_s$ ist aber proportional zu $\boldsymbol{j}_n$ und damit auch zum kleinen Gradienten ∇T. Aus diesem Grund würde die durchzuführende Substitution auf der linken Seite der kinetischen Gleichung nur zum Auftreten von zusätzlichen Gliedern zweiter Ordnung in dieser kleinen Größe führen, die sowieso beim Übergang zu (98,4) wegzulassen wären.

Setzt man δn aus (98,4) in (98,5) ein, so erhält man nach der Mittelung über die Richtungen von $\boldsymbol{p}$ für die Wärmeleitfähigkeit

$$\varkappa = -\frac{l}{3T}\int v\varepsilon^2\frac{\partial n_0}{\partial\varepsilon}\,\frac{2\cdot 4\pi p^2\,\mathrm{d}p}{(2\pi\hbar)^3}$$

oder durch Ersetzen von $v\,\mathrm{d}p = \mathrm{d}\varepsilon$, $p^2 \approx p_F^2$

$$\varkappa = -\frac{lp_F^2}{3\pi^2\hbar^3T}\cdot 2\int\limits_{\Delta}^{\infty}\varepsilon^2\frac{\partial n_0}{\partial\varepsilon}\,\mathrm{d}\varepsilon\,. \tag{98,6}$$

Endgültig ergibt sich nach Durchführung von auf der Hand liegenden Substitutionen

$$\varkappa = \frac{2lp_F^2\Delta^3}{3\pi^2\hbar^3T^2}\int\limits_1^{\infty}\frac{u^2\,\mathrm{d}u}{(\mathrm{e}^{u\Delta/T}+1)(\mathrm{e}^{-u\Delta/T}+1)}\,. \tag{98,7}$$

Für $T \to 0$, $\Delta \to \Delta_0$ strebt die Wärmeleitfähigkeit entsprechend der Relation

$$\varkappa = \frac{2lp_F^2\Delta^2}{3\pi^2\hbar^3T}\,\mathrm{e}^{-\Delta/T} \tag{98,8}$$

gegen Null. Für $T \to T_c$, $\Delta \to 0$ geht sie (wie aus (98,6) ersichtlich ist) gegen den Wert

$$\varkappa = \frac{4lp_F^2T}{3\pi^2\hbar^3}\int\limits_0^{\infty}\varepsilon n_0(\varepsilon)\,\mathrm{d}\varepsilon = \frac{lp_F^2T}{9\hbar^3}\,,$$

der dem eines gewöhnlichen Metalls entspricht.

XII KINETIK VON PHASENÜBERGÄNGEN

§ 99. Kinetik von Phasenübergängen erster Art. Keimbildung

Wir erinnern zunächst an die Grundlagen der thermodynamischen Theorie der Keimbildung beim Phasenübergang (s. V, § 162).

Der Übergang von einer metastabilen in eine stabile Phase erfolgt dadurch, daß sich infolge von Fluktuationen kleine Bereiche der neuen Phase — sogenannte Keime — im homogenen Medium herausbilden. Die energetisch unvorteilhafte Bildung von Phasengrenzflächen führt jedoch dazu, daß sich der Keim bei einer unzureichenden Abmessung als instabil erweist und wieder verschwindet. Stabil sind nur Keime mit Abmessungen a, die größer sind als ein bestimmter Wert a_k (der vom gegebenen Zustand der metastabilen Phase abhängt). Diese Abmessung wird als *kritisch* bezeichnet und Keime mit den entsprechenden Abmessungen entsprechend als kritische.[1]) Diese kritischen Keime werden als makroskopische Gebilde angenommen, die bereits eine große Anzahl von Molekülen enthalten. Aus diesem Grund ist die gesamte Theorie nur für metastabile Zustände gültig, die sich nicht zu nahe an der Grenze der absoluten Instabilität der Phase befinden. (Bei Annäherung an diese Grenze nehmen die Abmessungen der kritischen Keime ab und streben gegen einen Wert von molekularer Größenordnung.)

Der rein thermodynamische Zugang erlaubt nur die Berechnung der Wahrscheinlichkeit für die Bildung von Keimen unterschiedlicher Größe infolge von Fluktuationen des Mediums, das dabei als Gleichgewichtssystem betrachtet wird. Der letzte Umstand ist von prinzipieller Bedeutung. Da der Zustand der metastabilen Phase in Wirklichkeit nicht dem vollen statistischen Gleichgewicht entspricht, bezieht sich diese Betrachtungsweise nur auf Zeiten, die klein sind gegenüber der Bildungszeit (der reziproken Bildungswahrscheinlichkeit) von kritischen Keimen, in der faktisch der Übergang in die neue Phase erfolgt und der metastabile Zustand zerstört wird. Aus dem gleichen Grund ist die thermodynamische Berechnung der Bildungswahrscheinlichkeit nur für Keime mit Ausdehnungen $a < a_k$ möglich. Keime größerer Ausdehnung entwickeln sich zur neuen Phase. Das bedeutet, daß derart starke Fluktuationen überhaupt nicht zu dem Satz mikroskopischer Zustände gehören, die dem untersuchten (metastabilen) makroskopischen Zustand entsprechen.

Anstelle der thermodynamischen Wahrscheinlichkeit der Keimbildung werden wir von der zu ihr proportionalen „Gleichgewichts"-Verteilungsfunktion (im angegebenen Sinn) der im Medium vorhandenen Keime unterschiedlicher Abmessungen sprechen. Wir bezeichnen sie mit $f_0(a)$ ($f_0\,da$ ist die Anzahl von Keimen mit Abmessungen im Bereich da pro Volumeneinheit des Mediums). Gemäß der thermodynamischen Fluk-

[1]) In V, § 162 wurden unter Keimen lediglich Bereiche der neuen Phase verstanden, die gerade die kritische Abmessung besitzen.

tuationstheorie gilt

$$f_0(a) \propto \exp\left\{-\frac{R_{\min}(a)}{T}\right\}, \tag{99,1}$$

wobei $R_{\min}$ die minimale Arbeit beschreibt, die zur Bildung eines Keimes von gegebener Größe geleistet werden muß. Diese Arbeit setzt sich aus einem Volumen- sowie einem Oberflächenanteil zusammen und besitzt (für kugelförmige Keime mit einem Radius a) die Gestalt

$$R_{\min} = -\frac{8\pi a^3 \alpha}{3a_k} + 4\pi a^2 \alpha$$

mit α als der Oberflächenspannung. Der kritische Radius a_k hängt von den thermodynamischen Größen beider Phasen ab (s. V, § 162, Aufgabe 2). Für den Wert $a = a_k$ besitzt die Funktion $R_{\min}(a)$ ein Maximum. In seiner Nähe gilt

$$R_{\min} = \frac{4\pi}{3}\alpha a_k^2 - 4\pi\alpha(a - a_k)^2 . \tag{99,2}$$

Dieses Maximum von $R_{\min}$ entspricht einem exponentiell scharfen Minimum der Verteilungsfunktion. Unter Vernachlässigung der wesentlich schwächeren a-Abhängigkeit des Vorfaktors erhalten wir

$$f_0(a) = f_0(a_k) \exp\left\{\frac{4\pi\alpha}{T}(a - a_k)^2\right\} \tag{99,3}$$

mit[1])

$$f_0(a_k) = \text{const} \cdot \exp\left\{-\frac{4\pi\alpha a_k^2}{3T}\right\}.$$

In Übereinstimmung mit den bisherigen Ausführungen entspricht der Wert $a = a_k$ der Grenze, an der die Bildung einer großen Menge der neuen Phase einsetzt. Genauer genommen, müßte man anstelle des Grenzpunktes $a = a_k$ von einem kritischen Wertebereich a der Breite $\delta a \sim (T/4\pi\alpha)^{1/2}$ um diesen Punkt sprechen. Die Fluktuationsentwicklung der Keime kann innerhalb dieses Bereiches der Abmessungen a noch mit einer beachtlichen Wahrscheinlichkeit in den unterkritischen Bereich zurückführen. Die Keime hingegen, die diesen kritischen Bereich überwunden haben, werden sich unaufhaltsam zur neuen Phase entwickeln.

Da die thermodynamische Theorie nur auf das Stadium bis zum praktischen Phasenübergang beschränkt ist, kann sie keine Antwort auf Fragen über den Verlauf dieses Prozesses und damit auch über seine Geschwindigkeit geben. Hierzu ist eine kinetische Betrachtung der Keimentwicklung erforderlich, die schließlich zum Übergang in die neue Phase führt.[2])

---

[1]) Der konstante Vorfaktor in $f_0(a_k)$ kann nicht allein mit Hilfe der makroskopischen Parameter der Phasen ausgedrückt werden. Für eine qualitative Abschätzung kann angenommen werden, daß dieser Faktor proportional zur Dichte der Teilchenzahl N_1 in der Ausgangsphase (Phase 1) und proportional zur Ableitung $\mathrm{d}\mathcal{N}/\mathrm{d}a$ ist. $\mathcal{N}$ ist dabei die Zahl der Teilchen im Keim der neuen Phase (Phase 2). Setzt man $N_1 \sim 1/v_1$, $\mathcal{N} \sim a_k^3/v_2$ (mit den Molekülvolumina v_1 und v_2 in der jeweiligen Phase), so erhält man im Rahmen dieser Abschätzung const $\sim a_k^2/v_1 v_2$.

[2]) Die nachfolgend dargestellte Theorie geht auf J. B. Seldowitsch (1942) zurück.

Wir bezeichnen die gesuchte „kinetische" Verteilungsfunktion der Keimabmessungen mit $f(t, a)$. Der „elementare Prozeß" für eine Änderung der Keimgröße ist entweder die Vereinigung des Keimes mit einem Molekül bzw. im entgegengesetzten Fall der Verlust eines Moleküls. Diese Änderung muß als klein angenommen werden, da innerhalb der dargestellten Theorie die Keime selbst makroskopische Gebilde sind. Dieser Umstand gestattet es, das Wachstum der Keime mit Hilfe einer kinetischen Gleichung vom Typ der FOKKER-PLANCK-Gleichung zu beschreiben:

$$\frac{\partial f}{\partial t} = -\frac{\partial s}{\partial a}. \tag{99,4}$$

Dabei ist s die Stromdichte im „Raum der Keimabmessungen". Sie hat die Form

$$s = -B\frac{\partial f}{\partial a} + Af. \tag{99,5}$$

Die Größe B hat dabei die Bedeutung einer „Diffusionskonstanten für die Diffusion der Keimabmessungen". Der Koeffizient A ist mit B über eine Beziehung verknüpft, die sich aus der Bedingung ergibt, daß s für die Gleichgewichtsverteilung Null wird. Nimmt man letztere in der Gestalt (99,1) und vernachlässigt die geringe Variation des Vorfaktors, so erhält man

$$A = -\frac{B}{T} R'_{\min}(a). \tag{99,6}$$

Wir bestimmen nun die stationäre Lösung der kinetischen Gleichung, die dem kontinuierlich stattfindenden Prozeß eines Phasenüberganges entspricht. In dieser Lösung gilt $s = \text{const}$. Dieser konstante Strom (in Richtung einer Vergrößerung der Abmessungen) liefert gerade die Anzahl von Keimen, die (pro Zeit- und Volumeneinheit) den kritischen Bereich überwinden, und bestimmt somit die Geschwindigkeit des Prozesses.

Wir schreiben den Ausdruck für den Strom (99,5) um, indem wir ihn (unter Berücksichtigung von (99,6)) nicht durch die Funktion f selbst, sondern durch das Verhältnis f/f_0 ausdrücken. Die Bedingung des konstanten Stromes erhält dann die Form

$$-Bf_0\frac{\partial}{\partial a}\frac{f}{f_0} = s. \tag{99,7}$$

Hieraus findet man

$$\frac{f}{f_0} = -s\int\frac{\mathrm{d}a}{Bf_0} + \text{const}.$$

Die Konstanten s und const werden aus den Randbedingungen für kleine und große a bestimmt. Die Fluktuationswahrscheinlichkeit wächst schnell mit einer Verkleinerung der Abmessungen an. Deshalb treten die Keime geringer Abmessungen mit großer Wahrscheinlichkeit auf. Der Vorrat solcher Keime kann sich dabei so schnell auffüllen, daß ihre Anzahl, ungeachtet eines konstanten Abflusses praktisch im Gleichgewicht bleibt. Diese Situation wird durch die Grenzbedingung $f/f_0 \to 1$ für $a \to 0$ ausgedrückt. Die Grenzbedingung für große a findet man, indem man beachtet, daß im überkritischen

Bereich die Funktion f_0, gegeben durch die Beziehung (99,1) (die in Wirklichkeit hier nicht anwendbar ist), unbegrenzt anwächst. Die reale Verteilungsfunktion jedoch bleibt selbstverständlich endlich. Diese Situation wird durch die Bedingung $f/f_0 = 0$ ausgedrückt, die irgendwo im überkritischen Bereich gefordert werden kann, wo genau, ist dabei unwesentlich (s. unten). Wir vereinbaren dafür $a \to \infty$.[1])

Die Lösung, durch die beide Bedingungen erfüllt werden, lautet

$$\frac{f}{f_0} = s \int\limits_a^\infty \frac{\mathrm{d}a}{Bf_0}, \tag{99,8}$$

wobei die Konstante s durch

$$\frac{1}{s} = \int\limits_0^\infty \frac{\mathrm{d}a}{Bf_0} \tag{99,9}$$

bestimmt wird. Die Funktion des Integranden besitzt für $a = a_k$ ein scharfes Maximum. Benutzt man in der Nähe dieses Punktes den Ausdruck (99,3), so kann die Integration bezüglich $a - a_k$ in (99,9) auf den Bereich von $-\infty$ bis $+\infty$ ausgedehnt werden, unabhängig davon, welche obere Integrationsgrenze (außerhalb des kritischen Bereiches) in (99,8—9) gerade gewählt wurde bzw. wo die Randbedingung angesetzt wurde. Als Ergebnis erhalten wir

$$s = 2\sqrt{\frac{\alpha}{T}}\, B(a_k)\, f_0(a_k)\,. \tag{99,10}$$

Diese Beziehung drückt die Zahl der „lebensfähigen" (den kritischen Bereich durchwandernden) Keime, die sich pro Zeiteinheit und pro Volumeneinheit der metastabilen Phase unter stationären Bedingungen bilden, durch die Gleichgewichtszahl von kritischen Keimen aus, die sich aus der thermodynamischen Theorie ergibt.

Für die Verteilungsfunktion $f(a)$ erhält man aus der Formel (99,8) im unterkritischen Bereich einfach $f(a) \approx f_0(a)$. Im überkritischen Bereich dagegen kann man aus (99,8) nur ersehen, daß in Übereinstimmung mit der angesetzten Grenzbedingung $f \ll f_0$ gilt. Aus dem physikalischen Bild des Prozeßverlaufs ist ersichtlich, daß in diesem Bereich die Verteilungsfunktion konstant ist. Der dorthin gelangte Keim wächst monoton, ohne jemals zurückzufallen. In Übereinstimmung damit kann im Ausdruck für den Strom (99,5) der Beitrag mit der Ableitung $\partial f/\partial a$ vernachlässigt und $s = Af$ geschrieben werden. Dem Sinne des Stromes s entsprechend besitzt der Koeffizient A die Bedeutung einer Geschwindigkeit $\mathrm{d}a/\mathrm{d}t$ im Raum der Abmessungen. Das Wachsen des überkritischen Keimes erfolgt aber nach makroskopischen Gesetzmäßigkeiten, deren Ausnutzung es gestattet, die Ableitung $\mathrm{d}a/\mathrm{d}t$ auf unabhängige Weise zu be-

---

[1]) Analoge Überlegungen wurden bereits bei der Lösung einer anderen Aufgabe in § 24 angestellt.

stimmen:

$$A = \left(\frac{\mathrm{d}a}{\mathrm{d}t}\right)_{\text{makro}}, \tag{99,11}$$

wobei der Index das Ergebnis einer solchen Rechnung kennzeichnen soll.[1])

Nach (99,6) finden wir weiter

$$B(a) = -\frac{T}{R'_{\min}(a)}\left(\frac{\mathrm{d}a}{\mathrm{d}t}\right)_{\text{makro}} = \frac{T}{8\pi\alpha(a-a_k)}\left(\frac{\mathrm{d}a}{\mathrm{d}t}\right)_{\text{makro}}. \tag{99,12}$$

Streng betrachtet, bezieht sich die auf diese Weise berechnete Funktion $B(a)$ auf den Bereich $a > a_k$, während uns (für das Einsetzen in (99,10)) der Wert $B(a_k)$ interessiert. Da jedoch die Funktion $B(a)$ für $a = a_k$ keinerlei Singularitäten besitzt, kann man sie auch in diesem Punkt anwenden. In diesem Zusammenhang sei festgestellt, daß für $a \to a_k$ die Ableitung $(\mathrm{d}a/\mathrm{d}t)_{\text{makro}}$ Null wird (der Keim befindet sich im Gleichgewicht, wenn auch im instabilen). Die Division durch $a - a_k$ führt aber zu einem endlichen Wert.

Der Ausdruck (99,12) bietet prinzipiell die Möglichkeit, den Koeffizienten $B(a_k)$ und damit auch die Geschwindigkeit der Keimbildung zu berechnen, ohne eine mikroskopische Untersuchung durchzuführen. So muß etwa für den Prozeß des Siedens das Wachsen einer Dampfblase in einer Flüssigkeit betrachtet werden. Der Prozeß der Ausfällung eines gelösten Stoffes aus einer übersättigten Lösung kann entsprechend als das Wachstum eines ausfallenden Teilchens untersucht werden, das durch Diffusionszufuhr Substanz aus der umgebenden Lösung aufnimmt.

Aufgabe

Man bestimme die „Diffusionskonstante für die Diffusion der Keimgröße beim Ausfällen einer Substanz aus einer übersättigten (aber verdünnten) Lösung. Die Keime werden als kugelförmig vorausgesetzt.

Lösung. Wir erinnern zunächst an einige thermodynamische Beziehungen. Der kritische Keimradius für eine Ausfällung aus einer übersättigten Lösung ist gegeben durch

$$a_k = \frac{2\alpha v'}{\mu' - \mu'_0}$$

(s. V, § 162, Aufgabe 2), wobei im betrachteten Fall μ'_0 und v' das chemische Potential und das Molekularvolumen der Substanz des Keimes sind. Das chemische Potential der in Lösung befindlichen Substanz ist durch die Beziehung $\mu' = T \ln c + \psi(P, T)$ gegeben mit der Konzentration c. Führt man die Konzentration $c_{0\infty}$ der gesättigten Lösung über einer ebenen Oberfläche des gelösten Stoffes entsprechend $T \ln c_{0\infty} + \psi = \mu'_0$ ein, so erhält man

$$\mu' - \mu'_0 = T \ln \frac{c}{c_{0\infty}} \approx \frac{T(c - c_{0\infty})}{c_{0\infty}}.$$

[1]) Dabei kann die Frage nach der Übereinstimmung der Beziehung (99,11) mit der „mikroskopischen" Definition (21,4) auftreten, entsprechend der die Geschwindigkeit $\sum \delta a/\delta t$ (Summation über alle elementaren Wachstumsakte) nicht durch den Wert A selbst, sondern durch die Summe $\tilde{A} = A + B'(a)$ gegeben ist. Jedoch ist die Ableitung $B'(a)$ (außerhalb des kritischen Bereiches) klein im Vergleich zur Größe (99,6), die den großen Faktor $R'_{\min}/T$ enthält. Sie kann deshalb weggelassen werden. Größen derselben Ordnung wurden bereits vernachlässigt, als bei der Herleitung von (99,6) der Vorfaktor in (99,1) als konstant betrachtet wurde.

Die letzte Gleichheit gilt für eine verdünnte Lösung. Auf diese Weise ergibt sich der kritische Radius

$$a_k = \frac{2\alpha v' c_{0\infty}}{T(c - c_{0\infty})} . \tag{1}$$

Die Beziehung

$$c_{0a} = c_{0\infty}\left(1 + \frac{2\alpha v'}{Ta}\right) = c_{0\infty} + \frac{a_k}{a}(c - c_{0\infty}) \tag{2}$$

dagegen bestimmt die Konzentration c_{0a} der gesättigten Lösung über einer kugelförmigen Oberfläche (Radius a) der gelösten Substanz.

Die Substanzzufuhr zum wachsenden überkritischen Keim erfolgt durch Diffusion aus der umgebenden Lösung. Im stationären Regime wird die kugelsymmetrische Konzentrationsverteilung $c(r)$ um einen Keim mit dem Radius a durch die Lösung der Diffusionsgleichung

$$D\,\Delta c(r) = D\frac{1}{r}\frac{\partial^2}{\partial r^2} rc(r) = \frac{\partial c(r)}{\partial t} \equiv 0$$

mit den Randbedingungen $c(\infty) = c$ (vorgegebener Wert der Konzentration der übersättigten Lösung) und $c(a) = c_{0a}$ bestimmt. Dabei ergibt sich

$$c(r) = c - (c - c_{0a})\frac{a}{r}$$

und für den Diffusionsstrom hin zum Keim

$$I = 4\pi r^2 D\frac{\mathrm{d}c}{\mathrm{d}r} = 4\pi Da(c - c_{0a}) = 4\pi D(c - c_{0\infty})(a - a_k) .$$

Im letzten Gleichheitszeichen wurde die Beziehung (2) verwendet. Falls die Konzentration als die Zahl der pro Volumeneinheit gelösten Moleküle definiert ist, beschreibt I die Zahl von Molekülen, die sich pro Zeiteinheit auf der Keimoberfläche absetzen. Auf diese Weise erhält man

$$\left(\frac{\mathrm{d}a}{\mathrm{d}t}\right)_{\text{makro}} = \frac{Iv'}{4\pi a^2} = \frac{Dv'}{a^2}(a - a_k)(c - c_{0\infty})$$

und entsprechend (99,12)

$$B(a_k) = \frac{TDv'(c - c_{0\infty})}{8\pi\alpha a_k^2} = \frac{Dv'^2 c_{0\infty}}{4\pi a_k^3} .$$

§ 100. Kinetik von Phasenübergängen erster Art. Koaleszenzstadium

Die im vorigen Paragraphen durchgeführte Untersuchung der Kinetik eines Phasenübergangs bezieht sich nur auf sein Anfangsstadium. Das Gesamtvolumen aller Keime der neuen Phase muß so klein sein, daß sich ihre Existenz und ihr Wachstum nicht wesentlich auf den „Grad der Metastabilität" der Ausgangsphase auswirken, so daß die durch diesen Grad bestimmte kritische Keimgröße als konstanter Parameter angesehen werden kann. In diesem Stadium geht die Bildung von Keimen der neuen Phase infolge von Fluktuationen vor sich, wobei das Wachstum jedes dieser Keime vom Verhalten der restlichen Keime unabhängig ist. In der weiteren Darlegung werden wir, um etwas Konkretes vor Augen zu haben, den Prozeß der Ausfällung einer gelösten Substanz aus einer übersättigten Lösung betrachten. Der Grad der Metastabilität ist in diesem Fall der Übersättigungsgrad der Lösung.

Im Endstadium, wenn die Übersättigung der Lösung sehr gering geworden ist, ändert sich der Charakter des Prozesses grundlegend. Das Entstehen von neuen Keimen infolge von Fluktuationen ist hier praktisch ausgeschlossen, da die kritische Abmessung zu groß ist. Die Vergrößerung der kritischen Abmessung, die mit einer fortschreitenden Erniedrigung des Übersättigungsgrades einhergeht, führt dazu, daß die kleinsten der bereits existierenden Körner der neuen Phase unterkritisch werden und sich wieder auflösen. Deshalb übernimmt in diesem Stadium der Prozeß des „Auffressens" kleiner Körner durch große die bestimmende Rolle. Es findet ein Wachstum der größeren Körner auf Kosten der Auflösung von kleineren Körnern statt (*Koaleszenz*). Dieses Stadium wird im weiteren Verlauf dieses Paragraphen untersucht. Dabei wird angenommen, daß die Anfangskonzentration so klein ist, daß sich die ausgefällten Körner weit voneinander entfernt befinden und somit ihre unmittelbare „Wechselwirkung" vernachlässigt werden kann.[1])

Wir werden eine feste Lösung betrachten, in der die ausgefällten Körner unbeweglich sind und nur durch die Diffusion aus der sie umgebenden Lösung wachsen. Indem wir uns lediglich auf eine Darstellung der Methode sowie der qualitativen Grundeigenschaften des Prozesses beschränken, führen wir auch noch eine Reihe von anderen vereinfachenden Annahmen ein. Wir werden keine elastischen Spannungen in der Umgebung der ausgefällten Teilchen berücksichtigen und diese als kugelförmig voraussetzen.

Die Gleichgewichtskonzentration der Lösung an der Oberfläche eines Korns mit dem Radius a ist durch die thermodynamische Beziehung

$$c_{0a} = c_{0\infty}\left(1 + \frac{2\alpha v'}{Ta}\right) \tag{100,1}$$

gegeben, wobei $c_{0\infty}$ die Konzentration der gesättigten Lösung über einer ebenen Oberfläche der aufgelösten Substanz ist; α ist der Koeffizient der Oberflächenspannung an der Phasengrenzfläche und v' das Molekülvolumen der gelösten Substanz (s. Aufgabe im vorhergehenden Paragraphen). Die Konzentration definieren wir als Volumenmenge der gelösten Substanz pro Volumen der Lösung. Im Rahmen dieser Definition stimmt der Diffusionsstrom $i = D\,\partial c/\partial r$ an der Kornoberfläche mit der Änderungsgeschwindigkeit seines Radius' überein,

$$\frac{\mathrm{d}a}{\mathrm{d}t} = D\left.\frac{\partial c}{\partial r}\right|_{r=a}.$$

(D ist der Diffusionskoeffizient der gelösten Substanz.) Infolge der vorausgesetzten Kleinheit der Konzentration ist diese Geschwindigkeit so klein, daß die Konzentrationsverteilung um das Korn zu jedem Zeitpunkt mit der stationären Verteilung $c(r)$ für den gegebenen Wert a identifiziert werden kann:

$$c(r) = c - (c - c_{0a})\frac{a}{r}.$$

(Dabei ist c die mittlere Konzentration der Lösung.) Hieraus erhält man für den Diffusionsstrom $i(r) = Da(c - c_{0a})/r^2$ und schließlich, unter Berücksichtigung von (100,1),

$$i(a) = \frac{\mathrm{d}a}{\mathrm{d}t} = \frac{D(c - c_{0a})}{a} = \frac{D}{a}\left(\varDelta - \frac{\sigma}{a}\right),$$

---

[1]) Die dargestellte Theorie wurde von I. M. Lifschitz und W. W. Sljosow (1958) entwickelt.

wobei der Parameter $\sigma = 2\alpha v' c_{0\infty}/T$ eingeführt wurde und die Größe $\Delta = c - c_{0\infty}$ das Maß für die Übersättigung der Lösung ist. Die Größe

$$a_k(t) = \sigma/\Delta(t) \tag{100,2}$$

charakterisiert den kritischen Radius. Für $a > a_k$ wächst das Korn $(\mathrm{d}a/\mathrm{d}t > 0)$, und für $a < a_k$ löst es sich auf $(\mathrm{d}a/\mathrm{d}t < 0)$. In der weiteren Betrachtung (bis zur Formulierung der Endresultate) werden wir die Zeit in Einheiten $a_k^3(0)/D\sigma$ messen, mit $a_k(0)$ als dem Wert des kritischen Radius, der dem Beginn des Koaleszenzstadiums entspricht. Auf diese Weise gelangen wir zur Gleichung

$$\frac{\mathrm{d}a}{\mathrm{d}t} = \frac{a_k^3(0)}{a}\left(\frac{1}{a_k} - \frac{1}{a}\right). \tag{100,3}$$

Des weiteren führen wir eine Verteilungsfunktion der Korngrößen $f(t, a)$ ein, die so normiert wird, daß das Integral

$$N(t) = \int_0^\infty f(t, a)\,\mathrm{d}a$$

die Anzahl der Körner pro Volumeneinheit beschreibt. Indem wir $v_a = \mathrm{d}a/\mathrm{d}t$ als die Verschiebungsgeschwindigkeit des Korns im Raum der Abmessungen auffassen, schreiben wir die Kontinuitätsgleichung in diesem Raum als

$$\frac{\partial f}{\partial t} + \frac{\partial}{\partial a}(f v_a) = 0\,. \tag{100,4}$$

Die Erhaltung der Gesamtmenge der gelösten Substanz wird schließlich durch die Beziehung

$$\Delta + q = \mathrm{const} \equiv Q\,, \qquad q(t) = \frac{4\pi}{3}\int a^3 f(t, a)\,\mathrm{d}a \tag{100,5}$$

ausgedrückt mit Q als der Gesamtanfangsübersättigung und q als dem Volumen der ausgefällten Körner (pro Volumeneinheit der Lösung).

Die Gleichungen (100,3—5) bilden ein vollständiges Gleichungssystem zur Lösung der betrachteten Aufgabe. Wir formen sie um, indem wir sie in Variablen aufschreiben, die für die weitere Untersuchung geeigneter sind.

Wir führen die dimensionslose Größe

$$x(t) = a_k(t)/a_k(0) \tag{100,6}$$

ein. Für $t \to \infty$ geht die Übersättigung $\Delta(t)$ gegen Null und der kritische Radius entsprechend gegen Unendlich. Deshalb ändert sich bei einer Änderung der Zeit t von 0 bis ∞ auch die Größe

$$\tau = 3 \ln x(t) \tag{100,7}$$

monoton von 0 bis ∞. Diese wählen wir als neue Zeitvariable. Als unbekannte Funktion in Gleichung (100,3) führen wir das Verhältnis

$$u = a/a_k(t) \tag{100,8}$$

ein. Im Ergebnis erhält die Gleichung (100,3) die Gestalt

$$\frac{du^3}{d\tau} = \gamma(u - 1) - u^3\,, \tag{100,9}$$

wobei

$$\gamma = \gamma(\tau) = \frac{dt}{x^2\,dx} > 0 \tag{100,10}$$

gilt.

Indem wir uns der Untersuchung dieser Gleichungen zuwenden, zeigen wir zunächst, daß die Funktion $\gamma(\tau)$ für $\tau \to \infty$ gegen einen definierten Grenzwert streben muß.

Die rechte Seite von Gleichung (100,9) besitzt für $u^2 = \gamma/3$ ein Maximum mit dem Wert $\gamma[2/3(\gamma/3)^{1/2} - 1]$. Deshalb kann die graphische Darstellung der Geschwindigkeit $du^3/d\tau$ als Funktion von u in Abhängigkeit vom Wert γ eine der drei in Abb. 34 dargestellten Verläufe besitzen. Für $\gamma = \gamma_0 = 27/4$ berührt die Kurve die Abszisse im Punkt $u = u_0 = 3/2$.

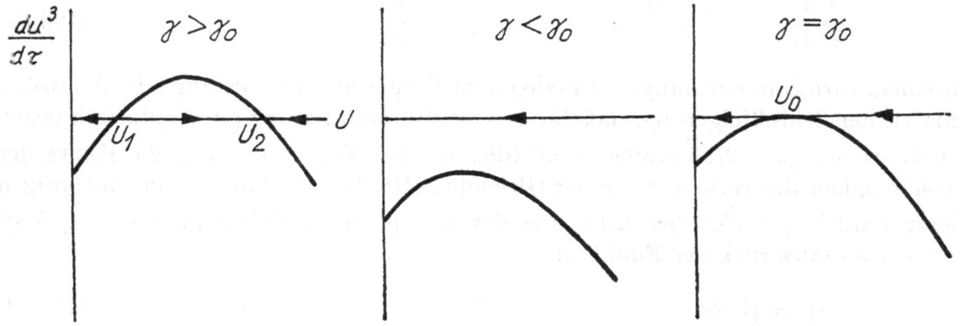

Abb. 34

Jeder Punkt der Abszisse, der den Zustand des Korns charakterisiert, bewegt sich in Abhängigkeit vom Vorzeichen der Ableitung $du^3/d\tau$ entweder nach rechts oder nach links. Für $\gamma > \gamma_0$ bewegen sich alle Punkte links von u_1 nach links und verschwinden, wenn sie den Koordinatenursprung erreichen. Die Punkte $u > u_1$ dagegen bewegen sich zum Punkt u_2, dem sie sich von links oder von rechts asymptotisch nähern. Das bedeutet, daß alle Körner mit $u > u_1$, d. h. mit einem Radius $a > u_1 a_k$, asymptotisch (für $\tau \to \infty$) die Ausdehnung $a = a_k u_2$ erlangen würden, die gemeinsam mit a_k gegen Unendlich strebt. Auf diese Weise würde auch das Gesamtvolumen der ausgefällten Körner q gegen Unendlich gehen, so daß der Erhaltungssatz für die Stoffmenge (100,5) nicht erfüllt werden kann. Für $\gamma < \gamma_0$ bewegen sich alle Punkte nach links und verschwinden, indem sie innerhalb einer endlichen Zeit den Koordinatenursprung erreichen. In diesem Fall gilt $q(\tau) \to 0$, und die Gleichung (100,5) kann wiederum nicht erfüllt werden.

Deshalb muß die Funktion $\gamma(\tau)$ gegen die Grenze γ_0 streben, wobei sie sich diesem Wert von unten nähern muß. Bei einer Annäherung von oben (oder bei exakter Übereinstimmung $\gamma = \gamma_0$) würden alle Punkte mit $u > u_0$, die sich nach links bewegen, auf jeden Fall im Punkt $u = u_0$ „steckenbleiben" (da dort die Geschwindigkeit $du^3/d\tau = 0$ ist), und die Gleichung (100,5) könnte ebenso wie für $\gamma(\infty) > \gamma_0$ nicht erfüllt werden. Folglich muß die Beziehung

$$\gamma(\tau) = \tfrac{27}{4}\,[1 - \varepsilon^2(\tau)] \tag{100,11}$$

gelten, wobei für $\tau \to \infty$ der Wert von ε gegen Null strebt. Dabei sickern die von rechts anlangenden Punkte immer langsamer durch den sich allmählich schließenden „Sperrpunkt" $u = u_0$ hindurch. Die Geschwindigkeit dieses Durchsickerns wird durch die Funktion $\varepsilon(\tau)$ charakterisiert, die wiederum aus der Bewegungsgleichung (100,9) und der Gleichung für die Substanzerhaltung (100,5) bestimmt werden muß.

In der Nähe des Punktes $u = u_0$ erhalten wir für die Gleichung (100,9) mit γ aus (100,11)

$$\frac{\mathrm{d}u}{\mathrm{d}\tau} = -\frac{2}{3}\left(u - \frac{3}{2}\right)^2 - \frac{\varepsilon^2}{2}.$$

Führt man als neue unbekannte Funktion das Verhältnis $z = (u - 3/2)/\varepsilon$ zweier kleiner Größen ein, so kann man diese Gleichung in der Form

$$\frac{3}{2\varepsilon}\frac{\mathrm{d}z}{\mathrm{d}\tau} = -z^2 - \frac{3}{4} + \frac{3}{2}z\eta\,, \qquad \eta = \frac{\mathrm{d}(1/\varepsilon)}{\mathrm{d}\tau}\,, \tag{100,12}$$

schreiben. Ihre Untersuchung, die analog dem Vorgehen für Gleichung (100,9) erfolgt, führt zu der Schlußfolgerung, daß für $\tau \to \infty$ die Funktion $\eta(\tau)$ asymptotisch gegen den Grenzwert $\eta_0 = 2/\sqrt{3}$ streben muß (dies ist der Wert η, bei dem die Kurve der z-Abhängigkeit der rechten Seite der Gleichung (100,12) die Abszisse im zugehörigen „Sperrpunkt" $z_0 = \sqrt{3}/2$ berührt). Aus der asymptotischen Gleichheit $\eta = \eta_0$ folgt für den Grenzausdruck der Funktion

$$\varepsilon(\tau) = \sqrt{3}/2\tau\,. \tag{100,13}$$

Für $\tau^2 \gg 1$ kann das Korrekturglied in (100,11) vernachlässigt werden. Somit finden wir aus der Beziehung $1/\gamma = x^2(\mathrm{d}x/\mathrm{d}t) = 4/27$ das asymptotische Gesetz der Zeitabhängigkeit des kritischen Radius

$$x(t) = \frac{a_k(t)}{a_k(0)} = \left(\frac{4t}{9}\right)^{1/3}. \tag{100,14}$$

Da $\tau = \ln x^3$ gilt, ergibt sich die Gültigkeitsbedingung des Ergebnisses (100,14), ausgedrückt durch die wirkliche Zeit t, als $\ln^2 t \gg 1$. Interessant ist, daß, obwohl der relative Wert der Korrekturen zu γ_0 mit wachsendem τ schnell abnimmt und die erste Näherung (Gesetz (100,14)) immer genauer wird, das Verhalten der Lösung in der Nähe des Sperrpunktes gerade durch diese Korrekturen bestimmt wird.

Wir gehen nun zur Berechnung der Größenverteilung der Körner über. Die von den Variablen u, τ abhängige Verteilungsfunktion ist mit der von den Variablen t, a abhängigen Verteilungsfunktion durch die Beziehung

$$\varphi(\tau, u)\,\mathrm{d}u = f(t, a)\,\mathrm{d}a\,, \qquad f = \varphi/a_k\,, \tag{100,15}$$

verknüpft. Die Kontinuitätsgleichung für diese Funktion lautet

$$\frac{\partial\varphi}{\partial\tau} + \frac{\partial}{\partial u}(v_u\varphi) = 0\,, \qquad v_u = \frac{\mathrm{d}u}{\mathrm{d}\tau}\,. \tag{100,16}$$

Die Geschwindigkeit v_u ist überall, mit Ausnahme der näheren ($\sim \varepsilon$) Umgebung des Punktes u_0, durch die Gleichung (100,9) mit $\gamma = 27/4$ gegeben:

$$v_u = \frac{du}{d\tau} = -\frac{1}{3u^2}\left(u - \frac{3}{2}\right)^2 (u+3)\,. \tag{100,17}$$

Die Lösung der Gleichung (100,16) hat die Form

$$\varphi(\tau, u) = \frac{\chi\big(\tau - \tau(u)\big)}{-v_u}\,, \qquad \tau(u) = \int\limits_0^u \frac{du}{v_u} \tag{100,18}$$

mit einer willkürlichen Funktion χ, die noch bestimmt werden muß.

Wir haben gesehen, daß alle Punkte, die ein Korn darstellen, auf der u-Achse von rechts nach links laufen und sich dabei durch die Umgebung des Sperrpunktes hindurchbewegen, wobei sie sich um so länger in diesem Bereich aufhalten, je später sie dorthin gelangen. Dieser Bereich besitzt deshalb für die Punkte $u > u_0$ die Bedeutung einer Senke und für das Gebiet $u < u_0$ die einer Quelle.

Die Verteilungsfunktion rechts vom Punkt u_0 wird für $\tau \to \infty$ durch die aus einem unendlich entfernten Gebiet in diesen Bereich hineingelangten Punkte bestimmt, die den Körnern im „Schwanz" der Anfangsverteilung (bei $\tau = 0$) entsprechen. Da die Zahl der Körner in dieser Verteilung schnell (faktisch exponentiell) mit der Vergrößerung ihrer Abmessungen abnimmt, strebt die Verteilungsfunktion im Bereich $u > u_0$ (außerhalb der Umgebung des Punktes u_0) für $\tau \to \infty$ gegen Null.

In der Gleichung für die Substanzerhaltung (100,5) strebt im Grenzübergang $\tau \to \infty$ das Glied $\Delta(\tau)$ gegen Null. Indem wir das Integral q durch die Variablen τ, u ausdrükken (wir erinnern daran, daß $a^3 = u^3 x^3 a_k^3(0) = u^3 \, e^\tau a_k^3(0)$ gilt), erhalten wir die Gleichung

$$\varkappa\, e^\tau \int\limits_0^u u^3 \varphi(\tau, u)\, du = 1\,, \qquad \varkappa = \frac{4\pi a_k^3(0)}{3Q}\,. \tag{100,19}$$

Hierin müssen wir φ aus (100,18) mit v_u aus (100,17) einsetzen.[1]) Man kann sofort erkennen, daß der Ausdruck auf der linken Seite der Beziehung (100,19) nur dann eine von τ unabhängige Größe sein kann, wenn die Funktion χ die Form

$$\chi\big(\tau - \tau(u)\big) = A\, e^{-\tau + \tau(u)}$$

besitzt.

Die Funktion $\tau(u)$ wird durch eine elementare Integration berechnet und wir erhalten im Ergebnis

$$\varphi(\tau, u) = A\, e^{-\tau} P(u) \tag{100,20}$$

mit

$$P(u) = \frac{3^4\, e\, u^2 \exp\left[-1/(1 - 2u/3)\right]}{2^{5/3}\,(u+3)^{7/3}\,(3/2 - u)^{11/3}}\,, \qquad u < \frac{3}{2}\,, \tag{100,21}$$

$$P(u) = 0\,, \qquad u > 3/2\,.$$

---

[1]) Wir halten uns hier nicht damit auf zu beweisen, daß die Umgebung des Punktes u_0 (in dem die Beziehung (100,17) nicht anwendbar ist) für $\tau \to \infty$ einen vernachlässigbaren Beitrag zum Integral liefert.

Die Konstante A wird durch Einsetzen von (100,20) in Gleichung (100,19) bestimmt. Die numerische Berechnung des entstehenden Integrals ergibt $A = 0{,}9/\varkappa$. Die Funktion $P(u)$ ist automatisch auf 1 normiert,

$$\int_0^{u_0} P(u)\,\mathrm{d}u = \int_0^{3/2} \frac{\mathrm{e}^{\tau(u)}}{-v_u}\,\mathrm{d}u = -\int_0^{-\infty} \mathrm{e}^{\tau}\,\mathrm{d}\tau = 1\,.$$

Somit ist die Zahl der Körner pro Volumeneinheit

$$N = \int_0^{u_0} \varphi(\tau, u)\,\mathrm{d}u = A\,\mathrm{e}^{-\tau} = \frac{9A}{4t}\,. \tag{100,22}$$

Auf einfache Weise findet man auch den (über die Verteilung (100,21)) gemittelten Wert $\bar{u}$. Hierzu betrachten wir das Integral

$$\int_0^{u_0} P(u)\,(u-1)\,\mathrm{d}u = \int_0^{u_0} \mathrm{e}^{\tau(u)}\,(u-1)\,\frac{\mathrm{d}u}{-v_u} = \int_{-\infty}^{0} \mathrm{e}^{\tau}\,[u(\tau)-1]\,\mathrm{d}\tau\,.$$

Setzen wir $u(\tau) - 1$ aus (100,9) ein, erhalten wir

$$\frac{4}{27}\int_{-\infty}^{0} \mathrm{e}^{\tau}\left[u^3(\tau) + \frac{\mathrm{d}u^3(\tau)}{\mathrm{d}\tau}\right]\mathrm{d}\tau = \frac{4}{27}\,u^3(\tau)\,\mathrm{e}^{\tau}\Big|_{-\infty}^{0} = 0\,.$$

Daraus folgt

$$\bar{u} = \int_0^{u_0} P(u)\,u\,\mathrm{d}u = \int_0^{u_0} P(u)\,\mathrm{d}u = 1\,,$$

d. h. $\bar{a} = a_k(t)$ — die mittleren Abmessungen stimmen mit den kritischen überein.

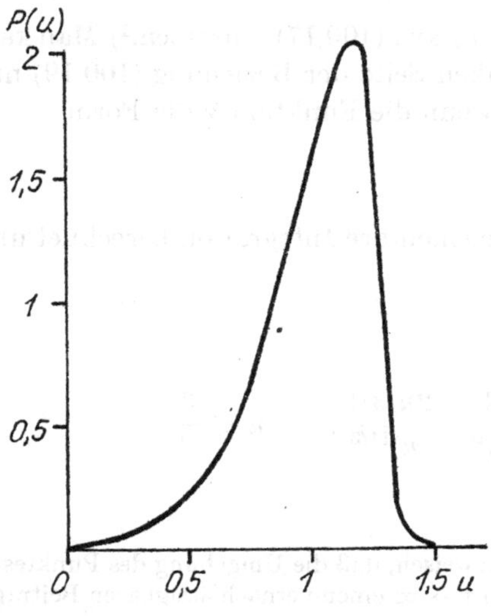

Abb. 35

Die erhaltenen Gleichungen zusammenfassend, schreiben wir noch einmal die Ergebnisse in den Ausgangsvariablen — dem Kornradius a und der wirklichen Zeit t — auf. Der mittlere Radius des Korns wächst asymptotisch gemäß

$$\bar{a} = \left(\frac{4\sigma D}{9} t\right)^{1/3}. \tag{100,23}$$

Die Korngrößenverteilung ist zu jedem Zeitpunkt durch die Funktion (100,21) gegeben. Die Anzahl von Körnern mit einem Radius im Intervall da ist $P(a/\bar{a})\, da/\bar{a}$. Die Funktion $P(u)$ ist nur im Bereich $u < 3/2$ von Null verschieden. Ihre graphische Darstellung ist in Abb. 35 gezeigt. Wir stellen fest, daß sich das asymptotische Gesetz der Verteilung als unabhängig von der Anfangsverteilung (zum Anfangszeitpunkt des Koaleszenzstadiums) erweist. Die Gesamtzahl von Körnern (pro Volumeneinheit) nimmt zeitlich nach dem Gesetz

$$N(t) = 0{,}5Q/D\sigma t \tag{100,24}$$

ab. Die Übersättigung der Lösung strebt wie

$$\Delta(t) = (9\sigma^2/4Dt)^{1/3} \tag{100,25}$$

gegen Null.

Um den Sinn dieses Verhaltens zu verstehen, richten wir unsere Aufmerksamkeit darauf, daß in der durchgeführten Untersuchung das Gesamtvolumen der Lösung als unbegrenzt betrachtet wurde und deshalb auch das Gesamtreservoir an gelöster Substanz unbegrenzt ist. In einem endlichen Volumen endet der Prozeß selbstverständlich nach einer endlichen Zeit, wenn die gesamte Substanz in Form eines einzigen Körpers ausgefällt ist.

§ 101. Relaxation des Ordnungsparameters in der Nähe eines Phasenübergangspunktes zweiter Art

Bekanntlich wird die Zustandsänderung eines Körpers beim Phasenübergang zweiter Art durch den Ordnungsparameter η beschrieben, der auf der einen Seite des Übergangs (innerhalb der „nichtsymmetrischen" Phase) von Null verschieden und auf der anderen Seite (in der „symmetrischen" Phase) gleich Null ist. In V, Kapitel XIV wurden die thermodynamischen Gleichgewichtseigenschaften von Körpern in der Nähe von Phasenübergangspunkten untersucht. Wir wenden uns jetzt dem Relaxationsprozeß des Ordnungsparameters in einem Nichtgleichgewichtssystem zu.

Der Gleichgewichtswert des Ordnungsparameters (den wir hier mit $\bar{\eta}$ bezeichnen werden) wird durch die Minimisierung des entsprechenden thermodynamischen Potentials bestimmt. Im Hinblick auf die Betrachtung von sowohl räumlich homogenen als auch inhomogenen Fällen werden wir das Potential Ω als Funktion der Temperatur T und des chemischen Potentials μ (für ein vorgegebenes Gesamtvolumen des Körpers) verwenden — vgl. V, § 146.

In einem räumlich homogenen Körper wird der Wert η durch das Minimum von $\Omega(T, \mu, \eta)$ (thermodynamisches Potential pro Volumeneinheit) als Funktion des

Parameters η für vorgegebene T und μ bestimmt:

$$\frac{\partial \Omega}{\partial \eta} = 0 . \tag{101,1}$$

Falls diese Bedingung nicht erfüllt ist, treten Relaxationsprozesse auf. Der Parameter η ändert sich zeitlich, indem er gegen $\bar{\eta}$ strebt. In einem schwachen Nichtgleichgewichtszustand, d. h. für von Null verschiedene, jedoch kleine Werte der Ableitung $\partial\Omega/\partial\eta$, ist auch die Relaxationsgeschwindigkeit $\mathrm{d}\eta/\mathrm{d}t$ klein. In der LANDAU-Theorie, in der Fluktuationen des Ordnungsparameters vernachlässigt werden, ist anzunehmen, daß die Beziehung zwischen diesen beiden Ableitungen sich auf eine einfache Proportionalität reduziert,

$$\frac{\mathrm{d}\eta}{\mathrm{d}t} = -\gamma \frac{\partial \Omega}{\partial \eta} \tag{101,2}$$

mit einem konstanten Koeffizienten γ (L. D. LANDAU, I. M. CHALATNIKOW, 1954).

In der LANDAU-Theorie hat das thermodynamische Potential in der Nähe des Umwandlungspunktes die Form

$$\Omega = \Omega_0(T, \mu) + (T - T_c)\,\alpha\eta^2 + b\eta^4 \tag{101,3}$$

mit einem positiven Koeffizienten b. Falls die nichtsymmetrische Phase dem Bereich $T < T_c$ entspricht, so gilt auch $\alpha > 0$ (s. V, (146,3)). Der Gleichgewichtswert des Ordnungsparameters in der nichtsymmetrischen Phase — gegeben durch die Lösung der Gleichung (101,1) — lautet

$$\bar{\eta} = \left[\frac{\alpha(T_c - T)}{2b}\right]^{1/2} . \tag{101,4}$$

Die Relaxationsgleichung (101,2) erhält die Form

$$\frac{\mathrm{d}\eta}{\mathrm{d}t} = -2\gamma[(T - T_c)\,\alpha\eta + 2b\eta^3]$$

oder bei Linearisierung bezüglich der kleinen Differenz $\delta\eta = \eta - \bar{\eta}$

$$\frac{\mathrm{d}\delta\eta}{\mathrm{d}t} = -\frac{\delta\eta}{\tau_0} \tag{101,5}$$

mit

$$\tau_0 = 1/4\gamma\alpha(T_c - T) , \qquad T < T_c . \tag{101,6}$$

Für $t \to \infty$ muß die Differenz $\delta\eta$ gegen Null gehen. Deshalb muß $\tau_0 > 0$ und damit auch $\gamma > 0$ sein.

Auf analoge Weise wird die Relaxation im Bereich $T > T_c$ untersucht. Hier gilt $\bar{\eta} = 0$, und der linearisierte Ausdruck der Ableitung lautet

$$\frac{\partial \Omega}{\partial \eta} = -2\alpha(T - T_c)\,\delta\eta .$$

Damit ergibt sich anstelle von (101,6)

$$\tau_0 = 1/2\gamma\alpha(T - T_c) , \qquad T > T_c \tag{101,7}$$

Die Größe τ_0 ist die Relaxationszeit des Ordnungsparameters. Wir können erkennen, daß diese für $T \to T_c$ gegen Unendlich strebt. Diese Tatsache besitzt eine wichtige prinzipielle Bedeutung für die gesamte Theorie von Phasenübergängen. Wie bereits in V, § 143 festgestellt wurde, gewährleistet sie die Existenz von makroskopischen Zuständen, die dem unvollständigen Gleichgewicht für gegebene Nichtgleichgewichtswerte von η entsprechen. Gerade dank dieser Tatsache besitzt die in diesem und im folgenden Paragraphen dargestellte Theorie, in der die Relaxation des Ordnungsparameters unabhängig von der Relaxation anderer makroskopischer Charakteristika des Körpers betrachtet wird, einen Sinn.

In einem räumlich inhomogenen System muß das gesamte thermodynamische Potential untersucht werden, welches durch das Integral

$$\Omega_{\mathrm{tot}} = \int \{\Omega_0 + \alpha(T - T_c)\,\eta^2 + b\eta^4 + g(\nabla\eta)^2\}\,\mathrm{d}V \tag{101,8}$$

gegeben ist (s. V, (146,5)). Die entsprechende Gleichgewichtsbedingung erhält man, indem man die Variation des Integrals bezüglich η durchführt und diese gleich Null setzt. Integriert man das Integral über die Variation des Gradientengliedes partiell, so erhält man die Gleichgewichtsbedingung in Form der Gleichung

$$2\alpha(T - T_c)\,\eta + 4b\eta^3 - 2g\,\Delta\eta \approx \frac{\delta\eta}{\gamma\tau_0} - 2g\,\Delta\delta\eta = 0\,.$$

(Wir beschränken unsere Betrachtung auf die nichtsymmetrische Phase — den Bereich $T < T_c$.) Dementsprechend tritt auch ein zusätzliches Glied in der Relaxationsgleichung auf:

$$\frac{\partial\delta\eta}{\partial t} = -\left\{\frac{\delta\eta}{\tau_0} - 2\gamma g\,\Delta\delta\eta\right\}. \tag{101,9}$$

Für jede der räumlichen Fourier-Komponenten der Funktion $\delta\eta(t, \boldsymbol{r})$ ergibt sich hieraus die Gleichung

$$\frac{\mathrm{d}\delta\eta_{\boldsymbol{k}}}{\mathrm{d}t} = -\frac{\delta\eta_{\boldsymbol{k}}}{\tau_{\boldsymbol{k}}}, \qquad \frac{1}{\tau_{\boldsymbol{k}}} = \frac{1}{\tau_0} + 2\gamma g k^2\,. \tag{101,10}$$

Wir sehen, daß die Relaxationszeit für Komponenten mit $\boldsymbol{k} \neq 0$ im Fall $T \to T_c$ endlich bleibt, jedoch mit Verkleinerung von k wächst.

Wird schließlich in Ω noch das Glied $-\eta h$ hinzugefügt, das den Einfluß eines äußeren Feldes auf den Phasenübergang beschreibt (s. V, (146,5)), so gewinnt die Relaxationsgleichung die Gestalt

$$\frac{\partial\delta\eta}{\partial t} = -\frac{\delta\eta}{\tau_0} + 2\gamma g\,\Delta\delta\eta + \gamma h\,. \tag{101,11}$$

Setzt man das Feld als periodisch voraus,

$$h \propto \mathrm{e}^{i(\boldsymbol{kr} - \omega t)}\,,$$

so erhält man hieraus die Beziehung

$$\delta\eta_{\boldsymbol{k}} = \chi(\omega, \boldsymbol{k})\,h$$

mit der verallgemeinerten Suszeptibilität

$$\chi(\omega, \boldsymbol{k}) = \frac{\gamma}{\tau_{\boldsymbol{k}}^{-1} - i\omega}. \tag{101,12}$$

Wir erwähnen, daß dieser Ausdruck in Übereinstimmung mit den am Ende von § 91 durchgeführten allgemeinen Überlegungen einen Pol bei $\omega = -i\tau_{\boldsymbol{k}}^{-1}$ besitzt. Für $\omega = 0$, $\boldsymbol{k} = 0$ führt dieser Ausdruck in Übereinstimmung mit V, (144,8) zur Beziehung $\chi(0, 0) = 1/4\alpha(T_c - T)$.

Entsprechend dem Fluktuations-Dissipations-Theorem bestimmt die verallgemeinerte Suszeptibilität die spektrale Korrelationsfunktion der Fluktuationen des Ordnungsparameters nach der Beziehung (im klassischen Grenzfall $\hbar\omega \ll T$)

$$(\delta\eta^2)_{\omega\boldsymbol{k}} = \frac{2T}{\omega} \operatorname{Im} \chi(\omega, \boldsymbol{k}) = \frac{2\gamma T}{\omega^2 + \tau_{\boldsymbol{k}}^{-2}}. \tag{101,13}$$

Wir erinnern daran, daß dies die Raum-Zeit-Fourier-Komponente der Korrelationsfunktion $\langle \delta\eta(0, 0)\, \delta\eta(t, \boldsymbol{r})\rangle$ ist. Die Mittelwerte der Produkte von Fourier-Komponenten der Fluktuationen sind mit den Funktionen $(\delta\eta^2)_{\omega\boldsymbol{k}}$ durch die Beziehung

$$\langle \delta\eta_{\omega\boldsymbol{k}}\, \delta\eta_{\omega'\boldsymbol{k}'}\rangle = (2\pi)^4\, \delta(\omega + \omega')\, \delta(\boldsymbol{k} + \boldsymbol{k}')\, (\delta\eta^2)_{\omega\boldsymbol{k}}$$

verknüpft. Die Integration von (101,13) über $d\omega/2\pi$ liefert die räumliche Fourier-Komponente des gleichzeitigen Korrelators $\langle \delta\eta(0, 0)\, \delta\eta(0, \boldsymbol{r})\rangle$[1])

$$(\delta\eta^2)_{\boldsymbol{k}} = \int (\delta\eta^2)_{\omega\boldsymbol{k}} \frac{d\omega}{2\pi} = \frac{T}{2gk^2 + 4\alpha(T_c - T)}. \tag{101,14}$$

§ 102. Dynamische Skaleninvarianz

Die im vorhergehenden Paragraphen dargestellte Theorie berücksichtigt nicht die Fluktuationen des Ordnungsparameters. Deshalb ist ihre Anwendbarkeit durch die gleichen Bedingungen beschränkt wie die thermodynamische Landau-Theorie von Phasenübergängen. Diese Bedingungen sind in hinreichender Nähe des kritischen Punktes — im „Fluktuationsgebiet" — verletzt.

In diesem Gebiet können die kinetischen (wie auch die rein thermodynamischen — s. V, § 148) Eigenschaften des Körpers durch einen Satz von „kritischen Exponenten" beschrieben werden, die das Verhalten der verschiedenen Größen bei Annäherung an den kritischen Punkt charakterisieren. Durch die Ausdehnung der Hypothese der Skaleninvarianz (die für die thermodynamischen Eigenschaften in V, § 149 formuliert wurde) auf die kinetischen Erscheinungen wird es möglich, gewisse Beziehungen zwischen diesen Exponenten herzustellen. Diese Erweiterung nennt man *dynamische Skaleninvarianz* (engl.: *dynamical scaling*).

Der Charakter der Singularität, den die thermodynamischen Größen im kritischen Punkt besitzen, ist abhängig von der Zahl der Komponenten des Ordnungsparameters, der den Übergang beschreibt, sowie von der Struktur des aus diesen Komponenten

---

[1]) Beim Vergleich von (101,14) mit Gleichung V (146,8) muß beachtet werden, daß in letzterer nicht die Fourier-Komponenten eines Integrals, sondern einer Fourier-Reihe im endlichen Volumen V betrachtet werden.

gebildeten effektiven HAMILTON-Operators (s. V, § 147). Für die kinetischen Größen wächst die Vielfalt der möglichen Fälle mit der möglichen Vielfalt von Formen der „Bewegungsgleichungen", welche die Relaxation beschreiben. Wir diskutieren zuerst den einfachsten Fall eines einkomponentigen Ordnungsparameters (B. I. HALPERIN, P. C. HOHENBERG, 1969).[1])

Der prinzipielle (obwohl praktisch nicht realisierbare) Weg zur Bestimmung der Relaxationsgesetze besteht in der Berechnung der exakten (die Fluktuationen berücksichtigenden) verallgemeinerten Suszeptibilität $\chi(\omega, k; T)$ für den Ordnungsparameter η unter der Einwirkung eines äußeren Feldes. Das zeitliche Verhalten von η bei der Relaxation wird (wie in § 91 erklärt wurde) durch die singulären Punkte von χ als einer Funktion der komplexen Variablen ω bestimmt. Falls die der reellen Achse am nächsten liegende Singularität ein einfacher Pol im Punkt $\omega = -i\tau^{-1}(k; T)$ auf der imaginären Achse ist, so wird die Dämpfung jeder FOURIER-Komponente des Ordnungsparameters durch ein exponentielles Gesetz mit der Relaxationszeit $\tau(k; T)$ beschrieben. Neben den kritischen Exponenten, die das Verhalten der thermodynamischen Größen bestimmen, führen wir zwei Exponenten y und z ein, die die Funktion $\chi(\omega, k; T)$ charakterisieren:

$$\tau \propto |T - T_c|^{-y} \quad \text{für} \quad k = 0\,, \tag{102,1}$$

$$\tau \propto k^{-z} \quad \text{für} \quad T = T_c\,, \tag{102,2}$$

wobei $y > 0$, $z > 0$ gilt, da die Relaxationszeit für $k = 0$, $T = T_c$ unendlich wird.

Es ist recht naheliegend anzunehmen, daß in der Nähe eines Phasenübergangspunktes zweiter Art (im Fluktuationsbereich) die Relaxationszeit nicht von der Temperatur abhängt, wenn man sie in Einheiten $\tau_0 \equiv \tau(0; T)$ mißt und gleichzeitig die Länge $1/k$ in Einheiten von $r_c(T)$, dem Korrelationsradius der Fluktuationen des Ordnungsparameters, angibt. Anders ausgedrückt, die Funktion $\tau(k; T)$ muß die Form

$$\tau(k; T) = |T - T_c|^{-y} f(kr_c) \tag{102,3}$$

besitzen, wobei die Funktion f nur mittelbar über $r_c(T)$ im Produkt kr_c von der Temperatur abhängt und $f(0) = \text{const}$ ist.

Da für $T \to T_c$ der Wert $r_c \to \infty$ geht, muß entsprechend der Definition des kritischen Exponenten z für $\xi \to \infty$ die Relation $f(\xi) \propto \xi^{-z}$ gelten. Dabei spaltet sich die Temperaturabhängigkeit von τ in Form des Produktes

$$|T - T_c|^{-y}\, |T - T_c|^{z\nu}$$

ab, wobei ν der kritische Exponent des Korrelationsradius ist,[2])

$$r_c \propto |T - T_c|^{-\nu}\,. \tag{102,4}$$

Allerdings muß τ für $T \to T_c$ (und $k \neq 0$) endlich bleiben. Hieraus folgt, daß

$$y = z\nu \tag{102,5}$$

---

[1]) Damit kann zum Beispiel die Relaxation des Betrags des Magnetisierungsvektors in einem Ferromagneten (in der Nähe seines CURIE-Punktes) gemeint sein, in dem starke relativistische Wechselwirkungen die kristallographische Richtung dieses Vektors fixieren.

[2]) Die Bezeichnung der kritischen Indizes der thermodynamischen Größen stimmen hier und im weiteren Verlauf mit den Bezeichnungen in V, § 148 überein.

sein muß. Auf diese Weise gestattet die Skalenhypothese, beide Exponenten in (102,1–2) miteinander zu verknüpfen.

Wie im statischen Fall gibt es auch hier allen Grund anzunehmen, daß die kritischen Exponenten auf beiden Seiten des kritischen Punktes gleich sind. Das liegt daran, daß die räumliche Inhomogenität ($k \neq 0$) den Phasenübergang in dem Sinne ausschmiert, daß die Singularitäten aller Größen bei $T = T_c$ beseitigt werden (in dieser Beziehung wirkt die Inhomogenität in der gleichen Weise auf den Phasenübergang wie ein äußeres Feld). Anders ausgedrückt, der Punkt $T = T_c$ ist nicht mehr ausgezeichnet, so daß keinerlei Gründe für einen Unterschied in den Werten des Exponenten z oberhalb und unterhalb von T_c bestehen. Auf Grund der Beziehung (102,5) gilt das gleiche auch für den kritischen Exponenten y.

In analoger Weise kann man z auch mit anderen kritischen Indizes verknüpfen. Wir betrachten als Beispiel die Abhängigkeit der Suszeptibilität λ von ω für $k = 0$ und $T = T_c$.

Entsprechend der Skaleninvarianz kann die Funktion $\chi(\omega, k; T_c)$ in der Form

$$\chi = |T - T_c|^{-\gamma} f(\omega\tau_0, kr_c) , \qquad f(0, 0) = \text{const} ,$$

dargestellt werden, wobei γ der kritische Exponent der Suszeptibilität für $k = 0$ und $\omega = 0$ ist. Für $k = 0$ und $T \to T_c$ muß die Suszeptibilität (für $\omega \neq 0$) gegen einen endlichen Grenzwert gehen. Unter Berücksichtigung von $\tau_0 \propto |T - T_c|^{-z\nu}$ finden wir, daß hierfür $f(\xi, 0) \propto \xi^{-\gamma/\nu z}$ für $\xi \to \infty$ sein muß. Dadurch wird auch die gesuchte Abhängigkeit der Funktion χ von ω festgelegt:

$$\chi \propto \omega^{-\gamma/\nu z} \quad \text{für} \quad k = 0 , \qquad T = T_c . \tag{102,6}$$

Auf diese Weise gestattet im untersuchten Fall die Forderung der Skaleninvarianz, eine bestimmte Beziehung zwischen den kinetischen und den thermodynamischen kritischen Exponenten herzustellen. Sie gestattet jedoch nicht, die kinetischen Exponenten vollständig aus den thermodynamischen Exponenten zu bestimmen.

§ 103. Relaxation im flüssigen Helium in der Nähe des λ-Punktes

Wir untersuchen jetzt Systeme mit „Entartung", in denen der Ordnungsparameter mehrere (n) Komponenten η_i besitzt, aber der effektive HAMILTON-Operator (in einem homogenen System) nur von der Summe ihrer Quadrate abhängig ist. Mit anderen Worten ausgedrückt, heißt das: Falls die Gesamtheit der Größen η_i als n-dimensionaler Vektor betrachtet wird, so ist der effektive HAMILTON-Operator nicht von seiner Richtung abhängig.

Ein charakteristisches Beispiel ist ein reiner Austauschferromagnet, dessen Energie nicht von der Richtung des Magnetisierungsvektors abhängt. Ein anderes Beispiel stellt eine suprafluide Flüssigkeit (flüssiges Helium) dar, in der die Rolle des Ordnungsparameters von der Kondensatwellenfunktion

$$\Xi = \sqrt{n_0}\, e^{i\Phi} \tag{103,1}$$

(s. IX, §§ 26, 27) übernommen wird. Diese komplexe Größe stellt die Zusammenfassung zweier unabhängiger Größen dar. Die Energie der homogenen Flüssigkeit dagegen ist nur vom Betragsquadrat $|\Xi|^2 = n_0$, der Dichte des Kondensats, abhängig.

Die spezifischen Eigenschaften von „entarteten" Systemen beruhen auf der Existenz eines Zweiges (einer *weichen Mode*) des Schwingungsspektrums, die mit den Schwingungen der Richtung des „Ordnungsparametervektors" verbunden ist. Die Frequenz dieser Schwingungen geht im Phasenumwandlungspunkt gegen Null. Ihr Dispersionsgesetz kann man einerseits aus den makroskopischen Bewegungsgleichungen finden, andererseits muß es die Forderungen der Skaleninvarianz erfüllen. Diese Tatsache gestattet es, wie wir im weiteren Verlauf noch sehen werden, die kinetischen kritischen Exponenten vollständig aus den thermodynamischen Exponenten zu bestimmen. Wir führen dies am Beispiel des flüssigen Heliums durch (R. A. FERRELL, N. MENYHÁRD, H. SCHMIDT, F. SCHWABL, P. SZÉPFALUSY, 1967).

In diesem Fall ist die „weiche Mode" der zweite Schall. In der Nähe des kritischen Punktes stellt er gemeinsame Schwingungen der suprafluiden Geschwindigkeit $\boldsymbol{v}_s$ und der Entropie dar. Die Amplitude der Schwingungen der Normalgeschwindigkeit im zweiten Schall $v_n \sim v_s\varrho_s/\varrho_n$ ist in der Nähe des kritischen Punktes (λ-Punkt) gemeinsam mit ϱ_s klein. Wir erinnern daran, daß die suprafluide Geschwindigkeit mit der Phase der Kondensatwellenfunktion verknüpft ist ($\boldsymbol{v}_s = \hbar\nabla\Phi/m$), so daß die Schwingungen von $\boldsymbol{v}_s$ Schwingungen der Phase oder, anders ausgedrückt, Schwingungen der Richtung des „Ordnungsparametervektors" entsprechen. Das Dispersionsgesetz dieser Schwingungen lautet

$$\omega = u_2 k\,, \tag{103,2}$$

wobei

$$u_2 = \sqrt{\frac{TS^2\varrho_s}{C_p\varrho_n}} \approx \sqrt{\frac{T_\lambda S_\lambda^2\varrho_s}{C_p\varrho}} \tag{103,3}$$

die Geschwindigkeit des zweiten Schalls ist (S ist die Entropie und C_p die spezifische Wärme pro Masseneinheit der Flüssigkeit). In der Nähe des λ-Punktes können T und S durch die Werte T_λ, S_λ im kritischen Punkt selbst ersetzt werden und die Dichte ϱ_n der Normalkomponente der Flüssigkeit durch die Gesamtdichte ϱ.[1])

Für $T \to T_\lambda$ strebt die Dichte ϱ_s nach dem Gesetz

$$\varrho_s \propto (T_\lambda - T)^{(2-\alpha)/3} \tag{103,4}$$

gegen Null, mit α als dem kritischen Exponenten der spezifischen Wärme,

$$C_p \propto |T_\lambda - T|^{-\alpha} \tag{103,5}$$

(s. IX, (28,3)). Die Annäherung der Geschwindigkeit u_2 an Null ist vom Vorzeichen des Exponenten α abhängig. Falls $\alpha > 0$ ist, so daß C_p gegen Unendlich strebt, gilt

$$u_2 \propto (T_\lambda - T)^{(1+\alpha)/3}\,, \qquad \alpha > 0\,.$$

---

[1]) Wir erinnern daran (s. VI, § 130), daß die Geschwindigkeiten des ersten und des zweiten Schalls im flüssigen Helium als Lösungen der Dispersionsgleichung

$$u^4 - u^2\left[\left(\frac{\partial P}{\partial \varrho}\right)_S + \frac{\varrho_s TS^2}{\varrho_n C_v}\right] + \frac{\varrho_s TS^2}{\varrho_n C_p}\left(\frac{\partial P}{\partial \varrho}\right)_S = 0$$

berechnet werden. Außer in der unmittelbaren Umgebung des λ-Punktes ist der Koeffizient der Wärmeausdehnung klein und gemeinsam mit ihm auch die Differenz $C_p - C_v$, so daß $C_p \approx C_v$ gesetzt werden kann. Für $T \to T_\lambda$ unterscheidet sich C_p von C_v merklich. Dabei strebt jedoch ϱ_s gegen Null, und man erhält unter Berücksichtigung dieser Kleinheit (103,3).

Ist dagegen $\alpha < 0$, so strebt C_p gegen einen endlichen Grenzwert (wir erinnern daran, daß der kritische Exponent nur das Verhalten des singulären Anteils der spezifischen Wärme in der Nähe des Übergangspunktes charakterisiert!). Dann gilt

$$u_2 \propto (T_\lambda - T)^{(2-\alpha)/6}, \qquad \alpha < 0\,. \tag{103,6}$$

Im weiteren Verlauf werden wir $\alpha < 0$ annehmen (wie es offenbar für flüssiges Helium gilt: $\alpha \approx -0{,}02$).

Die Dämpfung des zweiten Schalls wird durch den Imaginärteil der Frequenz beschrieben. Weit unterhalb des λ-Punktes ist sie klein, wächst jedoch bei Annäherung an diesen und wird in seiner unmittelbaren Umgebung für $kr_c \sim 1$ von der Größenordnung Eins (d. h., $\operatorname{Im}\omega \sim |\omega|$). Oberhalb des λ-Punktes dagegen erhalten wir in genügend weiter Entfernung von ihm eine gewöhnliche gedämpfte Temperaturwelle (Lösung der Wärmeleitungsgleichung) mit der Dispersionsrelation

$$\omega = i\frac{\varkappa}{\varrho C_p}k^2\,, \tag{103,7}$$

wobei $\varkappa$ die Wärmeleitfähigkeit ist.

Wir wenden jetzt die Skalenhypothese an, entsprechend der das Dispersionsgesetz in der Nähe des λ-Punktes die Gestalt

$$\omega = k^z f(kr_c)$$

annehmen muß. In anderer Form kann man diese Abhängigkeit als

$$\omega = k^z f\left(\frac{T - T_\lambda}{k^{1/\nu}}\right) \tag{103,8}$$

schreiben[1]) (mit einer anderen Funktion f), wobei ν den kritischen Exponenten des Korrelationsradius darstellt.

Die Gültigkeit der Dispersionsrelationen (103,2) und (103,7) ist durch keinerlei Bedingung an die Entfernung vom λ-Punkt beschränkt, jedoch für eine vorgegebene Temperatur durch die Forderung $kr_c \ll 1$. Die Wellenlänge muß groß gegenüber dem Korrelationsradius sein. Im entgegengesetzten Fall sind die makroskopischen Gleichungen, die diesen Gesetzen zugrunde liegen, nicht mehr anwendbar.

Wir betrachten zuerst den Temperaturbereich unterhalb des kritischen Punktes. Die Forderung, daß für $kr_c \ll 1$ das Dispersionsgesetz linear in k ist, legt das Grenzverhalten der Funktion $f(\xi)$ in (103,8) fest:

$$f(\xi) \propto (-\xi)^{\nu(z-1)} \quad \text{für} \quad \xi \to -\infty\,.$$

Damit wird auch die Abhängigkeit des Dispersionsgesetzes von der Temperatur bestimmt:

$$\omega \propto k(T_\lambda - T)^{\nu(z-1)}\,. \tag{103,9}$$

---

[1]) Diese Beziehungen müssen im Fluktuationsgebiet gültig sein, was in jedem Fall die Erfüllung der Ungleichung $|T - T_\lambda| \ll T_\lambda$ erfordert. Es existieren jedoch Hinweise darauf, daß in flüssigem Helium diese Ungleichung außerordentlich gut erfüllt sein muß, was das Auftreten irgendeines kleinen Zahlenparameters in der Theorie bedeuten würde.

Durch einen Vergleich dieses Resultats mit (103,6) finden wir

$$\nu(z-1) = \frac{2-\alpha}{6}.$$

Die kritischen Exponenten ν und α sind miteinander durch die Beziehung $3\nu = 2 - \alpha$ verbunden (s. V, (149,2)). Hieraus folgt[1])

$$z = 3/2\,. \tag{103,10}$$

Für $T \to T_\lambda$ muß die Frequenz gegen einen endlichen Grenzwert streben. Dafür muß $f(0) = \text{const}$ erfüllt sein. Somit erhält die Dispersionsrelation des zweiten Schalls direkt im λ-Punkt die Gestalt

$$\omega \propto k^z\,. \tag{103,11}$$

Dabei ist der Imaginärteil von ω von der gleichen Größenordnung wie der Realteil. Für $T \neq T_\lambda$ gilt das Dispersionsgesetz (103,11) für kurze Wellen, die die Bedingung $kr_c \gg 1$ erfüllen.

Schließlich betrachten wir noch den Temperaturbereich $T > T_\lambda$. Hier muß für $kr_c \ll 1$ die k-Abhängigkeit von ω quadratisch sein. Dafür ist

$$f(\xi) \propto \xi^{\nu(z-2)} \quad \text{für} \quad \xi \to +\infty$$

erforderlich. Somit erhalten wir

$$\omega \propto k^2(T - T_\lambda)^{\nu(z-2)}\,.$$

Indem man mit (103,7) vergleicht und ν durch α ausdrückt, findet man die Temperaturabhängigkeit der Wärmeleitfähigkeit in der Form

$$\varkappa \propto (T - T_\lambda)^{-(2-\alpha)/6}\,. \tag{103,12}$$

Diese strebt für $T \to T_\lambda$ näherungsweise nach dem Gesetz $(T - T_\lambda)^{-1/3}$ gegen Null.

Im zweiten Schall haben wir es mit Schwingungen der Phase Φ der Kondensatwellenfunktion zu tun. Deshalb besitzt die Größe $1/\text{Im}\,\omega$ auch die Bedeutung einer Relaxationszeit der Phase. Für $k \to 0$ geht diese Relaxationszeit gegen Unendlich — in einer homogenen Flüssigkeit ist die Änderung der Phase nicht mit einer Energieänderung verbunden, und die Phase kann deshalb nicht relaxieren.

Die Relaxationszeit des Betrags $|\Xi| = \sqrt{n_0}$ und damit der Kondensatdichte stimmt im allgemeinen nicht mit der Relaxationszeit der Phase überein. Aber im Sinne der Skaleninvarianz kann man annehmen, daß beide Zeiten für $kr_c \sim 1$ von gleicher Größenordnung sind. Entsprechend (103,9) erhalten wir für diese Zeit

$$\tau \sim \frac{1}{\omega(1/r_c)} \propto r_c(T_\lambda - T)^{-\nu(z-1)} \propto (T_\lambda - T)^{-\nu z}\,.$$

Mit dem Wert z aus (103,10) finden wir

$$\tau \propto (T_\lambda - T)^{-1+\alpha/2}\,. \tag{103,13}$$

---

1) Für $\alpha < 0$ würde sich $z = 3/(2-\alpha)$ ergeben.

Die Relaxationszeit der Kondensatdichte bleibt auch für $k \to 0$ endlich und strebt durchaus nicht, wie die für die Phase, gegen Unendlich. Das Gesetz der Temperaturabhängigkeit (103,13) für die Relaxation der Kondensatdichte bleibt auch bei $k = 0$ gültig (W. L. Pokrowski, I. M. Chalatnikow, 1969).[1]

---

[1]) **Für $\alpha > 0$ würde sich in exakter Übereinstimmung mit dem aus der Landau-Theorie erhaltenen Gesetz (101,6) $\tau \propto (T_\lambda - T)^{-1}$ ergeben. Diese Übereinstimmung jedoch ist im bekannten Sinne zufällig.**

SACHVERZEICHNIS [1]

[1] Dieser Index ergänzt das Inhaltsverzeichnis, ohne es zu wiederholen. Es sind nur Stichwörter und Begriffe aufgenommen, die nicht unmittelbar im Inhaltsverzeichnis erscheinen.

L. D. Landau · E. M. Lifschitz

LEHRBUCH DER THEORETISCHEN PHYSIK

Band 1:
Mechanik
Bewegungsgleichungen – Erhaltungssätze – Integration der Bewegungsgleichungen – Zusammenstoß von Teilchen – Kleine Schwingungen – Bewegung des starren Körpers – Die kanonischen Gleichungen

unveränderter Nachdruck der 14., korrigierten Auflage 1997, 2022,
231 Seiten, 56 Abbildungen, gebunden,
ISBN 978-3-8085-5612-2

Band 2:
Klassische Feldtheorie
Das Relativitätsprinzip – Die relativistische Mechanik – Ladungen im elektromagnetischen Feld – Die Gleichungen des elektromagnetischen Feldes – Das zeitunabhängige elektromagnetische Feld – Elektromagnetische Wellen – Die Lichtausbreitung – Das Feld bewegter Ladungen – Ausstrahlung elektromagnetischer Wellen – Teilchen im Gravitationsfeld – Die Gleichungen des Gravitationsfeldes – Das Feld gravitierender Körper – Gravitationswellen – Relativistische Kosmologie

unveränderter Nachdruck der 12. Auflage 1992, 2022, 496 Seiten, 25 Abbildungen, gebunden,
ISBN 978-3-8085-5562-0

Band 3:
Quantenmechanik
Die Grundbegriffe der Quantenmechanik – Energie und Impuls – Die SCHRÖDINGER-Gleichung – Der Drehimpuls – Die Bewegung im kugelsymmetrischen Feld – Störungstheorie – Der quasiklassische Fall – Der Spin – Identische Teilchen – Das Atom – Das zweiatomige Molekül – Die Theorie der Symmetrie – Mehratomige Moleküle – Die Addition von Drehimpulsen – Die Bewegung im Magnetfeld – Die Struktur des Atomkerns – Elastische Stöße – Inelastische Stöße

unveränderter Nachdruck der 9. Auflage 1986, 2021, 660 Seiten, 57 Abbildungen, gebunden,
ISBN 978-3-8085-5636-8

Band 4:
Quantenelektrodynamik
Das Photon – Bosonen – Fermionen – Ein Teilchen in einem äußeren Feld – Strahlung – Streuung von Licht – Die Streumatrix – Invariante Störungstheorie – Wechselwirkung von Elektronen – Wechselwirkung von Elektronen mit Photonen – Exakte Propagatoren und Eckteile – Strahlungskorrekturen – Asymptotische Formeln für die Quantenelektrodynamik – Elektrodynamik der Hadronen

unveränderter Nachdruck der 7., berichtigten Auflage 1991, 2020,
628 Seiten, 25 Abbildungen, gebunden,
ISBN 978-3-8085-5632-0

Band 5:
Statistische Physik Teil 1
Die Grundprinzipien der Statistik – Die thermodynamischen Größen – Die GIBBSsche Verteilung – Das ideale Gas – Die FERMI- und BOSE-Verteilungen – Festkörper – Reale Gase – Das Phasengleichgewicht – Lösungen – Chemische Reaktionen – Eigenschaften der Materie bei sehr hohen Dichten – Fluktuationen – Symmetrie der Kristalle – Phasenübergänge zweiter Art und kritische Phänomene – Oberflächen

unveränderter Nachdruck der 8., berichtigten Auflage 1991, 2025,
535 Seiten, 78 Abbildungen, 3 Tabellen, gebunden,
ISBN 978-3-8085-5654-2

Band 6:

Hydrodynamik

Ideale Flüssigkeiten – Zähe Flüssigkeiten – Turbulenz – Grenzschichten – Wärmeleitung in Flüssigkeiten – Diffusion – Oberflächenerscheinungen – Der Schall – Stoßwellen – Eindimensionale Gasströmung – Der Schnitt von Unstetigkeitsflächen – Ebene Gasströmung – Die Strömung um endliche Körper – Hydrodynamik der Verbrennung – Relativistische Hydrodynamik – Hydrodynamik der superfluiden Flüssigkeit

unveränderter Nachdruck der 5., überarbeiteten Auflage 1991, 2025,
705 Seiten, 136 Abbildungen, gebunden,
ISBN 978-3-8085-5554-5

Band 7:

Elastizitätstheorie

Grundgleichungen – Gleichgewicht von Stäben und Platten – Elastische Wellen – Versetzungen – Wärmeleitung und Zähigkeit fester Körper – Mechanik flüssiger Kristalle

unveränderter Nachdruck der 7. Auflage 1991, 2025, 223 Seiten, 32 Abbildungen, gebunden,
ISBN 978-3-8085-5498-2

Band 8:

Elektrodynamik der Kontinua

Elektrostatik von Leitern – Elektrostatik von Nichtleitern – Konstante Ströme – Zeitunabhängige Magnetfelder – Ferromagnetismus und Antiferromagnetismus – Supraleitfähigkeit – Das quasistationäre elektromagnetische Feld – Magnetohydrodynamik – Elektromagnetische Wellengleichungen – Ausbreitung elektromagnetischer Wellen – Elektromagnetische Wellen in anisotropen Medien – Räumliche Dispersion – Nichtlineare Optik – Durchgang schneller Teilchen durch Substanzen – Streuung elektromagnetischer Wellen – Beugung von Röntgenstrahlen in Kristallen

unveränderter Nachdruck der 5., ergänzten Auflage 1990, 2020,
565 Seiten, 65 Abbildungen, gebunden,
ISBN 978-3-8085-5500-2

Band 9:

Statistische Physik Teil 2

Die normale FERMI-Flüssigkeit – GREENsche Funktionen eines FERMI-Systems bei $T = 0$ – Die Superfluidität – GREENsche Funktionen bei endlichen Temperaturen – Die Supraleitfähigkeit – Elektronen im Kristallgitter – Der Magnetismus – Elektromagnetische Fluktuationen – Hydrodynamische Fluktuationen

unveränderter Nachdruck der 4., berichtigten Auflage 1992, 2025,
404 Seiten, 18 Abbildungen, gebunden,
ISBN 978-3-8085-5656-6

Band 10:

Physikalische Kinetik

Kinetische Gastheorie – Die Diffusionsnäherung – Das stoßfreie Plasma – Stöße im Plasma – Das Plasma im Magnetfeld – Theorie der Instabilitäten – Dielektrika – Quantenflüssigkeiten – Metalle – Diagrammtechnik für Nichtgleichgewichtssysteme – Supraleiter – Kinetik von Phasenübergängen

unveränderter Nachdruck der 2. Auflage 1990, 2025,
480 Seiten, 35 Abbildungen, gebunden,
ISBN 978-3-8085-5624-5

Das Gesamtwerk ist auch zum günstigen Satzpreis erhältlich:
L. D. Landau · E. M. Lifschitz, **Lehrbuch der Theoretischen Physik**
ISBN 978-3-8085-5588-0